DEUTSCHE OMNIBUSSE

DIE GROSSE ENZYKLOPÄDIE ALLER MARKEN UND MODELLE

Wolfgang H. Gebhardt

Motor buch Verlag

Impressum

Einbandgestaltung unter Verwendung von Vorlagen aus dem Archiv des Autors

Bildnachweis: Sofern nicht angegeben, stammen die Bilder aus dem Archiv des Verfassers.

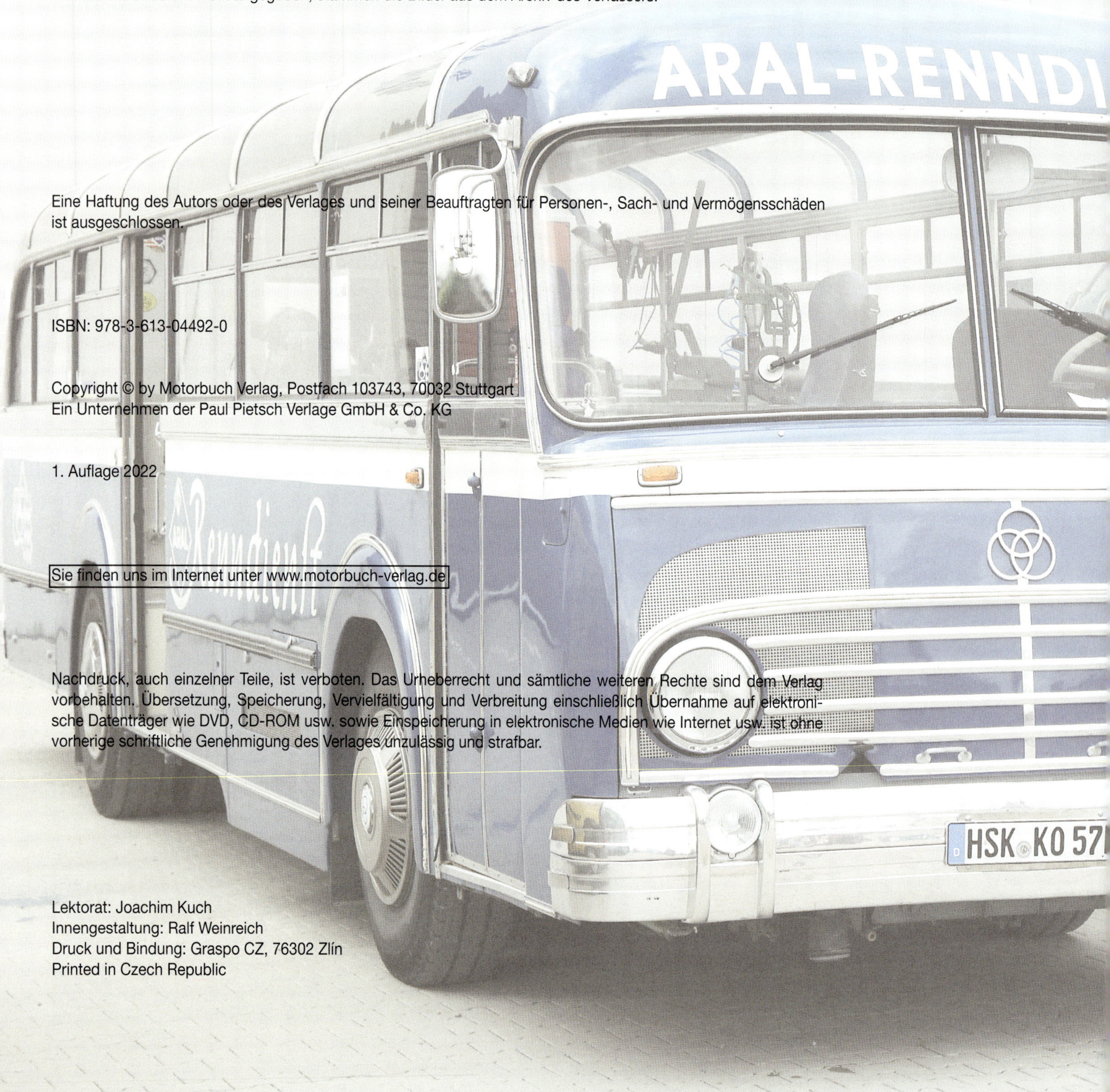

ISBN: 978-3-613-04492-0

1. Auflage 2022

Sie finden uns im Internet unter www.motorbuch-verlag.de

Lektorat: Joachim Kuch
Innengestaltung: Ralf Weinreich
Druck und Bindung: Graspo CZ, 76302 Zlín
Printed in Czech Republic

Inhalt

(Foto: Ralf Weinreich)

Inhalt

Inhalt

Hinweis

In den Tabellen wurde, abgesehen von hervorzuhebenden Modellen, stets nur der Grundtyp berücksichtigt.
Entgegen der seit Anfang 1980 gültigen SI-Einheit Kilowatt (kW) wurde bei den Fahrzeugen mit Verbrennungsmotoren die alte Größe PS weitergeführt, um eine einheitliche und vergleichbare Leistungseinheit beizubehalten.

Erläuterungen zu den Abkürzungen in den Tabellen:

SP	Produktionszeitraum (1. Baujahr)
Zyl.	Zylinderzahl
PS	PS-Leistung (bzw. Leistung in kW)
K	Kühlung
W	Wasserkühlung
Th	Thermosiphonkühlung
L	Luftkühlung
B x H	Bohrung x Hub
Hubr.	Hubraum
Dreh.	Drehzahl
Gew.	Gewicht
M	Motorenbauart
V	Vergasermotor
D	Dieselmotor
E	Erdgasmotor
T	Turbolader
TL	Turbolader mit Ladeluftkühlung

(Foto: Ralf Weinreich)

Vorwort

Der vorliegende Band »Deutsche Omnibusse« gibt umfassend Einblick in diese faszinierende - und wirtschaftlich bedeutsame - Sparte des deutschen Fahrzeugbaus. Für die Zusammenstellung des Gesamtüberblicks über die Omnibushersteller und ihre Produkte wurden Einzeldarstellungen, Zeitschriftenreihen, Firmen- und Messekataloge, Auskünfte von Firmen, von Industrie- und Handelskammern sowie von Einzelpersonen herangezogen.

In den Beschreibungen sind die Produzenten mit ihrem ersten oder bekanntesten Firmennamen aufgeführt. Anschließend folgen ggf. Änderungen des Namens, der Adresse oder der Rechtsform. Der Produktionszeitraum ist mit gesicherten Daten aus den genannten Unterlagen ausgewiesen, so dass trotz aller unvermeidbaren Unvollkommenheit übersichtliche Portraits der über 130 Hersteller entstanden ist, die komplette Omnibusse oder die Bodengruppe hierzu erstellt haben. Aus der Reihe der Karosseriebauer wurden nur einige wenige Firmen aufgenommen, die trotz zugekaufter Komponenten nahezu eigenständige Omnibusmodelle herstellten bzw. herstellen.

Mein Dank gebührt allen Privatpersonen und Firmen, die mir bei der Zusammenstellung dieses Buches geholfen haben, besonders aber Frau Ingeborg Bahn (E. Auwärter-Werk), Herrn Rudolf-Hartmut Baum† (MAN-Werk), Herrn Mathias Bien (Siemens-Archiv), Herrn Gerhard Drauz (Drauz-Werk), Herrn Hans Fleischer, Herrn Bodo Fischer (Opel-Archiv), Herrn Wolfgang Graaff (Graaff-Werk), Herrn Karlheinz Hesse†, Herrn Heintzer (Mercedes-Benz-Archiv), Herrn Georg Junginger (Iveco), Herrn Ingo Kasten†, Herrn Jürgen Klein (Auto Literatur Club), Herrn Franz Komnick†, Frau Dr. Renate Kühne-Lindenlaub (Krupp-Archiv), Herrn Peter Makowiak (Vetter-Werk), Herrn Peter Michels, Herrn Wilfried Otto†, Herrn Robert Preclik, Herrn Thomas Roth (Drögmöller-Werk), Herrn Max Schmidberger (Iveco), Herrn Karl Schmidt (Krauss-Maffei-Archiv), Herrn Helmut Schneikart (»Verkehrs Rundschau«), Herrn Dr. Schraut (DUEWAG-Werk), Herrn Dr. Peter Strunk (AEG-Archiv), Herrn Christian Suhr sowie Herrn Jörn Turner (Agentur t + t für Ford-Archiv), die besonders viele Anregungen, Korrekturen und Fotos einbrachten.

Insbesondere möchte ich Herrn Hans Pairan† in Rollhofen danken, der mit seiner vielfältigen Unterstützung zum Gelingen dieses Buches beigetragen hat.

135-PS-Büssing-NAG 900N mit WUMAG-Aufbau, 1938. (Foto: Ralf Weinreich)

Einführung

Zur Geschichte des deutschen Omnibusbaus

Nachdem schon seit 1830 Versuche mit Dampf-getriebenen Omnibussen (Lateinisch »für alle«) in England und in Frankreich unternommen worden waren, konstruierte 1879 die Wöhlert'sche Maschinenbau-Anstalt in Berlin einen ersten deutschen Omnibus mit Dampfantrieb. 1880 folgten von Wilhelm von Pittler entwickelte Omnibusse mit einem Schießpulver- und mit einem Dampfmotor-Antrieb. Das hohe Gewicht und technische Unzulänglichkeiten führten rasch zur Beendigung dieser Transportversuche. Auch die Erprobung des elektrischen Antriebs mit der »Elektromote« von Werner von Siemens im Jahre 1882 auf der Strecke Berlin - Halensee hatte keinen Erfolg.

Die frühen Pionierjahre im Omnibusbau: 1895 bis 1918

1895 führte Carl Benz einen ersten Omnibus mit einem Fünf-PS-Einzylinder-Verbrennungsmotor vor. Der achtsitzige Landauer mit Heckmotor wurde zusammen mit drei Parallelmodellen auf der Strecke Siegen - Netphen - Deuz eingesetzt, war aber auch nicht sonderlich erfolgreich. Die Daimler-Motoren-Gesellschaft setzte 1898/99 dann einen zehn PS starken Bus auf der ersten motorisierten Postlinie Bad Mergentheim - Künzelsau ein. Weitere Daimler-Fahrzeuge, die zum Teil bereits bis zu 30 Personen befördern konnten, folgten nach 1898. Allerdings war erst der 1899 nach England gelieferte Aussichtsomnibus in Kremser-Bauart ein größerer Erfolg: Immerhin war er so zuverlässig, dass er längere Zeit betrieben werden konnte.

Soweit es die Technik betraf, waren die Modelle dieser ersten Epoche Zwitter, entstanden aus der Kreuzung von Pferdeomnibus und Lastkraftwagen. Das typische Fahrgestell dieser ersten Epoche bestand aus einem soliden Leiterahmen aus Metall oder einem armierten Holzfahrgestell, auf das der hölzerne Busaufbau - hinten offen und mit Treppe zum Oberdeck - aufgesetzt wurde. Dieser wurde mit weichem Linden- und Pappelholz verkleidet, war aber nicht sonderlich wetterfest.

Die Holzbänke, die zunächst noch in Längsrichtung aufgestellt waren, wurden immer mehr in Fahrtrichtung angebracht, so dass seitliche Türen eingesetzt werden mussten. Der zunächst offene Fahrerplatz erhielt eine Überdachung und schließlich auch eine Vollverkleidung.

Nach der Jahrhundertwende boten die Nutzfahrzeughersteller dann offene Aussichtsomnibusse mit teilweise ansteigendem Wagenboden, geschlossene Linienbusse sowie Doppelstockfahrzeuge, Oberdecker oder »Imperial«-Typ genannt, an. Diese Modelle lieferten die Firmen Benz (SAG-Gaggenau), Büssing, Dürkopp, NAG, Stoewer und Scheibler nach Berlin, Leipzig sowie im Export vor allem nach London. Die erste Berliner Kraftomnibus-Linie - vom Halleschen Tor zur Chausseestraße - wurde übrigens mit Daimler-Fahrzeugen betrieben, was für die Schwaben ein großer Erfolg darstellte - auch wenn die Wagen durch ihre geringe Radauflagefläche und ihr labiles Fahrverhalten den Belastungen des Stadtverkehrs alles andere als gewachsen waren. Heinrich Büssing richtete zwar 1904 auf eigene Kosten eine Omnibuslinie im Harz ein, um die Postverwaltung vom Motoromnibus zu überzeugen, doch die erste erfolgreiche Überlandlinie der Deutschen Reichspost von Bad Tölz nach Lenggries wurde dann 1905 mit Daimler-Omnibussen aus dem Werk Marienfelde bestritten.

Berliner Pferdeomnibus, um 1848.

Daimler-Werbeanzeige, 1910.

Werbemotiv des Daimler-Marienfelde-Werkes, 1916.

Während noch um die Jahrhundertwende Zweizylindermotoren mit einer Leistung von bis zu zwölf PS dominierten, fanden vor Ausbruch des Ersten Weltkrieges schon Reihen-Vierzylindermotoren mit durchschnittlich 35 bis 45 PS Verwendung. Diese Leistung reichte aus, um auch Anhänger zu ziehen. Den lauten Kettenantrieb (der außerdem eine hohe Bauhöhe bedingende) ersetzte 1906 erstmals ein Kardanantrieb; der Firma Dürkopp gebührt der Verdienst, diese Technik auch in den Nutzfahrzeugbau eingeführt zu haben. Die Firma Daimler verwendete weiterhin den Ritzelantrieb; andere Firmen bevorzugten den leisen Schneckenantrieb. Die Metallbereifungen waren inzwischen Gummi- und Elastikbereifungen gewichen, die auf die gewöhnlich noch hölzernen Räder aufgezogen wurden.

Zu den Fahrzeugen mit Benzinmotoren schienen bis zum Beginn des Ersten Weltkrieges elektrisch angetriebene Linienfahrzeuge eine vermeintlich interessante Alternative darzustellen; die Wagen waren leise und verpesteten auch nicht die Luft, wenn auch nun das Kraftwerk diese Unannehmlichkeit verstärkt übernahm. Bis 1914 entstanden so zwölf Obus-Linien mit insgesamt 54 Kilometern Streckenlänge, auf denen 30 Omnibusse und 14 Lastenfahrzeuge eingesetzt wurden. Der hervorragende Fahrzeugkonstrukteur Joseph Vollmer entwickelte dabei für die AEG Fahrzeuge mit zweiachsigem Antriebs-Drehgestell und aufgesatteltem Wagenkasten. Das Siemens & Halske-Werk hingegen konstruierte ein Zwitterfahrzeug, das spurgeführt auf Straßenbahngleisen und mit Oberleitungs- oder mit Batteriestrom frei beweglich auf Straßen fahren konnte. Einzig Hanomag experimentierte mit einem Dampf-Omnibus.

Während des Ersten Weltkrieges wurden die meisten Omnibusse von der Armee beschlagnahmt. Zum Beispiel nahezu alle Fahrzeuge der Berliner ABOAG gingen verloren, so dass wieder Pferdeomnibusse eingesetzt werden mussten – erst 1923 stellte die letzte Berliner Pferdelinie ihren Betrieb ein.

Titelblatt der Zeitschrift »Der Motor«, 1921.

Zwischen den Kriegen: 1920 bis 1939

Noch im Ersten Weltkrieg hatten Firmen wie Magirus, MAN und VOMAG auf Druck von oben den Nutzfahrzeugbau aufgenommen. Sie spielten (und spielen zum Teil noch heute) dann nach dem Krieg eine bedeutende Rolle im Omnibus- beziehungsweise Omnibus-Fahrgestellbau. Überdies erstellten der Direktor der Berliner ABOAG, Richard Kaufmann, sowie die KVG in Sachsen erste Vereinheitlichungsbestimmungen für die Modelle ihrer Fahrzeugparks.

Zu den großen technischen Entwicklungen der Nachkriegszeit gehörte der Einzug der Leichtmetalltechnik, maßgeblich beeinflusst von den Erfahrungen aus dem Flugzeugbau. Die Holzgerippe, die noch immer das Skelett der Omnibuskarosserien bildeten, wurden mit Metalltafeln beplankt, was die Festigkeit erhöhte und das Gewicht verringerte. Elektrische Ausrüstungen wurden nun Standard auch im Omnibusbau. In den Jahren 1921/22 ermöglichten erstmals Luftreifen mit Cordgewebe von Continental sowie Kugellager eine höhere Geschwindigkeit, eine bessere Straßenlage und damit eine größere Fahrsicherheit. Gleichzeitig konnte dadurch die Motorleistung auf 50 bis 60 PS erhöht werden.

Auf dem Fahrwerksektor setzte sich ab 1923/24 der Niederrahmen durch, wobei die Firmen FAUN und MAN hier die Initiative ergriffen: Ein erster Schritt hin zur Trennung von Lastwagen- und Omnibusbau wurde vollzogen. Überdies entstanden erstmals einzelbereifte Dreiachser, was die Aufnahme größerer Lasten bei erhöhter Fahrstabilität erlaubte. Über die ideale Motorposition herrschte dagegen weit weniger Einigkeit. Während die Firma VOMAG ein Fahrzeug mit einem Antrieb in der Mitte und einer hinteren, lenkbaren Schleppachse konstruierte, entwarf das Büssing-Werk einen Hochrahmen-Dreiachser mit einem hinteren Doppelachsantriebsaggregat. Um die Jahreswende 1923/24 wurde dieses sensationelle Modell vorgeführt, bis zum Ende des Jahrzehnts hatte sich diese Bauweise schließlich durchgesetzt: Auch die Konkurrenz bediente sich dieser Dreiachstechnik. Unterschiede fanden sich lediglich in den Antriebssystemen der beiden Hinterachsen.

Der Zweiachser durfte zu dieser Zeit eine Höchstlast von neun Tonnen, der Dreiachser von 15 Tonnen tragen. Diese schweren Fahrzeuge erforderten natürlich stärkere Motoren und nach 1925 wurden zusehends Sechszylindermotoren eingebaut, die bei zwölf Litern Hubraum 80 bis 100 PS erzeugten. Wenn es nach der Reichspost gegangen wäre, hätten Zweiachser 125 und Dreiachser 150 PS starke Motoren erhalten. 1923 war das aber noch schiere Utopie. Sehr real dagegen wirkten sich die Verbesserungen auf dem Bremsensektor aus. Zur Verzögerung dienten nun Allradbremssysteme.

Omnibus mit Cabriolet-Wechselaufbau zur Personenbeförderung aus dem Jahr 1922. Bei Bedarf konnte der LKW mit einem Pritschen- oder Kofferaufbau für den Güterverkehr ausgerüstet werden. (Foto: Jürgen Klein)

Erstmals zu sehen waren auch modern anmutende Frontlenker mit innenstehendem oder neben der separaten Fahrerkabine stehendem Motor; Benz, Daimler und VOMAG waren hier Schrittmacher dieser Entwicklung. Neue Wege beschritt man auch im Karosseriebau. Nach Vorbild der amerikanischen Twin Coach Company erstellten die Firmen Dürkopp, Hansa-Lloyd, Magirus, MAN und VOMAG in Zusammenarbeit mit der Karosseriefabrik Trutz »Studienausführungen« in »Tiefrahmentechnik«. Die mit günstigem Schwerpunkt versehenen 24-sitzigen Fahrzeuge zeichneten sich durch je eine Tür pro Sitzreihe aus. Die Firma Autokasten GmbH des Schweizer Ingenieurs Hans Arquint in München konzipierte dagegen Omnibusaufbauten mit senkrechten Metallringspanten aus doppel-T-förmigem Spezialstahl, die innen mit Holzprofilen gefüttert wurden, um die Verkleidungshölzer und Verkleidungsbleche aufschrauben zu können: Die Tage der massiven, aber anfälligen Holzaufbauten mit Zapfenverbindungen waren gezählt, auch wenn die neue Gemischtbauweise zunächst äußerst skeptisch aufgenommen wurde. In reiner Ringspanten-Bauweise entstanden 1926 die röhrenförmigen Omnibusse von Büssing und Hansa-Lloyd mit Rembrandt-Karosserien, die als »Tubusse« bezeichnet wurden.

Parade eines Omnibus-Fuhrparks, 1922. (Foto: Jürgen Klein)

Als bald größter Fahrzeughalter Europas gab 1927 das Entwurfsbüro für Vereinheitlichungsaufgaben des Kraftpostwerkes Berlin-Borsigwalde Vorgaben für 33-sitzige Einheitsaufbauten in Gemischt- und ab 1930 in Stahlbauweise heraus, die auf die Fahrgestelle der verschiedenen Nutzfahrzeughersteller aufgesetzt werden sollten. Komplette Stahlkarosserien mit inneren Quer- und Längsstahlverbindungen als Gerippe kamen ab Mitte der zwanziger Jahre von den Firmen Sächsische Waggonfabrik (Schumann-Werk), Waggonfabrik Uerdingen sowie Daimler-Benz (Sindelfingen). Der Vorteil dieser Ganzstahl-Aufbauten bestand in den wesentlich günstigeren Formgebungen (die schließlich in den Stromlinienkarosserien der dreißiger Jahre mündeten), die sich durch die Blechverformungstechnik erzielen ließen. 1927 tauchten auch erste Dachrandverglasungen (DAAG), ebenso erste Anderthalbdecker als Aussichtsomnibusse für Stadtrundfahrten oder für »Wochenendfahrzeuge« (Daimler-Benz, MAN, VOMAG) auf. Ein weiteres Experiment gegen Ende der zwanziger Jahre war zur Verbesserung der Transportkapazität der Büssing-HAWA-Frontlenkeromnibus in teilselbsttragender Bauweise, der in Fahrzeugmitte seitlich einen stehenden, für Wartungszwecke herausschwenkbaren Motor erhielt, wobei das ähnliche amerikanische Twin-Coach-Modell wiederum als Vorbild genommen wurde.

Erste Dauerversuche mit schnelllaufenden Fahrzeugdieselmotoren unternahmen Benz, Daimler und MAN ab 1923/24. Diese im Omnibus zu erproben, bot sich an: Wohl waren die Rohölmotoren schwerer als die Vergasertriebwerke, doch hatten Busse eine geringere Belastung als Lastwagen. Ab 1927 gingen auch die anderen großen Hersteller wie Büssing, Krupp und VOMAG zum Vier- bzw. zum Zweitaktdiesel über. In den frühen dreißiger Jahren folgten dann die Firmen Henschel und Magirus.

Auch in Sachen Endantrieb suchten Firmen wie Dürkopp und Hansa-Lloyd neue Wege. Sie experimentierten mit hinteren Doppelachsaggregaten, die mit Pendelachsen versehen waren. Die Berliner ABOAG, Henschel und VOMAG entwickelten Frontantriebler mit Einzelradaufhängung, wobei Patente der Rumpler- und der Voran-Gesellschaft benutzt wurden. Sogar an eine Vierradlenkung dachte man schon. Da noch keine Hydraulikanlagen für diese schweren Frontantriebssysteme zur Verfügung standen, scheiterten vorerst diese ehrgeizigen Versuche und Entwürfe.

Eine Renaissance erlebte dagegen der Elektroantrieb. Die Firmen AEG, Waggonfabrik Uerdingen, Krupp und das Rheinisch-Westfälische Elektrizitätswerk, taten sich zusammen, um gemeinsam die „erste moderne Obusstrecke in Deutschland" auf einer Länge von 5,9 Kilometern zwischen Mettmann und Gruiten einzurichten. Dieser bis 1952 bestehenden Versuchsanlage folgten bis Kriegsbeginn weitere Anlagen in Idar-Tiefenstein, Berlin, Oldenburg, Insterburg, Hamburg, Leipzig, Zwickau, Allenstein, Gera, Trier und Pirmasens. Die Fahrzeuge kamen von den Firmen Büssing-NAG, Daimler Benz, Henschel und MAN.

Die frühen dreißiger Jahre brachten eine weitere Fülle von Fahrzeugtechnischen Pionierleistungen: Die Reichspost erließ 1930 definitive Vorschriften für einen Einheitsaufbau mit 33 Sitzplätzen für die Überlandausführung. Der Reisebus mit bequemen Sitzen und einer Gepäckgalerie auf dem Dach trat neben dem Ausflugs- und Linienbus. Die Landmaschinenfabrik Stille baute einen vierachsigen, teilselbsttragenden Omnibus mit einer später im Heck integrierten Imbert-Generatoranlage. Die Firma Henschel entwickelte dampfgetriebene Lastwagen und Omnibusse, während Büssing einen Großomnibus mit zwei parallel stehenden 160-PS-Motoren baute. Auch die Firma Henschel steuerte ein Fahrzeug mit einem Doppelmotor bei. Büssing-NAG und FAUN dachten an ein diesel-elektrisches Antriebssystem mit stufenloser Kraftübertragung.

Für den Einsatz auf den Reichsbahn-Omnibusstrecken auf den neuen Autobahnen entwarfen die Karosseriehersteller Gebr. Credé, Fahrzeugwerke Recklinghausen, Gaubschat, Kässbohrer, Talbot, Vetter, Westwaggon Gastell und Waggonfabrik Uerdingen sowie das Daimler-Benz-Werk Sindelfingen Stromlinienkarosserien, die nach den Berechnungen der Aerodynamiker Paul Jaray (1889 - 1974) und Prof. Dr. phil. Emil August Everling (1880 -1973) u. a. als Einheits-Autobahn-Karosserien gestaltet worden waren. Darüber hinaus kamen mittelgroße Stromlinienomnibusse für Ausflugsfahrten von Erdmann & Rossi und Ludewig hinzu.

Als Zukunftsprojekte für den Langstreckenverkehr auf den Reichsautobahnen entwarfen die Hersteller Fahrgestelle und verkleinerte Modelle von Großomnibussen. Büssing-NAG stellte ein dreiachsiges Fahrgestell mit vorderem und hinterem Motor vor, Daimler-Benz AG entwarf einen dreiachsigen Omnibus mit einem Triebwagendiesel oder zwei Sechszylindern im Heck. Henschel dachte an einen Vierachser mit einem Boxermotor unter dem Fahrersitz; MAN projektierte einen vierachsigen Stromlinienbus (ohne ihn zu bauen), während die VOMAG schließlich das Modell eines vierachsigen Fahrgestells mit einem Boxermotor im Heck vorstellte, der per Halbautomatik beide Hinterachsen antrieb. Die Rüstungspolitik im Dritten Reich verhinderte, dass diese bis zu 450 PS starken Busse gebaut werden konnten.

Der Mitte der dreißiger Jahre von Büssing-NAG entworfene Trambus repräsentierte bis zu Beginn der fünfziger Jahre den Stand der modernen Frontlenkertechnik. Der stehende Reihenmotor wurde hier vorne in den Wagenkasten einbezogen und unter einer großen Haube vorn neben dem Fahrer platziert. Daimler-Benz, Henschel, Magirus und MAN wandten sich dieser Bautechnik zu und nahmen gleichfalls dafür die höheren Herstellungskosten und eine schwierigere Wartung des Motors in Kauf.

Für den Massenausflugsverkehr erschienen mit Kässbohrer-Karosserien Sattelschlepperomnibusse. Reiseomnibusse mit fest angekuppelten Anhängern fertigte das Gaubschat-Werk, wobei die Allradlenkung des Anhängers insgesamt 32 Gelenke erforderte, die alle gewartet werden mussten. Als Einzelstücke entstanden auch Liniensattelzüge mit MAN- und Opel-Zugmaschinen, während Busse mit Allrad- oder Halbkettenantrieb bei Daimler-Benz zu finden waren.

Omnibusabsatz im Deutschen Reich				
	1934	1935	1936	1937
Büssing-NAG	133	253	369	237
Daimler-Benz	188	484	557	474
FAUN			3	3
Ford	51	150	191	255
Hanomag	2			
Hansa-Lloyd	31	92	46	39
Henschel	5	12	46	34
Krupp	93	78	78	80
Magirus	46	71	156	143
MAN	42	93	131	91
Opel	184	566	528	620
Phänomen	3	1	6	12
VOMAG	2	1	6	5
	Quelle: Das Last-Auto, Pößneck 1936 u.1938			

Werbemotiv zum Büssing-Dreiachser, 1924.

Dennoch war keine andere Firma jener Tage so innovativ wie Büssing-NAG; schon zu dieser Zeit erprobten die Braunschweiger ausführlich zwei- und dreiachsige Prototypen mit Unterflurtechnik – diese übrigens schon 1935 von Paul Arendt mit geringem Erfolg bei Hanomag verwendet. Diese Technik erlaubte es nun, die gesamte Bodenfläche für den Personen- und Gepäcktransport zu nutzen, auch wenn dies einen höheren Boden erforderte (der allerdings eben gehalten werden konnte) und ein Umdenken in Sachen Motor- und Getriebetechnik erforderte.

Die Reichsstraßenverordnung von 1934 beziehungsweise 1937 ermöglichte die Erhöhung des Gesamtgewichtes auf 13 Tonnen, des Dreiachsers auf 18,5 Tonnen, allerdings mit hinterer Doppelbereifung. Die Höhe des Doppeldeckers wurde auf die noch heute bestehende Größe von vier Metern festgesetzt.

Der Obus-Ausschuss des Dortmunder Verbandes Deutscher Kraftverkehrsgesellschaften entwarf unter Ing. Heinrich Mayer-Oberg 1939 feste Typisierungsmaße für die Elektro-Omnibusse der deutschen Kraftfahrzeugindustrie. Für die durch die Autarkiepolitik des Dritten Reiches gefor-

H A N S A - L L O Y D - E X P R E S S

VORM BATZENHÄUSL IN BOZEN

derten Obusse, auch »Elbusse« genannt, wurden die Größen I für 45, II für 60 und III als Dreiachser für 75 bis 80 Fahrgäste festgelegt. Auch die Verwendung der als nicht so kompliziert geltenden Reihenschlussmotoren in den Leistungen von 60/65, 85/90 und 90/120 kW war vorgegeben. Gemäß den Richtlinien hatten die Firma Henschel die Typen I, II und III, die Firmen Daimler-Benz und MAN in modifizierter Form den Typ II und die Waggonfabrik Uerdingen in selbsttragender Bauweise den Typ III zu bauen. Während der Kriegszeit erhielten die Baureihen I und II die Standardfahrzeugbezeichnungen 4500 und 6500, welche die maximale Tragfähigkeit in Kilogramm ausdrückten. (Die nicht umbezeichnete Baureihe III wurde entgegen der Planung auf DB- und Henschel-Dreiachs-Fahrgestellen realisiert und gelangte in wenigen Exemplaren an die Verkehrsbetriebe in Berlin und in Hildesheim.) Auch um die Insassensicherheit sorgte sich der Gesetzgeber. Die Verordnungen aus dem Jahre 1939 schrieben die Metallkarosserie, die Sicherheitsverglasung, den Wegfall der Notsitze, Maßnahmen zur Verringerung der Brandgefahr sowie die jährliche Hauptuntersuchung vor.

Kurz vor Kriegsbeginn erschienen schließlich noch standardisierte dreiachsige Doppeldecker für den Berliner Stadtverkehr in Trambusbauart, die in Vorausexemplaren von den Firmen Büssing-NAG, Daimler-Benz und Henschel geliefert wurden. Die Firmen selbst steuerten einzig den Motor bei, die Lenkung und die hintere Doppelachse. Ein weitere Entwicklungstendenz jener Jahre war der Trend hin zur selbsttragenden Bauweise. Der Verzicht auf den schweren Rahmen bedeutete eine beträchtliche Gewichtseinsparung und erlaubte die Verwendung eines schwächeren Motors. Zu den Pionieren gehörten der Privatunternehmer Theodor Pekol, der Karosseriebauer Karl Kässbohrer sowie der Konstrukteur Prof. Dr. Josef Deiters.

Mit Beginn des Krieges musste der Bau von Reiseomnibussen eingestellt werden. Einzig die beschränkte Fertigung von Fahrzeugen für die Wehrmacht sowie von Linien- und Obussen wurde weitergeführt. Aufgrund des Reichsleistungsgesetztes vom 1. September 1939 beschlagnahmte die Wehrmacht immer mehr Omnibusse privater Betreiber oder der Kommunen. Die rasch eingetretene Notsituation bezüglich flüssiger Kraftstoffe brachte bis Ende 1940 die Umstellung der im Reichsgebiet verbliebenen Omnibusse auf den Treib- und Stadtgasbetrieb, wobei der Generator im Heck eingebaut oder auf einem kleinen Nachläufer aufgesetzt wurde. Stadtbusse erhielten gewöhnlich einen Buna-Gummibehälter auf dem Dach, der mit Stadtgas gefüllt wurde. Die Motoren wurden dabei auf den Vergaserbetrieb umgestellt.

Das Reichsverkehrsministerium förderte verstärkt den Ausbau des Obus-Netzes. Der Generalbevollmächtigte für das Kraftfahrwesen, Generalmajor Adolf von Schell, stellte dafür Material für 300 Obusse der

Omnibus-Bestand im Deutschen Reich und in der frühen Bundesrepublik

Jahr	Bestand	Jahr	Bestand
1922*	1755	1932	11274
1923	1753	1934	12750
1924	1833	1935	13952
1925	3220	1936	15567
1926	5086	1937	17294
1927	6632	1946	3050
1928	8596	1949	9050
1929	10593	1950	12365

Für die Zeit vor 1922 liegen keine Daten vor. (Quelle: Omnibus-Revue, München 1950)

←Fernreise-Motiv mit Hansa-Lloyd-Omnibus, um 1928.

Werbeanzeige der KVG Sachsen, 1932.

Werbeanzeige der Deutschen Reichspost, um 1930.

Werbeanzeige der Waggon- und Maschinenfabrik AG vorm. Busch Waggonbau Bautzen GmbH (Foto: Dr. Uwe Fiedler, CC-BY-SA-3.0)

Werbemotiv der Daimler-Benz AG, um 1938.

Doppeldecker-Werbemotiv der Waggonfabrik Gastell, 1938.

Stromlinien-Omnibus-Werbemotiv der Krupp-Werke, 1938.

Frontlenker-Doppeldecker-Werbemotiv der Waggonfabrik Gastell, 1939.

Größen I und II im Kriegsprogramm von 1941 zur Verfügung. 41 neue Obus-Linien entstanden danach im Reich, was angesichts der immer stärkeren Bombenangriffe keine ideale Lösung darstellte. Kennzeichnend für die Mangelsituation während des Krieges war schließlich die Verwendung einer vorderen Doppelbereifung kleiner Dimension, da größere Reifentypen nicht mehr für die Obusse zur Verfügung standen. Schließlich erhielten die stark vereinfachten »Kriegsaufbauten« der nur noch in geringer Stückzahl gefertigten Obusse Verkleidungen aus Pressholz, Delignit- oder Kapalplatten sowie einfaches Fensterglas.

Der Wiederaufbau: 1945 bis 1960

Den Zweiten Weltkrieg hat die in den westlichen Besatzungszonen verbliebene Nutzfahrzeugindustrie leidlich überstanden. Zwar waren die Gebäude stark beschädigt oder zerstört, doch konnte immerhin mit dem Wiederaufbau begonnen werden, wobei die Ausgangsvoraussetzungen unterschiedlich waren. Das Opel-Lastwagenwerk in Brandenburg fiel für den Rüsselsheimer Stammbetrieb aus, so dass eine neue Schnelllaster-Fertigung aufgebaut werden musste. Das Krupp-Lkw-Werk unter dem Namen Südwerke war mit eingeschränkter Kapazität nach Kulmbach und

Aussichtsomnibus der MAN, 1938.

nach Bamberg ausgelagert worden. Dem Henschel-Werk als einem der großen Rüstungsbetriebe war der Fahrzeug- und Motorenbau, abgesehen von der Obus-Fahrgestellfertigung verboten worden.

Erste Omnibusmodelle in traditioneller Niederrahmenbauweise mit Hauben- oder innenstehendem Motor lieferten 1945/46 wieder die Firmen Büssing, Daimler-Benz, Magirus und MAN; eine Weiterentwicklung hatte die Alliierte Kontrollkommission untersagt. Reparationsleistungen und Materialmangel reduzierten zunächst die Fertigungskapazität, zumal auch die Motorleistung der Neubaufahrzeuge auf 100 PS beschränkt wurde. Vielfach kamen auch noch Vergaser- und Holzgasmotoren neben Dieselmotoren zum Einsatz. Auch Fahrgestelle von US-Armeelastwagen wurden für den Omnibusbau herangezogen. Die auf Anweisung der US-Besatzungsmacht neu in den Omnibusbau einsteigende Firma Krauss-Maffei entwickelte schließlich ein erstes fortschrittliches Frontlenkermodell mit einem im Heck quer stehenden Motor. Auch wenn dessen Motorkonzept - Gebläse- statt Flüssigkeitskühlung - sich letztlich als Irrweg erweisen sollte: Am Heckmotor führte auch künftig kaum mehr ein Weg vorbei. Nicht sonderlich erfolgreich waren auch die »Bimot«-Versuche von Henschel, ganz anders dagegen die Unterflurtechnik, die Büssing 1950 schließlich zur Serienreife entwickelte. Dabei war der Motor platzsparend zwischen den Achsen der Frontlenker-Omnibusse untergebracht. Darüber hinaus war hier auch wie beim Heckmotor eine Fernbedienung des Getriebes sowie eine Fernanzeige von Drehzahl und Temperatur nötig.

Nachdem schon vor dem Krieg halbautomatische Variorex- und Puls-Getriebe in Omnibusse eingesetzt worden waren, konnte ab 1953 erstmals ein vollautomatische Voith-Automatikgetriebe unter der Bezeichnung Diwabus-Getriebe in Krauss-Maffei-Omnibusse eingesetzt werden. Der Drehmomentwandler gestaltet hier einen mechanischen und hydraulischen Kraftfluss. »Bei der Fahrt in gewöhnlichen und hohen Geschwindigkeiten wird die Leistung auf dem mechanischen Weg übertragen. Beim Anfahren, bei Langsamfahrt und in stärkeren Steigungen schaltet die hydraulische Übertragung sich automatisch hinzu. Das ständige Wechselspiel der Leitung des Antriebs über den hydraulischen oder den mechanischen Weg oder über beide Wege zugleich wird gelenkt durch die Differentialwirkung eines Planetengetriebes«, erklärten damals die Techniker.

Weitere Erleichterungen bildeten nun für den Fahrer die Hilfslenkung mit Druckluft- oder Hydraulikunterstützung. Hinzu kamen verbesserte Federungen, die ein angenehmes Fahrverhalten ermöglichten. Motorunabhängige Heizungen, Klimaanlagen, Sicherheitsverglasungen und vollsynchronisierte Getriebe bei den Reise- und Überlandbussen markierten den weiteren technischen Fortschritt in dieser Zeit.

Um die Treibstoffkontingentierung zu umgehen, setzten viele Verkehrsbetriebe auf den Obus-Einsatz; 1950 gab es in der Bundesrepublik 93 Linien mit 360 Fahrzeugen und in West-Berlin drei Anlagen mit 40 Fahrzeugen. Das Netz umfasste eine Streckenlänge von 800 Kilometern.

Die nur auf kleine und mittlere Omnibusse spezialisierten Firmen wie Borgward, Ford, Hanomag und Opel verwendeten für ihre Hauben- und Frontlenker zum Teil verlängerte Rahmen der Firma E. Clerck in Wuppertal. Großen Erfolg hatte auf diesem Sektor Daimler-Benz, deren seit 1956 angebotener Kleinbus unter der Bezeichnung O 319 (sowie seine Nachfolgemodelle) die Konkurrenz aus dem Markt drängte. Darunter angesiedelt war eine neue Kategorie von Klein-Omnibussen, die mit Beginn der fünfziger Jahre aufkam. Im Anfang stand der VW-Transporter als acht- und neunsitziger Kleinbus. Der VW-Erfolg rief zahlreiche Nachahmer auf den Plan, doch keiner der Konkurrenten – ob sie nun von DKW, Gutbrod, Vidal (Tempo), Manderbach oder Ostner stammten – hatte gegen den Volkswagen-Transporter und an zweiter Stelle gegen den Ford-Transit eine Chance.

Die Transportkapazität größerer Busse verbesserten die neuen Anderthalbdecker; Ludewig benutzte dieses Patent dann vor allem für die Karossen von Linienbussen, die vorwiegend im Ruhrgebiet verkehrten. Eine weitere Lösung im Großraumtransport bildete der Gelenkbus mit einem ein- oder zweiachsigen Nachläufer, der in Konkurrenz zu den weit verbreiteten Anhängerzügen im Linien- und im Fernverkehr trat. Der erneute Bau von Doppeldeckern, die vor allem von der BVG eingesetzt wurden, lösten in bewährter Art die Transportprobleme der Großstadt. Vor allem DWM, Gaubschat und Orenstein & Koppel spezialisierten sich auf diese Art von Bussen. Die Bodengruppen stammten ausschließlich von Büssing.

Eine andere Möglichkeit, die Transportkapazität zu erhöhen, bildete der Omnibus-Zug, also der angekuppelte Anhänger. Die Firmen Peter Bauer, Drögmöller, Esselmann, Etzel, Eylert, FAKA, Grimm, Luther & Jordan, Meyer-Hagen, Miesen, Nöhrenheim, NWF, Orion, Rathgeber, Fahrzeugwerke Recklinghausen, Uerdingen sowie in der DDR Lowa Werdau boten hier ihre Anhänger mit Drehschemel- oder Achsschenkellenkung an. Bundesverkehrsminister Dr. Hans-Christoph Seebohm (1903 – 1967) kündigte schon 1953 ein Gesetz an, dass das Mitführen eines Schaffner-losen Anhängers für Neufahrzeuge ab 1958 untersagt sein würde. (Altfahrzeuge konnten bis 1960 noch genutzt werden.) Logische Folge war, dass die Verkehrsunternehmen keine Anhänger mehr bestellten, was für einige Unternehmen wie für Orion den Todesstoß bedeutete. Andere wie FAKA und Kässbohrer sahen ihre Chance jetzt im Bau von Gelenkfahrzeugen. Ludewig und später Vetter boten den Anderthalbdecker an, der zumindest die Fahrgastkapazität um 25 Prozent erhöhte. An den Bau von Doppeldeckern wagten sich mit mäßigem Erfolg erst in den 60er Jahren Neoplan und Vetter.

Da die großen Nutzfahrzeughersteller in jenen Jahren vor allem Lastwagen produzierten – und den Omnibusbau darüber vernachlässigten – nutzte eine Fülle von Karosserieherstellern die Gunst der Stunde, um die Niederrahmenfahrgestelle mit eigenen Aufbauten zu versehen. Andere, wie etwa Drauz, FAKA, Graaff, Harmening, NWF und Orion, gingen

Werbemotiv der VOMAG AG, 1938. (Foto: Christian Suhr)

Werbemotiv für den Phänomen Granit, 1953.

sogar zum Bau von kompletten Omnibussen über, wobei die wichtigsten Aggregate von den etablierten Fahrzeug- und Motorenherstellern bezogen wurden. Nicht zuletzt diese Tatsache - wie auch das Streben nach einem ausgeglichenen Verhältnis von Eigengewicht und Nutzlast – führte in den frühen fünfziger Jahren zu einer Fülle an neuen Entwicklungen. Ehemalige Flugzeugingenieure, die Erfahrungen in der Gitter- und Schalenbau – sowie in der Hydrauliktechnik besaßen, gaben den Impuls zur endgültigen Trennung von Lastwagen- und Omnibusbau. Die Firmen Orion und NWF sowie Krauss-Maffei entwickelten den »Leichtbus« mit einem Vierkant-Längsträger als tragendes Element bzw. in selbsttragender Zellenbauweise. In den leichten Stromlinienkarosserien genügte unter anderem ein nur 95 PS starker Ford-Motor, um hohe Geschwindigkeiten zu erzielen. Drauz in Heilbronn stellte ansprechend gezeichnete selbsttragende Busse mit einem Gitterrohr-Tragkörper vor. Der Firma Kässbohrer hingegen gelang der Durchbruch in der selbsttragenden Bauweise (Marke »Setra«) mit einer kompletten Gitterkonstruktion. Eine doppelte Bodengitteranlage bildet hier den Montageträger, an dem die vordere Einzelradaufhängung und die Hinterachse mit dem Hecktriebwerk befestigt sind. Gleichzeitig bot beziehungsweise bietet diese Bodenkonstruktion genügend Unterflurraum für das Gepäck. Die technisch aufwendigen Schalenbauomnibussen nach Plänen des Omnibus-Unternehmers Theodor Pekol durch das Kässbohrer-Werk, die einen höheren Nutzlastfaktor im Verhältnis zum Eigengewicht besaßen, setzten sich nicht durch. Auch Henschel-Werk schlug 1955 mit dem Typ 160 USL den Weg des Schalenbaus ein, bei dem die Bodenplatte mit dem gesamten mehrteiligen Aufbau einen röhrenförmigen Festigkeitsverband bildete. Büssing dagegen versuchte das Fahrzeuggewicht durch die Verbundbauweise zu verringern. Die Bodengruppe wurde mit dem Antriebsaggregat zu einer fahr- und prüffähigen Einheit zusammengefasst, auf die der mittragende Aufbau in sogenannter Verbundbauweise aufgesetzt wurde. Dadurch war es nach wie vor möglich, Untergruppen an verschiedene Karosseriehersteller abzugeben. Auch das Daimler-Benz-Werk bot ab 1954 mit dem auf einer Boden-Rahmenanlage aufgebauten Verbundtyp O 321 H eine ebenfalls moderne Zwischenbauweise an, die weiterhin die Abgabe von Chassis ermöglichte. Das Werk von Gottlob Auwärter (»Neoplan«), das 1953 vom Karosserie- zum eigenständigen Omnibushersteller aufgestiegen war, führte schließlich 1957 die Luftfederung bei selbsttragenden Omnibussen ein.

Um die Motorleistung ohne Erhöhung der Drehzahl oder Vergrößerung des Hubraums zu erhöhen, boten Daimler-Benz und MAN erste Triebwerke mit einer Abgasturboaufladung an, die gegenüber der Kompressoraufladung einen höheren Leistungsfaktor besitzt. Mit dem Einsatz der unkomplizierten und erheblich preiswerteren mechanischen Aufladung durch ein Rootsgebläse erhöhte die Firma Hanomag die Leistung ihrer Viertaktdieselmotoren. Krupp nutzte ebenfalls ein Rootsgebläse zur Spülung und zur Leistungssteigerung bei seinen Zweitaktdieseln.

Völlig misslungen war dagegen der Versuch des Klatte-Werkes, 1953 durch Hydraulikmotoren in den Radnaben ein völlig neues Antriebskonzept zu entwickeln.

Die Entwicklung von Hochleistungsdieseln und Automatikgetrieben drängte schließlich auch den Obus im Gebiet der Bundesrepublik immer weiter zurück.

Webemotiv für den Kässbohrer-Anhängerzug, 1953.

Werbemotiv für den Kässbohrer-Gelenkzug, 1954.

Werbemotiv für den Krauss-Maffei-Stromlinienomnibus, 1954.

Einen der größten Exportaufträge der Nachkriegszeit konnten die Firmen Daimler-Benz, Henschel und MAN im Jahre 1952 ergattern. Das südamerikanische Land Argentinien bestellte 700 Obusse zur Ausstattung des Verkehrsbetriebes in Buenos Aires. Unter der Führung der Exportfirma Ferrostaal AG Essen und unter Einsatz des Obus-»Papstes« (inzwischen) Oberingenieur Heinrich Mayer-Oberg (von Henschel) konnte der Großauftrag zur Lieferung von 700 Obussen für den Stadt- und Vorortverkehr in der Metropole abgeschlossen werden: Daimler-Benz übernahm das Los von 350 Fahrzeugen. Henschel steuerte 175 Unterbauten bei, die von Drauz und NWF karossiert wurden. Das dritte Los von weiteren 175 Exemplaren erhielt MAN; Kässbohrer und Rathgeber erstellten hier die Karosserien. Ebenfalls großes Aufsehen erregte Kässbohrer mit den Luxusomnibussen »Golden und Silver Eagle« für eine amerikanische Transportgesellschaft. Erstmals wurden hier nach dem Krieg wieder aufgeladene Motoren mit 240 und 275 PS eingesetzt.

Die Ära der Vereinheitlichung: 1960 bis 1970

Die neuen Bestimmungen der StVZO vom 31. März 1956, die für Neufahrzeuge am 1. Januar 1958 und für alle übrigen Fahrzeuge am 1. Juli 1960 in Kraft traten, schrieben eine verkehrsgerechtere Motorleistung von mindestens sechs PS pro Tonne Gesamtgewicht vor; der Anhängerverkehr sowie die nach dem Krieg wieder zugelassenen Mittelsitze wurden verboten. Der Zweiachs- und Dreiachs-Omnibus durften anstelle von 16 und 24 Tonnen nur noch auch ein Gesamtgewicht von 12 und 18 Tonnen

Werbemotiv zum DKW-Kleinbus, 1954.

kommen, was die Leichtbauweise förderte. Für den Gelenkbus wurden ein Gesamtgewicht von 20 Tonnen und eine Länge von 15 Metern vorgeschrieben. Aufgrund dieser Bestimmungen erwies sich der Bau von Anderthalbdeckern und von Gelenkbussen mit maximal 15 Metern (ab 1956), 16,5 Metern (ab 1960) und ab 1965 mit 18 Metern Gesamtlänge als Lösung für den Massentransport im Linienbus. Das vorgeschriebene Verhältnis, dass das Eigengewicht des Fahrzeugs zum Fahrgastgewicht gleich sein müsse, trieb hier die Fahrzeughersteller zur Leichtbauweise an. Eine Ausnahmegenehmigung erlaubte das Überschreiten des zulässigen Gesamtgewichtes im Spitzenverkehr um 10 Prozent. Das Ludewig-Werk leistete im Bau von Anderthalbdeckern für den Linienverkehr Pionierarbeit. In der Fertigung von Gelenkbussen engagierten sich die Firmen DÜWAG, Emmelmann, Kässbohrer sowie später Ludewig und Vetter. Im Reiseomnibusbereich nahm die verstärkte Entwicklung des Hochdeckers mit dem großen Unterflurkofferraum Fahrt auf.

Mitte der sechziger Jahre hatte sich der Unterflurmotor als Standard im Linienbus durchgesetzt. Einzig das Magirus-Deutz-Werk blieb, bedingt durch die V-Motoren, weiterhin bei dem am Getriebe angeflanschten Heckmotor. Der Daimler-Benz-Typ O 317 mit seinem Einheits-Unterflurtriebwerk konnte dabei dem Büssing-Werk, das als Unterflur-Pionier fünf verschiedene Triebwerke anbot, den Rang ablaufen. Auf Anregung der Hamburger Hochbahn AG als einem der größten Linienbusunternehmer in Deutschland entwarf seit 1959 der Verband Öffentlicher Verkehrsbetriebe (VÖV) einen Standardlinienbus, um die Anschaffungs- und Betriebskosten zu senken. Ein einheitlicher Elf-Meter-Wagenkörper mit einer sphärisch gewölbten Frontscheibe, ein Mittelgang ohne Stufen und ein Heckantrieb bildeten mit einer einheitlichen Elektrik die grundlegenden Größen dieses Fahrzeugs. Das Lastenheft schrieb eine Vereinheitlichung der Verschleißteile, eine Motorleistung von mindestens 150 PS und eine Sitz- und Stehplatzzahl von 44/61 bzw. 37/78 vor. Auch eine 11,7-Meter-Standard-Überlandversion (SÜ-Typ) wurde nach gleichen Prinzipien entworfen. Auffälligstes Unterscheidungsmerkmal war hier die spiegelungsfreie, plastisch herumgewölbte Frontscheibe, die später auch auf die Stadtlinienbusse übertragen wurde. Die Bodenhöhe war um 16 cm erhöht, um einen durchgehenden Unterflurkofferraum zu gewinnen.

Es dauerte bis 1968, erst dann bot Büssing einen VÖV I-Bus an - zwar als erstes Unternehmen überhaupt, aber doch zu spät, um wieder die früher überragende Position als Anbieter von Stadt- und Linienbussen zu erreichen. Wenig später folgten mit leichten Detailänderungen an der Einheitskonstruktion die Firmen Daimler-Benz, Magirus-Deutz und MAN. Die Bodengruppen dieser Fahrzeuge nutzten verschiedene Karosseriebaufirmen dann für eigene Aufbauten, während Auwärter/Neoplan und Kässbohrer eigenständige Konstruktionen in leichter Anlehnung an die Standard-Vorschriften als Alternativen anboten. Die Motorleistungen der Einheitsfahrzeuge stiegen von 150 auf 200 PS. Während an der Vorderachse, je nach Anbieter, Starrachsen oder Einzelradaufhängung zu finden waren, herrschte an der Hinterhand Einigkeit: In der Regel kam eine Außenplanetenachse zum Einsatz, die zwar viel Bodenfreiheit bot und unempfindlich gegenüber den beim Anfahren und Bremsen auftretenden Kräften war, aber sich als technisch aufwendig, teuer und lärmintensiv erwies.

Im Bau von Reiseomnibussen boten ab Mitte der sechziger Jahre die Unternehmen Hochbodenfahrzeuge, Stufenhochdecker, Hochdecker und Doppelstock-Omnibusse an. Auwärter/Neoplan führte 1967 dabei den Dreiachser wieder ein, der durch die hintere Schleppachse größere Gewichte aufnehmen kann. Auch Kässbohrer ging 1972/73 zum Solo-Dreiachser (»Imperial«) über.

Fusionen und Firmenkonzentrationen: 1970 bis 1990

Das Jahr 1971 brachte das Ende der Selbständigkeit des traditionsreichen Büssing-Werkes, das nun vom MAN-Werk weitergeführt wurde. Die Konzentration im Nutzfahrzeugbau hatte somit inzwischen nur noch die Firmen G. Auwärter, Daimler-Benz, Kässbohrer, Magirus-Deutz und MAN sowie die nahmhaften Aufbauten-Hersteller E. Auwärter, Drögmöller, Göppel, Ludewig, Vetter und Waggon Union übriggelassen.

Auf Anregung des Bundesministeriums für Forschung und Technologie wurden in den siebziger Jahren verschiedene Antriebsmöglichkeiten erprobt, wenn sich auch schließlich, was von vorne herein zu erwarten war, der Dieselmotor als das wirtschaftlichste und immer noch umweltverträglichste Antriebsmittel behaupten konnte. Die Arbeitsgemeinschaft MAN, Bosch, RWE und Varta entwickelte elektrisch angetriebene Stadtbusse mit einem Batterieanhänger. Dem Vorteil des stufenlosen Fahrens und der (vernachlässigbaren) Energierückgewinnung standen hier der gewaltige

Entwurf eines Anderthalbdeckers der Linke-Hofmann-Busch-Werke, 1954.

schaltungstechnische Aufwand und der geringe Aktionsradius von 50 km gegenüber. Für die verbliebenen Obus-Betriebe in Kaiserslautern (Einstellung im Jahre 1985), Esslingen und Solingen sowie für den Export wurden neue Fahrzeuge entwickelt, die mit Tandemmotoren mit Schützen- und Nockensteuerung ausgerüstet wurden. Ein diesel- oder batterieelektrischer Hilfsantrieb kam in diesen Fahrzeugen hinzu. Als weitere Alternative wurden Linienbusse mit Erdgasmotoren von Daimler-Benz und MAN hergestellt. Ein höherer technischer Aufwand und ein höherer Treibstoffverbrauch stehen auf deren Minus-Seite, wenn auch die Abgaswerte sehr günstig sind. Allerdings erwies sich letztlich die Weiterentwicklung des

Werbemotiv für den selbstragenden Magirus-Deutz O 6500, 1952.

Werbemotiv für die Henschel-Linienbusse, 1958.

Diesels mit Abgasturboaufladung und Ladeluftkühlung, Resonanzaufladung und Drucklufteinblasung (jeweils MAN) als einzig ökologisch und ökonomisch interessante Antriebstechnik - zumal diese mit intensiven Bemühungen zur Geräuschkapselung und Schadstoffminderung einherging.

Gegen Ende der siebziger Jahre erfuhr der Gelenkbusbau einen weiteren Impuls. Vetter stellte, in Zusammenarbeit mit Daimler-Benz, nach einem Schubgelenktyp mit einachsigem Vorläufer, ein dann in traditioneller Bauart gefertigtes Modell mit einem angetriebenen, einachsigen Nachläufer vor. Durch die Verlegung des zunächst zwischen den Achsen liegenden Unterflurmotors in das Heck konnte die Bodenhöhe des Fahrzeugs gesenkt werden. Die Hamburger Hochbahn AG entwickelte in ihrem fahrzeugtechnischen Betrieb »Fahrzeugwerke Falkenried GmbH (FFG)« für das Daimler-Benz-Werk dann einen derartigen Schubgelenkbus (auch Pusher genannt) mit einer Knickwinkelsteuerung, der sich dann in modifizierter Form durchsetzen konnte.

Magirus-Deutz stellte kurz vor Aufgabe des Omnibusbaus im Jahre 1981 einen noch in wenigen Exemplaren gebauten Gelenkbus mit Heckmotor und Antrieb auf die Mittelachse her. Auch Kässbohrer, das seit 1959 Gelenkbusse mit dem Unterflur-Mittelachsantrieb fertigte, erweiterte sein Programm 1983 um eine Schubgelenkversion, ebenso Auwärter/Neoplan. Deren Reisedoppeldecker-Gelenkbus hatte inzwischen die Antriebseinheit im Heck. MAN bot nach dem eigenen und dem vom Büssing-Werk übernommenen Gelenkbus mit dem Unterflur-Mittelachsantrieb seit 1985 auch einen Schubgelenkbus an, der die konventionellen Modelle schließlich verdrängte.

Mit einem vollkommen neuen Sitzplatzkonzept erschienen Ende der siebziger Jahre die »Spaceliner«- und »Royal«-Reisebusse der Firmen G. Auwärter und Kässbohrer. Bei diesen Hochdeckern saß der Fahrer in einem separaten Unterflurcockpit unterhalb des bis zur Frontscheibe reichenden Fahrgastbodens. Auch Göppel übernahm dieses Konzept für seine »Helicon«-Modelle auf MAN-Basis. Nur für den Export entstand bei Auwärter zu dieser Zeit ein Reise-Vierachser; erst seit 1995 kann der Vierachser auch in der Bundesrepublik zugelassen werden. Dreiachsige Reisedoppeldecker bot mit Beginn der achtziger Jahre das Vetter-Werk an. Auch das Kässbohrer- und das seit 1965 immer stärker eigenständig im Omnibusbau tätige Drögmöller-Werk fertigten jetzt Reisedoppeldecker.

Ebenfalls gegen Ende der siebziger Jahre stellte die FFG auf Anregung des »Lenkungsausschusses Busvereinheitlichung« des Verbandes öffentlicher Verkehrsunternehmen (VÖV), privater Unternehmen und der Bundesbahn mit Fördermitteln des Bundesministeriums für Forschung und Technologie die erste Studie für den Nachfolger des VÖV I-Busses unter der Bezeichnung S 80 vor. Das 11,8-Meter-Fahrzeug entstand in konsequenter Kastenform mit einer plastisch gewölbten Frontscheibe und einem 240-PS-Heckunterflurmotor. Mitte der achtziger Jahre begann dann die Ablösung des 16 Jahre alten VÖV I-Typs bzw. des Einheits-Überlandtyps durch den VÖV II-/Ü 80-Typ. Auch der Berliner Doppeldecker wurde durch ein diesen Modellen angeglichenes Fahrzeug ersetzt. 1988 wurden den VÖV II-Solo- und Gelenkfahrzeugen der Niederflurtyp mit nur 30 cm Einstiegshöhe gegenübergestellt. Diese Konstruktionen von Daimler-Benz und MAN setzten sich mehr und mehr durch, zu überzeugend waren die Vorteile dieses Konzeptes. Um das Fahrzeuggewicht zu senken und um dadurch einen schwächeren Motor verwenden zu können, entwickelten G. Auwärter/Neoplan und Kässbohrer neuartige Linienbusse. Das im französischen Kässbohrer-Werk hergestellte Modell besaß eine korrosionsfreie und recycelbare Leichtmetallkarosserie, während Auwärter den »Metroliner im Carbondesign« entwickelte, der als Schalenbautyp kohlefaserverstärkte Kunststoffteile nutzt.

Im verschwindend geringen Obus-Bereich setzten Ende der achtziger Jahre die DUO-Busse der (inzwischen umbenannten) Mercedes-Benz AG den Trend. Die technisch extrem aufwendigen und teuren Fahrzeuge besitzen einen Elektroantrieb für die innerstädtischen Oberleitungsstrecken sowie einen Dieselmotor, um flexibel auf außerörtlichen Strecken fahren zu können. Weitere DUO-Version von G. Auwärter und MAN mit einem diesel-elektrischen sowie mit einem Kreiselantrieb (und Energierückgewinnung beim Bremsen) folgten.

Im Osten wenig Neues: 1945 bis heute

In der DDR verlief die Entwicklung im Nutzfahrzeugbau ganz anders als im Westen. Nach 1945, während der ersten Phase der Enteignungen und Demontagen, sicherten kleine Privatbetriebe unter großen Mühen die Ersatzteilversorgung und die Reparaturmöglichkeiten. 1947 erfolgte die Bildung der Verwaltung Volkseigener Betriebe, Industrieverband Fahrzeugbau (VVB IFA) und Loren- und Waggonbau (VVB Lowa) durch die inzwischen gebildete Deutsche Wirtschaftskommission (DWK). Mit Gründung der DDR wurde daraus das Ministerium für Maschinenbau, das 1952 in »Ministerium für Transportmittel und Landmaschinenbau, Hauptverwaltung Fahrzeugbau« in Berlin umbenannt wurde. Die Lenkung und die Durchführung der von der Staatlichen Plankommission vorgelegten Fertigungspläne oblagen diesem Ministerium. Die Umsetzung litt aber erheblich unter den Bedingungen des Kalten Krieges. Durch die »Gegenblockade« des Westens in Reaktion auf die »Berliner Blockade« war der Zugriff auf Spezialteile westlicher Hersteller unterbunden.

1952 bestand die VVB IFA aus 40 Werken mit 30.000 Mitarbeitern für die Pkw-, Nutzfahrzeug- und Schlepperfertigung. Das ehemalige Auto Union-Werk in Chemnitz bildete die organisatorische Stütze. In den sechziger Jahren wurden die inzwischen gebildeten IFA-Kombinate »Nutzkraft-

Prospekttitel für den H 6 B. 1958. (Smlg. R. Weinreich)

Reisebus Fleischer S 2 aus dem Jahr 1961. (Foto: Ralf Weinreich)

wagen« mit anderen Kfz-technischen Kombinaten dem Ministerium für Allgemeinen Maschinen-, Landmaschinen- und Fahrzeugbau unterstellt.

Erste Obusse mit noch vorhandenen Henschel-Fahrgestellen baute das verstaatlichte Werdauer Schumann-Werk, das einst als Hauptlieferant die Reichspost und die KVG Sachsen mit Karosserien versorgt hatte, auf. Die acht Obus-Betriebe in der SBZ/DDR und in Ost-Berlin erhielten diese Modelle und kamen damit auf einen Bestand von 50 Fahrzeugen. Weitere Werdauer Obusse wurden nach Polen geliefert. Nachdem keine Henschel-Fahrgestelle mehr zur Verfügung standen, entwickelte der nunmehrige VEB Ernst Grube eine eigene Omnibuskonstruktion, wobei zunächst noch vorhandene Maybach-Panzermotoren verwendet wurden. Der Versuch, nach Büssing-Lizenzen einen Omnibus mit einem modernen Unterflurmotor in Serie zu bauen, musste aufgegeben werden. In Trambusbauart fertigte das Unternehmen dann in den fünfziger Jahren das Standardmodell H6B. Mit der Spezialisierung und der Produktionsaufteilung im Rahmen des Rates für gegenseitige Wirtschaftshilfe (RGW), der dem ungarischen Ikarus-Werk die Omnibusfertigung zuteilte (wenn auch im Prinzip sich kein Ostblockland an diese Bestimmungen hielt) musste der inzwischen völlig aus der Zeit gefallene Werdauer Lkw- und Omnibusbau eingestellt werden.

Der VEB Waggonbau Bautzen erstellte von 1952 bis 1959 mittlere Frontlenkeromnibusse mit dem Standard-3-Tonnen-Lkw-Fahrgestell. Daneben fertigte das Werk große Frontlenkeromnibusse mit nachgefertigten VOMAG-Motoren sowie Hauben-Doppeldecker für die BVG-Ost. Das verstaatlichte Phänomen-Werk in Zittau konnte ab 1949 wieder den Bau von mittleren Omnibussen mit luftgekühlten Motoren aufnehmen. Der ab 1957 unter der Bezeichnung VEB Robur-Werke geführte Betrieb bot dann ein Frontlenkermodell an, das bis 1990 als Einheitsmodell gefertigt wurde.

Trotz der Restriktionen des RGW gelang es einzig dem privaten Fritz Fleischer-Karosseriewerk in Gera, selbsttragende Reise- und Linienbusse als »Reparatur-Umbautypen/RU« zu entwickeln und in beachtlichen Stückzahlen bei größten staatlichen Beeinträchtigungen herzustellen.

Das VEB Barkas-Werk in Hainichen dagegen hatte 1952 die Fertigung des Kleinbusses auf der Basis des Kriegslieferwagens aufgenommen und bot ab 1961 einen Kleinbus auf Transporter-Basis an.

Nach dem Ende der DDR schafften lediglich einige Großreparaturwerke und Karosserie-Instandsetzungswerke (KIW) in Altenburg, Dresden, Ehrenhain, Gera, Güstrow, Plauen und Rostock mit teilweiser Hilfe der beiden Auwärter-Werke die Wende.

Erneute Auslese
Konzentration und Verlagerung der Produktion in Billig-Lohnländer

Mit Beginn der neunziger Jahre waren im Westteil der Bundesrepublik von den einst zahlreichen Omnibusfahrgestell- oder Omnibus-Komplettherstellern nur noch die Firmen G. Auwärter, Drögmöller, Kässbohrer, MAN, Mercedes-Benz und Vetter, die Kleinbushersteller Ford und VW sowie die Karosseriehersteller E. Auwärter, Göppel, Voll (mit Fiat-Fahrgestellen) und Waggon Union übriggeblieben.

Eine weitere Konzentration im Bereich der Omnibushersteller trat seit den 90er Jahren ein: Mercedes-Benz (ab 1998 unter dem Namen DaimlerChrysler) übernahm 1995 die Kässbohrer-Omnibusfertigung. Drögmöller geriet 1994/95 unter die Fittiche des schwedischen Nutzfahrzeugherstellers Volvo und verschwand als deutsche Marke sowie als Produzent. Schließlich verlor Neoplan 2001 seine Eigenständigkeit; die Münchener MAN gliederte diese Marke ihrem Produktionsbereich ein. Neben den Firmen Göppel, Koch und Kowex waren der Ernst Auwärter-Karosserie- und Fahrzeugbau mit seinem Ableger EA KFB Gera als letzter individuell fertigender Aufbautenhersteller übriggeblieben. Aber auch sie ereilten die unerbittlichen Gesetze des Marktes. Die Ernst Auwärter-Tochtergesellschaft EA KFB Gera schied 2004 aus; im nahegelegenen Weida etablierte sich allerdings die TS Fahrzeugtechnik, die einen Teil der Mitarbeiter übernahm und sich erfolgreich als letzter eigenständiger deutscher Hersteller auf den Bau der Kleinbusse spezialisiert hat. Ernst Auwärter als letzter bedeutender klassischer Omnibusbauer musste 2005 nach gerade 100-jährigem Bestehen aufgeben; die Fortführung durch einen österreichischen Klein-Omnibushersteller erwies sich rasch als aussichtslos. Die Göppel Bus GmbH, seit 2006 in Ehrenhain-Nobitz ansässig, entwickelte mit Bundes-Zuschüssen Omnibus-Züge, musste aber 2014 aufgeben. Der Sprinter-Konfektionär Koch in Mudersbach ging im Mercedes-Benz-Konzern als Spezialhersteller für die »Sprinter«-Kleinbusse auf. Kowex stellte 2015 den Bau von Mini- und Midi-Bussen ein. Der Versuch einiger Neoplan- und MAN-Führungskräfte, eine neue Omnibusmarke aus dem aufgelösten Neoplan-Werk in Pilsting ins Leben zu rufen, endete innerhalb weniger Jahre im Fiasko.

Aber auch DB und MAN mussten sich umstellen. Ihre Montage der Omnibusse wurde weitgehend ins Ausland verlagert. Die Daimler AG nutzt seit 2016 komplett das türkische Werk für den Bau der Reisebusse. Einzig die Linienbusse werden weiterhin in Sindelfingen und in Frankreich hergestellt. Die Tochtermarke Setra ist als einziger Reisebushersteller in der Bundesrepublik verblieben. MAN hat die Linienbus-Produktion in das polnische Zweigwerk, die Reisebus-Produktion in das türkische Zweigwerk verlagert, wo auch die Neoplan-Reisebusse montiert werden.

(Foto: Ralf Weinreich)

ABAM

Allgemeine Betriebs-AG für Motorfahrzeuge (ABAM),
Köln, Poststr. 26;
Köln-Zollstock, Vorgebirgsstr. 113 u. Wolfstr. 1 A
1898-1905

Die Allgemeine Betriebs-AG für Motorfahrzeuge (ABAM) war eine Gemeinschaftsgründung der Ehrenfelder Waggonfabrik, Herbrand & Co., der Kölner Akkumulatoren-Werke Gottfried Hagen und der Kölner Elektricitäts-AG, vorm. Louis Welter. Es bediente sich der Patente der französischen Firma Kriéger und fertigte leichte Kraftwagen, darunter auch elektrisch angetriebene Lastkraftwagen und Omnibusse. Die Besonderheit des Kriéger-Systems bestand darin, dass jedes Vorderrad von einem seitlich schwingend aufgehängten Elektromotor angetrieben wurde was ein Differntial bei einem Motor ersparte. Die je 1,5 bis 1,8 kW (kurzzeitig 8,8 kW) starken Motoren konnten in Reihenschaltung zum Anfahren und in Parallelschaltung zum Fahren bei konstanter Geschwindigkeit eingestellt werden, genug für eine Höchstgeschwindigkeit von 18 km/h. Die Lenkung erfolgte über ein Achsschenkelsystem, die Lenkstange verfügte über einen waagrechten Griff. Eine Spezialität war der Bau von Briefträger-Omnibussen, die allerdings 2,6 Tonnen wogen, wobei die Batterie alleine schon mit 876 kg zu Buche schlug. Konstruktion und Patente übernahm 1905 die Firma NAMAG.

2x1,8-kW-ABAM Briefträgeromnibus, 1904.

2x1,8-kW-ABAM Aussichtsomnibus, 1904.

ABOAG

Allgemeine Berliner Omnibus Actien-Gesellschaft (ABOAG),
Berlin-Gesundbrunnen, Jasmunder Str. 2
1897 u. 1913-1920 u. 1928/29

Die 1868 gegründete Berliner Omnibusgesellschaft (sie firmierte 1909 als ABOAG) ließ 1897/98 in ihrer Fahrzeugwerkstatt auf Anregung von Frederic Simms, dem englischen Bosch-Vertreter, einen elektrisch angetriebenen Omnibus bauen. Dessen Basis bildete ein Pferdeomnibus, der neben dem Wöhlert'schen Dampfomnibus als erster Motor-Omnibus in Berlin gelten darf. Die Akkumulatoren des ABOAG-Elektrobusses stammten von der Firma Gülcher Akkumulatoren-Fabrik GmbH in Berlin-Moabit. Den elektrischen Antrieb konstruierte und baute die Union-Elektrizitäts-Gesellschaft, die später mit der AEG fusionierte. Nach der Jahrhundertwende zeigte sich die ABOAG zunehmend unzufrieden mit dem Bus-Angebot auf den Markt, daher griff die Omnibusgesellschaft zur Selbsthilfe und fertigte in der ABOAG-Hauptwerkstatt (Jasmunder Straße) Fahrgestelle, während in der Zentralwerkstatt (Köpenicker Straße) 50-sitzige Karosserien nach Plänen des ABOAG-Generaldirektors Robert Kaufmann (1873 – 1943)

35-PS-ABOAG RK-Typ, Nachbau 1976. (Foto: BVG)

entstanden. In den Jahren 1913 bis 1920 erschien eine größere Anzahl Decksitzomnibusse mit 35 PS und der Baumuster-Bezeichnung »RK«. Die Fahrgestelle bestanden aus stahlarmierten Eschenholzkonstruktionen. 1916 folgte eine weitere Serie von zehn Exemplaren mit 45 PS und Kardan-Ritzelantrieb. Diese »RK«-Type musste auf Anforderung der ABOAG in den Jahren 1921 bis 1924 in je 70 Exemplaren von NAG und Büssing auf ihren Chassis KO 8 und III G nachgebaut werden.

Um auch auf fremde Rechnung arbeiten zu können, wurde am 1. Mai 1920 die ABOAG-Zentralwerkstatt in eine selbstständige Tochtergesellschaft umgewandelt. Die neu formierte Wagenbauwerke GmbH in Berlin-Kreuzberg, Vor dem Schlesischen Tore 1 und in der Eichenstraße 4, empfahl sich in ihren Prospekten als »Spezialfabrik für Autobuskarosserien nach bewährter Holzbiegekonstruktion«. Die ABOAG bediente sich vor allem der Fahrgestelle von Büssing und NAG. Auch die erste ABOAG-Dreiachs-Doppelstock-Karosserie für 82 Fahrgäste (»Jumbo«) von 1927/1928 wie auch der Eineinhalbdeckaufbau mit Kofferraum unter den hinteren Hochsitzen (ABOAG-Nr. 329) nutzten Büssing VI GLn (6x4) Niederrahmenfahrgestelle. Hinzu kam 1931 noch ein Ausflugsbus mit Rollverdeck auf Büssing-NAG-Chassis 80 N (6x4). Der für die BVG gebaute Wagen besaß einen Maybach-V-Zwölfzylinder-Ottomotor DSO 8 mit 150 PS und verfügte über 43 Sitzplätze.

Im Jahre 1928 stellten die Wagenbauwerke unter Leitung von Oberingenieur Karl Gustav Garsztka ihren ersten Frontantriebs-Doppeldecker-Omnibus nach Patenten von Oberingenieur Richard Bussien (1888 – 1976) (Voran Automobilbau AG) her. Das Drehmoment des Maybach-Sechszylinders OS 5 (105 PS) übertrug ein Dreiganggetriebe samt Schneckenantrieb und Kardangelenken auf die Vorderräder. Zwei übereinander liegende Querblattfedern stützten die Vorderachshälften ab. Der Motor selbst saß auf einem Schlitten im Maschinenraum und ließ sich zu Wartungsarbeiten nach vorne herausziehen. Die Hinterräder waren einzeln am Rahmen der halbselbsttragenden Ganzstahl-Karosserie befestigt. Die RKV-Busse besaßen oben und unten zwei Sitzreihen für jeweils 32 und 27 Personen.

105-PS-ABOAG RKV Frontantriebs-Linienbus, 1928.

Doppelstockbus Do 54, 1956. (Foto: Ralf Weinreich)

Zwei RKV-Wagen (ursprünglich ABOAG-Nummern 974 und 980) taten ihren Dienst in Berlin, ein weiters Fahrgestell wurde an die Londoner Transportgesellschaft abgegeben. Im Dauergebrauch stellte sich jedoch heraus, dass die Lenkarbeit bei dem Frontantriebsaggregat den Fahrer überforderte, so dass der Serienbau unterblieb.

Die ABOAG ging Ende der zwanziger Jahre mit einigen anderen Berliner Verkehrsunternehmen (Busbetriebe, Straßen- und Hochbahngesellschaften) in der Berliner Verkehrs-Gesellschaft (BVG) auf. In den Jahren bis zum Zweiten Weltkrieg war das Unternehmen in erster Linie für den Verkehr in der Reichshauptstadt zuständig, revolutionäre Busentwürfe entstanden in Berlin nicht mehr.

Der Neustart nach 1945 war schwierig, die Situation in der geteilten Stadt dramatisch. Die ehemaligen ABOAG-Werkstätten lagen im Ostteil Berlins. An den Bau neuer Omnibusse war erst wieder zehn Jahre nach Kriegsende zu denken: 1953/54 bezogen die Berliner-Verkehrs-Betriebe Ost (BVB) das damalige OLW-Omnibus- und Lastkraftwagenwerk Treptow (frühere BVG-Bus-Hauptwerkstatt) in die Konzeption und Herstellung der neu entwickelten Hauben-Doppelstockbusse Do 54, später Do 56 mit ein. Grundlagen der Do 54/56-Familie waren der 120 PS leistende Reihensechszylinder-Diesel EM 6-20 des VEB LOWA-Horch H6-Lkw aus Werdau/Sachsen, die unveränderte Vorderachse des H6B-Frontlenker-Busses und dessen modifizierte, zwillingsbereifte Hinterachse. Diese Busse verfügten unten über 24 und im Oberdeck über 28 Sitzplätze. Hinzu kamen im Unterdeck sechs und auf der Heckplattform 12 beziehungsweise 14 Stehplätze. Die 9,8- und 10,0-Meter-Serienwagen hatten vorn eine Schiebetür und hinten zwei Falttüren (Doppelfalttür). Die Herstellung der speziellen Niederrahmen einschließlich der Radbögen und Hilfsträger für den Motor erfolgte beim VEB Waggonbau Bautzen. Die fahrfähigen Chassis wurden per Bahn nach Ost-Berlin überführt und im OLW karossiert. Die Aufbauten der Do 54-Typen bestanden aus Eschenholz und Flachstahl. Für den Do 56 entwickelte man eine Stahlleichtbau-Karosserie. Ab Sommer 1957 erfolgte die Busproduktion komplett in Bautzen. Äußerlich unterschieden sich die Do 54 und Do 56 einzig in der Gestaltung der Frontpartie.

ABOAG

Typ	Sitzplätze/ Stehplätze	Bauzeit	Zylinder	PS	K	B x H mm	Hubraum cm³	Drehzahl U/min	Radstand mm	Länge mm	Gewicht kg	Motor-hersteller	Typ	M	Bemerkungen
RK	42/8	1913	4	35	W	105x165	5712	1100			4800	ABOAG		V	
RK	36/6-14	1916 u. 1919-20	4	35	W	105x165	5712	1100	4185	8000	5460	ABOAG		V	
Typ RKV	51/13	1928 + 29	6	100	W	94x168	6995	1900	4600	9350	6240	Maybach	OS 5	V	Frontantriebs-Modell, auch 64/4 Plätze
RK N	37/0	1976 + 87	4	70	W	90x110	2799	2800	4050	7600	4130	Hanomag	D 28 LA	D	Reko-Typ, Roots-Gebläse

Adler

Adlerwerke, vorm. Heinrich Kleyer AG,
Frankfurt a. Main, Höchster Str.
190 -1914 und 1931-1939

32/40-PS-Adler Aussichtsomnibus mit ansteigendem Boden, 1913.

Der Darmstädter Fabrikantensohn Heinrich Kleyer (1853 - 1932) gründete nach Wanderjahren in den USA mit einem Kompagnon im Jahre 1880 eine kleine Maschinenfabrik samt angeschlossener Fahrradhandlung in Frankfurt a. Main. Wenig später begann er die Eigenfertigung von Hoch- und Niederrädern sowie die Herstellung von Schreibmaschinen. Beide Produktionszweige machten das Unternehmen unter dem 1886 eingeführten Markennamen »Adler« rasch bekannt. 1895 erfolgte die Benennung des Unternehmens in »Adler Fahrradwerke, vorm. Heinrich Kleyer AG«, nachdem das Werk in eine Aktiengesellschaft umgewandelt worden war. Heinrich Kleyer, 1905 zum Königlich Preußischen Kommerzienrat und 1911 zum Dr.-Ing. h. c. ernannt, war von 1895 bis 1923 – die Hyperinflation hatte sein Vermögen weitgehend vernichtet – Generaldirektor Generaldirektor und schließlich bis zu seinem Tode Aufsichtsratsvorsitzender des inzwischen in »Adlerwerke« umbenannten Unternehmens.

Automobile baute Kleyers Werk seit 1899, Nutzfahrzeuge kamen 1907 hinzu. Praktisch seit dieser Zeit war Adler auch im Busbau vertreten. Das Werk setzte 8- und 10-sitzige Hotelomnibusse auf Leichtlastwagenfahrgestellen, denen sich 1910 ein 20-sitziger Omnibus auf dem Dreitonnen-Fahrgestell mit einem 18/20-PS-Motor anschloss. Schließlich folgte noch 1913 ein 14-sitziger Aussichtsomnibus mit 35/40 PS.

Nach dem Ersten Weltkrieg lief der LKW-Bau noch für kurze Zeit weiter, aber von regulären Omnibussen konnte keine Rede mehr sein. Bis zum Zweiten Weltkrieg entstanden lediglich einige wenige Zubringer- beziehungsweise Hotelomnibusse auf verlängerten Pkw-Fahrgestellen. Unter diesen Modellen verdient vor allem ein 1931 vorgestelltes Modell mit Buhne-Karosserie auf Basis des Adler Standard 8 Beachtung. Nach dem Zweiten Weltkrieg wurde ein Großteil der Maschinen zugunsten der Sowjetunion demontiert. Der 1948 aus der Haft entlassene vormalige Wehrwirtschaftsführer und Generaldirektor Emil Hagemeier entschied sich gegen die Wiederaufnahme der Pkw-Produktion. Die Montage von Fahr- und Motorrädern endete in den fünfziger Jahren. Adler konzentrierte sich ganz auf den Schreib- und Büromaschinenbereich und gehörte, nach einem kurzen VW-Intermezzo, bis 1993 zur italienischen Olivetti-Gruppe. In den architektonisch interessanten Gebäudeanlagen der heutigen Adler Real Estate etablierte sich seitdem ein Büropark.

50-PS-Adler Gesellschaftswagen, 1908.

32/45-PS-Adler Überlandbus, 1913.

ADLER

Typ	Sitzplätze/ Stehplätze	Bauzeit	Zylinder	PS	K	B x H mm	Hubraum cm³	Drehzahl U/min	Radstand mm	Länge mm	Gewicht kg	Motor-hersteller	Typ	M	Bemerkungen
Adler	10	1908	4	50	W	130x140	7429	1400				Adler		V	
Adler	8	1909	4	11/18	W	90x135	3433	900				Adler		V	
Adler	20	1910	4	18/20	W	114x160	6529	1000				Adler		V	
Adler	14	1913	4	35/40	W	114x160	6529	900				Adler		V	
L 2,5/35	20	1913 - 14	4	35	W	110x140	5319	900	4200			Adler		V	
Standard 8		1931	8	80	W	75x110	3861	3200	3325			Adler	3 G	V	

AEG

Allgemeine Elektrizitäts-Gesellschaft (AEG),
Berlin-Oberschöneweide NW 40,
Westendstr. 1 - 5 und Friedrich-Krause-Ufer 2/4
1899-1905

Geheimrat Emil Rathenau (1838 – 1915), Gründer und Generaldirektor der AEG, begann sich um die Jahrhundertwende für den Automobilbau zu interessieren. Erste Versuche wurden im neuen AEG-Kabelwerk in Berlin-Oberschöneweide unternommen, einfacher erschien aber die Übernahme einer erprobten Automobilkonstruktion zu sein. Daher erwarb die AEG 1900 die Allgemeine Automobil-Gesellschaft (AAG, gegründet 1899) mit einer Pkw-Konstruktion von Prof. Georg Klingenberg. 1901 gründete die AEG eine neue Firma, die NAG – Neue Automobil-Gesellschaft mbH, anfänglich als Verkaufsorganisation für die von der AEG im Werk Oberschöneweide produzierten Motorfahrzeuge. Schließlich erwarben Rathenau und die AEG 1902 noch die Motorwagen-Abteilung und Patente der Berlin-Charlottenburger Firma Kühlstein-Wagenbau, darunter auch einige Elektrofahrzeug-Konzeptionen.

1903 präsentierte AEG/NAG einen Decksitzbus mit Aufbau der Waggonfabrik Falkenried in Hamburg, vermutlich ein B1-Chassis mit 32-PS-Motor und Kettenantrieb. 1905 folgte ein Decksitzbus mit 40-PS-Ottomotor und Kettenantrieb, möglicherweise mit Aufbau von Lange & Gutzeit in Berlin. Die Busse trugen über dem typischen Rundkühler kein Markenzeichen, dafür aber (zumindest bei der Vorführung) an den Seiten die unübersehbare Aufschrift »Neue Automobil-Gesellschaft mbH Berlin«.

1906 legte AEG Produktion und Vertrieb zusammen. Die Automobil- und Nutzfahrzeugfabrikation wurde an die Tochter NAG abgegeben, einschließlich aller Maschinen und Einrichtungen. Gebäude und Grundstücke verblieben im AEG-Besitz.

Während die NAG zu einem der größten Nutzfahrzeuganbieter im deutschen Reich aufstieg und 1931 schließlich mit Büssing fusionierte, konzentrierte sich die Konzernmutter AEG auf den Bau von Trolleybussen.

Union/AEG-Gülcher Akkumulatoren-Omnibus-Prototyp (Lange & Gutzeit-Aufbau), 1899.

Ab 1902 befasste sich die AEG mit Oberleitungsomnibussen und ihren Anlagen, teilweise in Verbindung mit der Dresdner Geschäfts-, Luxus- und Straßenbahnwagen-Fabrik Karl Stoll (Obusse mit Sattel-Vorspanndollys und mit Kontaktwägelchen-Stromabnehmer) und rüstete bis 1912 zahlreiche Obus-Linien damit aus. Die Obuslinien der ersten Generation waren kurzlebig, weil die schlechten Straßenverhältnisse (unbefestigt und grobes Kopfsteinpflaster) sowie die noch unvollkommenen Federungen den Fahrzeugen ständig Schwierigkeiten bereiteten. Während des Ersten Weltkrieges wurden schließlich die Fahrdrahtleitungen demontiert, um das Kupfer zurückzugewinnen.

1929 erhielt die AEG von den Rheinisch-Westfälischen Elektrizitätswerken AG (RWE) in Essen den Auftrag, eine »neuzeitliche Obus-Anlage« zwischen Mettmann und Gruiten bei Düsseldorf einzurichten. Die 5,6 km lange Strecke wurde 1930 eröffnet, mit AEG/ Krupp/Uerdingen-Drei-

Union/AEG-Gülcher Versuchs-Akkumulatoren-Omnibus auf ehemaligem Pferdebus-Unterbau, 1898.

2x6,6-kW-AEG-Vollmer-Obus-Modell mit ausfahrbarem Trieb-Dolly, 1902.

14,7-kW-AEG-Stoll Sattelschlepper-Obus der Dresdener Heidebahn, 1904.

14,7-kW-AEG-Stoll Sattelschlepper-Obus der Dresdener Heidebahn im Winterbetrieb, 1904.

achs-Obussen in Frontlenkerbauweise, mit Ganzstahlaufbauten sowie Falttür vorne und hinten. Der AEG-89 kW-Elektromotor war in der Mitte des Krupp-Fahrgestells angeordnet. Er trieb über nur eine Differential- und Tragachse zwischen den vier Hinterrädern, diese mittels in geschlossenen Schwingen gelagerten Zahnrädern an (Krupp-Schwingenräderantrieb mit darüber horizontal angebrachtem Schraubenfederzylinder). Eine weitere Obuslinie der neuen, zweiten Generation wurde 1931 in Idar-Tiefenstein dem Verkehr übergeben. Sie war 4,5 Kilometer lang und verfügte ebenfalls über AEG/Krupp/Uerdingen-6x4-Obusse in Frontlenkerbauart. Unter der selbsttragenden Ganzstahlkarosse mit zwei Mitteleinstiegsfalttüren waren zwei AEG-Elektromotoren mit je 41 kW zu einer Art Antriebspaket »verschnürt«. Die vier Hinterräder wurden von den beiden quer eingebauten E-Motoren durch Zahnräder angetrieben, die gleichermaßen in schraubengefederte Krupp-Antriebsschwingen eingekapselt waren. Die Mettmann-Obusse boten 30 Sitz- und 17 Stehplätze und die Tiefenstein-Wagen verfügten über 24 Sitz- und 26 Stehplätze.

Seit den achtziger Jahren beteiligte sich die AEG (seit 1985 zeitweilig eine Daimler-Benz-Tochter-Gesellschaft) an der "Elektrifizierung" moderner DUO-Busse von Mercedes-Benz, MAN und Ikarus. Diese Oberleitungsomnibusse (überwiegend Gelenkzüge) verfügten neben ihrem E-Antrieb auch über eine Dieselantriebsmöglichkeit (DUO-Methode), um Streckenteile ohne Leitungsnetz befahren zu können. Sie verkehrten gleichzeitig mit Straßenbahnen auf gleichem Gleiskörper mit versenkten Schienen (Essen) oder auf stillgelegten, betonierten Straßenbahnstrecken. Auch Esslingen verfügte über Mercedes/AEG/DASA-Dornier DUO-Busse.

Alfing

Maschinenfabrik Alfing GmbH,
Wasseralfingen
1913

Die von Karl Köstler 1911 zur Herstellung von Kurbelwellen gegründete Firma nahm kurzzeitig auch die Fertigung von Lieferwagen und Kleinomnibussen auf. Details zu diesen Fahrzeugen sind nicht bekannt.

Ansbach

Fahrzeugfabrik Ansbach GmbH, Ansbach, Draisstr. 20

1. 1907-1916 **Fahrzeugfabrik Ansbach GmbH**
2. 1916-1919 **Fahrzeugfabrik Ansbach AG**
3. 1919-1920 **Fahrzeugfabriken Ansbach und Nürnberg AG (FAUN)**
4. 1920-1926 **FAUN-Werke AG**
5. 1926-1928 **Fahrzeugfabrik Ansbach AG, vorm. FAUN-Werke**

Die Fahrzeugfabrik Ansbach, 1906 gegründet und 1909 um eine Motorenfabrik und Eisengießerei in Mühlhausen/Thüringen erweitert, hatte sich der Produktion von Kraftfahrzeugen und Motoren verschrieben. Das Unternehmen gliederte sich von Anfang an in zwei Abteilungen. Abteilung I übernahm den Bau von Lastwagen, »auch für militärische Zwecke« und Abteilung II den Bau von »Luxusautomobilen«. Dem Verkauf der Ansbacher »Kraftfahrzeuge in jeder Ausführung und Stärke« unter dem Markennamen »Ansbach« diente die »Lastmotor Verkaufsgesellschaft mbH« in München, geleitet von Moritz Schmidt, dem Gründer der Fahrzeugfabrik.

In der Kaiserzeit bauten die Ansbacher lediglich einen 14-sitzigen Überland- und Gebirgsomnibus des Typs »Ansbach« mit einem 24-PS-Ottomotor. Wassergekühlte Bremsen, Doppelzündung sowie ein zusätzlicher direkter Gang machten ihn angeblich auch »bei ziemlich starker Steigung« tauglich. Die Karosserie ließ sich vom Chassis trennen und gegen eine Pritsche tauschen. Dieses Kombinations-Modell wurde bis 1909 fabriziert. Danach konzentrierte man sich auf den Bau von Lastwagen, später vor allem für das Militär.

Im Herbst 1916 kam es im Rahmen der Regeldreitonner-Lastwagenfertigung zu einer Zusammenarbeit mit der Nürnberger Feuerlöschgeräte-, Automobillastwagen- und Fahrzeugfabrik Karl Schmidt (weder verwandt noch verschwägert mit den Schmidts in Ansbach). Diese Kooperation führte 1918 zur Fusion, die somit vereinten Fahrzeugfabriken Ansbach und Nürnberg – Omnibusse und Lastkraftwagen für alle Zwecke – (FAUN) wurden aus der Taufe gehoben und die Eigenständigkeit der alten FA-Fahrzeugfabrik Ansbach erlosch.

Mitte der zwanziger Jahre baute das 250 Personen starke Ansbacher Werk als einer der ersten deutschen Hersteller Niederrahmen-Omnibusse. Die Typen NO 25 und NO 35 (55 cm Einstiegshöhe) hatten unter ihrer Haube einen 70 PS starken Maybach-Sechszylinder. Weitere Details: Hydraulische Stoßdämpfer, Knorr-Vierradbremse und Estelmann-Aufbauten. Die Reichspost erwarb 30 NO-Typen.

Dennoch war die Fusion kein Erfolg, 1925 lösten sich die Ansbacher wieder von den FAUN-Fahrzeugwerken. Der Nürnberger Betriebsteil wurde von der Fried. Krupp AG gestützt, während ein Teil der ehemaligen Geschäftspartner im September 1926 eine neue FA-Fahrzeugfabrik Ansbach AG mit dem Zusatz: »vorm. FAUN-Werke« gründete. Wenn man auch die Fusion zwischen den Fahrzeugwerken Ansbach und Nürnberg rückgängig gemacht hatte, fertigte Ansbach die Omnibusse (und Personenwagen der Marke »Kauz«) für das Nürnberger Werk weiter und versah sie mit dem FAUN-Emblem. Bereits zwei Jahre nach der Gründung ging die FA in Konkurs, bis nach dem Zweiten Weltkrieg dienten die Gebäudeanlagen als Großreparaturwerkstatt für Auto Union/DKW-Fahrzeuge. Schließlich zog in das einstige FA-Areal eine Großdruckerei ein.

70-PS-Fahrzeugfabrik Ansbach Niederrahmen-Omnibus NO 35 (Trutz-Aufbau), 1927.

ANSBACH															
Typ	Sitzplätze/ Stehplätze	Bauzeit	Zylinder	PS	K	B x H mm	Hubraum cm³	Drehzahl U/min	Radstand mm	Länge mm	Gewicht kg	Motor-hersteller	Typ	M	Bemerkungen
Ansbach	14/0	1906 - 09	4	24	W	90x150	3815	800				Ansbach		V	
LW 40 BP	18/0	1912 - 13	4	28/32	W	110x150	5699	800	3300		2760	Ansbach		V	Bayerische Staats-Posttype
NO 25	25/0	1926 - 28	6	70	W	95x135	5741	2200	5150	7050	7900	Maybach	W 2	V	auch Post-Typ PO 22 mit 22 Plätzen
NO 35	35/0	1926 - 28	6	70	W	95x135	5741	2200	5950	7850	9800	Maybach	W 2	V	

Argus

Argus Motoren Werke GmbH, Jeannin & Co. KG,
Berlin-Reinickendorf, Flottenstr. 39/42
u. Berlin NW 7, Prinz-Louis-Ferdinand-Str. 1-3
1906-1910

Um das Jahr 1899 gründete der elsässische Kaufmann Henry Jeannin (1872 - 1965) in Berlin die »Allgemeine Automobil-Gesellschaft«, die unter dem Namen »Marsmotor« Fahrzeuge und Fahrzeugteile vertrieb. Beteiligt an diesem Unternehmen war die AEG unter ihrem Direktor Dr. Emil Rathenau. Auch der Bruder Emile Jeannin (1875 - 1952) engagierte sich an dieser Gesellschaft. 1906 schieden Henry und Emile Jeannin, die sich als Rennfahrer und »Aviatiker« einen Namen gemacht hatten, aus diesem Unternehmen aus; die AEG nutzte die Fahrzeughandlung als Grundstock zum Aufbau der Neuen Automobil GmbH (Nationale Automobil AG). Unter dem Namen Internationale Automobil-Centrale Jeannin u. Co. und der Telegrammadresse »Intermotor« richteten die Brüder eine neue Automobil-Handelsgesellschaft ein, aus der 1904 die Argus Motoren Werke GmbH, Jeannin und Co. KG hervorgingen. Die Herstellung der Motorenteile übernahmen verschiedene Firmen, erst nach dem Erwerb der Reinickendorfer Räumlichkeiten konnte Argus eine eigene Motoren- und Fahrgestellproduktion aufnehmen. Nachdem erste Personen- und Lastwagen hergestellt worden waren, folgten ab 1906 auch Omnibus-Fahrgestelle. Zusammen mit der Firma Stoewer lieferte das Unternehmen beispielsweise 500 Fahrgestelle an englische und ägyptische Omnibusgesellschaften.

40-PS-Argus Stadtomnibus, 1907.

Eine Besonderheit stellte dabei der Omnibustyp auf dem Fünftonnenfahrgestell dar, bei dem der erste deutsche Serien-Sechszylindermotor mit 70 PS zum Einbau kam. Argus-Spezialität war der Antrieb durch das »abnorm große Zahnradgetriebe«. Für sanftes Anfahren sorgte eine Spezialkupplung aus mehreren Scheibenkränzen. Auch die Firmen Dürkopp, Braun und Berliner Motorwagen-Fabrik (BMF) verwendeten Motoren der Argus-Werke. Während der Fahrzeugbau 1910 auslief, wurde der Motorenbau – vor allem für Flugzeuge – weitergeführt.

Nach dem Ersten Weltkrieg musste aufgrund des Versailler Vertrages der Bau von Flugmotoren eingestellt werden. Dr. Moritz Straus, der auch die Horch-Werke erwarb, baute schließlich mit Hilfe des Opel-Ingenieurs Wilhelm Menske wieder eine Motorenfabrikation auf und gliederte zeitweise die Horch-Werke in die Argus-Werke (die auch unter dem Namen Argus-Motoren-Gesellschaft firmierten) ein.

Nach dem Zweiten Weltkrieg beschäftigte sich das Unternehmen mit dem Bau von Hydraulikanlagen. In einen Teil der wiedererstellten Hallen zog später das Museum für Verkehr und Technik ein. Die Argus-Gesellschaft als Spezialfabrik für Hydraulikschläuche, Kugelhähne und Hydraulikkupplungen existiert bis heute in der Berliner Flottenstraße 28 - 42 und im badischen Ettlingen.

ARGUS

Typ	Sitzplätze/ Stehplätze	Bauzeit	Zylinder	PS	K	B x H mm	Hubraum cm³	Drehzahl U/min	Radstand mm	Länge mm	Gewicht kg	Motor-hersteller	Typ	M	Bemerkungen
Argus		1906	4	24	W	120x130	5878	900				Argus		V	
Argus		1906	4	40	W	140x150	9240	800				Argus		V	
Argus		1907	6	70	W	124x130	9414	800				Argus		V	

Audi

Audi-Automobil-Werke mbH,
Zwickau i. Sachsen, Lessingstr.
1918-1928

Das von dem Automobilkonstrukteur, Ingenieur August Horch nach seinem Ausscheiden bei der Firma Horch im Jahre 1910 gegründete Unternehmen baute luxuriöse Personen- und Lieferwagen sowie Militärlaster während des Ersten Weltkrieges. Nach dem Krieg stellte das Unternehmen Eintonnen-Lieferwagen-Fahrgestelle für den Aufbau als Klein- oder Hotelomnibusse zur Verfügung. Während hier ein 35-PS-Vierzylindermotor zur Verwendung kam, erhielt das Nachfolgemodell 1924 einen 70-PS-Sechszylindermotor. Eine große Rolle als Omnibus-Hersteller spielte Audi jedoch nicht.

1928 vereinigte der dänische Unternehmer J. S. Rasmussen das in finanzielle Schwierigkeiten geratene Werk mit den Marken DKW, Horch und Wanderer zur Auto Union. Nach dem Zweiten Weltkrieg wurde das Werk enteignet und demontiert, die in Westdeutschland neu entstandene Auto Union nahm ihren Sitz in Ingolstadt und gehört seit 1965 unter dem Firmennamen Audi zum Volkswagen-Konzern. In Ostdeutschland fertigte das einstige Audi-Werk unter der Bezeichnung VEB Sachsenring Automobile als Kombinatsbetrieb den Kleinwagen Trabant. Nach der Wende engagierte sich auch das Volkswagen-Werk an diesem Traditionsbetrieb.

28-PS-Audi Fb Linienbus, 1914 (Dänischer Darr-Aufbau).

60-PS-Audi He Linienbus, 1928.

AUDI

Typ	Sitzplätze/ Stehplätze	Bauzeit	Zylinder	PS	K	B x H mm	Hubraum cm³	Drehzahl U/min	Radstand mm	Länge mm	Gewicht kg	Motor-hersteller	Typ	M	Bemerkungen
1 C		1918 - 24	4	35	W	90x140	3560	1700				Audi		V	
M (18/70)		1924 - 28	6	70	W	90x122	4655	3000				Audi		V	

Auto Union

Auto Union GmbH,
Ingolstadt, ab 1953 Düsseldorf, Rather Str. 51
1949-1962

Der dänische Ingenieur und Rüstungsproduzent Jörgen Skafte Rasmussen (1878 - 1964) gründete nach dem Ersten Weltkrieg verschiedene Fahrzeug- und Maschinenbauunternehmen im sächsischen Raum, darunter auch die Zschopauer Motoren-Werke (später VEB Barkas-Werke) und die DKW-Werke, die Fahrzeuge mit Zweitaktmotoren nach Entwürfen des Ingenieurs Hugo Ruppe (1879 - 1948) herstellten. 1932 wurden die sächsischen Automobilwerke der Marken Audi, DKW, Horch und

Werbeaufnahme von 1951.

22-PS-Auto Union Kleinbus F 89 L, 1951.

Wanderer durch die Sächsische Staatsbank zur Auto Union AG zusammengeschlossen. Nach der Enteignung der Auto Union in der damaligen Sowjetischen Besatzungszone gründeten ehemalige Auto Union-Vorstandsmitglieder in den Hallen einer ehemaligen Kaserne in Ingolstadt ein Zentraldepot für Ersatzteile, aus dem 1949 die neue Automobilfabrik unter dem Namen Auto Union GmbH mit der Marke DKW hervorging.

Die Basis des einzigen Omnibusmodells des Pkw- und Motorrad-Herstellers bildete der 1945 entworfene DKW-Frontantriebs-Schnelllaster F 89 L. Die Karosseriefirma Drauz entwickelte daraus 1949 einen 8-sitzigen Kleinbus mit 20/22 PS starkem DKW-Zweizylinder-Zweitaktmotor, der 1955 durch den neuen 32-PS-Dreizylindermotor ersetzt wurde. Der Radstand des Rahmenbau-Fahrzeugs wurde 1952 leicht vergrößert, um eine breitere Einstiegstür einsetzen zu können. Der DKW-Entwurf konnte sich am Markt allerdings nicht durchsetzen, die Konkurrenz durch den Volkswagen-Transporter war zu übermächtig.

Die Auto Union wurde 1958 von Daimler-Benz erworben, die Stuttgarter wiederum veräußerten die Auto Union GmbH mit ihrer süddeutschen Produktionsstätte an das Volkswagen-Werk, das dringend an einer Kapazitätserweiterung interessiert war. Das 1954 erworbene Düsseldorfer Pkw-Werk der Auto Union blieb im Besitz der Schwaben, die dort ihren Transporterbau sowie die Lenkgruppenfertigung einrichtete. Der aus der Vorkriegszeit in Berlin-Spandau verbliebene Betrieb, der Elektroteile für die Auto Union hergestellt hatte, wurde von der Robert-Bosch-Gruppe erworben.

1950 hatte DKW eine spanische Tochtergesellschaft gegründet. Die Industrias des Motores SA (IMOSA) in Vitoria/Baskische Provinz nahm 1960 den Bau des geplanten und von der Firma Drauz entwickelten Lieferwagen-Nachfolgemodells F 1000 L auf. Den Antrieb dieses modern und harmonisch gezeichneten Transporters (den es auch als Kleinbus gab) übernahm ein auf 40 PS erstarktes DKW-Dreizylinder-Zweitaktaggregat. Allerdings gelangten nur wenige F 1000 L nach Deutschland, da der Ruf der Marke durch den verbrauchsintensiven und unkultivierten Zweitaktmotor stark gelitten hatte. Seit den achtziger Jahren wurden dort die äußerst erfolgreichen MB 100 D-Modelle mit einem 70/75-PS-Vorkammer-Dieselmotor gebaut.

AUTO UNION-KLEINBUSSE

Typ	Sitzplätze/ Stehplätze	Bauzeit	Zylinder	PS	K	B x H mm	Hubraum cm³	Drehzahl U/min	Radstand mm	Länge mm	Gewicht kg	Motor-hersteller	Typ	M	Bemerkungen
F 89 L	8/0	1949 - 52	2	20/22	Th	76x76	684	3600 - 4200	2500	3925	1050	Auto Union		V	Zweitakt-Motor u. folgende
F 89 L	8/0	1952 - 54	2	22	Th	76x76	684	4200	2750	4180	1120	Auto Union		V	
F 30	8/0	1954 - 55	2	30	Th	78x83	792	3800	2750	4180	1250	Auto Union		V	
3 = 6	8/0	1955 - 62	3	32	Th	71x76	896	2750	2750	4190	1250	Auto Union	F 800/3	V	
F 100 L	7 - 11	1963 - 65	3	40	Th	74x76	981	4200	2500	4395		Auto Union	F 91-1000	V	Spanische Fertigung

40-PS-Auto Union Kleinbus F 1000 L, 1960 (Spanische Fertigung).

Auwärter

Ernst Auwärter Karosserie- und Fahrzeugbau KG, Steinenbronn b. Stuttgart, Kringstr. 2

1. 1965-1973	**Ernst Auwärter Karosserie- und Fahrzeugbau OHG,** Stuttgart-Möhringen, Rosenstr. 59/61, (nach Umbenennung Leinenweberstr. 59/61)
2. 1973-2005	**Ernst Auwärter Karosserie- und Fahrzeugbau KG,** ab 1976 Steinenbronn b. Stuttgart, Kringstr. 2
3. 2005-2009	**Auwärter GmbH**

65-PS-DB O 319, E. Auwärter-Aufbau, 1963.

Das Ernst Auwärter-Werk (EA) geht auf das Jahr 1854 zurück, als der Wagenmeister Friedrich Auwärter eine Stellmacherei für Putzmühlen und Bauernwagen eröffnete. Erste Omnibusse baute das Familienunternehmen 1928. Einer der Auwärter-Söhne, beziehungsweise Enkel, Gottlob, machte sich 1935 mit der Gottlob Auwärter Karosserie- und Fahrzeugbau GmbH & Co. KG (Neoplan) selbstständig, dazu später mehr.

Nach dem Tod des Seniorchefs, Karosseriebaumeister Wilhelm Auwärter (1896 – 1944) führten Paul und Dipl.-Ing. Ernst Auwärter 1902 – 1984) das Fahrzeug- und Omnibusbau-Unternehmen weiter. Während der Kriegsjahre baute das 30 bis 40 Personen starke Unternehmen Gespannwagen und -schlitten für die Wehrmacht. 1949 teilten Paul und Ernst Auwärter den Betrieb auf, unter dem Namen Paul Auwärter Fahrzeugwerk

85-PS-DB O 309 (508/35), E. Auwärter-Aufbau, 1970. (Foto: E. Auwärter)

80-PS-DB LPO 608/38, E. Auwärter-Aufbau, 1970.

entstand in Simmozheim/Calw das noch lange bestehende Unternehmen für Anhänger und kleine Tieflader. Ernst Auwärter hingegen übernahm den Bereich der Omnibusfertigung in Stuttgart-Möhringen; sein Sohn, Ingenieur Ernst Auwärter (1938 - 2022) trat 1961 in den väterlichen Betrieb ein. Mit der Umwandlung des Unternehmens in eine Kommanditgesellschaft übernahm er 1973 die Geschäftsführung. 1976 bezog das Unternehmen neue Anlagen in Steinenbronn bei Stuttgart. Das Werk mit den drei Fertigungsstraßen verfügte dadurch über eine Jahreskapazität von 120 Omnibussen.

In den Nachkriegsjahren baute das Ernst Auwärter-Werk vor allem Omnibusse auf Fahrgestellen der Firmen Büssing, Daimler-Benz, Ford, Henschel, MAN, Opel und Saurer auf. Nach dem Übergang des Omnibusbaus von der Rahmen- zur Verbund- und zur selbsttragenden Bauweise profilierte sich das Werk als »Karosserie-Maßschneider«, das Luxusreiseomnibusse nach Kundenwünschen ausführte. Die Basis bildeten jeweils Daimler-Benz-Bodengruppen der Typenreihen O 321 (ab 1958 mit rundem Dach, ab 1963 mit Flachdach), O 317, O 302 und nach 1975 die Typenreihe O 303. Darüber hinaus dienten die Transporter-Fahrgestelle O 319 und O 307 bis O 310 D für Aufbauten eigener Stilrichtung.

65-PS-VW LT 35 D, E. Auwärter Typ Panorama, 1975. (Foto: E. Auwärter)

Mitte der sechziger Jahre schufen die Auwärter-Konstrukteure eine halbeigenständige Modellreihe. Sie basierte auf LP-Fahrgestellen von Daimler-Benz; so entstanden Kleinbustypen mit hochgezogenen Fensterscheiben, flachem Dach, durchgehender Panoramascheibe sowie exklusiver Ausstattung. Besonders attraktiv war, neben dem langjährigen Erfolgsmodell LP 608, der Typ LPO 913/42 mit Unterflurtoilette. Die Kapazität dieser im Programm der Großserienhersteller wenig vertretenen Fahrzeuggrößen betrug 20 bis 34 Sitzplätze. Ende der achtziger Jahre übernahm Auwärter im Auftrag von Daimler-Benz den Ausbau der nun unter der Bezeichnung Mercedes-Benz vermarkteten Modelle O 614 D und O 814 D, wobei diese Fahrzeuge die Bezeichnung "Economy" erhielten. Der Motor wurde hier gekapselt; die Federungseigenschaften verbessert.

Mitte der siebziger Jahre führte das Ernst Auwärter-Werk die Bezeichnungen »Teamstar« für Modelle bis 20 und «Clubstar« für mittelgroße Modelle bis 38 Sitzplätze ein. Die Luxusomnibusse auf den Daimler-Benz-Bodengruppen der Baureihen O 302 beziehungsweise O 303 erhielten die Bezeichnung »Eurostar«.

Neben Daimler-Benz-Modellen nutzte Auwärter ab 1976 auch Volkswagen-MAN-Chassis der Baureihen LT 35 bis LT 50. Die Busse mit der stark geneigten Frontscheibe erhielten die Bezeichnung »Panorama«. Technisch besonders interessant war der LT 45 Elektro-Citybus von 1979. 13 Exemplare dieser mit 52-kW-BBC-Nebenschlussmotoren ausgerüsteten Volkswagen entstanden im Auftrag der Verkehrsbetriebe Hannover. Auch in den folgen Jahren nutzte EA die VW-Basis. Nach dem Übergang vom Heck- zum Frontantrieb entwickelte der Betrieb nach 1990 auch Busse mit Transporter T4-Technik, zunächst den »Microstar«, ab 1994 den »Multimax« mit hinterer Tandemachse und Platz für 23 Passagiere. Für die größere Panorama-Baureihe bildete nun der VW LT 55 die Ausgangsbasis. Seit 1998 wurde der LT 46 für die Karossierung verwendet.

Im Jahre 1982 übernahm das inzwischen 150 Personen starke Werk auch MAN-Fahrgestelle der Baureihen 8.136 und später 9.136, die unter der Bezeichnung »Mediano« mit 25- beziehungsweise 29-sitzigen Karosserien versehen wurden.

Neben den Luxus-Reisebussen standen auch weiterhin kleine Linienfahrzeuge wie zum Beispiel die Modelle LT 50 »City« oder wenig später »Clubstar-City« 1117/42 im Ernst-Auwärter-Programm. 1985 erschien der mittelgroße Reisebus O 301 «Clubstar«, den das Unternehmen auf dem BH 2-Fahrgestell des Schweizer NAW-Werkes der Daimler-Benz AG aufbaute. Bis 1990 wurde diese wenig erfolgreiche Modellreihe mit 136 und 170 PS starken Heckmotoren angeboten.

Seit den neunziger Jahren verwendete das Unternehmen die Daimler-Benz- beziehungsweise Mercedes-Benz-Unterbauten der Ausführung 1117 und 1120 sowie MAN-Unterbauten der Ausführung 11.180 mit Heck-Turboladermotoren für Reise-, Hochdecker-Reise- und für Stadtbusse. Charakteristisch war hier der untere Knick beim Übergang vom ersten zum zweiten Fahrgastfenster.

Im Jahre 1990 engagierte sich Auwärter beim seit 1946 in Gera ansässigen (VEB) Kraftfahrzeug-Instandsetzungswerk (KIW). Nach langwierigen Verkaufsverhandlungen mit der Berliner Treuhand übernahm Auwärter die Mehrheitsbeteiligung und investierte hohe Summen in dieses Fahrzeugwerk, das sich auf den Auf- und Ausbau von Transporter-Fahrgestellen spezialisiert hatte. In Gera erfolgte zunächst der Ausbau der Baureihen »Teamstar City«, MB 410 »Sunny«, MB 614 »Economy« und VW T4 »Microstar« mit Platz für 14 Personen. Das Geraer Zweigwerk »EA Karosserie- und Fahrzeugbau Gera GmbH« (EA KFB) unter der Regie von

85-PS-DB O 309 Stadtbus, 1977. (Foto: E. Auwärter)

Chefkonstrukteur Jürgen Schöllhammer steuerte später auch Klein- und Midibusse auf Fiat-, Citroën-, Renault-, Opel-, Volvo- und Iveco-Basis bei. Ein Schwerpunkt bildeten dabei Schul-, Behinderten- und Zubringerbusse, teilweise mit Niederflurheck. Größtes Modell wurde der »Travel Skate« auf der Basis des Iveco »Euromidi« für 29 Fahrgäste mit 177-PS-Diesel.

Die Krönung des EA-Reisebusprogramms stellten in der ersten Hälfte der neunziger Jahre aber die Stammwerk gebauten »Eurostar« und HDS 303/15 R auf der DB-Bodengruppe dar; inzwischen abgelöst durch die »Eurostar« HD- und HDS-Ausführungen auf dem DB-Unterbau O 404. Auch das Scania-Fahrgestell K 113 TL wurde neu eingekleidet; die besonders tief heruntergezogene Frontscheibe verlieh den Luxusomnibussen ihre unverwechselbare Optik. Diese Parademodelle erhöhten gewiss das Prestige des Steinenbronner Omnibus-Spezialisten, führten aber stets zu beträchtlichen finanziellen Verlusten.

Im neuen Jahrtausend umfasste das Auwärter-Programm vier Programmlinien. Die Kleinbus-Reihe wurde seit 1997 durch die »Super Sprinter« und »Sprinter light« verstärkt. Deren Basis bildete der Windlauf-Unterbau des MB-Transporters »Sprinter« 412. Darüber rangierte die Teamstar-Reihe, letztmals 1995 erneuert. Den Teamstar 814 D »Vario« (ab 2000 815 D) gab es als Kombi-, Luxus- oder Economy-Bus sowie als «Teamstar City« in Voll-Niederflurausführung mit 32 cm Bodenhöhe. Dabei fand ein MB-Vario-Frontantriebs-Allradchassis Verwendung, die luftgefederte Spezial-Hinterachse wurde aber nicht angetrieben. Die Luxus-Version war erstmals in dieser Größenklasse mit Bordküche und Toilette ausgestattet. Neben diesem Fronttriebler folgte eine weitere Version mit konventionellem Hinterradantrieb und Niederflurbereich zwischen den Achsen. Als Flaggschiff des Steinbronner Omnibus-Maßschneiders schloss der dreiachsige 15-Meter-Wagen »Eurostar« SHD MB 404 für 60 bis 68 Fahrgäste auf dem O 404-Unterbau die Bus-Palette kurz vor der Jahrtausendwende ab.

Die mittlere Clubstar-Baureihe nutzte seit 1998 das Atego-Fahrgestell von Mercedes-Benz oder den entsprechenden Unterbau von MAN mit

130-PS-DB 913/42, 1979, E. Auwärter Typ Clubstar.

Heckmotor. Die Luxus-Reisebusse waren in zwei Radständen mit 26 oder bis zu 36 Sitzen lieferbar. Die großzügige Panorama-Doppelverglasung war in jedem Fall an Bord.

Als der DB-Travego den glücklosen O 404 ablöste, nutzte E. Auwärter 2002 dieses intern OC 500-genannte Modell für den entsprechenden Aufbau mit großflächiger Verglasung. Der Superhochdecker »Eurostar SHD large« war als 14-Meter-Bus mit einer Bauhöhe von 3800 mm für 55 bis 59 Fahrgäste vorgesehen und krönte jetzt das Ernst Auwärter-Programm.

Im Jahre 2004 konnte noch das 150jährige Firmenjubiläum gefeiert werden, aber schon im April 2005 musste aufgrund der drastisch gesunkenen Nachfrage und der Verluste durch die Eurostar-Baureihe Insolvenz für den jetzt 180 Mitarbeiter umfassenden Betrieb angemeldet werden. Das Zweigwerk EA KFB Gera konnte schon rasch als TS Fahrzeugtechnik

130-PS-DB 613/41, E. Auwärter Typ Teamstar, 1980. (Foto: E. Auwärter)

256-PS-DB O 303 Reisebus, E. Auwärter Typ Eurostar, 1980. (Foto: E. Auwärter)

einen neuen Eigentümer finden. Im September 2005 übernahm der österreichische Kleinbushersteller Pucher Fahrzeugbau in Linz das weiterhin einen guten Ruf geniesende Stinbronner Unternehmen mit dem Ziel, durch eine gemeinsame Verkaufsorganisation, durch Rationalisierung und durch eine gemeinsam abgestimmte Modellreihe wieder in die Erfolgsspur zu kommen. Der Schwerpunkt der neugebildeten Auwärter GmbH sollte wieder auf den Mini- und Midibussen liegen. Der mit hohen Kosten entwickelte und verlustträchtige »Eurostar« fiel daher aus dem Programm, so dass sich die Reisebus-Modellreihe auf 16- bis 38-Sitzer auf DB-Vario-, auf kompakte Linienbusse und MAN-Unterbauten der Baureihe 11.220 reduzierte.

Im März 2009 entschloss sich der gelernte Sattler Kurt Pucher zur Einstellung der Fertigung in Steinenbronn. Vertrieb, Service und Ersatzteilversorgung blieben am Stammort; die Fertigung wurde nach Linz verlagert. Aber das Engagement bei Auwärter überforderte die Finanzkraft des österreichischen Unternehmens, so dass es selbst 2013 Insolvenz anmelden und geschlossen werden musste.

Das einst von Ernst Auwärter geführte Unternehmen genoss einen vorzüglichen Ruf für ein Busprogramm, das höchste Komfortansprüche bei ausgezeichneter Verarbeitungsqualität erfüllte. Etwa 200 Einheiten an Klein- und Clubbussen sowie 20 Einheiten der großen Baureihe Eurostar erstellte dieser letzte individuell fertigende Karossier pro Jahr. Das zur Jahrtausendwende 200 Personen starke Werk hatte seit Kriegsende rund 4000 Omnibusse und Spezialaufbauten erstellt. Der Exportanteil lag zu dieser Zeit bei 35 Prozent, Busse nach Auwärter-Lizenz liefen in Jordanien und Chile vom Band.

126-PS-MAN 8.136, E. Auwärter Typ Mediano, 1981. (Foto: E. Auwärter)

130-PS-DB 813/36, E. Auwärter Typ Clubstar, 1983.

102-PS-VW LT 50, E. Auwärter Typ Panorama, 1983. (Foto: E. Auwärter)

170-PS-DB O 301, E. Auwärter Typ Clubstar, 1985. (Foto: E. Auwärter)

170-PS-MB 1117/49, E. Auwärter Typ Clubstar, 1988.

180-PS-MAN 10.180, E. Auwärter Niederflurtyp Clubstar, 1990.
(Foto: E. Auwärter)

170-PS-MB 1117/49, E. Auwärter Typ Clubstar, 1990.

78/102-PS-VW T 4, E. Auwärter Typ Microstar, 1991. (Foto: E. Auwärter)

366-PS-MB O 303-15 R HDS Reisebus, E. Auwärter Typ Eurostar, 1990.

186-PS-MAN 11.190, E. Auwärter Typ Clubstar, 1991.

170-PS-MB 1117/LO-42, E. Auwärter Typ Clubstar, 1993. (Foto: E. Auwärter)

77-PS-VW T 4, E. Auwärter Typ Microstar multimax/3, 1996. (Foto: E. Auwärter)

318-PS-MB O 404 SHD Reisebus, E. Auwärter Typ Eurostar, 1995.
(Foto: E. Auwärter)

152-PS-MB 815 Reisebus, E. Auwärter Typ Teamstar 2000.
(Foto: E. Auwärter)

170-PS-MB 817/35 Reise, E. Auwärter Typ Clubstar, 1998. (Foto: E. Auwärter)

170-PS-MB 1117/42, E. Auwärter Typ Clubstar, 1998.

125-PS-VW LT 46, E. Auwärter Typ Panorama, 1998. (Foto: E. Auwärter)

136-PS-MB O 814, E. Auwärter Typ Economy, 1998. (Foto: E. Auwärter)→

220-PS-MAN 11.220, E. Auwärter Niederflurtyp Clubstar City, 1998. (Foto: E. Auwärter)↓

220-PS-MAN 11.220, E. Auwärter Typ Clubstar, 1998. (Foto: E. Auwärter)

231-PS-MB Atego 1123/42, E. Auwärter Typ Clubstar, 2000. (Foto: E. Auwärter).

435-PS-MB O 404 SHD, E. Auwärter Typ Eurostar Reisebus, 2000.

156-PS-MB 616, E. Auwärter Super Sprinter City NF, 2002.
(Foto: E. Auwärter).

422-PS-MB O 505 SHD Eurostar, 2003. (Foto: E. Auwärter)

152-PS-MB 815 D, E. Auwärter Typ Teamstar City, 2004. (Foto: E. Auwärter)

190-PS-MB Sprinter 519 CDI E. Auwärter Super Sprinter Clubbus, 2008.

152-PS-MB 818 D, E. Auwärter Teamstar City NF-Heck, 2008. (Foto: E. Auwärter)

E. AUWÄRTER

Typ	Sitzplätze/ Stehplätze	Bauzeit	Zylinder	PS	K	B x H mm	Hubraum cm^3	Drehzahl U/min	Radstand mm	Länge mm	Gewicht kg	Motor-hersteller	Typ	M	Bemerkungen
1. Linienbusse															
A) Modelle mit Verbrennungsmotoren															
LT 45 Citybus	14/12	1977 - 80	6	75	W	76,5x86,4	2384	4500	2950	6020	2800	VW	CP	D	
LT 45 Panorama	17/10	1977 - 83	6	75	W	76,5x86,4	2384	4500	2950	5957		VW	CP	D	
LT 50 City	16/16	1983 - 96	6	102	W	76,5x86,4	2384	4300	3650	6960	3600	VW	DV	D	T
LT 45 Brillant	14/6	1985 - 90	6	102	W	76,5x86,4	2384	4300	2950	5300		VW	DV	D	T
811 D (LN 1)	18/22	1986 - 87	4	115	W	97,5x133	3970	2600	5250	7370	4700	DB	OM 364 A	D	T
Teamstar City															
Clubstar City	25/27	1986 - 87	6	170	W	97,5x133	5960	2600	4200	8283		DB	OM 366 A	D	T
Clubstar	32 - 35	1987 - 92	6	204	W	97,5x133	5960	2600	4900	9233		DB	OM 366 LA	D	TL
Economy O 614	20 - 23	1988 - 91	6	136	W	97,5x133	5960	2600	4250	7095		DB	OM 366	D	
Clubstar City	34/25	1990 - 93	6	190	W	108x125	6871	2400	4200	8710		MAN	D 0826 L	D	TL, auch 170 PS
Clubstar City	34/25	1990 - 92	6	180	W	108x120	6592	2600	4200	8710		MAN	D 0826 LOH	D	T, auch 21/38 Plätze
Clubstar City	34/25	1990 - 93	6	190	W	108x125	6871	2400	4200	8710		MAN	D 0826 L	D	TL
MAO 11.190															
LT 50 City	16/16	1991 - 96	6	102	W	76,5x86,4	2384	3500	3650	6960		VW	DV	D	T
O 614 D Teamstar	20 - 23	1991 - 99	4	136	W	97,5x133	3972	2600	4250	7370		DB	OM 364 LA	D	TL
O 814 D Teamstar City	15/20	1991 - 99	4	136	W	97,5x133	3972	2600	4250	7370		DB	OM 364 LA	D	TL, auch 20/26 Plätze, auch 170 PS
O 814 D Teamstar City	15/20	1991 - 99	4	136	W	97,5x133	3972	2600	4250	7370		DB	OM 364 LA	D	TL, auch 20/26 Plätze, auch 170 PS
O 814 D Teamstar	15/20	1991 - 99	4	136	W	97,5x133	3972	2600	4250	7370		DB	OM 364 LA	D	TL, auch 20/26 Plätze,
Microstar	9/7	1992	5	78	W	76,5x86,4	2384	4000	3200	5055		VW	075.1	D	
Clubstar City	34/35	1992	6	190	W	108x125	6871	2400	4200	8710		MAN	D 0826 LOH	D	TL
Microstar VW T 4 Niederflur	9/7	1993 - 00	5	78	W	79,5x95,5	2370	3700	3320	5055		VW	074.Y	D	
Microstar VW T 4 Niederflur	9/7	1994 - 01	5	110	W	81x95,5	2461	4500	3320	5055		VW	AAF	V	auch 102 PS-Motor
Clubstar 13.190	39/8	1994	6	190	W	108x125	6871	2400	4800	9360		MAN	D 0826 LOH	D	T
Clubstar 13.230	39/8	1994	6	230	W	108x125	6871	21400	4800	9360		MAN	D 0826 LOH	D	TL
Microstar VW T 4 Multimax/3	13/10	1995 - 01	5	78	W	76,5x86,4	2384	4000	3220+885	6450		VW	075.1	D	
Teamstar Kombi	27/7	1995 - 99	4	136	W	97,5x133	3972	2600	4250	7370		DB	OM 364 LA	D	TL
Clubstar City 11.190	34/25	1995 - 99	6	190	W	108x125	6871	2400	4200	8710		MAN	D 0826 LOH	D	T
Teamstar O 814 D Vario	22/10	1996 - 00	4	136	W	102x130	4250	2300	4250	7380	5300	DB	OM 904 LA	D	TL, Niederflurbus
Economy 814 D	20/6	1997 - 00	4	136	W	102x130	4250	2300	7095			DB	OM 904 LA	D	TL
Teamstar City Midi	18/24	1997 - 00	4	136	W	102x130	4250	2300	4800	8180		DB	OM 904 LA	D	TL, auch Radstand 4230 mm, Länge 7630 mm
Teamstar Kombi	27/7	1997	4	152	W	102x130	4250	2300	4250	7370		DB	OM 904 LA	D	TL
Teamstar Kombi	31/4	1997 - 03	4	152	W	102x130	4250	2300	4800	8180		DB	OM 904 LA	D	TL
Economy 814 D	20/6	1997 - 00	4	136	W	102x130	4250	2300	7095			DB	OM 904 LA	D	TL
Teamstar City	18/24	1997 - 00	4	136	W	102x130	4250	2300	4800	8180		DB	OM 904 LA	D	TL, auch Radstand 4230
Clubstar City	34/35	1997 - 99	6	220	W	108x125	6871	2400	4200	8740		MAN	D 0826 LOH	D	TL, auch 27/30 Plätze
Clubstar City	37/25	1997	6	220	W	108x125	6871	2400	4800	9360		MAN	D 0826 LOH	D	TL
City Skate	20/18	1998	6	177	W	102x120	5891	2700	4455	8405		Iveco	N 60 ENT	D	TL
Clubstar 11.220	37/9	1998 - 00	6	220	W	108x125	6871	2400	4800	9360		MAN	D 0826 L	D	TL, auch Version Kombi
Sprinter light MB 412	10/13	1999 - 03	5	122	W	89x92,4	2874	3800	4025	6532		DB	OM 602 LA	D	TL, ab 2001 156 PS
Teamstar City	20/16	2000 - 03	4	152	W	102x130	4250	2300	4250	7630		DB	OM 904 LA	D	TL, auch 136 PS
Teamstar City	24/16	2000 - 03	4	152	W	102x130	4250	2300	4800	8180		DB	OM 904 LA	D	TL
Economy 815 D	20/6	2000 - 03	4	152	W	102x130	4250	2300	4250	7095		DB	OM 904 LA	D	TL
Sprinter Niederflur MB 412 Midi	14/10	2000 - 02	5	156	W	89x92,4	2874	3800	4025	6590		DB	OM 602 LA	D	TL
Clubstar City 11.220	25/35	2000 - 04	6	220	W	108x125	6871	2400	4200	8760		MAN	D 0826 LOH	D	TL, Version Kombi, 27/30 Plätze
Clubstar City 11.220 lang	27/30	2000 - 02	6	220	W	108x125	6871	2400	4800	9360		MAN	D 0826 L	D	TL, Version Kombi, 39/8 Plätze
Clubstar Kombi 11.220 lang	39/8	2001 - 03	6	220	W	108x125	6871	2400	4800	9360		MAN	D 0826 LOH	D	TL
Clubbus MAN	39/8	2001 - 03	6	220	W	108x125	6871	2400	4800	9360		MAN	D 0826 LOH	D	TL
Teamstar City	23/20	2004 - 09	4	152	W	102x130	4250	2300	4800	8180		DB	OM 904 LA	D	TL
MB 818 D															

E. AUWÄRTER

Typ	Sitzplätze/ Stehplätze	Bauzeit	Zylinder	PS	K	B x H mm	Hubraum cm³	Drehzahl U/min	Radstand mm	Länge mm	Gewicht kg	Motor-hersteller	Typ	M	Bemerkungen
Kombi	4-7														
Sprinter NF	10-14/	2004 - 08	5	156	W	88x88,3	2685	3800	4025	6590		DB	OM 612 DE 27	D	TL
MB 416 CDI	10-14												LA		
Economy	20-23/6	2006 - 08	4	150	W	102x130	4250	2300	4250	7095		DB	OM 904 LA	D	TL
MB 815 D															
Clubstar MAN	38/18	2006 - 08	6	220	W	108x125	6871	2400	4800	9360		MAN	D 0836 LOH	D	TL
11.220 Kombi															
Citystar Sprinter	14/12	2008	4	150	W	88x88,3	2148	3800	4800	8305		DB	OM 646 DE 22	D	TL
515 CDI													LA		
Teamstar City	15-22/	2009	4	177	W	102x130	4250	2300	4250	7630		DB	OM 904 LA	D	TL, auch R 4800 mm und
818 D	8-15														Länge 8305 mm
B) Modelle mit Elektromotoren															
LT 45 Citybus	9/7	1979 - 80		52 kW					2950	6020		BBC			Elektroantrieb mit elektrischer Nutzbremsung
2. Reisebusse															
a) Mini- und Midi-Busse															
VW-Kleinbus	14/0	1960	B4	34	L	77x64	1192	3400	2400	4280		VW	122	V	
O 319 D	14/0	1962	4	50	W	87x83,6	1998	4000	3600	6000		DB	OM 621	D	
LPO 608/36 EA	17 - 25	1965 - 73	4	80	W	97x128	3782	2800	3600	6430	3600	DB	OM 314	D	ab 1973 85 PS
L 508/38 EA	17 - 20	1970 - 74	4	85	W	97x128	3782	2800	3800	6650 - 6800	3200 - 3500	DB	OM 314	D	
LPO 811/42 EA	26 - 30	1970 - 72	6	110	W	97x128	5675	2800	4200	7450 - 7600	5000	DB	OM 352	D	
LPO 913/47 EA	34/0	1970 - 77	6	130	W	97x128	5675	2800	4700	8250	5500	DB	OM 352	D	ab 1977 Bez. Clubstar
L 608-38	20/0	1972 - 77	4	85	W	97x128	3782	2800	3800	6800	3500	DB	OM 314	D	
LPO 813/36	22 - 26	1973 - 83	6	130	W	97x128	5675	2800	3600	6815	5250	DB	OM 352	D	auch 168 PS, ab 1977 LPL 813/36 Clubstar
LPO 813/42	26 - 30	1973 - 83	6	130	W	97x128	5675	2800	4200	7615	5750	DB	OM 352	D	auch 160 PS, ab 1977 LPL 813/42 Clubstar
LT 35 D Panorama	14/0	1975 - 76	4	65	W	92x101,6	2710	3600	2500	5105	2455	Perkins	4.165 HA	D	Wirbelkammer-Dieselmotor
LT 35 Panorama	14/0	1976 - 83	4	75	W	86,5x84,4	1984	4300	2500	5105	2310	VW	C	V	auch mit 65 PS-Perkins-Dieselmotor
307 D Panorama	14/0	1977 - 83	4	65	W	91x92,4	2404	4200	3050	5390	2300	DB	OM 616	D	
613/38 Teamstar	20/0	1977 - 79	4	85	W	97x128	3782	2800	3800	5800 - 6745		DB	OM 314	D	
913/42 Clubstar	23 - 25	1977 - 83	6	130	W	97x128	5675	2800	4200	7615	5750	DB	OM 352	D	ab 1983 mit T 168 PS
913/48 Clubstar	34 - 38	1977 - 83	6	130	W	97x128	5675	2800	4800	8415	6000	DB	OM 352	D	ab 1983 mit T 168 PS
LT 45 Panorama	15 - 17	1977 - 83	6	75	W	76,5x86,4	2384	4500	2950	5957		VW	CP	D	
613/38 Teamstar	20/0	1977 - 80	6	130	W	97x128	5675	2800	3800	6745		DB	OM 352	D	
LT 35 Panorama	15/0	1979 - 82	6	75	W	76,5x86,4	2384	4500	2500	5105	2365	VW	CP	D	
613/41 Teamstar	20/0	1980 - 85	6	130	W	97x128	5675	2800	4100	7138		DB	OM 352	D	auch als Citybus
8.136 Mediano	25/0	1981 - 85	6	136	W	102x116	5687	3000	3600	6975		MAN	D 0226 ME	D	
814/33 Clubstar	24/0	1982 - 92	6	136	W	97,5x133	5960	2600	3300	6673	7290	DB	OM 366	D	
LT 35 Panorama	15/0	1983	6	90	W	76,5x86,4	2384	4500	2500	5105		VW	DL	V	
LT 50 Panorama	19+1	1983 - 96	6	102	W	76,5x86,4	2384	4500	3650	6960	3600	VW	DV	D	T
1117/42 Clubstar	26 - 31	1984 - 89	6	170	W	97,5x133	5960	2600	4200	8283		DB	OM 366 A	D	T
1117/49 Clubstar	35/0	1984 - 87	6	170	W	97,5x133	5960	2600	4900	9233		DB	OM 366 A	D	T
409 D Panorama	17/0	1985	5	88	W	90,9x92,4	2998	4400	3700	6620		DB	OM 617	D	
9.136 Mediano	25-29/0	1985	6	136	W	102x116	5687	3000	4250	7775		MAN	D 0226 ME	D	
O 301 HD Clubstar	30+1	1985 - 90	6	170	W	97,5x133	5960	2600	4000	8283	7300	DB	OM 366 A	D	T
1120/49 (LN 2) Clubstar	35/0	1985 - 90	6	201	W	97,5x133	5960	2600	4900	9233	10920	DB	OM 366 LA	D	TL
811 D (LN 1) Teamstar	19+1	1986 - 93	4	115	W	97,5x133	3970	2600	4250	7370	4700	DB	OM 364 A	D	T
Clubstar 1120/49	32 - 35	1987 - 92	6	204	W	97,5x133	5960	2600	4900	9233		DB	OM 366 LA	D	TL
Economy O 614	20 - 23	1988 - 93	6	136	W	97,5x133	5960	2600	4250	7095		DB	OM 366	D	
Teamstar 814 D	19+1	1988 - 91	4	136	W	97,5x133	3971	2600	4250	7370	6740	DB	OM 364 LA	D	TL
Clubstar	26/0	1988 - 93	6	136	W	97,5x133	5960	2600	3700	7373		DB	OM 366	D	mit T 170 PS

E. AUWÄRTER

Typ	Sitzplätze/ Stehplätze	Bauzeit	Zylinder	PS	K	B x H mm	Hubraum cm^3	Drehzahl U/min	Radstand mm	Länge mm	Gewicht kg	Motor-hersteller	Typ	M	Bemerkungen
Economy 814 D	19+1	1989	4	136	W	97,5x133	3972	2600	4250	7095	6100	DB	OM 364 LA	D	TL
Clubstar 1117/1120 LO-42	30+1	1989 - 93	6	170	W	97,5x133	5960	2600	4200	8283		DB	OM 366 A	D	T, mit TL 204 PS
Clubstar 1120 LO-49	36+1	1989 - 93	6	204	W	97,5x133	5960	2600	4900	9283		DB	OM 366 LA	D	T
Clubstar MAN 10.180 Midibus	32 - 36	1989 - 90	6	180	W	108x120	6592	2600	4200	8710		MAN	D 0826 LOH	D	T
Clubstar MAN 11.190	30/0	1990 - 93	6	186	W	108x120	6592	2600	4200	8710		MAN	D 0826 LOH	D	T, auch 34/25 Plätze
VW T 4 Microstar	12/0	1990 - 93	5	78	W	79,5x95,5	2370	3700	3320	5055		VW	AAB	D	
VW T 4 Microstar	12/0	1990	5	110	W	81x95,5	2461	4500	3320	5055		VW	AAF	V	
MB 410-37	16+1	1990	4	136	W	97,5x133	3972	2600	3700			MB	OM 364 LA	D	TL
O 814 D Teamstar	24+1	1990 - 95	4	136	W	97,5x133	3972	2600	4250	7370	5200	MB	OM 364 LA	D	TL
O 614 Teamstar City	20 - 23	1991 - 99	4	136	W	97,5x133	3972	2600	4250	7370		DB	OM 364 LA	D	TL
Clubstar 814 LO-33	22 - 24	1991 - 99	4	136	W	97,5x133	3972	2600	3300	6673		DB	OM 364 LA	D	TL, auch 170 PS
Clubstar 814 LO-37	26/0	1991 - 99	4	136	W	97,5x133	3972	2600	3300	7373		DB	OM 366 LA	D	TL, ab 1998 170 PS
Clubstar 1117/ 1120 LO-42	30/0	1991 - 98	6	170	W	97,5x133	5958	2800	4250	8323-8560		DB	OM 366 A	D,	T, mit TL 204 PS
Clubstar 1117/ 1120 LO-49	34 - 36	1991 - 98	6	204	W	97,5x133	5958	2800	4900	9260-9283		DB	OM 366 LA	D	TL, ab 1998 211 PS
Economy O 614 MAO 11.190	15/0	1992 - 97	4	136	W	97,5x133	3972	2600	4250	7095		DB	OM 364 LA	D	TL
Sunny 410 D	16/0	1994 - 97	5	95	W	89x92,4	2870	3600	3700	5885		DB	OM 602	D	
Clubstar 11.230	35+1	1994 - 98	6	230	W	108x125	6871	2400	4200	8710		MAN	D 0826 LOH	D	TL
Super Sprinter MB 412	16 - 18	1996 - 99	5	122	W	89x92,4	2874	3800	4025	6532	3040	DB	OM 602 LA	D	TL
Panorama VW LT 46	16 - 19	1997 - 01	4	125	W	89x92,4	2874	3800	4025	6532		DB	OM 602 DE 29 LA	D	TL
Clubstar 817/35	22/0	1997	6	170	W	97,5x133	5958	2800	3500	7250		DB	OM 366 A	D	T
Clubstar 817/37	28/0	1997	6	170	W	97,5x133	5958	2800	3700	7320		DB	OM 366 A	D	T
Clubstar 817/33	22/0	1997	6	170	W	97,5x133	5958	2800	3300	6920		DB	OM 366 A	D	T
Clubstar 817/35	24/0	1997	6	170	W	97,5x133	5958	2800	3500	7250		DB	OM 366 A	D	T
Clubstar 817/37	28/0	1997	6	170	W	97,5x133	5958	2800	3700	7320		DB	OM 366 A	D	T
Clubstar Atego (1223-42)	26+1	1998	6	231	W	102x130	6374	2300	4160	8300		DB	OM 906 LA	D	TL
Clubstar Atego (1223-48)	34+2	1998	6	279	W	102x130	6374	2300	4760	9300		DB	OM 906 LA	D	TL
Clubstar 11.220	36/0	1998 - 00	6	220	W	108x125	6871	2400	4200	8710		MAN	D 0826 L	D	TL, auch Version Kombi
Premio	13+1	1999 - 01	4	114	W	94,4x100	2799	3600	4078	5888		Fiat-SOFIM	8140.43	D	TL, Basis Opel Movano
Teamstar 815 Reise	26/0	2000 - 01	4	152	W	102x130	4250	2300	4250	7370		DB	OM 904 LA	D	TL, Version Kombi 31/4 Plätze
Super Sprinter MB 416	16 - 19	2000 - 02	5	152	W	89x92,4	2874	3800	4025	6532-6590	3040	DB	OM 602 LA	D	TL
Clubstar MAN Reise	38/0	2000 - 01	6	220	W	108x125	6871	2400	4800	9360		MAN	D 0826 LOH	D	TL
Clubstar Atego 1223	27/0	2000 - 01	6	231	W	102x130	6370	2300	4160	8380		DB	OM 906 LA	D	TL, vorgestellt 1998
Clubstar Atego L 10,5 t	27/0	2000 - 08	6	231	W	102x130	6370	2300	4760	9380		DB	OM 906 LA	D	TL, vorgestellt 1998
Clubstar Atego L 11,9 t	27/0	2000 - 01	6	231	W	102x130	6370	2300	4760	9380		DB	OM 906 LA	D	TL
Clubstar Atego 1228 L	34/0	2000 - 08	6	280	W	102x130	6370	2300	5360	10290		DB	OM 906 LA	D	TL
Clubstar Kombi 11.220	36/0	2001 - 03	6	220	W	108x125	6871	2400	4200	8760		MAN	D 0826 L	D	TL
Teamstar Midi	26+1	2001 - 08	4	152	W	102x130	4250	2300	4800	8181		DB	OM 904 LA	D	TL
Sprinter MB 416 CDI lang	18+1	2002 - 07	5	156	W	88x88,3	2685	3800	4025	7190		DB	OM 612 DE 27 LA	D	TL

E. AUWÄRTER

Typ	Sitzplätze/ Stehplätze	Bauzeit	Zylinder	PS	K	B x H mm	Hubraum cm^3	Drehzahl U/min	Radstand mm	Länge mm	Gewicht kg	Motor-hersteller	Typ	M	Bemerkungen
Super Sprinter 616 CDI	19-21+1	2002 - 08	5	156	W	88x88,3	2685	3800	4425	7690		DB	OM 612 DE 27 LA	D	TL
Clubstar MAN 14.280	32-38+1	2003 - 08	6	280	W	108x125	6871	2400	4600	9600	9840	MAN	D 0836 LOH 02	D	TL
Teamstar 818 D Kombi	26-31	2004 - 08	4	177	W	102x130	4250	2300	4250	7380		DB	OM 904 LA	D	TL
Teamstar 818 D Kombi Midi	26-31	2004 - 08	4	177	W	102x130	4250	2300	4800	8180		DB	OM 904 LA	D	TL
Clubstar MAN 515 CDI	38+1	2004 - 09	6	220	W	108x125	6871	2400	4800	9310		MAN	D 0836 LOH LA	D	TL
Citystar Sprinter	12-14	2008	4	150	W	102x130	4250	2300	4350	7830		DB	OM 904 LA	D	TL, auch R 4800 mm und Länge 8305 mm
Super Sprinter MB 519 CDI	17	2008	V6	190	W	86x86	2987	3800	4350	7344		DB	OM 642 DE 30 LA	D	TL
b) Reisebusse															
Baureihe O 302															
O 302/12 EA	47 - 51	1971 - 72	6	192	W	115x140	8720	2500	5850	11000	8800	DB	OM 360	D	
O 302/13 EA	51 - 63	1971 - 72	6	192	W	115x140	8720	2500	6058	12000	9100	DB	OM 360	D	auch Typ HDS mit 240 PS
O 302/10 EA	39 - 43	1972 - 73	6	192	W	115x140	8720	2500	5050	9600	7800	DB	OM 360	D	
O 302/11 EA	43 - 47	1972 - 73	6	192	W	115x140	8720	2500	5850	10200	8000	DB	OM 360	D	
O 302/12 Eurostar	51 - 55	1973	6	192	W	115x140	8720	2500	5800	11250	9500	DB	OM 360	D	
O 302/13 Eurostar	55 - 59	1973	6	192	W	115x140	8720	2500	6055	12000	11000	DB	OM 360	D	
Baureihe O 303															
O 303-9 NE	31/0	1975 -80	V6	192	W	125x130	9570	2500	4150	8678		DB	OM 302	D	
O 303-10 NE	39/0	1975 - 80	V6	192	W	125x130	9570	2500	4521	9237		DB	OM 302	D	
O 303-11 NE	43/0	1975 - 80	V6	192	W	125x130	9570	2500	5083	9993		DB	OM 302	D	
O 303-12 NE	43/0	1975 - 80	V8	256	W	125x130	12760	2500	5083	10193		DB	OM 402	D	
O 303-13 NE	47/0	1975 - 80	V8	256	W	125x130	12760	2500	5381	10556		DB	OM 402	D	
O 303-14 NE	51/0	1975 - 80	V8	256	W	125x130	12760	2500	5623	11293		DB	OM 402	D	
O 303-15 NE	55/0	1975 - 80	V8	256	W	125x130	12760	2500	6330	12000		DB	OM 402	D	
O 303/10 HD Eurostar	31/0	1980 - 83	V6	216	W	128x142	10946	2300	4521	9237		DB	OM 421	D	
O 303/12 HD Eurostar	35/0	1980 - 83	V8	280	W	128x142	14618	2300	5083	10193		DB	OM 422	D	mit T 330 PS, auch Version HDS
O 303/13 HD Eurostar	39 - 43	1980 - 83	V8	280	W	128x142	14618	2300	5381	10556		DB	OM 422	D	mit T 330 PS, auch Version HDS
O 303/15 HD Eurostar	51 - 53	1980 - 83	V8	280	W	128x142	14618	2300	6330	12000		DB	OM 422	D	mit T 330 PS, auch Version HDS
Eurostar HDS / O/303	49+1	1988	V8	354	W	128x142	14618	2100	6330	12000	13200	DB	OM 442 A	D	T
Eurostar HD 303-10 R	34 - 38	1990 - 93	V6	272	W	128x142	10964	2100	4521	9207		DB	OM 441 A	D	T
Eurostar HD 303-13 R	42 - 46	1990 - 93	V8	296	W	130x142	15078	2100	5381	10526		DB	OM 442 A	D	T
Eurostar HD 303-15 R	46 - 54	1990 - 93	V8	296/ 366	W	130x142	15078	1700	6330	12000		DB	OM 442 A/LA	D	T/TL
Baureihe Scania Eurostar															
Eurostar HD	49+1	1986	6	305	W	127x145	11000	2000	6100	12000		Scania	DS 11 15	D	T
Eurostar HDS	53+1	1987	6	333	W	127x145	11000	2000	5840+1275	12000	14770	Scania	DSC 1101	D	TL
Baureihe O 404															
Eurostar SHD O 404/15 R	51-53+1	1994 - 02	V8	381	W	128x142	14618	2100	6250	11980	13440	DB	OM 422 LA	D	TL
Eurostar O 404 13,6 m	60/0	1997 - 03	V8	381	W	128x142	14618	2100	6255+1300	13650		DB	OM 422 LA	D	TL
Eurostar O 404 15 m large	68/0	1997 - 00	V8	381	W	128x142	14618	2100	7415+1600	14980		DB	OM 422 LA	D	TL
Eurostar SHD O 404	52/0	2000 - 02	V8	435	W	128x142	14618	2100	6250	12000	13440	DB	OM 442 LA	D	TL
Baureihe O 405															
Eurostar SHD 12 m (O 505)	52+1	2001 - 07	6	422	W	128x155	11967	2100	6080	12000		DB	OM 457 LA	D	TL
Eurostar SHD 13 m	51-55+1	2003 - 07	6	422	W	128x155	11967	2100	6630+1300	12980		DB	OM 457 LA	D	TL
Eurostar SHD large	55-59+1	2003 - 07	6	422	W	128x155	11967	2100	7360+1300	13980		DB	OM 457 LA	D	TL

Gottlob Auwärter

Gottlob Auwärter Karosserie- und Fahrzeugbau GmbH u. Co. KG, Stuttgart-Möhringen, Vaihinger Str. 118-122

1. 1953-1971 **Gottlob Auwärter Karosserie- und Fahrzeugbau KG**
2. 1972-2001 **Gottlob Auwärter Karosserie- und Fahrzeugbau GmbH u. Co. KG**
3. 2001-2015 **NEOPLAN Bus GmbH,** ab 2008 Plauen, Leuchtsmühlenweg 12

Der Karosseriebaumeister Gottlob Auwärter (1903 - 1993) gründete 1935 in Stuttgart-Möhringen auf dem Gelände einer ehemaligen Ziegelei ein Unternehmen, das Holz-und Stahl-Holzaufbauten für Lastwagen und Omnibusse verschiedener Marken produzierte. Kurz vor dem Ausbruch des Zweiten Weltkrieges stellte das damals 45 Mann starke Werk auch erste Ganzstahlaufbauten her. Während des Krieges musste der Betrieb den Karosseriebau aufgeben und zeitweise auf dem Flughafen Stuttgart-Echterdingen Flugzeugzellen reparieren. Gegen Ende des Krieges und in der ersten Nachkriegszeit rüstete das Unternehmen dann vorwiegend Omnibusse auf Generatorbetrieb um.

Schon rasch konnte der wenig beschädigte Betrieb nach 1945 wieder Reparaturen und Neukonstruktionen für Omnibusse durchführen sowie Fahrerhäuser und Kofferaufbauten herstellen. Bis Anfang der fünfziger Jahre entstanden Karosserien für nahezu alle deutschen Fahrzeughersteller. Hinzu kam der noch bescheidene Bau von Omnibusanhängern und der Aufbau von Eisenbahnfahrzeugen.

Als sich abzeichnete, dass den großen Herstellern wieder eine ausreichende Karosseriebaukapazität zur Verfügung stand und die Zuteilung der hauptsächlich verwendeten Daimler-Benz-Fahrgestelle stagnierte, beschloss Gottlob Auwärter, den Sprung zum Komplettanbieter zu wagen, wenn auch der Karosseriebau für Fremdfahrgestelle bzw. Unterbauten noch bis zur Jahrtausendwende weitergeführt wurde. Den Karosseriebau für Kleinbahn-Personenwaggons hielt das Unternehmen bis 1969 aufrecht.

1953 stellte das jetzt 100 Personen starke Werk auf der Reutlinger Gewerbeausstellung sein erstes eigenes Komplettfahrzeug in selbsttragender Frontlenker-Bauweise vor, den Neoplan-Typ SK 9. Der Buchstabe »S« stand für »selbsttragend«, das »K« für den Kämper-Motor. Die Ziffer »9« gab die Anzahl der Sitzreihen an. Als Markenname wählte Auwärter die Bezeichnung »Neoplan«, wobei dieses dem Griechischen entlehnte Wort für »neues Personenbeförderungsmittel bzw. -konzept« stand. Das aufwendig verglaste Fahrzeug besaß eine vordere Spezialachse der Bergischen Achsenfabrik (BPW) und hintere 3,5-Tonnen-DB- oder Ma-

108-PS-Neoplan SK 9 Reisebus, 1954.

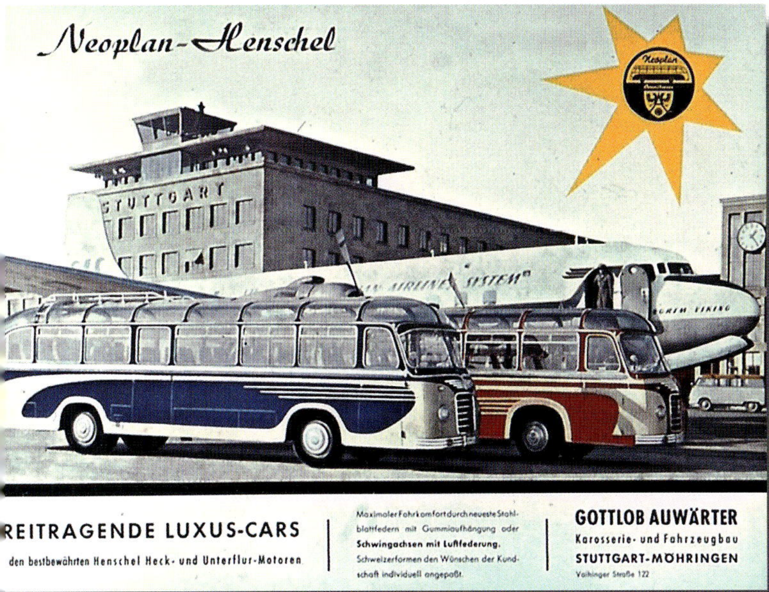

65-PS-Neoplan SH 6 Reisebus, 1955.

90/105-PS-Neoplan SD 6/7 Reisebus, 1956.

girus-Achsen. Im Heck saß der 108 PS starke Kämper-Sechs Typ 692 mit Hydraulikkupplung und ZF-Fünfganggetriebe. Das Fahrzeuggerippe bestand aus verschweißten Vierkant-Stahlträgern mit Leichtmetallbeplankung. 1954 begann die Serienfertigung als SK 9 mit leicht verlängertem Radstand mit 40 festen Sitzen und acht Klappsitzen. Die Jahresfertigung betrug in diesem Jahr einschließlich der aufgebauten Fremdtypen 54 Exemplare. Da der Kämper-Motor in Drehmoment und Zuverlässigkeit aber nicht überzeugte, erhielten die Neunsitzer unter den Bezeichnungen SD 9, SM 9 und SH 9 Daimler-Benz- oder Deutz- (Magirus-), MAN- und Henschel-Motoren, die je nach Kundenwunsch eingebaut werden konnten. Auch die hinzugekommenen 10- und 11-reihigen Großmodelle besaßen diese Maschinen.

1955 folgten die Kleinmodelle SB(Borgward) 5 und SH(Hanomag) 6 mit 60 PS beziehungsweise 65 PS. Der Sechsreiher konnte auf Wunsch auch mit einem Henschel- oder einem Daimler-Benz-Motor geliefert werden; 1966 setzte der NF 6 mit Fiat-Fahrgestell und Stahl-Blattfederung die Kleinbus-Tradition der Stuttgarter fort. Der 25-Sitzer mit dem 90 PS starken Fiat-Motor und -Getriebe im Heck war aber nicht sonderlich populär. 1956 wurde das Bezeichnungsschema umgestellt. Die durch einen Schrägstrich geteilten Ziffern gaben nun die Bestuhlungsvarianten an. 1958 wurde erneut gewechselt. Um sich gegenüber dem Kässbohrer-Bezeichnungsschema abzuheben, stand beziehungsweise steht nun ein »N« für »Neoplan« anstelle des "S" für »selbsttragend«.

125-PS-Neoplan SBU-22 Reisebus, 1957.

Den neuen Neoplan-Fahrwerksbau leitete 1957 der Typ SH 9/10 L mit dem 6,1-Liter-Henschel-Motor ein, der mit Roots-Gebläse 150 und ohne Aufladung 125 PS abgab. Zu den technischen Besonderheiten dieser Konstruktion gehörte die patentierte vordere Einzelradaufhängung mit zwei übereinanderliegenden Trapezlenkern und einem Aufnahmeschemel mit dem Lenkgetriebe. Die Hinterachse wurde an einem Fahrschemel mit einer Dreiecksaufhängung geführt. Das »L« in der Typenbezeichnung stand für die Luftfederung; diesem Neoplan-Bus gebührt dabei der Ruhm, der erste europäische Bus mit Luftfederung gewesen zu sein. Zum Spitzenmodell der ersten Neoplan-Fahrzeuggeneration avancierte aber der Zweietage-Fernreisebus mit Henschel-Triebwerk. Der unter der Bezeichnung »FH« gebaute Luxusliner besaß in der Fahrzeugmitte ein erhöhtes Dach und zwei Stufen im angehobenen Fahrgastboden samt Theaterbestuhlung mit besten Aussichtsmöglichkeiten, zumal Fahrer und Beifahrer tiefer im Parterre logierten: Die Passagiere genossen den vollen Durchblick und freuten sich über die – optional angebotene – Klimaanlage. Der Fernrei-

125-PS-Neoplan SH 30 Reisebus (Schweizer Ausführung), 1957.

125-PS-Neoplan SH 9/10 Reisebus (Foto: Edelmann), 1957.

125/150-PS-Neoplan FH 11 Hochdecker, 1958.

150-PS-Neoplan NH 13 (Bundesbahn-Überlandbus), 1959. (Foto: Hans Pairan)

se-Bus wurde bis 1961 viermal gebaut. Deutlich erfolgreicher agierten die anderen Busse des Unternehmens. Die 1958 nach der Neuordnung der Typenbezeichnung als NH 6/7 und NH 7/8 angebotenen Wagen erhielten durchlaufende Kofferräume unter dem Fahrgastboden, so dass die nicht mehr zeitgemäße Dachgalerie entfallen konnte. Das Neoplan-Fahrzeugprogramm der 1. Generation wurde 1959 durch den 11,4 Meter-Typ NH 11/12 und den 60 Zentimeter längeren NH 13 erweitert, jeweils mit hydraulischer Höhenverstellung des Fahrgastbodens. Die Großfahrzeuge NH 10/11 und NH 13 wurden nun auch als Linienfahrzeuge vor allem für die Bundesbahn gebaut. Die Jahresproduktion 1959 betrug immerhin 92 Omnibusse.

1961 stellte Gottlob Auwärters Unternehmen eine neue Fahrzeuggeneration vor. Wegweisend dafür wurde der NH 6/6 L »Hamburg«, der seine Karriere als Examensarbeit an der Hamburger Fachhochschule für Karosserie- und Fahrzeugbau begann. Konzipiert von Albrecht Auwärter (1936 - 1993) und dessen Studienkollege Bob Lee, Jahrgang 1938 und später Leiter der Neoplan-Entwicklungsabteilung, ging der 35-Sitzer unter der Bezeichnung NH 8 (oder NH 6/8) und der Zusatzbezeichnung »Hamburg« in Serie. Dieser Entwurf sollte wegweisend werden in Sachen Raumökonomie und fand auf dem Genfer Salon 1961 großen Anklang. In rascher Folge entstanden so im Baukastensystem mit einheitlichen Karosserieteilen und Fenstern die Modelle NH 9, NH 12 und NH 14. 1963 ergänzten die Modelle NH 13 beziehungsweise ND 13 und NH 16 das Programm,

150-PS-Neoplan NH 11/12 Reisebus, 1959. (Foto: Neoplan)

die unter der Zusatzbezeichnung "Hannover" auch als Linienomnibusse mit zwei breiten Falttüren und Zielschildkästen im Angebot standen. Gegenüber den Reiseomnibussen besaßen die Linienomnibusse plane Seitenscheiben mit Lüftungsscheiben im oberen Fensterbereich sowie einen einfachen, sich nach unten verjüngenden Gittergrill.

1964 präsentierte Neoplan dann den Linien-Doppeldecker NB 26 L, der auf die Examensarbeit von Konrad Auwärter (geb. 1939) zurückging. Der nur 3,98 Meter hohe, kastenförmige Doppeldecker, der aufgrund dieser Höhe keiner Ausnahmegenehmigung bedurfte, entstand in Leichtbauweise mit Vierkantprofilen und Aluminiumbeplankung. Die neue U-förmige Vorderachse ermöglichte die Anbringung des unteren Bodens direkt darüber in nur 53 cm Höhe. Der hintere Fahrzeugteil war über der Büssing-Hinterachse mit zwei Stufen höher gelegt, um die 150, später 172 PS starke Büssing-Unterflurmaschine unterbringen zu können. Im Linienverkehr fasste der nur 9,5 Tonnen schwere Doppeldecker 102 Sitz- und 39 Stehplätze. Eine besondere Stadtbus-Variante stellte der nach Berlin und New York gelieferte Aussichtsbus »Do-Lux« mit der Zusatzbezeichnung »Berolina« dar. Der nach dem Namen des Berliner Kunden benannte Neoplan hatte einen verglasten oberen Gitteraufbau und schräg stehende Sitze, um den Fahrgästen beste Aussichtsmöglichkeiten zu geben.

Weitaus konventioneller dagegen geriet der 1965 gezeigte Stadtbus N 13 L »Wetzlar«. Auch dieser Typ - dessen Verkaufsbezeichnung sich vom ersten Einsatzort ableitete - verfügte über das Chassis mit Luftfede-

170-PS-Neoplan NH 12 Reisebus (»Hamburg-Klasse«), 1963.

150-PS-Neoplan NB 26 L Liniendoppeldecker, 1964.

150-PS-Neoplan NB 20 L »Berolina« Stadtrundfahrtbus, 1965.

rung, für das das Unternehmen inzwischen bekannt geworden war. Die Verwendung der 150 PS starken Büssing-Unterflurmaschine gestattete den Einbau einer dritten Tür. Gleichfalls für den Linienverkehr bot das Unternehmen neben den vereinfachten »Economic«-Ausführungen NH 12 und NH 13 dann ab 1967 den dem VÖV I-Typ angenäherten NH 14 «Remscheid« an, der wenig später auch unter als NH 15 V »Duisburg« und »Köln« mit Henschel-Unterflurmotoren geordert werden konnte. Während die Vorderfront dieser Typen weitgehend denen der Reisebusse entsprach, waren hier seitlich wiederum bis an das Flachdach hochgezogene, plane Rechteckfenster eingesetzt worden.

Als weiterer Meilenstein in die Neoplan-Geschichte ging der Fernreise-Doppeldecker NH 22 des Jahres 1967 ein, wobei das Neoplan-Werk als erster deutscher Omnibushersteller zum Bau eines derartigen Fahrzeugs übergegangen war. Die zweiachsige Version mit der Neoplan-Tiefrahmen-Vorderachse erhielt den 12-Liter-Henschel-Motor mit 230/235 PS und nahm 60 Personen auf, die dreiachsige Version NH 22/3 mit der Zusatzbezeichnung »Skyliner« verfügte über 80 Sitze. Angetrieben wurde die mittlere Achse, während es sich bei der letzten Achse um eine zwangsgelenkte, einfachbereifte Henschel-Schleppachse handelte.

Die Karosserie des Doppeldeckers im Hamburg-Stil verfügte über einen ersten schrägen Fensterholm im Unterdeck, der sich im Oberdeck bis in den Dachbereich fortsetzte. Gleichzeitig war dieser Teil als Überrollbügel ausgebildet. Die üblichen Doppelscheinwerfer ersetzten abgerundete Rechteckscheinwerfer.

Aufgrund der nun vorgeschriebenen 10-Tonnen-Hinterachse wurden die Reisedoppeldecker Ende der sechziger Jahre nur noch als Dreiachser (mit 16-Tonnen-Doppelachse) geliefert, wobei ab 1970 auch V10- und V12-Triebwerke mit 320 bis 340 PS von Daimler-Benz oder Deutz zum Einsatz kamen. Diese Busse ließen sich auf Wunsch auch mit einer Bestuhlung von nur drei Sitzen pro Reihe im Oberdeck bestellen: Neoplan bot einen »1.-Klasse-Sitzkomfort«.

Der NB 20 L verfügte über eine zweiflüglige Außenschwingtür am Heck. (Foto: Ralf Weinreich)

130/150-PS-Neoplan ND 6 Reisebus, 1966.

Mit diesen Reisedoppeldeckern bestand nun das Reisebusprogramm des Neoplan-Unternehmens aus dem inzwischen mit einem 130-PS-Daimler-Benz-Motor, einem indirekten Kardanwellenantrieb und mit der modernen Neoplan-Fahrwerkstechnik ausgerüsteten Kleinmodell ND 6 und den mit Henschel-Motoren versehenen Modellen NH 8 bis NH 16 und dem für Schweden gebauten 13,5-Meter-Typ NH 18.

In die siebziger Jahre startete Neoplan mit neuen Montagehallen und drei kompletten Fertigungsstraßen. Wichtigstes Produkt war die Doppeldeckerbaureihe, von der inzwischen über 1500 Exemplare bis 2005 gefertigt worden sind. Die Vorderfronten wurden je nach Kundenwunsch in der Gestaltung des Hamburg-Typs, des Skyliner-Typs oder in einer glatten, leicht gewölbten Stylingart (für die Linienversion) ausgeführt. Standard-Antrieb bildete anfänglich die Büssing-Maschine U 11 D mit 210 PS.

1971 erschien auf der Omnibuswoche in Monaco der neue N 116 "Cityliner". Der Hochdecker mit voll verglaster Kanzel (der später auch als Super-Hochdecker N 116/3 erschien) zeigte erstmals das Styling der dritten Neoplan-Fahrzeuggeneration. Der 12 Meter lange Komfortbus für 56 Fahrgäste besaß im mittleren Dachteil drei Schiebedächer, so dass der »Cityliner« auch als Sightseeing-Bus eingesetzt werden konnte. Umfangreich wie nie war die Motorenvielfalt, nachdem jetzt auch Triebwerke anderer Hersteller verwendet werden konnten. Das wiederum zog eine Änderung im Bezeichnungsschema nach sich, da die bisher verwendeten Motorenkürzel ihre Bedeutung verloren. Dieses Schema wird im Prinzip heute noch verwendet: Die neue Hochdecker-Baureihe »Cityliner« erhielt

170-PS-Neoplan NH 10 Reisebus, 1966.

170-PS-Neoplan NB »Remscheid« Linienbus, 1968. (Foto: Neoplan)

230-PS-Neoplan NH 22/3 L »Skyliner« Reisedoppeldecker, 1968.

210-PS-Neoplan NB 26/3 Liniendoppeldecker, 1970.

150-PS-Neoplan NB 26/3 Liniendoppeldecker, 1972.

die Typenreihe N 100, wobei die zweite und die dritte Ziffer wieder die Sitzreihenzahl angeben. Die ab 1973 lieferbaren Standard-Eindecker »Jetliner« liefen unter der Baureihen-Bezeichnung N 200. Die im Baukastensystem erschienene Jetliner-Baureihe N 208 bis N 216, der sich noch das überlange Exportmodell N 218 als Dreiachser anschloss, löste bis 1975 die Hamburg-Baureihe ab. Im modernen Rechteck-Design mit einteiliger Panorama-Frontscheibe und geklebten, wiederum schräg verlaufenden Seitenfenstern, hatte Neoplan bei der Konzeption erstmals ganz bewusst Sicherheitsaspekte berücksichtigt und auf eine hohe Überrollstabilität Wert gelegt. Drittes Standbein der Neoplan-Modellfamilie bildete die Baureihe N 300 (ab 1981 Zusatzbezeichnung »Kombiliner«). Sie bestand aus den Kombifahrzeugen N 312, N 314, N 316 und dem 1974 hinzu gekommenen N 313. Ihre Optik erinnerte an die Cityliner, jedoch wurden hier senkrechte Fensterstege für die ebenen Scheiben verwendet. Der 1970 neu aufgelegte Doppeldecker NB 26/3 wurde nun als N 326/3 (Kombifahrzeug, Kofferabteil) beziehungsweise N 426/3 (durchgehendes unteres Fahrgastabteil) im Programm geführt. Die Baureihe N 400 bezeichnete die Linienfahrzeuge; 1974 fand dann eine klare Abgrenzung in Stadt- und Kombifahrzeuge (Überland- und Gelegenheitsverkehr) statt. Auwärter hielt nun neben den Kombilinern der N 300-Serie die teilstandardisierten Linienbusse der Baureihe N 400 als Ein- und Doppeldecker im Angebot. Hier wie dort wurden DB-Unterflur- und Heckmotoren in Kombination mit DB- und MAN-Hinterachsen eingesetzt. Eine Ausnahme bildete der N 416 M, dessen Triebwerk seitlich in Fahrzeugmitte saß.

240-PS-Neoplan N 316 Kombibus, 1972.

1975 sah die Vorstellung von Gelenkfahrzeugen, die eine der Attraktion auf der Frankfurter IAA darstellten: Unter der Bezeichnung »Longliner« präsentierte Neoplan den Jetliner-Gelenkbus N 220/3 mit 192-PS-DB-V6-Motor und Schenk-Gelenktechnik, wobei ein aufwendiger Anlenkmechanismus für die Kurvenstabilität des Nachläufers sorgte. Die absolute Krönung allerdings stellte der vierachsige N 138/4 »Jumbocruiser« dar, ein Doppeldecker, der maximal 144 Personen befördern konnte. Der Jumbo trug seinen Namen zu Recht. Mit 18 Metern Länge, 2,5 Metern Breite und vier Metern Höhe schöpfte dieser Gelenkzug alle zulassungsrechtlichen Möglichkeiten aus: Es hatte bis dahin keinen größeren straßentauglichen Omnibus gegeben. Standesgemäß mit 400 bis 440 PS starken Deutz-V12

256-PS-Neoplan Kombi-Doppeldecker N 326/3, 1975. (Foto: Neoplan)

320-PS-Neoplan N 122/3 »Skyliner« Reisedoppeldecker, 1975. (Foto: Neoplan)

motorisiert (wahlweise auch mit dem 430 PS starken DB-Antrieb), gehörten ein Allison-Automatikgetriebe mit Retarder und DB-Außenplaneten-Antriebsachse zu den weiteren Besonderheiten dieses Großraum-Transporters. Die Schenk-Drehkranzverbindung war im zweiten Fahrgastboden angebracht, um die Beweglichkeit des Nachläufers in der Senkrechten zu verbessern. Trotz aller Superlative: Neoplan konnte nicht mehr als ein Dutzend dieser Luxus-Fernreise-Doppelstock-Gelenkbusse verkaufen. Ihr Einsatzbereich war zu eingeschränkt - auch weil Frankreich die Durchfahrt für Gelenkfahrzeuge verboten hatte.

Nachdem Neoplan seit den frühen sechziger Jahren keine Daimler-Benz- und MAN-Fahrgestelle mehr mit Karosserien versehen hatte, begann das Unternehmen nach 1975 wieder bis etwa 2005 damit. Die für den Export - wie etwa Syrien - bestimmten Modelle liefen unter der Bezeichnung »Tropic« auf DB-Fahrgestellen vom Band. Weitere Aufträge folgten, auch auf MAN-Fahrgestellen, und in den Neunzigern baute Neoplan Niederflurbusse unter Verwendung des Scania-FlexCi-Chassis. Besonders interessant in dieser ersten Epoche als Karosseriebauer war der N 414 in Tropic-Version von 1979/80: Die für Saudi-Arabien gebauten Busse verfügten über ein spezielles »Frauenabteil«. Um die ständig wachsende Nachfrage auf dem afrikanischen Kontinent befriedigen zu können, richtete Auwärter-Neoplan 1976/77 schließlich in Kumasi/Ghana ein eigenes Werk ein. Auf den beiden Produktionsstraßen liefen die Tropen-Versionen der Typen N 309, N 313, N 314 und N 412 mit luftgekühlten Deutz-Motoren und verstärkten Blattfeder-Fahrgestellen vom Band.

Das Jahr 1976 brachte - neben einer neuen Cityliner-Baureihe als Hochdecker mit einem tiefgelegten Fahrerplatz – den Prototypen des zukunftweisenden Niederflur-Linienbusses N 814 mit elf Metern Länge und einer Fußbodenhöhe von 295 mm. Die Modelle der neuen Niederflurserie N 800 (die eigentlich die 400er-Serie ersetzen sollte) besaßen geklebte Seitenscheiben, eine durchgehende, sphärisch gewölbte Frontscheibe und eine Karosserie, die an Rost-anfälligen Stellen mit GFK-Kunststoffteile versehen worden war. Beim Zweiachser kam ein 240 PS starker MAN-Unterflurmotor zum Einsatz, der Dreiachser wie auch der Gelenkbus erhielten einen Zehnzylinder mit 352 PS. Mangelhafter Markterfolg führte allerdings zwei Jahre später zur Einstellung der Baureihe, im Modellprogramm standen stattdessen wieder die Vorgänger-Typen N 400, jetzt mit GFK-Motorklappe und anderen Verbesserungen. Bei dem 1979 gebauten Linienbus-Typ N 416 (Ü 80), dem ersten neuen Standardomnibus nach dem modifizierten Lastenheft der Öffentlichen Verkehrsbetriebe (VÖV II), flossen aber viele Erfahrungen aus dem N 814 ein. Seine endgültige Form erhielt er aber erst 1985. Der Leichtbau-Liniendoppeldecker wurde übrigens zeitgleich im neuen Karosseriedesign vorgestellt, also mit abgeschrägtem Fahrerfenster. Auch die obere Fahrgast-Frontscheibe war hier plastisch gewölbt. Dieser nur noch zweiachsige Prototyp wurde jedoch erst 1979 als N 424 gebaut. Die zuvor präsentierte Dreiachs-Version hieß N 426/3. In den folgenden Jahren baute Neoplan seine neue Linienbus-Reihe weiter aus, so die 7,75-Meter-Version N 407 SK 1, die später allgemein unter der Bezeichnung «Midi« bekannt wurde. Auch bei den späteren »Metrolinern« handelt es sich um nicht standardisierte Kombitypen der N 416-Baureihe. Beim »Metroliner«-Modell N 416 MK war etwa der Fahrgastbereich leicht angehoben worden, um Platz für einen Kofferraum schaffen. Ein Einzelstück hingegen blieb in dieser Bauserie das Schubgelenk-Modell N 421 MK mit aufgeladenem 260-PS-DAF-Motor. Die »Metroliner« wurden bereits 1985 erneuert und gehörten von der Typenbezeichnung zu

210-PS-Neoplan N 814 Niederflur-Linienbus, 1976.

215/240/256-PS-Neoplan N 216 »Jetliner h« Reisebus, 1976.

400-PS-Neoplan »Jumbocruiser« Reise-Gelenkdoppeldecker, 1977. (Foto: Neoplan)

256-PS-Neoplan N 116 »Cityliner« Reisebus, 1978.

256-PS-Neoplan N 216 »Jetliner« Reisebus, 1978.

256-PS-Neoplan N 209 »Jetliner« Reisebus, 1978.

den Kombilinern der 300er-Reihe. Charakteristisch für den nunmehrigen N 316 waren die hinteren Fünfeckfenster samt den schmalen Blechbändern über den Seitenscheiben. Den Antrieb übernahm eine aufgeladene 260-PS-DAF-Maschine.

Neben dem Grundtyp »Jetliner«, dem Hochdecker »Cityliner« und dem Reisedoppeldecker »Skyliner« erschien 1979 mit dem »Spaceliner«N 117/3 als neuer Superhochdecker mit einem Unterflur-Fahrercockpit eine weitere Baureihe. Bei diesem Modell verwirklichte das Unternehmen ein vollkommen neues Konzept, bei dem der Fahrgastboden über den Fahrerplatz bis an die schräge obere Aussichtsscheibe hinweggezogen war. Eine breiter Mitteleinstieg ermöglichte den Zutritt zum in zwei Meter Höhe angebrachten Bestuhlungsboden. Die gesamte Länge konnte für die Bestuhlung genutzt werden, 65 Personen fanden Platz. Der Fahrer saß nicht höher als in einem normalen Pkw vor seinem schräg stehenden Lenkrad. Der »Spaceliner« mit vorderer Tiefrahmen- und hinterer, zusätzlicher, zwangsgelenkter Schleppachse wurde in der ersten Version von einem 352-PS-V-10-Motor von Daimler-Benz angetrieben. Als Einzelstück entstand sogar eine »Space-Longliner« in Gelenkbauweise unter der Bezeichnung N 121/4. Die überaus erfolgreiche »Spaceliner«-Baureihe produzierte das Pilstinger Zweigwerk, das 1973 von den Gebr. Eicher, Traktoren- und Landmaschinen-Werke GmbH erworben worden war. Der Superhochdecker »Spaceliner« erschien 1983, nachdem das Gesetz die 11-Tonnen-Hinterachse erlaubte, auch in einer zweiachsigen Version als Typ N 117/2.

Ende der siebziger Jahre entwickelte Neoplan mit dem N 506 wieder eine Kleinbusreihe, die 1981 als N 905 und N 906 in Serie ging. Die Fronttriebler mit 80/88-PS-Fünfzylinder-DB- oder einen 68-PS-Peugeot-Dieselmotor besaßen einen Fahrgastboden, der durch eine pneumatische Niveauregelung von 32 auf 15 Zentimeter abgesenkt werden konnte. Die mit Einzelradfederung ausgestatteten Modelle besaßen geklebte, großflächige Fensterscheiben im Stil der Neoplan-Flughafenbusse. Je nach Bestuhlung konnten 25 bis 30 Fahrgäste bzw. mehrere Rollstuhlfahrer transportiert werden. Die Baureihe N 906 teilte sich in die Versionen B, C, V und T vor, was für Bedarfs-, Club-, VIP- und Telebus stand. Die Scheinwerfer waren nun über den Stoßstangen angebracht. Die Spezialbaureihen N 901 und N 906 brachten es bis 1983 auf über 120 Exemplare. Auf dem Genfer Nutzfahrzeugsalon von 1982 präsentierte das Unternehmen dann den neuen Kleinbus N 907 als 7,25-Meter-Reisewagen. Der »Unibus« in Trambusbauweise verfügte über Frontmotor samt Heckantrieb. Der Hochdecker war allerdings nicht unumstritten, knapp anderthalb Jahre später verließ schon der als Ablösung konzipierte N 208 »Jetliner« die Berliner Werkshallen. Auf 24 Personen ausgelegt, saß hier der aufgeladene 168-PS-DB-Motor im Heck. Antriebsvarianten waren auch MAN- und Detroit-Diesel-Motoren. Die Achsteile stammten von Neoplan- oder MAN. Da Magirus-Deutz zu dieser Zeit mit seiner Baureihe R 81 als Konkurrenz ausschied, avancierte der Reisebus mit der aufwendigen Neoplan-Fahrwerkstechnik zum Maß aller Dinge in seiner Klasse.

Zur Werksgeschichte

1980 eröffnete Neoplan nach dem Stammwerk und dem Werk Pilsting in Berlin-Spandau (Freiheit 7/8) ein drittes inländisches Produktionswerk, während in Lamar/Colorado nach Ghana ein zweites ausländisches Werk in Betrieb ging. In Stuttgart entstanden die Modelle »Cityliner«, »Skyliner«, Liniendoppeldecker, Flughafenbusse und Sonderfahrzeuge; in Pilsting liefen die Einheitsserien der »Jetliner-«, »Spaceliner-«, Linien- und Kombitypen vom Band und in Berlin die kleinen Mehrzweckbusse der Baureihe N 900. Die Neoplan USA Corporation als selbständige Aktiengesellschaft baut Linienbusse mit Detroit-Diesel-Motoren. 50 Prozent der Teile, darunter auch Rohkarosserien, wurden anfänglich aus der Bundesrepublik angeliefert. Die Bereitstellung von Teilen richtet sich inzwischen nach dem Kurs des Dollars, so dass der Prozentsatz an deutschen Teilen ständig schwankte. Das amerikanische Werk lieferte 1985 den 2400. Bus aus. Spitzenprodukt dort war die unter Verwendung von Kunststoffteilen entwickelte »Metroliner«-Variante »Neoporter« in Niederflurtechnik. Aufgrund der vollständigen Auslastung des Lamarer Werkes wurde eine weitere amerikanische Fertigungsstätte in Honeybrook/Pennsylvania aufgebaut, so dass in den USA eine jährliche Fertigungskapazität von 900 Omnibussen zur Verfügung stand. Das Pilstinger Werk konnte 1983 nach zehnjährigem Bestehen den 4306. Omnibus ausliefern, darunter auch einige Gelenkschubtypen für die USA. (Schon zuvor war eine Nachbaulizenz an die Gillig Corporation in Hayward/Kalifornien und an den iranischen Staatsbetrieb Kirloskar vergeben worden.) Eine viel größere Tragweite besaß allerdings die in jenem Jahr von Daimler-Benz und MAN gefällte Entscheidung, die Lieferung von Triebsätzen und Achsen für die konkurrierenden Neoplan- (und Kässbohrer-) Linienfahrzeuge einzustellen, zumal die Absatzlage sich verschlechtert hatte. Auwärter war gezwungen, auf andere Anbieter umzusteigen und wählte als Standard-Antriebe einen luftgekühlten Deutz-Motor mit 12,7 Litern Hubraum sowie den wassergekühlten 11,6-Liter-Sechszylinder-DAF-Motor. Anstelle der DB- und MAN-Achsen setzte Neoplan nun eine mit der Zahnradfabrik Friedrichshafen (ZF) entwickelte, leichtere Hinterachse ein.

4. Neoplan-Fahrzeuggeneration

In der zweiten Hälfte der achtziger Jahre baute Neoplan seine Marktstellung weiter aus. Kein anderer Hersteller hatte ein entsprechend umfangreiches Programm zu bieten, mit 800 in Deutschland gebauten Omnibussen und weiteren 657 im Ausland produzierten Wagen war das jetzt 50 Jahre alte Werk viertgrößter Anbieter in der Bundesrepublik. Der Marktanteil belief sich auf zwölf Prozent.

240/280-PS-Neoplan N 424/2 Liniendoppeldecker, 1980.

280-PS-Neoplan N 426/3 (SD 3) Liniendoppeldecker, 1981.

280/290-PS-Neoplan N 116 »Cityliner« Reisebus, 1981.

Dem ausgeklügelten Baukastensystem war zu verdanken, dass Neoplan seine Produktpalette um ständig neue Varianten anreichern konnte, so den Doppeldecker N 122/2 »Clubliner«, den »Jetliner« N 210 »Midi« mit 9,4 Metern Länge oder die »Hotelomnibusse« N 116/2 mit »City«- oder »Jetliner«-Aufbauten.

In diese Zeit fiel auch die Präsentation der 4. Neoplan-Generation. Die vollständig überholten Reise- und Kombimodelle (»Metroliner«) unterschieden sich optisch durch die leicht keilförmig vorgewölbte Bugpartie, neue PES-Hochleistungsscheinwerfer, energieabsorbierende Stoßstangen und seitliche Rammschutzleisten von den Vorgängern. Ein mit einem schwarzen und nahezu unsichtbaren Steg nachfolgendes Distanzfenster mit steil ansteigender Unterkante schuf die Verbindung zu den Seiten-

102-PS-Neoplan N 906 C »Unibus« Clubbus, 1982.

168-PS-Neoplan N 208 »Jetliner« Reisebus, 1983.

192-PS-Neoplan N 426/3 Liniendoppeldecker, 1982.

scheiben, so dass der bisher übliche, erste schräge Fensterholm entfallen konnte. Im Frontbereich bekamen die Fahrzeuge anstelle der mittleren Neoplan-Schwinge nun einen vor der Fahrerseite im Blech bzw. im Kunststoff-Frontteil integrierten Neoplan-Schriftzug, bei dem das »A« hervorgehoben wurde, um auf den Namen »Auwärter« hinzuweisen. Vermehrt wurden Kunststoffteile zur Gewichtsreduzierung verwendet.

1987 präsentierte das Unternehmen einen ersten Prototyp eines Schubgelenk-Niederflur-Omnibusses in der Standardbaureihe. Das unter der Bezeichnung N 4021 GN (auch SG II N) geführte Modell erhielt eine neu entwickelte Portalachse, bei der die vorderen Räder an einer Federbeinführung in einer Hülse aufgehängt sind, was gegenüber der bisher verwendeten Tiefrahmenachse einen breiteren Durchgang ermöglichte. Während die mittlere ZF-Portalachse auf einem niedrigen Dreiecksfahrschemel ruhte, war die hintere Antriebs-Portalachse auf einem fliegenden Fahrschemel mit vier Federbälgen, Längs- und Querlenkern angebracht. Durch diese Fahrwerkstechnik war es möglich, die vordere Bodenhöhe auf 320 Millimeter abzusenken. Der Fahrgastboden stieg dann stufenlos bis über der Hymer-Drehkranzverbindung mit einer Sicherheitselektronik auf 53 Zentimeter an. Der aufgeladene V8-Deutz-Motor mit 280 PS war links im Heck asymmetrisch eingebaut. Der Motorraum war von innen und außen zugänglich. Das als Alternative zum VÖV-Gelenkbus gedachte, 175 Personen fassende Modell wurde an die Stadt München zur Erprobung abgegeben. Parallel dazu wurde der zwei- oder dreitürige Solowagen des Typs N 4015 entwickelt. Erstmals wurde hier eine vierstellige Typenbezeichnung eingeführt, die zusätzliche Null stand für »ohne Stufe« und wies auf die Niederflurtechnik hin.

Ein vollkommen neues, zukunftsweisendes Omnibusmodell stellte das innovationsfreudige Unternehmen 1988 auf der Internationalen Verkehrs-Ausstellung (IVA) in Hamburg vor. Das unter der Bezeichnung »Metroliner im Carbondesign« (MIC) vorgeführte Midi-Bus besaß eine selbsttragende, kohlefaserverstärkte Kunststoffkarosserie. Der komplette Wagen wog 6,3 bis 7 Tonnen, war also rund vier Tonnen leichter als ein Bus mit konventioneller Stahlkonstruktion. Das geringere Gewicht erlaubte die Verwendung eines leistungsschwächeren Motors, was den Kraftstoffverbrauch und den Schadstoffausstoß minderte. Zunächst entstanden drei Midi-Varianten unter der Bezeichnung N 4008 (MIC), später folgten Ausführungen mit 10,6 und 11,8 Metern Länge unter den Bezeichnungen N 4012 (MIC) und N 4017 (MIC). An eine Serienfertigung war zunächst nicht zu denken, die Carbon-Busse wurden zu Erprobungszwecken an verschiedene Verkehrsbetriebe abgegeben. Die Serienfertigung sollte ab 1991 im Pilstinger Werk erfolgen. Geplant war eine Stückzahl von jährlich 100 Exemplaren, darunter auch mit Cummins-Dieselmotoren für den Export.

Auch im konventionellen Bereich legten die Neoplan-Entwickler nach: Der kleine »Jetliner« N 208 erhielt 1988 eine neue Front und einen vergrößerten hinteren Überhang (und wuchs 1989 noch einmal), während die größeren N 214 und N 216 neuerdings auch als SH Super-Hochdecker mit 3,47 Metern Bauhöhe lieferbar waren. Der neue 12-Meter-»Jetliner« N 216 SHD erhielt als Superhochdecker einen tiefer gelegten Fahrerplatz und eine größere Frontscheibe.

Den Superhochdecker mit dem Unterflurcockpit bot 1988 Neoplan als »Spaceliner« N 117/2 und N 117/3 mit einer unteren Lounge (daher auch die Spezial-Bezeichnung »Loungeliner«) in einer weiteren 55-Personen-Version an. Der Niederflur-Gelenkbus wurde nun wahlweise auch mit einem konventionellen hoch gebauten Nachläufer gekuppelt, so dass ins Heck ein platzsparender Unterflurmotor passte.

1989 folgte eine Flut von neuen »Jetliner«- und »Cityliner«-Baureihen. Sie hießen mit Nachnamen »H«, »SH« und »SHD«, waren Hochboden-, Hochdeck- oder Superhochdecker-Ausführungen mit Bauhöhen von 3,20 bis 3,8 m. Vielfältig wie nie präsentierte sich auch die Palette der verwendbaren Antriebsaggregate. So listete der Prospekt für das Spitzenmodell N 138/4 »Jumbocruiser« zwei DB-V8-Motoren mit 352 und 400 PS, eine Reihen-Sechsylindermotoren von DAF, MAN und Scania mit 363 und 373 PS sowie einen mit V10-Motor von Deutz mit 400 PS auf.

An der Schwelle des neuen Jahrzehnts lag das Familienunternehmen unter Leitung von Albrecht Auwärter bei einem Marktanteil in Deutschland von 15,6 Prozent. In der Weltrangliste der Omnibushersteller belegte Neoplan damit den 19. Rang.

Seit 1953 hatte Neoplan über 21.000 Omnibusse aller Bauserien produziert, von denen das Pilstinger Werk 6948 und die US-Werke 4200 Exemplare beigesteuert hatten. Albrecht Auwärter starb 1993, die Position als Geschäftsleiter übernahm sein langjähriger Weggefährte Robert Lee. Er initiierte jenen Expansionskurs, der nach 1990 zu einer Reihe neuer Produktionsstätten führte.

240-PS-Neoplan N 416 Ü 80 Linienbus, 1982.

240-PS-Neoplan N 413 SL II Linienbus-Prototyp, 1982.

Die Wiedervereinigung nämlich hatte eine Zusammenarbeit mit dem seit 1898 bestehenden Richard Hiller Fahrzeugbau in Ehrenhain/Thüringen und mit der Vogtland Automobile GmbH in Plauen (siehe VOMAG) zur Folge. Zunächst sollten dort Neoplan-Trambusmodellen auf IFA W 50-Fahrgestellen nachgebaut werden, 1985 war ein entsprechendes Modell entwickelt worden, aber dann in Ghana als N 309 vom Band gelaufen. Auch der Instandsetzungsbetrieb Arewa in Altenburg (früher Karosseriefabrik Albert Kleye AG) wurde in die Neoplan-Lizenz-Fertigung einbezogen. Weitere Verträge betrafen die Transliner-Omnibusfertigung beim tschechischen Karossier Karosa in Vysoke Myto, dem weißrussischen Nutzfahrzeughersteller MAZ in Minsk und der iranischen Firma Khodro.

Beim dort gebauten »Transliner« handelte es sich um eine vereinfachte »Metroliner«-Ausführung, die ursprünglich zusammen mit der jugoslawischen TAZ entwickelt worden war. Zu den weiteren erwähnenswerten Engagements von Neoplan in den ehemaligen Ostblockstaaten gehörte

240-PS-Neoplan N 220 »Longliner« Gelenk-Reisebus. (Foto: Neoplan)

256-PS-Neoplan N 122/3 »Skyliner« Reisedoppeldecker, 1982.

280-PS-Neoplan N 216 »Jetliner« Reisebus, 1982.

280-PS-Neoplan N 116 »Cityliner« Reisebus, 1982.

280-PS-Neoplan N 316 »Combiliner« Reise- und Überlandbus, 1982.

330-PS-Neoplan N 117 »Spaceliner« Reisebus, 1982.

die Gründung der Neoplan Polska zusammen mit einem polnischen Omnibushersteller in Bolechowo bei Posen. Seit September 2001 firmiert dieses Unternehmen als Solaris und entwickelte sich zum größten Linienbus-Hersteller Europas!

1991 übernahm Neoplan dann eine 76prozentige Beteiligung am reprivatisierten Karosseriebetrieb Hiller und gliederte ihn als Neoplan Omnibus GmbH, Ehrenhain, in den Werksverbund ein. Nachdem dort die Trambus-Modelle »Junior 506« auf IFA-Basis ausgelaufen waren, erhielten fahrfertige Bodengruppen des »Transliner«-Typs aus Berlin-Spandau ihre Karosserien. Daneben übernahm Neoplan die Dreiviertel-Mehrheit an der Vogtland Automobile GmbH mit Produktionsstätten in Plauen, (und zeitweise) in Dresden und Rostock, die ebenfalls in die »Transliner«-Montage der Baureihen Ü (Überland mit 3200 bis 3230 mm Bauhöhe), K (Kombi mit 3200 mm Bauhöhe) und H (Hochdecker mit 3230 bis 3610 mm Bauhöhe) einbezogen wurde. Das Kombi-Modell erwies sich als ein Verkaufsrenner, der mit seinem günstigen Preis den »Jetliner« stark verdrängte.

Zu den markantesten Entwicklungen der frühen neunziger Jahre gehörte die »Megaliner«-Baureihe. Das in den siebziger Jahren für den Export nach Südamerika und für die NASA entwickelte vierachsige Omnibus-

352-PS-Neoplan N 112/3 »Skyliner« Reisedoppeldecker, 1982. (Foto: Neoplan)

konzept, hatte nach Änderungen der Zulassungsvorschriften nun auch in Deutschland Chancen. Die Kurvengängigkeit des 15 Meter langen Busses stellte dabei eine geschwindigkeitsabhängige Vierachslenkung sicher. Der Vorteil des Konzeptes: Der neue N 128/4 »Megaliner« beförderte so viele Passagiere wie ein »Jumbocruiser«, war aber kostengünstiger zu produzieren und benötigte kein Drehgelenk. Überdies war auch in anderen europäischen Ländern eine Straßenzulassung für diesen Fahrzeugtyp zu erwarten – was beim »Jumbocruiser« kaum wahrscheinlich schien. Die erste Serie des weltgrößten Solo-Reisebusses der Welt mit 95 bis 106 Sitzplätzen erhielt das 381 PS starke Mercedes-Benz-Aggregat.

Unter der Bezeichnung »Megashuttle« mit 97 Sitz- und bis zu 75 Stehplätzen folgte die Stadtbusversion. Hier trieben 270- und 320-PS-MAN-Motoren den Großraumbus an. Die für innerstädtischen Betrieb vorgesehene Metroliner-Baureihe ging unter der Typenreihe N 8000 1991 im Plauener Werk in Serie. Der kleine Typ N 8008 »Ultralight« hatte den 139 PS starken Vierzylinder-DB-Motor; der für den Einsatz auf der Insel Rügen gebaute N 8008 E dagegen einen batterie-elektrisch Antrieb. Der größere Typ N 8012 erhielt längsstehende Sechszylinder-Heckmotoren von Mercedes-Benz, MAN oder MWM. Die Prager Firma Aquasport lieferte die 36 GFK-Einzelteile für den Zusammenbau der »Metroliner«-Baureihen an.

Der immer wieder perfektionierte Grundtyp »Jetliner N 216« setzte auch Maßstäbe in China. Die Beijing North Vehicle Corporation in Peking, ein Betrieb der staatlichen Industriegesellschaft Norinco, erwarb Nachbaurechte für dieses Modell. Die Norinco-Tochtergesellschaft Jing-Mail & Trading Company in Zengchang bei Guangzhong (bei Honkong), die Jinhua North Fulai Vehicle Company und die Hubai Automotive Group Corporation schlossen sich mit dem Nachbau des N 117 »Spaceliner« und schließlich des (später hier vorgestellten) »Centroliner« N 4416 an.

Seit Mitte der achtziger Jahre suchten die Neoplan-Techniker verstärkt nach Alternativen zu den konventionellen Kraftstoff-Antrieben. Ein erster, noch sehr konservativer Schritt bestand in der Aufnahme der Produktion von diesel-elektrischen Fahrzeugsystemen. So erstelle das Unternehmen

260-PS-Neoplan N 421 Standard-Linienschubgelenkbus, 1983. (Foto: Neoplan)

102-PS-Neoplan N 906 T »Telebus« Niederflur-Kleinbus, 1985.

168-PS-Neoplan N 907 Clubbus, 1985.

136-PS-Neoplan N 409 (SM II) »Midibus« Überlandbus, 1987.

280-PS-Neoplan N 216 »Jetliner« Reisebus, 1985.

1992 für den Verkehrsbetrieb in Basel den Niederflur-Gelenk-Trolleybus vom Typ »World City Bus« N 6020 mit vier Radnabenmotoren von Magnet-Motor in den Rädern der zweiten und dritten Achse; ein weiterer Trolleybus folgte 1995 in Gestalt des N 6014 mit flüssigkeitsgekühlten Radnabenmotoren von Magnet-Motor sowie einen im Vakuum laufenden Schwungradspeicher, der die Bremsenergie aufnimmt und somit für stromlose Strecken etwa 162 PS abgibt. Als Gelenkbus stand der N 6040 »Megatrans« mit vier 50-kW-Radnabenmotoren bereit. 1998 lieferte Neoplan an die Stadt Lausanne 25 Hybrid-Gelenkomnibusse N 6121 STS (Spezial-Transport-System). Die Dual-Mode-Busse konnten mit den Radnabenmotoren dieselelektrisch oder per Oberleitung elektrisch fahren.

Weitere Busse mit batterieelektrischem Antrieb erschienen innerhalb der Metroliner-Baureihe, und die »Carbon«-Busse waren wegen ihres Leichtbaus geradezu prädestiniert für diese Antriebsart. Entsprechend ausgerüstet erschienen die Modelle MIC N 8012 E/ MIC N 8012 DE. Die Elektrik spielte auch eine wesentliche Rolle beim »Metroshuttle«-Niederflur-Omnibus N 4114, der dank des quer gestellten Dieselmotors im Heck wie auch der Radnabenmotoren und der großen Batterie-Einheit sowohl diesel-elektrisch als auch batterie-elektrisch fahren konnte. Da keine durchgehende Hinterachse vorhanden war, ließen sich die Räder in Abstimmung mit der Vorderachse lenken, so dass der Metroshuttle im »Hundegang« enge Haltebuchten ansteuerte. Der extrem niedrige Boden

230-PS-Neoplan N 4021 Niederflur-Gelenkbus, 1987. (Foto: Neoplan)

204-PS-Neoplan N 208 »Jetliner« Clubbus, 1990. (Foto: Neoplan)

214-PS-Neoplan N 424/2 Liniendoppeldecker, 1990. (Foto: Neoplan)

290-PS-Neoplan N 316 »Transliner« Kombibus, 1990. (Foto: Neoplan)

354-PS-Neoplan N 117/3 »Spaceliner« Reisebus, 1990. (Foto: Neoplan)

war vollständig eben. Der »Metroshuttle« N 4114 DE ging 1998 in eine Kleinserie. Der zu dieser Baureihe gehörende Gelenkbus N 4121 DES verfügte noch über einen magnetischen Hochleistungsspeicher. Zu Beginn des neuen Jahrtausends rückte der Hybridantrieb immer mehr in den Blickpunkt. Neoplan zeigte den »Centroliner« N 4421/3 mit MAN-Wasserstoff-Sechszylinder, einen »Metroliner« N 8008 FC mit Tandem-Elektromotor für den Stadtverkehr Oberstdorf (20 km Reichweite) und den N 6108 DE STS als Elektro-Hybridbus mit 125-PS-Iveco-Diesel.

Die fünfte Generation von Reisebussen ging 1997 an den Start. In der »Königsklasse« kam zuerst der N 516 SHDH N 516/3 SHD »Starliner«. Aufgebaut auf einer Edelstahl-Bodengruppe entstand ein Luxusreisebus mit überdimensionaler Frontscheibe (im oberen Bereich um 45 Grad gewinkelt) und insgesamt acht kleinen Rundscheinwerfer in der unteren Frontpartie. Auffallendes Seitenelement war die in Dreiecksform ausgeführte B-Säule mit verdeckt integriertem Überrollbügel. Dem außergewöhnlichen Design entsprach die Innenausstattung, die sich zum Beispiel mit aus dem Flugzeugbau entlehnten Gepäckablagen am Reisekomfort von Flugzeugen orientiert. Die Maßnahmen zur passiven Sicherheit des Fahrzeugs setzten darüber hinaus neue Maßstäbe im Omnibusbau. Die »Starliner«-Reihe erweiterten 2000 die Modelle N 516 SHDH und N 516 SHDHL mit erhöhtem Fahrgastboden und über 20 Prozent größeren Kofferräumen.

Mit dem »Centroliner« N 4416 legte Neoplan in diesem Jahr auch die neue Niederflur-Linienbus-Generation auf Kiel. Ihr Kennzeichen: der Heckmotor in Turmbauweise. Während der Unterflurmotor überbaut werden muss (was zu Lasten des hinteren Perrons geht), saß hier der 279-PS-DaimlerChrysler-Reihenmotor quer, wobei die Kühlanlage über die Maschine wanderte. Erstmals nutzt Neoplan auch das CAN-Bus-System (Controller Area Network), das die elektronische Versorgung und Überprüfung der elektrischen Anlage anstelle der Kabelbäume übernahm. In den nächsten Jahren baute Neoplan die »Centroliner«-Baureihe aus, so dass vom Midi-Bus mit 8,6 Meter Länge bis zum 18,75-Meter-Gelenkbus eine komplette Linienbus-Baureihe zur Verfügung stand, die seit 1999 noch zwei Doppeldecker in 12- und 13,7-Meter-Ausführung umfasste. Der geräumige und helle Innenraum setzte wieder einen neuen Maßstab.

354-PS-Neoplan N 122/3 »Skyliner« Reisedoppeldecker, 1990. (Foto Neoplan)

354-PS-Neoplan N 214 SHD »Jetliner« Reisebus, 1990. (Foto: Neoplan)

Der Umbruch innerhalb der Modellpalette erfasste auch die Transliner-Baureihe. Wohl erschienen noch die Niederflurtypen N 316 L/NF, der 15-Meter-Reisebus N 318/3 SHD und der extrem preiswerte »Neobody«-Transliner N 316 SHD auf MAN-Basis, doch stand die Ablösung längst fest: Die zweite Transliner-Generation von 1998 trug die Bezeichnung »Euroliner« und war auf dem neuesten Stand der Technik. Die zuverlässigen und preiswerten Mehrzweckfahrzeuge erhielten erstmals die wegweisende Edelstahl-Bodengruppe, die später auch die anderen Neoplan-Konstruktionen auszeichnete. Die Dachpartie war im Bug etwas heruntergezogen worden, um im Innenraum Platz für ein Informationssystem über der Frontscheibe zu gewinnen. Front und Heck nutzten Faserverbundwerkstoffe als tragende Elemente. In die Frontpartie, gefertigt in der für das Unternehmen typischen Integralbauweise, waren unten jeweils drei runde Scheinwerfer eingelassen, darüber befand sich die leicht schräg gestellte Einheits-Frontscheibe. Um den »Euroliner« kostengünstig anbieten zu können, legte Neoplan größten Wert auf die Teilegleichheit mit

204-PS-Neoplan N 4014 NF Linienbus, 1991. (Foto: Neoplan)

204/256-PS-Neoplan N 4016 NF Linienbus, 1991. (Foto: Neoplan)

230/256-PS-Neoplan N 4021 NF Niederflur-Gelenkbus, 1991. (Foto: Neoplan)

anderen Baureihen. Auch in der Innenraumgestaltung bewegten sich die neuen Kombi-, Überland- und Superhochdecker auf modernstem Niveau. Das CAN-Bus-System ersetzte die traditionellen Kabelbäume; der Überland- und Kombibus »Euroliner« N 316 K führte die neue, zunächst noch in Berlin-Spandau gefertigte 300er Baureihe an. Die Niederflurausführung für den Überlandverkehr (ohne Gepäckräume) erhielt die Bezeichnung »Regioliner«, erster Vertreter war der N 3016.

Die neunziger Jahre brachte aber nicht nur eine Flut neuer Modelle und Technologien, sondern auch stetig wachsende Absatzzahlen. Die Fahrzeugfertigung stieg 1998 wieder auf den Rekordabsatz von 1646 Komplettbussen und 312 CKD-Sätzen, im Produktionsjahr 1999 auf 1590 Busse und 211 CKD-Sätze. Im Folgejahr konnte sich Neoplan-Chef Bob Lee über ein weiteres Spitzenergebnis von 2100 Komplettomnibusses und CKD-Sätzen freuen und beruhigt in den Verwaltungsrat wechseln. Seinem Nachfolger als Vorsitzender der Geschäftsführung Gottfried Mahn, der von Iveco-Magirus kam, fiel die Aufgabe zu, die Überführung des Traditionsherstellers in den Firmenverbund der MAN Nutzfahrzeuge AG zu vollenden. Seit Mitte 2001 firmierte das 66 Jahre alte Familienunternehmen, das sich wie kein anderes Omnibuswerk durch außergewöhnliche Flexibilität in der Entwicklung und in der Konstruktion sowie im Bereich der Ideen und Innovationen auszeichnete, als NEOPLAN Bus GmbH und als Teil der neugebildeten Neoman-Unternehmensgruppe. Dipl.-Ing. Ernö

230-PS-Neoplan N 8012 MIC »Metroliner« Linienbus, 1991. (Foto: Neoplan)

Bartha, von 1991 bis 1997 Neoplan-Entwicklungsleiter, übernahm den Vorsitz der Geschäftsleitung.

Unter dem Dach der MAN bestand somit in der Zweimarkenstrategie die Möglichkeit der Synergieeffekte, also dem Zusammenfließen der Plattformtechnik auf beide Omnibussparten, der Einkaufswirtschaft und dem Fertigungsverbund. Im Rahmen der kostensenkenden Restrukturierung verblieb der Bau der hochwertigen Luxusbusse (Spaceliner, Skyliner und Starliner) im Stuttgarter Stammwerk. Das Werk Pilsting fertigte die Cityliner-, Euroliner- und Centroliner-Fahrzeuge. Aus dem Werk Plauen kamen die Metroliner, ab 1998 die Flugfeldfahrzeuge sowie die Fremdaufbauten. Das Ehrenhainer Werk wurde zum Service-Zentrum mit Omnibus-Gebrauchthandel und Fertigungsbetrieb für die Sitze umstrukturiert. Einzig das Werk in Berlin-Spandau fiel als Produktionsbetrieb der Übernahme zum Opfer und wurde auf die Funktion eines Servicebetriebes reduziert. Den letzten »Euroliner« stellte dort der N 3316 ÜL dar, von dem insgesamt 3463 Komplettbusse und 3118 fahrfähige Omnibusgerippe gefertigt worden waren.

Das Programm des Stuttgarter Unternehmens bestand zu Beginn des neuen Jahrtausends aus den Baureihen Hoch- und Superhochdecker-Reisebusse »Cityliner«, Luxus-Fernreisebusse "Spaceliner" mit dem Unterflur-Fahrerplatz, Doppeldeckern der Baureihe »Skyliner« und Luxus-Fernreisebussen der Generation »Starliner«. Die Linienbusse vertrieb das Unternehmen unter der Bezeichnung »Centroliner«, die Überland- und Kombibusse unter der Bezeichnung »Euroliner«. Hinzu kamen die hier nicht vorgestellten Flugfeldbusse, bei denen Neoplan in heftiger Konkurrenz zur Firma Contrac GmbH (DaimlerChrysler-Gruppe) stand.

Mit Beginn des neuen Jahrtausends wurde der auch Bau der klassischen Reisehochdecker Cityliner und der Alleskönner Euroliner dem Werk im Vogtland zugeteilt. Unter den ersten Rationalisierungsmaßnahmen erhielt der »Centroliner«-Gelenkbus N 4522 in der ab 2003 nach EU-Richtlinie zugelassenen Längenbestimmung von maximal 18,75 m die entsprechende MAN-Plattform (daher die »5« in der Typenbezeichnung).

Der 2002 vorgestellte und im nächsten Jahr in Serie gebaute Hochdecker »Tourliner« mit 408-PS-Motor wurde als preiswerte Hochdecker-Alternative zum »Starliner« ins Programm genommen. Er löste den »Euroliner« in diesem Segment ab und entwickelte sich als »Sparmodell« bis heute zum erfolgreichsten Neoplan-Reisebus der Economy-Klasse. Die Rohbaukarossen der Zwei- und Dreiachser wurden aus dem türkischen MAN-Werk in Ankara angeliefert; 80 Prozent der Bauteile,

290-PS-Neoplan N 116 »Cityliner« Reisebus, 1992.

480-PS-Neoplan N 128/4 »Megaliner« Reisebus, 1992. (Foto: Neoplan)

340-PS-Neoplan N 4032 »Megashuttle« Liniendoppeldecker, 1992. (Foto: Neoplan)

366/381/503-PS-Neoplan N 138/4 »Skyliner« Reisedoppeldecker, 1992. (Foto: Neoplan)

darunter die Bodengruppe, waren dem MAN-Modell »Lion' Coach« entliehen. Die großzügig verglaste Vorderfront der Karosse gibt dem »Tourliner« ein unverwechselbares Erscheinungsbild.

Ein Facelift im Frontbereich erhielt der beliebte »Cityliner«, der als erstes Neoplan-Modell mit dem 12,8-Liter Common-Rail-Dieselmotor von MAN. Im Bereich der Fahrzeuge mit alternativem Antrieb ging der »Centroliner« N 4413 CNG mit dem 310-PS-MAN-Erdgasmotor an den Start.

Auf Anregung von Neoplan erlaubten die entsprechenden EU-Bestimmungen von 2003 neue Gewichts- und Längenmaße. Dem Zweiachser wurde ein Gesamtgewicht von 25,5 t zugestanden, um das immer umfangreichere Gepäck mitnehmen zu können. Gleichzeitig ermöglichten die Längenbestimmungen jetzt maximal 12,8 m für den Zweiachser, so dass jetzt entsprechende Modelle auf den Markt gebracht werden konnten. Ein neues Design der tiefer gezogenen unteren Frontpartie mit den Scheinwerferbändern aktualisierte das Erscheinungsbild der Neoplan-Modelle.

Trotz der Umstrukturierung und der Maßnahmen zur Effizienzsteigerung beeinträchtigten die Auslastungsschwäche des Unternehmens nach dem Wiedervereinigungsboom, das schwierige Marktumfeld durch die vielfältige Konkurrenz, die nicht mehr 100prozentige Markenidentität und die Einstellung der beliebten Euroliner-Baureihe die wirtschaftliche Substanz des Unternehmens.

Der Flurbereinigung der neuen Eigentümer fiel im Jahr 2003 das Werk in Ehrenhain zum Opfer, das sich auf den Bereich der Midi- und Sonderfahrzeuge spezialisiert hatte. 51 Prozent der Neoplan-Anteile wurden an die Augsburger Firma Göppel Bus GmbH veräußert; 12 Prozent hielten die Geschäftsführer Elliot Kratzsch und Diethart Hiller, so dass nur noch eine Minderheitsbeteiligung von 37 Prozent bei Neoplan Jahre verblieb. Auch diese gab Neoplan wenig später an Göppel ab. Für MAN fertigte dieses Werk anschließend die MAN-Midi-Busse. Zur weiteren Kostensenkung wurde der Service- und Vertriebsbetrieb in Berlin abgegeben. Der Stammbetrieb sollte mit der Konzentration auf die Imageprodukte »Starliner« und »Skyliner« seine Kapazitäten bis 2005 auf die Hälfte herunterfahren. Großaufträge im »Centroliner«-Bereich sorgten für Aufsehen. Die städtischen Verkehrsbetriebe in Athen entschieden sich aus ökologischen

4x40/50-kW-Neoplan N 6020 Niederflur-Obus »World-City-Bus« mit Vierrad-Antrieb, 1992. (Foto: Neoplan)

Motiven zur Bewältigung des Personentransports während der olympischen Spiele für die Beschaffung von 142 Oberleitungs-Omnibussen in Solo- und in Gelenkausführung für Neoplan. Ein links hinter der letzten Achse angebrachter Asynchronmotor von Skoda sorgte für den Antrieb dieser »Electroliner«. Der Ausbau der Fahrzeuge erfolgte bei der Firma ELBO S.A. in Peristeri/Griechenland. Weitere Modelle gingen nach Norwegen. Und ein Nachfolgeauftrag auf 192 Doppeldecker aus der »Centroliner«-Baureihe schloss sich für Hongkong an.

Für den flexiblen und gehobenen Einsatz im Überland- und Kurzreiseverkehr ging der neue »Trendliner« auf Basis des MAN Lions's Regio mit großzügiger Fensterverglasung an den Start, der wenig später in zwei- und dreiachsigen Versionen im Angebot stand.

290/380-PS-Neoplan N 316 K »Transliner« Überlandbus, 1993.

220/290-PS-Neoplan N 4011 Linienbus, 1995.

Um die Aufwirbelung von Spritzwasser im An- und Abfahren von Haltestellen zu mindern, versah Neoplan unter der Zusatzbezeichnung »Evolution« die Modelle mit einer hinteren Radabdeckung.

Im Jahr 2005 startete der neue »Starliner« als Zweiachser in zwei Längenausführungen und als Dreiachser als aktualisiertes Premiummodell ins Rennen. Die Vorderfront des extravaganten Superhochdeckers zeichnete sich durch eine Spange über der senkrechten Windschutzscheibe und einer in die Dachpartie geführten zweiten Spange aus, so dass dazwischen die um 30 Grad geneigte Scheibe den Fahrgästen einen hervorragenden Blick nach vorne ermöglichte. Während außen das betont aerodynamische Design den Luxusliner auffallen ließ, zeichnete sich die einer Flugzeugkabine angenäherte Innengestaltung durch höchsten Komfort aus. Beim Dreiachser verbesserte die elektro-hydraulisch geführte Nachlaufachse (EHLA) das Fahrverhalten.

Um die Kostenstrukturen grundlegend zu verbessern, beschloss die Geschäftsleitung, die Produktion im Stammwerk in Stuttgart-Möhringen zum Jahresende 2005 zu beenden und die Firmenzentrale in das niederbayerische Werk zu verlegen. Der Musterbau und ein Verkaufsbetrieb verblieben noch bis zum April 2007 in Stuttgart. Die Konstruktionsabteilung wurde ins MAN-Werk in Dachau verlagert. Nach Abriss der Werksanlagen entstand auf dem Gelände ein neues Wohngebiet.

Mit wiederum eigenwilligem Design führte Neoplan 2006 auf der IAA in Hannover den neuen Superhochdecker »Cityliner« vor. Das in den jetzt drei gängigen Längenabmessungen (HD, C, L) gebaute Reisemodell der Spitzenklasse erhielt wiederum eine markante, horizontal geteilte Frontscheibe. Die vorderen Seitenscheiben sind auslaufend im Design bis unter die Seitenscheibenpartie geführt. Motoren mit 400, 440 und 480 PS sorgen für den Vortrieb. In diesem Jahr schloss Neoplan das Zweigwerk in Lamar, da ein wirtschaftlicher Betrieb durch den Fortfall von Anschaffungssubventionen für kommunale Verkehrsbetriebe nicht mehr möglich war. (Die Werke in Kumasi und in Accra waren schon zuvor an einen ghanaischen Staatsbetrieb übergegangen.) Die Fertigung der Flughafenbusse ging an die slowenische Firma Tovarna Vozil Maribor (TVM).

236-PS-Neoplan N 4114 DE »Megashuttle Herten« Linienbus, 1994. (Foto: Neoplan)

Einen wiederum eindrucksvollen Großauftrag konnte Neoplan 2007 gewinnen. Für das Emirat Dubai stellte das Werk in Plauen bis 2010 genau 400 Linien-Doppeldecker her. Diese extravaganten Dreiachser zeichneten sich durch eine Gesamthöhe von 4,52 m aus, was der Stehhöhe in den beiden Etagen zu Gute kam. Die »tropentaugliche« Klimaanlage erhielt ein separate Kraftanlage für den Antrieb; »Luftvorhänge« im Türenbereich wie in Kaufhäusern verhinderten das Eindringen von warmer Luft beim Öffnen der Einstiege. Den klimatischen Verhältnissen entsprechend war der 320-PS-Motor war mit einem Zusatzkühler versehen, und als Vorsichtsmaßnahme war eine Feuerlöschanlage im Motorbereich eingebaut worden. Den strengen gesellschaftlichen Regeln entsprechend waren die Abteile für Frauen und Kinder mit Glasinnenwänden abgetrennt.

Im Jahre 2008 folgte das Aus für das Pilstinger Werk, das an die von ehemaligen Führungskräften von Neoplan gegründete Firma Viseon Bus GmbH abgetreten wurde. Dieses mit 200 ehemaligen Mitarbeitern tätige Unternehmen sollte mit anfänglicher Beteiligung der MAN den neuen »Skyliner« sowie die Flugfeldomnibusse im Auftrag der Neoplan Bus GmbH fertigen. Gleichzeitig ging die Neoman-Unternehmensgruppe in der MAN Nutzfahrzeuge AG auf. Die Montage der imposanten »Starliners« ging in das vogtländische Werk.

Aber auch diese Produktionsstätte stand unter dem gewaltigen Kostendruck, der sich seit der Jahrtausendwende durch die MAN-Werke in Polen und in der Türkei aufgebaut hatte. So musste 2009/10 der Bau der Linienbusse (»Centroliner«) sowie der Linien- und Ausflugsbusse («Trendliner«) aufgegeben werden, zumal entsprechende Modelle preiswerter im MAN-Programm aus den Auslandswerken eingeführt werden konnten. Und ein Missgeschick zehrte am Image des Neoplan-Unternehmens. Das prestigeträchtige Vorhaben mit dem im Auftrag bei Viseon zu bauenden «Skyliner« der 6. Generation konnte durch die Insolvenz dieses Nischenherstellers für einige Jahre nicht realisiert werden. Auch die Neuauflage des einstigen Brot-und-Butter-Hochboden-Modells «Jetliner«, dessen Karosseriegerippe aus dem polnischen MAN-Werk in Starowice kam, endete schon nach 4 Jahren. Das in zwei Längen lieferbare Zweiachs-Modell als Ersatz für den »Trendliner« war ein Derivat auf Basis des MAN »Lion's Regio« und zeichnete sich durch pfeilförmige Blenden an der B-Säule aus.

Mit Ende 2014 wurde die Komplettmontage von Fahrzeugen der MAN Nutzfahrzeuge AG in Plauen eigestellt. Die im Programm verbliebenen Baureihen »Jetliner«, »Tourliner«, »Cityliner« kommen seitdem aus dem Werk in Ankara. Der Luxus-Superhochdecker »Starliner« wurde aufgrund der geringen Stückzahl ganz aus dem Programm genommen. Nur noch eine individuelle Ausgestaltung der Fahrzeuge erfolgte in Plauen. Nachdem der Standort ab 2015 als Bus Modification Center (BMC) firmierte, trägt er seit 2020 die Bezeichnung MAN Bus Modification Center.

Der »Skyliner« der 5. Generation konnte im Jahre 2016 endlich im Werk Ankara in die Produktion gehen. In der Frontgestaltung hat dieses Modell die zwei Spangen des letzten »Starliners« übernommen, die ihm einerseits ein wiederum außergewöhnliches Aussehen geben, andererseits in ihrer kräftigen Ausführung die Stabilität bei einem Unfall erhöhen sollten. Ein Jahr später fiel der »Jetliner« aus dem Programm, so dass sich Neoplan nur noch auf die drei Reisebus-Baureihen »Tourliner« (seit 2016 mit Short-Cut-Überarbeitung), »Cityliner« und »Skyliner« konzentriert. Die Marke Neoplan wird inzwischen von der MAN Truck & Bus AG in München für die exklusiven Reisebusse innerhalb der Zweimarkenstrategie des Konzerns weitergeführt.

19/32-kW-Neoplan N 8008 E MIC Linienbus, 1995.

290-PS-Neoplan N 216 SHD »Jetliner« Reisebus, 1997.

340/530-PS-Neoplan N 116/2 »Cityliner« Reisebus, 1995.

220/260-PS-Neoplan N 4014 Niederflur-Überlandbus, 1997 (Foto: Neoplan)

279-PS-Neoplan N 4114 DE mit diesel-elektrischem Antrieb, 1995. (Foto: Neoplan)

340/530-PS-Neoplan N 116/2 »Cityliner« Reisebus, 1996. (Foto: Neoplan)

250/350-PS-Neoplan N 4020/3 »Megatrans« Niederflur-Linienbus, 1996. (Foto: Neoplan)

300/350-PS-Neoplan N 318 LNF Überland-Linienbus, 1996. (Foto: Neoplan)

140-PS-Neoplan N 8006 »Metroliner« Überlandbus, 1997. (Foto: Neoplan)

213/290-PS-Neoplan N 4013 Niederflur-Linienbus, 1997. (Foto: Neoplan)

220/290-PS-Neoplan N 4011 Niederflur-Linienbus, 1997. (Foto: Neoplan)

290-PS-Neoplan N 314 K »Transliner« Überlandbus, 1997

380/523-PS-Neoplan N 516/2 SHD »Starliner« Reisebus, 1997 (Foto: Neoplan)

340/523-PS-Neoplan N 122/3 »Skyliner« Reisedoppeldecker, 1998.

279-PS-Neoplan N 4114 DE »Metroshuttle« Linienbus mit diesel-elektrischem Antrieb, 1997. (Foto: Neoplan)

140-PS-Neoplan N 8008 GES »Metroliner« Überlandbus mit Gas-elektrischem Antrieb, 1998. (Foto: Neoplan)

350-PS-Neoplan N 4020 »Megatrans« Linienbus, 1997. (Foto: Neoplan)

220/278-PS-Neoplan N 4411 »Centroliner«, 1998. (Foto: Neoplan)

231-PS-Neoplan N 4416 »Centroliner« Linienbus, 1998. (Foto: Neoplan)

247/310-PS-Neoplan N 3016 »Regioliner« Überlandbus, 1998. (Foto: Neoplan)

251/350-PS-Neoplan N 4420 »Centroliner« Linienbus, 1998. (Foto: Neoplan)

251/350-PS-Neoplan N 4421 »Centroliner« Gelenkzug, 1998. (Foto: Neoplan)

290/380-PS-Neoplan N 213 SHD »Jetliner«, 1998.

380/523-PS-Neoplan N 116 H (L) »Cityliner« Reisebus, 1999. (Foto: Neoplan)

530-PS-Neoplan N 6121 DE Hybrid-Gelenk-Obus mit 4x80-kW-Radnabenmotoren, 1998. (Foto: Neoplan)

340/380-PS-Neoplan N 316/3 SHDL »Euroliner« Reisebus, 1999.

299-PS-Neoplan N 3032 Doppeldecker für Honkong, 2000. (Foto: Neoplan)

380/523-PS-Neoplan N 4426/3 »Centroliner« Doppeldecker, 2000. (Foto: Neoplan)

380/523-PS-Neoplan N 122/3 Skyliner Reisedoppeldecker, 2000 (Foto Neoplan)

354-PS-Neoplan N 4426/3 ÜL Doppeldecker, 2000. (Foto: Neoplan)

122-PS-Neoplan STS N 6108 Elektro-Hybrid-Linienbus, 2001. (Foto: Neoplan)

354-PS-Neoplan N 313 SHD »Euroliner« Reisebus, 2002. (Foto: Neoplan)

400-PS-Neoplan N 116 »Cityliner« Reisebus, 2002.

408-PS-Neoplan N 5173 H »Spaceliner« Reisebus, 2002.

408-PS-Neoplan N 2216 SHD »Tourliner« Kombibus, 2003.
(Foto: Neoplan)

360-PS-Neoplan N 316 ÜL »Euroliner« Überlandbus, 2004. (Foto: Neoplan)

360-PS-Neoplan N 316 K »Euroliner«, 2004. (Foto: Neoplan)

410-PS-Neoplan N 516/3 »Longliner« Reisebus, 2004.

410-PS-Neoplan N 516/3 SHDHL »Starliner« Reisebus, 2005.

360-PS-Neoplan N 3516 Ü »Trendliner« Kombibus, 2004.

400-PS-Neoplan N 1216 HD »Cityliner« Reisebus, 2006.

310-PS-Neoplan N 4426 »Centroliner« für Honkong, 2004. (Foto: Neoplan)

480-PS-Neoplan »Skyliner L« Reisedoppeldecker, 2007.

400-PS-Neoplan N 1216 »Cityliner« Reisebus, 2006.

320-PS-Neoplan »Centroliner DD« für Dubai, 2007. (Foto: Neoplan)

310-PS-Neoplan »Trendliner Ü« Kombibus, 2008.

505-PS-Neoplan »Skyliner L« Reisedoppeldecker, 2017. (Foto: Neoplan)

400-PS-Neoplan »Tourliner« Kombibus, 2016.

G. AUWÄRTER (NEOPLAN)

Typ	Sitzplätze/ Stehplätze	Bauzeit	Zylinder	PS	K	B x H mm	Hubraum cm³	Drehzahl U/min	Radstand mm	Länge mm	Gewicht kg	Motor-hersteller	Typ	M	Bemerkungen
1a) Linien- und Kombibusse															
A) Modelle mit Verbrennungsmotoren a) Baureihen NH/ND															
NH 9/10	44/9	1958 - 59	6	125	W	100x130	6126	2500	4720	9950	7100	Henschel	622 DP	D	
NH 9/10	44/9	1958 - 59	6	150	W	100x130	6126	2200	4720	9950	7100	Henschel	522 DPH-L	D	Roots-Gebläse
NDE 9/10	44/9	1958 - 59	V6	125	L	110x140	7983	2300	4720	9950	7200	Deutz	F 6 L 614	D	
NDE 9/10	44/9	1958 - 59	V6	145	L	120x140	9500	2300	4720	9950	7200	Deutz	F 6 L 614	D	
NH 10/12	44/29	1959 - 61	6	125	W	100x130	6126	2600	5560	11400	7400	Henschel	522 DPH	D	
NH 11/12		1959 - 61	6	150	W	100x130	6126	2200	5560	11400	7400	Henschel	522 DPH-L	D	Roots-Gebläse
NH 6/8	28/16	1961	6	115	W	100x130	6126	2400	3600	8160	5900	Henschel	522 DJH	D	auch mit Luftfederung
b) Baureihen »Hamburg«															
NH 8 »Hamburg«	35/15	1961 - 65	6	115	W	100x130	6126	2400	3600	8160	6000	Henschel	522 DJH	D	ab 1964 132 PS
NH 8 »Hamburg«	35/15	1961 - 65	6	165	W	100,6x 120,6	5763	2400	3600	8160		DAF	DS 575	D	T, auch 27 Plätze
NH 9	39/21	1961 - 65	6	125	W	100x130	6126	2500	4200	8950	6700	Henschel	522 DPH	D	
NH 10/12 »Hamburg«	44/29	1961	6	132	W	100x130	6126	2600	5120	10530	7600	Henschel	522 DPH-L	D	auch mit Luftfederung
NH 12 »Hamburg«	51/20	1961 - 65	6	132	W	100x130	6126	2600	5120	10520	7900	Henschel	522 DPH-F	D	ab 1964 150 oder 192 PS
NH 13/14 »Hamburg«	56/22	1961	6	150	W	100x130	6126	2500	5700	12000	8100	Henschel	522 DPH-L	D	Roots-Gebläse, auch mit Luftfederung
NH 14	59/20	1961 - 63	6	150	W	100x130	6126	2500	5700	12000	8400	Henschel	522 DPH-L	D	Roots-Gebläse
NH 13	35/75	1962 - 64	V6	145	L	120x140	9500	2300	5640	11500	7800	Deutz	F 6 L 614	D	
NH 16	63/38	1962 - 65	6	192	W	125x150	11045	2500	5900	12000	8800	Henschel	6 U 1215 A	D	auch 150 PS, ab 1965 235 PS
N 13 L »Wetzlar«	36/69	1965 - 67	6	150	W	108x135	7416	2400	5640	11200	8100	Büssing	U 7	D	
NH 15 V »Paris«	55/25	1969	6	170	W	115x125	7788	2600	5640	11750	8600	Henschel	6 R 1112	D	
NH 15 V »Köln«	47/78	1969	6	170	W	115x125	7788	2600	5640	11750	8200	Henschel	6 R 1112	D	
NH 15	42/60	1969	6	180	W	125x150	11045	2000	5350	11450	9660	Henschel	6 R 1112	D	
NH 16 L Cityliner	63/0	1969 - 70	6	225	W	130x150	11940	2150	5900	12000	9600	Henschel	6 R 1315	D	auch 215 PS
NH 15 V »Duisburg«	45/50	1970 - 72	6	170	W	115x125	7788	2600	5400	10630	8600	Henschel	6 R 1112	D	
N 12 Linie	28/108	1971	6	170	W	115x140	8720	2500	5120	10780		DB	OM 360	D	
N 12 Kombi	47/	1971	6	180	W	118x125	8202	2600	5120	10730		Henschel	6 R 1112	D	
N 14 Kombi	51/	1971	6	192	W	115x140	8720	2500	5480	11200		DB	OM 360	D	
N 16 Kombi	57/45	1971	6	192	W	115x140	8720	2500	5650	12000		DB	OM 360	D	
c) Baureihen NB/NH-Linien-Doppeldecker															
NB 20 L Berolina	79/0	1965	6	150	W	115x140	8725	2100	5550	11000		MAN	D 1546 M 1/2 U	D	Sightseeing-Bus
NB 20 L Berolina	79/0	1965 - 66	6	150	W	108x135	7416	2400	5550	11000		Büssing	U 7	D	dito
NB 26/3	109/26	1970	6	210	W	128x150	11580	2100	5650+1200	12000	11300	Büssing	U 11 D	D	
NH 26/3	109/26	1970	6	210	W	128x150	11580	2100	5650+1200	12000	11300	DB	OM 355	D	
N 22/3 Kombi	94/18	1971	6	215	W	130x150	11940	2150	5650+1230	12000		Henschel	6 R 1315	D	
N 26/3 Linie	108/22	1971	6	210	W	128x150	11580	2100	5650+1230	12000		DB	OM 355	D	
d) Baureihen N 300															
N 312	47/38	1972	6	180	W	118x125	8202	2600	5120	10730		Henschel	6 R 1112	D	
N 314	51/34	1972	6	180	W	118x125	8202	2600	5480	11200		Henschel	6 R 1112	D	
N 316	57/42	1972	6	240	W	130x150	11940	2150	5650	12000		Henschel	6 R 1315	D	
N 322/3	94/18	1972	6	256	W	125x130	12760	2500	5650+1230	12000		DB	OM 402	D	
N 313	51/11	1974	6	180	W	118x125	8202	2600	4970	10100		Henschel	6 R 1112	D	
N 314	54/0	1974	6	180	W	118x125	8202	2600	5300	11000	9400	Henschel	6 R 1112	D	
N 316	61/14	1974	6	215	W	130x150	11940	2150	5630	12000		Henschel	6 R 1315	D	
N 313	51/11	1975 - 79	V6	192	W	125x130	9570	2500	4970	10100	8100	DB	OM 401	D	a. 216 PS, auch MAN-Motor
N 314	54/0	1975 - 79	V6	192	W	125x130	9570	2500	5300	11000	8700	DB	OM 401	D	a. 216 PS, auch MAN-Motor
N 316	61/14	1975 - 79	V6	192	W	125x130	9570	2500	5630	12000	9200	DB	OM 401	D	a. 216 PS, auch MAN-Motor
N 313	52/54	1980	V8	240	W	125x130	12760	2500	4970	10100	10120	DB	OM 402	D	auch 192 PS (OM 401) und 280 PS (OM 422)
N 314	60/	1980	V8	256	W	125x130	12760	2500	5300	11000	10480	DB	OM 402	D	ab 1982 280 PS
N 316	61/14	1980	V8	256	W	125x130	12760	2500	6100	11468	10870	DB	OM 402	D	
N 313	52/11	1981 - 83	V8	280	W	128x142	14620	2300	4970	10100	10120	DB	OM 422	D	
N 314	60/0	1981 - 83	V8	280	W	128x142	14620	2300	5300	11000	10480	DB	OM 422	D	
N 316	61/14	1981 - 83	V8	280	W	128x142	14620	2300	6100	12000	10870	DB	OM 422	D	
N 313	50/18	1985 - 91	V6	216	W	128x142	10964	2300	4970	10100		DB	OM 427	D	
N 316	62/20	1985 - 86	V8	280	W	128x142	14618	2300	6100	12000		DB	OM 422	D	»Metroliner«
N 314	54/24	1987	V8	280	W	128x142	14618	2300	5300	11000		DB	OM 422	D	
N 313 L	49/18	1989	V6	218	W	128x142	10964	2100	5050	10100		DB	OM 441 A	D	T, auch 290 PS
N 313 L	49/18	1989	V8	256	L	125x130	12765	2500	5050	10100		Deutz	F 8 L 413 F	D	mit T 330 PS
N 313 UE	49/18	1989	V6	218	W	128x142	10964	2100	5050	10100		DB	OM 441 A	D	T, auch 290 PS
N 313 UE	49/18	1989	V8	256	L	125x130	12765	2500	5050	10100		Deutz	F 8 L 413 F	D	T, auch 330 PS

G. AUWÄRTER (NEOPLAN)

Typ	Sitzplätze/ Stehplätze	Bauzeit	Zylinder	PS	K	B x H mm	Hubraum cm³	Drehzahl U/min	Radstand mm	Länge mm	Gewicht kg	Motor-hersteller	Typ	M	Bemerkungen
N 313 K	52/0	1989	6	265	W	118x126	8270	2400	5050	10100		DAF	DKD 1160	D	T, auch 330 PS
N 313 K	52/0	1989	V8	256	L	125x130	12765	2500	5050	10100		Deutz	F 8 L 413 F	D	auch 330 PS
N 314 L	52/54	1989	V6	218	W	128x142	10964	2100	5300	11000		DB	OM 441 A	D	T, auch 290 PS
N 314 L	52/24	1989	6	260	W	130x146	11630	2000	5300	11000		DAF	DKD 1160	D	T, auch 330 PS
N 314 L	52/54	1989	V8	306	L	125x130	12765	2500	5300	11000		Deutz	BF 8 L 413 F	D	T, auch 330 PS
N 314 UE	53/24	1989	V6	218	W	128x142	10964	2100	5300	11000		DB	OM 441 A	D	T, auch 354 PS
N 314 UE	53/24	1989	6	260	W	130x146	11630	2000	5300	11000		DAF	DKD 1160	D	T
N 314 UE	53/24	1989	V8	306	L	125x130	12765	2500	5300	11000		Deutz	BF 8 L 413 F	D	T
N 314 K	56/0	1989	V6	218	W	128x142	10964	2100	5300	11000		DB	OM 441 A	D	T
N 314 K	56/0	1989	6	260	W	130x146	11630	2000	5300	11000		DAF	DKD 1160	D	T
N 314 K	56/0	1989	V8	306	L	125x130	12765	2500	5300	11000		Deutz	BF 8 L 413 F	D	T, auch 330 PS
N 316 L	64/20	1989	V6	218	W	128x142	10964	2100	6100	12000		DB	OM 441 A	D	T, auch 290 PS
N 316 L	64/20	1989	6	260	W	130x146	11630	2000	6100	12000		DAF	DKD 1160	D	T
N 316 L	64/20	1989	V8	306	L	125x130	12765	2500	6100	12000		Deutz	BF 8 L 413 F	D	T, auch 330 PS
N 316 UE	64/20	1989	V6	218	W	128x142	10964	2100	6100	12000		DB	OM 441 A	D	T, auch 290 PS
N 316 UE	64/20	1989	6	260	W	140x146	11630	2000	6100	12000		DAF	DKD 1160	D	
N 316 UE	64/20	1989	V8	306	L	125x130	12765	2500	6100	12000		Deutz	BF 8 L 413 F	D	T, auch 330 PS
N 316 K	64/0	1989	V6	218	W	128x142	10960	2100	6100	12000		DB	OM 441 A	D	T, auch 290 PS
N 316 K	64/0	1989	6	260	W	130x146	11630	2000	6100	12000		DAF	DKD 1160	D	T
N 316 K	64/0	1989	V8	306	L	125x130	12765	2500	6100	12000		Deutz	BF 8 L 413 F	D	T, auch 330 PS
N 316 K	64/0	1989	6	373	W	128x155	11963	2200	6100	12000		MAN	D 2866 U	D	TL
N 321/3 L	91/54	1989	V6	240	W	128x155	11963	2200	5600/6900	17990		DB	OM 477 h	D	auch 280 PS
N 321/3 L	91/54	1989	6	260	W	130x146	11630	2000	5600/6900	17990		DAF	DKD 1160	D	
N 321/3 L	91/54	1989	V8	256	L	125x130	12765	2500	5600/6900	17990		Deutz	F 8 L 413 F	D	auch 330 PS
N 321/3 UE	91/54	1989	V6	240	W	128x155	11963	2200	5600/6900	17990		DB	OM 477 h	D	auch 280 PS
N 321/3 UE	91/54	1989	6	260	W	130x146	11630	2000	5600/6900	17990		DAF	DKD 1160	D	T
N 321/3 UE	91/54	1989	V8	256	L	125x130	12765	2500	5600/6900	17990		Deutz	F 8 L 413	D	auch 330 PS
N 321/3 K	91/54	1989 - 90	V6	240	W	128x155	11963	2200	5600/6900	17990		DB	OM 447 h	D	auch 280 PS
N 321/3 K	91/54	1989 - 90	6	260	W	130x146	11630	2000	5600/6900	17990		DAF	DKD 1160	D	T
N 321/3 K	91/54	1989 - 90	V8	256	L	125x130	12765	2500	5600/6900	17990		Deutz	F 8 L 413 F	D	auch 330 PS
N 321/3 K	91/54	1989 - 90	6	373	W	128x155	11963	2200	5600/6900	17990		MAN	D 2866 U	D	TL
e) Baureihen N 326 Doppeldecker															
N 326/3	110	1973	6	210	W	130x150	11940	2200	5650+1230	12000		Henschel	6 R 1315	D	
N 326/3	87/22	1974	V8	256	W	125x130	12760	2500	5650+1230	12000	13000	DB	OM 402	D	
N 326/3	87/22	1975 - 79	V6	192	W	125x130	9570	2500	5650+1230	12000	12800	DB	OM 401	D	
N 326/3	103/22	1980 - 81	V10	370	W	125x130	15950	2500	5630+1230	12000	14130	DB	OM 403	D	auch 352 PS, auch mit OM 402 mit 240 PS
N 326/3 Kombi	109/22	1983	V10	352	W	125x142	17426	2500	5630+1230	12000	14130	DB	OM 403	D	
N 326/3 Kombi	109/22	1985 - 86	V10	354	W	128x142	18275	2300	5630+1230	12000		DB	OM 423	D	
f) Baureihen N 400															
N 412	28/104	1972 - 73	6	180	W	118x125	8202	2600	5120	10780		Henschel	6 R 1112	D	
N 414		1972 - 73	6	180	W	118x125	8202	2600	5480	11310		Henschel	6 R 1112	D	
N 416	57/47	1972 - 74	6	240	W	132x180	11940	2150	5650	12000		Henschel	6 R 1318	D	
N 413	40/60	1974	6	180	W	118x125	8202	2600	4970	10100	7900	Henschel	6 R 1112	D	auch mit DB-Motor OM 422 mit 280 PS
N 414	40/68	1974	6	180	W	118x125	8202	2600	5300	11000	8500	Henschel	6 R 1112	D	auch mit DB-Motor OM 422 mit 280 PS
N 416 M	40/74	1974	6	180	W	118x125	8202	2600	5630	12000	9000	Henschel	6 R 1112	D	Mittelmotor, auch mit DB-Motor OM 422 mit 280 PS
N 413	40/60	1975 - 80	V6	192	W	125x130	9570	2500	4970	10100	7900	DB	OM 401	D	
N 414	40/68	1975 - 80	V6	192	W	125x130	9570	2500	5300	11000	8500	DB	OM 401	D	
N 416	40/74	1975 - 79	V6	192	W	125x130	9570	2500	5630	12000	9000	DB	OM 401	D	auch 256 PS
N 420/3 Longliner	82/80	1976 - 77	6	192	W	125x150	11045	2100	5100/7650	17050		MAN	D 2566 MUH	D	mit T 280 PS
N 414	40/48	1980 - 84	6	240	W	125x155	11413	2200	5300	11080	10480	MAN	D 2566 MUH	D	
N 416 (SL II)	40/74	1980 - 82	6	240	W	125x155	11413	2200	6100	11810	10870	MAN	D 2566 MUH	D	auch gedrosselt 210 PS,
N 413	40/60	1981 - 83	V6	216	W	128x142	10960	2300	4970	10100	10120	DB	OM 401	D	
N 416 (Ü 80)	51/47	1981 - 82	6	240	W	125x155	11413	2200	6150	11810	8900	DB	OM 470 h	D	auch 280 PS, Prototypen
N 420/3	81/80	1981 - 82	6	240	W	125x155	11413	2300	5100/7650	18000	15250	MAN	D 2566 MUH	D	auch 280 PS
N 421 SGÜ	69/	1981 - 82	6	280	W	125x155	11413	2200	5100/7650	17560		DB	OM 407 hA	D	T, auch MAN-Motor D 2566 MUH
SL II	45/44	1982	6	240	W	125x155	11413	2300	5875	11475		MAN	D 2566 MUH	D	Prototyp
Metroliner															
N 407 SL K 82	16/24	1982	6	130	W	97x128	5675	3500	3550	7600		DB	OM 352	D	Midi-Prototyp
N 421/SG	81/80	1982	6	240	W	125x155	11413	2300	5100/7650	17240		DB	OM 407 h	D	
N 407 SK I	29/15	1983 - 87	6	130	W	102x110	5675	2800	3500	7750	5220	MAN	D 0226 ME	D	ab 1985 136 PS
N 420/3	82/80	1983	6	240	W	125x155	11413	2200	5100/7650	18000	15250	MAN	D 0226 ME	D	auch DAF-Motor
N 413 (SL II)		1983	V8	204	L	120x125	11310	2500	4970	10100	9300	Deutz	F 8 L 413 FZ	D	Prototyp, auch 256 PS
N 413		1983	6	260	W	130x146	11630	2000	4970	10100		DAF	DKFL 1160	D	T
N 416 (SL II)		1983 - 85	6	211	W	130x146	11630	2000	6100	11810		DAF	DKCL 1160	D	auch 204-PS-Deutz-, 200-PS-DB- und 240-PS-MAN-Motor

G. AUWÄRTER (NEOPLAN)

Typ	Sitzplätze/ Stehplätze	Bauzeit	Zylinder	PS	K	B x H mm	Hubraum cm^3	Drehzahl U/min	Radstand mm	Länge mm	Gewicht kg	Motor-hersteller	Typ	M	Bemerkungen
N 413	40/60	1985 - 88	V6	216	W	128x142	10964	2200	4970	10080		DB	OM 427	D	
N 414	43/42	1985 - 87	6	240	W	128x155	11963	2200	5300	11000		MAN	D 2866 UH	D	
N 416 M/MK	57/28	1985 - 92	6	260	W	130x146	11630	2000	6100	12000	9700	DAF	DKFL 1160	D	mit DKVL 1160 280 PS
N 416 M/MK	57/28	1985 - 92	6	240	W	125x155	11413	2300	6100	12000	9700	DB	OM 407h	D	mit T 280 PS, mit OM 422 280 PS
N 416 M/MK	57/28	1985 - 92	V8	204	L	120x125	11310	2500	6100	12000	9700	Deutz	F 8 L 413 FZ	D	auch 240, mit T 280 PS
N 416 M/MK	57/28	1985 - 92	6	240	W	128x155	11963	2200	6100	12000	9700	MAN	D 2866 UH	D	
N 416 SL II	37/46	1985	6	211	W	130x146	11630	2000	5875	11475	9400	DAF	DKCL1060	D	mit DKFL 260 PS
N 416 SL II	37/46	1985	V8	204	L	120x125	11310	2500	5875	11475	9400	Deutz	F 8 L 413 FZ	D	auch 240 PS
N 416 SÜ (Ü 80)	51/46	1985 - 87	6	211	W	130x146	11630	2000	6150	11840	9800	DAF	DKCL1060	D	mit DKFL 260, mit DKVL 280 PS
N 416 SÜ (Ü 80)	51/46	1985 - 89	V8	204	L	120x125	11310	2500	6150	11840	9800	Deutz	F 8 L 413 FZ	D	auch 240, mit T 280 PS
N 420	82/80	1985	6	240	W	128x155	11963	2200	5100/7650	18000		MAN	D 2866 ME	D	
N 421 SG	51/115	1985 - 88	6	260	W	130x146	11630	2200	5875/5710	17240	13900	DAF	DFKL 1160 V	D	T, mit DKVL 1160 280 PS
N 421 SG	51/115	1985	V8	240	L	125x130	12763	2500	5875/5710	17240	13900	Deutz	F 8 L 413 FZ	D	mit T 280 PS
N 421 SGÜ	73/56	1985	6	260	W	130x146	11630	2200	6150/5710	17550	14200	DAF	DKFL 1160	D	T, mit DKVL 1160 280 PS
N 421 SGÜ	75/56	1985	V8	240	L	120x125	11310	2500	6150/5710	17550	14200	Deutz	F 8 L 413 FZ	D	mit T 280 PS
N 416 MÜ	58/22	1987	V8	280	W	128x142	14618	2300	6100	12000	13500	DB	OM 422		»Metroliner«
N 407 SL II	26/26	1987	6	130	W	97,5x133	5958	2800	3500	7750		DB	OM 366	D	
N 409 SL II	23/38	1987 - 88	6	130	W	97x128	5676	2800	4250	8600	7125	DB	OM 352	D	
N 409 SL II Stadt	23/38	1987 - 88	6	130	W	97x128	5676	2800	4250	8600	7125	DB	OM 352	D	
N 409 SM II Überland	33/33	1987	6	136	W	97,5x133	5958	2800	4250	8600	7125	DB	OM 366	D	
N 413 Mü	40/60	1987	6	216	W	128x142	10964	2300	5050	10080		DB	OM 427	D	
N 413 Mü	40/60	1987	6	216	W	128x142	10964	2300	5050	10080		DB	OM 427	D	
N 414 Mü	42/42	1987	6	240	W	128x155	11963	2200	5300	11000		MAN	D 2866 MUH	D	
N 416 SL II	38/63	1987 - 89	V8	204	L	125x130	12765	2000	5875	11475		Deutz	F 8 L 413 F	D	
N 416 Mü	62/43	1987	6	240	W	128x155	11963	2200	6100	12000		MAN	D 2866 MUH	D	
N 416 SÜ II	51/46	1987	6	211	W	130x146	11630	2000	6150	11810		DAF	DKL 1060	D	
N 421/3 N (SG II N)		1987	V8	280	L	128x130	13382	2000	5875/5960	17335		Deutz	F 8 L 413	D	Niederflurtyp, mit TL 340 PS, auch MAN-Motor
N 407 SM II	25/26	1989 - 91	6	136	W	97,5x133	5958	2899	3500	7750		DB	OM 366	D	auch 170 PS
N 407 SM II	35/26	1989 - 91	6	150	W	108x120	6590	2500	3500	7750		MAN	D 0826	D	mit T 180 PS
N 409 SM II	33/26	1989 - 90	6	136	W	97,5x133	5958	2800	4250	8600	7600	DB	OM 366	D	mit T 170 PS
N 409 SM II	33/26	1989 - 91	6	150	W	108x120	6590	2500	4250	8600		MAN	D 0826	D	mit T 180 PS
N 409-L SM II	33/38	1989 - 91	6	150	W	108-120	6590	2500	4250	9400		MAN	D 0826	D	mit T 180 PS
N 416 SL II	44/55	1989 - 90	V8	204	L	128x130	13382	2000	5875	11475		Deutz	F 8 L 513	D	auch 256 PS
N 416 SÜ II	53/43	1989 - 92	V8	204	L	128x130	13382	2300	6100	11850		Deutz	F 8 L 513	D	auch 256 PS
N 416 SL	44/37	1990	6	90	W	80x80	2443	4500	5875	11475		BMW	M 21	D	T, Magnet-Motor-Bus
g) Baureihen N 426 Doppeldecker															
N 426/3	108/22	1972	6	210	W	128x150	11580	2100	5650+1230	12000	12500	DB	OM 355	D	auch Büssing-Motor U 11 D mit 210 PS
N 426/3	97-103/	1974 - 80	V8	256	W	125x130	12760	2500	5490+1230	12000	12300	DB	OM 402	D	auch 320 PS, auch 270 PS mit DAF- u. 256, 280, 320 PS mit MAN-Motor
N 426/3 Kombi	78/23	1974 - 80	V8	256	W	125x130	12760	2500	5490+1230	12000	12300	DB	OM 402	D	dito
N 424/2	91/10	1979 - 80	6	240	W	125x155	11413	2200	5450	10850	9720	MAN	D 2566 MUH	D	auch mit DB OM 407 h mit 240 PS
N 424/2	91/24	1981 - 83	6	240	W	125x155	11413	2300	5450	10850-11030	10196	MAN	D 2566 MUH	D	mit T 280 PS, auch DB-Motor, auch 87/29 Plätze
N 426/3	103/20	1981 - 82	6	240	W	125x155	11413	2300	5630+1230	12000	14130	MAN	D 2566 MUH	D	auch DB-Motor 280 PS
N 426/3	109/26	1983	6	280	W	125x155	11413	2200	5630+1230	12000	14130	MAN	D 2566 MTE	D	T
N 424/2 SD	97/15	1985 - 89	6	260	W	130x146	11630	2000	5450	11200	11400	DAF	DKFL 1160	D	mit DKVL 1160 280 PS
N 424/2 SD	97/15	1985 - 89	6	204	W	128x155	11963	2200	5450	10850	11400	MAN	D 2866 ME	D	ab 1989 290 PS
N 424/2 SD	97/15	1985 - 89	V8	204	L	125x130	12765	2500	5450	10850	11400	Deutz	F 8 L 413 FZ	D,	auch 240, mit T 280 PS
N 436/3 SD	105/15	1985 - 89	6	260	W	130x146	11630	2000	5490+1230	12000	12700	DAF	DKFL 1060	D	mit DKVL 1060 280 PS
N 436/3 SD	105/15	1985 - 89	V8	280	L	125x130	12765	2500	5490+1230	12000	12700	Deutz	BF 8 L 413 F	D	T
N 426/3 SD	107/28	1985 - 89	6	240	W	128x155	11963	2200	5630+1230	12000		MAN	D 2866 ME	D	
N 424/2	91/15	1989 - 92	6	240	W	128x155	11963	2200	5450	11030		DB	OM 447	D	mit T 290 PS
N 424/2	91/15	1989 - 92	6	260	W	130x146	11630	2000	5450	11030		DAF	DKD 1160	D	T
N 426/3	107/28	1989 - 92	6	240	W	128x155	11963	2200	5490+1230	12000		DB	OM 447	D	mit T 290 PS
N 424/2	91/15	1989 - 92	6	260	W	130x146	11630	2000	5450	11030		DAF	DKD 1160	D	T
N 426/3	107/28	1989 - 93	6	260	W	130x146	11630	2000	5490+1230	12000		DAF	DKD 1160	D	T
N 426/3	107/28	1989 - 93	V8	256	W	125x130	12765	2500	5490+1230	12000		Deutz	BF 8 L 413 F	D	T, auch 330 PS
N 426/3	107/28	1991 - 92	V8	300	W	128x142	14618	2200	5490+1230	12000		DB	OM 442 A	D	T
h) Baureihen N 814 Niederflur															
N 814 Niederflur	39/66	1976 - 77	6	210	W	125x150	11045	2200	5500	11000	8680	DB	OM 407 h	D	auch MAN-Motor D 2356 HMXU mit 220 PS

G. AUWÄRTER (NEOPLAN)

Typ	Sitzplätze/ Stehplätze	Bauzeit	Zylinder	PS	K	B x H mm	Hubraum cm³	Drehzahl U/min	Radstand mm	Länge mm	Gewicht kg	Motor-hersteller	Typ	M	Bemerkungen
N 814 Niederflur	43/57	1985 - 88	6	240	W	128x155	11963	2200	5450	11460		MAN	D 2866 ME	D	
i) Baureihen N 300 Transliner															
Transliner K	60+1	1989 - 90	V8	290	W	130x142	15078	2100	6195	12000		DB	OM 442 A	D	T
Transliner K	60+1	1989 - 90	6	313	W	127x145	11000	2000	6195	12000		Scania	DS 1134	D	TL
Transliner Ü	60+1	1989 - 90	V8	290	W	130x142	15078	2100	6195	12000		DB	OM 442 A	D	T
N 316 H	49+1+1	1991	6	373	W	128x155	11970	2200	6100	12000	13037	MAN	D 2866 KOH	D	TL
N 316 TH	61+1	1991 - 92	6	250	W	128x155	11963	2300	6100	12000		MAN	D 2866	D	mit T 369 oder 420 PS
N 316 TH	61+1	1991 - 92	V6	290	W	125x130	9570	2100	6100	12000		DB	OM 401 LA	D	TL, auch 380 PS
N 316 TH	61+1	1991 - 92	V8	381	W	125x130	1276	2100	6100	12000		DB	OM 402 LA	D	TL
N 316 TH	61+1	1991 - 92	6	320	W	127x145	11000	1900	6100	12000		Scania	DS 1134	D	T, auch 380 PS
N 316 TH	61+1	1991 - 92	6	302	W	130x146	11630	2000	6100	12000		DAF	DKT 1160	D	T, auch 401 PS
N 316 TH	61+1	1991 - 92	V8	306	L	125x130	12765	2500	6100	12000		Deutz	BF 8 L 413 F	D	T, auch 330 PS
N 316 TÜ	59/31	1991 - 92	6	250	W	128x155	11963	2300	6100	12000		MAN	D 2866	D	T, auch 330 PS
N 316 TÜ	59/31	1991 - 92	V6	290	W	125x130	9570	2100	6100	12000		DB	OM 401 LA	D	TL
N 316 TÜ	59/31	1991 - 92	V6	340	W	128x142	10960	2100	6100	12000		DB	OM 441 LA	D	TL
N 316 TK	61/25	1991 - 92	V6	290	W	125x130	9570	2100	6100	12000		DB	OM 401 LA	D	TL, auch 380 PS
N 316 TK	61/25	1991 - 92	V6	340	W	128x142	10960	2100	6100	12000		DB	OM 441 LA	D	TL, auch 380 PS
N 316 TK	61/25	1991 - 92	6	250	W	128x155	11963	2300	6100	12000		MAN	D 2866	D	
N 316 TK	61/25	1991 - 92	V8	306	L	125x130	12765	2500	6100	12000		Deutz	BF 8 L 413 F	D	T, auch 330 PS
N 321/3 TK	82/48	1991 - 92	V6	290	W	125x130	9570	2100	5600/6900	18000		DB	OM 401 LA	D	TL
N 321/3 TK	82/48	1991 - 92	V6	340	W	128x142	10960	2100	5600/6900	18000		DB	OM 441 LA	D	TL, auch 380 PS
N 321/3 TK	82/48	1991 - 92	V8	256	L	125x130	12760	2500	5600/6900	18000		Deutz	F 8 L 413 F	D	
N 321/3 TK	82/48	1991 - 92	V8	330	L	128x130	13382	2300	5600/6900	18000		Deutz	BF 8 L 513	D	T
N 316 K	61/30	1993 - 95	V6	289	W	125x130	9570	2100	5800	12000		DB	OM 401 LA	D	TL, auch 380 PS, ab 1995 auch 500 PS
N 312 K/Ü (SH)	47/1	1994 - 95	V6	290	W	125x130	9570	2100	4750	9850		DB	OM 401 LA	D	TL, auch 381 PS, ab 1995 336 PS
N 312 K/Ü (SL)	47/18	1994 - 95	V6	290	W	125x130	9570	2100	4750	9850		DB	OM 401 LA	D	TL, auch 381 PS, ab 1995 366 PS
N 316 L	47/46	1994 - 95	5	269	W	128x155	9970	2000	5950	12000		MAN	D 2865 LU	D	TL, auch 336 PS, ab 1995 auch 500 PS
N 316 Ü	61/1	1994 - 95	V6	338	W	125x130	9570	2100	5800+1050	12000		DB	OM 401 LA	D	TL, auch 380 PS, ab 1995 auch 500 PS
N 321 Ü	79/1	1994 - 95	V6	290	W	125x130	9570	2100	5950/6120	18000		DB	OM 401 LA	D	TL, auch 381 PS, ab 1995 270 u. 381 PS
N 321 K	79/61	1994 - 95	V6	290	W	125x130	9570	2100	5950/6120	18000		DB	OM 401 LA	D	TL, auch 381 PS, ab 1995 280 u. 381 PS
N 321 K/Ü	79/61	1994 - 95	V6	290	W	125x130	9570	2100	5950/6120	18000		DB	OM 401 LA	D	TL, auch 381 PS, ab 1995 Bezeichnung N 321 L u. 230 u. 336 PS
N 316 K	55+4	1995	5	320	W	128x155	9970	2000	5800	12000		MAN	D 2865 LOH	D	TL
N 316 L/NF	45/54	1995	6	250	W	128x155	11970	2000	5950	12000		DB	OM 447h LA	D	T, mit TL 300 PS
N 316 Ü CNG	61+1	1995	6	230	W	128x155	11970	1900	5950	12000		MAN	E 2866 DUH 01	V	Erdgasantrieb
N 318/3 Ü	69/45	1995	V6	340	W	128x142	10964	2100	7330+1300	15000	16900	DB	OM 441 LA	D	TL
N 318 Ü		1995	V8	381	W	125x130	12670	2100	6860+1300	15000		DB	OM 402 LA	D	TL
N 321 TK	73+2/65	1995	V8	381	W	125x130	12760	2100	5950/6120	18000	18650	DB	OM 402 LA	D	TL
N 312 K	47+1	1996 - 98	V6	290	W	128x142	10960	2100	4750	9300		DB	OM 441 LA	D	auch 340 PS
N 312 Ü/ÜL	47/18	1996 - 98	V6	290	W	128x142	10960	2100	4750	9300 -		DB	OM 441 LA	D	auch 340 PS
N 316 L/NF	45/50	1997 - 98	V6	250	W	128x142	10960	2100	6020	12000		DB	OM 441 LA	D	TL, auch 310 PS
N 316 L	43/47	1996 - 98	V6	250	W	128x142	10960	2100	5950	12000		DB	OM 441 LA	D	TL, auch 310 PS
N 316 Ü/ÜL	57/34	1996 - 98	V6	250	W	128x142	10960	2100	5800	12000		DB	OM 441 LA	D	TL, auch 310 PS
N 316 K	55/35	1996 - 97	V6	290	W	128x142	10960	2100	6020	12000		DB	OM 441 LA	D	TL, auch 400 PS
N 318/3 L/NF	57+1/64	1996 - 97	6	300	W	128x155	11967	1800	7330+1300	15000		DB	OM 447h LA	D	TL, auch 336 PS
N 318 SHD		1996 - 97	6	300	W	128x155	11967	1800	7330+1300	1500		DB	OM 447h LA	D	TL, auch 336 PS
N 321/3 L	79/61	1996 - 98	V6	250	W	128x142	10960	2100	5950/6120	17990		DB	OM 441 LA	D	TL, auch 350 PS
N 321/3 Ü (ÜL)	79/	1996 - 98	V6	250	W	128x142	10960	2100	5950/6120	18000		DB	OM 441 LA	D	TL, auch 350 PS, ab 1998 340 PS
N 321/3 K	79/	1996 - 98	V6	250	W	128x142	10960	2100	5950/6120	17990		DB	OM 441 LA	D	TL, auch 400 PS, ab 1998 340 PS
N 316 SHD Neobody	49+1	1996	6	310	W	128x155	11967	2000	6060	12000		MAN	D 2866 LOH	D	TL, MAN-Chassis, auch 350 PS
N 314 Ü		1997 - 98	V6	250	W	128x142	10960	2100	5300	11250		DB	OM 441 LA	D	TL
N 316/3 ÜL	61/45	1997 - 98	V6	290	W	128x142	10960	2100	6350+1300	13700		DB	OM 441 LA	D	TL, ab 1998 340 PS
N 318/3 Ü		1997	V6	250	W	128x142	10950	2100	7330/1300	15000		DB	OM 441 LA	D	TL, auch 350 PS
N 318/3 L/NF		1998	6	350	W	128x155	11967	2000	6860+1300	15000		MAN	D 2866 LUH	D	TL
j) Baureihen 4000															
N 4007 SM II	23/26	1989 - 92	6	136	W	97,5x133	5958	2800	3500	7750		DB	OM 366	D	mit T 170 PS, ab 1991 Typ 4007 NF
N 4007 SM II	23/26	1989 - 92	6	150	W	108x120	6590	2500	3500	7750		MAN	D 0826	D	mit T 180 PS, ab 1991 Typ 4007 NF

G. AUWÄRTER (NEOPLAN)

Typ	Sitzplätze/ Stehplätze	Bauzeit	Zylinder	PS	K	B x H mm	Hubraum cm³	Drehzahl U/min	Radstand mm	Länge mm	Gewicht kg	Motor-hersteller	Typ	M	Bemerkungen
N 4009 SM II	31/26	1989 - 92	6	150	W	108x120	6590	2500	4250	8600		MAN	D 0826	D	mit T 180 PS, ab 1992 Typ 4009 NF
N 4009 L NF	33/38	1989 - 91	6	136	W	97,5x133	5958	2800	4250	9400		DB	OM 366	D	mit T 170 PS
N 4009-L SM II	31/38	1989 - 92	6	136	W	97,5x133	5958	2800	4250	9400		DB	OM 366	D	mit T 170 PS, ab 1992 Typ 4009-L NF
N 4009-L SM II	31/38	1989 - 92	6	150	W	108x120	6590	2500	4250	9400		MAN	D 0826	D	mit T 180 PS, ab 1992 Typ 4009-L NF
N 4014 NF	30/68	1989	V8	204	L	128x130	13382	2300	5875	11475		Deutz	F 8 L 513	D	auch 256 PS
N 4016 vLN	42/55	1989 - 92	V8	204	L	128x130	13382	2300	6025	12000	11000	Deutz	F 8 L 513	D	auch 256 PS
N 421/3 SG II	59/103	1989 - 92	8	256	L	128x130	13382	2300	5875/5810	17425		Deutz	F 8 L 513	D	ab 1991 Typ 421/3 NF
N 421/3 SG II	59/103	1989 - 92	6	240	W	128x155	11963	2100	5875/5810	17425		MAN	D 2866	D	mit T 290 PS, ab 1991 Typ 421/3 NF
N 4016 NF	34/57	1989	V8	204	L	128x130	13382	2300	5875	11475	10050	Deutz	F 8 L 513	D	
N 4021/3 NG	56/103	1989 - 90	V8	256	L	128x130	13382	2300	5875/5950	17500	15700	Deutz	F 8 L 513	D	
N 4009	29/36	1991 - 92	6	164	W	97,5x133	5958	2800	4200	8870		DB	OM 366 A	D	T
N 4010	33/36	1991 - 92	6	164	W	97,5x133	5958	2800	4500	9850		DB	OM 366 A	D	T
N 4014	45/50	1991 - 94	6	230	W	108x125	6870	2400	6020	12000		MAN	D 0826 LOM	D	TL, 2-türig
N 4014	28/60	1991 - 92	6	230	W	108x125	6870	2400	6020	12000		MAN	D 0826 LOM	D	TL, 3-türig
N 4014	45/50	1991 - 92	6	204	W	105x120	6240	2000	6020	12000		MWM	TDB 226 B-06	D	TL
N 4016 SÜ II	42/55	1991 - 94	V8	204	L	128x130	13382	2300	6025	12000		Deutz	F 8 L 513	D	mit T 256 PS, 2- oder 3-türig
N 4016 SÜ II	42/55	1991	6	230	W	108x125	11973	2300	6025	12000		MAN	D 2866MUH	D	2- oder 3-türig
N 4016 NF	42/55	1991	V8	204	L	128x130	13382	2000	6025	12000		Deutz	F 8 L 513	D	mit T 256 PS
N 4021	62/72	1991 - 94	6	230	W	108x125	6870	2400	5875/5810	17585	15700	MAN	D 0626 LOM	D	TL
N 4024	84/27	1991 - 94	6	164	W	97,5x133	5958	2600	4500	9850		DB	OM 366 A	D	T
N 4024	84/27	1991 - 94	6	230	W	108x125	6870	2400	4500	9850		MAN	D 0826 LOM	D	TL
N 4014 DE	31/59	1994	6	217	W	108x130	7146	2300	8002	12000		KHD	2x BF 6 1013	D	Generator und Radnaben-motoren MM-m 35/7
N 4020	45/90	1994	5	270	W	128x155	9970	2000	7200+1300	14800		MAN	D 2865 LUH	D	Tl, auch 360 PS
N 4012	54/103	1994	5	270	W	128x155	9970	2000	5725/6175	17800		MAN	D 2865 LUH	D	TL
N 4007 Midi	21/24	1995 - 97	4	155	W	108x125	4580	2400	3600	8020		MAN	D 0824 L	D	TL, auch 165 PS, ab 1996 auch 170 PS
N 4009 Midi	29/36	1995 - 97	4	155	W	108x125	4580	2400	4250	8960		MAN	D 0824 L	D	TL, auch 165 PS, ab 1996 auch 240 PS
N 4010 Midi	29/26	1995 - 97	4	160	W	108x125	4580	2400	4500	9210		MAN	D 0824 L	D	TL,ab 1996 auch 240 PS
N 4011 Solo	29/32	1995 - 97	6	170	W	97,5x133	5958	2800	4500	10030		DB	OM 366 LA	D	TL, ab 1996 auch 220 PS und 290 PS
N 4013	37/60	1995 - 97	6	213	W	128x155	11967	2200		11400		DB	OM 447 h	D	mit T 250, mit TL 290 PS
N 4014	40/64	1995 - 97	6	170	W	97,5x133	5958	2800	6020	12000		DB	OM 366 LA	D	TL, ab 1996 auch 220 PS und 290 PS
N 4015	44/60	1995 - 97	6	170	W	97,5x133	5958	2800	5875	11985		DB	OM 366 LA	D	TL, auf Scania-Chassis, auch Scania-Motor DSC 1124 mit 260 PS
N 4016	43+3/45	1995 - 97	6	310	W	108x125	6870	2400	6020	12000		MAN	D 0826 LOM	D	TL, auch mit DB-Motor mit 299 PS
N 4020 Megatrans	45/90	1995	6	240	W	97,5x133	5958	2800	7200+1300	14800		DB	OM 366 LA	D	TL, auch 270 PS
N 4007 Midi	21/24	1995 - 97	4	155	W	108x125	4580	2400	3600	8020		MAN	D 0824 L	D	TL, auch 165 PS, ab 1996 auch 170 PS
N 4009 Midi	29/36	1995 - 97	4	155	W	108x125	4580	2400	4250	8960		MAN	D 0824 L	D	TL, auch 165 PS, ab 1996 auch 240 PS
N 4010 Midi	29/26	1995 - 97	4	160	W	108x125	4580	2400	4500	9210		MAN	D 0824 L	D	TL,ab 1996 auch 240 PS
N 4011	29/32	1995 - 97	6	170	W	97,5x133	5958	2800	4500	10030		DB	OM 366 LA	D	TL, ab 1996 auch 220 PS und 290 PS
N 4013	37/60	1995 - 97	6	213	W	128x155	11967	2200		11400		DB	OM 447 h	D	mit T 250, mit TL 290 PS
N 4014	40/64	1995 - 97	6	170	W	97,5x133	5958	2800	6020	12000		DB	OM 366 LA	D	TL, ab 1996 auch 220 PS und 290 PS
N 4015	44/60	1995 - 97	6	170	W	97,5x133	5958	2800	5875	11985		DB	OM 366 LA	D	TL, auf Scania-Chassis, auch Scania-Motor DSC 1124 mit 260 PS
N 4014 DE		1995	6	177	L	108x130	7140	1800	5300	12000		Deutz	BF 6 M 1013 E	D	T, mit TL 218 PS, mit 4
															Rdnabenmotoren, Prototyp
N 4016	43+3/45	1995 - 97	6	310	W	108x125	6870	2400	6020	12000		MAN	D 0826 LOM	D	TL, auch mit DB-Motor mit 299 PS
N 4020 Megatrans	45/90	1995	6	240	W	97,5x133	5958	2800	7200+1300	14800		DB	OM 366 LA	D	TL, auch 270 PS
N 4021	54/103	1995	6	230	W	97,5x133	5958	2800	5725/6175	17980		DB	OM 366 LA	D	TL, auch 360 PS
N 4007 CNG	19/30	1996 - 98	6	195	W	102x119,8	5890	2500	3600	8020		Cummins	B 5,9L/200G	V	TL, Erdgasbetrieb
N 4021 DS	51/105	1996 - 98	6	279	W	97,5x133	5960	2400	6100/8415	17945		DB	OM 366 LA	D	TL, 4x70 kW-Radnabenan-trieb, elektrodynamischer Speicher, auch MAN-Motor D 0826 LOH (260 PS)
N 4016	45+1/60	1996 - 98	6	220	W	108x125	6870	2400	6020	12000		MAN	D 0826 LOH	D	TL, auch 300 PS

G. AUWÄRTER (NEOPLAN)

Typ	Sitzplätze/ Stehplätze	Bauzeit	Zylinder	PS	K	B x H mm	Hubraum cm^3	Drehzahl U/min	Radstand mm	Länge mm	Gewicht kg	Motor-hersteller	Typ	M	Bemerkungen
N 4020 Megatrans	56+1/80	1996 - 98	V6	250	W	128x142	10960	2100	7200+1300	14800		DB	OM 441 LA	D	TL, auch 350 PS
N 4021	61/103	1996 - 98	V6	250	W	128x142	10960	2100	5875+5970	17945		DB	OM 441 LA	D	TL, auch 350 PS Prototyp, auch 400 PS
N 4013	36+1/60	1997 - 98	6	220	W	108x125	6870	2400	5300	10880		MAN	D 0826 LOH	D	TL, auch 290 PS
N 4014 DE Metroshuttle	33/57	1997 - 98	6	279	W	102x130	6370	2300	8560	11990		MB	OM 906 LA	D	TL, diesel-elektrischer Antrieb
N 4007 Midibus	17/29	1998	6	170	W	97,5x133	5960	2400	3800	8310		DB	OM 336 LA	D	TL
N 4009 Midibus	26/35	1998	6	231	W	102x130	6370	2300	4500	9450		DB	OM 906 LA	D	TL
N 4010	26/42	1998	6	231	W	102x130	6370	2300	4500	9450		DB	OM 906 LA		TL
N 4011	29/40	1998	6	231	W	102x130	6370	2300	4700	10170		DB	OM 906 LA		TL
N 4013	36/60	1998	6	231	W	102x130	6370	2300	5300	11400		DB	OM 906 LA		TL
N 4016	40/60	1998	6	231	W	102x130	6370	2300	6020	12000		DB	OM 906 LA		TL
N 4020 Megatrans	40/64	1998	6	250	W	128x142	10960	2100	7000+1680	14600		DB	OM 441 LA	D	TL, auch 350 PS
N 4021	61/103	1998	6	280	W	102x130	6370	2300	6100/8415	17945		DB	OM 906 LA	D	TL
N 4021	61/103	1998	6	310	W	128x155	11970	2000	5915/5990	17965		MAN	D 2866 LUH	D	TL
k) Baureihen N 221/3 H															
N 221/3 H	82/48	1991 - 92	V8	381	W	125x130	12760	2000	5600/6900	18000		DB	OM 402 LA	D	TL
N 221/3 H	82/48	1992	V6	290	W	125x130	9570	2100	5600/6900	18000		DB	OM 401	D	
N 221/3 H	82/48	1992	V6	306	W	125x130	12760	2500	5600/6900	18000		Deutz	BF 8 L 413 F	D	T, auch 330 PS
N 221/3 H	82/48	1992	6	364	W	130x146	11630	2000	5600/6900	18000		DAF		D	T, auch 401 PS
N 221/3 H	82/48	1992	6	428	W	130x146	11630	2000	5600/6900	18000		DAF	WS 315	D	TL
l) Baureihen N 4032 Vierachs-Megashuttle															
N 4032/4	97/75	1991 - 93	6	270	W	108x125	6870	2400	1230+ 6100+1300	14970		MAN	D 0826 LOM	D	TL
N 4032/4	91/97 80-75	1995	5	320	W	128x155	9970	2000	1230+ 6100+1300	15000		MAN	D 2865 LOH	D	TL, auch 420 PS
N 4032/4	97/75	1991 - 93	6	270	W	108x125	6870	2400	1230+ 6100+1300	14970		MAN	D 0826 LOM	D	TL
N 4032/4	95+1/80	1996 - 98	5	340	W	128x142	10960	2100	6000+ 6100+1300	15000		MAN	D 2865 LUH	D	TL
N 4426/4	95/75	1998	6	299	W	125x136	10072	1900	1230+ 6100+1300	15000		Cummins	L10	D	TL, Hongkong-Typ
m) Baureihen N 4024 und 4026															
N 4024	84/27	1994	6	270	W	108x125	6870	2400	5450	11600		MAN	D 0826 LOM	D	TL
N 4026	101/20	1994	5	320	W	128x155	9970	2000	5490	12000		MAN	D 2865 LUH	D	TL
N 4032	95/80	1994	5	320	W	128x155	9970	2000	6000+1300	15000		MAN	D 2865 LUH	D	TL
N 4024	84/27	1995	6	220	W	128x155	11967	1800	5450	11660		DB	OM 457 hLA	D	TL, auch 300 PS
N 4026	101/20	1995	6	220	W	128x155	11967	1800	5490	12000		DB	OM 457 hLA	D	TL, auch 381 PS
N 4026	84/27	1996 - 98	6	240	W	97,5x133	5960	2400	5450	11660		DB	OM 366 LA	D	TL, auch 260 PS
N 4026/3	101/40	1996 - 98	V6	300	W	128x142	10960	2100	5490+1300	12000		DB	OM 441 LA	D	TL, auch 381 PS, ab 1998 340 PS u. 97/40 Plätze
N 4026/3 L	101+1/65	1997 - 98	V6	336	W	128x142	10950	2100	6500+1300	13650		DB	OM 441 LA	D	TL, auch 381 PS, ab 1998 100/52 Plätze
N 4026/3	97/40	1998	6	310	W	128x155	11970	2000	5490+1300	12000		MAN	D 2866 LUH	D	TL
N 4026/3 L	100/52	1998	6	340	W	128x1542	10960	2100	6500+1300	13650		DB	OM 441 LA	D	TL
N 4026/3	92/30	1999 - 01	6	350	W	128x155	11970	1900	5080+1600	12000		MAN	D 2866 LUH	D	TL
n) Baureihen N 3016 Regioliner															
N 3016 L/NF	45/46	1997 - 98	6	250	W	108x125	6870	2400	5890	12000		MAN	D 0826 LOH	D	TL, auch 350 PS
N 3016 L/NF	45/46	1998 - 99	6	310	W	128x155	11967	2000	5980	12000		MAN	D 2866 LUH	D	TL, auch DB-Motor
N 3014 L/NF	43/30	1998	6	340	W	128x155	11967	2000	5300	11320		MAN	D 2866 LUH	D	TL
N 3016 L/NF	45/46	2001 - 03	V6	290	W	128x142	10960	2100	5800	12000		DB	OM 441 LA	D	TL
o) Baureihen N 4100 und N 4400 Centroliner															
N 4114 DE	59/105	1997	6	217	L	108x130	7140	2300	5725/6175	18000		Deutz	BF 6 M 1013C	D	T, Radnabenantrieb, Prototyp, auch 400 PS
N 4114/DE Metroshuttle	33/57	1998	6	280	W	102x130	6370	2100	8560	11990		DB	OM 906 LA	D	TL
N 4121 DES		1998	6	310	W	128x155	11970	2000	5915/5990	17965		MAN	D 2866 LUH	D	TL, mit Magnet-Hochleistungsspeicher
N 4416	37/62	1997 - 98	6	220	W	108x125	6870	2400	5980	12000		MAN	D 0826 LOH	D	TL, auch 310 PS 100/52 Plätze
N 4416	37/62	1998	6	231	W	102x130	6370	2300	5980	12000		DB	OM 906 LA		TL
N 4407	17/29	1999 - 01	6	220	W	108x125	6971	2100	3800	8690		MAN	D 0836 LOH	D	TL, auch DB-Motor mit 231 PS
N 4409	26/35	1999 - 01	6	220	W	108x125	6971	2100	4300	9350		MAN	D 0836 LOB		
N 4411	25/40	1999 - 02	6	220	W	108x125	6871	2100	4700	10200		MAN	D 0836 LOH	D	TL, auch 280 PS, auch mit DB-Motor mit 231 PS
N 4416	36/63	1999 - 02	6	220	W	108x125	6871	2100	5980	12000	11000	MAN	D 0826 LUH	D	TL, auch 260 PS, auch DB-Motor mit 252 u. 272 PS
N 4420/3	42/80	1999 - 02	6	310	W	128x155	11970	1900	7000+1680	14700 -15000		MAN	D 2866 LOH	D	TL, auch 350 PS, auch mit DB-Motor mit 299 PS
N 4421/3	55/100	1999 - 02	6	310	W	128x155	11970	1900	5980/5990	17990		MAN	D 2866 LUH	D	TL, auch mit DB-Motor mit 299 PS

G. AUWÄRTER (NEOPLAN)

Typ	Sitzplätze/ Stehplätze	Bauzeit	Zylinder	PS	K	B x H mm	Hubraum cm³	Drehzahl U/min	Radstand mm	Länge mm	Gewicht kg	Motor-hersteller	Typ	M	Bemerkungen
N 4421/3	53/100	1999 - 02	V6	354	W	130x150	11946	1800	5980/5990	17990		DB	OM 501 LA	D	TL
N 4409	26/35	2000 - 02	6	220	W	108x125	6870	2400	4300	9350		MAN	D 0826 L	D	TL, auch 280 PS
N 4416 Ü	48/32	2002 - 04	6	310	W	128x155	11970	2100	5980	12000	13650	MAN	D 2866 LUH	D	TL
N 4413 CNG	38/42	2003	6	310	W	128x155	11970	2100	5285	10850		MAN	E 2866 LUH	V	TL, Erdgasmotor
N 4422	56+1/	2003	6	260	W	128x155	11970	2100	5875+6670	18750		MAN	D 2866 LUH	D	TL
N 4411	24+2/45	2004 - 05	6	220	W	108x125	6871	2100	4700	10200		MAN	D 0836 LOH	D	TL, auch 280 PS
N 4416 Ü	48+2	2004 - 05	6	220	W	108x125	6871	2100	5980	12000		MAN	D 0836 LOH	D	TL
N 4146 T	20-38/ 82/62	2004	6	280	W	108x125	6871	2400	5875	11950	10950	MAN	D 0836 LOH 40	D	Tl
N 4407	18/28	2005	6	220	W	108x125	6871	2100	3800	8690		MAN	D 0836 LOH	D	TL
N 4409	20+4/32	2005	6	220	W	108x125	6871	2100	4540	9590		MAN	D 0836 LOH	D	TL
p) Baureihen N 3000 Euroliner															
N 314 K	47/	1998 - 00	V6	290	W	128x142	10960	2100	5300	11250		DB	OM 441 LA	D	TL
N 316 Ü	57/33	1998 - 00	6	310	W	128x155	11967	2000	5800	12000		MAN	D 2866 LUH	D	TL
N 316 K	53/	1998 - 99	6	310	W	128x155	11967	2000	5800	12000		MAN	D 2866 LUH	D	TL
N 316/3 KL	61/	1998 - 00	6	310	W	128x142	10960	2100	6350+1300	13700		DB	OM 441 LA	D	TL
N 318 K	69/	1998 - 00	V6	340	W	128x142	10960	2100	6860+1300	15000		DB	OM 441 LA	D	TL
N 318/3 Ü	69/55	1998 - 00	6	310	W	128x142	10960	2100	6860+1300	15000		DB	OM 441 LA	D	TL
N (3)312 Ü	37-41+2	2000 - 01	V6	290	W	128x142	10960	2100	4750	9950		DB	OM 441 LA	D	TL, auch 340 PS
N (3)312 K	37/	2000 - 01	V6	290	W	128x142	10960	2100	4750	9950		DB	OM 441 LA	D	TL, auch 340 PS
N (3)313 Ü	45/	2000 - 01	V6	354	W	130x150	11946	1800	5180	10630		DB	OM 501 LA	D	TL
N (3)313	41/	2000 - 01	V6	354	W	128x142	11960	2100	5180	10630		DB	OM 441 LA	D	TL
N (3)316 Ü	49/	2000 - 01	V6	340	W	128x142	10960	2100	5800	12000		DB	OM 441 LA	D	TL, auch 340 u. 381 PS, auch MAN-Motor mit 310, 350 u. 400 PS
N (3)316 K	49/	2000 - 01	V6	340	W	128x142	10960	2100	5800	12000		DB	OM 441 LA	D	TL, auch 381 PS
N 316/3 ÜL	57/	2000 - 01	V6	340	W	128x142	10920	2100	6350+1300	13700		DB	OM 441 LA	D	TL, auch 381 PS
N 316 KL	57/	2000 - 01	V6	340	W	128x142	10960	2100	6350+1300	13700		DB	OM 441 LA	D	TL, auch 381 PS, auch MAN-Motor mit 310, 350 u. 400 PS
N 318 KL	65/	2000 - 01	V6	340	W	128x142	10960	2100	6860+1600	15000		DB	OM 441 LA	D	TL, auch 381 PS, auch MAN-Motor mit 310, 350 u. 400 PS
N 312 K	37/0	2001 - 03	V6	290	W	128x142	10960	2100	4750	9950		DB	OM 441 LA	D	TL, auch 340 PS
N 313 K	45/0	2001	V6	354	W	130x150	11946	1800	5180	10630		DB	OM 501 LA	D	TL
N 316 K	49/0	2001 - 03	V6	290	W	128x142	10960	2100	5800	12000		DB	OM 441 LA	D	TL, auch 340 u. 381 PS, auch MAN-Motor mit 310, 350 u. 400 PS
N 316/3 L	57/0	2001 - 03	V6	340	W	128x142	10960	2100	6350+1350	13700		DB	OM 441 LA	D	TL, auch 381 PS, auch mit MAN-Motor mit 310, 350 u. 400 PS
N 318/3 Ü	65/0	2001 - 03	V6	340	W	128x142	10960	2100	6860+1680	15000		DB	OM 441 LA	D	TL, auch 381 PS
N (3)314 Ü/K	45/	2001	V6	290	W	128x142	10960	2100	5600	11300		DB	OM 441 LA	D	TL, auch 340 PS
N 3316 Ü/K		2001	V6	290	W	128x142	10960	2100	5800	12000		DB	OM 441 LA	D	TL, auch 340 PS
N 3316/3 ÜL/KL		2001	V6	380	W	128x142	10960	2100	6350+1350	13700		DB	OM 441 LA	D	TL
N 3318 Ü/K		2001 -	V6	380	W	128x142	10960	2100	6860+1680	15000		DB	OM 441 LA	D	TL
N 3312 Ü/K	37/41+2	2004 - 05	6	354	W	128x155	11967	1900	4750	9950		DB	OM 457 hLA	D	TL
N 3313 Ü	41-47+2	2004 - 05	6	354	W	128x155	11967	1900	5180	10630		DB	OM 457 hLA	D	TL
N 3316 Ü	49/53+1	2004 - 05	6	410	W	128x155	11970	1900	5800	12000		MAN	D 2866 LUH	D	TL
N 3316 ÜL	52-61+1	2004 - 05	6	360	W	128x155	11970	1900	6350+1350	13700		MAN	D 2866 LUH	D	TL, auch 409 PS
N 3318/3 Ü	63/69+2	2004 - 05	6	410	W	128x155	11970	1900	6860+1680	15000		MAN	D 2866 LUH	D	TL
q) Baureihen N 4500 Centroliner Evolution															
N 4521 Evolution	52+1/103	2004 - 05	6	310	W	128x155	11970	1900	5980/6770	17950		MAN	D 2866 LUH	D	TL
N 4522 Evolution	46+1/106	2004 - 05	6	260	W	128x155	11970	1900	5875/6770	18720	16500	MAN	D 2866 LUH	D	TL, MAN-Chassis
N 4516	34-44/ 70-80	2005 - 07	6	260	W	128x155	11970	1900	5875	11950		MAN	D 2866 LUH	D	TL, ab 2007 270 u. 310 PS
N 4520	47/79	2005 - 07	6	310	W	128x155	11970	1900	7000+	14700		MAN	D 2866 LUH	D	TL
N 4522	56/106	2006 - 07	6	350	W	120x155	10518	1900	5875/6770	18720		MAN	D 2066 LUH	D	TL
Centroliner Evolution	36/56	2007 - 08	6	280	W	120x155	10518	1900	5875	11980		MAN	D 2066 LUH	D	TL, auch 360 PS
Centroliner Evolution	56/112	2007 - 08	6	310	W	120x155	10518	1900	5875/6770	18750		MAN	D 2066 LUH	D	TL, auch 350 PS, mit D 2876 LUH 320 u. 360 PS
Centroliner	36/56	2007 - 08	6	270	W	108x125	6871	2100	5875	11980		MAN	D 0836 LOH	D	TL, auch 310 PS
r) Baureihen N 4400 Centroliner Doppeldecker															
N 4426/3 ÜL	90/40	2000 - 04	6	305	W	125x147	10887	1900	5350+1600	12000		Cummins	M 11 Celect Plus	D	TL, Doppeldecker für Hongkong u. Japan
N 4426/3 L	103/40	2000 - 01	6	354	W	128x155	11970	1800	6230+1600	13850		MAN	D 2866 LUH	D	TL, auch 410 PS
N 4426/3	92/30	2000 - 01	6	354	W	128x155	11970	1800	5050+1600	12000		MAN	D 2866 LUH	D	TL, auch DB-Motor OM 501 LA mit 354 PS

G. AUWÄRTER (NEOPLAN)

Typ	Sitzplätze/ Stehplätze	Bauzeit	Zylinder	PS	K	B x H mm	Hubraum cm^3	Drehzahl U/min	Radstand mm	Länge mm	Gewicht kg	Motor-hersteller	Typ	M	Bemerkungen
N 4426/3 L	95+2/40	2004 - 05	6	360	W	128x155	11970	1900	6230+1600	13850		MAN	D 2866 LUH	D	TL, auch 410 PS
N 4426/3	92/25	2005 - 07	6	354	W	128x155	11970	1900	5080+1600	12000		MAN	D 2866 LUH	D	TL
N 4426/3 Ü	86/25	2005 - 07	6	354	W	128x155	11970	1900	5080+1600	12000		MAN	D 2966 LUH	D	TL
Centroliner DD	49/28	2007 - 10	6	320	W	120x155	10518	1900	5080+1600	12000		MAN	D 2066 LUH	D	TL, Doppeldecker für Dubai
s) Baureihen N 3500 Trendliner															
N 3516 Ü	48-55+1	2004 - 07	6	360	W	128x155	11970	1900	6120	12250		MAN	D 2866 LUH	D	TL
N 3516/3 ÜL	56-63+1	2004 - 06	6	410	W	128x155	11970	1900	6600+1470	12900		MAN	D 2866 LUH	D	TL
N 3516/3 ÜL	56-63+1+1	2004 - 06	6	410	W	128x155	11970	1900	6600+1470	12900		MAN	D 2866 LUH	D	TL
N 3517 ÜC	53-59+1	2006 - 07	6	350	W	120x155	10512	1900	6880	13010		MAN	D 2066 LUH	D	TL, auch 390 PS
N 3518 L	57-61+1+1	2006 - 07	6	350	W	120x155	10512	1900	6600+1470	13900		MAN	D 2066 LUH	D	TL, mit D 2866 LUH 410 PS
Trendliner Ü	49-55+1+1	2007 - 09	09	310	W	120x155	10512	1900	6120	12250		MAN	D 2066 LUH		TL, auch 350 PS, ab 2009 320 u. 410 PS
Trendliner ÜC	53-59+1+1	2007 - 09	6	310	W	120x155	10512	1900	6880	13010		MAN	D 2066 LUH	D	TL, auch 390 PS
Trendliner ÜC	53-59+1	2007 - 09	6	320	W	120x155	10512	1900	6880	13010		MAN	D 2066 LUH		
Trendliner ÜL	57-63+1+1	2007 - 09	6	350	W	120x155	10512	1900	6600+1470	13900		MAN	D 2066 LUH	D	TL, auch 390 PS
Trendliner ÜL	57-63+1+1	2007 - 09	6	360	W	120x155	10512	1900	6600+1470	13900		MAN	D 2066 LUH	D	
Trendliner C	53-59+1	2007 - 08	6	310	W	120x155	10512	1900	6880	13010		MAN	D 2066 LUH	D	TL, auch 390 PS
Trendliner C	53-59+1	2008	6	320	W	120x155	10512	1900	6880	13010		MAN	D 2066 LUH	D	TL, auch 360 PS
Trendliner L	63+1+1	2008 - 09	6	350	W	120x155	10512	1900	6600+1470	13900		MAN	D 2066 LUH	D	TL, auch 390 PS
Trendliner L	63+1+1	2008 - 09	6	360	W	120x155	10512	1900	6600+1470	13900		MAN	D 2066 LUH	D	TL
Trendliner L	63+1+1	2008 - 09	6	360	W	120x155	10512	1900	6600+1470	13900		MAN	D 2066 LUH	D	TL
B) Modelle mit Elektromotoren a) Baureihen N 6000															
N 6020 World-City-Bus	35+2/110	1992 - 96		4x40/ 50 kW					5950/5900	17700		MM			Niederflur-Gelenk-Obus mit Radnabenmotoren und Schwungradspeicher
N 6014 Obus		1995 - 99		160/ 200 KW					8400	12000		MM			zusätzlich 54 PS-Hilfsdiesel, Obus für Athen
N 6040 Megatrolley		1995								24000					Gelenk-Obus mit 4 Achsen, Prototyp
N 6121 STS »Lausanne«	150	1998	V8	530	W	128x142	14618	2100				DB	OM 442 LA	D	TL, Dual-Mode-Obus mit Generator und 4x80-kW Radnabenmotoren
N 6108 STS	13+4/22	2000 - 01	4	122	W	94,4x100	2799	1800	5380	8990		IVECO	8140 SRC 43	D	TL, Hybrid-Minibus
N 6216 Elektroliner		2003 - 09		210 kW								Skoda	ML 3550 K4		Obus für Athen, weitere Fertigung nach Auftrag
N 6221 Elektroliner	40/92+1	2003 - 09		240 kW					5105+1715/ 5055	17947		Skoda			Gelenk-Obus für Athen, weitere Fertigung n. Auftrag
Electroliner	200	2006									20450				Gelenk-Obus mit 4 Achsen, Prototyp

1b) Neoplan-Hiller-Omnibusse

Typ	Sitzplätze/ Stehplätze	Bauzeit	Zylinder	PS	K	B x H mm	Hubraum cm^3	Drehzahl U/min	Radstand mm	Länge mm	Gewicht kg	Motor-hersteller	Typ	M	Bemerkungen
Arewa Junior 506	39/0	1990 - 91	4	125	W	120x145	6560	2300				Nordhausen	4 VD 14,5/12-1	D	
Transliner		1989 - 91	6	180	W	110x135	9160	2300	6195	12000		Nordhausen	6 VD 13,5/12 JRF	D	
Transliner		1989 - 91	6	230	W	110x135	9160	2100	6195	12000		Nordhausen	6 VD 13,5/12 JRF	D	T

1c) Baureihen N 4000 und N 8000 »Metroliner

Typ	Sitzplätze/ Stehplätze	Bauzeit	Zylinder	PS	K	B x H mm	Hubraum cm^3	Drehzahl U/min	Radstand mm	Länge mm	Gewicht kg	Motor-hersteller	Typ	M	Bemerkungen
A) Modelle mit Verbrennungsmotoren															
Carbon-Metroliner	43/37	1988 - 89	6	160	L	102x125	6128	2500	5850	10390	6500	Deutz	BF 6 L 913	D	T, auch 37/28 Plätze
N 4008 MIC	22/22	1990	6	164	L	120x125	6128	2500		7850	6500	Deutz	BF 6 L 913	D	T
N 4008 MIC	22/22	1990	6	204	W	105x120	6240	2500		7850		MWM	TDB 226 B-06	D	TL
N 4008 MIC	22/22	1990	6	230	W	108x120	6590	2600		7850		MAN	D 0826 LOH	D	TL
N 4008 MIC	22/22	1990	6	116	W			4800		7850		BMW		D	T
N 4009 MIC		1990	6	164	L	102x125	6128	2500				Deutz	BF 6 L 913	D	T
N 4012 MIC		1990	6	220	W	108x120	6871	2600	5875	10600	7000	MAN	D 0826 LOH	D	TL
N 4017 MIC		1990	6							11760					
N 8008 MIC »ultralight«	19/20	1991 -92	4	139	W	97,5x133	3970	2600	4490	7840		DB	OM 364 LA	D	TL
N 8012 MIC	33/40	1991 - 92	4	165	W	97,5x133	3970	2600	5875	10590	6500	DB	OM 364 LA	D	TL
N 8012 MIC	43/36	1991 - 92	6	204	W	105x120	6240	2500	5875 - 5960	10590	6500	MWM	TDB 226 B-06	D	TL
N 8012 MIC	43/36	1991 - 92	6	230	W	108x120	6590	2600	5875 -	10590	6500	MAN	D 0826 LOH	D	TL
N 8012 MIC	43/36	1991 - 92	6	240	W	97,5x133	5960	2600	5960	10580		DB	OM 366 LA	D	TL
D 8008 D Midi	18/25	1994 - 96	4	140	W	97,5x133	3972	2600	4200	8020		DB	OM 364 LA	D	TL
N 8012 Solo	33/42	1994	4	160	W	108x125	4580	2400	5875	10600		MAN	D 0824 L	D	TL
N 8012 DE	33/42	1995	4	156	W	108x130	4760	2300	5875	10600		Deutz	BF 4 M 1013C	D	T, MM-Radnabenmotoren
N 8006 Metro MIC	16+1/9	1997 - 98	4	140	W	97,5x133	3972	2600	3600	6990		DB	OM 364 LA	D	TL, Version BE mit benzin-elektrischem Antrieb
N 8008 Midi MIC	18/22	1997 - 98	4	140	W	97,5x133	3972	2600	4200	8020		DB	OM 364 LA	D	TL, auch 19/30 Plätze
N 8012 Solo MIC	33/42	1997 - 98	4	155	W	108x125	4580	2400	5875	10600		MAN	D 0824 L	D	TL
N 8012 Solo MIC	33/42	1997 - 98	6	240	W	108x125	6871	2600	5875	10600		MAN	D 0826 LOH	D	TL
N 8008 GES »Bad Füssing«	18/21	1998	4	100	W	80x82,8	1665	4400	4200	8020		BMW		D	T, Zusatzantrieb, Hauptantrieb durch 2x40 kW-2 Synchron-motoren in den Radnaben
B) Modelle mit Elektromotoren															
N 8008 E MIC	19/13-24	1991 - 93		19-31 kW					4200	8020	6100	ABB	TTL 315 C		
N 8006 E Mini-MIC	25/0	1993 - 94		45 kW								ABB			
N 8012 E	18/20	1995		45 kW					5875	10600	7500	MM			Radnabenantrieb
N 8008 FC	33/42	1999 - 00		2x70 kW				4350	5875	10600					Brennstoffzellen-Antrieb, 2 Synchronmotoren in den Radnaben
N 8008 E MIC		1999 - 00													Nickel-Cadmium-Batterie

G. AUWÄRTER (NEOPLAN)

Typ	Sitzplätze/ Stehplätze	Bauzeit	Zylinder	PS	K	B x H mm	Hubraum cm^3	Drehzahl U/min	Radstand mm	Länge mm	Gewicht kg	Motor-hersteller	Typ	M	Bemerkungen
							2. Neoplan-Ausflugs- und Reisebusse								
							a) Baureihen S/F/N								
SK 9	39/0		6	108	W	92x118	4706	2900	4630	9520	5900	Kämper	692	D	
SK 9	40/8	1954 - 55	6	108	W	92x118	4706	2900	4680	9520	5700	Kämper	692	D	
SH 7	30 - 38	1955 - 56	6	98	W	96x125	5429	2400				Henschel	512 DG	D	
SD 7	30 - 38	1955	6	90	W	90x120	4580	2800				DB	OM 312	D	
SH 8	30/0	1955	6	98	W	96x125	5429	2400	3600	7800		Henschel	512 DG	D	
SH 9	43 - 50	1955	6	125	W	100x130	6126	2600	4650	9520		Henschel	522 DP	D	
SD 9	43 - 50	1955 - 56	V6	125	L	110x140	7983	2300	4650	9520		Deutz	F 6 L 614	D	
SD 9	43 - 50	1955	6	90	W	90x120	4580	2800	4650	9520		DB	OM 312	D	
SM 9	43 - 50	1955 - 57	6	130	W	112x140	8276	2000	4650	9520		MAN	D 1246 G	D	
SH 10	52 - 61	1955 - 56	6	125	W	100x130	6126	2600	4880			Henschel	522 DP	D	
SD 10	52 - 61	1955	V6	125	L	110x140	7983	2300	4880			Deutz	F 6 L 614	D	
SM 10	52 - 61	1955 - 57	6	130	W	112x140	8276	2000	4880			MAN	D 1246 G	D	
SH 11	56/0	1955 - 56	6	125	W	100x130	5126	2600	5120	11000		Henschel	522 DP	D	
SD 11	56/0	1955	V6	125	L	110x140	7983	2300	5120	11000		Deutz	F 6 L 614	D	
SM 11	56/0	1955	6	130	W	112x140	8276	2000	5120	11000		MAN	D 1246 G	D	
ST 7	31+6	1956	6	90	W	110x140	5322	2800				Steyr	WD 413	D	
SH 7/8	32/0	1956 - 57	6	125	W	100x130	6126	2600	3800	8250	4940	Henschel	522 DP	D	Linienbus 32/18 Plätze
SH 9/10	38 - 48	1956 - 57	6	125	W	100x130	6126	2600	4650-4750	9900	6760	Henschel	522 DP	D	
SD 9/10	38 - 48	1956 - 57	6	125	L	110x140	7983	2300	4650-4750	9900	6760	Deutz	F 6 L 614	D	
SH 10/11	43 - 47	1956 - 57	6	125	W	100x130	6126	2699	5120	10700	7100	Henschel	522 DP	D	
SD 10/11	43 - 47	1956 - 57	V6	125	L	110x140	7983	2300	5120	10700		Deutz	F 6 L 614	D	
SM 9/10	38 - 48	1956 - 57	6	130	W	112x140	8276	2600	4650-4750	9900		MAN	D 1246 G	D	
SH 26/30	26 - 30	1956	6	145	W	100x130	6126	2500				Henschel	522 DPL-L	D	Roots-Gebläse
SF 6/7 (NF 6/7)	25 - 32	1957	6	120	W	92x105	4195	2800	3600-3900	7750	5100	Ford	AD 6	D	Zweitaktmotor, auch 125-PS-Magirus- und 130 PS-MAN-Motor
SHU 36	36/0	1957	4	90	W	100x130	4080	2700				Henschel	517 D4	D	Unterflurmotor
FH 11	48/0	1957 - 61	6	125	W	100x130	6126	2600	5120	11000	7500	Henschel	522 DP	D	
NH 7/8	36/7	1958 - 61	6	115	W	100x130	6126	2400	3900	8750	6000	Henschel	522 DJH	D	
NH 9/10	44/9	1958 - 59	6	125	W	100x130	6126	2500	4720	9950	7100	Henschel	622 DP	D	
NH 9/10	44/9	1958 - 59	6	150	W	100x130	6126	2200	4720	9950	7100	Henschel	522 DPH-L	D	Roots-Gebläse
NDE 9/10	44/9	1958 - 59	V6	125	L	110x140	7983	2300	4720	9950	7200	Deutz	F 6 L 614	D	
NDE 9/10	44/9	1958 - 59	V6	145	L	120x140	9500	2300	4720	9950	7200	Deutz	F 6 L 614	D	
NH 10/11	43 - 47	1958 - 59	6	125	W	100x130	6126	2600	5120	10700	6500	Henschel	522 DP	D	
NH 10/11	43 - 47	1958 - 59	6	150	W	100x130	6126	2200	5120	10700	7500	Henschel	522 DPH-L	D	Roots-Gebläse
NDE 10/11	43 - 47	1958 - 59	V6	125	L	110x140	7983	2400	5120	10700	7300	Deutz	F 6 L 614	D	
NDE 10/11	43 - 47	1958 - 59	V6	145	L	120x140	9500	2300	5120	10700	7300	Deutz	F 6 L 614	D	
NH 11/12		1959 - 61	6	150	W	100x130	6126	2200	5560	11400	7400	Henschel	522 DPH-L	D	Roots-Gebläse
NH 13	56/0	1959 - 61	6	150	W	100x130	6126	2200	5700	11950	7400	Henschel	522 DPH-L	D	Roots-Gebläse
							Baureihen Hamburg								
NH 6/8	24-28+2	1961	6	115	W	100x130	6126	2400	3600	8010	5500	Henschel	522 DJH	D	auch mit Luftfederung
NH 10	47/0	1965	6	150	W	100x130	6126	2200	4200	9100	6700	Henschel	6 R 1013 A	D	Roots-Gebläse
NB 26 L	101	1965 - 70	6	150	W	108x135	7416	2400	5640	11300	9500	Büssing	U 7	D	auch 172 PS
NB 20 L Berolina	79/0	1965	6	150	W	115x140	8725	2100	5550	11000		MAN	D 1546 M 1/2 U	D	
NB 20 L Berolina	79/0	1965 - 66	6	150	W	108x135	7416	2400	5550	11000		Büssing	U 7	D	
NH 8 L	35/0	1966 - 67	6	110	W	100x130	6126	2400	3600	8160	6340	Henschel	6 R 1013	D	auch 132 PS
NH 9 L	39/0	1966 - 67	6	120	W	100x130	6126	2500	4200	8950	7130	Henschel	6 R 1013	D	
NH 10 L	43/0	1966 - 67	B	132	W	100x130	6126	2600	4200	9100	7250	Henschel	6 R 1013 F	D	
NH 12 L	51/0	1966 - 67	6	150	W	100x130	6126	2200	5120	10250	8560	Henschel	6 R 1013 A	D	Roots-Gebläse
NH 16 L	63/0	1966 - 74	3	210	W	125x160	11045	2150	5900	12000	9400	Henschel	6 R 1013 A	D	Roots-Gebläse
NF 6	25/0	1967	4	90	W	95x110	4678	3000	3100	6580	5150	Fiat	213016	D	
NH 12	51/0	1967	3	160	W	115x125	7788	2600	5120	10670	7900	Henschel	6 R 1112	D	
NH 12 Economic	51/	1967	6	160	W	115x125	7788	2600	5600	11120	7600	Henschel	6 R 1112	D	
NH 13 »Köln«	53/0	1967	6	160	W	115x125	7788	2600	5300	11520	7900	Henschel	6 R 1112	D	
NH 16	57/0	1967 - 68	6	215	W	130x150	11940	2150	5900	12000	9400	Henschel	6 R 1315	D	auch Büssing-Motor
NB 20 Do-Lux	82/0	1967	6	150	W	108x135	7416	2400	5640	11850	9700	Büssing	U 7	D	
NH 8	31/0	1968 - 70	6	170	W	115x125	7788	2600	3100	8300	6900	Henschel	6 R 1112	D	
NH 10	39/0	1968 - 70	6	170	W	115x125	7788	2600	4200	9100	7640	Henschel	6 R 1112	D	
NH 12	47/0	1968 - 70	6	170	W	115x125	7788	2600	5120	10730	8140	Henschel	6 R 1112	D	
NH 13 Economic	47/0	1968	6	170	W	115x125	7788	2600	5480	11200	8500	Henschel	6 R 1112	D	
NH Köln	45/0	1968 - 74	6	170	W	115x125	7788	2600	5300	11750	8750	Henschel	6 R 1112	D	
NH 18	61/0	1968	6	230	W	130x150	11940	2150	6700	13500		Henschel	6 R 1315 A	D	Roots-Gebläse
NO 6 L (N 6)	26/0	1969 - 71	6	126	W	97x128	5675	2800	3300	6750	4800	DB	OM 352	D	auch Henschel-Motor
N 14 L	55/0	1969 - 70	6	170	W	115x125	7788	2699	5480	11200	8600	Henschel	6 R 1112	D	

G. AUWÄRTER (NEOPLAN)															
Typ	Sitzplätze/ Stehplätze	Bauzeit	Zylinder	PS	K	B x H mm	Hubraum cm³	Drehzahl U/min	Radstand mm	Länge mm	Gewicht kg	Motor-hersteller	Typ	M	Bemerkungen
NH 16 L Cityliner	63/0	1969 - 70	6	225	W	130x150	11940	2150	5900	12000	9600	Henschel	6 R 1315	D	auch 215 PS
NH 117 V Frankfurt	61/0	1969 - 70	6	170	W	115x125	7788	2600	5640	12000	9600	Henschel	6 R 1112	D	
ND 6/7	29/0	1971	6	130	W	97x128	5675	2800	3350	6550	4900	DB	OM 352	D	
N 8	35/0	1971 - 72	6	180	W	118x125	8202	2600	3600	8160		Henschel	6 R 1112	D	auch Deutz-Motor
N 10	43/0	1971 - 72	6	180	W	118x125	8202	2600	4200	9100		Henschel	6 R 1122	D	
N 12	51/0	1971	6	215	W	130x150	11940	2100	5120	10730		Henschel	6 R 1315	D	
N 14	55/0	1971	6	215	W	130x150	11940	2100	5480	11200		Henschel	6 R 1315	D	
N 16	59/0	1971 - 72	6	240	W	130x150	11940	2150	5650	12000		Henschel	6 R 1315	D	
N 116	56/0	1971	6	192	W	115x140	8720	2500	5650	12000		DB	OM 360 h	D	Hochdecker
N 22/3 (N 11 6/3)	79/0	1971	6	240	W	130x150	11940	2150	5650+1230	12000		Henschel	6 R 1315 A	D	
N 12	51/0	1972	6	180	W	118x125	8202	2600	5120	10730		Henschel	6 R 1112	D	
c) Baureihen NH/NB/ND-Reise-Doppeldecker															
NH 22 Skyliner	76/0	1967 - 69	6	230	W	130x150	11940	2150	6140	12000	10300	Henschel	6 R 1315 GAW	D	Roots-Gebläse, ab 1969 215 PS
NH 22/3 Skyliner	88-96	1968 - 72	6	235	W	130x150	11940	2150	5650+1200	12000	10250	Henschel	6 R 1315 A	D	Roots-Gebläse, ab 1969 215 PS
NB 26 Do-Bus	102	1969	6	150	W	108x135	7416	2400	5650	11750	9300	Büssing	U 7	D	
NB 26/3	102	1970	6	150	W	108x135	7416	2400	5650+1200	12000	9300	Büssing	U 7	D	
ND 22/3 Skyliner	74/0	1970 - 71	V10	320	W	125x130	15950	2500	5850+1200	12000		DB	OM 403	D	
ND 22/3 Skyliner II	74/0	1970 - 71	V12	340	L	120x125	16960	2650	5650+1200	12000		Deutz	F 12 L 413	D	
N 22/3 Skyliner	79/0	1972	V10	320	W	125x130	15950	2500	5650+1230	12000		DB	OM 403	D	
d) Baureihen 100 Cityliner															
N 116/3 EL		1972	V10	320	W	125x130	15950	2500	5650+1230	14500		DB	OM 403	D	Schweden-Export-Typ
N 118/3		1972	V10	320	W	125x130	15950	2500				DB	OM 403		dito
N 116	52/0	1972	6	256	W	125x130	12760	2500	5750	12000		DB	OM 402	D	
N 116	62/0	1973 - 74	6	215	W	130x150	11940	2150	5750	12000	10800	Henschel	6 R 1315	D	
N 116	55/0	1976 - 77	V6	192	W	125x130	9570	2500	5750	12000		DB	OM 401	D	
N 116	55/0	1976 - 80	V8	256	W	125x130	12760	2500	5750	12000	11580	DB	OM 402	D	
N 116/3	48 - 55	1976	V8	256	W	125x130	12760	2500	5650+1230	12000		DB	OM 402	D	
N 118	68/0	1976	V8	256	W	125x130	12760	2500		14300		DB	OM 402	D	
N 116	55/0	1978 - 80	V8	256	W	125x130	12760	2500	5750 -	12000		DB	OM 402	D	auch 330 PS (OM 422 A)
N 116	53/0	1981 - 90	V8	280/ 290	W	128x142	14620	2300	5950	12000	11580	DB	OM 422	D	
N 116	44+1	1986	6	333	W	127x145	11000	2000	5880	12000	13100	Scania	DS 1101	D	TL
N 116 (H)	62/0	1989	V10	355	W	128x142	18263	2300	5950	12000		DB	OM 423	D	
N 116 (H)	62/0	1989	6	288	W	130x146	11630	2200	5950	12000		DAF	DKT 1060	D	auch 373 PS, ab 1992 302 oder 401 PS
N 116 (H)	62/0	1989 - 91	V8	330	L	125x130	12763	2300	5950	12000		Deutz	F 8 L 413 F	D	T
N 116 (H)	62/0	1989 - 91	6	372	W	128x155	11963	2200	5950	12000		MAN	D 2866 LX	D	TL, ab 1992 420 PS
N 116 (H)	62/0	1989 - 91	6	312	W	127x145	11000	2000	5950	12000		Scania	DS 1134	D	T, ab 1992 320/380 PS
N 116 (H)	61/0	1990	V8	290	W	130x142	15078	2100	5950	12000		DB	OM 442 A	D	T, auch 353 PS
N 116 (H)	61/0	1990 - 92	6	288	W	130x146	11630	2000	5950	12000		DAF	DKT 1160	D	T, auch 372 PS, ab 1992 302 oder 401 PS
N 116 (H)	61/0	1991 - 92	V6	290	W	125x130	9570	2100	5950	12000		DB	OM 401 LA	D	TL
N 117	63/0	1991 - 92	V6	290	W	125x130	9570	2100	5950	12000		DB	OM 401 LA	D	TL
N 117	63/0	1991 - 97	V8	381	W	125x130	12760	2100	5800 -	12000		DB	OM 402 LA	D	TL, auch 503 PS
N 122/3	92/0	1991 - 92	V8	381	W	125x130	12760	2100	5630+1300	12000		DB	OM 402 LA	D	TL
N 116 (H)	61/0	1992 - 97	V6	290	W	125x130	9570	2100	5950	12000		DB	OM 401 LA	D	TL
N 116 (H)	61/0	1992 - 97	V8	370/ 381	W	125x130	12760	2100	5950	12000		DB	OM 402 LA	D	TL
N 116 (H)	61/0	1992 - 97	V8	503	W	128x142	14618	2100	5950	12000		DB	OM 422 LA	D	TL
N 116 (H)	61/0	1992 - 97	V8	306	L	125x130	12765	2500	5950	12000		Deutz	BF 8 L 413 F	D	T, auch 330 PS
N 116 (H)	61/0	1992 - 97	6	390	W	128x155	11963	2000	5950	12000		MAN	D 2866	D	TL, auch 420 PS
N 116 (H)	61/0	1992 - 97	6	320	W	127x145	11000	1900	5950	12000		Scania	DS 1134	D	TL, auch 380 PS
N 116/3	61/0	1992 - 97	V6	290	W	125x130	9570	2100	5450+1300	12000		DB	OM 401 LA	D	TL
N 116/3 H	61/0	1992 - 94	V8	369	W	125x130	12760	2100	5450+1300	12000		DB	OM 402 LA	D	TL
N 116/3	61/0	1992 - 97	V8	503	W	128x142	14618	2100	5450+1300	12000		DB	OM 442 LA	D	TL
N 117/3	63-65	1992 - 97	V6	290	W	125x130	9570	2100	5450+1300	12000		DB	OM 401 LA	D	TL
N 117/3	63-65	1992 - 97	V6	363	W	128x142	10960	2100	5450+1300	12000		DB	OM 441 LA	D	TL, auch 380 PS
N 116	53	1993	6	381	W	127x145	11000	1900	5820	12000	12830	Scania	DSC 1122	D	TL
N 113		1997	V6	290	W	128x142	10960	2100				DB	OM 441	D	auch 380 PS
N 113		1997	V6	290	W	128x142	10960	2100				DB	OM 441	D	auch 380 PS
N 116	51+2	1997 - 01	V6	381	W	128x142	10960	2100	5800 o. 5950	12000		DB	OM 441 LA	D	TL, auch 520 PS
N 116 H	51+2	1997 - 99	V6	381	W	128x142	10960	2100	5950	12000		DB	OM 441 LA	D	TL, auch 520 PS, ab 1999 340 u. 456 PS

G. AUWÄRTER (NEOPLAN)

Typ	Sitzplätze/ Stehplätze	Bauzeit	Zylinder	PS	K	B x H mm	Hubraum cm^3	Drehzahl U/min	Radstand mm	Länge mm	Gewicht kg	Motor-hersteller	Typ	M	Bemerkungen
N 116/3	51+2	1997 - 99	V6	381	W	128x142	10960	2100	5450+1300	12000		DB	OM 441 LA	D	TL, auch 520 PS, ab 1999 340 u. 456 PS
N 116/3 HL	59+2+1	1997 - 01	V8	460	W	128x142	14618	2100	6350+1300	13700		DB	OM 442 LA	D	TL, ab 1999 340 u. 456 PS
N 118/3 H	63+2	1997 - 99	V6	340	W	128x142	10960	2100	6860+1300	15000		DB	OM 441 LA	D	TL, auch 523 PS, ab 1999
N 116 SHD	44+2+1	2000 - 01	V6	408	W	130x150	11946	1800	5820	12000		DB	OM 501 LA	D	TL
N 116	53+2	2002 - 06	6	408	W	128x166	12816	2000	5800	12000	13650	MAN	D 2866 LOH	D	TL, auch 460 PS
N 116/3 HL	49+1+1	2003 - 05	6	408	W	128x155	11970	1900	6350+1300	13700		MAN	D 2866 LOH	D	TL, auch 476 PS, auch DB-Motor mit 408 u. 476 PS
N 116 HC	50-55+1	2004 - 06	6	460	W	128x166	12816	1900	6290+1300	12840	15810	MAN	D 2876 LOH	D	TL, auch 410 PS, auch mit DB-Motor mit 408 u. 476 PS
N 116/3 HL	48-49+1+1	2005	6	408	W	128x155	11970	1900	6350+1300	13700		MAN	D 2866 LOH	D	TL, auch 460 PS
N 116/3 HL	44+1	2005	6	408	W	128x155	11970	1900	6290+1300	12840		MAN	D 2866 LOH	D	TL, auch 476 PS
N 1216 HL (ab 2008 Cityliner C	44-51+1	2006 - 08	6	400	W	120x155	10512	1900	6060	12240		MAN	D 2066 LOH	D	TL, auch 440 PS
Cityliner N 1217	48-49+1	2006 - 08	6	400	W	120x155	10512	1900	6200+1470	12990		MAN	D 2066 LOH	D	TL, auch 440 u. 480 PS
Cityliner L	44-49+1	2006 - 08	6	480	W	120x155	10512	1900	6550+1470	13990		MAN	D 2066 LOH	D	TL
Cityliner (EEV)	55+1	2009	6	400	W	120x155	10512	1900	6060	12240		MAN	D 2066 LOH	D	TL, auch 440 PS
Cityliner L (EEV)	63+1	2009	6	440	W	120x155	10512	1900	6550+1470	13990		MAN	D 2066 LOH	D	TL, auch 480 PS
Cityliner	44-55+1	2010 - 14	6	400	W	120x155	10512	1900	6060	12240		MAN	D 2066 LOH	D	TL, auch 440 PS, 44-55 Plätze
Cityliner C	48-59+1	2010 - 11	6	440	W	120x155	10512	1900	6200+1470	12990		MAN	D 2066 LOH	D	TL, auch 480 PS
Cityliner L	53-63+1	2012 - 13	6	440	W	126x166	12419	1800	5550+1470	12990		MAN	D 2676 LOH	D	TL, auch 480 PS, ab 2017 460 u. 500 PS
Cityliner	51+1	2014 -	6	420	W	126x166	12400	1800	6060	12240		MAN	D 2676 LOH	D	TL, auch 460 PS, ab 2018 auch 500 PS
Cityliner L	63+1	2014 -	6	460	W	126x166	12419	1800	6550+1470	13990		MAN	D 2676 LOH	D	TL, auch 500 PS
Cityliner C	59+1+1	2018 -	6	460	W	126x166	12419	1800	6200+1470	12990		MAN	D 2676 LOH	D	TL, auch 500 PS
e) Baureihen 117 Long- und Loungeliner															
N 117/3 Longliner	65/0	1991 - 97	V8	381	W	125x130	12760	2100	5350+1300	12000		DB	OM 402 LA	D	TL, auch 503 PS
N 117/3 Loungeliner		1991													Exportmodell
N 117/3 Loungeliner	59-61+1	1998 - 01	V8	381	W	128x142	14618	2100	6350+1300	13700		DB	OM 442 LA	D	TL, auch 523 PS
f) Baureihe N 120/4 Highliner															
N 120/4	75/0	1976	V10	320	W	125x130	15950	2500	5600+ 1360/6720	18000		DB	OM 403	D	auch 352 PS, auch MAN-Motor, 320 PS
N 120/4	82/0	1980 - 83	V10	320	W	125x130	15950	2500	5600+ 1360+6720	18000	19500	MAN	D 2530 MH	D	ab 1982 mit TL 400 PS, auch DB-Motoren mit 320 und 352 PS
N 120/4	82/0	1985 - 88	V10	354	W	128x142	18275	2300	5600/8000	18000		DB	OM 423	D	
g) Baureihe N 122/2 Clubliner															
N 122/2	93	1983	6	240	W	125x155	11413	2200	5300	11000	10000	DB	OM 407 h	D	Exportm.. für Saudi-Arabien
N 122/2	63/0	1985 - 91	V8	280	W	128x142	14618	2300	5300	10700		DB	OM 422	D	ab 1990 290 PS
h) Baureihe N 128/4 Megaliner															
N 128/4	95-106	1991 - 97	V8	381	W	125x130	12760	2100	1230+ 6100+1300	14970		DB	OM 402 LA	D	TL, mit OM 442 LA 480 PS
N 128/4	95-106	1991	6	270	W	108x125	6870	2400	1230+ 6100+1300	14970		MAN	D 0826 LOM	D	TL, auch 320 PS
N 128/4	67+2	1997 - 98	6	460	W	128x166	12810	2000	1230+ 6100+1300	15000		MAN	D 2878 L	D	TL
N 128/4	95-106	1991	6	270	W	108x125	6870	2400	1230+ 6100+1300	14970		MAN	D 0826 LOM	D	TL, auch 320 PS
N 128/4	95-106	1991 - 97	V8	381	W	125x130	12760	2100	1230+ 6100+1300	14970		DB	OM 402 LA	D	TL, mit OM 442 LA 480 PS
i) Baureihe N 138/4 Jumbocruiser															
N 138/4	100 - 144	1975 - 81	V12	430	W	125x142	20910	2100	5800+ 1230/6170	18000	20800	DB	OM 404	D	(Ursprungsbezeichnung
N 138/4	95/0	1981 - 84	V10	400	W	125x130	15950	2300	5800+ 1230/6170	18000	20800	DB	OM 403	D	
N 138/4	126/0	1985	V10	400	L	125x130	15945	2300	5800/7030	18000		Deutz	BF10L 413 F	D	TL, auch DB-Motor
N 138/4	129/0	1989 - 92	V8	354	W	128x142	14618	2100	5800+ 1230+6570	18000		DB	OM 442 A	D	T, auch 480 PS
N 138/4	129/0	1989 - 90	V10	400	L	125x130	15953	2500	5800+ 1230/6570	18000		Deutz	BF 10 L 413 F	D	T
N 138/4	129/0	1992 - 93	V10	400	L	125x130	15953	2300	5800/ 6770+1230	18000		Deutz	BF 10 L 513	D	T, schubgelenkt
j) Baureihe N 200 Jetliner															
N 206 Reise	26/0	1973	6	130	W	97x128	5675	2800	3300	6750	5500	DB	OM 352	D	
N 208 Reise	35/0	1973 - 74	6	180	W	118x125	8202	2600	3600	8160		Henschel	6 R 1112	D	
N 210 Reise	43/0	1973	6	192	W	115x140	8720	2500	4200	9200	9400	DB	OM 360	D	

G. AUWÄRTER (NEOPLAN)

Typ	Sitzplätze/ Stehplätze	Bauzeit	Zylinder	PS	K	B x H mm	Hubraum cm³	Drehzahl U/min	Radstand mm	Länge mm	Gewicht kg	Motor-hersteller	Typ	M	Bemerkungen
N 212 Reise	51/0	1973 - 74	6	180	W	118x125	8720	2600	5120	10370	10700	Henschel	6 R 1112	D	
N 214 Reise	55/0	1973 - 73	6	215	W	132x150	11940	2150	8300	11000	9400	Henschel	6 R 1315	D	
N 216 Reise	63/0	1973 - 74	6	215	W	130x150	11940	2150	5650	12000		Henschel	6 R 1315	D	
N 222 Reise	86/0	1973	6	215	W	130x150	11940	2150	5650+1230	12000		Henschel	6 R 1315	D	
N 208	26/0	1974 - 76	6	130	W	97x128	5675	2800	3500	6800		DB	OM 352	D	
N 210	37/0	1974 - 76	6	130	W	97x128	5675	2800	3520	8250		DB	OM 352	D	
N 213	50/0	1974	6	180	W	118x125	8202	2600	4970	10100		Henschel	6 R 1112	D	ab 1976 192 PS
N 212	46/0	1976 - 80	6	130	W	97x128	5675	2800	4200	9200	9420	DB	OM 352	D	ab 1980 192 PS (OM 401)
N 213	50/0	1976 - 80	6	192	W	125x130	9570	2500	4970	10100	10120	DB	OM 302	D	ab 1981 256 PS
N 214	53/0	1976 - 80	6	192	W	125x130	9570	2500	5300	11000	10480	DB	OM 302	D	
N 216 (H)	61/0	1976 - 80	6	192	W	125x130	9570	2500	5630	12000	10870	DB	OM 302	D	
N 209	33/0	1977 - 80	V6	192	W	125x130	9570	2500	3400	7850		DB	OM 302	D	auch OM 401 o. MAN-Motor
N 209	33/0	1977	V8	256	W	125x130	12760	2500	3400	7850		DB	OM 402	D	
N 218	70/0	1977	V8	256	W	125x130	12760	2500		14300		DB	OM 402	D	
N 216 (H)	62/0	1979 - 80	V6	192	W	125x130	9570	2500	5270/6700	18000	10870	DB	OM 302	D	
N 212 (H)	38-48	1980 - 82	V6	280	W	130x142	15078	2100	4200	4200	9300	DB	OM 422	D	auch 204-PS-DAF- oder 256-PS-MAN-Motor
N 213 (H)	48/0	1980	V8	256	W	125x130	12760	2500	4970	10100		DB	OM 402	D	auch 192 PS (OM 401) und 280 PS (OM 422)
N 214 (H)	52/0	1980	V8	365	W	128x142	14620	2100	5300	11000		DB	OM 442 A	D	T, auch 192 PS (OM 401)
N 216 (H)	60/0	1980	V8	365	W	128x142	14620	2100	6100	12000		DB	OM 442 A	D	T, auch 192 PS (OM 401)
N 212	88/0	1981	V10	320	W	125x130	15920	2500	5600+ 1360/6660	1800		DB	OM 403	D	
N 209 Jetliner	36/0	1981 - 83	V6	216	W	128x142	10960	2300	3400	7850	8400	DB	OM 401	D	
N 212 (H)	48/0	1981 - 83	V6	216	W	128x142	10960	2300	4200	9200	9420	DB	OM 401	D	
N 212 (H)	52/0	1981 - 83	V8	280	W	128x142	14620	2300	4970	10100	10120	DB	OM 422	D	
N 214 (H) Jet-	56/0	1981 - 83	V8	280	W	128x142	14620	2300	6100	11000	10480	DB	OM 422	D	
N 216 (H)	64/0	1981 - 83	V8	280	W	128x142	14620	2300	5630	12000	10870	DB	OM 422	D	
N 216 (H)	64/0	1982 - 83	V8	280	W	128x142	14618	2300	6100	12000	11030	DB	OM 422	D	
N 208	24-26+1	1983 - 87	6	168	W	102x116	5675	2800	3600	7750	6900	DB	OM 352 A	D	T
N 216 H	49+1	1983 - 85	V8	280	W	128x142	14618	2300	6100	12000		DB	OM 422	D	
N 208	24+1	1984 - 87	6	170	W	102x116	5687	2800	3600	7750	6900	MAN	D 0226 ME	D	T, mit TL 192 PS
N 212	48	1985 - 90	V6	216	W	128x142	10964	2300	4200	9300		DB	OM 421	D	
N 212 H	48	1985 - 90	V6	216	W	128x142	10964	2300	4200	9300		DB	OM 421	D	ab 1990 auch 290 PS
N 213	52	1985 - 90	V6	216	W	128x142	10964	2300	4970	10100		DB	OM 421	D	ab 1990 auch 290 PS
N 214	56	1985 - 90	V8	280	W	128x142	14618	2300	5700	11000		DB	OM 422	D	ab 1990 290 PS
N 213	52	1985 - 90	V6	216	W	128x142	10964	2300	4970	10100		DB	OM 421	D	ab 1990 auch 290 PS
N 214	56	1985	6	280	W	126x130	9726	2200	5700	11000		Steyr	WD 615.68	D	T
N 214 H	56	1985 - 90	V8	280	W	128x142	14618	2300	5700	11000	9686	DB	OM 422	D	
N 216	64	1985 - 91	V8	280	W	128x142	14618	2300	6100	12000		DB	OM 422	D	
N 208	33	1987	6	170	W	97,5x133	5958	2600	3700	7900		DB	OM 352 A	D	T
N 208	28+1	1988 - 89	6	204	W	97,5x133	5958	2600	3700	8215	7460	DB	OM 366 LA	D	TL
N 218 SH	49+1	1987	6	305	W	127x145	11000	2000	6100	12000	12590	Scania	DS 1115	D	TL
N 208	39/0	1989 - 92	6	170	W	97,5x133	5958	2600	3700	8200		DB	OM 366 A	D	T, mit TL 204 PS, ab 1991 164 oder 240 PS
N 208	39/0	1989 - 92	6	180	W	108x120	6592	2600	3700	8200		MAN	D 0826	D	T, mit TL 220 PS, ab 1991 190 oder 290 PS
N 212 H	48/0	1989 - 92	V6	218	W	128x142	10964	2100	4500	9500		DB	OM 441 A	D	T, auch 290 PS, ab 1990 mit TL 340 PS
N 213	52/0	1989 - 91	6	265	W	130x146	11630	2400	5050	10100		DAF	DKD 11 60	D	T
N 213	52/0	1989 - 91	V8	306	L	125x130	12765	2500	5050	10100		Deutz	F 8 L 413 F	D	mit T 330 PS
N 214 H/SHD	56/0	1989 - 90	V8	290	W	130x142	15078	2100	5300	11000		DB	OM 422	D	auch 354 PS
N 214 H/SHD	56/0	1989 - 92	6	288	W	130x146	11630	2200	5300	11000		DAF	DKT 1160	D	T, auch 373 PS, ab 1992 301 oder 401 PS
N 214 H/SHD	56/0	1989 - 92	V8	306	L	125x130	12765	2500	5300	11000		Deutz	BF 8 L 413 F	D	T, auch 330 PS
N 214 H/SHD	56/0	1989 - 92	6	373	W	128x155	11963	2200	5300	11000		MAN	D 2866 LX	D	TL, ab 1992 370 oder 420 PS
N 214 H/SHD	56/0	1989 - 92	6	313	W	127x145	11000	2000	5300	11000		Scania	DS 1134	D	T, auch 363 PS
N 216/2 H/SHD	62-64	1989 - 92	V8	290	W	130x142	15078	2100	6100	12000		DB	OM 422	D	auch 354 PS
N 216/2 H/SHD	62-64	1989 - 92	6	288	W	130x146	11630	2200	6100	12000		DAF	DKT 1160	D	T, auch 372 PS
N 216/2 H/SHD	62-64	1989-91	V8	306	L	125x130	12765	2500	6100	12000		Deutz	BF 8 L 413 F	D	T, auch 330 PS
N 216/2 H/SHD	62-64	1989 - 90	6	373	W	128x155	11963	2200	6100	12000		MAN	D 2866 LX	D	TL
N 216/2 H/SHD	62-64	1989 - 91	6	310	W	127x145	11000	2200	6100	12000		Scania	DS 1134	D	T, auch 363 PS
N 221/3 H	91/0	1989 - 90	V8	290	W	128x142	14620	2100	5600/6900	17950		DB	OM 422	D	auch 354 PS
N 221/3 H	91/0	1989 - 91	6	288	W	130x146	11630	2200	5600/6900	17950		DAF	DKT 1160	D	T, auch 373 PS, ab 1991 364 oder 401 PS
N 221/3 H	91/0	1989 - 91	V8	306	L	125x130	12765	2500	5600/6900	17950		Deutz	BF 8 L 413 F	D	T, auch 330 PS
N 221/3 H	91/0	1989 - 91	6	373	W	128x155	11963	2200	5600/6900	17950		MAN	D 2866 LX	D	TL, ab 1991 420 PS
N 221/3 H	91/0	1989 - 91	6	312	W	127x145	11000	2000	5600/6900	17950		Scania	DS 1134	D	T, auch 363 PS, ab 1991 320 oder 381 PS

G. AUWÄRTER (NEOPLAN)															
Typ	Sitzplätze/ Stehplätze	Bauzeit	Zylinder	PS	K	B x H mm	Hubraum cm³	Drehzahl U/min	Radstand mm	Länge mm	Gewicht kg	Motor-hersteller	Typ	M	Bemerkungen
N 206 Sportliner	16+1	1990	6	220	W	108x120	6596	2600	3700	8215	8987	MAN	D 0826 LOH	D	
N 212 H	46/0	1990	V8	290	W	130x142	15078	2100	4500	9500		DB	OM 442	D	
N 214 H	54/0	1990	V8	354	W	128x142	14620	2100	5300	11250		DB	OM 442 A	D	T
N 213 H	50/0	1990	V8	290	W	130x142	15078	2100	5050	10250		DB	OM 442	D	
N 216	62/0	1990	V8	354	W	128x142	14620	2100	6100	12000		DB	OM 442 A	D	T
N 216 H/SDH	62/0	1992	6	320	W	127x145	11000	1900	6100	12000		Scania	DS 1134	D	TL, auch 381 PS
N 208	36/0	1994 - 95	6	211	W	97,5x133	5958	2800	3700 - 4050	8490 - 8840		DB	OM 366 LA	D	TL
N 212 H	46/0	1991 - 92	V6	290	W	125x130	9570	2100	4500	9500		DB	OM 401 LA	D	TL
N 212 H/SHD	54/0	1991 - 92	6	320	W	127x145	11000	1900	5300	11250		Scania	DS 1134	D	T, mit TL 380 PS
N 213 H/SHD	50/0	1991 - 92	V6	290	W	125x130	9570	2100	5050	10250		DB	OM 401 LA	D	TL
N 214 H	54/0	1991 - 92	V6	290	W	125x130	9570	2100	5300	11250		DB	OM 401 LA	D	TL
N 214 H	54/0	1991	V6	340	W	128x142	10960	2100	5300	11250		DB	OM 441 LA	D	TL
N 214 H	54/0	1991 - 92	V8	381	W	125x130	12760	2100	5300	11250		DB	OM 402 LA	D	TL
N 216 H/SHD	62/0	1991 - 92	V6	290	W	125x130	9570	2100	6100	12000		DB	OM 401 LA	D	TL
N 216 H/SHD	62/0	1991 - 92	V6	340	W	125x130	10960	2100	6100	12000		DB	OM 441 LA	D	TL
N 221/3 H	82/48	1991 - 92	V8	381	W	125x130	12760	2000	5600/6900	18000		DB	OM 402 LA	D	TL
N 216 H/SDH	62/0	1992	6	320	W	127x145	11000	1900	6100	12000		Scania	DS 1134	D	TL, auch 381 PS
N 208	39/0	1992 - 93	6	240	W	108x125	6871	2400	3800	8200		MAN	D 0836 LOH	D	TL
N 213 H/SHD	50/0	1992	V8	381	W	125x130	12760	2100	5050	10250		DB	OM 402 LA	D	TL
N 216 H/SDH	64/0	1992	V8	381	W	125x130	12760	2100	6100	12000		DB	OM 402 LA	D	TL
N 216 H/SDH	62/0	1992	6	428	W	130x146	11630	2000	6100	12000		DAF	WS 315	D	TL
N 216 H/SDH	62/0	1992	6	320	W	127x145	11000	1900	6100	12000		Scania	DS 1134	D	TL, auch 381 PS
N 216 H/SDH	64/0	1992	V8	381	W	125x130	12760	2100	6100	12000		DB	OM 402 LA	D	TL
N 216 H/SDH	62/0	1992	6	428	W	130x146	11630	2000	6100	12000		DAF	WS 315	D	TL
N 216 H/SDH	62/0	1992	6	320	W	127x145	11000	1900	6100	12000		Scania	DS 1134	D	TL, auch 381 PS
N 208	36/0	1994 - 95	6	211	W	97,5x133	5958	2800	3700 -	8490 -		DB	OM 366 LA	D	TL
N 208	36/0	1995 - 95	6	269	W	108x125	6871	2400	3700 -	8490 -		MAN	D 0836 LOH	D	TL
N 208 H	47/0	1994 - 95	V6	290	W	125x130	9570	2100	4750	9850		DB	OM 401 LA	D	TL
N 208 H	47/0	1994 - 95	V6	340	W	128x142	10960	2100	4750	9850		DB	OM 441 LA	D	TL
N 213 H/SHD	51/0	1994 - 95	V6	290	W	125x130	9570	2100	5050	10265		DB	OM 401 LA	D	TL
N 213 H/SHD	51/0	1994 - 95	V8	381	W	125x130	12760	2100	5050	10265		DB	OM 402 LA	D	TL
N 214 H/SHD	55/0	1994 - 95	V6	290	W	125x130	9570	2100	5300	11250		DB	OM 401 LA	D	TL
N 216 H/SHD	61/0	1994 - 95	V6	290	W	125x130	9570	2100	5800+1050	12000		DB	OM 401 LA	D	TL
N 216 H/SHD	61/0	1994 - 95	V8	381	W	125x130	12760	2100	5800+1050	12000		DB	OM 402 LA	D	TL
N 208	28-32	1996 - 98	6	220	W	97,5x133	5960	2600	4050	8840		DB	OM 366 LA	D	TL
N 208	28-32	1996 - 98	6	240	W	108x125	6871	2400	4050	8840		MAN	D 0836 LOH	D	TL
N 212 H	47/0	1996 - 97	V6	258	W	125x130	9570	2100	4750	9850		DB	OM 401 LA	D	TL
N 212 H	47/0	1996 - 97	V6	280	W	128x142	10960	2100	4750	9850		DB	OM 441LA	D	TL, ab 1997 290 u. 340 PS
N 213 H/SHD	45+2	1996 - 98	V6	290	W	128x142	10960	2100	5050	10265		DB	OM 441 LA	D	TL
N 213 H/SHD	45+2	1996 - 98	V8	381	W	128x142	14618	2100	5050	10265		DB	OM 442 A	D	T
N 214 H/SHD	49+2	1996 - 97	V6	290	W	128x142	10960	2100	5300	11250		DB	OM 441 LA	D	TL
N 214 H/SHD	49+2	1996 - 97	V8	460	W	128x142	14618	2100	5300	11250		DB	OM 442 LA	D	TL
N 216 H/SDH	62/0	1992	6	428	W	130x146	11630	2000	6100	12000		DAF	WS 315	D	TL
N 216 H/SDH	62/0	1992	6	320	W	127x145	11000	1900	6100	12000		Scania	DS 1134	D	TL, auch 381 PS
N 216 H/SHD	61/0	1994 - 95	V8	381	W	125x130	12760	2100	5800+1050	12000		DB	OM 402 LA	D	TL
N 216 H/SHD	59+2	1997 - 98	V6	290	W	128x142	10960	2100	5800 -	12000		DB	OM 441	D	
N 216 H/SHD	59+2	1997 - 98	V8	380	W	128x142	14618	2100	5800 -	12000		DB	OM 442 A	D	T
N 212 H Jetliner	37/0	1998 - 99	V6	290	W	128x142	10960	2100	4750	9950		DB	OM 441 LA	D	TL, auch 340 PS
N 213 SHD Jetliner	41/0	1998	V6	290	W	128x142	10960	2100	5050	10360		DB	OM 441 LA	D	TL, auch 381 PS
N 216/3 HL	57/0	1998 - 99	V6	381	W	128x142	10960	2100	6350+1300	13700		DB	OM 441 LA	D	TL, auch 523 PS
N 218/3 H	65/0	1998 - 99	V6	381	W	128x142	10960	2100	6860+1300	15000		DB	OM 441 LA	D	TL, auch 523 PS
N 214 SHD	45+1	1999 - 00	V6	340	W	128x142	10960	2100	5300	11250		DB	OM 441 LA	D	TL, auch 459 PS (OM 442 LA)
N 216	49+1	1999 - 00	V6	340	W	128x142	10960	2100	5800 - 5950	12000		DB	OM 441 LA	D	TL, auch 459 PS (OM 442 LA)
N 216/3 HL	57+1	1999 - 00	V6	340	W	128x142	10960	2100	6350+	13700		DB	OM 441 LA	D	TL, auch 459 PS (OM 442 LA)
N 218/3 H	65+1	1999 - 00	V6	340	W	128x142	10960	2100	7330+	15000		DB	OM 441 LA	D	TL, auch 459 PS (OM 442 LA)
Jetliner	53+1+1	2012 - 16	6	360	W	120x155	10512	1900	6120	12247		MAN	D 2066 LUH	D	TL, auch 400 PS
Jetliner C	57+1+1	2012 - 16	6	360	W	120x155	10512	1900	6880	13007		MAN	D 2066 LUH	D	TL, auch 400 PS
k) Baureihe N 220 Longliner															
N 220	72-83	1975 - 79	6	205	W	125x150	11045	2100	5270/6700	18000		MAN	D 2556 M	D	
N 220	72-83	1975 - 79	V6	192	W	125x130	9570	2500	5270/6700	18000		DB	OM 401	D	
N 220	68-80	1976 - 78	V6	192	W	125x130	9570	2500	5270/6700	18000		DB	OM 401	D	auch 210 PS (OM 407 h), auch 320 PS (MAN D 2566 MXUM), auch 240 PS (DAF DKL 1160)
N 220	83/0	1977	6	240	W	125x155	11413	2500	5270/6700	18000		MAN	D 2566 ME	D	
N 220	83/0	1979 - 80	V10	320	W	125x130	15650	2500	5270/6700	18000		DB	OM 403	D	
N 220/3 (H)	71-88	1980 - 81	6	240	W	125x155	11413	2200	5280/7490	18000		DB	OM 407 h	D	auch 320 PS (OM 403) oder 352 PS (OM 403X)

G. AUWÄRTER (NEOPLAN)

Typ	Sitzplätze/ Stehplätze	Bauzeit	Zylinder	PS	K	B x H mm	Hubraum cm³	Drehzahl U/min	Radstand mm	Länge mm	Gewicht kg	Motor-hersteller	Typ	M	Bemerkungen
N 220	86/0	1982	6	280	W	125x155	11413	2200	5280/7490	18000		MAN	D 2566 MKUL	D	T
l) Baureihe N 221/3 Longliner															
N 221/3	91+1	1983	V10	354	W	128x142	18275	2300	5280/7490	18000		DB	OM 423 A	D	T
m) Baureihen N 117 Spaceliner															
N 117/3	54/0	1979	V10	352	W	125x130	15950	2500	5630+1230	12000		DB	OM 403 X	D	
N 117/3	65/0	1980 - 82	V8	256	W	125x130	12760	2500	5630+1230	12000	11580	DB	OM 402	D	auch 352 u. 370 PS
N 117/4		1980	V10	320	W	125x130	15950	2500	5270/6700	18000	14500	DB	OM 403	D	Einzelstück
N 117/3	65/0	1982 - 83	V10	320	W	125x130	15950	2500	5600+1230	12000	14500	MAN	D 2530 MF	D	
N 117/3	65/0	1982 - 83	V8	330	W	128x142	14620	2300	5600+1230	12000	14500	DB	OM 422 A	D	T
N 117/3	65/0	1982	V10	352	W	125x130	15950	2500	5600+1230	1200		DB	OM 403 X	D	
N 117/2	51-55	1983 - 85	V8	280	W	125x130	12760	2500	5950	12000	11580	DB	OM 402	D	
N 117/3	65/0	1983	V10	330	W	125x130	15950	2300	5600+1230	12000	14500	DB	OM 403	D	
N 117/2	55+1	1985 - 88	6	280	W	125x155	11413	2200	5950	12000		MAN	D 2566 MTE	D	T
N 117/2	49+1	1985	6	305	W	127x145	11000	2000	5950	12000		Scania	DS 1115	D	T
N 117/3	65/0	1985 - 88	V10	354	W	128x142	18275	2300	5600+1230	12000		DB	OM 423	D	
N 117/2	64/0	1989 - 91	V8	330	W	128x142	14620	2300	5950	12000		DB	OM 422	D	T, auch 354 PS, ab 1992 503 PS
N 117/2	64/0	1989 - 92	6	288	W	130x146	11630	2200	5950	12000		DAF	DKT 1160	D	T, auch 377 PS, ab 1992 302 oder 401 PS
N 117/2	64/0	1989 - 92	V8	306	L	125x130	12765	2300	5950	12000		Deutz	F 8 L 413 F	D	mit T 330 PS
N 117/2	64/0	1989 - 92	6	372	W	128x155	11963	2200	5950	12000		MAN	D 2866 LX	D	TL, ab 1992 369 oder 420 PS
N 117/2	64/0	1989 - 92	6	312	W	127x145	11000	2000	5950	12000		Scania	DS 1134	D	T, auch 373 PS, ab 1992 320 oder 380 PS
N 117/3	66/0	1989 - 92	V8	354	W	128x142	14618	2100	5350+1300	12000		DB	OM 442 A	D	T, ab 1990 290 PS, ab
															1992 auch 503 PS
N 117/3	66/0	1989-	6	354	W	130x146	11630	2200	5350+1300	12000		DAF	DKX 1160	D	TL, auch 300 oder 373 PS, ab 1992 364 oder 401 PS
N 117/3	66/0	1989 - 92	V10	400/ 420	L	125x130	15953	2500	5350+1300	12000		Deutz	BF 10 L 413 F	D	T
N 117/3	66/0	1989 - 92	6	372	W	128x155	11963	2200	5350+1300	12000		MAN	D 2866 LX	D	T, ab 1992 370 oder 420 PS
N 117/3	66/0	1989 - 92	6	363	W	127x145	11000	2200	5350+1300	12000		Scania	DSC 1118	D	TL, ab 1992 380 PS
N 117/2	63/0	1990	V8	354	W	130x142	15078	2100	5950	12000		DB	OM 442 A	D	T
N 117	63/0	1991 - 97	V8	381	W	125x130	12760	2100	5800 - 5950	12000		DB	OM 401 LA	D	TL, auch 503 PS
N 117/3	63-65	1992 - 97	V6	290	W	125x130	9570	2100	5450+1300	12000		DB	OM 401 LA	D	TL
N 117/3	63-65	1992 - 97	V6	363	W	128x142	10960	2100	5450+1300	12000		DB	OM 441 LA	D	TL, auch 380 PS
N 117/3 L	61+2	1997	V6	340	W	128x142	10960	2100	6350+1300	13650		DB	OM 441 LA	D	TL, auch 380 oder 523 PS 340 u. 456 PS
N 117/3	53/0	1998 - 01	V8	381	W	128x142	14618	2100	5800 -	12000		DB	OM 442 LA	D	TL, auch 523 PS
N 117/3 H	53+2	1998	V8	381	W	128x142	14618	2100	5300 -	12000		DB	OM 442 LA	D	TL, auch 523 PS
N 117/3 LL	61+1	1999 - 00	V6	380	W	130x150	11950	1800	6350+1300	13700		DB	OM 501 LA	D	TL, auch 523 PS, auch als Loungeliner
N 117/3 H	73+2	2002	6	408	W	128x166	12816	2000	5450+1300	12000		MAN	D 2876 LOH	D	TL, auch 476 PS
N 117	48-57+1	2005	6	408	W	128x155	11970	1900	6290+1250	12840		MAN	D 2866 LOH	D	TL, auch 476 PS
n) Baureihen N 516 Starliner															
N 516/3 SHDL	57+1	1997 - 01	V8	381	W	128x142	16618	2100	6350+1300	13700		DB	OM 442 LA	D	TL, auch 523 PS
N 516 SDH	44-49+1	1997 - 01	V8	381	W	128x142	14618	2100	5950	12000	13940	DB	OM 442 LA	D	TL, auch 523 PS
N 516/3 SHDL	57+1	1997 - 01	V8	381	W	128x142	16618	2100	6350+1300	13700		DB	OM 442 LA	D	TL, auch 523 PS
N 516/3 SDLHL	57-59+1	1998 - 01	V8	381	W	128x142	14618	2100	6350+1300	13700		DB	OM 442 LA	D	TL, auch 523 PS
N 516/3 SDLHL	57-59+1	1998 - 00	6	400	W	128x155	11970	2100	6350+1350	13700		MAN	D 2866 LOH	D	TL, auch 460 PS
N 516/3 SHDL	49+2+1	2000	V6	380	W	128x142	10960	2100	6350+1350	13700		DB	OM 441 LA	D	TL, auch MAN-Motor mit 381 PS
N 516 SDH	44-57+1	2001 - 04	6	400	W	128x155	11970	2000	5950	12000	13940	MAN	D 2866 LOH	D	TL,auch 460 PS, auch DB-Motor mit 381 PS
N 516 SDH	44-57+1	2001 - 04	6	400	W	128x155	11970	2000	5950	12000	13940	MAN	D 2866 LOH	D	TL,auch 460 PS, auch DB-mit 381 PS
N 516/3 SHDH	49-51+1	2001 - 04	6	400	W	128x155	11970	2000	5450+1350	12000		MAN	D 2866 LOH	D	TL, auch 460 PS, auch DB-
															Motor mit 381 PS
N 516/3 SHDH	44-49+1	2001 - 04	V8	381	W	128x142	14618	2100	5450+1350	12000		DB	OM 442 LA	D	TL, auch 523 PS
N 516 SDH	52+2	2002	6	408	W	128x166	12816	2000	5800	12000		MAN	D 2876 LOH	D	TL, auch 460 PS
N 516/3 SHD	59+1+1	2002	6	408	W	128x166	12816	2000	5450+1350	12000		MAN	D 2876 LOH	D	TL, auch 476 PS
N 516/3 SHD HC	50+1+1	2003 - 05	6	410	W	128x155	11970	1900	6290+1350	12840	16710	MAN	D 2866 LOH	D	TL, auch 476 PS, ab 2004 460 PS, auch DB-Motor
N 516/3 SHD HL	54+1+1	2003 - 05	6	460	W	128x166	12816	1900	6350+1350	13700	17050	MAN	D 2876 LOH	D	TL
N 516-3 SHD	40-49+1	2004 - 05	6	410	W	128x155	11970	1900	5800	12000		MAN	D 2866 LOH	D	TL, auch 460 PS
N 516-3 SHDH	40-51+1	2004 - 05	6	410	W	128x155	11970	1900	5450+1350	12000		MAN	D 2866 LOH	D	TL, auch 460 PS
N 516-3 SHDH C	44-55+1	2004 - 05	6	410	W	128x155	11970	1900	6290+1350	12840		MAN	D 2866 LOH	D	TL, auch 460 PS
N 516-3 SHDH L	45-59+1	2004 - 05	6	410	W	128x155	11970	1900	6350+1350	13700		MAN	D 2866 LOH	D	TL, auch 460 PS

G. AUWÄRTER (NEOPLAN)

Typ	Sitzplätze/ Stehplätze	Bauzeit	Zylinder	PS	K	B x H mm	Hubraum cm³	Drehzahl U/min	Radstand mm	Länge mm	Gewicht kg	Motor-hersteller	Typ	M	Bemerkungen
Starliner HC	50-55+1	2004 - 06	6	460	W	128x166	12816	1900	6290+1350	12840	16280	MAN	D 2876 LOH	D	TL, auch 410 PS, auch mit DB-Motor mit 408 u. 476 PS
Starliner N 5117 SHD	48-59+1	2006 - 15	6	480	W	126x166	12419	1800	6200+1470	12990		MAN	D 2676 LOH 20	D	TL, ab 2009 als Starliner C auch mit 505 PS, ab 2013
o) Baureihen N 2200 Tourliner															
N 2216 SHD	52-63+1	2003 - 05	6	410	W	128x155	11970	1900	6060	12000	13600	MAN	D 2866 LOH	D	TL, auch 460 PS
N 2216 SHDL	52-63+1	2003 - 05	6	410	W	128x155	11970	1900	6600+1470	13800		MAN	D 2866 LOH	D	TL, auch 460 PS
N 2216 SHDL	52-63+1	2005	6	408	W	128x155	11970	1900	6600+1470	13800		MAN	D 2866 LOH	D	TL, auch 460 PS
N 2216 SHD	52-63+1	2006 - 13	6	400	W	120x155	10512	1900	6060	12000		MAN	D 2066 LOH	D	TL; auch 480 PS, ab 2008 Tourliner C, auch 440 PS
N 2216 SHDL	40-55+1	2006 - 15	6	440	W	120x155	10512	1900	6600+1470	13800		MAN	D 2066 LOH	D	TL, auch 480 PS, ab 2008 Tourliner L
Tourliner SHD C	49-55+1	2007 - 15	6	440	W	120x155	10512	1900	6060+1470	13260		MAN	D 2066 LOH	D	TL, ab 2012 auch 480 PS
Tourliner	49+1	2015 - 16	6	400	W	120x155	10512	1800	6060	12000		MAN	D 2066 LOH	D	TL, auch 440 PS
Tourliner C	55+1	2015 - 18	6	440				1800	6060+1470	13260		MAN			TL; auch 480 PS, ab 2017 420 u. 460 PS
Tourliner L	59	2015 - 18	6	440	W	126x166	12419	1800	6600+1470	13913		MAN	D 2676 LOH	D	TL, auch 480 PS, ab 2017 460 u. 500 PS
Tourliner C/2	52 - 55	2017 - 18	6	420	W	126x166	12419	1800	7050	13110		MAN	D 2676 LOH	D	TL, auch 460 u. 500 PS
Tourliner	55	2018 -	6	430	W	126x166	12419	1800	6060	12113		MAN	D 2676 LOH	D	TL, auch 470 PS
Tourliner C/2	61	2018 -	6	430	W	126x166	12419	1800	7050	13103		MAN	D 2676 LOH	D	TL, auch 470 PS
Tourliner C/3	59	2018 -	6	470	W	126x166	12419	1800	6060+1470	13373		MAN	D 2676 LOH	D	TL, auch 500 PS
Tourliner L	63+1+1	2018 -	6	470	W	126x166	12419	1800	6060+1470	13913		MAN	D 2676 LOH	D	TL, auch 500 PS
p) Baureihen N 122/3 Skyliner															
N 122/3	79/0	1974 - 76	6	215	W	130x150	11940	2150	5650+1230	12000	12690	Henschel	6 R 1315	D	ab 1975 192 PS
N 122/3	79-105	1976 - 80	V8	256	W	125x130	12760	2500	5630+1230	12000	14200	DB	OM 402	D	
N 122/3	54/0	1981 - 83	V10	352	W	125x142	17426	2300	5630+1230	12000	14200	DB	OM 403X	D	
N 122/3	86/0	1981 - 82	V10	352	W	125x142	17426	2300	5630+1230	12000		DB	OM 403X	D	
N 122/3	87+1	1983	V10	354	W	128x142	18275	2300	5630+1230	12000		DB	OM 423 A	D	T, auch Nissan-Motor
N 122/2	38+1	1985	V8	280	W	128x142	14618	2300	4160	9000		DB	OM 422	D	Exportmodell für Japan, auch Nissan-Motor RD8T
N 122/3	72+1	1985 - 88	V10	354	W	128x152	18275	2300	5630+1230	12000	15600	DB	OM 423	D	
N 122/2	76/0	1989 - 91	V8	290	W	130x142	15078	2100	5300	10700		DB	OM 442	D	
N 122/2	76/0	1989 - 91	6	354	W	130x146	11630	2200	5300	10700		DAF	DKT 1160	D	T, auch 290 und 372 PS, ab 1992 302 oder 402 PS
N 122/2	76/0	1989 - 91	6	372	W	128x155	11963	2200	5300	10700		MAN	D 2866 LX	D	TL, ab 1992 420 PS
N 122/2	76/0	1989 - 91	6	312	W	127x145	11000	2200	5300	10700		Scania	D 1134	D	T, auch 363 PS, ab 1992 320 oder 380 PS
N 122/2	76/0	1989 - 91	V10	400	W	125x130	15953	2500	5300	10700		Deutz	BF 10 L 413	D	TL
N 122/3	90 - 92	1989 - 90	V8	353	W	128x142	14618	2100	5650+1300	12000	16750	DB	OM 442 A	D	T, auch 480 PS, ab 1992 503 PS
N 122/3	90 - 92	1989 - 92	6	373	W	130x146	11630	2200	5650+1300	12000		DAF	DKZ 1160 ATI	D	TL, ab 1992 364 oder 402 PS
N 122/3	90 - 92	1989 - 90	8	400	L	125x130	15953	2300	5650+1300	12000		Deutz	BF 10 L 413	D	T
N 122/3	90 - 92	1989 - 90	3	373	W	128x155	11963	2200	5650+1300	12000		MAN	D 2866 LX	D	TL, ab 1992 370/420 PS 320 u. 381 PS
N 122/3	90 - 92	1989	6	363	W	127x145	11000	2000	5650+1300	12000		Scania	DSC 1118	D	TL, ab 1992 380 PS
N 122/3 P	107/0	1989 - 90	V8	354	W	128x142	14618	2100	5650+1300	12000		DB	OM 442 A	D	T, auch 480 PS
N 122/3 P	107/0	1989 - 92	V10	400	L	125x130	15953	2500	5650+1300	12000		Deutz	BF 8 L 413 F	D	T, auch 480 PS
N 122/2	76/0	1990	V8	354	W	130x142	15078	2100	5300	10700		DB	OM 442 A	D	T
N 122/2	92/0	1991	V6	290	W	125x130	9570	2100	5300	12000		DB	OM 401 LA	D	TL
N 122/2	92/0	1991	V8	381	W	125x130	12760	2100	5300	12000		DB	OM 402 LA	D	TL
N 122/3	92/0	1991 - 92	V8	381	W	125x130	12760	2100	5630+1300	12000		DB	OM 402 LA	D	TL
N 122/2	76/0	1992 - 97	V6	290	W	125x130	9570	2100	5300	10700		DB	OM 401 LA	D	TL
N 122/2	76/0	1992 - 97	V8	380	W	125x130	12760	2100	5300	10700		DB	OM 402 LA	D	TL
N 122/3	92/0	1992	V6	363	W	128x142	10960	2100	5630+1300	12000		DB	OM 441 LA	D	TL
N 122/3	92/0	1992	V8	503	W	128x142	14618	2100	5630+1300	12000		DB	OM 442 LA	D	TL
N 122/3 P	107/0	1992 - 97	V8	306	L	125x130	12675	2500	5630+1300	12000		Deutz	BF 8 L 413 F	D	T, auch 330 PS
N 122/3 P	107/0	1992 - 97	V6	363	W	128x142	10960	2100	5630/1300	12000		DB	OM 441 LA	D	TL, auch 380 PS
N 122/2	76/0	1992 - 97	V6	290	W	125x130	9570	2100	5300	10700		DB	OM 401 LA	D	TL
N 122/3 »sightseeing«	107/0	1994	V6	299	W	125x130	9570	2100	5550+1300	12000		DB	OM 401 LA	D	TL
N 122/3	70+2	1995	V8	503	W	128x142	14618	1900	5550+1300	12000	16750	DB	OM 442 LA	D	TL
N 122/3	75/0	1996	V8	381	W	128x142	14618	2100	5550+1300	12000		DB	OM 442 LA	D	TL, Aussichts-Doppel-
N 122/3 P	68-72+1	1998 - 01	V6	340	W	128x142	10960	2100	5550+1300	12000		DB	OM 441 LA	D	TL, auch 523 PS, ab 1999
N 122/3 L	78-82+1	1997 - 01	V8	523	W	128x142	14618	2100	6800+1300	13650		DB	OM 442 LA	D	TL
N 122/3	75+1	1999 - 01	V6	380	W	128x142	10960	2100	5550+1300	12000		DB	OM 441 LA	D	TL, auch 523 PS
N 122/3 L	85-89+1	1999 - 01	V8	523	W	128x142	14618	2100	6800+1300	13650		DB	OM 442 LA	D	TL
N 122/3	68+1	2000 - 01	V6	381	W	128x142	10960	2100	5550+1300	12000		DB	OM 441 LA	D	TL, auch 523 PS
N 122/3 L	78+1	2000 - 01	V8	381	W	128x142	14618	2100	6800+1300	13650		DB	OM 442 LA	D	TL, auch 523 PS
N 122/3	73+1	2002	6	408	W	128x166	12816	2000	5550+1300	12440		MAN	D 2876 LOH	D	TL, auch 476 PS

G. AUWÄRTER (NEOPLAN)

Typ	Sitzplätze/ Stehplätze	Bauzeit	Zylinder	PS	K	B x H mm	Hubraum cm³	Drehzahl U/min	Radstand mm	Länge mm	Gewicht kg	Motor-hersteller	Typ	M	Bemerkungen
N 122/3	59-61+1	1998 - 01	V8	381	W	128x142	14618	2100	6350+1300	13700		DB	OM 442 LA	D	TL, auch 523 PS
N 122/3 L	60-73+1+1	2004 - 06	6	530	W	128x166	12816	1900	5550+1300	12440		MAN	D 2876 LOH	D	TL, auch DB-Motor mit 476 PS, ab 2005 410 PS, mit DB-Motor 530 PS
N 122/3 L	72+11	2004 - 06	6	480	W	128x166	12816	1900	6900+1300	13790	18610	MAN	D 2876 LOH 20	D	TL
q) Baureihen N 1123 Skyliner															
Skyliner N 1123/ 3 C	60-77+1+1	2003 - 04	6	410	W	128x155	11970	1900	5550	12440		MAN	D 2866 LOH	D	TL, auch 480 PS, ab 2004 auch DB-Motor mit 476 PS
Skyliner N 1123/ 3 L	68-77+1+1	2003 - 04	6	410	W	128x155	11970	1900	6900	13790		MAN	D 2866 LOH	D	TL, auch 480 PS, ab 2004
Skyliner N 1122/3 L	68-78+1+1	2004 - 06	6	476	W	130x150	15928	1800	6900+1300	13790		DB	OM 502 LA	D	TL, auch MAN-Motor mit 480 PS, ab 2005 auch 410
Skyliner C		2007 - 10	6	480	W	126x166	12419	1800	5550+1300	12240		MAN	D 2676 LOH	D	TL, ab 2012 505 PS
Skyliner L	68-72+1	2007 - 09	6	480	W	126x166	12419	1800	6900+1300	13790		MAN	D 2676 LOH	D	TL, ab 2012 505 PS
Skyliner L	70-83+1	2011 - 18	6	505	W	126x166	12419	1800	6700+1470	14000		MAN	D 2676 LOH	D	TL, ab 2018 510 PS
Skyliner Express	68/76/83 +1	2018 -	6	510	W	126x166	12419	1800	6700+1470	14000		MAN	D 2676 LOH	D	TL
3. Neoplan-Kleinbusse a) Baureihen S u. N															
SB 5	20/0	1955 - 56	4	60	W	90x130	3308	2600				Borgward	D 4 M 3,3	D	
SH 6	19-24	1955 - 56	4	65	W	90x110	2799	2800		6800		Hanomag	D 28 LA	D	Roots-Gebläse
SH 6	19-24	1955	6	98	W	96x125	5429	2400				Henschel	D 512 DG	D	
SD 6	19-24	1955	6	90	W	90x120	4580	2800				DB	OM 312		
SD 6/7	25-37	1956 - 57	6	90	W	90x120	4580	2800	4500			DB	OM 312	D	
SH 6/7	25-35	1956	6	105	W	100x130	6126	2200	3600	7750	4775	Henschel	522 DP	D	auch Deutz-Motor
SH 18	18/0	1956	6	105	W	100x130	6126	2200				Henschel	522 DP	D	
SH 22	22/0	1956	6	125	W	100x130	6126	2600				Henschel	522 P	D	
SF 6/7 (NF 6/7)	20-31	1957	6	120	W	92x105	4195	2800	3600 - 3900	7750	5100	Ford	AD 6	D	Zweitaktmotor
SBU 22	21-32	1957 - 58	6	110	W	96x125	5430	2600	4000		5110	Büssing	U 5	D	Unterflurmotor
SHU 18	18/0	1957	6	125	W	100x130	6126	2600				Henschel	522 DPU	D	Unterflurmotor
NH 6/7	26/6	1958 - 61	6	115	W	96x125	5890	2400	3699	8050	5100	Henschel	512 DJH	D	
ND 6/7	26/6	1958	6	100	W	90x120	4580	3000	3600	8050		DB	OM 312	D	auch Radstand 5100 mm
N 905 Bedarfsbus	25/0	1980	5	80/88	W	90,9x92,4	2998	4000/4400	4240	6690	3000	DB	OM 617	D	
N 905 Bedarfsbus	25/0	1980	4	68	W	94x90	2498	4000	4240	6690	3000	Peugeot	XD3T	D	
N 906 Telebus	12/18	1980	5	80/88	W	90,9x92,4	2998	4000/4000	4240	5590	3000	DB	OM 617	D	
N 906 Telebus	12/18	1981 - 90	4	68	W	94x90	2998	4000	4240	6690	3000	Peugeot	XD3T	D	
N 906 Unibus	21/5	1981	5	88	W	90,9x92,4	2998	4400	3280	6450	3000	DB	OM 617	D	
N 906 T Unibus	47/0	1981 - 83	5	88	W	90,9x92,4	2998	4400	4410	6690	3000	DB	OM 617		
N 907 Unibus	20+1	1982 - 83	6	130	W	97x128	5675	2800	4100	7200		DB	OM 352	D	mit T 168 PS
N 906 B Unibus	21/15	1982 - 83	5	88	W	90,9x92,4	2998	4400	3800	6450	3000	DB	OM 617	D	
N 906 C Unibus	20+1	1982	5	88	W	90,9x92,4	2998	4400	3800	6450	3000	DB	OM 617		
N 906 B	22/18	1985 - 88	6	102	W	76,5x86,4	2384	4300	3800	6450		VW	DV (075.2)	D	T
N 906 T	10/	1985 - 88	6	102	W	76,5x86,4	2384	4300	4410	6450		VW	DV (075.2)	D	T
N 906 V	13/25	1985	6	102	W	76,5x86,4	2384	4300	3800	6450		VW	DV (075.2)	D	T
N 907	26	1985 - 88	6	167	W	97x128	5675	2800	4100	7200		DB	OM 352 A	D	T

Benz & Cie

Benz & Cie. Rheinische Gasmotoren-Fabrik OHG,
Mannheim-Neckarau, Waldhofstr., Untere Riedstr.

1. 1895-1899 **Benz & Cie. Rheinische Gasmotoren-Fabrik OHG,**
Mannheim, Waldhofstr., Untere Riedstr.
2. 1899-1911 **Benz & Cie. Rheinische Gasmotoren-Fabrik AG**
3. 1911-1926 **Benz & Cie. Rheinische Automobil- und Motoren-Fabrik Mannheim AG**

Carl Friedrich Benz (1844 - 1929) wurde als Sohn eines Lokomotivführers in Pfaffenrot im Schwarzwald geboren. Nach dem Besuch des Karlsruher Polytechnikums gründete er 1871 unter dem Namen Carl Benz u. August Ritter, Mechanische Werkstätte, seine erste, ziemlich erfolglose Fabrik. Nachdem er sich bereits längere Zeit mit dem Motorenbau beschäftigt hatte, gelang ihm in der Silvesternacht 1879/80 der Probelauf eines Zweitaktmotors, der sich als recht zuverlässig erwies.

1883 entwarf er in der Mannheimer Gasmotorenfabrik, so die Bezeichnung des neuen Unternehmens, seinen ersten Viertaktmotor. Der inzwischen auf 800 Mitarbeiter angewachsene Betrieb stellte in den folgenden Jahren stationäre Motoren verschiedener Größen her. Da die Gesellschafter jedoch nicht an den Zukunftsplänen von Carl Benz, einen schnelllaufenden Motor in ein Fahrgestell einzubauen, interessiert waren, verließ Carl Benz das Unternehmen und gründete die Firma Carl Benz & Cie. Rheinische Gasmotorenfabrik OHG in Mannheim. Hier konstruierte er 1885 sein erstes Fahrzeug, den dreirädrigen »Patent-Motorwagen«, mit einem 0,75 PS starken Zweitaktmotor (historisch betrachtet sogenanntes Benz-Dreirad I). 1886 folgte ein erstes Viertakt-Fahrzeug.

1899 wurde das Unternehmen in eine Aktiengesellschaft umgewandelt. August Horch, der von 1896 bis 1898 Leiter der Motorwagenabteilung des Unternehmens gewesen war, schied aus und gründete sein eigenes Unternehmen. Nach Differenzen mit dem Vorstand verließ auch Carl Benz 1903 die Gasmotoren- und Automobilfabrik und gründete mit seinen Söhnen in Ladenburg ein neues Unternehmen.

Im Jahre 1907 trat der Unternehmer Georg Wiss (1868 - 1928) in die Direktion von Benz & Cie. ein. Ihm gehörte neben der Waggonfabrik Fuchs in Heidelberg seit 1905 die Süddeutschen Automobil-Fabrik (SAF beziehungsweise SAG), die 1907 mit der Benz & Cie. verschmolzen wurde.

Mit dem Fahrzeugbau beschäftigte sich die Benz & Cie. Rheinische Gasmotoren-Fabrik OHG seit 1885/86. Das erste Benz-Nutzfahrzeug war ein achtsitziger Omnibus in Form eines Landauers aus dem Jahre 1895. Er wurde von einem im Heck liegenden 5-PS-Einzylinder-Viertaktmotor angetrieben. Mit diesem Wagen und einem Schwestermodell eröffnete am 18. März 1895 - also vor über 100 Jahren - die Netphener Omnibusgesellschaft die erste kommerziell betriebene Motoromnibuslinie der Welt. Sie führte im Siegerland über eine Distanz von 15 Kilometer von Siegen über Netphen nach Deuz und zurück. Die Fahrzeit betrug 80 Minuten und die Durchschnittsreisegeschwindigkeit 14 km/h. Die Linie blieb bis zum

5-PS-Benz »Omnibus«, 1895. (Foto: MB-Archiv)

13/15-PS-Benz »Break« Jagdomnibus, 1898.

Winter 1895 in Betrieb. Außerdem im Angebot waren ein 12- und ein 8-sitziger Omnibus mit 13/15- und 8/10-PS-Zweizylindermotor sowie das 10 PS starke Victoria-Pkw-Modell mit zehn Sitzen. Mit dem Verkauf von drei 10 PS starken „Breaks" für zehn Personen an einen Unternehmer in Wales gelang der erste Exporterfolg.

Aus Kapazitätsgründen ruhte von 1902 bis 1911 der Nutzfahrzeugbau, zumal Benz-Mannheim im Jahre 1907 die Süddeutsche Automobil-Fabrik (SAF/SAG) übernommen hatte, die sich ausschließlich auf den Lkw- und den Omnibusbau spezialisierte. Nach deren vollständigen Eingliederung am 1. November 1911 wurden die dort montierten Omnibusse unter dem Namen »Benz-Gaggenau« vertrieben. Anstelle der bei den SAG-Typen üblichen Orts- beziehungsweise Landschaftsbezeichnungen erhielten die Fahrzeuge nun Buchstaben- und Zahlenkennungen. In Sachen Firmenkürzel war die "Süddeutsche" nicht konsequent. Zeitweise verließen die Wagen das Werk einerseits mit dem Schriftzug »Gaggenau«, andererseits prangten auch die drei ineinander verschlungenen »SAF« oder »SAG« an den Kühlern.

Ab 1906 standen bei der SAF/SAG kettengetriebene C-Typen mit 12- bis 50-PS-Ottomotoren in der Lieferliste, für 1,5 bis 6,0 Tonnen Nutzlast. Bei den größeren unter ihnen konnte der Fahrersitz auch über der Motorhaube angeordnet werden. Derartige Typ »Berlin«-C/32-Chassis wurden 1907 mit 35 PS für die ABOAG in Berlin mit Decksitzaufbauten für 44 Fahrgäste versehen; die ABOAG nutzte dafür auch Büssing-Chassis. Mit 5,2- 6,4- 7,3- und 8,6-Liter Motoren erschienen ab 1911 die Modelle Reichspost, B.0.10 und S.O. 10 – letztere auch als Oberdeck- (Decksitzer-) Fahrzeug. 1913 erneuerten die Gaggenauer das Programm. Unter den Bezeichnungen KL und KO erschienen leichte Omnibusse für 13/14 Fahrgäste. Darüber rangierten die neuen Typen BL, BO, SL/SO (auch für den Hängerbetrieb), EK 1 und KL 4. Sie leisteten zwischen 35 und 58 PS.

Nach dem Krieg erschienen auf 1,5-, 2- und 3-Tonnen-Hoch- und (später) Niederrahmenfahrgestellen mit Kardanantrieb Omnibusse für 16 bis 48 Fahrgäste. Technisches Aushängeschild jener Jahre war das Niederrahmen-Modell MS. Dieser Frontlenker bot 30 Passagieren Platz und war vier Jahre später, 1927, als Mercedes-Benz-Typ NJ 5 mit Luftreifen lieferbar. Wahlweise zwei oder vier Türen erleichterten den Zugang zu den einzelnen Abteilen. Darüber hinaus diente das Frontlenker-MS-Chassis

35/40-PS-Benz-Gaggenau BL Linienbus, 1913. (Foto: MB-Archiv)

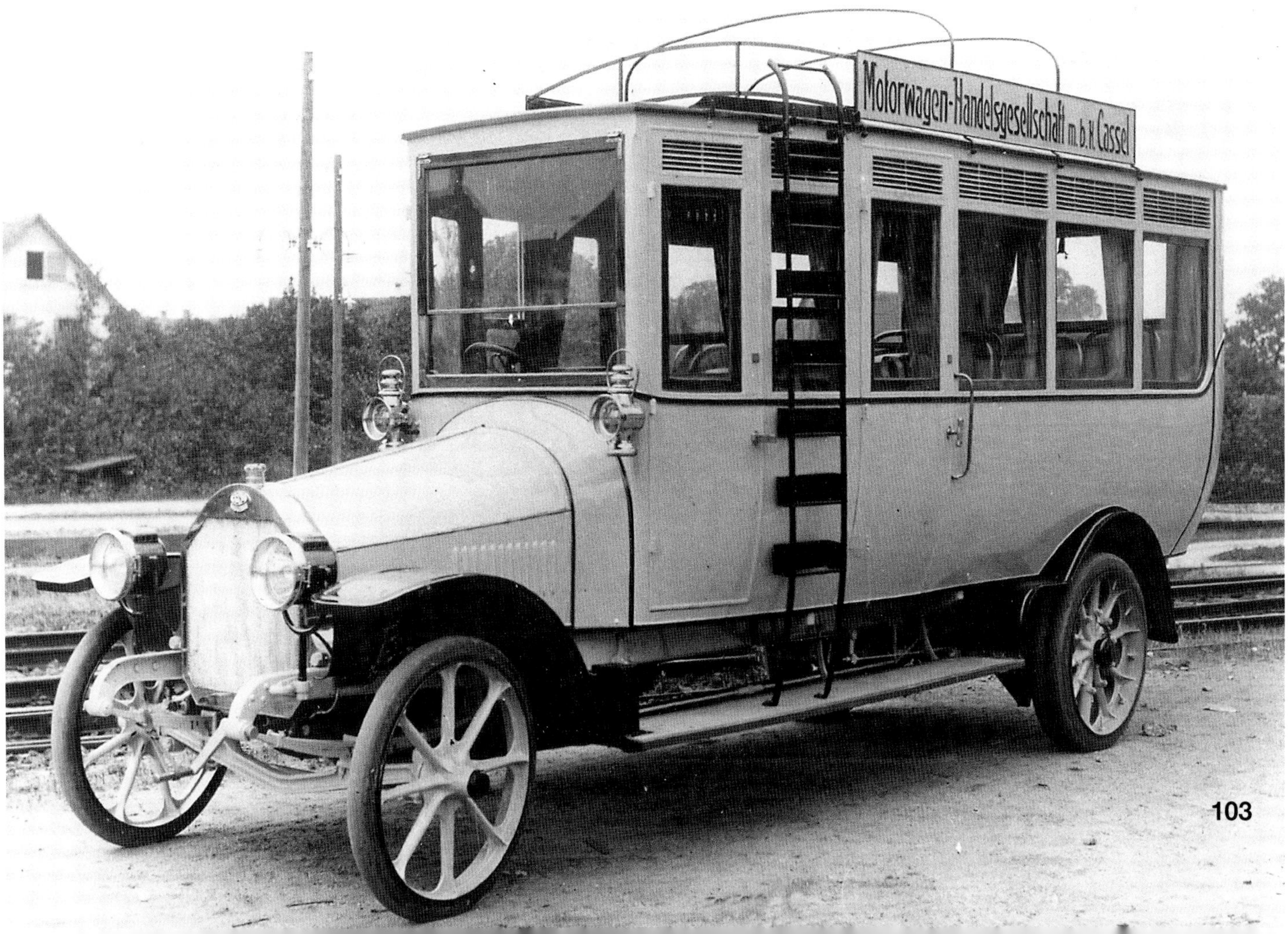

30/35-PS-Benz-Gaggenau BL Überlandbus, 1914. (Foto: MB-Archiv)

als Grundlage für Müllwagen-Aufbauten. Die Niederrahmen-Bauweise nutzten auch die Modelle 2CNa und 2CNb von 1925. Für Vortrieb sorgte 45- bzw. 55 PS starke Vierzylinder; die Bestuhlung war auf 24 und 32 Fahrgäste ausgelegt. Hervorgehoben wurde bei diesen Modellen, dass »die Fahrgäste... rechtsseitig am Führersitz vorbeigehend in den Wagen einsteigen, so dass der Fahrer eine Kontrolle über den Personenwechsel hat und gleichzeitig auch den Dienst des Schaffners übernehmen kann.«

Mit dem Aufgehen der Benz & Cie. in die neugebildete Daimler-Benz/DBAG (in der Zeit von 1924 bis Mitte 1926) kam es zu einigen Veränderungen. Der Benz-Omnibus verblieb auch nach der Fusion in Gaggenau; die Aufbauten der Busfahrgestelle lieferte bald das Daimler-Benz-Karosseriewerk Sindelfingen. Die Fertigung mittelgroßer und schwerer Lkw hingegen fasste die junge DBAG zunächst in Berlin-Marienfelde bei der ehemaligen DMG-Nutzfahrzeugbau und in Gaggenau zusammen. Nach 1949 konzentrierte sich der DBAG-Omnibusbau weitgehend in Mannheim; Gaggenau lieferte bis 1954 noch schwere Omnibusse (darunter den Heckdiesel-Typ O 6600 H).

Das Motorenwerk wurde im Zuge der Daimler- und Benz-Verschmelzung ausgegliedert und bestand bis 1985 weiter als Motorenwerke Mannheim AG (MWM) vorm. Benz. Abt. Stationärer Motorenbau. 1986 wurde dieses Unternehmen der Knorr-Bremse AG als Teilbetrieb Deutz-MWM von der Klöckner-Humboldt-Deutz AG übernommen und inzwischen an die Caterpillar Corp. abgegeben.

30/35-PS-Benz-Gaggenau BL 10 Aussichtswagen, 1914.

45/50-PS-Benz-Gaggenau S 14 Omnibuszug, 1914.

45/50-PS-Benz-Gaggenau SO 14, 1913. (Foto: MB-Archiv)

50/55-PS-Benz U5 Exportmodell, 1920. (Foto: MB-Archiv)

40/45-PS-Benz 3 C »Harz« Linienbus, 1925.

50/55-PS-Benz Typ 3 C »Imperial« Oberdecker, 1921.

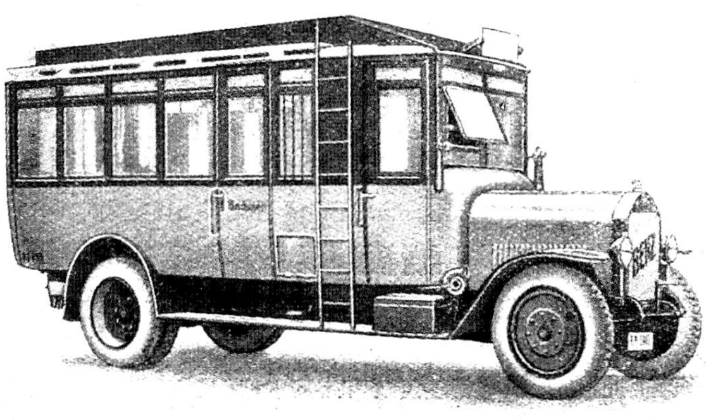

45/50-PS-Benz 2 C Postbus, 1926.

40/45-PS-Benz 2 CN Aussichtswagen, 1923. (Foto: MB-Archiv)

40/45-PS-Benz 2 Cna Linienbus, 1926. (Foto: MB-Archiv)

40/45-PS-Benz MS »Nieder-Omnibus« Überlandbus, 1926.

50/55-PS-Benz 2 CNb Linienbus, 1926. (Foto: MB-Archiv)

BENZ															
Typ	Sitzplätze/ Stehplätze	Bauzeit	Zylinder	PS	K	B x H mm	Hubraum cm³	Drehzahl U/min	Radstand mm	Länge mm	Gewicht kg	Motor-hersteller	Typ	M	Bemerkungen
»Omnibus«	6 - 8	1895	1	5		150x150	2650	600	2020	3400 - 3500	1200	Benz		V	
Victoria	10	1898	2	8/10		120x150	2712	920				Benz	Contra	V	Boxermotor
Break	12	1899	2	13/15		130x160	4245	820			1400	Benz		V	
Break	8	1899	2	8/10		120x120	2712	920		3250	1150	Benz	Contra	V	Boxermotor
Break	12	1899	2	8/10		120x120	2712	920		3600	1400	Benz	Contra	V	Boxermotor
Reichspost	10	1908	4	28-36	W	100x128	4019			4420 - 4620	1800	SAG	C/28	V	auch 26 - 36 PS
Baden-Baden	11	1908	4	36-45	W	110x140	5319			4790 - 4990	2000	SAG	C/36	V	auch 26 - 36 PS
Schwarzwald	14-16	1908	4	36-45	W	110x140	5319			5610 - 5810	2600	SAG	C/36	V	auch 26 - 36 PS
Aussichtswagen	24	1908	4	36-45	W	110x140	5319			5630 - 5830	2400	SAG	C/36	V	auch 26 - 36 PS
Wien	14/5	1908	4	36-45	W	110x140	5319			6240 - 6440	3000	SAG	C/36	V	auch 26 - 36 PS
Köln	18/5	1908	4	36-45	W	110x140	5319			7355 - 7555	3100	SAG	C/36	V	auch 26 - 36 PS
Nord-deutschland	21/7	1908	4	36-45	W	110x140	5319			5575	3600	SAG	C/36	V	auch 26 - 36 PS
Berlin	38-44/6/8	1908	4	36-45	W	110x140	5319			5575	4100	SAG	C/36	V	Oberdecker, auch 26 - 36 PS
Reichspost	10	1911 - 12	4	30/35	W	105x150	5195		3290		2480	Benz	R 8	V	
B.O. 10	18/4	1911 - 12	4	35/40	W	117x150	6450		3650 - 4250		3000	Benz	R 6	V	
S.O. 10	24	1911 - 12	4	40/45	W	125x150	7360		4280		4400	Benz	R 4 S 125	V	
S.O. 10 Berlin	42	1911 - 14	4	40/45	W	125x150	7360		4150		6030	Benz	R 4 S 125	V	Oberdecker
S.O. 10	24	1911 - 12	4	45/50	W	135x150	8590		4280		4400	Benz	R 2 S 135	V	
S.O. 10	42	1911 - 14	4	45/50	W	135x150	8590		4150		6030	Benz	R 2 S 135	V	Oberdecker
KL	13	1913 - 14	4	20/25	W	90x140	3560	1000	3125 - 3895		2500	Benz	R 10	V	Kardanantrieb
KO	14	1913 - 14	4	30/35	W	105x150	5195	1000	3400 - 4060		2900	Benz	R 8	V	
BL	20	1913 - 14	4	30/35	W	105x150	5195	1000	3130 - 3700		2350	Benz	R 8	V	auch Radstand 4390 mm
BL	20	1913 - 14	4	35/40	W	117x150	6450	1000	3130 - 3700			Benz	R 6 S 117	V	auch Radstand 4390 mm
BO	22	1913 - 14	4	40/45	W	125x150	7360	1000	3800 - 4185		3500	Benz	R 4 S 125	V	auch Radstand 4485 mm
BO	22	1913 - 14	4	45/50	W	135x150	8590	1000	4250 - 4485			Benz	R 2 S 135	V	
SL/SO		1913 - 14	4	40/45	W	125x150	7360	1000	4660 - 5000		4250	Benz	R 4 S 125	V	
SL/SO		1913 - 14	4	45/50	W	135x150	8590	1000				Benz	R 2 S 135	V	
EK 1	12/2	1913 - 19	4	32/38	W	100x150	4710	1000	3790			Benz	S 100	V	
KL 4	19/2	1913 - 19	4	32/38	W	100x150	4710	1000	4060			Benz	S 100	V	
KL 4	19/2	1913 - 19	4	40/45	W	117x150	6450	1000	4060			Benz	S 117	V	
BL 10	20/2	1913	4	30/35	W	100x150	4710	1000	3700 - 4390			Benz	S 150	V	
BL 10	20/2	1913	4	40/45	W	117x150	6450	1000	3700 - 4390			Benz	S 117	V	
BO 14/S 14	28/2	1913	4	45/50	W	125x150	7360	1000	4280 - 4485			Benz	S 125	V	auch Radstand 5000 mm
BO 14/S 14	28/2	1913	4	48/58	W	135x150	8590	1000	4280 - 4485		4400	Benz	S 135	V	auch Radstand 5000 mm
1 C/1 CN	16		4	30/35	W	100x150	4710	1200	3600 - 3715	5000 - 6700	3560	Benz	S 100	V	auch Radstand 3750 und 4000 mm
2 C/2 CN	18 - 25		4	40/45	W	110x165	6270	1000	3850 - 4070	5650 - 7600	4560	Benz	S 110	V	auch Radstand 4350, 4422 und 4820 mm
3 C/3 CN	22	1920	4	40/45	W	110x165	6270	1000	4200	6000	4000	Benz	S 110	V	
3 C/3 CN	16 - 32	1920	4	50/55	W	120x180	8140	1000	4688 - 5900	7500 - 9250	5880	Benz	S 120	V	Export-Oberdecker
MS	30	1923	4	40/45	W	110x165	6270	1000	3250		4800	Benz	S 110	V	
2 Cna	22 - 24	1925 - 27	4	40/45	W	110x165	6270	1000	5000	7345		Benz	S 110	V	
2 CNb	28 - 32	1925 - 27	4	50/55	W	120x180	8140	1000	6000	8140		Benz	S 120	V	
3 Cna	23	1925	4	40/45	W	110x165	6270	1000	5000	7350	4800	Benz	S 110	V	
3 CNb	30	1925	4	50/55	W	120x180	8140	1000	6000	8380	5300	Benz	S 120	V	
3 CN O	26	1925	4	50/55	W	120x180	8140	1000				Benz	S 120	V	

Bergmann

Bergmann Electricitäts-Werke AG,
Berlin-Rosenthal, Oudenarderstr. 23/32
1910-1914 und 1925 und 1936-1946

Sigmund Bergmann (1851 - 1927) gründete 1899 die Bergmann Electricitäts-Werke AG, ihr Schöpfer hatte zuvor Studienjahre in Amerika bei Thomas A. Edison verbracht. Seine schnell wachsende Firma stellte zunächst Edison-Batterien, Kabel, Dynamomaschinen, Elektroartikel und Elektrolokomotiven her. 1905 richtete das Werk zum Vertrieb der belgischen Métallurgique-Automobile die Deutsche Métallurgique GmbH in Köln ein. Nur wenig später entstand daraus die Bergmann-Métallurgique Automobil-Verkaufsgesellschaft mbH, die 1909 in das Berliner Stammwerk verlegt und 1910 ganz integriert wurde. Neben einem eigenen Pkw-Entwurf Modell produzierte Bergmann-Werk auch Last- und Lieferwagen nach Métallurgique-Lizenzen. Auf dem Fahrgestell des 3,5-Tonners mit 38-PS-Ottomotor entstanden zwischen 1910 und 1914 auch einige Omnibusse.

Nach dem Ersten Weltkrieg erschienen Landpostwagen mit einem neuen, großvolumigen 38-PS-Motor sowie Elektro-Omnibusse mit 7,6-kW-Motoren. Bis zum Zweiten Weltkrieg stellte Bergmann immer wieder Elektro-Fahrzeuge vor, gelegentlich auch mit Omnibusaufbauten. So besaß die Stadt München Aussichtsfahrzeuge für Stadtrundfahrten mit 25 und 38 Sitzplätzen. Bei einer Motorleistung von 11 kW schafften diese Haubenfahrzeuge Geschwindigkeiten von 20 bis 25 km/h. Der Batteriefahrbereich lag bei 75 bis 115 km. Daneben baute die Bergmann Electricitäts-Werke AG Paketpost-, Liefer- und Lastwagen mit batterie-elektrischem Antrieb. Aus vorhandenen Teilen entstanden nach dem Krieg noch einige Elektrofahrzeuge. Das in Ost-Berlin gelegene Werk wurde 1949 in den VEB Bergmann-Borsig umgewandelt. Im Jahre 1991 übernahm die ABB AG, Mannheim (Asea-Brown-Boveri) von der Berliner Treuhandgesellschaft das traditionsreiche Elektromaschinenwerk und führt es unter dem Namen Bergmann-Borsig GmbH weiter.

11-kW-Bergmann BE 2500 Typ A Aussichtswagen für Stadtrundfahrten, Neuaufbau 1953.

BERGMANN

Typ	Sitzplätze/ Stehplätze	Bauzeit	Zylinder	PS	K	B x H mm	Hubraum cm³	Drehzahl U/min	Radstand mm	Länge mm	Gewicht kg	Motor-hersteller	Typ	M	Bemerkungen
a) Modelle mit Verbrennungsmotoren															
Bergmann	25	1910 - 14	4	38	W	90x140	3565	1800				Bergmann		V	
Bergmann	20	1921	4	38	W	110x150	5699	1150				Bergmann		V	
b) Modelle mit Elektromotoren															
Bergmann		1921		7,6 kW				650			6000	Bergmann			
BEM 2500	25/0	1935		11 kW				950				Bergmann			

BMF

Berliner Motorwagen-Fabrik Gottschalk u. Co. KG,
Berlin-Tempelhof, Jägerstr. 61 a u.
Berlin-Reinickendorf-Ost, Verlängerte Koloniestr. 112

1. 1900-1901 **Berliner Motorwagen-Fabrik, Gottschalk u. Co. KG**
2. 1901-1906 **Berliner Motorwagen-Fabrik GmbH**
3. 1906-1908 **Oryx Motorenwerke AG, vorm. Berliner Motorwagen-Fabrik GmbH**

Kaum zehn Jahre lang konnte sich die 1898 gegründete Berliner Motorwagen-Fabrik Gottschalk u. Co. KG eigenständig am Markt behaupten, trotz einiger durchaus namhafter Konstrukteure, die für das Unternehmen

12/16-PS-Berliner Motorwagen-Fabrik L. 30, Omnibus für den kaiserlich-chinesischen Hof in Tientsin, 1914

arbeiteten. Willy Seck, der von der Fahrzeugfabrik Eisenach kam und 1910 zu Heinrich Lanz nach Mannheim ging, gehörte ebenso zum BMF-Personal wie später Louis Palous, Inhaber der Motorenfabrik Palous & Beuse in Berlin-Rixdorf oder Ernst Valentin, der 1908 zu Siemens-Schuckert/Protos wechselte.

Neben den Oryx-Tourenwagen stellte BMF unter der Bezeichnung Eryx auch Lastwagen und Omnibusse her. Erstes Omnibusmodell war der Typ L 50 mit einem 10-PS-Zweizylindermotor. 1906 folgte auf dem Fünftonnen-Chassis ein Frontlenkeromnibus mit einem 12/16-PS-Zweizylindermotor, 1907 lieferte BMF 16 Omnibusse vom Typ L30 an den chinesischen Kaiserhof. Für Vortrieb sorgten Motoren eigener Konstruktion sowie Maschinen des Argus-Werks – was nichts daran änderte, dass die Ertragskraft des Unternehmens stets zu schwach war. Kein Wunder also, dass 1908 die prosperierenden Dürkopp-Werke die Werksanlagen zunächst pachteten und dann ganz erwarben. Nach dem Ersten Weltkrieg fertigte der in Berlin-Reinickendorf ansässige Betrieb ausschließlich Dürkopp-Omnibusse. Auch das Raupenschlepper-Modell »Comfräsch« entstand in diesem Werksteil. 1929 endete der Fahrzeugbau, die Fabrikanlagen gingen anschließend in den Besitz der englischen Schallplattenfirma Crystallite Record Manufacturing Co. mit Sitz in London über.

BERLINER MOTORWAGEN-FABRIK (BMF)

Typ	Sitzplätze/ Stehplätze	Bauzeit	Zylinder	PS	K	B x H mm	Hubraum cm³	Drehzahl U/min	Radstand mm	Länge mm	Gewicht kg	Motor-hersteller	Typ	M	Bemerkungen
L 50		1900	2	10		120x140	3165	800	3000			BMF		V	
L 30	12 - 14	1903 - 07	2	12/16				1100				BMF		V	Peking-Typ

Bindewald-Albrecht

Motorlastwagenfabrik Bindewald-Albrecht, Friedberg
1. 1905-1906 **Motorlastwagenfabrik Bindewald-Albrecht**
2. 1906-1907 **Hessische Automobil- und Maschinenfabrik GmbH**

Das aus einer Bronze- und Gelbgießerei hervorgegangene Unternehmen stellte unter der Leitung von Oberingenieur Karl Stulz ab 1905 Lastwagen, Omnibusse und angeblich auch Luxuswagen her. Die Besonderheit der Nutzfahrzeuge, darunter auch die des Omnibusses, bestand in der Verwendung eines zweiachsigen vorderen Drehgestells (Dolly genannt) nach den Patenten des Ingenieurs Albrecht. Der Wagenkasten mit dem Frontlenker-Fahrersitz wurde auf dieses vordere Fahrzeugteil aufgesattelt. Ein zweizylindriger Motor trieb mittels eines Zahnradsatzes (Vorgelege) und Wellentriebs per Ritzelantrieb die Hinterachse, exakt die Achse des »Aufliegers« an. 1907 wurde das Unternehmen nach dem Konkurs aufgelöst.

Bleichert

Adolf Bleichert & Co. AG,
Leipzig-Gohlis, Kaiser-Friedrich-Str. 22, 1937

1874 gründete Adolf Bleichert (1845 - 1911) eine Transportmaschinenfabrik zum Bau und Vertrieb von mechanischen Förderanlagen. Ab 1925 fertigte Bleichert als leichte Transportwagen mit batterie-elektrischem Antrieb sogenannte Elektrokarren, die unter dem Markennamen »Eidechse« einen hohen Bekanntheitsgrad erreichten. Davon ausgehend entstanden Anfang bis Mitte der dreißiger Jahre elektrische Lkw in Frontlenker-Bauweise oder auch mit kurzen Scheinmotorhauben straßentaugliche Lkw (zwei- und dreiachsig, teilweise mit Schwingachsen) für 1,5 bis 8,0 Tonnen Nutzlast. Sie wurden auch als Bleichert-»Stromwagen« bezeichnet.

Bleichert-Niederrahmen-Frontlenker-Kommunalfahrgestelle wurden 1937 in geringen Stückzahlen auch für Omnibusaufbauten geliefert. Die Firma N. Trutz in Coburg komplettierte zehn »Stromwagen«-Chassis mit geschweißten Ganzstahlaufbauten für 50 Sitzplätze. Abnehmer waren die Nürnberger Stadtwerke.

Unter der Bezeichnung VEB Bleichert (ab 1957 VEB Schwermaschinenbau, Verlade- und Transportanlagen) wurden in der SBZ/DDR unter anderem wieder Elektrotransporter und in einer neugeschaffenen westdeutschen Nachkriegskooperation Pohlig-Heckel-Bleichert in Köln ebenfalls »Eidechse«-Elektronutzfahrzeuge bis 2 Tonnen geliefert. Das bundesdeutsche Unternehmen ging 1962 in der PHB-Weserhütte-Gruppe auf. Der PHB-Bereich (ohne Weserhütte) stellte unter dem Firmen- und Markenbegriff MAFI-»Eidechse« weiterhin Elektro-Plattform- und Elektroschleppwagen her, seit 1986/87 in Schwieberdingen bei Stuttgart. Roll-on-Roll-off-Zugmaschinen stehen heute im Programm der MAFI. Der Leipziger Betrieb wurde hingegen nach der Wende aufgelöst.

Brennabor

Brennabor-Werk Gebr. Reichstein,
Brandenburg a. Havel, Schützenstraße
1926-1934

Zu den bedeutenden deutschen Pkw-Herstellern nach dem Ersten Weltkrieg zählten die 1871 gegründeten Brennabor-Werke in Brandenburg an der Havel. Die Brüder Carl, Adolph und Hermann Reichstein hatten das Unternehmen ursprünglich zur Fabrikation von Korbwaren und Kinderwagen eingerichtet. 1880 folgte der Bau von Fahrrädern, dem sich um die Jahrhundertwende die Fertigung von Motorrädern anschloss. Ab 1908 entstanden dann Personen- und Lieferwagen. Als Nutzfahrzeughersteller agierte Brennabor nach dem Ersten Weltkrieg. 1926 wurde das 3-Liter-Modell mit verlängertem Radstand und Rembrandt- und Weinberger-Karosserien als 14- bis 16-sitziger Zubringeromnibus gefertigt. Die Motorleistung betrug mit der Thermosiphonkühlung bis 1929 gut 45 PS, mit der anschließend eingebauten Wasserpumpenkühlung 53 PS. Die Reichspost erwarb 123 Exemplare dieser unter der Bezeichnung AST produzierten Baureihe. Weitere Exemplare mit Lindner-Karosserien gelangten in den Bestand der LuftHansa. Das Brennabor-Werk hatte übrigens als erster deutscher Automobilhersteller bereits 1924 das Fließbandverfahren in einem Ovalsystem eingeführt, nachdem Ingenieur Ernst Reichstein (1886 – 1977), vierter Sohn Carl Reichsteins, bei einem Studienaufenthalt

in Detroit/USA das moderne Fließbandverfahren kennengelernt hatte. Die Leitung des Automobilbaus übernahm in dieser Zeit der zweite Sohn Carl Reichsteins, Dr.-Ingenieur e. h. Carl jr. Reichstein (1985 – 1945), der im Mai 1945 auf seinem Landgut in Netzen von marodierenden sowjetischen Soldaten erschossen wurde, als er sich vor seine schweizerische Frau stellen wollte.

Die Weltwirtschaftskrise führte zur zeitweiligen Einstellung des Fahrzeugbaus. Nach einem Vergleichsverfahren lief die Automobilproduktion 1932 wieder an, um zwei Jahre später endgültig eingestellt zu werden. Die Familie Reichstein schied aus dem Unternehmen aus. Bis zum Zweiten Weltkrieg fertigte das Unternehmen wieder Kinderwagen, Fahrräder und Kleinkrafträder. Während des Krieges produzierte Brennabor Geschützlafetten, Kanonenrohre für Flugabwehrgeschütze, zusammenklappbare Fahrräder für die Fallschirmjäger sowie Baugruppen für das benachbarte Arado-Flugzeugwerk, was nach dem Krieg die völlige Demontage zur Folge hatte. Auf dem Werksgelände wurden ab 1948 Traktoren- und FAMO-Raupenschlepper gebaut, bis VEB-Planwirtschaftler den Betrieb Mitte der sechziger Jahre zum Getriebehersteller für das Ludwigsfelder IFA-Lastwagenwerk umwandelten. Im Sommer 1991 übernahm die Zahnradfabrik Friedrichshafen AG (ZF) das Brandenburger Werk.

32-PS-Brennabor Hotelomnibus, 1926.

45-PS-Brennabor AL 35 Aussichtswagen, 1927.

53-PS-Brennabor AST 38 Postomnibus, (Rembrandt-Aufbau) 1929.

BRENNABOR-KLEINOMNIBUSSE

Typ	Sitzplätze/ Stehplätze	Bauzeit	Zylinder	PS	K	B x H mm	Hubraum cm³	Drehzahl U/min	Radstand mm	Länge mm	Gewicht kg	Motor-hersteller	Typ	M	Bemerkungen
F/O		1913	4	28	W	82x123	2597	1800	3200	4600		Brennabor		V	
P 8/32	14/0	1925	4	32	Th	80x104	2091	2800				Brennabor		V	
AST 36	14/0	1926 - 28	6	45	W	77x111	3080	2400	3965	6000	2000	Brennabor	3 Ltr.	V	
3 Ltr.	15+1	1928	6	45	W	77x111	3080	2400				Brennabor	3 Ltr.	V	
AST	16/4	1929	6	45	W	77x111	3080	2400	3965	6000	1880	Brennabor	3 Ltr.	V	
AST 31	16/4	1929 - 31	6	53	W	77x111	3080	2400	3965	5770		Brennabor	3 Ltr.	V	ab 1931 auch Radstand 3000 mm

Büssing

Heinrich Büssing, Specialfabrik für Motorlastwagen, Motoromnibusse und Motoren,
Braunschweig, Elmstraße

1. 1903-1920 **Heinrich Büssing, Specialfabrik für Motorlastwagen, Motoromnibusse und Motoren,** Braunschweig, Elmstraße
2. 1920-1922 **Heinrich Büssing Automobilwerke KG**
3. 1922-1931 **Heinrich Büssing Automobilwerke AG,** Braunschweig Salzdahlumerstr.
4. 1931-1943 **Büssing-NAG, Vereinigte Nutzkraftwagenwerke AG,** Braunschweig, Heinrich-Büssing-Straße 40
5. 1943-1950 **Büssing-NAG Nutzkraftwagen GmbH**
6. 1950-1960 **Büssing Nutzkraftwagen GmbH**
7. 1960-1971 **Büssing-Automobil-Werke AG,** ab 1967 Salzgitter-Watenstedt, Industriestr. Mitte 159-179

Der Maschinenbau-Ingenieur Heinrich Büssing (1843 - 1929) richtete 1868 eine erste eigene Fabrik ein und baute dort Hochräder. Gemeinsam mit dem Kaufmann Max Jüdel gründete Heinrich Büssing 1871 die Eisenbahn-Signal-Bauanstalt Max Jüdel u. Co., die Sicherungsanlagen für die sich erweiternden Eisenbahnen herstellte. Um die Jahrhundertwende konstruierte Heinrich Büssing »mehr aus technischer Leidenschaft als aus wirtschaftlichen Absichten« sein erstes Fahrzeug, ein Fahrgestell mit Motor, auf das auch versuchsweise ein Omnibusgehäuse für zehn Personen aufgesetzt wurde. Eine verstellbare Riemenscheibe diente zur Geschwindigkeitsregelung. 50 km/h konnte dieser Motorwagen angeblich erreichen. An eine Serienfertigung dieser »Grauen Katze« (so der Spitzname der Konstruktion) dachte Büssing aber noch nicht.

20-PS-Büssing Oberdecker (Exportmodell), 1904.

20/25-PS-Büssing Typ IV B 25 »Stadtomnibus«, 1905.

20-PS-Büssing »Motoromnibus«, 1904.

Um sich ganz auf den neuen Technikzweig zu konzentrieren, trat Heinrich Büssing aus der Jüdelschen Fabrik aus und gründete mit seinen Söhnen Ernst (1867 - 1931) und Max (1875 - 1934) ein eigenes Unternehmen, das sich ausschließlich der »Entwicklung und Konstruktion von leistungsfähigen und wenig störanfälligen Lastwagen und Omnibussen«widmete. Die erste Fabrik entstand in einer still gelegten Wäscherei in der Braunschweiger Elmstraße. Das junge Unternehmen hatte fünf Arbeiter. Einen bedeutenden Anteil an der frühen Motoren- und Nutzfahrzeugentwicklung des Büssing-Werkes hatte der von der Motorenfabrik Kämper hinzugekommene Ingenieur Karl Schroeder (1881 - 1954), der später bei Lanz, Dürkopp, Krauss-Maffei und Magirus arbeitete.

Nachdem Büssings Unternehmen 1903 erste Lastwagenmodelle vorgestellt hatte, erschien 1904 ein erster Omnibus für zwölf Personen. Der Bus mit 20-PS-Vierzylindermotor wurde von der Büssing-eigenen »Automobil-Omnibus-Betriebs-Gesellschaft Braunschweig« erstmals am 3. Juni 1904 auf der Strecke Braunschweig-Wendeburg eingesetzt und bot eine bis dahin nicht gekannte Betriebssicherheit.

Wie beim damaligen Eisenbahnwagenbau üblich, bestand der Rahmen aus U-Trägern, versteift durch Unterzüge. Die Holzräder waren zunächst

58-9014
BÜSSING NUTZKRAFTWAGEN GMBH BRAUNSCHWEIG
BÜSSING

20-PS-Büssing Halb-Oberdecker, 1906.

25/30-PS-Büssing Typ IV B Überlandomnibus, 1907.

38-PS-Büssing Typ II-P Überlandbus mit Kardanantrieb (Baader-Aufbau), 1908.

eisen-, später gummiklotzbereift. Zu den Merkmalen des Büssing-Motors gehörten ein Niederspannungsmagnet mit von der Nockenwelle betätigten Zündstiften, die obenliegende, mittels Königswelle angetriebene Nockenwelle und seitlich in den Zylinderkopf hängende Ventile sowie ein überdimensionales Schwungrad. Der ursprüngliche Vierzylindermotor wurde mehrfach aufgebohrt und bis Anfang der zwanziger Jahre gebaut. Der Antrieb erfolgte über Ketten mit einer Kettenbrücke. Ein Dreiganggetriebe mit einem Rückwärtsgang befand sich in einem vorderen Getriebekasten, ein zusätzliches Zweiganggetriebe war in der Kettenbrücke eingebaut. Zur Vereinfachung wurde dieses umständlich zu betätigende Doppelgetriebe ein Jahr später durch ein normales Vierganggetriebe ersetzt. Gleichzeitig verfügte die Büssing-Konstruktion über eine Differentialsperre sowie die patentierte, rollengelagerte Hinterachsfederung. Ein Schutzblech über der Kette sollte »Verschmutzungen der Passagiere«beim Einsteigen verhindern. Der Aufbau wurde in der damals üblichen Hartspanten-Holzbauweise ausgeführt. Die höchstmögliche Geschwindigkeit betrug 30 km/h.

Nachdem sich dieser Bus auch auf der damals gefürchteten Torfhausstrecke im Harz bewährt hatte, wurde er in seine Einzelteile zerlegt und untersucht. Da sich keine Schäden gezeigt hatten, startete das Unternehmen bald mit 150 Arbeitern und »Beamten« (= Angestellten) die Serienproduktion. Die Kapazität seiner Busse erweiterte Büssing auf 19 Sitz- und 11 Stehplätze. Eine erste Serie von 50 Stück in einer offenen Doppeldeckversion (aufgrund fehlender oberer Fenster- und Dachpartie auch Decksitzomnibus genannt) wurde noch 1904 nach England an eine Stadtlinienbus-Betriebsgesellschaft in London verkauft.

Ab 1905 konnte Büssing weitere größere Fahrgestellserien und komplette Fahrzeuge an das englische Unternehmen verkaufen. Auch erwarb unter anderem das Londoner Unternehmen Sidney Straker & Squire bei Büssing eine Nachbau-Lizenz, später stieß zum Beispiel auch Alfa-Romeo zu den Büssing-Lizenznehmern.

Ins Modellprogramm der ersten Jahre gehörten bei Büssing auch Frontlenker-Ausführungen mit einem über dem Motor platzierten Fahrersitz; diese Omnibusse verfügten über einen seitlichen Einstieg samt Gepäckgalerie.

Die Nachfrage nach Büssing-Fahrzeugen wuchs ständig, schon 1906 musste das Werk erweitert werden. 600 Beschäftigte fertigten etwa 300 Nutzfahrzeuge im Jahr, Heinrich Büssing persönlich kümmerte sich um die Perfektionierung der Typen. So entwickelte er 1906 in Zusammenarbeit mit der Firma Continental in Hannover »Büssing-Hohlreifen für hohe Raddrücke«, auch Riesenluftreifen genannt, die teilweise für Omnibusse verwendet wurden. Größtes Modell des Werks war der 38-sitzige Decksitzomnibus in Frontlenker/Seat-over-engine-Bauweise mit hinterem 5-Personen-Stehperron, der 1907 in größerer Stückzahl an die Allgemeine Berliner Omnibus-Actien-Gesellschaft (ABOAG) ging.

Im Jahre 1909 erschien ein 23/30-PS-Modell in geschlossener Ausführung, also ein echter Doppeldecker mit 21 Sitz- und 9 Stehplätzen. Hinzu kam ein gleichstarkes Frontlenkerbaumuster für 31 Fahrgäste. Diese Fahrzeuge erreichten 24 km/h. Büssing gründete in jenem Jahr auch ein eigenes Fuhrunternehmen in Berlin. 1909 wurde es als Büssing-Kraftwagen-Betriebsgesellschaft mbH und ab 1920 als KVG Braunschweig geführt.

Auf Wunsch konnten die Omnibusse mit dem damals stärksten Büssing-Ottomotor, der 55 PS leistete, ausgerüstet werden. Gleichzeitig ging das Unternehmen bei den Omnibussen vom Ketten- auf den Kardanbetrieb über.

Unmittelbar vor dem Ersten Weltkrieg zählten die Büssing-Werke zu den größten Nutzfahrzeugherstellern der Welt. Eigene Verkaufsorganisationen in Russland, Italien, Holland, Schweden, Norwegen, Dänemark und in den USA sorgten für Exporterfolge. Die Modellpalette wuchs ständig, neben den Typen II, III und IV verdient der 36/38-PS-Überlandtyp von 1913 Erwähnung. Seine Karosserie hatte der Ingenieur, Kunstmaler- und Formgestalter Ernst Neumann-Neander entworfenen Karosserie. Kommerziell erfolgreicher war der 50 PS starke Doppeldeck-Omnibustyp mit Vorderradaufhängung an Schraubenfedern und Warmwasserheizung, der anschließend in großen Stückzahlen für die Leipziger Allgemeine Kraft-Omnibus-Gesellschaft gefertigt wurde.

Während des Ersten Weltkrieges ruhte der Omnibusbau. Die ersten Nachkriegsjahre gestalteten sich aufgrund von Streiks und billig auf den Markt angebotener Ex-Heeresfahrzeuge durch das Reichsverwertungsamt für das Büssing-Werk äußerst schwierig. Beim Neustart mit Omnibus-Modellen handelte es sich um die Vorkriegskonstruktionen, die wieder auf Band gelegt wurden. Doch schon 1920 standen wieder 1000 Mitarbeiter auf der Lohnliste. In diesem Jahr musste die Büssing OHG aufgrund der völlig veränderten wirtschaftlichen und technischen Grundlage in eine Kommanditgesellschaft und 1922 in eine Familien-Aktiengesellschaft umgewandelt werden. Einer der Vorstände, Paul Werners, und Chefkonstrukteur Willy Staniewicz unternahmen 1922 eine Studienreise in die USA, um dort die modernen nordamerikanischen Fertigungsmethoden in Großbetrieben der Automobilindustrie kennenzulernen. Nach ihrer Rückkehr strichen sie zunächst das etwa 350 Varianten umfassende Lkw- und Omnibus-Programm auf nur noch wenige, rationell zu fertigende Modelle zusammen. Der Betrieb wurde rationalisiert und die Fließbandarbeit vorbereitet. Für diese Serienfertigung, die ab 1926 in Gang kam, beschaffte das Unternehmen modernste amerikanische Werkzeugmaschinen. Von dem Grafiker Hermann Fischer ließ sich Büssing das markante Logo mit dem Braunschweiger Löwen gestalten. Die monatliche Produktion stieg 1927 auf 250 Lastwagen- und Omnibusfahrgestelle; 2400 Mitarbeiter wurden in dieser Zeit beschäftigt. In jenem Jahr konnte Büssing die konkurrierende Mannesmann-Mulag AG/Scheibler aufkaufen, zwei Jahre später stellten die Braunschweiger dort den Fahrzeugbau ein und richteten im Werk Aachen ein Reparatur-, Verkaufs- und Teilefertigung ein. Im Jahr der Weltwirtschaftskrise, sank der Jahresausstoß auf 1628 Einheiten bei einem Personalbestand von 2135 Mitarbeitern.

Zum neuen Büssing-Programm gehörten indes seit 1924 dreiachsige Lastwagen-und Omnibusse in 6x4-Bauweise, das heißt: mit zwei getriebenen Hinterachsen. Vom Verteilergetriebe aus setzten eine Kardanwelle links das Differentialgetriebe der ersten und eine weitere Kardanwelle das Differentialgetriebe der zweiten Hinterachse in Bewegung. Der erste Büssing-Dreiachs-Lkw des Typs VI GL und mit 55-PS-Vierzylinder-Ottomotor stand im September 1924 auf der Deutschen Automobil-Ausstellung (DAA) in Berlin, die Serienfertigung der 6x4-Kraftomnibusse beziehungsweise der dafür erforderlichen Fahrgestelle erfolgte ab 1925. Die ersten Großkunden rechtsgelenkter VI GL-Hochrahmen-Dreiachser waren ab 1925/26 die Dresdner Straßenbahn (mit Aufbauten der KVG-Sachsen-Hauptwerkstatt in Dresden, der Sächsischen Waggonfabrik in Werdau und der WUMAG in Görlitz), die KVG-Sachsen (mit eigenen Aufbauten und von Gottfried Lindner in Ammendorf), die HHA - Hamburger Hochbahn (mit Aufbauten von EVA-Wismar) und die ABOAG in Berlin (mit Ausflugsaufbauten der Waggonfabrik Falkenried in Hamburg).

20-PS-Büssing Ausflugsomnibus, 1912.

40-PS-Büssing Typ II F Omnibuszug, 1913.

35-PS-Büssing Typ II Omnibus-Cabriolet, 1913.

1927 bestand das Büssing-Busprogramm aus der Baureihe III GLn für Stadt-, Reise-und halboffene Aufsichtsaufbauten, aus der etwas größeren Typenreihe IV GLn, die sich auch für Berliner Doppelstockaufbauten eignete. Für die ABOAG fertigte Büssing 1927/28 dreiachsige VI GLn-Chassis mit zurückversetzter Vorderachse, für die damals größten Doppelstockbusse der Welt. Das bei den Berlinern unter der volkstümlichen Bezeichnung »Jumbo« bekannt gewordene Fahrzeug fuhr auf sechs Luftreifen. Im Innern war im Heck eine Treppe zum Oberdeck angebracht. Der 75 PS leistende Büssing-Sechszylindermotor C 3 der Ursprungsbaumuster trieb die beiden Hinterachsen an. Die Höchstgeschwindigkeit betrug 36 km/h. Die von der Berliner Busbetriebsgesellschaft mitentwickel-

40-PS-Büssing Typ III Überlandbus, 1914.

32/35-PS-Büssing Typ II, Überlandbus, 1923.

50-PS-Büssing Typ III R Oberdecker mit Kardanantrieb (Schumann-Aufbau), 1913.

35-PS-Büssing Typ II Omnibus-Cabriolet, 1921.

32/35-PS-Büssing Typ II »Oker« Überlandbus, 1919.

40/45-PS-Büssing Typ III G Oberdecker (ABOAG-Wagenbau-Aufbau), 1921.

ten Karosserien fertigten zunächst die ABOAG-eigenen Wagenbauwerke GmbH in Berlin-Treptow sowie die Waggonfabrik Uerdingen. Die ABOAG bestellte von diesem Modell 126 Exemplare, die bis zu 110 PS starke Reihensechszylinder-Ottomotoren (D 2) erhielten. Der Doppelstockaufbau bot bei 68 Sitzplätzen insgesamt 82 Fahrgästen Platz.

Nicht weniger beeindruckend war der »Lange Sachse« mit 160-PS-Sechszylindermotor, der in 23 Exemplaren bei der KVG Sachsen Dienst tat. Raucher- und Nichtraucherabteil, Buffet- und Waschraum sowie eine Toilette markierten hier einen bisher unerreichten Luxus im Reisebusverkehr.

Der erste Diesel-Omnibus (Typ IV GLn) des Unternehmens geht auf das Jahr 1927 zurück. Den 90 PS starken Sechszylinder mit 9,5 Litern Hubraum hatte der seit 1916 für Büssing tätige Konstruktionschef Paul Arendt (1893 - 1968) in Zusammenarbeit mit der Motorenfabrik Körting AG in Hannover-Linden entwickelt worden. Das Selbstzünder-Triebwerk arbeitete nach dem Vorkammerprinzip mit einem Schusskanal; die Vorkammer war bei dieser Bauart direkt über dem Zylinderkopf angeordnet.

Der Typ III GLn beziehungsweise seit 1930/31 Typ 50 N und später Typ 502 N wurde unter anderem mit einer röhrenförmigen Karosserie der Rembrandt-Werke in Delmenhorst unter der Bezeichnung »Tubus« (aus »tube« und »bus«) angeboten. Auf beiden Fahrzeugseiten waren Mitteleinstiege mit Schiebetüren angebracht. Das für die damalige Zeit futuristische Modell in Spanten-Leichtbauweise konnte sich aufgrund der ungünstigen Platzverhältnisse jedoch nicht durchsetzen.

1929 erhielt die Reichspost 43-sitzige Dreiachs-Ausflugsomnibusse mit einem 12 Meter langen Allwetterverdeck, das sich durch einen Elektromotor zurückfalten ließ. Verdeck und Aufbau stellte Trutz in Coburg her. Gleichzeitig karossierte dieses Unternehmen verschiedene Ausführungen des Typs III. Weitere Ganzstahlaufbauten des Dreiachsers fertigten in diesen Jahren die Karosseriefabrik Lange & Gutzeit in Berlin sowie Schumann in Werdau/Sachsen.

Eine weitere Büssing-Pionierleistung stellte der 1929 vorgestellte dreiachsige Frontlenkeromnibus mit der Bezeichnung 6 GR »Trambus« dar. Der bei diesem Modell verwendete 90-PS-Sechszylinder-Ottomotor C 4 saß auf einem Schlitten längs zur Fahrtrichtung zwischen Vorder- und erster Hinterachse. Die Maschine konnte zu Wartungsarbeiten seitlich herausgeschwenkt werden. Eine schrägliegende Kardanwelle mit einer Durchtriebsachse setzte beide Hinterachsen in Bewegung. Diese geniale Einbaulage erhöhte den nutzbaren Raum um 25 Prozent, außerdem war der Motor für Wartungsarbeiten leichter zugänglich. Die weitgehend mittragende, kastenförmige Leichtmetallkarosserie stellte die Hannoversche Waggonfabrik (HAWA) her. Der revolutionäre Entwurf blieb ein Einzelstück; Büssing ließ sich die Bezeichnung »Trambus« »für ein Fahrzeug mit waggonähnlichem Wagenkasten, der auch das Triebwerk enthält« als Gebrauchsmuster schützen.

1930 vereinbarte das Braunschweiger Unternehmen auf Druck der Danatbank (Darmstädter- und Nationalbank, Hausbank von Büssing und NAG) mit Wirkung zum 1. Januar 1931 eine Arbeitsgemeinschaft mit der in Schwierigkeiten geratenen AEG-Tochter NAG. Betroffen davon war ausschließlich der Nutzfahrzeugbereich, Büssing hatte die Federführung. Die neue Gesellschaft verfügte über Werke in Braunschweig, Berlin-Oberschöneweide (von der NAG zur weitergeführten Pkw-Herstellung gepachtet), in Leipzig-Wahren, in Elbing sowie in Aachen. Durch die Fusion mit der NAG stand neben einem abgestuften Lkw- auch ein gleichfalls gut abgestuftes Büssing-NAG-Omnibus-Programm zur Verfügung, das vom 15-sitzigen

55-PS-Büssing Typ VI GL »Sechsradwagen«-Prototyp (Schumann-Aufbau), 1923.

45-PS-Büssing Typ III G Oberdecker mit Pintsch-Sauggasanlage, 1924.

55-PS-Büssing Typ VI GL »Sechsradwagen«-Cabriolet (Trutz-Aufbau), 1924. (Foto: Karlheinz Hesse)

72-PS-Büssing Typ VI Gn,Linienbus des Büssing-eigenen Transportunternehmens, 1925.

80-PS-Büssing Typ VI Gn Linienbus (Schumann-Aufbau), 1925.

50-PS-Büssing Typ IV Gn Doppeldecker (Wagenbauwerke Treptow-Aufbau), 1927.

Kleinbus bis zum 80 Personen fassenden Doppeldecker reichte. Büssing stieg mit der Kapazität der ehemaligen NAG-Werke zum Branchenführer im Deutschen Reich auf. 1931 erwarb Büssing die Automobilfabrik Franz Komnick und Söhne AG in Elbing. Dieser Betriebsteil wurde fortan als Büssing-NAG »Werk Osten« bezeichnet. Es fertigte mit 400 Beschäftigten ab 1935 überwiegend Karosserien für Büssing-NAG-Stadtomnibusse; der Konzern beschäftigte inzwischen 6600 Mitarbeiter.

Zu den herausragenden Konstruktionen der frühen dreißiger Jahre gehörte der Sechsradtyp 80 N FDo, der bei der KVG Sachsen als Typ Fichtelberg lief. Die zweimotorigen 320-PS-Omnibusse mit einer Benzin- oder Treibgasversorgung waren die stärksten und schnellsten Großomnibusse der Welt und erreichten Spitzengeschwindigkeiten von 65 bis 85 km/h. Mit zugeschaltetem Maybach-Schnellganggetriebe schafften sie sogar 110 bis 120 km/h. Die beiden unter der breiten Haube stehenden Sechszylindermotoren mit gemeinsamem Kurbelgehäuse trieben synchrongeschaltet (im Tandemantrieb) jeweils eine Hinterachse an. Ein gemeinsamer Öl- und Kühlwasserkreislauf sorgte für gleichmäßige Temperatur, so dass der Fahrer jederzeit den zweiten Motor zuschalten konnte. Die KVG besaß fünf dieser vom Werk Werdau (vormals Sächsische Waggonfabrik) der Linke-Hofmann-Busch AG in Breslau und Bautzen karossierten

65-PS-Büssing Typ III GLn Überlandomnibus, 1927.

60-PS-Büssing Typ III GLB Aussichtswagen (EVA-Aufbau), 1927.

72-PS-Büssing Typ VI GLn Hochsitz-Ausflugswagen (Wagenbauwerke Treptow-Aufbau), 1927.

65-PS-Büssing Typ IV Gn »Stadtomnibus«, 1927.

Busse. Nur ein Exemplar überstand den Krieg und wurde 1949 mit einem 180-PS-VOMAG-Motor neu ausgestattet, der nur die eine Hinterachse antrieb. Schon 1952 wurde das Modell ausgemustert.

Mitte der 30er Jahre erreichte das leichtere und mittelgroße Büssing-NAG-Lieferprogramm vom Typ 25-ON bis 400-N (einschließlich von »Burglöwe«-Baumustern mit Ottomotoren) bis zu den entsprechenden neuen "Trambus"-Frontlenkerausführungen 285 T bis 400 T. Die Dieselleistungen aller dieser Typen bewegten sich zwischen 45 und 80/90 PS. Sie boten 20 bis 36 Fahrgastsitze und gehörten den 2,5- bis 4-Tonnen-Nutzlastklassen an. Hinzu kamen aus diesen Baureihen Sattelzugmaschinen der Typen SS und DS mit 65 und 90 PS für Omnibus-Auflieger mit bis zu rund 80 Personen. Als einzigen Fremdmotor verwendete Büssing-NAG ab 1932 wahlweise den 70-PS-Sechszylinder-Ottomotor OS 7 der Maybach Motorenwerke in den Typen 350-O und 400 (aus dem ehemaligen NAG-Presto-Programm). Abgesehen davon zeigte sich, dank des ausgeklügelten Baukastensystems, der Motorenbau weitgehend rationalisiert.

Die Basis bildete dabei die LD-Baukasten-Dieselreihe (110 mm Bohrung x 130 mm Hub), die bis in die Kriegszeit in Drei-, Vier-, Fünf- und Sechszylinder-Ausführungen mit 45 bis 95 PS und danach nur noch in sechszylindriger Version gebaut wurde (mit 100 bis 105 PS). Die Leistung des Sechszylinder-Dreiblock-Dieselmotors der zweiten Entwicklungsstufe wurde durch Aufbohren dann auf 145 PS gesteigert und in die Dreiachsmodelle 801/802 eingebaut. In einigen Exemplaren rüstete das Büssing-Werk diesen 13,5-Liter-Motor der Baureihe GD 6 auch auf den Holzgasbetrieb um. Die in Leipzig gebauten Modelle gab es auch mit den weiter entwickelten, schnelllaufenden Ottomotoren aus dem früheren NAG-Protos-Pkw-Bereich mit 65 bis 80 PS. Die Zwei- und Dreiachser mit elektrischen AEG-Aggregaten (2x41 kW) von 1933/34 kamen nicht über das Prototypen-Stadium hinaus. Auch der 1934/35 konstruierte dreiachsige »Reichsbahn-Schnellomnibus« vom Typ GDo mit zwei in Gummi gelagerten 140-PS-Motoren (zwei GD 6) blieb ein Einzelstück. Der erste, neben

85-PS-Büssing Typ VI GLn Doppeldecker (Schumann-Aufbau), 1927.

85-PS-Büssing Typ VI GLn mit Ganzstahlkarosserie (Uerdinger-Aufbau), 1927.

85-PS-Büssing Typ VI GLn Aussichtsomnibus (Rembrandt-Aufbau), 1927.

90-PS-Büssing Typ VI GLn Niederrahmen-Überlandbus (Trutz-Aufbau), 1927.

75-PS-Büssing Typ IV GnL Linienbus, 1929.

dem Fahrersitz stehende Motor trieb über ein ferngeschaltetes Getriebe in Wagenmitte die letzte Hinterachse an. Der im Heck untergebrachte zweite Motor setzt ebenfalls über ein ferngeschaltetes Getriebe die vordere Hinterachse in Bewegung. Mit dem insgesamt 280 PS leistenden Antrieb sollte der mit 40 bis 50 Personen besetzte Omnibus »ohne Überanstrengung der Maschinen« eine Geschwindigkeit von 120 km/h erreichen können. Wie gesagt: Dier Schnellomnibus blieb ein Prototyp, Büssing hatte mit der Fertigung des regulären Omnibus-Programm mit den Typenbezeichnungen 150, 200, 250, 275, 285, 300, 305, 350, 375, 40 N, 502 und 801/802 genug zu tun. Die Aufbauten dafür kamen übrigens nicht nur von den bekannten Büssing-Karossiers, sondern auch von den Firmen Jonas Jessen in Hamburg-Wandsbek, der Gothaer Waggonfabrik, der Waggonfabrik Gebrüder Credé & Co. in Niederzwehren/Kassel und der Frankfurter Karosseriefabrik FKF. 275-N- bis 350-O-Haubenbusfahrgestelle und 285-T- bis 400-T-Frontlenkerbus-Chassis wurden ab 1935 mit stromlinienförmigen beziehungsweise aerodynamisch ausgelegten Karosserien ausgestattet. Die Aufbauten stammten von den FWR-Fahrzeugwerke GmbH Karl Danz in Recklinghausen, von Gaubschat, aus dem BNV-Karosseriewerk Elbing, von Schumann-Werdau und von Karl Kässbohrer. Die Deutsche Reichsbahn setzte die bis zu 115 km/h flotten »Rundhauber« ab 1936/37 auf ihren Reichsautobahn-Schnellreisebuslinien ein.

Eine weitere bemerkenswerte Konstruktion stellten 19 zwei an die BVG gelieferte Dreiachsfahrgestelle mit 110/120-PS-Dieselmotor, Generator und Elektromotor. Diesem war ein Zwischengetriebe angeflanscht, welches die Kraft auf die beiden Antriebswellen abgab. Für das eine Fahrgestell wurde eine AEG-, für das andere eine Siemens-Schuckert-Anlage genutzt. Die in Doppeldecker-Ausführung eingesetzten Modelle bewährten sich im Linienverkehr nicht und wurden schon nach zwei Jahren mit einem Schaltgetriebe ausgestattet.

Auf der IAMA 1936 stellte Büssing-NAG das neue Kühlergesicht beziehungsweise die neue Kühlermaske vor, den sogenannten Wappenkühler:

oben mit dem Nutzfahrzeugwinkerartigen Büssing-NAG-Zeichen und darunter angeordneten horizontalen Zierleisten, die nach unten hin beidseitig einer senkrechten Chromleiste kürzer wurden. Dieses Kühlergesicht entwarf wieder der Künstler und Formtechniker Ernst Neumann-Neander. Das Wappenmuster zierte zudem die Vorderpartien der B-N-Trambusse. Zur Ablösung der Dreiachsmodelle 801/802 N präsentierten die Braunschweiger den Typ 900 N mit dem 135 PS leistenden 13,5-Liter-Sechszylinder-Diesel GD 6. Die eigentliche Sensation dieser Ausstellung bestand aber im 900 TU mit Unterflur-Antriebssystem. Der für 145 PS ausgelegte 13,7-Liter-Diesel UD 6 (ein Entwurf von Paul Arendt, der 1934 von der Hanomag AG wieder zu Büssing gestoßen war) lag links unterhalb des Fahrersitzes und trieb über eine mehrteilige Kardanwelle die Hinterachsen an. So war der gesamte Innenraum des Dreiachsers nutzbar. Eine Geruchsbelästigung und eine Erwärmung wie beim innen stehenden Motor mit seiner großen, oftmals undichten Abdeckung waren fortan ausgeschlossen. Dieser sich seit 1934 in der Entwicklung befindliche Büssing-NAG

90-PS-Büssing Typ 6 GR Mittelmotor-Omnibus (HAWA-Aufbau), 1929.

85/90-PS-Büssing-NAG 40 N »Tubus« (Rembrandt-Aufbau), 1931. (MAN-Werksfoto)

55-PS-Büssing-NAG Typ 275 D Ausflugsomnibus, 1932.

900 TU mit 30 Sitz- und 40 Stehplätzen gilt als der erste Dreiachs-Trambus mit einem Unterflur-Dieselmotor.

Der Dreiachser wurde bei der ÜSTRA in Hannover eingesetzt und nach 1945 bei Emmelmann zum Kleinbahn-Treibwagen für die Württembergische Eisenbahn-Gesellschaft umgebaut. Darüber hinaus gab es ein zweiachsiges Modell mit Uerdinger Karosserie; dieser 650 TU wurde in einigen wenigen Exemplaren noch vor dem Krieg ausgeliefert. In den folgenden Jahren bot Büssing-NAG weitere Unterflur-Typen an. Die unter dem Namen »Ubus« gefertigten Prototypen wurden nur in einer Vorserie zu Erprobungszwecken aufgelegt. Dem laufenden Rüstungsprogramm fielen alle weiteren BNV-Unterflurbuspläne zum Opfer; erst Ende der vierziger Jahre griff Büssing-NAG die Unterflurtechnik wieder auf.

In der zweiten Hälfte der dreißiger Jahre entstanden auf 900 N-Fahrgestellen (Niederrahmenchassis) zahlreiche Stadtlinien-, Ausflugs-, Reise- und Reichspostbus-Aufbauten mit 140/145 PS. Davon abgesehen gab es einige 900er-Busfahrgestelle, die lediglich mit dem 110/120 PS leistenden FD 6-Diesel ausgestattet waren, der im Allgemeinen zum Antrieb des 802 N-Baumusters gedient hatte. Das 6x4-Chassis 900 N nutzten die BNV und die Reichsbehörden ab 1938 zur Kapazitätsvergrößerung von Stadtomnibussen. Das Karosseriewerk »Osten« in Elbing versah die Fahrgestelle mit einstöckigen Stahlaufbauten, die einen Oberstock in Holzbauweise aufgesetzt bekamen. Unten und oben waren zusammen 62 Sitzplätze vorhanden. Dazu kamen 41 Stehplätze, so dass sich ein Gesamtfassungsvermögen von 103 Fahrgästen ergab.

Zum größten Vorkriegs-Bus der BNV avancierte der Trambusbolide 900 T (6x4) von 1938 mit GD 6-Diesel und 140 PS. Die Gesamtlänge des Busriesen betrug 13 Meter. In der dachrandverglasten Leichtstahlkarosserie gab es 39 Sitz- und 20 Stehplätze. Der Wagen hatte in Aufbaumitte eine Schiebe- und am Aufbauende eine Drehtür. Im Jahr 1939 kombinierten die Gaubschat-Fahrzeugwerke Dreiachser des Typs 900 N mit zweiachsigen Anhängern zu 22 Meter langen Ganzstahl-Omnibuszügen mit 34 plus 45 Sitzen (einschließlich Klappsitzen insgesamt 96). Als Kraftquelle dienten 170-PS-Ottomotoren des 13,5-Liter-Typs GV 6, eingerichtet für den Treibgasbetrieb. Der Antrieb erfolgte über ein vorverlegtes Differential und eine zusätzliche Ritzelübertragung. Ein Doppel-Kugelkopf-Spezialkupplung zur Betätigung der Allradlenkung starr mit 1,5 Meter Abstand gekuppelten Anhängers, dazu eine Faltenbalgverbindung vom Motorwa-

60/65-PS-Büssing-NAG Typ SS, von Lienen-Sattelzugomnibus, 1932.

75-PS-Büssing-NAG Typ 350 Luxus-Reisebus (Kässbohrer-Aufbau), 1933.

gen zum Hänger und die Dachrandverglasung waren weitere Merkmale des als »D-Zug der Landstraße« bezeichneten Großomnibusses. Die KVG Sachsen erwarb drei dieser imposanten Züge.

Während vereinzelt noch bis Ende der dreißiger Jahre die kleinen NAG-Typen ausgeliefert wurden, rundete 1937 der Trambus 400 T mit dem 95-PS-Motor die Frontlenkerlieferliste nach unten ab. Bei den ersten 550 T- und 650 T-Modellen ragte der Kühler charakteristischerweise noch aus der Vorderfront hervor. Er wurde bald darauf in die Frontlenker-Frontpartie miteinbezogen. Eine Art »Standard«-Stadtomnibus der ausgehenden dreißiger Jahre wurde der Frontlenker-Typ 500 T, der 1938 mit innenstehendem 95-PS-Diesel auf den Markt kam. Die Aufbauten stammten überwiegend aus dem Büssing-NAG-Karosseriewerk »Osten« in Elbing. Typisch für diese Trambusse war die Schiebetür hinter der Vorderachse.

1939 bestellte die BVG eine Großserie von 200 Büssing-Ein- und Doppeldeckern. Aufgrund der Umstellung der Industrie auf die Kriegswirtschaft kamen nur noch 25 Eindecker der Baureihe EDO 39 mit Trutz- und Schumann-Aufbau, 90 Doppeldecker der Baureihe D 38 mit Schumann- und Westwaggon-Aufbau sowie der Frontlenker-Prototyp DO 36 mit Orenstein & Koppel-Aufbau zur Auslieferung, wobei der Motor in der Leistung erheblich reduziert wurde.

Ab 1940 erhielt der Typ 500 T auf 105 PS gesteigerte Sechszylinder-LD 6-Diesel. Die Leistungserhöhung wurde durch eine Verbesserung der Vernebelung des Brennstoffs durch das hier verwendete Vorkammer/Wirbelkammerverfahren erzielt. Drei Mulden im Kolbenboden, die passend zu den drei Kraftstoffstrahlen eingegossen waren, bewirkten eine rationellere Verbrennung. Diese Methode wurde auch als Büssing-Vorkammer-Energiespeicherverfahren bezeichnet. Ab 1941 wurde der Trambus 500 T unter der neuen Schellplan-gerechten Typenbezeichnung 4500 T mit 107 PS starkem Dieselmotor angeboten. Der Kriegslage entsprechend erhielt der Frontlenkerbus immer stärker vereinfachte Karosserien des Elbinger Zweigwerkes. Dabei wurde schließlich Presspappe für die Seitenteile verwendet und einfaches Fensterglas eingesetzt. Bis Kriegsende konnte die Montage der fahrfertigen Chassis bei Büssing-Nag als schließlich letztem in der Kriegszeit verbliebenen Omnibushersteller in einer monatlichen Stückzahl von 50 bis 80 Exemplaren aufrechterhalten werden.

1943 kam es zur Auflösung der Familien-AG. Man wandelte sie in eine GmbH um. Rudolf Egger und Willy Staniewicz wurden im Rahmen der neuen Rechtsform zu Geschäftsführern ernannt.

Nachdem amerikanische und britische Truppen Anfang April 1945 die durch Luftangriffe schwer beschädigten Fertigungsstätten besetzt hatten, lief am 1. Mai 1945 unter freiem Himmel der erste Fünftonnen-Lkw der Nachkriegsproduktion vom Band.

2x41-kW-Büssing-NAG Obus Typ CuU 33F (Christoph & Unmack-Aufbau), 1933. (Foto: BVG)

95-PS-Büssing-NAG Typ 375 T Trambus-Prototyp, 1934.

90/110-PS-Büssing-NAG Typ 550 N mit integriertem Generator und zurückversetzter Vorderachse (Credé-Aufbau), 1934.

135/145-PS-Büssing-NAG 802 N Überlandbus (Düwag-Aufbau), 1931.

135/145-PS-Büssing-NAG Typ 802 N Linienbus (Düwag-Aufbau), 1934.

360-PS-Büssing-NAG Typ 80 NFDo »Fichtelberg« Linienbus (LHB-Aufbau), 1934. (MAN-Werksfoto)

Neben dem ehemaligen Kriegslastwagen 4500/5000 S wurden Ende 1945 auch 45 Fahrgestelle des Trambus/Modells 500 T/4500 T gefertigt, wobei sich die vierstellige Zahlenangabe auf die Belastungsfähigkeit in Kilogramm bezog.

Da das unbeschädigte Elbinger Karosseriewerk nicht mehr zur Verfügung stand, lieferte Büssing-NAG seine Niederrahmenfahrgestelle vor allem an die Firmen Ludewig, Fahrzeugwerke Recklinghausen Karl Danz und Kässbohrer. Charakteristisch für die kastenförmigen Aufbauten war eine annähernd mittig angeordnete Schiebetür als einzige Ein- und Ausstiegsmöglichkeit. Die für 52 Fahrgäste ausgelegten Fahrzeuge verfügten über maximal 32 Sitzplätze und sie erreichten mit Schnellgang eine Geschwindigkeit von 66 km/h.

Nachdem Ende 1945 wieder über 3400 Mitarbeiter beschäftigt wurden, konnten bis 1949 knapp 1500 Omnibus-Chassis ausgeliefert werden; überwiegend vom Vorkriegs-Typ 500 T und seinen Weiterentwicklungen 4500 T und 5000 T. Auf der technischen Exportmesse von 1949 in Hannover stellte das Büssing-NAG-Werk dann den neuen Typ 5000 TU vor, der als erster Großserien-Trambus der Nachkriegsproduktion mit einem hinter der Vorderachse rechts angebrachten Unterflurdiesel ausgestattet war. Den formschönen von Büssing konstruierten Aufbau produzierte zunächst die FAKA. Dieses Modell löste die bisherige Trambus-Bauart endgültig ab. Die Unterflurtechnik erlaubte eine tiefere Schwerpunktlage mit günstigeren Fahreigenschaften, eine gleichmäßigere Gewichtsverteilung bei leerem oder belastetem Fahrzeug, und eine volle Ausnutzung des Fahrgastraums für die Transportaufgabe konnte erzielt werden. Darüber hinaus ließen sich die Lärm- und Geruchsbelästigung im Innenraum fast vollständig vermeiden. Allerdings erforderte die Konzeption des Unterflurmotors einen wesentlich erhöhten Konstruktionsaufwand und bedingte einen etwas höheren Wagenboden.

Nach Büssing-Plänen karossierte die Firma Emmelmann in Hannover, die zeitweise zum größten Büssing-Aufbauten-Hersteller aufstieg, die Unterflurdiesel-Fahrgestelle. Ebenfalls nach Büssing-Vorgaben komplettierten die FAKA, die Niedersächsische Waggonfabrik sowie Uerdingen Büssing-Bodengruppen in halbselbsttragenden Aufbauten. Die ersten 5000 TU-Modelle gingen an die Stadtwerke Wuppertal und in 20 Exemplaren mit eigenen Aufbauten an die Verkehrsbetriebe in Kairo/Ägypten.

Im Rahmen einer Neuordnung der AEG, die über ihre Marke NAG Teilhaberin an der Büssing-NAG war, konnte die Familie Büssing zum Jahresbeginn 1950 die entsprechenden AEG-Aktienanteile übernehmen. Das Unternehmen wurde zum Jahresbeginn 1950 wieder in eine reine Familiengesellschaft als Büssing-Nutzkraftwagen GmbH umgewandelt.

Büssing entwickelte sich mit seinen Bussen der Eigen- und Auftragsfertigung in dieser Zeit zum Marktführer, im September 1950 wurde bereits das 10.000. Büssing-Nachkriegsfahrzeugs gefeiert. Die Produktion verteilte sich in dieser Zeit zu einem Drittel auf Omnibusse, zu zwei Dritteln auf Lastwagen. Die Exportquote betrug anfangs 20 Prozent, stieg aber bald auf 55 Prozent. Die Belegschaft wuchs auf 1400 Mitarbeiter an.

1951 wurde die Kurzbezeichnung der Büssing-Frontlenker-»Trambusse« mit Unterflurdiesel in »TU« umgewandelt. Zum gleichen Zeitpunkt erhöhte man die Nutzlast der Fahrzeuge. Der Rahmen wurde im Heck abgesenkt, um auch die Stahlplattform aufnehmen zu können. Die Vorderfront erhielt jetzt eine breite Zierspange. Erste Omnibusse in selbsttragender Bauweise stellte die Waggonfabrik Uerdingen in Gemischtbauweise mit angelieferten Fahrwerksteilen her. Sie konnten sich allerdings noch nicht durchsetzen.

Zu den Neuheiten der Jahre 1950/51 gehörten die ersten Nachkriegs-Dreiachs-Doppeldecker (gebaut von der Karosseriefabrik Nikolaus Trutz für die Lübeck-Travemünder Verkehrs AG auf gebrauchten Vorkriegs-Haubenfahrgestellen des Typs B-N-»BVG 800/136«) sowie der neu konstruierte Dreiachs-Frontlenker-Doppeldecker 12000 T mit 180-PS-Unterflurdiesel U 13 (ab 1954: U 15, 200 PS).

Eine neue Generation von Zweiachsern erschien ebenfalls zu dieser Zeit, der dabei erstmals verwendete 10-Liter-Unterflurdiesel U 10 mit 150 PS wurde bis in die sechziger Jahre hinein verwendet.

1953 wurden die Trambusreihen 5000 T und 5000 TU nach 3053 Einheiten durch den belastbareren und Unterflurtyp 6000 T abgelöst, anfänglich mit 135-PS-, dann aber mit dem neuen 150-PS-Motor U 10. Der Kunde konnte zwischen einem unsynchronisierten Fünfgang- oder einem automatischen Voith-Diwabus-Getriebe wählen. Eine Besonderheit war die Pkw-mäßige Drehstabstabilisierung, die Seitenneigungen in den Kurven verhindern sollte.

Das Fahrgestell wurde wiederum an verschiedene Aufbautenhersteller wie beispielsweise Peter Bauer, Emmelmann, FAKA, Gaubschat, Jessen, Kässbohrer, Ludewig, Steib, Trutz, Uerdingen, Vetter und Westwaggon abgegeben.

1954 folgte der Typ 6500 T. Gegenüber dem 6000 T besaß dieses Baumuster eine geteilte, leicht seitlich herumgezogene Panoramascheibe, so dass die bisherigen Seitenstege entfallen konnten. Bei der Stadtbusversion erhielt der hintere Stehperron eine breite Falttür. Die bis 1957 gefertigte Busfamilie 6000 T/6500 T erreichte eine Stückzahl von 4111 Exemplaren.

Als Neuheit kam 1954 der kleine Omnibustyp 4000 T hinzu, der nun erstmals in der neuen Büssing-Verbundbauweise die Werkshallen verließ. Die fahrfähige, aber nicht belastbare Bodengruppe war besonders leicht

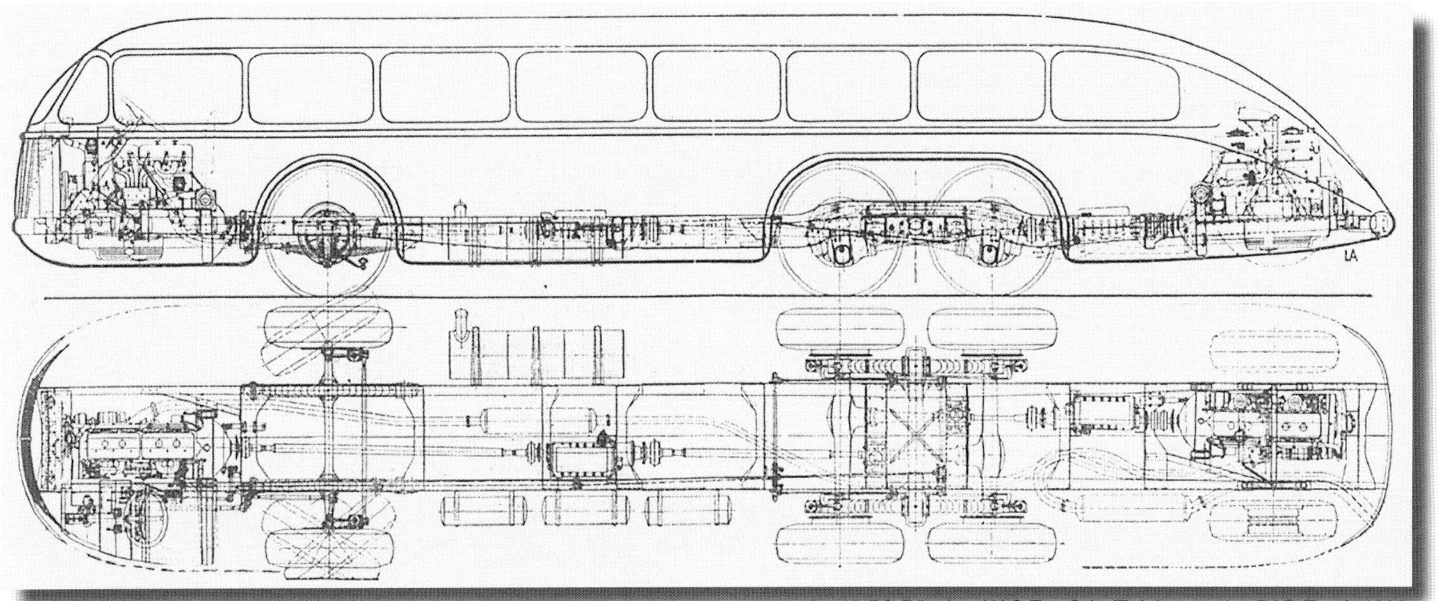

2x145-PS-Büssing-NAG Typ Gdo (Zeichnung des RAB-Typs), 1935.

90/95-PS-Büssing-NAG Typ 350 T Ausflugsomnibus (Gaubschat-Aufbau), 1935.

75-PS-Büssing-NAG Typ 350 O RAB-Schnellreisebus (Recklinghausen-Aufbau), 1936.

130-PS-Büssing-NAG Typ 900 N Linienbus (Düwag-Aufbau), 1936.

145-PS-Büssing-NAG Typ 650 TU (Erstes Unterflurmodell, Kässbohrer-Aufbau), 1936.

145-PS-Büssing-NAG Typ 650 N Reisebus (Düwag-Aufbau), 1936.

140/150-PS-Büssing-NAG Typ 900 TU (Zweites Unterflurmodell, Düwag-Aufbau), 1936.

95-PS-Büssing-NAG Typ 400 T »Trambus« (Elbing-Aufbau), 1937.

95-PS-Büssing-NAG Typ 400 (Ottenbacher Aufbau), 1937.

95-PS-Büssing-NAG Typ 400 N Gaubschat-Omnibuszug, 1937.

110/120-PS-Büssing-NAG Typ 502 N Postomnibus (Düwag-Aufbau), 1937.

80-PS-Büssing-NAG Typ 350 T »Trambus«, 1937.

60/65-PS-Büssing-NAG Typ 30 »Burglöwe« (Elbing-Aufbau), 1938. (MAN-Werksfoto)

145-PS-Büssing-NAG Typ 650 T »Trambus« (Düwag-Aufbau), 1937. (Foto: ESWE Wiesbaden)

ausgeführt und erhielt ihre Stabilität erst durch den aufgesetzten Karosserieteil in Gitterbauweise. Mit dieser Verbundbauweise ging Büssing von den schweren Rahmenfahrgestellen ab, konnte aber trotzdem die Karosseriehersteller mit Fahrwerksgruppen beliefern. Für Vortrieb sorgte der neue 5,4-Liter-Unterflurdiesel der Baureihe U 5 mit 100 PS. Einschließlich des bis 1957 gebauten Nachfolgemodells 4500 T konnten insgesamt 1169 Exemplare dieser Typfamilie gefertigt werden, wobei 200 Omnibusse nach Kolumbien gingen.

Büssing erreichte 1954 mit 1322 gebauten Omnibussen seine bis dahin höchste Jahresproduktion; die Büssing-eigene Linien- und Reisebusse entstanden im Werk Braunschweig-Querum.

1955 folgte eine Abkehr von der bisherigen Typenbezeichnung. Die Buchstabenkombination TU und der nach oben abgerundeten Hubraumangabe des Motors in Litern lösten die alten Tragfähigkeitsbezeichnungen ab. Erste entsprechend bezeichnete Neumodelle waren der TU 7 mit 130, später 145 PS und der TU 11 mit 145 und 170 PS. Beide Fahrzeuge waren in Verbundbauweise gefertigt. Sechsgang-Allklauengetriebe, Büssing-Vierganggetriebe mit Lenkstockschaltung oder Voith-Diwabus-Ge-

135/145-PS-Büssing-NAG Typ 650 T Aussichtsomnibus mit Golde-Schiebedach (Gaubschat-Aufbau), 1938.

65-PS-Büssing-NAG Typ 275 T »Trambus«, 1939.

160-PS-Büssing-NAG Bü Do 36 Doppeldecker-Prototyp (O& K-Aufbau), 1939.

90-PS-Büssing-NAG Typ 375 T »Trambus« (Kässbohrer-Aufbau), 1939.

105-PS-Büssing-NAG 500 T (Schumann-Aufbau), 1938.

105-PS-Büssing-NAG Typ 500 T »Trambus« (Elbing-Aufbau), 1939.

145-PS-Büssing-NAG D 38 Doppeldecker als Fahrschulwagen im Jahre 1953 (Schumann-Aufbau), 1939. (Foto: BVG)

160-PS-Büssing-NAG Bü E D 39 Linienbus (Schumann-Aufbau), 1941. (Foto: BVG)

105-PS-Büssing-NAG Typ 4500 T »Kriegsomnibus« (Kässbohrer-Aufbau), 1942. (Foto: ESWE Wiesbaden)

160/170-PS-Büssing-NAG Typ 900 Stadtgas-Omnibuszug, 1946.

triebe gehörten je nach Kundenwunsch zur Ausstattung. Neben den Doppeldeckern bot das Büssing-Werk als eine »Lösung des Massentransports in den Städten« nunmehr auch Gelenkzüge an. Die Firmen Bauer, Emmelmann, FAKA, Gaubschat, Kässbohrer, Steib und Vetter erstellten die Karosserien. Zunächst wurde der Typ 6500 T, später der Nachfolger TU 10 in Rahmenbauweise verwendet. Die Gelenkbusse ersetzten die ab 1960 nicht mehr zugelassenen Omnibus-Anhängerzüge. Der Zugwagen besaß eine Warmwasserheizung, der Nachläufer eine Webasto-Ölheizung.

Schließlich kam 1955 als weitere Bauart, abgesehen von dem Reise-Eineinhalbdeckern, der 6500 T Aero als Linien-Halbdecker für den Stadtverkehr hinzu. Diese Bauart bot sich als »dritte Lösung des Massentransports« an. Aufgrund der kompakten Bauhöhe von zirka 3,7 Metern gegenüber dem über 4 Meter hohen Doppeldecker wurde diese Version vor allem von Städten mit niedrigen Brückendurchfahrten bevorzugt. Mit dem U 5- und dem U 10-Diesel wurden in dieser Zeit Omnibusse der österreichischen Firma Graf & Stift AG in Wien und der schweizerischen MOWAG AG in Kreuzungen ausgestattet. Das Wiener Fahrzeugwerk verwendete anschließend den U 11-Diesel für Doppeldecker und für Gelenkbusse.

105-PS-Büssing-NAG Typ 500 T Stadtgasomnibus (Credé-Aufbau), 1941.

105-PS-Büssing-NAG 5000 T Linienbus (Ludewig-Aufbau), 1948. (Foto: Willi Roesel)

105-PS-Büssing-NAG 5000 T Linienbus (Ludewig-Aufbau), 1948. (Foto: Willi Roesel)

105-PS-Büssing-NAG 5000 T Reisebus (Kässbohrer-Aufbau), 1949.

105-PS-Büssing-NAG 5000 T »Aero« Anderthalbdecker Reisebus (Ludewig-Aufbau), 1949.

Probleme im Schwerlastwagenbau stürzten das Unternehmen 1956/57 in eine Existenzkrise; 2000 Mitarbeiter mussten vorübergehend entlassen werden - was nichts daran änderte, dass im Krisenjahr Büssing mit bedeutenden Neuerungen aufwarten konnte. So brachte 1957 die Ablösung des Typ 4500 T durch den Verbundbauweisetyp TU 5 mit 110 PS, den neuen TU 7 S nun in selbsttragender Bauweise mit dem 130-PS-Unterflurdiesel sowie den 6500 T-Nachfolger TU 10. Typisches Merkmal dieser Busse war die Stoßstange mit Luftschlitzen zur Kühlluftzuführung und die neuerdings lieferbare Luftfederung: Büssing produzierte somit als erster deutscher Bushersteller serienmäßig luftgefederte Omnibusse.

1959 stellte Büssing die zweite Generation von Nachkriegsbussen vor. Hauptmerkmal dieser neuen Baureihe war die Abkehr vom kastenförmigen Styling zu einer völlig neu gestalteten, flüssigeren Karosserieform. Diese Omnibusse wurden einerseits in Verbundbauweise mit einer leichten Bodengruppe sowie mit Blatt- und Gummihohlfedern gefertigt. Somit konnten sie auch weiterhin an Fremdkarossiers abgegeben werden. Andererseits ging Büssing zur sogenannten Röhrenbauart über. Bei dieser selbsttragenden Bauart wurde die Bodenplatte mit einem schubfreien Gerippe, mit Fachwerkträger-Seitenwänden und mit einer Dachplatte verschweißt, wobei die aufgenieteten Seitenwände aus Leichtmetall keine tragende Funktion übernahmen und bei Beschädigungen leicht ausgetauscht werden konnten. Die Röhrenbaumuster erhielten zumeist (12/13 RU 7 H-Röhre) senkrechte Fensterholme, die Verbundbautypen (11 RU 7 H-Verbund) schräggezogene Fensterholme.

Das erste neue Modell dieser Bauart war der 11 RU 7 H (11 Sitzreihen, Röhrenbauweise, Unterflurdiesel, 7-Liter-Maschine, Heckmotor). Bei einem Eigengewicht von 7 Tonnen besaß der 145 PS starke Leichtbau-Stadtlinienbus eine Nutzlast von 7,2 Tonnen, was dem Gewicht von 32 sitzenden und 44 stehenden Fahrgästen entsprach.

In den Folgejahren entstanden zahlreiche weitere RU-Typen mit verschiedenen Radständen und Motorvarianten. Weiterhin standen im Programm die Typen TU 5 und TU 7 in Ganzstahl-Verbund-, die Typen TU 55 und TU 10 (als Doppeldecker) in selbsttragender Bauweise und der 1955

135-PS-Büssing-NAG 5000 TU Linienbus-Prototyp, 1950. (MAN-Werksfoto)

135-PS-Büssing-NAG 5000 TU Postomnibus (Büssing-Aufbau), 1950. (MAN-Werksfoto)

150-PS-Büssing 6000 T Linienbus, 1952. (MAN-Werksfoto)

150-PS-Büssing 6000 T Überlandbus (Ludewig-Aufbau), 1952.

150-PS-Büssing 6000 T Reisebus (FKF-Aufbau), 1952.

erschienene TU 11 in Verbundbauweise. Die Verbundfahrgestelle mit dem zwischen den Achsen liegenden Motor wurden an verschiedene Aufbautenhersteller wie Emmelmann, Gaubschat, Kässbohrer, Ludewig, Waggonfabrik Uerdingen und Vetter geliefert; Omnibusse in Röhrenbauweise wurden dagegen vollständig im Büssing-Werk gefertigt. Die Verbundtypen mit Büssing-Reisebusaufbauten kamen aus der Hubertia Fahrzeugfabrik in Küps/Franken.

Auf dem Fahrgestell des Lastwagens LU 55 stellte das Querumer Büssing-Werk den kompakten Einfach-Omnibus TU 55 mit 30 bis 38 Sitzplätzen in 200 Einheiten für die Bundeswehr her. Sein Unterflurdiesel leistete 110 PS. Auch in einer zivilen Version mit einem verlängerten hinteren Überhang wurde dieser Bus als Typ 8 RU 5 in der Küpser Fertigungsstätte produziert. Anstelle der üblichen Luftfederungen besaßen diese Ausführungen einfache Stahl-Gummi-Federungen.

1960 änderte Büssing die Firmenstruktur und erhielt die Rechtsform einer Aktiengesellschaft, diesmal unter der Bezeichnung Büssing Automobilwerke AG.

Mit Beginn des Modelljahrgangs 1961/62 ergänzte Büssing die technisch orientierten Typenbezeichnungen in seinem Dreitypenprogramm durch die Verkaufsbezeichnungen »Konsul«, »Senator« und »Präsident«.

Der ehemalige Reisebus 8 RU 5 mutierte zum Konsul 10 R, mit verlängertem Radstand zum Konsul 11 R. Die Röhrenbaumuster 11 RU bis 15 RU erhielten als Linienverkehrsbusse die Zusatzbezeichnung Senator mit der Angabe der Sitzreihenanzahl; der Röhrenbautyp 14 RU 10 mit 150 oder 170 PS wurde nun mit der zusätzlichen Bezeichnung Präsident als Stadt- und als Überlandbus geführt. Gegenüber der Senator-Baureihe wiesen diese Fahrzeuge mit dem in Fahrzeugmitte montierten Unterflurdieselmotoren eine kantigere Karosseriegestaltung auf. Drei unterschiedliche Radstände und vier verschiedene Fahrzeuglängen konnten

180-PS-Büssing 12000 T Ausflugsomnibus, 1952. (MAN-Werksfoto)

entsprechend dem jeweiligen Einsatzzweck gewählt werden. Auf Präsident-Verbund-Fahrgestellen entstanden Ludewig-Eineinhalbdecker und Gelenkzüge mit Ludewig- und DÜWAG-Aufbauten. Der Präsident-Gelenkzug erhielt 1965 den neuen 11,6-Liter-Direkteinspritzer-Unterflurdiesel U 11 D, der auf 185 PS eingestellt war.

Büssing erzielte mit diesen Gelenkbus-Baureihen in den sechziger Jahren einen Marktanteil von 44, mit der Eineinhalbdecker-Baureihe sogar einen Marktanteil von 82,5 Prozent. Bei den Eindeckern erreichte Büssing eine Zulassungsquote von über 50 Prozent. Trotzdem kam das Unternehmen nicht aus Krisen heraus.

1962 rief der Aufsichtsrat Dr.-Ing. Oswald Putze von der Salzgitter AG und den Linke-Hofmann-Busch-Werken (LHB) in den Vorstand; Putze hatte bis in den Krieg hinein die Breslauer LHB-Werke geführt. Die Salzgitter AG erwarb eine Sperrminorität von 35,5 Prozent an dem Braunschweiger Lastwagen- und Omnibusunternehmen. Der Salzgitter-Anteil kletterte 1964 auf 55, 1965 auf 75,3 und 1968 schließlich auf 100 Prozent.

Da das Büssing-Karosseriewerk in Braunschweig-Querum vollständig ausgelastet war, fertigte die Krauss-Maffei AG in München im Lohnauftrag den Luxus-Reisebus KMS 12 R mit Aggregaten der Senator-Baureihe. Anstelle der Luftfederung kamen vorne die Krauss-Maffei-Einzelradaufhängung mit Schraubenfedern und hinten die Starrachse mit Blattfederung zum Einbau. Nach der Einstellung des Krauss-Maffei-Omnibusbaus in den Jahren 1964/65 wurde die KMS 12 R-Montage in das neu errichtete Büssing-Werk in Emden verlagert. Nach dem Auslaufen dieser Modellreihe wurde das Werk Emden an die Volkswagenwerk AG verkauft.

1965 begann die Umsiedlung einzelner Braunschweiger Werksteile in die neuen 60.000 m² großen Anlagen nach Salzgitter-Watenstedt. Gleichzeitig entstand bei Salzgitter ein neues Entwicklungszentrum. Die verbliebenen Werksteile in Braunschweig-Querum standen fortan ausschließlich dem Aggregatbau zur Verfügung. In Salzgitter entstand auch ein Entwicklungszentrum, das zusammen mit Linke-Hofmann-Busch für die Erprobung von Straßen- und Schienenfahrzeugen betrieben wurde.

Der Konsul-Reisebus wurde mit eigenen Karosserien aus dem Werk Küps und mit Emmelmann-Aufbauten angeboten. Mit ihren kantigen Scheinwerfern entsprachen sie dem zeitgenössischen Geschmack. Die Baureihe Senator mit dem Motor zwischen den Achsen benannte Büssing 1965 in Präfekt um, lieferbar mit dem bewährten 150-PS-Unterflurdiesel (7,4 L) und dem auf 170 PS gedrosselte U 11-200-Unterflurmotor (11,4 L). Die Achsführung übernahmen Längs- und Winkellenker, so dass die Führungsblattfedern entfallen konnten. Für den von der BVG angestrebten Einmannbetrieb karossierte die Orenstein & Koppel AG in Berlin-Spandau einen neuen Doppelstockbus mit 90 Sitz- und 8 Stehplätzen. Der 150-PS-Motor U 7 mit einem Voith-Diwabus-Getriebe kam

150-PS-Büssing 6000 T Elze Linienbus (Graaff-Aufbau), 1954.

180-PS-Büssing Bü D 3U Doppeldecker, 1952. (Foto: BVG-Archiv)

150-PS-Büssing 6000 T Reise-Anderthalbdecker (G. Auwärter-Aufbau), 1953.

in diesen insgesamt 641 gefertigten Einheiten zum Einbau. Außer dem Konsul-Typ besaßen nun alle Büssing-Omnibus-Modelle Luftfederungen. Die Präfekt-Modelle 11, 13 und 15 kamen zunehmend mit eigenem oder mit Emmelmann-Karosserien als Reisebusse auf den Markt. Das Präsident-Verbund-Gelenkbusmodell wurde 1966 in einigen Exemplaren auch als Obus-Gelenkzüge mit 120-kW-SSW-Motoren ausgerüstet.

Mit einer Jahresproduktion von 1166 Omnibussen mit den Baureihen Konsul, Präfekt und Präsident war Büssing 1966 drittgrößter deutscher Omnibushersteller. Das Reisebusgeschäft florierte, bei den Linienbussen dagegen wurde – trotz eines Marktanteils von 54 Prozent – seit dem Geschäftsjahr 1962/63 kein Gewinn mehr erwirtschaftet. 1967 präsentierte das nun in Salzgitter beheimatete Unternehmen die dritte Linienbus-Nachfolgegeneration, den Typ Präfekt 13 VÖV. Es handelte sich dabei zunächst um einen Prototyp, entsprechend den Stadtlinienbus-Standardisierungsempfehlungen des Verbands öffentlicher Verkehrsbetriebe e.V. (VÖV). Der Präfekt 13 war selbsttragend und besaß ein Fahrwerk mit an Längs- und Querlenkern exakt geführte Starrachsen, das später auch für die anderen

100-PS-Büssing 4000 T Reisebus (Emmelmann-Aufbau), 1954.

100-PS-Büssing 4000 T Linienbus, 1954.

Baureihen übernommen wurde. Luftfederungen vorn und hinten sorgten auch hier für guten Fahrkomfort und eine stabile Lage des Fahrzeugs bei ungleichmäßiger Belastung. Um eine niedrige Bodenhöhe zu erzielen, war der 7,4-Liter-Unterflurdiesel im Heck liegend eingebaut (als U 7 D Direkteinspritzer mit 155 PS). Neben diesem Büssing-Prototyp wurde auch die bisherige Präfekt-Serie damit ausgestattet. Darüber hinaus wurden die bekannten Modelle Präfekt, die Solo- und Gelenkwagen und die Anderthalbdecker der Baureihe Präsident 14 bis 22 auf Direkteinspritzung ausgelegt. Der 11,6-Liter-Direkteinspritzmotor U 11 D leistete nun 210 PS.

Die Fertigung des letztlich untermotorisierten Typs Konsul endete 1968 – er war zum Schluss als Konsul 11 K mit U 5-Motor praktisch nur noch für die Bundeswehr gebaut worden –; seine Nachfolge trat der Reisebus Präfekt 15 in Verbund-Bauweise mit dem 210-PS-Unterflurdiesel. Der klassische Büssing-Grill mit der aufwendig verchromten Spange zierte den Frontbereich. Neu in jenem Jahr war der Doppeldecker Präfekt Do 26, dessen Linie der Designer Louis L. Lepoix (1918 - 1998) entworfen hatte. Eine elektronische Anzeige informierte den Fahrer über die Zahl der besetzten Plätze. Die Stadtwerke in Frankfurt a. Main bestellten 21 Exemplare davon. Die mangelhafte Verarbeitung erforderte eine rasche Einschweißung von Verstärkungsprofilen im Ludewig-Werk. Auch die Schweizer Fluggesellschaft Swissair erwarb einige Modelle für den Flughafen-Zubringerdienst. An diese Doppeldeckbusse wurde ein Gepäckanhänger angekuppelt. Das Watenstedter Werk, mit einer Tagesleistung von vier Einheiten, feierte übrigens 1968 die Auslieferung des 1000. Komplettbusses seit der Verlagerung im Jahre 1965 feiern. Die Omnibusfertigung bei Büssing erreichte 1968 mit 1459 Exemplaren den Nachkriegshöhepunkt.

Politische Überlegungen führten 1967 zur Kooperation zwischen Büssing und MAN. Der Münchner Nutzfahrzeughersteller erwarb 25 Prozent der Aktienanteile aus dem Besitz der Salzgitter-Gruppe. Unmittelbare Auswirkungen auf die neuen VÖV-gemäßen Stadtlinienbusse Präfekt

150-PS-Büssing 6000 T Kässbohrer-Gelenkzug, 1954.

11-Standard, Präfekt 13 D-Standard und Präfekt 14-Standard (spätere BS 100 V, BS 110 V und BS 113 N) hatte das allerdings nicht. Drei Radstände standen zur Verfügung, für 9,6 sowie 11,0 und 11,3 Meter Länge. Der BS 113 N (alle Sitze in Fahrtrichtung, kein Kofferraum) war letztendlich der Vorläufer des MAN-Büssing SU 210 von 1971, der in größeren Stückzahlen produziert wurde. 1969 änderte Büssing erneut das Bezeichnungsschema der Präfekt-Baureihen. Die nunmehr verwendete Abkürzung »BS« stand traditionell für Büssing-Braunschweig. Ein zusätzliches »E« wies auf die Emmelmann-Fertigung hin (beispielsweise BSE 120 GT/T/N); die nachfolgende dreistellige Zahl gab in Dezimetern die Fahrzeuglänge an. Dahinter standen für den Einsatzzweck ein »V« für VÖV-Innenstadt, ein »N« für Nahverkehr und Nachbarort, ein »T« für Touristik (oder Tourisme), ein »GT« für Grand-Tourisme und ein »DD« für Doppeldecker. Erste größere Serien dieser Standardomnibusse, darunter (unter der alten Bezeichnung) 123 Präfekt-Modelle für die Hamburger Hochbahn

150-PS-Büssing 6500 T (Emmelmann-Aufbau), 1954. (MAN-Werksfoto)

AG konnten in diesem Jahr ausgeliefert werden. Der Typ BS 120 wurde in Mittelmotorversion mit dem 210-PS-Unterflurdiesel zwischen den Achsen geliefert. Die anderen Solomodelle erhielten Heckunterflurdiesel.

Der neue Büssing-Reisebus, der sich mit leicht geänderter Frontpartie an Stilelementen der VÖV-Ausführung orientierte, erhielt in der Emmelmann-Version einen höheren Wagenboden und zwangsläufig eine höhere Gürtellinie, um unter der Fahrgast-Bodenfläche Gepäck aufnehmen zu können. Eine großzügige Verglasung mit zusätzlichen Dachrandfenstern sowie große Front- und Heckscheiben kennzeichneten das kantige, aber zweckmäßig gestaltete Fahrzeug. Die ovalen Doppelscheinwerfer entsprachen dem damaligen Geschmack, für Vortrieb sorgten die U 7-/11 D-Triebwerke mit 156, 195 und 210 PS. Auf Wunsch kam auch die 240-PS-Maschine U 12 D zum Einsatz. Allerdings war das Drehmoment dieses Motors für die Leichtbau-Technik der Karosserie »zu stark«, so dass hier nach Reklamationen ebenfalls Verstärkungen eingebaut werden mussten.

150-PS-Büssing 6500 T Reisebus mit Büssing-Aufbau, 1954. (MAN-Werksfoto)

Obwohl Büssing nach Skandinavien, Frankreich und nach Südafrika exportierte, sank 1969 der Absatz auf rund 1000 Komplettomnibusse. Büssing verkaufte das Zweigwerk Hubertia in Küps und MAN stockte seinen Anteil auf 50 Prozent auf.

1970 erhielten die VÖV-Standard-Stadtlinienbus-Modelle BS 100 V und BS 110 V einen Fünfzylinder-Unterflurdiesel U 10 D-51. Die Leistung der 175-PS-Maschine wurde im folgenden Jahr auf 192 PS angehoben. Das inzwischen wesentlich zu schwache 156-PS-Aggregat im BS 100 T ersetzte Büssing durch die 210-PS-Maschine.

Die Karosserie des 11-Meter-VÖV-Typs 110V wurde in der Frontgestaltung dem MAN-Paralleltyp angeglichen. Auffallendes Merkmal dieses Watenstedter Modells war das vorn aufgesetzte MAN-Frontrechteck mit dem Schriftzug MAN-Büssing. Als BS 110V-SL-Version war dieses Modell auch in sogenannter StÜLB-Ausführung für den Stadt-und Überlandein-

150-PS-Büssing 6500 T Doppeldecker (O & K-Aufbau), 1954.

satz mit seitlich herumgezogenen Frontscheiben (aber ohne Kofferräume) auch lieferbar. 1971 erwarb schließlich die Gutehoffnungshütte, die damalige Muttergesellschaft der MAN, die restlichen 50 Prozent des Aktienkapitals der modern ausgestatteten Büssing-Werke von der Salzgitter AG, so dass alle Aktivitäten des Büssing-Unternehmens sukzessive in das MAN-Programm integriert werden konnten.

Die Selbstständigkeit des Büssing-Unternehmen endete nach 68 Jahren, am 31. Dezember 1971. Das traditionsreiche Werk hatte nach dem Zweiten Weltkrieg nie genug Fahrzeuge auf die Räder stellen können, um dauerhaft Gewinne einzufahren. Die Büssing-Jahresproduktion lag stets, abgesehen vom Erfolgsjahr 1968, zwischen 1000 und 1100 Omnibussen und 2000 und 3000 Lastwagen; zu wenig, um sich im Zeitalter wachsender Überkapazitäten der Konkurrenz gegenüber und in mörderischen Preiskämpfen behaupten zu können.

Das letzte eigenständige Büssing-Programm setzte sich aus den Baumustern BS 110, BS 117 und BS 120 für den VÖV-, den Überland- und den Reiseeinsatz zusammen. Hinzu kamen die Verbundfahrgestelle der Präsident-Baureihe als Anderthalbdecker oder als Gelenkbusse mit Lu-

150-PS-Büssing 6500 T Gelenkbus mit FAKA-Aufbau, 1954.

130-PS-Büssing TU 7 Überlandbus, 1955.

dewig-Aufbauten. Mit Emmelmann-eigenen Design stellten sich die Typen BSE 120 T und N hinzu. Und der Reisebus BS 120 GT war in gestalterischer Hinsicht eine Art Vorläufer des späteren MAN-"SR"-Reisebusses.

1973 war die Integration des verbliebenen Büssing-Programms in das MAN-Angebot abgeschlossen; die VÖV-Busse erhielten nochmals eine leicht veränderte Frontpartie. Der grillähnliche, rechteckige Frontausschnitt trug für eine Übergangszeit den Schriftzug MAN-Büssing. Aus Kapazitätsgründen wurden in Watenstedt bis 1975 die 195-PS-Fünfzylinder-VÖV-Busse und die 210-PS-Sechszylinder-Verbundfahrgestelle gefertigt, letztere unter der neuen Bezeichnung VG 16 (für Ludewig- und Vetter-Aufbauten) für Gelenkzüge und Anderthalbdecker. Der Verbundtyp erhielt danach die Typenbezeichnung SG 192. Parallel dazu stellte das MAN-Omnibus-Werk in Penzberg die Modelle 192 und SL 230 her. Die Karosseriefabrik Emmelmann produzierte bis 1974 mit Büssing- und MAN-Unterflurmotoren Reisebusse; auch die BVG-Doppeldecker wurden von Orenstein & Koppel bis 1974 mit Büssing-Aggregaten ausgerüstet.

Seit 1974 erschienen beziehungsweise erscheinen die Watenstedter Erzeugnisse mit dem MAN-Logo an der Vorderpartie und mit dem stilisierten Wappentier Heinrichs des Löwens. Nach dem Auslaufen der Büssing-Baupalette wurde das Watenstedter Werk vollständig umgestellt: Zur Fertigung der Bundeswehr-Lastwagen-Nachfolgegeneration sowie der Produktion von Reise- und später auch von Linienomnibussen. Das Werk Braunschweig-Querum stellte für einige Jahre noch die Unterflur-Dieselmotoren und Vorderachsen für die MAN-Lastwagen her, die nun auch wie die MAN-Omnibusse das Burglöwen-Signet auf der Frontpartie trugen. Inzwischen liefert Salzgitter-Watenstedt Achsen und Spezialteile für die MAN-Werke.

130-PS-Büssing TU 7 Reisebus (Emmelmann-Aufbau), 1955. (MAN-Werksfoto)

150-PS-Büssing 6500 T Reisebus (Emmelmann-Aufbau), 1955.

170-PS-Büssing TU 11 Überlandbus, 1956. (MAN-Werksfoto)

170-PS-Büssing TU 11 Linienbus (Düwag-Aufbau), 1957.

110-PS-Büssing TU 5 Linienbus, 1957.

110-PS-Büssing TU 5S Linienbus-Prototyp, 1957.

110-PS-Büssing LU 55 FAKA-Flughafen-Sattelzug, 1958.

145-PS-Büssing TU 7 Hochsitzer-Reisebus (Emmelmann-Aufbau), 1958. (MAN-Werksfoto)

110-PS-Büssing TU 55 Bundeswehr-Typ, 1959. (Foto: Hans Pairan)

150-PS-Büssing TU 10 Linienbus (Emmelmann-Aufbau), 1958. (MAN-Werksfoto)

145-PS-Büssing 11 RU 7 H, 1959. (MAN-Werksfoto)

150-PS-Büssing 13 RU 10 Emmelmann-Gelenkzug, 1959.

170-PS-Büssing 13 RU 7 H (Emmelmann-Aufbau), 1959. (Foto: Hans Pairan)

145-PS-Büssing »Senator« 15 R Überlandbus, 1961. (MAN-Werksfoto)

150-PS-Büssing 14 RU 10 M Überlandbus-Prototyp für die Bundesbahn, 1960. (MAN-Werksfoto)

126-PS-Büssing »Konsul« 10 R Reisebus, 1962. (MAN-Werksfoto)

126-PS-Büssing »Konsul« 11 R Linienbus, 1962. (MAN-Werksfoto)

145-PS-Büssing »Senator« 15 Überlandbus, 1962.

150-PS-Büssing »Senator« 12 D Linienbus, 1964.

100-kW-Büssing »Präsident« Vb Obus-Gelenkzug, 1964. (MAN-Werksfoto)

126-PS-Büssing »Konsul« 11 K
Bundeswehr-Ausführung), 1966.

126-PS-Büssing »Konsul« Kombibus, 1965.

150-PS-Büssing »Präfekt« 13 D Linienbus, 1965.

150-PS-Büssing Doppeldecker DF, 1965. (Foto: Hans Pairan)

150-PS-Büssing »Präfekt«15 (Emmelmann-Aufbau), 1965. (MAN-Werksfoto)

170-PS-Büssing »Präfekt« 15 R Reisebus (Emmelmann-Aufbau), 1965.

150/155-PS-Büssing »Präfekt« 25/26 Doppeldecker, 1967. (MAN-Werksfoto)

155-PS-Büssing »Präfekt« 13 VÖV-Prototyp, 1967. (MAN-Werksfoto)

55-PS-Büssing »Präfekt« 15 E Reisebus (Emmelmann-Aufbau), 1967.

185/210-PS-Büssing »Präsident« 14 Linienbus, 1968.

155-PS-Büssing »Präfekt« 13 VÖV-Standardbus, 1968. (MAN-Werksfoto)

185/210-PS-Büssing »Präsident« 14 Linienbus (Emmelmann-Aufbau), 1968.

185/210-PS-Büssing »Präsident« 18 Emmelmann-Gelenkzug, 1968.

210-PS-Büssing »Präfekt« 15 (Emmelmann-Aufbau), 1968. (Foto: Touring GmbH)

170-PS-Büssing »Präfekt«15 R mit Anti-Reflex-Frontscheiben (Werkspoor-Aufbau), 1969. (Foto: Andreas Bahle)

210-PS-Büssing »Präsident« 14 Überlandbus (Emmelmann-Aufbau), 1969.

195-PS-Büssing BS 110 V Reisebus, 1971.

210-PS-Büssing »Präsident« 14 Linienbus, 1969.

210-PS-Büssing BS 117 SÜ Post-Überlandbus, 1971.

210-PS-Büssing BS 110 GT Reisebus, 1970. (MAN-Werksfoto)

210-PS-Büssing BS 120 N Post-Überlandbus, 1970.

210-PS-Büssing BS 180 V Emmelmann-Gelenkzug, 1971.

195-PS MAN-Büssing SL 195 Linienbus, 1977. (Foto: BVG)

240-PS-Büssing-MAN 12 Ü 210 Reisebus, 1973.

BÜSSING

Typ	Sitzplätze/ Stehplätze	Bauzeit	Zylinder	PS	K	B x H mm	Hubraum cm^3	Drehzahl U/min	Radstand mm	Länge mm	Gewicht kg	Motor-hersteller	Typ	M	Bemerkungen
1. Linien- und Kombibusse															
A) Modelle mit Verbrennungsmotoren															
a) Baureihen der Anfangszeit															
Büssing	20/0	1904	4	20	W	105x140	4846	950	3450			Büssing	B (1)	V	auch 19/11 Plätze
Büssing	12/0	1904	4	20	W	105x130	4500	850	3450			Büssing	B (2)	V	
Büssing		1904	4	25	W	108x130	4761	850	3450			Büssing	B (3)	V	
Büssing		1904 - 07	4	32	W	120x130	5878	850	4000		4345	Büssing	B(4)	V	als Frontlenker-Oberdecker mit 41/3 Plätzen
Büssing		1906	4	32/35	W	115x140	5813	850	4250			Büssing	B (5)	V	
Büssing		1906	4	35/38	W	115x155	6436	850	4250			Büssing	B (6)	V	
IV B. 25	19/6	1906	4	25/30	W	115x140	5813	850	4400		4030	Büssing	B (5)	V	Frontlenker-Oberdecker, auch 21/9 Plätze
Büssing		1910 - 11	4	55	W	132x160	8754	860				Büssing	B (9)	V	
I F	16/0	1910	4	32	W	115x140	5813	850				Büssing	B (5)	V	
II	18/0	1912 - 13	4	22/25	W	100x130	4082	850	3955			Büssing	B (1)	V	
II	12/8	1912 - 13	4	32/35	W	115x140	5813	850	3955			Büssing	B (5)	V	
III	20/4	1912 - 13	4	32/35	W	115x140	5813	850	4000			Büssing	B (5)	V	auch 24 Plätze
III	20/4	1912 - 13	4	35/38	W	115x155	6440	850	4000			Büssing	B (6)	V	maximal 40 PS
VI	22/8	1912	4	32/35	W	115x140	5813	850				Büssing	B (5)	V	
VI	22/8	1912	4	35/38	W	115x155	6440	850				Büssing	B (6)	V	
VI		1913	4	50	W	125x160	7856	850				Büssing	B 4 K	V	
b) Baureihen Typ III															
III G	36/16	1921	4	45	W	115x150	6232	850	4480	7800	6020	Büssing	A 6	V	ABOAG-Typ
III GLn		1924 - 26	6	72	W	110x150	8550	1000				Büssing	C 3	V	
III GLn		1926	4	60	W	125x160	7856	1000	5000			Büssing	B 4 K	V	
III GLn		1926	6	65	W	110x150	8548	1000	5000			Büssing	C 3	V	
III GLn	28/32	1929	6	75	W	115x150	9348	1000	5100	9980		Büssing	C 4	V	
III N	28/10	1930	6	80	W	115x150	9348	1200	5500	8560		Büssing	C 4	V	
c) Baureihen Typ IV															
VI G 1	52/7	1924	4	45	W	110x150	5702	850 -	4480	8400	6500	Büssing	C 2		
IV GLn		1924	4	60	W	125x160	7866	1000				Büssing	B 4 K	V	ABOAG-Doppeldecker
IV GN	50/9	1925 - 28	4	50/55	W	115x150	6232	1000	4750	8600	6650	Büssing	A 5 K	V	dito
IV GN	50/9	1925	4	65	W	110x150	8550	850			6650	Büssing	C 3	V	
IV GLn		1927	6	90	W	115x150	9348	1200				Büssing	C 4	V	
IV GLn		1928	6	72	W	110x150	8548	1000				Büssing	C 3	V	
IV GnL	40/30	1929	6	75	W	115x150	9348	1000	4750			Büssing	C 4	V	
IV GnL E.D.	19/31	1929	6	90	W	115x150	9348	1200				Büssing	C 4	V	
d) Baureihen Typ VI															
VI GLn D 3	73/8	1927	6	85	W	115x150	9348	1200	5500+1250	10500	9250	Büssing	C 4	V	ABOAG-Doppeldecker
VI GLn Dresden	39/41	1927	6	100/ 110	W	125x160	11781	1200	5900+1250			Büssing	D 2	V	»Langer Sachse«
VI GLn	70/10	1928 - 30	6	100	W	125x160	11781	1200	5525+1230	11370	10700	Büssing	D 2	V	
VI GLn	60/15	1929	6	85	W	115x150	9348	1200	4250+1250	10300	8900	Büssing	C 4	V	ABOAG-Doppeldecker »Jumbo«, Serie 60/15 Plätze
VI Bu		1929	4	60	W	125x160	7850	1000				Büssing	B 4 K	V	
VI GR	36/44	1929	6	90	W	115x150	9348	1200	5000+1250	10250		Büssing	C 4	V	HAWA-Trambus
e) Baureihen 40															
40 N	30/10	1931	6	85/90	W	115x150	9348	1200	5500	8560	4000	Büssing-NAG	C 4	V	
f) Baureihen 80/800															
80 N	70/10	1931	6	110	W	125x160	11781	1400	5525+1250			Büssing-NAG	D 2	V	ABOAG-Doppeldecker
80 N	70/10	1931 - 32	6	110	W	125x170	12517	1300	5525+1250			Büssing-NAG	FD 6	D	
801	50/20	1933	6	105	W	125x160	11781	1200	5925+1250	12070		Büssing-NAG	D 2	V	auch FD 6-Motor
Bü D2 May	52/9	1934	6	70	W	94x168	6695	1600	4250	8600	7600	Maybach	OS 7	V	BVG-Doppeldecker
Bü D3 34	58/17	1934 - 35	6	110/ 120	W	125x170	12517	1500	4250+1250	10185	11590	Büssing-NAG	FD 6	D	
D 3 (BVG-Typ)	58/17	1934	6	110/ 120	W	125x170	12517	1500	4250+1250	10300	11490	Büssing-NAG	FD 6	D	diesel-elektrischer Antrieb, 90 kW-AEG- o. SSW-Motor
802 N		1934	6	135/ 145	W	130x170	13539	1500	5300			Büssing-NAG	GD 6	D	auch mit D 2-Motor
g) Baureihen 550															
550 N	25/19	1935 - 38	6	110	W	125x160	11781	1400	4800	9040	7200	Büssing-NAG	D 2	V	auch FD 6-Motor
550 N	25/21	1935 - 38	6	110	W	125x160	11781	1400	5400	9640	7800	Büssing-NAG	D 2	V	auch FD 6-Motor
550 N	25/19	1935 - 38	6	110	W	125x160	11781	1400	6000	9930	8400	Büssing-NAG	D 2	V	auch FD 6-Motor
550 N	34/11	1936 - 37	6	90 - 110	W	125x160	11781	1400	5400	11600		Büs-sing-NAG	D 2	V	Generator-Typ

Typ	Sitzplätze/ Stehplätze	Bauzeit	Zylinder	PS	K	B x H mm	Hubraum cm³	Drehzahl U/min	Radstand mm	Länge mm	Gewicht kg	Motor-hersteller	Typ	M	Bemerkungen
BÜSSING															
650 T		1936 - 38	6	145	W	130x170	13539	1500	5400	10150		Büssing-NAG	GD 6	D	
650 TU	32/24	1936	6	145	W	135x160	13740	1500	4750	10390		Büssing-NAG	UD 6	D	Unterflur-Motor
650 T	52/47	1938	6	150	W	135x160	13739	1600	5400/5400	14500	10900	Büssing-NAG	MD 6	D	Gaubschat-Gelenkzug, auch mit FD 6-Motor
i) Baureihen 900															
900 N	62/39	1936 - 38	6	130	W	130x170	13539	1500	5400+1500	12500		Büssing-NAG	GD 6	D	
900 TU	30/40	1936	6	140/ 145	W	135x160	13740	1500	4800+1450	10850	9200	Büssing-NAG	UD 6	D	Unterflur-Motor
900 T		1936		160/ 175	W		18000		5400+1450 4800	12450 7975		Büssing-NAG	ID	D	Prototyp
900 T	30/40	1937	6	140	W	135x160	13739	1500	4800-5510+1450	10850	11300	Büssing-NAG	MD 6	D	
900 N	42/10	1938 - 40	6	150	W	135x160	13739	1600	5400+1450	12450	12200	Büssing-NAG	MD 6	D	auch als Doppeldecker, 62/14 Plätze
Bü D 38	60/15	1939 - 40	6	145	W	135x160	13739	1400	4300+1250	10543	12150	Büssing-NAG	DMD 6	D	BVG-Doppeldecker
900 N		1939	6	170	W	135x160	13739					Büssing-NAG	GV 6	V	Gaubschat-Gelenkzug
Do 36 (D 38)	68/17	1939	6	160 - 170	W	135x160	13739	1500	4300+1350	10543	12600	Büssing-NAG	DMD 6	D	BVG-Doppeldecker-Frontlenker-Prototyp
j) Baureihen 5000 T/TU															
5000 T	32/20	1945 - 49	6	105	W	110x130	7412	1800	4500	9200	7900	Büssing-NAG	LD 6	D	
5000 TU	42/10	1949 - 51	6	135	W	115x140	8725	2000	5250	10210 - 10265	8300	Büssing-NAG	U 9	D	
k) Baureihe 12000 T															
12000 T	140	1951 - 54	6	180	W	130x170	13539	1600	5250+1500	12000	15600	Büssing	U 13	D	auch Radstand 5400+ 1500 mm
12000 T	95 - 116	1954	6	180/ 200	W	135x175	15025	1500	5250+1500	11760	14000	Büssing	U 15	D	
l) Baureihen 6000 T															
6000 T	50/20	1952 - 54	6	135	W	115x140	8725	2000	5250	10565	8500	Büssing	U 9	D	
6000 T	50/20	1952	6	150	W	118x150	9842	2000	5250	10565	8990	Büssing	U 10	D	
6000 T Elze	38/50	1953 - 59	6	150	W	118x150	9842	2000	5250	10425		Büssing	U 10	D	
6000 T Elze	31/60	1953 - 59	6	150	W	118x150	9842	2000	6000	12000	7400	Büssing	U 10	D	
6000 T	52/88	1954	6	150	W	118x150	9842	2000	5250/6000	17200	13600	Büssing	U 10	D	Emmelmann-Gelenkzug
6500 T Elze	28/62	1954	6	150	W	118x150	9842	2000	6300	11850	7430	Büssing	U 10	D	
6500 T	43/57	1954 - 57	6	150	W	118x150	9842	2000	5250	10600 -	8500	Büssing	U 10	D	
6500 T	66/87	1954	6	150	W	118x150	9842	2000	5250/ 6150+1400	10850		Büssing	U 10	D	FAKA-Gelenkzug
6500 T	45/87	1954	6	150	W	118x150	9842	2000	5250/ 6130+1400	17200	13030	Büssing	U 10	D	Kässbohrer-Gelenkzug
6500 T	50/86	1956	6	150	W	118x150	9842	2000	5250/ 5750+1300	17200	13650	Büssing	U 10	D	Kässbohrer-Gelenkzug, auch Radstand 5250/ 6400 mm
6500 T	45/85	1956 - 58	6	150	W	118x150	9842	2000	5250/6130	16500	13030	Büssing	U 10	D	Kässbohrer-Gelenkzug
6500 T	43/100	1956 - 58	6	150	W	118x150	9842	2000	5250/6500	16500	12575	Büssing	U 10	D	Gaubschat-Gelenkzug, auch Radstand 5250/ 6600 mm
m) Baureihen 4000 T															
4000 T	35/18	1953 - 54	6	100	W	96x125	5429	2600	4000	8770	6000	Büssing	U 5	D	
4000 T	35/18	1954 - 57	6	100	W	96x125	5429	2600	4000	8770	5450	Büssing	U 5	D	
n) Doppeldecker-Baureihen															
Bü D2 U	70/21	1951 - 57	6	150	W	118x150	9842	2000	5150	10400	9500	Büssing	U 10	D	BVG-Doppeldecker
Bü D3 U	74/24	1952	6	180	W	130x170	13539	1600	4800+1400	11110	9500	Büssing	U 13	D	BVG-Doppeldecker, auch 200 PS
Bü D2 U	70/21	1959 - 61	6	110	W	96x125	5429	2600	5130	10400	11650	Büssing	U 5	D	BVG-Doppeldecker
Bü E 2 U (62)	35/45	1961 - 64	6	126	W	100x125	5890	2800	5300	10555	6570	Büssing	U 5-125	D	BVG-Gaubschat-Typ, auch 110 PS
DF 63	56/39	1962	6	145	W	106x135	7148	2500	5500	10700	8925	Büssing	U 7-145	D	BVG-3-Türer-Doppeldecker
Senator Doppeldecker	70/28	1962 - 63	6	150	W	118x150	9842	2000	5150	10400	9500	Büssing	U 10	D	BVG-Doppeldecker
Senator Doppeldecker	95/15	1963 - 64	6	150	W	108x135	7416	2400	5500	10820	9800	Büssing	U 7-150	D	BVG-Doppeldecker, ab 1964 94/20 PLätze
Bü DF 63/64	66/28	1963 - 64	6	145/ 150	W	108x135	7416	2400		10700		Büssing	U 7-150	D	BVG-Doppeldecker
Bü D2 U	70/17	1964 - 65	6	150	W	118x150	9842	2000		10400		Büssing	U 10	D	BVG-Doppeldecker
Bü DE 65/72/74	91/8	1965 - 74	6	156	W	108x135	7416	2400	5450	11165	9200	Büssing	U 7-150	D	BVG-Doppeldecker
Präfekt 25 Doppeldecker	90/8	1965	6	150	W	108x135	7416	2400	5100	10950	9500	Büssing	U 7-150	D	
Präfekt Dopp.	98/21	1965	6	150	W	108x135	7416	2400	5100	10955	9000	Büssing	U 7-150	D	

BÜSSING

Typ	Sitzplätze/ Stehplätze	Bauzeit	Zylinder	PS	K	B x H mm	Hubraum cm³	Drehzahl U/min	Radstand mm	Länge mm	Gewicht kg	Motor-hersteller	Typ	M	Bemerkungen
Präfekt 25/26	93	1967 - 68	6	155	W	108x135	7416	2400	5100	11000	9900	Büssing	U 7 D	D	Frankfurter Version
BS 110 DD	92	1969 - 70	6	156	W	108x135	7416	2400	5100	10990	9800	Büssing	U 7 D	D	auch U 11 D-Motor
o) Baureihen TU/RU 5															
TU 5 R	37/41	1957 - 59	6	110	W	96x125	5429	2600	5150	9550	6250	Büssing	U 5	D	auch 33/43 Plätze
TU 5 S	32/57	1957 - 59	6	110	W	96x125	5429	2600	5150	9550	6000	Büssing	U 5	D	
LU 55	26/52	1958	6	110	W	96x125	5429	2600	3400/			Büssing	U 5	D	FAKA-Sattelschlepper-Flughafen-Bus
TU 55	30 - 38	1959 - 60	6	110	W	96x125	5429	2600	4300			Büssing	U 5	D	Bundeswehr-Ausführung
8/9 RU 5		1959	6	110	W	96x125	5429	2600	3700	8210	6200	Büssing	U 5	D	
11 RU 5		1959	6	110	W	96x125	5429	2600	4600	10040		Büssing	U 5	D	
12 RU 5 H		1959	6	110	W	96x125	5429	2600	5400	10700	6200	Büssing	U 5	D	
8 RU 5		1960	6	110	W	96x125	5429	2600	3700	8440		Büssing	U 5	D	
TU 5		1961	6	126	W	100x125	5890	2800	4500	9500		Büssing	U 5-125	D	
p) Baureihen TU/RU 7															
TU 7	37/47	1955 - 59	6	130	W	105x130	6750	2400	4500	9125 - 9780	7000	Büssing	U 7	D	
TU 7 S	33/54	1957	6	130	W	106x135	7148	2500	5150	9550	6200 - 7000	Büssing	U 7-145	D	
TU 7 Vb Stadt	31/56	1958 - 59	6	145	W	106x135	7148	2500	4850	10180		Büssing	U 7-145	D	auch 26/42 Plätze
11 RU 7 H (Vb)	32/40	1960	6	145	W	106x135	7148	2500	4600	10080	7000	Büssing	U 7-145	D	
11 RU 7 H RÖ		1960	6	145	W	106x135	7148	2500	4750	10110	6100	Büssing	U 7-145	D	
12 RU 7 H		1960	6	145	W	106x135	7148	2500	4275	11000	6200	Büssing	U 7-145	D	
13 RU 7 H	43/32	1959	6	145	W	106x135	7148	2500	6000	11300	7400	Büssing	U 7-145	D	
11 RU 7 H	32/44	1959	6	145	W	106x135	7148	2500	4850	10080	7000	Büssing	U 7-145	D	
11 RU 7 H (Vb)		1959	6	145	W	106x135	7148	2500	4750	10050		Büssing	U 7-145	D	
q) Baureihen TU/RU 10															
TU 10 Vb	27/63	1957 - 59	6	150	W	118x150	9842	2000	5350	11130	9200	Büssing	U 10	D	
TU 10 R	24/56	1957 - 59	6	150	W	118x150	9842	2000	5350	11850		Büssing	U 10	D	
TU 10	64/91	1957 - 59	6	150	W	118x150	9842	2000	5350	11035		Büssing	U 10	D	Gaubschat-Aufbau
TU 10 R	68/94	1957 - 59	6	150	W	118x150	9842	2000	5250/6150	16500	13660	Büssing	U 10	D	Emmelmann-Gelenkzug, auch Radstand 5250/ 5220+1300 mm
TU 10	44/96	1957	6	150	W	118x150	9842	2000	5250/6150	16500	12735	Büssing	U 10	D	Vetter-Gelenkzug
TU 10	50/76	1957	6	150	W	118x150	9842	2000	5250/6330	16500	13650	Büssing	U 10	D	Bauer-Gelenkzug
TU 10	70/14	1957 - 63	6	150	W	118x150	9842	2000	5120	10400	9565	Büssing	U 10	D	BVG-Doppeldecker
13 RU 10	115 - 120	1959	6	150	W	118x150	9842	2000	5350	11300		Büssing	U 10	D	
13 RU 10	39/111	1959	6	150	W	118x150	9842	2000	5200/5400	16500	11500	Büssing	U 10	D	Emmelmann-Gelenkzug, auch Radstand 5370/ 5750 mm
14 RU 10	29/71	1959	6	150	W	118x150	9842	2000	5760	11865		Büssing	U 10	D	auch U 7- oder U 11-Motor
14 RU 10	29/71	1959	6	150	W	118x150	9842	2000	5760	11865		Büssing	U 10	D	auch U 7- oder U 11-Motor
U 10	42/103	1959	6	150	W	118x150	9842	2000	5250/	16500	11500	Büssing	U 10	D	Ludewig-Gelenkzug, auch U 11-Motor
14 RU 10 H	29/71	1960	6	145	W	118x150	9842	2000	6000	12000	6600	Büssing	U 10	D	
14 RU 10 M		1960	6	150	W	118x150	9842	2000	5850	11850	6600	Büssing	U 10	D	Bundesbahn-Prototyp
r) Baureihen TU 11															
TU 11	35/55	1955 - 59	6	170	W	122x155	10872	2000	5550	11235 - 11620	9000	Büssing	U 11	D	37/72 Plätze
TU 11	40/36	1959 - 60	6	170	W	122x155	10870	2000	5550	11625 - 11195		Büssing	U 11	D	
13 RU 11	115	1959	6	170	W	122x155	10870	2000	5350	11337		Büssing	U 11	D	
13 RU 11	49/110	1961	6	192	W	125x155	11413	2100	5360/6130	16500	10800	Büssing	U 11	D	Ludewig-Gelenkzug
14 RU 11	120	1959	6	170	W	122x155	10870	2000	5750	11865		Büssing	U 11	D	
14 RU 11		1961	6	170	W	125x155	11413	2100	5350/6130	16500	11900	Büssing	U 11	D	Gaubschat-Gelenkzug
s) Baureihen Konsul															
Konsul 10 R	45/41	1961 - 66	6	126	W	100x125	5890	2800	4570	10110	6000	Büssing	U 5-125	D	Bundeswehr-Ausführung
Konsul 11 Ü	45/41	1964	6	126	W	100x125	5890	2800	4500	9970	7500	Büssing	U 5-125	D	
Konsul 11 K	38+7	1966 - 68	6	126	W	100x125	5890	2800	4500	9697	7375	Büssing	U 5-125	D	Bundeswehr-Ausführung
Konsul 11 K	38+7	1966 - 68	6	126	W	100x125	5890	2800	4500	9697	7375	Büssing	U 5-125	D	Bundeswehr-Ausführung
t) Baureihen Senator															
Senator 11 R	26/74	1962	6	145	W	106x135	7148	2500	4750	10100	6350	Büssing	U 7-145	D	Ex-Typ 11 RU 7 H
Senator 12 R	34/76	1962	6	145	W	106x135	7148	2500	5400	10760	6600	Büssing	U 7-145	D	Ex-Typ 12 RU 7 H
Senator 13 R	37/73	1962	6	145	W	106x135	7148	2500	6000	11360	6850	Büssing	U 7-145	D	Ex-Typ 13 RU 7 H
Senator 15 R	57/52	1962	6	145	W	106x135	7148	2500	6000	12000	7700	Büssing	U 7-145	D	Ex-Typ 14 RU 10 H
Senator 11	26/74	1963 - 64	6	150	W	108x135	7416	2400	4750	10110	6350	Büssing	U 7-150	D	
Senator 12	34/76	1963 - 76	6	150	W	108x135	7416	2400	5400	10760	6600	Büssing	U 7-150	D	
Senator 13	37/73	1963	6	150	W	108x135	7416	2400	6000	11360	6850	Büssing	U 7-150	D	
Senator 14 Ü	55/49	1963 - 64	6	150	W	108x135	7416	2400	5510	11410	7400	Büssing	U 7-150	D	
Senator	74	1964	6	150	W	106x135	7150	2500	5500	10940	9850	Büssing	U 7-150	D	Schweden-Doppeldecker
u) Baureihen Präfekt															
Präfekt 11	26/83	1965	6	150	W	108x135	7416	2400	4750	10110	7400	Büssing	U 7-150	D	
Präfekt 12	34/68	1965 - 66	6	150	W	108x135	7416	2400	5400	10760	7600	Büssing	U 7-150	D	
Präfekt 13	28/86	1965 - 66	6	150	W	108x135	7416	2400	5400	11270	7600	Büssing	U 7-150	D	

BÜSSING

Typ	Sitzplätze/ Stehplätze	Bauzeit	Zylinder	PS	K	B x H mm	Hubraum cm³	Drehzahl U/min	Radstand mm	Länge mm	Gewicht kg	Motor-hersteller	Typ	M	Bemerkungen
Präfekt 15	57/48	1965	6	150	W	108x135	7416	2400	5660	12000	8500	Büssing	U 7-150	D	auch 62/14 Plätze
Präfekt 11	26/83	1966	6	126	W	100x125	5890	2800	4750	10110	7400	Büssing	U 5-125	D	
Präfekt 11	28/72	1967 - 68	6	155	W	108x135	7416	2400	4750	10110	7400	Büssing	U 7 D	D	Direkteinspritz-Motor
Präfekt 12	34/68	1967 - 68	6	155	W	108x135	7416	2400	5400	10760	7600	Büssing	U 7 D	D	
Präfekt 15	62/42	1965 - 67	6	170	W	125x155	11410	2000	5660	12000	8500	Büssing	U 11-170	D	
Präfekt 13	37/73	1967 - 68	6	155	W	108x135	7416	2400	5400	11270	7600	Büssing	U 7 D	D	
Präfekt 13 VÖV	49/53	1967 - 68	6	155	W	108x135	7416	2400	5600	11000	7850	Büssing	U 7 D	D	VÖV-Prototyp
Präfekt 13 Stadt	44/61	1967	6	195	W	128x150	11580	2100	5600	11000	8630	Büssing	U 11 D	D	VÖV-Prototyp
Präfekt 14	51/52	1968 - 69	6	155	W	108x135	7416	2400	4600	11300	8100	Büssing	U 7 D	D	
v) Baureihen Präsident															
Präsident Gel.	48/81	1961	6	170	W	125x155	11413	2100	5350/6130	16500	11600	Büssing	U 11	D	
Präsident 14 R	35/86	1962 - 63	6	150	W	118x150	9842	2000	5850	11850	7940	Büssing	U 10	D	Ex-Typ 14 RU 10 H
Präsident Gel.	49/113	1962	6	192	W	125x155	11413	2100	5350/6130	16500	11300	Büssing	U 11	D	Ex-Typ 13 RU 11
Präsident 14	38/6	1963 - 65	6	150	W	118x150	9842	2000	5850	11850	7900	Büssing	U 10	D	
Präsident	51/55	1965	6	170	W	125x155	11410	2000	5850	11850	8300	Büssing	U 11-170	D	
Präsident 17/19	44/114	1965 - 66	6	150	W	118x150	9842	2000	5350/6130	16900	11570	Büssing	U 10	D	Emmelmann-Gelenkzug
Präsident 17/19	65/98	1965	6	150	W	118x150	9842	2000	5350/4900	18000	13200	Büssing	U 10	D	Vetter-Gelenkzug
Präsident 17/19		1965	6	180	W	125x155	11410	2000	5350/6130	18000	12280	Büssing	U 11	D	Emmelmann-Gelenkzug
Präsident 18 Gelenkzug	46/146	1966	6	150	W	118x150	9842	2000	5350/6880	18000	11800	Büssing	U 10	D	
Präsident 14	34/79	1967	6	150	W	118x150	9842	2000	5400	11740	8700	Büssing	U 10	D	
Präsident 17/19	44/114	1967	6	150	W	118x150	9842	2000	5350/6130	16500	11570	Büssing	U 10	D	
Präsident 17/19	73/75	1967	6	150	W	118x150	9842	2000	5350/6130	16500	11700	Büssing	U 10	D	
Präsident 14	34/79	1968	6	185/ 210	W	128x150	11580	2100	5400	11770	8700	Büssing	U 11 D	D	
Präsident 18 Gelenkzug	46/124	1968	6	185/ 210	W	128x150	11580	2100	5350/5880	16900	12850	Büssing	U 11 D	D	Emmelmann-Gelenkzug
Präsident 22 Gelenkzug	51/127	1968	6	185/ 210	W	128x150	11580	2100	5350/6830	18000	11580	Büssing	U 11 D	D	Emmelmann-Gelenkzug
Präsident Vb	75/73	1971	6	210	W	128x150	11580	2100	5350/6580	16490	11700	Büssing	U 11 D	D	Emmelmann-Gelenkzug
Präsident 22 Gelenkzug	65/98	1968	6	185/ 210	W	128x150	11580	2100	5350/6830	18000	13200	Büssing	U 11 D	D	Ludewig-Gelenzug
Präsident (BS 170)	56/110	1971 - 74	6	210	W	128x150	11580	2100	5380/5880	16500	11600	Büssing-MAN	U 11 D	D	Emmelmann-/Ludewig-Gelenkzug
Präsident (BS 180)	80/84	1971 - 74	6	210	W	128x150	11580	2100	5350/6850	18000	11900	Büssing-MAN	U 11 D	D	Emmelmann-/Ludewig-Gelenkzug. ab 1972 MAN-Büssing-Typ VG 18
w) Baureihen BS 100/110/113/117/120															
BS 100 V	36/54	1969 - 70	6	156	W	108x135	7416	2400	4200	9600	7800	Büssing	U 7 D	D	
BS 110 V	37/75	1969 - 71	6	156	W	108x135	7416	2400	5600	11000	8100	Büssing	U 7 D	D	
BS 110 V	41/63	1969 - 70	6	195	W	128x150	11580	2100	5600	11000	8650	Büssing	U 11 D	D	
BS 110 V	34/56	1969 - 73	6	185	W	128x150	11580	2000	5600	11000		Büssing	U 11 D	D	Typ Zürich
BS 113 N	51/52	1969 - 70	6	156	W	108x135	7416	2400	5600	11300	8250	Büssing	U 7 D	D	
BS 120 V	35/75	1969 - 70	6	210	W	128x150	11580	2100	5400	11700	8900	Büssing	U 11 D	D	
BS 120 N	57/40	1969 - 70	6	156	W	108x135	7416	2400	5600	11970	9200	Büssing	U 7 D	D	
BSE 110 N	49/40	1969 - 71	6	156	W	108x135	7416	2400	5400	10950	8700	Büssing	U 7 D	D	Emmelmann-Typ
BS 100 V	36/54	1970	5	175	W	128x150	9650	2200	4200	9600	7800	Büssing	U 10 D-51	D	
BS 100 N	47/30	1970 - 71	6	210	W	128x150	11580	2100	5000	10200	9200	Büssing	U 11 D	D	
BS 110 V	37/75	1970	5	175	W	128x150	9650	2200	5600	11000	8100	Büssing	U 10 D-51	D	
BS 110 V	41/63	1970	6	195	W	128x150	11580	2100	5600	11000	8650	Büssing	U 11 D	D	
BS 100 T	41/30	1971	6	210	W	128x150	11580	2100	5000	10200	9300	Büssing	U 11 D	D	
BS 110 VSL	37/38	1971	5	192	W	128x150	9650	2200	5600	11000	8350	Büssing	U 10 D-51	D	
BS 117 N-SÜ	53/47	1971	6	195	W	128x150	11580	2100	6000	11700		Büssing	U 11 D	D	
BS 120 N	51/53	1971	6	210	W	128x150	11580	2100	5800	11800	9500	Büssing	U 11 D	D	
BSE 120 N	57/38	1971	6	210	W	128x150	11580	2100	5600	12000	9200	Büssing-MAN	U 11 D	D	Emmelmann-Typ
x) Baureihen BS 170/180															
BS 170 V	53/115	1969 - 70	6	210	W	128x150	11580	2100	5350/5880	16900	12850	Büssing	U 11 D	D	Ex-Präsident 18
BS 180 V	59/120	1969 - 70	6	210	W	128x150	11580	2100	5350/6830	18000	13100	Büssing	U 11 D	D	Ex-Präsident 22
y) Übergangsbaureihen Büssing/MAN															
SL 195	44/56	1972 - 73	6	195	W	128x150	11580	2100	5600	11000	8750	Büssing-MAN	U 11 D	D	auch 176 PS
SU 210	53/44	1972 - 73	6	210	W	128x150	11580	2100	6000	11700	9550	Büssing-MAN	U 11 D	D	

BÜSSING															
Typ	Sitzplätze/ Stehplätze	Bauzeit	Zylinder	PS	K	B x H mm	Hubraum cm^3	Drehzahl U/min	Radstand mm	Länge mm	Gewicht kg	Motor-hersteller	Typ	M	Bemerkungen
11 Ü 210/R 13	51/53	1972	6	210	W	128x150	11580	2100	5800	11000	9600	Büssing-MAN	U 11 D	D	
12 Ü 210/R 15	53/33	1972	6	210	W	128x150	11580	2100	6120	12000	9200	Büssing-MAN	U 11 D	D	
B) Baureihen mit Elektromotoren															
Büssing		1927										AEG			
Obus CuN 33 F	40/30	1933		2x41 kW				1500	5925+1250	11410	9800	AEG	USC 226		auch SSW-Motoren mit 34 kW, nur Prototyp
Obus Norm I	28/27	1936 - 38		85 kW				1500	4800		7600	BBC			auch AEG- u. SSW-Motor
Obus Norm II	33/17	1938 - 41		100 kW								AEG	USC 226 f		
Obus Norm I	29/13	1939		64 kW				1500	4800		7600	AEG			auch SSW-Motor
5000 TU Obus	42/10	1951		85 kW					5250			BBC			
Präsident Vb	48/110	1963		100 kW				1800	5350/6130	16490		Siemens	Dv 606e		Obus, auch AEG-Motor
Senator 13 D	36/33	1965		105 kW					5400	10760	8580	AEG	USC 4662 a		
Präsident Vb	37/113	1966		120 kW				1120	5350/6430	17320	13752	SSW	GBo 199/210c		Obus, Emmelmann-Typ
2. Ausflugs- und Reisebusse															
a) Modelle der Anfangszeit															
Büssing	20/0	1904	4	20	W	105x140	4846	950	3450			Büssing	B (1)	V	
Büssing	12/0	1904	4	20	W	105x130	4500	850	3450			Büssing	B (2)	V	
Büssing		1904	4	25	W	108x130	4761	850	3450			Büssing	B (3)	V	
Büssing		1906	4	32/35	W	115x140	5813	850	4250			Büssing	B (5)	V	
Büssing		1906	4	35/38	W	115x155	6436	850	4250			Büssing	B (6)	V	
IV B. 25	30	1906	4	25/30	W	115x140	5813	850	4400		4030	Büssing	B (5)	V	
Büssing		1910 - 11	4	55	W	132x160	8754	860				Büssing	B (9)	V	
I F	16/0	1910	4	32	W	115x140	5813	850				Büssing	B (5)	V	
II	18/0	1912 - 13	4	22/25	W	100x130	4082	850	3955			Büssing	B (1)	V	
III	20/4	1912 - 13	4	32/35	W	115x140	5813	850	4000			Büssing	B (5)	V	auch 24 Plätze
III	20/4	1912 - 13	4	35/38	W	115x155	6440	850	4000			Büssing	B (6)	V	maximal 40 PS
VI	24/0	1912	4	40	W	130x130	6896	850				Büssing	B (7)	V	auch 30 Plätze
VI		1913	4	50	W	125x160	7856	850				Büssing	B 4 K	V	
b) Baureihe Typ III															
III GL	30/0	1924 - 28	4	45	W	115x150	6232	850/ 1000	4400		6200	Büssing	A 6 (C 1)	V	
III GLn		1924 - 26	6	72	W	110x150	8550	1000				Büssing	C 3	V	
III GLn		1926	4	60	W	125x160	7856	1000	5000			Büssing	B 4 K	V	
III GLn		1926	6	65	W	110x150	8548	1000	5000			Büssing	C 3	V	
c) Baureihe Typ IV															
IV GN	50/9	1925	4	65	W	110x150	8550	850			6650	Büssing	C 3	V	
IV GLn	26/0	1927	6	65	W	110x150	8546	1000	4750		8900	Büssing	C 3	V	
IV GLn		1927	6	90	W	115x150	9348	1200				Büssing	C 4	D	
IV GLn	50/0	1927	6	60/70	W	125x160	7950	1000				Büssing	B 4 K	V	Uerdinger-Stahlaufbau
IV GLn		1928	6	72	W	110x150	8548	1000				Büssing	C 3	V	
IV GLn	35 - 40	1930	6	80	W	115x150	9348	1200	4470	9070		Büssing	C 4	V	
d) Baureihe Typ V															
V G		1925 - 31	4	60	W	125x160	7856	1000				Büssing	B 4 K	V	
e) Baureihe Typ VI															
VI G 1	50/0	1923	4	52/55	W	125x160	7856	850			11200	Büssing	B 4 K	V	Dreiachser-Prototyp
VI G 1	52/7	1924	4	45	W	110x150	5702	850	4480	8400	6500	Büssing	C 2	V	
VI G 1	50/0	1924 - 30	6	80/85	W	115x150	9350	1000/1200			7500	Büssing	C 4	V	
VI G 1	50/0	1925	6	80	W	125x160	11781	1000	5000+1250	9770	11200	Büssing	B 6 K	V	
VI GL	50/0	1926	4	70	W	125x160	7856	1000	5000+1250	9770		Büssing	B 4 K	V	
VI GL	50/0	1926	6	90	W	125x160	11781	1000	5000+1250	9770	10000	Büssing	B 6 K	V	Lautal-Karosserie
VI GLn	50	1928 - 30	6	80	W	110x150	8548	1200				Büssing	C 3	V	
f) Baureihe 30/300/305															
30 ON	30	1931	6	80	W	84x120	3988	2800				Büssing-NAG	L	V	
300 »Marburg«	25/0	1931	4	65	W	110x130	4939	2000	4500	7710		Büssing-NAG	LD 4	D	auch L-Motor
300 »Weimar«	33/0	1931	4	65	W	110x130	4939	2000	5100	8160		Büs-sing-NAG	LD 4	D	auch L-Motor
300	30/5	1932	6	70/80	W	84x120	3988	2500/	4500 -			Büssing-NAG	L	V	
300	31	1933 - 38	4	75	W	125x170	8340	1500	4500 -	7650		Büssing-NAG	FD 4	D	auch L- oder L 8 V-Motor
300 ON	30/5	1934 - 38	6	70	W	84x120	3988	2500				Büssing-NAG	L	V	
305 T	31 - 33	1936	5	75 - 80	W	110x130	6177	2000	4200 -		4500	Büssing-NAG	LD 5	D	
300 T	24 - 28	1937	4	65	W	110x130	4942	2200	3500	6000 - 6450		Büssing-NAG	LD 4	D	

BÜSSING

Typ	Sitzplätze/ Stehplätze	Bauzeit	Zylinder	PS	K	B x H mm	Hubraum cm^3	Drehzahl U/min	Radstand mm	Länge mm	Gewicht kg	Motor-hersteller	Typ	M	Bemerkungen
350	30/6	1931 - 32	6	90	W	110x130	7408	2200	5100			Büssing-NAG	LD 6	D	
350 »Imperator«	36/0	1932	6	75	W	94x168	6995	1600	5100			Maybach	OS 7	V	Ex-NAG-Typ 518
350	36	1933 - 38	6	85	W	115x150	9348	1900	4500			Büssing-NAG	C 4	V	
350	36	1933 - 38	6	85	W	115x150	9348	1900	4500			Büssing-NAG	C 4	V	
350	36	1933 - 38	V8	90/100	W	107x110	7913	2000	4500 - 5100			Büssing-NAG	L 8 V	V	
350 D	30/6	1934 - 38	6	80	W	110x130	7410	2000				Büssing-NAG	LD 6	D	
350 T	31 - 35	1937	5	80	W	110x130	6177	2200	4200 -	7375 -		Büssing-NAG	LD 5	D	
h) Baureihe 375															
375 T	35/0	1935 - 36	6	90/95	W	110x130	7410	2200	4800 -		4800	Büssing-NAG	LD 6	D	
i) Baureihe 40, ab 1933 400															
40 N	30/10	1931	6	85/90	W	115x150	9348	1200	5500	8560	4000	Büssing-NAG	C 4	V	
400	33 - 36	1933	V8	140/ 155	W	107x110	7913	2200	5700			Büssing-NAG	L 8 V	V	auch LD 6-Motor
400 N	35/10	1937	6	95	W	110x130	7412	2200	4800 - 5300	9680	5000	Büssing-NAG	LD 6	D	
400 T	35 - 40	1937	6	95	W	110x130	7412	2200	4800 - 5300	7975 - 8475		Büssing-NAG	LD 6	D	
j) Baureihe 50, ab 1933 500															
50 N	40	1931	6	85/90	W	115x150	9348	1200	6100	9700		Büssing-NAG	C 4	V	
502 N		1934 - 37	6	110/ 120	W	125x170	12517	1500	4800 - 5400	8400 - 9040 - 9640		Büssing-NAG	FD 6	D	auch C 4- und D 2-Motor
500 T	42/7	1938	6	95	W	110x130	7412	2200	4500	8675	7430	Büssing-NAG	LD 6	D	auch Version 500 N
500 T	45+7	1939 - 41	6	105	W	110x130	7412	1800	4500	9500		Büssing-NAG	LD 6	D	
j) Baureihe 650															
650 N	60	1936 - 39	6	145	W	130x170	13539	1500	5400	10350		Büssing-NAG	GD 6	D	
k) Baureihe 80, ab 1933 800															
80 N	40/3	1931	6	105	W	125x160	11781	1400	5925+1250	12070		Büssing-NAG	D 2	V	
80 N FDo	60	1933	2x6	320	W	120x170	23060	2000	5900+1350	12400		Büssing-NAG	FDo	V	KVG-Typ »Fichtelberg«
801	60	1933	6	105	W	125x160	11781	1400	5925+1250	12070		Büssing-NAG	D 2	V	auch FD 6-Motor
80 N FDo	60	1933	2x6	320	W	120x170	23060	2000	5900+1350	12400		Büssing-NAG	FDo	V	KVG-Typ »Fichtelberg«
802 N		1934	6	135/ 145	W	130x170	13539	1500				Büssing-NAG	GD 6	D	auch D 2-Motor
l) Baureihe 900															
900 N	42/10	1936 - 38	6	130	W	130x170	13539	1500	5400+1500	12500		Büssing-NAG	GD 6	D	
900 TU	30/40	1936	6	140/ 145	W	135x160	13740	1500	4800+1450	10850	9200	Büssing-NAG	UD 6	D	Unterflur-Motor
900 N		1939	6	170	W	135x160	13739					Büssing-NAG	GV 6	V	Gaubschat-Gelenkzug
900 T		1936		160/ 175	W		18000		5400+1450	12450		Büssing-NAG	ID	D	Prototyp
m) Baureihe Gdo															
GDo	40 - 50	1935	2x6	280	W	130x170	13539	1600	5060+1500 4800	13650	14500	Büssing-NAG	GD 6	D	RAB-Prototyp
n) Baureihe 4500															
4500 T	54+7	1941 - 42	6	107	W	110x130	7412	1800	4500	9500	7430	Büssing-NAG	LD 6	D	
B) Modelle ab 1945															
a) Baureihe 500															
5000 T		1948 - 49	6	105	W	110x130	7412	1800	4500	9200	7900	Büssing-NAG	LD 6	D	
5000 TU	42/10	1949 - 51	6	135	W	115x140	8725	2000	5250	10210 - 10265	8300	Büssing-NAG	U 9	D	
500 TU	70	1951 - 52	6	135	W	115x140	8725	2000	5250	10285	8100 - 8450	Büssing	U 9	D	
b) Baureihe 12000															
12000 T	48 - 67	1951 - 54	6	180	W	130x170	13539	1600	5250+1500	12000	15600	Büssing	U 13	D	auch Radstand 5400+ 1500 mm
12000 T	45 - 65	1954	6	180/ 200	W	135x175	15025	1500	5250+1500	11760	14000	Büssing	U 15	D	

BÜSSING

Typ	Sitzplätze/ Stehplätze	Bauzeit	Zylinder	PS	K	B x H mm	Hubraum cm^3	Drehzahl U/min	Radstand mm	Länge mm	Gewicht kg	Motor-hersteller	Typ	M	Bemerkungen
4000 T	35+8	1953 - 54	6	100	W	96x125	5429	2600	4000	8770	6000	Büssing	U 5	D	
4000 T	35 - 43	1954 - 57	6	100	W	96x125	5429	2600	4000	8770	5450	Büssing	U 5	D	ab 1954 Typ 4500 T
d) Baureihe 6000 und 6500															
6000 T	47/0	1953 - 59	6	150	W	118x150	9842	2000	5250	10425		Büssing	U 10	D	
6000 T	55/0	1953 - 59	6	150	W	118x150	9842	2000	6000	12000	7400	Büssing	U 10	D	
6000 T Reise-Anderthalb-decker		1954	6	150	W	118x150	9842	2000				Büssing	U 10	D	G. Auwärter-Aufbau
6500 T	43+10	1954 - 57	6	150	W	118x150	9842	2000	5250	10600 - 10850	8500	Büssing	U 10	D	
e) Baureihe TU 5/TU 55															
TU 55	30 - 38	1959 - 60	6	110	W	96x125	5429	2600	4300			Büssing	U 5	D	Bundeswehr-Ausführung
TU 5 Vb	38 - 42+8	1957 - 58	6	110	W	96x125	5429	2600	4500	8415 -	6200	Büssing	U 5	D	auch Radstand 4100 mm
8/9 RU 5		1959	6	110	W	96x125	5429	2600	3700	8210	6200	Büssing	U 5	D	
TU 5		1961	6	126	W	100x125	5890	2800	4500	9500		Büssing	U 5-125	D	
11 RU 5		1959	6	110	W	96x125	5429	2600	4600	10040		Büssing	U 5	D	
12 RU 5 H		1959	6	110	W	96x125	5429	2600	5400	10700	6200	Büssing	U 5	D	
8 RU 5		1960	6	110	W	96x125	5429	2600	3700	8440		Büssing	U 5	D	
f) Baureihe TU 7															
TU 7	37+9	1955 - 59	6	130	W	105x130	6750	2400	4500	9125 - 9780	7000	Büssing	U 7	D	
TU 7 Vb Reise	46+10	1958 - 59	6	145	W	106x135	7148	2500	4850	10180	7000	Büssing	U 7-145	D	
11 RU 7 H (Vb)		1959	6	145	W	106x135	7148	2500	4750	10050		Büssing	U 7-145	D	
11 RU 7 H RÖ		1960	6	145	W	106x135	7148	2500	4750	10110	6100	Büssing	U 7-145	D	
12 RU 7 H		1960	6	145	W	106x135	7148	2500	4275	11000	6200	Büssing	U 7-145	D	
g) Baureihe TU 10															
TU 10 Vb	50+11	1957 - 59	6	150	W	118x150	9842	2000	5350	11130	9200	Büssing	U 10	D	
TU 10 R	50+11	1957 - 59	6	150	W	118x150	9842	2000	5350	11850		Büssing	U 10	D	
h) Baureihe TU 11															
TU 11	45+9	1955 - 59	6	170	W	122x155	10872	2000	5550	11235 - 11620	9000	Büssing	U 11	D	
TU 11	50+12	1959 - 60	6	170	W	122x155	10870	2000	5550	11625 -		Büssing	U 11	D	Linienbus 40/36 Plätze
i) Baureihe Konsul															
Konsul 11 R	41/0	1963 - 67	6	126	W	100x125	5890	2800	4500	11000	6340	Büssing	U 5-125	D	
j) Baureihe Präfekt															
Präfekt 15 R	62/0	1965	6	170	W	125x155	11410	2000	5660	12000	9300	Büssing	U 11-170	D	
Präfekt 13 E	54/0	1966	6	150	W	108x135	7416	2400	5400	11000	8200	Büssing	U 7-150	D	Emmelmann-Typ
Präfekt 15 E	62/0	1966	6	150	W	108x135	7416	2400	5660	12000	8500	Büssing	U 7-150	D	Emmelmann-Typ, auch 185 PS
Präfekt 13 E	53/0	1967	6	155	W	108x135	7416	2400	5400	11000	7600	Büssing	U 7 D	D	Direkteinspritz-Motor, Emmelmann-Typ
Präfekt 15 E	61/0	1967	6	155	W	108x135	7416	2400	5600	12000	7300	Büssing	U 7 D	D	Emmelmann-Typ, auch 185 PS
Präfekt 11	39/0	1968 - 69	6	155	W	108x135	7416	2400	4750	10100	8500	Büssing	U 7 D	D	
Präfekt 15	61/0	1968	6	185/ 210	W	128x150	11580	2100	5600	12000	8500	Büssing	U 11 D	D	
k) Baureihen BS 100/110/120															
BS 100 T	45/0	1969	6	156	W	108x135	7416	2400	5000	10200	9300	Büssing	U 7 D	D	
BS 110 T	49/0	1969	6	210	W	128x150	11580	2100	5000	10200	9500	Büssing	U 11 D	D	
BS 120 T	62/0	1969 - 70	6	156	W	108x135	7416	2400	5600	11970	9200	Büssing	U 7 D	D	
BS 100 GT	41/0	1969 - 70	6	156	W	108x135	7416	2400	5000	10200	9250	Büssing	U 7 D	D	
BS 120 GT	52/0	1969	6	156	W	108x135	7416	2400	5600	11970	9200	Büssing	U 7 D	D	
BS 120 GT	52/0	1969	6	240	W	132x150	12316	2200	5600	11970	9200	Büssing	U 12 D-61	D	
BSE 110 T	53/0	1969 - 71	6	156	W	108x135	7416	2400	5400	10950	8700	Büssing	U 7 D	D	Emmelmann-Typ
BSE 110 GT	45/0	1969 - 71	6	156	W	108x135	7416	2400	5400	10950	8700	Büssing	U 7 D	D	Emmelmann-Typ
BSE 120 N	57/0	1969 - 70	6	156	W	108x135	7416	2400	5600	11970	9200	Büssing	U 7 D	D	Emmelmann-Typ
BS 110 T	49/0	1970	6	210	W	128x150	11580	2100	5500	11000	9500	Büssing	U 11 D	D	
BS 100 T	41/0	1971	6	210	W	128x150	11580	2100	5000	10200	9300	Büssing	U 11 D	D	
BS 110 N	51/0	1971	6	210	W	128x150	11580	2100	5600	11000	9400	Büssing	U 11 D	D	
BS 110 GT	45/0	1971	6	210	W	128x150	11580	2100	5600	11000	9450	Büssing	U 11 D	D	
BS 100 GT	39/0	1971	6	210	W	128x150	11580	2100	5000	10200	9250	Büssing-MAN	U 11 D	D	
BS 120 GT	49/0	1971	6	210	W	128x150	11580	2100	5600	12000	9200	Büssing-MAN	U 11 D	D	
BSE 120 T	53/0	1971	6	210	W	128x150	11580	2100	5600	12000	9200	Büssing-MAN	U 11 D	D	Emmelmann-Typ
BSE 120 GT	49/0	1971	6	210	W	128x150	11580	2100	5600	12000	9200	Büssing-MAN	U 11 D	D	Emmelmann-Typ
l) Übergangsbaureihen MAN-Büssing															
10 Ü 210/R 12	47/0	1972	6	210	W	128x150	11580	2100	5000	10200	9500	Büssing-NAG	U 11 D	D	
11 Ü 210/R 13	53/0	1972	6	210	W	128x150	11580	2100	5800	11000	9600	Büssing-MAN	U 11 D	D	

BÜSSING															
Typ	Sitzplätze/ Stehplätze	Bauzeit	Zylinder	PS	K	B x H mm	Hubraum cm³	Drehzahl U/min	Radstand mm	Länge mm	Gewicht kg	Motor-hersteller	Typ	M	Bemerkungen
12 Ü 240/R 15	51/0	1974	6	240	W	132x150	12136	2200	5600	12000	11500	Büssing-MAN	U 12 D-61	D	Hochdecker
3. Kleinbusse															
a) Baureihe 15/150															
15	15/3	1931	4	48	W	90x125	3179	2200	3600	5200		Büssing-NAG	Z	V	
150	15/3	1932	4	40/45	W	90x125	3179	2000	3670	5365		Büssing-NAG	Z	V	
b) Baureihe 20/200															
20	21 - 24	1931	4	48	W	90x125	3179	2200	3600	6182		Büssing-NAG	Z	V	
200	15/5	1932 - 33	3	45	W	110x130	3706	1700	3670	5665		Büssing-NAG	LD 3	D	auch G- oder Z-Motor
c) Baureihe 25/250															
25	25 - 28	1931	4	65	W	98x130	3922	2600	4700			Büssing-NAG	G	V	
250	15/7	1932	4	65	W	3922	3922	2500	4700			Büssing-NAG	G	V	auch LD 3-Motor
250	23	1933 - 38	3	45	W	110x130	3706	1700	4100	6100		Büssing-NAG	LD 3	D	auch G- oder LD 4-Motor
Burglöwe 250 N		1937	4	65	W	98x130	3922	2700				Büssing-NAG	G	V	
d) Baureihe 275															
275	22/3	1932	6	70	W	84x120	3988	2250	4500	6930		Büssing-NAG	L	V	
275 D	22/5	1934	4	55	W	110x130	4942	2000		7000		Büssing-NAG	LD 4	D	auch mit 60 und 70 PS

Perfekt restaurierter Büssing 5000 TU, 1951. (Foto: Ralf Weinreich)

Cudell

Cudell Motor-Compagnie mbH,
Aachen, Am Schlachthof u. Metzger Str.
1902-1905

Das 1897 von Max Cudell gegründete Fahrzeugbauunternehmen fertigte ab 1902 auch kleine Omnibusse mit 10-PS-Zweizylindermotoren und Kettenantrieb eigener Konstruktion. Die hohen Entwicklungskosten der Motoren, darunter auch von Vierzylindermotoren, zehrten die Betriebsmittel auf, so dass die Fertigung 1905 schon wieder aufgegeben werden musste. Ingenieur Willy Staniewicz (1881-1962) sammelte hier seine ersten Erfahrungen im Fahrzeugbau. Nach einer kurzen Betätigung bei den Stoewer-Werken in Stettin ging er 1906 zu Büssing nach Braunschweig, wo er bis nach dem Zweiten Weltkrieg die Nutzfahrzeugentwicklung wesentlich mitbeeinflusste.

40-PS-Cudell Linienbus, 1905.

CUDELL															
Typ	Sitzplätze/ Stehplätze	Bauzeit	Zylinder	PS	K	B x H mm	Hubraum cm³	Drehzahl U/min	Radstand mm	Länge mm	Gewicht kg	Motorhersteller	Typ	M	Bemerkungen
Cudell		1907	4	40	W	110x125	6100	1400				Cudell		V	

Cyklon

Cyklon-Maschinenfabrik AG,
Mylau b. Reichenbach i. Vogtland
1922-1925

Der Ingenieur Franz Louis Hüttel (1862 - 1919) entwickelte zusammen mit dem rumänischen Ingenieur Vasile Sfetescu um 1903 die dreirädrige Cyklonette. Deren Motor war über dem Vorderrad angeordnet. Das weiterentwickelte Fahrzeug wurde in beträchtlichen Stückzahlen als Zustellfahrzeug an die Reichspostverwaltungen verkauft. In den frühen zwanziger Jahren erwarb die Post auch einige Omnibus-Cyklonetten mit 10-PS-Zweizylindermotoren. Die Kleinstfahrzeuge setzte, mit der Bemerkung "beschränkte Beförderungszahl" (fünf Plätze) die Oberpostdirektion München ein. Das 380 Mann starke, einst in Berlin gegründete Unternehmen wurde 1922 in eine Aktiengesellschaft umgewandelt, deren Großaktionär Jakob Schapiro hieß. Das Cyklon-Werk wurde mit dem vom Schapiro-Konzern geführten Schebera-Karosserie-Werk Berlin und Heilbronn (NSU-Werk) verbunden. Wenig später gehörten noch die Benz-Werke und die über die Gothaer Waggonfabrik kontrollierten Dixi-Werke, Fahrzeugfabrik Eisenach zum relativ kurzlebigen Schapiro-Imperium. Gegen Ende der zwanziger Jahre geriet die Cyklon-Maschinenfabrik in Schwierigkeiten, so dass man sie 1931 liquidierte. Ihr Gründer, Franz Louis Hüttel, wechselte schon 1907 zu den Phänomen-Werken nach Zittau/Sachsen über, wo er das gleichartige Phänomobil schuf; das indessen führte zu einem langwierigen Prozess wegen Patentrechtsverletzungen.

10-PS-Cyklon »Cyklonette« Landpostwagen mit Personenbeförderung, 1923. (Foto: Karlheinz Hesse)

CYKLON BEHELFSOMNIBUS															
Typ	Sitzplätze/ Stehplätze	Bauzeit	Zylinder	PS	K	B x H mm	Hubraum cm³	Drehzahl U/min	Radstand mm	Länge mm	Gewicht kg	Motorhersteller	Typ	M	Bemerkungen
Cyklonette 5/10	5+1	1920 - 23	2	10	Th	72x90	732					Cyklon		V	

Daimler / Daimler Benz

Daimler-Benz AG, Stuttgart-Untertürkheim, Mercedesstr.
1. 1898-1926 **Daimler-Motoren-Gesellschaft (DMG),** Cannstatt, ab 1904 Stuttgart-Untertürkheim
2. 1926-1988 **Daimler-Benz AG (DBAG)**
3. 1989-1998 **Mercedes-Benz AG (MBAG)**
4. 1998-2007 **DaimlerChrysler AG**
5. 2007-2022 **Daimler AG**
6. 2022-heute **Daimler Truck AG**

Gottlieb Daimler (1834 - 1900) kam erstmals während seiner Zeit als Technischer Leiter der Gasmotorenfabrik Deutz zwischen 1872 und 1882 mit Ottomotoren in Berührung. Einen brauchbaren, schnelllaufenden Fahrzeugmotor entwickelte er dann zusammen mit dem Deutz-Konstrukteur Wilhelm Maybach (1846 - 1929) in Cannstatt bei Stuttgart. Als erstes Motorfahrzeug entstand 1885 der »Petroleum-Reitwagen«, 1888 folgte der »Daimler-Stahlradwagen«, das erste vierrädrige Automobil der Welt mit Viertakt-Ottomotor. Das wesentlich von Wilhelm Maybach konzipierte Antriebsaggregat leistete 1,1 PS.

Das rasch wachsende Unternehmen (das seit 1887 unter der Bezeichnung »Gottlieb Daimler-Fabrik Cannstatt« firmierte) wurde bereits im Jahre 1890 in die Daimler-Motoren-Gesellschaft (DMG) umgewandelt.

Nachdem Daimler 1896 einen ersten Lastwagen mit im Heck angeordneten 4-PS-Zweizylindermotor konstruiert hatte, standen ab 1898 vier DMG-Omnibus-Ausführungen mit 4-, 6-, 8- und 10-PS-Motoren zur Verfügung. Während die beiden kleineren Baumuster Vollgummireifen erhielten, fuhren die größeren Modelle auf Eisenrädern. 6 bis 16 Personen konnten in diesen Omnibussen befördert werden.

Mit zwei 10-PS-Daimler-Omnibussen nahm am 2. Oktober 1898 die zweite Motoromnibuslinie der Welt ihren Betrieb auf. Die Strecke führte von Bad Mergentheim nach Künzelsau. Jeder der beiden Wagen sollte 10 Personen und auch Post befördern. Die Basis bildeten umgerüstete Daimler-»Victoria«-Personenwagen mit vorn stehendem »Phönix«-Motor. Hinter einer Art Fahrerkabine befanden sich (quasi im Baukastensystem) jeweils einer der Postkutschenaufbauten, die bei der Württembergischen Postverwaltung am weitesten verbreitet war. Der Ritzelantrieb wirkte auf die Hinterachse. Die Busse erreichten Geschwindigkeiten von 16 bis 20 km/h. Sie benötigten für die 30 Kilometer lange Strecke zwei Stunden und 55 Minuten. Die ungenügende Federung sowie die unzulänglichen Räder (geritzte Eisenräder) führten jedoch zum hohen Verschleiß, so dass sie nach einiger Zeit wieder zurückgezogen werden mussten.

Erst der 1899 für die Motor Car Company hergestellte Aussichtsomnibus, mit welcher der englische Daimler-Vertreter Frederick R. Simms in geschäftlichem Kontakt stand, war so ausgereift, dass er für längere Zeit eingesetzt werden konnte. Das 20 Personen fassende Gefährt besaß einen 12-PS-Zweizylindermotor (nach anderen Angaben mit 8 PS) unter der Motorhaube, die Spitze von 20 km/h erreichte dieses für Ausflugsfahrten eingesetzte Modell allemal. Ebenfalls 1899 folgte ein erster Decksitzwagen unter der damaligen Bezeichnung »Imperiale«; der Fahrersitz war hoch über dem Motor angebracht. Ein weiteres beachtenswertes Modell war ein Aussichtsomnibus mit einem 8- oder 10-PS-Motor.

Das DMG-Programm wurde 1903 erneuert. Fahrzeuge mit 6 bis 30 Sitzplätzen und Zwei- und Vierzylindermotoren mit 4/8 bis 20/25 PS trieben diese Busse an.

Am 18. Juni 1905 eröffnete die Bayerische Post den Postbuskurs Bad Tölz - Lenggries, die dabei verwendeten 28-PS-Daimier-Motorbusse Typ D waren Eigentum der Königlich Bayerischen Post- und Telegraphen-Verwaltung. Gebaut waren sie im DMG-Werk Marienfelde bei Berlin. Auch die Allgemeine Berliner Omnibus-Actien-Gesellschaft (ABOAG) nahm am 19. November 1905 ihre ersten 40 Motoromnibusse in Betrieb, darunter auch zwei 7,4 m lange Decksitzmotorwagen mit 28 oder 35 PS der DMG. Decksitzer der gleichen Bauart beziehungsweise der gleichen Typen setzte ab 1906 eine sächsische Betreibergesellschaft auf der Überlandstrecke Mittweida - Burgstädt - Limbach ein, die eindeutig den 35-PS-Motor besaßen.

Sowohl die ABOAG- als auch die Sachsen-Busse waren jeweils mit dem »Aufbau 5/Imperial-Decksitz« ausgestattet, den die DMG offenbar gemeinsam mit der Berliner Karosseriefabrik Lange & Gutzeit entwickelt hatte, und den die Marienfelder in ihre Angebotsskala mit aufnahmen. Der Aufbautyp 5 war auch dem DMG-Ritzelantrieb-Chassis C 4 mit

10-PS-Daimler »Post-Omnibus«, 1898.

22-PS-Motor lieferbar. Er bot neben dem Fahrer einen Sitzplatz, fasste im Wageninnern 16 Personen, hinten auf dem Stehperron vier Fahrgäste und hatte auf dem »Imperial« 18 Decksitze.

Da inzwischen im Marienfelder Daimler-Werk die Nutzfahrzeugfertigung konzentriert worden war, wurde der Cannstatter Lkw- und Omnibusbau eingestellt, um größere Kapazitäten für die Pkw-Herstellung zu schaffen. Dennoch erschienen 1909 in Stuttgart noch 14-sitzige Omnibusse mit 27 PS; weitere Kleinmodelle folgten 1912 bis 1920 auf den Ein- und Zweitonnen-Fahrgestellen der UO-Baureihen als Linien-, Post-, Aussichts- sowie Schnellomnibusse mit 12 bis 18 Sitzen.

Nachdem bereits 1916 und 1919 Gespräche des DMG-Vorstandes mit dem Vorstand der Benz & Cie. Rheinische Automobil- und Motorenfabrik Mannheim AG stattgefunden hatten, führten diese letztlich 1926 zur Fusion der beiden Unternehmen. Am 1. Juli 1926 wurde die Verschmelzung zur Daimler-Benz AG vollzogen. Aufnehmende Gesellschaft war die Daimler-Motoren-Gesellschaft AG.

Nach der Vereinigung beider Unternehmen kam es zu einer Neugliederung der Betriebsteile: Das Werk in Sindelfingen übernahm die Pkw-Fertigung sowie den Omnibus-Karosseriebau, während man die Lastwagen- und Omnibusfahrgestellfertigung in Gaggenau konzentrierte. In Mannheim sollten Teile und Bodengruppen hergestellt werden. Das Berlin-Marienfelder Werk verlor die Fahrzeugproduktion und diente von 1927 bis 1934 mit reduzierter Belegschaft zunächst als Reparaturwerk.

Im Zuge der nationalsozialistischen Förderung der Verkehrseinrichtungen ab 1935/36 durch Großaufträge, Steuernachlässe und durch den wirtschaftlichen Aufschwung konnte Daimler-Benz wie auch die anderen nach den Krisenjahren übriggebliebenen Automobilfabriken wieder gut ausgelastet werden. Schließlich übernahmen die Untertürkheimer und Mannheimer Werke einen Teil der Omnibusfertigung.

Als erstes Gemeinschaftsprogramm entwickelte bei der Daimler-Benz AG das in Untertürkheim ansässige Zentrale Konstruktionsbüro ein drei-, wenig später ein vierstufiges Omnibus-Programm mit Fahrgestellen in Halb-Niederrahmentechnik, die im Gaggenauer Werk gefertigt wurden. Kleinster Typ war bis 1928 der N 1 als 16-Sitzer mit dem Vierzylindermotor M 14, der 45/46 PS entwickelte. Auch die Sechszylindermaschine M 16 mit 50/55 PS oder mit 65/70 PS konnten in das luftbereifte Modell installiert werden, teilweise mit Aufbauten des Coburger Karosserieherstellers N. Trutz.

Der N 2 mit dem Sechszylindermotor konnte 30 bis 42 Personen befördern. Er war als geschlossenes Linien- und Reise- oder als offenes »Allwettermodell« mit einem Klappverdeck lieferbar. Eine besondere Ausführung verkörperte innerhalb der N 2-Baureihe der Eineinhalbdecker. Er wurde unter anderem an die Rheinische Kraftverkehrs AG (RVG) in Köln und an die Deutsche Reichspost verkauft. Der auch als »Gesellschaftswagen« bezeichnete Omnibus besaß zwei Abteile mit jeweils neun Clubsesseln. – Das N 2-Niederrahmen-Busfahrgestell gab es ab 1928 bei der DBAG auch mit Nebenantrieben zum Aufbau von Feuerwehr-Drehleitern (Chassis-Typ LD 2) und von Feuerwehr-Kraftfahrspritzen (MS 2) der Firmen Metz und Magirus.

Drittes Modell wurde der N 5 mit einem großvolumigen 70/80-PS-Vierzylindermotor der Baureihe M 5. Die Normalversion war für 30 Personen ausgelegt. Daneben gab es auch eine Ausführung in Anlehnung an den Benz-»Niederomnibus MS« mit einem vorverlegten Fahrersitz, den Frontlenkertyp NJ 5. Er konnte auch als Doppeldecker mit einem Trutz-Aufbau für 48 bis 56 Fahrgäste geliefert werden. Eine offene Treppe führte im Heck in die obere Etage. Neben einer Vierrad-Elastikbereifung ließen sich die NJ 5-Modelle auch gemischt ausstatten: vorn mit Luft- und hinten mit Vollgummi-Reifen.

10-PS-Daimler »Imperial«, 1899.

8-10-PS-Daimler »Motor-Omnibus« für England, 1899.

Schließlich ergänzte Daimler-Benz die N 5-Haubenbus-Familie 1927/28 durch eine dreiachsige Niederrahmenversion. Im Gegensatz zu Büssing kam das Stuttgarter Unternehmen bei seinem 6x4-Typ N 56 für den hinteren Doppelachsantrieb mit einer Kardanwelle aus. Vom Tellerrad des ersten Differentials leitete eine durch zwei Kardangelenke bewegliche Welle die Antriebsmomente auf das hintere Tellerrad und damit an die dritte Achse weiter. 1928 erhielt der N 56 erstmals den 70-PS-Sechs-

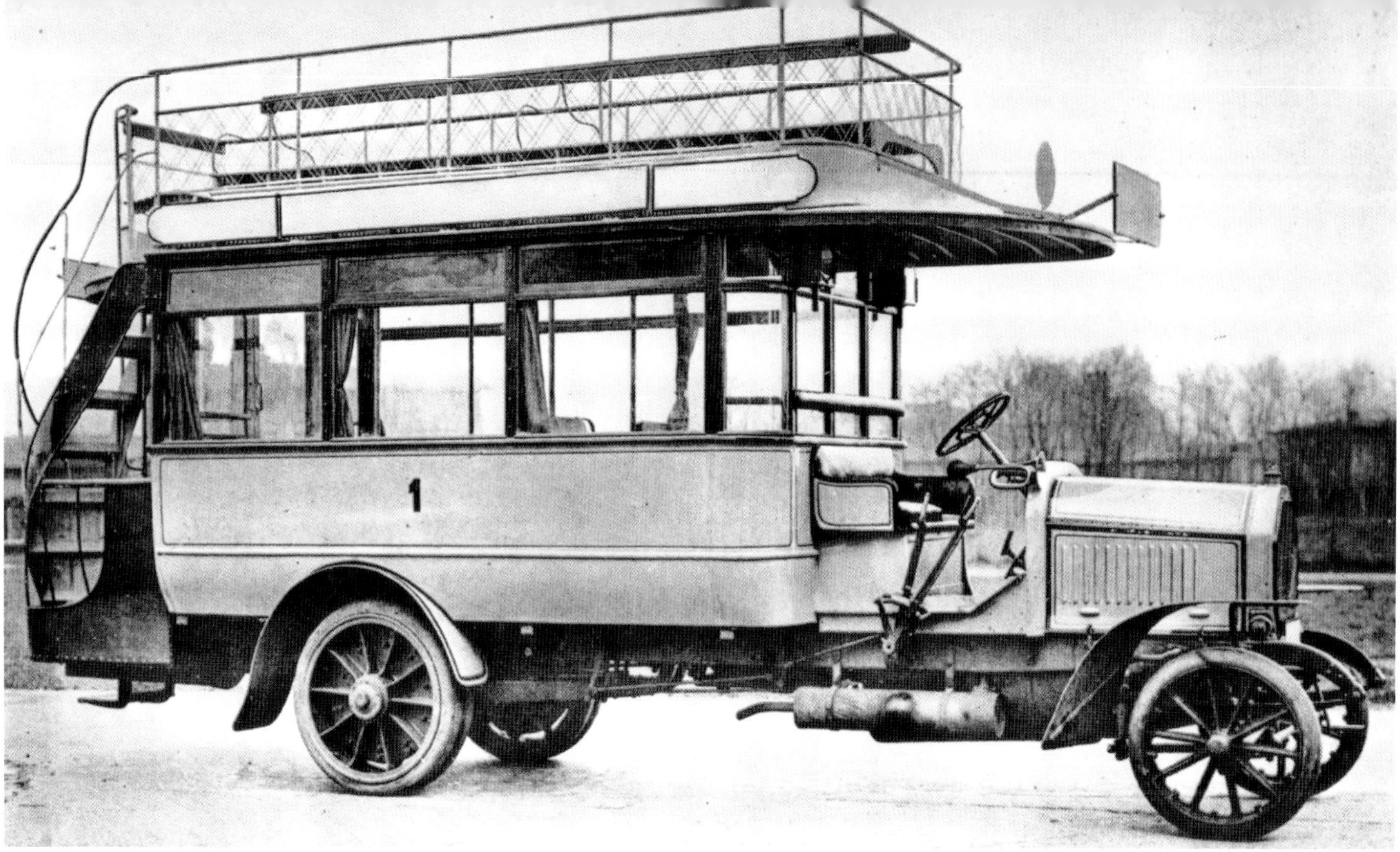

35-PS-Daimler Typ DM 4b Oberdecker, 1914. (Foto: MB-Archiv)

zylinder-Dieselmotor OM 5, mit dem ihn das Werk auf eine »Propagandafahrt« durch Deutschland schickte, um die Zuverlässigkeit und Sparsamkeit des Selbstzündermotors zu demonstrieren: Dieser erste Daimler-Benz-Dreiachsbus war gleichzeitig der erste 6x4-Dieselbus der Welt. Die Dieselmotoren der Daimler-Benz AG, zunächst Rohölmotoren genannt, arbeiteten nach dem von den Benzwerken entwickelten Vorkammer-Verfahren. Sie trugen die Typenbezeichnung »OM« (Ölmotoren). Als viertes Modell der neuen Baureihen kam 1928 der mittelgroße Typ N 46 mit dem kleinvolumigen, schnelllaufenden 55/60-PS-Sechszylinder-Ottomotor M 16 auf den Markt. Die Grundversion bot 21 Sitzplätze. Das Zentrale Konstruktionsbüro wurde im gleichen Jahr aus Kostengründen nach Gaggenau verlegt, der Omnibus-Karosseriebau und die betreffende Konstruktionsabteilung dagegen in Sindelfingen angesiedelt.

Einen ersten 52 kW starken, zweiachsigen Obus mit kastenförmiger Ganzstahl-Karosserie stellte die DBAG 1930/31 auf die Räder. Die BBC-Mannheim lieferte die Elektro-Anlage des »Fahrdraht-« beziehungsweise »Trolleybusses«. Das »Werks-Erprobungsmodell« ging zehn Jahre später nach Zwickau.

1930 wurde das Typenbezeichnungsschema neu aufgebaut. Aus dem N 46 wurde der O 2500, aus dem N 2 der O 4000 (wurde vielfach auch als »Reichspost-Typ« bezeichnet) und aus dem N 56 der Lo 8500/O 8500. Die Modelle O 4000 und O 8500 erhielten den 110-PS-Vergasermotor. 1932 ergänzte die mittlere Baureihe O 3000 mit 70-PS-Sechszylinder-Ottomotor M 56 die Omnibus-Palette. Zwischenzeitlich hatte Daimler-Benz den 55-PS-Vierzylinder-Dieselmotor OM 59 mit 3,8 Liter Hubraum zur Serienreife gebracht.

Als Universalfahrgestelle für kleine Lastwagen und Omnibusse verwendete das Unternehmen die Lo-Typen 2000, 2500, 2600, 2750 und 3500. Unter den Lo 3500-Modellen sticht die 1933 angebotene 150/200-PS-Kompressorausführung hervor, die mit dem Achtzylinder-Reihen-Ottomotor M 150 II mit zwei Rootsgebläsen aus der Luxus-Pkw-Baureihe Mercedes-Benz 770 angeboten wurde. Allerdings durfte die mechanische Aufladung nur für wenige Minuten eingeschaltet werden, um den Motor vor thermischer Überlastung zu schützen.

Einen Hauch von Zukunft strahlten die neuen Mercedes-Benz-Frontlenkerbusse der zweiten, der sogenannten Pullman-Generation aus. Eigentlich leitete diese Entwicklung 1934/35 die Deutsche Reichsbahn ein. Daimler-Benz entwickelte für sie, nach Lizenzen des Aerodynamikers Paul Jaray, einen stromlinienförmig gestalteten Frontlenkerbus auf der Lo 3100-Fahrgestellbasis mit Stahlblech beplanktem Holzgerippe-Aufbau. Er erhielt einen 95-PS-Diesel, bot 22 Sitzplätze und war für 115 km/h ausgelegt. Es folgten die Pullman-Frontlenkerbusse mit Stahlkarosserie LoP 3200, LoP 3500 und OP 3750, letztgenannten Typ sogar bis 1941. Dachrandverglaste OP 3750 A-Omnibusse setzte die Reichsbahn als »Alpenreise-Aussichtswagen« ein. Ihre Dienstleistungen bewegten sich zwischen 80 (OM 67 b) und 100 PS (OM 67/3). Insgesamt entstanden rund 450 Pullmann-Busse.

Ihre ersten Diesel-Dreiachs-Doppelstockbusse erhielt die Berliner Verkehrs-Gesellschaft (BVG) 1934/35 von der Daimler-Benz AG. Die speziellen 6x4-Fahrgestelle mit weit zurückversetzter Vorderachse, Typ N 56/134 (Lo 8500), bezeichnete die BVG intern als »DB D3 Die 34«. Die Wagen-Nummern 1 bis 20 waren mit 125/130 PS starkem OM 54-Diesel ausgestattet. Sie boten oben 32 Sitze und unten 26 Sitz- plus 17 Stehplätze. In den Karosseriebau für Omnibusse wurde neben dem Werk in Sindelfingen ab 1936 auch das Werk in Mannheim einbezogen. Darüber hinaus lieferten die Firma Auer, Drögmöller, Emmelmann, EVA-Wismar, Kässbohrer, Knapp und Vetter einen Teil der Aufbauten.

Parallel zu den Reichsautobahn-Omnibus-Projekten der Firmen Büssing-NAG, Henschel, MAN und VOMAG entwickelte Daimler-Benz einen dreiachsigen Schnellreiseomnibus. Der im Heck unterzubringende V-Zwölfzylinder-Triebwagen-Diesel mit 300/330 PS und 30,5 Litern Hubraum sollte den gewaltigen 6x4-Frontlenker antreiben. Auch eine Ausstattung mit zwei 145-PS-Sechszylinder-Reihenmotoren über den Hinterachsen war ins Auge gefasst. Das heckseitige Motorenabteil sollte durch einen Waschraum vom Fahrgastraum getrennt sein. Ein Demonstrationsmodell dieses 32-sitzigen Großomnibusses stand 1935 auf der Berliner Automobil-Ausstellung. In Einzelexemplaren wurden für die BVG 1934/35 dreiachsige Obusse mit 36 Sitz- und 29 Stehplätzen als O 8500 (elektr.) gefertigt. Installiert waren zwei 45 kW-Motoren der AEG in die Niederrahmen-Chassis.

Ab Mitte der dreißiger Jahre übernahmen die Baureihen O 3200 bis O 4000 die Rolle als »Brot- und Butterbusse« mit 80- bis 120-PS-Dieselmotoren (OM 67 b bis OM 79); für Aufsehen sorgten dagegen die Sattelschlepper-Großomnibusse, die bis zu 120 Personen befördern konn-

DAIMLER

Typ	Sitzplätze/ Stehplätze	Bauzeit	Zylinder	PS	K	B x H mm	Hubraum cm³	Drehzahl U/min	Radstand mm	Länge mm	Gewicht kg	Motor-hersteller	Typ	M	Bemerkungen
Daimler	6/0	1898	2	4		75x120	1060	700			1350	Daimler	Phoenix	V	
Daimler	8 - 10	1898	2	6		90x120	1530	700			2000	Daimler	Phoenix	V	
Daimler	12 - 14	1898	2	8						5600	2700	Daimler	Phoenix	V	
Daimler	14 - 16	1898	2	10		100x140	2190	700			3500	Daimler	Phoenix	V	
Daimler-Motor-Omnibus	20/0	1898		12								Daimler	Phoenix	V	England-Typ, auch 8 PS
Daimler	6/0	1899 - 01	2	4/6				900			1350	Daimler	Phoenix	V	
Daimler	8 - 10	1899 - 01	2	6/8				900			2000	Daimler		V	
Daimler	12 - 14	1899 - 01	2	8/10				900			2700	Daimler		V	
Daimler	14 - 16	1899 - 01	2	10/12				900			3500	Daimler		V	
Daimler	8 - 10	1899 - 01	4	6				900			1800	Daimler		V	
Daimler	12 - 14	1899 - 01	4	8				900			2500	Daimler		V	
Daimler	14 - 16	1899 - 01	4	10				900			3000	Daimler		V	
Daimler	18 - 20	1899 - 01	4	12				900			3200	Daimler		V	
Daimler	6 - 8	1903 - 05	2	4/8				900		3200	1650	Daimler		V	
Daimler	10 - 14	1903 - 05	2	6/9,5				900		4200 - 5400	2000 - 2200	Daimler		V	
Daimler	10 - 16	1903 - 05	2	8/12				900		4200 - 5400	2400 - 2600	Daimler		V	
Daimler	10 - 16	1903 - 05	4	12/18				900		4200 - 6200	2200	Daimler		V	
Daimler	12 - 30	1903 - 05	4	16/21				900		4200 - 7000	2400 - 3200	Daimler		V	
Daimler	12 - 30	1903 - 05	4	20/25				900		4200 - 7000	3400	Daimler		V	
Daimler	14/0	1909	4	27	W	100x140	4396	1000				Daimler	C 4	V	
UO 1 T	12/0	1912 -18/20	4	25	W	80x130	2610	1600	3360		3000	Daimler	S 80	V	
UO 2 T	12/0	1912 - 18	4	35	W	90x140	3560	1700	3380		3100	Daimler	S 90	V	
UO 2 T	18/0	1918 - 20	4	50	W	110x150	5699	1300	3850		5100	Daimler		V	

35-PS-Daimler UO 2T Linienbus, 1920. (Foto: MB-Archiv)

70-PS-Daimler-Benz N 2 Anderthalbdecker-Reisebus, 1926.

ten. Als Zugmaschinen kam der Lastwagen-Typ LZ 6500 zum Einsatz, die Personen-Auflieger lieferten die Karl Kässbohrer-Werke. Unter der mächtigen Haube der bis zu 20 m langen Züge saß der 150-PS-Diesel OM 54; darüber hinaus gab es eine Luxus-Doppeldeckerausführung für 50 Fahrgäste. Ein weiterer außergewöhnlicher Omnibus war die zehnsitzige Halbketten-Ausführung LR 75, die von dem 65-PS-Ottomotor M 142 angetrieben und auf Gebirgsstrecken der Reichspost in "schneereichen Regionen" (Reith im Winkl - Winklmoos-Alm) eingesetzt wurde. Die drei für die Deutsche Reichspost hergestellten Exemplare erhielten geschlossene Aufbauten, ein weiterer Halbketten-Gebirgsbus besaß einen offenen »Cabriolet«-Aufbau.

Als Großomnibusse für 40 bis 45 Personen in der Ein- und für 60- bis 75 Personen in der Doppeldeckerversion folgten ab 1936/37 die O 10000-Typen mit dem dann bereits 140/150 PS leistenden 12,5-Liter-Diesel OM 54. 1938 wurde die bis 1941 gebaute Modellreihe mit dem neuen, ebenfalls 150 PS leistenden OM 57-Motor mit 11,2 Litern Hubraum ausgestattet und mit Sindelfinger Ganzstahl- und Kässbohrer-Aufbauten versehen. Die Reichspost übernahm als größter Kunde 160 Exemplare dieser Baureihe, von denen ein Teil mit Kraftpostkurswagen-Aufbauten zur Nachtpostbeförderung eingesetzt wurde. Bis 1950 waren noch fast 50 O 10000-Busse im Einsatz.

Für die BVG stellte Mercedes neben den Hauben-Doppeldeckern einen 200 PS starken Frontlenker-Prototyp her, dessen Maschine allerdings die BVG auf 160 bis 175 PS drosselte. Ein Serienbau dieses dreiachsigen »Dobusses« unterblieb ebenso wie bei den Büssing-NAG- und Henschel-»DO 36«-Prototypen wegen der Kriegsereignisse.

Ebenfalls 1936 entwickelte das Unternehmen »zur Verwendung heimischer Energien« einen zweiachsigen, vorn und hinten einfach bereiften Obus mit 64-kW-AEG- oder BBC-Motoren. Ideen des Busunternehmers Theodor Pekol waren in die Konstruktion eingeflossen. Von den 12 im Gaggenauer Werk aufgebauten Modellen übernahmen die Oldenburger Vorortbahnen von Theodor Pekol sieben Exemplare dieses intern als Typ »Oldenburg« bezeichneten Modells.

1937 war zumindest auf dem Reißbrett ein Obus-Programm mit den Baugrößen 4000, 6000, 8000 und 10000 fertig. Jedoch einzig das Großmodell O 10000 T wurde mit 2x45/55-kW-AEG- beziehungsweise SSW-Motoren oder einem 112-kW-BBC-Motor bis 1941 realisiert, zumindest mit Aufbauten vom Schumann-Fahrzeugbau in Werdau. Für

45/50-PS-Mercedes-Benz N 1 Aussichtswagen, 1927. (Foto: DB-Archiv)

70/80-PS-Mercedes-Benz NJ 5 Niederrahmen-Omnibus (Westwaggon-Gastell-Aufbau), 1927. (Foto: MB-Archiv)

70/80-PS-Merceds-Benz N 5 Do Doppeldecker, 1927. (Foto: MB-Archiv)

70-PS-Mercedes-Benz N 56, 1928. (Foto: MB-Archiv)

die Obus-Normgröße III entwickelte das Unternehmen 1939 den Typ OT 10000 (III) mit 2x50-kW-Motoren. Nach dem Krieg baute das Werdauer Fahrzeugwerk die Basisfahrzeuge auf. Als kleine Klubbusse für den Ausflugs- und Zubringerdienst kamen 1937/38 die O 1500-Modelle mit einem Sechszylinder-Vergaser- oder Dieselmotor hinzu, die beide 45 PS erzeugten. Zu dieser Zeit entstand für den Alpen-Kraftpostverkehr eine Handvoll geländegängiger Omnibusse LG 2000 (LG 65/2) 4x4, LG 2500 (LG 65/3) 6x6 und LG 3000 6x4.

Während des Krieges wurde der O 4500 beziehungsweise O 5000 mit dem OM 67/4-Motor mit 120 PS ausgeliefert. Die Leistung der Maschine setzte man schrittweise auf 112 und schließlich 110 PS zurück, wobei die Motoren auch auf die Verwendung von Flüssiggas umgestellt wurden. Die Stahlblechverkleidung musste im Laufe des Krieges durch Kapag- oder Delignit-Platten ersetzt werden. Etwa 300 »Kriegsomnibusse« entstanden bis in den Juli 1944.

45/50-PS-Mercedes-Benz N 1 Zubringerbus, 1929.

Der Krieg zog die fünf Fahrzeugwerke schwer in Mitleidenschaft, das Werk in Berlin-Marienfelde lag sogar vollständig in Trümmern. Nach ersten Aufräumarbeiten konnte das Leichtlastwagenwerk Mannheim, das auf Anordnung des Generalbevollmächtigten für das Kraftfahrwesen vom 25. Juni 1942, aber mit korrektem Kauf der Nachbaurechte den Opel »Blitz«-Dreitonner (aus dem Brandeburger Werk) als Mercedes-Benz L 701 ab 20. Juli 1944 fertigen musste, im Sommer 1945 die Montage dieses Fahrzeugs (mit dem Lizenz-Opel-Vergasermotor) wieder aufnehmen. Opel erhielt die Hälfte der produzierten L 701-Fahrzeuge und ab 1949 alle unverkauften Exemplare, Tcilc und Halbfabrikate sowie bis 1954 weitere 467 Dreitonner. Die Rüsselsheimer gaben die vorwiegend Niederrahmen-Fahrzeuge an verschiedene Karosseriehersteller ab.

Nachdem in den ersten Nachkriegsjahren einige Frontlenker-Fahrgestelle des Typs O 5000 T für Obus-Aufbauten produziert worden waren, folgten ab 1948 erste Haubenomnibusse mit dem 112-PS-»Kriegsmotor« als Baureihe O 4500 beziehungsweise O 5000. Die auf dem Leiter-Niederrahmen aufgesetzte Ganzstahlkarosserie bestand aus einem verschweißten Gerippe mit aufgeschweißten Stahlblechteilen. Als Linien- und als Reisebusse mit oder ohne Dachrandverglasung standen diese Modellreihen in den Jahren 1948 bis 1950 im Programm. Insgesamt wurden 770 Modelle mit Sindelfinger und mit Fremdkarosserien, darunter von FKF und Vetter, hergestellt.

Erste Nachkriegskonstruktion war der L 3500 von 1949. Der 3,25 Tonner verfügte über den neuen Vorkammer-Dieselmotor OM 312 mit 90 PS. Dieser Sechszylinder saß auch unter der Haube des zunächst als Typ O 3250 vorgeführten Omnibusmodells mit 29 Sitzen und 7 Notsitzen; es ging 1950 als Typ O 3500 in Serie. Im Design orientierte sich dieses Modell mit der verchromten Kühlermaske am Stil der Daimler-Benz-Pkw und an dem großen »Fünftonnen«-Omnibus. Eine kleine Serie des O 3500-Reisebusses wurde 1954 mit dem mittels Abgas-Turbolader von 90 auf 115 PS gesteigerten Motor OM 312 A ausgestattet.

Als einer der ersten großen Nachkriegsexportaufträge konnte Daimler-Benz 1954 einen Auftrag über 500 Omnibusse aus der O 3500-Familie mit einem iranischen Importeur abschließen. Aufgrund dieser Bestellung und Lieferung erhielt das Stuttgarter Unternehmen die Möglichkeit, in Persien ein Lastwagen-Montagewerk aufzubauen. Daimler-Benz konnte sich dadurch dort rasch eine dominierende Position im Nutzfahrzeugmarkt erobern. Bis 1955 konnten die Stuttgarter vom Typ O 3500 (ab 1954 unter der Bezeichnung O 311) 6049 Einheiten absetzen; das Magirus-Deutz-Konkurrenzmodell O 3000/O 3500 kam lediglich auf 3767 Exemplare.

An Fremdfirmen gingen bis 1961 weitere 1675 abgeänderte O 3500-Fahrgestelle, die Frontlenkeraufbauten unter der Bezeichnung OP 3500 (OP 311 – P für Pullmann) erhielten. Vetter setzte darüber hinaus auf LAP 312-Allradchassis Karosserien, die von der Deutschen Bundesbahn bestellt wurden. 1950 löste der O 6600 den bisherigen Fünftonnen-Omnibus ab. Das stilistisch dem O 3500 angenäherte Modell mit verchromter Kühlermaske besaß nun den neuen 145-PS-Diesel der Baureihe OM 315. Durch zusätzliche Lüftungsschlitze im Bereich der Motorhaube wurde die Luftversorgung des Motors verbessert. Das letzte große Haubenmodell des Daimler-Benz-Werkes, ab 1954 unter der Bezeichnung O 304 angeboten, wurde bis 1955 in einer Stückzahl von 625 Einheiten gebaut. Neben eigenen Karosserien wurden hier auch Fremdaufbauten, darunter Luxusaufbauten der Firma Gaubschat, verwendet.

Nachdem verschiedene Aufbautenhersteller Chassis des O 3500 und des O 6600 schon zu Trambus-Frontlenkeromnibussen umkonstruiert hatten, nahm Daimler-Benz-Werk 1951 auch werksseitig wieder Frontlenker-Omnibusse ins Programm auf. So erschien zunächst der 6600 H. Der querstehende 145-PS-Diesel OM 315 saß im Heck trieb über ein elektrisch geschaltetes ZF-Media-Sechsganggetriebe, ein Winkelgetriebe sowie über eine kurze, zweiteilige Kardanwelle die Hinterachse an. In zweitüriger Linien- und Reise- sowie in dreitüriger Linienausführung bot das Werk dieses Fahrzeug als »Pullman«-Modell an; die Reisebusausführung besaß 45 bis 47 Sitzplätze sowie 10 Notsitze. Das Linienmodell nahm 100 Fahrgäste auf.

70-PS-Mercedes-Benz N 5 Stadtrundfahrt-Omnibus (Trutz-Aufbau), 1930.

Bis 1960 wurden 1366 Pullman-Modelle O 6600 H (O 320 H) gefertigt. Größter Abnehmer dieser Pullman-Typen war mit 538 Exemplaren die Deutsche Bundespost. Hinzu kamen weitere 569 tiefgekröpfte Niederrahmen-Trambusfahrgestelle der Baureihen OP 6600 beziehungsweise OP 315 und 320 H, die vor allem aufgrund ihrer einfacheren Antriebstechnik in den Export gingen. In Deutschland wurde das Trambusfahrgestell hauptsächlich für Gelenkbus-Aufbauten verwendet.

Im Rahmen der O 6600 H-Baureihe ist die Obus-Variante O 6600 T hervorzuheben, die 1952/53 in 350 Exemplaren (darunter 88 Vorort-Ausführungen) nach Argentinien geliefert wurde. Zuvor war im Juli 1950 die Mercedes-Benz Argentina S. A. in Sao Bernardo do Campo als erster Stützpunkt in Südamerika eingerichtet worden. Im Heck der Trolleybusse war eine elektro-pneumatische Schaltanlage von Kiepe für den BBC-Motor untergebracht. Das Omnibus-Werk Mannheim erhielt eine eigene 400 Meter lange Einfahrbahn für die Obusse. In Deutschland hingegen ließen sich nur noch zehn O 6600 T-Modelle absetzen.

Den Weg in den modernen Omnibusbau mit halbselbsttragenden Karosserien beschritt das Daimler-Benz-Werk 1954 mit dem Serienbau des Typs O 321 H. Auf der Rahmen-Bodenanlage mit einem Mittelträger war

95/110-PS-Mercedes-Benz N 2 (O 4000) Post-Überlandbus, 1930. (Foto: MB-Archiv)

110-PS-Mercedes-Benz N 2 Post-Überlandbus, 1930. (Foto: MB-Archiv)

52-kW-Mercedes-Benz Werks-Versuch-»Trolley-Bus«, 1931. (Foto: MB-Archiv)

der stark abgerundete, mittragende Frontlenkeraufbau im abgewandelten Stil des O 6600 H aufgeschweißt. Diese »Semi-Integral-Bauweise« bot die Möglichkeit, von schweren Rahmenfahrgestellen abzugehen, aber trotzdem weiterhin Bodengruppen an Karossiers abgeben zu können. Ein breiter Ovalgrill, der die Scheinwerfer integrierte, verlieh der neuen Baureihe ihr charakteristisches Aussehen. Der aus dem OM 312 entwickelte 110-PS-Motor der Baureihe OM 321 saß längs im Heck des in zwei Längen lieferbaren Modells. Ab 1962 diente auch die neue 126-PS-Maschine vom Typ OM 332 als Antriebsquelle. Bis 1964 wurde von der 9,3-Meter-Version 12.826 Exemplare gefertigt, die 10-Meter-Variante O 321 HL brachte es auf 5257 Exemplare. Hinzu kamen Teilsätze für Argentinien, Brasilien und Griechenland. Mit über 20.000 Einheiten setzte die Omnibusbaureihe O 321 einen neuen Produktionsrekord.

Im Jahre 1956 komplettierte Daimler-Benz seine Omnibus-Palette durch die Kleinbusfamilie O 319, die in Sindelfingen entstanden. Der auf 10 bis 17 Fahrgäste ausgelegte Typ besaß einen Kastenprofilrahmen mit einer verschweißten, mittragenden Karosserie. Das Chassis besaß Starrachsen an Halbblattfedern. Motor, Getriebe, Lenkung und Vorderachsen waren auf einem herausziehbaren Fahrschemel zusammengefasst und mit Gummipuffern am Rahmen befestigt. Das Vierganggetriebe wurde vom Lenkrad her geschaltet. Anfänglich kam ein 65-PS-Otto- oder ein 43-PS-Dieselmotor aus dem Pkw-Programm zum Einsatz. Ab 1961 leisteten diese Motoren 68 und 50 PS, die Modelle von 1965 bis 1968 verfügten über eine 80 PS starke Otto- oder über eine 55 PS starke Dieselmaschine.

Insgesamt verließen 1909 Vergaser- und 13.680 Diesel-Kleinbusse bis 1968 die Fließbänder, wobei die Montage ab 1961 in einem ehemaligen Auto Union-Werk in Düsseldorf erfolgte. 174 Teilesätze gingen in das spanische Daimler-Benz-Werk in Vitoria, wo die Endmontage vorgenommen wurde. Darüber hinaus setzte das marokkanische Unternehmen SAIDA in Casablanca ab 1968 weitere Kleinbusse zusammen.

55-PS-Mercedes Benz Lo 2000 Überlandbus, 1932. (Foto: MB-Archiv)

Am oberen Ende des Angebots rangierte seit 1958 der Großraum-Omnibus O 317, der den schweren O 320 (ex O 6600 H) ablöste. Diese nun überaus erfolgreiche Typenfamilie war als Gegenstück zu den Büssing-Unterflurdiesel-Baumustern konzipiert. Der hier erstmals verwendete Unterflurdiesel Typs OM 326 h mit 172 PS (1961: 200 PS) hatte 10,8 Liter Hubraum, Einzelzylinderköpfe sowie vier Ventile pro Zylinder. Die Motorzusatzaggregate, darunter der hydrostatisch angetriebene Lüfter, waren getrennt vom Motor im Frontbereich des Fahrzeugs angeordnet. Während vorne eine gekröpfte Achse verwendet wurde, kam hinten eine Banjoachse mit Hypoidverzahnung zum Einbau. Für den Fahrkomfort sorgte in diesem Fahrzeug hier erstmals die neuartige Luftfederung mit Niveauregulierung. Neben der 12-Meter-Ausführung wurde ab 1963

95-PS-Mercedes-Benz Lo 3500 Überlandbus, 1933. (Foto: MB-Archiv)

70-PS-Mercedes-Benz Lo 2750 Überlandbus, 1934. (Foto: MB-Archiv)

auch eine 11,3-Meter-Variante unter der Bezeichnung O 317 K aufgelegt. Daimler-Benz bot beide Ausführungen mit selbsttragenden Karosserien als Komplettomnibusse mit 34 bis 48 Sitz- und 80 Stehplätzen sowie, wahlweise, mit oder ohne hinterem Stehperron an. Die Bodengruppe wurde verschiedenen Karosseriebauern zur eigenen Aufbaugestaltung zur Verfügung gestellt. FAKA, Gaubschat, Ludewig und Vetter benutzten sie mit einer von Mercedes vorgegebenen unteren Frontpartie zur Herstellung von Gelenkbussen, deren Nachläufer verschiedenartig noch eine Doppelachse besaß. Die Frontpartie mit zunächst senkrecht stehenden Scheiben wurde nach 1960 durch leicht geneigte Scheiben etwas aufgefrischt. 1966 wurde die Seitenlinie durch größere Fenster und in der Überlandausführung durch größere Unterflurkofferräume zeitgemäßer gestaltet. Ab 1964 kam der 180 PS starke Direkteinspritzdiesel der Baureihe OM 346 h zum Einsatz, der sich ab 1967 auf 185 oder 210 PS durch eine entsprechende Einspritzpumpe einstellen ließ. 1972 stellte das Mannheimer Werk die Komplettmontage des O 317 ein, die Bodengruppen erhielten dann den neuen Unterflurmotor OM 407 H. Die Fertigung der Fahrwerke erfolgte 1974 bis 1977 bei der Steyr-Daimler-Puch AG im ehemaligen österreichischen Saurer-Werk in der Wiener Heidequerstraße. Insgesamt verließen 3550 Omnibusse das Mannheimer Werk. Sie verschafften der Daimler-Benz AG im VÖV-Geschäft den Durchbruch. Hinzu kamen 3740 Bodengruppen, die unter anderem von Steib und Vetter auch zu Reisebussen aufgebaut wurden. Das jugoslawische Nutzfahrzeugwerk Fabrika Automobilia Priboj (F.A.P.) mit der Marke Sanos komplettierte weitere

75-PS-Mercedes-Benz Lo 3100 Überlandbus, 1935. (Foto: MB-Archiv)

95-PS-Mercedes-Benz Lo 3100 RAB-Schnellreisebus mit Uerdinger-Aufbau, 1935. (Foto: MB-Archiv)

95-PS-Mercedes-Benz Lo 3100 »Allwetter-Schnellreisebus« für 115 km/h«, 1935.

75-PS-Mercedes-Benz Lo 3100 Überlandbus, 1935. (Foto: MB-Archiv)

100-PS-Mercedes-Benz Lo 3750 Reichsbahn-Aussichtswagen, 1935. (Foto: MB-Archiv)

150-PS-Mercedes-Benz O 10.000 Doppeldecker, 1935/36.
(Nachkriegsaufnahme, Foto: BVG-Archiv)

100-PS-Mercedes-Benz Lo 3750 Aussichtsomnibus (Stolle-Aufbau), 1936.

300/350-PS-Mercedes-Benz
Schnellbus-Modell, 1935. (Foto: MB-Archiv)

100-PS-Mercedes-Benz OP 3750 Linienbus (EVA-Aufbau), 1936. (Foto: MB-Archiv)

82-kW-Mercedes-Benz Obus 6000, 1936. (Foto: MB-Archiv)

150-PS-Mercedes-Benz L 6500 Kässbohrer-Omnibus-Sattelzug, 1936.

45-PS-Mercedes-Benz O 1500 Allwetter-Aussichtswagen, 1937.
(Foto: MB-Archiv)

60-PS-Mercedes-Benz O 2600 Allwetter-Reiseomnibus, 1937. (Foto: MB-Archiv)

60-PS-Mercedes-Benz Lo 2600 RAB-Schnellreisebus mit Kässbohrer-Aufbau, 1936.

75-PS-Mercedes-Benz LR 75 Halbketten-Omnibus für den Alpenpostdienst, (Rupflin-Aufbau), 1937. (Foto: MB-Archiv)

95-PS-Mercedes-Benz LG 2000 (LG 65/2) Allrad-Postomnibus, 1938. (Foto: MB-Archiv)

95-PS-Mercedes-Benz LG 3000 (LGF) Reichspost-Linienbus, 1937. (Foto: MB-Archiv)

150-PS-Mercedes-Benz O 10.000 Reichspost-Linienbus, 1937. (Foto: MB-Archiv)

150-PS-Mercedes-Benz O 10.000 Aussichtsomnibus (Kässbohrer Aufbau), 1937. (Foto: MB-Archiv)

2x50-kW-Mercedes-Benz Obus 10.000, Normgröße III (Christoph & Unmack-Aufbau), 1937.

100-PS-Mercedes-Benz O 3750 RAB-Schnellreisebus mit Kässbohrer-Aufbau, 1938.

100-PS-Mercedes-Benz OP 3750 »Pullmann-Allwetter-Omnibus« (Vetter-Aufbau), 1938. (Foto: MB-Archiv)

106 Einheiten. Und 1958 nahm die Tata Engineering and Lokomotive Co. (TELCO) in Jamshedpur/Indien die Trambusmontage nach Daimler-Benz-Lizenzen auf.

Als moderner mittelgroßer Linienbus folgte 1960 das Zehnmeter-Modell O 322, das die Linienausführung des O 321 ersetzte. Das in halbselbsttragender Bauweise konzipierte Fahrzeug besaß den im Heck stehenden 110-PS-Diesel der Baureihe OM 321. Ab 1961 besorgte die 128-PS-Maschine OM 322 den Antrieb. Schließlich konnte in die letzten Bauserien auch der 126-PS-Direkteinspritzer-Diesel OM 352 eingebaut werden, gleichzeitig erhielt das Modell serienmäßig eine Hypoidantriebsachse. Der in der Frontpartie dem O 317 ähnliche Bus besaß jedoch ein kantiges Heck, das sowohl für den noch in der Produktion befindlichen Typ O 321 als auch für den neuen Reisebus der Baureihe O 302 übernommen wurde. Die mit Luftfederungen ausgestatteten Wagen hatten 32 Sitz- und 50 Stehplätze. 1961 wurde die Frontscheibe nach oben vergrößert. Das nur bis 1964 gebaute Modell O 322 erreichte eine Stückzahl von 949 Omnibussen und von weiteren 17 Fahrgestellen. Darüber hinaus wurden Teilesätze für Brasilien bis 1970 hergestellt.

Letztmalig erschienen 1963 Mercedes-Benz-Haubenomnibusse auf dem Allradfahrgestell LA 328. Die 110 PS starken Modelle wurden mit FAKA- und Vetter-Aufbauten wiederum für die Gebirgsstrecken der Bundesbahn gefertigt.

Zur Ablösung der Reisebusse vom Typ O 321 H und HL beziehungsweise O 322 präsentierte das Unternehmen 1965 die neue Omnibusgeneration O 302 mit den Ausführungen 10 R, 11 R, 12 R und 13 R. Eine steife Rahmenbodenanlage mit vier Frischluft- beziehungsweise Heizungskanälen bildete die Grundlage für die mittragende Karosserie. Verschiedene Bodenhöhen für die unterschiedlich großen Kofferräume unterschieden

140-PS-Mercedes-Benz O 10.000 Einheits-Doppeldecker (BVG-Typ Do 36, O & K-Aufbau), 1939. (Foto: BVG-Archiv)

die einzelnen Baureihen. Die beiden kleinen Ausführungen bekamen anfänglich die 126- und die 150-PS-Direkteinspritzer-Diesel der Baureihen OM 352 und OM 327, von 1969 bis 1975 kamen 130 und 170 beziehungsweise 192 PS starke Motoren der Baureihen OM 352 und OM 360 zum Einbau. Das 12-reihige Modell wurde vom 150/160-PS-Motor OM 327 und später vom erwähnten 170- beziehungsweise 192-PS-Motor angetrieben. Das große 13-reihige Modell war mit dem 160-PS-Motor OM

120-PS-Mercedes-Benz O 4500 Aussichtsomnibus, 1941. (Foto: MB-Archiv)

110-PS-Mercedes-Benz O 4500 »Kriegsomnibus« im Nachkriegszustand, 1944. (Foto: VAG Nürnberg)

90-PS-Mercedes-Benz O 3500 Ausflugsomnibus, 1950.

2x50-kW-Mercedes-Benz Obus 10.000, Normgröße III (Schuhmann-Aufbau), 1945.

90-PS-Mercedes-Benz O 3500 Reisebus (Ludewig-Aufbau), 1951. (Foto: Willi Roesel)

90-PS-Mercedes-Benz O 3250 Ausflugsomnibus, 1949. (Foto: MB-Archiv)

327 oder mit dem 230-PS-Motor OM 355 ausgestattet. 1969 kam der OM 360-Motor mit 170 beziehungsweise 192 PS oder der OM 355-Motor mit inzwischen 240 PS zum Einbau. Synchronisierte Fünf- und Achtganggetriebe, später mit zusätzlicher Außenplaneten-Hinterachsübersetzung besorgten die Kraftübertragung.

Während die 9- bis 12-reihigen Fahrzeuge mit vorderen Schrauben- und hinteren Luftfederungen versehen waren und auf Wunsch mit Luftfederungen auch an der vorderen Starrachse ausgerüstet werden konnten, erhielt das Modell O 302-13 R vorn und hinten Luftfederung. Eine serienmäßige Klimaanlage sorgte für die Belüftung. Exportfahrzeuge in die USA erhielten in den Jahren 1966 bis 1968 Nirosta-Wellblechverkleidungen im Bereich der Seitenwände. Schräggestellte Fensterstege und bis in die Dachpartie hochgezogene Seitenscheiben kennzeichneten die Vetter-Karosserien. Eine Dacherhöhung hinter der vorderen Einstiegstür gab dem Fahrzeug ein apartes Aussehen. - Die Firma Drögmöller baute Hoch- und Stufendecker auf der O 302-Bodengruppe und begann damit, ihre eigenständige Pullman-Omnibusreihe zu entwickelt; Ernst Auwärter nutzte die Bodengruppe für Hochdecker- und Luxusausführungen unter der Typenbezeichnung »Eurostar«. Von der Baureihe O 302 rollten bis 1976 exakt 14.152 Komplettbusse sowie 17.329 fahrfähige Bodengruppen aus dem Werk. Diese gingen vor allem ab 1969 nach Griechenland an A. E. Viamax in Athen, nach Jugoslawien an F.A.P., nach Istanbul-Davutpasa an die

145-PS-Mercedes-Benz O 6600 Stadtbus, 1951. (Foto: MB-Archiv)

145-PS-Mercedes-Benz O 6600 H Ausflugsomnibus, 1951. (Foto: Hans Pairan)

90/110-kW-Mercedes-Benz O 6600 T für Argentinien, 1952. (Foto: MB-Archiv)

DB-Beteiligungsgesellschaft Otobus ve Motulu Araclar Sanayii Anonima Sirketi (OTOMARSAN) und in Iran an die Firma Khawan in Teheran sowie an ein Unternehmen in Venezuela.

Die Kleinbus-Baureihe O 319 wurde 1967/68 durch die neue Generation O 309 beziehungsweise O 309 D abgelöst. Die kastenförmigen Frontlenkermodelle besaßen vorn stehende Ottomotoren mit 60/80, 75/85, 90 und 95 PS oder anfänglich Vorkammer-Dieselmotoren mit 55/60 und 65/72 PS. Nach Umstellung auf die Direkteinspritzung wurden von 1968 an 85-PS-Vier- und 130-PS-Sechszylinder installiert. Die Motoren saßen auf einem geraden U-Profilrahmen. Der Kunde konnte zwischen Schalt- und Automatikgetriebe wählen; bis zu 17 Fahrgäste ließen sich befördern. Ab 1979 bot das Werk auch die um 31 Zentimeter auf 2,45 Meter verbreiterte DA-Ausführung an, die es ermöglichte, je zwei Doppelsitze einzubauen, so dass 25 Fahrgäste Platz fanden. Vetter baute den O 309 D für kurze Zeit zum Heckmotor-Omnibus um, darüber hinaus wurde das Basisfahrzeug mit Ernst Auwärter-Aufbau unter der Bezeichnung »Teamstar«in einer Luxusausführung angeboten. Die in Düsseldorf hergestellten Wagen erreichten bis zur Ablösung durch das Nachfolgemodell O 609 D eine Stückzahl von über 30.000 Einheiten. Hinzu kamen ab 1976 noch 16.801 Teilesätze, die in 12.024 Einheiten die an OTOMARSAN gingen.

Auf der Frankfurter IAA 1967 stellte das Mannheimer Omnibuswerk seine 11-Meter-Ausführung des VÖV I-Omnibusses, den neuen Typ

90/110-kW-Mercedes-Benz O 6600 T, 1952. (Foto: MB-Archiv)

90-PS-Mercedes-Benz O 3500 Aussichtsomnibus (Bad. Fahrzeug- u. Karosseriewerk-Aufbau), 1953.

90-PS-Mercedes-Benz O 3500 Frontlenker-Aussichtsomnibus (Drögmöller-Aufbau), 1953.

O 305 vor. Der für Einmannbetrieb ausgelegte Standard-Linienbus fußte auf Erfahrungen mit dem O 302 und O 317 sowie auf den Vorgaben des VÖV-Lastenheftes. Während die Prototypen noch stark nach vorn gewölbte Frontscheiben sowie ein rechteckiges Lüftungsgitter besaßen, wurde das Serienmodell ab 1969 mit einer leicht geänderten Frontpartie verfeinert. Nach dem 11-Meter-Wagen kam im Juni 1969 die längere 11,3-Meter-Version des O 305/11,3 mit dem auf 192 PS angehobenen Unterflurheckdiesels hinzu. Schon im ersten Baujahr 1969 konnten 1360 Fahrzeuge mit ihren charakteristischen zweiflügligen Außenschwenktüren ausgeliefert werden; damit war Daimler-Benz unter den Anbietern von VÖV-Bussen Marktführer geworden. Ähnlich des VÖV legte 1967/68 der Arbeitskreis Standard-Überlandlinien-Bus (StÜLB) unter Federführung der Deutschen Bundespost und der Bundesbahn ein Lastenheft für einen 11,7-Meter-Bus mit 2,5 Kubikmeter Kofferraum vor. Daimler-Benz präsentierte seinen ersten O 307-Überlandlinienbus 1970 auf der Ausstellung »Schiene und Straße« in Essen. Wegen des Unterflurkofferraums war der Fußboden gegenüber dem O 305 um 15 Zentimeter erhöht. Der 210 PS starke OM 407 h Unterflurdiesel sorgte für Vortrieb; 1977 stieg die Motorleistung auf 240 PS.

Die jährlich in über 1000 Exemplaren hergestellten Standardbusse (VÖV und StÜLB) ergänzte seit der IAA 1977 der neue Gelenkbuszug O 305 G in ebenso neuer Schubgelenktechnik (Pusher-Bauart). Der im Heck des Nachläufers eingesetzte 240-PS- oder der aufgeladene 280-PS-Motor trieb über eine kurze Kardanwelle die zwillingsbereifte Planeten-Hinterachse des Nachläufers an. Die Gelenkverbindung eigener Konstruktion wurde durch eine hydraulische Dämpfungseinrichtung und durch eine elektronische Knickwinkelsteuerung abgesichert. Die Fertigung des Gelenkbusses konnte ohne Schwierigkeiten rationell im Mannheimer Omni-

110-PS-Mercedes-Benz O 321 H Reisebus, 1954. (Foto: MB-Archiv)

145-PS-Mercedes-Benz O 6600 Reisebus, 1954. (Foto: MB-Archiv)

43/65-PS-Mercedes-Benz O 319/O 319 D Kleinbus, 1956.

buswerk auf den Fließbändern des Standard-Solowagens vorgenommen werden, so dass die Firma Vetter, die bislang im Auftrag von Daimler-Benz Gelenkbusse auf O 317-Bodengruppen gebaut hatte, in ernste Schwierigkeiten geriet.

Auf Basis des O 305 entstanden im In- und Ausland zahlreiche Omnibusvarianten. So erschien bei der DBAG eine Überland-Gelenkbusversion auf O 305 G-Basis; 1982 erhielten besonders ausgestattete Fahrzeuge dieser Ausführung eine Zulassung für Tempo 100 km/h. Für die Schweizer Stadt Basel entstanden im Daimler-Benz-Omnibuswerk Mannheim 1983 eine Anzahl O 305 GT-Trolley-Schubgelenkbusse; Ludewig und Vetter entwickelten für die O 305-Baureihe »Aero«-Eineinhalbdecker mit einer Schleppachse in 6x2-Bauart, und der O 305 OE entstand mit einem batterie-elektrischem Antrieb mit 115 kW, kurzzeitig 150 kW für innerorts und einem Hybridantrieb über die beiden Batteriepakete und einem 100-PS-Dieselmotor mit Generator für außerörtliche Strecken in 20 Exemplaren. Auch mit einem Alkoholgemisch schluckenden Gasmotor wurde 1981 ein Methanol-Antriebs-Omnibus mit 200 PS auf Anregung des Bundesministeriums für Forschung und Technologie (BMFT) erprobt. Ebenfalls 1981 erfolgte die Fertigung von Trolley-Schubgelenkomnibussen der Baureihe O 305 GT; außerdem erschienen Solo- und Gelenkbusse der Baureihen O 305 TD und GTD mit DUO-Antrieb. Und auf der Hannover Messe stand der dreiteilige, vierachsige Zweirichtungs-Versuchs-Gelenk-

110-PS-Mercedes-Benz O 321 HL Linienbus, 1956. (Foto: MB-Archiv)

110-PS-Mercedes-Benz OP 312 Allrad-Aussichtsomnibus (Vetter-Aufbau), 1956. (Foto: MB-Archiv)

zug O 305 G 2, ausgestattet mit zwei 250-kW-Elektromotoren und zwei Scherenstromabnehmern. Der 24 Meter lange Doppel- beziehungsweise Dreifach-Gelenkzug konnte 240 Fahrgäste befördern.

In die Herstellung der Obusse war die schweizerische Daimler-Benz-Beteiligungsgesellschaft FBW (Franz Brozincevic in Wetzikon) in Zusammenarbeit mit der Firma Séchéron (BBC) in Genf oder die AEG einbezogen.

In den siebziger Jahren bediente Daimler-Benz den Kleinbusmarkt mit einem vierten Baumuster. Nachdem die Stuttgarter 1971 die Hanomag-Henschel Fahrzeugwerke (HHF) übernommen hatten, wurde zunächst deren »Leichttransporter« weitergebaut, bevor 1977 mit dem T 1 (TN) der Nachfolgetyp erschien. Es gab ihn in den Versionen 307 D, 308 D, 309 und 310 D auch als Kleinbus. Vor allem die Firmen Ernst Auwärter und Vetter realisierten Kleinbusse auf diesen Fahrgestellen, die seit 1983/84 im Düsseldorfer Transporterwerk hergestellt werden. Mitte der achtziger Jahre stiegen die Karl Koch GmbH in Mudersbach/Sieg und die Kowex Fahrzeugtechnik GmbH in Abstatt ins Kleinbus-Klassement mit aufwendig ausgeführten »Clubbus«-Varianten ein.

1974 stellte Mercedes-Benz die neue Reisebusgeneration O 303 vor, mit Computer-Unterstützung aus der O 302-Baureihe weiterentwickelt. Optisches Merkmal der neuen O 303-Busse war ein »braves« Karosseriestyling mit großflächiger Verglasung und sachlicher Linienführung. Ein dunkler rechteckiger Grill umfasste die Rechteckscheinwerfer. Geteilte und später einteilige, sphärisch gewölbte Frontscheiben boten den Fahrgästen eine ausgezeichnete Sicht nach vorne.

Auf die O 303-Bodengruppen ließen sich in Verbundbauweise verschieden hohe Karosserien mit unterschiedlichen Längen für neun bis 15 Sitzreihen setzen. Die Luftfederung an den Starrachsen wurde durch ein aufwendiges Ausgleichssystem weiterentwickelt. Anfänglich erhielten die O 303 die V-Sechs- und V-Achtzylinder-Motoren der neuen Kompaktbaureihe OM 400 mit 192, 256 und 320 PS. Sie boten sich durch ihre gedrungene Bauweise besonders für den Einsatz in Omnibussen an. Ein synchronisiertes Vierganggetriebe mit Telma-Wirbelstrombremse oder ein Automatikgetriebe mit hydraulischem Retarder übertrugen die Antriebsenergie auf die Hypoid-Triebachse. Ein ABS war gegen Aufpreis lieferbar. Ab 1979 wurden V-Sechszylindermotoren der Baureihe OM 421 mit 216 und mittels Turboaufladung mit 250 PS in die Modelle O 303 (-10 R) bis O 303 (-13 R) eingebaut. Die beiden 14- und 15-reihigen Ausführungen erhielten neben den 216- und 280-PS-Aggregaten auch den aufgeladenen V-Achtzylindermotor OM 442 A mit 330 PS.

Während der Reisewagen Podestfußböden aufwies, hatten die Busse im Überland- und Gelegenheitseinsatz einen durchgehenden Wagenboden. Die Reisebusse konnten mit Toilette, Garderobe und Bordküche ausgestattet werden.

Vetter bot Sonderaufbauten mit schräggestellten Fensterholmen und flacher Dachpartie an; Drögmöller versah den O 303 mit einer charakteristischen Fensterpartie auf, Ernst Auwärter hingegen stellte Luxusomnibusse seiner Baureihe »Eurostar« mit weit hochgezogenen Frontscheiben her. Im Ausland bauten ebenfalls verschiedene Firmen ihre Omnibusse

172/200-PS-Mercedes-Benz O 317 Reisebus, 1958. (Foto: Hans Pairan)

43-PS-Mercedes-Benz O 319 D Linienbus (Vetter-Aufbau), 1959. (Foto: Hans Pairan)

172-PS-Mercedes-Benz O 317 Gelenkzug (DÜWAG-Aufbau), 1959.

auf O 303-Fahrwerk auf. Hervorzuheben sind die Firmen Van Hool N. V. in Lier-Koningshooikt/Belgien, Carosserie Gangloff in Colmar/Frankreich, Trouillet Cars et Bus in Bourg-en-Bresse/Frankreich, Carrocerías Ayats SA und Beulas in Arbúcies/Spanien, Officine Padane und Orlandi in Modena/Italien sowie Frech-Hoch AG in Pratteln/Schweiz; Ayats baute darunter auch mit 480 PS starkem Motor Doppeldecker vom Typ »Olympo« auf. Und in der Türkei nutzte OTOMARSAN die Bodengruppe für einen überarbeiteten Aufbau unter der Bezeichnung »Tourismo«.

1982 erhielten die im Werk gebauten Busse eine neue Frontpartie mit einer dreiteiligen, steinschlaggesicherten Kunststoffblende, 1987 folgte ein stärkerer Motor, 1989 kam eine neue Motorenfamilie mit 224, 296 und 366 PS zum Einsatz. Ab 1990 bot Mercedes Luxusausführungen mit den Bezeichnungen »First Class« und »en vogue« an, die durch ihre außergewöhnlichen Lackierungen auffielen. Schließlich folgte 1991 noch die Abschlussserie »Success«.

Zur Unterscheidung und Abgrenzung bestimmter Ausführungsarten erhielten die Busse der O 303-Familie intern Buchstabenkombinationen, die auf den Verwendungszweck hinwiesen. So standen die Buchstabenkürzel KHP-L für Kombihochdecker mit Podesten, RHD für Fernreisehochdecker, RHH für Fernreisebus, RHP für Reisebus, RHS für Spezialreisebus, ÜHE für Überlandbus, ÜHH für Kombibus und ÜHP für Ausflugsbus. In seiner 17-jährigen Bauzeit von 1974 bis 1991 konnten bis zur Vorstellung des neuen Reisebusmodells O 404 über 37.000 Einheiten hergestellt werden, so dass dieses Modell der bisher erfolgreichste Reisebus der Welt ist. Die kompletten Produktionsanlagen wurden nach 1991 an den russischen Automobilkonzern Avtrokon (GolAZ) in Golizyno bei Moskau verkauft.

Auf der IAA stellte 1983 Daimler-Benz das 11,5-Meter-Modell O 405 vor, anfänglich mit Unterflur-Heckdiesel OM 427 h mit 204 oder 240 PS angetrieben. Der Serienbau dieser Stadtlinienbusse der VÖV II-Generation begann Ende 1984 im Daimler-Benz-Werk Mannheim. Für die Schweiz gab es eine dreitürige Variante mit schmalerer Tür am Wagenende.

Im Jahre 1986 erschien die VÖV II-Stadtlinien-Gelenkbusvariante O 405 G. Gegenüber dem Solowagen hatte man bei ihm den vorderen Überhang verkürzt. Die Nachläufer-Triebachse wurde anfänglich entweder durch den 240 PS starken Saugdieselmotor OM 427 h oder durch den 280-PS-Turboladerdieselmotor OM 427 hA angetrieben. Eine elektronische Knickschutzregelung, nunmehr eine Mercedes-Eigenkonstruktion, sichert den Spur-Gleichlauf der B-Achse des Vorderwagens beim Kurvenfahren.

Das O 405 G-Modell wurde in Italien von der Firma Macchi in Varese/Italien in Lizenz gebaut. In der Schweiz versah unter anderem die Carosserie Hess AG in Bellach/Schweiz die von der Daimler-Benz AG angelieferten O 405- und O 405 G-Bodengruppen mit dreitürigen, abgewandelten (»rationalisierten«) VÖV II-Aufbauten.

Als Spezialausführungen entstanden im Rahmen dieser Baureihe auch wieder elektrisch angetriebene Fahrzeuge entwickelt. Der O 405 T erhielt als Trolleybus (zumindest dreitürig) einen kompakten 180-kW-Mischstrom-Reihenschlussmotor der (zeitweiligen) Daimler-Benz-Konzerntochter AEG, der die Hinterachse von vorn aus über eine Gelenkwelle antrieb. Parallel zu diesem Solotrolleybus folgte das Gelenkmodell O 405 GT sowie die 405-Gelenkzüge O 405 GTD/GTZ mit Hybrid-Antriebssystemen. 1989 startete der Serienanlauf der Niederflurbusse O 405 N und O 405 GN, deren Fußbodenhöhe nur 37 beziehungsweise 32 Zentimeter beträgt. In Planung befand sich darüber hinaus eine Europa-Ausführung mit einem durchgehend 58,5 Zentimeter hohen Wagenboden. Der Motor war

126-PS-Mercedes-Benz O 322 Linienbus, 1960. (Foto: MB-Archiv)

126-PS-Mercedes-Benz O 321 HL Reisebus, 1962. (Foto: MB-Archiv)

in den O 405 GN-Niederflur-Schubgelenkbussen im verlängerten Schubteil-Überhang nach rechts versetzt eingebaut, so dass eine weitere, vierte Tür im Heck eingesetzt werden konnte. Mit ähnlicher Technik waren die O 405 N-Solowagen auch mit drei VÖV-breiten Türen lieferbar.

Das Angebot an Stadtlinienbussen erweiterte 1985 der acht Meter lange O 402. Der weitgehend dem O 405 angeglichene Midibus basierte auf dem geraden Leiterrahmen der NAW-Chassis-Typen BH 2/LN 2 und wurde von der Schweizer NAW (Nutzfahrzeuggesellschaft Arbon & Wetzikon AG, darunter die ehemalige Nutzfahrzeugfabrik AG Adolph Saurer) hergestellt. Im Heck dieser mittelgroßen Stadtlinienbusse saß der Sechszylinder-Reihendiesel OM 366 mit 136 PS bzw. 170 PS (mit Aufladung). Die bis 1991 gebaute Bus-Reihe hatte 26 Sitz- und 24 Stehplätze. VÖV II-orientierte Karosserien produzierte das Göppel-Werk in Augsburg. Auf O 402-Fahrgestelle setzte Padane in Italien Reisebuskarosserien für 33 Fahrgäste auf. Dieser als O 301 vermarktete Typ sollte die Lücke zwischen dem O 309 und dem großen O 303-Reisebus schließen. Auch die Firmen

110-PS-Mercedes-Benz LA 328 Allrad-Omnibus (FAKA-Aufbau), 1963.

180/200-PS-Mercedes-Benz O 317 K Linienbus, 1963. (Foto: MB-Archiv)

90-kW-Mercedes-Benz O 302 DUO Obus-Prototyp, 1967.

Ernst Auwärter und Trouillet in Frankreich karossierten diese Modelle. Mangels Nachfrage wurde er 1987 wieder aus dem Angebot genommen.

Im Jahre 1985 erschien außerdem mit dem O 407 der neue Standard-Überlandlinien-Bus der zweiten Generation. Sein auffälligstes Merkmal war die einteilige Frontscheibe, die auf Wunsch nun auch in die Stadtlinienfahrzeuge eingesetzt werden konnten. In seinem Heck saß der Motor OM 447 h, der 1989 als Sauger 214/250 PS bot und mit Turboaufladung 299 PS. Das neue Triebwerk ersetzte nun auch in den anderen Linienfahrzeugen die bisherige Motorenausstattung. Die ab 1990 gebaute Kombibus-Luxusversion des O 407 hieß O 408 und wurde als Überland-Linien-, Ausflugs- und Tagesreisebus angeboten. Gegenüber anderen Kombibussen waren die 53 Sitze auf Podeste aufgebaut, dementsprechend war ein auf 4 Kubikmeter vergrößerter Kofferraum vorhanden. OM 447 h-Diesel-Varianten mit 214, 250 oder 299 PS dienten hier als Kraftquelle.

Der Kleinbus ging 1989 als Baureihe 600 in die 3. Generation. Die auf der Basis des T 2-Großtransporters hergestellten Kurzhauber mit dem OM 364-Motor leisteten in der Saug-, Turbo- und Intercooler-Version 90, 115 und 136 PS. Die Typen O 609 D, O 611 und O 614 D gab es mit zwei verschiedenen Radständen für 16 bis 22 Fahrgäste. Deren Ausbau übernahmen Firmen wie Ernst Auwärter, Frenzel in Ilsfeld-Auenstein, Karl Koch oder Kowex. Für die Schweizer PTT wurde 1991 auch eine Allradausführung als Typ O 814 DA mit 16 Sitzplätzen entwickelt. Unterhalb dieser Modellreihe siedelten die Stuttgarter den Stadt-Minibus O 100 D an. Auf der Münchener Transport-Ausstellung 1990 als Konzeptstudie auf der Basis (Triebkopf) des Kleintransporters MB 100 D gezeigt, ging der von der niederländischen Firma Duvedec konzipierte 6x2-Stadtbus 1991 in Serie. Die Aufbauten erstellte die holländische Firma Pfeil Speziale Produkte her.

126-PS-Mercedes-Benz O 302-10 RÜ Reisebus), 1965. (Foto: G. Prager)

Als Ersatz für den Midi-Bus O 402 bot Mercedes-Benz seit 1991 das O 814-(inzwischen O 815-)Fahrgestell mit dem 136-PS-Diesel an. Die Firma Ernst Auwärter baute darauf Linienbusse der Typenreihe Teamstar-City mit 18 Sitz- und 15 Stehplätzen auf. In jenem Jahr erschien auch die neue Reisebusgeneration O 404. Die neue Busfamilie zeichnete sich durch eine tief heruntergezogene und plastisch gewölbte Frontscheibe, durch plastisch hervorgehobene untere Seitenwände, durch Linien vom jeweils ersten Fahrgastfenster zu den Vordertüren und einen relativ günstigen Luftwiderstandswert aus. Die O 404-Wagen waren mit einer vorderen Einzelradaufhängung, mit innenbelüfteten und Druckluft-betätigten Scheibenbremsen sowie einer elektropneumatischen Sechsgangschaltung ausgestattet. Die Nachfolge-Reihe der bewährte O 303-Busse erschien in drei Fahrzeuglängen in Hochboden-, Hochdecker- und Superhochdecker-Ausführungen sowie in drei Komfortabstufungen (Luxusversion »Advantage« mit Klimaanlage, Bordküche, Toilette und Fahrerschlafplatz). Die Standardausführung hatte 15 Sitzreihen. Als Antrieb dienten die abgasreduzierten Euro-LEV-Motoren der Baureihen OM 441 (V-Sechszylinder) mit

126-PS-Mercedes-Benz O 302 Steib M 65 Reisebus (Steib-Aufbau), 1966. (Foto: MB-Archiv)

170-PS-Mercedes-Benz O 305 VÖV Standard-Linienbus-Prototyp, 1967. (Foto: MB-Archiv)

205, 290 und 340 PS und OM 442 (V-Achtzylinder) 265 und 381 PS. Der O 404 diente auch als Basis eines Doppelstock-Dreiachsers-Prototyps mit der Bezeichnung O 404 DD, der auf der Nutzfahrzeug-IAA 1992 in Hannover zu sehen war. Der Wagen blieb ein Einzelstück, da die ursprünglich geplante Kleinserie durch das Engagement von Volvo bei Drögmöller doch nicht erfolgen konnte und gleichzeitig der etablierte Setra-Doppelstockbus in das mit Kässbohrer gebildete EvoBus-Programm gelangte.

Bei dieser ersten reinen Nutzfahrzeug-IAA zeigte Mercedes-Benz auch Omnibusse aus seiner Auslandsproduktion, darunter den brasilianischen Serien-Hochdecker O 371 RSD sowie den zweiachsigen türkischen Reisebus O 340, der nun auch in der Bundesrepublik und in der Schweiz zum Verkauf kam. Er wurde 1995 durch den Mercedes-Benz-Türk-Reisehochdecker O 350-Tourismo (auf O 404-Basis, aber mit vorderer Einzelradaufhängung und Scheibenbremsen rundum) ersetzt. Auffallend waren die steil nach hinten geneigte C-Säule und die glatten Seitenwände. Das äußerst preiswerte, überaus erfolgreiche Fahrzeug mit Komplettausstattung wurde als (RHD-) Reise- und als (SHD-) Superhochdecker im Werk Hosdere in Aksaray/Istanbul der Mercedes-Benz Türk A. S. gefertigt.

Unabhängig davon bahnte sich im gleichen Jahr der Einstieg der Mercedes-Benz AG bei der in wirtschaftliche Schwierigkeiten geratenen Karl Kässbohrer Fahrzeugwerke GmbH in Ulm/Donau und in Ligny-en-Barrois/

55/80-PS-Mercedes-Benz O 309 Mannschaftsbus, 1968.

160/170-PS-Mercedes-Benz O 302 Export-Reisebus mit Nirosta-Beplankung, 1968. (Foto: MB-Archiv)

170-PS-Mercedes-Benz O 305 VÖV I_Standard-Stadtbus, 1972. (Foto: MB-Archiv)

170-PS-Mercedes-Benz O 302 VÖV I Standard-Stadtbus, 1972.

240-PS-Mercedes-Benz O 305 G VÖV I Gelenk-Linienbus, 1977.

Frankreich mit 100 Prozent Kapitalbeteiligung an; 1995 bündelte Mercedes-Benz die eigenen Busaktivitäten mit der Ulmer Kässbohrer-Omnibus-Entwicklung, Fertigung und Vermarktung in der neu gegründeten EvoBus GmbH.

Der internationalen Aufbauindustrie bot Mercedes-Benz seit der IAA 1994 mit der neuen O 404 RHD-Hochdecker-Bodengruppe eine solide dreiachsige Basis für Superhochdecker-Karosserien. Kraftquelle bildete eine OM 442 LA/Euro II-Intercooler-Variante mit 381 PS. Das 6x2-Fahrwerk mit getriebener zweiter Achse gab es in Links- und Rechtslenker-Ausführung. An letzteren waren insbesondere die Linksverkehr-orientierten Länder Australien (Firma MCA-Motor Coach) und Neuseeland interessiert. Gleichzeitig erhielt die O 404-Karosserie eine Überarbeitung: Eine gerippte Vorbaublende, weiße Blinkergläser und die inzwischen Allgemeingut gewordenen »Maikäfer«-Seitenspiegel gaben den Fahrzeugen ein ansprechenderes Aussehen.

Anfang der neunziger Jahre erschienen auch die ersten Vertreter der neuen Niederflurbus-Generationen. Optische Anleihen zu den bisherigen S 80/O 405-, SG H/O 405 G- und Ü 80/O 407-Baumustern waren unverkennbar. Ihr folgte 1993/94 die zweite Niederflurbus-Generation O 405 N 2/O 405 GN 2, die im Bereich zwischen Vorder- und Mitteleinstieg längs und quer zur Fahrzeugachse über einen völlig ebenen Wagenboden verfügte, erkennbar an den zwischen der ersten und zweiten Tür nach unten gesetzten Fenstern. Die 11,8 Meter langen Solobusse O 405 N 2 gab es mit OM 447-Motor in drei Leistungsstufen mit 213, 250 und 299 PS. Die 17,8 Meter langen O 405 GN 2-Schubgelenkbusse waren nur mit 250- oder 299-PS-Diesel lieferbar. 1994 ergänzte schließlich die Überlandlinienbus-Variante O 405 NÜ das bestehende Programm der Mannheimer. Alle Niederflurbusse erhielten mit Ausnahme der NÜ-Versionen (mit ZF-Intarder oder Voith-Automatik mit Retarder) serienmäßig Viergang-Automatikgetriebe von ZF. Die gleichzeitig in die Lieferliste aufgenommenen Erdgasbusse basierten ebenfalls auf der O 405 N 2-Baumusterreihe. Während beim O 405 NG 2 und beim O 405 NÜG die elegant verkleideten Gasflaschen ihren Platz auf der Vorderpartie des Stadtlinien- und Überlandlinienwagens fanden, wurde der Erdgasvorrat beim O 405 GNG-Gelenkzug auf der Vorderpartie des Schuberteils (Nachläufer) untergebracht. In allen drei Erdgas-Ausführungen war, geräuschgekapselt, der M 447 hG-Gasmotor mit 238 PS und geregeltem Dreiwege-Katalysator vorhanden. Weitere Varianten dieser Baureihe: der Schub- und Zug-Gelenkbus O 405 GNTD mit im Heck quergestelltem 300-PS-Diesel (OM 447 hLA) und Synchron-Generator mit Radnabenmotoren an der B- und an der C-Achse sowie der O 405 GNDE (diesel-elektrischer Antrieb, AEG-Wechselstromgenerator, 300 bzw. 500 PS). 1995 schließlich bot die MBAG als Alternative zum bautechnisch aufwendigen und teuren Gelenkbus den O 405 NÜL mit 13,4 Meter Baulänge an. Gleichzeitig ging der Solo-Erdgasbus O 405 NK mit einer Kapazität für 85 Personen an den Start.

1995 reorganisierte Mercedes-Benz die Omnibusfertigung im Evo-Bus-Verbund: Die Rohkarosserien entstehen im Mannheimer Werk, die Ausgestaltung wird in Neu-Ulm durchgeführt. An ein chinesisches Unternehmen und an die Ghabbour Group in Kairo/Ägypten vergab MB in diesem Jahr Nachbaurechte.

Der 1996 vorgestellte Standard-Stadtlinienbus »Citaro« (intern O 530) ging im Folgejahr in Serie. Bemerkenswert war nicht nur sein eigenwilliges Design mit den filigran geschwungenen A-Säulen, den abgeschrägten Scheinwerferumrandungen und dem in die Windschutzscheibe integrierten Zielschildkasten, sondern auch die Tatsache, dass er unter

210-PS-Mercedes-Benz O 307 Standard-Überlandbus, 1973. (Foto: MB-Archiv)

90-PS-Mercedes-Benz O 309 Citybus, 1975. (Foto: MB-Archiv)

60/65-PS-Mercedes-Benz 307 D Citybus mit Hydridspeicher (Vetter-Aufbau), 1979. (Foto: MB-Archiv)

Verzicht der bisherigen VÖV-Zusammenarbeit entstanden war. Im Heck installierten die Techniker den bewährten, links liegenden Dieselmotor OM 457 hLA oder erstmals den neuen links seitlich stehenden Turmbau-Hochleistungsmotor OM 906 LA mit 6,4-Liter mit 231 oder 279 PS. Eine abgewinkelte Kardanwelle leitete die Kraft auf die Hinterachse. Die Turmbautechnik mit der Anordnung des Kühlaggregats über dem Triebwerk seitlich im Heck führte zusammen mit der ZF-Portalachse zu einem niedrigeren Fahrgastboden sowie zum Einbau einer dritten Tür, was den bequemeren Ein- und Ausstieg der Fahrgäste beschleunigte. Elektronisch gesteuerte Scheibenbremsen dienten der Verzögerung.

1998 erweiterte MB mit dem Linienbus »Citaro L« die neue Modellfamilie. Der 15 m lange Wagen verfügte über das RAS/Rear axle steering-System. Dabei wurde die Nachlaufachse elektronisch-hydrostatisch durch die Lenkbewegung der Vorderachse gesteuert. Bei höheren Geschwindigkeiten erfolgten eine Zentrierung und Stabilisierung. Der 18 m lange Gelenkbus »Citaro G« schloss die Linienbus-Baureihe ab. Für diese größeren »Citaro«-Busse stand neben dem 6,4-Liter-Diesel auch der überarbeitete 12-Liter-Diesel unter der Bezeichnung OM 457 h mit Pumpe-Düse-Technik zur Auswahl; 252, 300 oder 354 PS Antriebsleistung stehen zur Verfügung. Als Übergangstyp bis zum Erscheinen des O 408-Nachfolgers »Integro« gab es außerdem noch die »Citaro Ü«-Kombi-Ausführung, die für 100 km/h ausgelegt war.

1997 waren die ersten Prototypen des neuen O 550 »Integro«-Omnibusses für den Überland- und Gelegenheitsverkehr zu sehen, der den O 408 ablösen sollte. Großflächige Scheiben und komfortable Einzelsitze kennzeichneten das 250 oder 300 PS starke Hochbodenmodell. Zur Rationalisierung der Zweimarkenstrategie (Mercedes und Setra) nutzten hier die Ingenieure die bewährte Technik des Setra S 315 UL; neben der gemeinsamen Bodengruppe kamen rund 80 Prozent der Setra-Bauteile zur Verwendung. Mit Aufnahme der Serienproduktion erhielt die Kombibusreihe die Bezeichnung »Integro«. In 15 Meter Baulänge schloss sich das »Integro L«-Modell mit der RAS-Achse an.

Einen ganz neuen Weg in Technik und Styling beschritt der 1998 vorgestellte »Cito«-Midibus in den Baulängen 8, 9 und 10 Metern. Um ein konsequent zweckmäßiges Niederflur-Fahrzeug für den Stadt- und Vorortverkehr anbieten zu können, saß hier die Hinterachse mit Einzelbereifung an der Heckpartie, einen hinteren Überhang gab es bei diesem Buskonzept praktisch nicht. Der 4,2-Liter-Vierzylinder-Diesel mit 170 PS und elektronischer Regelung stand quer im Heck, wobei die Kühlanlage über dem Motor (Power-Pack in Turmbauweise) saß. Die Karosserie bestand aus geschraubten und genieteten Aluminium-Profilen mit aufgeklebten Aluminium-Platten. Für die Dach- und Boden-Verkleidung wurden Kunststoffteile verwendet, und der Einsatz einer Brennstoffzelle als Energiequelle war zumindest vorgesehen.

Das Jahr 1999 brachte die Ablösung des zu aufwendig konstruierten O 404 durch den neuen Reisebus zwei- oder dreiachsigen »Travego« mit der hohen Stirn und den glatten Seitenflächen. Angeboten als Hochboden oder Hochdecker, verfügte die 13,85-Meter-Dreiachsausführung über eine gesteuerte oder adhäsionsgelenkte Hinterachse. Der stehende 12-Liter-Reihensechszylinder OM 457 kam zum Einbau und löste mit 354, 408 oder 422 PS den im O 404 verwendeten V-Sechszylinderdiesel ab. Dazu kam der neue 16-Liter-V-Achtzylindermotor OM 502 mit 408 oder 476 PS. Die Bodengruppe und Standardteile waren mit den neuen Setra-Reisebussen der 400er Serie identisch. Gleichzeitig wurde der hervorragend aufgenommene »Tourismo« durch eine optisch nach unten verlängerte C-Säule, durch eine verbesserte Scheinwerferpartie und eine größere Frontscheibe aufgefrischt.

Auf dem Fahrgestell des »Vario« entstand dann der »Medio« als eleganter Midibus, der anstelle der kantigen Kurzhaube eine harmonisch gezeichnete, glatte Vorderpartie besaß und eine luftgefederte Hinterachse für den Reiseverkehr aufwies. Überdies verstärkte Mercedes-Benz das Engagement im Bereich der Minibusse mit dem Basismodell »Sprinter«, das als 13- bis 22-Sitzer geliefert werden konnte. Das inzwischen zur Evo-Bus-Gruppe zählende Unternehmen Karl Koch GmbH in Dortmund hatte sich auf den Ausbau dieser Fahrzeuge spezialisiert.

Zu Beginn des neuen Jahrtausends hatte sich die EvoBus GmbH mit den Marken Mercedes-Benz und Setra als unangefochtener Bushersteller Nr.1 in der Weltliste etabliert. In Europa hielt das Unternehmen einen Marktanteil von 25,2 Prozent (16,5 Prozent MB und 8,7 Prozent Setra), in Deutschland von 56,7 Prozent (34 Prozent MB und 22,7 Prozent Setra).

Im Jahre 2001 präsentierte das Unternehmen die aus türkischer Fertigung stammenden, preiswerten Busreihen »Conecto« und »Intouro«, die eigentlich für den süd- und osteuropäischen Markt konzipiert waren. Die »Conecto«-Baureihe deckt die Disziplinen Stadtbus als Solo- und als Gelenkbusversion sowie als Überland- und als Ausflugsomnibus ab und löste den O 407 ab. Einzig, der »Conecto H« als Ausflugs- und Kurzreisebus wird in der Bundesrepublik und in Österreich vertrieben. Der »Intouro« hingegen ist eine einfache Variante der Überlandbusversion des »Conecto«.

Im Jahre 2002 wurde der Linienbus »Citaro« einer ersten Modellpflege unterzogen. Die Seitenfensterlinie verlief im hinteren Bereich geradlinig und die Kühlerklappe wurde tiefergesetzt, um die Luftzufuhr für den Motor zu verbessern. Mehrere ungeklärte Triebwerksbrände hatten hierzu Anlass gegeben. Vordere Einzelradaufhängungen ersetzten die bisherige Starrachse, was dem Fahr- und Federungskomfort zu Gute kam.

Der neue 7,2-Liter-Motor der Baureihe OM 906 mit 245 und 279 PS

85/130-PS-Mercedes-Benz O 309 DA/DE Mannschaftsbus (breite Ausführung), 1979.

100-PS/115-kW-Mercedes-Benz O 305 OE Linienbus, 1979. (Foto: MB-Archiv)

240-PS/169-kW-Mercedes-Benz O 305 TD DUO-Linienbus, 1979. (Foto: MB-Archiv)

240-PS-/169-kW-Mercedes-Benz O 305 GTD DUO-Schubgelenkbus, 1979. (Foto: MB-Archiv)

280/330-PS-Mercedes-Benz O 303-15 RHS Reisebus, 1979.

in liegender sowie stehender Bauweise verdrängte das bisherige 12-Liter-Aggregat OM 457 hLA, das weitgehend nur noch im Kombi-, im Low-Entry- und im Gelenkbus eingebaut wurde. Die seitlich angeordnete Antriebseinheit setzt über eine abgewinkelte Kardanwelle die Achse in Bewegung.

Das einstige Kässbohrer-Werk in Ligny-en-Barrois wurde auf den Bau des »Citaro«-Modells für den französischen Markt spezialisiert. Wenig später begann die Karriere des »Sprinters« in der Niederflurausführung.

Die neuen gesetzlichen Längenbestimmungen ab April 2004 nutzten Zug um Zug der 13 m lange »Citaro MÜ«, der »Citaro« mit 12,87 m, der »Citaro LÜ« mit 15 m, der dreiachsige Komfortbus »Travego 16 RHD« mit 12,8 und der »Travego RHD 17« mit 13,85 m. Gleichzeitig erhielt die »Travego«-Königsklasse eine Aufwertung durch ein dezentes Facelifting. Insbesondere die neugestaltete B-Säule, die Verkleidung der Klimaanlage auf dem Dachbereich, die großen Entlüftungsöffnungen im Heck, die Fenster der Vordertüren, die im unteren Bereich mit einem dynamischen Haken in die Seitenfront überging und die hinteren Radkästen zeugten

200-PS-Mercedes-Benz O 305 Linienbus mit Methanol-Antrieb, 1981. (Foto: MB-Archiv)

179/220-kW-Mercedes-Benz/FBW O 305 GT Obus, 1981. (Foto: MB-Archiv)

2x250-kW-Mercedes-Benz O 305 GG O-Bahn-Großraumfahrzeug, 1982. (Foto: MB-Archiv)

204/240-PS-Mercedes-Benz O 405 VÖV II-Standardbus, 1983. (Foto: MB-Archiv)

136/170-PS-Mercedes-Benz O 402 Midi-Bus (Göppel-Aufbau), 1984. (Foto: MB-Archiv)

von dem neuen Design des Superhochdeckers. Mit einem Brennstoffzellen-Antrieb wurden 30 »Citaro«-Modelle für einen Langzeitversuch ausgestattet. Eine zusätzliche Sitzreihe und ein größerer Kofferraum ließen sich dadurch gewinnen.

Die »Sprinter«-Baureihe aus dem Düsseldorfer Transporter-Werk konnten jetzt auch in einer Ausführung mit einem Radstand von 4,25 m geliefert werden, so dass die City-Ausführung auf 13 Sitz- und 19 Stehplätze sowie die Reise-Ausführung auf 18 Sitze kommen konnte. Der Kleinbus-Karossier Karl Koch wurde gleichzeitig als Mercedes-Benz Minibus GmbH vollständig in die Bussparte integriert.

Der wenig gefragte kleine Stadtbus »Cito« fiel aus dem Programm. Die kleine Reisebus-Variante »Medio« mit 25 Sitzplätzen wurde im Design leicht überarbeitet und erhielt wahlweise den Antrieb im Heck. Zwischen diesem Modell und den großen Reisebussen platzierte Daimler schon ein Jahr später die neue Midi-Reisehochdecker-Baureihe »Tourino«, die sich im Design am Reisebus »Travego« der zweiten Generation orientierte. Hier standen 38 Sitze in der Standard- und 30 Sitze in der 5-Sterne-Ausführung zur Verfügung. Auf eine Länge von 12,9 m wuchs der Hochboden-Kombi- und Überlandbus »Integro M« an, so dass jetzt 63 Sitzplätze zur Verfügung standen.

Die Niederflur-Version des »Sprinters« eröffnete 2005 eine weitere Baureihe im Linienverkehr. Und im Bereich der alternativen Antriebe schickte Daimler »Citaro«-Modelle mit 270-PS-CNG-Motor in den Praxistest.

Die überaus erfolgreichen »Citaro«-Baureihen mit jetzt 285, 299 und 354 PS erhielten eine leichte Design-Überarbeitung; erkennbar an der leicht eingeprägten, ovalförmigen Bugblende. Und dem Wunsch nach Überland-Linienbussen mit niedriger Einstiegshöhe kam der weltgrößte Omnibus-Hersteller mit den LE-Ü- und LE-MÜ-Ausführungen (Low Entry) entgegen. Während der Fahrzeugteil mit der Vorder- und Mitteltür in Niederflurbauweise ausgeführt war, steigt der Wagenboden nach der mitt-

240/280-PS-Mercedes-Benz O 405 G VÖV II-Standard-Gelenkbus, 1985.

280-PS-Mercedes-Benz O 407 VÖV II-Standard-Überlandbus, 1985.

280/330-PS-Mercedes-Benz O 303 – 15 RHS Reisebus, 1985.

136-PS-Mercedes-Benz O 614 D Mannschaftsbus, 1989.

180-kW-Mercedes-Benz O 405 GT, 1986. (Foto: MB-Archiv)

214-PS-Mercedes-Benz O 408 Kombibus, 1989.

136-PS-Mercedes-Benz O 814 DA Allrad-Omnibus, 1991.
(Foto: MB-Archiv)

290/340-PS-Mercedes-Benz O 404 Reisebus, 1991.

435-PS-Reise-Doppeldecker-Prototyp (Drögmöller-Aufbau), 1991.

120-PS-Mercedes-Benz Sprinter 412 D Kleinbus, 1995.

leren Tür an, so dass auf die teure Portalachse verzichtet werden kann.

Der zum Reisebus-Bestseller in Europa aufgestiegene »Tourismo« ging als Zwei- und Dreiachser jetzt in den Längen 12,1, 13 und 14 m mit ebenfalls neuer Bug- und Seitengestaltung an den Start. Das obere Dreiecksfenster hinter der A-Säule gab dem Fahrzeug ein auffallendes und unverwechselbares Aussehen. Für den wirtschaftlichen Reiseverkehr und für gemischte Einsätze war der funktional gehaltene Hochdecker das ideale Fahrzeug. Motoren mit 354, 408 und 428 PS standen zur Auswahl.

Der Komfort-Reisebus »Travego« startete 2005 in der Zweiachs- Version mit 12 m und wenig als Dreiachser mit 13 und 14 m Länge in die zweite (technische) Generation. Die 12-Liter-Maschine war mit 422 und wenig später mit 428 PS zu haben. Das Nonplusultra der Motorisierung für das Premium-Modell stellte die V8-Maschine mit 456 und schließlich 476 PS dar. Mit 32.810 verkauften Omnibussen und Fahrgestellen hatte das Unternehmen 2005 wieder einen Spitzenwert aufgestellt und seine Weltmarkt-Führerschaft verteidigt.

Das Stammwerk in Mannheim konzentriert sich neben der Komplettfertigung der Stadtbusse auf den Rohbau der Busse; Lackierung, Montage sowie die Fertigung der Sitze erfolgen im Werk in Neu-Ulm. Per Eisenbahn werden die Komponenten nach Neu-Ulm verfrachtet.

2006 startete die zweite Überlandbus- und Kombibus-Generation »Integro«. Fahrwerk und Frontgestaltung waren vom »Tourismo« übernommen worden. Das Gerippe stammt aus dem türkischen Werk; in Neu-Ulm erfolgt die Komplettierung.

Die Mini-Busreihe »Sprinter« war ab 2007 in der Niederflur-Ausführung »City«, in der Universal-Baureihe »Transfer« und in der exklusiven Reisebus-Version »Travel« lieferbar. Der Thüringer Karosseriebauer Schleithoff Fahrzeug- und Verpackungstechnik GmbH in Triptis baute in dieser Zeit das »Sprinter«-Modell zu einem 30-Sitzer auf. Erneut erhielt die »Citaro«-Baureihe Zuwachs. Die kleinere Auslastung deckt jetzt die 10,4-m-Version »K« ab. Für größten Fahrgastandrang stand der vierachsige Gelenkbus »CapaCity« mit der Frontpartie des »Citaro« für Erprobungszwecke zur Verfügung. Das 19,54 m lange Gefährt konnte fast 200 Personen befördern.

Und das zeitweilig in das türkische Werk verlagerte Hochdecker-Reisebus-Flaggschiff »Travego» wurde jetzt im Rohbau im Mannheimer Werk zusammengesetzt und im Neu-Ulmer Setra-Werk endmontiert. Der »Active Brake Assistant« erhöhte die Sicherheitskomponente des Luxus-Reisebusses.

Im Jahr 2007 zog sich das Stuttgarter Unternehmen aus der kostspieligen Fusion mit Chrysler zurück. Unter Fortfall des Traditions-Doppelnamens »Daimler-Benz« trat der älteste Fahrzeugbauer der Welt kurz und bündig unter der Firmenbezeichnung Daimler AG auf.

Mit der 2009 erschienenen »Tourismo RH«-Baureihe präsentierte Daimler einen preiswerten Hochboden-Kombibus für den Überland- und Kurzreiseverkehr, dessen Vorderfront dem Überlandbus »Integro« weitgehend entsprach.

Die Auslandsaktivitäten steigerte Daimler mit Engagements in Russland in China, in Indien (Sutlej Motors Ltd. in Jalandhar/Punjab), in Ägypten (Manufacturing Commercial Vehicles/MCV in El Obour), in Kanada (Marke Orion in Mississauga), in den USA (Thomas Built Busses High Point/N.C.) sowie in Japan (Mitsubishi-Fuso Truck and Bus Corp. in Nagoya).

Im Minibus-Segment der »Sprinter«-Baureihe erweiterte die Version »Mobility« für den Fahrdienst die Produktpalette. Als Dreiachser erschien 2010 der »Sprinter City 77« in Niederflurbauweise, der 30 sitzende und 10 stehende Passagiere mitnehmen konnte. Die Überlandbus-Baureihe »Intouro« erstarkte neben dem 12,1 m-Standardmodell auf die Ausführung mit 12,9 Baulänge. Und Gelenkbusse der »Citaro«-Baureihe gingen mit Hybrid-Antrieben in die Testphase. Weitere Alternativ-Modelle bildeten wenig später die Versionen »Citaro FuellCell-Hybrid« mit zwei 80-kW-Radnabenmotoren und der »Citaro G BlueTech« mit vier 80-kW-Radnabenmotoren. Mit Beginn des neuen Jahrzehnts stellte der »Citaro G Hybrid« mit vier 80-kW-Radnabenmotoren und einer Lithium-Ionen-Batterie sowie einem 160-PS-Dieselmotor eine weitere alternative Antriebstechnik dar.

In der zweiten Generation zeigte sich 2011 der »Citaro«, der zum weltweiten Beststeller in der Stadtbus-Segment aufgestiegen war. Neben einem neuen Sicherheits- und Komfortkonzept und verstärkter Leichtbautechnik waren die tief gezogene Gürtellinie, die auffallend konturierten Radkästen, das neugestaltete höhere Heck und die Frontpartie mit gepfeilter Bugblende die auffallenden Merkmale des Niederflurbusses. Auf Wunsch konnte auch eine glattflächige Frontverkleidung oder eine mit Rippen versehene (»Waschbrettblende«) gewählt werden. In der Ausführung »Ü« wurde die Bodenhöhe angehoben. Zunächst setze Merce-

290-PS-Mercedes-Benz O 340, Reisebus aus türkischer Produktion, 1995. (Foto: MB-Archiv)

136-PS-Mercedes-Benz O 814 D Vario-Midibus, 1996. (Foto: MB-Archiv)

250/300-PS-Mercedes-Benz O 405 NÜL Niederflur-Überlandbus, 1996. (Foto: MB-Archiv)

250/300-PS-Mercedes-Benz O 405 GN Gelenk-Niederflur-Linienbus, 1996.

des-Benz die OM 906 LA- und die OM 457 (h)LA-Triebwerke noch ein, bis ein Jahr später Zug um Zug der neue OM 936 LA-Turmbau-Motor mit 7,7 Liter Hubraum sowie Common-Rail-Technik und 299 oder 354 PS sowie der stehende OM 470 LA mit 10,7 Liter-Hubraum und 360 oder 394 PS zu den Standard-Aggregaten wurden. Der Gelenkbus erhielt serienmäßig den stehenden OM 470 LA-Dieselmotor. Daneben gesellte sich 2013 der neue Überland- und Kombibus »Integro« ebenfalls mit höherer Bodenhöhe und der einfacher in der Ausstattung gehaltene Überlandbus in 13,3 m Ausführung namens »Intouro L«. Beide Baureihen werden seitdem mit dem 7,7-Liter-Diesel ausgestattet. Das ebenfalls in der Türkei gebaute Setra-Überlandmodell »MultiClass« nutzt seit 2015 die Bodengruppe des „Intouro". Der aus dem Istanbuler MB Turk-Werk stammende „Conecto" orientierte sich weiterhin am Ursprungsmodell der »Citaro«-Baureihe und wurde als einfacher Überlandbus in Hochboden-Ausführung in Südeuropa verbreitet.

Die auf 10,3 m ausgelegte Hochboden-Version »Tourismo K« mit vorderer und hinterer Tür löste 2013 den wenig erfolgreichen Clubbus »Tourino« ab.

Im Baujahr 2014 zeigte sich der »Citaro« mit neuer markanter Dachgestaltung. Der 7,7-Liter-Diesel treibt jetzt auch den Gelenkbus mit 299 PS an. Ein Jahr später folgten die Solo-und Gelenkbusausführungen »NGT« mit dem 302 PS starken Erdgasmotor M 936 G. Und der Sprinter kann seit 2014 mit einem V6-Motor ausgestattet werden, der dem Fahrzeug eine Kraft von 190 PS verleiht.

Nachdem innerhalb von neun Jahren über 10.000 Reisebusse der Baureihe »Tourismo« verkauft worden waren, entschloss sich Daimler 2017, mit einer neuen Gestaltung diesen Reisehochdecker aufzuwerten. Die Gürtellinie des »Tourismo« der 3. Generation läuft hinter der C-Säule in der vorderen Tür markant aus. Die tiefgezogene Frontscheibe und die Bugpartie mit den Scheinwerfern der »Actros«-Lkw-Baureihe erhöhen den exklusiven Auftritt dieser Superhochdecker. Die Konturen der Seitenspiegel laufen in den Metallschwingen (anstelle der früheren Dreiecksfenster) über der Tür beziehungsweise dem Fahrerfenster nach hinten aus. Der Kunde kann zwei verschieden gestaltete Cockpits für die jeweils in zwei Langen ausgeführten Zwei- und Dreiachser wählen. Der 7,7-Liter-Diesel mit 354 und der 11-Liter-Diesel mit 360, 395, 428 und 456 PS kommen zum Einsatz.

Der seit 1999 in Mannheim und in Neu-Ulm gefertigte »Travego« wurde gegenüber dem preiswerter herzustellenden, aber aufgewerteten Modell dafür aus dem Programm genommen. Ebenso entfiel im Trend zu Hubraum-schwächeren Motoren die 13-Liter-Maschine OM 471, die 476 PS in der stärksten Version erzeugte.

Im Linienbus-Bereich experimentierte Daimler erneut mit dem Großraum-Gelenkbus »CapaCity«, der jetzt eine Baulänge von 21 m aufwies. Und seit 2018 liefert Mercedes-Benz die ersten Exemplare des vollelektrisch betriebenen Elektrobusses namens »eCitaro 2 E-CELL« mit zwei ZF 125-kW-Elektromotoren aus.

Im Jahre 2018 ergänzten der »Tourismo K«, die Dreiachser »Tourismo M/3« und »Tourismo L« die Superhochdecker-Baureihe. In Hochdecker-Baureihe erweiterten die Allrounder »Tourismo RH« und »Tourismo RH M« das aktuelle Reisebus-Angebot der Daimler AG.

Mercedes-Benz diesel-elektrischer Gelenkbus O 405 GNDE, 1997. (Foto: MB-Archiv)

250/300-PS-Mercedes-Benz DUO-Gelenkbus O 405 GNTD, 1996. (Foto: MB-Archiv)

250/300-PS-Mercedes-Benz O 550 Integro Überlandbus, 1997.

381-PS-Mercedes-Benz O 404 (kurz) Reisebus (2. Version), 1997. (Foto: Spielbank Bad Homburg)

381-PS-Mercedes-Benz O 404 Reisebus (2. Version), 1997.

231/280-Mercedes-Benz Citaro Linienbus, 1998 (Foto: MB-Archiv)

210-PS-Mercedes-Benz O 405 N Erdgas-Niederflurbus, 1998 (Foto: MB-Archiv)

231/280-Mercedes-Benz Citaro G Gelenkbus, 1998 (Foto: MB-Archiv)

250-PS-Mercedes-Benz O 405 GN Niederflur-Erdgas-Gelenkbus, 1998. (Foto: MB-Archiv)

231/280-Mercedes-Benz Integro L Linienbus, 1998. (Foto: MB-Archiv)

381-PS-Mercedes-Benz O 350 »Tourismo«, Reisebus aus türkischer Produktion, 1998.

153-PS-Mercedes-Benz Midibus Cito mit diesel-elektrischem Antrieb, 1999. (Foto: MB-Archiv)

354-PS-Mercedes-Benz O 404 Travego Reisebus,1999.

150-PS-Mercedes-Benz »Medio« Mini-Reisebus, 2000. (Foto: MB-Archiv)

250-PS-Mercedes-Benz Conecto Überlandbus, 2001. (Foto: MB-Archiv)

170-PS-Mercedes-Benz Cito Linienbus, 2000.

245-PS-Mercedes-Benz Tourino Reisebus, 2003.

299-PS-Mercedes-Benz Intouro Überlandbus, 2013. (Foto: MB-Archiv)

360/395-PS-Mercedes-Benz CapaCity Linienbus, 2008. (Foto: Ralf Weinreich)

299-PS-Mercedes-Benz Citaro Linienbus, 2012.

299-PS-Citaro G Gelenkbus, 2012.

360 -PS Mercedes-Benz Tourismo Reisebus, 2013.

428 -PS-Mercedes-Benz Tourismo L Reisebus, 2013.

428 -PS-Mercedes-Benz Travego Reisebus, 2014.

163-PS-Mercedes-Benz Sprinter Citybus (UNVI-Aufbau), 2017.

299-PS-Mercedes-Benz Citaro Linienbus, 2014.

299-PS-Mercedes-Benz Integro Überlandbus, 2013.

476 -PS-Mercedes-Benz Travego L Reisebus, 2014.

354-PS-Mercedes-Benz Tourismo Kombibus, 2017.

299-PS-Mercedes-Benz Tourismo K Reisebus, 2013.

360-PS-Mercedes-Benz Tourismo II Reisebus, 2018.

122-PS-Mercedes-Benz Sprinter City 35 Kleinbus, 2018.

143-PS-Mercedes-Benz Sprinter 414 CDI Kleinbus, 2018.

456-PS-Mercedes-Benz Tourismo L II Reisebus, 2018.

2x125-kW-Mercedes-Benz eCitaro Linienbus, 2018.

DAIMLER-BENZ

Typ	Sitzplätze/ Stehplätze	Bauzeit	Zylinder	PS	K	B x H mm	Hubraum cm³	Drehzahl U/min	Radstand mm	Länge mm	Gewicht kg	Motor-hersteller	Typ	M	Bemerkungen
1. Linien- und Kombibusse															
A) Modelle mit Verbrennungsmotoren															
a) Baureihe N 2, ab 1930 O 4000															
N 2	42/0	1926 - 28	6	70	W	100x150	7070	1600	5750	8400- 9000	6000	DB	M 26	V	Mitteltür
N 2	42/0	1928 - 30	6	100	W	105x150	7793	2000	5750	8400- 9000	6200	DB	M 36	V	
N 2	33/0	1929 - 32	6	110/ 112	W	105x150	7793	2000	5750	9025	5900	DB	M 36 F	V	
O 4000 (N 2)	30-42	1930 - 32	6	100	W	105x150	7793	2000	5750	8400 - 9000	6200	DB	M 36	V	auch mit OM 5, 85 PS, mit OM 5 S 95 PS
O 4000 (N 2)	43/0	1933 - 34	6	95	W	110x130	7440	2000	5750	9950	6850	DB	OM 67	D	
O 4000 (N 2)	43/0	1934 - 35	6	110	W	110x165	9410	1600	5750	9500	6850	DB	OM 77	D	
O 4000 (N 2)	42-48	1936 - 41	6	120	W	115x165	10280	1600	5750	9500	7000	DB	OM 79	D	
b) Baureihe (J)															
NJ 5	30/0	1927 - 29	4	70/80	W	120x180	8140	1300/ 1400	4750	7015	7000	DB	M 5	V	auch mit M 26, 70 PS, auch mit OM 5, 70 PS
N 5	30/0	1928 - 31	4	100	W	105x150	7793	2000	4750	7075		DB	M 36	V	
N 5 Do	48-56	1928 - 31	4	100	W	105x150	7793	2000	4750	7015	8200	DB	M 36	V	dito, Frontlenker-Doppeldecker
c) Baureihe N 56, ab 1930 O 8500															
N 56	40-50	1928 - 30	6	70	W	105x165	8570	1300	5650+1350	11230	8000	DB	OM 5	D	
N 56	40-50	1928 - 30	6	100	W	105x150	7793	2000	5650+1350	11230	8600	DB	M 36	V	mit Motor M 36 F 110 PS
N 56	bis 80	1928 - 30	6	100	W	105x150	7793	2000	5650+1350	11230	10500	DB	M 36	V	Doppeldecker, auch mit OM 5, 70 PS
O 8500 (N 56)	40 - 50	1930 - 32	6	85	W	105x165	8570	1600	5650+1350	11230	9300	DB	OM 5 S	D	
O 8500 (N 56)	40-50	1930 - 32	6	110	W	105x150	7793	2000	5650+1350	11230	9100	DB	M 36	V	
O 8500 (N 56)	bis 80	1930 - 32	6	110	W	105x150	7793	2000	5650+1350	11230	10500	DB	M 36	V	Doppeldecker
O 8500 (N 56)	40-50	1930 - 32	6	110	W	105x150	7793	2000	5650+1350	11230		DB	M 36 F	V	
O 8500 (N 56)	80	1932	6	120	W	110x165	9450	1600	5650+1350	11230		DB	OM 77	D	Doppeldecker
O 8500	41-50	1934 - 36	6	150	W	125x170	12520	1700	4250+1250	10120	10290	DB	OM 54	D	
O 8500	bis 80	1934 - 36	6	150	W	125x170	12520	1700	4250+1250	10120	11600	DB	OM 54	D	Doppeldecker
d) Baureihe O 3000															
O 3000 (N 57)	bis 27	1930 - 32	6	70	W	82,5x130	4160	2000	4500	6900		DB	M 56	V	
e) Baureihe Lo 3100															
Lo 3100	31/0	1. Hj. 1935	6	75	W	95x130	5530	2000	5100	8500	5250	DB	OM 83	D	auch als Frontlenker
Lo 3100	31/0	2. Hj. 1935	6	80	W	110x130	7410	2000	5100	8500	5650	DB	OM 67/3	D	dito
f) Baureihe Lo 3200															
Lo 3200	31 - 37	1936 - 38	6	80	W	105x140	7270	2000	5100	8650	5750	DB	OM 67 b	D	auch mit Gasmotor GM 67, 75 - 95 PS
g) Baureihe Lo 3500															
Lo 3500 (L 64)	36/0	1933 - 34	6	95	W	110x130	7440	2000	5000	8520	5500	DB	OM 67	D	
Lo 3500 (L 64) Schnellomni-bus	36/0	1933	8	150/ 200	W	95x135	7655	3000	5000	8520		DB	M 150 II	V	2xRootsgebläse
Lo 3500 (L 64)	32 - 37	1934 - 36	6	95	W	110x130	7440	2000	5500	8520	6000	DB	OM 67	D	
f) Baureihe Lo 3750															
Lo 3750 (ab 1937 O 1937)	43/0	1935 - 41	6	100	W	105x140	7240	2000	5500	8700	6500	DB	OM 67/3	D	
LoP 3750 (ab 1937 OP 3750)	45/0	1935 - 41	6	100	W	105x140	7240	2000	5000	9050	7000	DB	OM 67/3	D	Frontlenker-Modell
g) Baureihe O 10000															
O 10000	40 - 50	1937 - 38	6	150	W	125x170	12520	1700	5500+1350	11970	10500	DB	OM 54		
O 10000	60/15	1937 - 38	6	150	W	125x170	12520	1700	5500+1350	11970	11900	DB	OM 54	D	Doppeldecker
O 10000	40-50	1938 - 41	6	150	W	120x165	11200	1700	5500+1450	11970	11800	DB	OM 57	D	
O 10000 BVG (Do 38)	60/15	1938 - 41	6	140	W	130x180	14335	1600	4300+1350	10543	12370	DB	OM 49	D	Doppeldecker
O 10000 BVG (Do 36)	60/17	1939	6	160	W	130x180	14335	1600	5500+1450	10130	13000	DB	OM 49	D	Frontlenker-Doppeldecker-Prototyp
h) Baureihe O 4500															
O 4500	38/9	1941 - 42	6	120	W	105x140	7270	2250	5700	10300		DB	OM 67/4	D	Reisebus 32/0 Plätze
O 4500	32-37	1942 - 44	6	112	W	105x140	7270	2250	5700	10300	7200	DB	OM 67/4	D	
O 4500	37/24	1945 - 47	6	110	W	105x140	7270	2250	5700	10300	6600	DB	OM 67/4	D	
O 4500 (O 303)	39/47	1948	6	112	W	105x140	7270	2250	5700	10500	7150	DB	OM 67/4	D	
O 4500 (O 303)	41/10	1948 - 50	6	112	W	105x140	7270	2250	5700	10500	7200	DB	OM 67/4	D	
i) Baureihe O 3250/3500															
O 3250 (O 311)	29+7	1949	6	90	W	90x120	4578	2800	4830	8630		DB	OM 312	D	
O 3500 (O 311)	29+7	1950 - 55	6	90	W	90x120	4578	2800	4830	8630 - 8910	4900	DB	OM 312	D	
O 3500 Stadt	23/22	1950 - 55	6	90	W	90x120	4578	2800	4830	8630	5150	DB	OM 312	D	
O 3500	29/7	1954	6	115	W	90x120	4578	2800	4830	8630	5000	DB	OM 312 A	D	T
LA 3500		1954	6	90	W	90x120	4578	2800	4200			DB	OM 312	D	Allrad-Version, Vetter-Aufbau
j) Baureihe O 6600															
O 6600 (O 304)	38/34	1950 - 55	6	145	W	112x140	8276	2100	5700	10460 - 11000	9300	DB	OM 315	D	

DAIMLER-BENZ															
Typ	Sitzplätze/ Stehplätze	Bauzeit	Zylinder	PS	K	B x H mm	Hubraum cm³	Drehzahl U/min	Radstand mm	Länge mm	Gewicht kg	Motor-hersteller	Typ	M	Bemerkungen
O 6600 H (O 320)	44/27	1951 - 54	6	145	W	112x140	8276	2100	5480	11000	9300-	DB	OM 315	D	
											9600				
O 6600 Gelenkzug		1953 - 58	6	145	W	112x140	8276	2100	5800/ 5600+1200	16900		DB	OM 315	D	Gaubschat- oder Vetter-Aufbau
O 320 H	27/45	1955 - 58	6	145	W	112x140	8276	2100	5480	11000	9120	DB	OM 315	D	
l) Baureihe O 321 H/OP 311/OP 312															
O 321 H	84	1954 - 60	6	110	W	95x120	5100	3000	4180	9230	5670	DB	OM 321	D	
OP 311		1956	6	100	W	90x120	4578	3000	4830	9165		DB	OM 312	D	
OP 312		1956 - 68	6	110	W	95x120	5100	3000	4830	4830	9165	DB	OM 321	D	ab 1961 auch 126 PS
m) Baureihe O 317															
O 317 Stadt	29/79 -	1958 - 63	6	172	W	128x140	10809	2200	5850	11925	8300	DB	OM 326 h	D	ab 1961 200 PS
	48/80														
O 317 Ü		1958 - 63	6	172	W	128x140	10809	2200	5850	11925	8000	DB	OM 326 h	D	ab 1961 200 PS
O 317 G Gelenkzug	46/119	1958 - 64	6	172	W	128x140	10809	2200	5850/ 6710	16500	11110	DB	OM 326 h	D	Düwag- und Ludewig-Aufbau
O 317 K	48/80	1963 - 64	6	180/ 200	W	128x140	10809	2200	5850	11200	8000	DB	OM 326 h	D	auch 5250 mm Radstand
O 317 K	37/85	1964 - 74	6	180/ 202	W	128x140	10809	2200	5850	11270	8300	DB	OM 364 h	D	Direkteinspritzmotor, ab 1967 185 PS, ab 1974 210
O 317 Stadt	54/70	1964 - 72	6	180	W	128x140	10809	2200	6190	12000	8000	DB	OM 346 h	D	ab 1965 185 oder 210 PS
O 317 Ü		1964 - 72	6	180	W	128x140	10809	2200	6190	12000	8000	DB	OM 346 h	D	ab 1965 185 oder 210 PS
O 317 G Gelenkzug	65/107	1964 - 76	6	180	W	128x140	10809	2200	5850/ 6150	16500	11600	DB	OM 346 h	D	ab 1965 185 PS oder 210 PS, Vetter-Aufbau
O 317 G Gelenkzug		1968	6	210	W	128x140	10809	2200	5850/6150	16900		DB	OM 346 h	D	Ludewig-Aufbau
n) Baureihe O 322															
O 322	32/50	1960 - 61	6	110	W	95x120	5103	3000	5110	9950	6500	DB	OM 321	D	
O 322	32/50	1961 - 64	6	128	W	97x128	5675	2800	5110	9950	6500	DB	OM 322	D	
o) Allrad-Omnibus-Baureihe LAP 321/LA 328															
LAP 321		1958	6	110	W	95x120	5100	3000	3600	3600		DB	OM 321	D	Allrad-Version, Vetter-Aufbau
LA 328		1963 (?)	6	110	W	95x120	5100	3000	4200	3600		DB	OM 321	D	Allrad-Version, FAKA-Aufbau 1967 185 PS, ab 1974 210 PS
p) Baureihe O 302															
O 302-11 R (Stn)	32/60	1965 - 75	6	126	W	97x128	5675	2800	5050	10150	8100	DB	OM 352	D	mit OM 327 170 PS ab 1969 mit OM 360 192 PS
O 302-12 R (Ün)	45-60/37	1965 - 75	6	150/ 160	W	115x128	7980	2800	5850	10950	8300	DB	OM 327	D	ab 1969 170 PS, mit OM 360 192 PS
O 302-12 R (Stn)	35/67	1965 - 75	6	150/ 160	W	115x128	7980	2800	5850	11600	8300	DB	OM 327	D	ab 1969 170 PS, mit OM 360 192 PS
O 302-13 R (Ün)	51 - 65	1965 - 75	6	160	W	115x128	7980	2800	6055	11882	8500	DB	OM 327	D	ab 1969 OM 360 mit 192 PS u. OM 355 mit 240 PS
q) Baureihe O 305															
O 305 Standard	44/61	1967	6	170	W	115x140	8720	2200	5600	11050		DB	OM 360 h	D	VÖV-Prototyp
O 305 VÖV 11 m	44/61	1968/72	6	170	W	115x140	8720	2200	5600	11110	8290	DB	OM 360 h	D	Serie ab 1969
O 305 VÖV 11,3 m	51/51	1968 - 72	6	192	W	115x140	8720	2500	5600	11390	8400	DB	OM 360 h	D	Serie ab 1969
OG 305 ST	44/61	1972	6	172	W	125x150	11045	2200	5600	11110	9000	DB	M 407 hG	V	Erdgasmotor
O 305 Standard	44/61	1972 - 77	6	210	W	125x150	11045	2200	5600	11110	8200	DB	OM 407 h	D	
O 307 StÜLB	52/48	1973 - 77	6	210	W	125x150	11045	2200	6000	11810	9500	DB	OM 407 h	D	ab 1977 240 PS
O 305 G Stadt	55/127	1974 - 78	6	210	W	125x150	11045	2200	5250/5650	16700	11400	DB	OM 407 h	D	Ludewig-Aufbau, ab 1977 240 PS
O 305 G Stadt	59/105	1974 - 79	6	210	W	125x150	11045	2200	5000/5650	16650	10820	DB	OM 407 h	D	Vetter-Aufbau, ab 1977 240 PS
O 305 G Überland	89/81	1975 - 79	6	210	W	125x150	11045	2200	5000/5600	16650	11200	DB	OM 407 h	D	Vetter-Aufbau, ab 1977 240 PS
O 305	50/50	1977 - 85	6	240	W	125x150	11045	2200	5600	11110	8200	DB	OM 407 h	D	gedrosselt auch 200 PS
O 305 G	65/135	1977 - 85	6	240	W	125x150	11045	2200	5600/ 6150	17260	12900	DB	OM 407 h	D	ab 1979 mit T 280 PS
O 305	44/61	1981	6	200	W	125x155	11412	2200	5600	11110		DB	M 407 hG	V	Methanol-Motor
r) Baureihe O 405															
O 405 VÖV II		1981	6	240	W	128x155	11970	2200	6150	11892		DB	OM 427 hLA	D	T, SL II-Prototyp
O 405 VÖV II (Ü 80)	44/65	1983	6	204	W	128x155	11970	2200	5875	11445		DB	OM 427 h	D	SL II-Prototyp, mit T 240
O 405 Linie	44/63	1985 - 87	6	204	W	128x155	11970	2200	5875	11475		DB	OM 427 h	D	auch 200 PS
O 405 Standard-Gelenkzug	60/100	1985 - 87	6	240	W	128x155	11970	2200	5625/6175	17400		DB	OM 427 h	D	mit T 280 PS
O 405 N Duo-Bus	35/65	1986	6	300	W	128x155	11967	2200	5875	11795		DB	OM 447 hLA	D	mit Wechselstromgenerator und 2x120 kW-Radnaben-motoren

DAIMLER-BENZ															
Typ	Sitzplätze/ Stehplätze	Bauzeit	Zylinder	PS	K	B x H mm	Hubraum cm^3	Drehzahl U/min	Radstand mm	Länge mm	Gewicht kg	Motor-hersteller	Typ	M	Bemerkungen
O 405 G	60/94	1987 - 89	6	240	W	128x155	11967	2200	5625/6175	17510		DB	OM 447 h	D	mit T 280 PS
O 405	44/54	1989 - 97	6	214	W	128x155	11967	2200	5875	11545	9200	DB	OM 447 h	D	mit T 250 PS, mit TL 299 PS
O 405 G	60/94	1989 - 97	6	250	W	128x155	11967	2200	5625/6175	17470		DB	OM 447 hA	D	T, mit TL 299 PS
O 405 N	43/54	1989 - 97	6	214	W	128x155	11967	2200	5875	11705		DB	OM 447 h	D	mit T 250, mit TL 299 PS
O 405 GN	57/100	1989 - 97	6	250	W	128x155	11967	2200	5725/6175	17730		DB	OM 447 hA	D	T
O 405 GN	50/113	1992 - 94	6	250	W	128x155	11967	2200	5625/6175	17820		DB	OM 447 hA	D	T, mit TL 299 PS
O 405 N	33/63	1994 - 99	6	238	W	128x155	11967	2200	5875	11865		DB	M 447 hG	V	Erdgasmotor
O 405 NÜ	44/48	1994 - 99	6	238	W	128x155	11967	2200	5875	11865		DB	M 447 hG	V	Erdgasmotor
O 405 GN	49/107	1994 - 99	6	238	W	128x155	11967	2200	5725/6175	17820		DB	M 447 hG	V	Erdgasmotor
O 405 NÜ	34/67	1995 - 99	6	213	W	128x155	11967	2200	5875	11795		DB	OM 447 h	D	mit T 250 PS, mit TL 299 PS
O 405 NÜ	44/48	1995 - 97	6	250	W	128x155	11967	2200	5875	11865		DB	OM 447 hA	D	T, mit TL 299 PS
O 405 GN	51/107	1995 - 97	6	250	W	128x155	11967	2200	5725/6175	17820		DB	OM 447 hA	D	T, mit TL 299 PS, auch 60/76 PLätze
O 405 NK	26/58	1996 - 97	6	213	W	128x155	11967	2200	4475	10395		DB	M 447 hG	D	Erdgasmotor, auch 250 u. 299 PS
O 405 NÜH Hybrid	44/48	1996	6	250	W	128x155	11967	2200	5875	11865		DB	OM 447 hA	D	T, zusätzlich Elektroantrieb
O 405 NÜL		1996 - 97	6	250	W	128x155	11967	2200	6875	13400		DB	OM 447 hA	D	T
O 405 GNÜ	61/76	1996 - 97	6	250	W	128x155	11967	2200	5725/6175	17820		DB	OM 447 hA	D	T
O 405 GNDE	51/107	1997	6	250	W	128x155	11967	2200	5725/6175	17820		DB	OM 447 hA	D	T, Prototyp mit diesel-elektrischem Antrieb
O 405 N Nebus		1999													2xAsynchron-Radnaben-motoren
s) Baureihe O 407															
O 407	51/49	1985	6	240	W	128x155	11967	2200	6150	11850		DB	OM 427 h	D	Prototyp, mit T 280 PS
O 407	53/43	1987 - 89	6	240	W	128x155	11967	2200	6150	17400		DB	OM 447 h	D	mit T 280 PS
O 407	53/43	1989 - 97	6	250	W	128x155	11967	2200	6150	11920	10500	DB	OM 447 hA	D	T, mit TL 299 PS
O 407 E	53/43	1989 - 97	6	250	W	128x155	11967	2200	6150	11920		DB	OM 447 h	D	T
t) Baureihe O 408															
O 408 Ausflug	53/38	1989 - 96	6	214	W	128x155	11967	2200	6150	11959	10650	DB	OM 447 hA	D	mit T 250 PS, mit TL 299 PS
u) Baureihe Integro															
O 550 Integro H	53+1	1996 - 01	6	250	W	128x155	11967	2200	6080	12000		DB	OM 447 hLA	D	T
O 550 Integro H	53 - 55	1996 - 01	6	299	W	128x155	11967	2200	6080	12000	10910	DB	OM 447 hLA	D	TL, Serie ab 1998, ab 1997 auch 250 PS
O 550 Integro H	53 - 55	1996 - 01	V8	381	W	128x142	14618	2100	6080	12000		DB	OM 442 LA	D	TL, Serie ab 1998
O 550 Integro L	71+1	1996 - 01	6	250	W	128x155	11967	2200	6950/	15000		DB	OM 447 hLA	D	TL, Serie ab 1998
Integro	60/50	2002 - 06	6	252	W	128x155	11967	1800	6080	12000		DB	OM 457 hLA	D	TL, auch 408 PS
Integro H	57+1	2002 - 06	6	252	W	128x155	11967	1800	6950+1600	15000		DB	OM 457 hLA	D	TL, auch 408 PS
Integro L 15	69/38	2002 - 06	6	252	W	128x155	11967	1800	5875	12000		DB	OM 457 hLA	D	TL, auch 408 PS
Integro M	57+1	2003 - 06	6	252	W	128x155	11967	1800	6950	12870		DB	OM 457 hLA	D	TL, auch 354 PS
Integro H	55+1	2004	6	299	W	128x155	11967	1800	6080	12000		DB	OM 457 hLA	D	TL, auch 408 PS
Integro L 15	69/38	2003 - 06	6	252	W	128x155	11967	1800	6950+1600	15000		DB	OM 457 hLA	D	TL, auch 354 PS
Integro	49-53/23	2006 - 12	6	299	W	128x155	11967	1800	6080	12140		DB	OM 457 hLA	D	TL, ab 2011 auch 354 PS
Integro M	53-57/13	2006 - 12	6	299	W	128x155	11967	1800	6920	12980		DB	OM 457 hLA	D	TL, ab 2011 auich 354 PS
Integro L	65-69/50	2006 - 12	6	354	W	128x155	11967	1800	6920+1600	14920		DB	OM 457 hLA	D	TL, ab 2011 auch 408 PS
Integro	53/29+2	2013 - 16	6	299	W	110x135	7698	2200	6080	12140		DB	OM 936 LA	D	TL, auch 354 PS
Integro M	57/12+2	2013 - 16	6	299	W	110x135	7698	2200	6920	12980		DB	OM 936 LA	D	TL, auch 354 PS
Integro L	65/55+2	2013 - 16	6	360	W	125x145	10677	1800	6920+1600	14920		DB	OM 470 LA	D	TL, auch 395 PS
v) Baureihen Citaro I															
Citaro	36/64	1997 - 02	6	279	W	102x130	6370	2300	5845	11950	11350	DB	OM 906 LA	D	TL, Turmbaumotor, auch 32/62 oder 33/2 Plätze, mit OM 457 hLA 299 u. 349 PS, ab 2000 231 PS
Citaro Ü	44+1	1998 - 02	6	279	W	102x130	6370	2300	5845	11950	11300	DB	OM 906 LA	D	TL, Turmbaumotor, ab 2001 auch 231 PS, mit OM 457 hLA mit 299 u. 349 PS
Citarl L	59/77	1998 - 02	6	279	W	102x130	6370	2300	7290+1600	14995		DB	OM 906 LA	D	TL, Turmbaumotor, ab 2001 auch 231 PS, mit OM 457 hLA mit 299, 349 u. 353 PS
Citaro G	49/115	1998 - 02	6	279	W	102x130	6370	2300	5845/5990	17940		DB	OM 906 LA	D	TL, Turmbaumotor, auch OM 457 hLA mit 299, 349 u. 353 PS

DAIMLER-BENZ

Typ	Sitzplätze/ Stehplätze	Bauzeit	Zylinder	PS	K	B x H mm	Hubraum cm³	Drehzahl U/min	Radstand mm	Länge mm	Gewicht kg	Motor-hersteller	Typ	M	Bemerkungen
Citaro LÜ 15 m	60/50	2000 - 02 2000 -	6	299	W	128x155	11967	1800	7290+1600	15000		DB	OM 447 hLA	D	TL, auch 408 PS
Citaro	32/73	2001 - 06	6	245	W	102x130	6370	2300	5845	11950		DB	OM 906 LA	D	TL, auch 354 PS, auch 26/74 Plätze
Citaro L	46/87	2002 - 06	6	279	W	102x130	6370	2300	7290+1600	14995	14000	DB	OM 906 LA	D	TL, Turmbaumotor, auch 354 PS
Citaro															Brennstoffzelle
Citaro Ü	44-46+1	2003 - 08	6	279	W	102x130	6370	2300	5845	11950		DB	OM 906 LA	D	TL, Turmbaumotor, auch 354 PS
Citaro MÜ	48+1	2002 - 07	6	279	W	102x130	6370	2300	6862	13010		DB	OM 906 LA	D	TL, Turmbaumotor, auch 354 PS
Citaro LE	45+1	2005 - 07	6	299	W	128x155	11967	1800	6035	12040		DB	OM 457 hLA	D	TL, auch 354 PS
Citaro LE Ü	49+1	2005 - 08	6	299	W	128x155	11967	1800	7052	13057		DB	OM 457 hLA	D	TL, auch 354 PS
Citaro K	32/73	2005	6	285	W	128x155	11967	1800	4398	11950		DB	OM 457 hLA	D	TL, auch 354 PS
Citaro Ü	46+1	2005 - 09	6	279	W	102x130	6370	2300	5845	11950		DB	OM 906 LA	D	TL, Turmbaumotor, auch 354 PS, ab 2009 286 PS
Citaro K	29-35/56	2006 - 12	6	285	W	102x130	6370	2300	4398	10503		DB	OM 906 LA	D	TL, Turmbaumotor
Citaro	28-32/74	2006 - 08	6	285	W	102x130	6370	2300	5845	11950		DB	OM 906 LA	D	TL, Turmbaumotor, auch 354 PS
Citaro MÜ	49/34	2006 - 08	6	299	W	128x155	11967	1800	7052	13057		DB	OM 457 hLA	D	TL, auch 354 PS
Citaro G	42-47/ 118-111	2008 - 12	6	299	W	128x155	11967	1800	5845+5990	17940		DB	OM 457 hLA	D	TL, auch 354 PS
Citaro	32/74	2009 - 12	6	299	W	128x155	11967	1800	5845	11950		DB	OM 457 hLA	D	TL
Citaro L	42/96	2009 - 12	6	299	W	128x155	11967	1800	7290	14995		DB	OM 457 hLA	D	TL
Citaro LE Ü	34/67	2009 - 12	6	299	W	128x155	11967	1800	6035	12040	11665	DB	OM 457 hLA	D	TL, auch 354 PS
Citaro MÜ	48/41	2009 - 13	6	286	W	102x130	6370	2300	6862	13010		DB	OM 906 LA	D	TL, Turmbaumotor, auch 299 u. 354 PS
Citaro Ü	44/39	2009 - 12	6	286	W	102x130	6370	2300	5845	11950		DB	OM 906 LA	D	TL, Turmbaumotor, ab 2010 299 PS
Citaro LE MÜ	49/34	2009 - 12	6	299	W	128x155	11967	1800	7052	13057		DB	OM 457 hLA	D	TL, ab 2011 286 u. 354 PS
Citaro LÜ	60/150	2009 - 12	6	299	W	128x155	11967	1800	7290	14995		DB	OM 457 hLA	D	TL, ab 2011 auch 354 PS
Citaro GÜ	58/72	2009 - 12	6	299	W	128x155	11967	1800	5845+5990	17940		DB	OM 457 hLA	D	TL, ab 2011 auch 354 PS
							w) Citaro-Baureihen II								
Citaro CNG	31-34/70	2011 -	6	252	W	128x155	11967	1800	5845	11950		DB	M 457 hLA G	V	Erdgasmotor, auch 326 PS
Citaro CNG G	47/92	2011	6	252	W	128x155	11967	1800	5845+5990	17940		DB	M 457 hLA G	V	Erdgasmotor, auch 326
Citaro	26-32/ 78-74	2011 - 12	6	286	W	102x130	6370	2300	5900	12105		DB	OM 906 LA	D	TL, Turmbaumotor, auch 299 PS
Citaro C2 G	52/111	2012	6	299	W	125x145	10677	1800	5900+5990	17940		DB	OM 470 LA	D	TL, auch 356 PS
Citaro K	34/60	2013 -	6	299	W	110x135	7698	2200	4398	10633		DB	OM 936 hLA	D	TL, auch 354 PS
Citaro	26-28/77	2013 -	6	299	W	110x135	7698	2200	5900	12135		DB	OM 936 hLA	D	TL, auch 354 PS, auch mit Turmbaumotor OM 936 LA
Citaro LE	34/68	2013 - 14	6	299	W	110x135	7698	2200	6035	12170		DB	OM 936 LA	D	TL, auch 354 PS
Citaro G	52/111	2013 -	6	360	W	128x155	10677	1800	5900+5990	17125		DB	OM 457 hLA	D	TL, auch 354 PS
Citaro Ü	43/39	2013 -	6	299	W	110x135	7698	2200	5900	12135		DB	OM 936 LA	D	TL, Turmbaumotor, auch 354 PS
Citaro MÜ	48/41	2013	6	286	W	102x130	6370	2300	6862	13008		DB	OM 906 LA	D	TL, Turmbaumotor, auch 354 PS
Citaro LE Ü	45/38	2013 -	6	299	W	110x135	7698	2200	6035	12170		DB	OM 936 LA	D	TL, Turmbaumotor, auch 354 PS
Citaro LE MÜ	49/35	2013 -	6	299	W	110x135	7698	2200	7052	13187		DB	OM 936 LA	D	TL, Turmbaumotor, auch 354 PS
Citaro GÜ	57/73	2013 -	6	360	W	125x145	10677	1800	5900+5990	18125		DB	OM 470 LA	D	TL ab 2016 394 PS
Citaro C2 G	46/117	2014 -	6	354	W	110x135	7698	2200	5900+5990	18125		DB	OM 936 hLA	D	TL
Citaro NGT	26-31/ 70-67	2016 -	6	302	W	110x135	7698	2200	5900	12135		DB	M 936 G	V	TL, Erdgasmotor
Citaro G NGT	41-45/ 112-108	2016 -	6	302	W	110x135	7698	2200	5900+5990	18125		DB	M 936 G	V	TL, Erdgasmotor
							x) Baureihe Cito								
Cito 8 m	12/33	2000 - 02	6	170	W	102x130	4250	2300	4500	8085		DB	OM 904 LA	D	TL
Cito 9 m	16/39	2000 - 02	6	170	W	102x130	4250	2300	5323	8908		DB	OM 904 LA	D	TL
Cito 9,6 m	20/45	2000 - 02	6	170	W	102x130	4250	2300	6000	9585	7900	DB	OM 904 LA	D	TL

DAIMLER-BENZ

Typ	Sitzplätze/ Stehplätze	Bauzeit	Zylinder	PS	K	B x H mm	Hubraum cm³	Drehzahl U/min	Radstand mm	Länge mm	Gewicht kg	Motor-hersteller	Typ	M	Bemerkungen
							y) Baureihe Conecto								
Conecto	48+1	2001- 05	6	250	W	128x155	11967	2000	5875	12000		DB	OM 457 LA	D	TL, türk. Fertigung
Conecto C	35-42+1	2005 - 06	6	252	W	128x155	11967	1800	5875	11858		DB	OM 457 hLA	D	TL, auch 354 PS
Conecto C	35-42+1	2005 - 06	6	252	W	128x155	11967	1800	5875	11858		DB	OM 457 hLA	D	TL, auch 354 PS
Conecto H	48/33	2004	6	299	W	128x155	11967	2000	5875	11915	12430	DB	OM 457 hLA	D	TL
Conecto C	35-42+1	2005 - 06	6	252	W	128x155	11967	1800	5875	11858		DB	OM 457 hLA	D	TL, auch 354 PS
Conecto C	48+1	2005 - 06	6	252	W	128x155	11967	1800	5875	11858		DB	OM 457 hLA	D	TL, auch 299 PS
Conecto G	48-54+1	2005 - 06	6	252	W	128x155	11967	1800	5725+6175	17883		DB	ÓM 457 hLA	D	TL, auch 299 PS
Conecto G	48-54+1	2005 - 06	6	252	W	128x155	11967	1800	5725+6175	17883		DB	ÓM 457 hLA	D	TL, auch 299 PS
Conecto Ü	56+1	2005 - 06	6	252	W	128x155	11967	1800	5875	11858		DB	OM 457 hLA	D	TL, auch 299 PS
Conecto Ü	56+1	2005 - 06	6	252	W	128x155	11967	1800	5875	11858		DB	OM 457 hLA	D	TL, auch 299 PS
Conecto M	62+1	2005 - 06	6	252	W	128x155	11967	1800	6760	12800		DB	OM 457 hLA	D	TL, auch 299 PS
							z) Baureihe Intouro								
Intouro M	53/29+2	2013 - 18	6	299	W	102x130	6370	2300	6080	12140		DB	OM 906 LA	D	TL, auch 354 PS
Intouro L	57/12+2	2013 - 18	8	299	W	102x130	6370	2300	6580	12640		DB	OM 906 LA	D	TL, auch 354 PS
Intouro L	59+2	2013 - 18	6	299	W	102x130	6370	2300	7260	13323		DB	OM 906 LA	D	TL, auch 354 PS
Intouro M	51+1	2018 -	6	299	W	110x135	7698	2200	6080	12140		DB	OM 936 LA	D	TL, auch 354 PS
Intouro L	55+1	2018 -	6	299	W	110x135	7698	2200	6580	12640		DB	OM 936 LA	D	TL, auch 354 PS
Intouro L	59+1	2018 -	6	299	W	110x135	7698	2200	7260	13320		DB	OM 936 LA	D	TL, auch 354 PS
							zz Baureihe CapaCity								
CapaCity	37/156	2006 - 13	6	354	W	128x155	11967	1800	5845+	19540		DB	OM 457 hLA	D	TL, vorgestellt 2005
CapaCity L	45/146	2015 - 16	6	360	W	125x145	10677	1800	7900+7260	20995		DB	OM 470 LA	D	TL
CapaCity L	44/137	2017 -	6	360	W	125x145	10677	1800	5900+5990	19725		DB	OM 470 LA	D	TL, auch 394 PS
							B) Modelle mit Elektroantrieb								
Obus-Prototyp	32/12	1930 - 31		52 kW				1500	4600	9375	7600	BBC			Leichtmetall-Aufbau
Obus	36/29	1935/36		2x50 kW				1500	4300+1250	10640	11305	AEG	USC 227a		auch BBC-Motor 2x42,5 kw
Obus »Oldenburg«	26/15	1936 - 37		64 kW				1000	4250	8650	7320	AEG			auch BBC-Motor
Obus 4000	39	1937							3300			BBC			Projekt
Obus 6000	48	1937		60 kW				1500	4100			BBC			
Obus 8000	68	1937							4300+1250			BBC			
Obus 10000 (Typ III)	36/29	1937 - 41		2x50 kW				1500	4950+1450	11060	10770	AEG	USC 227a		
Obus 10000 (Typ III)	36/29	1937 - 43		2x45 kW				1450	4950+1450	11060	10770	SSW	DW 602a		
O 5000 T	38/24	1945 - 47		2x50 kW				1800				SSW			
O 6600 T	38/52	1952 - 55		90 - 105 kW				1800	5480	11000	8500	BBC	GM12733		auch 96 kW-Garbe u. Lahmeyer- u. Kiepe-Motor LC-327 (96 - 105 kW)
OE 302-11 R Hybrid	32/60	1967		90 kW					5050	10800		Bosch			Hybridantrieb über Batterie und 85-PS-Motor OM 314 mit Generator
OE 302-13 R Hybrid	51-65	1969 - 74		115 - 150					6055	12000	8500	Bosch			Hybridantrieb über Batterie oder 85-PS-Motor OM 314 mit Generator
OE 305 DUO	37/45	1975		90 kW					5600	11110	8500	Bosch			Hybridantrieb über Batterie und Oberleitung
OE 305	44/59	1975 - 78							5600	1110					Hybridantrieb über Batterie und Motor OM 352 h mit 100 PS
O 305 OE Obus	44/59	1978 - 80		90/180 kW					5600	11110					Obus kombiniert mit Motor OM 407 h mit 206 PS
O 305 OE	44/59	1979		115/ 150 kW					5600	11110					Hybridantrieb über 2 Batteriepakete und OM mit 100 PS
O 305 OD	44/59	1979		80/160 kW					5600	11110					Hybridantrieb über Batterie und Motor OM 407 h mit 206 PS
O 305 G	58/131	1979		80/ 160 kW					5600/ 6150	17260					Hybridantrieb über Batterie und Motor OM 407 h mit 206 PS
O 305 E		1980 - 82		131/ 162 kW					5600	11110		AEG			Batterie

DAIMLER-BENZ

Typ	Sitzplätze/ Stehplätze	Bauzeit	Zylinder	PS	K	B x H mm	Hubraum cm³	Drehzahl U/min	Radstand mm	Länge mm	Gewicht kg	Motor-hersteller	Typ	M	Bemerkungen
O 305 T		1981 - 82		169 kW					5600	11110		BBC	4 EBO 2052		Obus
O 305 GT	49/76	1981 - 82		169 kW					5600/ 6150	17260	14821	BBC	4 EBO 2052		Obus mit 54-PS-Hilfsdiesel
O 305 GTD	62/99	1981 - 82		131/ 162 kW					5600/ 6150	17260	16580	AEG	CUZAC 4482 spezial		Obus mit 54-PS-Hilfsdiesel sowie OM 407 h mit 206 PS, FBW-Fertigung
O 305 GG	240	1981		2x 184 kW					5600/	24080		AEG			O-Bahn-Typ
									7980/ 5600						
O 405 T	35/65	1986 - 92		180 kW					5875	11475		AEG	CUZAC 4579 b		Obus, zusätzlich Hilfsdiesel OM 601 mit 72 PS
O 405 GT	58/113	1986 - 92		180 kW					5625/6175	17400		AEG	CUZAC 4579 b		Obus, zusätzlich Hilfsdiesel OM 601 mit 72 PS
O 405 GNTD Duo-Obus	58/113	1986 - 96		4x50/ 75 kW					5625/6175 auch 5725/6175	17820 17730		AEG	CUZAC 4579 b		Obus mit Radnabenmotoren sowie Motor OM 407 hA mit 206 PS, ab 1996 mit zusätzlichem Hilfsdiesel OM 601 mit 79 PS
O 405 GTZ	66/101	1986 - 92		160 kW					5625/6175	17400		BBC	4 EBo 2052		Obus, zusätzlich Hilfsdiesel OM 602 mit 90 PS
O 405 GG	bis 220	1989							5625/6175	17820					Obus
O 405 NT		1994		145/ 220 kW					5875	11795		AEG			Obus mit Radnabenmotoren sowie Motor OM 447 h/hA mit 240/280 PS
O 405 GNTD Duo-Obus	135	1994		215 kW					5725/6175	17730		AEG			Obus mit Radnabenmotoren sowie Motor OM 447 h/hA mit 240/280 PS
O 405 GNTD Duo-Obus	57/100	1995		215 kW					5725/6175	17730		AEG	CUZAC 4579 b		Niederflur-Obus mit Radnabenmotoren sowie Motor OM 447 h/hA mit 240/280 PS
O 405 GNDE															
Citaro O 530 BZ	60-70	2003 - 04		225 kW					5845	11950	13700	Reuland	C 000		Asynchron-Elektromotor und Brennstoffzellen
Citaro Fuell-Cell-Hybrid	76	2011 - 14		2x80 kW					5845	11950		DB			
Citaro G Blue	42/90	2011 - 14		4x80 kW					5845+5990	17940		DB			4x80 kW + 1x160 PS
Tec-Hybrid															218 PS
eCitaro	29/59-64	2018 -		2x125 kW					5900	12135		ZF	ZF AVE 130		Batterie, Radnabenmotoren

(Foto: Ralf Weinreich)

DAIMLER-BENZ															
Typ	Sitzplätze/ Stehplätze	Bauzeit	Zylinder	PS	K	B x H mm	Hubraum cm^3	Drehzahl U/min	Radstand mm	Länge mm	Gewicht kg	Motor-hersteller	Typ	M	Bemerkungen
2. Ausflugs- und Reisebusse															
a) Baureihen Lo/LoP															
Lo 2000	22/0	1932 - 35	4	55	W	100x120	3770	2000	3800	6100	3400	DB	M 60	V	
Lo 2000	22/0	1932 - 35	4	55	W	100x120	3770	2000	3800	6100	3600	DB	OM 59	D	
Lo 2500	25/0	1932 - 35	6	55	W	80x130	3920	2000	4000	6560		DB	M 16	V	
Lo 2750	26/0	1933 - 35	4	65	W	110x130	4940	2000	4250	6500-7000	5850	DB	M 66	V	
Lo 2750	26/0	1933 - 34	4	63	W	110x130	4940	2000	4250	6500- 7000	6050	DB	OM 65	D	
Lo 3500 (L 64)	36/0	1933 - 34	6	95	W	110x130	7410	2000	5000	8520	7800	DB	M 68	V	
Lo 3500 (L 64)	36/0	1933	8	150/ 200	W	95x135	7655	3000	5000	8520		DB	M 150 II	V	2 x Rootsgebläse
Lo 3100 (L 59)	31/0	1935	6	75	W	95x130	5530	2000	5100	8500		DB	OM 83	D	
Lo 3100 (L 59)	31/0	1935	6	80	W	110x130	7410	2000	5100	6625-		DB	OM 67	D	
Lo 3500 (L 64)	36/0	1935 - 36	6	95	W	110x130	7410	2000	5000	8520	7800	DB	OM 67	D	
Lo 3500 (L 64)	22-34	1935 - 36	6	95	W	110x130	7410	2000	4600	7400		DB	OM 67	D	
LoP 3500 (L 64)	34/0	1935 - 36	6	95	W	110x130	7450	2000	5500	8500		DB	OM 67	D	
Lo 3750	43/0	1935 - 41	6	100	W	105x140	7270	2000	5500	8700	6500	DB	OM 67/3	D	ab 1937 Typ 0 3750
LoP 3750	45/0	1935 - 41	6	100	W	105x140	7270	2000	5000	9050	7000	DB	OM 67/3	D	ab 1937 Typ OP 3750
Lo 3200 (L 59)	31-37	1936 - 41	6	80	W	105x140	7270	2000	5100	8650	8150	DB	OM 67/3	D	
Lo 3200 (L 59)	36/0	1936 - 41	6	75/95	W	105x140	7270	2000	5100	8650	8800	DB	OM 67/3	D	auch mit Holzgasmotor
b) Baureihen O 3750 - O 10000															
O 3750	36/0	1933	6	90	W	110x130	7410	2000				DB	M 68	V	auch mit OM 67 mit 90 PS
O 4000 (N 2)	43/0	1933 - 34	6	95	W	110x130	7410	2000	5750	9950	9800	DB	M 68	V	
O 4000 (N 2)	43/0	1934 - 35	6	110	W	110x165	9410	1600	5750	9950	9800	DB	OM 77	D	
O 3200		1935	6	90	W	110x130	7410	2000				DB	OM 67	D	
O 3200		1935	6	90	W	110x130	7410	2000				DB	OM 67	D	
»Schnellbus-Modell«	32/0	1935	V12	300/ 350	W	138x170	30500	1500/1700		16350	15000	DB	OM 85	D	RAB-Projekt
O 3750	42/0	1936 - 41	6	90	W	105x140	7270	2000	5500	8670	9100	DB	OM 67/3	D	
O 3750	42-44	1936 - 41	6	100	W	105x140	7270	2000	5500	8670	9100	DB	OM 67/3	D	
O 4000 (N 2)	42-48	1936 - 41	6	120	W	115x165	10280	1600	5750	9500	7000	DB	OM 79	D	
L 6500	170	1936	6	150	W	125x170	12520	1700		18700-20000	15000	DB	OM 54	D	Sattelschlepper-Omnibus, Kässbohrer-Aufbau
O 2000	21/0	1937 - 40	4	60	W	110x120	4559	2000	4100	6130	3580	DB	OM 59 I	D	
O 10000	40-50	1937 - 38	6	150	W	125x170	12520	1700	5560+1450	11970	10500	DB	OM 54	D	
O 2600	30/0	1938 - 41	4	60	W	110x120	4560	2000	4500	6810	4125	DB	OM 59/1	D	
O 10000	40-50	1938 - 41	6	150	W	120x165	11200	1700	5500+1450	11970	11800	DB	OM 57	D	
O 10000	40-50	1938 - 41	6	150	W	120x165	11200	1700	6300+1450	13450		DB	OM 57	D	
c) Baureihe O 4500 ab 1942															
O 4500	32-37	1942 - 44	6	112	W	105x140	7270	2250	5700	10300	7200	DB	OM 67/4	D	
O 4500	39-47	1948	6	112	w	105x140	7270	2250	5700	10500	7150	DB	OM 67/4	D	
O 5000	39-47	1949 - 50	6	112	W	105x140	7270	2250	5700	10500	7200	DB	OM 67/4	D	
d) Baureihe O 3250 A															
O 3250 A	29+7	1949	6	90	W	90x120	4578	2800	4830	8630	5150	DB	OM 312	D	
O 3500 A	29+7	1950 - 55	6	90	W	90x120	4578	2800	4830	8630- 8910	5150	DB	OM 312	D	
e) Baureihe O 6600 A															
O 6600 A	37-41	1950 - 55	6	145	W	112x140	8276	2100	5700	10640	7985	DB	OM 315	D	
f) Baureihe O 6600 H															
O 6600 H Pullman	45+12	1951 - 58	6	145	W	112x140	8276	2100	5480	11000	9450	DB	OM 315	D	ab 1954 O 320 H
g) Baureihen OP 3500 und OP 312															
OP 3500		1953 - 55	6	90	W	90x120	4578	2800	4830	8600		DB	OM 312	D	ab 1955 Typ OP 311, ab 1956 100 PS
OP 312		1956 - 68	6	110	W	95x120	5100	3000	4830			DB	OM 321	D	Vetter Aufbau, ab 1961 126 PS
h) Baureihe O 321 H/HL															
O 321 H	31-37+1	1954 - 64	6	110	W	95x120	5100	3000	4180	9230	5400	DB	OM 321	D	ab 1962 mit OM 322 126 PS
O 321 HL	41-45+1	1956 - 64	6	110	W	95x120	5100	3000	5550	9230	5400	DB	OM 321	D	ab 1962 mit OM 322 126 PS
i) Baureihe O 317															
O 317 Reise	54/4	1958 - 63	6	172	W	128x140	10809	2200	5850	11925	8000	DB	OM 326 h	D	Unterflurmotor, ab 1963 180 PS
j) Baureihe O 302															
O 302-10 R	37-41	1965 - 69	6	126	W	97x128	5675	2800	4685	9620	7300	DB	OM 352	D	auch mit OM 327, 150 PS, ab 1966 160/170 PS
O 302-11 R	41-45	1965 - 69	6	126	W	97x128	5675	2800	5050	10150	8100	DB	OM 352	D	auch mit OM 327, 150 PS, ab 1966 160/170 PS
O 302-12 R	45-49	1965 - 69	3	150/ 160	W	115x128	7980	2800	5850	10950	8250	DB	OM 327	D	
O 302-13 R	48-52	1967 - 69	6	160	W	115x128	7980	2800	6055	11882	8500	DB	OM 327	D	auch mit OM 355, 230 PS

DAIMLER-BENZ

Typ	Sitzplätze/ Stehplätze	Bauzeit	Zylinder	PS	K	B x H mm	Hubraum cm^3	Drehzahl U/min	Radstand mm	Länge mm	Gewicht kg	Motor-hersteller	Typ	M	Bemerkungen
O 302-10 R	37-41	1969 - 75	6	130	W	97x128	5675	2800	4685	9620	7300	DB	OM 360	D	auch mit OM 360, 170 oder 192 PS
O 302-11 R	41-45	1969 - 75	6	130	W	97x128	5675	2800	5050	10150	8100	DB	OM 360	D	auch mit OM 360, 170 oder 192 PS
O 302-12 R	45-49	1969 - 75	6	170/ 192	W	115x140	8720	2500	5850	10950	8300	DB	OM 360	D	
O 302-13 R	48-52	1969 - 75	6	170/ 192	W	115x140	8720	2500	6055	11882	8500	DB	OM 360	D	auch mit OM 355, 240 PS
k) Baureihe O 303															
O 303-9 RHP	27-36+1	1974 - 82	V6	192	W	125x130	9570	2500	4150	8678	8600	DB	OM 401	D	
O 303-10 RHP	36-40+1	1974 - 79	V6	192	W	125x130	9570	2500	4521	9240		DB	OM 401	D	
O 303-11 RHP	31-44+1	1974 - 79	V6	192	W	125x130	9570	2500	5083	10000		DB	OM 401	D	
O 303-12 RHP	35-48	1974 - 79	V6	192	W	125x130	9570	2500	5083	10175		DB	OM 401	D	auch mit OM 402, 256 PS
O 303-13 RHP	39-52	1974 - 79	V6	192	W	125x130	9570	2500	5381	10560		DB	OM 401	D	auch mit OM 402, 256 PS
O 303-14 ÜHP	42-56	1974 - 82	V6	192	W	125x130	9570	2500	5623	11300		DB	OM 401	D	auch mit OM 402, 256 PS
O 303-14	42-56	1974 - 79	V10	320	W	125x130	15950	2500	5623	11300		DB	OM 403	D	
O 303-15 RHP	52-61	1974 - 81	V10	320	W	125x130	15950	2500	6330	12000		DB	OM 403	D	auch mit OM 401, 192 PS u. OM 402, 256 PS
O 303-9	37/0	1979 - 87	V6	216	W	128x142	10964	2300	4150	8680	8600	DB	OM 421	D	
O 303-10	41/0	1979 - 87	V6	216	W	128x142	10964	2300	4521	9240	10175	DB	OM 421	D	
O 303-11	45/0	1979 - 87	V6	216	W	128x142	10964	2300	5083	10000		DB	OM 421	D	ab 1984 mit T 250 PS
O 303-12	49/0	1979 - 87	V6	216	W	128x142	10964	2300	5083	10175		DB	OM 421	D	
O 303-12	49/0	1979 - 87	V8	280	W	128x142	14618	2300	5083	10175		DB	OM 422	D	Serie ab 1981
O 303-13 RHS	41-45	1979 - 85	V8	280	W	128x142	14618	2300	5381	10560		DB	OM 422	D	Serie ab 1981
O 303-14	57/0	1979	V6	216	W	128x142	10964	2300	5623	11300		DB	OM 421	D	
O 303-14 RHD	42-50	1979 - 85	V8	280	W	128x142	14618	2300	5623	11300		DB	OM 422	D	mit T 330 PS
O 303-15 RHS	52-61	1979	V6	216	W	128x142	10964	2300	6330	12000		DB	OM 421	D	
O 303-15 RHD	52-61	1979 - 82	V8	280	W	128x142	14618	2300	6330	12000	11495	DB	OM 422	D	mit T 330 PS
O 303-15 RHS	61/0	1979 - 82	V8	330	W	128x142	14618	2300	6330	12000	11495	DB	OM 422 A	D	T
303-13 RHS	41-45	1987 - 89	V8	292	W	128x142	14618	2100	5381	10556		DB	OM 442	D	
O 303-14	57/0	1987 - 89	V8	292	W	128x142	14618	2100	5623	11293		DB	OM 442	D	
O 303-15	61/0	1987 - 89	V8	292	W	128x142	14618	2100	6330	12000		DB	OM 442	D	
O 303-15 RHD	44+1	1987	V8	354	W	128x142	14618	2100	6080	12000	12950	DB	OM 442 A	D	T
O 303-9	37/0	1989 - 91	V6	224	W	130x142	11310	2100	4150	8678		DB	OM 441	D	
O 303-10	41/0	1989 - 91	V6	224	W	130x142	11310	2100	4251	9237		DB	OM 441	D	
O 303-10 RHS	28+1	1989	V6	260	W	128x142	10964	2100	4251	9237	11045	DB	OM 441 A	D	T
O 303-10	36/0	1989 - 91	V6	272	W	128x142	10960	2100	4521	9237		DB	OM 441 A	D	T
O 303-11	45/0	1989 - 91	V6	224	W	130x142	11310	2100	5083	9993		DB	OM 441	D	
O 303-13	53/0	1989 - 91	V8	296	W	130x142	15080	2100	5381	10556		DB	OM 442	D	
O 303-14	57/0	1989 - 91	V8	296	W	130x142	15080	2100	5623	11293		DB	OM 442	D	
O 303-14	48/0	1989 - 91	V8	366	W	128x142	14618	1700	5623	11293		DB	OM 442 A	D	T
O 303-15	61/0	1989 - 91	V8	296	W	130x142	15080	2100	6330	12000		DB	OM 442	D	
O 303-15	52/0	1989 - 91	V8	366	W	128x142	14618	1700	6330	12000		DB	OM 442 A	D	T
l) Baureihen O 307 Ausflug und O 408 Ausflug															
O 307 Ausflug	57/41	1981 - 87	6	240	W	125x155	11412	2200	5600	11810		DB	OM 407 h	D	
O 408 Ausflug	53/38	1989 - 91	6	214	W	128x155	11967	2200	6150	11959		DB	OM 447 h	D	mit T 250, mit TL 299 PS
m) Baureihen O 404															
O 404-10 RH	39/0	1991	V6	205	W	130x142	11300	2100	4585	9220		DB	OM 441	D	
O 404-10 RHD	39/0	1991 - 96	V6	290	W	125x130	9570	2100	4585	9220		DB	OM 401 LA	D	TL
O 403-13 RH	51/0	1991	V6	205	W	130x142	11300	2100	5245	10720		DB	OM 441	D	
O 404-13 RHD	51/0	1991	V8	265	W	130x142	15080	2100	5245	10720		DB	OM 442	D	
O 404-15 SHD	59/0	1991	V8	265	W	130x142	11300	2100	6250	11980		DB	OM 442	D	
O 404-15 RHD	59/0	1991	V6	290	W	125x130	9570	2100	6250	11980		DB	OM 401 LA	D	TL
O 404-15 SHD	59/0	1991 - 94	V6	340	W	128x142	10960	2100	6250	11980		DB	OM 441 LA	D	TL
O 404-15 SHD	59/0	1991 - 94	V8	381	W	128x142	14618	2100	6250	11980		DB	OM 442 LA	D	TL, auch 340 PS
O 404 DD	64+1	1991	V8	503	W	128x142	14618	2100	5600+1300	12000	18000	DB	OM 442 LA	D	TL, Doppeldecker-Prototyp, Drögmöller-Aufbau
O 404-13 RH	47/0	1992 - 95	V6	290	W	125x130	9570	2100	5245	10720		DB	OM 401 LA	D	TL
O 404-13 RHD	47/0	1992 - 97	V6	340	W	128x142	10960	2100	5245	10720		DB	OM 441 LA	D	TL
O 404-15 RHD	55/0	1992 - 95	V6	290	W	125x130	9570	2100	6250	11980		DB	OM 401 LA	D	TL
O 404-15 SHD	51/0	1992 - 99	V6	340	W	128x142	10960	2100	6250	11980	13750	DB	OM 441 LA	D	TL, auch 381 PS
O 404-15 SHD	51/0	1992 - 94	6	381	W	128x166	12816	2000	6250	11980		DB	OM 460 LA	D	TL
O 404-13	51+1	1996 - 97	V8	381	W	128x142	14618	2100	5245	10720		DB	OM 442 LA	D	TL
O 404-15	59+1	1996	V8	381	W	128x142	14618	2100	6250	11980		DB	OM 442 LA	D	TL
O 404 10 RH	40/0	1998 - 99	V6	290	W	128x142	10960	1900	4585	9220		DB	OM 441 LA	D	TL
O 404 13 RH	48/0	1998 - 99	V6	290	W	128x142	10960	1900	5245	10720		DB	OM 441 LA	D	TL
n) Baureihen Travego I															
Travego 15 RH	56+1	1999 - 05	6	354	W	128x155	11967	2100	6080	12000		DB	OM 457 hLA	D	TL, auch 408 PS
Travego 15 RHD	54+1	1999 - 05	6	354	W	128x155	11967	2100	6080	12000		DB	OM 457 LA	D	TL, auch 422 PS
Travego 15 RHD	49+1	1999 - 05	V8	435	W	130x150	15928	1800	6080	12000		DB	OM 502 LA	D	TL, auch 476 PS

DAIMLER-BENZ															
Typ	Sitzplätze/ Stehplätze	Bauzeit	Zylinder	PS	K	B x H mm	Hubraum cm³	Drehzahl U/min	Radstand mm	Länge mm	Gewicht kg	Motor-hersteller	Typ	M	Bemerkungen
Travego 17 RHD	62+1	1999 - 05	6	422	W	128x155	11967	2100	7110+1350	13850		DB	OM 457 LA	D	TL
Travego 17 RHD	52-62+1	1999 - 05	V8	408	W	130x150	15928	2100	7110+1350	13850	16100	DB	OM 502 LA	D	TL, auch 476 PS
Travego 17 RHD	57+1	2003 - 08	6	408	W	128x155	11967	2100	7110+1350	13850		DB	OM 457 LA	D	TL, auch 476 PS
Travego 16 RHD (Travego M)	48-58+1+1	2004 - 08	V8	476	W	130x150	15930	2000	6080+1350	12820	15460	DB	OM 502 LA	D	TL, auch 422 PS
o) Baureihen Travego II															
Travego 15 RHD	44-49+1	2005 - 11	6	428	W	128x155	11967	2100	6080	12140		DB	OM 457 LA	D	TL
Travego 17 RHD	52-57+1	2005 - 11	6	428	W	128x155	11967	2100	7110+1350	13990		DB	OM 457 LA	D	TL, auch 456, ab 2010 auch 476 PS
Travego M/2 RHD	48-53+1	2005 - 11	6	428	W	128x155	11967	2000	6080+1350	12960		DB	OM 457 LA	D	TL, auch 456, ab 2010 auch 476 PS
p) Baureihen Travego III															
Travego	48-51+1	2011 - 13	6	428	W	128x155	11967	2100	6080	12180		DB	OM 457 LA	D	TL
Travego M	55+1	2011 - 13	6	476	W	132x156	12809	1800	6080+1350	13000		DB	OM 471 LA	D	TL, auch 428 PS
Edition 1			6												
Travego L	59+1	2011 - 13	6	476	W	128x166	12809	1800	7110+1350	14030		DB	OM 471 LA	D	TL, auch 428 PS
Travego	51+1	2014 - 16	6	428	W	125x145	10677	1800	6080	12180		DB	OM 470 LA	D	TL
Travego M	55+1	2014 - 16	6	428	W	125x145	10677	1800	6080+1350	13000		DB	OM 470 LA	D	TL
Travego M	55+1	2014 - 15	6	476	W	132x156	12809	1800	6080+1350	13000		DB	OM 471 LA	D	TL
Travego L	59+1	2014 - 16	6	428	W	125x145	10677	1800	7110+1350	14030		DB	OM 470 LA	D	TL
q) Baureihen Tourino															
Tourino	30-38+1	2003 - 11	6	245	W	102x130	6370	2300	4680	9350		DB	OM 906 LA	D	TL, ab 2009 286 PS, ab 2011 280 PS
Tourino	32-36+1	2011 - 12	6	286	W	110x135	7698	2200	4680	9350		DB	OM 936 LA	D	TL
r) Baureihe O 340 (Tourismo)															
O 340 (Tourismo)	49+1	1994	V6	290	W	125x130	9570	2100	6330	12000		DB	OM 402 LA	D	TL, türkische Fertigung
s) Baureihen Tourismo I															
O 350 RHD Tourismo	49+1	1994 - 05	V8	381	W	128x142	14618	2100	6250	11980	13500	DB	OM 442 La	D	TL, auch 290 PS, türkische Fertigung
O 350 SHD Tourismo	49+1	1998 - 05	V8	381	W	128x142	14618	2100	6250	11980		DB	OM 422 LA	D	TL, ab 2004 422 PS
t) Baureihen Tourismo II															
Tourismo	49+1	2005	6	422	W	128x155	11967	2100	6250	11980		DB	OM 457 LA	D	TL
Tourismo	44-49+1	2005 - 09	6	354	W	128x155	11967	2100	6080	12140		DB	OM 457 LA	D	TL, auch 408 PS
Tourismo RL	44-49+1	2005 - 09	6	354	W	128x155	11967	2100	6080	12140		DB	OM 457 LA	D	TL, auch 408 PS
Tourismo M/2	48-53+1	2005 - 09	6	354	W	128x155	11967	2100	6900	12960		DB	OM 457 LA	D	TL, auch 408 PS
Tourismo M/2	48-53+1	2005 - 09	6	428	W	128x155	11967	2100	6080+1350	12960		DB	OM 457 LA	D	TL, auch 408 PS
Tourismo L	52-57+1	2005 - 09	6	354	W	128x155	11967	2100	7110+1350	13990		DB	OM 457 LA	D	TL, auch 408 PS
Tourismo L	52-57+1	2009 - 13	6	428	W	128x155	11967	2100	7110+1350	13990		DB	OM 457 LA	D	TL, auch 456 PS
Tourismo	44-49+1	2009 - 13	6	354	W	128x155	11967	2100	6080	12140	9480	DB	OM 457 LA	D	TL, auch 456 PS
Tourismo M	48-53+1	2009 - 13	6	428	W	128x155	11967	2100	6080	12960		DB	OM 457 LA	D	TL, auch 456 PS
Tourismo M/2	48-53+1	2009 - 13	6	354	W	128x155	11967	2100	6900	12960		DB	OM 457 LA	D	TL, auch 456 PS
u) Baureihen Tourismo III															
Tourismo RH	49-53+1	2010 - 13	6	354	W	128x155	11967	2100	6080	12140		DB	OM 457 LA	D	TL, auch 408 PS
Tourismo RH M	53-57+1	2010 - 13	6	354	W	128x155	11967	2100	6920	12960		DB	OM 457 LA	D	TL. Auch 408 PS
Tourismo M/2	55+1	2013 - 17	6	360	W	125x145	10677	1800	6900	12960		DB	OM 470 LA	D	TL, auch 395 PS
Tourismo	51+1	2013 - 16	6	360	W	125x145	10677	1800	6080	12140		DB	OM 470 LA	D	TL, auch 395 PS
Tourismo M	55+1	2013 - 17	6	428	W	125x145	10677	1800	6080+1350	12960		DB	OM 470 LA	D	TL
Tourismo L	59+1	2013 - 17	6	428	W	125x145	10677	1800	7110+1350	13990		DB	OM 470 LA	D	TL, ab 2017 auch 456 PS
Tourismo K	41+1	2013 - 17	6	299	W	110x135	7698	2200	4980	10320		DB	OM 936 LA	D	TL, ab 2014 354 PS
Tourismo RH	51+1	2013 - 17	6	360	W	125x145	10677	1800	6080	12140		DB	OM 470 LA	D	TL, auch 395 PS
Tourismo RH	51+1	2013 - 17	6	360	W	125x145	10677	1800	6080	12140		DB	OM 470 LA	D	TL, auch 395 PS
Tourismo RH M	55+1	2013 - 17	6	360	W	125x145	10677	1800	6920	12980		DB	OM 470 LA	D	TL, auch 395 PS
v) Baureihen Tourismo IV															
Tourismo	40-51+1	2017 -	6	360	W	125x145	10677	1800	6090	12295		DB	OM 470 LA	D	TL, auch 395, 428 u. 456
Tourismo	40-51+1	2017 -	6	354	W	110x135	7698	2200	6090	12295		DB	OM 936 LA	D	TL, auch OM 470
Tourismo	40-51+1	2017 -	6	360	W	125x145	10677	1800	6090	12295		DB	OM 470 LA	D	TL, auch 395, 428 u. 456 PS
Tourismo M/2	45-55+1	2017 -	6	360	W	125x145	10677	1800	6910	13115		DB	OM 470 LA	D	TL, auch 395, 428 u. 456 PS
Tourismo M/3	55+1	2018 -	6	456	W	125x145	10677	1800	6090/1350	13100		DB	OM 470 LA		TL, auch 354 u 360 PS
Tourismo L	59+1	2018 -	6	456	W	125x145	10677	1800	6910/1350	13900			OM 470 LA		TL, auch 354 u 360 PS
Tourismo K	41+1	2018 -	6	354	W	110x135	7698	2200	4895	10320		DB	OM 936 LA	D	TL, auch 356 u. 456 PS
Tourismo L	59+1	2018 -	6	456	W	125x145	10677	1800	6910/1350	13900			OM 470 LA		TL, auch 354 u 360 PS
Tourismo RH	51+1	2018 -	6	360	W	125x145	10677	1800	6080	12140		DB	OM 470 LA	D	TL, auch 394 PS
Tourismo RH M	55+1	2018 -	6	360	W	125x145	10677	1800	6920	12980		DB	OM 470 LA	D	TL, auch 394 PS

DAIMLER-BENZ

Typ	Sitzplätze/ Stehplätze	Bauzeit	Zylinder	PS	K	B x H mm	Hubraum cm^3	Drehzahl U/min	Radstand mm	Länge mm	Gewicht kg	Motor-hersteller	Typ	M	Bemerkungen
3. Kleinbusse															
a) Baureihe N 1															
N 1	13-16	1926 - 28	4	45	W	95x130	3680	1800	4000	6125	2600	DB	M 14	V	
N 1	13-16	1927 - 30	6	50/55	W	80x130	3920	1800	4000	6125	2900	DB	M 16	V	
N 1	13 -16	1928	6	70	W	100x150	7069	1600	4000	6125		DB	M 26	V	
b) Baureihe N 46, ab 1930 O 2500															
N 46	22/0	1928 - 30	6	55	W	80x130	3920	1800	3750	6125	3000	DB	M 16	V	auch Radstand 4000 mm
N 46	22/0	1928 - 30	6	55	W	80x130	3920	1800	4000	6900	3500	DB	M 16	V	
O 2500 (N 46)	22/0	1930 - 32	6	55/60	W	80x130	3920	2000	4000	6500		DB	M 16	V	
c) Baureihe Lo 2000															
Lo 2000	22/0	1932 - 37	4	55	W	100x120	3770	2000	3800	6100	3400	DB	M 60	V	
Lo 2000	22/0	1932 - 37	4	55	W	100x120	3770	2000	3800	6100	3600	DB	OM 59	D	ab 1936 auch mit Gasmotor GM 65 mit 60 - 65 PS auch mit Motor M 60/1 mit 60 PS u. OM 65 mit 65 PS
O 2000	22/0	1937 - 40	6	60	W	110x120	4560	2000	4100	6100	3600	DB	OM 59/1	D	
d) Baureihe Lo 2600, ab 1937 O 2600															
Lo 2600	26/0	1935 - 37	4	65	W	110x130	4940	2000	4500	7000	4000	DB	M 66	V	
Lo 2600	26/0	1935 - 37	4	65	W	110x130	4940	2000	4500	7000	4150	DB	OM 65	D	
O 2600	32/0	1937 - 40	4	70	W	110x130	4940	2000	4500	7520	4500	DB	M 66/3	V	
O 2600	32/0	1937 - 40	4	70	W	110x130	4940	2000	4500	7520	4700	DB	OM 65/3	D	
e) Baureihe Lo 2750															
Lo 2750	26/0	1933 - 35	4	65	W	110x130	4940	2000	4250	7000	3970	DB	M 66	V	ab 1936 auch mit Gasmo-motor GM 65 mit 60 - 65 PS
Lo 2750	26/0	1933 - 35	4	65	W	110x130	4940	2000	4250	7000	4710	DB	OM 65	D	
f) Baureihe O 1500															
O 1500	8-14	1938 - 39	6	45	W	72,5x90	2240	2800	3200		2000	DB	M 143	V	
O 1500	8-14	1938 - 39	6	45	W	90x100	2545	2800	3200		2150	DB	OM 138	D	
g) Baureihen geländegängiger Omnibus-Modelle															
LR 75	10/0	1936 - 39	6	65	W	82,5x100	3208	2800			2650	DB	M 142	V	Halbketten-Fahrzeug
LG 2000		1938	6	95	W	110x130	7410	2800				DB	OM 67	D	auch Typ LG 65/2
LG 3000		1937 - 38	6	95	W	110x130	7410	2000	3900+1050			DB	OM 67	D	
LG 2500		1938	6	80	W	105x140	7270	2000				DB	OM 67/3	D	auch Typ LG 65/3
h) Baureihe O 319															
O 319 D	17+1	1956 - 61	4	43	W	75x100	1767	3500	2850	4820	2250	DB	OM 636 VI	D	
O 319	17+1	1957 - 68	4	65	W	85x83,6	1897	4500	2850	4820	2250	DB	M 121 B III	V	ab 1961 68 PS, ab 1965 80 PS
O 319 D	17+1	1961 - 68	4	50	W	87x83,6	1998	4000	2850	4820	2250	DB	OM 621	D	ab 1965 55 PS
i) Baureihe T 1															
207 D (Typ 601)	8+1	1977 - 82	4	65	W	91x92,4	2376	4200	3050	4755		DB	OM 616	D	
208 (Typ 601)	8+1	1977 - 82	4	85	W	93,75x83,6	2277	4800	3050	4755		DB	M 115	V	
307 D (Typ 602)	8+1	1977 - 82	4	65	W	91x92,4	2376	4200	3050	4755		DB	OM 616	D	
308 (Typ 602)	8+1	1977 - 82	4	85	W	93,75x83,6	2277	4800	3050	4755		DB	M 115	V	
207 D (Typ 601)	8+1	1982 -	4	72	W	90,9x92,4	2399	4400	3050	4755		DB	OM 616	D	
O 307 D (Typ 602)	12+1	1982 -	4	72	W	90.9x92,4	2399	4400	3350	5545		DB	OM 616	D	mit Radstand 3050 mm 8+1 Plätze
209 D (Typ 601)	8+1	1982 -	5	88	W	90,9x92,4	2998	4400	3050	4840		DB	OM 617	D	
O 309 (Typ 602)	12+1	1982 - 95	5	88	W	90,9x92,4	2998	4400	3350	5545		DB	OM 617	D	mit Radstand 3050 mm 8+1 Plätze
210 (Typ 601)	8+1	1982 -	4	95	W	95,5x80,25	2299	5200	3050	4840		DB	M 102	V	
O 310 (Typ 602)	12+1	1982 - 94	4	95	W	95,5x80,25	2299	5200	3350	5545		DB	M 102	V	mit Radstand 3050 mm 8+1 Plätze
j) Baureihe T 2															
O 309 D	10-17+1 u. 21+1	1967 - 86	4	55	W	87x83,6	1988	4350	2950 - 3500	5040 - 6000	2950	DB	OM 621	D	
O 309	10-17+1 u. 21+1	1967 - 68	4	80	W	87x83,6	1988	5000	2950 - 3500	5040 - 6000	2950	DB	M 121	V	auch 68 PS
O 309 Stadtomnibus		1968 - 86	4	60/85	W	93,75x83,6	2277	4800	3500 - 4100	6000		DB	M 115		ab 1974 90 PS
O 309 D (DA)	25+1	1975 - 86	4	85	W	97x128	3782	2800	4100	6940		DB	OM 314	D	ab 1979 auch breite Version
O 309 D (DE)	17-21+1	1977 - 86	6	130	W	97x128	5675	2800	3500 - 4100	6000 - 6940		DB	OM 352	D	ab 1979 auch breite Version
O 309	14/26	1984	4	95	W	95,5x80,25	2299	5200	2950 - 3500	5050 - 5995		DB	M 102	V	
O 309 D	14/26	1985 - 87	5	88	W	90,9x92,4	2998	4400	3350	5235		DB	OM 617	D	
k) Baureihe T 2 neu															
O 609 D	16 - 20	1989 - 92	4	90	W	97,5x133	3970	2800	3700	6215		DB	OM 364	D	
O 611 D	15-1 u. 23+1	1989 - 92	4	115	W	97,5x133	3970	2600	3700 - 4250	6215 - 7095	4735	DB	OM 364 A	D	T, auch 136 PS, Frenzel-Aufbau
O 614 D	15+1 u. 23+1	1994 - 96	4	136	W	97,5x133	3970	2600	3700 - 4250	6215 - 7095		DB	OM 364 LA	D	TL
O 709 D	19+1	1986 - 96	4	90	W	97,5x133	3970	2800	4250	7095		DB	OM 364		
O 711 D	19+1	1986 - 96	4	116	W	97,5x133	3970	2600	4250	7095		DB	OM 364 A	D	T
O 814 D	19+1	1987 - 94	4	136	W	97,5x133	3970	2600	4250	7095		DB	OM 364	D	

DAIMLER-BENZ

Typ	Sitzplätze/ Stehplätze	Bauzeit	Zylinder	PS	K	B x H mm	Hubraum cm³	Drehzahl U/min	Radstand mm	Länge mm	Gewicht kg	Motor-hersteller	Typ	M	Bemerkungen
O 814 DA	15+1	1987 - 96	6	136	W	97,5x133	3970	2600	3700	6215		DB	OM 364	D	Allradantrieb
O 814 Vario Midi	22/19	1995 - 99	4	136	W	102x130	4250	2300	4250	7210		DB	OM 904 LA	D	TL, auch 152 PS
l) Baureihe T 2W Vario															
Vario R Midi	22+1	1998 - 99	4	136	W	102x130	4250	2300	4250	7210		DB	OM 904 LA	D	TL, auch 152 PS
Vario Reise	19+1+1	2000 - 06	4	136	W	102x130	4250	2300	4250	7210		DB	OM 904 LA	D	TL, auch 152 PS
Vario Linie	20/20	2001 - 06	4	136	W	102x130	4250	2300	4025	7210		DB	OM 904 LA	D	TL, auch 152 PS
Vario Schulbus	22+2	2003	4	136	W	102x130	4250	2300	4250	7210		DB	OM 904 LA	D	TL, auch 152 PS
m) Baureihe O 301															
O 301	33/0	1985 - 90	4	136	W	97,5x133	5960	2800	4000	8700	9800	DB	OM 366	D	mit T 170 PS, Fremdaufbau
n) Baureihe O 402															
O 402	26/24	1985 - 89	4	136	W	97,5x133	5960	2800	4000	8060	9800	DB	OM 366	D	Göppel-Aufbau, mit T 170 PS, ab 1989 139, mit T 175 PS
o) Baureihe Medio															
Medio	25+1	2000 - 04	4	150	W	102x130	4250	2200	4250	7600		DB	OM 904 LA	D	TL
p) Baureihe O 100															
O 100 City	12/20	1991 - 05	5	98	W	89x92,4	2874	4000	2850+	6335	2900	DB	OM 602	D	Duvedec-Aufbau
q) Baureihe T1N Sprinter															
1. Version															
Sprinter 208 D	9/0	1995 - 99	4	79	W	89x92,4	2299	3800	3550	5585		DB	OM 601 D 23	D	
Sprinter 212 D	9/0	1995 - 99	5	122	W	89x92,4	2874	3800	3550	5585		DB	OM 602 DE 29 A	D	T
Sprinter 214 D	9/0	1995 - 99	5	122	W	89x92,4	2874	3800	3550	5585		DB	OM 602 DE 29 A	D	T
Sprinter 214	9/0	1995 - 00	4	142	W	95,5x80,25	2295	5000	3550	5585		DB	M 102	V	
Sprinter 308	9/0	1995 - 99	4	79	W	89x92,4	2299	3800	5025	6535		DB	OM 601 D 23	D	
Sprinter 312 D	9-16+1	1995 - 99	5	122	W	89x92,4	2874	3800	4025	6535		DB	OM 602 DE 29 A	D	T
Sprinter 314	9-16+1	1995 - 00	4	142	W	95,5x80,25	2295	5000	4025	6535		DB	M 102	V	
Sprinter 412 D	19+1	1995	5	122	W	89x92,4	2874	3800	4025	6235		DB	OM 602 DE 29 A	D	T
Sprinter 310	9/0	1997 - 01	5	102	W	89x92,4	2874	3400	4025	6535		DB	OM 602 DE 29 A	D	T
Sprinter 210	9/0	1999 - 01	5	102	W	89x92,4	2874	3400	3550	5585		DB	OM 602 DE 29 LA	D	T
Sprinter 208 CDI	9/0	2000 - 06	4	82	W	88x88,3	2148	3800	3550	5638		DB	OM 611 DE 22A	D	
Sprinter 211 CDI	9/0	2000 - 06	4	109	W	88x88,3	2148	3800	3550	5638		DB	OM 611 DE 22 A	D	T
Sprinter 213 CDI	9/0	2000 - 06	4	129	W	88x88,3	2148	3800	3550	5638		DB	OM 611 DE 22 LA	D	TL
Sprinter 216 CDI	16	2000 - 06	5	156	W	88x88,3	2688	3800	3550	5638		DB	OM 612 DE 27 LA	D	TL
Sprinter 308 CDI	9/0	2000 - 06	4	82	W	88x88,3	2148	3800	3550	5638		DB	OM 611 DE 22 A	D	T
Sprinter 311 CDI	9/0	2000 - 06	4	109	W	88x88,3	2148	3800	3550	5638		DB	OM 611 A	D	T
Sprinter 313 CDI	9/0	2000 - 06	4	129	W	88x88,3	2148	3800	3550	5638		DB	OM 611 LA	D	T
Sprinter 316 CDI	9/0	2000 - 06	5	156	W	88x88,3	2688	3800	3550	5638		DB	OM 612 DE 27 LA	D	TL
Sprinter Niederflur 6 t	13+1	2000 - 06	5	156	W	88x88,3	2688	3800	4250	7558		DB	OM 612 DE 27 LA	D	TL
Sprinter »7«	7+1	2001 - 06	4	82	W	89x92,4	2299	3800	3550	5640		DB	OM 601 D 23	D	auch 156 PS, ab 2007 mit OM 646 DE 22 LA
Sprinter »11«	11+1	2001 - 06	4	82	W	89x92,4	2299	3800	3550	5640		DB	OM 601 D 23	D	auch 156 PS
Sprinter »13«	13+1	2001 - 06	4	82	W	89x92,4	2299	3800	3550	5640		DB	OM 601 D 23	D	auch 156 PS
Sprinter »14«	14+1	2001 - 06	4	82	W	89x92,4	2299	3800	3550	5640		DB	OM 601 D 23	D	auch 156 PS, ab 2007 mit OM 646 DE 22 LA
Sprinter Topmodell	16	2001 - 06	4	82	W	89x92,4	2299	3800	4025	7090		DB	OM 601 D 23	D	ab 2007 82 mit OM 646 DE 22 LA
Sprinter »16«	16+1	2001 - 06	4	82	W	89x92,4	2299	3800	4025	6590		DB	OM 601 D 23	D	auch 156 PS
Sprinter »19«	19+1	2001 - 06	4	82	W	89x92,4	2299	3800	4025	6590		DB	OM 601 D 23	D	auch 156 PS, ab 2007 mit OM 646 DE 22 LA
Sprinter »22«	22+1	2001 - 06	4	82	W	89x92,4	2299	3800	4025	7330		DB	OM 601 D 23	D	auch 156 PS
Sprinter Linie	16/0	2001 - 03	4	82	W	89x92,4	2299	3800	4025	6590		DB	OM 601 D 23	D	auch 156 PS

DAIMLER-BENZ															
Typ	Sitzplätze/ Stehplätze	Bauzeit	Zylinder	PS	K	B x H mm	Hubraum cm^3	Drehzahl U/min	Radstand mm	Länge mm	Gewicht kg	Motor-hersteller	Typ	M	Bemerkungen
Sprinter Niederflur	18/0	2001 - 06	4	82	W	89x92,4	2299	3800	4025	6590		DB	OM 601 D 23	D	auch 156 PS
Sprinter	14/10	2002	4	129	W	88x88,3	2148	3800	4250	6590		DB	OM 611 DE 22 LA	D	TL
Sprinter Reise	18+1+1	2003 - 06	5	156	W	88x88,3	2685	3800	4250	7558	3020	DB	OM 612 DE 27 LA	D	TL
2. Version															
Sprinter City Low Entry 35	10/12	2006 - 10	4	109	W	88x88,3	2148	3800	4325	6954		DB	OM 646 DE 22 LA	D	TL, auch 150 PS, ab 2009 129, ab 2010 auch 163 PS
Sprinter City Low Entry 65	13/15	2006 - 10	4	150	W	88x88,3	2148	3800	4325	7700		DB	OM 646 DE 22 LA	D	TL, ab 2009 auch 163 PS
Sprinter Transfer 23	8-13	2006 - 13	4	88	W	88x88,3	2148	3800	3665	5910		DB	OM 646 DE 22 LA	D	TL, ab 2011 95 u. 163 PS
Sprinter Transfer 34	12-16	2006 - 12	4	109	W	88x88,3	2148	3800	4325	6945		DB	OM 646 DE 22 LA	D	TL, ab 2011 129 u. 163 PS
Sprinter Transfer 35	15-19	2006 - 12	4	109	W	88x88,3	2148	3800	4325	6945		DB	OM 646 DE 22 LA	D	TL, ab 2011 129 u. 190 PS
Sprinter Transfer 45	16-19	2006 - 12	4	109	W	88x88,3	2148	3800	4325	7345		DB	OM 646 DE 22 LA	D	TL, ab 2011 129 u. 190 PS
Sprinter Transfer 55	19-22	2006 - 12	4	109	W	88x88,3	2148	3800	4325	7665		DB	OM 646 DE 22	D	TL, ab 2011 129 u. 190 PS
Sprinter Travel 45	15-18+1	2009 - 13	4	109	W	88x88,3	2148	3800	4325	7345		DB	OM 646 DE 22 LA	D	TL, auch 163 PS, ab 2011 auch 190 PS
Sprinter Travel 55	15-19+1	2009 - 12	4	109	W	88x88,3	2148	3800	4325	7665		DB	OM 646 DE 22 LA	D	TL, auch 163 PS,
Sprinter Travel 65	15-17+1	2009 - 12	4	150	W	88x88,3	2148	3800	4325	7700		DB	OM 646 DE 22 LA	D	TL, auch 163 PS, ab 2011 auch 190 PS
Sprinter Travel 45	18+1	2010 - 14	4	129	W	83x99	2143	3800	4325	7345		DB	OM 651 DE 22 LA	D	TL, auch 140 PS
Sprinter Travel 55	18+1	2010 - 14	4	129	W	83x99	2143	3800	4325	7345		DB	OM 651 DE 22 LA	D	TL, auch 140 PS
Sprinter Travel 65	18+1	2010 - 14	4	163	W	83x99	2143	3800	4325	7700		DB	OM 651 DE 22 LA	D	TL, auch 190 PS
Sprinter Mobility 23	8	2010 - 14	4	109	W	88x88,3	2148	3800	3665	5910		DB	OM 646 DE 22 LA	D	TL, auch 150 PS
Sprinter Mobility 33	8	2010 - 14	4	109	W	88x88,3	2148	3800	4325	6945		DB	OM 646 DE 22 LA	D	TL, auch 150 PS
Sprinter City 77	30/10	2010 - 17	4	163	W	83x99	2143	3800	4100+990	8700		DB	OM 651 DE 22 LA	D	TL
Sprinter City 35	10/12	2011 - 17	4	129	W	83x99	2143	3800	4325	6945		DB	OM 651 DE 22 LA	D	TL, auch 163 PS, ab 2017 143 PS
Sprinter City 65	12/18	2011 - 17	4	129	W	83x99	2143	3800	4325	7700		DB	OM 651 DE 22 LA	D	TL
Sprinter City 65 K	12/18	2011 - 17	4	163	W	83x99	2143	3800	4325	7016		DB	OM 651 DE 22 LA	D	TL
3. Version															
Sprinter Transfer 23	13	2014 - 16	4	129	W	83x99	2143	3800	3665	5926		DB	OM 651 DE 22 LA	D	TL, auch 163 PS, ab 2016 95 u. 163 PS
Sprinter Transfer 34	16	2014 - 16	4	129	W	83x99	2143	3800	4325	6961		DB	OM 651 DE 22 LA	D	TL, auch 163 PS
Sprinter Transfer 35	19	2014 - 16	4	129	W	83x99	2143	3800	4325	6961		DB	OM 651 DE 22 LA	D	TL, auch 163 PS
Sprinter Transfer 23	19	2014 - 15	V6	190	W	86x86	2987	3800	4325	6961		DB	OM 642 DE 22 LA	D	TL
Sprinter Transfer 45	19	2014 - 16	4	129	W	83x99	2143	3800	4325	7361		DB	OM 651 DE 22 LA	D	TL, auch 163 PS
Sprinter Travel 45	19	2014 - 15	V6	190	W	86x86	2987	3800	4325	7361		DB	OM 642 DE 30 LA	D	TL
Sprinter Transfer 55	22	2014 - 16	4	129	W	83x99	2143	3800	4325	7680		DB	OM 651 DE 22 LA	D	TL, auch 163 PS
Sprinter Transfer 55	22	2014 - 15	V6	190	W	86x86	2987	3800	4325	7680		DB	OM 642 DE 30 LA	D	TL
Sprinter Travel 45	19	2014 - 16	4	129	W	83x99	2143	3800	4325	7361		DB	OM 651 DE 22 LA	D	TL, auch 163 PS
Sprinter Travel 45	19	2014 - 18	V6	190	W	86x86	2987	3800	4325	7361		DB	OM 642 DE 30 LA	D	TL
Sprinter Travel 55	19	2014 - 15	4	129	W	83x99	2143	3800	4325	7680		DB	OM 651 DE 22 LA	D	TL, auch 163 PS
Sprinter Travel 55	19	2014 - 18	V6	190	W	86x86	2987	3800	4325	7680		DB	OM 642 DE 30 LA	D	TL
Sprinter Travel 65	18	2014 - 15	4	163	W	83x99	2143	3800	4325	7716		DB	OM 651 DE 22 LA	D	TL
Sprinter Travel 65	19	2014 - 18	V6	190	W	86x86	2987	3800	4325	7716		DB	OM 642 DE 30 LA	D	TL
Sprinter Travel 45	19	2015 - 18	4	129	W	83x99	2143	3800	4325	7361		DB	OM 651 DE 22 LA	D	TL, auch 163 PS

DAIMLER-BENZ

Typ	Sitzplätze/ Stehplätze	Bauzeit	Zylinder	PS	K	B x H mm	Hubraum cm^3	Drehzahl U/min	Radstand mm	Länge mm	Gewicht kg	Motor-hersteller	Typ	M	Bemerkungen
Sprinter Mobility 35	15	2016 - 18	4	129	W	83x99	2143	3800	4325	6961		DB	OM 651 DE 22 LA	D	TL, auch 163 PS
Sprinter Mobility 35	15	2016 - 18	V6	190	W	86x86	2987	3800	4325	6961		DB	OM 642 DE 30 LA	D	TL
Sprinter Mobility 45	18	2016 - 18	4	129	W	83x99	2143	3800	4325	7361		DB	OM 651 DE 22 LA	D	TL
Sprinter Mobility 45	18	2016 - 18	V6	190	W	86x86	2987	3800	4325	7361		DB	OM 642 DE 30 LA	D	TL
Sprinter Transfer 35	15	2016 - 18	V6	190	W	86x86	2987	3800	4325	6961		DB	OM 642 DE 30 LA	D	TL
4. Version															
Sprinter Mobility 23	8	2018 -	4	114	W	83x99	2143	3800	3665	5926		DB	OM 651 DE 30 LA	D	TL
Sprinter Mobility 33	8	2018 -	4	114	W	83x99	2143	3800	4325	6961		DB	OM 651 DE 22 LA		
Sprinter Transfer 23	13	2018 -	4	114	W	83x99	2143	3800	3665	5926		DB	OM 651 DE 22 LA	D	TL
Sprinter Transfer 34	16	2018 -	4	143	W	83x99	2143	3800	4325	6961		DB	OM 651 DE 22 LA	D	TL
Sprinter Transfer 35	19	2018 -	4	143	W	83x99	2143	3800	4325	6961		DB	OM 651 DE 22 LA	D	TL, auch 190 PS
Sprinter Transfer 45	19	2018 -	4	129	W	83x99	2143	3800	4325	7361		DB	OM 651 DE 22 LA	D	TL, auch 190 PS
Sprinter Transfer 55	22	2018 -	4	143	W	83x99	2143	3800	4325	7680		DB	OM 651 DE 22 LA	D	TL, auch 190 PS
Sprinter Travel 45	19	2018 -	4	143	W	83x99	2143	3800	4325	7361		DB	OM 651 DE 22 LA	D	TL, auch 190 PS
Sprinter Travel 55	19	2018 -	4	143	W	83x99	2143	3800	4325	7680		DB	OM 651 DE 22 LA	D	TL, auch 190 PS
Sprinter Travel 65	18	2018 -	4	163	W	83x99	2143	3800	4325	7716		DB	OM 651 DE 22 LA	D	TL, auch 190 PS
k) Vito-Baureihe															
1. Version															
Vito 108 D	8+1	1996 - 99	4	79	W	89x92,4	2299	3800	3000	4660		DB	OM 601 D 23	D	Vorderradantrieb u. folgende
Vito 110 D	8+1	1996 - 99	4	98	W	89x92,4	2299	3800	3000	4660		DB	OM 601 D 23 A	D	T
Vito 113 B	8+1	1996 - 03	4	129	W	89,9x78,7	1998	5100	3000	4660		DB	M 111 E 20	V	
Vito 114	8+1	1996 - 03	4	142	W	90,9x88,4	2295	5000	3000	4660		DB	M 111 E 23	V	
Vito 108 CDI	8+1	1999 - 03	4	82	W	88x88,3	2148	3800	3000	4660		DB	OM 611 DE 22	D	
Vito 110 CDI	8+1	1999 - 03	4	102	W	88x88,3	2148	3800	3000	4660		DB	OM 611 DE 22 A	D	T
Vito 112 CDI	8+1	1999 - 03	4	122	W	88x88,3	2148	3800	3000	4660		DB	OM 611 DE 22 LA	D	TL
2. Version															
Vito 109 CDI	8+1	2003 - 06	4	88	W	88x88,3	2148	3800	3200	4748		DB	OM 646 DE 22 LA	D	TL, ab 2006 95 PS, Hinterradantrieb u. folgende
Vito 119	8+1	2003 - 08	V6	190	W	89,9x84	3199	5600	3200	4748		DB	M 112 E 32	V	
Vito 111 CDI	8+1	2003 - 10	4	109	W	88x88,3	2148	3800	3200	4748		DB	OM 646 DE 22 LA	D	TL, ab 2006 4x4-Version mit 116 PS
Vito 115 CDI	8+1	2003 - 06	4	150	W	88x88,3	2148	3800	3200	4748		DB	OM 646 DE 22 LA	D	TL, ab 2006 4x4-Version mit 150 PS
Vito 122	8+1	2003 - 04	V6	218	W	89,9x84	3199	5600	3200	4748		DB	M 112 E 32	V	
Vito 123	8+1	2004 - 08	V6	231	W	89,9x84	3199	5600	3200	4748		DB	M 112 E 32	V	
Vito 120 CDI	8+1	2006 - 10	V6	204	W	86x86	2987	3800	3200	4748		DB	OM 642 DE 30 LA	D	TL
Vito 126	8+1	2007 - 10	V6	258	W	92,9x86	3498	5900	3200	4748		DB	M 272 E 35	V	
Vito 110 CDI	8+1	2010 - 14	4	95	W	83x99	2143	3800	3200	4748		DB	OM 651 DE 22 LA	D	TL
Vito 113 CDI	8+1	2010 - 14	4	136	W	83x99	2143	3800	3200	4748		DB	OM 651 DE 22 LA	D	TL
Vito 116 CDI	8+1	2010 - 14	4	163	W	83x99	2143	3800	3200	4748		DB	OM 651 DE 22 LA	D	TL
Vito 122 CDI	8+1	2010 - 14	V6	224	W	86x86	2987	3800	3200	4748		DB	OM 642 DE 30 LA	D	TL
3. Version															
Vito 109 CDI	8+1	2014 - 19	4	88	W	80x79,5	1598	3800	3200	4895		Renault/DB	OM 622 DE 16 LA	D	TL, Vorderradantrieb
Vito 111 CDI	8+1	2014 - 19	4	114	W	80x79,5	1598	3800	3200	4995		Renault/DB	OM 622 DE 16 LA	D	TL, Vorderradantrieb
Vito 114 CDI	8+1	2014 - 19	4	136	W	83x99	2143	3800	3200	4895		DB	OM 651 DE 22 LA	D	2xTL, Hinterradantrieb
Vito 116 CDI	8-1	2014 - 19	4	163	W	83x99	2143	3800	3200	4895		DB	OM 651 DE 22 LA	D	2xTL, Hinterradantrieb

DAIMLER-BENZ															
Typ	Sitzplätze/ Stehplätze	Bauzeit	Zylinder	PS	K	B x H mm	Hubraum cm³	Drehzahl U/min	Radstand mm	Länge mm	Gewicht kg	Motor-hersteller	Typ	M	Bemerkungen
Vito 119 BlueTec	8+1	2014 - 19	4	190	W	83x99	2143	3800	3200	4895		DB	OM 651 DE 22 LA	D	2xTL, Hinterrad-, ab 2015 auch Allradantrieb
Vito 110 CDI	8+1	2019 -	4	102	W	83x83	1749	3800	3200	4895		DB	OM 622 DE 17 LA	D	TL, Vorderranantrieb
Vito 114 CDI	8+1	2019 -	4	136	W	83x83	1749	3800	3200	4895		DB	OM 622 DE 17 LA	D	TL, Hinterrad-, auch 4x4-Antrieb
Vito 116 CDI	8+1	2019 -	4	163	W	82x92,3	1950	4200	3200	4895		DB	OM 654	D	2xTL, Hinterrad-, auch 4x4-Antrieb
Vito 119 CDI	8+1	2019 -	4	190	W	82x92,3	1950	4200	3200	4895		DB	OM 654	D	2xTL, Hinterrad-, auch 4x4-Antrieb
Vito 124 CDI	8+1	2019 -	4	239	W	82x92,3	1950	4200	3200	4895		DB	OM 654	D	2xTL, Hinterrad-, auch 4x4-Antrieb
EQV	8+1	2019 -		150 kW					3200	4895					Vorderradantrieb

85-PS-Mercedes-Benz O 309 der Hamburger Hochbahn AG, auch als »Blankeneser Bergziege« bekannt, 1982. (Foto: Ralf Weinreich)

De Dietrich

De Dietrich et Cie.,
Jaegerthal-Niederbronn (Elsass),
ab 1904 Lunéville (Lothringen)
1899-1906

1896 gründete Baron Eugène de Dietrich, Besitzer von Eisengießereien und Maschinenbauunternehmen im Elsass und in Lothringen, eine Fahrzeugfabrik in Reichshoffen (Elsass) und Lunéville (Lothringen). In Lunéville wurden ab 1899 zunächst kleine Omnibusse und kleine Lastwagen nach dem »Système Amédée Bollée Fils« produziert. Später verpflichtete Eugène de Dietrich für seine Fabrik in Reichshoffen einen gewissen Ettore Bugatti (1881 - 1947) als Konstrukteur für den projektierten Personenwagenbau. Das wohl berühmteste de Dietrich (Bugatti-) Modell war im Jahre 1904 ein 35 PS starker Pkw.

9-PS-De Dietrich, 1899.

35-PS-De Dietrich, 1904.

Im Jahre 1904 gab Eugène de Dietrich den Fahrzeugbau in Reichshoffen auf. Nur der Lothringer Unternehmensbereich baute weiterhin Fahrzeuge, allerdings unter der Marke »Lorraine Dietrich«. Zeitgleich trennte man sich vom Mutterhaus. 1906 erschien dort noch ein sechsrädriges Break-Modell, bei dem die mittlere Achse angetrieben wurde.

1916 stellte Lorraine-Dietrich den Lkw-Bau ein. Nach dem Ersten Weltkrieg produzierte die Fahrzeugfabrik Lorraine-Dietrich bis 1935 Personenwagen verschiedener französischer Marken in Lizenz. Tatra-Lastwagen wurden ebenfalls in Lizenz noch bis 1940 gefertigt. Das heute in Niederbronn-les-bains ansässige Unternehmen beschäftigt sich seit Jahrzehnten mit der Herstellung anspruchsvoller Haushaltsgeräte.

DE DIETRICH

Typ	Sitzplätze/ Stehplätze	Bauzeit	Zylinder	PS	K	B x H mm	Hubraum cm³	Drehzahl U/min	Radstand mm	Länge mm	Gewicht kg	Motor-hersteller	Typ	M	Bemerkungen
De Dietrich Break		1898 - 00	2	9		110x160	3039	700	2000	3680	1800	Bollée		V	
De Dietrich		1904	4	35		130x140	7440	900	2850			De Dietrich		V	

DAAG

Deutsche Last-Automobil-Fabrik AG (DAAG),
Ratingen b. Düsseldorf, Bahnstr. 39
1910-1930

Der Ursprung der Deutschen Last-Automobil-Fabrik AG (DAAG) liegt in der 1906 gegründeten Rather Armaturen- und Metallgießerei. 1910 richtete der zur Gelsenkirchener Gußstahl- und Eisenwerk AG gehörende Betrieb in den stillgelegten Hallen einer Schokoladenfabrik ein Fahrzeugwerk ein, das in den Jahren 1916/17 großzügig erweitert werden musste. Zeitweise arbeiteten dort 900 Arbeitnehmer. Die damals gerade erst gegründete Fachzeitschrift »Das Last-Auto« verwies Anfang der zwanziger Jahre auf die enge Kooperation zwischen DAAG und Horch. Wahrscheinlich führte die DAAG, nachdem sich Horch vom Lkw- und Omnibusbau zurückgezogen hatte, das Nutzfahrzeugprogramm der Zwickauer weiter.

1925 wurde das Unternehmen vom Stumm-Konzern reorganisiert, was zirka 350 Arbeitsplätze kostete. Schließlich erwarb 1929 die Fried. Krupp AG die DAAG.

Neben Regel-Drei- und Viertonnern montierte das Unternehmen bereits im ersten Fabrikationsprogramm einige Omnibusse unter den Bezeichnungen »Düsseldorf«, »Cölln« und »Moskau«. Hinzu kamen Hotelomnibusse auf einem kleineren Fahrgestell. Eine Besonderheit dieser DAAG-Fahrzeuge war die schon frühzeitig eingeführte Motorbremse.

Das Nachkriegsprogramm mit den Typen EG 2, EC 3 (Einheits-Cardanwagen) und AC 2, der auch im Horch-Programm geführt wurde, erneu-

55-PS-DAAG-Horch AC 2 Linienbus, 1923.

55-PS-DAAG PACO Postomnibus mit Luftfederung (Schumann-Aufbau), 1926.

55-PS-DAAG PACO Postomnibus, Lange & Gutzeit-Aufbau, 1925.

55-PS-DAAG NACO Niederrahmen-Omnibus, 1926.

erte DAAG 1923/24 durch die Modelle NAG 2, NAG 3/4 und ACO. Ein moderner 55- beziehungsweise 60-PS-Leichtmetallmotor mit hängenden Ventilen, der von Prof. Gabriel Becker von der Technischen Hochschule in Berlin-Charlottenburg konstruiert worden war, sorgte für Vortrieb. Der spezielle Omnibustyp ACO besaß ein 3,5-Tonnen-Niederrahmenfahrgestell (»Niederflurrahmen«) und war für 39 Personen im Stadt- und für 30 Personen im Überlandverkehr vorgesehen. Die Höchstgeschwindigkeit lag bei 55 km/h. Zur weiteren Ausstattung gehörten bei den DAAG-Typen die Vierradbremse, die Riesenluftreifen sowie eine automatische Zentralschmierung.

1925 wurde der große Typ NAG 5 versuchsweise mit einem von Prof. Becker entwickelten Sechszylinder-Baukastenmotor ausgestattet. An der Banjo-Achse des Fünftonners war ein Vorgelege angebracht. Auf dem Niederrahmen-Fünftonner-Chassis folgte 1927 ein 80 PS starker Prototyp mit einem neuen 7,3-Liter-Vierzylindermotor und V-förmig geteilter Kardanwelle, die mit den Zweigwellen je eine Hinterachshälfte antrieb. Durch diese Konstruktion sollte das ungefederte, schwingende Gewicht des Achsgehäuses am Auflagepunkt gemindert werden. Das Chassis bestand aus einem Kastenträgerrahmen aus relativ dünnem Blech, verstärkt mit Quertraversen.

Auch der DAAG-Dreiachser wurde 1928 als Typ O 6 mit dem zunächst auf 86/90 PS und später auf 94 PS leistungsgesteigerten Sechszylindermotor vorgestellt. Er erhielt eine Omnibuskarosserie, wurde aber kaum verkauft.

DAAG konnte auf der Kölner Automobilausstellung 1927 das erste vollständig luftgefederte Nutzfahrzeug der Welt vorstellen, ein 5-Tonnen-Niederrahmenchassis mit vorn und hinten je zwei Luftzylindern. Der Fahrer konnte über einen Luftregulierungshebel am Lenkrad per Luftdruck die »pneumatische Federung« härter oder weicher einstellen. Die Luftfederung konzipierte Fritz Faudi (von dem auch das Faudi-Gelenk stammt), Rheinmetall Düsseldorf realisierte sie.

Viele der damaligen Omnibushersteller bedienten sich der bewährten DAAG-Fahrgestelle. Aufbauten erstellten neben dem Rheka-Werk – Rheinische Karosseriewerk Gesellschaft mbH in Lintorf, die von DAAG erworben und schon 1926 geschlossen wurde, – die Firmen Lange & Gutzeit in Berlin, Ludewig in Essen, Talbot in Aachen, die Norddeutsche Wag-

55-PS-DAAG ACO Linienbus, Ackermann-Aufbau, 1927.

55-PS-DAAG-Omnibuszug für das Hamburger Busunternehmen Jasper, 1927.

gonfabrik in Bremen, Trutz in Coburg und der Düsseldorfer Eisenbahnbedarf (vorm. Carl Weyer & Co). Leichtmetall-Buskarossen setzte die C. W. Ackermann-Fahrzeugfabrik in (Wuppertal-)Vohwinkel auf. Darüber hinaus wurden DAAG-Omnibusse erstmals in Deutschland mit Dachrandverglasungen versehen.

Auf der Autoausstellung 1928 zeigte DAAG den Omnibus O 6 mit Sechszylinder-Motor und 33 Sitzplätzen, doch war das Ende des DAAG-Omnibusbaus wohl schon beschlossene Sache: Der Krupp-Konzern legte das seit Mitte der zwanziger Jahre mit finanziellen Schwierigkeiten kämpfende, aber innovationsfreudige Nutzfahrzeugwerk 1930 still. Das Fabrikgelände übernahmen letztlich die Firmen Calor (Duisburg) und Emag (Frankfurt a. Main). Sie produzieren in Ratingen seitdem (als ABB-Tochtergesellschaft) Elektrogeräte wie etwa Flugplatz-Befeuerungen.

86/90-PS-DAAG O6 Postomnibus (Uerdinger Aufbau), 1928.

DAAG

Typ	Sitzplätze/ Stehplätze	Bauzeit	Zylinder	PS	K	B x H mm	Hubraum cm³	Drehzahl U/min	Radstand mm	Länge mm	Gewicht kg	Motor-hersteller	Typ	M	Bemerkungen
DAAG 2,5 t		1910	4	38	W	85x140	3176	1800	3750			DAAG		V	
DAAG 3 t		1910	4	38	W	105x150	5192	1000	4250			DAAG		V	
DAAG 4 t	30/0	1910 - 13	4	45	W	125x150	7359	1000	4250		5500	DAAG		V	
Berlin	38 - 48	1913	4	45	W	125x150	7359	1000	4250			DAAG		V	Oberdecker, auch 28 PS bei 800 U/min
Hotelomnibus	8 - 10	1913	4	30	W	75x140	2472	1800	2800	3800	1850	DAAG		V	auch 38 PS
Moskau	16 - 22	1913	4	35,5	W	105x150	5192	1000	4000	5900	4250	DAAG		V	
Cöln	18 - 24	1913	4	35,5	W	105x150	5192	1000	4250	6500	4500	DAAG		V	auch 45 PS
Düsseldorf	12 - 18	1913	4	38	W	85x140	3176	1800	3750	5400	3000	DAAG		V	
EC 2		1919	4	38	W	85x140	3176	1000				DAAG		V	auch 40 PS
EC 3		1919	4	40	W	100x160	6079	1000				DAAG		V	
AC 2		1921	4	55	W	110x160	6079	1200				DAAG	C 3	V	
NAC 3/4	20/0	1923	4	60	W	110x160	6079	1500				DAAG	C 3	V	
Fageol-Typ	19/0	1923	4	60	W	110x160	6079	1500				DAAG	C 3	V	
NAC 2		1923 - 26	4	55	W	110x160	6079	1200				DAAG	C 3	V	
ACO	30 - 32	1923 - 26	4	55	W	110x160	6079	1200	4300 - 4850	6050 - 7400	5100	DAAG	C 3	V	auch Typen NACO u. PACO (f. d. Reichspost)
NAC 5		1925	6	80/100	W	110x160	9118	1200				DAAG		V	Niederrahmen-Typ
CO		1928	4	60	W	120x160	7234	1200	4850	7500	5450	DAAG	C 5	V	
O 6	40	1928 - 29	6	86	W	100x155	7300	1600	5600			DAAG		V	ab 1929 90 PS
O 6		1930	6	94	W	105x155	8053	1650				DAAG	6 D	V	

Drauz

Karosseriewerke Drauz KG,
Heilbronn a. Neckar, Weipertstr. 17/19
1951-1962

Im Jahre 1900 gründete der Wagenbaumeister Gustav Drauz (1872 - 1951) die Heilbronner Carosseriefabrik G. Drauz & Co. Das 30 Mann starke Unternehmen fertigte zunächst Pferdefuhrwerke für den Lasten- und den Personentransport, darunter luxuriöse Landauer und Victorias. Nach Pkw-Aufbauten auf Benz-Fahrgestellen folgten 1909 auch erste Omnibus- und Anhängerkarosserien, und Gustav Drauz stellte mit einer von ihm ersonnenen Maschine erstmals Lenkräder aus einem Stück her. Krankenwagen, Feldküchen, Proviantwagen und Anhänger bildeten während der Zeit des Ersten Weltkrieges das Produktionsprogramm. Nach 1918 begann die Fabrikation von »Specialkarosserien« für die Marken Adler, Benz, Horch, Ley, NSU, Opel und Stoewer in dem nun als Karosseriewerk Drauz AG firmierenden Unternehmen. Der Sohn des Gründers, Dipl.-Ing. Walter Drauz (1902 - 1972) ließ hierzu in den späten zwanziger Jahren ein modernes Presswerk zur Herstellung von Stahlblechkarosserien einrichten. Auch die Fließbandarbeit führte er ein, nachdem er sich bei einem Studienaufenthalt in den USA mit den modernen nordamerikanischen Fertigungsmethoden vertraut gemacht hatte. In den dreißiger Jahren konnten Großserien von bis zu tausend Exemplaren eines Baumusters aufgelegt werden. Zweigwerke in Köln (für die Ford-Lkw-Fahrerhäuser) und in Berlin (ehemalige Alexis Kellner GmbH) unterstützten das Heilbronner Werk. Neben der Herstellung von »Wochenend«- und Pkw-Anhängern wurde der Bau von Omnibuskarosserien in dieser Zeit wieder aufgenommen, wobei Drauz auch hier zur Serienfertigung überging.

Gegen Ende des Zweiten Weltkrieges war das Heilbronner Werk vollständig zerstört, erst 1947 war der nunmehr als Karosseriewerke Drauz KG geführte Betrieb wieder in der Lage, Karosserien für Henschel-Obusse herzustellen. Wenig später folgten Frontlenkeraufbauten auf Clerck-Langrahmenfahrgestellen mit Ford-Aggregaten; infolgedessen bahnte sich eine Zusammenarbeit mit den Ford-Werken an. Daimler-Benz-Fahrgestelle erhielten ebenfalls Drauz-Aufbauten. Später kam der Karosseriebau für die DKW/Auto Union-Schnelllieferwagen und -Kleinbusse hinzu. Auch die Kotflügel und die Motorhauben der Ford »Taunus«-Modelle stellte Drauz seinerzeit her.

Den Komplettbau von Omnibussen nahm das inzwischen 450 Mann

90-PS-Drauz Typ Leichtbus D 42, 1951. (Foto: Ford-Werke)

starke Unternehmen 1951 mit der Vorstellung des Drauz-Typs DR 42 »Leichtbus« auf. 1949 war in Zusammenarbeit mit dem ehemaligen Flugzeugbauer Prof. Dr. Henrich Focke, dem Technischen Leiter, Dipl.-Ing. Karl Herzog und dem französischen Designer Louis L. Lepoix eine selbsttragende Omnibuskarosserie in Leichtbauweise entwickelt worden. Das Fahrzeuggerippe bildete ein Gitterrohr-Tragkörper und ein verschweißter Gitteraufbau, im Heck saß der Ford-Hercules-Motor mit 90/95 PS Leistung. Auch die Achsen und die Bremsanlage mit einem Druckluftvorgespann stammten von Ford. Aufgrund des geringen Fahrzeuggewichts reichten einzelbereifte Hinterräder vollständig aus.

Der stromlinienförmige Omnibus mit dem Drauz- und dem Ford-Emblem konnte mit 40 bis 42 Sitzen sowie sechs Notsitzen ausgestattet werden. Über die Ford-Händlerorganisation ließen sich 27 Exemplare verkaufen.

Nach 1951 karossierte Drauz 85 der 175 für Argentinien bestimmten Henschel-Obusse. Während anfänglich der Typ H/6500 mit dem 90 kW-Motor versehen wurde, diente schließlich das neue Henschel-Baumuster HS 90 E mit verkürztem Radstand als Grundlage. Die 90 bis 96 kW starken und mit »Kiepe-Starkstrom-Elektrik« versehenen Fahrzeuge besaßen 31 Sitz- und 32 Stehplätze und waren in ihrer Ausstattung den klimatischen Verhältnissen Argentiniens angepasst. Weitere zehn Modelle gingen nach Griechenland.

1955 löste der in eigener Regie vertriebene Typ Drauz DR 43 mit neuer, reichlich verglaster Karosserie das bisherige Stromlinienmodell ab. Sein Ford-120-PS-V-Sechszylinder-Zweitaktdieselmotor des Typs AD 6 mit mechanischer Aufladung wurde im Heck untergebracht. Der problematische Ford-Motor wurde 1959 durch den Henschel-Viertaktdiesel 522 DPJ mit 125 und später 132 PS ersetzt.

Hinzu kam ein in nur wenigen Exemplaren gebauter, zweitüriger Stadtomnibus mit dem MAN-Diesel D 1246, der 115 oder 130 PS erzeugte. Das wiederum in selbsttragender Bauart konzipierte Modell bot 90 Fahrgästen Platz. Da der Fahrzeugboden zur Abdeckung der Hinterachse ab Fahrzeugmitte erhöht war, stieg die Dachpartie in Wagenmitte gleichermaßen mit einer Stufe an.

120-PS-Drauz DR 43 Typ Leichtbus, 1955.

105-kW-Drauz Obus DR 6000, 1954.

115/130-PS-Drauz Typ Stadtbus, 1955. (Foto: Gerhard Drauz)

1957 folgte das Reisebusmodell Drauz 25-»Klubbus« mit 80-PS-V-Vierzylinder-Zweitaktdiesel AD 4 von Ford, wahlweise fand auch die V-Sechszylindermaschine AD 6 Verwendung. Der als »Omnibus mit den Fahreigenschaften eines Pkws« vorgestellte Typ verfügte über Einzelradaufhängung vorn und hinten an Spiralfedern und Hydraulikstoßdämpfern. 22 Personen konnte dieses üppig verglaste und mit einem Unterflurkofferraum versehene Modell befördern.

Die interessanteste Drauz-Entwicklung kam aber nicht über das Prototypenstadium hinaus: die Oberleitungsomnibusse DR 5000 und DR 6000. Von letzterem stand ein Prototyp auf der Deutschen Verkehrsausstellung in München. Bis zu 120 Personen konnte dieser selbsttragende Obus mit 105-kW-Verbund-Elektromotor von Garbe-Lahmeyer und auf Kaelble-Achsen transportieren. Nach einer Präsentation in Mexiko verlor sich seine Spur.

Der Omnibusbau bei Drauz endete letztendlich 1962, den Karosseriebau verkaufte das Werk anschließend an die NSU-Werke. Das Unternehmen konzentriert sich fortan auf den schon 1957 eingerichteten Werkzeug-, Vorrichtungs- und Prototypenbau. Das Unternehmen gehört heute der Thyssen Krupp TK-Konzerngesellschaft Krupp Drauz, Heilbronn. Großwerkzeug- und Anlagenbau für die Karosseriefertigung sowie Kleinserien und Prototypenbau sind weiterhin die Betätigungsfelder dieses traditionsreichen Unternehmens.

80-PS-Drauz DR 25 Typ Klubbus, 1957. (Foto: Gerhard Drauz)

125-PS-Drauz DR 43, 1958. (Foto: Gerhard Drauz)

DRAUZ															
Typ	Sitzplätze/ Stehplätze	Bauzeit	Zylinder	PS	K	B x H mm	Hubraum cm³	Drehzahl U/min	Radstand mm	Länge mm	Gewicht kg	Motor-hersteller	Typ	M	Bemerkungen
A) Modelle mit Verbrennungsmotoren															
DR 42 Leichtbus (Ford G1Y7 B)	40+1	1951 - 55	6	90	W	92,1x101,6	4080	3000	5004	10600	4625 - 5300	Ford	DJX-6-D	D	auch 42+6 Plätze
Stadtbus	33/57	1955 - 56	6	115	W	112x140	8276	2000	4600	10000	6800	MAN	D 1246 M2H	D	maximal 130 PS
DR 43 Leichtbus	42+6	1955 - 62	V6	120	W	92x105	4195	2800	5000	10440	5050 - 5300	Ford	AD 6	D	
DR 25 Klubbus	22 - 25	1957 - 58	V4	80	W	92x105	2797	2800	3150	6975	3875	Ford	AD 4	D	auch 120 PS,
DR 43	34 - 43	1957 - 58	6	125	W	100x130	6126	2500	5000	10000	6600	Henschel	522 DP	D	
DR 43	34 - 43	1959 - 62	6	130	W	100x130	6126	2700	4960	10090	6600	Henschel	522 DIF/H (6 R 1013 F)	D	
B) Modelle mit Elektromotoren															
DR 6000	43/57	1954		105 kW				1100	5900	12000	9000	Garbe-Lahmeyer	LC 327		Prototyp

Drögmöller

Drögmöller-Karosserien GmbH u. Co. KG,
Heilbronn a. N., Koepffstr. 7-11,
ab 1981 Lichtenberger Str. 26
1. 1965-1994 **Drögmöller-Karosserien GmbH u. Co. KG**
2. 1994-2005 **Volvo Busse Deutschland GmbH**

Im Jahre 1920 gründete der mecklenburgische Stellmachermeister und Karosseriebautechniker Gotthard Drögmöller (1884 - 1957) in Heilbronn eine Spezialkarosseriewerkstatt, die Wechselpritschen für Personenwagen herstellte, um diese Fahrzeuge auch als Lieferwagen benutzen zu können. 1931 setzte das Unternehmen unter der Bezeichnung »Karosseriebau G. Drögmöller« erste eigene Reiseomnibusaufbauten auf Lastwagen-Fahrgestelle. Ab 1935 spezialisierte sich der Betrieb auf den Stromlinien-Omnibusbau mit Daimler-Benz-Fahrgestellen. Während der Kriegsjahre entstanden Panjewagen und Pferdeschlitten für die Wehrmacht.

Nach dem Zweiten Weltkrieg karossierte das Drögmöller-Werk in erster Linie Daimler-Benz-Chassis mit Busaufbauten, die sich durch ihre optimale Verarbeitungsqualität einen Namen machten. Auch Büssing 6000 TU- und Henschel-Obus-Fahrgestelle der Baureihe HS II/6500 wurden mit Drögmöller-Karosserien komplettiert.

1950 trat der Schwiegersohn des Gründers, der Flugzeugingenieur Carl Schmid in das Unternehmen ein; 1957 übernahm er die Geschäftsführung. Nach seinem Ausscheiden im Jahre 1977 folgte Rainer Bläher in der technischen und geschäftlichen Leitung.

Zum Bau von Bussen mit gemischten Bodengruppen (teils eigene Konstruktion, teils Verwendung von Fremdkomponenten) und damit zur Eigenständigkeit im Omnibusbau ging Drögmöller 1965 mit der Typenreihe DR 35 über. Dabei fanden Aggregate des Daimler-Benz-Typs O 321 H Verwendung. Der DR 35/III L basierte dann auf Teilen des DB-Typs O 302 und verfügte über eine Luftfederung.

Neben dem nunmehr bedingt eigenständigen Komplettbau von Reisebussen lief weiterhin der Karosseriebau auf Bodengruppen des DB-Typs O 302 und MAN-Baumusters 535 HO und 750 HO. Besonders vielfältig war das Angebot auf O-302-Basis. Drögmöller bot Busse verschiedener Längen sowie in »Schweizer Breite« und entsprechenden Sitzreihen als Luxusomnibus mit »individuell gestalteter Note« an. Typisches Stilelement der Heilbronner Omnibusse war die Optik der seitlichen Scheibenreihe, die vorne in einem Fünfeckfenster auslief.

Die zweite Drögmöller-Baureihe debütierte im Januar 1969 mit der Vorstellung der Typen DR 256 und »Eupu« 256 (»Euro-Pullman«). Sie basierte auf dem modifizierten O 302-Fahrgestell von DB mit verlängertem vorderem Überhang, so dass die zulässige hintere Achslast trotz luxuriöser Einbauten wie Bordküche und Garderobe eingehalten werden konnte. Während der Typ DR 256 ein glattes Dach besaß, erhielt die »Eupu«-Ausführung einen Knick im mittleren Dachbereich, so dass die Fahrgastplattform hinter dem Mitteleinstieg angehoben werden konnte. Zunächst wurde eine senkrechte, ab 1972 eine schräggestellte Scheibe in diesen Dachknick eingesetzt. Gleichzeitig stand ein vergrößerter Kofferraum zur Verfügung. Die Scheiben waren hier zur verbesserten Aerodynamik bündig einvulkanisiert. Der Luxusbus mit 256 PS bot 51 bis 55 Personen Platz und zeichnete sich wiederum durch eine hervorragende Verarbeitungsqualität aus. Den DR 256-Typen, die sich im Styling noch am Mercedes O 302 orientierten, folgte 1973 der »Europullman« E 320 mit einem nun

170-PS-Drögmöller DR 35/II, 1967. (Foto: Drögmöller)

256-PS-Drögmöller EuroPullman DR 256 Stufendecker, 1973. (Foto: Drögmöller)

vollkommen eigenen Design, wobei in der Typenbezeichnung das »E« für Eigenbau, die Zahlenangabe für die auf 320 gestiegene PS-Leistung stand. Das kantig gestaltete, mit großen Spezial-Doppelscheiben versehene Fahrzeug besaß einen breiten Grill mit integrierten Scheinwerfern. Über der extrem großen steglosen Panoramascheibe befand sich unter der Dachpartie das durchgehende Lufteinlassgitter für die Frischluftzufuhr. Durch den angehobenen Wagenboden stand ein wesentlich größerer Kofferraum zur Verfügung; gleichzeitig wurde die Aussichtsmöglichkeit für die Fahrgäste verbessert. Der Hochdecker-Typ erhielt ab 1974 eine Drögmöller-eigene Vorderradaufhängung mit hervorragenden Fahreigenschaften.

Zur zweiten Drögmöller-Baureihe gesellte sich 1977 der Typ E 330 »Comet« mit gleichem Design hinzu. Diese ebenfalls bis in die neunziger Jahre gebaute und weiterentwickelte Typenreihe zeichnete sich durch einen von vorn nach hinten ansteigendem Fußboden aus, so dass alle Fahrgäste mit der sogenannten »Theatersitzanordnung« eine ungehinderte Sicht nach vorn durch die überdimensionale Frontscheibe hatten. Charakteristisch waren auch hier die vorderen Fünfeckfenster an den Seitenpartien. In Luxusausführung mit normaler Bauhöhe wurden die 11,3- und 12-Meter-Typen E 330 und E 310 »Superpullman« angeboten. Auch hier behielt man die gleiche, unverwechselbare Karosserie bei. Für Schweizer Kunden, die schon lange einen guten Teil der Drögmöller-Fahrzeuge abnahmen, wurden diese Baumuster auch mit 2,3 Meter Breite für Passfahrten geliefert.

Die leicht modifizierten DB-Modelle O 303/9 Reihen rüstete Drögmöller mit einem KUK-Turbolader der Firma Larag in Will/Schweiz aus, so dass die Leistung der Maschine von 192 auf 242 gesteigert wurde.

Die Fertigungszahlen bewegten sich in den siebziger Jahren stets um 100 Busse pro Jahr, wovon 50 Prozent auf die Ausführungen mit Daimler-Benz-Aggregaten entfiel. Um auch bei diesen Modellen die Exklusivität hervorzuheben, wurde die Frontpartie dieser Omnibusse dem Drögmöller-Styling mit der tief heruntergezogenen Frontscheibe angeglichen. Mit Mittel- oder Heckeinstiegstür konnten die Omnibusse geordert werden. Der DB-Stern zierte die Vorderfront dieser O 303-orientierten Drögmöller-Typen.

Auf dem Pariser Automobilsalon 1980 stellte das Unternehmen den dreiachsigen Superhochdecker E 420 »Corsair« vor. Der Luxusomnibus

256-PS-Drögmöller EuroPullman DR 256, 1973. (Foto: Drögmöller)

320-PS-Drögmöller EuroPullman E 320, 1974. (Foto: Drögmöller)

der Viersterne-Kategorie erhielt ein Unterflurcockpit, so dass der angehobene Fußboden vollständig für die Busreisenden genutzt werden konnte. Für den Antrieb sorgte der neue V8-Turbodiesel OM 422 mit 330 PS. 1981 wurde die Baureihe des kleineren Drögmöller-Modells E 300 durch die 9,8- und 10,6-Meter-Modelle E 280 und E 290 »Superpullman« ergänzt. Im gleichen Jahr erschien der Dreiachs-Doppeldecker E 440 Meteor für 75 Fahrgäste. Der 330-PS-Turbodiesel verfügte hier zusätzlich über Ladeluftkühlung, so dass in dem 6x2-Wagen 375 PS zur Verfügung standen. Für den weiteren Komfort sorgte eine Sütrak-Klimaanlage. Unter der Bezeichnung E 430 »SuperComet« folgte eine um 30 Zentimeter höhere Comet-Version, die eine dritte Achse zur Erhöhung des Gesamtgewichtes erhielt. Die »Comet«-Typenfamilie mit dem ansteigenden Wagenboden und mit der ansteigenden seitlichen Gürtellinie wurde in den achtziger Jahren erweitert: um den Mini- und den speziellen »Swiss-Comet« für 39 bis 51 Personen, der »SuperComet« für 47 bis 49 und den um 30 cm erhöhten, ebenfalls 47 bis 59 Personen ausgelegten »EuroComet«.

Um die Fertigung zu rationalisieren und um die Kapazität auszuweiten, wurde 1981 das Omnibuswerk in der Heilbronner Lichtenbergstraße ausgebaut. In der Koepffstraße verblieben die Verwaltung und die Reparaturabteilung. Der Busbau auf Basis der Mercedes-Benz-O 303-Bodengruppen lief im Jahre 1983 aus.

Ab 1987 bot das Drögmöller-Werk auch E 320 »Europullman«-Modelle mit 14,5 Metern Fahrzeuglänge für den Export nach Schweden an. Für Schweizer Kunden wurde der Doppeldecker mit einem hinteren DB-Doppelachsantriebsaggregat versehen, um die dortigen Achslastbestimmungen zu erfüllen. Während 1989 die E 310 »Superpullman«- und »Euro-Pullman«-Hochbodenmodelle mit dem 290- oder mit dem 354-PS-Turboladermotor ausgestattet wurden, erhielten die »Cometen« die 354-PS-Maschine. Hinzu kamen die auf der Frankfurter IAA von 1989 vorgestellten E 330 H »Comet« und der E 430 U »SuperComet«, der in der Bauserie 400 als Superhochdecker mit einem Unterflurcockpit den bisherigen E 420 »Corsair« ablöste. Auch hier wurde ein sogenannter Theater-Fußboden verwendet. Als Spitzenmodell erhielt der Doppeldecker E 440 »Meteor« das Mercedes-480-PS-Intercooler-Triebwerk OM 442 LA und ein neues ZF-Getriebe. Einige Modelle dieser Baureihe gelangten mit Lenkung auf der rechten Seite nach Japan. Die kleineren, kaum noch gefragten Modelle E 280 und E 290 wurden 1990 aus dem Programm genommen.

Im neuen Jahrzehnt zeigten sich die Drögmöller-Busse mit neu gestalteter Frontpartie (insgesamt sechs kleine Rechteckscheinwerfer) und, im Falle der Dreiachsmodelle mit Schleppachse, Antischlupfregelung (ASR) sowie halbautomatischer AVS-Schaltung. Schwerpunkte der Drögmöller-Fertigung bildeten nun die »Comet«-Varianten. Hier standen fünf Zweiachser und drei Dreiachser mit unterschiedlichen Längen und Höhen zur Auswahl. Allerdings endete 1991 die Fertigung der kleineren Modelle E 300, E 310 und E 330 K, da ihr Fertigungsaufwand dem der 12-Meter-Modelle entsprach; einzig der E 330/11,3 stand noch eine Zeit lang in der

280-PS-Drögmöller SuperPullman E 310, 1977.

280-PS-Drögmöller Comet E 330, 1980. (Foto: Drögmöller)

242-PS-Drögmöller O 303/9 R in »Schweizer Breite« mit Larag-Turbolader, 1978. (Foto: Drögmöller)

Lieferliste. Anstelle von Mercedes-Benz-Maschinen ließen sich die Drögmöller-Omnibusse auf Wunsch auch mit gleichstarken MAN-Triebwerken ausrüsten.

Im Baujahr 1991 führte Drögmöller den E 430 »SuperComet« ein. Dieser Dreiachser mit dem für 381, 435 und 503 PS ausgelegten Mercedes-Triebwerken der OM 442-Dieselfamilie führte mit der leicht nach hinten geneigten, aerodynamisch günstigeren Frontpartie ein neues Styling ein, das dann auch beim E 330 H »EuroComet« zu sehen war. Die technischen Besonderheiten umfassten die Anti-Blockier-Einrichtungen (ABS), das ASR sowie die Elektronische Motor-Steuerung (EMS). Unabhängig von seinem eigenen Busprogramm fertigte Drögmöller im Auftrag für Mercedes-Benz den Prototyp eines dreiachsigen Fernreise-Doppelstock-Omnibusses. Das Mercedes-Baumuster O 404 DD (6x2/4) stieß auf der IAA 1992 auf großes Publikumsinteresse, ging aber nicht in Serie. Als Antwort auf den BOVA-Reisebus, der als Preisbrecher beachtliche Erfolge erzielte, schickte Drögmöller den konventionell konstruierten Hochdecker E 325 als Kombibus für den Reise- und Gelegenheitsverkehr ins Rennen.

1991 versuchte Drögmöller eine zweite Produktion im Fahrzeugwerk Werdau GmbH einzurichten. Nach der Montage von sechs Modellen der Baureihe E 320 »EuroPullman« war schon wieder Schluss.

Das sich durch Exklusivität, Modellkonstanz und hoher Karosserielebensdauer sowie durch beste Verarbeitungsqualität auszeichnende Unternehmen lieferte zu Beginn der neunziger Jahre jährlich mit rund 320 Mitarbeitern rund 90 Omnibusse aus. Die Hälfte von ihnen ging in den Export, vor allem nach Skandinavien. Kein Wunder also, dass sich 1994 die AB Volvo, Göteborg, an dem Heilbronner Unternehmen beteiligte, das nun als Volvo Busse Deutschland GmbH firmierte.

330-PS-Drögmöller Corsair E 420, 1980. (Foto: Drögmöller)

Erstes Produkt mit Volvo-Aggregaten war der B 12/500 H auf Volvo-Fahrgestell und mit 392-PS-Volvo-Motor, der die E 325-Baureihe weiterführte. 1996 erhielt das Modell unter der Zusatzbezeichnung »Celebration« eine Leistungssteigerung auf 420 PS. 1996 folgte der B 12/600 »EuroComet« in der einzigartigen Theaterbestuhlung mit dem 420 PS Volvo-Diesel. In konventioneller Sitzplatzanordnung schloss sich ebenfalls 1997 der B 10-400 Multi als 12-Meter-Bus mit zwischen den Achsen liegendem Motor an, so dass das Heck als Niederflurperron für den Liniendienst ausgeführt werden kann. Die 10-Liter-Maschine erzeugte 285 oder 360 PS. Schließlich wurden diese Baureihen im Jahre 2001 durch das vollkommen neu konstruierte Modell Volvo 9900 mit Theaterbestuhlung abgelöst.

Das Heilbronner Volvo-Werk arbeitete eng mit dem polnischen Volvo-Omnibus-Werk in Breslau (Wroclaw) zusammen, das ab 2001 den Karosserierohbau übernommen hatte, um die begrenzte Fertigungskapazität von 120 Omnibussen pro Jahr vor allem in der Endfertigung, also in der Ausgestaltung und im Finish nutzen zu können. Volvo schloss 2005 aufgrund der »über mehrere Jahre hinweg unbefriedigender Ergebnisse« die Heilbronner Busfabrik, nachdem rund 3500 Busse dort entstanden waren.

375-PS-Drögmöller Meteor E 440, 1980. (Foto: Drögmöller)

280-PS-Drögmöller MiniComet E 330 K, 1989. (Foto: Drögmöller)

354-PS-Drögmöller SuperComet E 430, 1989.

354-PS-Drögmöller Comet E 330 H/3, 1990. (Foto: Drögmöller)

354-PS-Drögmöller SuperComet E 430 U, 1990. (Foto: Drögmöller)

354-PS-Drögmöller EuroComet E 330 H, 1992. (Foto: Drögmöller)

354-PS-Drögmöller EuroComet E 430 H, 1992.

381-PS-Drögmöller EuroComet E 330 H, 1993.

354-PS-Drögmöller SuperComet E 430, 1992. (Foto: Drögmöller)

381-PS-Drögmöller SuperComet E 430 U, 1993. (Foto: Drögmöller)

420-PS-Volvo B 12-500 H Reisebus, 2001.

381-PS-Drögmöller Meteor E 440, 1993. (Foto: Drögmöller)

DRÖGMÖLLER

Typ	Sitzplätze/ Stehplätze	Bauzeit	Zylinder	PS	K	B x H mm	Hubraum cm³	Drehzahl U/min	Radstand mm	Länge mm	Gewicht kg	Motor-hersteller	Typ	M	Bemerkungen
a) Baureihen DR															
DR 35	33+1	1965 - 67	6	126	W	97x128	5675	2800	4080	8140	6200	DB	OM 352	D	
DR 35/I	30-34+1	1967 - 70	6	126	W	97x128	5675	2800	3950	8350	6450	DB	OM 352	D	
DR 35/II	37+1	1966 - 68	6	126	W	97x128	5675	2800	4350	8950	6600	DB	OM 352	D	
DR 35/III	37+1	1967 - 68	6	170	W	115x128	7980	2600	4350	9250	7400	DB	OM 327	D	
DR 35/III L	37+1	1968 - 71	6	170	W	115x128	7980	2600	4440	9300	7700	DB	OM 327	D	Luftfederung, ab 1960 mit OM 360, 192 PS
DR 256	53-61+1	1973 - 74	V8	256	W	125x130	12760	2500	6100	12000	10700	DB	OM 402	D	
Eupu 256	49-53+1	1973 - 75	V8	256	W	125x130	12760	2500	6100	12000	11200	DB	OM 402	D	Stufenhochdecker
b) Baureihe O 319 und LPO 608 D															
O 319	17/0	1965 - 69	4	65	W	91x92,4	2376	4400	3100	5470	3550	DB	OM 616	D	
LPO 608 D	24+1	1968 - 74	4	80	W	97x128	3782	2800	3600	6220	4350	DB	OM 314	D	
c) Baureihen auf DB O 302-Basis															
O 302/10 R	45+1	1965 - 75	6	126	W	97x128	5675	2800	4685	9650	8200	DB	OM 352	D	
O 302/11 R	41-45+1	1965 - 75	6	170	W	115x128	7980	2500	5050	10200	8600	DB	OM 327	D	auch 126 u. 192 PS
O 302/12 R	45-51+1	1965 - 75	6	170	W	115x128	7980	2600	5850 oder 6150	11000	9200	DB	OM 327	D	ab 1969 192 PS, auch als Stufenhochdecker
O 302/13 R	49-61+1	1968 - 74	6	170	W	115x128	7980	2600	6055	12000	10300	DB	OM 327	D	
O 302/12 R	47-55+1	1970 - 75	6	192	W	115x140	8720	2500	5850	11000	10100	DB	OM 360	D	Stufenhochdecker
O 302/13 R Eupu	49-61+1	1970 - 74	6	192	W	115x140	8720	2500	6055	12000	10800	DB	OM 360	D	
d) Baureihen auf DB O 303-Basis															
O 303/9 R Pullman	31-39+1	1975 - 78	V6	192	W	125x130	9570	2500	4150	8730	9100	DB	OM 401	D	
O 303/10 R Pullman	35-43+1	1975 - 78	V6	192	W	125x130	9770	2500	4520	9290	9200	DB	OM 421	D	
O 303/12 R Pullman	43-49+1	1975 - 78	V8	256	W	125x130	12675	2500	5083	10223	10300	DB	OM 402	D	
O 303/13 R Pullman	53+1	1975 - 78	V8	256	W	125x130	12675	2500	5381	10606	14800	DB	OM 402	D	
O 303/14 R Pullman	57+1	1975 - 78	V8	256	W	125x130	12675	2500	5623	11343	10900	DB	OM 402	D	
O 303/15 R Pullman	61+1	1975 - 78	V8	256	W	125x130	12675	2500	6330	12000	11200	DB	OM 402	D	
O 303/DR 9 Pullman	27-39+1	1979 - 84	V6	216	W	128x142	10960	2300	4150	8730	9100	DB	OM 421	D	
O 303/DR 10 Pullman	31-43+1	1979 - 84	V6	216	W	128x142	10960	2300	4520	9290	9200	DB	OM 421	D	
O 303/DR 12 Pullmann	35-47+1	1979 - 84	V8	256	W	125x130	12760	2500	5083	10220	10400	DB	OM 402	D	ab 1981 OM 422 mit 280 PS
O 303/DR 13 Pullmann	39-51+1	1979 - 84	V8	256	W	125x130	12760	2500	5381	10606	10600	DB	OM 402	D	ab 1981 OM 422 mit 280 PS
O 303/DR 15 Pullman	47-59+1	1979 - 84	V8	256	W	125x130	12760	2500	6330	12000	11400	DB	OM 402	D	ab 1981 OM 422 mit 280 PS
e) Baureihe auf Scania-Basis															
Scania K 112/ Drögmöller SC 320	52-56+1	1985	6	305	W	127x145	11015	2000	6100	12000	12850	Scania	DS 11	D	
f) Eigene Baureihe 200															
E 280 Super Pullman	35-47+1	1981 - 89	V6	216	W	128x142	10964	2300	4750	9770	10900	DB	OM 421	D	Version E 280 H EuroPullman als Hochdecker
E 290 Super Pullman	39-51+1	1981 - 88	V8	280	W	128x142	14618	2300	4985	10560	11000	DB	OM 422	D	Version E 290 H EuroPulman als Hochdecker
g) Eigene Baureihen 300 Pullmann															
E 320 EuroPullman	47-59+1	1974 - 80	V8	256	W	125x130	12760	2500	6100	12000	11500	DB	OM 402	D	
E 320 EuroPullman	49 - 57	1974 - 79	V10	320	W	125x130	15950	2500	6100	12000		DB	OM 403	D	mit Larag-KKK-Turbolader, auch mit OM 402, 256 PS
E 310 EuroPullman	47-59+1	1977 - 80	V8	256	W	125x130	12760	2500	6100	12000	11300	DB	OM 402	D	
E 300 EuroPullman	43-55+1	1978 - 92	V8	256	W	125x130	12760	2500	5400	11300	11200	DB	OM 402	D	
E 310 EuroPullman	47-59+1	1980 - 87	V8	280	W	128x142	14618	2300	6100	12000	11300	DB	OM 422	D	
E 320 EuroPullman	47-59+1	1980 - 88	V8	280	W	128x142	14618	2300	6100	12000	11500	DB	OM 422	D	Hochdeckerversion mit T, 330 PS
E 320 L EuroPullman	56-68+1	1985	V8	330	W	128x142	14618	2300	6500+1250	12000	15500	DB	OM 422 A	D	T
E 310 EuroPullman	49-57+1	1987 - 90	V8	290	W	128x142	14618	2100	6100	12000	11300	DB	OM 422	D	
E 320 EuroPullman	49-57+1	1988 - 91	V8	354	W	128x142	14618	2100	6100	12000	12100	DB	OM 442 A	D	T
E 320 EuroPullman	49-57+1	1992 - 93	V8	381	W	125x130	12763	2100	6100	12000	12200	DB	OM 402 LA	D	TL
E 325 EuroPullman	57+1	1993 - 95	V8	381	W	125x130	12763	2100	6100	12000	12200	DB	OM 402 LA	D	TL

DRÖGMÖLLER															
Typ	Sitzplätze/ Stehplätze	Bauzeit	Zylinder	PS	K	B x H mm	Hubraum cm³	Drehzahl U/min	Radstand mm	Länge mm	Gewicht kg	Motor-hersteller	Typ	M	Bemerkungen
h) Eigene Baureihen 300 Comet															
E 330 Comet	47-59+1	1977 - 79	V8	256	W	125x130	12760	2500	6100	12000	11600	DB	OM 402	D	Schweizer Exportversion auch mit OM 403, 320 PS
E 330 Comet	47-59+1	1979 - 88	V8	280	W	128x142	14618	2300	6100	12000	11300	DB	OM 422	D	
E 330 H EuroComet	47-59+1	1984 - 89	V8	280	W	128x142	14618	2300	6100	12000	12600	DB	OM 422	D	mit T 330 PS
E 330 K MiniComet	41-49+1	1984 - 93	V8	280	W	128x142	14618	2300	4985	10560	11300	DB	OM 422	D	»SwissComet« mit Breite 2300 mm
E 330/3 Comet	47-59+1	1986	V8	330	W	128x142	14618	2300	5300+1300	12000	14200	DB	OM 422 A	D	T, Einzelstück
E 330/11,3 Comet	45-53+1	1987 - 91	V8	354	W	128x142	14618	2300	5400	11300	11200	DB	OM 422 A	D	T, auch 290 PS
E 330 H EuroComet	49-57	1988 - 92	V8	366	W	128x142	14618	2300	6100	12000	12800	DB	OM 422 A	D	T
E 330 H/3 Euro-Comet	49-57	1989 - 90	V8	354	W	128x142	14618	2300	5300+1250	12000	14400	DB	OM 422 A	D	T
E 330 Comet	49-57+1	1989 - 91	V8	366	W	128x142	14618	2300	6100	12000	11900	DB	OM 422 A	D	T
E 330 H/11,3 EuroComet	45-53+1	1989 - 91	V8	354	W	128x142	14618	2300	5400	11300	12600	DB	OM 422 A	D	T
E 330 H EuroComet	49-57+1	1992 - 96	V8	381	W	125x130	12760	2100	6100	12000	13000	DB	OM 402 LA	D	TL
E 330 Comet	49-57+1	1995	V8	381	W	125x130	12760	2100	6100	12000	12100	DB	OM 402 LA	D	TL
E 330 H/11,3 EuroComet	45-53+1	1993 - 94	V8	381	W	125x130	12760	2100	5400	11300	12800	DB	OM 402 LA	D	TL
i) Eigene Baureihen 400 Corsair/Meteor/SuperComet															
E 420 Corsair	51-63+1	1980 - 87	V8	330	W	128x142	14818	2300	5400+1300	12000	14500	DB	OM 422 A	D	T, auch mit 375 PS
E 400 Meteor	75+1	1981- 94	V8	330	W	128x142	14618	2300	5400+1300	12000	16300	DB	OM 422 A	D	T, mit TL 435 PS
E 440 Meteor	75+1	1980 - 87	V8	330	W	128x142	14618	2300	5400+1300	12000	16910	DB	OM 422 A	D	T, mit TL 354 PS
E 430 SuperComet	47-59+1	1981 - 89	V8	330	W	128x142	14618	2300	5400+1300	12000	15000	DB	OM 422 A	D	T, mit TL 375 PS
E 440 Meteor	75+1	1984- 89	V8	375	W	128x142	14618	2300	5700+1300	12000	17500	DB	OM 422 LA	D	TL
E 430 U SuperComet	53-61+1	1990 - 92	V8	366	W	128x142	14618	2300	5300+1250	12000	15200	DB	OM 442 A	D	T, mit TL 435 PS
E 430 SuperComet	49-57+1	1991 - 95	V8	366	W	128x142	14618	2300	5400+1250	12000	14200	DB	OM 442 A	D	T, mit TL 381 PS, mit OM 442 LA 435 PS
E 430 U SuperComet	53-61+1	1993 - 94	V8	435	W	128x142	14618	2300	5300+1250	12000	15200	DB	OM 442 LA	D	TL, Unterflurcockpit
j) Baureihen auf Volvo-Basis															
B 12-500 H EuroComet	49+2	1994 - 96	6	356	W	131x150	12100	1700	5945	12000	13000	Volvo	TD 123 ES	D	TL, Ex-E 325, ab 1995 405 PS
B 12-600 EuroComet	49-51+1	1996 - 01	6	420	W	131x150	12100	1850	5850	12000	13100	Volvo	D 12 A 420	D	TL
B 10-400 Kombi	55+1	1997 - 00	6	285	W	121x140	9654	2000	5900	12000	12500	Volvo	DH 10 A 285	D	TL
B 10-400 Multi	44+1	1997 - 00	6	285	W	121x140	9654	2000	6000	12000	12500	Volvo	DH 10 A 285	D	TL
B 12-500 H »Celebration«	51+2	1996 - 00	6	420	W	131x150	12100	1800	5850	12000	12900	Volvo	D 12 A 420	D	TL
Volvo 9900	40-55+1	2001 - 04	6	420	W	131x150	12100	1850	5900+1400	12000	15000	Volvo	D 12 A 420	D	TL

Ducommun

Leon Ducommun und Cie., Werkstätte für Maschinenbau,
Mülhausen i. Elsass
1898-1905

Von diesem elsässischen Maschinenbauunternehmen ist kaum mehr bekannt als der Namen und der Zeitraum, in dem dieses Unternehmen tätig war. Als gesichert kann auch die Tatsache gelten, dass in diesem damals zum Deutschen Reich gehörenden Betrieb diverse Omnibusmodelle entstanden. Doch ob es sich dabei um Eigenentwicklungen handelte (was, soweit es die Technik betrifft, wenig wahrscheinlich ist) oder die Montage gelieferter Teile, ist unbekannt. Das gilt auch für die technischen Daten dieser Fahrzeuge.

Dürkoppwerke AG

Dürkoppwerke AG, Bielefeld, Moltkestr. 2
1. 1902-1909 **Bielefelder Maschinenfabrik, vorm. Dürkopp u. Co.**
2. 1909-1913 **Bielefelder Maschinenfabrik Dürkopp u. Co. AG**
3. 1913-1929 **Dürkoppwerke AG**

Zu den bedeutendsten Nutzfahrzeugherstellern bis zum Ende der zwanziger Jahre zählten die Bielefelder Dürkopp-Werke. Das Unternehmen, eine Gründung von Nicolaus Dürkopp (1842 - 1918) aus dem Jahr 1867, nahm 1885 den Bau von Fahrrädern und 1894 den Bau von Motorfahrzeugen auf.

Im Jahre 1902 erschien unter dem ersten Technischen Leiter des Werkes, Georges Hartmann, ein 18-sitziger Omnibus mit einem 12/15-PS-Zweizylindermotor. 1906 folgte ein 30/35 PS starker Omnibus mit Kardanwellen-Antrieb. Dürkopp lieferte damals nur Fahrgestelle, die Aufbauten stammten von der Karosseriefabrik Wiemann u. Co. in Magdeburg.

Das Unternehmen florierte, nach 1908 übernahm Dürkopp die Berliner Motorwagen-Fabrik (BMF) mit der Nutzfahrzeugmarke Eryx und konzentrierte dort seinen Omnibusbau. Eine größere Anzahl von Decksitzbussen konnte an die 1912 gegründete Leipziger Omnibus-Gesellschaft und an Kunden im Ausland geliefert werden. Auch die Berliner ABOAG hatte einige Decksitzer auf dem Fahrgestell des L 60-Dreitonners übernommen.

Die durch den Krieg unterbrochene Omnibusfertigung ließ Dürkopp 1924 wieder anlaufen. Auf dem Fahrgestell des luftbereiften Zweitonners entstand ein 18-sitziger, dreitüriger Omnibus mit einem 40-PS-Motor. 1927 erhielt dieses Fahrzeug mit einem Niederrahmen die Bezeichnung O 2 B und eine Ausstattung mit 23 Sitzplätzen. Das damalige ZF-Einheitsgetriebe besaß einen Nebenantrieb, so dass der Motor auch eine Luftpumpe für die Ballonreifen antreiben konnte. Motor und Getriebe waren zur besseren Gewichtsverteilung getrennt untergebracht. Eine zusätzliche Untersetzung befand sich in der geteilten Kardanwelle. Die Höchstgeschwindigkeit betrug 40 km/h.

Auf Niederrahmen-Fahrgestellen folgten 1928 die Modelle O 3 und O 5. Die mit Kastenrahmengerippen versehenen 25- und 36-sitzigen Stadt- und Überlandomnibusse erhielten Aluminium-Karosserien der Lau-

18-PS-Dürkopp Linienbus, 1905.

12/15-PS-Dürkopp Ausflugs-Omnibus, 1902. (Foto: Dürkopp)

28-PS-Dürkopp Ausflugs-Omnibus, 1905.

37/39-PS-Dürkopp L 60 Decksitzer, 1914. (Foto: Dürkopp)

tal-Werke. Der O 5-Typ konnte mit seinem 90-PS-Sechszylindermotor zudem als Doppeldeckbus geliefert werden wie auch mit einem Aufbau mit Stummelhaube, so dass der Raum für 50 Fahrgäste vergrößert werden konnte. Der größere Typ sollte schließlich auch als Niederrahmen-Dreiachser geliefert werden. Über ein Verteilergetriebe mitsamt Differential, zwischen den beiden Hinterachsen angeordnet, wurden bei den Prototypen die parallel geführten Hinterachs-Antriebswellen in Bewegung gesetzt. An den Enden waren Schneckenantriebe angebracht, die mit den vier unter den Rahmenkröpfungen liegenden Schwingachsenhälften in Verbindung standen. Diese Technik machte auch beim Dreiachstyp O 6 Kardangelenke und Hinterachs-Differentiale überflüssig.

Die Direktion der Städtischen Betriebe Freiberg/Sachsen nahm im Sommer 1929 zwei Dürkopp-Omnibusse mit Junkers SA 9-Zweitakt-Gegenkolben-Dieselmotoren in Betrieb. Sie leisteten jeweils 45 bis 48 PS. Die am Rande des Erzgebirges gelegene Bergakademiestadt setzte als erste deutsche Kommune somit dieselgetriebene Linienomnibusse ein. Diese Dürkopp-Omnibusse gehörten zu den letzten, die überhaupt gebaut wurden. Der Fahrzeugbau war trotz großer Rationalisierungsmaßnahmen nach dem Ersten Weltkrieg stets ein Zuschussgeschäft geblieben, so dass nach dem Ende der PKW-Fertigung 1927 zwei Jahre später das Aus für die Lkw- und die Omnibus-Montage folgte.

50-PS-Dürkopp Niederrahmen-Omnibus O 3, 1927.

50-PS-Dürkopp O 3 Linienbus, 1929. (Foto: Stadtwerke Bielefeld)

60-PS-Dürkopp O 3 Niederrahmen-Aussichtswagen, 1928.

DÜRKOPP															
Typ	Sitzplätze/ Stehplätze	Bauzeit	Zylinder	PS	K	B x H mm	Hubraum cm³	Drehzahl U/min	Radstand mm	Länge mm	Gewicht kg	Motor-hersteller	Typ	M	Bemerkungen
Dürkopp		1902		12/15								Dürkopp		V	
Dürkopp		1903	4	28								Dürkopp		V	
Dürkopp		1905	2	18								Dürkopp		V	
Dürkopp		1906	4	30/35	W	115x130	5398	1000				Dürkopp		V	max. 43 PS
L 60	15/10	1910 - 11	4	37/39	W	115x130	5398	1200				Dürkopp		V	Oberdecker 36/6 Plätze
Dürkopp	12/0	1924										Dürkopp		V	Fageol-Typ
L 2 B	18/0	1925	4	40	W	101x130	4165	1500	3915	6545		Dürkopp	L 2 a	V	
O 3	25/0	1926 - 28	4	50	W	120x150	6882	1000	4305	6885	4500	Dürkopp	L 3	V	
O 2 b	23/0	1927	4	40	W	101x130	4165	1500				Dürkopp	L 2 a	V	
O 5	36/0	1927 - 28	6	90/100	W	110x140	7983	1600	5430	9560		Dürkopp	L 5	V	auch 52 Plätze
O 3	30 - 35	1929	4	60	W	110x140	5319	1200	4305	6885	4500	Dürkopp		V	auch mit Junkers-Diesel
O 5	45/0	1929	6	105	W	110x140	7983	1600	5430	9560		Dürkopp	L 5	V	
O 5/6	45/0	1929	6	105	W	110x140	7983	1600	5350+1250	9580		Dürkopp	L 5	V	

Dux

Dux-Automobil-Werke GmbH, Leipzig-Wahren
1. 1909-1916 **Polyphon Werke AG, Abt. Duxwagen**
2. 1916-1927 **Dux-Automobil-Werke AG**

Die 1895 in Leipzig gegründeten Polyphon-Werke AG (Musikinstrumente, Grammophone, Schallplatten, Präzisionswerkzeuge) nahmen 1904 den Automobilbau auf. Beim offenen, vierrädrigen »Polymobil« mit 4,5 PS handelte es sich um einen Nachbau des Oldsmobile-»Curved-Dash«mit Heckmotor aus den USA. Fortschritte in Sachen Automobilfertigung verzeichneten die Polyphon-Werke aber erst ab 1908 unter Dr. Gustav Schürmann (1872 - 1972) als Chefkonstrukteur, der von der Fahrzeugfabrik Eisenach abgewandert war. Die von ihm konstruierten »Duxwagen«kamen 1909 auf den Markt. 1912 erschien der erste "Dux-Schnelllastwagen". Etwa gleichzeitig stellte man in Leipzig-Wahren ein Lkw-Programm für eine bis maximal fünf Tonnen Nutzlast zusammen, mit Kardanwellen- und auch mit (4- bis 5-Tonner) Kettenantrieb. Gefertigt wurden Verkehrs- und Heeresausführungen. Insbesondere die 2- und 3-Tonnen-Fahrgestelle, LI und LO, eigneten sich mit 35 bis 50 PS mit Kardanantrieb für Omnibusaufbauten. Für Leipzig oder Berlin entstanden nach 1917 auf dem LO-Chassis sogar einige Decksitzbusse mit ovalem Dux-Kühler mit großem dreizackigen Befestigungsstern, der von dem französischen Hersteller Etablissement Gondard & Menesson entwickelt worden war.

Anfang 1916 kam es bei den Polyphon-Werken durch die Beteiligung der Sächsischen Waggonfabrik Werdau AG (später Linke-Hofmann-Busch beziehungsweise Fahrzeugbau Schumann AG) zu einer Umorganisation, in deren Verlauf die Automobilabteilung den Namen Dux-Automobil-Werke erhielt. Bis zum 1. August 1916 entwickelten sich daraus die Dux-Automobil-Werke AG, im Aufsichtsrat saß auch der Syndikus des Vereins sächsischer Industrieller, der spätere Reichskanzler Gustav Stresemann.

35-PS-Dux LO 3 Überlandbus mit »französischer Kühlermaske«, 1917.

35-PS-Dux-Presto ZO Kleinbus (Lindner-Aufbau), 1927.

Dux konzentrierte sich nach 1923 zunehmend auf den Personenwagenbau, aus dem indes einige größere Baumuster als Omnibusse hervorgingen. Der Typ D mit dem 80-PS-Vierzylinder-5,7-Liter-Ottomotor erreichte bereits Höchstgeschwindigkeiten von 90 bis 100 km/h. Die KVG-Sachsen fuhr zwei derartige Busse mit Karosserien von Kathe und Sohn in Halle/Saale. Sie waren mit Lederverdeck ausgestattet. Am Heck befand sich, wie bei den Luxus-Limousinen je ein größerer Gepäckkoffer. In ähnlichem Format lieferte Dux auch zweiachsige offene Polizei-Mannschaftswagen mit Cabriolet-Verdeck.

Wie der Weg der Dux-Automobil-Werke AG zwischen 1925 und 1927 über die Prestowerke AG in Chemnitz zur NAG-Nationale Automobil-Gesellschaft AG führte, ist im Abschnitt »Prestowerke« beschrieben. Gustav Schürmann blieb Vorstand des (Dux-) Presto-Bereichs und legte mit dem leichten Lkw- und Bustyp »Z« über die NAG-Modelle 401 bis 518 (für 1,5 bis 3,5 Tonnen Nutzlast) die Grundlage für die späteren leichten (»Burglöwe«) und mittleren Büssing-NAG-Baumuster: Lkw und Busse der 1,5- bis 4-Tonnen-Nutzlastklassen. Im Gegensatz zu den großen Braunschweiger Büssing-NAG-Niederrahmen-Bustypen mit dem Zusatzbuchstaben »N« hinter einer zwei-, später dreistelligen Baumuster-Ziffer, trugen die aus dem Leipziger B-N-Bereich stammenden (Schürmann-) Omnibusse den Zusatzbuchstaben O (manchmal auch O/N und ON) hinter den Typenzahlen.

Bis zum Zweiten Weltkrieges stellte das Wahrener Werk unter Schürmanns Leitung die leichten Lastwagen und Omnibusse der neugebildeten Büssing-NAG-Gruppe her. 1943 musste dann der Panzerspähwagenbau aufgenommen werden. Das Fabrikgelände diente nach Kriegsende bis 1992 der sowjetischen Armee als Großreparaturwerkstatt.

DUX

Typ	Sitzplätze/ Stehplätze	Bauzeit	Zylinder	PS	K	B x H mm	Hubraum cm^3	Drehzahl U/min	Radstand mm	Länge mm	Gewicht kg	Motor-hersteller	Typ	M	Bemerkungen
LO 3		1913 - 14	4	35	W	80x130	2612	2000				Dux		V	

EA KFB Gera

EA Karosserie- und Fahrzeugbau Gera,

1. 1992-2005 **EA Karosserie- und Fahrzeugbau Gera,** Gera, Siemensstr. 46
2. 2005-heute **TS Fahrzeugtechnik GmbH, Karosserie- und Fahrzeugbau,** Hart-Pöllnitz, OT Burkersdorf, Am Kirschberg 1, ab 2013 Weida, In den Nonnenfeldern 4

Das VEB Kfz-Instandsetzungswerk (KIW) Gera war 1946 als Großreparaturwerk für Pkw, Lkw und Omnibusse im Bezirk Gera gegründet worden. In diesem Werk mit über 1000 Mitarbeitern wurden in den achtziger Jahren schwerpunktmäßig ungarische Ikarus-Omnibusse bis aufs Gerippe zerlegt und dann wieder aufgebaut. Nach der Wende stand das KIW plötzlich vor einem Auftragsloch, weil die unwirtschaftlichen Reparaturarbeiten fortgefallen waren. Nach Kontakten auf der Leipziger Messe im Jahre 1990 und langwierigen Verhandlungen mit der Treuhand-Verwaltung konnte zwei Jahre später das Ernst Auwärter-Werk in Steinenbronn dieses einstige KIW mit 76 qualifizierten Mitarbeitern übernehmen. Nach umfangreichen Neubauten und nach Ausstattung mit neuen Maschinen konnte der Thüringer Aufbauten-Spezialist ein Jahr später die Neuproduktion von Omnibussen auf DB- und VW-Unterbauten beginnen. Zunächst übernahm der EA Karosserie- und Fahrzeugbau Gera (KFB Gera) den Weiterbau der Steinenbronner Baureihen »TeamstarCity«, MB 410 »Sunny«, MB 614 »Economy« und VW T 4 »Microstar«. Mitte der neunziger Jahre wurde der Betrieb auf die Herstellung hauseigener Produkte (Mini- und Midibusse) spezialisiert. Abgesehen von DB-»Sprinter«- und O 614 Teamstar-Modellen mit Rohkarosserien kamen preiswerte Fiat-, Iveco-, Opel-, Renault- und (vereinzelt) Volvo-Rohbaufahrzeuge zur

VW Super Crafter Reise (TS-Aufbau), 2020. (Foto: TS Fahrzeugtechnik)

163-PS-MB Sprinter 516 Linienbus (TS-Aufbau), 2020. (Foto: TS Fahrzeugtechnik)

Verwendung und erhielten eine aufwendige und funktionsreiche Ausgestaltung. Die Konstruktionsabteilung legte dabei den Schwerpunkt auf Schul-, Behinderten- und Zubringerbusse, teilweise mit Niederflurheck. An den Verkehrsbetrieb der Stadt Frankfurt am Main konnte darunter eine größere Serie von Teamstar-Bussen mit Niederflur-Heckplattform für schwach frequentierte Linien geliefert werden. Größtes Modell bildete zur Jahrtausendwende der »Travel Skate« auf der Basis des Iveco »Euromidi« für 29 Fahrgäste mit 177-PS-Diesel. Im Bereich Sonderfahrzeuge entstanden Kofferaufbauten für Kühl- und Frischdienste.

Als das E. Auwärter-Werk 2004 Insolvenz anmelden musste, übernahm die neugegründete TS Fahrzeugtechnik GmbH den Maschinenpark und einen Teil der Mannschaft des Geraer Zweigbetriebes, um das Programm teilweise am neuen Standort in Hart-Pöllnitz weiterzuführen. Das 2013 nach Weida verlegte Unternehmen hat sich inzwischen mit seinen 40 Beschäftigten auf Klein- und Midi-Fahrzeuge für Linien- und Reiseeinsätze sowie auf Behindertenbusse spezialisiert. Für die Baureihen TS-Liner dienen der Fiat Ducato, der Iveco 70C17 (Midi Skate) und der MB »Sprinter« 516 als Basisfahrzeuge. Die Modelle werden in Mittelniederflur- oder Heckniederflur-Ausführungen auf- und ausgebaut. Kleine Reisebusse mit 18 Sitzplätzen werden auf der Basis des VW Crafter 50 und des MB »Sprinters« 516 erstellt. In der dritten Baureihe entstehen Behinderten-, Kombi- und sogenannte Bürgerbusse auf Wunsch auf Sprinter-, Renault Master- bzw. Opel Movano-, Fiat Ducato- und Ford Transit-Rohbauten. Neben diesen Standardmodellen lieferte das Werk nach Kundenwünschen einen Kleinbus auf Basis des MB O 816 D Vario als »Inselbus Hiddensee« sowie in kleineren Stückzahlen Flughafen-Zubringerbusse. In einem weiteren Segment entstehen Paketdienstfahrzeuge und Spezialanhänger für Event-Veranstaltungen.

E.A. GERA

Typ	Sitzplätze/ Stehplätze	Bauzeit	Zylinder	PS	K	B x H mm	Hubraum cm³	Drehzahl U/min	Radstand mm	Länge mm	Gewicht kg	Motor-hersteller	Typ	M	Bemerkungen
1. Linienbusse															
Renault Maxi Shuttle	16+2/9	2000 - 03	4	114	W	94,4x100	2799	3600	3990	6858		Iveco	8140.43	D	TL
Iveco 65 C15 City	20/10	2000 - 03	4	147	W	94,4x100	2799	3600	4720	7964		Iveco	8140.43N	D	TL
Fiat Maxi Shuttle	16+1/12	2003	4	127	W	94,4x100	2799	3600	3930	6850		Iveco	8140.43S	D	TL
Fiat City Max	10+2/8	2003	4	127	W	94,4x100	2799	3600	4067	6565		Iveco	8140.43S	D	TL
Renault Maxi Skate Shuttle	16+1/10	2004	4	100	W	94,4x100	2799	3600	3990	6935	3300	Iveco	8140.43C	D	TL, auch 136 PS
Fiat Maxi Skate Shuttle	16+1/10	2004	4	128	W	94,4x100	2799	3600	3990	6885		Iveco	8140.43S	D	TL
2. Reisebusse															
KFB Euroshuttle HD 210	28/0	1996 - 00	6	210	W	98x120	5428	2300	4300	9755 - 9805	9260 - 9660	Volvo	TD 63 ES	D	TL
Euroscate HD 210	28+1+1	1997 - 00	6	210	W	98x120	5480	2600	4300	9755	9660	Volvo	TD 63 ES	D	TL
Renault City Shuttle	12+2	2000 - 03	4	114	W	94,4x100	2799	3600	4098	5879		Iveco	8140.43	D	TL
Renault Mascott Travel	26+1	2000	4	125	W	94,4x100	2799	3600	4630	7819		Iveco	8140.43S	D	TL
Iveco 65 C 15 Travel	26+2	2000 - 03	4	147	W	94,4x100	2799	3600	4720	7964		Iveco	8140.43N	D	
Iveco CC 100 Travel Skate	31+2	2000 - 03	6	177	W	102x120	5861	2700	4815	8900		Iveco	N 60 ENT	D	TL
Iveco Midi Skate Travel	26+2	2002 - 04	4	147	W	94,4x100	2799	3600	4750	7964		Iveco	8140.43N	D	TL
Iveco Travel Skate HD	30+2	2002 - 03	6	210	W	102x120	5861	2700	4815	8385		Iveco	N 60 ENT	D	TL
MB 416 CDI Sprinter Skate	18+2	2003 - 04	5	156	W	88x88,3	2685	3800	4025	6590 - 7190		DB	OM 612 DE 27 LA	D	TL
MB 616 CDI Sprinter Skate	21+2	2003 - 04	5	156	W	88x88,3	2685	3800	4425	7695		DB	OM 612 DE 27 LA	D	TL
Iveco Kombi Skate	29+2	2003	6	154	W	102x120	5861	2700	4815	8900		Iveco	N 60 ENT	D	TL
Renault City Skate Max	12+1/3	2004	4	115	W	94,4x100	2799	3600	4250	6566		Iveco	8140.43	D	TL
Fiat City Skate Max	12+1/3	2004	4	128	W	94,4x100	2799	3600	4250	6606		Iveco	8140.43S	D	TL
MB 416 CDI Sprinter Skate	16-19+1+1	2004	5	156	W	88x88,3	2865	3800	4025	6590 - 7190		DB	OM 612 DE 27 LE	D	TL
MB 616 CDI Sprinter Skate	16-19+1+1	2004	5	156	8w	88x88,3	2865	3800	4425	7695 - 8004		DB	OM 612 DE 27 LE	D	TL
Iveco CC 100 Kombi Skate	29/10+1	2004	6	210	W	102x120	5861	2700	4815	8900		Iveco	N 60 ENT	D	TL
Iveco CC 100 Travel Skate HD	30+2	2004	6	210	W	102x120	5861	2700	4815	9385		Iveco	N 60 ENT	D	TL
Crafter 50 TDI	19/0	2006	4	163	W	81x95,5	2459	3500	4325	7344		VW	BJM	D	TL

Ehrhardt

Heinrich Ehrhardt Automobilwerke AG,
Düsseldorf, Reichstr. 20 u. Ulmenstr. 195,
Werk Zella St. Blasii
1909-1914

Der Rüstungsindustrielle und Geheime Baurat Heinrich Ehrhardt (1840 – 1928) verließ 1903 die Fahrzeugfabrik Eisenach (Dixi-Werke) und richtete mit seinem Sohn, Dipl.-Ing. Gustav Ehrhardt (1867 – 1945) in einer von ihm 1878 gegründeten Maschinenfabrik im thüringischen Zella St. Blasii (später Zella-Mehlis) unter seinem Namen eine neue Automobilfabrik ein. Sitz des Unternehmens waren die Rheinischen Metallwaren- und Maschinenfabriken (Rheinmetall) in Düsseldorf, deren Aufsichtsratsvorsitzender Heinrich Ehrhardt war. In einem Prospekt von 1909 wurden drei Fahrzeuge angeboten, die sowohl als Laster oder als Bus karossiert werden konnten. Mit den Fahrgestellen des Zweitonners W 39 und des Viertonners W 33 stellte das Unternehmen 1912 einige Dutzend Omnibusse her. Als Antrieb dienten ein 22-PS- sowie ein langsam laufender 40-PS- oder ein schnelllaufender, kleinvolumiger 45-PS-Motor. Mit Beginn des Ersten Weltkrieges konzentrierte sich das Unternehmen auf die Produktion von Armeelastwagen und Rüstungsgütern. Im Jahre 1925 erfolgte die Stilllegung des Werkes, nachdem es noch für einige Jahre Personenwagen gefertigt hatte. Die 1906 gegründete Berliner Mercedes-Büromaschinenfabrik übernahm das Werk und den Facharbeiterstamm, um Schreib- und Rechenmaschinen zu fertigen. Heinrich Ehrhardt, Inhaber von 132, darunter 24 militärischen Patenten, starb 1928 völlig verarmt, nachdem das aufwendige Leben seiner Kinder sein Vermögen reduziert und er sich mit türkischen Eisenbahn-Aktien verspekuliert hatte. Sein Sohn Gustav, verfiel nach dem Ende seines bisher in größtem Luxus geführten Lebens in eine depressive Gemütslage und kam beim Bombenangriff auf Pforzheim ums Leben.

Nach der Wiedervereinigung war das nach 1945 enteignete Werk nicht mehr konkurrenzfähig, so dass ein Teil des ehemaligen Ehrhardt-Werkes als Domizil verschiedener Gewerbetreibender dient; ein anderer Teil befindet sich im Abbruch. Ein Bereich der Düsseldorfer Betriebsanlagen ging nach 1945 an die Auto Union und in den sechziger Jahren als Transporter-Werk an die Daimler-Benz AG.

45-PS-Ehrhardt Type 70 als Postomnibus, 1913.

EHRHARDT															
Typ	Sitzplätze/ Stehplätze	Bauzeit	Zylinder	PS	K	B x H mm	Hubraum cm³	Drehzahl U/min	Radstand mm	Länge mm	Gewicht kg	Motor-hersteller	Typ	M	Bemerkungen
1 t		1909 - 12	2	15	W	110x135	2564					Ehrhardt		V	
2,5 t		1909 - 12	4	22	W	100x120	3768	1000				Ehrhardt		V	
4 t		1909 - 12	4	28	W	110x140	5319	1000				Ehrhardt		V	
Type 45	12/0	1912 - 14	4	40	W	130x150	7959	850				Ehrhardt		V	
Type 33	18/0	1912 - 14	4	45	W	100x150	4710	1700	3760			Ehrhardt		V	
Type 45	11/0	1913	4	31	W	90x100	2543	1800	3285			Ehrhardt		V	

Eisenach

Fahrzeugfabrik Eisenach AG, Eisenach, Rennbahn 16

1. 1902-1903 **Fahrzeugfabrik Eisenach AG,** Eisenach, Rennbahn 16
2. 1904-1920 **Dixi-Werke, Fahrzeugfabrik Eisenach**
4. 1920-1925 **Dixi-Werke Eisenach, Zweigniederlassung der Gothaer Waggonfabrik AG,** Gotha, Kindlebener Str. 77

Die unter dem Namen »Dixi-Werke« bekannt gewordene Fahrzeugfabrik wurde 1896 vom Rüstungsindustriellen und Geheimen Baurat Heinrich Ehrhardt Erfinder unter anderem des rückstoßfreien Geschützes und des allseits bekannten Spindel-Korkenziehers) in Eisenach gegründet. Nach der Fertigung von Militär-Pferdewagen nahm das Unternehmen 1901 den

26-PS-Fahrzeugfabrik Eisenach Typ SLO Überlandbus, 1912.

Pkw- und 1902 die Leicht-Omnibus- und Lkw-Montage auf, wobei 1904 der Automobiltechniker und Ingenieur Willy Seck (1868 - 1955) als Chefkonstrukteur und als Technischer Direktor gewonnen werden konnte. Er hatte zuvor bei der Motorenfabrik Fritz Scheibler gearbeitet. Doch bereits 1907 wanderte Seck schon zur Berliner-Motorwagen-Fabrik (BMF) ab. Unterstützt wurde Seck in Eisenach von Ingenieur Gustav Schürmann, der von der Süddeutschen Automobilfabrik Gaggenau (SAF/SAG) kam und 1908 zu den Dux-Werken überwechselte.

Heinrich Ehrhardt schied schon 1903 aus der Fahrzeugfabrik aus und baute die Heinrich Ehrhardt Automobilwerke AG auf. 1920 ging das Eisenacher Unternehmen einen Fusionsvertrag mit der Gothaer Waggonfabrik AG in Gotha ein. 1921 wurde es in den Firmenverbund der Waggonfabrik eingegliedert. Hauptaktionär war nun der Börsenspekulant Jacob Schapiro aus Odessa (1885 - 1942), der auch stark an den Benz-Werken, den NSU-Werken, der Schebera-Karosseriefabrik, der Cyklon-Maschinenfabrik, den Hansa-Automobilwerke sowie an verschiedenen Zulieferern beteiligt war. Mitte der zwanziger Jahre liefen bei dem Eisenacher Automobilunternehmen und bei der Muttergesellschaft große Verluste auf, die inzwischen veralteten Fahrzeugmodelle ließen sich kaum noch absetzen. 1928, als sich Schapiro übernommen hatte, verkaufte die Waggonfabrik dann die Dixi-Werke »mitsamt ihrer Belegschaft« von inzwischen wieder 120 Personen an die Bayerischen Motoren-Werke (BMW) in München.

Nach einem 1902 vorgestellten 8-sitzigen Hotelomnibus der Marke »Wartburg« (Modell 18) mit 4-PS-Einzylinder- oder 8-PS-Zweizylinder stellte das Unternehmen 1907 einen 17-sitzigen Omnibus mit 25-PS-Motor unter der Bezeichnung »Dixi« her. Ab 1911 hatte das Unternehmen den 12/14-Sitzer SLO mit einem 26-PS-Motor im Programm. 1912 folgten die Modelle TLO und UO für 16 und 22 Personen. Das große UO-Modell war mit einem 40/50-PS-Motor ausgerüstet und für den Anhängerbetrieb mit insgesamt 40 Passagieren vorgesehen. Die Karosserien stammten größtenteils von der Hofwagenfabrik N. Trutz in Coburg.

Nachdem der Omnibusbau während der Kriegszeit geruht hatte, erschien 1924 ein 18-Sitzer auf dem Fahrgestell des 35 PS starken Zweitonners M 1, während das 3,5-Tonnen-Chassis K 2 mit 45-PS-Motor für einen 28-Sitzer bestimmt war. Neben Aufbauten der Gothaer Waggonfabrik kamen auch erste Ludewig-Karosserien zur Verwendung. Um 1925 lief der Dixi-Omnibusbau aus. Nach dem Zweiten Weltkrieg wurde das Eisenacher Werk der BMW AG enteignet und stellte als Eisenacher Motorenwerke (EMW) Personenwagen und anfänglich auch Motorräder her. Um 1949 entstanden auf der Basis des BMW/EMW 327-2 zwei Kleinbusse für die werkseigene Fußballmannschaft. 1991 beschloss die Berliner Treuhandgesellschaft, das inzwischen vollkommen heruntergewirtschaftete Werk zu liquidieren; die Adam Opel AG errichtete am Stadtrand von Eisenach ein neues Pkw-Werk, um den Facharbeiterstamm übernehmen zu können.

35-PS-Fahrzeugfabrik Eisenach Typ TLO Linienbus mit Perron, 1912.

40/50-PS-Fahrzeugfabrik Eisenach Typ UO Omnibuszug, 1913.

45-PS-Dixi M 1/11 Omnibuszug, Thiele-Aufbau, 1925. (Foto: Peter Michels)

DIXI-FAHRZEUGWERKE EISENACH

Typ	Sitzplätze/ Stehplätze	Bauzeit	Zylinder	PS	K	B x H mm	Hubraum cm³	Drehzahl U/min	Radstand mm	Länge mm	Gewicht kg	Motor-hersteller	Typ	M	Bemerkungen
Wartburg	8/0	1902	1	4	L	66x70	479	1200				Dixi		V	Hotelomnibus
Wartburg	8/0	1902	2	8	W	105x120	2008	1000				Dixi		V	dito
T		1905	4	24	W							Dixi		V	
Dixi	17/0	1907	4	25	W	120x150	6782	900				Dixi		V	
SLO	12/2	1911	4	26	W	100x110	3456	1200	3400			Dixi		V	
TLO 15	16/0	1912 - 13	4	35	W	110x130	4940	1100	3650			Dixi		V	
UO 40	23/0	1912 - 13	4	40/50	W	125x150	7359	900	4250			Dixi		V	
K 2	22 - 28/0	1921 - 22	4	45	W	95x165	4676	1200				Dixi		V	
Dixi	18/0	1924	4	45	W	110x165	6272	1150				Dixi	S 2	V	
M 1	18 - 22	1924	4	35	W	95x165	4676	1200				Dixi		V	auch als Aussichtswagen
M 2	28/0	1924 - 25	4	45	W	110x165	6272	1150				Dixi	S 2	V	
M 1/II	18 - 22	1925	4	45	W	110x165	6272	1150				Dixi	S 2	V	

Elite

Elitewagen AG,
Berlin-Kreuzberg, Zossener Straße 5
1921-1927

Die Elite Motoren Handelsgesellschaft war 1912 aus der 1904 eingerichteten Maschinenfabrik (für Automobilbau) Emile Lüders in Berlin-Weißensee hervorgegangen, die Bootsmotoren und Motorteile herstellte. 1911 hatte Lüders sein Unternehmen nach Brand-Erbisdorf bei Freiberg in Sachsen verlagert, da sich dort nach der Einstellung des Silberbergbaues günstige Bedingungen für die Ansiedlung von Industrie boten. 1912 übernahmen die Besitzer der Presto-Automobilwerke in Chemnitz, Kommerzienrat Georg Günther, und der dänische Fabrikant Jörgen Skafte Rasmussen (1878 – 1964), der in Zschopau eine Fahrzeugteile- und Armaturenfabrik besaß, das Unternehmen und nannten es in Elite Motoren OHG und 1914 in Elite Motoren AG um. Mit dem Erwerb der Fahrzeughersteller Henschel & Co. Elektromobil- und Maschinenfabrik in Berlin-Kreuzberg, der Niederlassung der Firma Deutsche Automobil-Industrie Richard & Hering aus Ronneburg (Marke Rex Simplex) und der Firma Gebhadt & Harhorn (Geha), Elektromobil-Fabrik in Berlin-Schöneberg gründete die 1916 erneut in Elite Werke AG umbenannte Muttergesellschaft die Elitewagen AG in Elitewagen AG in Berlin für den Fahrzeugbereich. Alleinvorstand war Paul Muchow, der seinen Henschel-Straßenreinigungs-Fahrzeugbereich eingebracht hatte. In einer Neuordnung des Unternehmens nach dem Ersten Weltkrieg übernahm der nach Brand-Erbisdorf verlagerte Ronneburger Betrieb die Herstellung von Personen- und Lastwagen unter der Marke Elite. Die Herstellung der Elektrofahrzeuge wurde im einstigen Henschel-Werk zusammengefasst. Neben den Kleinfahrzeugen der Marke Geha entstanden dort seit 1913 Vorspannwagen unter dem Namen »Eisernes Pferd« und nach dem Krieg unter der Bezeichnung »Einheits-Vorspannwagen«. Das von Elektro-Ingenieur Victor Harhorn konstruierte einachsige Antriebsaggregat konnte an ein einachsiges, starres oder gekröpftes Pritschen-, Kasten- oder Kommunalwagenteil sowie an einen einachsigen Omnibusaufbau angekoppelt werden. Das Antriebsteil besaß einen kurzen Rahmen mit einer Drehschemel-Lenkung und eine Haube mit Haubenschild, unter der die Schaltmechanik untergebracht war. In den ersten Ausführungen waren zwei Motoren schwingend an den Achsen aufgehängt und übertrugen über ein Vorgelege ihre Kraft auf die Räder; in den späteren Versionen war der Motor längs vor der Achse angebracht. Durch die Drehschemellenkung war ein Drehen auf der Stelle möglich, was sich auf engen Betriebshöfen der Kommunen von Vorteil erwies. Die Omnibusausführung sollte ihre Verbreitung im Sightseeing-Einsatz der Großstädte finden; ob dies von Erfolg war, lässt sich bezweifeln.

Als die Wirtschaftslage des Unternehmens im Jahre 1926 kritisch wurde und unlautere Geschäftspraktiken der Großaktionäre das Vertrauen der Kleinaktionäre ruiniert hatten, musste sich der Elite-Konzern von der Elitewagen AG trennen. Die Berliner Abteilung erwarb Paul Muchow zusammen mit der Waggon- und Maschinenfabrik AG vorm. Busch in Bautzen, 1933 den Betrieb. 1933 ging dieser komplett auf Muchow über, musste jedoch 1939 aufgelöst werden.

2x2,9-kW-Elite-Vorspann-Omnibus, um 1925.

Erdmann/FEG

Maschinenfabrik Friedrich Erdmann (FEG), Automobil-Abt., Gera-Reuss, Moltkestr.
1. 1905-1906 **Maschinenfabrik Friedrich Erdmann (FEG), Automobil-Abt.**
2. 1906-1908 **Motorwagenfabrik Friedrich Erdmann**

Die Geraer Maschinenfabrik Friedrich Erdmann (FEG), im Jahre 1865 von Friedrich Erdmann gegründet und später von seinen Söhnen Max, Kurt und Willi Erdmann geführt, begann 1899 mit dem Bau von Fahr- und Motorrädern. Im Jahre 1904 kam die Montage von Drei- und Vierradfahrzeugen mit Körting-, Fafnir- und mit Horch-Motoren dazu.

Charakteristisch für die FEG-Fahrzeuge war der patentierte Erdmann-Reibradantrieb mit einem Schnellgang anstelle des (damals) aufwendigen Wechselgetriebes. Der Motor gab seine Kraft auf eine große Planscheibe ab. Auf dieser drehte sich vom Mittelpunkt her nach links oder rechts (je nach gewünschter Fahrtrichtung) ein um 90 Grad versetztes, lederbezogenes Rad, das an den Enden seiner Achse Kettenräder besaß, die wiederum über Ketten die Hinterräder antrieben. Je schneller der Motor die Planscheiben drehte, umso stärker rückte das senkrecht zur Fahrtrichtung stehende Reibrad an die Peripherie der Scheibe. Eine direkte Kardanübertragung, den heute aktuellen Schnellgängen ähnlich, sorgte bei entsprechender Tourenzahl für den Antrieb der Hinterräder. Das abnutzungsintensive Reibrad wurde - im Gegensatz zu den Reibradantrieben (auch Friktionsantriebe genannt) anderer Hersteller – bei den FEG-Fahrzeugen nur zum Anfahren und an Steigungen benutzt.

In der Wirtschaftskrise der Jahre 1907/08 kam die Produktion des technisch einfallreichen, aber mit zu geringen finanziellen Mitteln arbeitenden FEG-Unternehmens zum Stillstand. Jedoch gelang es, das Direkt-Reibrad-Patent an die Berliner Motorwagen-Fabrik (BMF) zu verkaufen, die hauptsächlich Droschken herstellte und dieses Antriebssystem bis zum

14-PS-Erdmann Hotelomnibus (Golde-Aufbau), 1905.

Beginn des Ersten Weltkrieges weiterverwendete. Die Gebäudeanlagen der einstigen Erdmann-Maschinenfabrik beherbergten nach der Enteignung den VEB Röntgenwerke Dresden, Betriebsteil Gera.

Etzel

Fahrzeugbau P. Etzel u. Sohn,
Aschaffenburg, Fischerstraße
1950

Dieses Unternehmen entwickelte 1949/50 einen Frontlenker-Frontmotor-Omnibus mit Tiefrahmenfahrgestell und einer üppig verglasten Karosserie. Ein 70-PS-Sechszylinder-Vergasermotor von Dodge wurde in diesen Omnibus mit 25 Sitzplätzen und fünf Notsitzen eingebaut. Das Chassis des Etzel war zwischen der Vorder- und Hinterachse bei einem Radstand von 3,5 Metern nach unten gekröpft. Für den Antrieb kam ein 95-PS-Dodge-Motor zum Einbau. Hauptarbeitsgebiet des Unternehmens waren Anhängeraufbauten. Als Spezialität stellte Etzel Verkaufswagen unter der Bezeichnung »Das rollende Kaufhaus« her.

70/95-PS-Etzel-Omnibus auf GMC-Fahrgestell, 1950.

ETZEL

Typ	Sitzplätze/ Stehplätze	Bauzeit	Zylinder	PS	K	B x H mm	Hubraum cm³	Drehzahl U/min	Radstand mm	Länge mm	Gewicht kg	Motor-hersteller	Typ	M	Bemerkungen
Etzel	30/5	1950	6	70 - 95	W	82,5x 120,65	3772	3200	3500	6250		Dodge		V	Treibgasmotor

Fafnir

Fafnir-Werke AG,
Aachener Stahlwarenfabrik, vorm. Carl Schwanemeyer,
Aachen 22, Jülicher Straße 236 - 238 (342 - 352)
1912-1914

Die um 1880 eingerichtete Stahlwarenfabrik von Carl Schwanemeyer baute seit 1906 Motoren, die an verschiedene Automobilfabriken geliefert wurden; der Drachenname aus der Nibelungensage zierte die Erzeugnisse. Den eigenen Fahrzeugbau nahm man 1908 unter der Marke Fafnir auf, nachdem das Unternehmen schon komplette Automobil-Bausätze angeboten hatte. Von 1912 bis 1914 stellte das Fafnir-Werk auch Omnibusse auf 2,5- und 3,5-Tonnen-Fahrgestellen her, deren technische Details unbekannt sind. Nach dem Ersten Weltkrieg bot das einst zu den Pionierfirmen im deutschen Automobilbau zählende Unternehmen nur noch Motoren und ein Lieferwagenfahrgestell an, bis 1928 der Konkurs angemeldet werden musste. Die belgische Reifenfirma Engelbert Fils et Cie. zog in die Werksanlagen ein.

Fafnir-Werke Aachen in zeitgenössischer Darstellung, 1920.

FAKA

Fahrzeugwerk Kannenberg (FAKA) KG,
Salzgitter-Bad, Gittertor 21,
ab 1958 Bückeburg, Hannoversche Str. 21
1954-1960

120-PS-FAKA SK 4,5 als Linienbus, 1955.

Die ursprüngliche Fahrzeugfabrik Kannenberg (FAKA) war 1924 von dem späteren Opel-Kraftfahrzeuggroßhändler und Fabrikanten Kurt Kannenberg (1898 - 1956) in Danzig gegründet worden. Hinzu kam eine Heeresfahrzeug-Instandsetzungs-Werkstatt sowie 1936 eine Flugzeugteilefabrik in Danzig-Gotenhafen. Mit Kriegsbeginn kamen Werke in Stettin und in Posen zu seinem jetzt als Transportgerätefabrik bezeichneten Unternehmen. 1946 wurde die Fahrzeugfabrik Kannenberg als sogenannter »Flüchtlingsbetrieb« in Salzgitter-Bad neu gegründet. Der Bau von Handwagen und die Kfz-Reparatur standen anfänglich im Vordergrund. Mit der Herstellung von Omnibus-Karosserien und von Anhängern stieg das Unternehmen 1948 in den Fahrzeugbau ein, dem sich die Montage von zwei- und dreirädrigen Rollerfahrzeugen anschloss. Vor allem Hanomag-, Henschel- und Büssing-Fahrgestelle, darunter auch 25 vierachsigen Büssing-Gelenkzüge in den Jahren 1954/55, erhielten bei FAKA ihre Aufbauten.

Beim SK 4,5 dagegen handelte es sich um eine komplette Eigenkonstruktion. Der mit Kannenberg bekannte, ebenfalls aus Westpreußen stammende Omnibusunternehmer Willi Hohmann hatte hierzu die Ideen gegeben und rüstete schließlich seine Fahrzeugflotte mit FAKA-Bussen aus. Der selbsttragende Leichtbus verfügte über eine Stahl- und Aluminiumbeplankung auf einem Leichtstabil-Kastenrahmen nach Deiters-Patenten. Auf einem Hilfsrahmen quer im Heck saß der 120-PS-Henschel-Motor 522 DPJ. Ein ZF-Fünfganggetriebe samt Winkelantrieb reichte das Drehmoment an die einfach bereifte Hinterachse weiter. Eine aufwendige Federungskonstruktion und die ausgeklügelte Belüftungsanlage gaben dem FAKA-Typ einen beachtlichen Komfort. Nach der Fertigung von sechs Reise- und Stadtlinien-Exemplaren wurde der Bau dieses Typs jedoch schon wieder eingestellt.

90-PS-FAKA Typ Clubbus, 1959.

120-PS-FAKA SK 4,5 als Reisebus, 1955.

Nachdem das Unternehmen 1958 die Fabrikationsanlagen der Hermann Harmening KG in Bückeburg übernommen hatte, führte das FAKA-Werk den Bau des dort entwickelten und produzierten Typs HKB Clubbus bis 1960 weiter; er wurde später noch für das Büssing-Werk im Auftrag karossiert. Damit endete der eigenständige Omnibus-Bau bei FAKA; man verlegte sich auf die Herstellung von Container- und Wechselpritschen-Lafetten bis 1972. Kögel, Ulm, übernahm die Fahrzeugfabrik Kannenberg als Werk IV; inzwischen sind die Werksanlagen verwaist.

FAKA

Typ	Sitzplätze/ Stehplätze	Bauzeit	Zylinder	PS	K	B x H mm	Hubraum cm³	Drehzahl U/min	Radstand mm	Länge mm	Gewicht kg	Motor-hersteller	Typ	M	Bemerkungen
SK 4,5	39+8	1954 - 58	6	120	W	100x130	6126	2500	5180	9646	5830	Henschel	522 DPJ	D	ab 1955 125 PS, Linie 30/40 Plätze
HKB	24/0	1958 - 60	4	90	W	100x130	4084	2600	3450	7950	3490	Henschel	517 D4K	D	

FAKA
SALZGITTER-BAD
OMNIBUSSE

FAUN

FAUN-Werke, Kommunalfahrzeuge und Lastkraftwagen Karl Schmidt, Nürnberg, Wächterstr. 2/16,
ab 1943 Nürnberg-Doos, Höfenerstr. 53,
ab 1945 Lauf a. d. Pegnitz

1. 1910-1911 **Nürnberger Feuerlöschgeräte- und Maschinenfabrik AG, vorm. Justus Christian Braun,** Nürnberg, Wächterstr. 2/16
2. 1911-1913 **Justus Christian-Premier-Werke AG**
3. 1913-1919 **Nürnberger Feuerlöschgeräte-, Automobillastwagen- und Fahrzeugfabrik GmbH, vorm. Justus Christian Braun**
4. 1919-1920 **Fahrzeugfabriken Ansbach und Nürnberg AG (FAUN)**
5. 1920-1926 **FAUN-Werke AG**
6. 1926-1934 **FAUN-Werke GmbH, Kommunalfahrzeuge und Lastkraftwagen**
7. 1934-1963 **FAUN-Werke, Kommunalfahrzeuge und Lastkraftwagen Karl Schmidt,** ab 1943 Nürnberg-Doos, Höfenerstr. 53, ab 1945 Lauf a. d. Pegnitz
8. 1963-1967 **FAUN-Werke KG, Kommunalfahrzeuge und Lastkraftwagen Karl Schmidt**

Die FAUN-Werke, 1918 hervorgegangen aus der Fusion der fränkischen Braun-Premier-Werke AG., der Nürnberger Wagenbau- und Radfabrik Karl Schmidt und der Fahrzeugfabrik Ansbach AG., bauten zunächst Personenwagen und Lastwagen. Die Geschäfte liefen nicht besonders gut, um 1925 wurde die Fried. Krupp AG Großaktionär im 1200 Mitarbeiter umfassenden Betrieb. 1927 musste wegen der schwierigen Wirtschaftslage eine Geschäftsaufsicht beantragt werden, es folgte der Zwangsvergleich und eine umfassende Restrukturierung. Krupp zog sich alsbald wieder zurück, Karl Schmidt konnte die Krupp-Aktienanteile des Nürnberger Betriebes zurückkaufen. Gleichzeitig wurde der bescheidene und unrentable Pkw-Bau in Ansbach aufgegeben. Nach dem Tod von Karl Schmidt im Jahre 1938 übernahm dessen Sohn Karl Heinz Schmidt (1910 - 1979) die Geschäftsleitung des auf Nutzfahrzeuge, insbesondere Kommunalfahrzeuge spezialisierten Unternehmens. Nach der Zerstörung des Nürnberger Werkes richtete FAUN gegen Kriegsende ein neues Werk in Neunkirchen bei Lauf a. d. Pegnitz ein. 1986 gingen die FAUN-Werke, die einst in verschiedenen Werken 3860 Mitarbeiter beschäftigten, mehrheitlich in die Hände der Orenstein & Koppel AG (O&K), Berlin und Dortmund über, die ihrerseits zum Hoesch-Konzern gehörte. Der FAUN-Kommunalfahrzeugbau wurde ausgegliedert und als FAUN-(KUKA)-Umwelttechnik in Osterholz-Scharmbeck weitergeführt. Orenstein & Koppel stieg 1991/92 wieder aus, FAUN war bis 2020 im Besitz des japanischen Fahrzeug- und Mobilkrankerstellers Tadano. Die Tadano-FAUN GmbH legte den Schwerpunkt auf Autokrane und Autokranchassis, nachdem der Schwerlastzugmaschinenbau bis 1000 PS und die Wehrtechnik eingestellt worden sind.

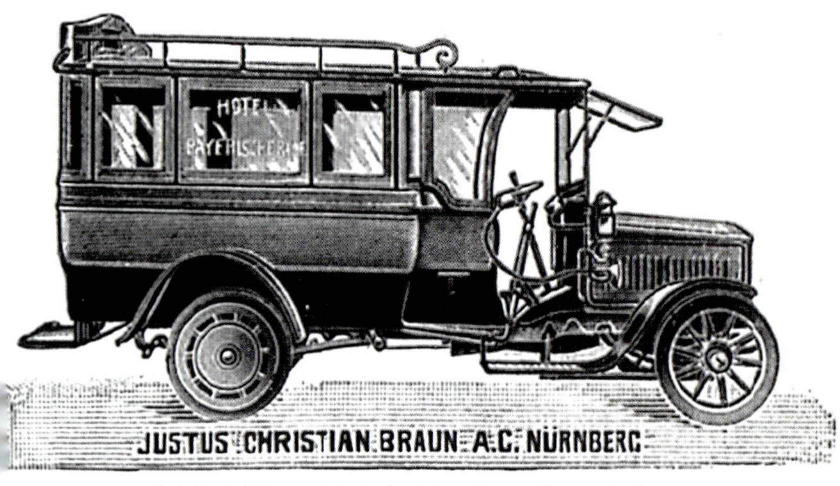

Hotelomnibus der Justus Christian Braun AG, um 1911.

Nachdem eine der FAUN-Vorgängerfirmen, die Nürnberger Feuerlöschgeräte- und Maschinenfabrik AG, ab 1910 einige Omnibusse (deren technische Daten nicht überliefert sind) hergestellt hatte, präsentierte FAUN auf dem Fahrgestell des Zweitonners »Typ B« 1921/22 einen 18-sitzigen sowie auf dem Fahrgestell des Dreitonners einen 26-sitzigen Omnibus. Den 18-Sitzer gab es auch mit Cabriolet-Aufbau der Firma Estelmann. Zu jener Zeit entstand auch ein 55-sitziger, benzin-elektrisch betriebenen Frontlenker-Decksitzbus mit 55-PS-Motor. Der Fahrer saß neben dem Motor. Die Kraftübertragung vollzog sich über einen angeflanschten Stromgenerator auf die hinteren Radnabenmotoren. Diesem bei der ABOAG in Berlin probeweise eingesetzten und anschließend exportierten Exemplar mit Vollgummibereifung folgte ein 22-sitziger Omnibus Typ II o mit Luftreifen, der mit seinem tiefgelegten Chassis als erster Serien-Niederrahmen-Typ im deutschen Omnibusbau gilt. Dieses Modell gab es auch mit benzin-elektrischem Antrieb und Innenpol-Radnabenmotoren in den Hinterrädern nach dem System FAUN.

1926 erschienen die in der Fahrzeugfabrik Ansbach gefertigten NO 25- und NO 35-Niederrahmen-Typen mit 5,7-Liter-70-PS-Maybach-Motor; daraus abgeleitet Typen verfügten über elektrische Radnabenmotoren. Nachdem Ansbach nicht länger als Zulieferer der Omnibus-Fahrgestelle fungierte, entfiel der Buchstabe »N« in der Typenbezeichnung, ansonsten änderte sich vorläufig nichts - auch nichts am wichtigsten Modell, dem O 35 N. Aufbauten dafür lieferten Trutz (Reichspost-Versionen O 35 I, O 35 V) in Coburg, die der Vereinigte Werkstätten für Karosserie- und Wagenbau GmbH in München, die Waggonfabrik Uerdingen (Stahlaufbau mit 28 Sitzen) und Kässbohrer in Ulm. Als Besonderheit kam der Frontlenker VO 35 hinzu. Er war ein straßenbahnartiger Omnibus mit Einstiegen vorne und hinten. 35 Sitz- und 15 Stehplätze bot diese von Hubertia in Berlin-Charlottenburg karossierte Version. Vier derartige Omnibusse mit achsschenkelgelenkten FAUN-Estelmann-Mitteleinstiegsanhängern erwarb die Stadt Amberg.

1927/28 ersetzten die 90/100 PS starken Maybach-Motoren der Baureihe OS 6 bzw. OS 5 den schwächeren OS 7-Motor sowohl in den Hauben- als auch in Frontlenkerfahrzeugen. Wahlweise ließ sich der Motor mit mechanischem oder elektrischem Antrieb kombinieren. Die Kapazität des Werks lag in dieser Zeit bei monatlich maximal 30 Omnibusfahrgestellen, wobei die Reichspost die Auslastung des Betriebs während der Krisenjahre sicherte.

Schließlich sollte um 1936 eine O 35-Dieselvariante hinzukommen.

Weil aber Maybach in Friedrichshafen seine Baukasten-Dieselmotorenreihe nicht weiterverfolgte, rüstete das Nürnberger Werk den mechanisch getriebenen Haubenomnibus mit dem 110 PS leistenden Sechszylinder-Deutz-Diesel F 6 M 316 aus. Die neuen Omnibus-Baureihen O 24, O 28, O 33 und O 50 ließen sich aber nur in wenigen Exemplaren, darunter an die Reichspost, absetzen, so dass dieser Produktionszweig 1938 vorübergehend eingestellt wurde. In den Jahren 1939 bis 1941 lieferte FAUN neun ZR-Zugmaschinen mit 150-PS-Diesel an die Stadt München, die sie mit Aufliegern als Sattelschlepper-Großomnibusse mit 80 Sitz- und 20 Stehplätzen einsetzte. Den Aufbau steuerte die Karosseriefabrik Wankmiller bei, während das Fahrgestell vom Anhänger- und Aufbautenhersteller Schenk stammte.

Nach dem Zweiten Weltkrieg lässt sich ein erstes Omnibusmodell auf dem Müllwagenfahrgestell M 6 mit einem Dupetit-Aufbau nachweisen. 1948 erschienen als Nachbestellung zu den Münchener Vorkriegs-Sattelschlepper-Omnibussen weitere spezielle Sattelzugmaschinen unter der Bezeichnung L 7 Z (ab 1950/51 L 7 R oder L 7 S) für Wankmiller- und Kässbohrer-Sattelanhänger. In Einzelstücken gab FAUN an die Firma Ottenbacher Fahrgestelle des Typs O 7 Z ab, die als 42-sitzige Reise- oder als 64 Personen fassende Linienbusse karossiert wurden.

Im Jahre 1950 folgten die O 7 V- und O 9 V-Stadt-Stadt- und Reiseomnibusse, die je nach Radstand (6,0 und 6,8 m) für 70 bis 90 Sitzplätze ausgelegt waren. Die Niederrahmen-Frontlenkerfahrzeuge »mit besonders günstiger Einstiegshöhe und guter Straßenlage« besaßen vorne stehende Deutz-Diesel beziehungsweise Deutz/KHD-Diesel mit bis zu 175 PS. Durch den hinten abgesenkten Rahmen boten sich die Fahrgestel-

55-PS-FAUN Decksitzer, Prototyp für Berlin, 1921.

le für die Karossierung als Linienomnibusse mit hinterer Plattform oder für Eineinhalbdecker mit Ludewig-Aufbauten (»Aero Condor«) an. Ludewig in Essen baute sechs derartige Fahrzeuge, die als Luxus-Fernreise-Anderthalbdecker auf dem O 9 V-Fahrgestell unter anderem für die Interzonen-Strecke Düsseldorf-Berlin eingesetzt wurden. Im Zeitraum 1951/52 bestellte die Deutsche Bundesbahn zur Ausweitung ihres Omnibusnetztes bei FAUN 100 Omnibuszüge für jeweils bis zu 140 Fahrgäste. Die O 7 V-Motorwagen waren über ein Kugelkupplungssystem mit dem allradgelenkten, selbstspurenden Anhängerchassis lösbar verbunden. Zwischen Zugwagen und Anhänger gab es eine Faltenbalgverbindung. Der Schaffner konnte den Anhänger mitbedienen; die Fahrgäste hatten die Chance, sich in dem 20-m-Zug auf längeren Strecken die Beine zu vertreten. Bei Solobetrieb ließ sich die hintere Öffnung durch eine Aluminium-Jalousie abdecken. Die Firmen Gaubschat, von Lienen und Rathgeber erstellten die Karosserien. Für den Straßen-Schienenbetrieb im Alpengebiet (Strecke Rosenheim-Reibling) ließ die Bundesbahn ein O 9 V-Fahrzeug als »Schi-Stra-Bus« mit unterschieb- und einspurbaren Eisenbahn-Radsätzen ausstatten.

40-PS-FAUN Typ B Überlandbus mit Decksitzen, um 1924. (Foto: Karlheinz Hesse)

70-PS-FAUN Frontlenker VO 35 für die Stadt Amberg (Hubertia-Aufbau), 1926.

70-PS-FAUN NO 35 für die Reichspost, (Trutz-Aufbau), 1927 (Paralleltyp der Fahrzeugfabrik Ansbach).

Laut der FAUN-Omnibusliste wurden in dieser Zeit auch Fahrgestelle für die Baureihen O 4 H (Heckmotor) mit luftgekühltem 85-PS-Deutz-Diesel hergestellt. Ebenfalls in kleinsten Stückzahlen erschienen die Omnibusunterbauten O 6 V (für den belgischen Karosseriehersteller Van Hool) und O 6 H mit 130-PS-Motor mit Trambus- und Heckmotorbauweise. Eine weitere Kleinserie war die Baureihe O 8 V mit dem 150/175-PS-Deutz- oder mit dem 180 PS starken Kämper-V8-Motor. Für den Export nach Saudi-Arabien und in die Türkei wurden die Fahrgestelle O und OV 5000 hergestellt.

Ein relativ konventionelles Modell war der Hauben-Omnibus F 60 LO mit 22 Sitzplätzen von Trutz. Unter einer schwungvollen Alligator-Motorhaube war der luftgekühlte 130-PS-Deutz-Diesel installiert. Außerdem gab es den Haubentyp F 70 O mit einem durch ein Roots-Gebläse aufgeladenen Henschel-Diesel mit 150 PS. Die griechische Firma Hercules Ltd. in Athen baute auf diesem Fahrgestell Frontlenkeromnibusse auf. Laut Angebotslisten konnten bis 1967 zumindest noch Fahrgestelle der Ausführungen O 6 V/60, O 6 H/625 und O 6 V/625 geordert werden; den Serienbau von schweren Omnibusfahrgestellen hatte FAUN bereits 1953 eingestellt.

1957 boten die Franken nochmals eine neue Omnibusreihe an. Sie entstand im inzwischen erworbenen Sulzbach-Rosenberger Zweigbetrieb, dem früheren Willy Ostner-Werk. Ausgehend von den Ostner-Kleinlastwagen und Kleinomnibussen hatten die neuen Eigentümer auf der Basis des FAUN/Rex F 24-Frontlenkers einen kleinen Omnibustyp entwickelt. Er bekam Karosserien von Hubertia und Mikafa, die sich durch aufwendige Verglasungen auszeichneten. Auch wurden Chassis für die 16- bis 22-Sitzer (zwei verschiedene Radstände) an Van Hool in Lier-Koningshooikt/Belgien abgegeben. Zunächst kamen ein 55-PS-Ford-Motor und ein 70-PS-Kämper-Diesel zum Einbau; ab 1964 wurde neben der 60-PS-Ford-Maschine in die Kleinbusse ein luftgekühlter 60-PS-Deutz-Diesel verwendet. Der Kleinbus-Bau endete mit dem Modellwechsel der Lastwagen-Baureihe 1967; damit hatte FAUN keinen Omnibus mehr im Angebot.

100-PS-FAUN E 25 mit Radnabenantrieb, 1928 (Uerdinger Aufbau).

100-PS-FAUN O 35 (Trutz-Aufbau), 1929 (Foto: VAG Nürnberg).

100-PS-FAUN O 35 N Stadtbus (Vereinigte Werkstätten-Aufbau), 1931.

70-PS-FAUN PO 22 für die Reichspost (Trutz-Aufbau), 1928.

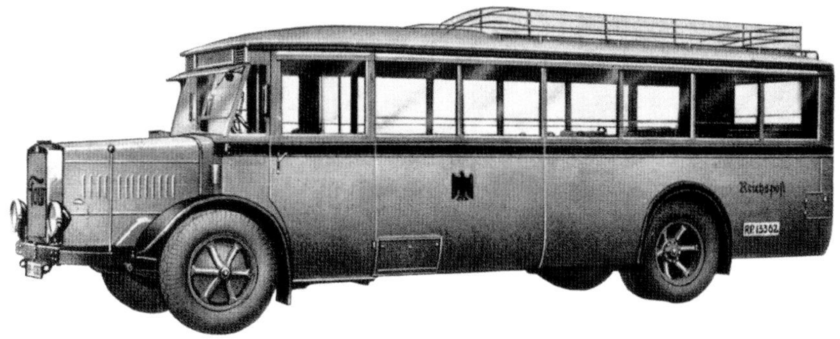

100-PS-FAUN O 35 I Reichspost-Omnibus (Trutz-Aufbau), 1931.

90-PS-FAUN Duo-Trolleybus Entwurf (Basis Gräf & Stift), 1932.

FAUN-Entwurf eines dreiachsigen Trolleybusses, 1932.

110-PS-FAUN O 33 D 66 Reichspostbus (Düwag-Aufbau), 1934.

130-PS-FAUN F 60 LO (Trutz-Aufbau), 1950.

125-PS-FAUN O 50 D 67 (Auwärter-Aufbau), 1938. (Foto: Karlheinz Hesse)

150-PS-FAUN L 7 R Wankmiller-Sattelzug, 1949.

150-PS-FAUN O 7 V (von Lienen-Aufbau), 1951.

150-PS-FAUN O 7 V Reisebus (FAKA-Aufbau), 1952.

150-PS-FAUN O 7 V Reisebus (Trutz-Aufbau), 1951.

150-PS-FAUN O 7 V (Vetter-Aufbau), 1950.

150-PS-FAUN O 7 V Gaubschat-Omnibuszug mit Faltenbalgübergang, 1950.

180-PS-FAUN O 9 V Straßen-Schienenbus-Prototyp (Rathgeber-Aufbau), 1951. (Foto: K. Wendel)

55-PS-FAUN F 24 Exportausführung, 1957.

60-PS-FAUN F 284 D (Van Hool-Aufbau), 1964 .(Foto: Hans Pairan)

70-PS-FAUN F 24 D/310 (Hubertia-Aufbau), 1957.

FAUN

Typ	Sitzplätze/ Stehplätze	Bauzeit	Zylinder	PS	K	B x H mm	Hubraum cm³	Drehzahl U/min	Radstand mm	Länge mm	Gewicht kg	Motor-hersteller	Typ	M	Bemerkungen
a) Vorkriegs-Baureihen mit Verbrennungsmotoren															
B	18/0	1921 - 24	4	40	W	116x150	6337	1300	3800			FAUN		V	auch Cabriolet-Version
SN	26/0	1921 - 24	4	45	W	116x150	6337	1300	4100			FAUN		V	
Oberdecker	18+2/10	1921	4	45	W	116x150	6337	1300	3860			FAUN		V	30 kW-Radnabenantrieb bei 160 V
II O	22-24/0	1924 - 25	4	45	W	116x150	6337	1300	4450		7100	FAUN		V	Niederrahmen, auch 55-PS-Motor, auch Maybach W 2-Motor
NO 25 Nürnberg	22/3	1926	6	70	W	95x135	5741	2200	5150		7900	Maybach	W 2	V	auch Radstand 5950 mm
NO 35	33/5	1926	6	70	W	95x135	5741	2200	5950	8700	9800	Maybach	W 2	V	
VO 35 Amberg	30/20	1926	6	70	W	95x135	5741	2200				Maybach	W 2	V	Frontlenker
O 25	22/3	1927	6	70	W	95x135	5741	2200	5150	7050	7900	Maybach	W 2	V	auch 18/10 Plätze
O 35	35/15	1927	6	70	W	95x135	5741	2200	5950	7950	9800	Maybach	W 2	V	
E 35	35/15	1927	6	70	W	95x135	5741	2200	5950	7850		Maybach	W 2	V	Radnabenantrieb
O 25	22 - 25	1927	6	100	W	94x168	6955	1900	5150	7350		Maybach	OS 5	V	
O 35 (L, N, V)	35/0 (35/15)	1927	6	100	W	94x168	6955	1900	5950	8000 - 9580	9850	Maybach	OS 5	V	auch Radstand 5990 mm, auch 23/27 Plätze
E 25	25/0	1928	6	100	W	94x168	6955	1900	5150	7350		Maybach	OS 5	V	Radnabenantrieb, Prototyp
E 25	35/15	1928	6	100	W	94x168	6955	1900	5150 - 5950	7050 - 8700		Maybach	OS 5	V	Radnabenantrieb, auch 23/37 Plätze, geplant
O 35 I	34/0	1929	6	100	W	94x168	6995	1900				Maybach	OS 5	V	Reichspost-Einheitsaufbau, Linie
O 35 V		1929	6	100	W	94x168	6995	1900				Maybach	OS 5	V	Frontlenker, Reichspost-Reisewagen
FAUN	34/40	1932	6	90	W	94x168	6995	1800	5250+1250	10150		Maybach	OS 6	V	Frontlenker, Projekt, auch 40/51 Plätze
Fahrdrahtbus		1933	6	90	W	94x168	6995	1800				Maybach	OS 6	V	Projekt, zusätzlich Oberleitung
O 24 D 63		1934/35	6	90	W	100x130	6126	2000	3700			Deutz	F 6 M 313	D	auch 60 u. 70 PS
O 28 D 66		1934/35	6	110	W	100x160	7540	2000	4750			Deutz	F 6 M 316	D	
O 33 D 66		1935/36	6	110	W	100x160	7540	2000	5400 - 5650			Deutz	F 6 M 316	D	
O 50 D 67	40/0	1935	6	125	W	130x170	13583	1500	4400 - 5750			Deutz	F 6 M 317	D	
ZR (ab 1948 L7Z, ab 1950 L7R u. L7S	80/20	1938/ 48-50	6	150	W	130x170	13583	1600		18000		Deutz	F 6 M 517	D	Sattelschlepper-Omnibus
b) Nachkriegsbaureihen															
M 6		1946	6	100	W	90x110	4170	2800	4450			Maybach	HL 42	V	Behelfsomnibus auf Kommunalfahrgestell
O 7 Z	42/0	1949	6	150	W	130x170	13583	1600	6000	11600		Deutz	F 6 M 517	D	Linie 64 Plätze
O 7 V	36/34	1950	6	150	W	130x170	13583	1600	5300	10780	10100	Deutz	F 6 M 517	D	
O 7 V	49/8	1950	6	150	W	130x170	13583	1600	6000	10780	10350	Deutz	F 6 M 517	D	auch 48/22 Plätze
O 8 V		1950	6	180	W	130x170	13583	1800	5500 - 6000			Deutz	F 6 M 617	D	Wirbelkammer-Diesel
O 9 V	55/10	1950	6	180	W	130x170	13583	1800	6800	11970	10300	Deutz	F 6 M 617	D	auch 150 PS, auch 60/30 Plätze
O 9 V		1950	6	180	W	130x170	13583	1800	4900+5900	20000		Deutz	F 6 M 617	D	Gaubschat- oder Rathgeber-Gelenkzug
F 60 LO	22/0	1950	6	130	L	110x140	7983	2300	5000 - 5500			Deutz	F 6 L 514	D	auch Radstand 6000 mm
F 70 O		1950	6	150	W	100x130	6126	2500	5750	10400		Henschel	522 DPK-L	D	Roots-Gebläse, ab 1966 6 R 1013 A-Motor
O 9 V »Aero Condor«	60/0	1951	6	180	W	130x170	13583	1800	6800	11966		Deutz	F 6 M 617	D	Basis für Ludewig-11/2-Decker, auch Motor F 6 M 517
O 9 V	55/10	1951	6	180	W	130x170	13583	1800	6800	11970		Deutz	F 6 M 617	D	Schienen-Erprobungs-fahrzeug
O 6 V			6	130	L	110x140	7983	2300	5000 - 5500			Deutz	F 6 L 514	D	
O 8 V			V8	160	W	105x125	8659	2500	6000			Kämper	8 V 105	D	Hochrahmen-Typ, auch Deutz-Motor F 8 L 614
F 76 O		1957	6	150	L	110x140	7983	2300	5000			Deutz	BF 6 L 514	D	T
c) Kleinbusse															
F 24	18 - 22	1957 - 63	4	55	W	82x70,9	1498	4250	3700	6980		Ford	G 4 B	V	
F 24 D/310	18 - 22	1957 - 63	4	70	W	92x118	3136	2750	3100 - 3700	6980	3880	Kämper	492 H	D	
F 284	18 - 22	1964	4	60	W	84x76,6	1698	4200	3800	6980		Ford	17 M	V	
F 284 D	22/0	1964	4	60	L	95x120	3400	2800	3700	6980		Deutz	F 4 L 712	D	
d) Baureihen mit Elektromotoren															
Fahrdrahtbus	35/15	1932													Projekt, Radnabenantrieb
OV 5000		1950													Obus-Fahrgestell

FFG

FFG Fahrzeugwerkstätten Falkenried GmbH,
Hamburg 20, Falkenried 7 - 19
1968-1982

Zu den Vorläufergesellschaften der 1911 gegründeten Hamburger Hochbahn AG (HHA) gehörte eine 1880 gegründete Straßen-Eisenbahn-Gesellschaft. 1890/92 errichtete sie in Hamburg-Eppendorf an der Straße Falkenried einen Betriebshof mit Werkstätten zur Fahrzeug-Ausbesserung. Die Straßen-Eisenbahn-Gesellschaft entwarf und baute sich dort ihre Pferdebahnwagen selbst. Sie hatte sich bis zu diesem Zeitpunkt zur Waggonfabrik Falkenried entwickelt, die 1905/06 ihren ersten Decksitzer-Busaufbau auf ein kettengetriebenes AEG/NAG-Chassis montierte. 1919 ging die Straßen-Eisenbahn-Gesellschaft mit ihrer Wagenbauanstalt Falkenried in den Besitz der HHA über, 1968 präsentierten sich die Fahrzeugwerkstätten Falkenried FFG dann in ihrer heutigen Form.

Es ist unbestritten, dass die HHA maßgeblich am Zustandekommen der VÖV-Empfehlungen zur Gestaltung von Standard-Stadtlinienomnibussen beteiligt war. 1966/67, also noch vor Gründung der FFG, wurde im Zusammenwirken mit dem VÖV in der damaligen Betriebswerkstatt eine 1:1-Attrappe des Standard-Stadtlinienbusses erstellt. 1971 rüstete die HHA-Tochter für Linienversuche in Heilbronn einen VÖV-Bus mit niedriger Einstiegshöhe. Mindestens seit dieser Zeit zählen die Konzeption und der Bau von Spezialfahrzeugen beziehungsweise Prototypen zu den Aufgaben des Hamburger Hauses, so zum Bespiel der »Urban-Bus« von 1972, eine verkürzte VÖV-Version mit besonders niedriger Einstiegshöhe. Die Rechte am Urban-Bus übernahm 1974 Daimler-Benz.

240-PS-FFG Niederflur-Schubgelenk-Prototyp, 1975. (Foto: FFG)

Weitere wichtige FFG-Entwicklungen: 1973/74 (Niederflur/Gelenkbus mit Hecktriebsatzanordnung im Gelenknachläufer und einer im Gelenk arbeitenden elektronisch-hydraulischen Knickwinkeldämpfung), 1975 (17,0-m-Niederflur-Schubgelenkzug-Prototyp, der zum VÖV SL I-gerechten Schubgelenkbus O 305 G führte), 1976 (VÖV II-Prototyp mit 540 mm Wagenbodenhöhe) und 1979 (S 80/Ü 80 mit gashydraulischer Wagenkastenfederung). 1982 stattete FFG-Falkenried einen Daimler-Benz/Orenstein & Koppel S 80 D-Doppeldecker aus, der kleine 55-Prozent-Reifen erhielt.

Bei Entwicklungsaufgaben arbeiten FFG-Falkenried, die HHA-Tochter Hamburg-Consult und die Studiengesellschaft für Nahverkehr mbH

210-PS-FFG VÖV-Bus II-Prototyp, 1976. (Foto: FFG)

240-PS-FFG Ü 80-Prototyp, 1979. (Foto: FFG)

(SNV) eng zusammen. So bei der Entwicklung von Behindertentelebussen (ab 1979) und bei der Realisierung der Bürgerbusse (ab 1982). Zu den Fahrzeugentwicklungen der Falkenrieder gehörte zudem 1979 eine standardisierte Omnibusfamilie für die irische Bahngesellschaft Coras Iompair Eireann (CIE), bestehend aus Stadtlinienbus, Überlandlinienbus und Doppeldeckerbus. Das Platzangebot betrug maximal 85, 53 und 79 Personen. Der Doppeldecker war indes nur 9,6 m lang. Die 180-PS-Zweitakt-Diesel kamen von General Motors. Die Busse wurden in Irland von einer Tochtergesellschaft des kanadischen Verkehrsmittelherstellers Bombardier gebaut.

FFG-Doppeldecker-Citybus für Bombardier/Irland, 1980. (Foto: FFG)

Aus dem Einzelfahrzeug- und Prototypenbau entwickelte sich ab 1981 eine neue, regelrechte Produktlinie. Ausgangspunkt war ein Catering-Hubscherenwagen für die Lufthansa. Heutzutage verlassen die FFG auch Gepäck- Überladebrücken – beziehungsweise – Förderbandfahrzeuge und selbstfahrende Fluggastbrücken.

FFG-PROTOTYPEN

Typ	Sitzplätze/ Stehplätze	Bauzeit	Zylinder	PS	K	B x H mm	Hubraum cm³	Drehzahl U/min	Radstand mm	Länge mm	Gewicht kg	Motor-hersteller	Typ	M	Bemerkungen
FFG VÖV Bus II	45/72	1975	6	210	W	125x150	11045	2200	5850	11250	8700	DB	OM 407 h	D	
FFG-Gelenkbus	57/113	1975	6	240	W	125x150	11045	2200	5600+6150	17530	12530	DB	OM 407 h	D	Niederflur-Prototyp
FFG Intercity IC	53/0	1978	V6	180	W			2100	6096	11110	9560	GM Canada	6V 71 N/C 55	D	Zweitakt-Diesel
FFG Citybus C	50/41	1978	V6	180	W			2100	5356	10360	9810	GM Canada	6 V 71 N/C 55	D	Zweitakt-Diesel
FFG Ü 80	51/57	1979	6	240	W	125x150	11045	2200	6150	11810	9000	DB	OM 407 h	D	
FFG Doppeldecker (DD)	73/5	1980	V6	180	W			2100	4616	9620	10585	GM Canada	6V 71 N/C 55	D	Zweitakt-Diesel

Fleischer

Fritz Fleischer, Karosserie- und Fahrzeugfabrik KG,
Gera, Wilhelm-Pieck-Str. 181

1. 1960-1972 **Fritz Fleischer, Karosserie- und Fahrzeugfabrik KG**
2. 1972-1990 **VEB Karosseriebau Gera**

Fritz Fleischer (1903 - 1989), Stellmacher, übernahm mit seinem Partner Werner Bergner im Jahre 1927 die ehemalige Hofwagenfabrik C. Friedemann & Co. in Gera. Die Fleischer & Bergner, Werkstätte für Karosseriebau führte Reparaturen sowie Umbauten und Neuaufbauten von Karosserien aller Art durch. Bergner schied schon 1930 aus Gesundheitsgründen wieder aus, doch erst ab 1939 firmierte der Betrieb als »Fritz Fleischer Karosserie- und Fahrzeugfabrik, Gera«. Neben den Karosseriereparaturen beschäftigte sich Fleischer mit dem Bau von Fahrerhäusern und Pritschen, von Ein- und Zweiachsanhängern, (seit 1935) von Kippern mit Aggregaten der Firma Toussaint & Hess (TEHA) und schließlich (in Einzelstücken) von Wohnwagen.

Das Unternehmen wurde gegen Kriegsende völlig zerstört, danach aber wieder aufgebaut und beschäftigte sich auch mit dem Umbau von Personenwagen zu Kleinlastwagen. VW-Kübelwagenfahrgestelle bildeten vielfach die Ausgangsbasis für Nutzfahrzeugaufbauten. Unter diesen ragen vier auf den Frontlenkerbetrieb ausgelegte Kleinbusse hervor, also noch bevor das VW-Werk überhaupt an den Transporter dachte. Richtige Omnibusse standen, auf Initiative des neuen Chefkonstrukteurs Martin Seipolt, ab 1947 auf der Fertigungsliste. Für die Herstellung seiner Omnibus-Aufbauten in Gemischt-Bauweise (Holz-Gerippe mit Blech-Außenhaut) und in Ganzstahl-Technik nutzte das Werk Fahrgestelle, die von den Kunden angeliefert wurden. Aus Gewichtsgründen verwendete Fleischer ein Holzgerippe, das mit Alu-Blech verkleidet wurde.

Im Jahre 1954 wurde ein erster Omnibus mit einer eigenen Ganzstahl-Karosserie auf Basis eines angelieferten Opel-Fahrgestells hergestellt. Dieser erste Ganzstahlbus ging an den Omnibusunternehmer Grauer in Elster an der Elbe, in den Folgejahren erhielt Grauer ein Vorserienexemplar jeder neuen Fleischer-Entwicklung zu Erprobungszwecken. Diese Busse trugen immer die Beschriftung »Elbe-Express«.

Da es in der DDR keine freie Zuliefer-Industrie gab und die Zulieferer der »volkseigenen« Fahrzeugindustrie den Wirtschaftsplänen unterworfen waren, hatte ein privater oder ein halbstaatlicher Betrieb wenig Chancen, die notwendigen Materialien zu beziehen. Speziell für den Omnibusbau erforderliche Karosserie- und Ausrüstungsteile wie zum Beispiel Radkappen, Sitze und Fensterrahmen mussten daher von Fleischer in aufwendiger Handwerksarbeit selbst hergestellt werden. Erschwerend hinzu kam der dauernde Mangel an Facharbeitern.

In dieser Situation gab es nur die Möglichkeit von Kompensationsgeschäften oder Kooperationen, wobei die Materialbeschaffung zumeist Fleischers Aufgabe blieb. Bis zu 100 Handwerker hatte der Omnibusbauer zeitweise auf diese Weise beschäftigt.

Fleischer-Kleinbus auf 25-PS-VW-Kübelwagen-Chassis, 1949. (Foto: Hans Fleischer)

Trotz dieser Widrigkeiten baute das Unternehmen in Gera Mitte der fünfziger Jahre eine Omnibus-Kleinserie für die Sowjetischen Aktiengesellschaften (SAG). Diese hatten gebrauchte französische Matford-Fahrgestelle mit dem 95-PS-V-Achtzylindermotor angeliefert, die bei Fleischer mit Frontlenker-Omnibusaufbauten versehen wurden. Die insgesamt 15

90-PS-Fleischer S1 RU Ausflugsomnibus-Prototyp, 1959. (Foto: Hans Fleischer)

96-PS-Fleischer S1 RU Ausflugsomnibus, 1959. (Foto: Hans Fleischer)

Fahrzeuge hatten eine gewisse Typisierung ermöglicht, was den konstruktiven Aufwand erheblich reduzierte. Oft wurden an die SAGs und auch an die »volkseigenen« Kombinate jeweils Omnibus-Pärchen geliefert. Unter den Kunden waren die Hydrierwerke der DDR wie Webau, Brabag, Espenhain, die zwar nicht offiziell, aber ab und zu mit dem in der DDR knappen Treibstoff aushelfen konnten.

Im Zuge der politischen Entwicklungen wurde dem Privatbetrieb am 1. Oktober 1958 eine staatliche Beteiligung aufgezwungen, was Fritz Fleischer und Martin Seipolt allerdings nicht daran hinderte, einen modernen selbstragenden Omnibus zu entwickeln, der 1959 als Prototyp fertiggestellt werden konnte. Für den Zusammenbau des mittleren Frontlenker-Omnibusses vom Typ S1 wurden Achsen, die Lenkung, das Getriebe und der 90-PS-Motor des Sachsenring-Lkw S 4000-1 verwendet. Der 9,25-Meter-Prototyp war mit einer selbsttragenden Karosserie mit westdeutschen Hohlstabprofilen versehen. Er verfügte über 32 Sitze eigener Konstruktion mit den ersten Nackenrollen, die Verwendung in der DDR fanden.

Die geteilten »Vollsichtscheiben« in der Front- und Heckpartie bestanden aus Sicherheitsglas. Die gebogenen Oberlichtfenster waren aus importiertem Acrylglas hergestellt. In der Serie erhielt der Bus einen größeren Radstand und einen längeren vorderen Überhang, so dass eine zusätzliche Sitzreihe installiert werden konnte. Der 9,6-Meter-Bus ging als S1 RU in Produktion. Das »S« in der Typenbezeichnung deutete auch die selbsttragende Bauweise hin. Um die Bestimmung des RGW/Rat für gegenseitige Wirtschaftshilfe zu umgehen, gemäß derer Omnibusse ausschließlich aus den ungarischen Ikarus-Werken kommen durften, wurden die Fleischer-Fahrzeuge als »RU«-Typen (Reparatur-Umbau) deklariert, wobei zum Beispiel gebrauchte elektrotechnische Teile wie eine Hupe genügten, damit die Omnibusse als wieder aufgebaute RU-Typen galten. Das Interesse der Ostberliner BVG (später BVB) minderte darüber hinaus die administrativen Hindernisse. Die BVG-Ost erwarb vier Modelle dieses Typs für Ausflugs- und Stadtrundfahrten. Außerdem konnte dieser Typ auch mit einem neu entwickelten 96-PS-Mähdrescher-Motor mit Luftkühlung des VEB Dieselmotorenwerks Schönebeck ausgestattet werden. Elf Exemplare des S1-Typs bildeten die erste Fleischer-Baureihe.

Parallel zu diesem Modell wurde der größere Typ S2 RU für 43 bis 50 Fahrgäste im gleichen Styling, jedoch mit größerem Radstand und damit einer zusätzlichen Fensterreihe gefertigt. Hier wurde die 120-PS-Schönebeck-Wirbelkammer-Maschine, mit der der H6-Lkw bestückt war, eingesetzt. Achsen und Federn stammten vom Werdauer Omnibus H6B, die vier Stoßdämpfer an der vorderen Starrachse vom Robur-Omnibus LO 2500. Erstmals konnte eine Servolenkung eingebaut werden.

150-PS-Fleischer S3 Linienbus, 1962. (Foto: Hans Fleischer)

150-PS-Fleischer S2 RU Reisebus, 1966. (Foto: Hans Fleischer)

1962 folgte das S3-Linienmodell auf der Basis des S2 RU mit 27 Sitz- und 40 Stehplätzen. Gewölbte Dachpartien aus Blech ersetzten jedoch die einstige Dachrandverglasung. Auch hier wurden Teile des H6B-Omnibusses in die selbsttragende Karosserie integriert. Die auf 150 PS gesteigerte Schönebeck-Maschine sorgte für den Vortrieb. Tiefliegende Einstiegsböden und automatische Falttüren vorne und in der Wagenmitte sowie gegenüber dem Reisebus größer dimensionierte Reifen waren weitere Details des damaligen »Spitzenerzeugnis der Fahrzeugindustrie der DDR«. Die fünf Exemplare dieser S3-Kleinserie übernahm die BVG-Ost und setzte sie im Einmann-Betrieb auf Vorortstrecken ein.

Von Mitte 1963 bis Ende 1965 ruhte der Omnibusbau fast vollständig, um einen Exportauftrag von 200 Röntgenzügen für die Sowjetunion abwickeln zu können.

1966 löste dann eine von Grund auf neu konzipierte Baureihe die bisherigen Modelle ab. Die bislang abgerundeten Front- und Heckpartien waren sacht gewölbten Konturen gewichen; besaßen aber weiterhin geteilte Scheiben, die für die Front- und Heckscheibe aus Rationalisierungsgründen identisch waren. Durch die jetzige Kastenform wurden die Fenster bis zum Flachdach hochgezogen und teilweise mit Lüftungs-Schiebeschlitzen im oberen Bereich versehen. Gleichzeitig wuchs der Gepäckraum unter dem Fahrgastboden.

Erstes Modell dieser zweiten Fleischer-Busgeneration war der neue S2 RU, dessen Fahrwerk auf dem Vorgänger basierte. Das galt auch für die 150-PS-Maschine, die diesen Wagen antrieb. Nachdem alle vorhandenen oder nachproduzierten H6B-Teile aufgebraucht waren, endete die RU-Fertigung im Jahre 1971. Einschließlich der wenigen S2-Typen der ersten Ausführung brachte es diese Baureihe auf 142 Exemplare.

Ein Einzelstück blieb ein hervorragend gezeichneter Kleinbus auf der Barkas-Basis mit elektrisch betätigter Schiebetür.

Als Weiterentwicklung in der Omnibusbaureihe folgte der 9,6-Meter-Typ S4 mit 39 Sitzplätzen in gleicher Karosserieform. Hier sorgte der W 50-Motor mit 125 PS aus dem VEB IFA Motorenwerk Nordhausen für Vortrieb. Auch die Fahrwerksteile stammten vom Ludwigsfelder W 50-Lkw, darunter auch die Hinterachse mit außerhalb der Triebachse liegenden Antriebswellen. Allerdings konnten nur 51 Reisebusse dieser Ausführung hergestellt werden, da das Ludwigsfelder Lkw-Werk nach 1973 keine Achsen mehr nach Gera lieferte.

125-PS-Fleischer S4 Reisebus, 1971.

Im Jahre 1972 wurde das Unternehmen als »volkseigener Betrieb« unter der Bezeichnung VEB Karosseriebau Gera verstaatlicht, Fritz Fleischer erhielt 1973 als »Werkdirektor des VEB Karosseriebau Gera« die »Abberufung« durch den Vorsitzenden Seidel des »Wirtschaftsrates des Bezirkes

190-PS-Fleischer S5 Reisebus, 1975.

Gera«. Sein Neffe Rolf Fleischer als Produktionsleiter und ein vom Staat eingesetzter Direktor führten das Unternehmen weiter.

Im Zusammenhang mit der staatlichen Zwangsbeteiligung erhielt das Ikarus-Werk in Budapest/Ungarn als offizieller Omnibus-Monopolhersteller der RGW-Staaten die Konstruktionsunterlagen von Fleischer. Gleichzeitig war es nun möglich, entsprechende Fahrwerksteile aus Ungarn zu erhalten. Mit Ikarus-Teilen erschien daher 1973 der S5 mit 48 Sitzplätzen, ein Zwölfmeter-Bus, der gegenüber dem S4-Modell einen höheren Kofferraumboden und fünf anstelle von vier Scheiben zwischen den Türen aufwies. Eingebaut wurde der inzwischen auf 190 PS erstarkte Direkteinspritzer aus Schönebeck, der eigentlich für Landmaschinen sowie für Schiffsantriebe vorgesehen war. Die Achsen stammten aus den ungarischen Reisebussen der 200er Serie. Letzte technische Neuerung war ab 1986 der Einbau der Luftfederung aus dem Ikarus-Typ 250. In ganz geringer Stückzahl wurde das S5-Modell auch in einer Linienbusversion gefertigt.

Der in den achtziger Jahren auf 112 Personen abgesunkene Betrieb stellte jährlich neben der Instandsetzung von Omnibussen rund 16 Neufahrzeuge her, bis zum Frühjahr 1990 waren 294 Modelle des S5-Typs entstanden. Vorwiegend gingen die Fahrzeuge an private Busunternehmer in der DDR, aber auch an Kommunalbetriebe und das Ministerium für Staatssicherheit (MfS).

Anfang 1990 kam der Bau von Fleischer-Omnibussen zum Erliegen. Die Berliner Treuhand übernahm den gesamten Betrieb und veräußerte ihn an einen westdeutschen »Investor«. Neben der noch für kurze Zeit weitergeführten Fertigung von Sitzen für die Barkas-Transporter erfolgten nun mit erheblich reduzierter Belegschaft Reparaturen aller Art sowie Instandsetzungen von Ackermann-Fruehauf- und Budamobil-Aufliegern. Ende 1990 wurden die Fertigungshallen schließlich verpachtet. Was bleibt, ist der hervorragende Ruf von Fritz Fleischers Karosserie- und Fahrzeugfabrik, die als einziger Hersteller selbsttragende, moderne Omnibusse in der DDR bauen konnte.

190-PS-Fleischer S5 Reisebus mit Luftfederung, 1986.
(Foto: Ralf Weinreich)

FLEISCHER

Typ	Sitzplätze/ Stehplätze	Bauzeit	Zylinder	PS	K	B x H mm	Hubraum cm³	Drehzahl U/min	Radstand mm	Länge mm	Gewicht kg	Motor-hersteller	Typ	M	Bemerkungen
1. Baureihe Kleinbus															
Fleischer Kombi	8/0	1948	B4	25	L	75x64	1131	3000	2400			VW			
2. Baureihe Linienbusse															
S 3 RU	27/40	1962 - 66	6	150	W	120x145	9840	2000	4900	10900	8375	Schönebeck	EMbW 6-20	D	auch Motorbezeichnung 6 KVD 14,5 SRW
S 2 RU	42/12	1965 - 71	6	150	W	120x145	9840	2000	4900	11000	9100	Schönebeck	EMbW 6-20	D	
3. Baureihe Reisebusse															
S 1 RU	32/0	1959	4	90	W	115x145	6024	2200	3900	9250		Nordhausen	EM 4-22	D	Prototyp
S 1 RU	36/0	1959 - 62	4	90	W	115x145	6024	2200	4600	9650	6300	Nordhausen	EM 4-22	D	
S 1 RU	36/0	1959 - 62	4	96	L	120x145	6560	2300	4600	9650	6150	Schönebeck	4 KVD 14,5 SRL	D	
S 2 RU	30-50+8	1960 - 63	6	120	W	120x145	9840	2000	4900	10900	9020	Schönebeck	EMaW 6-20	D	auch 42/11 Plätze
S 2 RU	42/0	1965 - 71	6	150	W	120x145	9840	2000	4900	11000	9100	Schönebeck	EMbW 6-20	D	auch Motorenbezeichnung 6 KVD 14,5 SRW
S 2 RU	42/0	1966 - 71	6	160	L	120x145	9840	2300	4900	11000	9100	Schönebeck	6 KVD 14,5 SRL	D	mit Motor 6 VD 14,5/12-1 190 PS
S 4	38/0	1969 - 89	4	125	W	120x145	6560	2300	4600	9650	6900	Nordhausen	4 VD 14,5/12-1 SRW	D	
S 5	48/0	1971 - 89	6	190	W	120x145	9840	2300	6100	12000	9550	Schönebeck	6 VD 14,5/12 SRW	D	ab 1977 Motor-Typ 2-SRW

Ford

Ford-Werke AG, Köln-Niehl, Henry-Ford-Str. 1
1. 1931-1939 **Ford-Motor-Company AG**
2. 1939-heute **Ford-Werke AG**

1930 weihte Henry Ford I – im Beisein des damaligen Oberbürgermeisters Dr. Konrad Adenauer – in Köln-Niehl das »Ford-Werk-Deutschland« ein. Damit wurde der seit 1926 bestehende Montagebetrieb in den angemieteten Hallen im Berliner Westhafen-Gebiet überflüssig.

Neben Personenwagen liefen auf den Kölner Fließbändern vor allem Lastwagen des Typs »AA« mit einem 40-PS-Vierzylindermotor, auf deren Fahrgestelle verschiedene Firmen kleine Omnibuskarosserien aufsetzten.

40-PS-Ford AA Linienbus-Sattelzug, 1931.

50-PS-Ford BB Linienbus (Thiele-Aufbau), 1932 (Foto Peter Michels)

90-PS-Ford V8/51 Aussichtsomnibus (Harmening-Aufbau), 1938.

Auch eine Sattelschlepper-Ausführung für 32 Fahrgäste entstand. 1932 folgte dem AA-Typ die BB-Version mit 50-PS-Motor. Diese Fahrgestelle wurden hauptsächlich von Hubertia in Berlin-Borsigwalde und in Küps/Bayern sowie von Thiele in Bremen karossiert. Mit verschiedenen Radständen entstanden 13- bis 25-sitzige Kleinomnibusse der zweiachsigen Typenreihe »Schierke«, »Oberhof« und »Groß-Oberhof« und der dreiachsigen Typenreihe »Kolberg«, »Wannsee« und »Blankensee«.

Die nach 1936 auf Basis des Ford V8/51 vorgestellten Busse waren größer, sie boten 28 bis 34 Personen Platz. Sie entstanden auf verlängerten Tiefrahmen-Untergestellen der Firma E. Clerck in Wuppertal-Cronenburg, die an verschiedene Karosseriebauer wie etwa Drauz abgegeben wurden. Die V8/51-Baureihe wurde 1939 dann unter der Bezeichnung V8/G 917 T erneuert.

In diesem Jahr erschienen bei Ford achtsitzige Kleinbusse auf dem Fahrgestell des BB-Typs mit 40-PS-Vierzylinder und Imbert-Holzgasanlage. Die Karosserien bauten Harmening in Bückeburg und Kässbohrer.

Gleichzeitig folgte der 25-sitzige Typ V8/G 987 auf dem Dreitonnen-Tiefrahmenchassis, ebenfalls mit Imbert-Holzgasanlage im Heck. Die Maschine leistete rund 75 PS. Der selbsttragende Wagenkasten besaß ein leichtes Traggerippe, das durch die Einbeziehung des Fußbodens, des Daches und der Seitenwandungen stabilisiert wurde. Letztere, mit Kunstharz verleimte Delignit-Sperrholzplatten, ersparten die Verwendung von Tiefziehblechen und reduzierten das Gewicht um gut 90 Prozent, so dass dadurch das Gewicht des Generators kompensiert werden konnte. Eine geänderte Hinterachsübersetzung erlaubte trotz des Leistungsverlustes der Holzvergasermaschine die gleiche Höchstgeschwindigkeit, die der 90-PS-Vergasermotor ermöglichte. Große Fensterflächen kennzeichneten den von der Karosseriefabrik Voll in Würzburg gebauten Busse. Der Holzvorrat befand sich auf dem Dachträger. 500 dieser Ford-»Leichtstabilomnibusse« entstanden.

Bei den ersten Nachkriegskonstruktionen von 1948 handelte es sich um die Frontlenkeromnibusse vom Typ G 790 B und G 798 B mit dem auf 95 PS erstarkten V8. Das in Gemischtbauweise mit einem Clerck-Tiefrahmen (Clerck Elberfeld) gefertigte Modell beförderte bis zu 25 sitzende und 33 stehende Personen. Großabnehmer dieser Omnibusse waren die amerikanischen und britischen Besatzungsmächte in Deutschland.

Im Jahre 1952 bot Ford in Gestalt des von der Süddeutschen Bremsen AG in Lizenz hergestellten Wirbelkammer-Diesel der amerikanischen Firma Hercules erstmals eine Alternative zum inzwischen 100 PS starken, aber sehr durstigen V8 an. 1955 stieg die Leistung des Diesels von 90 auf 95 PS, der 34-sitzige Frontlenker wurde bis 1956 damit ausgerüstet. In dieser Zeit lieferte Ford Vergaser- und Dieselmotoren sowie Achsen und Aggregate an die Firmen Drauz und NWF, die damit ihre Stromlinienomnibusse bestückten.

1954 präsentierte Ford den Hauben-Lastwagen FK 4000; auch er diente kurzfristig als Basis für Omnibusse von Bauer, Kässbohrer und Voll. Bereits 1955 folgte der neue FK 4500 im US-Stil mit dem Haifischmaul-Grill. Dieses 26-sitzige Fahrzeug besaß nun den mechanisch aufgeladenen, 120 PS starken V6-Zweitakt-Diesel des österreichischen Professors Hans List. Hinzu kam der leichtere Typ FK 2500 mit der 80-PS-V4 der Ford-List-Motorenbaureihe. 1961 wurde der Lkw- und damit der Fahrgestellbau für Omnibusse aufgegeben, da sich die neuen Dieselmotoren als allzu anfällig erwiesen hatten; vor allem gaben die durchgebrannten Auslassventile ständig Anlass zu Reklamationen. Insgesamt 5305 Omnibus-Unterbauten waren in der Nachkriegszeit entstanden. Ford nutzte die frei gewordenen Kapazitäten für die äußerst erfolgreiche Pkw- und Transporter-Produktion.

Einen neuen Markt hingegen erschloss sich das Kölner Werk mit dem 1954 vorgestellten Transporter FK 1000, den als neunsitzigen Kleinbus mit Drauz- und als Elfsitziger mit Migö-Karosserien gab. Dr.-Ing. Alfred Haesner, der Schöpfer des Volkswagen-Transporters, hatte das Schalenbau-Modell mit Starrachsen konstruiert. Die Motoren stammten aus dem zeitgenössischen Pkw-Programm. Ab 1962 gab es ein FK-Luxusversion mit Dachrandverglasung, der »Panorama« war Fords Antwort auf den Samba-Bus von Volkswagen. 1965 wurde die inzwischen unter dem Namen »TT-Modelle« (Taunus-Transit) angebotene Modellreihe durch die neue Kurzhauben-Serie »FT« (Ford-Transit) abgelöst, die es mit verschiedenen Radständen und neun, zwölf oder 15 Sitzen gab. Im Laufe der Jahre folgten verschiedene Motor- und Ausstattungsvarianten, ohne dass sich an der Grundkonzeption etwas geändert hätte.

40-PS-Ford BB/G 987 TG (Harmening-Aufbau), 1941. (Foto: Ford-Werke)

95-PS-Ford G 398 TS Rhein (NWF-Aufbau), 1948. (Foto: Ford-Werke)

Mit dem Modellwechsel im Jahre 1986 erhielten die Ford Transit-Modelle der Grundbaureihe FT 80 und FT 190 eine überaus modern gezeichnete, abgerundete Karosserie mit einer schräg abfallenden Vorderfront. Darunter verbarg sich eine moderne Einzelradaufhängung an McPherson-Federbeinen, während die starre Hinterachse an Längslenkern und Blattfedern geführt wurde. Zunächst standen ein 78-PS-Vergasermotor und ein 68/70-PS-Diesel-Direkteinspritzer zur Auswahl. Die Palette der lieferbaren Kleinbus-Varianten beschränkte sich dagegen auf die 8- und 13-Sitzer, die bei Karmann-Rheine und dem Karosseriewerk Rappold in Wülfrath ausgebaut wurden. 1991 ergänzte der Rappold-14-Sitzer die Modellpalette. Hinzu kamen die im belgischen Ford-Werk Genk gefertigten »CL«- und »GL«-Modelle als Neunsitzer.

Im Jahre 2005 wurde die Transporter-Fertigung in das kostengünstiger produzierende Ford-Werk Otosan Kocaeli in Gölcük/Türkei verlegt, ein Joint-Venture-Unternehmen von Ford und dem türkischen Investor Koç.

95-PS-Ford G 798 B (P. Bauer-Aufbau), 1948. (Foto: Ford-Werke)

95-PS-Ford G 790 B (Drauz-Aufbau), 1948. (Foto: Ford-Werke)

95-PS-Ford V 3000 S Postomnibus (Credé-Aufbau), 1949.

38-PS-Ford FK 1000 Kleinbus, 1953.

90-PS-Ford G 1Y9 B (NWF-Aufbau), 1955. (Foto: Ford-Werke)

120-PS-Ford FK 4500, 1955. (Foto: Ford-Werke)

60-PS-Ford Transit FT 100 Kleinbus, 1971. (Foto: Ford-Werke)

62-PS-Ford Transit FT 130 D Kleinbus, 1972. (Foto: Ford-Werke)

70/98-PS-Ford FT 80 Kleinbus, 1991. (Foto: Ford-Werke)

78-PS-Ford Transit FT 190 Kleinbus, 1986. (Foto: Ford-Werke)

90-PS-Ford Transit FT 350 Kleinbus, 2002.

105-PS-Ford Transit 350 Kleinbus, 2017.

FORD

Typ	Sitzplätze/ Stehplätze	Bauzeit	Zylinder	PS	K	B x H mm	Hubraum cm^3	Drehzahl U/min	Radstand mm	Länge mm	Gewicht kg	Motor-hersteller	Typ	M	Bemerkungen
1. Ausflugs- und Linienbusse															
a) Baureihe AA															
AA		1931	4	40	W	98,4x108	3283	2200				Ford	G28T	V	Sattelschlepperomnibus
b) Baureihe BB															
BB 1,5-2	13/0	1932	4	50	W	98,4x108	3283	2800	3340	4905		Ford	G28T	V	Typen Schierke u. Oberhof
BB 1,5-2	25/0	1932	4	50	W	98,4x108	3283	2800	4140	5705		Ford	G28T	V	Typen Groß Oberhof und Kolberg
BB 1,5-2	20 - 24/0	1932	4	50	W	98,4x108	3283	2800	3340/990	6503		Ford	G28T	V	Typen Wannsee und Blankenese
BB/G 087 TG	8/0	1939 - 41	4	40	W	98,4x108	3283	2800	3988			Ford	G 28T	V	mit Generator
Ford Clubbus	13+2	1951	4	52	W	98,4x108	3283	2800	3400	6390		Ford	G28T	V	
c) Baureihe V8															
V8/51	28/0	1936 - 39	V8	90	W	77,8x95,2	3613	3800	4700			Ford	G61T	V	
V8/51	28 - 34	1936 - 39	V8	90	W	77,8x95,2	3613	3800	5100			Ford	G61T	V	
V8/51 Spezial	30/0	1936 - 39	V8	90	W	77,8x95,2	3613	3800	5300			Ford	G61T	V	
V8/G 917 T		1939 - 42	V8	90	W	77,8x95,2	3613	3800	3988			Ford	G61T	V	
V8/G 097 TG	25/0	1939 - 41	V8	75	W	81x95,2	3924		3988		3900	Ford	G39T	V	mit Generator
V8/G 997 T		1941 - 42	V8	95	W	81x95,2	3924	3500	3988			Ford	G39T	V	
V 3000 S		1941 - 47	V8	95	W	81x95,2	3924	3500	4013			Ford	G39T	V	Typ G 198 TS
G 790 B	34/0	1948 - 51	V8	95	W	81x95,2	3924	3500	5300	8715	4320	Ford	G39T	V	Frontlenker
G 798 B	26/0	1948 - 53	V8	95	W	81x95,2	3924	3500	4013	7428	3825	Ford	G39T	V	Frontlenker
G 398 TS Rhein	17/0	1948 - 53	V8	95	W	81x95,2	3924	3500	4013	7428		Ford	G39T	V	
Ford Clubbus	21/0	1950 - 53	V8	95	W	81x95,2	3924	3500	4650	7400		Ford	G39T	V	ab 1952 Typ FK 2000
G 197 B	43/0	1952	V8	95	W	81x95,2	3924	3500	5004		4400	Ford	G39T	V	Heckmotor
G 199 B	33/4	1952 - 58	V8	100	W	81x95,2	3924	3500	4801	8850		Ford	G39T	V	
FK Ford Clubbus	13+1	1952 - 53	V8	95	W	81x95,2	3924	3500	3403	6390	4725	Ford	G39T	V	
G 798 B	25/0	1952	V8	95	W	81x95,2	3924	3500	4013	7428		Ford	G39T	V	
G 798 BA	25/0	1952 - 57	V8	95	W	81x95,2	3924	3500	4013	8800	4725	Ford	G39T	V	Allradantrieb
G 198 B	26/0	1953	V8	100	W	81x95,2	3924	3500	4013	8300		Ford	G39T	V	
d) Baureihen mit Dieselmotor															
Ford Schnellbus	43	1952 - 56	6	90	W	92,07x101,6	4080	3000	5004			Ford-Südbr.	DJX-6-D	D	»Hercules-Motor«, Drauz- und NWF-Aufbauten
FK 3500	33/7	1952 - 56	6	90	W	92,07x101,6	4080	3000	4800	8488	4500	Ford/Südbr.	DJX-6-D	D	
FK 3500 D	38/0	1954	6	94	W	92,07x101,6	4080	3000	4850			Ford-Südbr.	DJX-6-D	D	Heckmotor
FK 3500 D	34/0	1954	6	95	W	93,7x107,95	4462	3000	4800			Ford-Südbr.	G4YW	D	
FK 4000 D		1954 - 54	6	95	W	93,7x107,95	4462	3000	4404			Ford-Südbr.	G4YW	D	
e) Baureihen mit V-Motor															
FK 2500	20/0	1955 - 61	V4	80	W	92x105	2797	2800	3700	7420		Ford-List	V4	D	Zweitakt-Diesel
FK 4500	26/0	1955 - 61	V6	120	W	92x105	4195	2800	4370	6670		Ford-List	V6	D	Zweitakt-Diesel
2. Kleinbusse															
a) FK-Modelle															
FK 1000	9/0	1954 - 61	4	38	W	63,5x92,5	1172	4250	2300	4300	1225	Ford	G 13	V	
FK 1000/1,5	8/0	1955 - 65	4	55	W	82x70,9	1498	4250	2300	4300	1300	Ford	15 M	V	
FK 1250	8/0	1958 - 60	4	55	W	82x70,9	1498	4250	2300	4300	1225	Ford	15 M	V	
b) Transit-Modelle 1. Generation															
TT 800	8/0	1962 - 65	4	55	W	82x70,9	1498	4250	2300	4300	1190	Ford	15 M	V	
c) Transit-Modelle 2. Generation															
FT 900 Bus	9/0	1965 - 68	V4	60	W	90x58,86	1498	4500	2692	4425	1360	Ford	1,5 l	V	auch Typ »Panorama«
FT 1000 Bus	12/0	1965 - 70	V4	60	W	90x58,86	1498	4500	2692	4425	1485	Ford	1,5 l	V	auch Typ »Panorama«
FT 1300 Bus	15/0	1965 - 70	V4	65	W	90x66,8	1699	4800	2997	5175	1535	Ford	1,7 l	V	
FT 1000 Bus	9/0	1969 - 70	V4	60	W	90x58,86	1498	4500	2692	4425	1285	Ford	1,5 l	V	auch Typ »Panorama«
Überarbeitung 1971															
FT 100 Bus	9 - 12	1971 - 73	V4	60	W	90x58,86	1498	4500	2690	4425	1365	Ford	1,5 l	V	auch 65 PS
FT 100 Bus D	9 - 12	1971 - 73	4	51	W	93,7x85,6	2358	3600	2690	4524	1620	Ford	2,4 l D	D	auch 62 PS
FT 130 Bus	15/0	1971 - 73	V4	65	W	90x66,8	1688	4800	2997	5175	1710	Ford	1,7 l	V	
FT 130 Bus	15/0	1971 - 73	V4	75	W	93,7x72,4	1996	4500	2997	5274	1710	Ford	2,0 l	V	
FT 130 Bus D	15/0	1971 - 73	4	62	W	93,7x85,6	2358	3600	2997	5274		Ford	2,4 l D	D	
FT 100 Bus	9/0	1974 - 77	V4	60	W	90x58,86	1488	4500	2690	4425	1365	Ford	1,5 l	V	auch 65 PS
FT 100 Bus D	9/0	1974 - 77	4	62	W	93,7x85,6	2358	3600	2690	4524	1620	Ford	2,4 l D	D	
FT 100 Bus	12/0	1974 - 77	V4	60	W	90x58,86	1488	4500	2690	4425	1415	Ford	1,5 l	V	auch 65 PS
FT 100 Bus D	12/0	1974 - 77	4	62	W	93,7x85,6	2358	3600	2690	4524	1670	Ford	2,4 l D	D	
FT 150 Bus	15/0	1974 - 77	V4	65	W	90x66,8	1688	4800	2997	5175	1710	Ford	1,7 l	V	auch 75 PS
FT 150 Bus D	15/0	1974 - 77	4	62	W	93,7x85,6	2358	3600	2997	5274	1965	Ford	2,4 l D	D	
FT 100 Bus	9/0	1978 - 85	4	65	W	87,67x66	1593	4750	2692	4552	1475	Ford	1,6 l	V	
FT 100 Bus	9/0	1978 - 85	4	78	W	90,82x76,95	1994	4500	2692	4552	1570	Ford	2,0 l B	V	
FT 100 Bus D	9/0	1978 - 85	4	62	W	93,7x85,6	2358	3600	2692	4552	1645	Ford	2,4 l D	D	
FT 130 Bus	15/0	1978 - 85	V6	100	W	93,67x72,42	2993	4650	2997	5302	1960	Ford	3,0 l B	V	
FT 130 Bus D	15/0	1978 - 85	4	62	W	93,7x85,6	2358	3600	2997	5302	1960	Ford	2,4 l D	D	

FORD

Typ	Sitzplätze/ Stehplätze	Bauzeit	Zylinder	PS	K	B x H mm	Hubraum cm³	Drehzahl U/min	Radstand mm	Länge mm	Gewicht kg	Motor-hersteller	Typ	M	Bemerkungen
e) Transit-Modelle 4. Generation															
FT 80 Bus	9/0	1986 - 89	4	78	W	90,82x76,95	1994	4500	2815	4606	1484	Ford	2,0 l B	V	
FT 80 Bus D	9/0	1989	4	68	W	93,67x90,54	2496	4000	2815	4606	1614	Ford	2,5 l D	D	
FT 100 Bus	12/0	1986 - 95	4	78	W	90,82x76,95	1994	4500	2815	4606	1609	Ford	2,0 l B	V	ab 1994 114 PS
FT 100 Bus D	12/0	1986 - 95	4	68	W	93,67x90,54	2496	4000	2815	4606	1735	Ford	2,5 l D	D	ab 199476, mit T 85 PS
FT 190 Bus	15/0	1986 - 88	4	78	W	90,82x76,95	1994	4500	3020	5358	1848	Ford	2,0 l B	V	
FT 190 Bus D	15/0	1986 - 88	4	68	W	93,67x90,54	2496	4000	3020	5358	1944	Ford	2,5 l D	D	
FT 120 »GL«	9/0	1988 - 91	4	78	W	90,82x76,95	1994	4500	2815	4606	1496	Ford	2,0 l B	V	
FT 120 D »GL«	9/0	1988 - 91	4	68	W	93,67x90,54	2496	4000	2815	4606	1614	Ford	2,5 l D	D	ab 1989 70 PS
»Topline«-Bus	8/0	1989 - 91	4	78	W	90,82x76,95	1994	4500	2815	4606	1536	Ford	2,0 l B	V	Karmann-Aufbau
»Topline«-Bus D	8/0	1989 - 91	4	70	W	93,67x90,54	2496	4000	2815	4606	1554	Ford	2,5 l D	D	Karmann-Aufbau
FT 130	9/0	1989 - 92	4	78	W	90,82x76,95	1994	4500	3020	5358		Ford	2,0 l B	V	
FT 130 D	9/0	1989 - 91	4	71	W	93,67x90,54	2496	4000	3020	5358		Ford	2,5 l D	D	
FT 160	9/0	1989 - 92	4	78	W	90,82x76,95	1994	4500	3020	5358		Ford	2,0 l B	V	
FT 160 D	9/0	1989 - 92	4	71	W	93,67x90,54	2496	4000	3020	5358		Ford	2,5 l D	D	
FT 190	9/0	1989 - 92	4	78	W	90,82x76,95	1994	4500	3020	5358		Ford	2,0 l B	V	
FT 190 D	9/0	1989 - 92	4	71	W	93,67x90,54	2496	4000	3020	5358		Ford	2,5 l D	D	
FT 190 13-Sitzer	13/0	1989 - 91	4	78	W	90,82x76,95	1994	4500	3020	5358	1925	Ford	2,0 l B	V	Rappold-Aufbau
FT 190 13-Sitzer	13/0	1989 - 91	4	70	W	93,67x90,54	2496	4000	3020	5358	1943	Ford	2,5 l D	D	Rappold-Aufbau
Überarbeitung 4. Generation															
»Topline«-Bus	8/0	1991 - 94	4	80	W	93,67x90,54	2496	4000	2835	4616	1773	Ford	2,5 l D	D	Karmann-Aufbau
»Topline«-Bus	8/0	1991 - 94	4	98	W	90,82x76,95	1994	5250	2835	4616	1760	Ford	2,0 l B	V	Karmann-Aufbau
»CL«-Bus	9/0	1991 - 94	4	70	W	93,67x90,54	2496	4000	2835	4616	1735	Ford	2,5 l D	D	auch 80 PS
»CL«-Bus	9/0	1991 - 94	4	98	W	90,82x76,95	1994	5250	2835	4616	1720	Ford	2,0 l B	V	
»GL«-Bus	9/0	1991 - 94	4	70	W	93,67x90,54	2496	4000	2835	4616	1750	Ford	2,5 l D	D	auch 80 PS
»GL«-Bus	9/0	1991 - 94	4	98	W	90,82x76,95	1994	5250	2835	4616	1735	Ford	2,0 l B	V	
FT 190 lang D	14/0	1991 - 94	4	80	W	93,67x90,54	2496	4000	3570	5368		Ford	2,5 l D	D	Rappold-Aufbau
FT 190 lang	14/0	1991 - 94	4	98	W	90,82x76,95	1994	5250	3570	5368		Ford	2,0 l B	V	Rappold-Aufbau
FT 190 lang D	14/0	1991 - 94	4	100	W	93,67x90,54	2496	4000	3570	5368		Ford	2,5 l TD	D	T, Rappold-Aufbau
Überarbeitung 4. Generation															
FT 150	14/0	1994 - 95	4	114	W	90,67x76,95	1994	5000	3570	5403		Ford	2,0 l B	V	
FT 150 D	9/0	1994 - 95	4	76	W	93,67x90,54	2496	4000	3570	5403		Ford	2,5 l D	D	mit T 85 und 100 PS
FT 130 TD	13/0	1995 - 97	4	85	W	93,67x90,54	2496	4000	3570	5368		Ford	2,5 l TD	D	TL, auch 100 PS
FT 150 TD L	13/0	1995	4	85	W	93,67x90,54	2496	4000	3570	5482		Ford	2,5 l TD	D	TL, auch 100 PS
FT 150 L	14/0	1996	4	100	W	93,67x90,54	2496	4000	3570	5368	2240	Ford	2,5 l TD	D	T
LX 2,0 B	9/0	1998 - 99	4	114	W	90,67x76,95	1994	5000	2835	4616	1800	Ford	2,0 l B	V	
LX 2,0 B lang	13/0	1998 - 99	4	114	W	90,67x76,95	1994	5000	3570	4616	2060	Ford	2,0 l B	V	
LX 2,5 D	9/0	1998 - 99	4	76	W	93,67x90,54	2496	4000	2835	4616	1990	Ford	2,5 l D	D	mit TL 85 und 100 PS
LX 2,5 D lang	13/0	1998 - 99	4	76	W	93,67x90,54	2496	4000	3570	5368	2060	Ford	2,5 l D	D	mit TL 85 und 100 PS
LX 2,5 TDE	9/0	1999 - 00	4	76	W	93,67x90,54	2496	4000	2835	4616	1880	Ford	2,5 l D	D	T, mit TL 85 PS
LX 2,5 TDE lang	9/0	1999 - 00	4	75	W	93,67x90,54	2496	4000	3570	5368	2080	Ford	2,5 l D	D	T, mit TL 85 PS
f) Transit-Modelle 5. Generation															
FT 330 2,4 TD	13/0	2000 - 06	4	75	W	89x94,6	2402	3500	3300	5201	1960	Ford	2,4 l TD	D	T, auch 90 u. 120 PS
FT 350 2.4 TD	15/0	2000 - 06	4	75	W	89x94,6	2402	3500	3550	5650	2020	Ford	2,4 l TD	D	T, auch 90 u. 120 PS
FT 330	15/0	2000 - 06	4	145	W	89,6x91	2295	5500	3550	5650		Ford	2,2 B	V	
FT 260 2.0 TD	9/0	2001 - 06	4	75	W	86x86	1998	3250	3300	5201		Ford	2,0 l TD	D	T, auch 86 u. 101 PS
FT 280 2.0 TD	9/0	2001 - 06	4	75	W	86x86	1998	3250	3300	5201		Ford	2,0 l TD	D	T, auch 86 u. 101 PS
FT 300 2,0 TD	9,0	2001 - 06	4	75	W	86x86	1998	3250	3300	5201		Ford	2,0 l TD	D	T, auch 86 u. 101 PS
FT 330 2,4 TDE	13/0	2001 - 06	4	75	W	86x86	1998	3250	3550	5650		Ford	2,0 l TD	D	T, auch 86 u. 101 PS
FT 330 2,3 16 V	13/0	2002 - 06	4	145	W	89,6x91	2295	5500	3550	5650		Ford	2.2 B	V	
FT 280 2,0 TDCi	9/0	2003 - 06	4	125	W	86x86	1998	3800	3300	5201		Ford	2,0 l TDCi	D	TL
FT 300 2,0 TDCi	9/0	2003 - 06	4	125	W	86x86	1998	3800	3300	5201		Ford	2,0 l TDCi	D	TL
FT 330 2,4 TDCi	13/0	2004 - 06	4	137	W	89,6x94,6	2402	3500	3550	5650		Ford	2,4 l TDCi	D	TL
g) Transit-Modelle 6. Generation															
FT 260 2,2 TDCi	9/0	2006 - 13	4	86	W	86x94	2198	3500	3300	5201		Ford/ Peugeot	2,2 l TDCi	D	TL, auch 100 u. 125 PS
FT 280 2,2 TDCi	9/0	2006 - 13	4	86	W	86x94	2198	3500	3300	5201		Ford/ Peugeot	2,2 l TDCi	D	TL, auch 100 u. 125 PS
FT 300 2,2 TDCi	9/0	2006 - 13	4	86	W	86x94	2198	3500	3300	5201		Ford/ Peugeot	2,2 l TDCi	D	TL, auch 100 u. 125 PS
FT 330 2,2 TDCi	13/0	2006 - 13	4	110	W	86x94	2198	3500	3550	5650		Ford/ Peugeot	2,2 l TDCi	D	TL, auch 130 PS
FT 330 2,4 TDCi	13/0	2006 - 13	4	110	W	89,9x94,6	2402	3500	3550	5650		Ford	2,4 l TDCi	D	TL, auch 115 u. 140 PS
FT 330 2,3 B	13/0	2006 - 13	4	146	W	87,5x94	2261	5500	3550	5650		Ford	2,3 B	V	
FT 350 2,2 TDCi	15/0	2006 - 13	4	100	W	86x94	2198	3500	3550	5650		Ford/ Peugeot	2,2 l TDCi	D	TL, auch 125, 140 u. 156 PS
FT 280 M 2,2 TDCi	9/0	2013	4	100	W	86x94	2198	3500	3300	5201		Ford/ Peugeot	2,2 l TDCi	D	TL, auch 125 u. 140 PS
FT 300 M 2,2 TDCi	9/0	2013	4	100	W	86x94	2198	3500	3300	5201		Ford/ Peugeot	2,2 l TDCi	D	TL, auch 125 u. 140 PS

FORD															
Typ	Sitzplätze/ Stehplätze	Bauzeit	Zylinder	PS	K	B x H mm	Hubraum cm³	Drehzahl U/min	Radstand mm	Länge mm	Gewicht kg	Motor-hersteller	Typ	M	Bemerkungen
h) Transit-Modelle 7. Generation															
Transit 290 2,2 TDCi	9/0	2014 - 19	4	101	W	86x94	2198	3500	3300	5201		Ford/ Peugeot	2.2 l TDCi	D	TL, auch 125 u. 155 PS
Transit 310 2,2 TDCi	9/0	2014 - 19	4	101	W	86x94	2198	3500	3300	5201		Ford/ Peugeot	2,2 l TDCi	D	TL, auch 125 u. 155 PS
Transit 330 2,2 TDCi	13/0	2014 - 19	4	101	W	86x94	2198	3500	3550	5650		Ford/ Peugeot	2,2 l TDCi	D	TL, auch 125 u. 155 PS
Transit 350 2,2 TDCi	15/0	2014 - 19	4	101	W	86x94	2198	3500	3550	5650		Ford/ Peugeot	2,2 l TdCi	D	TL, auch 125 u. 155 PS
Transit 290 2,0 TDCi	9/0	2017 -	4	105	W	85x88	1997	3500	3300	5201		Ford	2,0 l TDCi	D	TL, auch 130 PS
Transit 310 2,0 TDCi	9/0	2017 -	4	105	W	85x88	1997	3500	3300	5201		Ford	2.0 l TDCi	D	TL, auch 130 u. 170 PS
Transit 330 2,0 TDCi	13/0	2017 -	4	105	W	85x88	1997	3500	3550	5650		Ford	2,0 l TDCi	D	TL, auch 130 u. 170 PS
Transit 350 2,0 TDCi	15/0	2017 -	4	105	W	85x88	1997	3500	3550	5650		Ford	2,0 l TDCi	D	TL, auch 130 u. 170 PS
Transit 310 2,0 TDCi	9/0	2019 -	4	105	W	85x88	1997	3500	3300	5201		Ford	2,0 l TDCi	D	TL, auch 130, 170 u. 185 PS
Transit 330 2,0 TDCi	13/0	2019 -	4	105	W	85x88	1997	3500	3550	5650		Ford	2,0 l TDCi	D	TL, auch 130, 170 u. 185 PS
Transit 350 2,0 TDCi	15/0	2019 -	4	105	W	85x88	1997	3500	3550	5650		Ford	2,0 l TDCi	D	TL, auch 130, 170 u. 185 PS

FMA

Frankfurter Maschinenbau AG (FMA), vorm. Pokorny u. Wittekind, Abt. Donar-Werke,

Frankfurt a. Main, Solmsstr. 2-26
1927-1929

Die Frankfurter Maschinenbau AG, unter anderem Namen 1872 gegründet, hatte sich als Maschinenfabrik auf den Bau von Dampfmaschinen und ab 1893 auf Kompressoren, Vakuumpumpen und Pressluftgeräte konzentriert. Nach dem Ausbruch des Ersten Weltkrieges wurden eine Abteilung für den Lkw-Bau angegliedert, die gegen Kriegsende einen Regel-Viertonner unter der Marke »Frankfurter« in kleinen Stückzahlen lieferte und nach dem Krieg unter dem Markenamen »Donar« produzierte.

1927 stellte das Werk auf dem Fahrgestell des Lastwagens auch einen Omnibus für 28 bis 40 Personen vor. Für den Antrieb sorgte der FMA-Einheits-Vierzylinder mit 50 PS, der schließlich 60/63 PS leistete. 1929 erschien noch auf dem Fahrgestell des 2,1-Tonnen-Schnelllieferwagen ein 20-sitziger »Expressomnibus«. Das mit einem neuen 45-PS-Motor ausgestattete Modell wurde jedoch kaum noch gebaut. Ab 1929 konzentrierte sich das Unternehmen wieder ganz auf die Druckluftgeräteherstellung. Motoren für Pressluftgeräte wurden bis in die fünfziger Jahre gebaut; in den siebziger Jahren übernahm Mannesmann-Demag die FMA und legte später das Werk still. In den Werksanlagen befindet sich heute ein Büropark.

50-PS-FMA »Donar« Überlandbus, 1927.

60/63-PS-FMA »Donar« Linienbus (Uerdinger Aufbau), 1929.

FMA															
Typ	Sitzplätze/ Stehplätze	Bauzeit	Zylinder	PS	K	B x H mm	Hubraum cm³	Drehzahl U/min	Radstand mm	Länge mm	Gewicht kg	Motor-hersteller	Typ	M	Bemerkungen
Donar	28/0	1927	4	50	W	130x170	9000	1000	4480	7505	5000	FMA	M 3	V	auch Länge 7700 mm
Donar	30/10	1928 - 29	4	60/63	W	130x170	9000	1300			5000	FMA	M 3	V	max. 70 PS

Gaubschat

Gaubschat-Fahrzeugwerke GmbH,
Berlin-Neukölln, Karl-Marx-Str. 32/38
1956-1957

Fritz Gaubschat, Schmied und Wagenbauer, eröffnete 1904 in Neukölln (seinerzeit noch bei Berlin) bereits eine Fahrzeugschmiede für Pferdewagen. 1922 erweiterte er seinen Wagenbaubetrieb und fertigte Omnibusaufbauten auf Fahrgestellen von Büssing, der Daimler-Motoren-Gesellschaft, der NAG, Mannesmann-MULAG, VOMAG und Henschel widmen. Schon frühzeitig fiel Gaubschat durch originelle Transportproblemlösungen auf.

Mitte der dreißiger Jahre erwarb der junge Busunternehmer Detlef Jensen in Pirna zwei ansehnliche stromlinienförmig gestaltete Gaubschat-Busse ab: 1936 einen Frontlenkerwagen mit sich Richtung Heck verjüngender und geschwungener seitlicher Fensterpartie auf Büssing-NAG-Fahrgestell 375 T (95-PS-Diesel, 33 Sitze) sowie 1937 einen gleichermaßen beeindruckenden Rundhauber auf BN 550 N-Chassis (110/120-PS-Diesel, 47 Sitze).

90-kW-Gaubschat Obus Typ S 56, 1956 (Foto: BVG)

Außerdem karossierte Gaubschat ab 1936 eine Anzahl BN 350/ON-Fahrwerke mit Stromlinienaufbauten für die RAB-Schnellreisebuslinien der Deutschen Reichsbahn. Sie boten 22 Sitzplätze; ihre LD 6-Diesel leisteten 90/95 PS und sie erreichten Höchstgeschwindigkeiten bis 115 km/h. Für einen Radio-Mende-Reklamewagen hatten die Karosseriegestalter 1934 eine über der Rundhaube aus drei schräg gestellten Scheiben (mittig eine große sowie links und rechts eine kleine) bestehende Frontpartie geschaffen. Sie kam ab 1935/36 auch bei den Reichsbahn-Stromlinienbussen zur Geltung.

Zu großer Popularität brachte es Gaubschat allerdings durch die »D-Züge der Landstraße«: die riesigen Omnibusse mit Anhänger und dem charakteristischen Faltenbalg zwischen Zug- und allradgelenkten Beiwagen.

Der Bau derartiger 19 (später bis 22) Meter langen, vier- (und später fünf-) achsigen Buszüge war der Anregung von Detlef Jensen zu verdanken. Er sah auf einer italienischen Automobilausstellung 1936 ein solches Omnibus-Gespann, bei dem der Anhänger zwangsgelenkt bei Biegungen und Kurven genau in der Hinterachsspur des Motorwagens lief.

Detlef Jensen kaufte einen dieser Macchi-Anhänger und ließ ihn nach Deutschland überführen, Gaubschat karossierte dann das Gefährt und einen passenden Zugwagen. Beim Motorfahrzeug fiel die Wahl auf einen Büssing-NAG. Diese Buseinheit mit etwa 70 Sitzen stand dann 1937 auf der IAMA in Berlin. Später erhielt dieser erste Jensen-Omnibuszug einen etwas kleineren Gaubschat-Allradlenkungs-Anhänger (mit doppelter Mitteleinstiegs-Schiebetür). Der ursprüngliche, größere Macchi-Gaubschat-Hänger bildete mit einem neuen Büssing-NAG 650-N (mit 135/140 GD 6-Diesel) die Grundlage für seinen zweiten Gaubschat-»Harmonika-Buszug«.

Das System basierte auf einem Patent des Macchi-Mitarbeiter Ambrogio Baratelli, Gaubschat erwarb die Nachbaurechte und bezeichnete die Anhänger-Kupplungs- und Lenkmethode in ersten Prospekten als »Patent Macchi/System Baratelli«. Mittels weniger Handgriffe konnte man den Anhänger vom Zugwagen lösen. Die Durchgangsöffnungen am Busheck und an der Frontpartie des Hängers wurden wie bei D-Zugwaggons durch Doppeltüren geschlossen. Der Motorwagen konnte auch als Solobus genutzt werden. 1938/39 stellte die Deutsche Reichspost zwei Gaubschat-Omnibuszüge in Dienst. Der etwas leichtere RP-Zug verfügte über insgesamt 37 plus 46 Sitzplätze und der mit 20,2 Metern etwas längere Zug bot 36 und 46 Sitze sowie zweimal zehn Stehplätze. Das Berliner Unternehmen hatte zu jener Zeit die Baratelli-Entwicklung so verfeinert, dass ihm das Reichspatentamt entsprechende Patente erteilte. Zu den größten »Gaubschat-Omnibus-Gelenkzügen DRP« gehörten die Fünfachs-Züge mit Büssing-NAG-Dreiachsmotorwagen 900 N (170 PS) samt Zweiachsanhänger mit 42/54 Sitzen sowie 22 Meter Gesamtlänge. Die KVG-Sachsen setzte diese Typen ein. Die längste mit Gaubschat-Zügen befahrene Strecke führte ab Mai 1939 bis Kriegsbeginn von Berlin-Anhalter-Bahnhof über die reizvollen Fränkischen Mittelgebirge bis zum Münchener Hauptbahnhof. Der größte Teil der 602 Kilometer führte über die neue Reichsautobahn. Die Dachrand-verglasten Omnibuszüge mit den VOMAG-Motorwagen gehörten der Deutschen Reichsbahn. Die 21 Meter langen Zugeinheiten waren mit 78 Sitzen bestückt. Mit einem Zwischenhalt an der RAB-Raststätte Rodaborn/Hermsdorf und am Nürnberger Hauptbahnhof wurde der Kurs in elf Stunden bewältigt. Eine einfache Fahrt kostete 18,70 Reichsmark!

Zwischen 1939 und 1941 stellte Gaubschat außerdem noch einige »Ziehharmonikabusse« (so der Volksmund) in Frontlenker-Bauweise auf die Räder. Die 650 T-Trambus-Motorwagenfahrgestelle stammten von Büssing-NAG. Zumindest einer der „schnauzenlosen" Züge soll nach Wuppertal gegangen sein.

Der im September 1939 ausgebrochene Zweite Weltkrieg und - wie allgemein üblich - Rüstungsaufträge bremsten auch bei Gaubschat die Weiterentwicklung vielversprechender ziviler Konzepte. Die Belegschaft war bis zu diesem Zeitpunkt auf rund 1000 Mitarbeiter angewachsen. Während des Krieges musste das Werk in parallel zu seinem Gelände verlaufenden U-Bahn-Schächten sogar Rümpfe des zweimotorigen Bombers Junkers Ju 88 montieren. Nach Kriegsende stand die Reparatur von Straßenbahnwaggons zunächst auf der Tagesordnung.

Ab 1949/50 verließen in der West-Berliner beziehungsweise Neuköllner Karl-Marx-Straße wieder 20 bis 22 Meter lange Omnibuszüge die Gaubschat-Werkstore, teilweise mit gebrauchten Fahrwerken; aber auf Wunsch mit einer »Klimaanlage«, Radio und einer Bar im Heck. Während Büssing ab 1949 bereits das Unterflurdiesel-Frontlenkerchassis 5000 TU mit 135 PS zur Verfügung stellen konnte, standen seitens der (Krupp)-Südwerke in Kulmbach zunächst nur restliche Fahrgestelle der Vorkriegs-/Kriegsproduktion (5,5/6,5-Tonnen) zur Verfügung, in die neue Zweitakt-Diesel SW 6 installiert wurden. Sie leisteten zunächst 190, ab 1950/51 dann 210 PS. Auf die Büssing-Unterflurbus- sowie die Südwerke-Interims-Niederrahmenfahrgestelle und die neu konstruierten (Krupp-) Südwerke-Chassis SW O 80 zauberte Gaubschat imposante Fernreisebuszüge mit verchromten Fenstern und Dachrandverglasungen. Einige der Gaubschat-Züge auf Büssing-Unterflur- und auf Südwerke-Fahrgestellen bedienten die Interzonen-Linien, und wenig später reisten damit sogar die ersten Italien-Urlauber in südliche Gefilde.

Obwohl absehbar war, dass der Gesetzgeber keine Omnibus-Anhänger mehr zulassen würde, beschaffte die Deutsche Bundesbahn 1952/53 für ihr Busliniennetz noch 100 weinrote Gaubschat-Zugeinheiten mit FAUN-Motorwagen. Zu dieser Zeit ging erhielt auch die ÜSTRA in Hannover einen 20-m-Omnibus-Gelenkzug mit A- und B-Achse im Büssing 6000 T-Unterflurdiesel-Motorwagen und mit jeweils gelenkter C- und D-Achse im Anhänger.

Auf der Frankfurter IAA 1953 präsentierte Gaubschat dann ein neues Busprogramm, das die Anhänger-Züge ersetzen sollte: Das Unternehmen zeigte einen rund 17 Meter langen Gelenkbus mit Büssing-Motorwagen und zwangsgelenkter, einzelbereifter C-Achse im Nachläufer, ebenfalls für die ÜSTRA.

Zu dieser Zeit unterschied das Haus Gaubschat zwischen Omnibus-Gelenkzügen (mit Busanhänger) und Gelenkbussen (mit nichtselbständigem Nachläufer beziehungsweise Auflieger). Der einachsige Nachläufer bildete zusammen mit dem Triebteil beziehungsweise -wagen eine Einheit. Motorwagen und »Auflieger« (wie der Nachläufer damals auch genannt wurde) waren durch eine Gaubschat-Spezial-Kugelkupplung miteinander verbunden. Durch die Zwangssteuerung der Nachläuferachse mittels Spurstangen und Lenkhebeln erreichten die Gaubschat-Ingenieure (wie bei ihren Anhängerzügen), dass die Räder des Aufliegers genau in der Spur der Triebwagenhinterachse liefen.

Entscheidend für das weitere Geschick der Gaubschat-Werke sollte aber die enge Zusammenarbeit mit der BVG werden. Gemeinsam mit Gaubschat, Orenstein & Koppel (O & K) und VWW-Vereinigte Werkstätten Wittenau entwickelten die Berliner Verkehrsbetriebe (BVG) nach 1950 Aufbauten für die Frontlenker-Doppeldecker auf Büssing 12000 T-Unterflur-Basis mit Platz für 98 Personen. Unabhängig davon fertigten die Neuköllner zweiachsige Eindeck-Linienbusse und nach 1953 auch 4x2-Doppeldecker (mit vorderer Falttür und offenem Zweifach-Einstieg hinten) auf Blatt/Gummi-gefederten Büssing 6000 T-Chassis. Ab 1964 kamen für die BVG schließlich selbsttragende, luftgefederte Doppelstockbusse für den Einmannbetrieb hinzu, die 99 Passagiere befördern konnten.

Das Hauptwerk pflegte neben dem Omnibusbau weiterhin den Anhänger-, Kippanhänger-, Sattelauflieger- und Spezialfahrzeugbau. Obwohl Gaubschat 1960 mit rund 350 Beschäftigten etwa 150 Fahrzeugeinheiten fertigte, geriet die Gesellschaft zunehmend in Abhängigkeit von der BVG. Eine eigenständige Entwicklung bildeten die elektrischen Oberleitungs-Omnibusse in selbsttragender Bauweise von 1956. Ein Obus wurde mit Büssing-Vorder- und Henschel-Hinterachse und sechs weitere mit Vorder- sowie Hinterachsen von Henschel hergestellt. Die Kasseler Triebachsen wurden durch 90-kW-AEG-Elektromotoren in Bewegung gesetzt. Mit ähnlichem Aufbau versah Gaubschat ebenfalls die fahrgestelllosen BVG-Eindeck-Dieselbusse mit Büssing-Unterflurmotoren.

Die letzte große Gaubschat-Konstruktion war 1972/73 die Doppelstock-Karosserie für die BVG-SD 73-Prototypen mit MAN-Büssing-Bodengittergruppe. Gaubschat berücksichtigte beim Entwurf soweit als möglich die Empfehlungen des VÖV-Lastenheftes für Standard-Stadtlinienbusse der ersten Generation. Dazu gehörten unter anderem je eine Doppel-Innenschwingtür vorn und in Busmitte. Als die Serienausführungen dann 1974/75 die Neuköllner Werkhallen verließen, standen bei Gaubschat noch 95 Menschen in Lohn und Brot. Helmuth Gaubschat, der Sohn des Gründers starb im Laufe des Jahres 1975. Am 10. November 1975 musste das Konkursverfahren eröffnet werden. Einen jüngeren Nachfolger aufzubauen, der die Klaviatur des modernen Managements beherrscht, hatte man wohl versäumt. Der letzte und gleichzeitig 1000ste Gaubschat-Bus ging an die BVG.

GAUBSCHAT															
Typ	Sitzplätze/ Stehplätze	Bauzeit	Zylinder	PS	K	B x H mm	Hubraum cm³	Drehzahl U/min	Radstand mm	Länge mm	Gewicht kg	Motor-hersteller	Typ	M	Bemerkungen
S 56	34/36	1956 - 57		90				1500	5150	10525	8680	AEG	USC-227a		Batteriehilfsantrieb

Geist

Ernst Heinrich Geist Elektrizitäts-AG,
Köln-Zollstock, Höningerweg 133
1906

Dieses Elektrounternehmen, das 1890 von Ernst Heinrich Geist zur Fertigung von Dynamomaschinen gegründet worden war, stellte ab 1905 die benzin-elektrischen Nutzfahrzeuge »Dyna-Geist« her. Dabei trieb ein 28-PS-Argus-Motor den Generator an, dessen Energie an die Elektromotoren mit einer Stirnradübersetzung an die Hinterräder geleitet wurde. Der Einbau eines Wechselgetriebes konnte dadurch vermieden werden. Das Unternehmen stellte daher in den Anzeigen hervor: Das Fahrzeug »fährt stoßlos an, wechselt stoßlos die Geschwindigkeit und hält auch stoßlos an«. Eine Schalttechnik am Kontroller ermöglichte Parallel- und Reihenschaltung zur bestmöglichen Ausnutzung der Energie. Beim Bremsvorgang konnten die Elektromotoren zu Dynamomaschinen umgepolt werden.

Die Stadt Köln schaffte ein Versuchsfahrzeug mit einem Omnibusaufbau der Süddeutschen Automobil-Fabrik an und setzte es als erstes Linienfahrzeug ein. Der Bus muss von bemerkenswerter Unzuverlässigkeit gewesen sein, die Stadtverwaltung zog das Geist-Fahrzeugs schon bald wieder aus dem Verkehr, zumal das Modell durch das hohe Gewicht der Doppelmotoren zu schwer geraten war. Eine Serienproduktion scheint nicht aufgenommen worden zu sein, auch weil das Unternehmen plante, »sich auf die Herstellung des elektrischen Teiles zu beschränken und Automobilfabriken den Bau von Wagen mit den von ihr geschützten Konstruktionseinzelheiten zu überlassen.« 1909 gab das Unternehmen den Fahrzeugbau auf; 1912 erfolgte die Liquidation.

GEIST															
Typ	Sitzplätze/ Stehplätze	Bauzeit	Zylinder	PS	K	B x H mm	Hubraum cm³	Drehzahl U/min	Radstand mm	Länge mm	Gewicht kg	Motor-hersteller	Typ	M	Bemerkungen
Dyna-Geist		1906	4	28	W	120x130	5878	1000				Argus		V	

Gesellschaft für Automobilwagenbau

Gesellschaft für Automobilwagenbau GmbH, System Loutzky, Berlin-Mitte, Französische Str. 49
1900-1901

Nach den Konstruktionen des russischen Diplom-Ingenieurs Boris Loutzky (1865 – 1925) stellte dieses Unternehmen, gegründet mit der Motorfahrzeug- und Motorenfabrik Marienfelde mit Patenten der Columbia-Automobile Co. in Hartford/Connecticut/USA, neben Lieferwagen auch Omnibusse her. Einzelheiten sind leider nicht bekannt.

GfV

GfV - Gesellschaft für Verkehrsunternehmungen,
Berlin, Unter den Linden 43
1900-1901

Die Gesellschaft für Verkehrsunternehmungen wurde 1899 zur Herstellung, zum Vertrieb und zum Betrieb von Elektroomnibussen und Lieferwagen nach Patenten der erwähnten Firma Columbia-Automobile Co. als weiteres Fahrzeugbau-Unternehmen gegründet.

Teilhaber der GfV waren namhafte Firmen wie Siemens & Halske in Berlin, die Union Elektrizitäts-Gesellschaft in Berlin, die Elektrizitäts Aktiengesellschaft, vorm. Lahmeyer in Frankfurt, die Wagenbauanstalt-Waggonfabrik für elektrische Bahnen F. Busch, die Motorfahrzeug- und Motorenfabrik Berlin-Marienfelde (siehe DMG), die Deutsche Gesellschaft für elektrische Unternehmungen in Frankfurt a. Main, die Akkumulatorenwerke System Pollack in Frankfurt a. Main sowie die Kommerz- und Diskontobank, Frankfurt a. Main.

Die auf einem Rohrrahmenfahrgestell aufgebauten Fahrzeuge besaßen hintere Antriebsräder mit je einem 4,5-kW-Hauptschlussmotor. Sie arbeiteten mit 650 Umdrehungen. Die Kraftübertragung erfolgte über

GfV Akkumulator-Omnibus mit Aufladevorrichtung, 1900.

GfV Akkumulator-Hotel-Omnibus, 1900.

Stirnräder. Die achsschenkelgelenkte Vorderachse war pendelnd aufgehängt. Ein, wie bei Schiffen, senkrecht angebrachtes Steuerrad diente zur Lenkung. Die Batterien waren unter den Sitzbänken verstaut und erlaubten eine Reichweite von 20 km. Eine Besonderheit dieser elektrisch angetriebenen Omnibusse bildeten vier Kontaktbügel auf dem Dach, mit denen die Fahrzeuge an den Linienendpunkten Strom zum Laden einspeisen konnten. Die in damaliger Straßenbahnwagenbauart mit zwei offenen Perrons konstruierten Modelle wogen 3,5 Tonnen und besaßen zwölf Sitz- und sechs Stehplätze. Die Höchstgeschwindigkeit der auf der Berliner Linie »Kreuzberg - Anhalter Bahnhof« eingesetzten Batterie-Elektrobusse betrug 15 km/h. Mindestens zwölf Exemplare entstanden. 1901 ging das Unternehmen in der Motorfahrzeug- und Motoren-Fabrik AG, Berlin Marienfelde auf.

Markus Göppel GmbH & Co.

1. 1923-2006 **Markus Göppel GmbH & Cie. Karosserie- und Fahrzeugbau,** Augsburg, Schönbacherstraße 9 u. Alter Postweg 94
2. 2006-2014 **Göppel Bus GmbH,** Ehrenhain-Nobitz, Mittelweg 4

1923 gründete der Wagenbaumeister Markus Göppel in Augsburg ein Karosseriebauunternehmen, das zwei Jahre später auch erste Omnibusaufbauten anbot. 1935 erschienen dann erste Ganzstahlkarosserien auf MAN-Fahrgestellen.

Nach dem Zweiten Weltkrieg baute das Unternehmen Reisebusse mit

168-PS-Göppel CR 160 R Clubbus, 1975.

Fahrgestellen von Büssing, Daimler-Benz und MAN. 1951 nahm sich das Werk den VW-Transporter vor und entwickelte einen Luxusbus mit Dachrandverglasung - ein Vorläufer des legendären »Samba«-Busses. In den sechziger Jahren wurden vor allem Daimler-Benz-Modelle der Typenreihen O 302 und O 317 sowie MAN-Modelle der Typenreihen 535 und 750 in kleinen Serien aufgebaut.

Ende der fünfziger Jahre bezog MAN das Markus Göppel-Werk immer stärker in die Gelenkbusfertigung ein. Der Aufbau der Schenk-Nachläufer der Modelle 760 DO 2G sowie der späteren Modelle SG 192, SG 220 und SG 240 bildete nun den Schwerpunkt der Göppel-Fertigung. Neben den Großserienaufbauten erstellte das Werk ab den frühen achtziger Jahren Sonderaufbauten und die MAN-Prototypen S 80 und G 80.

Nachdem MAN ab 1983 wieder verstärkt motorisierte Untergruppen anbot, baute das Unternehmen nun auch wieder Komplettomnibusse und rückte in die Rolle des MAN-Hauskarossiers für bestimmte Bereiche. Erstes Modell war der Zwölfmeter-Bus auf Basis des MAN 16.280 HOCL »Economy«. Den Vertrieb übernahm die entsprechende MAN-Organisation. Um die Kosten niedrig zu halten, wurde die vordere Starrachse mit Luftfederung beibehalten. Auf eine aufwendige Innenausstattung wurde verzichtet, stattdessen kamen aus Kostengründen möglichst viele MAN-Serienteile zum Einsatz. Auf der modifizierten MAN-Bodengruppe baute Göppel auch seinen ersten dreiachsigen Doppeldecker, den 22.280 HOCL Do. Dank dieser halb-eigenständigen Modelle – die auch mit 30 Exemplaren in den Export nach Japan gingen – konnte Göppel die frei gewordenen Kapazitäten im Bereich des Gelenkbusbaus (die man bisher im MAN-Auftrag durchgeführt hatte) nutzen.

1985 stellte Göppel unter Verwendung von Zwölfmeter-Baugruppen die neuen Serien-Reisedoppeldecker 22.290 HOCLN und 22.330 HOCLN vor. Auch hier zierten MAN-Buchstaben und Göppel-Emblem die Wagenfront. Das Fahrgestell hatte hier unter dem Zusatzbuchstaben »N« eine vordere Einzelradaufhängung erhalten, um einen niedrigen Durchstieg zwischen dem Fahrerplatz und dem Fahrgastraum zu gewinnen. Im Stil der MAN-Reisebusse wurden plane Fensterscheiben verwendet; 79 Personen konnten in dem mit allen Serviceeinrichtungen ausgestatteten Fahrzeug transportiert werden. Das Göppel-Werk gab dem Modell die Zusatzbezeichnung »Helicon 400«, wobei die Zahlenangabe für die Bauhöhe von 400 Zentimeter stand.

360-PS-Göppel Superhochdecker »Helicon 380« auf MAN 22.330-Fahrgestell, 1987.

Als »Helicon 360« erschien der Luxusbus als Superhochdecker mit Unterflurcockpit und einer Lounge. Diese Viersterne-Luxusliner mit geschlossenem Heck besaßen ZF-Automatik, ABS, eine Hebe- und Senkvorrichtung für das Fahrzeug sowie eine Fahrgastüberwachung durch einen Monitor. Die in kleinsten Serien hergestellten Modelle erhielten je nach Kundenwunsch eine entsprechende Motorenausstattung, so dass die PS-Angabe in der Typenbezeichnung variiert wurde.

Der Prototyp des MAN-Midi-Standardbusses auf dem Fahrgestell 10.180 erschien 1987. Hier befand sich der 6,9-Liter-Saugdiesel D 0826 stehend im Heck installiert. Die Serienmodelle von 1989 erhielten dann die Bezeichnung SM 152 Midi und SM 182 Midi. Neben dem erwähnten 150-PS-Saugdiesel kam auch der Turboladermotor D 0826 T zum Einsatz. Beide Maschinen wurden 1990 auf eine Leistung von 156 und 186 PS angehoben.

Die Midi-Bus-Baureihe für das MAN-Werk erhielt 1990 Niederflur-Parallelausführung. Schließlich wurde die gesamte Midi-Baureihe 1991 durch den Typ 11.190 »Niederflur« abgelöst. Gleichzeitig endete die Auftragsfertigung für den Daimler-Benz-Typ O 402. Auch der Bau der wenig gefragten »Helicon«-Modelle musste eingestellt werden. Ab 1993 entwickelte Göppel Aufbauten für die MB-Typen O 611 D und O 614 D, wobei die eingängige Typenbezeichnung O 600 Göppel geführt wird. Neben den genannten Modellen fertigte das Göppel-Werk auch Sonderkarosserien, Bücherei-, Gefangenentransport- und Röntgenwagen sowie Wohn- und Infomobile.

Nach Beginn des neuen Jahrtausends übernahm Göppel die Anteilsmehrheit am Neoplan-Werk in Ehrenhain, dem einstigen Hiller-Karosseriewerk. Der Bau der MAN-Midi-Busse und der Aufbau des MAN-Überlandbusses ÜL 313 bzw. 363 erfolgte an diesem neuen Standort. Die Konstruktionsabteilung verblieb in Augsburg. Als sich 2006 die Chance bot, die restlichen Gesellschafteranteile von Neoplan und der Familie Hiller zu übernehmen, bildete sich die Göppel Bus GmbH.

Neben dem weiteren Aufbau der MAN-Midi-Busse (Lion's City M) befasste sich Göppel mit seinen rund 120 Beschäftigten mit der Entwicklung einer eigenen Niederflur-Stadtbusgeneration unter der Bezeichnung »Go-4city« mit verschiedenen Radständen. Auch den DB-Sprinter baute Göppel in dieser Zeit unter der Bezeichnung Mini4Travel S auf. Im Jahre 2011 stellte Göppel die »Göppel Trains« als flexibles Massentransportmittel vor,

180-PS-Göppel Reisebus auf MAN 10.180-Fahrgestell, 1989.

286-PS-Göppel Go4City 12 Train Linienbus, 2014. (Foto: Göppel)

eine Renaissance der früheren Omnibuszüge mit einem Anhänger. Je nach Bedarf konnte das Solofahrzeug oder das Gespann eingesetzt werden. Eine weitere Großraum-Transporttechnik sollten die 2012 angekündigten Gelenkzüge darstellen. Spitzenmodell wurde die Version »AutoTram Extra Grand«, bei dem es sich um einen Doppelgelenkzug für den Transport von über 250 Fahrgästen handelte. Angetrieben wurde die Kombination von einem 249 PS-starken DAF-Diesel. Das Bundesministerium für Forschung und Entwicklung finanzierte dieses 30,7-Meter-Gefährt.

Im Jahre 2013 geriet das Göppel-Werk in die Insolvenz. Der russische Maschinenbaukonzern Kirowsky Zavod in St. Petersburg engagierte sich an dem Omnibushersteller, so dass die Aktivitäten weitergeführt werden konnten. Letzte Entwicklung bildete 2014 ein Elektro-Midibus mit Siemens-Zentralmotor, einer Akkumulatorenanlage und der Möglichkeit, an den Stationen über Stromabnehmer Energie zu »tanken«. Aber schon wenig später kam durch erneute Insolvenz die Entwicklung und Fertigung zum endgültigen Stillstand.

GÖPPEL

Typ	Sitzplätze/ Stehplätze	Bauzeit	Zylinder	PS	K	B x H mm	Hubraum cm³	Drehzahl U/min	Radstand mm	Länge mm	Gewicht kg	Motor-hersteller	Typ	M	Bemerkungen
1. Linienbusse															
O 402 Midi-Bus	26/24	1985 - 91	6	136	W	97,5x133	5960	2800	4000	8060	9800	DB	OM 366	D	ab 1989 139 PS
10.180 HOCL SM	32/22	1987	6	150	W	108x125	6871	2700	4200	8500		MAN	D 0826	D	
10.180 HOCL	32/22	1987	6	150	W	108x125	6871	2700	4200	8500		MAN	D 0826	D	
SM 152 Midi	30/30	1989 - 91	6	150	W	108x125	6871	2700	4200	8700		MAN	D 0826 ME	D	ab 1990 156 PS
SM 182 Midi	30/30	1989 - 91	6	180	W	108x120	6592	2600	4200	8700		MAN	D 0826 T	D	T, ab 1990 186 PS
NM 152	28/26	1990 - 91	6	156	W	108x125	6871	2700	4200	8700		MAN	D 0826	D	Niederflurtyp
NM 182	28/26	1990 - 91	6	186	W	108x120	6592	2600	4200	8700		MAN	D 0826 T	D	T, Niederflurtyp
11.190 Niederflur		1991 - 92	6	186	W	108x120	6592	2600	4200	8700		MAN	D 0826 T	D	
Go4City 12	34-41/ 44-56	2010 - 13	6	249	W	118x140	9180	2200	5880	11985		DAF	CF75.250	D	TL, auch 360 PS
A 66	21/30-40	2010 - 14	6	250	W	108x125	6871	2400	3635	8610		MAN	D 0836 LOH	D	TL, auch 290 PS
A 66	26/30-40	2010 - 14	6	250	W	108x125	6871	2400	4600	9575		MAN	D 0836 LOH	D	TL, auch 290 PS
A 66	30/30-40	2010 - 14	6	250	W	108x125	6871	2400	5200	10490		MAN	D 0836 LOH	D	TL, auch 290 PS
A 35	21-29/ 40-50	2010 - 14	6	250	W	108x125	6871	2400	3845	9130		MAN	D 0836 LOH	D	TL, auch 290 PS
A 35 (mittel)	21-29/ 40-50	2010 - 14	6	250	W	108x125	6871	2400	4410	9695		MAN	D 0836 LOH	D	TL, auch 290 PS
A 35 (lang)	21-29/ 40-50	2010 - 14	6	250	W	108x125	6871	2400	5110	10395		MAN	D 0836 LOH	D	TL, auch 290 PS
Mini4Travel S	19+1	2011	V6	190	W	86x86	2987	3800	4325	7659		DB	OM 642 DE 30 LA	D	TL
Go4 City 10	26-33/ 51-39	2011 - 13	6	249	W	118x140	9182	2550	4400	10501		DAF	PR (CF 75.250)	D	TL, auch 360 PS
A 66	26/30-40	2011 - 13	6	250	W	108x125	6867	2400	4510	9800		MAN	D 0836 LOH	D	TL, auch 290 PS
A 22	30/48-60	2011 - 13	6	280	W	120x155	10512	1900	4395	10500		MAN	D 2066 LOH	D	TL, auch 320 PS
A 22	29/48-60	2011 - 13	6	310	W	128x166	12816	2000	4395	10500		MAN	E 2876 LUH	V	TL, Erdgasmotor
A 22	34/51-60	2011 - 13	6	280	W	120x155	10512	1900	5105	11210		MAN	D 2066 LOH	D	TL; auch 320 PS
A 22	33/51-60	2011 - 13	6	310	W	128x166	12816	1900	5105	11210		MAN	E 2876 LUH	V	TL, Erdgasmotor
Go4City 18	48-65/ 101-79	2012 - 13	6	310	W	118x140	9182	2550	5880+6765	18746		DAF	PR (CF 75.310)	D	TL, auch 360 PS
Go4City 10 Train	56-75/ 120-76	2012 - 13	6	249	W	118x140	9182	2550	4400+6065	21501		DAF	PR (CF 75.250)	D	TL; auch 360 PS
Go4City 12 Train	64-83/ 125-81	2012 - 13	6	249	W	118x140	9182	2550	5880+6065	22981		DAF	PR (CF 75.250)	D	TL, auch 360 PS
Go4City Auto-train »Auto-Tram Extra Grand«	96/160	2012	6	299	W	102x120	5861	2700	5880+5634	30730		FPT	N 60 ENT	D	TL, zusätzlich Siemens-Elektroantrieb, Prototyp
Go4City 10 Train	28-33/ 43	2014	6	286	W	123x152	10830	1700	4400	10501		DAF	MX 11	D	TL, auch 369 PS
Go4City 12 Train	34-45/ 50	2014	6	286	W	123x152	10830		5880	11981		DAF	MX 11	D	TL, auch 369 PS
Go4City 18	55-65/ 118	2014	6	326	W	123x152	10830		5880+6765			DAF	MX 11	D	TL, auch 369 PS
2. Reisebusse															
CR 160 R	30/0	1975 - 79	6	168	W	108x132	7252	2500	4030	8530	7500	MAN	D 0846 HMYH	D	
9.136 FOC	24+1	1983 - 84	6	136	W	102x116	5657	3000	3600	7030		MAN	D 0226 ME	D	
16.280 Economy	55-57+1	1983 - 84	6	280	W	125x155	11413	2200	5900	12000	10500	MAN	D 2566 MTHO	D	T
16.280 HOCL Do		1983 - 84		280	W	125x155	11413	2200	4300	9000		MAN	D 2566 MTUH	D	T, Mittelmotor, Japan-Ausführung
22.280 HOCL Do		1984	6	280	W	125x155	11413	2200			15000	MAN	D 2566 MTUH	D	T, Doppeldecker
22.330 HOCLN Helicon 360	48 - 56	1985 - 91	6	330	W	128x155	11963	1800	5600+1350	12000		MAN	D 2866 LU	D	TL, auch Typ 22.290 HOCLN
22.360 HOCLN	74 - 79	1985 - 91	6	360	W	128x155	11963	1800	5600+1350	12000		MAN	D 2866 LOH	D	TL, auch Typ 22.290
22.330 HOCLN Helicon 380	49 - 51	1987 - 91	6	330	W	128x155	11963	1800	5600+1350	12000		MAN	D 2866 LXU	D	TL, ab 1989 D 2866 KOH mit 360 PS
11.180 HOCL Clubbus	28/0	1989	6	180	W	108x120	6592	2600	4200	8670	8130	MAN	D 0826 TOH	D	T
O 600 (O 611 D)		1993 - ?	4	115	W	97,5x133	3972	2600	4250			DB	OM 364 A	D	T
O 600 (O 614 D)		1993 - ?	4	136	W	97,5x133	3972	2600	4250			DB	OM 364 LA	D	TL

Goliath

Goliath-Werk GmbH,
Bremen-Hastedt, Föhrenstr. u. Osterdeich 222
1953-1961

Die zum Borgward-Konzern gehörenden Goliath-Werke produzierten ihren Typ »Express« ab 1953 auch als Kleinbus mit einer Dachrandverglasung. Dabei kam ein 29- und ab 1955 ein 40-PS-Zweizylinder-Zweitakter mit einer schon damals aktuellen Benzineinspritzung zum Einbau. 1957 erschien der »Express 1100« mit seinem brandneuen 40-PS-Leichtmetall-Viertakt-Boxer, was die Nachfrage allerdings nicht wesentlich steigerte. Im Zuge der Umstrukturierung des Borgward-Imperiums kamen die Modelle ab 1960 unter der »Borgward 1100« auf die Straße, doch schon 1961 ging die Borgward-Gruppe in Konkurs und die Fahrzeugfertigung wurde eingestellt.

40-PS-Goliath Kleinbus »Expreß«, 1954.

GOLIATH-KLEINBUSSE

Typ	Sitzplätze/ Stehplätze	Bauzeit	Zylinder	PS	K	B x H mm	Hubraum cm³	Drehzahl U/min	Radstand mm	Länge mm	Gewicht kg	Motor-hersteller	Typ	M	Bemerkungen
Express	7/0	1953 - 55	2	29	W	74x80	688	4000	2500	4520		Goliath	GM 700 E	V	Einspritzmotor
Express	7/0	1955 - 57	2	40	W	84x80	886	4000	2500	4520	1255	Goliath	GM 900 E	V	dito
Express 1000	10/0	1957 - 61	B4	40	W	74x64	1093	4250	2500	4520	1360	Goliath	GM 1100	V	ab 1960 Typ Borgward 1100

Goossens

Waggonfabrik J. P. Goossens, Lochner u. Co.,
Brand bei Aachen
1924-1928

Die 1862 gegründete Waggonfabrik Goossens wurde 1917 von der Waggonfabrik Talbot aufgekauft. Von dem Erlös errichtete Paul Goossens mit seinen Partnern Honigmann und Lochner eine neue Waggonfabrik in Brand bei Aachen ein. Noch während des Ersten Weltkrieges fertigte das Unternehmen Spezialfahrzeuge und einige Lastwagen nach Entwürfen von Joseph Vollmer (1871 – 1955) und seiner DAC/Deutschen Automobil-Constructions GmbH für das kaiserliche Heer.

Der spätere Goossens-Einheitstyp mit dem 45/60-PS-BMW-Motor (»Bayern-Motor«) wurde ab 1924 auch als Omnibusmodell mit eigenen Aufbauten vermarktet.

Im Jahre 1928 musste der 1200 Mann starke Betrieb wegen Unrentabilität die Waggon- und Nutzfahrzeugfertigung einstellen. Die Linke-Hofmann-Werke AG in Breslau übernahmen das Unternehmen, um sich die Reichsbahnquote an Güterwagen zu sichern; das Werk wurde stillgelegt und schließlich abgerissen.

Das weiterbestehende Ingenieurbüro Goossens entwarf noch 1935 ein interessantes Obus-Projekt. Das 24-sitzige Fahrzeug vom Typ »Aachen« sollte mit einer Vierradsteuerung, einem Allradantrieb und beiderseitigen Fahrerständen (einem Janus-Kopf ähnlich) gebaut werden. Zwei Stromabnehmer für je eine Fahrtrichtung sollten auf dem Dach angebracht werden. Es blieb bei dem Projekt, wobei als Vorbild ein dreiachsiger Zweirichtungswagen von 1933 der Firma Brossel Frères in Belgien gedient haben mag.

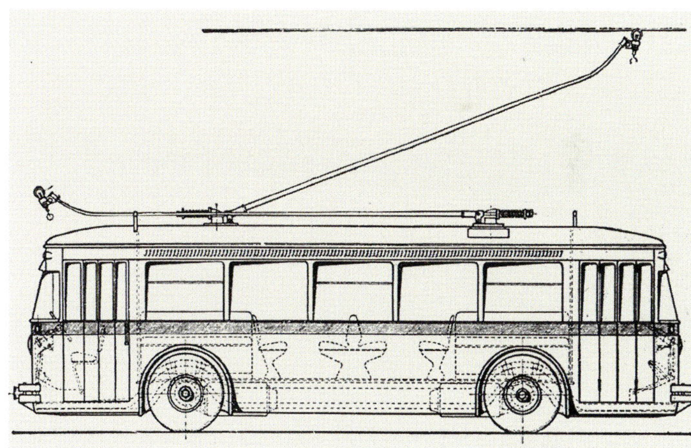

Goossens-Obus-Projekt mit Zweirichtungswagen Typ »Aachen«, 1935.

GOOSSENS

Typ	Sitzplätze/ Stehplätze	Bauzeit	Zylinder	PS	K	B x H mm	Hubraum cm³	Drehzahl U/min	Radstand mm	Länge mm	Gewicht kg	Motor-hersteller	Typ	M	Bemerkungen
13 PC	30/5	1926	4	60	W	120x180	8138	1100	5500			BMW	A 4 A 1	V	

Graaff

Niedersächsische Waggonfabrik Josef Graaff GmbH,
Elze, Heinrich-Nagel Str. 1
1951-1953

Die noch heute existierende Waggonfabrik Graaff in Elze wurde 1914 gegründet und befasste sich in erster Linie mit dem Bau von Schienenfahrzeugen wie Güter- und Straßenbahnwagen. In den zwanziger Jahren wurden zusätzlich Pkw-Rohkarossen und Omnibus-Aufbauten hergestellt. Der Zweigbetrieb in Mehle stellte Anhänger und Löschfahrzeugaufbauten her. 1950 bis 1954 lebte der Bau von Omnibussen auf. Den Anfang machte 1950 ein Omnibus in genieteter Leichtmetall-Schalenbauweise ohne separates Chassis. Konstrukteur dieses und der späteren Omnibusse war der aus dem Schienenbus- und Flugzeugbau kommende Dipl.-Ing. Hans Croseck, der in den dreißiger Jahren Schalenbau-Schienenbusse entwickelt hatte. Die unter den Bezeichnungen V1, V2 und V3 gebauten Prototypen hatten eine Länge von 10,5 Metern und wurden mit dem 135-PS-Büssing-Unterflurdiesel sowie mit bewährten Büssing-Fahrwerkselementen ausgerüstet. Ein Prototyp stand 1951 auf der IAA in Frankfurt. Das Fahrzeug wurde in den Folgejahren in zwölf Meter Länge als Typ Büssing 6000 T »Elze« für den Stadt- und Überlandverkehr gebaut. Im Stadtverkehr durften bis zu 120 Personen zusteigen. Der Bus fand in seiner soliden, reparaturfreundlichen Bauweise allgemeine Zustimmung.

Später wurden die Schaffner im Omnibus-Stadtverkehr eingespart, was eine Umstellung auf Zehn-Meter-Busse zur Folge hatte. Daraufhin stellte Graaff die Fertigung der Omnibusse ein. Die Busse von Graaff versahen jedoch noch teilweise bis Anfang der siebziger Jahre ihren Dienst im Überlandverkehr.

Die interessante Graaff-Konstruktion stellte aber der Schnellbus nach der Konzeption von Theodor Pekol (Oldenburger Verkehrsbetriebe) dar. Er stand auf der IAA des Jahres 1953 und überraschte die Fachwelt. Schöpfer des Frontlenkerbusses war wiederum Hans Croseck. Der stromlinienförmige Leichtmetall-Schnellbus war in selbsttragender Bauweise erstellt und hatte einen 95-PS-Diesel sowie Einzelradaufhängung an allen vier Rädern: Der Omnibus verfügte angeblich über ein »Pkw-ähnliches Fahrverhalten«. Der Henschel-Motor saß im Heck, der Kühler saß hingegen im Kühlluftstrom in der vorderen Stirnwand. Zusätzlich gab es einen Ventilator mit Elektroantrieb, der die Kühlluftzufuhr unterstützte. Das Reserverad war neben der Maschine im Motorraum verstaut.

Der windschnittige Graaff »Ultra« (ursprünglich »Junior RI«) mit seiner niedrigen Bauhöhe von 2,4 Metern bot Platz für 32 Fahrgäste und wog nur 4300 kg. Der Normverbrauch lag bei 12,5 Litern pro 100 km und seine Höchstgeschwindigkeit bei 120 km/h: So gute Fahrleistungen und Federungseigenschaften erreichte damals kein anderer Omnibus. Allerdings wurden nur drei dieser mittleren Schnellbusse hergestellt. Hans Croseck ging wenig später zu Henschel und konstruierte dort die Schalenbau-Omnibusse. Nach dem Abstecher in den Omnibusbau konzentrierte sich das Unternehmen wieder auf den Waggonbau sowie unter dem Namen Graaff GmbH auf die Herstellung von Spezial-Containern, Lafetten, isolierten Aufbauten und Kühlfahrzeugen. Seit 2008 gehört das Werk zur Unternehmensgruppe VTG AG.

95-PS-Graaff Ultra, 1953. (Foto: Graaff Werk)

GRAAFF															
Typ	Sitzplätze/ Stehplätze	Bauzeit	Zylinder	PS	K	B x H mm	Hubraum cm³	Drehzahl U/min	Radstand mm	Länge mm	Gewicht kg	Motor-hersteller	Typ	M	Bemerkungen
Junior R I	25/0	1951 - 53	6	95	W	96x125	5430	2200	4850		3800	Henschel	512 DG	D	
Ultra	32/6	1953	6	95	W	96x125	5430	2200	4800 -	9150	4300	Henschel	512 DG	D	

Guggemos

R. Guggemos,
Passau
1953

Das Elektrounternehmen stellte um 1952/53 einen Akkumulator-Omnibus mit einem 15-kW-Motor her. Das Fahrzeug wies 28 Sitz- und 22 Stehplätze auf und erreichte eine Höchstgeschwindigkeit von 37 km/h. Seine Reichweite betrug 75 km. Auch hier sind leider keine näheren Einzelheiten bekannt.

15-kW-Guggemos Elektrobus, 1953.

GUGGEMOS																
Typ	Sitzplätze/ Stehplätze	Bauzeit	Zylinder	PS	K	B x H mm	Hubraum cm³	Drehzahl U/min	Radstand mm	Länge mm	Gewicht kg	Motor-hersteller	Typ	M	Bemerkungen
Guggemos	28/22	1953		15 kW											Prototyp

Gutbrod

Wilhelm Gutbrod, Motorenbau GmbH,
Plochingen a. Neckar, Zweigwerk Calw
1951-1954

Das vom Maschinenbauingenieur Wilhelm Gutbrod und Gustav Rau im Jahre 1926 gegründete Motorradunternehmen baute ab 1934 unter dem Namen »Standard« Drei-und Vierrad-Lieferwagen.

Nachdem während des Krieges Dreirad-Einheitslieferwagen gebaut werden mussten, entwickelte das Werk 1949 unter der Leitung von Walter und Wolfgang Gutbrod sowie unter Mitarbeit des ehemaligen Daimler-Benz-Flugmotorenkonstrukteurs Dr.-Ing. Hans Scherenberg neben Personenwagen auch einen Kastenlieferwagen, den »Atlas«. Für diese Transporter-Baureihe entstand in Calw im Schwarzwald ein neues Werk.

Den Frontlenker Atlas 1000 gab es nach 1951 auch als achtsitzigen Klein- und Hotelomnibus mit Binz-Karosserie; im Heck saß der eigene 18-PS-Zweizylinder-Zweitaktmotor. Unter der Bezeichnung Atlas 1000/3 folgte 1953 das stärkere Modell mit dem auf drei Zylinder erweiterten 28-PS-Motor. Größere Verbreitung war diesen Transportern und Bussen allerdings nicht beschieden; schon im Folgejahr 1954 endete der kostspielige Kleintransporterbau. Das Calwer Werk ging an den Haushaltsgerätehersteller Bauknecht. In Bübingen fertigte das Gutbrod-Werk bis in die neunziger Jahre Kleintraktoren und Bodenbearbeitungsgeräte; inzwischen hat das US-Unternehmen MTD Products Inc. aus Cleveland das Sagen.

28-PS-Gutbrod Kleinbus 1000/3 (Binz-Aufbau), 1951.

GUTBROD-KLEINBUSSE															
Typ	Sitzplätze/ Stehplätze	Bauzeit	Zylinder	PS	K	B x H mm	Hubraum cm³	Drehzahl U/min	Radstand mm	Länge mm	Gewicht kg	Motor-hersteller	Typ	M	Bemerkungen
Atlas 1000	8/0	1951 - 53	2	18/19	L	75x75	662	3500	2350	4000	1150	Gutbrod	2 Z 70 L	V	Zweitaktmotor
Atlas 1000/3	8/0	1953 - 54	3	28	L	75x75	993	4000	2350	4190	1225	Gutbrod	3 Z 100 L	V	Zweitaktmotor

Gottfried Hagen

Kölner Akkumulatoren-Werke Gottfried Hagen u. Cie.
GmbH, Köln-Kalk, Rolshovenerstr. 114/115
1900-1911

Die 1827 gegründete Firma Gottfried Hagen fertigte zunächst Bleiartikel und übernahm 1888 die Lizenz zum Nachbau der englischen Tudor-Akkumulatoren. Um den Absatz der Batterien zu steigern, entwickelte das Unternehmen im Jahre 1900 elektrisch angetriebene Nutzfahrzeuge, darunter auch Omnibusse, die unter den Bezeichnungen »KAW« und »Urbanus« vertrieben wurden. Verwendet wurden Fahrgestelle der Firma Scheele und Patente der französischen Firma Kriéger für den Antriebsmechanismus. Das Unternehmen war an der Allgemeinen Betriebs-AG für Motorfahrzeuge (ABAM) beteiligt. Die Akkumulatorenfabrik Gottfried Hagen bestand bis 1984 und wurde dann liquidiert.

Gottfried Hagen Elektro-Omnibus (Gmelch-Aufbau), 1906.

Hagen und Cie.

(Motor-Lastwagen-Fabrik) Rudolph Hagen u. Cie. GmbH,
Köln-Müngersdorf, Aachener Str.
1902-1903

Nachdem dieses Unternehmen unter dem Technischen Direktor und kaufmännischen Leiter Rudolph Hagen (1872 - 1957) seit 1897 einzylindrige Nutzfahrzeuge mit einem Schwinghebelmechanismus gefertigt hatte, ging es 1902 zum Bau von zwei- und vierzylindrigen Fahrzeugen mit konventionellem Kettenantrieb über. Neben einem 8/10-PS-Zweizylinder wurde ein 16/20 PS starkes Vierzylindermodell vom Typ MW 3b für 16 bis 20 Personen gefertigt. Die Höchstgeschwindigkeit betrug 12 bis 16 km/h. Im Jahre 1903 wurde das seit 1897 Fahrzeuge produzierende Unternehmen nach einem Konkurs an die Helios Elektricitäts-AG verkauft, die die Fahrzeuge bis 1905 herstellte. Rudolph Hagen schlug sich nun als Vertreter, Erfinder und als Psychologe durch das Leben.

16/20-PS-Rudolf Hagen Überlandbus, 1903.

RUDOLPH HAGEN

Typ	Sitzplätze/ Stehplätze	Bauzeit	Zylinder	PS	K	B x H mm	Hubraum cm³	Drehzahl U/min	Radstand mm	Länge mm	Gewicht kg	Motor-hersteller	Typ	M	Bemerkungen
Hagen		1902	2	8/10								Hagen			
MW 3b	16/4	1903	4	16/20							3200	Hagen			

Hanomag

Hannoversche Maschinenbau AG (Hanomag), vorm. Georg Egestorff,
Hannover-Linden, Hanomagstr. 2 u. Hamelnerstr. 8

1. 1908, 1927 - 1928, 1935-1936, 1950-1955 **Hannoversche Maschinenbau AG (Hanomag), vorm. Georg Egestorff**
2. 1955-1956 **Hannoversche Maschinenbau AG (Hanomag)**
3. 1961-1968 **Rheinstahl-Hanomag AG**
4. 1971-1973 **Hanomag-Henschel Fahrzeugwerke GmbH,** Kassel, Bremen, Hamburg-Harburg

Der Kaufmann Georg Egestorff (1802 - 1868) gründete 1835 in Linden bei Hannover eine Metall-, Gusswaren- und Maschinenfabrik, aus der die spätere Hannoversche Maschinenbau AG mit dem Telegraphenkürzel Hanomag hervorging.

1846 wandte man sich dem Bau von Lokomotiven und Dampfmaschinen zu und erwarb 1905 eine Unterlizenz der Fried. Krupp AG zum Bau von Dampffahrzeugen nach den Patenten von Peter Stoltz. Neben einem Dutzend Lastwagen stellte das Hanomag-Werk auch einen 14-sitzigen Dampfomnibus mit einer gekapselten, doppeltwirkenden und ventilgesteuerten Verbundmaschine mit 20/25 PS Leistung her. Das bis zum Kriegsausbruch bei der ABOAG in Berlin eingesetzte Fahrzeug absolvierte 1908 problemlos eine vielbeachtete Fahrt nach Paris.

Nachdem der Straßenfahrzeugbau 1908 wieder eingestellt worden war, nahm das Unternehmen in der Nachkriegszeit mit dem 2/10-PS-»Kommissbrot«-Kleinwagen wieder dem Automobilbau zu. Unter Verwendung des 2/10-PS-Frontlenker-Werkskarrens entstanden 1928 zehnsitzige »Ausflugsomnibusse in Form eines Kremsers«, bei denen auf der Pritsche Sitzbänke montiert waren.

20/25-PS-Hanomag Dampfomnibus System Stoltz bei der Ankunft in Paris, 1908.

10-PS-Hanomag Typ 2/10 Lieferwagen mit Sitzeinrichtung, 1928.

55/60-PS-Hanomag HL 3,0-3,5 mit Unterflurmotor (EVA-Aufbau), 1935.

1935 präsentierte das Werk innerhalb einer Bauserie von 100 überaus modernen Frontlenkerfahrzeugen der Typenbezeichnung HL 3,0-3,5 einen in nur wenigen Exemplaren gefertigten Stadt-Omnibustyp mit Unterflur-Dieselmotor. Der zeitweise von Büssing-NAG abgesprungene Oberingenieur Paul Arendt hatte diese Triebwerksanordnung entworfen. Wenn auch der reichlich verglaste Omnibus auf einem Hochrahmen-Lkw-Fahrgestell saß, um die Maschine günstig unterbringen zu können, so stellte er doch neben dem Büssing-HAWA-Bus die erste derartige Omnibuskonstruktion in Deutschland dar. Aufgrund der wirtschaftlichen Schwierigkeiten des Hanomag-Werkes in dieser Zeit wurde der Lkw-Bau jedoch schon bald wieder eingestellt. Im Nutzfahrzeugbereich konzentrierte sich das Unternehmen auf die Herstellung von Zugmaschinen, und erst nach dem Zweiten Weltkrieg wieder auf den Bau von Nutzfahrzeugen.

Mit der Aufnahme des Schnell-Lkw-Baus bot das Unternehmen 1950 auch einen Klein-Omnibustyp auf dem 1,5-Tonnen-Fahrgestell an. Das Basisfahrzeug war übrigens von dem enteigneten Besitzer des Phänomen-Werkes, Dipl.-Ing. Rudolf Hiller und seinem ebenfalls abgewanderten Mitarbeiterstab entwickelt worden. Der ursprünglich geplante 45-PS-Dieselmotor wurde bis zum Serienanlauf durch ein 50-PS-Aggregat ersetzt. Ab 1953 fand ein teilsynchronisiertes Fünfganggetriebe Verwendung, das

50-PS-Hanomag L 28 Clubbus (FAKA-Aufbau), 1952 (Foto: MB-Archiv).

im Gegensatz zur Lenkradschaltung bei der Lkw-Baureihe beim Bus per Mittelschaltung betätigt wurde. Das 15-sitzige Modell entstand in 279 Exemplaren, die Aufbauten kamen von Kässbohrer, Ottenbacher und Steib, wobei auch Luxusversionen mit aufwendiger Dachrandverglasung gefertigt wurden. Insbesondere die Deutsche und die Österreichische Bundespost übernahmen größere Stückzahlen.

1953 kam das mit einem Roots-Gebläse auf 65 PS gesteigerte Modell auf dem 2,5-Tonnen-Chassis hinzu. Der 18-sitzige Omnibus besaß nun ein synchronisiertes Fünfganggetriebe. 105 Fahrzeuge wurden gebaut, während von der 1956 gebauten Ausführung auf dem 1,75-Tonnen-Chassis lediglich ein Postomnibus für 17 Fahrgäste entstand. Die Firma Kässbohrer stellte dann noch einen 17-sitzigen Frontlenker-Kleinbus mit 70 PS vor, der jedoch nicht mehr in Serie ging, da durch den Modellwechsel bei den leichten Lastwagen keine Unterbauten mehr für den Omnibusbau zur Verfügung standen.

Nachdem das Hanomag-Werk 1957 von der Rheinstahlwerke AG erworben worden war, erhielt es die Bezeichnung Rheinstahl-Hanomag AG, Hannover. Zuvor schon war die Hans Vidal u. Sohn Tempo-Werk GmbH in Hamburg-Harburg übernommen worden.

Nachdem 1960 der Frontlenker-Kastenwagen Kurier II herausgekommen war, der gegenüber dem Pritschen-Kurier-Typ eine kantigere Vorderfront und eine anders gestaltete Panoramascheibe erhalten hatte, erschienen wieder in kleiner Stückzahl Omnibusse, die vor allem an Sendeanstalten und Institute abgegeben wurden. Weitere Exemplare gingen als »Einfachst-Busse« in den Export. Das Fahrzeug war auf einem stabilen Kastenrahmen (im Gegensatz zum U-Profil-Rahmen des Kuriers) aufgebaut. Zunächst kam die 50-PS-Maschine zum Einsatz, die ab 1963 60 PS leistete. Auch eine gleichstarke Vergaser-Maschine, die der einstige Borgward-Motorenkonstrukteur Dipl.-Ing. Karl Ludwig Brandt entwickelt hatte, konnte eingesetzt werden.

Unter der Phänomen-Traditionsbezeichnung »Garant«, die man dem Zittauer Robur-Werk entzogen hatte, konnte dieser Spezial-Omnibus auch mit der 65-PS-Gebläsemaschine und ab 1963 mit dem einstigen Borgward-70-PS-Dieselmotor ausgestattet werden, der nach dem Ricardo-Wirbelkammer-Verfahren arbeitete. Schließlich entstanden im Rahmen der 1968 eingeführten F-Baureihe noch einfach ausgestattete Kleinbusse mit 17 bis 21 Sitzen, zunächst noch mit eigenen, dann aber mit DB-Motoren.

Der Hanomag-Fahrzeugbau war 1961 in das aufgelöste Borgward-Werk nach Bremen verlagert worden, nachdem die Rheinstahl-Hanomag AG einen Teil des Borgward-Geländes und der Hallen erworben hatte. Der Motorenbau verblieb hingegen im Hannoveraner Werk.

1968 erfolgte der Zusammenschluss des Hanomag-Werkes mit dem Henschel-Werk in Kassel zur Hanomag-Henschel Fahrzeugwerke GmbH (HHF), nachdem die Rheinstahlwerke AG das Bremer Werk ausgegliedert hatte. Gleichzeitig pachtete die Daimler-Benz AG die HHF mit den Werken in Bremen, Hannover, Hamburg-Harburg und Kassel. In den Jahren 1973 und 1974 erwarb die Daimler-Benz AG die gesamten Aktienanteile der HHF, wobei der Aufbau eines zweiten Produktions- und Vertriebsnetzes an Nutzfahrzeugen zunächst geplant war.

70-PS-Hanomag Clubbus-Prototyp (Kässbohrer-Aufbau), 1957.

50-PS-Hanomag L 28 Stadtbus, 1952.

65-PS-Hanomag Garant, 1962. (Foto: MB-Archiv)

Im Verlauf der Übernahme durch die Daimler-Benz AG erschienen in den Jahren 1971 bis 1973 die DB-Kleinbusse O 309 auch unter Hanomag-Henschel-Schriftzug mit leicht veränderter Frontpartie. Daimler-Benz-Dieselmotoren mit 60 und 85 PS oder eine 85 PS starke Vergasermaschine kamen zum Einbau in die Parallelbautypen. Je nach Radstand konnten 17 oder 21 Sitzplätze angeboten werden. Im Frühjahr 1973 legte die Daimler-Benz AG den Fahrzeugbau der Hanomag-Henschel Fahrzeugwerke GmbH still. Das Bremer Werk wurde für den Transporter- und später für den Pkw-Bau umgerüstet.

Hanomag-Henschel F 45, 1971. (Foto: MB-Archiv)

HANOMAG

Typ	Sitzplätze/ Stehplätze	Bauzeit	Zylinder	PS	K	B x H mm	Hubraum cm^3	Drehzahl U/min	Radstand mm	Länge mm	Gewicht kg	Motor-hersteller	Typ	M	Bemerkungen
Hanomag-Stoltz	19 -14/6	1908	2	20/25								Hanomag			Dampfmaschine
2/10	10/0	1928	1	10	Th	80x100	499	2500			750	Hanomag		V	
HL 3,0-3,5		1935	4	55/60	W	105x150	5195	1600				Hanomag	HDS 3,5	D	Unterflurmotor
L 28 1,5 t Clubbus	15/0	1950 - 55	4	50	W	90x110	2799	2800	3400 - 4000	5920 - 7900	2055 - 3500	Hanomag	D 28 LA	D	mit Roots-Gebläse
L 28 F	17/0	1955	4	70	W	90x110	2799	2800	3200	6550	3200	Hanomag	D 28 LA	D	mit Roots-Gebläse, Frontlenker
L 28	17/0	1956	4	50	W	90x110	2799	2800	4000			Hanomag	D 28 L	D	
Kurier II	16 - 21	1961	4	50	W	90x110	2799	2800	2900			Hanomag	D 28 L	D	Frontlenker u. folgende
Garant	16 - 21	1962	4	65	W	90x110	2799	2800	2850			Hanomag	D 28 LA	D	
Kurier II	16 - 21	1963 - 68	4	60	W	90x110	2799	3000	2900			Hanomag	D 28 CL	D	
Kurier II OL	16 - 21	1963 - 68	4	60	W	78x64	1797	4000	2900			Hanomag	O 301 L	V	
Garant	16 - 21	1963 - 68	4	70	W	94x120	3331	2800	2850			Hanomag	D 351 GL	D	auch 80 PS
F 40 B	17/3	1968 - 74	4	60	W	87x92,4	2197	4200	2950	5040	4000	DB	OM 615	D	
F 45 OB	17/3	1968 - 74	4	85	W	87x92,4	2197	5000	2950	5040	4000	DB	M 115	V	
F 45 OB	21/0	1968 - 74	4	85	W	87x92,4	2197	5000	3500	5990	4600	DB	M 115	V	
F 45 B	17/3	1968 - 74	4	85	W	87x128	3783	2800	2950	5040	4100	DB	OM 314	D	
F 45 B	21/0	1968 - 74	4	85	W	87x128	3783	2800	3500	5990		DB	OM 314	D	

Harmening

Hermann Harmening KG, Fahrzeug- und Karosseriefabrik,
Bückeburg, Hannoversche Str. 21
1954-1956

85-PS-Harmening HKB-Clubbus, 1955.

Die 1879 gegründete Hof-Wagenfabrik Harmening begann um die Zeit des Ersten Weltkrieges mit dem Bau von landwirtschaftlichen Nutzfahrzeugen. 1926 kam der Bau von Omnibuskarosserien hinzu, vor allem auf Fahrgestellen der Marke Ford. Ende der dreißiger Jahre übernahm das Unternehmen einen Großteil des 500-Omnibuskarosserien-Auftrags, den die Reichsregierung an die Waggonfabrik Gebr. Credé & Co. vergeben hatte, ohne dass diese in der Lage war, ihn zu erfüllen. Auf dem VOMAG-Lkw- und Omnibus-Fahrgestellen entstanden Holzgasomnibusse in »Integral-Leichtstabil-Bauweise«. Dahinter verbarg sich eine Kombination aus Delignit-Sperrholzplatten und dünnwandigen Stahlblech-Hohlprofilen, was einerseits Gewicht und andererseits Blech sparte, welches dringend für die Rüstung gebraucht wurden. Die Generatoranlage war im Heck integriert. Die 100 PS starken und vor allem bei der Reichspost eingesetzten Fahrzeuge boten 36 Sitz- und 15 Stehplätze.

Nach dem Krieg beschlagnahmte die englische Besatzungsmacht große Teile des Werks und gab sie erst 1951 wieder frei. In den verbliebenen Werksanlagen karossierte das Unternehmen zunächst Ford-Omnibusse und Lastwagen für die Besatzungsmächte. Ende der vierziger Jahre wurden dann auch Daimler-Benz-, FAUN-, Henschel- und Krupp-Südwerke-Fahrgestelle mit Omnibuskarosserien versehen. Vor allem die Henschel-Frontlenker-Typen HS 100 N und 120 N mit Frontmotor erhielten jene Aufbauten mit Integral-Stahlgerippen.

Nachdem 1954 mit Daimler-Benz-Teilen das Modell »MBO« als 39-sitziger Reisebus erschienen war, stellte Harmening 1955 einen 24-sitzigen, stromlinienförmigen Reisebus vor. Der »HKB Clubbus« besaß eine Rahmen-Bodenanlage mit zwei geknickten Profilblechen und Querblechen, die gleichzeitig einen Unterflurkofferraum bildeten. Auf diesem Unterbau saß das Gitterskelett der Karosserie. Der 85-PS-Vierzylinder-Henschel 517 D4 wurde samt synchronisiertem Fünfganggetriebe auf einem ausziehbaren Hilfsrahmen im rückwärtigen Ende der Bodengruppe platziert. Die zweite Bauserie besaß teilverkleidete hintere Radausschnitte. Wahlweise konnte auch ein luftgekühlter 95-PS-MWM-Diesel eingesetzt werden. Neben dem Clubbus bot das Unternehmen auch einen 2,75-Tonnen-Lkw mit MWM-Aggregat an, allerdings ohne Erfolg: 1958 erwarb das Fahrzeugwerk Kannenberg (FAKA) das Bückeburger Unternehmen und führte die Omnibusproduktion unter eigenem Emblem zunächst weiter.

95-PS-Harmening HKB-Clubbus mit teilverkleideten Radausschnitten, 1956.

HARMENING

Typ	Sitzplätze/ Stehplätze	Bauzeit	Zylinder	PS	K	B x H mm	Hubraum cm³	Drehzahl U/min	Radstand mm	Länge mm	Gewicht kg	Motor-hersteller	Typ	M	Bemerkungen
MBO	39/0	1954	6	90	W	90x120	4580	2800			5320	DB	OM 312	D	
HKB	24/0	1955 - 58	4	85	W	100x130	4084	2500	3450	7950	3500	Henschel	517 D 4	D	
HKB	24/0	1958	4	95	L	95x120	3400	2500	3450	7950	3500	MWM	AKD 12 V	D	Linie 17/11 Plätze

Helios

Helios-Elektricitäts-AG,
Köln-Ehrenfeld, Venloerstr. 379 - 389
1903-1906

Die Elektrofirma Helios übernahm 1903 die Patente und Fabrikationsanlagen der Firma Rudolf Hagen und fertigte neben den Hagen-Modellen auch einen eigenen Elektro-Bus. Zwar vergab Helios Nachbau-Lizenzen nach Paris und Sheffield, doch in Deutschland endete die wenig erfolgreiche Automobil- und Straßenbahnfertigung bereits wieder 1906. Für Jahre stand die Helios AG in Liquidation und wurde 1917 endgültig aufgelöst. Noch heute erinnert der Helios-Turm in Köln an dieses Unternehmen.

Henschel

Henschel & Sohn GmbH,
Kassel-Mittelfeld, Henschelstr. 1

1. 1925-1928 **Henschel & Sohn GmbH**
2. 1928-1937 **Henschel & Sohn AG**
3. 1937-1945 **Henschel & Sohn GmbH**
4. 1945-1948 **Hessische Industrie- und Handels GmbH (Hessia)**
5. 1948-1957 **Henschel & Sohn GmbH**
6. 1957-1963 **Henschel-Werke GmbH**

50-PS-Henschel Typ Rex Linienbus (Credé-Aufbau), 1926.

Das Haus Henschel & Sohn ging aus der 1705 eingerichteten Hessisch-Fürstlichen Stück-Gießerei in Kassel hervor, die 1785 von Georg Christian Henschel erworben wurde. 1848 entstand dort die erste Lokomotive.

Da nach dem Ersten Weltkrieg die Aufträge der Bahnverwaltungen drastisch zurückgingen, suchte Henschel & Sohn unter der Leitung von Oscar R. Henschel (1899 - 1982) nach einem neuen Geschäftszweig. Im Dezember 1925 wurde das Werk mit der Schweizer Nutzfahrzeugfabrik Franz Brozincevic in Wetzikon über den Nachbau eines Fünftonners handelseinig. Die noch in diesem Jahr zunächst in drei Exemplaren gefertigten Omnibusse mit tiefer angeordnetem Rahmen waren Weiterentwicklungen dieses Typs. Die luftbereiften »Rex«-3B1-Busse fassten 24 Personen und erreichten 45 km/h. Im Dezember 1925 gingen dann die ersten H & S-Omnibusse an die Barmer Bergbahn AG.

1926 erschien der modifizierte Typ 3B2N mit Niederrahmen und einem aufgebohrten Motor mit 60, später 63 PS. Gleichzeitig ging das Unternehmen zur Verwendung von Stahl-Holz-Karosserien der Firma Credé über. Ab 1927 bot Henschel & Sohn den neuen 4B1 auch mit 60-PS-Deutz-Diesel an. Erstmals wurden hier Ganzstahlaufbauten von Schumann in Werdau/Sachsen verwendet.

Weitere Omnibus-Konstruktionen folgten 1928: die 85/100-PS-Sechszylinder 4D3 und 4D4 mit Karosserien von Schumann und Trutz oder die Dreiachser Typ 34 C3/34 D3 mit 85/100 PS und Credé-Aufbauten. Zwischen 1929 und 1930 konzipierten die Kasselaner unter der Leitung des ehemaligen Büssing-Oberingenieurs Paul Filehr (1884 - 1964) ein neues Dreiachs-Fahrgestell für schwere Lkw und große Omnibusse. Es handelte sich dabei um ein universell verwendbares, relativ niedriges Chassis mit brillenartig über die Hinterachsen geführten Rahmenwangen, zunächst mit dem F-Ottomotor ausgerüstet (120 PS/11,8 Liter Hubraum). Der 35 F3-Fahrgestelltyp war indes von den Henschel-Ingenieuren auch für den Einbau anderer, noch in Entwicklung befindlicher Motoren ausgelegt. Mit Credé- und anderen Aufbauten konnten zwischen 30 und 55 Passagiere mitfahren, je nach Ausstattung und Hersteller.

Nachdem das Unternehmen 1930 mit dem Lizenzbau der Acro-Luftspeicher-Dieselmotoren einige Fahrzeuge mit derartigen Selbstzündermotoren ausgestattet hatte, wurden ab 1932 eigene Luftspeicher-Dieselmotoren nach Lanova-Patenten des einstigen MAN-Ingenieurs Dr. Franz Lang ins Programm genommen.

Die nach 1933 entstandenen dampfbetriebenen Lastwagen- und Omnibusse blieben dagegen Einzelstücke. Unter dem Lokomotivkonstrukteur Richard Roosen (1901 - 1980) rüstete das Unternehmen neben Lastwagen erstmals auch einen Haubenomnibus mit der 100 PS leistenden, doppeltwirkenden Hoch- und Niederdruck-Verbundmaschine nach Patenten der amerikanischen Erfinder Warren und Abner Doble aus. Der erste »Dampfer« wurde 1933 für die (Wuppertal-) Elberfelder Bahnen gebaut, auf Basis eines Viertonnen-Omnibus-Fahrgestells. Das vor der Hinterachse angeflanschte Aggregat verhalf dem getriebe- und nahezu geräuschlosen Fahrzeug zu einer Höchstgeschwindigkeit von 75 km/h. Außerdem beschleunigte der Henschel-Doble außergewöhnlich gut. Als Heizmaterial diente billiges Braunkohlenteeröl. Dieser zweite Henschel-Hauben-Dampfomnibus wies 33 Sitzplätze auf und war von 1934 bis 1939 bei der KVG Sachsen in Betrieb. 1936 entstand noch ein 120-PS-Dampfomnibus als Frontlenker mit Wegmann-Karosserie und Pekaglas-Sicherheits-Verglasung.

Ebenfalls als Frontlenker karossiert war der Dreiachser 35 H 3N von 1931. Er verfügte über 21,7 Liter Hubraum und 250 PS, verteilt auf zwei Reihen-Sechszylinder. Eine gemeinsame Nockenwelle steuerte den Gasdurchsatz der in einem gemeinsamen Motorgehäuse nebeneinander gegossenen Zylinderreihen. Das Abschalten eines Motorteils war daher im Gegensatz zum Büssing-NAG-Doppelmotormodell nicht möglich. Das Getriebe war mit einem Zusatzgetriebe, Hochgetriebe genannt, verbunden, das die Gangzahl verdoppelte. Eine seitlich versetzte Kardanwelle trieb über ein Vorgelege die erste Hinterachse an. Die nachfolgende Achse wurde dann direkt angetrieben. Den 250-PS-Bus mit Trutz-Aufbau stellte die Reichspost im Raum Dresden als »Eilwagen« in Dienst.

Zu Beginn der dreißiger Jahre begannen Industrie und Behörden, sich mit Generatorgasanlagen und dem Betrieb mit Festkraftstoffen zu befassen. Besonders wichtig sollten die Arbeiten von Prof. Dr.-Ing. Josef Deiters werden. Er entwickelte ein selbsttragendes Leichtbau-Konzept mit Imbert-Holzgasanlage im Heck, das er zusammen mit der EVA/Triebwagen- und Waggonfabrik Wismar und mit Henschel & Sohn zur Serienreife brachte. Die Imbert-Generatorgesellschaft berichtet darüber später: »Bei dem ersten eigens für Holzgasbetrieb konstruierten deutschen Autobus hatte Deiters nicht nur den Generator, sondern auch Kühlschächte und Dachbehälter für Reserveholz in den selbsttragenden Aufbau mit einbezogen beziehungsweise integriert.«

Einen dieser Henschel/EVA/Imbert-Schiebetürenbusse beschaffte 1933 die Rostocker Straßenbahn. Der 10,9-Liter-Motor leistete bei Benzinbetrieb 100 PS und bei Holzgasbetrieb 80 PS. Dem ersten Bus folgten in der Ostseehansestadt 1934/35 noch zehn weitere, geringfügig modifizierte Holzgasbusse, gleichermaßen mit Henschel-Fahrwerkstechnik und EVA-Wagenkörpern. Als Kraftquellen dienten nunmehr H&S-F-Ottomotoren mit 11,7 Liter Hubraum. Sie brachten es auf 120 PS beziehungsweise auf 95/100 PS bei Gasantrieb. Die Generator-Omnibusse gingen auch in den Kreis Stormarn und nach Göttingen.

Mit konventionellen Dieselmotoren versehen waren die ab 1934 angebotenen neuen Typen 28 O 1 und 30 T 2 N. Sie boten 25 Passagieren Platz und waren mit Motoren von 65 bis 100 PS lieferbar. Interessanteste Vertreter dieser bis 1939 gebauten Baureihe waren die 100-PS-Busse mit Stromlinienkarosserien von Credé, die ein Höchstgeschwindigkeit von 125 km/h erreichten. Ebenfalls durch Stromlinien-Karosserie und 95/100-PS-Diesel zeichnete sich der 38 S 3N für die Schnellreise-Autobahnlinie der Deutschen Reichsbahn aus. Mittels Schnellganggetriebe erreichten sie 91 km/h.

Weitere beachtliche Konstruktionen stellten die großen, für Lkw und Omnibusse vorgesehenen Fahrgestelle 35 und 36 W 3 mit ihrer imponierenden Motorhaube dar. Sie besaßen gewaltige R-8-Diesel. Das W-Kraftwerk schöpfte aus 15,7 Liter Hubraum ab 1935 zunächst 160 PS und von 1936/37 an sogar 175 PS; eine für die damalige Zeit satte Dieselleistung. Die Niederrahmen-Varianten gingen zu verschiedenen Karosserieherstellern. Bekannt sind jedenfalls Ausflugs- beziehungsweise Überlandaufbauten von der Waggonfabrik Gebrüder Credé & Co., je nach Baujahr mit kantiger oder eleganter runder Motorhaube. Wegmann & Co. karossierte

60-PS-Henschel 3 B 2N Linienbus, 1927.

60-PS-Henschel 4 B 3 Niederrahmen-Überlandbus, 1927.

85/100-PS-Henschel 4 C 3 Postomnibus (Credé-Aufbau), 1928.

85/ 100-PS-Henschel 4 C 3 Überlandbus (Werdauer Aufbau), 1929.

85/100-PS-Henschel 34 D 3 Überlandbus (Credé-Aufbau), 1929.

1937 wohl eines der ersten Fahrgestelle für die Kasseler Omnibus-Gesellschaft mit 175 PS und runder Langschnauze. Dieser 36 W 3N-Großomnibus verfügte über 54 Sitzplätze. Ein Einzelstück blieb der von dem Münchener Karosseriebauer Rupflin komplettierte Schnellreise-Dreiachser 36 J 3N mit einer stromlinienförmig ausgebildeten Karosserie nach Lizenz des Aerodynamikers Paul Jaray (1889 – 1974).

Auf der IAMA 1935 in Berlin präsentierte Henschel das Dreiachsfahrgestell für einen geplanten Reichsautobahn-Schnellreise-Luxusbus. Der Typ 68 BX 2 besaß einen 300 PS starken Zwölfzylinder-Boxer-Dieselmotor mit 31 Liter Hubraum. Das Antriebsaggregat war vor der Vorderachse längs und mittig unter dem Fahrerplatzbereich installiert. Das mit sechs Riesenluftreifen ausgestattete Fahrgestell wurde offenbar mit keinem Busaufbau versehen, auch der Frontlenker-Doppelstocktyp von 1939/40 blieb ein Einzelstück: Für die Reichshauptstadt Berlin hatten die »Henschelaner« in Kassel einen von insgesamt drei BVG-DO 36-Typen auf die Räder gestellt. Das Henschel-Frontmotorchassis (Radstand 4,4 plus 1,45 Meter) erhielt einen 10,13 Meter langen Stahlaufbau, auf den das in Holz gefertigte Oberdeck mit 36 Sitzplätzen aufgesetzt wurde. Im Unterdeck befanden sich 32 Sitze und 10 Stehplätze. Der Kriegsausbruch im September 1939 blockierte indes die Aufnahme der Serienproduktion, was auch die Prototypen von Büssing-NAG und Daimler-Benz betraf. Die Entwürfe zu diesen »standardisierten« Frontlenker-Doppeldeckern stammten aus dem Jahre 1936 ebenso wie die Entwürfe zur neuen BVG-Hauben-Doppelstockbusfamilie D 38. Im Gegensatz zu den DO 36-Frontlenkern entstand von den Haubern 1938/40 eine Kleinserie. Henschel & Sohn lieferte zehn Wagen an die BVG.

Ab 1934/35 gelangten weiterentwickelte Henschel-Omnibusse der Baureihen 28 O 1 bis 40 S 3N auf den Markt. Mit einer leicht zugespitzten Kühlermaske und seitlich horizontal angeordneten Lüftungsschlitzen in den Motorhauben-Seitenteilen machten sie einen modernen Eindruck. 1936/37 verpasste man in Kassel der Kühlermaske eine noch gefälligere und dazu runde Form mit zwei nebeneinander aufragenden »Nieren« als einem Gestaltungselement, wie es im BMW-Kühlergesicht bereits seit 1933/34 zu finden war. Die Kasseler Formgestalter übertrugen den neuen Blickfang mit dem sechszackigen »HuS«-Stern in der Mitte auch auf die Kühlermasken der neuen Henschel & Sohn-Frontlenkeromnibusse P/30 T 4N Tram und P/4 G 7. Dieser 100-PS-Linienbus erhielt ein seitlich eingebautes Getriebe sowie ein seitlich verlagertes Differential, um den Wagenboden niedrig zu gestalten. Der Stadtverkehr in Warschau erhielt eine größere Anzahl dieser fortschrittlichen Modelle.

Die runde Kühlermaske/Motorhauben-Komposition gab es ab 1937 auch vor den schweren Dreiachsbussen 36 W 3N und sie zierte darüber hinaus die »Standard«-Reichspostomnibusse auf Henschel-4 J 5N-Fahrgestell, die verschiedentlich eine dachrandverglaste Karosse mit im Heck angefügten, fensterlosem Post- oder Skiabteil erhielten.

Zu den letzten Henschel-Vorkriegsentwicklungen zählten der Frontmotor-Frontlenker P/40 S2N Tram mit 95 PS, der auf der Wiener Messe 1940 vorgestellt wurde wie auch der 1939 überarbeitete Hauben-Bus P/6 J 5N, der überwiegend Reichspostbus- und Kraftpost-Kurswagen-Aufbauten (zur Nachtpostbeförderung) erhielt. Das 10,06 Meter lange Niederrahmenfahrgestell mit am Heck heruntergezogenem Perronträgerteil wurde mit einem 125 PS starken Diesel bestückt. Die Deutsche Reichspost-Ost

62-PS-Henschel 3 B 1 Postomnibus vor dem Dresdner Kugelhaus, 1929.

100-PS-Henschel 35 F 3 Überlandbus (Credé-Aufbau), 1930.

setzte ab 1940 einige P/6 J 5N-Fahrzeuge im bestzten Polen als Überlandlinienbusse ein.

Für die Deutsche Wehrmacht fabrizierten Henschel und Gebrüder Credé & Co. zwischen 1938 und 1941 einige Omnibusse für den Geländeeinsatz. Das Henschel-Chassis des Typs 33 G 1 stammte nicht aus der Lokomotivfabrik, sondern von Klöckner-Deutz/Magirus. Die Lizenz-Typenbezeichnung lautete M 33 H (Magirus-intern Baumuster 306). Der Antrieb erfolgte nicht durch einen H&S-G-Diesel, sondern mittels eines 100 PS leistenden KHD-Diesels (original wassergekühlter Deutz-Motor mit Henschel-Kurbelgehäuse beziehungsweise -Abtrieb). Der Credé-Aufbau fasste zirka 30 Personen. Nach 1945 setzte die Deutsche Post/Bundespost einige dieser Busse, die den Krieg überstanden hatten (in charakteristischem Gelb lackiert) im Bayerischen Hochland und im Hochgebirge ein. Die 7,05 Meter langen Gelände-Kraftomnibusse fassten 25 bis 30 Personen.

Auf der IAA 1935 stellten Henschel & Sohn ihr erstes Oberleitungs-Fahrgestell vor, die Serienproduktion lief 1939 an. Zu diesem Zeitpunkt war auch dieser Bereich entsprechend standardisiert worden. Behörden und Industrie hatten sich auf den Bau von drei Normgrößen verständigt: Normgröße I, zweiachsig für 60 Fahrgäste; Normgröße II für 80 bis 90 Fahrgäste, beiderseits für Anhängerbetrieb geeignet; Normgröße III, dreiachsig, einzelbereift für 100 bis 110 Personen, rundum einfach bereift und nur in Sonderfällen für Anhängerbetrieb vorgesehen. Der Reifenengpass bezüglich größerer Dimensionen trug dazu bei, die Baureihe II vorn und hinten mit Zwillingsreifen auszurüsten. Sie erwiesen sich als vorteilshaft, weil mit ihnen die Wagenbodenhöhe niedriger gehalten werden konnte. Henschel entwickelte zusammen mit der Knorr-Bremse AG wegen der vorderen Doppelbereifung eine druckluftunterstützte Lenkung. Sie ermöglichte es, während des Krieges und in der Nachkriegszeit Schaffnerinnen als Obus-Fahrerinnen auszubilden und einzusetzen. Bei der Hauptbaureihe II/6500 war der 85/90-kW-Reihenschluß-Doppelkommutatormotor in Fahrzeugmitte unter dem Wagenboden leicht schrägliegend montiert. Über Klappen konnte die von AEG, BBC und SSW hergestellte Elektroanlage gewartet werden. Der Antrieb auf die Hinterachse erfolgte über ein Schneckengetriebe mit einem Kegelraddifferential. Den Feinstufenschalter mit Anfahr- und Bremswiderständen betätigten die Fahrer(innen) über

65-PS-Henschel 28 O 2N Aussichtsomnibus, 1933.

120-PS-Henschel 4 Z 1 Überlandbus mit Dampfmaschine, 1933.

120-PS-Henschel Dampf-Frontlenker für den Überlandverkehr, 1933.

2x125-PS-Henschel 35 H 3 Postomnibus (Trutz-Aufbau), 1933.

ein Fußhebelwerk. Die Karosserien erstellten die Firmen Credé, Kässbohrer, Schumann und Wegmann.

Die Normgröße I/4500-Ausführungen mit 90-kW-BBC-Motoren erhielten Schumann-Werdau-Aufbauten. Die Obus-Kriegskonstruktion der Normgröße II war mit zwei 50-kW-Motoren bestückt. Christoph & Unmack, Schumann-Werdau und Credé erstellten hier die Aufbauten. Vom III/10000-Baumuster wurden noch 1952 fünf Exemplare durch den NWF/Nordwestdeutschen Fahrzeugbau als Doppelstock-Trolleys mit 62 Sitz- und 41 Stehplätzen fertiggestellt und an die Hamburger Hochbahn AG verkauft. Henschel bezeichnete die 6x4-Bauart nach 1951/52 als Typ 565/NWF. Die Elektroausrüstung von AEG lag bei 2x50 kW. Die Hochbahn verkaufte die 4,40 Meter hohen Kolosse schon 1956 an den Verkehrsbetrieb in Erfurt. Das Oberdeck wurde abgewrackt und die Torsos zu Eindecker-Obussen umgebaut. (Die Fahrzeugwerke Schumann in Werdau bauten nach dem Krieg bis Ende der vierziger Jahre mit noch vorhandenen Henschel-Fahrgestellen Normgröße II- und III-Wagen weiterhin auf.) 1940/43 gesellte sich außerdem die Normgröße U/s hinzu, für Trolley-Busse mit selbsttragenden Karosserien (im Wesentlichen von Uerdingen/DÜWAG). Henschel verlagerte 1942 den Obus-Fahrgestellbau weitgehend zu Saurer nach Wien, um in Kassel Kapazitäten für die Panzerproduktion zu gewinnen. Im Kasseler Werk endete die Montage der Unterbauten endgültig im August 1944. Die Karosserien stellten Credé, Kässbohrer, Schumann und Wegmann her. Die Fahrzeugwerke Schumann in Werdau (siehe Kapitel VEB Kraftfahrzeugwerk »Ernst Grube«) bauten nach 1945 bis Ende der vierziger Jahre mit noch vorhandenen Henschel-Fahrgestellen Normgröße-II-Wagen weiter auf.

Nach dem Krieg war das Henschel-Werk als eine der großen deutschen Waffenschmieden für Panzer, Flugzeuge und Flugmotoren zu 80 Prozent zerstört, so dass auch die traditionelle Lokomotiven- und Nutzfahrzeugfertigung stark in Mitleidenschaft gezogen war. Auf Befehl des Alliierten Kontrollrates wurde der Nutzfahrzeugbau vom Stammwerk 1945 gelöst und in die Hessischen Industrie- und Handels GmbH (Hessia) umgewandelt. Während das Stammwerk Lokomotiven reparierte, überholte die Hessia im Werk Baunatal beschädigte US-Armee-Lastwagen. Der Fahrzeug- und Motorenbau war zunächst untersagt; der Bau von Dieselmotoren bis maximal 100 PS wurde wenig später zugestanden, um gebrauchte US-Militärlaster damit auszustatten. Oscar R. Henschel wurde als Rüstungsindustrieller in Ludwigsburg interniert. Ab 1946 wurden der Reparaturbetrieb im Werk Kassel-Mittelfeld und der dringend benötigte Bau von Oberleitungsomnibussen im ehemaligen Flugzeug-Werk Altenbauna wieder zugelassen, zumal das Henschel-Werk während des Krieges eine

125-PS-Henschel 4 J 5 Überlandbus (Credé-Aufbau), 1935.

95-PS-Henschel 38 S 3N Aussichtsomnibus (FKF-Aufbau), 1936.

95-PS-Henschel 38 S 3N RAB-Schnellreisebus mit Credé-Aufbau, 1936.

300-PS-Henschel Fahrgestell B 68 BX 2 mit Unterflur-Boxermotor, 1936.

führende Stellung in diesem Bereich erlangt hatte. Der bewährte Henschel-Normgrößentyp II/6500 wurde mit gleicher Mechanik und Elektrik nunmehr mit Kässbohrer-Aufbauten für 70 Fahrgäste ab 1946 für 90 Fahrgäste mit vorderer (vergrößerter) Zwillingsbereifung weitergebaut. Anstelle des einfachen Schneckenantriebes konnte auch eine Schnecke mit einem schrägverzahnten Vorgelege eingesetzt werden. Bei Ausfall der Oberleitungsstromversorgung war es mit Hilfe einer einfachen Schaltvorrichtung möglich, auf Batterie-Stromversorgung umzuschalten. Zumindest kürzere Wegstrecken ließen sich auf diese Weise zurücklegen.

1946 verließen 12, 1947 immerhin schon 85, 1948 exakt 88 und 1949 noch 54 Obus-Chassis das Kasseler Werk. Aus der Obus-Normgröße IIs hatten die Waggonfabrik Uerdingen und Henschel & Sohn 1949/50 gemeinschaftlich den Uerdingen-/HS-Typ ÜH U/S konstruiert: in selbsttragender Schalenbauweise. Die 10,42-m-Wagen verfügten über 30 Sitz- und 57 Stehplätze und waren rundum 10.00-20, vorn einfach, hinten zwillingsbereift. Der SSW-Elektromotor leistete 90 kW und erlaubte problemlos den Anhängereinsatz.

Trotz sinkender Fertigungszahlen überarbeitete Henschel & Sohn um 1952 sein Obus-Typenprogramm und ergänzte es. Nach Werksangaben stand folgende Chassis-Typenskala zur Verfügung: HS 90 E (etwa Norm I, für 75 Personen, vorn Einzelreifen), HS 562 E (etwa Norm II, für 85 bis 100 Personen, vorn Einzelreifen), HS 563 (praktisch Norm IIs, selbsttragend, für 100 Personen), HS 565 D (6x4), modifizierter Norm III-Eindecker, für 110 Personen), HS 562 (6x4, für Doppelstockaufbauten wie von NWF, für 120 Personen), HS 562 (6x2, für Eineinhalbdecker und 135 bis 150 Personen) sowie HS 562 G (4x2, etwa Norm II als Motorwagen für Gelenk-O-Trolleys wie von Kässbohrer und für 140 bis 160 Personen). Eine neue Obus-Generation unter der Typenbezeichnung ÜH IIs wurde 1952 in Zusammenarbeit mit der Waggonfabrik Uerdingen und der Karosseriefabrik Drauz eingeleitet. Der Elektromotor saß im Heck und nicht mehr zwischen den Achsen.

175 Oberleitungsomnibusse baute das Henschel-Werk für den Export nach Argentinien. Das hierfür entwickelte Modell 564 HS 90 E besaß eine Fahrzeuglänge von 10 Meter und einen 96-kW-Motor mit Kiepe-Elektrik. Der Hauptfahrschalter mit den Fahrwiderständen befand sich im Heck und wurde elektropneumatisch geschaltet. 31 Sitz- und 32 Stehplätze standen in dem 60 bis 65 km/h schnellen Fahrzeug mit einer einzelbereiften Vorderachse zur Verfügung. Den Temperaturverhältnissen in Argentinien entsprechend war das für den Einmann-Betrieb ausgelegte Fahrzeug mit einer aufwendigen Belüftungsanlage - dafür ohne Heizung - versehen. Die Firma Drauz und Nordwestdeutscher Fahrzeugbau (NWF) montierten die Aufbauten für diese Exportprodukte. Unabhängig davon wurden ab Mitte der fünfziger Jahre gebrauchte HS II/6500-Obusse durch Ludewig in Essen und seit 1960 auch von Vetter in Fellbach demontiert und zu 6x2-Dreiachsern (mit Nachlaufachse) umgerüstet und anschließend als Eineinhalbdecker-Obusse wieder aufgebaut. Insgesamt wurden von 1946 bis 1963 von Henschel 643 Obusse gefertigt; somit stiegen die Kasselaner in Zusammenarbeit mit der Waggonfabrik Uerdingen zum größten Obus-Hersteller in Deutschland auf.

Zum Zeitpunkt der Gründung der Bundesrepublik war die ausgegliederte Hessia-Gesellschaft längst wieder Bestandteil der Henschel & Sohn GmbH; der Bau von Lkw- und Omnibus-Fahrgestellen mit eigenen Diesel-Triebwerken erfolgte seit 1950 in Eigenregie.

Zum Wiedereinstieg präsentierte Henschel auf dem Genfer Salon jenes Jahres das innovative »Bimot«-Baumuster HS 190 N mit zwei 95-PS-Sechszylinder-Diesel des Typs 512 DG unter abgerundeten Kurzhaube. (Da der Henschel-Motorenbau in der Vorbereitungsphase nur maximal 95 PS starke Einbaumotoren fertigen durfte, war man auf diese Notlösung gekommen.) Die beiden in der vorgewölbten Bugpartie querstehenden Maschinen waren mit der Schwungradseite zueinander angeordnet und über eine elastische Kupplung miteinander verbunden. Der zweite Motor war zu diesem Zweck auf Linkslauf umgestellt. Über eine gemeinsame Antriebswelle und ein Winkelgetriebe wurde das Vierganggetriebe (plus Schnellgang) in Bewegung gesetzt, so dass acht Vorwärts- und zwei

Rückwärtsgänge zur Verfügung standen. Der Achsantrieb bestand bei den »Bimots« aus einem flachen Ausgleichsgetriebe mit Schnecke und Ritzelsystem. Trotz aller Vorzüge wurde lediglich acht Doppelmotor-HS 190 N-Fahrgestelle gebaut. Die vor der Vorderachse liegenden Motoren erforderten schwerste Lenkarbeit, hatten einen komplizierten Schaltmechanismus und waren ausgesprochen Wartungs-unfreundlich. Auch der Synchronlauf der Motoren ließ sich nicht exakt erzielen. Die Karosseriewerke FAKA, FKF, Kässbohrer und Lampferhoff übernahmen die Aufbau-Arbeiten mit luxuriöser Innenausstattung. Aufgrund ihres anspruchsvollen Preises und der schnell publik gewordenen Schwierigkeiten blieb es bei dieser kleinen Stückzahl.

Deutlich mehr Glück hatte Henschel mit dem als Typ HS 6 N vorgestellten und dann als HS 140 N produzierten Haubenomnibus auf Niederrahmen-Fahrgestell. Das ebenso wie der Bimot HS 190 N für den Anhängerbetrieb geeignete Fahrzeug besaß den neuen 140-PS-Diesel, der als außerordentlich sparsam und laufruhig galt. Die Karosserien des bis 1953 in 105 Einheiten gebauten Typs montierten Credé, FAKA, FKF, Harmening, Kässbohrer und Trutz. Lampferhoff steuerte dabei ein voluminöses Frontlenkermodell bei.

Als 39-sitziger Frontlenker mit Bimot-ähnlicher Kurzhaube erschien 1953 der einmotorige Typ HS 100 N, bei dem der 100-PS-Diesel quer im Bug saß. Auf der rechten Seite war die Kühlanlage platziert. Über ein Winkelgetriebe wurde die Kraft auf das Henschel-Fünfganggetriebe mit Schnellgang, hier Stufengetriebe genannt, auf die einzelbereifte Hinterachse übertragen. Mit einem Hebel am Lenkrad konnte der Fahrer über Luftdruck die durch eine Feder vorgespannten Schnellgänge betätigen. Eine weitere Besonderheit bestand in der Differenzialsperre an der Hinterachse. Das Niederrahmen-Fahrgestell mit U-Profil-Längsträgern ermöglichte vor allem beim Stadtlinienmodell eine niedrige Wagenbodenhöhe mit tiefliegendem Stehperron. Die vordere Einstiegstür konnte dank der ungewöhnlichen Anordnung des Motors vor der Vorderachse angeordnet werden. Die Leichtmetallkarosserie besaß eloxierte und genietete Seitenwände. In verschiedenen Leistungsstufen bis 1956 erhältlich, bauten Auwärter (Neoplan), Credé, FAKA, Meyer, Ludewig, Trutz und Wankmiller insgesamt 192 Aufführungen.

Nach der Vorstellung auf der IAA 1953 ging der neue Niederrahmen-Großomnibus HS 200 UN mit 200-PS-Sechszylinder-Unterflurdiesel 1954 in Serie. Der liegende Motor war in Rahmenmitte geneigt eingebaut und konnte durch eine Mechanik abgesenkt werden. Für den 50-sitzigen Omnibus mit dem unsymmetrisch angeordneten Motorblock entwickelten die Henschel-Ingenieure einen Kastenträgerrahmen mit ungleichen Längsteilen. Der sogenannte Hohlrahmen diente gleichzeitig als Warmluftkanal für die Fahrzeugheizung. Über eine Henschel-Flüssigkeitskupplung und ein elektromagnetisches ZF-Sechsganggetriebe einschließlich Planeten-Schnellgang und einer dreiteiligen Kardanwelle wurde die doppelt untersetzte Hinterachse in aufwendigster Technik angetrieben. Bei der Stadtlinienausführung mit 29 Sitz- und 70 Stehplätzen hatte man die hinteren Traversen für eine Plattform abgesenkt. Den dreitürigen Aufbau mit Dachrandverglasung fertigte Kässbohrer. Allerdings entstanden nur 22 Einheiten als Stadt-, Linien-, Reise- und Gelenkbus. Der HS 200 UN-Typ diente Kässbohrer zudem als Motorwagen für viertürige Stadtlinien-Gelenkbusse mit Zweiachs-Nachläufer und für Fernreise-Gelenkbusse, die der große US-Omnibusbetreiber Continental Trailways geordert hatte.

Den Übergang zum selbsttragenden Diesel-Omnibus und damit zum Komplettbau der Fahrzeuge vollzogen Henschel & Sohn 1955 mit dem Typ

Holzgas Export-Linienbus mit im Heck integrierter Holzgasanlage, 1937.

100-PS-Henschel 4 G 7 Export-Linienbus, 1938.

125-PS-Henschel 4 J 5 Postomnibus (Credé-Aufbau), 1937.

95-PS-Henschel 40 S 3N Aussichtsomnibus (FKF-Aufbau), 1938.

160/170-PS-Henschel 35 W 3 Überlandbus, 1938.

95-PS-Henschel 40 S 3 N Reisebus (Ludewig-Aufbau), 1938.

145-PS-Henschel Do 36 Doppeldecker-Prototyp für die BVG (Credé-Aufbau), 1940.

100-PS-Henschel 40 S Tram Linienbus, 1941. (Foto: Hans Pairan)

2x46-kW-Henschel Obus HS I/4500, 1941.

85/95-kW-Henschel Obus II/6500 mit Anhänger (Wegmann-Aufbau), 1948.
(Foto: ESWE Wiesbaden)

90-kW-kW-Henschel Obus HS II/6500 (Düwag-Aufbau), 1941.

85/95-kW-Henschel Obus II/6500 (Drauz-Aufbau), 1950.

85/95-kW-Henschel Obus II/6500 mit Anhänger (Kässbohrer-Aufbau), 1948.
(Foto: ESWE Wiesbaden)

2x95-PS-Henschel HS 190 N Bimot Aussichtsomnibus (Kässbohrer-Aufbau), 1952.

140-PS-Henschel HS 140 N Reisebus (FKF-Aufbau), 1952.

140-PS-Henschel HS 140 N Reisebus (Harmening-Aufbau), 1952.

HS 160 USL. Die Buchstabenkombination kennzeichnete die PS-Klasse, U stand für Unterflurdiesel, S für selbsttragende Schalenbauweise und L für Leichtmetall. Verantwortlich zeichnete für diese Konzeption der ehemalige Flugzeugkonstrukteur Hans Croseck, der zuvor bei Graaff in Elze Leichtbaubusse und in den 30er/40er Jahren bereits bei der Waggonfabrik Uerdingen Leichtbauwaggons entwickelt hatte.

Die Henschel-Busse in Leichtmetall-Schalenbauweise bestanden aus acht Baugruppen. Die Unterschale mit einem Kastenrahmen-Trägergerippe einschließlich Fahrwerk und Antriebsaggregat war eigenständig fahrfähig. Die Verbindung der einzelnen Baugruppen erfolgte wie im Flugzeugbau über Trennfugen, wobei die Hutprofil-Endstücke. Schrauben- und Blattfedern, später vorn und hinten Luftfederungen mit Blattfedern übernahmen die Radführung. Eine Unterflurdeichsel zur Vorderachse diente zum Abfangen der Schubkraft; ein Panhardstab nahm die Seitenkräfte auf. Der anfänglich verwendete 158-PS-Unterflurdiesel 514 DCU lag links zwischen den Achsen. Die Maschine ließ sich auf Rollen zur Wartung herausfahren. Die Kühlanlage befand sich unterflur kurz hinter der Vorderachse. 1958 ersetzte H&S den 9,3-Liter-Diesel durch das mit einem Roots-Gebläse aufgeladene 11-Liter-Diesel mit 180 PS. Ab 1960 wurde schließlich das Triebwerk auf Direkteinspritzung umgestellt. Die 11 und 12 Meter langen HS 160 USL fassten bis zu 116 und bis 121 Personen. Es gab sie als Stadt-, Vorort- und als Reisebusse. In der Vorort-Linienausführung mit 158 PS erreichten diese Busse mit dem Voith-Diwabus- oder dem ZF-Hydro-Media-Getriebe in Mittellage 80 km/h, in der Reisebusversion mit Schaltgetriebe 86 km/h. Eine weitere Variante dieses Muster bildete der 16,5 m lange, viertürige Gelenkbus HS 160 USL-G (Typ 449) mit einem einachsigen, mit einer Lenkkinematik versehenen Nachläufer und einer Faltenbalgverbindung. Den Henschel-Schalenbau-Omnibus gab es ab 1958 auch als Gelenk-Obus HS 160 OSL-G mit Stromabnehmer auf dem Dach des Nachläufers. In die Fertigung bezog Henschel das Ludewig-Werk in Essen sowie das Berliner Orenstein & Koppel-Werk ein, die angelieferte Rohbauwagen (Unterschale) mit beigelegten Baugruppen fertigmontierten. In Südafrika komplettierte die Henschel Diesel Truck PTY in Wadeville die Schalenbauomnibusse.

Gegen Ende der fünfziger Jahre verlagerte Henschel & Sohn die Fertigung zurück nach Kassel-Mittelfeld und stellte die Reisebusfertigung ein. Durch den Rückgang des Lokomotivgeschäftes und durch andere Schwierigkeiten kam Henschel & Sohn 1956 in eine Liquiditätskrise. Nachdem 1957 erhebliche finanzielle Zusatzbelastungen auftraten, gründeten der Bund und das Land Hessen die »Betriebsgesellschaft Henschel-Werke GmbH« als Auffanggesellschaft. 1962 formierte sich die neue Henschel-Werke AG. Das neue Emblem – wie gehabt der sechs-

140-PS-Henschel HS 140 N Ausflugsbus mit Anhänger (FAKA-Aufbau), 1952.

zackige Henschel-Stern mit großem »H«, aber ohne »u.S.« – machte den Wechsel deutlich.

Aufgrund der 1961 begonnenen Zusammenarbeit mit SAVIEM-Renault in Suresnes/Paris nahmen die Henschel-Werke französische SAVIEM-Chausson-Überland- und Reiseomnibusse in ihr Lieferprogramm mit auf. Der Vertrieb dieser Typen wurde aber wegen zu geringer Nachfrage schon bald wieder eingestellt. 1963 beendete Henschel die Produktion der Schalenbau-Leichtmetall-Omnibusse wegen geringer Nachfrage, kleinem Vertriebsnetz und der Spezialisierung auf den Schwerlastwagenbau.

Die Henschel-Werke AG gingen 1964/65 in den Besitz der Rheinischen Stahlwerke AG (Rheinstahl) über. Der neue Inhaber zentralisierte die Transporter-, Mittelklasse- und Schwerlastwagen-Konstruktion ab 1965 im Gebäudekomplex der ehemaligen Hanomag in Hannover. Im Zuge einer umfassenden Rekonstrukturierung suchte der Stahlkonzern für seinen Nutzfahrzeugbereich einen Partner, den man 1968 in Gestalt von Daimler-Benz gefunden zu haben glaubte. Später zu 100 Prozent im DB-Besitz, endete der Hanomag-/Henschel-Nutzfahrzeugbau im Sommer 1974. Bis in die Mitte der siebziger Jahre wurden Dieselmotoren und Triebachsen für Neoplan und Setra hergestellt. Darüber hinaus erhielten die Gräf & Stift-Linienbusse Henschel-Triebwerke.

Die weiterhin in der Daimler-Benz-/Mercedes-Benz-Gruppierung bestehende nunmehrige HHF-Hanomag-Henschel GmbH stellte von Hannover aus bis 1992/93 die Ersatzteilversorgung sicher: Für Henschel- und HHF-Fahrzeuge sowie für diejenigen HHF-Typen, die mit Mercedes-Aggregaten als Daimler-Benz-Modelle vermarktet wurden. Außerdem produzierte die HHF für Daimler/Mercedes-Transporter und -Lkw Neufahrzeug-Bauteile. Ende Juni 1995 wurde die Hanomag-Henschel GmbH aufgelöst. In den Jahren 1975/76 ging die Rheinstahl-Gruppe ihrerseits im übermächtigen Thyssen-Stahlkonzern auf. Dennoch tauchte der Name Henschel 1991 im Omnibusbau wieder auf: als ABB-Henschel AG. Von 1979/80 bis 1996 konstruierte und produzierte die ABB-Tochter Waggon Union auch Doppeldeck-Omnibusaufbauten der 2. Standardbus-Generation für die BVG. Die Basis der zweistöckigen Wagen lieferte MAN; im Herbst 1994 baute ABB-Henschel-Werk in Berlin Niederflur-Doppelstock-Prototypen auf Basis der MAN-ND 202-Bodengruppe. Die Karosserie bestand aus geschraubten Leichtmetallprofilen. Ihr Typenschild wies »ABB-Henschel« als Aufbauten-Hersteller aus.

100-PS-Henschel HS 100 N (FAKA-Aufbau), 1953.

120-PS-Henschel HS 120 N (Faka-Aufbau), 1954.

200-PS-Henschel HS 200 Linienbus (Kässbohrer-Aufbau), 1953.

90-kW-Henschel Obus HS 90 E für Argentinien (Drauz-Aufbau), 1954.

90-kW-Henschel Obus II/6500 (Kässbohrer-Aufbau), 1954.

200-PS-Henschel HS 200 Kässbohrer-Gelenkzug, 1955.

85/100-kW-Henschel Obus II/6500 Kässbohrer-Gelenkzug, 1955.

110-PS-Henschel HS 95 FAKA-Sattelzug, 1958.

158-PS-Henschel HS 160 USL-G Gelenkzug, 1958.

170-PS-Henschel HS 160 USL Linienbus (Ludewig-Aufbau), 1959.

121-kW-Henschel HS 160 OSL-E Gelenkzug, 1962. (Foto: ESWE Wiesbaden)

HENSCHEL

Typ	Sitzplätze/ Stehplätze	Bauzeit	Zylinder	PS	K	B x H mm	Hubraum cm^3	Drehzahl U/min	Radstand mm	Länge mm	Gewicht kg	Motor-hersteller	Typ	M	Bemerkungen
1. Linienbusse															
A) Modelle mit Verbrennungsmotoren															
a) Baureihen C/D/F/G/J/S//T															
34 C 3/34 D 3	28/29	1928	6	85/100	W	120x160	10851	1250	4500+1200	7880	5900	Henschel	C/D	V	
4 D 4	36/43	1928	6	85/100	W	120x160	10851	1250	5800	8270	6000	Henschel	C/D	V	auch 28/22 Plätze
4 D 4	28/22	1930	6	100	W	120x160	10851	1250	5850	8775		Henschel	D	V	
35 F 3	70	1931	6	100	W	125x160	11775	1300	5980+1440			Henschel	F	V	Doppeldecker, auch Dieselmotor Typ J
30 T 4N Tram		1937	4	70	W	105x140	4846	2000				Henschel	T	D	Frontlenker
4 G 7 Tram		1937 - 38	6	100	W	110x160	9122	1500				Henschel	G	D	auch Holzgasmotor
HS D 38	60/24	1938 - 40	6	175	W	135x180	15400	1500	4300+1350	10543	12560	Henschel	U	D	BVG-Hauben-Doppeldecker, auch 145 PS
6 J 5N		1939	6	100	W	105x140	7274	2200				Henschel	HGM 145	V	Holzgasmotor
4 F 5		1938	6	120	W	125x160	11775	1500	5985			Henschel	F	V	
40 S Tram	31/29	1939	6	100	W	105x140	7274	2200				Henschel	HGM 145	V	Holzgasmotor
HS Do 36	68/10	1940	6	145	W	135x180	15400	1600	4400+1350	10130	12780	Henschel	U	D	BVG-Frontlenker-Doppel-decker, Prototyp
b) Baureihen HS 140/100/120/180															
HS 6 N (140 N)	35/45	1950 - 54	6	140	W	110x150	8553	2200	5800	10600	8500	Henschel	513 DC	D	
HS 100 N	39/41	1953 - 54	6	100	W	96x125	5429	2400	4500	9650 -		Henschel	512 DJ	D	
HS 120 N	30/40	1953 - 56	6	120	W	100x130	6126	2500	4500	9500 -	7000	Henschel	522 DPA	D	
HS 200 N	29/56	1954 - 55	6	200	W	135x155	13312	2000	5850	11465	10000	Henschel	521 DU	D	ab 1955 210 PS
HS 160 USL	29/60	1955 - 58	6	158	W	115x150	9340	2200	5300	10800	7150	Henschel	514 DCU	D	
HS 160 USL	29/60	1956 - 57	6	180	W	125x150	11045	2100	5935	12000	7300	Henschel	520 D6UR	D	
HS 95 Sattel-schlepper-Bus		1957	6	110	W	100x130	6126	2200				Henschel	522 DP	D	Flughafen-Sattelzug
c) Baureihen HS 160															
HS 160 USL 446	30/88	1958 - 61	6	158	W	115x150	9340	2200	5935	12000	7850	Henschel	514 DCU	D	3-Türer, auch 28/76 Plätze
HS 160 USL 448	36/87	1958 - 59	6	158	W	115x150	9340	2200	5698	12000	7850	Henschel	514 DCU	D	2-Türer (Mitteltür), 2-Türer (Hecktür), Version 454
HS 160 G 449	43/106	1958 - 61	6	158	W	115x150	9340	2200	5300/5770	16500	10650	Henschel	514 DCU	D	ab 1959 Motorbezeichnung 6 U 1115
HS 160 USL-G	65/85	1958 - 59	6	180	W	125x150	11045	2100	5300/5770	16500	10500	Henschel	6 U 1215 A	D	Roots-Gebläse
HS 160 USL	51/38	1959 - 63	6	170	W	125x150	11045	2100	5935	12000	7700	Henschel	6 U 1215	D	
HS 160 USL-G	45/119	1959 - 63	6	170	W	125x150	11045	2100	5300/5770	16500	10500	Henschel	6 U 1215	D	
b) Modelle mit Elektromotoren															
Obus		1935													Prototyp
HS II/6500	40/45	1939 - 44		85/95 kW				1800	5000	10960	8300	AEG			auch BBC- u. SSW-Motor
HS I/4500	27/27	1940 - 42		90 kW				1500	4250	9100		AEG	USC-227c		auch BBC GLM 1273c und SSW-Motor D 602, ab 1961 67 kW
HS III/10000	37/38	1941		2x50 kW				1520	4900+1450	11255	12730	AEG	USC 227a		
HS III (565)		1943/52		2x50 kW				1520	4600+1450	11340	11396	AEG	USC 227a		auch BBC- u. SSW-Motor
HS II/6500	29/41	1944		100 kW					5000	10480	8100				bei vorderer Doppelbereifung 33/57 Plätze
HS II/6500	40/45	1946 - 54		85/95 kW				1430	5000 oder 5200	10440 - 11200	8450 - 8700	SSW	DV 602 e		auch AEG-u. BBC-Motor, auch 24/85- u. 28/54 Plätze
HS 90 E (564)	31/32-36	1951 - 54		90 kW				1740	4400	9730	7500	BBC	GLM 1273a		Argentinien-Typ, auch 96 kW-Kiepe-Motor L 326
HS II/6500 (51)	23/62	1951		100 kW				1800	5100	10970	8900	AEG			LHB-Typ HS II 51
HS II/6500 (560)	28/54	1951		85/95 kW				1430	5200	11200	8700	SSW	DV 602 e		Ludewig-Aufbau
HS II/6500 (562)	27/59-64	1953		85/95 kW				1430	5200	10500	8455 - 9320	SSW	DV 602 e		Kässbohrer-Aufbau
HS II/6500	28/64	1954		85 kW				1000	5200	11000	8455	SSW	GB 201/19a		Uerdingen-Aufbau
HS II/6500 Typ II (562)	28/64	1954 - 55		85/100 kW				1000	5000	10960	8455 - 9300	SSW	GB 201/191		Auch AEG- u. BBC-Motor, auch 28/80 Plätze
HS II/6500 (562)	23/80	1955		85 kW				1000	5200	10985	8290	SSW	GB 201/19a		Ludewig-Aufbau, auch 29/56 Plätze
HS Typ 563	28/72	1955		90 kW				1700	4850	10160		SSW	D 602 e		selbstragende Karosserie, auch 145 PS
HS II/6500	49/93	1955 - 56		100 kW						17200		Kiepe-GL	LC 327		Kässbohrer-Gelenkzug
HS 562 EG	120 - 160	1956 - 57		100 kW				1800	5200	12000		AEG			auch BBC- u. SSW-Motor
HS 562 G »Aero«	50/90	1956 - 57		100 kW				1800	5000/4100	16500		AEG			Ludewig-Gelenkzug, auch BBC- u. SSW-Motor
HS 562 G	160	1956 - 57		100 kW				1800		16500		AEG			Vierachser, auch BBC- und SSW-Motor
HS 562 E	29/52	1956 - 57		105 kW				1100	5200	10900	8290	Kiepe-GL	LC 327		E = vordere Einzelbereifung, Ludewig-Aufbau

HENSCHEL															
Typ	Sitzplätze/ Stehplätze	Bauzeit	Zylinder	PS	K	B x H mm	Hubraum cm³	Drehzahl U/min	Radstand mm	Länge mm	Gewicht kg	Motor-hersteller	Typ	M	Bemerkungen
HS 160 OSL	32/58	1958-63		88/100 kW				1430/1800	5935	12000		SSW-Kiepe	Dv 606 e		mit VW-Hilfsgenerator
HS 160 OSL-G	45/119	1958-63		88/100 kW				1430/1800	5300/5770	16500	10800	SSW-Kiepe	Dv 606 e		auch 105-kW-Motor
HS 160 OSL-E	45/119	1958-63		121 kW					5300/5770	16500	11200	SSW-Kiepe			mit VW-Hilfsgenerator
2. Ausflugs- und Reisebusse															
A) Modelle mit Verbrennungsmotoren															
a) Baureihen 3 B/4 B/4 D															
3 B 1	24	1925	4	50	W	127x170	8640	1200	4300	6335	3950	Henschel	A	V	auch 35 Plätze
3 B 2N	26/5	1926	4	60	W	120x160	7240	1250	4300	6335	5100	Henschel	B	V	
3 B 2N	26/5	1926	4	83	W	120x160	7240	1500	4300	6535	3950	Henschel	B	V	
4 B 1	27	1926	4	60	W	115x170	10589	1000	5000	7200		Deutz	FMV 117	D	
4 D 3/4 C 3	33	1928	6	100	W	120x160	10851	1250	5800			Henschel	D	V	auch C-Motor (85/100 PS)
3 B 1		1929	4	62	W	120x160	7240	1200	4300 - 5000	6345 - 7125	4050	Henschel	B	V	
4 B 2		1930	4	60	W	120x160	7240	1200				Henschel	B	V	
4 D 5	50	1930	6	100	W	120x160	10851	1250	5935	9300		Henschel	D	V	
35 F 3	45 - 55	1931 - 32	6	100	W	125x160	11775	1300	5980+1440	9250		Henschel	F	V	ab 1932 120 PS
H&S/Rumpler	31	1931	6	100	W	125x160	11775	1300				Henschel	F	V	Frontantriebs-Typ
b) Baureihen H/O/J/S/T/N/BA/G/F															
35 H 3	60	1933	2x6	250	W	120x160	21700	1250	5950+1440	11800	18500	Henschel	H	V	
28 O 1	25	1933 - 34	4	65	W	100x140	4398	2200	4000	6595		Henschel	O	D	
28 O 2 N	25-28	1933 - 34	4	65	W	100x140	4398	2200	4000	6595		Henschel	O	D	
4 J 5	50	1934 - 39	6	125	W	125x160	11775	1500	5985	9775		Henschel	J	D	
38 S 2N (3N)		1935	6	95	W	105x140	7274	2000				Henschel	S	D	
4 J 5N	50	1935 - 38	6	125	W	125x160	11775	1500	5985	10120		Henschel	J	D	auch Wehrmachts-Typ
35/36 W 3		1935 - 39	8	160/170	W	125x160	15708	1500	5600+1440			Henschel	W	D	
28 T 2N	25	1936	4	70	W	105x140	4846	2000	4000	6595		Henschel	T	D	
38/4d S 3N	40	1937 - 44	6	95	W	105x140	7274	2200	5650	12590		Henschel	S	D	Stromlinien-Schnellreisebus für DR
40 3 N	40	1937 - 44	6	95	W	105x140	7274	2000	5650	9200	6500	Henschel	S	D	
30 BA 2N	30	1938	4	65	W	120x140	6334	2200	4700			Henschel	BA	V	
33 G 1	30	1938	6	100	W	110x160	9122	1500	3750+1100			Henschel	G	D	
4 F 5		1938	6	120	W	125x160	11775	1500	5985			Henschel	F	V	
c) Baureihe BX															
B 68 BX 2		1936	B12	300	W	135x180	31000	1500	5500+1490	12680		Henschel	BX	D	Boxermotor, RAB-Prototyp-Chassis
d) Baureihen HS 140/HS 190/HS 100/HS 120/HS 200															
HS 6 N (140 N)	35 - 51+1	1950 - 54	6	140	W	110x150	8553	2200	5800	10600	8500	Henschel	513 DC	D	
HS 190 N Bimot	51 + 11	1950 - 51	2x6	2x95	W	96x125	10858	2200	5400	10758	9000	Henschel	512 DG	D	
HS 100 N	39 + 11	1953 - 54	6	100	W	96x125	5429	2400	4500	9650 -		Henschel	512 DJ	D	auch 43 + 9 Plätze
HS 120 N	39 + 11	1953 - 56	6	120	W	100x130	6126	2500	4500	9500 -	7000	Henschel	522 DPA	D	ab 1955 125 PS
HS 200 N	50 + 10	1954 - 55	6	200	W	135x155	13312	2000	5850	11465	10000	Henschel	521 DU	D	ab 1955 210 PS
e) Baureihen HS 160 und HS 165															
HS 160 USL	47 + 9	1955 - 58	6	158	W	115x150	9340	2200	5300+5800	10800	7150	Henschel	514 DCU	D	Stadtbus 29/60 Plätze
HS 160 USL	47 + 9	1956 - 57	6	180	W	125x150	11045	2100	5935	12000	7300	Henschel	520 D6UR	D	Roots-Gebläse
HS 165 TN		1958 - 60	6	165	W	125x150	11045	2200				Henschel	6 U 1215	D	Export-Chassis
C) Modelle mit Dampfmaschinen															
4 Z 1	37	1931 - 34	2	120	W			1200				H & S Doble	Z		auch 53/8 Plätze
Henschel		1933/34	2	110	W				bis 5800			H & S Doble	Z		Frontlenker
Henschel	50	1935	2	120	W			1200				H & S Doble	Z		dito

(Foto: Smlg. R. Weinreich)

Henschel u. Co.

Berliner Maschinenfabrik Henschel u. Co. GmbH,
Berlin-Charlottenburg, Schillerstr. 97
1900-1904

Der Buchbinder August Henschel (auch Schreibweise Hentschel) richtete 1875 in Berlin-Kreuzberg eine Pressanstalt für Samtstoffe ein, aus der 1899 eine Gaufrier-Anstalt (Stoffdruckerei) und ein Straßen-Spülwagenbau (zur Beseitigung der Pferde-Hinterlassenschaften) hervorgingen. Neben August Henschel leitete der Elektroingenieur Wilhelm Heinrich Hellmann das Unternehmen. Das Verkaufsbüro befand sich in renommierter Lage in Berlin-Charlottenburg. Zusätzlich zu den Kommunalfahrzeugen entstanden um die Jahrhundertwende in Zusammenarbeit mit der Firma Gottfried Hagen auch Personen-, Liefer- und Lastwagen. Elektromotoren trieben über biegsame Wellen mit einem Vorgelege die beiden Vorderräder an. Bei den Omnibussen für den Einsatz im Stadtverkehr saßen 2,6 und 4,8 kW starke Elektromotoren an der Hinterachse. 1905 trat der Kaufmann Paul Muchow in die Geschäftsleitung ein. 1918 übernahm die nun ebenfalls im Fahrzeugbau tätige Elite Werke AG das Unternehmen.

Hercules

Nürnberger-Hercules-Werke,
Nürnberg, Fürtherstr. 191/193
1910-1914

Im Jahre 1896 von den Brüdern Carl, Ernst und Heinrich Marschütz als »erste Nürnberger Velocipedfabrik« gegründet, ging daraus auch eine Elektroartikel-Firma hervor, die 1899 den Lastwagenbau mit elektrischem Antrieb aufnahm. Ab 1905 kamen neben Fafnir-Verbrennungsmotoren auch eigene Vierzylinder zum Einbau. Von 1910 bis zum Beginn des Ersten Weltkrieges stellte das als Aktiengesellschaft geführte Werk auch Omnibusse mit 36-, 38-und 42-PS-Motoren her. Nach dem Krieg wurde der Nutzfahrzeugbau noch bis 1928 weitergeführt, dann aber aufgrund der »mächtigen Konkurrenz der FAUN- und der MAN-Werke eingestellt«. Das Werk fertigte weiterhin Fahr- und Kleinkrafträder und ist heute nur noch als Marke für Fahrräder aus Asien präsent.

Carl Marschütz blieb bis 1931 an der Spitze des Unternehmens und trat dann bis 1938 in den Aufsichtsrat über. 1938 musste er aufgrund der Nürnberger Gesetze Deutschland verlassen; 1957 starb er in Los Angeles/USA.

Hille

Dresdner Gasmotorenfabrik AG, vorm. Moritz Hille,
Dresden-Löbtau, Otto Mohrstr. 15 u. Chemnitzer Str. 22
1. 1911-1918 **Dresdner Gasmotorenfabrik AG, vorm. Moritz Hille**
2. 1918-1926 **Hille Werke AG**

Das 1869 von Moritz Hille gegründete Maschinenbauunternehmen wurde 1892 mit der Aufnahme des Motorenbaus in Dresdner Gasmotorenfabrik umbenannt. Ab 1911 fertigte das Unternehmen einen nach Plänen des Oberingenieurs Joseph Vollmer entwickelten Lastwagen für 2,5 bis 3,5 Tonnen Nutzlast. Der Einblockmotor mit obenliegender Nockenwelle und Königswelle leistete 45 PS. Das verlängerte Hochrahmen-Fahrgestell dieses Typs K3 wurde mit Karosserien von Lindner, der Sächsischen Waggonfabrik Werdau und Aufbauten der KVG-Hauptwerkstatt in Dresden-Industriegelände versehen, insbesondere luftbereift für die KVG-Sachsen. Auch vollgummibereifte, offene Hille-Omnibusse gab es.

Die vier Hille-Werke in Dresden und Meißen-Triebischtal stellten mit 1300 Beschäftigten Maschinen, Beförderungsmittel, Diesel- und Sauggasmotoren, zeitweise Motorräder und Nutzfahrzeuge sowie immer schwerpunktmäßiger Bohrmaschinen her. Der Zusammenbau der Fahrzeuge erfolgte im Meißener Werk. Nach der Enteignung im Jahre 1946 wurde das Hille-Unternehmen später in das Kombinat Micromat eingegliedert. In Witten bildete sich nach dem Krieg das westdeutsche Nachfolgeunternehmen Hüller Hille GmbH.

5-PS-Hille K 3 Überlandbus (Schumann-Aufbau), 1926.
(Foto: Karlheinz Hesse)

HILLE

Typ	Sitzplätze/ Stehplätze	Bauzeit	Zylinder	PS	K	B x H mm	Hubraum cm³	Drehzahl U/min	Radstand mm	Länge mm	Gewicht kg	Motor-hersteller	Typ	M	Bemerkungen
K 3		1924 - 25	4	45	W	110x155	5889	1000	4050			Hille		V	Kardanantrieb

Hohmann

Willi Hohmann, Kraftverkehr,
Wolfenbüttel
1949

Im Jahre 1925 gründete Willi Hohmann (1897 - 1975) in Elbing/Westpreußen den Kraftverkehr Elbing. In der eigenen Werkstatt stellte er 1930/31 auf Komnick- und 1935 bis 1939 auf Büssing-NAG-Fahrgestellen Reiseomnibusse unter dem Namen Ostpreußen-Express her. Beachtung fanden dabei die Hohmann-Stromlinienomnibusse. Nach dem Krieg richtete Willi Hohmann in Wolfenbüttel einen neuen Omnibusbetrieb ein und 1949 entstand eine Eigenkonstruktion mit dem 95-PS-Ford-Vergasermotor im Fahrzeugheck. Nach dem ihm erteilten Patent trieb der hochgesetzte Motor über das angeblockte Getriebe die umgedrehte Achse über eine Stirnradübersetzung an. Vorne war eine Starrachse mit Schraubenfedern, hinten eine Pendelachse mit ebenfalls patentierten Schraubenfedern angebracht. Um die einzelbereifte Hinterachse nicht zu stark zu belasten, entschied sich Hohmann für den durstigen, aber relativ leichten Ford-V8. Der Frontlenker mit Leichtmetallaufbau fasste 38 Sitz- und 12 Stehplätze beziehungsweise Notsitze, ging aber nicht in Serie. Die Bekanntschaft Hohmanns mit Karl Kannenberg (FAKA/Fahrzeugfabrik Kannenberg) aus Zeiten in Westpreußen führten nach diesem Einzelstück zu einer Zusammenarbeit. Auf Grundlage der Hohmann-Patente entwickelte FAKA sein eigenes Omnibusmodell. Der Hohmann Fahr- und Reisedienst in Herne ist heute weiterhin in diesem Metier tätig.

95-PS-Hohmann Eigenbau-Reisebus, 1949. (Foto: Hohmann)

Horch

August Horch u. Cie., Motorwagenfabrik AG,
Zwickau i. Sachsen,
Horchstr. 21, Crimmitschauerstr. 49 u. Lessingstr. 31
1. 1905-1923 **August Horch u. Cie., Motorwagenfabrik AG**
2. 1952-1959 **VEB Kraftfahrzeugwerk Horch**

Der Automobilpionier und Maschinenbauingenieur August Horch (1868 - 1951) richtete nach seiner Tätigkeit bei der Gasmotoren Fabrik Deutz und den Benz-Werken in Köln-Ehrenfeld eine eigene Werkstatt zur Motoren- und Pkw-Fertigung ein. Im Jahre 1902 verlegte er den Betrieb nach Reichenbach in Sachsen, um kostengünstiger produzieren zu können. Schon 1903/04 wurde das Unternehmen mit einigen Geldgebern in eine Aktiengesellschaft mit Sitz- und Produktionsstätte in Zwickau umgewandelt. Nach Streitigkeiten mit dem Aufsichtsrat schied August Horch im Jahre 1909 aus dem Unternehmen aus und gründete die Audi-Werke.

Das Horch-Werk fertigte ab 1905 Hotelomnibusse auf verstärkten Pkw-Fahrgestellen. 1910 erschienen auch größere Omnibusse auf dem 3,5-Tonnen-Fahrgestell mit 40-, 42-und 50-PS-Motoren. Mit Beginn des Ersten Weltkrieges konzentrierte sich das Unternehmen auf den Bau von Regel-Drei- und Viertonnern. Nach dem Ende des Ersten Weltkrieges bildeten hochwertige Limousinen und Cabriolets das Fabrikationsprogramm des Zwickauer Automobilwerkes. Einzig das 40-PS-Omnibusmodell wurde noch Anfang der zwanziger Jahre in Zusammenarbeit mit den DAAG-Werken angeboten.

Hauptaktionär des Horch-Unternehmens wurde Dr. Moritz Straus von den Argus-Werken, der das Horch-Werk 1929 dort eingliederte und 1933 als Teilbetrieb in die neugegründete Auto Union AG einbrachte.

Nachdem das traditionsreiche Horch-Werk während des Zweiten Weltkrieges Stabswagen und Rüstungsmaterial hergestellt hatte, wurde es

45-PS-Horch-Typ H Aussichtsomnibus, 1911.

1945 zu 80 bis 95 Prozent demontiert. Anschließend wurde das Werk als Großreparaturwerkstatt genutzt und 1946 verstaatlicht. Für den Neuanfang der Fahrzeugproduktion konnte der 1954 nach Sachsen ausgelagerte Maschinenpark der Breslauer FAMO-Werke genutzt werden.

Nachdem das im Horch-Werk ansässige Zentrale Konstruktions-Büro (ZKB) der ehemaligen Auto Union AG einen Kurzhauben-Lkw und 1949 den H3A-Lkw entwickelt hatte, erhielt das mit 4200 Beschäftigten damals größte Nutzfahrzeug-Werk der DDR unter der Leitung des einstigen VOMAG-Konstrukteurs Kurt Weise im Jahre 1952 von der damaligen Staatlichen Plankommission den Auftrag, auch einen einfachen Omnibustyp für den »Transport der Werktätigen« zu entwickeln.

Das unter der Typenbezeichnung H3B vorgestellte Fahrzeug war ein Kurzhauber mit H3A-Motor, der hier 90 PS leistete. Das Fünfganggetriebe war nicht synchronisiert; der Karosseriebau erfolgte beim VEB Waggonbau Bautzen, vorm. Busch. Zwischen 1952 und 1953 entstanden 230 Exemplare dieses einfach ausgestatteten 29- bis 43-sitzigen Omnibustyps, der aufgrund seiner weiß-braunen Lackierung bei der BVG-Ost die Bezeichnung »Maikäfer« erhalten hatte. In Betrieb erwies sich das 60 km/h schnelle Modell als nicht robust genug für den »Arbeiter- und Berufsverkehr«, so dass es schon bald wieder ausgemustert wurde. Vereinzelt diente noch das Kurzhauber-Fahrgestell des S 4000 T privaten DDR-Karossiers zum Aufbau von Omnibussen.

Nach diesem kurzzeitigen Omnibusbau verlegte sich das Werk auf den Lkw-Bau, bis es 1967 auf die Komponentenfertigung für den Trabant-Kleinwagen »umprofiliert« wurde. Die Sachsenring Karosseriemodule GmbH ist heute in einem Teil der Gebäudeanlagen ansässig.

80-PS-VEB Horch H3B Linienbus-Prototyp, 1952.

80-PS-VEB Horch H3B »Maikäfer« Linienbus (Waggonbau Bautzen-Aufbau), 1954. (Fotos: Dr. W. Hormann, Ralf Weinreich, Bild unten)

55-PS-Horch »Schnell-Omnibus für Überlandfahrten« (Schumann-Aufbau), 1914.

HORCH															
Typ	Sitzplätze/ Stehplätze	Bauzeit	Zylinder	PS	K	B x H mm	Hubraum cm³	Drehzahl U/min	Radstand mm	Länge mm	Gewicht kg	Motor-hersteller	Typ	M	Bemerkungen
Horch H		1910 - 13	4	42	W	100x135	4239	1000	3725	6200		Horch		V	
Horch P	16/0	1912 - 13	4	37/45	W	100x150	4710	800	4000			Horch		V	auch 22/55-PS-Motor, Aussichtswagen
Horch K	12/0	1913	4	26/28	W	85x140	3177	1000	3725	6000	2400	Horch		V	
Hotelomnibus O		1913	4	26	W	90x140	3560	1600	3725			Horch		V	
Horch S	21/0	1913	4	24/42	W	115x155	6436	800	4000			Horch		V	auch 35 PS
Horch S.L.		1914	4	50/55	W	130x160	8494	1000	4300			Horch		V	
H 3 B	31/4	1952 - 58	4	80	W	115x145	6024	2000	4000	7650 - 7750	5300	Horch	EM 4-20	D	
S 4000 T S 4000-1 T	35/0	1958 - 59	4	80	W	115x145	6024	2000	3900	7650		Sachsenring	EM 4-2o	D	ab 1958 90 PS mit Motor EM 4-22

Jungbluth

Karosserie- und Fahrzeugbau Jungbluth u. Co. KG,
Bad Lauterberg
1950-1951

Dieses Unternehmen stellte ein Omnibusmodell vom Typ O 41/1 D mit dem 95-PS-Henschel-Motor vor. Auf den Rahmen war eine Leichtbau-Ganzstahlkarosserie aufgesetzt. Ein großer Erfolg war der Omnibusbau wohl nicht, schon 1951 erfolgte der Konkurs.

95-PS-Jungbluth Omnibus-Prototyp O 41/1 D, 1951.
(Foto: Walter Zuerl)

JUNGBLUTH															
Typ	Sitzplätze/ Stehplätze	Bauzeit	Zylinder	PS	K	B x H mm	Hubraum cm³	Drehzahl U/min	Radstand mm	Länge mm	Gewicht kg	Motor-hersteller	Typ	M	Bemerkungen
O 41/1 D	40/0	1950	6	95	W	96x125	5430	2200		7750		Henschel	512 DG	D	Prototyp

Carl Kaelble GmbH

Motoren- und Maschinenfabrik,
Backnang, Wilhelmstr.
1936 und 1948

Auch wenn Kaelble kein originärer Hersteller von Omnibus-Fahrgestellen war, soll hier ein Blick auf dieses Unternehmen geworfen werden. Im schwäbischen Cannstatt gründete (mit damaliger Schreibweise) Gottfried Kälble (1848 - 1911) im Jahre 1884 eine mechanische Werkstätte, in der er Maschinen aller Art reparierte und verbesserte. Seine Söhne Carl (1877

90-PS-Kaelble K 630 L Ausflugsomnibus (Vetter-Aufbau), 1948.
(Foto: Bodo Brennecke)

- 1957) und Hermann (1883 - 1953) konstruierten im Jahre 1907 im neuen Domizil in Backnang einen ersten Frontlenker-Lkw mit eigenem Motor.

Nachdem während des Ersten Weltkrieges Heereszugmaschinen gefertigt worden waren, konzentrierte sich Kaelble im Straßenfahrzeugbau vor allem auf den Bau von Zugmaschinen. Um 1936 entstand für den Typ Z 6 GN auch ein Omnibusauflieger.

Kurz vor Ausbruch des Zweiten Weltkrieges begann Kaelble mit dem Lkw-Bau, der nach 1945 ein interessantes Arbeitsfeld des Unternehmens wurde. 1948 erstellte das Vetter-Karosseriewerk auf dem Kaelble-Fahrgestell des Vorkriegs-Typs K 630 einen Haubenomnibus als einzigen »echten« Kaelble-Omnibus, was hier zu einer Aufnahme in die Omnibushersteller-Übersicht führt. Die langhubige 90-PS-Maschine besaß ein gewaltiges Drehmoment, was sich auf den Schwarzwald-Bergstrecken als Vorteil erwies.

Nach 1960 stellte Kaelble den Lkw- und 1986 auf Druck der US-Regierung den Zugmaschinenbau (hauptsächlich für die libysche Armee) ein und konzentrierte sich auf den Sektor schwere Baumaschinen, Hüttenwerkfahrzeuge und Compaktoren. Nach dem Konkurs im Jahre 1996 übernahm die Terex Deutschland GmbH das Werk zur Produktion von Radladern und schweren Muldenkipper, gaben Kaelble aber schon 2010 an die Atlas Maschinen GmbH in Delmenhorst ab, die die Baumaschinen in Bulgarien herstellen lässt.

KAELBLE

Typ	Sitzplätze/ Stehplätze	Bauzeit	Zylinder	PS	K	B x H mm	Hubraum cm³	Drehzahl U/min	Radstand mm	Länge mm	Gewicht kg	Motor-hersteller	Typ	M	Bemerkungen
Z 6 GN		1936	6	110	W	110x170	9710	1400				Kaelble	GN 110 s	D	Zugmaschinen-Omnibus
K 630		1949	6	150	W	130x180	14330	1400				Kaelble	GN 130 s	D	

Kässbohrer

Karl Kässbohrer Fahrzeugwerke GmbH,
Ulm/Donau, Kässbohrer Str. 13
1. 1951-1995 **Karl Kässbohrer Fahrzeugwerke GmbH**
2. 1995-heute **EvoBus GmbH Setra Omnibusse Ulm**

Im Jahre 1893 gründete der aus einer traditionsreichen Schiffbauer- und Wagnerfamilie stammende Wagnermeister und Stellmacher Karl Kässbohrer (1864 - 1922) eine Wagenfabrik in Ulm. Neben Transportfahrzeugen, Landauern und Schlitten wurden auch Gespann-Aussichtsomnibusse und Luxus-Kaleschen gefertigt.

1907 entstand auf einem Saurer-Fahrgestell ein erster motorisierter Kombinationsomnibus, bei dem unter der Pritsche herausklappbare Sitze angebracht waren, so dass das Fahrzeug werktags als Lastwagen und feiertags als Behelfsomnibus verwendet werden konnte.

Nach dem frühen Tod von Karl Kässbohrer musste der erst 19 Jahre alte Otto Kässbohrer (1904 - 1989), der gerade die Wagnerlehre abgeschlossen hatte, zusammen mit seinem Bruder Karl Kässbohrer (1901 - 1973), der das Ingenieurstudium abbrach, 1922 den damals 20 Mann starken Betrieb übernehmen, der die Bezeichnung »Erste Ulmer Karosseriefabrik Karl Kässbohrer« führte. Während sich Karl Kässbohrer dem Bau von Anhängern und der Konstruktion von Speziallastwagen zuwandte, konzentrierte sich Otto Kässbohrer auf den Karosseriebau. Den Brüdern gelang es dabei, das Unternehmen gesund und erfolgreich durch die Krisenzeit der zwanziger Jahre zu führen. 1928 konnte sogar die Karosseriefabrik Neuer & Thieme in Ulm mit ihrem wertvollen Facharbeiterstamm übernommen werden. Gleichzeitig entschloss man sich, den Pkw-Karosseriebau auslaufen zu lassen und sich ganz auf den Omnibus- und Anhängerbau zu konzentrieren. Mit dem Erwerb der benachbarten Anhänger- und Transportgerätefabrik A. Mattes & Co. im Jahre 1938 konnte das inzwischen 1000 Beschäftigte starke Unternehmen die Kapazität im tradionellem Anhängerbau verstärken.

Höhepunkte des Kässbohrer-Omnibusbaus Mitte der dreißiger Jahre waren die Konstruktionen von 170 Personen fassenden Sattelschlepper-Großomnibussen und von Stromlinienfahrzeugen für den Autobahnverkehr. 1939 begann die Karossierung von MAN-Obus-Fahrgestellen; die Kapazität des Werks lag in diesem Jahr bei 350 Omnibus-Karosserien. Während des Krieges wurden neben den MAN- und ab 1943 den Henschel-Obussen des Typs II/6500, Einachs-Generator-Anhänger, Kühlbehälter, Schwerlasttransporter, Tieflader sowie vielfältige Spezialkonstruktionen hergestellt. In den ersten Nachkriegsjahren mussten nach notdürftigen Gebäudereparaturen – 80 Prozent des Werks waren zerstört – US-Armeefahrzeuge instandgesetzt werden. Auch der Bau von Obussen sowie der Umbau von Dodge- und GMC-Fahrzeugen zu Behelfsomnibussen erfolgt schon bald wieder. Mit der Währungsreform gelang es dem Unternehmen, wieder Fahrgestelle aller deutscher Nutzfahrzeughersteller mit aufwendig konstruierten und ansprechenden Karosserien zu versehen. Hervorzuheben ist dabei der Aufbau des Henschel-Bimot-Typs.

Otto Kässbohrer und sein Chefkonstrukteur, Ingenieur Georg Wahl, waren indessen der Meinung, dass im Omnibusbau neue Wege beschritten werden müssten. Die bisher übliche Verwendung von zwar modifizierten, aber trotzdem noch hohen und schweren Lastwagenfahrgestellen, sei auf Dauer keine Lösung. Die beiden dachten an selbsttragende Karosserien, wie sie in der Pkw-Fertigung inzwischen gebräuchlich waren. Gleichzeitig konnte man sich von der Anlieferung von Fremdfahrgestellen unabhängig machen, zumal die Zuteilung dieser Fahrgestelle aufgrund der Expansion der deutschen Bauindustrie und der Exportaufträge als unsicher eingeschätzt wurde. Außerdem besaßen diese Fremdfahrgestelle jeweils unterschiedliche Abmessungen, was den rationellen Großserienbau behinderte. Ein weiterer Vorteil kam hinzu: Die Ulmer bauten bereits eigene Achsen, die eigene Komponentenfertigung war möglich.

Im Herbst 1950 begannen Otto Kässbohrer und Georg Wahl mit dem Bau ihres ersten rahmenlosen Heckmotoromnibusses in der besonders aerodynamischen Form. Ein fachwerkartiges Stahlgerippe aus verschweißten Vierkant-Hohlprofilen mit einer Kastenträger-ähnlichen Verstärkung zur Aufnahme der Achsen und des Motor-Getriebe-Aggregats bildete den Stabilisierungskörper des Fahrzeugs. Es war so leicht, dass es sechs Arbeiter tragen konnten, aber trotz der Leichtbauweise sehr stabil. Während die untere Wagenpartie mit Leichtmetallblechen verkleidet war, wurde das Fahrzeug ab der Brüstung bis in den Dachrand, einschließlich der Stirn- und Heckwandpartie reichlich mit Glas versehen, so dass hier außergewöhnlich gute Aussichtsmöglichkeiten für die wie unter einer Glaskanzel sitzenden Fahrgäste vorhanden waren. Die Türen waren zwischen den Achsen angebracht, da die vom Henschel-Typ HS 100 übernommene Vorderachse zur Verbesserung des Federungskomforts weit vorgesetzt war. Ein breiter, nach oben abgerundeter Lufteinlass mit zwei senkrechten Stegen zierte den vorgewölbten Wagenbug. Für Vortrieb sorgte der 95-PS-Henschel-Heckmotor 512 DG mit einem zunächst unsynchronisierten ZF-Fünfgang-Allklauengetriebe. Eine kurze Kardanwelle trieb die hier verwendete 4,5-Tonnen-Henschel-Hinterachse an. Der Kühler wurde zuerst im Bug, in der Serie dann im Heck eingebaut. Vier Unterflurkofferräume saßen unter dem leicht ansteigenden Fahrgastboden.

Die Höchstgeschwindigkeit dieses ersten deutschen Serien-Omnibusses mit einer 2,4 Meter breiten und 9,3 Meter langen rahmenlosen Karosserie betrug 90 km/h. Nachdem das für 35 Fahrgäste ausgelegte Modell ab 10. Mai 1951 ausgiebig erprobt und auf der Frankfurter IAA vorgeführt worden war, wurde 1952 der Serienbau aufgenommen,

95-PS-Setra S 8, 1951. (Foto: Kässbohrer)

120-PS-Setra S 10, 1957.

wobei das später aufgrund der acht Sitzreihen und der selbsttragenden Bauweise als »Setra S 8« bezeichnete Modell »einen Wendepunkt im modernen Omnibusbau« der Bundesrepublik darstellte. Dank der ausgezeichneten Fahreigenschaften, der guten Kurven- und Berggängigkeit, der vergrößerten Fahrzeugsicherheit mit Druckluft betätigten Bremsen, der guten Belüftungsanlage, der fortschrittlichen Konstruktion und der äußerst guten Aussichtsmöglichkeiten entwickelte sich der S 8 zu einem echten Bestseller, bis 1956 verließen 446 Setras das Ulmer Werk. Dann setzten sich die 1953 vorgestellten größeren Kässbohrer-Setra-Modelle S 10/S 11 durch, so dass die Nachfrage deutlich absackte und 1958 schließlich auslief, nachdem noch 22 Exemplare in reduzierter Breite für Schweizer Kunden gefertigt worden waren.

Die Modelle S 10 und S 11 unterschieden sich nicht nur im Radstand, sondern auch der Breite, der Achsen und der Optik vom S 8. Der S 10 wurde mit zwei Bestuhlungsvarianten angeboten, so dass 39 oder 43 feste Sitze und acht oder neun Klappsitze zur Verfügung standen. Das S 11-Modell für den Überlandverkehr mit 36 Sitz- und 28 Stehplätzen rundete das Programm ab. Größere Reifen erhöhten hier seine Tragfähigkeit; der 6,1 Tonnen schwer Bus verfügte über Außenschwingtüren eigener Konstruktion. Während anfangs die 95-PS-Henschel-Maschine eingebaut wurde, kam 1954 das 120-PS-Henschel-Triebwerk 522 DPK mit 6,1 Liter Hubraum zum Einsatz. 1955 erhielt der Luftspeicher-Motor eine Leistungssteigerung auf 125 PS. Ab 1957 kam in das Ulmer Modell auch die 150-PS-Henschel-Maschine 522 DPK-L mit dem Roots-Gebläse zum Einsatz, und Busunternehmer, die einen luftgekühlten Motor wünschten, konnten den großen V8 mit 140 PS von MWM ordern, der aber eine stärker ausgewölbte Heckpartie erforderte.

Auch in Österreich stieß der S 10 auf großes Interesse, so dass Steyr in Graz das Modell unter der Bezeichnung Austro-Setra S 10 mit der 90-PS-Steyr-Maschine WD 413 und einer modifizierten Bodengruppe für das österreichische Reiseunternehmen »Austrobus« in Lizenz fertigte.

1953 konnte das Areal der Fahrzeugwerke Heinrich Wagener in Dortmund-Hafen erworben werden, so dass ein Reparatur- und Verkaufsstützpunkt im Ruhrgebiet zur Verfügung stand. 1955/56 kam ein weiteres Reparaturwerk in Hamburg hinzu.

1955 folgte das Modell S 6, das die erste Kässbohrer-Omnibus-Generation vervollständigte. Das kleinste Kässbohrer-Modell mit 6,7 Metern Baulänge stand auf dem Genfer Salon von 1955 und bot Sitzplätze für bis zu 22 Personen. Durch eine vordere und hintere Einzelradaufhängung mit einer wartungsfreien Gummifederung (System Neidhart, ab 1957 Gummi-Torsionsfederung) wies das 2,25 Meter breite Clubbusmodell Pkw-ähnliche Fahreigenschaften auf und konnte in seiner Bauzeit bis 1963 in rund 1200 Exemplaren verkauft werden, zuletzt mit 100-PS-Henschel-Motor und Roots-Gebläse. Das Getriebe wurde vom Lenkrad her geschaltet.

Im Jahre 1954 kam ein Vertrag mit der zweitgrößten amerikanischen Busgesellschaft, Continental Trailways Corporation, zustande. Die Greyhound-Konkurrenz aus Denver/Colorado bestellte zunächst 50 »Long-Distance«-Omnibusse mit großen Unterflurkofferräumen, Klimaanlage, Toilette, Waschraum, Bar und Hecklounge. Aufgrund der etwas versetzten zweiten Stirnwandverglasung wirkten die 3,5 bis 3,8 Meter hohen Fahrzeuge recht eindrucksvoll. In den Jahren 1955/56 bis 1959 wurde diese erste Serie unter der Bezeichnung »Super Setra« beziehungsweise – wegen der goldfarbig eloxierten Seitenwände – »Supra Setra Golden Eagle« ausgeliefert. Zum Einsatz kam der 210 PS starke MAN-V8 mit Turbolader und elektrisch geschaltetem ZF-Hydromedia-Getriebe. Die Höchstgeschwindigkeit betrug 112 km/h. 1957/58 lieferte Kässbohrer zwei 18,3-Meter-Gelenkzüge mit zweiachsigen Nachläufern in die neue Welt. Die »Academy-Express«-Setra basierten auf Henschel-Fahrgestellen vom Typ HS 200 UN und warten die damals größten Omnibusse der Welt. Im Zugwagen dieser 64-sitzigen Großraumomnibusse saß ein mechanisch aufgeladener 12,2 Liter-Motor von Rolls-Royce mit 275 PS und Detroit-Allison-Automatikgetriebe. Wegen der unterschiedlichen Breiten-

125-PS-Setra S 8, 1955.

85-PS-Setra S 6, 1955. (Foto: Evobus)

bestimmungen in den amerikanischen Bundesstaaten konnten sich diese Gelenkzüge aber nicht durchsetzen. 1958 und 1959 entstanden noch 126 silberfarbige »Silver-Eagle«-Dreiachser, dann verkaufte Kässbohrer Konstruktionspläne und Rechte an die amerikanische Reisebusgesellschaft. Diese wiederum reichte sie an die belgische Firma Bus & Car Corporation S. A. in Brügge weiter. Die zur luxemburgischen Holding Overseas Inns S. A. (Holiday Inn Hotels) gehörenden Karosseriebaufirma baute in nahezu unverändertem Design bis in die achtziger Jahre rund 3000 weitere Modelle.

Im Bereich der Linienfahrzeuge für den deutschen Markt fertigte das Unternehmen 1954/55 eine Serie von 20 Pekol-Omnibussen in Leichtmetall-Schalenbauweise für das Oldenburger Unternehmen Theodor Pekol. Die Busse besaßen nach Pekol-Patenten vordere und hintere Schwingachsen mit Einzelradbereifung an Dreieckslenkern, die von Schrauben- und Teleskopstoßdämpfern abgestützt wurden. Der 125-PS-Henschel-Motor lag unterflur im Heck, auch hier fand Pekol-Technik Verwendung. Von 1955 bis 1957 baute das Ulmer Werk diesen Typ, leicht modifiziert, unter der Bezeichnung »SP« (für Setra-Pekol) auch in eigener Regie und als »SPL« mit Elfmeter-Aufbau und Halbautomatik. Auf Wunsch gab es – erstmals im europäischen Linienbusbau – auch eine Continental-Rollbalg-Luftfederung mit der Möglichkeit, Bodenniveau und Federung den jeweiligen Belastungszuständen anzupassen. Bei einem Eigengewicht von 5,6 Tonnen konnten 6,4 Tonnen transportiert werden, was einem Gewicht von 92 Personen entsprach. Die Schweizer Waggon- und Aufzugsfabrik Schlieren AG in Schlieren bei Zürich und die NV Auto-Industrie Verheul in Waddinxveen/Holland erwarben Nachbaulizenzen für die SP-Typen.

Diesen Modellen folgte als Weiterentwicklung in der Leichtbautechnik das Modell Setra ST 110 als neuer Stadtlinienbus für 110 Fahrgäste mit einer Frontpartie im Styling der Reisebusse und mit Luftfederung. Auch hier wurde das 125-PS-Henschel-Unterflurtriebwerk eingesetzt. Das Diwabus-Getriebe mit einem Gangwahl-Schalter am Lenkrad entlastete den Fahrer. Wegen der teuren, nur in Kleinserien benutzten Komponenten, der legierten Leichtmetallbleche für die Fahrzeugschale und der ungewohnt fortschrittlichen Technik (die viele Unternehmer-Werkstätten vor Probleme

210-PS-Setra »Super-Setra« (USA-Version »Golden Eagle«), 1955.

stellte) konnten von diesem epochalen Stadtbus bis 1961 nur 80 Exemplare verkauft werden. Bis heute gilt der ST 110-Typ als Meilenstein in der Setra-Geschichte, da das Verhältnis von Eigengewicht zu Nutzlast bei 1 : 1,2 lag. Schließlich erschienen im Rahmen des Linienbusprogramms 1959 auch drei Gelenkbus-Prototypen der Baureihe SG 165 in selbsttragender Gitterträgerkonstruktion. Die auf 165 Fahrgäste ausgelegten und 16,5 Meter langen Fahrzeuge gingen aber erst zwei Jahre später als SG 175 für 175 Personen in Serie. Der Nachläufer ruhte wie auch bei den bis zu diesem Zeitpunkt gebauten Gelenkzug-Aufbauten auf einem Kugeldrehkranz. Bei dem Elftonnen-Fahrzeug lag das Eigengewicht/Nutzlastverhältnis sogar bei 1 : 1; die Waggonfabrik Schlieren baute auch dieses Großraumfahrzeug nach.

Im Bereich Obusse karossierte Setra bis 1956 Fahrgestelle des Henschel-Typs II/6500 bzw. des Nachfolgemusters 562 E als Solo- und als Gelenkzugwagen. Im Rahmen des spektakulären Argentinien-Auftrages baute Kässbohrer die 100 dem MAN-Werk zugefallenen Trolleybusse auf. Auch der größte Teil der MKE-Obusse von MAN und der Serie 610 FEC 1 entstanden bei Kässbohrer. Bis 1962 baute Kässbohrer noch Büssing-, Henschel- und MAN-Fahrzeuge zu Gelenkomnibussen auf, wobei teilweise gebrauchte Fahrzeuge genutzt wurden. Darüber hinaus stellte Kässbohrer im Fremdauftrag über 200 Nachläufer für Gelenkbusse her. Mit der Aufnahme des Serien-Gelenkbusbaus beendete Kässbohrer die Fertigung von Gelenkbus-Karosserien für andere Hersteller.

125-PS-Setra SP 110 Linienbus, 1955.

Nach der Abwicklung der US-Baureihen im Januar 1959 wurden die Reisebusmodelle überarbeitet und ein Baukastensystem entwickelt, das eine rationellere Fertigung erlaubte. Die Front- und Heckpartien wurden einheitlich gestaltet, und die Busse unterschieden sich nur noch in der Länge beziehungsweise durch entsprechende Seitenwandzellen und die Anzahl der Fenster. Eine weitere Rationalisierung konnte durch standardisierte Baugruppen und Aggregate erzielt werden. Die Frontscheibe war in dieser zweiten Version der 10er-Baureihe tiefer heruntergezogen, im Programm liefen die Facelift-10er mit dem Zusatz »II«. Die Palette umfasste die Omnibusse S 9 II, S 10 II und S 11 II, wobei das S 9 II-Modell den Ursprungs-S 8 ablöste. Der S 10-Typ erhielt in der Stadt-Verkehrsausführung ein erhöhtes Dachmittelteil; die Unterflurkofferräume entfielen. Das Fahrwerk nutzte vorn eine Faustachse der BPW. Die Blattfederung war in Gummibuchsen gelagert und zusätzlich mit Gummihohlfedern verfeinert worden. Auch die leichte Hinterachse (ein Kässbohrer-Produkt) mit bis heute beibehaltener Hypoid-Verzahntechnik erhielt die Kombination aus Blatt- und Gummihohlfedern. Hinzu kam der von den US-Hochdeckern inspirierte S 12 als Hochbodenwagen, der nun einen erheblich vergrößerten Gepäckraum besaß, so dass die bei den anderen Modellen noch vorgesehene Dachgalerie entfallen konnte. Dadurch wurde – obwohl dieser S 12 nicht länger als ein S 11 war – eine zusätzliche Sitzreihe gewonnen. Allerdings konnten nur acht S 12 abgesetzt werden.

140-PS-Setra S 11 Überlandbus, 1957.

Auf die Festlegung der gesetzlichen Höchstlänge und das Verbot der Mittelsitze reagierte das Unternehmen 1961 mit dem 12-Meter-Wagen S 14. Äußerlich unterschied sich dieses sehr ansprechend gezeichnete Kässbohrer-Spitzenmodell von den anderen Reisebussen durch eine steilere Vorderfront mit bis in die Dachpartie hochgezogenen Scheiben. Die 59 Sitze – drei Sitzreihen mehr als beim S 11 – waren auf Podesten angebracht, so dass die Aussichtsmöglichkeiten verbessert werden konnten. Im Jahre 1962 erhielten die übrigen Modelle – abgesehen vom auslaufenden Clubbus S 6 – ebenfalls die neue Front- und Heckpartie. Da durch die steilere Gestaltung des Hecks eine weitere Sitzreihe eingebaut werden konnte, wurde der S 9 als neuer Typ S 10, der alte S 10 wiederum als S 11 und der S 11 als S 12 bezeichnet. Gleichzeitig erhielten die Fahrzeuge zur Unterscheidung Typenbezeichnungen an den Brüstungen hinter den vorderen Türen. Zum Antrieb kamen Henschel- oder MWM-Maschinen. 1963 erschien dann noch ein neuer S 9 mit 34 Sitzplätzen sowie. Schweizer Busunternehmer versorgte Kässbohrer mit dem S 9 A in reduzierter Breite. 1965 rundete schließlich der komfortable S 15 als größtes Reisemodell die 10er-Baureihe nach oben ab. Front- und Heckpartie waren erneut überarbeitet worden, so dass der 12-Meter-Bus mit einer 15. Sitzreihe bestückt werden konnte. Für Vortrieb sorgte ein Henschel-Motor mit 192 PS, aus Platzgründen hatten die Henschel-Techniker eine besonders flach bauende Variante entwickelt, die ausschließlich für Kässbohrer produziert wurde. Das neue Flaggschiff mit vorderen Querlenker mit Luftfederungen und kombinierten Luft-Blattfederungen an der Hinterachse bot 63 Passagieren Platz und wurde bis 1967 in 75 Exemplaren gefertigt. In jenem Jahr erschien dann der S 14-Panorama-Bus, ein Super-Luxus-Fernreisebus mit einer ab Fahrzeugmitte stark erhöhten Fahrgastplattform für 56 Fahrgäste, Unterflurtoilette und Niveauregelung. Im außergewöhnlich großen Kofferraum saß ein VW-Motor, der die Klimaanlage betrieb.

Eine Nachbaulizenz für den iberischen Markt erteilte das Unternehmen 1963 dem spanischen Seida-Konzern, der im Seida-Werk Zorozza bei Bilbao die S 10- und S 14-Modelle vor allem für das spanische Reisebusunternehmen Meliá fertigte. Der hohe Einfuhrzoll der Franco-Diktatur für Komplettfahrzeuge führte zu dieser Lösung.

Im Linienbusbau war das Jahr 1963 von Bedeutung, damals feierte der neue S 125 Premiere. Der Stadtlinienbus in Gitterbauweise mit der konse-

210-PS-Setra »Academy Express«, 1957. (Foto: Kässbohrer)

275-PS-Setra »Super Golden Eagle« Gelenkzug, 1958. (Foto: Kässbohrer)

140-PS-Setra S 9 II, 1959. (Foto: Kässbohrer)

quent kantigen Gestaltung löste den Schalenbautyp ST 110 ab. Er besaß eine vordere Einzelradaufhängung sowie vordere und hintere Luftfederungen. Im Heck installierten die Ulmer Techniker den bekannten 6,1-Liter-Motor von Henschel, der wahlweise mit 132 PS oder mit Aufladung auch mit 150 PS geordert werden konnte. Dank der »technisch hervorragenden, fahrgastfreundlichen Auslegung für die Erfordernisse des modernen Stadtverkehrs« diente dieser Bus, der 125 Personen befördern konnte, als »Vorbild des Standard-Omnibusses« der VÖV-Ausführung. 1965 folgte eine 12-Meter-Version mit dem Zusatz »L« für den Überlandverkehr mit 55 Sitz- und 65 Stehplätzen. Zunächst mit dem 200 PS starken Henschel lieferbar, wurde das Stadtlinienmodell bis 1968 mit dem neuen 160/170-PS-Henschel-Direkteinspritzer mit 7,8 Litern Hubraum gebaut.

Um das Solo- und das Gelenkfahrzeug dem Lastenheft des VÖV-Busses anzupassen, wurde 1969 die Frontpartie in der gewölbten Ausführung angeboten; jedoch nur der Gelenkbus konnte in mehreren Exemplaren mit dieser Frontgestaltung ausgeliefert werden, da gerade die Kässbohrer-Kunden nun bewusst ein alternatives Fahrzeug besitzen wollten.

Im Jahre 1965 begann mit dem neuen S 7 die Ablösung der ersten Omnibusgeneration. Der 30-sitzige Nachfolger des S 6 erhielt eine neue, kantigere Optik sowie eine 6,1-Liter-Henschel-Maschine mit 132 PS. Die neue Karosseriegestaltung erlaubte eine wesentlich bessere Raumausnutzung. Die hintere Tür saß, bedingt durch den kurzen hinteren Überhang, vor der Achse des 2,3 Meter breiten Busses. Sein Fahrwerk bestand vorn aus Querlenkern mit Schraubenfedern, hinten war eine Starrachse mit Blatt- und Gummihohlfedern eingebaut. Gegenüber dem bisherigen S 6 wies dieses 7,7 Meter lange Clubbusmodell eine steilere Front- und Heckscheibe auf. Ein Bandgrill war zwischen den Rechteckscheinwerfern angebracht.

1966 gründeten die Ulmer die Tochtergesellschaft Kässbohrer-France in Paris, die wenig später in die nördliche Vorstadt Sarcelles verlegt wurde.

Der Umbruch innerhalb der Modellreihe setzte sich 1967 durch. Wiederum von Hans Schauz entworfen, erhielt die zweite Generation der Reisebusse nicht nur eine neue Optik, sondern auch neue, dreistellige Bezeichnungen mit zusätzlicher Null hinter der Sitzreihenanzahl: Der S 100 als 8,7-, der S 110 als 9,5-, der S 120 als 10,45-, der S 130 als 11,27 und der S 150 als 12-Meter-Wagen standen nun neben dem neuen S 7 im 1965er Design zur Verfügung und lösten die Baureihen S 9 bis S 15 ab, von denen einschließlich des S 6-Clubbusses 12.339 Exemplare gefertigt worden waren. Nach wie vor kamen Henschel-Triebwerke mit 7,8, 11,0 und 11,9 Litern Hubraum zum Einsatz; das Leistungsspektrum reichte von 160 bis 240 PS. Während der S 100 an vorderen Schraubenfedern und hinteren kombinierten Dreiblatt-Stahlfedern mit zusätzlichen Gum-

132/150-PS-Setra S 14, 1961. (Foto: Touring GmbH)

132/150-PS-Setra S 9 III, 1962. (Foto: G. Prager)

mihohlfedern abgestützt war, wurden die Modelle S 110 bis S 150 mit Rollbalg-Luftfederungen ausgestattet. Das kleinste Kässbohrer-Modell, der S 7, hieß nun S 80.

Ein weiteres Großreparaturwerk eröffnete das Ulmer Werk in Salzburg-Kleßheim als Kässbohrer-Austria Fahrzeug GmbH. Eine Lizenz zum Nachbau der Modelle S 100 und S 130 sowie des verkürzten S 80 ging an das bulgarische Staatsunternehmen Avtoprom in Sofia. Das Cavdar Omnibuswerk in Botevgrad, entsprechend mit Bauvorrichtungen vorbereitet und erweitert, baute diese Modelle unter der Bezeichnung »Setra-Tschavdar« mit leichten Detailänderungen bis 1983 nach. Den dortigen Belastungen entsprechend wurden die Bodengruppen verändert. Avia-, Liaz-, Skoda- und Rába-MAN-Motoren kamen ins Heck. Auch eine Gelenkbus- und eine Obus-Ausführung im Kässbohrer-Gewand wurden 1982 noch vorgestellt. In Spanien nahm das Seida-Werk die Setra-Typen S 100 und S 150 neu ins Programm, die zum Teil noch lange im Überlandverkehr anzutreffen waren. Schließlich erschloss sich das Unternehmen einen weiteren Fertigungszweig mit dem Bau von dreiachsigen Flugfeld-Zubringerbussen, die im Werk Dortmund gefertigt wurden. Ein Jahr zuvor, also 1967 hatte Kässbohrer den Bau von Pistenfahrzeugen unter der Bezeichnung »Pisten-Bully« in Ulm (im ehemaligen Mattes-Werk) in die Serienfertigung genommen.

Ab dem Baujahr 1968 wurden die Modelle mit den internen Zusatzbezeichnungen »H«, »E«, »P« und »A« differenziert. Das »H« stand für die normale Bauhöhe von 3,14 Metern, das »E« für den »ebenen« Boden bei den Bussen für den Überland- und Gelegenheitsverkehr, das »P« deutete auf die 15 cm hohen Podeste für die Sitzreihen, das »A« für die Ausführung in reduzierter Breite für Passfahrzeuge hin. In diesem Jahr feierte das Unternehmen sein 75-jähriges Jubiläum und nahm eine neue zweistöckige Fertigungsanlage für den Gerippe- und den Motoreneinbau in Betrieb. Das inzwischen 2300 Beschäftigte zählende Omnibuswerk konnte dadurch den Ausstoß von 779 Bussen in 1966 auf 913 Einheiten

192-PS-Setra SG 175, 1963.

132/150-PS-Setra S 125 Linienbus, 1963.

192-PS-Setra S 15 Reisebus, 1965. (Foto: Touring GmbH)

132-PS-Setra S 7, 1966.

192-PS-Setra S 125 L Linienbus, 1966.

steigern. Ein Drittel der Fahrzeuge ging davon in den Export. Nachdem 1955 das 1000ste Setra-, 1964 das 5000ste Setra-Fahrzeug ausgeliefert worden war, rollte 1969 dann bei Kässbohrer mit einem S 150 P-Modell das 10.000ste Omnibusmodell vom Band.

Zur Ablösung des S 125-Linienbusses präsentierte das Werk 1970 auf dem Brüsseler Salon den 180 PS starken Setra-Stadtlinienbus S 130 S, der 35 Sitz- und 88 Stehplätze aufwies. Um die Fertigung dieses Modells zu rationalisieren, war die Karosserie mit tiefliegendem Fußboden und doppelbreiten Türen im Erscheinungsbild der Reisebusse ausgeführt. Das mit nur einer Einstiegsstufe versehene Modell besaß eine Reihe von technischen Details, die dem VÖV-Lastenheft entsprachen. Beim Omnibuswettbewerb in Monte Carlo konnte der S 130 S in der Klasse der europäischen Linienfahrzeuge sofort den 1. Preis erzielen. Das ab 1971 im Serienbau hergestellte Fahrzeug wies dann auch respektable Zulassungszahlen auf. Für Vortrieb sorgte der neue Henschel-8,2-Liter-Motor mit 180 PS; als 1975 die Henschel-Motorenfertigung ausgelaufen war, kam der gekapselte 210-PS-Daimler-Benz-Motor OM 407 h in Unterflurbauweise zum Einsatz. Auch die 220 PS starke MAN-Maschine wurde eingesetzt, zumal viele Kunden ihre Wagenflotte einheitlich mit MAN-Triebwerken ausgestattet haben wollten. 1981 erhielt das Modell die Zusatzbezeichnung »Communal«. Bis zur Ablösung im Jahre 1982 durch die S 215 SL- und UL-Typen konnten über 1000 Exemplare des S 130 S und des Nachfolgemodells S 140 ES ausgeliefert werden. Parallel zu diesem Solo-Modell folgte der neue, im gleichen Stil konzipierte Gelenkbus SG 180 mit 240-PS-Büssing-Direkteinspritzer; die hintere Achse wurde zwangsgelenkt. Nachdem das Büssing-Triebwerk nicht mehr gebaut wurde, implantierte das Werk den MAN-Unterflurdiesel.

Als Höhepunkt der damaligen Kässbohrer-Fertigung erschien 1972 auf dem Genfer Automobilsalon der von Dipl.-Ing. Hans Schauz entworfene dreiachsige Hochdecker-Prototyp S 200, der die neue 200-Generation der 1976 nachfolgenden dritten Kässbohrer-Baukastenreihe einleitete. Das Fahrzeug war mit einem hohen Fahrgastboden ausgestattet, so dass im unteren Bereich eine Toilette, Bordservice-Einrichtungen, eine Fahrerschlafkabine sowie umfangreiche Gepäckkapazitäten zur Verfügung stan-

192-PS-Setra S 14 »Panorama« Stufendecker, 1967.

den. Das für den »internationalen Fernreiseverkehr« in Anlehnung an den einstigen US-Hochdecker konzipierte, 3,55 Meter hohe Fahrzeug besaß eine Verglasung mit geklebten Seitenscheiben ohne vorstehende Seitenstege sowie eine große, geteilte und sphärisch gewölbte Frontscheibe. Für die Belüftung sorgte eine thermostatisch gesteuerte Querstromklimaanlage, die das Beschlagen der Scheiben verhinderte. Der V-Zehnzylinder-DB-Motor OM 403 mit 320 PS trieb über eine ZF-Sechsganggetriebe die erste Hinterachse an. Eine starre Nachläuferachse nahm einen Teil des Gewichtes des 13,25-Tonnen-Fahrzeugs auf, das mit 8,8 Tonnen belastet werden konnte. 55 bis 58 Sitzplätze wies dieses neue Kässbohrer-Spitzenmodell auf, das von Fachjournalisten als der »Rolls-Royce der Omnibusse« bezeichnet wurde und sämtliche ECE-Bestimmungen erfüllte, was bei der bisherigen Baureihe 100 nicht der Fall war. Eine-S 200-Vorserie wurde 1973 aufgelegt; auf der Omnibuswoche in Nizza konnte der Wagen umgehend den Grand Prix der Reisebusse erringen. Mitte 1976 begann dann der Serienbau der Baureihe 200, nachdem die Reihen 10 und 100 in ihren verschiedenen Ausführungen innerhalb von 22 Jahren in einer Stückzahl von über 30.000 Exemplaren gefertigt worden waren. Einzig das kleine Modell S 80 und die bisherigen E-Modelle wurden noch weiter gebaut und zum Teil erst 1982 abgelöst. In Hochbodenausführung mit 3,09 Meter Gesamthöhe erschienen die Baureihen S 211 H, S 212 H, S 213 H und S 215 H, die beiden letzteren auch als HD-Hochdecker mit 3,34 Metern Bauhöhe. Die thermostatisch geregelte Querstrombelüftung und Heizung wurde hier als grundsätzlich neues Kässbohrer-Prinzip eingeführt, die äußerlich an den langgezogenen Lufteintrittsgittern über den Thermopanscheiben zu erkennen ist, die die von den Fahrgästen individuell zu bedienenden Schiebefenster der bisherigen Baureihen ablösten. Die Fahrertür blieb weiterhin ein aufwendiges, aber geschätztes Attribut der Kässbohrer-Omnibusse. Die zweiachsigen Omnibusse besaßen erstmals serienmäßig V6- oder V8-Motoren von Daimler-Benz mit 192 und 256 PS. 1977 schloss sich der S 209 H als 8,5-Meter-Wagen der neuen Baureihe an. Besonderheiten waren das Umlenkgetriebe und die zweite Tür in Fahrzeugmitte. Im Jahre 1979 ergänzte das Unternehmen die Baureihe 200

135-PS-Setra S 80 Reisebus, 1968.

210-PS-Setra SG 175 Gelenkzug, 1969.

230-PS-Setra S 150 Reisebus, 1970.

240-PS-Setra S 130 S Linienbus, 1971.

320-PS-Setra S 200 Hochdecker, 1973. (Foto: Kässbohrer)

mit dem kleinen Modell S 208 und stellte als Studie den Reisegelenkbus SG 221 HDS vor, vorübergehend das Flaggschiff der Baureihe 200. Der aus dem dreiachsigen S 216 HDS entwickelte Zugwagen mit 56 Plätzen war mit einem Nachläufer mit 16 Reiseplätzen verbunden. Die Besonderheiten dieses Zuges waren einerseits die hochgesetzte Fahrgastplattform in dem 3,6 Meter hohen Fahrzeug, das Unterflurcockpit sowie der in Wespentaille ausgeführte Faltenbalg-Übergang zum Nachläufer. Eine besonders gute Kurvengängigkeit auf Passstraßen mit Serpentinen sollte durch den großen Knickwinkel erzielt werden. Der Nachläufer enthielt noch die Bordküche, das WC, die Garderobe und die Klimaanlage. An der vorderen Verjüngung waren Fenster angebracht, um den Fahrgästen im Nachläufer gute Aussichtsmöglichkeiten nach vorne zu ermöglichen. Ein Serienbau kam jedoch nicht zustande, da das Durchfahrtsverbot für Gelenkfahrzeuge in Frankreich und in der Schweiz die Einsatzmöglichkeiten einschränkte.

Der S 208 H mit wiederum einem Umlenkgetriebe und einem aufgeladenen 168-PS-DB-Reihenmotor löste 1979 den S 80-Typ ab. Das 7,6 Meter lange Fahrzeug war wieder vorne mit Spiral- und hinten mit Blattfedern abgestützt und konnte auch in der Ausführung »HM« und in der vereinfachten Kombi-Version »HMU« geliefert werden. Zwei breite Fenster und ein kleines Zwischenfenster, welches auch durch eine zweite Tür ersetzt werden konnte, bildeten die Seitenfront.

In der Typenbezeichnung stand nun das »H« für Reisebus in normaler Hochbodenausführung, das »HD« für Hochdecker, das »HU« für Universal-Reisebus (ohne Querstrombelüftung), das »HUL« für Universal-Linienbus und das zugefügte »M« für eine Mitteltür anstelle der Hecktür. Schließlich gab das nachgefügte »E« die Exportausführung der Baureihe 200 an. Die Fahrzeuge der neuen Baureihe konnten nach und nach auch in 2,3 Meter Passbreite für Schweizer Kunden geliefert werden konnten, wobei ein »A« die reduzierte Breite wieder angab.

In den USA richteten die Ulmer die Kässbohrer of North America in Portland/Maine als Verkaufs- und Servicestützpunkt ein. Ein Montagewerk unter der Bezeichnung Valley Engineering Inc. in Gray/Maine kam hinzu, das für die Pisten Bully-Fahrzeuge und für die Endausstattung der Omnibusse für den amerikanischen Markt zuständig ist.

Im Jahr 1980 startete Kässbohrer die Einführung der Baureihe S 213 RL und S 215 RL »Rational« für den Überland- und Gelegenheitsverkehr, die vor allem auf dem französischen Markt Erfolge verzeichnete. Hinzu kamen die HR-Ausführungen mit Podesten für die Sitze, da französische Transportunternehmer bei diesen Kombi-Typen großen Wert auf üppige Kofferräume legten. In Ligny-en-Barrois in Lothringen war hierfür ein Montagewerk unter dem Namen Kässbohrer Industries S.N.C. eingerichtet worden, das der Kässbohrer-France in Sarcelles unterstand. Auch die Bestimmung, das französische Kommunalbetriebe nur in Frankreich hergestellte Busse fahren dürfen, konnte damit erfüllt werden. Äußerlich zeichneten sich die Fahrzeuge durch eine steilere Gestaltung der Frontscheibe zur Aufnahme des Zielschildkastens, durch Doppeltüren, durch die plane Fassung der Scheiben und durch den Fortfall der Fahrertür aus. Diese besonders wirtschaftlichen Baureihen, auf dem Pariser Automobilsalon vorgeführt, erfüllten, wie sich später zeigte, alle Erwartungen, so dass der Linienbusbau immer mehr nach Ligny-en-Barrois verlagert wurde.

Nächste Neuerung war der vom S 200 abgeleitete dreiachsige Superhochdecker S 215 HDS für 56 bis 61 Fahrgäste mit dem 330 PS starken, aufgeladenen V8-Motor OM 422 A, gefolgt vom S 216 HDS Superhochdecker »Royal« für 63 Fahrgäste. Durch den bis über den Fahrerplatz vorgezogenen Fahrgastboden konnte eine weitere Sitzreihe gewonnen wer-

225-PS-Setra SG 180 Gelenkzug, 1974. (Foto: Kässbohrer)

256-PS-Setra S 215 HD Reisebus, 1976.

375-PS-Setra SG 221 HDS Gelenkzug-Prototyp, 1979.

den, so dass, bedingt durch die zweite Treppe, die 63 Sitzplätze in dem 3,63 Meter hohen Fahrzeug vorhanden waren. Mit ihrer dritten, selbstgelenkten Achse kannten diese beiden Fernreisebusse mit extrem großen Kofferräumen keine Gewichtsprobleme.

Das Jahr 1981 brachte auf der Frankfurter IAA die Vorstellung des dreiachsigen Reisedoppeldeckers S 228 DT »Imperial« und der Liniendoppeldecker S 228 DTS, welche die Baureihe 200 krönten. Damit verwirkliche Kässbohrer ein Konzept, das aus Kapazitätsgründen bereits seit über einem Jahrzehnt immer wieder in der Schublade verschwunden war. Die Blechverkleidung zwischen Unter- und Oberdeck verjüngte sich bei diesem 89-Sitzer im Bereich der Frontscheibe zu einem schmalen Stabilitätsband, das für Beschriftungszwecke genutzt werden konnte. Im Heck saß das DB-Triebwerk OM 422 LA mit 375 PS und Doppel-H-Schaltung. Für den Export in die Schweiz erhielten die 15 ab 1984 ausgelieferten Exemplare zwei Triebachsen, wobei die Kraft auf die letzte, einzelbereifte und gelenkte Achse mittels einer kurzen Kardanwelle auf die starre zweite Doppelachse geleitet wurde. Problematisch war der nicht vorhandene Ausgleich zwischen den Achsen. Der »Imperial« wurde für die Schweiz bis 1991 gebaut, das eigens dafür entwickelte Ausgleichsgetriebe kam nicht mehr zum Einbau. Auf Wunsch rüstete Kässbohrer als erster Hersteller der Welt seine Busse mit Bosch-ABS aus. Für die Versorgung des spanischen Marktes errichtete die Tochtergesellschaft Setra S. A. zusammen mit der Seida und einer Finanzierungsgesellschaft ein für 250 bis 300 Fahrzeuge ausgelegtes Werk in Samano bei Castro Urdiales in Nordspanien, das 1982 (bis 1996) den Zusammenbau mit Pegaso- und MAN-Motoren aufnahm.

Im Rahmen der Auslandsaktivitäten richtete das Unternehmen 1981 die Kässbohrer Italia S.p.A. mit Service-Stützpunkt in Modena (ab 1994 in Sobara bei Modena) ein. Im gleichen Jahr folgte die Kässbohrer United Kingdom Ltd. in Bordon.

Anfang der achtziger Jahre führte Kässbohrer zusätzliche Verkaufsbezeichnungen ein. »Communal« stand für Stadt-, »Regional« für reine Überland-, »Optimal« für Luxus-Hochdecker-, »Universal« für normale Reisehochdecker sowie »Rational« für Hochboden-Überland- und Gelegenheitsbusse. »Royal« kennzeichnete den Superhochdecker mit dem Unterflurcockpit, »Imperial« den Doppeldecker und »Tropical« die Tropen- und Exportmodelle der Baureihe »HUE«. 1985 folgten dann unter der Bezeichnung »International« »Optimal«-Reisebusse der Baureihen H, HM und HD ohne elektronisch gesteuerte Querstrombelüftung, welche die bisherigen »Universal«-Typen ersetzten.

280-PS-Setra S 211 HD Reisebus, 1980.

330-PS-Setra S 216 HDS »Royal« Superhochdecker, 1980.

168-PS-Setra S 208 H Reisebus, 1981. (Foto: Kässbohrer)

In der Reihe der Linienfahrzeuge zeigte Kässbohrer die eigenständige Ü 80-Regionalversion in Übereinstimmung mit dem VÖV II-Lastenheft. Die Firma Markus Göppel in Augsburg baute die fünf Vorserienexemplare, die durch die 240-PS-DB- oder MAN-Unterflurmotoren angetrieben wurden. Aufgrund der "Rücknahme der Lieferzusage der Motoren" des DB- und des MAN-Werkes verzichtete Kässbohrer auf den Serienbau dieses Standard-Linienbusses. Die Baureihe »Rational« wurde daher als Alternative zum VÖV- und StÜLB-Programm stärker in den Vordergrund gebracht.

Das Jahr 1983 brachte auf der Frankfurter IAA die Vorstellung der Modelle S 210 H und HD, S 211 HD und S 215 UL sowie die Vorstellung des Setra-Gelenkzuges SG 221 UL mit Schubgelenk, 240-PS-MAN- oder 330-PS-DB-Motor sowie ZF-Fünfgang-Automatik. Aus dem Programm fielen die Typen S 208, 209 und 212 H/HD; ihre Positionen nahmen der luftgefederte S 210 beziehungsweise der S 213 ein; während die Schubgelenkmodelle SG 219 SL »Communal« für den Stadtverkehr und SG 221 UL (Regional) für den Überlandverkehr, jeweils mit 240-PS-MAN-Maschine, ins Angebot gelangten. In der Optik unterschieden sich die Kässbohrer-Modelle durch die neue Front mit schwarzem Grill mit K-Emblem und Schriftzug »SETRA« von den Vorgängern.

Den Linienbus-Bereich verstärkte ab 1984 der Ü-80-Nachfolger S 215 SL »Communal« und »Rational«, die sich deutlich von den VÖV-II-Modellen der Konkurrenz abhoben und vielleicht gerade deswegen sehr erfolgreich agierten. Gleichzeitig präsentierte das Werk als Prototyp den völlig neuen Niederflur-Linienbus S 300 NC (Niederflur-Concept-Busses) in Aluminium-Schalenbauweise, System »Alusuisse«. Der in vielen Bestimmungen dem VÖV-Lastenheft angepasste, aber in Entwicklung und Design sehr eigenständige Niederflur-Stadtlinienbus NC erhielt dann 1989 den im Heck quer gestellten MAN-Motor der D 28-Serie mit 245 PS und Automatikgetriebe sowie Winkeltrieb auf das versetzte Differential der ZF-Portalachse. Versehen mit einer vorderen McPherson-Einzelrad-Aufhängung, bildete das Fahrzeug-Skelett ein Stahl-Gitterrohrrahmen, auf den der Alu-Aufbau aus Strangpressprofilen und Blechen aufgeschraubt worden war. Der zwölf Meter lange Bus verfügte über drei doppelbreite Türen; durch die Kneeling-Einrichtung konnte die Bodenhöhe auf 32 cm abgesenkt werden. Die Fertigung des überaus fortschrittlichen S 300 NC erfolgte in Ansätzen im französischen Kässbohrer-Werk, endete aber schon 1995 im Zuge der Neugliederung des Unternehmens.

In Spanien musste nach dem Zusammenbruch der Seida S. A. das Vergleichsverfahren über das Werk Samano beantragt werden. Die MAN, die, wie erwähnt, Motoren für die spanischen Setra-Omnibusse lieferte, engagierte sich 1986 an diesem Omnibushersteller, um mit diesem Werk und mit der geplanten, aber dann vom Bundeskartellamt verbotenen Teilübernahme des Pegaso-Nutzfahrzeugwerkes der Enasa-Gruppe Fuß auf dem spanischen Markt fassen zu können. Nach einem nun doch noch erreichten Vergleich trennte sich das Kässbohrer-Werk von der spanischen Beteiligung. Eine Lizenz zum Weiterbau der S 200-Modelle in Samano wurde jedoch wieder erteilt. 1999 konnte das Werk als EvoBus-Unternehmen wieder eingegliedert werden.

Das französische Werk ergänzte die »Rational«-Baureihe mit dem Ausflugs- und Linienbus S 215 HRI-GT, der sich durch eine stärker geneigte Frontpartie im Stil der Reisebusse von den anderen »Rational«-Modellen unterschied. Neben der weiter verbesserten Studie des Niederflurbusses auf der Basis des S 215 SL stellte das Unternehmen eine erste Ausführung des Universal-Linienbusses SL 213 UL mit einem hydrostatischen Antrieb und einer Bodenhöhe von nur 36 cm vor. Beim Antriebssystem

280-PS-Setra S 215 HR »Rational« für Überland- und Gelegenheitsverkehr, 1981. (Foto: Kässbohrer)

216-PS-Setra S 212 HUE »Tropical« Exportmodell, 1983.
(Foto Kässbohrer-Werk)

215-PS-Setra 215 H Reisebus, 1984.

290-PS-Setra S 215 RL »Rational«, 1984.

240-PS-Setra S 215 UL »Regional« Überlandlinienbus, 1985.

280-PS-Setra SG 220 HUL Schubgelenkbus, 1985. (Foto: Kässbohrer)

konnte auf die Erfahrungen der hydrostatisch angetriebenen Pisten Bully-Fahrzeuge zurückgegriffen werden. Der Prototyp wurde jedoch nur in der Versuchsabteilung eingesetzt.

In Dänemark engagierte sich Kässbohrer Ende 1986 an der Ascan Bilcon A/Sin Aalborg, die Silofahrzeuge herstellte. Hinzu kam eine 75-prozentige Beteiligung an der Ascan Bus A/S in Aabenraa, die mit 230 Beschäftigten Linienbusse herstellte. Importeur blieb die Ringsted Karosseriefabrik A/S in Ringsted, die seit 1961 Kässbohrer-Fahrzeuge in Dänemark vertrieb. Schließlich wurde in diesem Jahr mit der Planung eines neuen Bus-Werkes in Neu-Ulm begonnen.

Zu diesem Zeitpunkt lag die letzte Umstrukturierung kaum mehr als zehn Jahre zurück. Im Jahre 1982 übernahm auf Vorschlag von Otto Kässbohrer sein ältester Neffe, Karl Kässbohrer, die Geschäftsleitung des Familienunternehmens. Ihm unterstanden die Bereiche Planung und Technik. Sein Bruder Heinrich leitete den Bereich Service und Qualitätswesen. 1986 ordneten dann die sechs Gesellschafter die Führungsspitze neu. Karl Kässbohrer verantwortete nun den Bereich Nutz- und Gelände-

289-PS-Setra S 210 HD Reise-Hochdecker, 1990. (Foto: Evobus)

296-PS-Setra S 215 HI Reisebus, 1990. (Foto: Evobus)

372-PS-Setra S 215 HD Reise-Hochdecker, 1990.

365/492-PS-Setra S 228 DT »Imperial« Doppeldecker, 1990.

280-PS-Setra SG 219 SL »Communal« Gelenkbus, 1991. (Foto: Evobus)

296-PS-Setra S 315 HD Reise-Hochdecker, 1991.

400-PS-Setra S 215 HDH Reise-Hochdecker, 1991.

365/492-PS-Setra S 228 DT »Imperial« Doppeldecker, 1991.

216/296-PS-Setra S 216 HDS Superhochdecker, 1992.

fahrzeuge sowie Technik. Seine Nachfolge an der Firmenspitze trat der vom Schlepperhersteller Fendt gekommene Dipl.-Kaufmann Dr. Heinz Ahrens an. Dadurch versprach sich das Unternehmen als inzwischen zweitgrößter Hersteller von Omnibussen in der Bundesrepublik eine Verbesserung der Ertragslage besonders bei den Auslandsfirmen und Auslandsvertretungen, die zwar stets mit größeren Verkäufen dem Unternehmen Erfolge brachten, aber große Bestände an Fremdfahrzeugen hatten hereinnehmen müssen. Zum anderen sollte dadurch das Geschäft mit Linienfahrzeugen forciert ausgeweitet werden. Die Fertigung belief sich im Jahre 1986 auf wieder 2001 Exemplare; im gleichen Jahr wurde der 40.000ste Setra ausgeliefert. Der Marktanteil lag in Deutschland in dieser Zeit bei 28 Prozent.

Im Oktober 1989 konnte Kässbohrer mit der Grundsteinlegung eines neuen Omnibuswerkes in Neu-Ulm die Modernisierung weitertreiben, wobei auf eigene Finanzmittel zurückgegriffen werden konnte. – Von 1989 bis 2005 übernahm aus zolltechnischen Gründen die griechische Generalvertretung Andreas Stamation AG in Thessaloniki die Lizenzfertigung von 100 S 215 HD- und HDH-Omnibussen. Aus gleichen Gründen montierte von 1990 bis 1994 die Varsan Otomotiv Ticaret ve Sanayii in Taksim bei Istanbul/Türkei Reisebusse der Baureihen S 215 HD und S 315 HD.- Von der dänischen Unternehmerfirma Pedersen übernahm die Kässbohrer Holding AG in Zürich ein Aktienpaket an der Ringsted Karosseriefabrik; gleichzeitig erwarb dieses Unternehmen alle Anteile an dem seit 40 Jahren bestehenden Betrieb in Aabenraa. Das dänische Werk übernahm den Bau des Neun-Meter-Kompaktbusses S 209 HD aufgrund der langjährigen Erfahrung in der Leichtmetall-Aufbautechnik.

1989 erhielt die Kässbohrer-Palette neue oder leistungsgesteigerte Motoren; die Spitzenmotorisierung stellte der V8-DB-Motor mit zu 480 PS dar. Im Jahr darauf rollte bei Kässbohrer der 50.000ste Setra seit 1951 aus den Werkshallen, ein S 215 HDH »Transcontinental«. Dieser Typ war eigentlich ausschließlich für den nordamerikanischen Markt konzipiert worden, doch da der dynamisch wirkende S 215 HDH auch bei europäischen Kunden auf großes Interesse stieß, entstand ab 1988 auch eine Transkontinental-Europa-Version. Die Nachfrage überraschte, bis Ende 1991 entstanden 520 dieser Luxusliner, die sich durch ihr »anderes« Setra-Profil als Image-Träger gegenüber der normalen Setra-Serie abhoben. Seit den neunziger Jahren wurden Detroit-Diesel-Motoren der Serie 60 mit 400 PS eingesetzt, die sich durch modernste, elektronisch kontrollierte direkte Einspritzung auszeichnen; eine Technik, die inzwischen auch in die Mercedes-Benz-Motoren der Baureihe 500 eingeführt worden ist.

252-PS-Setra S 215 SL Linienbus, 1992. (Foto: Evobus)

296-PS-Setra S 315 HD Reise-Hochdecker), 1992. (Foto: Evobus)

365-PS-Setra S 228 DT Linien-Doppeldecker, 1992.

Fertigungstechnisch kam das Werk 1990 mit 2577 produzierten Omnibussen, die zu 70 Prozent den Umsatz des Kässbohrer-Unternehmens ausmachten, an eine Grenze, die nur noch durch das im Sommer 1992 eingeweihte Werk in Neu-Ulm durchbrochen werden konnte, das für eine Fertigung von 2200 Bussen pro Jahr ausgelegt ist. Die dann auf den Helligen des Stammwerkes in Ulm zusammengeschweißten Rohkarossen können in Neu-Ulm auf zwei Taktstraßen in der 240 Meter langen und 160 Meter breiten Halle komplettiert werden. Ein drittes Fließband wurde für die Fertigungsmontage arbeitsaufwendiger Modelle bereitgehalten.

Zu diesem Zeitpunkt präsentierte das Unternehmen die vierte Modellgeneration unter der Bezeichnung »300« mit den Modellen S 315 HD und S 315 HDH. Das weitgehend nach aerodynamischen Gesichtspunkten für den europäischen Markt konstruierte Modell besaß sanfte Rundungen, neuartige, großen und von oben herangeführte Integral-Außenspiegel und ein Fahrgastteil mit »Exclusiv-Class-Sessel-Bestuhlung«. Die Seitenklappen und ein Teil der Bugpartie bestanden aus leichtem, verformbarem GFK-Material. Die Antriebsaggregate stammten von Daimler-Benz (OM 443, 296 PS bzw. OM 442 A, 366 PS) sowie Scania (DSC 1118, 363 PS). Während die Fertigung des Modells S 315 HD/HDH sowie des hinzugekommenen Modells S 312 HD/HDH in Ulm erfolgte, kam das kleine Modell S 309 HD vom dänischen Kässbohrer-Partner in Aabenraa. Die Reisebus-Generation Setra 300 – zwar teuer im Preis, dafür aber Vorbild in Komfort und Qualität – erhielt 1993 die höchste europäische Auszeichnung für einen Omnibus, die Trophäe »Coach of the Year«. Die Setra-Baureihe 300 wurde von einer Jury europäischer Fachjournalisten aus 12 Ländern zum »Bus des Jahres 1993« gewählt.

Im Linien-Niederflurbereich erregte der mit Aluminium-Aufbau ausgeführte 300 NC aus dem Werk in Ligny-en-Barrois Aufsehen, konnte sich aber aufgrund des höheren Verkaufspreises nicht durchsetzen.

Seit 1994 fertigte Kässbohrer die Kombibusse S 315 H und GT sowie den Überland-Linienbus S 315 UL. Der Doppeldecker erhielt in diesem Jahr unter der Bezeichnung S 328 T die neue 300-Karosserieform.

Um ein preisgünstiges Modell anzubieten, entwarf das Unternehmen den Setra S 250 Special, einen Hochdecker für 49 Fahrgäste mit 370-PS-MAN-Diesel, praktisch ein S 215 HD mit geänderter Vorderpartie. Der Marktanteil des seit 1994 von Dr. Kurt Seitzinger geführten Unternehmens war nun auf fast 29 Prozent im Bereich aller Omnibusgattungen gestiegen; bei Reisebussen lag Kässbohrer nun bei 36 Prozent. Der Exportanteil belief sich zu dieser Zeit auf 60 Prozent. Eigene Auslandsstützpunkte bestanden in Salzburg, wo auch die Fahrzeugtransporter hergestellt werden und in Wiener-Neudorf/Österreich, Modena/Italien, Lingy-en-Barrois und Sarcelles/Frankreich, Aabenraa/Dänemark, Bordon bei Winchester/Großbritannien und Portland/Maine/USA: Kässbohrer produzierte allein zwischen 1992 und 1994 6688 Busse. Trotzdem liefen Verluste zusammen mit der Anhänger-Produktion von fast 700 Millionen Mark auf.

Die Ulmer steuerten gegen und trennten sich von Betriebsteilen: Die Anhänger- und Auflieger-Fertigung (abgesehen von der Silo- und Tankwagenfertigung), mit der Kässbohrer in dem äußerst hart umkämpften Markt an erster Stelle in der Bundesrepublik stand, ging an die benachbarten Fahrzeugwerke X. Kögel AG. Die Herstellung der Schnee- und Geländefahrzeuge sowie der United-Parcel-Fahrzeuge gab man an den kanadi-

250-PS-Setra S 300 NC Niederflur-Linienbus, 1994. (Foto: Evobus)

schen Fahrzeugbau-Konzern Bombardier und an Kögel ab. Das Werk in Aabenraa wurde an Volvo verkauft. Kässbohrer mit seinen über 5200 Beschäftigten beschränkte sich damit auf den Reise-, Linien-, Überland-, Gelenk- und Tropenomnibus sowie auf die Fertigung von Bücherei-, Strafgefangenen-, Renndienst-, Info- und Ausstellungsomnibussen. Nach langen Verhandlungen verkauften die Kässbohrer-Gesellschafter auf Drängen der Banken schließlich auch die Omnibussparte an die Mercedes-Benz AG. Mercedes-Benz verschmolz seinen Omnibusbereich mit Kässbohrer, strukturierte um und hob schließlich am 1. April 1995 die EvoBus GmbH aus der Taufe. So werden in Ulm und Neu-Ulm Doppeldecker und Dreiachser gefertigt, während das ehemalige DB-Werk Mannheim Rohkarossen der Kässbohrer-Baureihe 300 und der Mercedes-Benz-Baureihen O 404 und O 408 zuliefert, die dann dort lackiert, endmontiert und im Finish vervollständigt werden. Der Bau der Linienbusse ist im seit 1966

290-PS-Setra S 309 HD Reisehochdecker, 1995. (Foto: Evobus)

370-PS-Setra S 250 Spezial Kombibus, 1995. (Foto: Evobus)

340-PS-Setra S 315 GT, 1996. (Foto: Evobus)

250-PS-Setra S 319 NF Niederflur-Linienbus, 1999. (Foto: Evobus)

250-PS-Setra S 319 UL Überland-Linienbus, 1999. (Foto: Evobus)

250-PS-Setra SG 321 UL Überland-Gelenkbus, 1999. (Foto: Evobus)

290-PS-Setra S 309 HD Reisehochdecker, 1999. (Foto: Evobus)

bestehenden französischen Werk in Ligny konzentriert worden. (Der Schriftzug »Kässbohrer« entfiel nun an den Fahrzeugen; der schwungvolle Buchstabe »K« und der Schriftzug »Setra« zeichnen seitdem die Ulmer Omnibusse aus.)

In den immer interessanter werdenden chinesischen Markt stieg Setra 1995 ein und lieferte an die Feihe Automobile Works in Hefei/Provinz Anhui 100 CKD-Sätze des Typs S 215 HD. Seither werden dort Setra-Omnibusse komplettiert und mit Mercedes-Antrieben ausgestattet.

Ab dem Produktionsjahr 1997 bestand das Setra-Omnibus-Programm reinrassig aus der Baureihe 300, angeführt vom kleinsten Modell S 309 HD bis zum Gelenkbus SG 321 UL und dem Doppeldecker S 328 DT. Der S 315 GT-HD als Kombibus für den Reise- und Gelegenheitsverkehr (mit 27 cm erhöhter Bodenhöhe gegenüber der GT-Version) ersetzte das bisherige preisgünstige Kombimodell S 250 Spezial; den dreiachsigen Superhochdecker S 216 HDS ersetzte der S 316 HDS mit dem Unterflur-Fahrerplatz und Mercedes-V8 mit 381 PS oder MAN-Sechszylinder mit 400 PS.

In der Kategorie der 15-Meter-Busse stieg Setra mit dem S 319 UL mit gelenkter Nachlaufachse ein. Mit zweierlei Frontdesign, im kantigen Linienbusprofil oder mit geneigter Frontscheibe und seitlicher Schwinge entsprechend den Reisebussen konnte dieses zwischen dem S 315 UL und dem SG 321 UL platzierte Modell geordert werden. Der Bus war mit einer von der Zahnradfabrik Friedrichshafen (ZF) entwickelten RAS-Nachlauf-Lenkachse bestückt, die einerseits größte Geradeauslauf-Stabilität, andererseits auch beste Wendigkeit bei geringstem Reifenverschleiß ermöglichte.

In Niederflurtechnik bot das Werk den S 315 NF als erstes Modell der inzwischen mit dem Typ S 319 NF erweiterten Baureihe an. Der Mercedes-Unterflurmotor kam hier zum Einsatz.

Die erfolgreiche Hochdeckerbaureihe HDH konnte 1998 mit einem 13,8-Meter-Wagen erweitert werden, so dass nun acht Hochboden- und Superhochdecker in der »TopClass«, dem Reisebusprogramm zur Verfügung standen. Der Sektor Kombibusse, nun als »ComfortClass« bezeichnet, erhielt mit dem S 319 GT-HD eine Verstärkung im neuen 15-Meter-Limit. Mit 2573 verkauften Bussen stellte EvoBus Setra in diesem Jahr einen neuen Produktionsrekord auf. Im Bereich der Überlandbusse, inzwischen »MultiClass« bezeichnet, war Setra mit einem Marktanteil von 40 Prozent Marktführer in Deutschland geworden.

Den Absatz konnte Setra im Jahr 2000 auf 2775 Stück steigern. Zum Erfolg trugen insbesondere die über das traditionelle Zwölf-Meter-Standardmaß herausgehenden Comfort-Modelle für den Reise- und Gelegenheitsverkehr wie der S 317 GT-HD und S 319 GT-HD mit 381 PS und der exklusive Reisebus S 317 HDH/3 mit 476 PS bei. Dieses TopClass-Modell und der neue S 315 HDH/3 waren mit einer überbauten Toilette versehen, so dass zwei zusätzliche Sitze gewonnen werden konnten.

340-Setra S 315 GT-HD, 1999. (Foto: Evobus)

250-PS-Setra S 315 NF Niederflur-Linienbus, 1999.

250-PS-Setra S 315 UL Überland-Linienbus, 1999.

381-PS-Setra S 319 HDH-3 Superhochdecker, 1999.

381-PS-Setra S 316 HDS Superhochdecker, 1999.

Im Frühjahr 2001, also im 50. Jahr der Setra-Omnibusse, stellte das Fahrzeugwerk die ersten Modelle der vierten Reisebus-Generation vor. Die »TopClass 400« begann mit den Superhochdecker-Modellen S 415 HD, S 415 HDH und S 417 HDH. Auffallendes Designelement dieser Luxusbusse mit den »SETRA«-Buchstaben am Bug war die in Hochglanz-Aluminium gehaltene Schwinge, die von den Scheinwerfern ausgehend über den Fahrerplatz und den Bereich des ersten Fahrgastsitzes in die Dachkante führte. Von dort bildete sie den oberen Abschluss bis zum Heck. Diese als »La-Linea« bezeichnete Schwinge integrierte dabei die Lufteintrittsöffnung der Querstrombelüftung. Neben dem neuen Sechszylinder-Reihenmotor mit 354 und 422 PS, kam auch der neue V8-16-Liter-Motor mit 435 und 476 PS zum Einbau. Das Fahrwerk war mit dem Mercedes-Benz-Reisebus »Travego« identisch, ebenso das Sechsganggetriebe, die Joystick-Seilzugschaltung und das Armaturendisplay. Mit einer Stehhöhe von 2,10 Metern und der hellen Innengestaltung vermittelten die Busse der neuen Baureihe eine Atmosphäre wie in einem Flugzeug.

381-PS-Setra S 319 GT-HD, 1999. (Foto: Evobus)

381-PS-Setra S 328 DT Doppeldecker, 1999. (Foto: Evobus)

354/435-PS-Setra S 415 HD Reisehochdecker, 2001.

354/476-PS-Setra S 415 HDH Superhochdecker, 200.1.

Im Herbst 2001 konnte mit einem S 415 HD der 75.000ste Setra ausgeliefert werden. Mit der begehrten Auszeichnung "Coach of the Year 2002" wurde die TopClass 400 in Kortrijk von 14 Fachjournalisten ausgezeichnet und damit der bisherige Höhepunkt in der Setra-Omnibusentwicklung gekrönt. Gleichzeitig erfolgte in Kortrijk mit der Präsentation des Zehn-Meter-Busses S 411 HD die Abgrenzung der TopClass 400 nach unten.

Den neuen Doppeldecker S 431 GT im LaLinea-Stil präsentierte das Setra-Unternehmen im Jahre 2002. Gegenüber dem Vorgänger fanden weitere sieben bis vierzehn Passagiere Platz in dem 14-Meter-Fahrzeug. Durch den Ausfall des Neoplan-Skyliners in den Modelljahren 2008 bis 2016 besaß der Gigant mit seinem bis zu 510 PS-starken V8-Triebwerk eine Monopolstellung, gerade in einer Zeit, als sich der Doppeldecker im Fernreiseverkehr einer starken Beliebtheit und Nachfrage erfreute. Gleichzeitig ergänzte der 10-Meter-Wagen S 411 HD die neue Reisebusreihe. Zusammen mit den preiswerten Reisebussen der Baureihe ComfortClass kam Setra in diesem Jahr auf einen deutschen Marktanteil von 33 Prozent. Im Bereich der Überlandomnibusse lag Setra bei einem Anteil von 39 Prozent. Mit dem hohen Export dominierte Evobus mit der Zweimarkenstrategie auch den europäischen Markt. Im fernen China erfreuten sich die bei Hefei bisher gebauten S 215 HD- und aktuelleren S 315 HD-Modelle einer guten Nachfrage. Und in den USA fuhr der neue Hochdecker S 417 HDH mit landestypischer geteilter Frontscheibe mit einem Detroit-Diesel über die Highways.

Die Erneuerung der ComfortClass mit der Baureihe 400 stand im Jahre 2004 an. Zwischen B- und C-Säule wies ein im unteren Teil der Scheibe eingeprägter Bogen mit den Setra-Kapitalen auf die neue Generation hin. Ein Jahr später zeigte Setra die ersten Ausführungen der neuen MultiClass; ein Jahr später gingen die UL-Baureihen und die beiden Modelle S 415 NF und S 416 NF an den Start. Die Niederflurmodelle basierten auf der Bodengruppe und dem Antriebsstrang der »Citaro«-Modelle.

2007 versah Setra die Baureihe TopClass mit stärkeren Antrieben von 456 PS und verbesserten aktiven Sicherheitseinrichtungen und durch ein neues Bugteil. Der Innenraum wurde heller und attraktiver gestaltet, um den Reisekomfort zu erhöhen. Die MultiClass-Baureihe wurde durch die 15-Meter-Version S 419 GT-HD gekrönt, die Platz für 61 bis 67 Fahrgäste aufwies. Und in die USA gingen Modelle der speziellen ComfortClass-Ausführung S 417, die dort über die MCI/Motor Coach Industrie, an der Mercedes-Benz beteiligt ist, in Schaumburg/Illinois vertrieben wurden. Die entsprechend neuen Modelle stehen dort inzwischen im Angebot.

Das Modelljahr 2012 brachte die Vorstellung der neuen ComfortClass-Baureihe 500. Ein aerodynamisch besser gestalteter Vorbau und eine zum Heck abfallende Gürtellinie kennzeichnet diese Weiterentwicklung. Im Rahmen des Downsizings der Motorgrößen kommt der stehende 10,7-Liter-Dieselmotor der OM 407-Baureihe zum Einsatz. 2013 endete die Zweigleisigkeit der Evobus-Niederflurmodelle für den Linienverkehr. Zugunsten der DB-Modellreihe »Citaro« wurde 2013 der Bau der beiden NF-Modelle eingestellt, so dass sich die MultiClass auf ihren Schwerpunkt der Überlandmodelle konzentriert. Im gleichen Jahr erhielt die TopClass in der neuen Generation 500 eine leichte Überarbeitung, äußerlich sichtbar an der LaLinea-Schwinge, die im Heck ein Stück nach unten geführt wird.

354/476-PS-Setra S 417 HDH Superhochdecker, 2001.

250-PS-Setra S 319 NF Niederflur-Linienbus, 1999.

435-PS-Setra S 431 DT Reisedoppeldecker, 2002.

408-PS-Setra S 411 HD Reisehochdecker, 2002.

Die Neuheiten des Jahres 2014 bilden die im türkischen DB-Werk in Ankara gebaute MultiClass-Baureihe Business in den Ausführungen UL und LE, die die bisherigen UL-Solo-Modelle ablösen. Abgeleitet vom dort gebauten »Intouro« steht mit der Business-Version ein schlichter, aber preiswerter Überland-Omnibus in Hochbodenausführung zur Verfügung. Die LE-Version steht für einen Überlandbus, der bis hinter die zweite Tür mit Niederflurboden des »Citaro« und anschließend mit einem erhöhten Boden ausgeführt ist, der den hinten stehenden Motor überdeckt. Der niedrige Boden (»Low Entry«) ermöglicht den bequemen Einstieg, insbesondere mit Kinderwagen. Die Gelenkzüge wurden aufgrund des Kostendrucks aus dem Setra-Programm genommen, zumal der Kunde auf die entsprechenden Mercedes-Benz-Modelle ausweichen kann. Die ComfortClass mit der flachen LaLinea-Gestaltung erweiterte Setra mit der Ausführung S 511 HD als kleinstem und ein Jahr später mit dem 15-Meter-Wagen S 519 HD als größtem Modell. Die TopClass erhielt Zuwachs mit den Modellen S 515 MD und S 516 MD, die im Fahrgastraum gegenüber den ausschließlich dreiachsigen HD-Versionen als Zweiachser ein um 210 mm niedrigeres Dach besitzen.

2015 präsentierte die europäische Omnibus-Nobelmarke den neuen Reisedoppeldecker S 531 DT, der auf seinen zwei Etagen 83 Fahrgäste beherbergt. Eine neue Buggestaltung zeichnet das Frontdesign mit einer Edelstahlspange unter der oberen Frontscheibe sowie einer Chromspange zwischen Scheinwerfern und Blinkern des 510-PS-Boliden mit leichterem und preisgünstigerem Sechszylinder-Reihenmotor aus.

354-PS-Setra S 415 UL Business, Überland-Linienbus, 2006.

299-PS-Setra S 415 NF Niederflur-Linienbus, 2006.

299-PS-Setra S 415 GT Reisebus, 2004.

354-PS-Setra S 415 GT-HD Reisebus, 2004.

428-PS-Setra S 416 HD Reisebus, 2012.

422-PS-Setra S 416 GT-HD, 2004.

299-PS-Setra S 415 UL Business, 2014.

299-PS-Setra S 415 LE Business, 2014.

394-PS-Setra S 511 HD Reisebus, 2014.

476-PS-Setra S 517 HDH Reisebus, 2014.

510-PS-Setra S 531 DT Reisedoppeldecker, 2017.

476-PS-Setra S 515 HD Reisebus, 2014.

476-PS-Setra S 516 HD Reisebus, 2014.

KÄSSBOHRER

Typ	Sitzplätze/ Stehplätze	Bauzeit	Zylinder	PS	K	B x H mm	Hubraum cm³	Drehzahl U/min	Radstand mm	Länge mm	Gewicht kg	Motor-hersteller	Typ	M	Bemerkungen
								1. Linien- und Kombibusse							
								a) Anfangsbaureihe S 10 - S 12							
S 10 Stadt	36/28	1954 - 57	6	120	W	100x130	6126	2500	4750	9850	6200	Henschel	522 DPK	D	ab 1956 125 PS
SP	95 - 100	1955 - 57	6	125	W	100x130	6126	2500	4750	9750	5100	Henschel	522 DPK-U	D	Pekol-Typ
SPL	44/48	1957 - 58	6	125	W	100x130	6126	2500	5910	10700	5600	Henschel	522 DPU-K	D	Pekol-Typ
S 10 Stadt	35/38	1957 - 58	V8	140	L	105x120	8312	2500	4750	10200	6100	MWM	AKD 412 AV	D	
ST 110	40/5	1958 - 61	6	125	W	100x130	6126	2500	5900	10850	6000	Henschel	522 DPU-K	D	Unterflurmotor
S 10 II Stadt	35/38	1959 - 62	6	125	W	100x130	6126	2500	4880	10220		Henschel	522 DPK	D	
SG 165	40/115	1959	6	160	W	115x140	8725	2200	5350/6230	16500	11000	MAN	D 1546 M 1U	D	Gelenkzug
SG 175 I	47/122	1961 - 65	6	192	W	125x150	11045	2100	5350/6230	16500	10900	Henschel	6 U 1215 A	D	dito, mit Roots-Gebläse
S 12 III Stadt	28/41	1962	6	132	W	100x130	6126	2600	4880	10220	7300	Henschel	6 R 1013 F	D	ab 1963 mit Roots-Gebläse 150 PS
								b) Baureihen 100							
S 125	34/91	1962 - 66	6	150	W	100x130	6126	2600	5350	10650	7200	Henschel	6 R 1013 A	D	mit Roots-Gebläse
S 125 L (ÜL)	55/65	1965 - 66	6	192	W	125x150	11045	2100	6000	12000	8200	Henschel	6 R 1215	D	
SG 175 II	47/48	1965	6	185	W	128x150	11550	2100	5250/6400	16700	11200	Büssing	U 12	D	Gelenkzug
SG 175 II (ÜL)	53/47	1965	6	175	W	125x150	11045	2000	5270/7700	18000	11900	Henschel	U 12	D	dito
SG 175	47/48	1966	6	185	W	128x150	11550	2100	5250/6400	16700	11200	Büssing	U 12	D	dito
SG 175 II	47/48	1966	6	192	W	125x155	11410	2100	5250/6400	16700	12100	Büssing	U 11	D	dito
SG 175 II ÜL	75/110	1966	6	185	W	128x150	11550	2100	5250/7700	18000	11900	Büssing	U 12	D	dito
SG 175 II ÜL	75/110	1966	6	192	W	125x155	11410	2100	5250/7700	18000	12100	Büssing	U 11	D	dito
S 125	34/91	1967 - 69	6	160	W	115x150	7788	2600	5200	10650	7100	Henschel	6 R 1115	D	ab 1968 170 PS
S 125 L (ÜL)	59/57	1967	6	200	W	130x150	11940	2150	6000	12000	8400	Henschel	6 R 1315	D	
SG 175 ÜL	83/87	1967	6	170	W	125x150	11045	2100	5250/7700	18000	11900	Henschel	6 R 1215	D	Gelenkzug
S 80 E (City)	24/37	1968 - 69	5	135	W	115x125	6490	2600	3630	7670	5300	Henschel	5 R 1112	D	
S 120 E	41/64	1968 - 69	6	170	W	115x125	7788	2600	4980	10450	7900	Henschel	6 R 1112	D	
S 130 E	51/49	1968 - 69	6	215	W	130x150	11040	2150	5470	11270	8600	Henschel	6 R 1315	D	
S 150 E	59/41	1968 - 69	6	230	W	130x150	11940	2150	6000	12000	9300	Henschel	6 R 1315	D	
SG 175	48/148	1968 - 69	6	210	W	128x150	11550	2150	5250/6400	16700	11200	Büssing	U 12	D	Gelenkzug
SG 175 ÜL	83/97	1968 - 71	6	210	W	128x150	11550	2150	5250/7300	18000	11900	Büssing	U 12	D	dito
S 130 E	55/49	1969	6	170	W	115x125	7788	2600	5470	11270	8800	Henschel	6 R 1112	D	
S 150 E	63/41	1969	6	170	W	115x125	7788	2600	6000	12000	9100	Henschel	6 R 1112	D	
SG 175	58/130	1969 - 71	6	210	W	128x150	11550	2100	5250/6400	16700	11300	Büssing	U 12	D	Gelenkzug
S 120 E	51/46	1970 - 73	6	180	W	118x125	8202	2600	4980	10450	8100	Henschel	6 R 1112	D	
S 130 E	55/49	1970 - 71	6	180	W	118x125	8202	2600	5470	11270	8500	Henschel	6 R 1112	D	
S 150 E	63/41	1970 - 75	6	180	W	118x125	8202	2600	6000	12000	9000	Henschel	6 R 1112	D	
S 130 S	35/88	1971 - 74	6	180	W	118x125	8202	2600	5300	11080	8200	Henschel	6 R 1112	D	
S 140 E	55/55	1971 - 77	6	180	W	118x125	8202	2600	5470	11420	9400	Henschel	6 R 1112	D	
SG 180	56/132	1971 - 73	6	240	W	132x150	12316	2200	5300/6220	16875	11800	Büssing	U 12 D	D	Gelenkzug
S 140 ES	53/47	1974 - 75	6	240	W	130x150	11940	2100	6000	11780	9200	Henschel	6 R 1315	D	
SG 180	55/131	1974	6	225	W	132x150	12316	2200	5300/6220	16875	11900	Büssing	U 12 D	D	Gelenkzug
S 130 S	38/72	1975 - 76	6	210	W	125x150	11045	2200	5300	11080	8800	MAN	D 2556 M	D	
S 130 S Communal	38/72	1975 - 76	6	210	W	125x150	11045	2200	5300	11080	8800	DB	OM 407 h	D	
S 140 ES Regional	53/47	1975 - 77	6	210	W	125x150	11045	2200	6000	11780	9200	MAN	D 2556 M	D	auch mit DB-Motor OM
SG 180 SL	59/110	1975 - 77	6	210/ 220	W	125x150	11045	2200	5300/6220	16845	11900	MAN	D 2556 M	D	auch DB-Motor
S 180 ÜL Regional	77/93	1975 - 82	6	240	W	125x155	11413	2200	5300/6220	17875	12500	MAN	D 2556 MXUH	D	Gelenkzug, auch DB-Motor
SG 180 SL		1975 - 82	6	220	W	125x150	11045	2200	5300/6220	17875	11900	MAN	D 2566 MXUM	D	Gelenkzug
S 130 S	35/75	1976 - 82	6	240	W	125x155	11413	2200	5300	11080	8800	MAN	D 2566 MUH	D	auch mit DB-Motor OM 407 h, 240 PS
SG 180 Ü	71/95	1976 - 82	6	240	W	125x155	11413	2200	5300/6220	16875	12000	MAN	D 2566 MUH	D	Gelenkzug
S 130 ES	38/70	1977 - 83	6	240	W	125x155	11413	2000	5300	11080	8800	MAN	D 2566 MUH	D	ab 1983 240 PS, auch DB-Motor OM 407
S 140 ES	53/47	1977 - 82	6	240	W	125x155	11413	2000	6000	11930		MAN	D 2566	D	
SG 180 S	55/115	1977 - 83	6	240	W	125x155	11413	2000	5300/6220	16875		MAN	D 2566 MUH	D	auch DB-Motor
SG 180 SL	59/110	1977 - 83	6	240	W	125x155	11413	2000	5300/6220	16875		MAN	D 2566 MUH	D	auch DB-Motor
UE 80	53/57	1981 - 82	6	240	W	125x155	11413	2200	6150	11810	9000	MAN	D 2566 MUH	D	auch DB-Motor, Göppel-Fertigung
S 130 Communal	38/70	1981 - 84	6	220	W	125x155	11413	2200	5300	11080		MAN	D 2566 MXUH	D	

KÄSSBOHRER

Typ	Sitzplätze/ Stehplätze	Bauzeit	Zylinder	PS	K	B x H mm	Hubraum cm³	Drehzahl U/min	Radstand mm	Länge mm	Gewicht kg	Motor-hersteller	Typ	M	Bemerkungen
c) Baureihen 200															
S 213 UL	49/0	1977	V6	192	W	125x130	9580	2500	5510	11290		DB	OM 401	D	
S 215 HU Universal	61/0	1977 - 79	V6	192	W	125x130	9580	2500	6080	12000		DB	OM 401	D	
S 215 UL	57/0	1977	V6	192	W	125x130	9580	2500	6060	12000		DB	OM 401	D	
S 213 HR Rational	53+1	1981 - 88	V8	280	W	128x142	14618	2300	5510	11290		DB	OM 422	D	Kombibus, französische Produktion
S 215 HR Rational	61+1	1981 - 88	V8	280	W	128x142	14618	2300	6080	12000		DB	OM 422	D	dito
S 215 SL Communal	39/66	1983 - 88	6	240	W	125x155	11413	2200	6080	12000	13130	MAN	D 2566 ME	D	ab 1989 mit T 280 PS, auch mit DB-Motor mit 240 u. 280 PS
S 215 UL Regional	53/51	1983 - 89	6	240	W	125x155	11413	2200	6080	12000	10010	MAN	D 2566 ME	D	ab 1989 204 PS, auch DB-Motor mit 240 PS
S 215 RL	59+1	1983	V8	280	W	128x142	14618	2300	6080	12000		DB	OM 422 A	D	T, Kombibus
SG 220 H (UL)	73/+1	1983	V8	280	W	128x142	14618	2300	5510/6550	17430		DB	OM 422	D	Schubgelenkprototyp, mit T 330 PS
SG 219 SL Communal	51/105	1983 - 89	6	240	W	125x155	11413	2200	5730/6070	17300 - 17420		MAN	D 2866 UH	D	Schubgelenkzug, auch 280 PS, auch DB-Motor mit 240 u. 280 PS
SG 221 UL Regional	69/69	1983	6	280	W	125x155	11413	2200	5530/6550	18000	15600	MAN	D 2566 ME	D	TL, Gelenkzug
S 215 HRI-GT Rational	61/0	1986 - 88	V8	280	W	128x142	14618	2300	6080	12000		DB	OM 422	D	Kombibus
S 213 RL	47/0	1989 - 91	V8	290	W	130x142	15080	2100	5510	11290		MB	OM 442	D	ab 1990 296 PS
S 213 UL	49/40	1989 - 92	6	240	W	128x155	11967	2200	5510	11290		MAN	D 2866 U	D	mit T 280 PS, ab 1990 251 PS
S 215 SL	44/56	1989 - 90	6	280	W	128x155	11967	2200	6080	12000		MAN	D 2866 T	D	T, ab 1990 365 PS, auch 250 PS
S 215 RL	55/0	1989 - 92	V8	290	W	130x142	15080	2100	6080	12000		MB	OM 442	D	auch 330 PS, ab 1990 298 PS
S 215 UL	53/42	1989	6	290	W	128x155	11967	2200	6080	12000		MAN	D 2866 T	D	T
S 213 UL	49/40	1990 - 94	6	213	W	125x155	11413	2200	5510	11290		MAN	D 2566 UH/200	D	
S 215 SL	44/56	1990	6	213	W	125x155	11413	2200	6080	12000		MAN	D 2566 UH/200	D	
S 215 UL	53/42	1990 - 94	6	213	W	125x155	11413	2000	6080	12000		MAN	D 2566 UH/200	D	
S 215 UL	53/42	1990 - 94	6	250	W	128x155	11967	2000	6080	12000		MAN	D 2866 U	D	
S 215 UL	53/42	1990 - 94	6	311	W	128x155	11967	1800	6080	12000		MAN	D 2866 TU	D	T
SG 219 SL	56/98	1990	6	250	W	128x155	11967	2200	5730/6070	17420		MAN	D 2866 U	D	Gelenkzug, mit T 299, mit TL 311 PS
SG 221 UL	69/69	1990 - 91	6	250	W	128x155	11967	2200	5530/6550	18000		MAN	D 2866 U	D	Gelenkzug, mit T 299 PS
S 215 SL	44/56	1991 - 94	6	204	W	128x155	11967	2200	6080	12000		DB	OM 447 h	D	
S 215 SL	44/56	1991 - 94	6	240	W	128x155	11967	2200	6080	12000		DB	OM 447 hA	D	T, mit TL 280 PS
SG 219 SL	56/98	1991 - 94	6	204	W	125x155	11413	2100	5730/6070	17420		MAN	D 2566 UH/200	D	Gelenkzug
SG 219 SL	56/98	1991 - 96	6	240	W	128x155	11967	2100	5730/6070	17420		MAN	D 2866	D	Gelenkzug, mit T 280 PS
S 213 UL	49/0	1991 - 94	6	240	W	128x155	11967	2200	5510	11290		DB	OM 447 hA	D	mit TL 280 PS, Kombibus
S 213 UL	49/0	1991 - 94	6	240	W	128x155	11967	2100	5510	11290		MAN	D 2866 U	D	dito
S 215 UL	53/0	1991 - 93	6	240	W	128x155	11967	2200	6080	12000		DB	OM 447 hA	D	T, Kombibus
S 215 UL	53/0	1991 - 93	6	240	W	128x155	11967	2100	6080	12000		MAN	D 2866	D	Kombibus, ab 1992 250 PS
SG 221 UL	69/69	1991 - 93	6	240	W	128x155	11967	2200	5530/6550	18000		DB	OM 447 hA	D	T, Gelenkzug, auch mit MAN D 2866 U, ab 1992 250 PS
S 215 NR	49/45	1992	6	250	W	128x155	11967	2200	6080	12000		DB	OM 447 hA	D	T, Kombibus
S 228 DT Linie		1992	V8	365	W	128x142	14618	2100	5650+1470	12000		DB	OM 442 A	D	T
S 213 UL	49/40	1994	5	270	W	128x155	9972	2000	5510	11290		MAN	D 2865 LU	D	TL
S 215 UL	53/42	1994	5	270	W	128x155	9972	2000	6080	12000		MAN	D 2865 LU	D	TL
SG 221 UL	69/69	1994	5	270	W	128x155	9972	2000	5530/6550	18000		MAN	D 2865 LU	D	TL, Gelenkzug
S 217 NR		1996	V8	381	W	128x142	14618	2100	6950+1470	13650		DB	OM 442 LA	D	TL, Kombibus
e) Baureihen 300															
S 300 NC		1984	6	240	W	125x155	11413	2200				MAN	D 2566 MUH	D	Niederflur-Prototyp
S 300 N	23/81	1990 - 92	6	240	W	128x155	11967	2200	5920	12000		MAN	D 2866 OH	D	Prototyp, Niederflurbus
S 300 NC	29/71	1992 - 97	5	250	W	128x155	9972	2000	5920	12000		MAN	D 2865 LU	D	T, Niederflurbus, Fertigung
															im Werk Ligny
S 315 UL	53/42	1994 - 02	6	250	W	128x155	11967	2200	6080	12000	11260	DB	OM 447 hLA	D	TL
SG 321 UL	96/66	1995 - 04	6	250	W	128x155	11967	2200	5530+6550	18000		DB	OM 447 hLA	D	TL, Gelenkzug
S 313 UL	49/37	1996 - 99	V6	250	W	128x155	11967	2100	5530	11320		DB	OM 447 hA	D	T

KÄSSBOHRER															
Typ	Sitzplätze/ Stehplätze	Bauzeit	Zylinder	PS	K	B x H mm	Hubraum cm³	Drehzahl U/min	Radstand mm	Länge mm	Gewicht kg	Motor-hersteller	Typ	M	Bemerkungen
S 315 NF	45/40	1996 - 05	6	250	W	128x155	11967	2100	5980	12000	11780	DB	OM 447 hLA	D	TL, auch 43 - 49 Sitze
S 319 UL	69/78	1996 - 04	6	250	W	128x155	11967	2100	6950+1600	14950	14950	DB	OM 447 hA	D	TL, ab 2003 299 PS
S 319 NF	59/61	1997 - 05	6	250	W	128x155	11967	2100	6850+1600	14470	14550	DB	OM 447 hA	D	T, auch 300 und 350 PS
S 317 UL	61/	2002 - 05	6	252	W	128x155	11967	2100	6330+1600	13850		DB	OM 457 hLA	D	TL
S 316 UL	57/	2003 - 05	6	252	W	128x155	11967	2100	6950	12870		DB	OM 457 hLA	D	TL
f) Baureihen MultiClass															
S 412 UL	45/19	2005 - 12	6	299	W	128x155	11967	2100	5290	10805		DB	OM 457 hLA	D	TL, auch 354 PS
S 415 UL	49+1/31	2005 - 12	6	299	W	128x155	11967	2100	6080	12200	12350	DB	OM 457 hLA	D	TL, auch 354 PS
S 417 UL	61/39	2005 - 12	6	299	W	128x155	11967	2100	6330+1600	14050		DB	OM 457 hLA	D	TL, auch 354 PS, ab 2009 408 PS
S 419 UL	69/52	2005 - 12	6	354	W	128x155	11967	2100	6920+1600	14980		DB	OM 457 hLA	D	TL, ab 2009 408 PS
S 415 NF	39/42	2006 - 12	6	299	W	128x155	11967	2100	5845	11950		DB	OM 457 hLA	D	TL, auch 285 u. 354 PS
S 416 NF	48/41	2006 - 12	6	299	W	128x155	11967	2100	6862	13010		DB	OM 457 hLA	D	TL, auch 285 u. 354 PS
S 415 UL	49-53/ 23-19	2006 - 12	6	354	W	128x155	11967	2100	6080	12200		DB	OM 457 hLA	D	TL
S 416 UL	57/30	2006 - 13	6	299	W	128x155	11967	2100	6920	13040		DB	OM 457 hLA	D	TL, auch 354 PS
S 415 H	49-53	2010 - 13	6	354	W	128x155	11967	2100	6080	12200		DB	OM 457 hLA	D	TL, auch 408 PS, ab 2014 360 u. 395 PS
S 416 H	53-57	2010 - 13	6	354	W	128x155	11967	2100	6920	13040		DB	OM 457 hLA	D	TL, auch 408 PS, ab 2014 360 u. 395 PS
S 412 UL	45/	2012 - 15	6	299	W	110x135	7698	2100	5290	10805		DB	OM 936 LA	D	TL, auch 354 PS
S 415 UL	53/	2012 - 15	6	299	W	110x135	7698	2100	6080	12200		DB	OM 936 LA	D	TL, auch 354 PS
S 416 UL	57/	2012 - 15	6	299	W	110x135	7698	2100	6920	13040		DB	OM 936 LA	D	TL, auch 354 PS
S 417 UL	61/	2012 - 15	6	299	W	110x135	7698	2100	6330+1600	14050		DB	OM 936 LA	D	TL, auch 395 PS
S 419 UL	69/52	2012 - 15	6	299	W	110x135	7698	2100	6920+1600	14980		DB	OM 936 LA	D	TL, auch 395 PS
g) Baureihen Business															
S 415 LE	43+4/40	2014 -	6	299	W	110x135	7698	2100	6330	12330	11800	DB	OM 936 LA	D	TL, auch 354 PS
S 415 UL	51/	2014 -	6	299	W	110x135	7698	2100	6080	12200		DB	OM 936 LA	D	TL, auch 354 PS
S 416 LE	63/	2014 -	6	299	W	110x135	7698	2100	7040	13040		DB	OM 936 LA	D	TL, auch 354 PS
S 416 UL	55/	2014 -	6	299	W	110x135	7698	2100	6080	12700		DB	OM 936 LA	D	TL, auch 354 PS
S 417 UL	59/	2014 -	6	299	W	110x135	7698	2100	7260	13380		DB	OM 936 LA	D	TL, auch 354 PS
S 418 LE	61/	2015 -	6	299	W	110x135	7698	2100	7040+1600	14640		DB	OM 936 LA	D	TL, auch 394 PS

240-PS Setra S 130 H Reisebus, 1972. Dieser restaurierte Bus weist eine Laufleistung von über 1.100 000 km auf. (Foto: Ralf Weinreich)

KÄSSBOHRER/SETRA

Typ	Sitzplätze/ Stehplätze	Bauzeit	Zylinder	PS	K	B x H mm	Hubraum cm³	Drehzahl U/min	Radstand mm	Länge mm	Gewicht kg	Motor-hersteller	Typ	M	Bemerkungen
2. Reisebusse															
a) Baureihen S 8 bis »Super Golden Eagle«															
S 8	35+7	1951 - 55	6	95	W	96x125	5429	2200	5000	9280	5160	Henschel	512 DG	D	ab 1954 100 PS
S 9	39+8	1953 - 54	6	95	W	96x125	5429	2200	4420	9850	6300	Henschel	512 DG	D	
S 9	43+9	1953 - 54	6	95	W	96x125	5429	2200	4750	9850	6000	Henschel	512 DG	D	
S 10	35+10	1953 - 54	6	95	W	96x125	5429	2200	4750	10000	6100	Henschel	512 DG	D	ab 1955 125 PS, ab 1957 mit Roots-Gebläse 150 PS
S 11	47+10	1954 - 57	6	120	W	100x130	6126	2500	5250	10650	6400	Henschel	522 DPAK	D	
S 6	25/0	1955 - 64	4	85	W	100x130	4084	2500	3150	6700	3675	Henschel	517 D4	D	ab 1957 mit Roots-Gebläse 90 PS
S 8	35+7	1955 - 59	6	125	W	100x130	6126	2500	5000	9280	5450	Henschel	522 DPAK	D	
»Super-Setra«	41-45	1956 - 57	V8	210	W	110x140	10644	2000		12190	11000	MAN	D 1048 MT	D	T, auch Cummins-Motor mit 200 SAE-PS
S 8 Export	35+7	1957 - 58	V8	140	L	105x120	8312	2500	5000	9300	6700	MWM	AKD 412 AV	D	
S 10	43+9	1957 - 59	V8	140	L	105x120	8312	2500	4750	10200	6700	MWM	AKD 412 AV	D	
S 11	47+10	1957	V8	140	W	105x120	8312	2500	5250	10940	7100	MWM	AKD 412 AV	D	
»Academy-Express«		1957	6	210	W	135x155	13312	2000	5850/			Henschel	521 DU	D	Unterflurmotor
»Super-Golden-Eagle«		1957 - 59	6	275	W	130,2x 152,2	12180	2100		18300	16000	Rolls-Royce	C 6 SFL	D	mit Roots-Gebläse
ST 110	40/5	1958 - 61	6	125	W	100x130	6126	2500	5900	10850	6000	Henschel	522 DPU-K	D	Unterflurmotor
»Super-Setra« (Golden Eagle)	54 - 64	1958	6	210	W	135x155	13312	2000	5850/	18300		Henschel	521 DU	D	
»Silver Eagle«		1958 - 59	6	240	W	115x140	11633	2500		12190		MAN	D 1548 MT	D	T
b) Baureihen S 9 II bis S 12															
S 9 II		1959 - 62	6	125	W	100x130	6126	2500	4420	9630	6300	Henschel	522 DPK	D	mit Roots-Gebläse 150 PS
S 9 II		1959 - 61	V8	140	L	105x120	8312	2500	4420	9630		MWM	AKD 412 AV	D	
S 10 II	43+9	1959 - 61	6	125	W	120x130	6126	2500	4880	10220	6700	Henschel	522 DPK	D	mit Roots-Gebläse 150 PS
S 10 II	43+9	1959	V8	140	L	105x120	8312	2500	4880	10220		MWM	AKD 412 AV	D	
S 11 II	47+10	1959	6	125	W	100x130	6126	2500	5495	11120	7150	Henschel	522 DPK	D	mit Roots-Gebläse 150 PS
S 11 II	47+10	1959	V8	140	L	105x120	8312	2500	5495	11120		MWM	AKD 412 AV	D	
S 12	51/0	1959	6	160	W	115x140	8312	2200	5900	11900	7500	MAN	D 1546 M1	D	
S 12	51/0	1959	6	180	W	125x150	11045	2000	5900	11900		Henschel	514 DCS-L	D	mit Roots-Gebläse
c) Baureihen S 9 III bisS 15															
S 10 III	43/0	1961 - 67	6	132	W	100x130	6126	2600	4420	9630	6850	Henschel	522 DPK-F	D	ab 1966 mit Roots-Gebläse 150 PS
S 14	59/0	1961 - 67	6	170	W	125x150	11045	2100	5990	12000	7950	Henschel	520 GP-K	D	ab 1962 192 PS (Motor 520 GF-K/6 R 1215 GFK)
S 9 III	34/0	1962 - 67	6	132	W	100x130	6126	2600	4000	8530	6500	Henschel	6 R 1013 F	D	
S 9 III	34/0	1962 - 63	V8	140	L	105x120	8312	2500	4000	8530		MWM	AKD 412 AV	D	
S 11 III	47/0	1962 - 67	6	132	W	100x130	6126	2600	4880	10220	7520	Henschel	6 R 1013 F	D	ab 1963 mit Roots-Gebläse 150 PS
S 12	51/0	1962 - 67	6	150	W	100x130	6126	2500	5495	11120	7500	Henschel	6 R 1013 A	D	ab 1966 mit Roots-Gebläse 172 PS
S 12	51/0	1965 - 67	6	172	W	125x150	11045	2100	5495	11120	7900	Henschel	6 R 1215	D	
S 15	63/0	1965 - 67	6	192	W	125x150	11045	2100	6000	12000	8700	Henschel	6 R 1215	D	
d) Baureihen S 100 bis S 200															
S 100	43/0	1967 - 69	6	160	W	115x125	7788	2600	3940	8700	6600	Henschel	6 R 1112	D	ab 1968 170 PS
S 110	45/0	1967 - 69	5	160	W	115x125	7788	2600	4580	9500	7200	Henschel	6 R 1112	D	
S 120	49/0	1967 - 68	6	180	W	130x150	11940	2150	4980	10450	7500	Henschel	6 R 1315	D	
S 130	53/0	1967 - 70	6	200	W	130x150	11940	2150	5470	11270	8200	Henschel	6 R 1315	D	ab 1968 215 PS, ab 1969 auch 230 PS
S 150	61/0	1967 - 69	6	215	W	130x150	11940	2150	6000	12000	9500	Henschel	6 R 1315	D	ab 1968 230 PS
S 150 Panorama	57/0	1967	6	192	W	125x150	11045	2100	6000	12000		Henschel	6 R 1215	D	
S 120	51/0	1969	6	170	W	115x125	7788	2600	4980	10450	8300	Henschel	6 R 1112	D	
S 130	55/0	1969	6	170	W	115x125	7788	2600	5750	11270	9200	Henschel	6 R 1112	D	
S 130	55/0	1969	6	230	W	130x150	11940	2150	5470	11270	9300	Henschel	6 R 1315	D	
S 150	63/0	1969	6	170	W	115x125	7788	2600	6000	12000	9500	Henschel	6 R 1112	D	
S 110	47/0	1970 - 75	6	180	W	118x125	8202	2600	4580	9500	7900	Henschel	6 R 1112	D	
S 120	51/0	1970 - 73	6	180	W	118x125	8202	2600	4980	10450	8700	Henschel	6 R 1112	D	auch 200 PS
S 130	55/0	1970 - 71	6	180	W	118x125	8202	2600	5470	11270	9200	Henschel	6 R 1112	D	auch 200, 215, 240 PS
S 150	63/0	1970 - 75	6	180	W	118x125	8202	2600	6000	12000	9800	Henschel	6 R 1112	D	auch 200, 215, 240 PS
S 150	48/0	1971	6	240	W	130x150	11940	2500	6000	12000	10650	Henschel	6 R 1315	D	
S 200	58/0	1972 - 75	V10	320	W	125x130	15950	2500	6020/1250	12000	13250	DB	OM 403	D	
S 120 HV	47/0	1974 - 75	6	240	W	130x150	11940	2100	4980	10775	7900	Henschel	6 R 1315	D	auch 180 PS
S 120 EV	51/0	1974 - 75	6	240	W	130x150	11940	2100	4980	10775	7100	Henschel	6 R 1315	D	

KÄSSBOHRER/SETRA

Typ	Sitzplätze/ Stehplätze	Bauzeit	Zylinder	PS	K	B x H mm	Hubraum cm³	Drehzahl U/min	Radstand mm	Länge mm	Gewicht kg	Motor-hersteller	Typ	M	Bemerkungen
e) Baureihe 200															
S 211 H Optimal	45/0	1976 - 79	V6	192	W	125x130	9580	2500	4950	9660	10900	DB	OM 401	D	
S 212 H Universal	49/0	1976 - 79	V8	256	W	125x130	12760	2500	5260	10370	9900-	DB	OM 402	D	auch 192 PS
S 213 H(D) Optimal	51 - 55	1976 - 79	V8	256	W	125x130	12760	2500	5510	11290	11700	DB	OM 402	D	auch 320 PS
S 215 H(D) Optimal	55 - 61	1976 - 79	V8	256	W	125x130	12760	2500	6080	12000	12000	DB	OM 402	D	
S 212 U	53/0	1977 - 79	V6	192	W	125x130	9580	2500	5260	10370		DB	OM 401	D	
S 213 HU Optimal	53/0	1977 - 79	V6	192	W	125x130	9580	2500	5510	11290		DB	OM 401	D	
S 215 HU Universal	61/0	1977 - 79	V6	192	W	125x130	9580	2500	6080	12000		DB	OM 401	D	
S 215 HD	56+1	1979	6	280	W	125x155	11413	2200	6080	12000	10500	MAN	D 2566 MTF	D	T
SG 221 HDS	81+2	1979	V8	375	W	128x142	14618	2800	5870+	18000		DB	OM 422 LA	D	TL, Gelenk-Super-Hochdecker, Prototyp
S 211 H	45/0	1980 - 82	V6	216	W	128x142	10961	2300	4950	9660		DB	OM 421	D	
S 212 H	49/0	1980 - 82	V8	280	W	128x142	14618	2300	5260	10370		DB	OM 422 A	D	T, ab 193 auch 216 PS
S 212 HUE Tropical	49/0	1980	V8	280	W	128x142	14618	2300	5260	10370		DB	OM 422 LA	D	T, ab 193 auch 216 PS
S 213 H	53+1	1980 - 87	V8	280	W	128x142	14618	2300	5510	11290		DB	OM 422	D	
S 215 H	55 - 61	1980 - 89	V8	280	W	128x142	14618	2300	6000	12000		DB	OM 422	D	
S 215 H	55 - 61	1980 - 89	6	280	W	125x155	11413	2000	6000	12000		MAN	D 2566 MTE	D	T
S 215 HDS	59 - 61	1980 - 85	V8	330	W	128x142	14618	2300	5870+1250	12000		DB	OM 422 A	D	T
S 216 RDS Royal	56 - 63	1980 - 88	V8	330	W	128x142	14618	2300	5870+1250	12000		DB	OM 422 A	D	T, mit TL 375 PS
SG 222 HDS	85+1	1980	V8	375	W	128x142	14618	2300		18000		DB	OM 422 LA	D	TL, Gelenkzug
S 214 HD	51+1	1982 - 85	V8	280	W	128x142	14618	2300	5620	11540		DB	OM 422	D	
S 210 H Optimal	41+1	1983	V6	216	W	128x142	10961	2300	4500	9340	9580	DB	OM 421	D	
S 210 HD	41+1	1983	V6	250	W	128-142	10961	2300	4500	9340		DB	OM 421 A	D	T
S 211 H	45+1	1983 - 89	V8	280	W	128x142	14618	2300	4950	9870		DB	OM 422	D	
S 212 HUE Tropical	49+1	1983	V6	216	W	128x142	10961	2300	5260	10370		DB	OM 421	D	
S 215 HI	53+1	1984	V8	280	W	128x142	14618	2300	6080	12000		DB	OM 422 A	D	
S 215 HDH Intercontinental	55+1	1984	V8	354	W	128x142	14618	2100	5360+1300	12000		DB	OM 422 A	D	T, USA-Typ
S 215 HDH Intercontinental	55+1	1984	V6	400	W	123x127	9049	2100	5360+1300	12000		Detroit-Diesel	6 V 92 TA	D	Zweitakt-Diesel
S 210 H	41/0	1985 - 86	V6	250	W	128x142	10961	2300	4500	9340		DB	OM 421 A	D	T
S 216 HDS International	48-63	1985 - 89	V8	330	W	128x142	14618	2300	5480+1250	12000		DB	OM 422 A	D	T, ab 1988 360 PS, auch MAN-Motor mit 360 PS, auch Detroit-Diesel
S 210 Real	26+1	1986 - 87	V6	250	W	128x142	10964	2300	4570	9340	10600	DB	OM 421 A	D	T
S 213 HE Tropical		1986	V8	280	W	128x142	14618	2300	5510	11290		DB	OM 422	D	
S 215 HD	48+1	1986	6	330	W	128x155	11967	1800	6080	12000	12950	MAN	D 2866 LOH	D	TL
S 215 HDI	44+1	1987	6	360	W	128x155	11967	2200	6080	12000	12700	MAN	D 2866 KOH	D	TL
S 210 HDI	33+1	1988	V6	260	W	128x142	10964	2100	4570	9340	10325	DB	OM 441 A	D	TL
S 211 HDI	37+1	1988	V8	290	W	130x142	15080	2100	4850	9870	10500	DB	OM 442	D	
S 210 H/HD	39/0	1989 - 92	V6	220	W	130x142	11310	2100	4570	9340		DB	OM 441	D	ab 1992 225 PS
S 211 H	41/0	1989 - 90	V8	280	W	130x142	15080	2100	4950	9870		DB	OM 442	D	ab 1990 296 PS
S 213 H	47/0	1989 - 90	V8	280	W	130x142	15080	2100	5510	11290		DB	OM 422	D	ab 1990 296 PS
S 214 HD	49/0	1989 - 90	V8	280	W	130x142	15080	2100	5620	11540		DB	OM 422	D	
S 214 HD	49/0	1989 - 90	6	330	W	128x155	11967	2200	5620	11540		MAN	D 2866 L	D	T, ab 1990 372 PS
S 214 HD	49/0	1989 - 90	V8	355	W	128x142	14618	2100	5620	11540		DB	OM 442 A	D	T, ab 1990 365 PS
S 215 H/HD	57/0	1989 - 90	V8	280	W	130x142	15080	2100	6080	12000		DB	OM 442	D	ab 1990 296 PS
S 215 HS	55/0	1989 - 92	6	330	W	128x155	11967	2200	6080	12000		MAN	D 2866 L	D	TL, auch 372 PS
S 215 HD(H)	55/0	1989 - 90	V8	355	W	128x142	14618	2100	6080	12000	15050	DB	OM 442 A	D	T, ab 1990 365 PS
S 215 HR(I)	55/0	1989 - 91	V8	290	W	130x142	15080	2100	6080	12000		DB	OM 442	D	ab 1990 298 PS
S 215 HRI-GT	61/0	1989 - 92	V8	290	W	130x142	15080	2100	6080	12000		DB	OM 442	D	ab 1990 298 PS
S 216 HDS Royal	59/0	1989 - 91	6	360	W	128x155	11967	2200	5480+1250	12000		MAN	D 2866 LX	D	TL, ab 1990 372 PS
S 210 H/HD	39/0	1990 - 92	V6	273	W	128x142	10961	2100	4570	9340			OM 441 A	D	T
S 215 HD(I)	55/0	1990	6	372	W	128x155	11967	2200	6080	12000		MAN	D 2866		
S 216 HDS Royal	53+2	1990 - 94	V8	298	W	128x155	14618	2100	5480+1250	12000	15080	DB	OM 422	D	ab 1991 330 PS, mit T 375 PS
S 216 HDS	59/0	1991 - 92	6	360	W	128x155	11967	2200	5480+1250	12000		MAN	D 2866 L	D	T
S 215 HR(I)	51/0	1992 - 94	V6	290	W	125x130	9572	2100	6080	12000		DB	OM 401 LA	D	TL
S 215 HRI-GT	55/0	1992 - 94	V6	290	W	125x130	9572	2100	6080	12000		DB	OM 401 LA	D	TL
S 215 HDH (I)	55/0	1992 - 96	V8	381	W	125x130	12763	2100	5300+1300	12000		DB	OM 402 LA	D	TL

KÄSSBOHRER/SETRA

Typ	Sitzplätze/ Stehplätze	Bauzeit	Zylinder	PS	K	B x H mm	Hubraum cm^3	Drehzahl U/min	Radstand mm	Länge mm	Gewicht kg	Motor-hersteller	Typ	M	Bemerkungen
S 215 HDH	55/0	1992 - 95	6	400	W	130x160	12736	2000	5300+1300	12000		Detroit-Diesel	6067-MU	D	TL
S 215 HDH(I)	55/0	1992 - 96	V8	431	W	125x130	12763	1800	5300+1300	12000		DB	OM 402 LA	D	TL
S 215 RL(I)	55/0	1992 - 94	V6	290	W	125x130	9572	2100	6080	12000		DB	OM 401 LA	D	TL
S 215 NR	45+1	1994 - 95	6	250	W	128x155	11967	2200	6080	12000		DB	OM 447 hA	D	T
S 210 HI	41+1	1994	V6	290	W	125x130	9572	2100	4570	9340		DB	401 LA	D	TL
S 215 NR	45+1	1994 - 95	5	270	W	128x155	9972	2000	6080	12000		MAN	D 2865 LU	D	TL
S 216 HDS(I)	63+1	1994	V8	380	W	125x130	12760	2100	5480	12000		DB	OM 402 LA	D	TL
S 250 Special	44-49+1	1994 - 97	6	370	W	128x155	11967	2200	6080	12000	12750	MAN	D 2866 LOH	D	TL, ab 1995 400 PS
S 217 HDH-E	57+2	1995	V8	381	W	125x130	12760	2100	6950+1300	13650		DB	OM 442 LA	D	TL
S 217 HDH	59-63	1996	V8	381	W	128x142	14618	2100	6950+1470	13650		DB	OM 442 LA	D	TL
S 217 NR		1996	V8	381	W	128x142	14618	2100	6950+1470	13650		DB	OM 442 LA	D	TL
f) Baureihe 200 Doppeldecker »Imperial«															
S 228 DT	89 - 91	1981 - 85	V8	375	W	128x142	14618	2300	5620+1500	12000		DB	OM 422 LA	D	TL
S 228 DT	89+1	1985 - 89	V8	375	W	128x142	14618	2300	5480+1250	12000	15450	DB	OM 422 LA	D	TL
S 228 DT	77/0	1989 - 02	V8	365	W	128x142	14618	2100	5650+1470	12000		DB	OM 442 A	D	T, mit TL 480 u. 492 PS
g) Baureihe S 300															
S 315 HD	51/0	1991 - 94	V8	296	W	130x142	15080	2100	6080	12000	13280	DB	OM 442	D	mit TL 365 PS
S 315 HD	51/0	1991	6	363	W	127x145	11000	2000	6080	12000		Scania	DSC 1118	D	TL
S 315 HDH	51/0	1991 - 94	V8	366	W	128x142	14618	2100	6080	12000		DB	OM 442 A	D	T
S 315 HDH	51+1	1992 - 93	V6	340	W	128x142	10964	2100	6280	12000		DB	OM 441 LA	D	TL
S 309 HD	33+1	1992 - 95	V6	290	W	125x130	9572	2100	4550	8870	10780	DB	OM 401 LA	D	TL
S 312 HD	43+1	1992 - 94	V8	340	W	128x142	14618	2100	5320	10900		DB	OM 442 LA	D	TL
S 315 HD	49+1	1993	6	381	W	127x145	11000	1900	6080	12000	13280	Scania	DSC 1122	D	TL
S 315 H	55 - 61	1994 - 97	V6	290	W	125x130	9570	2100	6280	12000		DB	OM 401 LA	D	TL
S 315 HDH	51+1	1994 - 97	6	381	W	127x145	11000	2000	6280	12000		Scania	DSC 1122	D	TL
S 328 DT	75+1	1994 - 95	V8	381	W	125x130	12760	2100	5650+1470	12000		DB	OM 402 LA	D	TL, Doppeldecker
S 312 HD	41+2	1995 - 06	V6	340	W	128x142	10964	2100	5320	10940		DB	OM 441 LA	D	TL
S 315 GT (HD)	51-53+2	1995 - 06	V6	340	W	128x142	10964	2100	6080	12000	13150	DB	OM 441 LA	D	TL, auch 354, 381 u. 435 PS
S 315 GT (HD)	51-53+2	1995 - 01	6	420	W	128x155	11967	1800	6080	12000		MAN	D 2866 LE 202	D	TL
S 315 H	55+1	1995 - 05	V6	290	W	128x142	10964	2100	6080	12000		DB	OM 441 A	D	T, ab 2002 299 PS
S 315 HD	49+1	1995 - 02	V6	340	W	128x142	10964	2100	6080	12000		DB	OM 441 LA	D	TL
S 315 HDH	51+1	1995 - 01	V6	340	W	128x142	10964	2100	6080	12000		DB	OM 441 LA	D	TL
S 309 HD	33+1	1996 - 01	V6	290	W	128x142	10964	2100	4550	8870		DB	OM 441 LA	D	TL
S 315 GT	55+1	1996 - 02	V6	340	W	128x142	10964	2100	6080	12000	12200	DB	OM 441 LA	D	TL
S 315 GT-HD	49+1	1997 - 00	V8	381	W	128x142	14618	2100	6080	12000	13150	DB	OM 442 LA	D	TL
S 315 HDH/3	51+1	1997 - 01	V8	381	W	128x142	14618	2100	5300+1300	12000		DB	OM 442 LA	D	TL
S 316 HDS(I)	63+1	1997 - 99	V8	381	W	128x142	14618	2100	5300+1300	12000		DB	OM 442 LA	D	TL
S 317 HDH/3	59+1	1997 - 99	V8	381	W	128x142	14618	2100	6950+1300	13650		DB	OM 442 LA	D	TL
S 315 HDH	51+1	1998 - 01	V6	340	W	128x142	10960	2100	6280	12000		DB	OM 441 LA	D	TL
S 316 HDS/3	63+1	1998 - 99	V8	381	W	128x142	14618	2100	5300/1300	12000		DB	OM 442 LA	D	TL
S 317 GT-HD	59+1	1998 - 01	V8	381	W	128x142	14618	2100	6330/1600	13850		DB	OM 442 LA	D	TL
S 317 SDH		1998 - 01	V8	435	W	128x142	14618	2100	6950+1300	13650	15460	DB	OM 442 LA	D	TL
S 317 HDH/3	59+1	1998 - 01	V8	476	W	130x150	15930	2000	6950+1300	13650		DB	OM 502 LA	D	TL
S 319 GT-HD	72+1	1998 - 01	V8	381	W	128x142	14618	2100	6950+1600	14950		DB	OM 442 LA	D	TL
h) Baureihe 300 Doppeldecker »Imperial«															
S 328 DT	75+1	1996 - 01	V8	381	W	128x142	14618	2100	5650+1470	12000		DB	OM 442 LA	D	TL
i) Baureihen 400 »TopClass«															
S 415 HD	44-49+1	2001 - 08	6	354	W	128x155	11967	2100	6080	12000		DB	OM 457 LA	D	TL, mit OM 502 La mit 435 und 476 PS
S 415 HDH/3	46-51+1	2001 - 08	6	476	W	130x150	15930	2000	5260+1350	12000	15400	DB	OM 502 LA	D	TL, auch 354 PS
S 417 HDH/3	54-59+1	2001 - 08	6	354	W	128x155	11967	2100	7110+1350	13850		DB	OM 457 LA	D	TL, auch 476 PS
S 411 HD	32-37+1	2002 - 06	V6	408	W	130x150	11950	2000	4985	10100	12800	DB	OM 501 LA	D	TL
S 417 HDH		2003	6	430	W					13700		Detroit-Diesel		D	TL
S 416 HDH	55+1	2004 - 07	6	422	W	128x155	11967	2100	6250+1350	12290	16600	DB	OM 457 LA	D	TL
S 416 HDH	50+1+1	2006 - 07	V8	476	W	130x150	15930	2000	6250+1350	12990		DB	OM 502 LA	D	TL
S 411 HD	32-27+2	2006 - 13	V6	408	W	128x155	11950	2100	4985	10100		DB	OM 501 LA	D	TL, auch 456 PS
S 416 HDH	55+2	2007 - 13	6	428	W	128x155	11967	2100	6250+1350	12990		DB	OM 457 LA	D	TL, auch 456 PS, ab 2010 503 PS
S 415 HD	44-49+1	2007 - 13	6	428	W	128x155	11967	2100	6080	12200		DB	OM 457 LA	D	TL, auch 456 PS
S 415 HDH/3	50-53+2	2007 - 13	6	428	W	128x155	11967	2100	5260+1350			DB	OM 457 LA	D	TL, auch 456 PS, ab 2010 503 PS
S 417 HDH/3	59+2	2007 - 13	6	428	W	128x155	11967	2100	7110+1350	13850		DB	OM 457 LA	D	TL, auch 456 PS, ab 2010 503 PS
j) Baureihe 400 »ComfortClass«															
S 415 GT	49+2	2004 - 12	6	299	W	128x155	11697	2000	6080	12200		DB	OM 457 hLA	D	TL, ab 2008 408 PS
S 415 GT-HD	49+2	2004 - 12	6	354	W	128x155	11967	2000	6080	12200		DB	OM 457 LA	D	TL, auch 422 PS, ab 2006 456 PS

KÄSSBOHRER/SETRA

Typ	Sitzplätze/ Stehplätze	Bauzeit	Zylinder	PS	K	B x H mm	Hubraum cm³	Drehzahl U/min	Radstand mm	Länge mm	Gewicht kg	Motor-hersteller	Typ	M	Bemerkungen
S 416 GT-HD/2	44-48+2	2004 - 12	6	428	W	128x155	11967	2000	6900	13020		DB	OM 457 LA	D	TL
S 416 GT-HD	48-53+1+1	2004 - 12	6	422	W	128x155	11967	2000	6080+1350	13020	14720	DB	OM 457 LA	D	TL, ab 2006 428 PS, ab 2010 auch 456 PS
S 417 GT-HD	52-57+2	2004 - 12	6	422	W	128x155	11967	2000	7110+1350	14050		DB	OM 457 LA	D	TL, ab 2007 428 PS u. 476 PS
S 419 GT-HD	61-67+1	2008 - 09	V8	476	W	130x150	15928	1800	6900+1600	14960		DB	OM 502 LA	D	TL
S 416 GT	48-55+1	2008 - 12	6	428	W	128x155	11967	2000	6920	13040		DB	OM 457 LA	D	TL, ab 2011 auch 408 PS
k) Baureihe 400 Doppeldecker															
S 431 DT	82-89+2	2002 - 17	V8	435	W	130x150	15928	1800	6700+1350	13890	19320	DB	OM 502 LA	D	TL, ab 2004 476 u. 503 PS, ab 2014 510 PS
k) Baureihen 500 »TopClass«															
S 515 HDH	42-51+1	2014 -	6	476	W	132x156	12809	1800	5470+1350	12495		DB	OM 471 LA	D	TL, auch 510 PS
S 516 HDH	46-57+1	2014 -	6	476	W	132x156	12809	1800	6300+1350	13325		DB	OM 471 LA	D	TL, auch 510 PS
S 517 HDH	50-59+1	2014 -	6	476	W	132x156	12809	1800	7140+1350	14165		DB	OM 471 LA	D	TL, auch 510 PS
S 515 MD	44-55+1	2014 -	6	354	W	110x135	7698	2200	6090	12295		DB	OM 936 LA	D	TL, auch mit OM 470 mit 360 u. 394 PS
S 516 MD	48-59+1	2014 -	6	354	W	110x135	7698	2200	6910	13115		DB	OM 936 LA	D	TL, auch mit OM 470 mit 360 u. 394 PS
S 516 HD/3	44-55+1	2016 -	6	476	W	132x156	12809	1800	6090+1350	13115		DB	OM 471 LA	D	TL
S 517 HD	48-59+1	2016 -	6	476	W	132x156	12809	1800	6910+1350	13993		DB	OM 471 LA	D	TL
S 519 HD	52-63+1	2016 - 18	6	476	W	132x156	12809	1800	7140+1350	14945		DB	OM 471 LA	D	TL
S 516 HD/2	44-55+1	2017 -	6	428	W	125x145	10677	1800	6910	13115		DB	OM 470 LA	D	TL
l) Baureihen 500 »ComfortClass«															
S 515 HD	51+1	2012 - 13	6	428	W	125x145	10677	1800	6090	12295		DB	OM 470 LA	D	TL
S 516 HD/3	55+1	2012 - 13	6	428	W	125x145	10677	1800	6910+1350	13115		DB	OM 470 LA	D	TL
S 517 HD	55+1	2012 - 13	6	428	W	125x145	10677	1800	6090	13115		DB	OM 470 LA	D	TL
S 517 HD/3	59+1	2012 - 13	6	428	W	125x145	10677	1800	6910+1350	13995		DB	OM 470 LA	D	TL
S 511 HD	34-43+1	2014 -	6	394	W	125x145	10677	1800	5005	10465		DB	OM 470 LA	D	TL
S 515 HD	51+1	2015 -	6	428	W	125x145	10677	1800	6090	12295		DB	OM 470 LA	D	TL
S 516 HD	55+1	2015 -	6	428	W	125x145	10677	1800	6910	13115		DB	OM 470 LA	D	TL
S 516 HD/3	55+1	2015 -	6	428	W	125x145	10677	1800	6090+1350	13115		DB	OM 470 LA	D	TL, auch mit OM 471 und 476 PS
S 517 HD	59+1	2015 -	6	428	W	125x145	10677	1800	6910+1350	13935		DB	OM 470 LA	D	TL, auch mit OM 471 und 476 PS
S 519 HD	63-71+1	2015 -	6	428	W	125x145	10677	1800	7140+1600	14945		DB	OM 470 LA	D	TL, auch mit OM 471 und 476 PS
m) Baureihe 500 Doppeldecker															
S 531 DT	83+1	2017 -	6	510	W	132x156	12809	1800	6700+1350	14000		DB	OM 471 LA	D	TL, auch 456 PS
3. Kleinbusse															
S 6 L	28/0	1960	6	125	W	100x130	6126	2500		8700		Henschel	522 DPK	D	
S 7	30/0	1965 - 66	6	132	W	100x130	6126	2600	3630	7690	5200	Henschel	6 R 1013 F	D	
S 80	30/0	1967 - 70	5	135	W	115x125	6490	2600	3630	7670	5200	Henschel	5 R 1112	D	
S 80	35/0	1970 - 75	5	145	W	118x125	6840	2600	3630	7690	6000	Henschel	5 R 1112	D	
S 80	35/0	1975 - 77	6	192	W	115x140	8720	2500	3630	7690	6000	Henschel	6 R 1114	D	
S 209 H Optimal	37/0	1977 - 79	V6	192	W	125x130	9580	2500	4200	8500		DB	OM 401	D	
S 208 H Optimal	33/0	1979 - 80	6	168	W	97x128	5675	2800	3855	7600		DB	OM 352 A	D	T
S 209 H(M)	37/0	1980 - 82	V6	216	W	128x142	10961	2300	4200	8500		DB	OM 421	D	M für Mitteltür
S 208 H(M)	25 - 33	1981 - 82	6	168	W	97x128	5675	2800	3885	7600		DB	OM 352 A	D	T
S 309 HD	35/0	1991 - 92	V6	224	W	130x142	11310	2100	4550	8870		DB	OM 441 A	D	mit T 290 PS

(Foto: Ralf Weinreich)

Klatte

Theodor Klatte, Metallwarenfabrik – Omnibusse,
Bremen-Huchting, Huchtinger Heerstr. 35
1952-1954

Die 1928 von Theodor Klatte (1893-1962) gegründete Metallwarenfabrik fertigte unter anderem Auspufftöpfe für Junkers-Flugmotoren und nahm nach dem Zweiten Weltkrieg den Bau von Omnibuskarosserien auf US-Armeelastwagenfahrgestellen auf. Daneben stellte das Unternehmen Jeep-Aufbauten, Kunststofffensterrahmen und Ölheizungen für Omnibusse her.

Im Jahre 1952 präsentierte das Klatte-Werk den neuartigen Leichtmetall-Schalenbau-Großomnibus TK 115. Der Omnibus entstand nach den Plänen von Theodor Pekol in selbsttragender Bauweise, Querspantenringe mit Längsprofilen bildeten das Fahrzeuggerippe. Die Vorderräder waren anfänglich an einer Starrachse, später an doppelten Querlenkern mit Schraubenfedern und Stoßdämpfern aufgehängt. Die hintere Achse mit Zwillingsbereifung wurde an Längslenkern geführt und mit vier Schraubenfedern abgestützt. Weitere interessante Details bestanden in der Druckluftkupplung, dem zentralen Elektrofach, der eingebauten Heberut-Wagenheberanlage sowie der eigenen Heizungsanlage. Die ersten Klatte-Busse erhielten den auf 160 PS gedrosselten V8-Deutz-Diesel; die längsstehende Heckmaschine konnte auf einem Schlitten ausgefahren werden.

Die zweite Ausführung des TK 115 bekam einen diesel-hydraulischen Allradantrieb; der hier 175 PS leistende V8 saß nun auf seinem Schlitten quer zur Fahrtrichtung. Beachtliche 125 km/h erreichte der maximal 52-sitzige Omnibus mit Schlafsessel-Bestuhlung. Die Linienbusausführung konnte 95 Personen befördern.

Um das revolutionäre diesel-hydraulisch angetriebene Fahrzeug auf der Frankfurter IAA von 1953 werbewirksam vorzuführen, wurde ein Modell im Mittelteil freihängend in einem rotierenden Laufring befestigt, so dass das Publikum auch die glatte Unterseite mit dem Spezialantrieb sehen und sich von der Stabilität der Konstruktion überzeugt lassen konnte.

Nicht mehr zur Ausführung kam das patentierte Projekt, den Omnibus mit einem Nachläufer beziehungsweise mit einem Einachsanhänger zu kombinieren, der den Dieselmotor aufnehmen sollte. Über Leitungen sollten die erste und die letzte Achse des Gelenkzuges beziehungsweise die Achsen des Zugwagens mit dem Anhänger mit Öldruck versorgt werden. Auch das Bremssystem sollte durch eine Druckänderung betätigt werden.

Schon 1954 endete nach nur wenigen Modellen die Produktion des Klatte-Omnibusses, da die Kapitalausstattung des Unternehmens zu gering war. Darüber hinaus war es zu Patentstreitigkeiten mit Theodor Pekol gekommen, der, obwohl er auch Klatte-Omnibusse einsetzte, seine Technik der Vorderachsaufhängung verletzt sah. Das Unternehmen widmete sich wieder dem Bereich der Zuliefererindustrie für die Kfz-Wirtschaft sowie dem Bau von Variationselementen und erlosch 1984.

160/175-PS-Klatte TK 115 Reisebus im Demonstrationsring, 1952.

160/175-PS-Klatte TK 115 Reisebus, 1952.

KLATTE

Typ	Sitzplätze/ Stehplätze	Bauzeit	Zylinder	PS	K	B x H mm	Hubraum cm³	Drehzahl U/min	Radstand mm	Länge mm	Gewicht kg	Motor-hersteller	Typ	M	Bemerkungen
TK 115	35 - 47	1952	V8	160	L	110x140	10644	2250	5400	10740	7200	Deutz	F 8 L 614	D	Linienbus 28/67 Plätze
TK 115	43 - 52	1952 - 54	V8	175	L	110x140	10644	2250	5400	10740	7200	Deutz	F 8 L 614	D	Hydrostatischer Antrieb

Komnick

Franz Komnick, Automobilfabrik,
Elbing/Westpreußen, Herrenstr. 52
1. 1914-1922 **Franz Komnick, Automobilfabrik**
2. 1922-1930 **Automobilfabrik Komnick AG**

Kommerzienrat Dr. Ing. h. c. Franz Komnick (1857-1938) erwarb 1898 in Elbing die Gebäude eines führungslos gewordenen Industriebetriebs. In seiner jungen »Maschinenfabrik F. Komnick, vorm. Hotop« baute er zunächst Kalksandsteinherstellungs-Maschinen. Hinzu kam eine stillgelegte Leinenweberei am Elbingfluss, in deren Werkshallen 1907/08 die Automobil- und Motorpflugfabrikation begann. Die Komnick-Werke entwickelten sich rasch zu einem der größten Industriebetriebe Westpreußens, der in der Spitzenzeit über 3600 Mitarbeiter verfügte.

Nachdem zunächst Personenwagen nach Renault-Vorbildern, Tragpflüge und Dampfdreschmaschinen gefertigt wurden, begann das Unternehmen 1914 auf Druck der Heeresverwaltung auch mit dem Bau von Lastwagen und Omnibussen. Ausgangspunkt waren dabei Personenwagen, deren hinterer Aufbau abgetrennt und durch Pritschen ersetzt wurde, bis man schließlich regelrechte Nutzfahrzeuge entwickelt hatte. Der erste Omnibustyp basierte 1914 noch auf einem Dreitonnen-Fahrgestell, wobei dieses Modell und einige spätere Typen auf Zeichnungen von Joseph Vollmer und seiner Deutschen Automobil-Constructions GmbH (DAC) zurückgingen.

Nach dem Ersten Weltkrieg wurde das Programm 1922 unter Leitung von Otto Komnick mit einem 16- und 24/27-Sitzer erneuert. Der größere Typ basierte auf einem Niederrahmen-Fahrgestell, beim Motor handelte es sich um einen 5,9-Liter-Einblock-Vierzylinder mit 40 oder 42/60 PS. Der im Jahre 1925 gezeigte Schnellomnibus mit 55/60 PS war als 18-Sitzer für eine Geschwindigkeit von 50 km/h ausgelegt.

1926 folgte der neue Typ K3, der als Überlandomnibus 40 und als Reisebus 26 Fahrgäste aufnahm. Ihn befeuerte ein Sechszylinder mit 75 PS und Ricardo-Kugel-Brennräumen. 1928 kam ein 26/30-sitziger Niederrahmen-Omnibus mit dem auf 100 PS erstarkten Sechszylinder hinzu. Schließlich folgte 1930 noch der Niederrahmen-Typ NK 2. Er konnte 30 Personen befördern und hatte den Maybach-Motor OS 5/6. Die Aufbauten stammten meist vom Werk, zuweilen auch von der Waggonfabrik Steinfurt, vom Karosseriewerk Ludwig Kathe & Sohn in Halle/Saale oder – für die Reichspost – von den Schlesischen Werken in Liegnitz oder Lauban.

55/60-PS-Komnick 2 N Überlandbus, 1927.

55/60-PS-Komnick 3 N Überlandbus, 1927.

40-PS-Komnick 1 T Hotelomnibus, 1925.

75-PS-Komnick N 5 Reichspostomnibus, 1929.

55/60-PS-Komnick 3 W Überlandbus, 1925.

55/60-PS-Komnick NK 2 Stadtbus, 1929.

80-PS-Komnick NK 2 Überlandbus, 1930.

Aufgrund der wirtschaftlichen Schwierigkeiten musste das hervorragend ausgestattete Unternehmen auf Drängen der Reichsregierung 1931 an Büssing-NAG verkauft werden, um die Arbeitsplätze und den auch vom strategischen Aspekt wichtigen Fahrzeugbetrieb im Osten des Deutschen Reiches zu erhalten. Im nunmehrigen Büssing-NAG-Werk »Osten« wurden bis 1945 Zugmaschinen und vor allem in der Vorkriegs- und Kriegszeit Büssing-NAG-Doppeldecker auf der Basis des 900 N sowie Einheitsomnibusse (500 T und 4500 T) gefertigt. Nach dem Krieg wurden die Werksanlagen von den Russen demontiert.

Franz Komnick gründete mit seinem Sohn Hans auf dem brachliegenden Elbinger Fliegerhorst die Firma F. Komnick & Söhne GmbH als Automobil-Reparaturwerk sowie als Vertretung der Marken BMW, Hansa-Lloyd, Deutsche Fiat und Ford-Köln sowie als Karosseriebetrieb für Lkw- und Omnibusaufbauten auf Krupp-Fahrgestellen. Der Betrieb musste 1934/35 auf das Gelände der Komnick-Maschinenfabrik in der Herrenstraße zurückverlegt werden, da der Flughafen im Zuge der Aufrüstung wieder genutzt werden sollte. Einige Hallen der Automobilfabrik in der Zufuhrstraße am Güterbahnhof und am Ufer des Elbing-Flusses, die nicht von der Büssing-NAG übernommen waren, wurden ebenfalls wieder genutzt und dienten als Werk II, das bis 1945 als Holzverarbeitungsbetrieb arbeitete. 1939 wurde in dem Reparaturwerk eine VW-Hauptwerkstatt vorbereitet, was jedoch nur durch die Zeitumstände für die VW-Kübelwagen von Bedeutung war. Im Januar 1945 musste dieses wiederum 1000 Personen beschäftigende Unternehmen aufgegeben werden. 1947 richteten die Polen in den Hallen der Komnick'schen Automobilfabrik ein Reparaturwerk für Nutzfahrzeuge ein. Nach dem politischen Umbruch Ende der achtziger Jahre wurden erfolglos Pläne aufgegriffen, mit dem Stuttgarter Neoplan-Werk eine gemeinsame Omnibusfertigung aufzubauen. In einer neuerstellten Halle werden weiterhin Omnibusse, Polizei- und Militärfahrzeuge repariert.

80-PS-Komnick NK 3 Stadtbus (Steinfurt-Aufbau), 1930.

80-PS-Komnick NK 3 Stadtbus, 1930.

KOMNICK

Typ	Sitzplätze/ Stehplätze	Bauzeit	Zylinder	PS	K	B x H mm	Hubraum cm^3	Drehzahl U/min	Radstand mm	Länge mm	Gewicht kg	Motor-hersteller	Typ	M	Bemerkungen
3 t		1913	4	34	Th	80x130	2612	1900				Komnick		V	
1,5 T/2T	16/0	1922	4	40	W	110x155	5889	1000				Komnick	V 110 155	V	
2 N	24/3	1922	4	42/60	W	110x155	5889	1400	4510	6600	4500	Komnick	V 110 155	V	
3 N	18/12	1922	4	42/60	W	110x155	5889	1400	5140			Komnick	V 110 155	V	
2 T	18/0	1925 - 26	4	40	W	78x108	2063	1900	4510	6600	4500	Komnick	V 78 108	V	ab 1926 55/60 PS
3 W	18 - 22	1925	4	55/60	W	110x155	5889	1200	4220	6900		Komnick	V 110 155	V	
3 N	26/4	1925	4	55/60	W	110x155	5889	1200	5130	7215		Komnick	V 110 155	V	Überlandtyp
K 3	40/0	1926	6	75	W	100x150	7065	1200	4525			Komnick	K 6	V	auch 26 Plätze
3 N	26/4	1928	6	90/100	W	100x150	7065	1600				Komnick	K 6	V	
NK 3	36/0	1928	6	90/100	W	100x150	7065	1600				Komnick	K 6	V	
N 5	28	1929	6	75	W	100x150	7065	1200				Komnick	V 110 155	VC	
NK 2	29/1	1930	6	80	W	94x168	6995	1400	5200	7850		Maybach	OS 7	V	
NK 3	29/5	1930	6	80	W	94x168	6995	1400	5800	9200	8600	Maybach	OS 7	V	auch 36/0 Plätze

Kowex

Kowex Fahrzeugtechnik GmbH,
Abstatt bei Heilbronn, Seestr. 48
1. 1983-2092 **Kowex Fahrzeugtechnik GmbH**
2. 2092-2015 **Kowex Omnibus- u. Fahrzeugtechnik GmbH**

Der einstige Drögmöller Fahrzeugbautechniker und Karosseriebaumeister Erich Dohmann gründete 1977 die Firma Kowex, wobei dieser Kunstname für »Konstruktion, Entwicklung und Export« von Omnibussen steht. Nach Anfängen im Heilbronner Stadtteil Frankenbach kam der Serienbau von Fahrzeugen im Jahre 1983 im neuen Domizil Abstatt zustande. Erstes Modell bildete der Luxus-Reisebus auf dem LT 45-Fahrgestell von VW-MAN. Eine Reminiszenz an die Drögmöller-Zeit war das auffallende Fünfeckfenster an der Seitenfront. Nach einigen Fahrzeugen auf Fiat- und Peugeot-Basis ging Kowex auf die DB-Transporter-Baureihe 400 über; kleine Linien- und Reisebusse entstanden in bis zu 40 Exemplaren pro Jahr. Etwas größere Reisebusse konstruierte Dohmann auf der Basis von Iveco- und Daimler-Benz-Unterbauten der Baureihe 1120. Eine interessante Entwicklung bildete 1991 eine Kleinserie von Niederflur-Stadtbussen für Speyer. Kowex nutzte hier das DB 510-Fahrgestell, dem eine Nachlaufachse angefügt wurde. 1992 übernahm Armin Maurer das Unternehmen; der Gründer, Erich Dohmann ging zu Drögmöller zurück. Das Unternehmen, das nach einem Neubau eine Jahreskapazität von bis zu 150 Bussen aufweisen konnte, konzentrierte sich auf die Sprinter- und die Vario-Baureihe von Daimler-Benz. Insbesondere das Vario-Fahrgestell bildete die Basis der kleinen Linien- und Zubringer-Omnibusse (Typenbezeichnung »Regio« und »Regio Kombi«) sowie der Reisebusse (»Touring«). Innerhalb der Regio-Familie gab es Fahrzeuge mit hinterem oder mittlerem Niederflurbereich. Die Antriebswelle wurde hier über zwei Kardangelenke tiefgelegt, so dass der Niederflurbereich zwischen den Achsen über eine breite Tür als Auffangraum für Fahrgäste, Gepäck und Kinderwagen diente. Im hinteren, über der Achse erhöht angebrachten Teil waren einige Sitzplätze vorhanden. Eine größere Serie ging an die Schweizer Postverwaltung. Teilweise war der hintere und seitliche untere Karosseriebereich der Kowex-Kleinbusse verglast.

2015 endete der Fahrzeugbau aufgrund einer Insolvenz.

95-PS-MB 410 D (Kowex-Aufbau), 1989. (Foto: Kowex)

95-PS-MB 410 D »Shuttle« (Kowex-Aufbau), 1989.

102-PS-VW LT 45 »Neckar« (Kowex-Aufbau), 1983. (Foto: Kowex)

136-PS-MB 814 D »Regio SL« (Kowex-Aufbau), 1989. (Foto: Kowex)

136-PS-MB 814 D »Touring« (Kowex-Aufbau), 1992. (Foto: Kowex)

122-PS-MB »City Sprinter« (Kowex-Aufbau), 1998 (Foto: Kowex)

136-PS-MB 814 D »Vario« (Kowex-Aufbau), 1998. (Foto: Kowex)

KOWEX

Typ	Sitzplätze/ Stehplätze	Bauzeit	Zylinder	PS	K	B x H mm	Hubraum cm³	Drehzahl U/min	Radstand mm	Länge mm	Gewicht kg	Motor-hersteller	Typ	M	Bemerkungen
LT 45 Neckar	14/6	1983 - 85	6	102	W	76,5x86,4	2384	3500	2950	5300 - 5900	2400 - 3000	VW	DV	D	T, auch 14 - 22 Plätze, auch 75- oder 90-PS-Motor
DB 409 D Economy	17/8	1983 - 87	5	88	W	90,9x92,4	2998	4400	3700	5885		DB	OM 617	D	
LT 50	20/0	1985	6	102	W	76,5x86,4	2384	4300	3650			VW	075.2	D	T
DB 307/309 D	14/0	1985 - 97	5	88	W	90,9x92,4	2998	4400	3350	5235		DB	OM 617	D	
DB 310 D	12/0	1987 - 91	5	88	W	90,9x92,4	2998	4400	3050	4755		DB	OM 617	D	
DB 310 D		1987 - 91	5	88	W	90,9x92,4	2998	4400	3350	5235		DB	OM 617	D	
DB 410 D	16+1/0	1988 - 95	5	95	W	90,9x92,4	2998	4400	3700	5990		DB	OM 617	D	
DB 811 D	27/20	1988 - 91	4	115	W	97,5x133	3972	2600	4250	7430	4430	DB	OM 364 A	D	T
DB 711 D	18/0	1989 - 90	4	115	W	97,5x133	3972	2600	3700			DB	OM 364 A	D	T
DB 711 D	19+1	1989 - 90	4	115	W	97,5x133	3972	2600	4250	7210	4615	DB	OM 364 A	D	T
DB 510 Shuttle		1991	4	95	W	95,5x80,25	2299	5200	3700			DB	M 102	V	mit Katalysator, für Stadt Speyer
DB 814 D Regio SL	27/0	1992 - 95	4	136	W	97,5x133	3972	2600	4250	8150		DB	OM 364 LA	D	TL, auch 27/9 Plätze
DB 814 D Touring	24/0	1992 - 95	4	136	W	97,5x133	3972	2600	4250	7400		DB	OM 364 LA	D	TL
DB 614 D	22-27	1992 - 96	4	136	W	97,5x133	3972	2600	4250	7200		DB	OM 364 LA	D	TL
Regio SL Kombi	25/0	1992 - 95	4	136	W	97,5x133	3972	2600	4250	7400		DB	OM 364 LA	D	TL
Regio UL Niederflur Heck	15/21	1992 - 01	4	136	W	97,5x133	3972	2600	4250	7400		DB	OM 364 LA	D	TL
Touring	25/0	1992	6	207	W	102x120	5891	2700		8100		Iveco	N 60 ENT	D	
Regio SL Kombi	27/9	1996 - 01	4	136	W	102x130	4250	2300	4200	7400 - 8150		DB	OM 904 LA	D	TL, Basistyp DB 814 D
Regio UL Niederflur	20/15	1996 - 01	4	136	W	102x130	4250	2300	4200	7400 - 8140		DB	OM 904 LA	D	TL, Basistyp DB 814 D
Sprinter 312 D	16+1	1996 - 99	5	122	W	89x92,4	2874	3800	4025	6235		DB	OM 602 DE 29 LA	D	TL
Sprinter 412 D	19+1	1996 - 99	5	122	W	89x92,4	2874	3800	4025	6235		DB	OM 602 DE 29 LA	D	TL
Sprinter NF Hochdach	15/10	1998	5	122	W	89x92,4	2874	3800	4025	6535		DB	OM 602 DE 29 LA	D	TL
Regio SL Kombi	25/1	1998 - 01	4	152	W	102x130	4250	2300	4250	7400		DB	OM 904 LA	D	TL
DB 815 D Reise	19+1	1996 - 01	5	122	W	89x92,4	2874	3800	4025	7200		DB	OM 602 DE 29 LA	D	TL
Regio City 814 D	15/17	1998 - 01	4	136	W	102x130	4250	2300	4800	7600 - 8150		DB	OM 904 LA	D	TL
Regio City 814 D	15/27	1998 - 01	4	136	W	102x130	4250	2300	4800	8150		DB	OM 904 LA	D	TL
Sprinter 412 D	15/11	1999 - 01	5	122	W	89x92,4	2874	3800	4025	6532		DB	OM 602 DE 29 LA	D	TL
Vario 814 D	19/6	2000 - 01	4	136	W	102x130	4250	2300	4250	7200		DB	OM 904 LA	D	TL
City Sprinter 413/416 CDI	15/11	2000 - 06	5	115	W	89x92,4	2874	3800	4025	6535		DB	OM 602 DE 29 LA	D	TL, auch 156 PS
City NF-Sprinter 413/416 CDI	12/12	2002 - 03	5	115	W	89x92,4	2874	3800	5025	6535		DB	OM 602 DE 29 LA	D	TL, auch 156 PS
Vario 815 D	19/6	2002 - 04	4	151	W	102x130	4250	2300	4250	7200		DB	OM 904 LA	D	TL
Regio 815 D Vario	27	2002 - 06	4	151	W	102x130	4250	2300	4250	7400		DB	OM 904 LA	D	TL
Regio 815 D NF Heck	18/20	2002 - 03	4	151	W	102x130	4250	2300	4250	7400		DB	OM 904 LA	D	TL
Regio 815 D Kombi	27/10	2002 - 03	4	151	W	102x130	4250	2300	4250	7400		DB	OM 904 LA	D	TL
Regio 815 D City	19/21	2002 - 10	4	151	W	102x130	4250	2300	4800	7600 - 8150		DB	OM 904 LA	D	TL
Sprinter 413/416 CDI	18+1	2003	5	115	W	89x92,4	2874	3800	4025	6535		DB	OM 602 DE 29 LA	D	TL, auch 156 PS
Vario 818 D	19-22/16	2004 - 13	4	177	W	102x130	4250	2300	4250	7200		DB	OM 904 LA	D	TL
Region 818 D NF Heck	18/20	2004 - 13	4	177	W	102x130	4250	2300	4250	7400 - 8150		DB	OM 904 LA	D	TL
Regio Kombi 816 D Heck	27/10	2004 - 13	4	177	W	102x130	4250	2300	4250	7400 - 8150		DB	OM 904 LA	D	TL
City Sprinter 515 CDI	15/11	2007 - 09	5	126	W	88x88,3	2685	3800	4325	7340		DB	OM 612 DF 30 LA	D	TL
Regio 815 D Vario	19-22/6	2006 - 08	4	177	W	102x130	4250	2300	4800	7400		DB	OM 904 LA	D	TL
Regio Reise 818 D Vario	29	2009 - 13	4	177	W	102x130	4250	2300	4800	8150		DB	OM 904 LA	D	TL
Sprinter 516 CDI	16-18+2	2010 - 14	4	163	W	83x99	2143	3800	4325	7660		DB	OM 651 DE 22 LA	D	TL
City Sprinter 516 CDI	14/10	2011 - 14	4	163	W	83x99	2143	3800	4325	7340		DB	OM 651 DE 22 LA	D	TL
Sprinter 519 CDI	16-18+2	2012 - 14	V6	190	W	86x86	2987	3800	4325	7660		DB	OM 642 DE 30 LA	D	TL

Krauss-Maffei

Krauss-Maffei AG,
München-Allach, Krauss-Maffei-Str. 2
1946-1965

Die Krauss Maffei AG ging 1931 aus dem Zusammenschluss der Lokomotivfabriken J. A. Maffei (gegr. 1837 bzw. 1841) und Krauss & Comp. (gegr. 1866) hervor. Erfahrungen im Straßenfahrzeugbau hatte das Krauss-Werk 1925 mit dem Nachbau des Schweizer Berna-Lastwagens gesammelt. Die J. A. Maffei AG hingegen hatte 1927 eine Lizenz zum Nachbau der Chénard & Walker-Sattelzugmaschinen erworben. Während des Krieges baute Krauss-Maffei vor allem, neben den Zugmaschinen, auch Halbkettenzugmaschinen für die Deutsche Wehrmacht. Auch eine Motorenfertigung mit Lizenzen von Daimler-Benz und Maybach entstand. Nach dem Krieg sollte das Unternehmen eigentlich demontiert werden, da die US-Besatzungsmacht aber den Bau von zunächst 200 Omnibussen für den öffentlichen Nahverkehr in Bayern forderte, blieb das Unternehmen intakt.

Bei diesem ersten Heckmotor-Omnibus von 1946 – der Aggregate der Wehrmachtszugmaschine verwendete – handelte es sich um den Frontlenkertyp KMO 130 mit dem 130 PS starken Maybach-Vergasermotor HL 64 TUK. Den Aufbau erstellte die Waggonfabrik Josef Rathgeber in München-Moosach. Um die Luftversorgung des längs stehenden Heckmotors zu sichern, waren seitlich hinten in Fensterhöhe oder an der Karosserieoberseite Schlitze angebracht: Krauss-Maffei hatte den ersten deutschen Omnibus mit Heckantriebskonzept in Serie gebaut. Er wurde bis 1953 in einer Auflage von 440 Einheiten montiert, auch mit DB-Diesel OM 67/4 und als KMO 131 mit luftgekühlten 110-PS-Deutz-Motoren. Ab 1950 kam versuchsweise ein automatisches Getriebe (»Diwabus« von Voith, Heidenheim) zum Einsatz.

Darüber hinaus entstand der KME 130/131 mit elektrischem Antrieb für den Oberleitungsbetrieb und Gleichstrom-Doppelkollektor-Reihenschlussmotoren von AEG, SSW und BBC mit 72/90 kW Leistung.

Beim ersten Reisebus des Unternehmens handelte es sich um eine verlängerte Version des Diesel-Omnibusses. Die Aufbauten für diesen KMO 133 stammten vor allem von der Karosseriefabrik Rathgeber, aber auch von E. Auwärter, G. Auwärter, Eben, FWR Fahrzeugfabrik Recklinghausen, Kässbohrer, Ludewig, NWF, Steib, Vetter, Voll, Waggonfabrik Uerdingen, Wankmiller und Westwaggon. 1950 kamen auch eigene Aufbauten hinzu, nachdem ein Karosseriebau in München-Allach eingerichtet worden war. Bis 1952 entstanden 713 KMO 133-Modelle. Um von der Lizenzfertigung und vom Fremdbezug der Motoren fortzukommen, ließ das Unternehmen durch Ingenieur Adolf Schnürle (1897-1951), der von den Klöckner-Humboldt-Deutz-Werken gekommen war, einen 140 PS starken V-Vierzylinder-Dieselmotor mit Zweitakt-Umkehrverfahren unter der Bezeichnung KMD 6 entwickeln. Der bis zu 160 PS leistende Motor besaß eine Schlitzsteuerung und später ein mechanisch angetriebenes Schleudergebläse zur Aufladung.

60/62-PS-Krauss-Maffei ZW 10 Zugmaschinen-Omnibus, 1928/30.

90-kW-Krauss-Maffei KME 130/131 Linienbus (Rathgeber-Aufbau), 1949.

120-PS-Krauss-Maffei KMO 131 Postbus (Kässbohrer-Aufbau), 1949.

1950 wurden die ersten sechs Omnibusse des Typs KMO 140 mit diesem Triebwerk ausgestattet, wobei zwei Motoren in Abkehr vom direkten Heckantriebskonzept der Krauss-Maffei AG auf der linken Seite vor der Hinterachse als »Mittelmotoren« zur Erprobung (Version KMO 142) untergebracht wurden; eine besondere Getriebekonstruktion leitete hier die Kraft an die Hinterachse. Da Schnürle, der einst auch die DKW-Umkehrspülung entwickelt hatte, 1951 überraschend starb, gab das Unternehmen die Weiterentwicklung dieses 5,9-Liter-Zweitakt-Hochleistungsmotors nach einer Fertigung von etwa 60 derartigen Triebwerken auf. Gleichzeitig wurde der aus der Vorkriegszeit stammende Motorenbau eingestellt. Unter den KM 140-Modellen sticht auch der in einem Einzelex-

120-PS-Krauss-Maffei KMO 131 Reisebus (Vetter-Aufbau), 1950.

145-PS-Krauss-Maffei KMO 140 Stufendecker (Kässbohrer-Aufbau), 1951.

emplar von Kässbohrer aufgebaute, reichlich verglaste Stufen-Hochdecker mit 47 Sitzplätzen hervor. Im hinteren Unterdeck besaß er – der den Ludewig- »Aero«-Modellen Konkurrenz machen sollte – ein durchgehendes Gepäck- und zwei Schlafabteile.

In rahmenloser Gitterbauart, getragen von einem verstärkten Unterbau, entstand 1951 der Typ KML 90 als 42-sitziger Stromlinien-Leichtbau-Omnibus für den Reisedienst. Der von Flugzeugkonstrukteur Prof. Hendrik Focke entworfene und vom Nordwestdeutschen Fahrzeugbau (NWF), an dem die KM seit dem Jahre 1949 beteiligt war, entwickelte und zunächst auch gefertigte Bus besaß zunächst den wassergekühlten 85-PS-Kämper-Motor, in der Serie dann aber den luftgekühlten 90-PS-Deutz-Motor. Vorder- und Hinterachsen entstammten der Magirus-Produktion. Die Starrachsen waren an Längsblattfedern aufgehängt. Stoßdämpfer mit Gummizusatzfedern an der Hinterachse kamen hinzu. Durch den stabilen Unterbau konnte das Dach auf Wunsch mit einer Dachrandverglasung ausgeführt werden. In gleicher Stahlleichtbauweise kam der stärkere KMS 110 mit 125-PS-V6-Motor von Deutz dazu. Das 85- beziehungsweise 90-PS-Modell schaffte 76 km/h, das 125 PS starke Modell 110 km/h. Insgesamt wurden 235 dieser Stromlinienmodelle hergestellt.

1953 wurde die KMO 130/131-Rahmenbautype durch die weiter verbesserten KMO 150- und KMO 160-Modelle abgelöst, die nun die letzten Krauss-Maffei-Omnibusse mit einem schweren Rahmenunterbau waren. Für die Bundespost-Ausführung wurde ein 145 PS starker DB-Motor verwendet, für die Normalversion der auf 160 PS gedrosselte Deutz-V8. Der KMO 150 wurde in 355 Exemplaren gebaut, der KMO 160 in 374 Einheiten, jeweils als Stadt-, Linien- und Reisebusse, zum Teil mit Aufbauten von Rathgeber und Vetter. Auch einige wenige Einheiten mit Elektroantrieb entstanden.

1955 präsentierte das Werk einen neuen Stromlinienbus vom Typ KMS 125 mit einer im Leichtbau hergestellten, selbsttragenden Karosserie in Schalenbauweise, die nun für die Krauss-Maffei-Omnibusse typisch werden sollte. Ein Verhältnis von Eigengewicht zu Nutzlast von 1:1 erzielte diese Konstruktion. Die zunächst nur auf Bestellung gebauten Busse trugen den Deutz-V6 mit 125 PS im Heck. Der 56-sitzige Reise- und Linienbus brachte es dann bis 1962 auf 368 Einheiten. Ein anderer Omnibus in Schalenbauweise, der KMS 110, wurde von 1958 bis 1960 in einer Auflage von 192 Exemplaren an die Bundesbahn geliefert; für Vortrieb sorgte im Heck der 110 PS starke DB-Heckmotor OM 321. Die Vorderräder waren hier durch die eigene Einzelradaufhängung mit Schraubenfedern und Gummielementen (»Vollschwing-Vorderachse«) abgestützt.

Zu dieser Zeit hatte Krauss-Maffei eine Zusammenarbeit mit der benachbarten MAN vereinbart. Krauss-Maffei hatte dabei den wagenbau-

120-PS-Krauss-Maffei KMO 133 Reisebus (FKF-Aufbau), 1952. (Foto: Peter Michels)

technischen Teil und die Fertigung der patentierten Vorderradaufhängung zu übernehmen, während MAN die Bereitstellung der Antriebsaggregate und der Hinterachsen besorgte. 1959 erschienen die ersten Krauss-Maffei-Modelle mit 120-PS-MAN-Motoren. Vom neuen Stadtlinienbus KMS 120 entstanden 30 Exemplare; er trug an der Front zusätzlich den MAN-Schriftzug. Damit konnten sie über die große MAN-Vertriebsorganisation verkauft werden. Weitere Gemeinschaftstypen: Modelle 420 HOC 1 und 2, 640 HO 1/11 und 750 HO-R 11, die von 120-, 135- und 150-PS-MAN-Motoren angetrieben wurden. Die Modelle 640 und 750 wurden als sogenannte »Metrobusse« für den Stadtverkehr mit Kapazitäten für 90 bis 108 Fahrgäste angeboten. Als letzte Gemeinschaftsbaureihe stellte das Unternehmen 1960 in 124 Einheiten den Typ KMS 135 her. Bis 1962 wurden insgesamt 343 Exemplare der Gemeinschaftsbaureihe hergestellt.

Im gleichen Jahr änderten sich die Kräfteverhältnisse innerhalb der Kooperation: Mehr und mehr fungierte Krauss-Maffei nur noch als Unterlieferant in der MAN-Omnibusfertigung und der Druck wuchs, das Krauss-Maffei-Fertigungsprogramm den MAN-Vorstellungen anzupassen. Der Versuch, sich aus dieser Umklammerung zu lösen, führte zur relativ kurzfristigen Zusammenarbeit mit Büssing. Erstes Ergebnis dieser Kooperation war die Montage des Typs KMS 12R mit der 145/150 PS starken Büssing-Maschine aus der Senator-Baureihe. Auf die fahrfähige Büssing-Bodengruppe setzte das Münchener Werk eine mittragende Gitterkonstruktion auf. Vorne waren Schwingachsen mit Schraubenfedern und Stoßdämpfern nach Krauss-Maffei-Technik, hinten eine Büssing-Achse an Halbelliptik-Blattfedern angebracht. Zusätzliche Gummihohlfedern verstärkten vorne und hinten den Federungskomfort. 150 Luxusreisebusse wurden von dieser Ausführung gebaut und über das Büssing-Vertreternetz angeboten. Als aber Büssing nach der Produktionsverlagerung in das neue Watenstedter Werk größere Kapazitäten zur Verfügung standen, endete 1965 auch diese Zusammenarbeit.

120-PS-Krauss-Maffei KMO 133 Postbus (Rathgeber-Aufbau), 1952. (Foto: Hans Pairan)

Aufgrund des starken Konkurrenzdrucks seitens der großen Hersteller (und des Fehlens eines eigenen Vertriebsnetzes) stellte Krauss-Maffei schließlich 1965 nach der Gesamtmontage von 4251 Omnibussen die Fertigung ein. Das Unternehmen ist heute im Bau von gepanzerten Fahrzeugen und von Maschinen sowie im traditionellen Lokomotivbau tätig.

120-PS-Krauss-Maffei KMO 133 Postbus (NWF-Aufbau), 1952.
(Foto: Hans Pairan)

120/125-PS-Krauss-Maffei KML 110 Aussichtsomnibus, 1954.
(Foto: Krauss-Maffei)

105-kW-Krauss-Maffei KME 160
Linienbus (Rathgeber-Aufbau), 1954.
(Foto: Krauss-Maffei)

160-PS-Krauss-Maffei KMO 160 Linienbus (Rathgeber Aufbau), 1955. (Foto: Krauss-Maffei)

145-PS-Krauss-Maffei KMU Linienbus, 1957. (Foto: Krauss-Maffei)

125-PS-Krauss-Maffei KMS 125 Linienbus, 1958. (Foto: Krauss-Maffei)

125-PS-Krauss-Maffei KMS 125 Reisebus (Vetter-Aufbau), 1958.

135-PS-MAN-Krauss-Maffei 640 HO 1/11 »Metrobus«, 1959.
(MAN-Werksfoto)

120-PS-MAN/Krauss-Maffei 420 HOC 2 Kombibus, 1960. (MAN-Werksfoto)

135-PS-Krauss-Maffei/MAN KMS 135 Postbus, 1960. (Foto: Krauss-Maffei)

145/150-PS-Krauss-Maffei/Büssing KMS 12 R Reisebus, 1962. (Foto: Krauss-Maffei)

125-PS-Krauss-Maffei KMS 125 Reisebus. 1960.

KRAUSS MAFFEI

Typ	Sitzplätze/ Stehplätze	Bauzeit	Zylinder	PS	K	B x H mm	Hubraum cm³	Drehzahl U/min	Radstand mm	Länge mm	Gewicht kg	Motor-hersteller	Typ	M	Bemerkungen
1. Linienbusse															
a) Modelle mit Verbrennungsmotoren															
KMO 130	22/27	1946 - 48	6	130	W	105x120	6191	2600	5750	9850	7200	KM (Maybach-Lizenz)	HL 64 TUK	V	
KMO 133	44/18	1949 - 52	6	120	W	105x140	7274	2100	5750	10335 - 10600	8300	DB	OM 67/8	D	
KML 90	40/20	1951	4	82 - 87	W	100x142	4460	2450	5000	11000	4750	Kämper	4 D 10 HN	D	Prototyp
KMO 150	57/13	1953 - 58	6	145	W	128x140	10809	2100	5750	11020		DB	OM 315	D	
KMO 160	28/52	1953 - 59	V8	160/175	L	110x140	10644	2250	5750	10850 - 10955	8600	Deutz	F 8 L 614	D	
KML 125		1955 - 56	V6	125	L	110x140	7983	2250	4800	10000	6850	Deutz	F 6 L 614	D	
KMS 125	31/51	1956 - 62	V6	125	L	110x140	7983	2250	5040	10400	7200	Deutz	F 6 L 614	D	
KMU 150		1957 - 59	6	145	W	118x150	9842	2000	5550	11500	7700	Büssing	U 10	D	Prototyp
KMS 110	51/20	1958 - 60	6	110	W	95x120	5100	3000				DB	OM 321	D	
KMS 160	47/10	1959	V6	112	L	110x140	7983	2300			5850	Deutz	F 6 L 614	D	
KMS 120	32/46	1959 - 61	6	120	W	100x125	5891	2700	5040	10150	6600	MAN	D 0026 M1H	D	auch 35/43 Plätze
640 HO 1/11 »Metrobus«	32/68	1959 - 62	6	135	W	108x128	7030	2500	4800	10000	6790	MAN	D 0836 HM	D	
KMS 135	47/10	1960 - 62	6	135	W	108x128	7030	2500	5040	10150	6350	MAN	D 0836 M2H	D	
KMS 135 L	43/9	1960 - 62	6	135	W	108x128	7030	2500	5665	10800	7000	MAN	D 0836 M2H	D	
420 HOC 1	39/8	1960 - 62	6	120	W	100x125	5891	2700	4500	9260	5800	MAN	D 0026 M1H	D	
420 HOC 2 »Metrobus«	39/47	1960 - 62	6	120	W	100x125	5891	2700	5600	10400	6000	MAN	D 0026 M1H	D	
750 HO-R 11 »Metrobus«	54	1961 - 62	6	150	W	108x128	7030	2500	5750	11140	7650	MAN	D 0836	D	
b) Modelle mit Elektromotoren															
				kW											
KME 130/131	29/60	1948 - 53		90				1800	5750	9850	7900	BBC	GLM 1273c		auch SSW-Motor
KME 160	28/52	1954 - 58		105					5750	10850		BBC			auch SSW-Motor, auch 30/57 Plätze
2. Reisebusse															
				PS											
KMO 130	28 - 34+1	1948 - 49	6	110	W	105x 140	7274	2100	5750	9850	7200	DB	OM 67/4	D	
KMO 131	37/1	1949 - 51	6	120	W	105x140	7274	2100	5750	9960	6900	KM (DB-Lizenz)	OM 67/4	D	auch Deutz-Motor, 110 PS
KMO 133	40-44+9	1949 - 52	6	120	W	105x140	7274	2100	5750	10335-	8300	DB	OM 67/4	D	
KMO 140/142	47	1950 - 54	V4	140	W	120x130	5880	2200	5750	10435	5880	KM	KMD 6	D	Zweitaktmotor mit Aufladung
KML 90	42+8	1951	4	82 - 87	W	100x142	4460	2450	5000	11000	4750	Kämper	4 D 10 HN	D	Prototyp
KML 90	42 + 10	1951 - 54	4	85	L	110x140	5322	2300	5000	10700	4900	Deutz	F 4 L 514	D	
KMO 133 A	44+1	1951 - 53	6	110	L	110x140	7983	2100	5750	10435	8250	Deutz	F 6 L 514	D	auch DB-Motor 120 PS
KMO 140	47	1951	V4	145	W	120x130	5880	2200	5750		9670	KM	KMD 6	D	Kässbohrer 1 1/2-Decker
KMS/KML 110	43 + 5	1953 - 59	V6	120/125	L	110x140	7983	2250	5000	10700	5250	Deutz	F 6 L 614	D	Linienbus 41/16 Plätze
KMO 160	56+2	1953 - 59	V8	160/175	L	110x140	10644	2250	5750	10850-	8600	Deutz	F 8 L 614	D	
KMS 125	43+1	1956 - 62	V6	125	L	110x140	7983	2250	5040	10400	7200	Deutz	F 6 L 614	D	
KMS 120/125	56	1959 - 60	V6	125	L	110x140	7983	2300	5040	10090	6200	Deutz	F 6 L 614	D	
KMS 12 R	50	1963 - 65	6	145/150	W	108x135	7416	2400	5665	11000	7560	Büssing	U 7-150	D	

Krupp

Fried. Krupp AG, Essen, Abt. Kraftwagenwerk (Krawa), Essen, Thomaestr. 100 und Burgmunda Str. 15/17

1. 1925-1943 **Fried. Krupp AG, Essen, Abt. Kraftwagenwerk (Krawa)**, Essen,Thomaestr. 100 u. Burgmunda Str. 15/17
2. 1943-1944 **Elmag-Werke Elsässische Maschinenbau AG,** Mülhausen i. Elsass
3. 1944-1951 **Südwerke Motoren- und Lastkraftwagenbau GmbH,** Bamberg, ab 1948 Kulmbach
4. 1951-1954 **Südwerke Motoren- und Kraftwagenfabriken GmbH, Essen,** Husmannshofstr.
5. 1954-1958 **Fried. Krupp Motoren- und Kraftwagenfabrik GmbH**

Im November 1811 gründete Friedrich Krupp (1787 - 1826) in seiner Heimatstadt Essen eine Gussstahlfabrik. Stahlprodukte wie Maschinen, Geschütze, Schienen und seit 1853 nahtlos geschmiedete Eisenbahnreifen waren bis in die Zeit des Ersten Weltkrieges die Haupterzeugnisse der Firma Fried. Krupp AG.

Das Unternehmen mit den drei symbolisch ineinander verschlungenen Radreifen befasste sich 1905 erstmals mit dem Bau von Nutzfahrzeugen. Die Krupp'sche Germaniawerft in Kiel nahm von dem Technischen Büro Peter Stoltz in Berlin eine Lizenz zum Bau von Dampflastwagen, Dampfomnibussen und »Dampf-Eisenbahn-Motorwagen« (gemeint waren Dampftriebwagen) auf. Bei Krupp wurde zumindest ein 20/25 PS kettengetriebener Lkw mit vor dem Fahrersitz angebrachtem Sicherheits-Rohrplatten-Dampferzeuger gebaut. Die Dampfmaschine befand sich unter Fahrersitz und Ladefläche. Weitere Lizenznehmer waren die Eisenwerke Gaggenau und die Hanomag in Hannover. Letztere stellte tatsächlich einige Dampfomnibusse her, unter anderem 1908 einen für die ABOAG in Berlin.

Die ersten Motornutzfahrzeuge fertigte Krupp 1917 und 1918 gemeinsam mit der Daimler-Motoren-Gesellschaft: allradgetriebene Artillerie-Kraftzugmaschinen mit 100-PS-Daimlermotor. Das Kriegsende verbot zunächst die Weiterentwicklung. 1919 nahm die Fried. Krupp AG in Essen den Lastwagenbau auf; im gleichen Jahr verließen außerdem die ersten Krupp-Lastwagen des Typs L5 das Werk.

Ein erstes Omnibusmodell erschien 1925, ein kleiner Stadtbus mit hinterem Stehperron auf dem Chassis des Schnelllastwagens L 1,5. Er war mit einem 40-PS-Vierzylinder-Krupp-Motor bestückt. Auch der Schnelllieferwagen L 2,5 wurde als 25-sitziger Überlandomnibus angeboten. Die Aufbauten steuerte jeweils die Uerdinger Waggonfabrik bei.

1926 folgte auf einem etwas tiefer gelegten Lkw-Fahrgestell der Bauart L 3 N ein Chassis, das sich auch für größere Omnibusse mit längerem

40-PS-Krupp 2 t Stadtomnibus (Uerdinger Aufbau), 1925. (Foto: Krupp-Archiv)

KRUPP-
OMNIBUSSE
FÜR ÜBERLAND- UND STADTVERKEHR
FRIED. KRUPP AKTIENGESELLSCHAFT, KRAFTWAGENFABRIK, ESSEN

95-PS-Krupp O 5 N Stadt- und Überland-Omnibus, 1928. (Foto: Krupp-Archiv)

Radstand eignete. Es besaß den 50-PS-Reihenvierzylinder-Ottomotor und wurde ebenfalls durch eine Kardanwelle in Bewegung gesetzt. Dazu gesellte sich 1928 der Niederrahmen-Omnibus O 3 N, wahlweise mit 55 oder 75 PS.

1927 kam der Niederrahmen-Bus O 5 N mit 32 Sitzplätzen beziehungsweise für 47 Personen hinzu, ausgestattet mit dem 75-PS-Sechszylinder M 11 und der patentierten Gummifeder-Lagerung. Der letzte Zylinder des Einblockmotors konnte als Luftpumpe (Kompressor) für die Reifen umgeschaltet werden. Das Modell wurde als Aussichtsomnibus, als 34-Sitzer-Stadtomnibus für den Einmannbetrieb mit einer seitlichen Tür oder auch als Stadtomnibus für Schaffnerbetrieb mit einer zweiten Tür in der Rückwand (Heckeinstieg) geliefert, unter anderem mit Schumann-Zwickau-Aufbau. Für Schlagzeilen sorgte aber eher der Typ O 3,5 N: Als der afghanische König Ammanulah 1928 bei seinem vielbeachteten Deutschand-Besuch die Technische Messe in Leipzig besichtigte, erwarb er neben einem Büssing-Dreiachser auch mehrere dieser Krupp-Omnibusse.

In jenem Jahr modifizierte Krupp den Typenschlüssel seiner Nutzfahrzeuge. In der nachfolgenden Ziffernkombination wie beispielsweise »62« verbarg sich der Hinweis auf »Sechszylindermotor, zweiachsig«. Eine später noch vorangestellte dritte Ziffer wies auf eine überarbeitete Variante in der Motorausstattung oder in anderer Bauartänderung hin. Das »N« kennzeichnete ohnehin schon seit 1927 eine niedrigere beziehungsweise dann Niederrahmen-Bauweise an.

Die Fried. Krupp AG übernahm 1929/30 die DAAG-Werke in Ratingen mit ihrer Lkw- und Omnibusproduktion, legte diese Kapazität allerdings verhältnismäßig rasch still. Unabhängig davon vergaben die Essener Lizenzen zum Nachbau von Krupp-Lastwagen, Omnibussen und Motoren an die Ungarische Waggon- und Maschinenfabrik RABA in Raab beziehungsweise Györ/Ungarn.

Da Krupp 1929/30 noch kein Fahrzeug-Dieselmotor zur Verfügung stand, bot das Unternehmen in dieser Zeit den »Glühring-Motor« an, der

75/100-PS-Krupp O 3,5 Ausflugsomnibus für den afghanischen König Aman-Ullah, 1928. (Foto: Krupp-Archiv)

durch die Verbrennung von Öl im erwärmten Zustand wirtschaftlicher arbeiten sollte als der reine Vergasermotor. Das durch den Schwerölvergaser vorbereitete Gasöl wurde durch den Glühring im Zylinderkopf zum Verdampfen gebracht, so dass es gezündet werden konnte. Mittels einer elektrischen Schaltanlage ließ sich die Maschine vom Vergaser- auf Ölbetrieb umstellen. Zwei Niederrahmen-Modelle wurden mit diesem M 12-Motor ausgerüstet, der über 7,54 Liter Hubraum verfügte und 90 PS erzeugte. Da er die Erwartungen nicht erfüllte, wurde er nicht weiterentwickelt und Krupp schloss 1931 mit Junkers in Dessau einen Lizenzvertrag ab. Die Essener erwarben die Rechte zur Produktion von Gegenkolben-Zweitaktdieseln mit zwei, drei und vier Zylindern mit Leistungen von 50 bis 110 PS. Nach dem Erwerb der Nachbaurechte bekamen die in Essen gefertigten »Krupp-Lizenz-Junkers-Diesel« ab 1933 die Typenbezeichnungen bis 1940: M 401/M 402 (55 und 60 PS), M 411/M 412/ M 413 (80/90 und 90 PS) und M 421/422 (110/120 und 125 PS). Aus diesem Grunde erhielten die nochmals überarbeiten Krupp-Nutzfahrzeuge

95-PS-Krupp O 5 N 62 Aussichtsomnibus mit stufenförmigem Boden, 1930.

89-kW-Krupp-Uerdingen Obus, 1930.

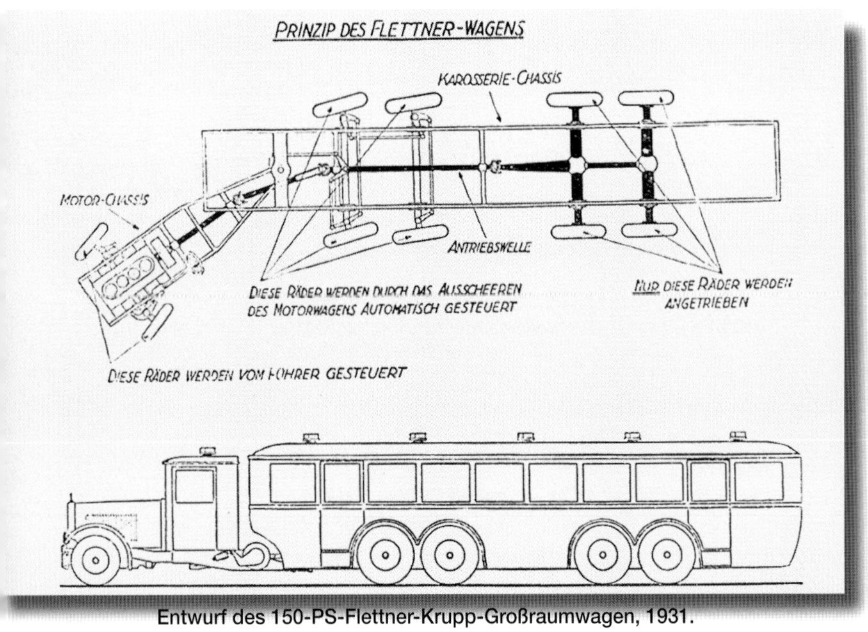

Entwurf des 150-PS-Flettner-Krupp-Großraumwagen, 1931.

mit Lizenz-Junkers-Motoren ab 1934 bis etwa 1937 gleich zwei ineinander verschlungene Firmenzeichen am Kühler oder ab 1936 auf der schräg angestellten Kühlermaske (auch bei Frontlenkeromnibussen). Oberhalb der Mitte der drei Krupp-Ringe war das »dreizackige« Junkers-Firmenzeichen eingearbeitet.

Ab 1928 bot Krupp seine ersten großen 6x2-Dreiachs-Lkw an, die aufgrund ihrer Niederrahmen-Bauweise auch als O 8 N-Omnibusfahrgestelle Verwendung fanden. Sie gehörten der Acht-Tonnen-Tragkraftklasse an und waren mit 75/90-PS-Sechszylinder-Ottomotoren nach Küchen-Konstruktion ausgestattet. Weitere Entwicklungen schlossen sich an, so auch 6x4-Frontlenker-Niederrahmen-Chassis für Lastwagen und Omnibusse. Bis auf den Radstand (Lkw 4168 + 1264 mm und Bus 5068 + 1264 mm) glichen sich die beiden Baumuster der Zehn-Tonnen-Tragkraftklasse wie ein Ei dem anderen. Das Omnibus-Fahrgestell wurde unter anderem von Trutz in Coburg mit einem bis zu 60 Personen fassenden Aufbau komplettiert, der ein Allwetterverdeck besaß: Zweifelsohne war der Krupp-Kraftwagen- und Motorenbau (intern kurz Krupp-Krawa genannt) Anfang bis Mitte der dreißiger Jahre außerordentlich aktiv.

So entstanden bei Krupp die ersten deutschen Busse mit luftgekühlten Kraftquellen. Dem von Dipl.-Ing. Adolf Roth entworfenen luftgekühlten Vierzylinder-Boxermotor (3,05 Liter Hubraum) von 1932 wurde 1934 ein geringfügig größeres Vorkammer-Dieselaggregat zur Seite gestellt. Bei dem 45 PS leistenden Motor (M 601, 3,45 Liter) handelte es sich seinerzeit um den einzigen serienmäßig hergestellten luftgekühlten Fahrzeug-Diesel der Welt. Die geplanten Sechs- und Achtzylinder wurden dann aber nicht mehr realisiert. Bis 1932 hatten die Krupp-Nutzfahrzeugkonstrukteure modernere Fahrgestelle entwickelt, deren Vorderachse weiter hinten, kurz vor der neuen Fahrerkabine angeordnet wurde. Es handelte sich dabei um ein Universalfahrgestell für Busse, Lkw und Müllwagen mit mittelhohem Rahmen. Er verlief oben absolut eben, war aber unten im Hinterachsbereich fischbauchartig eingezogen, um die Einstiegs- oder Ladehöhe etwas abzusenken. Diese Chassis erhielten ein »M« in der Typenbezeichnung. Das neue O 3 M 42-Chassis war mit dem Krupp-Ottomotor M 201 ausgerüstet, ein Reihen-Vierzylinder mit 65/70 PS gehörte dazu. Ab 1933 stand auch der 55-PS-Krupp-Junkers-Zweizylinder-Diesel zur Wahl. Der Trutz-Karosseriebau verwendete das Fahrgestell für wechselbare Kombinationsaufbauten: In der Woche fuhr der Mittelrahmenwagen oberhalb der Fenstergürtellinie mit einem Plangestell, das der Betreiber an Wochenenden oder feiertags gegen ein fünf Fenster enthaltenes Aufbauteil austauschte. Die Ladefläche stattete man zur Personenbeförderung mit Sitzbänken aus. Die Reichspost fuhr ihn als Telegraphenbau-Kofferwagen mit großer Mannschaftskabine; halb Bus, halb Werkstattwagen.

Der Mittelrahmenwagen setzte sich im Omnibusbau aber nicht durch, ab 1934/35 baute Krupp ausschließlich N- (Niederrahmen-) Modelle, jeweils – abgesehen von den 6,5-Tonnern – mit Krupp- oder Junkers-Motor. Eine weitere Raffinesse war das in den von Trutz karossierten Typ O 4 N 62 eingesetzte Puls-Getriebe. Hier handelte es sich um ein halbautomatisches, selbstschaltendes Planetengetriebe des Erfinders Friedrich Puls. Mit aerodynamisch geformten Karosserien der Firma FWR-Fahrzeugwerke Recklinghausen erzielte der 18-Sitzer O 2,5 N 42 großes Aufsehen. 1935 stellte der berühmte Berliner Karossier Erdmann & Rossi für Versuche der DR einen Stromlinienomnibus nach Entwürfen und Patenten von Prof. Dr. phil. Emil August Everling auf die Räder. Der Aufbau verfügte am abrissartigen Heck über Windleitflächen. Sie fungierten als Halterungen für verstellbare Luft- beziehungsweise Windbremsen. Bei Versuchsfahrten sollen 100 km/h erreicht worden sein. Von 1935/36 an verlagerte Krupp im Omnibusbau das Schwergewicht auf mittlere bis große Typen. Viele Ganzstahlaufbauten steuerten Kässbohrer, die Waggonfabrik Uerdingen, Westwaggon-Gastell, Peter Bauer (seit 1991 bei Zeppelin-Mobile Systeme) und Schumann-Werdau bei. Unter anderem für Exportzwecke konzipierten die Essener Krawa-Ingenieure 1934/35 ihren ersten zweiachsigen Frontlenkerbus, den FOD 3,5 N 32, mit 90 PS starkem Krupp-Jun-

150-PS-Krupp O 8 N 63 Aussichtsomnibus 1931. (Foto: Krupp-Archiv)

55-PS-Krupp O 2 N 42 Reisebus, 1931.

kers-Dreizylinder M 412. Dabei stand das »F« in der Typenbezeichnung für die Frontlenker-Bauweise, wurde indes später gegen ein »T« ausgetauscht, das man von »Trambahn-Bauart« entlehnt hatte.

Größte Krupp-Bus-Modelle der Vorkriegszeit waren die 20,2 Meter lange Krupp-Gaubschat-Züge mit Faltenbalg-Verbindung auf Basis des Typ O 5,5 N 262. Die Fahrgast-Kapazität betrug im Maximum 102 Personen. Die Motorwagen- und Anhänger-Aufbauten waren dachrandverglast. Den größten Solowagen stellte der OD 6,5 N 242 mit dem Zweitakt-Gegenkolben-Diesel M 422 dar, der 125 PS erzeugte. Unter anderem fuhr die Deutsche Reichspost den 40-sitzigen Bus mit Dachrandverglasung und abschließbarem Post- beziehungsweise Ski-Abteil im Heck.

Obwohl laut Typenbegrenzungs- beziehungsweise Typenbereinigungsplan des Generalbevollmächtigten für das Kraftfahrwesen, Adolf von Schell, Krupp nur einen 6,5-Tonner bauen sollte, stellten die Essener 1939 noch zwei Neukonstruktionen in der Drei-Tonnen-Nutzklasse vor. Der Bus-Typ O 3 N 62 verfügte über den neuen Vorkammer-Sechszylinder-Diesel mit 5,6 Litern Hubraum und 80 PS. Der Bus besaß 25 Sitzplätze und konnte 90 km/h erreichen. Sowohl der Bus als auch der neue Lkw waren mit Holzgasgeneratoren lieferbar, durften aber 1940 nicht mehr gebaut werden. Und noch eine Entwicklung am Vorabend des Zweiten Weltkriegs verdient Erwähnung: Krupp experimentierte mit einem V8-Diesel, der im Zweitaktverfahren mit Gleichstromspülung sowie mit Schlitzsteuerung und Auslassventilen arbeitete. Das wassergekühlte Triebwerk M 713 besaß ein Rootsgebläse, das die Leistung von 150 auf 200 PS anhob.

50-PS-Krupp OD 2 H 42 Aussichtsomnibus mit Allwetterverdeck (Recklinghausen-Aufbau), 1934.

55-PS-Krupp OD 3,5 N 32 Reisebus (Düwag-Aufbau), 1934.

55-PS-Krupp OD 2,5 N 42 Stromlinientyp (Düwag-Aufbau), 1935.

100-PS-Krupp OD 4 N 32 Stadtbus (Düwag-Aufbau), 1935.

90-PS-Krupp O 3,5 N 32 Überlandbus (Düwag-Aufbau), 1935.

Dieser Motor gilt als erster deutscher Nutzfahrzeug-Diesel mit Aufladung. Einige M 713 wurden in Lkw und Bussen der 6,5-Tonnen-Nutzlastklasse getestet. In der Nachkriegszeit bildete dieser Gleichstrom-Zweitakter den Ausgangspunkt für die neuen Südwerke- beziehungsweise Krupp-Dieselmotoren.

Nachdem 1940 der Lkw- und Omnibus-Fahrgestellbau, abgesehen von einigen Militärmodellen, eingestellt werden musste, verlegte Krupp seine Krawa, die im bescheidenen Maße Ersatzteile produzierte, 1944 nach Mülhausen im Elsass sowie wenig später nach Unterfranken. Die Hauptverwaltung und der Fahrgestellbau siedelten sich in Bamberg (Firma Südeisenbau) und Nürnberg (Eisen- und Stahlhandel Otto Wolf AG) an, während der Motorenbau in der stillgelegten Mälzerei der Ersten Kulmbacher Aktien-Brauerei untergebracht wurde.

Ab 1946 stellte der Auslagerungsbetrieb mit amerikanischer Genehmigung Lkw mit Vergasermotor her. Da der Name Krupp aufgrund der vormaligen Rüstungsfertigung zunächst nicht geführt werden durfte, wurde das oberfränkische Werk auf den Namen »Südwerke« getauft und das dreieckige SW-Emblem geschaffen. Für die damalige Deutsche Post setzte die Karosseriefabrik Trutz auf das LD 50-Lkw-Fahrgestell mit dem 100/105 PS starken Dreizylinder-Zweitakt-Dieselmotor SW M 413 passende Omnibusaufbauten. Von diesem ersten Krupp-Nachkriegsbus entstanden elf Exemplare in Hauben- und Frontlenkerbauart.

Zur Hannover Messe 1949 erschien unter der Leitung von Dipl.-Ing. Walter Cambeis und Karl Eberhardt dann der Frontlenker-Omnibus TD 50 mit einem Niederrahmen-Fahrgestell, eine Weiterentwicklung des Vorkriegs-Trambus-Modells. Dabei befand sich das über ein Hebelsystem betätigte Getriebe, getrennt vom Motor, unter dem Fahrzeugboden. Während die Südwerke zunächst die 100/105-PS-Dreizylinder-Maschine installierten, konnte ab 1950 auch der alte Vierzylinder-Zweitakt-Gegenkolben-Diesel mit 125 PS eingebaut werden. Die 37-sitzigen Aufbauten montierten die Waggonfabrik Uerdingen, Thiele in Bremen und G. Auwärter. Allerdings konnte nicht mehr als 85 Exemplare verkauft werden, der Busabsatz bei Krupp sollte auch in den folgenden Jahren nie wieder die Vorkriegs-Verkaufszahlen erreichen. 1952, im besten Produktionsjahr, verließen gerade mal 62 Omnibusse die Werkshallen.

1951 stellte die Krawa-Motorenabteilung eine neue als Baukastensystem konzipierte Zweitaktdiesel-Generation vor. Die von der Technik des Vorkriegs-V-Achtzylindermotors beeinflussten neuen Reihentriebwerke besaßen die vom Junkers-Motorenbau angewandte Einlass-Tangential-Schlitzsteuerung in Kombination mit einer Auslasssteuerung mit je drei Ventilen pro Zylinder. Ein Roots-Drehkolben-Spül- und Aufladegebläse sorgte einerseits für die Entfernung der Abgase, andererseits für die Füllung beim Ansaugtakt. Da der Zweitakter im Schubbetrieb keine nennenswerte Bremswirkung zeigte, konnte bei den späteren K-Modellen durch die Verstellung der Ventilzeiten ein Bremseffekt erzielt werden, wobei der Motor unüberhörbar als Kompressor arbeitete.

Auf der ersten Frankfurter IAA von 1951 stand das neue Haubenmodell SW O 60 mit einem 145-PS-Vierzylindermotor. Die bedingt an die Vorkriegstype OD 6,5 N anknüpfenden Großomnibus-Fahrgestelle besaßen einen Fischbauch-Niederrahmen und konnten 70 bis 80 Fahrgäste im Stadt- und 37 bis 47 Personen im Reisedienst befördern. Nach Kairo/Ägypten lieferte Krupp mit Ludewig-Aufbauten eine Serie »klimagerechter« SW O 60-Stadtbusse ohne Türen, die jedoch nie bezahlt wurden. Eindrucksvoll war der übermotorisierte Typ SW O 80 mit dem 210-PS-Sechszylinder aus dem Krupp Titan. Bei dessen R6-Motor handelte es sich im

90-PS-Krupp OD 4 N 232 Überlandbus (Düwag-Aufbau), 1936.

Prinzip um zwei gekoppelte Dreizylinder-Zweitakter (2 x SW 3 = ein SW 6). Die an die Vorkriegstypen angelehnten Großomnibusse mit ihrem Fischbauch-Niederrahmen konnten als Stadtbus 70 bis 80 Personen und im Reisedienst 37 bis 47 Personen befördern. Der ehemalige VOMAG-Chefkonstrukteur, Oberingenieur Wilhelm Keilhack, der bis 1959 in verantwortlicher Position blieb, hatte hier seine Ideen eingebracht. Für die Bundesbahn entstanden in Einzelanfertigung die Titan-Super-Sondermodelle mit verkürzter Haube. Die Karosserien steuerte die Firma von Lienen bei. An diese Kurzhauben-Variante von 1953 lehnte sich darüber hinaus das Baumuster SW OL 80 Titan Express an, ein Niederrahmenfahrgestell für Kofferaufbauten zur Keks-, Zigaretten- und Radiobeförderung mit 7,5 Meter Nutzlänge. Der 102 km/h schnelle Südwerke-Langhauber SW O 80 erhielt Aufbauten von Peter Bauer, FAKA, Gaubschat, Hubertia, Kässbohrer und Trutz. Dabei konzipierte Gaubschat einen Anhänger-Buszug O 80 mit einem Faltenbalgübergang zwischen beiden Fahrzeugen. Eine Bar, eine Radioanlage und eine als Klimaanlage herausgestellte Belüftung stellten den Komfort dar. Bis 1953/54 entstanden diese »D-Züge der Landstraße«, jedoch nur in einigen Exemplaren gefertigt.

60-PS-Krupp O 2,5 N 42 RAB-Schnellreisebus mit Recklinghausen-Aufbau, 1936. (Foto: Smlg. R. Weinreich)

65/70-PS-Krupp OD 3 M 22 Überlandbus (Düwag-Aufbau), 1936.

95-PS-Krupp O 3,5 M 42 Überlandbus (Düwag-Aufbau), 1936.

95-PS Krupp O 4 N 262 Überlandbus (Düwag-Aufbau), 1936.

125-PS-Krupp OD 5,5 N 142 Reisebus (P. Bauer-Aufbau), 1936.

125-PS-Krupp OD 5,5 N 242 Ausflugsomnibus (Gaubschat-Aufbau), 1937.

125-PS-Krupp OD 5,5 N 242 Ausflugsomnibus (Recklinghausen-Aufbau), 1937.

55-PS-Krupp OD 2,5 N 242 (Jessen-Aufbau), 1938. (Foto: Krupp-Archiv)

Gleichzeitig mit den Haubenmodellen erschien der Omnibus OD 55 mit massiger, über die gesamte Wagenbreite reichender Kurzhaube und mit Hubertia-Karosserie. Er erhielt dann im Serienbau die Bezeichnung O 480 (O 80-Fahrgestell und O 60-Motor); die Bezeichnung stand für den Vierzylindermotor und maximal 80 Fahrgäste. Die 145 PS starke Maschine (auch nach dem entsprechenden Lkw-Modell als Mustang-Motor bezeichnet) trieb diesen Typ – Radstand 6,4 Meter – an. Seitentüren erleichterten die Wartung von Motor und Kühlanlage. Auf Basis des O 480 baute die Firma Ludewig auch einen Reise- Anderthalbdecker mit Tischen in der Anordnung der D-Zug-Speisewagen auf, der als Krupp-Sensation auf dem Pariser Automobilsalon präsentiert und insgesamt neunmal gebaut wurde. Der Zugang zum Oberdeck war hier jedoch nur von außen möglich.

Am 1. Juli 1951 verlagerte der Stahl- und Maschinenbaukonzern seinen Nutzfahrzeugbau wieder an den Stammsitz nach Essen zurück. Die Lkw und Busse (insbesondere Titan-Familie) trugen seit 1950 ohnehin schon wieder das traditionelle Drei-Ringe-Emblem und darüber hinaus die Schriftzüge Krupp und Südwerke. Ab 1954 führte Krupp neue Typenbezeichnungen ein. Aus dem O 480 FK wurde der O 10 FK (6,35 m Radstand, 10-t-Hinterachse) und aus dem O 470 FK der Typ O 8 FK (5,2 m Radstand, 8- bis 9-t-Hinterachse), den es dann auch noch als O 10 F4 mit 10-t-Hinterachse gab. Nach dem »Elbus 100«, entwickelt aus dem O 480 FK folgten noch in fünf Ausführungen die Obusse der Baureihe O 8 E mit in Fahrzeugmitte installierten 110-kW-Elektromotoren von Siemens-Schuckert (SSW). Um die zunehmend höheren Belastungen der Eineinhalbdecker ohne Achslastüberschreitung gleichermaßen auf die Straße zu verteilen, erhielten die nunmehr bei Ludewig in Verbundtechnik aufgebauten Stadtlinientypen O 8 FK, O 10 FK und der Obus O 8 E ab 1955/56 eine dritte nachlaufende und spurhaltende, einzelbereifte Achse (6x2-Bauart). Die Hinterachse gehörte zum Lieferumfang der Firma Ludewig. Die Dreiachsversionen der Anderthalbdecker fassten bis zu 160 Personen, bei maximal 50 Sitzplätzen (oben fünf Sitzreihen). Von den beiden Hauptmodellen O 480 FK und O 10 FK entstanden zwischen 1955 bis 1959 100 Exemplare, mehr als von jeder anderen Krupp-Nachkriegs-Baureihe.

1955 erschien das in selbsttragender Skelettbauweise hergestellte Baumuster O 100 SF 4 (oder OF) mit dem neuen 150-PS-Diesel. Den Bus hatte Krupp in Zusammenarbeit mit der NWF-Nordwestdeutsche Fahrzeugbau GmbH in Wilhelmshaven entwickelt. Das mit den Krupp-Ringen und dem NWF-Firmenzeichen an der Frontpartie versehene Fahrzeug besaß vorn Einzelradaufhängung, rundum Einzelbereifung, Luftfederung und eine Leichtmetallbeplankung. Durch den Konkurs der NWF musste die Weiterentwicklung dieses fortschrittlichen Typs zur Serienreife aufgegeben werden.

Um im Omnibusmarkt präsent zu bleiben, baute Krupp 1959 nach den Ideen eines ehemaligen Pekol-Mitarbeiters in Zusammenarbeit mit

80/90-PS-Krupp TD 4 N 332 Frontlenker-Linienbus, 1938.

90-PS-Krupp OD 4 Ausflugsomnibus (Kässbohrer-Aufbau), 1938. (Foto: Krupp-Archiv)

110/125-PS-Krupp OD 5,5 N 242 Überlandbus (Düwag-Aufbau), 1938.

125-PS-Krupp OD 5,5 N 242 Ausflugsomnibus (Kässbohrer-Aufbau), 1938.

110-PS-Krupp OD 5,5 N 262 Düwag-Anhängerzug, 1939.

110-PS-Krupp-Gaubschat-Gelenkzug OD 5,5 N 262, 1939.

105-PS-Südwerke TD 50 Frontlenker-Linienbus (Düwag-Aufbau), 1949.

105-PS-Südwerke TD 50 Frontlenker-Reisebus (Harmening-Aufbau), 1949.

190/210-PS-Südwerke O 80 Titan Reisebus (Hubertia-Aufbau), 1950.

der Essener Verkehrs-AG (EVAG) einen Komplett-Stadtomnibus her. Der O 124 hatte den brandneuen 120-PS-Gamma-Silumin-Zweitaktdiesel in Unterflurbauweise mit Gummilagerung. Jeder Zylinder hatte seine eigene Einspritzpumpe. Der seitlich gelegte Motor war links hinter der Vorderachse platziert und der Kühler vom Motor getrennt im Bug untergebracht. Wahlweise kamen entweder ein Hydro-Media- oder ein Voith-Diwabus-Getriebe zum Einsatz.

Der 10-Meter-Wagen war eine selbsttragende Leichtmetall-Schalenbau-Konstruktion mit glasfaserverstärktem Polyester-Fußboden und einer Frontpartie, die an die Krupp-Frontlenker-Lastwagen erinnerte. Nach Pekol-Konzept waren die einzelbereiften Räder an Trapezlenkern einzeln aufgehängt; vorn mit Rollbälgen, luftgefedert und hinten mit Ringbälgen. Das Fassungsvermögen betrug 120 Personen und das Achslastverhältnis vorn/hinten 1:1 bei 13 Tonnen Gesamtgewicht. Neben der Vierradbremse war eine Krupp-Motorbremse vorhanden. Bei Betätigung des Fußpedals sprach zunächst die Motor-Kompressorbremse an und bei weiterem Durchtreten die Druckluft-Vierradbremse. Es wurden jedoch nur 17 Exemplare von der zum Krupp-Konzern gehörenden Weser-Flugzeugbau-Gesellschaft in Bremen ausgeliefert, mit jeweils 31 Sitz- und 65 Stehplätzen. Im Betrieb erwies sich der Leichtmetallmotor recht anfällig; darüber hinaus konnte keine sichere Spurführung erreicht werden.

Nur noch auf Bestellung wurden bis 1963 einige wenige Omnibusse gefertigt, so dass die Krupp Motoren- und Kraftwagenfabriken GmbH die Produktion von Omnibus-Fahrwerken beziehungsweise Bodengruppen einstellte. Bis 1974 gaben die Essener verlängerte und tiefgekröpfte Chassisteile und Achsgruppen des einstigen Lkw LF 380 an das Ludewig-Werk ab, das 80 dreiachsige Oberleitungs-Omnibusse für die Solinger Stadtwerke zusammenbaute. Die Fried. Krupp GmbH stellten den Kraftwagen- und Motorenbau (Krawa) in Essen am 30. Juni 1968 offiziell ein. Die Niederlassungen, die Ersatzteilversorgung und den Service übernahm die Daimler-Benz AG. Noch bis 1995 gab es weiterhin straßen- und geländefähige Spezialfahrzeuge, an denen die drei Krupp-Ringe prangten. Sie kamen aus Wilhelmshaven aus den Werkshallen der Krupp-Mobilkrane GmbH. Bei ihren Produkten handelte es sich um zwei- und bis zu zehnachsige, ein- und mehrteilige Autokrane mit Teleskopmasten für Maximallasten von 15 bis 1000 Tonnen. Der US-Mobilkran-Hersteller Grove, inzwischen Manitowoc Crane Group, führt die Montage in Wilhelmshaven fort.

145-PS-Südwerke O 60 Mustang (Ludewig-Aufbau), 1952.

190/210-PS-Südwerke O 80 Titan Reisebus (Hubertia-Aufbau), 1952.

140-PS-Südwerke O 480 Reisebus (Ludewig-Aufbau), 1951.

145-PS-Krupp-Südwerke O 10 FK Reisebus (Voll-Aufbau), 1953. (Foto: Hans Pairan)

145-PS-Krupp-Südwerke O 8 FK Reisebus (Hubertia-Aufbau), 1954. (Foto: Krupp-Archiv)

145-PS-Krupp O 8 FK Linienbus (Ludewig-Aufbau), 1954. (Foto: Harry Bettig)

110-kW-Krupp-Südwerke Obus O 8 E (ELB 100) vor dem Ludewig-Werk, 1953. (Foto: Krupp-Archiv)

150-PS-Krupp-NWF O 100 SF 4 Linienbus-Prototyp, 1957.

120-PS-Krupp O 124 Linienbus, 1958/59.

KRUPP

Typ	Sitzplätze/ Stehplätze	Bauzeit	Zylinder	PS	K	B x H mm	Hubraum cm^3	Drehzahl U/min	Radstand mm	Länge mm	Gewicht kg	Motor-hersteller	Typ	M	Bemerkungen
1. Linienbusse															
A) Modelle mit Verbrennungsmotoren															
a) Baureihen L/O															
L 3 N	25/0	1927	6	70	W	90x160	6108	1500/ 2000	5000	7250		Krupp	M 11	V	
L 3 H 63		1929	6	75/100	W	90x160	6108	1400/ 2000	3650+1100			Krupp	M 11	V	Reichspost-6x4-Version
O 8 N 63	45/25	1931 - 32	6	150	W	130x160	12700	1600	5068+1264	9000	7900	Krupp	M 21	V	
O 4 N 62	34/11	1933	6	110	W	102x160	7844	1600	5865+5050	9210+8820		Krupp	M 12 a	V	auch V 8-Motor M 311
b) Baureihen TD/OD															
TD 4 N 332	34/11	1938	3	90	W	85x240	4080	1500	5200	9300	4300	Junkers-Liz.	M 413	D	Frontlenker
OD 3 N 62	23-29+1	1939	6	80	W	100x120	5650	2400	4500	8200	2800	Krupp	M 113	D	Version OGD 3 N 62 mit Holzgas-Generator
OD 6,5 N 242	30/	1939	4	125	W	85x240	5448	1500	5800	10340	5700	Junkers-Liz.	M 422	D	
c) Baureihen L/LD/TD/T															
L 45 KOM	22/	1948	6	110	W	102x160	7844	1600	4400	7650		Krupp	M 14	V	
LD 50		1948	4	125	W	85x240	5448	1500				Junkers-Liz.	M 422	D	
TD 50	37/9	1949 - 51	3	105	W	85x240	4080	1500	5200	9300		Junkers-Liz.	M 413	D	
T4 D 50	37/9	1950 - 51	4	125	W	85x240	5448	1500	5500	10000		Junkers-Liz.	M 422	D	
d) Baureihen O 60/O 80/OF 480/OF 470/O 8/O 10															
O 60 Mustang	23/37	1951 - 54	4	145	W	115x140	5816	1700	5800	10500	8140	Südwerke	SW 4	D	auch 28/32 Plätze
O 80 Titan	24/46	1951 - 53	6	210	W	115x140	8724	1700	6400	11790	11450	Südwerke	SW 6	D	auch 28/42 Plätze
OF 480	100	1952	4	145	W	115x140	5816	1700	6800	11750		Südwerke	SW 4	D	
O 470 FK	50/20	1952 - 54	4	145	W	115x140	5816	1700	5200	10850		Südwerke	SW 4	D	
O 480 FK	80	1952 - 54	4	145	W	115x140	5816	1700	6350	12000		Südwerke	SW 4	D	
O 80 B/Titan Super	ca. 80	1953	6	210	W	115x140	8724	1700	6400	12000	6500	Südwerke	SW 6	D	Kurzhauber
O 8 FK	28/	1953 - 55	4	145	W	115x140	5816	1750	5200	10670 - 10850	9400	Südwerke	SW 4	D	
O 10 FK	37/	1953 - 55	4	145	W	115x140	5816	1700	6350	11970	9500	Südwerke	SW 4	D	ab 1955 150 PS
O 10 F4	ca. 100	1955 - 59	4	150	W	115x140	5816	1900	5200	10900	9350	Krupp	D 459	D	ab 1957 160 PS, Bezeichnung D 459 M/OF
e) Baureihen O 100/O 124															
O 100 SF 4	ca. 100	1955	4	150	W	115x140	5816	1900			9350	Krupp	D 459 M	D	Prototyp in Zusammenarbeit mit NWF
O 124	31/65	1959 - 63	4	120	W	97x110	3250	2600	5450	10090	5785	Krupp	D 433 U	D	Krupp/Weser-Flugzeugbau, nach Pekol-Konzept
B) Modelle mit Elektromotoren															
Obus	30/17	1930		89 kW				1425	3870/1260	9340	7710 - 8200	AEG			Mettmann-Typ
Obus O 8 E (ELB 100)	27/74	1953 - 57		110 kW				1220	6350	11100	9370	SSW	GB 200/19b		Ludewig-Aufbau
O 10 EL	51/66	1955		110 kW				1200	5200/1290	12000	10380	SSW	GB 200/19b		
2. Ausflugs- und Reisebusse															
a) Baureihen L/O/OD/TD															
L 1,5	16/0	1925	4	40	W	90x160	4071	1500	3600			Krupp	M 1	V	
L 2,5	25/0	1926	4	40	W	90x160	4071	1500	5000	7250		Krupp	M 1	V	
L 3	28/0	1926	4	50	W	90x160	4071	1600	5000	7250		Krupp	M 19	V	
O 3 N	24+4	1928	3	45	W	80x300	4521	1400	5000	7250		Junkers	SA 9	D	Zweitakt-Gegenkolben-Motor, Versuchstyp
O 3,5	30+6	1928 - 29	6	75/100	W	90x160	6108	1400/ 2000	5000	7800	6800	Krupp	M 11	V	
O 5 N	50/0	1928 - 29	6	75/100	W	90x160	6108	1400/ 2000	5500			Krupp	M 11	V	
O 3 N 62	30/6	1930	6	95	W	100x160	7540	1600	5200	7800		Krupp	M 12	V	
O 5 N 62	46/0	1930	6	95	W	100x160	7540	1600	6000	9000	7900	Krupp	M 12	V	
O 4 N 63	33/0	1931	6	95	W	100x160	7540	1600	5400+1200			Krupp	M 12	V	Reichspost-6x4-Version
O 3 N 62	29/0	1931	6	95/100	W	105x160	7488	1400	5200			Krupp	M 201	V	Glühring-Motor
O 2 H 42	16/0	1932	B4	55	L	90x120	3050	2400	3650	5680		Krupp	M 301	V	
O 4 N 62	33/0	1931	6	95/100	W	105x160	7488	1400	5865	9210	5750	Krupp	M 201	V	Glühring-Motor
O 3 H 42	25/0	1932 - 33	4	65	W	105x160	5540	1600	4300	6650		Krupp	M 201	V	dito
O 3 M 42	25/0	1932 - 33	4	65/70	W	105x160	5540	1600	4000	6700		Krupp	M 201	V	dito
O 2 H 42	16/0	1933	4	55/60	L	90x130	3308	2500	4000	5680		Krupp	M 304	V	
O 2,5 H 42	20/0	1932	B4	55	L	90x120	3050	2400	3600	6180		Krupp	M 301	V	
O 2,5 H 42	20/0	1933	B4	55/60	L	90x130	3308	2500	4400	6180		Krupp	M 304	V	
OD 2 H 42	20+4	1934	B4	45/50	L	92x130	3450	2200	4000	5680		Krupp	M 601	D	
OD 2,5 H 42	20+4	1934	B4	45/50	L	92x130	3450	2200	4400	6180		Krupp	M 601	D	
O 2,5 N 42	25/0	1934	4	60	L	92x130	3450	2500	4200	6700		Krupp	M 305	V	
O 3,5 N 42	30 - 35	1934	4	70	W	105x160	5540	1600	4600 - 4650	7800		Krupp	M 202	V	
O 3,5 N 42	30 - 35	1934	4	70	W	105x160	5540	1600	4600 - 4650	7800		Krupp	M 202	V	
OD 3,5 N 22	30 - 35	1934	2	55	W	85x240	2720	1500	4600 - 4650	7800		Junkers-Liz.	M 402	D	Zweitakt-Gegenkolben-Motor
OD 4 N 32	42/0	1934	3	80	W	85x240	4080	1500	5895	9210		Junkers-Liz.	M 413	D	auch 100 PS
O 2,5 N 42	25/0	1935	4	60	L	92x130	3450	2500	4200	7650		Krupp	M 305	V	auch DR-Stromlinientyp
OD 3,5 N 32	30+5	1935	3	80	W	85x240	4080	1500	4600			Junkers-Liz.	M 413	D	
O 2,5 N 142	21+4	1936	4	65	L	100x130	4082	2500	3870 - 4200	7720	1900	Krupp	M 332	V	

KRUPP															
Typ	Sitzplätze/ Stehplätze	Bauzeit	Zylinder	PS	K	B x H mm	Hubraum cm³	Drehzahl U/min	Radstand mm	Länge mm	Gewicht kg	Motor-hersteller	Typ	M	Bemerkungen
OD 2,5 N 142	20+5	1936	4	55	L	100x130	4082	2200	3870 - 4200	7720	1900	Krupp	M 611/M 612	D	auch DR-Stromlinientyp, 21 Plätze
OD 4 N 232	31+8	1936 - 40	3	80/90	W	85x240	4080	1500	4910	8820		Junkers-Liz.	M 412	D	
O 4 N 262	31+6	1936	6	110	W	100x160	7540	1600	4380 - 4520	8680 - 8820	3800	Krupp	M 12	V	
O 5,5 N 62	45/0	1936	6	95	W	100x160	7540	1600	5800	10370		Krupp	M 12	V	
O 5,5 N 62	45/0	1936	V8	125	L	90x120	6104		5800	10370		Krupp	M 313	V	
OD 5,5 N 42	45/0	1936	4	110	W	85x120	5448	1500	5800	10370		Junkers-Liz.	M 422	D	
O 4 N 262	30+8	1937	6	95	W	100x160	7540	1400	4910 - 5050	8680 - 8820	4000	Krupp	M 12	V	
O 5,5 N 262	37+8	1937 - 40	6	95/100	W	100x160	7540	1600	5800	10310	4900	Krupp	M 12	V	auch Radstand 5683 mm
OD 5,5 N 242	42 - 48	1937 - 40	4	110	W	85x240	5448	1400	5800	10310	5500	Junkers-Liz.	M 422	D	auch 125 PS
O 4 N 262	31+8	1938	6	110	W	102x160	7844	1600	4910 - 5050	8680 - 8820	3800	Krupp	M 12 a	V	auch Radstand 4380 u. 4520 mm
TD 4 N 332	34+1	1938	3	90	W	85x240	4080	1500	5200	9300	4300	Junkers-Liz.	M 413	D	Frontlenker
O 5,5 N 262	78/0	1939	6	110	W	102x160	7844	1600	5800	20200		Krupp	M 12 a	V	Gaubschat-Anhängerzug
OD 6,5 N 242	38 - 40	1939	4	125	W	85x240	5448	1500	5800	10340	5700	Junkers-Liz.	M 422	D	
b) Baureihen TD/OD/O 480/O 60/O 80/OF 480/O 470/O 480/O 8/O 10															
T4 D 50	54/0	1950 - 51	4	125	W	85x240	5448	1500	5500	10000		Junkers-Liz.	M 422	D	
OD 55/O 480	60/0	1951 - 52	4	145	W	115x140	5816	1700	5200 - 5800	10500		Südwerke	SW 4	D	Zweitakt-Dieselmotor u. folgende
O 60 Mustang	39-43+1	1951 - 54	4	145	W	115x140	5816	1700	5800	10500	8140	Südwerke	SW 4	D	
O 80 Titan	50/0	1951 - 53	6	210	W	115x140	8724	1700	6400	11790	11450	Südwerke	SW 6	D	
O 80 Titan	60/0	1951	6	210	W	115x140	8724	1700	6400	12000	9800	Südwerke	SW 6	D	Ludewig Reise-1 1/2-Decker
O 80 Titan	75 + 28	1951	6	210	W	115x140	8724	1700	6800 +	20000	18000	Südwerke	SW 6	D	
O 80 Titan	75 + 28	1951	6	210	W	115x140	8724	1700	6800 +	20000	18000	Südwerke	SW 6	D	
OF 480	47-55	1952	4	145	W	115x140	5816	1700	6800	11750		Südwerke	SW 4	D	
O 470 FK	46/0	1952 - 54	4	145	W	115x140	5816	1700	5200	10850		Südwerke	SW 4	D	
O 480 FK	58+2	1953	4	145	W	115x140	5816	1700	6350	12000		Südwerke	SW 4	D	Ludewig Reise-1 1/2-Decker
O 8 FK	45-53+4	1953 - 55	4	145	W	115x140	5816	1750	5200	10670 -	9400	Südwerke	SW 4	D	ab 1955 150 PS
O 10 FK	49 - 57	1953 - 55	4	145	W	115x140	5816	1700	6350	11970	9500	Südwerke	SW 4	D	dito

Krupp O 10 F4, ARAL-Renndienstfahrzeug mit Ludewig-Aufbau, Baujahr 1957, restauriert 2014-2017. (Foto: Ralf Weinreich)

Kühlstein

Kühlstein Wagenbau-Gesellschaft OHG,
Berlin-Charlottenburg, Salzufer 4;
Berlin NW, Schiffbauerdamm 23
1899

Die 1883 von Eduard Kühlstein (1833-1900) in Berlin-Charlottenburg gegründete Kutschen-Bauanstalt fertigte um die Jahrhundertwende als Hoflieferant Luxus-Kutschen, Personen- und Post-Lieferwagen. Die Geschäftsführung übte seit 1870 der Sohn des Gründers, Ernst Kühlstein aus. 1899 konnte Ingenieur Joseph Vollmer als Chefkonstrukteur gewonnen werden, der sich von der Bergmanns-Industriewerke GmbH in Gaggenau (spätere Süddeutsche Automobil-Fabrik) trennen wollte. Die Firma Kühlstein beabsichtigte fortan auch Fahrzeuge mit Elektromotoren herzustellen.

Das erste größere Kühlstein-Modell nach Plänen Joseph Vollmer war die elektrisch angetriebene »Mail Coach«, ein Omnibus, bei dem die 15 Passagiere und der Fahrer in drei offenen Etagen und im hinteren Kabinenteil saßen. Letzterer konnte von Glühlampen beleuchtet werden. Den elektrischen Antrieb mit zwei 2,2-kW-Motoren an den Vorderrädern konstruierte Elektroingenieur Robert Schwenke von den Siemens & Halske-Werken. Das auf der Weltausstellung 1900 in Paris mit dem Grand Prix ausgezeichnete Fahrzeug wog 1,8 Tonnen und erreichte eine Geschwindigkeit von 18 km/h. Joseph Vollmer erhielt für diese Konstruktion die Goldene Medaille. Ein Verkaufserfolg wurde die »Mail Coach« jedoch nicht.

Nach dem Tod Eduard Kühlsteins versuchte dessen Witwe, Joseph Vollmer als Chefkonstrukteur im Unternehmen zu halten. Aufgrund der zu geringen Kühlstein'schen Kapitaldecke entschied sich Vollmer jedoch für einen Fünfjahresvertrag mit der kapitalkräftigen AEG-Tochter NAG. Nach, beziehungsweise mit Joseph Vollmer ging der Kühlstein-Bereich Automobil- und Motoren-Fertigung 1902 in den Besitz der AEG über, weil die finanziellen Mittel - trotz einer angeblichen Teilhaberschaft von Lohner in Wien - für eine größere eigenständige Produktion in Charlottenburg nicht mehr ausreichten.

Um und nach 1913 firmierte das Unternehmen zeitweise als »Karosseriebau Kühlstein-Rühe, Berlin-Charlottenburg«. Wiederum als Kühlstein-Wagenbau fertigte man bis Mitte der zwanziger Jahre auch Omnibusaufbauten. Darunter befanden sich Aussichtsbus-Karossen, deren seitliche Fenster heruntergekurbelt werden konnten, um anschließend das Verdeck wie bei einem Kabriolett zurückzuschlagen. Derartige Kabriolett-Omnibusse bestellten bei Kühlstein die Reichspost und die KVG-Sachsen für zuvor angekaufte VOMAG-Hochrahmenfahrgestelle. Ungeachtet dessen musste Kühlstein-Wagenbau 1926 Konkurs anmelden.

2x2,2-kW-Kühlstein »Mail Coach«, 1899.

Kummer

Aktiengesellschaft Elektrizitätswerke vorm. O. L. Kummer u. Co., Niedersedlitz bei Dresden u.
Dresdner Geschäfts- Luxus- und Straßenbahnwagenfabrik Karl Stoll, Dresden

1. 1899-1900 **Aktiengesellschaft Elektrizitätswerke vorm. O. L. Kummer u. Co.,** Niedersedlitz bei Dresden u. **Dresdner Geschäfts-, Luxus- und Straßenbahnwagenfabrik Karl Stoll,** Dresden
2. 1901-1903 **Waggonfabrik Karl Stoll,** Dresden
3. 1903-1905 **Allgemeine Elektricitäts-Gesellschaft (AEG),** Berlin und Waggonfabrik Karl Stoll, Dresden

Um die Jahrhundertwende fertigte das vormalige Kummer'sche Unternehmen elektrische Lokomotiven, Triebwagen und nach Plänen und Patenten der Dresdner Geschäfts-, Luxus- und Straßenbahnwagenfabrik Karl Stoll auch Oberleitungsomnibusse. Die AG Elektrizitätswerke vorm. Kummer mutierten 1903 zur Sachsenwerk AG, an der sich 1930 die AEG beteiligte.

Lederle

Maschinenfabrik Lederle, Freiburg
1903

Dieses noch heute im Pumpenbau tätige Freiburger Unternehmen stellte nach der Jahrhundertwende neben einigen Last- und Lieferwagen auch einen Omnibus her, der bis zu seiner Zerstörung durch einen Brand auf der Strecke Freiburg-Hexenthal verkehrte.

Ley

Rudolf Ley Automobilfabrik AG,
Arnstadt/Thüringen, Wagnergasse 18,
Automobilwerk Loreleystr.
1. 1928-1931 **Rudolf Ley Automobilfabrik AG**
2. 1931 **Ley Automobilfabrik AG**

Die Firma Rudolf Ley, eine 1856 gegründete Maschinenfabrik, entwickelte sich mit ihrer Fertigung von Schuh- und Spezialnähmaschinen sowie von Elektromotoren zum größten Betrieb Arnstadts. Ihr Gleichstrom-Kraftwerk versorgte nicht nur den Betrieb, sondern auch die Region. Als Rudolf Ley (1840-1901) im Alter von 61 Jahren starb, übernahmen seine vier Söhne die Firma. Unter dem Namen »Loreley« begann das Werk ab 1906 nach Entwürfen des leitenden Direktors, Kommerzienrat Alfred Ley (1874-1945), Kleinwagen und wenig später als einer der ersten deutschen Hersteller schon frühzeitig Fahrzeuge mit Sechszylindermotoren zu produzieren. Das Unternehmen wurde 1909 in eine Aktiengesellschaft umgewandelt, gleichzeitig wurden neben dem Hauptwerk in der Wagnergasse neue Firmengebäude mit einem Eisenbahnanschluss für die prosperierende Automobilfertigung in der Loreleystraße errichtet. Nachdem das Unternehmen 1925 den Pkw-Bau eingestellt hatte, konzentrierte es sich auf die Fertigung von Schnelllastwagen und kleineren Omnibussen. 1928 erschien der Omnibustyp U 12 L, der als 26-sitziger Überland- und als 22-sitziger Aussichtsomnibus mit einem »Sunsaloon«-Kurbelverdeck der Firma Golde in Gera versehen werden. Die Niederrahmen-Fahrzeuge waren mit einem eigenen 45/60-PS-Vierzylinder- und schließlich einem 60-PS-Sechszylindermotor bestückt. Die Bremsbetätigung erfolgte hydraulisch. Die Ley-Nutzfahrzeuge wurden über die MAN-Vertriebsorganisation verkauft.

Trotz der Sanierung im Jahre 1926 musste dann 1931 die Nutzfahrzeugfertigung aufgegeben werden. Die Industrie-Verwertungsgesellschaft Polte in Magdeburg erwarb die stillgelegte Fahrzeugfabrik und richtete dort nach 1933 eine Rüstungsfertigung ein. In das nach 1945 demontierte Werk in der Loreleystraße zog das Volkspolizei-Kreisamt ein. Das ehemalige Hauptwerk in der Wagnergasse wurde nach dem Krieg enteignet und stellte als VEB Metallbau Arnstadt Fördergeräte her. Alfred Ley starb 1945 auf dem Transport in die Sowjetunion.

55-60-PS-Ley V 14 AL (Thiele-Aufbau), 1930. (Foto Peter Michels)

45/50-PS-Ley U 12 L, 1928.

LEY

Typ	Sitzplätze/ Stehplätze	Bauzeit	Zylinder	PS	K	B x H mm	Hubraum cm³	Drehzahl U/min	Radstand mm	Länge mm	Gewicht kg	Motor-hersteller	Typ	M	Bemerkungen
U 12 L	26/0	1928 - 30	4	45/50	W	87x130	3089	2800	3600	5300 - 6250		Ley	U 12 L	V	
V 14 AL 2-2,5	18/0	1930 - 31	6	55/60	W	80x120	3617	3000	3750	5700	2600	Ley	V 14	V	
V 14 AL 2,5-3	22/0	1930 - 31	6	55/60	W	80x120	3617	3000	4500	6550	2750	Ley	V 14	V	

LHB

Linke-Hofmann-Busch, Waggon-Fahrzeug-Maschinen GmbH (LHB), Braunschweig u. Salzgitter-Lebenstedt
1951-1954

Die bekannte Waggonfabrik LHB entwarf 1951 einen Frontlenker-Omnibus, der über das Prototypenstadium jedoch nicht herauskam. Das Unternehmen stellte aber in großen Stückzahlen Aufbauten her. Bekannt wurde das Unternehmen vor allem durch die Aufbauten für den Henschel-Obus vom Typ HS II/51. Die Modelle mit 23 Sitz- und 62 Stehplätzen verfügten über ein 100-kW-Anlage. Die Stadtwerke Pforzheim übernahmen einen Teil der Modelle mit AEG-Elektrik, die Stadtwerke Bremen mit BBC-Elektrik. Ab 1957 beteiligte sich das über die Salzgitter-Gruppe im Bundesbesitz befindliche Werk an Büssing. 1998 übernahm der französische Waggonbau-Konzern Alstom das Unternehmen, umbenannt in Alstom-LHB, seit 2009 unter dem Namen Alstom Transport Deutschland GmbH firmierend.

Lindner

Gottfried Lindner AG, Wagen- und Waggonfabrik,
Ammendorf/Halle, Schachtstr. 18 (heute Merseburger Str.)
1908-1945

Im Jahre 1923 gründete der Sattlermeister Gottfried Lindner in Halle eine Werkstatt zur Herstellung von Sätteln und Zaumzeug, die 1830 zum Bau und zur Reparatur von Kutschen und Pferdebahnwagen überging. 1893 begann das Unternehmen unter der Leitung von Heinrich Lindner Aufbauten für Straßenbahnwagen herzustellen. 1900 erfolgte die Verlagerung in moderne Neubauten nach Ammendorf und 1903 wurde das Familienunternehmen, jetzt geführt von Heinrich und Reinhardt in der dritten Lindner-Generation in eine GmbH und zwei Jahre später in eine Aktiengesellschaft umgewandelt. Mit dem Ausscheiden von Justus Rudolph, dem Schwager von Heinrich Lindner, kam es 1915 zu einer Reorganisation des Unternehmens. Die Abteilung 1 stellte Waggons, die Abteilung 2 stellte Straßenbahn- und Omnibusaufbauten, die Abteilung 3 stellte Anhänger und Aufbauten für Lkw und die Abteilung 4 (ehemals Kutschenbau) stellte Pkw-Karosserien unter der Führung von Ingenieur Hermann Traus her. 1922, nach dem Ausscheiden von Generaldirektor Heinrich Lindner, übernahm dieser bis Kriegsbeginn die Leitung der Gottfried Lindner AG.

1908 entstand neben Pkw-Karosserie der erste individuelle Aufbau für einen Omnibus. Während des Ersten Weltkrieges fertigte Lindner Omnibusaufbauten in kleinen Serien. 1928 hielt die Technik der Stahlspanten-Ausführung im Lindner-Omnibusbau auf Basis von Büssing-, NAG-Dux- und Adler-Kleinbussen Einzug und ab 1931 wandte sich Lindner mit einem ersten Büssing-NAG-Dreiachser der Leichtmetalltechnik zu. In fortschrittlicher Frontlenkerausführung entstand 1937 eine Serie von MAN-Stadtbussen für die peruanische Hauptstadt Lima. Einen technischen Höhepunkt stellte 1939 auf der Berliner Automobil- und Motorradausstellung (IAMA) die Vorführung eines Büssing-NAG-Trambusses in Schalenbauweise dar. Der komplette Aufbau mit Bodenplatte ruht auf vier Silentblöcken auf dem angelieferten Chassis. Der Aufbau konnte zur Wartung des Motors vorne hochgehoben werden, wobei die hinteren Befestigungen als Drehpunkte dienten. Der beginnende Zweite Weltkrieg verhinderte die Serienproduktion. Das sich damals als größter deutscher Lastanhängerhersteller bezeichnende Werk musste sich auf den Bau von 3- und 8-t-Anhängern, Tiefladern, Transportwagen aller Art – darunter auch der Meiller-Spezialwagen zum Transport und Aufrichten der V2-Rakete -, Selbstfahrlafetten, Anhänger mit Kreuzlafette für Flak-Geschütze, Artillerie-Fahrzeuge sowie auf die Fertigung von Flugzeugteilen konzentrieren.

Nach 1946 wurde das wenig beschädigte und weiterhin fertigungsfähige Unternehmen aufgrund der Rüstungsproduktion von der Sowjetischen Aktiengesellschaft (SAG) Transportmittelbau übernommen, siehe unter VEB Ammendorf.

Decksitzbus für die ABOAG, 1911. (Foto: Smlg. R. Weinreich)

Fünf gschlossene und ein offener Brennabor bei der Abholung, 1927. (Foto: Smlg. R. Weinreich)

Linienbus auf Saurer-Fahrgestell, unmittelbar vor der Auslieferung, 1932. (Foto: Smlg. R. Weinreich)

Die nach Nürnberg geflüchtete Geschäftsführung nutze die in den Westzonen gelegenen Reparaturstützpunkte, darunter das 1941 eingerichtete Werk in Berlin-Tempelhof, zum Neuaufbau der einst renommierten Anhängerproduktion. Mit Ende des Wiederaufbaubooms mussten die Rechte, Patente und Vermögenswerte teilweise an die Staufen-Fahrzeugwerke Eislingen R. Rayer KG abgegeben werden, und um 1965 den Konkurs abzuwenden, ging die Gottfried Lindner AG vollständig an den schwäbischen Fahrzeughersteller über. 1973 endete die Fertigung von Anhängern unter dem Markennamen Lindner.

Linienbus auf Saurer-Chassis für ein Unternehmen der Freien Stadt Danzig, 1931. (Foto: Smlg. R. Weinreich)

80-PS-MAN DS Überlandbus für Peru, 1936. (Foto: Smlg. R. Weinreich)

Die hallesche Giebichensteinbrücke über die Saale mit der imposanten Burg Giebichenstein war ein beliebter Fotostandpunkt (Foto: Smlg. R. Weinreich)

Moderner Trambus-Aufbau auf Büssing-NAG 500 T, 1939. Der selbsttragende Aufbau konnte bei Bedarf angehoben werden. (Foto: Smlg. R. Weinreich)

Lloyd

Lloyd Motoren-Werke GmbH,
Bremen-Sebaldsbrück, Richard-Dunkel-Str.
1951-1954/61

Nach der Neugliederung des Borgward-Unternehmens verlegte Carl F. W. Borgward die Elektrofahrzeugfertigung in das neue Lloyd Motoren-Werk. Hier entstand vor allem der Frontlenker-Paket-Postwagen vom Typ EL 2500.

Auf dem Fahrgestell des Elektro-Frontlenkers sowie auf dem Fahrgestell des kleinen Borgward-1,5-Tonnen-Lastwagens fertigte das Unternehmen in kleiner Stückzahl Omnibusse mit eigenen 10,3-kW-Hauptschlussmotoren. Bei einer Höchstgeschwindigkeit von 30 km/h betrug die Reichweite 90 Kilometer. Die englische Besatzungsmacht übernahm die mit Rechtssteuerung versehenen Fahrzeuge.

Als Mini-Omnibus wurde ab 1955 der Lloyd-»Großraumtransporter« LT 600 im Flughafendienst eingesetzt. Nach dem Zusammenbruch des Borgward-Konzerns existierten noch bis 1986 die Lloyd Motoren Werke, die Ersatzteile und Zweitaktmotoren produzierten.

19-PS-Lloyd LTK 600 als Zubringerfahrzeug, 1955.

10-kW-Lloyd EL 2500 Typ A, 1953.

8,8-kW-Lloyd EL 1500 neben dem Modell EL 2500, 1953.

LLOYD															
Typ	Sitzplätze/ Stehplätze	Bauzeit	Zylinder	PS	K	B x H mm	Hubraum cm³	Drehzahl U/min	Radstand mm	Länge mm	Gewicht kg	Motor-hersteller	Typ	M	Bemerkungen
EL 1500	12/0	1951		8,8 kW							2300	Lloyd			
EL 2500	28/0	1951 - 54		10,3 kW					3500	7900	5300	Lloyd			
LT 600	6	1955 - 61	2	19	L	77x64	596	4500	2350	3530	710	Lloyd		V	Zweitaktmotor

Loeb

Loeb-Werke AG, Personen- und Lastwagen-Fabrik (Automobilfabrik der Kraftfahrzeug Aktiengesellschaft/KAG),
Berlin-Hohenschönhausen, Goeckestr.
1917-1920

35-PS-Dinos Luxus-Omnibus, 1921.

Aus der 1906 gegründeten Kraftfahrzeug Aktiengesellschaft (KAG) in Berlin-Charlottenburg, einer der damals größten Automobilhandlungen und Reparaturbetriebe im Deutschen Reich, gingen 1909 die Loeb-Werke hervor.

Nach Entwürfen von Joseph Vollmer und seiner Deutschen Automobil-Construktions GmbH (DAC) entstanden neben Personenwagen auch Nutzfahrzeuge. Auf dem 3,5-Tonnen-Fahrgestell erschienen ab 1917 Omnibusse unter der Marke LUC (Loeb u. Cie.) mit eigenen 40-PS-Motoren. 1920, nach dem Ausscheiden des Firmengründers Ludwig Loeb (1873-1938), firmierte das Unternehmen als »Dinos Automobilwerke«, die Personen- und Lastwagen sowie Raupenschlepper herstellten. 1922 erwarb der Großindustrielle Hugo Stinnes das Unternehmen und gliederte es seinen Automobilfabriken AGA und RABAG ein.

Ludwig Loeb richtete erfolglos eine Kleinwagenfabrik ein und wurde 1926 erster Geschäftsführer der Ambi-Budd Presswerk GmbH in Berlin-Johannisthal, die viele deutsche Automobilhersteller mit Karosserien bis in die Kriegszeit versorgte. Bei der Demontage wurden nur die Presswerkzeuge für das Eisenacher BMW-Werk verschont.

LOEB

Typ	Sitzplätze/ Stehplätze	Bauzeit	Zylinder	PS	K	B x H mm	Hubraum cm³	Drehzahl U/min	Radstand mm	Länge mm	Gewicht kg	Motor-hersteller	Typ	M	Bemerkungen
LUC		1917 - 20	4	20	W	110x145	5509	1000				Loeb		V	
Dinos		1921	4	35	W	78x108	2064	2200				Dinos		V	

Ludewig

Karosseriefabrik Gebr. Ludewig GmbH,
Essen-Altenessen, Bruckmannstr. 87 (ab 1965 Stauderstr.)
1934-1976

Die unter dem Namen Kopp & Ludewig gegründete Karosserie-Werkstatt in der Essener Steeler Straße stellte zunächst Pkw-Aufbauten und die patentierten »Aero-Non-Stop«-Verdecke her, die sich nach Lösen eines Hebels durch den Luftdruck beim Fahren zurückrollten. 1922 erwarben die Brüder Josef (1893 - 1983) und Rudolf Ludewig (1895 - 1966) alle Gesellschaftsanteile an der nunmehrigen Karosseriefabrik Gebr. Ludewig, die 1932 in den Räumen der ehemaligen Krupp-Konsum-Bäckerei, der einst weltgrößten Bäckerei mit vier gewaltigen Kaminen, ihr Hauptwerk bauten, während in der Steeler Straße der Reparaturbetrieb weiterlief.

Ab 1927 und vor allem ab 1933 nahm das Werk den Bau von Omnibus-Karosserien auf Dixi-, Ford-, Hansa-Lloyd- und Opel-Fahrgestellen auf. Erster Kunde war der Omnibus-Unternehmer Josef Eltgen in Essen, der schließlich als 81-Jähriger auch den letzten in Reiseausführung karossierten Ludewig-Omnibus bestellte.

1934 präsentierte Ludewig auf der Berliner Automobilausstellung ein erstes Stromlinienmodell, das beträchtliches Aufsehen erregte. Der "Fernreise-Doppeldecker" besaß das Tiefrahmen-Fahrgestell des Büssing-NAG-Typs 300. Als Antrieb diente ein Ford-V8 mit 90 PS; auch ein Dieselmotor sollte zur Verwendung kommen. Der Fahrer saß in mittlerer Etage und steuerte über eine verlängerte Lenksäule das 3,2 m hohe Fahrzeug. Das in mehreren Exemplaren gefertigte Modell besaß

90-PS-Büssing-NAG-Ludewig zweistöckiger-Fernreisebus, 1934.
(Foto: Willi Roesel)

60-PS-Opel 3,5 Ltr. mit Ludewig-Stromlinienkarosserie Typ »Straßenzeppelin«, 1934.

75-PS-Opel 3,6 Ltr. mit Ludewig-Stromlinienkarosserie Typ »Autobahn«, 1937.

180-PS-FAUN O 9 V »Aero Condor«, 1951.

eine Aluminium-Karosse und konnte 45 Fahrgäste transportieren, wobei im Oberdeck die Sitze fischgrätenartige angeordnet waren, um den Fahrgästen beste Aussichtsmöglichkeiten zu bieten. Der eigene Omnibus-Reise-Dienst (ODi-Reisen) setzte die Schnellreisebusse auf der Route Essen-Berlin ein.

Ebenso war der Stromlinien-Eindecker von 1934/35 auf dem Opel-60-PS-Fahrgestell mit Rundhaube und zwei Heckflossen ein Blickfang. Auf Wunsch konnte die Karosserie im Flugzeugbaustoff Duralumin ausgeführt werden. Die Fahrgäste saßen wieder auf gewinkelt angeordneten Sitzen mit Schlaraffia-Polsterung. Dieses erste deutsche Autobahn-Schnellreisemodell war in Zusammenarbeit mit dem Aerodynamiker Prof. Dr. Emil August Everling entwickelt worden. Der »Straßenzeppelin« bot 21 Fahrgästen Platz und erreichte eine Höchstgeschwindigkeit von 115 km/h. Die Reifen mussten jedoch nach drei Stunden Fahrt mit Wasser bespritzt werden, um sie zu abzukühlen.

Drittes herausragendes Modell bildete der Stromlinien-Opel-Omnibus mit dem auffallenden »Tonnenmaul«, der als »Stromlinienfernbusse« an die Reichsbahn, die Hamburger Hochbahn AG und die Rhein-Main-Flughafen Gesellschaft gingen. Ebenfalls auf Opel-Fahrgestell realisierte Ludewig 1937 einen 36-sitzigen, extrem niedrigen »Aero-Autobahn-Bus« unter dem Namen »Essen«, der 110 km/h erzielte. Das acht Meter lange Fahrzeug brachte durch die Leichtmetall-Bauweise nur 3,4 Tonnen auf die Waage. Ludewig hatte bei diesen Omnibussen trotz der Vorbehalte der deutschen Aluminium-Industrie Leichtmetall für die Spanten und für die Beplankung eingesetzt, so dass das Unternehmen vor Kriegsausbruch der Spezialist für »Ganz-Leichtmetall-Karosserien« geworden war. Aufgrund der problemlos beherrschten Leichtbautechnik sollte Ludewig die von Daimler-Benz, MAN und VOMAG geplanten Reichsautobahn-Vierachser sowie den Büssing-Dreiachser (Motor vorn und hinten) karossieren. Zu nennen ist hier noch, dass Ludewig den von der Aerodynamischen Versuchsanstalt in Göttingen entworfenen »Schlör«-Wagen mit einer eiförmigen Stromlinien-Karosserie versah, der sich durch einen sensationell niedrigen Cw-Wert auszeichnete.

Neben diesen Spezialkarosserien konnte Ludewig mit konventionellen Aufbauten in der zweiten Hälfte der dreißiger Jahre einen Anteil von 20 Prozent des deutschen Karosseriebau-Geschäftes für sich reklamieren. Etwa 60 Prozent der Opel-Niederrahmen-Omnibusse stammten von Ludewig. Unter den eindruckvollsten Ludewig-Lieferungen sind die Aufbauten der MAN-P-Modelle hervorzuheben, die in 95 Exemplaren nach Lima/Peru verschifft wurden. Mit Beginn des Krieges spezialisierte sich das Unternehmen auf die Fertigung des leichten »Wehrmachts-Omnibusses« auf dem Opel 3,5-Tonnen-Fahrgestell. Das Brandenburger Opel-Nutzfahrzeugwerk lieferte CKD-Sätze an, so dass Ludewig auch die Unterbauten zusammensetzte. Bis 1944 konnten 2880 Exemplare mit dem Einheitsaufbau 639 abgeliefert werden. Hinzu kamen Pritschenaufbauten für den Opel-Laster, Schlauchtender für die Luftwaffe sowie Flugzeugtanks. 1944 zerstörten Bomben eine Fertigungshalle samt Schornstein, doch schon kurz nach Kriegsende konnte Ludewig wieder Büssing 450 T- (für die Britische Rheinarmee/BAOR) und Büssing 500 T-Fahrgestelle karossieren. 1949 bot Ludewig auch wieder zwei mit reichlich Chrom bestückte, heute barock anmutende Aufbauten an, die vor allem auf Borgward- und Opel-Chassis gesetzt wurden. Im gleichen Jahr stellte Ludewig auf dem Büssing-Fahrgestell 500 T einen ersten Anderthalbdecker als Vorführwagen her. Während der Zugang zum Oberdeck von innen erfolgte, war die untere Hecketage nur im Stillstand über eine äußere Schlagtür zugänglich. Da das Fahrgestell für diese Bauart einen zu knappen Radstand aufwies, übernahm Ludewig ab 1951 FAUN O 9 V-Unterbauten (Radstand 6800 mm), die als FAUN Aero »Condor« in sechs Exemplaren aufgebaut wurden. In dem 3,45 m hohen Fahrzeug konnten insgesamt 60 Fahrgäste Platz nehmen. Die Sitze waren wie in einem Zugabteil angebracht;

145-PS-Krupp-Südwerke OF 480 Aero, 1952.

150-PS-Büssing 6500 T Aero, 1955. (Foto: Harry Bettig)

145-PS-Krupp-Südwerke O 8 FK Aero, 1954. (Foto: Krupp-Archiv)

100-kW-Henschel Obus HS 562 E Aero, 1955.

110-kW-Krupp O 8 E Aero, 1955. (Foto: Ludewig-Werk)

dazwischen befanden sich kleine Tische. 1952 folgten neun Krupp-Anderthalbdecker (Radstand 6400 mm), die ebenfalls als Luxus-Busse in den Reisedienst gingen. Die Anderthalbdecker fanden auch in den USA Beachtung, so dass 1953 der Präsident des Continental-Bus-Systems, eines der großen Omnibus-Langstrecken-Unternehmen in den USA, sich einen Ludewig-Anderthalbdecker vorführen ließ. Da Ludewig an der Grenze der Fertigungskapazität arbeitete, kam ein Auftrag nicht zustande; die Amerikaner gingen daraufhin zu Kässbohrer. Schließlich entstanden noch zwei Reise Reise-Anderthalbdecker auf Büssing 6500 T-Basis mit Zugang zum Heckbereich vom Mittelgang des Fahrzeugs aus.

An das Peru-Geschäft knüpfte Ludewig 1952/53 wieder an und lieferte diesmal eine Serie von Schienenbussen mit Büssing-Motoren nach Lima.

Aufgrund der möglichen hohen Fahrgastkapazität und des großen Auffangraumes der Anderthalbdecker lag es nahe, diesen Typ auch als Linienbus umzukonstruieren, wobei von der durchgehenden unteren Ebene eine Treppe in das Oberdeck führte. Ab dem Jahre 1954 dienten zunächst Krupp- und Büssing-Fahrgestelle als Basis dieser Großraumtransporter. Um die Tragfähigkeit für das hohe Gewicht der Fahrgäste zu steigern, erhielten die Modelle eine dritte Räderreihe, aufgehängt an Stummelachsen, die an den Längstraversen angeschweißt waren. Die Krupp-Modelle waren für bis zu 125 Fahrgästen, das Büssing 6500 T-Modell für 117

108-PS-Ludewig Aero H 4000 Stadtbus mit stufenlosem Einstieg, 1957.

150-PS-Krupp O 10 F4 Aero, 1957. (Foto: EVAG)

145-PS-Büssing TU 7 Aero, 1960.

Fahrgäste ausgelegt. Mit der Ankündigung der Änderung der StVO zum Juli 1960, die unter anderem das Mitführen eines Personen-Anhängers im Omnibusbetrieb untersagte und die Fahrzeuglänge des Gelenkbusses reduzierte, stieg die Nachfrage nach den Anderthalbdeckern an. Auf der Frankfurter IAA von 1955 präsentierte Ludewig ein Modell auf Krupp-Basis, das 50 sitzende und angeblich 100 stehende Fahrgäste aufnehmen konnte. Für den Serienbau nutze Ludewig Büssing- und DB-Unterbauten. Diese mit zwischen den Achsen angebrachten Unterflurmotoren eigneten sich zum Bau dieser Fahrzeuge besser als die Krupp-Versionen mit vorne stehender Maschine.

Während der TU 10 aus Braunschweig auf 121 Fahrgäste bei einem Eigengewicht von 7665 kg kam, gelang es mit dem Anderthalbdecker mit Büssing-TU 7-Motor sogar der Bau eines nur 7,5 Tonnen schweren Modells, dass nach der 1:1-Vorgabe der StVZO allerdings auch nur 108 Personen aufnehmen konnte. Die Bauhöhe bewegte sich zwischen 3650 und 3800 mm, ausreichend für das Passieren von Brückenunterfahrten, selbst mit Straßenbahn-Fahrdrahtleitungen. Zwar war die Stehhöhe im Oberdeck gering, dafür ermöglichte der Anderthalbdecker den Transport von bis zu 185 Fahrgästen mit dem Büssing-Präsident-Modell im Spitzenverkehr! Um die zeitweilig enorme Nachfrage nach diesen Fahrzeugen zu erfüllen, vergab Ludewig 1959/60 eine Nachbaulizenz an das Vetter-Werk.

Für den Obus-Betrieb baute Ludewig ab 1950 auch zwei Krupp- und 23 Henschel-Anderthalbdecker auf. Gekröpfte Stangen-Stromabnehmer führten bei den Henschel-Modellen in einem flachen Winkel zur Oberleitung.

Bis 1968 lief das Geschäft mit den Anderthalbdeckern problemlos: Aber zwei spektakuläre Unfälle mit Anderthalbdeckern, bei denen die Fahrer ihre Busse gegen Brückenunterführungen gesetzt hatten, ließen die Nachfrage nach diesen Massentransportfahrzeugen sinken. Hinzu kamen Schwachpunkte des Kompaktfahrzeugs: Der Reifenabrieb der hinteren Stützräder war enorm und der Vandalismus auf der vom Fahrer nicht einsehbaren oberen Etage verursachte den Verkehrsbetrieben viel Verdruss. Auch die umständliche Benutzung der oberen drei Sitzreihen mit vier Plätzen erwies sich als ein Schwachpunkt. Hinzu kam, dass das Fahrzeug aufgrund seiner stabilen Bauweise zur Aufnahme des Oberdecks recht teuer in der Anschaffung war. Bis 1976 entstanden 696 Anderthalbdecker auf Krupp-, Büssing-, Henschel-, Daimler-Benz- und schließlich auch MAN-Fahrgestellen, die in 43 deutschen Städten Verbreitung fanden. Die Daimler-Benz-Ausführungen auf O 317- und O 305-Unterbauten besaßen

172/200-PS-DB O 317 Aero, 1959.

Perfekt restaurierter DB O 317 Aero aus dem Jahr 1974. (Foto: Ralf Weinreich)

ab 1972 eine Vorderfront, die dem VÖV I-Busdesign angepasst war. Vetter in Fellbach übernahm nach dem Ende von Ludewig die Konstruktionsunterlagen und baute ab 1976 noch eine Reihe von Anderthalbdeckern.

Wenn auch Ludewig bis zum Betriebsende den Bau des Anderthalbdeckers beibehielt und schließlich auch einen Überlandbus auf zwei Achsen anbot, wandte sich das Interesse der Verkehrsbetriebe dem kostengünstigerem Gelenkbus zu. Zwar waren seit 1958 immer wieder Gelenkzüge auf Kundenwunsch gefertigt worden, so setzte der Serienbau dieser 16,5 und 18 Meter langen Baureihen im Jahre 1968 ein. Das DB O 317- und das Büssing-Präsident-Fahrgestell dienten als Grundlage für die bis zu 163 Personen fassenden Modelle, die sich durch ein perfektes Dachstabilisatoren-System über dem Faltenbalg auszeichneten. Noch im Jahr der Aufgabe des Busfertigung gab es einen Gelenkbus mit hinterer Starrachse anstelle einer teuren Achse mit Zwangslenkung; die Grundlage für die ersten DB-Gelenkzüge.

Eine eigenständige Omnibus-Baureihe versuchte Ludewig 1955 auf die Räder zu stellen. Der »Aero 4000« besaß eine Karosserie in Verbundbauweise, bestehend aus einem leichten Rahmen und mittragender Leichtmetall-Karosserie. Der Linienbus mit Raum für 68 Personen wurde von einem 108 PS starken Kämper-Motor angetrieben. Die Achsen und das Getriebe (mit Lenkradschaltung) bezog Ludewig von ZF. Ein für die damalige Zeit beachtenswert niedriger, stufenloser Einstieg kennzeichnete das nur 4,5 Tonnen schwere Stadtbusmodell, das für den Einmannbetrieb ausgelegt war. Da der Kämper-Motor sich im Dauerbetrieb nicht bewährte, rüstete Ludewig auf Anregung eines Kunden 1957/58 vier Modelle mit Magirus-Motoren und -Getrieben mit Knüppelschaltung um. Aus Kapazitätsgründen wurde dieser erste deutsche Niederflur-Omnibus aber nicht weiterentwickelt, es blieb bei 30 gebauten Exemplaren.

150-PS-Büssing »Präsident« Aero, 1966.

105-kW-Ludewig TS Aero, 1. Bauserie, 1968. (Foto: Stadtarchiv Solingen)

1960 trat Ludewig erneut mit einer interessanten Entwicklung an die Öffentlichkeit. Da die kalte Jahreszeit die Druckluftleitungen und Luftfederungen der Omnibusse oft in ihrer Funktion beeinträchtigte (zumal die Busse gewöhnlich nachts im Freien standen) rüstete Ludewig sie mit Hydraulikleitungen sowie mit Gummi-Torsionsfederungen aus. Die »luftlosen Omnibusse« wiesen gleichzeitig eine mechanische Unterstützung der Gummifederung auf, so dass ein einseitiges Absenken des Fahrzeugs als Einstiegshilfe (heute unter der Bezeichnung Kneeling) möglich war. Allerdings fanden nur zwei derartige Anderthalbdecker auf Büssing-Chassis das Interesse der Kundschaft.

Weil in dieser Zeit der Bau der Linienbusse für volle Auftragsbücher sorgte, vernachlässigte Ludewig den Bau von Reisebus-Karosserien, bis diese schließlich gänzlich aus dem Angebot verschwanden; ein Umstand, der sich später bitter rächen sollte.

Von 1969 bis 1974 fertigte das Ludewig-Werk 80 dreiachsige Obusse vom Typ »TS Aero« (TS für Trolleybus Solingen) in drei Bauserien. Dabei dienten im Radstand verlängerte Rahmen des Krupp-Lkw LF 380 als Grundlage dieser mit gebrauchten 105-kW-Garbe & Lahmeyer-Motoren ausgestatteten Teil-Niederflur-Fahrzeuge. Unter erheblichem Aufwand wurde der Rahmen zwischen den anzubauenden Achsen zertrennt; sogenannte Etagenbögen wurden eingeschweißt, um den Fahrgastboden zwischen den Achsen und der ersten Tür extrem niedrig zu halten (23 cm ab Bordsteinkante). Die Schweißpartien wurden mit Verstärkungs-Doppelwinkeln abgesichert, so dass wohl die haltbarsten, aber auch aufwendigsten und schwersten Omnibusfahrgestelle entstanden. Der Elektromotor trieb beide Hinterachsen an; alle Achsen waren mit Super-Single-Reifen versehen. Hinter der Bugklappe verbargen sich in den ersten beiden Bauserien die Imperia-Hilfsgeneratoren des Imperia-Aggregatebau Düsseldorf mit 18-kW-VW- oder Porsche-Motoren. 150 Fahrgäste, davon 38 auf Sitzplätzen, konnten transportiert werden. Die erste Bauserie war eindeutig an den Schiebetüren zu erkennen. Das nachfolgende Baulos von 1971 besaß ein gefälligeres Aussehen der Vorderfront, eine den VÖV-Bussen angeglichene Heckwand, einheitliche Seitenfenstergrößen mit zusätzlichen Schiebe-Oberfenstern sowie Ludewig-Kunststoff-Falttüren. Die letzte Version von 1974 erhielt dann DÜWAG-Falttüren. Ab 1987/88 gaben die Stadtwerke Solingen die TS-Fahrzeuge bis auf ein Museums-Exemplar an den Obus-Betrieb in Mendoza/Argentinien ab, wo allerdings nur einige Fahrzeuge nach dem Transport wieder flottgemacht wurden.

Das Ende des mit beachtlicher Fertigungstiefe arbeitenden Unternehmens kam, als Daimler-Benz und MAN eigene Gelenkzüge in Großserien herstellten und keine entsprechenden Fahrgestelle mehr lieferten. Ludewig entwarf daraufhin einen eigenen Gelenkzug, der aber ein Einzelstück blieb. Die Karosseriegestaltung eines Magirus-Omnibusses der Baureihe 230 L 117 beendete schließlich den Karosseriebau bei Ludewig; den Serienbau übernahm die Karosseriefabrik Voll in Würzburg.

1976 gab Ludewig, inzwischen nur noch mit kleiner Mannschaftsstärke arbeitend, die Omnibusfertigung auf. Das riesige Ziegelsteingebäude, das zunächst verschiedenen Kleinbetrieben als Unterkunft diente, wurde abgerissen. Der ursprüngliche Betriebsteil in der Steeler Straße firmiert weiterhin als Omnibus-Reparaturbetrieb Gebr. Ludewig GmbH & Co. Der seit 1963 in Heinsberg ansässige Reparaturbetrieb Gebr. Ludewig Carosserie GmbH u. Co. KG stellte nach der Jahrtausendwende die Tätigkeit ein.

210-PS-DB O 317 Aero Gelenkzug, 1969.

105-kW-Ludewig TS Aero, 2. Bauserie, 1972. (Foto: Stadtarchiv Solingen)

180-PS-DB O 317 Aero Gelenkzug, 1973.

210-PS-MAN-Büssing VG 16 Aero, 1973.

210-PS-DB O 317 Aero Überland, 1974.

210-PS-DB O 317 Aero Stadt, 1974.

72/23 210-PS-DB O 317 Aero Überland, 1976.

LUDEWIG

Typ	Sitzplätze/ Stehplätze	Bauzeit	Zylinder	PS	K	B x H mm	Hubraum cm³	Drehzahl U/min	Radstand mm	Länge mm	Gewicht kg	Motor-hersteller	Typ	M	Bemerkungen
1. Linienbusse															
A) Modelle mit Verbrennungsmotoren															
a) Baureihe Solo-Omnibusse															
Aero H 4000	25/25	1955 - 56	6	108	W	92x118	4706	2900	3960	8210 - 8400	4500 - 4700	Kämper	692 H	D	maximal 68 Personen, auch Deutz-Motor
O 317 »Aero«	55/130	1961 - 64	6	180/200	W	128x140	10809	2200	5250/	12000	9800	DB	OM 326 h	D	
b) Baureihen 1½-Decker															
O 10 F4 1½-Decker »Aero«	125	1954 - 55	4	145	W	115x140	5816	1700	6350			Südwerke	SW 4	D	
6500 T 1½-Decker »Aero«	50/67	1954 - 57	6	150	W	118x150	9842	2000	5250+1275	11800	9450	Büssing	U 10	D	
O 10 F4 1½-Decker »Aero«	bis 150	1955 - 59	4	150	W	115x140	5816	1900	6350+1335	12000		Krupp	D 459	D	
TU 7 1 1½-Decker »Aero«	45/63	1957 - 58	6	130	W	106x135	7148	2500	4850+1275	11000	7500	Büssing	U 7	D	auch 45/70 Plätze
TU 10 1½-Decker »Aero«	49/72	1957 - 59	6	150	W	118x150	9842	2000	5250+1275	11800	7665	Büssing	U 10	D	
TU 7 1 1/2-Decker »Aero«	40/101	1958 - 60	6	145	W	106x135	7148	2500	4850+1275	10850		Büssing	U 7	D	
TU 10 1½-Decker »Aero«	66/99	1958	6	150	W	118x150	9842	2000	5350+1335	12000		Büssing	U 10	D	
13 RU 10 1½-Decker »Aero«	46/104	1958 - 62	6	150	W	118x150	9842	2000	5250+1275	11900	10960	Büssing	U 10	D	auch mit U 11-Motor
O 317 1½-Decker »Aero«	44/140	1958 - 63	6	172	W	128x140	10809	2200	5850+1300	12000	9900	DB	OM 326 h	D	ab 1961 auch 200 PS
TU 11 1½-Decker »Aero«	49/72	1959	6	180	W	122x155	10870	2200	5250+1275	11900	9365	Büssing	U 11	D	auch 50/100 Plätze
11 RU 7 1½-Decker »Aero«	40/120	1961	6	145	W	106x135	7148	2500	4850+1275	11000	8200	Büssing	U 10	D	
11 RU 7 1½-Decker »Aero«	40/130	1961	6	145	W	106x135	7148	2500	4850+1275	11000	8900	Büssing	U 10	D	Typ Spezial
11 RU 10 1½-Decker »Aero«	45/140	1961	6	150	W	118x150	9842	2000	5350+1275	12000	9900	Büssing	U 10	D	
Präsident 1½-Decker »Aero«	40/125	1962 - 66	6	150	W	118x150	9842	2000	5350+1335	11900	9800	Büssing	U 10	D	
13 RU 11 1½-Decker »Aero«	49/110	1962 - 68	6	180	W	122x155	10870	2200	5350+1335	11900	10800	Büssing	U 11	D	
Senator 1½-Decker »Aero«	44/141	1964	6	150	W	118x150	9842	2000	5350+1335	12000	9800	Büssing	U 10	D	
Präsident 1½-Decker »Aero«	46/139	1965	6	150	W	118x150	9842	2000	5350+1335	12000	10000	Büssing	U 10	D	
Präsident 1½-Decker »Aero«	66/67	1965	6	150	W	118x150	9842	2000	5350+1335	12000	9800	Büssing	U 10	D	auch 170 PS, 49/110 Plätze
Präsident 18 1½-Decker »Aero«	46/139	1968	6	185/210	W	128x150	11580	2100	5350+1335	12000	9800	Büssing	U 11 D	D	
Präsident 18 1½-Decker »Aero«	42/136	1969 - 74	6	210	W	128x150	11580	2100	5380+1300	12000	10800	Büssing	U 11 D	D	Baureihe VL 16, auch als Überlandbus mit 73 u. 13 Mittelgangsitzplätzen
DB O 305 1½-Decker »Aero«	56/106	1973	6	180	W	125x150	11045	2200	5600	12000		DB	OM 407 h	D	
DB O 317 1½-Decker »Aero«	49/129	1973 - 74	6	210	W	128x140	10809	2200	5250+1300	12000	10300	DB	OM 346 h	D	auch 42/136 Plätze, ab 1975 auf Basis O 305
DB O 317 1½-Decker Überland »Aero«	75/75	1974 - 76	6	210	W	128x140	10809	2200	5250+1300	120000	10800	DB	OM 346 h	D	ab 1975 auf Basis O 305
MAN SG 220 1½-Decker		1976 - 78	6	220	W	125x155	11413	2200	5300	12000		MAN	D 2556 MUH	D	mit Ludewig-, ab 1976 Vetter-Aufbau
3. Baureihen Gelenkzüge															
O 317 G Gelenkzug »Aero«	46/119	1958 - 64	6	172	W	128x140	10809	2100	5850/6710	16500	11100	DB	OM 326 h	D	
U 10 Gelenkzug »Aero«	42/103	1959	6	150	W	118x150	9842	2000	5250/6130	16500	11500	Büssing	U 10	D	auch U 11-Motor (170 PS)
13 RU 11 Gelenkzug »Aero«	49/110	1961	6	192	W	125x155	11413	2100	5360/6130	16500	10800	Büssing	U 11	D	
O 317 G Gelenkzug »Aero«		1968	6	180	W	128x140	10809	2200	5850/6150	16900	12100	DB	OM 346 h	D	
Präsident 22 Gelenkzug »Aero«	65/98	1968 - 70	6	185/210	W	128x150	11580	2100	5350/6830	18000	13200	Büssing	U 11 D	D	ab 1969 63/112 Plätze
O 317 G Gelenkzug »Aero«		1969	6	210	W	128x140	10809	2200	5850/6150	16900			OM 346 h	D	

LUDEWIG															
Typ	Sitzplätze/ Stehplätze	Bauzeit	Zylinder	PS	K	B x H mm	Hubraum cm³	Drehzahl U/min	Radstand mm	Länge mm	Gewicht kg	Motor-hersteller	Typ	M	Bemerkungen
BS 170 V Gelenkzug »Aero«	54/105	1971 - 74	6	210	W	128x150	11580	2100	5350/5880	16500	11600	MAN-Büssing	U 11 D	D	ab 1972 MAN-Büssing
BS 180 V Gelenkzug »Aero«	80/84	1971 - 84	6	210	W	128x150	11580	2100	5350/6850	18000	11900	MAN-Büssing	U 11 D	D	ab 1972 MAN-Büssing VH 18
DB O 317 Gelenkzug »Aero«	55/127	1974 - 75	6	210	W	128x140	10809	2200	5250/5650	16950	11900	DB	OM 346 h	D	auch 87/88 o. 77/100 Plätze, ab 1975 auf Basis O 305
DB O 317 Gelenkzug »Aero«		1974 - 75	6	210	W	128x140	10809	2200	5250/5650	18000		DB	OM 364 h	D	Überland-Version, ab 1975 auf Basis O 305
b) Modelle mit Elektromotoren															
Krupp-Obus O 8 E 1 1/2-Decker	50/100	1953 - 57		110 kW				1220	5200+1275	11700	10380	SSW	GB 200/19b		
HS 562 G Gelenkzug »Aero«	50/90	1956 - 57		100 kW				1800	5000/4100	16500		AEG			auch BBC- oder SSW-Motor
HS 562 1½-Decker »Aero«	50/100	1956 - 57		100 kW				1800	5200+1275	11700		AEG			Henschel-Basis, auch BBC- oder SSW-Motor
HS 160 OSL-E »Aero«	62/40-70	1960		90 kW					5200+1275	12000	10290	SSW	Dv 202 a		Henschel-Basis
TS »Aero« Obus	34/105	1967 - 74		105 kW					6200+1300	11900	11000	Garbe-Lahmeyer			Krupp LF 380-Basis, auch 38/112 Plätze Baureihe 1 bis 1969 Baureihe 2 bis 1972 Baureihe 3 bis 1974
2. Reisebusse															
Doppeldecker	45/0	1934 - 35	V8	90	W	77,8x95,2	3613	3800	4500		3600	Ford	V8-3,6 l	V	Büssing-Fahrgestell
Aero Zeppelin	21+1	1934/35	6	60/64	W	79,4x117,4	3486	2800	4650	8200		Opel	3,5 Ltr.	V	Opel-Fahrgestell
Aero Essen	21+1	1937 - 39	6	75	W	90x95	3626	3200	3000	8500	3400	Opel	3,5 Ltr.	V	dito (Tonnenmaul)
Aero Autobahn	46/0	1937	6	75	W	90x95	3626	3200	4650			Opel	3,5 Ltr.	V	Opel-Fahrgestell
Krupp O 480	43/0	1951												D	
Krupp O 480 FK		1953												D	

210-PS-DB O 317 Aero Gelenkzug, 1975.

Lutzmann

5-PS-Lutzmann-Omnibus, 1897.

Anhaltische Patent-Motorwagenfabrik Fr. Lutzmann,
Dessau, Askanische Str., ab 1897 Wasserstadt 27
1895-1898

Friedrich Leopold Lutzmann (1859-1930) begann als Kunst- und Hofschlossermeister sowie als Großherzoglich Anhaltinischer Hofwagenbauer im Jahre 1893 mit der Herstellung von Automobilen mit Heckmotor. 1895 erschienen mit diesem 5-PS-Einzylinder zwei Omnibusse für 16 und 14 Personen. Der eine »Autobus« mit Zwei-Klassen-Abteilen brachte im oberschlesische Kohlerevier Petikau Bergleute zur Arbeitsstelle; das zweite 14-sitzige Modell trat seinen Dienst in Quito/Ekuador an. Die eisenbereiften Fahrzeuge erreichten eine Geschwindigkeit von 20 km/h. 1899 übernahmen die Gebrüder Opel die Lutzmann-Konstruktionen samt den Fabrikationseinrichtungen und begannen damit den Automobilbau in Rüsselsheim. Friedrich Lutzmann wurde als Chefingenieur verpflichtet. Aufgrund von Differenzen über die Modellpolitik schied Friedrich Lutzmann mit einer entsprechenden Abfindung aus und schlug sich als Mineralwasserfabrikant und später als Handelsreisender in Südamerika durch. Danach versuchte er sich als Hersteller von Türschlosseinrichtungen (Vorstufe des BKS-Schlosses) und ging schließlich hausieren, bis er völlig verarmt im Jahre 1930 starb.

LUTZMANN															
Typ	Sitzplätze/ Stehplätze	Bauzeit	Zylinder	PS	K	B x H mm	Hubraum cm^3	Drehzahl U/min	Radstand mm	Länge mm	Gewicht kg	Motor-hersteller	Typ	M	Bemerkungen
Lutzmann	16/0	1895	1	5	Th	140x165	2540	300				Lutzmann		V	auch 14/0-Sitzer Einzelexemplare

MWF

Magdeburger Werkzeugmaschinenfabrik AG (MWF),
Magdeburg, Schwiesaustr.
1924-1928

Die Magdeburger Werkzeugmaschinenfabrik AG (MWF) besaß ihren Ursprung in der 1837 von Robert und Richard Hinze gegründeten Maschinen- und späteren Motorenfabrik. 1892 ging daraus die MWF hervor, die ab 1904 in eine Neubau Schnell- und Revolverdrehbänke sowie später Lauf-Thoma-Flüssigkeitsgetriebe herstellte. Die wirtschaftlich gute Lage ermöglichte es, 1919 die Gießerei und Maschinenfabrik Fürst Stolberg Hütte AG in Ilsenburg/Harz sowie 1923 die Werkzeugmaschinenfabrik Oerlikon mit Schwerpunkt Horizontal-Bohrwerke, Fräsmaschinen und Radial-Bohrmaschinen in Zürich/Schweiz zu erwerben. Im Ilsenburger Werk wurden Spezial-Lokomotiven verschiedener Art mit Motorantrieb gefertigt. 1923 entschloss sich das 2000 Beschäftigte starke Unternehmen, auch Nutzfahrzeuge unter dem Namen »Magdeburg« herzustellen. Für die Motorenproduktion und für die Montage nutzte man das Tochterunternehmen in Ilsenburg, das hierzu die Voraussetzungen einbrachte. Die Kennzeichen der Fahrzeuge: schnelllaufende, mit dem Getriebe verblockte Vier- und Sechszylinder-Baukastenmotoren mit Ricardo-Halbkugelbrennraum, niedrige Rahmenbauhöhe sowie ein spiralverzahntes Differential.

Parallel zum 2,2-Tonner erschien ein 20/26-sitziger Omnibus mit einem 60-PS-Vierzylindermotor, wenig später folgte der Typ SL 35 als 30/40-Sitzer mit 60-PS-Sechszylindermotor. Der Typ SL 3 entstand als Stadtomnibus mit 15 Sitz- und 19 Stehplätzen. 1926 erschien das Modell SL 3b als 24-sitziger Reisebus mit einem modernen, schnelllaufenden 80-PS-Sechszylindermotor, wobei es auch als frühes Wohnmobil (Typ Weekend) in 20-sitziger Ausführung angeboten wurde. Schließlich folgte

80-PS-MWF Typ SL 3,5, 1925.

noch ein 22-Sitzer mit 50-PS-Motor, einer leistungsschwächeren Ausführung der 80-PS-Maschine.

Auch wenn die MWF modern konstruierte Fahrzeuge anbot, scheint man mit den Motoren nie ganz glücklich gewesen zu sein, was an den mehrfachen Hubraum-Änderungen der Antriebe zu erkennen ist. Im Bereich des Personenwagenbaus experimentierte die Fürst Stolberg Hütte mit dem Typ »Ilse«, der einen Vierzylinder-Zweitaktmotor erhielt, der die Serienreife nicht erreichte.

Der Aufbau der Automobilfertigung überstieg die finanziellen Möglichkeiten der Fürst Stolberg Hütte beziehungsweise der MWF. Hinzu kam der Eigentümerwechsel mitsamt dem Verkauf der Beteiligungen. Schon 1925 hatte der Fürst zu Stolberg-Wernigerode die Ilsenburger Hütte zurückgekauft. Zwei Jahre später trat er sogar als Mehrheitsaktionär der MWF auf. 1928 musste der unrentable Nutzfahrzeugbau nach 245 Fahrzeugen aufgegeben werden, nachdem die MWF 1927 in Schwierigkeiten geraten war und der Verkauf des Oerlikon-Werkes nicht genügend Kapital eingebracht hatte. Die ausgelagerte Motorenabteilung wurde von den Junkers-Werken in Dessau übernommen, für die MWF schon zuvor den 80 PS starken Flugmotor L1 gebaut hatte. Die Leipziger Werkzeugmaschinenfabrik Pittler AG übernahm das Stammwerk, das nun die Produktion der Flüssigkeitsgetriebe zum Schwerpunkt hatte. 1930 ging die Maschinenfabrik an die Junkers Flugzeugwerk AG, die es für die Fertigung von Flugzeug-Hydraulikanlagen umrüsteten. Die ersten Junkers-Strahltriebwerke entstanden in diesem Werk. Nach Kriegsende folgten Enteignung und Demontage. In den 50er Jahren erreichte der neu aufgebaute VEB Werkzeugmaschinen eine führende Stellung im Bau von Hochleistungsdrehmaschinen in der DDR. Ab 1990 firmierte das Werk unter der Bezeichnung Werkzeugmaschinen Magdeburg GmbH und trägt nach der Überwindung der Insolvenz im Jahre 1999 trägt den Namen Magdeburg Werkzeugmaschinen AG.

80/85-PS-MWF TL 3 Überlandbus (Trutz-Aufbau), 1926.

MWF

Typ	Sitzplätze/ Stehplätze	Bauzeit	Zylinder	PS	K	B x H mm	Hubraum cm³	Drehzahl U/min	Radstand mm	Länge mm	Gewicht kg	Motor-hersteller	Typ	M	Bemerkungen
SL 2,2a/23	20/6	1924	4	60	W	100x140	4396	1400				MWF		V	auch 14 - 16 Plätze
SL 3,5	30/10	1925	6	80	W	115x160	6644	1400				MWF		V	auch 26- 28 Plätze
SL 3b	24/0	1926	6	80	W	100x140	6594	2400	5300			MWF		V	
SL 2b	20/0	1926	4	50	W	95x140	3967	1500	4400			MWF		V	
SL 28/0	28/0	1926	4	50	W	95x140	3967	1500	5300			MWF		V	auch 15/19 Plätze
Weekend	20/0	1926	6	80	W	100x140	6594	2400				MWF		V	
SL 2,5	22/0	1926 - 28	4	50	W	100x140	4396	2400				MWF		V	
TL 3	35/0	1926 - 28	6	80/85	W	100x140	6594	2500	4400 - 5300	7000		MWF		V	

Magirus-Deutz

Magirus-Deutz AG, Ulm, Schillerstr. 2

1. 1919-1936 **C. D. Magirus AG, Ulmer Feuerlöschgeräte- und Leiternfabrik,** Ulm, Schillerstr. 2
2. 1936-1938 **Humboldt-Deutzmotoren AG,** Köln-Deutz, Mühlheimer Str. 137-149, Zweigniederlassung Ulm
3. 1938-1974 **Klöckner-Humboldt-Deutz AG, Werk Ulm**
4. 1974-1975 **Magirus-Deutz AG, Ulm**
5. 1975-1982 **IVECO Magirus AG**

Der Ulmer Kaufmann und Feuerwehhauptmann Conrad Dietrich Magirus (1824-1895) gründete 1864 eine Feuerlösch-Requisitenfabrik, die er 1887 an seine Söhne Heinrich (1853-1916), Otto (1858-1939) und Hermann (1863-1928) übergab; 1911 wurde das Unternehmen dann in eine Aktiengesellschaft umgewandelt. Nachdem erste dampfbetriebene Feuerwehrfahrzeuge im Jahre 1903 erschienen waren, begann 1916 auf Veranlassung der Heeresverwaltung der Lastwagenbau. Das Technische Büro für Kraftwagen (TBK) stand unter der Leitung des ehemaligen Benz-Mitarbeiters, Oberingenieur Heinrich Buschmann (1889 - 1979). Das Stammwerk in der Ulmer Schillerstraße und das 1914 gegründete, aus einem ehemaligen Sägewerk hervorgegangene Werk II in Ulm-Söflingen fertigten die Fahrzeuge und Aggregate.

Im Oktober 1919 wurde der erste Magirus-Omnibus, der 2C-V 110, vorgestellt. Das Zweitonnen-Lkw-Fahrgestell mit 40-PS-Motor und Kardanantrieb diente als Basis; verzögert wurde über die Getriebebremse, deren Trommel im Extremfall mit Wasser gekühlt wurde. Die aus einem Holzgerippe mit Holzbeplankung bestehende Karosserie bot 18 Sitz- und sechs Stehplätze. Der Verkauf der Magirus-Erzeugnisse übernahm von 1919 bis 1926 das Verkaufskartell Deutscher Automobil-Konzern (DAK), dem die Firmen Dux, Presto und VOMAG angehörten.

1921 konnte eine größere Serie des 2C-Typs an die Württembergische Postverwaltung geliefert werden. Die 17-sitzigen Luxusfahrzeuge besaßen eine»"klubsesselartige Polsterung mit Naturleder sowie bequeme Armlehnen. Die innere Verkleidung war mit naturmahagonipoliertem

Holz ausgeführt.« Auch einige Modelle mit einem offenen Fahrersitz und einem hinteren Einstieg entstanden. Schließlich erhielt dieser Typ unter der Bezeichnung 2C1N-V 100 auch ein Niedereinstiegsfahrgestell und serienmäßige Luftbereifung. Eingesetzt wurde hier der weiterentwickelte Vierzylindermotor mit 55 PS. Eine letzte Serie wurde 1928 als 25-sitzige Luxus-Variante unter der Bezeichnung »Jura« angeboten. Insgesamt entstanden 282 Einheiten der Baureihen 2C, 2C1 und 2C1N, von denen die Oberpostdirektion (OPD) Stuttgart 112 Exemplare übernahm. Aufsehen erregte 1922 der Typ 1C-V 95 mit 32/34-PS-Motor, der eine Karosserie aus Aluminium-Blechen besaß und 14 Personen transportieren konnte.

Heinrich Buschmann verließ von 1922 bis 1924 die Magirus-Werke und wirkte als Dozent an der Staatlichen Maschinenbauschule in Esslingen, wo er 1930 zum Prof. Dr.-Ing. E. h. ernannt wurde. Nach seiner Rückkehr war er wieder bis 1929/30 für die Konstruktionen der Nutzfahrzeuge zuständig.

Mit einem Niedereinstiegsrahmen versehen, löste 1927 der Typ ML-V 100 mit 28 bis 32 Plätzen die 2C1/2C1 N-Serie ab. Der hier eingesetzte Vierzylindermotor mit 55 PS sorgte für den Vortrieb. Die 114 Omnibusse dieser Baureihe, von denen 50 Modelle in Rechtslenker-Ausführung an die OPD Stuttgart gingen, wurden mit Doppelbacken-Hinterachsbremsen und einer Dewandre-Saugluftunterstützung versehen. Hervorgehoben wurde bei den Linienbussen, dass »durch die vordere Tür direkt neben dem Fahrersitz ... das Publikum ein- und auszupassieren« hat. »Auf diese Weise ist der Chauffeur in der Lage, genaue Kontrolle auszuüben.« Unter der Bezeichnung »New York« wurde der Bus in einer Luxusversion angeboten.

Aufgrund der Lockerung des 1924 beschlossenen Einfuhrverbots ausländischer Fahrzeuge und des veralteten Programms litt das Unternehmen 1925 und 1926 unter empfindlichen Umsatzeinbußen. Abhilfe

40-PS-Magirus 2C1-V 110 Reichspostausführung, 1919. (Foto: IVECO)

40-PS-Magirus 2C1-V 110 Omnibus-Cabriolet (Schumann-Aufbau), 1925. (Foto: IVECO)

schaffte die von Heinrich Buschmann 1926 entwickelte MM-Baureihe mit gekröpften Rahmenlängsträgern auf der Basis des Viertonners, die 1927 in Serie ging. Bei diesem Typ waren Motor und Getriebe getrennt, der Hinterachskopf der Ritzelachse war nach dem Zwischengetriebe seitlich versetzt angebracht, um den Mittelgang etwas tiefer legen zu können. Erstmals kam hier eine Vierradbremse zum Einsatz. Durch den zeitweiligen Weggang von Buschmann hatte das schwach besetzte Technische Büro zunächst keine eigene Sechszylindermaschine entwickelt, so dass ab 1927 Magirus Maybach-Motoren beziehen beziehungsweise in Lizenz bauen musste; die MM-Busse erhielten die 100 PS starken, kultiviert laufenden Maschinen.

Unter der Bezeichnung MM 3 entstand ein 18-sitziges Reisemodell mit Niederrahmenfahrgestell; mit größerem Radstand und höherer Belastbarkeit baute Magirus parallel dazu der MM 4-Typ als 30-sitziger Stadt- und als 40-sitziger Überlandomnibus. Die Fahrzeuge zeichneten sich durch beachtliche Fahreigenschaften, Reisegeschwindigkeiten (zunächst 45, später 50 km/h), einen bequemen Einstieg sowie einem hohen Fahrkomfort aus. Die nach 1928 gebauten MM-Omnibusse erhielten Stahl-Holzaufbauten nach den Patenten des Schweizer Ingenieurs Hans Arquint, die das Gewicht um 35 Prozent senkten. Darüber hinaus wurden einige der bis 1932 gebauten MM-Busse mit einem 100 PS starken Zwölfzylinder-Maybach-Motor ausgestattet. Ein Exemplar erhielt auch den Magirus-Sechszylinder-Vergasermotor, den der Magirus-Oberingenieur Karl Langmaier nach Maybach-Art mit hängenden Ventilen und Doppelzündung konstruiert hatte.

Nach dem Tode des Aufsichtsratsvorsitzenden Hermann Magirus trat der vierte Sohn des Firmengründers, Generalleutnant Adolf von Magirus (1861 - 1945), der aus dem Militärdienst ausgeschieden war, von 1928 bis 1934 an die Spitze des Ulmer Unternehmens. Chefkonstrukteur des

40-PS-Magirus 2C1-V 110 Reichspostausführung, 1923. (Foto: IVECO)

40-PS-Magirus 2C1-V 110 Überlandbus, 1924.

Nutzfahrzeugbaus wurde gleichzeitig Dipl.-Ing. Karl Fr. Willich, der früher bei den Benz-Werken gearbeitet hatte. Ihm folgte von 1931 bis 1936 der ehemalige Dürkopp-Ingenieur Karl Schroeder, der sich nun vor allem um den Magirus-Motorenbau kümmerte. Die wirtschaftlich prekäre Lage hatte sich in dieser Zeit derart zugespitzt, dass die Berliner Handels-Gesellschaft und die Deutsche Bank als Hausbanken keine Kredite für die Modernisierung und Rationalisierung der Produktion zur Verfügung stellten. Überlegungen, das Unternehmen aufzulösen, wurden von den Banken favorisiert, die dadurch ihre Forderungen erfüllt sehen wollten. Eine andere Lösung der vertrackten Situation lag in einer Fusion mit dem Daimler-Benz-Unternehmen. Ein Vertragsentwurf kam zwar zustande; aber die fehlende Einigung über das Feuerwehrfahrzeug-Geschäft ließ dieses Projekt scheitern. Schließlich kam es zu einer Sanierung des Unternehmens, indem das Aktienkapital zusammengelegt wurde.

1929 erschienen dann mit neuen Motoren, neuer Technik und neuem Styling die Omnibusse der zweiten Magirus-Generation. Der Viertonner vom Typ MLO mit dem in Lizenz gebauten 70-PS-Maybach-Sechszylinder löste die ML-V 100-Baureihe ab. Die bisherige kleine Baureihe 1C-V 95 wurden durch die Typenreihe M1 ersetzt, die zunächst mit dem 20-sitzigen Modell M 20 angeboten wurde und amerikanische Sechszylinder erhielten, da die eigene kleine Sechszylindermaschine noch nicht serienreif war. Mit größerem Radstand folgten die Modelle M 25, M 27 und M 30. Hier wurden die eigenen Sechszylinder-Vergasermotoren S 88 und ab 1933 die Vorkammer-Dieselmotoren S 88 R (R für Rohöl) mit 65 PS verwendet. Die Niederrahmen waren zuerst genietet, später geschweißt. Auch hier erfolgte die Heizung über Wärmetauscher in der Auspuffanlage. Ein M-30-Prototyp konnte mit einem Pritschen- oder Omnibus-Wechselaufbau versehen werden; ein weiterer erhielt eine Duralumin-Karosserie. Das extrem leichte Fahrzeug schaffte die damalige Traumgeschwindigkeit von 100 km/h. Die M1-Baureihe wurde 1934 einem Facelift unterzogen und erhielt 1935 neue Motoren, darunter den S 88 D-Motor mit 70 PS, der durch eine verstärkte Kurbelwelle, eine verstärkte Stahlblech-Ölwanne und andere technische Änderungen zum standfesten Dieselmotor weiterentwickelt worden war.

Doch nicht nur wegen der neuen Modelle ist dieser Zeitabschnitt interessant: Die erneuten Schwierigkeiten durch die Auswirkungen der Weltwirtschaftskrise, durch den verschärften Wettbewerb und durch Export- und Devisenbeschränkungen konnte Adolf von Magirus nur in bescheidenem Maßstab meistern. In dieser erneut prekären Lage beschlossen Vorstand und Aufsichtsrat, den kapitalkräftigen Efka-Zigarettenpapier-Fabrikanten, Präsidenten der Industrie- und Handelskammer Stuttgart sowie Leiter der Wirtschaftskammer für Württemberg-Hohenzollern, Fritz Kiehn aus Trossingen in den Aufsichtsrat einzusetzen. Die Hausbanken und das aktive NSDAP-Mitglied Kiehn, der inzwischen Mehrheitsaktionär geworden war,

40-PS-Magirus 2C1-V 100 Aussichtsomnibus (Schumann-Aufbau), 1925.

zwangen auf einer Hauptversammlung Adolf von Magirus zum Rücktritt. Kiehn trat an die Spitze des Unternehmens, das durch umfangreiche staatliche Aufträge, durch die NS-Kraftfahrzeugsteuer- und Abschreibungspolitik in eine prosperierende Phase gelangt war, so dass auch der verpfändete Söflinger Betriebsteil zurückgekauft und in neue Maschinen investiert werden konnte. Trotz der zu dieser Zeit günstigen Geschäftsentwicklung drängte Kiehn auf die Anlehnung an einen großen Geschäftspartner, um das Unternehmen krisenfester zu machen. Da er sich inzwischen mit dem kaufmännischen Vorstand des Werkes zerstritten hatte, verhandelte er auf eigene Faust mit dem Geheimen Kommerzienrat Peter Klöckner von der HDM/Humboldt-Deutzmotoren AG, dem führenden europäischen Motorenhersteller, über eine Beteiligung – mit der Folge, dass Magirus 1935 Teil der HDM wurde. Der Vertrag wurde auf 50 Jahre geschlossen. Sitz des Unternehmens, das 1938 den Namen Klöckner-Humboldt-Deutz AG (KHD) annahm, wurde Köln. Dieser Coup ermöglichte dem Kölner Motorenunternehmen – nach der gescheiterten Übernahme der Hansa-Lloyd-Werke - den Einstieg in die Großserienfertigung von Dieselmotoren. Kiehn wurde aufgrund seiner extrem hohen Gewinne beim anschließenden Verkauf der Magirus-Aktien wegen »parteischädigendem Verhalten« durch ein NS-Gaugericht verurteilt, aber im Rahmen der Amnestieverfügung im Jahre 1938 entlastet, zumal er seinen Gewinn in eine Parteistiftung übertragen hatte.

Als Ablösung der bis 1932 gebauten Baureihe MLO, MM 3 und MM 4 gingen ab 1934/35 die Modelle M 45 und M 50 mit dem 110 PS starken Magirus-Sechszylinder-Diesel S 110 R in Serie. Während der M 45 bis 1938 in großen Stückzahlen entstand, wurde der M 50 nur in neun Exemplaren für den »Reichsautobahnzug Deutschland« hergestellt. 1935 kam noch die Version M 37 hinzu, die aber bereits 1936 schon wieder entfiel. Im Zuge der Forderung der Reichsregierung nach »Verwendung heimischer Treibstoffe« wurden diese Modelle auch mit dem auf den Holzgasbetrieb umgerüsteten S 110 R-Motor versehen, der eine Leistung von 65 PS erbrachte.

70-PS-Magirus MM 3 Linienbus, 1927.

70-PS-Magirus MLO Linienbus (Düwag-Aufbau), 1929.

70-PS-Magirus MLO Stadtbus (Düwag-Aufbau), 1929. (Foto: IVECO)

65/70-PS-Magirus M 30, 1930.

Ein weiteres sichtbares Resultat der Zusammenarbeit mit dem Kölner Motorenbauer war der auf der Berliner IAMA 1936 gezeigte Magirus-Bus M 35, ein 30-Sitzer mit 90 PS starkem Deutz-Diesel. Die Besonderheit des bis zu 80 km/h schnellen Modells, das den Typ M 37 ersetzen sollte, lag in der vorderen Einzelradaufhängung an einer Kurbellenkerachse. Im Alltag bewährte sich diese noch nicht ganz ausgereifte Konstruktion allerdings nicht, so dass die Fahrzeuge unter der Leitung von Hans Hasselgruber auf eine konventionelle Faust-Vorderachse umgerüstet wurden.

Wie auch die anderen großen deutschen Kraftfahrzeughersteller entwickelte das Magirus-Werk nach den Ideen von Karl Schroeder einen »schnauzenlosen« Großomnibus zur rationellen Ausnutzung der Fahrzeuglänge. Bestückt mit zwei gekoppelten Sechszylinder-Dieseln Z 95 D (die nicht in Serie gegangen waren), entstand so ein Zwölfzylinder-Modell mit einer Nennleistung von 150 PS. Das Triebwerk wurde unterflur vor der Vorderachse angeordnet. Die beiden Frontlenker-Prototypen gingen als M 65 mit 39 Sitz- und 20 Stehplätzen 1936 an die Städtischen Verkehrsbetriebe in Zittau. Auch ein dreiachsiges Modell (mit Schleppachse, also 6x2-Bauweise) für den Autobahnverkehr projektierte Karl Schroeder, bei dem der Motor zukunftsweisend unter dem nach hinten ansteigenden Rahmen untergebracht werden sollte. Mit einem Anhänger sollten sogar bis zu 120 Personen befördert werden. Die Übernahme des Magirus-Werkes durch die Humboldt-Deutz AG stoppte allerdings die Weiterentwicklung dieser als »Strabusse« bezeichneten Fahrzeuge.

Ab 1937 ersetzten Deutz-Dieselmotoren die bisherige Magirus-Maschinen S 110 R. Die Baureihe M 37, M 45 und M 50 brachte es bis 1941 auf 115 Exemplare; die Stahlaufbauten fertigten die Vereinigten Westdeutschen Waggonfabriken AG, Werk Gastell, in Mainz-Mombach an. Die Baureihen M 35, M 45 und M 50 wurden dann schrittweise ab 1938 durch die Stromlinienmodelle O 235 »Strabus«, O 240 und O 145 abgelöst. Der Rahmen des O 145 war stark gekröpft, um eine niedrige Bodenhöhe zu erzielen. Der 125 PS starke und bis zu 72 km/h schnelle Bus konnte 47 Passagiere aufnehmen; er ging vor allem Reichspost, Reichsbahn und Wehrmacht. Insgesamt wurden bis 1940 871 Omnibusse dieses Typs gefertigt.

Die Baureihen Ok 235 und Ol 235 mit kurzem und mit langem Radstand ersetzten die M 35-Typen; als Ersatz für die mittlere Baureihe M 27 und M 30 bot Magirus ab 1938 die Baureihen O 30 a, O 32 und O 27 a an. Die genieteten Spezialfahrgestelle unterschieden sich nun deutlich von den Lkw-Fahrgestellen der M1-Baureihe. Neben dem S 313 S-Motor mit 90 PS wurde bis 1940 auch der Magirus-Dieselmotor S 88 D mit 70 PS verwendet.

Der von Oberingenieur Hans Hasselgruber entwickelte Typ O 330 sollte schließlich die mittlere O 30a-Serie ablösen. Die Fahrzeuge O 330 und OL 330, die einen längeren Radstand besaßen, gingen aus dem Magirus-Dreitonnen-Lkw des Schnellprogramms hervor und erhielten dann auch wenig später die Schell-Bezeichnung O 3000. Die Fahrzeuge waren auf einem genieteten Baukasten-Niederrahmen mit einem variablen Mittelstück aufgebaut. Das kastenförmige Stahlhohlprofilgerippe war an den Knotenpunkten elektrisch verschweißt und ruhte auf den Bodenkonsolen der Quertraversen.

90-PS-Magirus M 35 Aussichtswagen, 1936. (Foto: IVECO)

Der schnelllaufende 70-PS-Vierzylinder-Dieselmotor F 4 M 513 trieb die Fahrzeuge an. 170 Exemplare wurden von 1941 bis 1944 als Komplettomnibusse gefertigt, wobei ab 1943 ein »abgemagerter Kriegsaufbau« verwendet wurde. Hinzu kamen fünf Modelle mit Allradantrieb. Insgesamt waren bis 1944 stattliche 2638 Omnibusse und Fahrgestelle entstanden. Alle Kapazitäten wurden danach auf den Bau des Raupenschlepper Ost/ RSO konzentriert.

Bei Kriegsende war das Stammwerk in der Ulmer Schillerstraße zu 45 Prozent, das Werk in Ulm-Söflingen zu 85 Prozent durch Luftangriffe zerstört. Den Wiederaufbau der Werke, die noch weitere Schäden durch die Zurückhaltung ausgelagerter Teile durch die französische Besatzungsmacht erhielten, leitete Ingenieur Josef Sommer. Nachdem 1946 der Lkw-Bau neben der aus Köln teilweise ausgelagerten Schlepperfertigung wieder aufgenommen worden war, wurde 1948 auch wieder mit der Fertigung von Omnibussen begonnen. Der erste Schritt bestand in der Herstellung von Omnibusaufbauten auf dreiachsigen GMC-Fahrgestellen für die amerikanische Besatzungsmacht. Dann wurde im September 1948 der ehemalige Kriegstyp unter der alten Bezeichnung O 3000 auf einem vom Lkw abgeleiteten Fahrgestell als 30-sitziger Omnibus wieder aufgelegt, befeuert von einem neuen 75-PS-Motor aus der zum KHD-Konzern gehörenden Motorenfabrik Oberursel.

Der von dem Chefkonstrukteur der Motorenabteilung in Ulm und in Köln-Deutz, Dr. techn. h. c. Emil Flatz (1899 - 1989) entwickelte Vierzylindermotor besaß Einzelzylinder und -köpfe, einen birnenförmigen Brennraum und arbeitete nach dem Deutz-L'Orange-Wirbelkammerverfahren. Der Ölkühler saß im Kühlluftstrom des Axial-Luftgebläses. Das luftgekühlte Treibwerk (dessen Vorversion die Kriegs-Raupenfahrzeuge RSO angetrieben hatten) war auf Anregung des Heereswaffenamtes in der »Arbeitsgemeinschaft der deutschen Industrie zur Entwicklung luftgekühlter Motoren" entstanden und galt als sehr zuverlässig und leistungsstark. Zusammen mit dem ZF-Fünfganggetriebe war er gut für eine Höchstgeschwindigkeit von 85 km/h.

Bei der ersten Bauserie des O 3000 handelte es sich fast ausschließlich um Fahrzeuge für die Deutsche Post beziehungsweise Deutsche Bundespost, 112 Fahrzeuge wurden 1948 gefertigt. Bereits 1949 löste der Typ O 3500 in moderner, gefälligerer Form als erste neue Nachkriegsbaureihe den kantigen O 3000 ab. Beide Modelle wurden parallel noch bis 1954 gebaut. Der längere Radstand und der hintere Überhang ermöglichten die Unterbringung einer zusätzlichen Sitzreihe.

Magirus lieferte meistens komplette Omnibusse; daneben bauten Böbel (im ehemaligen Messerschmitt-Werk Laupheim), Drögmöller, Ka-

100-PS-Magirus M 45 Stadtbus (Düwag-Aufbau) 1935.

150-PS-Magirus M 65 Stadtbus, 1936. (Foto: IVECO)

90-PS-Magirus M 45 »Strabus« Stadtbus 1937. (Foto: IVECO)

85-PS-Magirus O 235 »Strabus« Stadtbus, 1938. (Foto: Iveco)

90-PS-Magirus M 45 Aussichtsomnibus, 1937. (Foto: IVECO)

125-PS-Magirus M 45 Reiseomnibus, 1937. (Foto: IVECO)

125-PS-Magirus M 45 Ausflugsomnibus der Reichsbahn, 1938. (Foto: IVECO)

70-PS-Magirus O 30 a Ausflugsomnibus, 1939.

105-PS-Magirus O 235 Aussichtsomnibus, 1939.

70-PS-Klöckner-Deutz Oa 3000 Überlandbus mit Allradantrieb (Kässbohrer-Aufbau), 1942. (Foto: IVECO)

rosseriewerk Esselmann, Kässbohrer, Norddeutsches Karosseriewerk, Ottenbacher, Pollmann, Schenk, Vetter, Voll und Wille Karosserien auf Magirus-Basis.

Zur ersten Nachkriegs-IAA 1951 in Frankfurt erhielten die O 3500-Busse eine exklusive Motorhaube (»Alligator-Haube«), die nicht nur besser aussah, sondern auch den Einbau des neu entwickelten V6 mit 130 PS erlaubte, der alternativ zum Vierzylinder-Reihenmotor angeboten wurde. Zwei Jahre später erschienen die Frontlenker-Omnibusse O 3500 H der gleichen Größenklasse in der Optik der nachfolgend vorgestellten Großomnibusse O 6500. Nach kleineren Retuschen 1957 wurde das 3,5-Tonnen-Modell vor allem als Reisebus Typ »Saturn« (später Saturn I) bis schließlich 1963/64 angeboten; allerdings verließen zum Schluss vor allem nur noch Bodengruppen mit spezifischen Karosserieteilen für ausländische Aufbauten-Hersteller das Werk, wobei der Lieferumfang jeweils nach den gegebenen nationalen Fertigungsmöglichkeiten variierte. Aufgrund seines anspruchslosen, luftgekühlten Triebwerks brachte es der Saturn I im Rahmen von Export und Lizenzgeschäften auf beachtliche Stückzahlen. Er wurde zum Beispiel ab 1957 in Maribor/Jugoslawien von der Firma Tovarna Automobilow Maribor (TAM), in Griechenland, in der Türkei, im Iran (Firma Pars Lux, ab 1971 Run Iran) und ab 1958 von der Firma El Nasr Automotive Manufacturing Company (NASCO) im Werk Wadi Hof bei Kairo/Ägypten in Lizenz gebaut. Dort verließen bis in die achtziger Jahre über tausend Omnibusse insbesondere dieses Typs das Werk. (1980 kamen nochmals 350 schwere Stadtbusse für Kairo hinzu, die auf zerlegt angelieferten E 113 Export-Fahrgestellen basierten.) In der Sowjetunion baute das Lemberger Automobilwerk LAZ unter der Typenbezeichnung 695 E das Magirus-Modell mit der charakteristischen Hutze ohne Lizenzerteilung nach.

Den Bau von Großomnibussen nahm das Werk 1952 nach der Vorstellung des Typs O 6500 auf der IAA 1951 auf. Dieses Frontlenkermodell

65/70-PS-Klöckner-Deutz O 3000 »Kriegsaufbau-Linienbus, 1944. (Foto: IVECO)

75-PS-Magirus-Deutz O 3000 Reisebus (Vetter-Aufbau), 1950.

leitete die zweite Nachkriegsgeneration der Magirus-Omnibusse ein. Das Fahrzeug war in halbselbsttragender Bauweise mit einem bedingt fahrfähigen Unterbau mit Längs- und Querträgern versehen, so dass der Unterbau auch an Karosserie-Produzenten abgegeben werden konnte. Starrachsen an Längsblattfedern kennzeichneten auch hier die Fahrwerkstechnik. Der relativ kurze V8-Baukasten-Motor mit 170/175 PS saß nach dem von Karl Schroeder 1936 ersonnenen und noch lange gültigen Konzept längs im Heck; das Axial-Luftgebläse war an der Stirnseite zwischen den beiden im Winkel von 90 Grad zueinanderstehenden Zylinderreihen aufgesetzt. Die Kraftübertragung erfolgte über ein ZF-Media-Sechsgang-, ein Voith-Diwabus- und später auch über ein ZF-Synchro- oder Hydro-Media-Getriebe. Hinter der großen Frontklappe war das Reserverad untergebracht. Der im unteren Teil dieser Bugklappe eingearbeitete Lufteinlass für Heizung und Lüftung kennzeichnete die erste Bauserie. 1954 entfielen die großen Querleisten an der Vorderfront, zwei kleine Zierleisten traten an ihre Stelle; die Luftansaugung für Heizung und Entfrostung erfolgte nun unterhalb der Windschutzscheibe. Gleichzeitig wurde die Bodengruppe der zweiten Bauserie verstärkt. Das Modell wurde als Luxus-Reise-, Linien- und Stadtbus gebaut. Während die Reisebusversion 48 Sitzplätze und zehn Notsitze aufwies, konnte das mit Doppeltüren beziehungsweise mit drei Türen ausgestattete Stadtbusmodell 85 Personen transportieren.

82/90-PS-Magirus-Deutz O 3500 Reisebus, 1950.

Bis 1957 entstanden 303 Omnibusse dieses Typs, wobei im letzten Baujahr vorwiegend Stadtbusse das Werk verließen.

Im Herbst 1955 erfolgte die schrittweise Verlagerung der Omnibus-Fertigung von Ulm in das Westwaggonwerk Mainz-Mombach, das 1953 mit der KHD verbunden worden war. (1820 beziehungsweise 1845 war das Werk als Waggonfabrik Gastell, Harig u. Berdellé gegründet, 1892 in Waggonfabrik Gebr. Gastell GmbH umbenannt und 1928 mit der van der Zypen und Charlier GmbH zur Vereinigten Westdeutschen Waggonfabriken AG, Köln-Deutz zusammengeschlossen worden.) Den Anfang machte die Aufbautenfertigung, den Schluss bildete 1960 der Chassisbau. Auch die Sonderfertigung, darunter von 1958 bis 1962 der Lizenzbau der Hotchkiss-Schützenpanzer, erfolgte in diesem Werk.

170/175-PS-Magirus-Deutz O 6500 Reisebus, 1952. (Foto: IVECO)

125/130-PS-Magirus-Deutz O 3500 H Reisebus, 1953. (Foto: IVECO)

170/175-PS-Magirus-Deutz O 6500 Linienbus (Ludewig-Aufbau), 1953. (Foto: IVECO)

Als völlige Neuentwicklung erschien 1957 der »Saturn II«. Die Hauptabmessungen der zuerst entwickelten Reisewagen-Variante entsprachen mit 9,7 Metern Länge und zehn Sitzreihen weitgehend dem Saturn I. Auch die Frontpartie wich in der Gestaltung nicht wesentlich vom Vorgängertyp ab, wies jedoch eine etwas steiler gestellte und tiefer gezogene Windschutzscheibe auf. Die technischen Verbesserungen der Neuentwicklung betrafen Bodengruppe, Luftfederung und Radaufhängungen. Die Bodengruppe mit torsionssteifen Gitterrahmen war mit dem fachwerkartigen Aufbaugerippe zu einer insgesamt (selbst-)tragenden Einheit verschweißt. Die vordere Einzelradaufhängung in Form einer Schräglenker-Pendelachse verfügte über einen Luftbalg pro Rad. Hinten kam eine Banjoachse an vier Luftbälgen zum Einsatz. Für Vortrieb sorgte zunächst der 125 PS starke V6-Motor, der aber bald der 145 PS starken F 6 L 714-Maschine wich, bei der sich das hydraulisch angetriebene Kühlluftgebläse erst beim Überschreiten der Betriebstemperatur einschaltete. Gleichzeitig mit dem leistungsstärkeren Motor erhielten die Omnibusse die im Magirus-Lkw seit 1956 bereits übliche Hinterachse mit Planetenantrieb in den Radnaben.

Nachdem das aufwendig verglaste, 43-sitzige Reisemodell gut aufgenommen worden war, folgte 1958 der zehn Meter lange Stadtwagen mit verlängertem vorderem Überhang. Diese Stadtlinienversion, die in großen Stückzahlen an die Hamburger Hochbahn AG (HHA) unter anderem auch als Schnellbus geliefert wurde, besaß einen hohen Zielschildkasten an der Vorderfront und wie der Reisewagen den markanten Zierrahmen mit integriertem Lufteinlass im unteren Teil der Vorderwand; die zweiteilige Windschutzscheibe war noch tiefer gezogen und fast senkrecht gestellt. Beim Schnellbus gaben schräge Fenstereinfassungen dem Fahrzeug ein dynamisches Aussehen. Die Auspuffrohre führten signifikant hinter den Eckholmen im Heck nach oben. 1959 wurde die neue Baureihe durch den schweren Stadtverkehrsomnibus »Saturn II LS« mit 11,4 Meter Länge erweitert; wenig später folgte mit ebenfalls verlängertem Radstand und zusätzlichem Fensterfeld der Reisewagen »Saturn II L«. Reise- und Stadtwagen verfügten über eine einheitliche Frontpartie.

Die Modellpflege von 1963 machte den Saturn 1963 als Luxus-Reisebus noch attraktiver. Die neue Front- und Heckgestaltung unterschied den Reisebus auch optisch stärker vom Stadtlinienmodell. Die zweiteilige Frontscheibe wurde schräg auslaufend bis an die Vordertüren vorgezogen. Die Vorsatzblende am Frontgitter entfiel, so dass nur noch das Ulmer-Münster-Zeichen und zwei Längsstreifen mit Rechteckscheinwerfern die Vorderfront zierten. Leicht schräggestellte Fensterpfosten sowie Oberlichter mit Schiebefenstern gaben den mit Pullman-Schlafsitzen ausgestatteten Fahrzeugen ein ansprechendes Aussehen. Besonders luxuriös ausgestattete Saturn II-Modelle kamen dabei von der Karosseriefabrik Gebr. J & H. Steib in Eiserfeld/Sieg. Bis 1967 wurden dann diese Modelle in nur leicht veränderte Form weitergebaut, die HHA hatte mit 725 Magirus-Omnibussen der Saturn-Baureihen ihren Fahrzeugpark ausgerüstet. Im Jahre 1963 kam der »Saturn III MS« hinzu, der als spezieller Elf-Meter-Stadtlinienbus mit einer mittleren und vorderen Doppeltür sowie mit einem abgesenkten Wagenboden geliefert wurde.

1964 fiel die Planetenbezeichnung fort, und die Fahrzeuge erhielten die Typenkennung »M« für Magirus in Verbindung mit Zahlen- und Buchstabenkombination, aus der die PS-Leistung, der Verwendungszweck als Stadt-, Linien- und Reisebus sowie die Längenangabe in Metern hervorgingen. So hieß der Saturn II nun M 150 L (R oder S) 10 und der Saturn II L nun M 150 L (LS, R oder S) 12.

1966 produzierte das Unternehmen 1250 Omnibusse und war dadurch an die zweite Stelle hinter der Daimler-Benz AG aufgerückt, wobei der Schwerpunkt der Produktion allerdings auf dem wenig Gewinn bringenden Stadt- und Linienbusprogramm lag. Um die Muttergesellschaft Klöckner-Humboldt-Deutz stärker hervorzuheben, prägte nun der Schriftzug »Deutz« die Vorderfront der Fahrzeuge.

Nächster Schritt in der Deutz-Motorentechnik war im Jahre 1967 die Ausstattung der Fahrzeuge mit Direkteinspritzmotoren der Baureihe 312. Diese dritte Deutz-Motorengeneration mit Kurzhubmaßen wurde anfangsweise noch im Köln-Porzer-Motorenwerk, dann mit Inbetriebnahme des neuen Motorenwerkes in Ulm-Donautal hergestellt. Mit der Einführung der neuen Motorenreihe änderte der Reisebus die Optik seines Fahrzeughecks; seine Front- und seitlichen Fensterpartien wurden beibehalten. Der kleinere Motor und das steilere Heck ermöglichten den Einbau einer zusätzlichen Sitzreihe.

Auf der IAA 1967 stellte das Magirus-Werk unter der Bezeichnung M 150 S 11n (für neu) den Prototypen des VÖV-Standardomnibusses vor. Das Elf-Meter-Fahrzeug besaß ein selbsttragendes, geschweißtes Vierkant-Stahlgerippe in Leichtbauweise und war auf die Beförderung von 44 sitzenden und 38 stehenden Personen ausgelegt. In Serie ging er Ende 1968 dann mit dem neuen 170-PS-Motor. Die zweite Magirus-Neuheit dieser Messe bestand im Reisebus M 200 R 12, der als »Klimabus« das Reisebusgeschäft der KHD ankurbeln sollte. Das 11,6-Meter-Fahrzeug besaß eine leicht überarbeitete Front- und Heckpartie. Hier diente die V8 aus der Baureihe 312 (später 413) mit einer Leistung von 200 PS als Kraftquelle. Zu den Besonderheiten dieses Busses gehörte die aufwendige Klimaanlage. Auch die Zehn-Meter-Version (M 150 R 10) konnte mit dieser Ausstattung aufwarten.

In dieser Zeit erweiterte Magirus die Auslandsaktivitäten auch in Südafrika bei der South African Diesel Engine PTY Ltd. (SADEM), die die Fertigung der Magirus-Lastwagen und Omnibusse sowie der Deutz-Schlepper aufnahm. Weitere Unternehmen in Portugal, in Spanien, in der Türkei und in Kinshasa/Kongo montierten ebenfalls Magirus-Nutzfahrzeuge. Auch in Österreich wurden ab 1968 Omnibusplattformen und F 6 L 714-Motoren an Gräf & Stift in Wien abgegeben, die dort Fernreisebusse unter der Marke Gräf & Deutz aufbauten.

Gegen Ende 1968 lief der Serienbau des VÖV-Typs M 170 S 11 H mit dem neuen 170-PS-Motor F 6 L 413 an. Gleichzeitig bot das Unternehmen bis 1969 die dreitürige Version M 170 S 11m mit einer Heckplattform an, bei der die Maschine links im Mittelbereich des Fahrzeugs unter einer Dos-à-Dos-Sitzgruppe stand. Der Antrieb ging zunächst nach vorne. Nach der Kupplung und dem Schaltgetriebe erfolgte die Umlenkung des Drehmoments auf die Kardanwelle zur Antriebsachse. Eine Serie von etwa 70 Exemplaren mit jeweils 37 Sitz- und 44 Stehplätzen entstand. Auf die Mittelmotor-Chassis setzten die Firmen Tüscher & Co. in Zürich/Schweiz und Van Hool in Lier-Koningshooikt/Belgien eigene Karosserien. Für die Hamburger Hochbahn AG erstellte Magirus eine Serie von 22 Modellen des verkürzten Heckmotortyps unter der Bezeichnung S 10 H, die auf einer Flughafen-Linie eingesetzt wurden.

Im Jahre 1969 erschien auf der IAA in Frankfurt der erste Prototyp des sieben- bis achtreihigen Kleinbusses M 120 R 80. Das auf einem Rahmenfahrgestell aufgebaute, kubisch wirkende Fahrzeug besaß vordere und hintere Starrachsen mit einer Parabel-Blattfederung. Der 120-PS-Reihensechszylinder saß quer im Heck; Kupplung und Schaltgetriebe waren

145-PS-Magirus-Deutz Saturn II LS Bundesbahn-Ausführung, 1958. (Foto: IVECO)

145-PS-Magirus-Deutz Saturn II LS Reisebus, 1959. (Foto: IVECO)

direkt angeflanscht. Dank des einfachen Fahrwerks konnte das 29- bis 33-sitzige Bus für Club- und Vereinsreisen preisgünstig angeboten werden. Gleichzeitig erhöhten sich dadurch die Exportchancen.

1970 wurden die unter der hausinternen Bezeichnung »Programm 70« überarbeitete Reise- und Linienbusreihe vorgestellt. Ihr Kennzeichen war die vordere Tür, die entsprechend den Seitenfenstern hochgezogen wurde. Die Angabe der Motorleistung in der Typenbezeichnung entfiel, da verschieden starke Motoren eingesetzt werden konnten. Die Bezeichnungen R 80 – der Clubbus ging 1972 in Serie – beziehungsweise R 100 standen für Acht- und Zehn-Meter-Reisewagen; die Bezeichnung SH 110 stand für den Elf-Meter-Stadtwagen mit Heckmotor, der auch mit StÜLB-Vorderwand geliefert werden konnte. Ende 1972 erfolgte die Überarbeitung der neuen 413er-Motoren, darunter auch einer Variante mit dem in zwei Stufen ablaufenden Verbrennungsverfahren. In der ersten Stufe begann der Verbrennungsvorgang unter hohem Druck und geringer Luftmenge. In der zweiten Stufe sorgten ein geringerer Druck und hoher Luftüberschuss für eine Reduktion der schädlichen Abgaspartikel. Der VÖV-Bus kam zuerst in den Genuss dieses optional angebotene, 180 PS starken »Umweltmotors«. Das Fahrzeug unter der Typenbezeichnung SH 110 U besaß darüber hinaus eine Teilkapselung des Motors zur Geräuschminderung und wurde bis 1978 angeboten. Aufgrund des etwas erhöhten Kraftstoffverbrauchs des 413 W-Motors wurde jedoch beim SH 110 zunehmend der normale Diesel eingebaut, der in der schadstoffarmen Ausführung 192 oder 210 PS erzeugte.

Kleinere Retuschen erfuhr die Frontpartie des Standard-Linienbusses (170) SH 110. Auf Drängen von VÖV-Betrieben erhielt das Stadtlinienmodell wahlweise auch die blendfreie StÜLB-Frontscheibe. Bodengruppen des VÖV-Typs lieferte Magirus nun auch zur Komplettierung an das Steyr-Werk in Graz/Österreich.

Nachdem das Unternehmen 1969 nur 1482 Komplettomnibusse produzieren konnte, stieg die Fertigung 1970 wieder auf 1868 Fahrzeuge an.

150-PS-Magirus-Deutz M 150 R 10 Reisebus, 1964.

Gleichwohl tauchten erste Gerüchte über die Aufgabe des Omnibusbaues auf, da Magirus durch die Rezession in der zweiten Hälfte der sechziger Jahre sowie durch das verlustreiche Omnibusgeschäft in Schwierigkeiten geraten war. Während 1972 noch 1000 Komplettomnibusse gefertigt werden konnten, sank der Absatz 1973 auf 798 Einheiten. Aufgrund dieses dramatischen Rückgangs im Omnibus-, aber vor allem auch im Lkw-Geschäft, nahm das Unternehmen Kontakte zu Daimler-Benz und Fiat auf. Nachdem die Verhandlungen mit Daimler-Benz aufgrund der unterschiedlichen Motorentechnik gescheitert waren, wurde mit Fiat eine gemeinsame Nutzfahrzeugholding gegründet. Die KHD gliederte die Magirus-Werke im Rahmen dieser Umstrukturierungsmaßnahmen aus dem Kölner Konzern aus, so dass sie als Magirus-Deutz AG geführt wurde. Mit Jahresbeginn 1975 brachten die Fiat AG und die Klöcker-Humboldt-Deutz AG die Ma-

150-PS-Magirus-Deutz M 150 S 11 Linienbus, 1967. (Foto: IVECO)

girus-Deutz AG in die IVECO (Industrial Vehicles Corporation) mit Sitz in Amsterdam ein. Die KHD hielt dabei einen Anteil von 20 Prozent. Bei der Gründung der IVECO wurde für den Omnibusbau beschlossen, für die Stadtbusse eine einheitliche Typenreihe zu schaffen, wobei der SH 110 als Basis dienen sollte. Für die großen Reisebusse wurde das damals als Prototyp existierende Fiat-Fahrzeug 370 vorgesehen.

Das Spitzenmodell im Magirus-Reisebusbau bildete der Hochdecker T 117, der mit einer um 40 Zentimeter, ein Jahr später mit einer um 56 Zentimeter erhöhten Fahrgastplattform ausgerüstet war, um einerseits die Aussichtsmöglichkeiten zu verbessern und um andererseits die Kapazität des Kofferraums zu vergrößern. Die leicht geneigte und weit hochgezogene, geteilte Frontscheibe machte ihn zu einer auffallenden Erscheinung. Für Vortrieb sorgte die 11,3-Liter-Maschine mit 232 PS oder später der neue 12,8-Liter-Motor mit 256 PS. Der T 117 entstand in Zusammenarbeit mit der Firma Gangloff im französischen Colmar. Das Reisebusprogramm umfasste außerdem die Modelle R 80, R, T und TR 100 sowie R, T und TR 120, wobei das »T« für »Transit«-Fahrzeug stand. Bordküchen, Toiletten und Klimaanlagen waren auf Wunsch erhältlich. Auf die nicht mehr zeitgemäße Verwendung von Chromzierrat wurde dagegen verzichtet. 1978 löste dann der R 119 die bisherigen T- und TR-Baureihen ab. Der dann als »M 2000« vermarktete Zwölf-Meter-Bus basierte auf dem Fiat-Großomnibus 370 F, verfügte über Luftfederung und Starrachsen vorne und hinten. Das synchronisierte Sechsganggetriebe leitete über das Differential die 256 PS des V8-Motors auf den Planetenantrieb in den Radnaben weiter. Eine thermostatisch geregelte Medium-Heizung, die mit einem Wärmetauscher an dem Motor-Ölkreislauf angeschlossen war, und ein zusätzliches Heizaggregat waren in dem für 58 Personen vorgesehenen neuen Magirus-Flaggschiff eingebaut. Der Prototyp und die ersten Serien dieses Modells entstanden bei der ehemaligen Fiat-Karosseriefabrik Cameri bei Novara/Italien; danach wurden die nächsten Serien im neuen IVECO-Karosseriewerk Valle Ufita bei Neapel hergestellt. Die L 117-Fahrwerksgruppe gab das Mainzer Werk 1978 als Economy-Fahrgestell auch an Karosseriebauer ab. Die Karosseriefabrik Voll baute nach Ludewig-Vorgaben einige Zwölf-Meter-Kombibusse auf dieser Bodengruppe. Die 57-Sitzer erhielten zunächst die Zusatzbezeichnung »P«, was für »Podeste« oder auch für »Pullmanausführung« stand. Ab 1980 wurden die Fahrzeuge als Typ »Spezial« vermarktet. Ein kleines Schild mit dem kursiven »I« wies jetzt bei allen Fahrzeugen zusätzlich zum Magirus-Deutz-Schriftzug auf die IVECO-Gesellschaft hin. Das Münster-Emblem an der Vorderfront entfiel.

Zuwachs im Linienbusprogramm gab es auf der Frankfurter IAA 1977 in Gestalt des L 80, der mit 17 Sitz- und 31 Stehplätzen für den Zubringer- und den Schülerverkehr gedacht war und von Fremdfirmen aufgebaut werden sollte. Eine weitere Neuheit stellte der VÖV-Gelenkbus-Prototyp SH 170 mit der StÜLB-Front dar. Das weitgehend nach den Empfehlungen des VÖV-Standard-Linienbusses mit der Firma Robert Schenk GmbH in Bietigheim entwickelte 16,7-Meter-Modell besaß eine Schenk-Drehschemel-Gelenkkupplung mit Drehscheibe und Faltenbalg. Das im Nachläufer eingebaute neue 256-PS-Aggregat war mit einem Voith-Dreigang-Automatikgetriebe und einem integrierten Retarder gekuppelt und trieb über einen Gelenkwellenstrang unter der Drehscheibe hinweg die zwillingsbereifte Planeten-Mittelachse (»Push-Pull-System«) an. Die einzelbereifte hintere Starrachse wurde durch eine Kinematik zwangsgelenkt. Die Vorderräder waren wie bei den Solowagen an Schräglenker-Pendelachsen aufgehängt. Die Aufbauten erstellte die Karosseriefabrik Voll in Würzburg. Das Werk kündigte auch eine 18-Meter-Variante und die Fertigung von Gelenkfahrgestellen für den Export an. Im Rahmen der IVECO wurde auf der Basis des vom SH 110 abgeleiteten Stadtbus Fiat 470 für Italien die 18-Meter-Variante realisiert und in Italien in größeren Stückzahlen produziert.

Unter der neuen IVECO-Führung wurden umfangreiche Investitionen getätigt, um auch das Mainzer Omnibuswerk wieder wettbewerbsfähig zu machen. So wurde 1978 das Richtfest für eine neue Montagehalle mit neuen Fertigungsanlagen in Mainz-Mombach gefeiert. 1980 begann die Serienfertigung des Gelenkbusses SH 170 mit der herumgezogenen Frontscheibe in der StÜLB-Ausführung mit 55 Sitz- und 98 Stehplätzen. Das Fahrzeug wurde nun von der 12,8-Liter-Maschine in der normalen 256-PS- oder in der gedrosselten 235-PS-Version in 34 Exemplaren an Verkehrsbetriebe in Bielefeld, Mainz, Münster und Lissabon geliefert.

170-PS-Magirus-Deutz M 170 S 11 H VÖV-I-Typ, 1968.

150-PS-Magirus-Deutz M 150 R 12 Luxus-Reisebus, 1967. (Foto: G. Prager/Touring)

170-PS-Magirus-Deutz M 170 S 11 H Mittelmotor-VÖV-I-Typ, 1968. (Foto: IVECO)

Obwohl viel Geld in die Omnibusfertigung floss, blieb die Situation unbefriedigend. In dem auf fünf Grundtypen zusammengeschrumpften Programm erreichte die R-80-Nachfolgreihe R 81 noch die besten Absatzzahlen; 1981 versah das Mainzer Werk das trotz Blattfederung und Starrachsen gut verkäufliche Clubbusmodell »R 81 Turbo« mit Scheibenbremsen und mit einer Abgasaufladung, so dass der Clubbus auf eine Leistung von 145 PS kam. Neben den stilistischen Verbesserungen im M-2000-Stil entstanden die Kofferraum- und Wartungsklappen nun in GFK- und Aluminium-Technik. Das Fahrzeug besaß in der Klasse bis neun Tonnen Gesamtgewicht einen Marktanteil von 28 Prozent und war seit 1972 in den verschiedenen Ausführungen über 1500mal verkauft worden. Die Schweizer Post orderte größere Serien des 7,75-Meter R 81 Turbo, da die Breite von 2,3 Metern das Modell zum idealen Passfahrzeug machte.

Der jetzt ausgereifte M 2000 mit seinem eigentümlichen Stil besaß nun einen Turbodiesel mit 288 PS. Der Reisewagen wurde auch in einer um 35 Zentimeter auf 3,5 Meter angehobenen Hochdeckerversion vorgestellt, die in Zusammenarbeit mit dem italienischen Karossier Orlandi entstanden war. Die an die Windschutzscheibe anschließenden Trapezscheiben hatten an ihrer Unterseite einen Knick in der Brüstungshöhe, der auf die Kante in der unteren Türverglasung führte.

Auch eine Kombiversion unter der Bezeichnung M 2000 AL mit der 256-Saugmaschine stand im Angebot, ebenso die Möglichkeit, gegen Aufpreis ein ABS zu ordern.

1981 war der Absatz wieder auf nur 1145 Komplettfahrzeuge gesunken. Hinzu kamen noch 275 CKD-Sätze, die in Ägypten montiert wurden. Im Bundesgebiet konnten nur 345 Magirus-IVECO-Omnibusse verkauft werden, so dass hier der Marktanteil jetzt auf sieben Prozent abgerutscht war. Die Ulmer machten bei einem Umsatz von knapp 170 Millionen Verluste von 65 Millionen Mark. Kein Wunder also, dass die Schließung des Mainzer Werkes für Ende 1982 angekündigt wurde.

120-PS-Magirus-Deutz M 120 R 80 Clubbus, 1969.

Unter diesem Gesichtspunkt erstaunt es ganz besonders, dass im Frühjahr 1982 das Werk dann völlig überraschend den Ü 80-Typ (Nachfolgetyp StÜLB) L 118 mit neuem 240-PS-Reihen-Sechszylindermotor und Turbolader nach Vorentwicklungen der FFG Fahrzeugwerkstätten Falkenried präsentierte. Der quer im Heck stehende 9,6-Liter-Motor erlaubte den Einbau einer hinteren Tür, so dass die Grundkonstruktion im Rahmen der IVECO-Gruppe auch für Stadtverkehrsomnibusse für den italienischen Markt geeignet war. Neben einem großen Magirus-Schriftblock zierte der IVECO-Schriftzug die Vorderfront dieses nur siebenmal gebauten Modells. In Italien fand das Konzept bei der Baureihe 480/580, das um 1989 die frühere italienische Baureihe 470/471 »Urbano« und 570/571 »Suburbano« ablöste, Verwendung. Deren Basis wiederum hatte der Stadtlinienbus SH 110 gebildet – das letzte in größeren Stückzahlen gebaute Magirus-Modell. 1982 schloss das Omnibuswerk in Mainz-Mombach seine Pforten; die Omnibus-Konstruktion- und Design-Abteilung sowie teilweise der Versuchsbereich der Entwicklung in Ulm haben noch bis 1989 beziehungsweise 1992 an der Entwicklung der in Italien produzierten IVECO-Busse mitgearbeitet. Insbesondere zu dem im Herbst 1992 vorgestellten neuen IVECO-Reisebus »EuroClass« leisteten sie wesentliche Beiträge. Und bis heute treibt die Magirus-Planeten-Hinterachse die IVECO-Omnibusse an!

2012 wurde die Brandschutztechnik unter dem Namen Magirus GmbH ausgegliedert, das Lastwagenwerk in Neu-Ulm der IVECO wurde zunächst stillgelegt; inzwischen werden dort in Zusammenarbeit von IVECO und der Nikola Corp. in Phoenix/Arizona Elektro-Lastwagen entwickelt und gebaut.

230-PS-Magirus-Deutz 230 TR 120 Reisebus, 1969. (Foto: IVECO)

230-PS-Magirus-Deutz 230 L 117 Linienbus, 1973.

232-PS-Magirus-Deutz M 230 TR 120 Reisebus, 1975.

232-PS-Magirus-Deutz M 230 T 117 Hochdecker (Gangloff-Aufbau), 1976.

130-PS-Magirus-Deutz R 81 Clubbus, 1977.

176-PS-Magirus-Deutz M 200 SH 110 U Linienbus, 1977.
(Foto: IVECO)

256-PS-Magirus-Deutz 260 SH 170 VÖV-Gelenkbus-Prototyp, 1977. (Foto: IVECO)

200-PS-Magirus-Deutz M 230 E 113 Exportmodell, 1978. (Foto: IVECO)

256-PS-Magirus-Deutz M 2000 Reisebus, 1978.

260-PS-Magirus-Deutz M 260 L 117 Überlandbus, 1978. (Foto: IVECO)

235-PS-Magirus-Deutz M 260 SH 110 Linienbus, 1978.

145-PS-Magirus-IVECO R 81 Turbo Clubbus, 1979. (Foto: IVECO)

256-PS-Magirus-IVECO 260 SH 170 Gelenkbus, 1980.

160-PS-Magirus-IVECO R 81 Turbo Clubbus, 1981. (Foto: IVECO)

242-PS-Magirus-IVECO M 240 L 118 VÖV II-Prototyp, 1981. (Foto: IVECO)

288-PS-Magirus-IVECO- M 2000 H Turbo Reisebus, 1982.

MAGIRUS

Typ	Sitzplätze/ Stehplätze	Bauzeit	Zylinder	PS	K	B x H mm	Hubraum cm³	Drehzahl U/min	Radstand mm	Länge mm	Gewicht kg	Motor-hersteller	Typ	M	Bemerkungen
1. Linien- und Kombibusse															
a) Baureihen 1C und 2C															
2C-V 110	18/6	1919 - 22	4	40	W	110x160	6082	1100	3550			Magirus	V 110	V	
2C-V 110 Post	17/0	1919	4	40	W	110x160	6082	1100	3550		3700	Magirus	V 110	V	
3C-V 110	18 - 24	1920	4	40	W	110x160	6082	1100			4200	Magirus	V 110	V	2 Exemplare
1C-V 85	11/0	1922	4	26	W	85x130	2950	1400	3300			Magirus	V 85	V	
1C-V 95	14 - 18	1922 - 27	4	34	W	95x150	4250	1200	3300			Magirus	V 95	V	mit Dural-Karosserie 13+1 Plätze
2C1-V 95	18/8	1922	4	34	W	95x150	4250	1200	3550			Magirus	V 95	V	
2C1-V 110	18/8	1922 - 27	4	40	W	110x160	6082	1100	3550	6100	3700	Magirus	V 110	V	
1C-V 100	18/0	1926 - 28	4	55	W	100x150	4712	1500	3900		3200	Magirus	V 100	V	
2C1-V 100	28 - 32	1926 - 29	4	55	W	100x150	4712	1500	1500		4300	Magirus	V 100	V	
2C1N-V 100	32/8	1926 - 27	4	55	W	100x150	4712	1500	4500			Magirus	V 100	V	
2C1N-V 100	36/10	1926 - 27	4	55	W	100x150	4712	1500	5250			Magirus	V 100	V	
b) Baureihen ML und MM															
ML-V 100	28 - 32	1927 - 29	4	55	W	100x150	4712	1500	3775		4500	Magirus	V 100	V	Typ New York 25 - 28 Plätze
MM 3		1927 - 29	6	100	W	94x168	6995	2000	5250			Maybach	OS 5	V	
M2-V 100	25/0	1928	4	55	W	100x150	4712	1500	3910			Magirus	V 100	V	
MM 4	22/11	1930	V12	100	W	92x100	7977	2000	5275			Maybach	DSO 8	V	
c) Baureihen M1/M 25 bis M 65															
M1-M 25	20/5	1930 - 32	6	55	W	85x125	4255	2000	4250	7360	3780	Magirus	S 85	V	
M1-M 25	20/5	1930 - 32	6	65	W	88x125	4562	2000	4250	7360	3780	Magirus	S 88	V	
M1-M 27	20/5	1930 - 34	6	55	W	85x125	4255	2000	4250			Magirus	S 85	V	auch S 88-Motor
M1-M 30	25/7	1930 - 34	6	55	W	85x125	4255	2000	4500	7385	4000	Magirus	S 85	V	dito
M1-M 27	20/5	1933 - 34	6	65	W	88x125	4562	2000	4250			Magirus	S 88 R	D	
M1-M 30	25/7	1933 - 34	6	65	W	88x125	4562	2000	4500	7385		Magirus	S 88 R	D	
M 45	34/7	1934 - 36	6	110	W	110x130	7412	2000	5300	8060	6700	Magirus	S 105 R	D	
M 30	22/11	1935 - 37	6	70	W	88x125	4562	2000	4500	7075		Magirus	S 88 D	D	
M 37	30/6	1935 - 37	6	110	W	110x130	7412	2000	4800		6600	Magirus	S 110 R	D	
M 50		1935	6	110	W	110x130	7412	2000	6050	7830	8100	Magirus	S 110 R	D	Reichsautobahnzug »Deutschland«
M 35a	30/7	1936 - 37	6	90	W	100x130	6126	2000	5660	8800	6400	Magirus-Deutz	S 313 D (F 6 M 313)	D	Kurbellenkertyp
M 65 »Zittau«	39/20	1936	B12	150	W	95x125	10632	2000		7200	8750	Magirus	Z 95 D	D	
M 45	34/7	1937 - 38	6	90	W	100x160	7540	2000	5300	10050	7350	Deutz	F 6 M 316	D	
M 45 Stadtbus	28/16	1937	6	90	W	100x160	7540	2000	6000	10170	7400	Deutz	F 6 M 316	D	
M 45 Stadtbus	28/16	1937	4	100	W	130x170	9026	1600	4800			Deutz	F 4 M 517	D	
M 27a	26/0	1938	6	65	W	88x125	4562	2000	4250	7230		Magirus	S 88	V	RAD-Mannschaftswagen
d) Baureihen O															
O 30a		1938	6	90	W	100x130	7540	2000	4800			Mag.-Deutz	S 313 D	D	Fahrgestell
O 32		1938	6	90	W	100x130	7540	2000				Mag.-Deutz	S 313 D	D	Fahrgestell
O 235 k	33+1	1938 - 40	6	105	W	110x130	7412	2000	4500	8250	5400	Deutz	F 6 M 513	D	
O 235 l	38+1	1938 - 40	6	105	W	110x130	7412	2000	5200	8950	5580	Deutz	F 6 M 513	D	
O 145	48+1	1938 - 40	6	125	W	110x160	9122	2000	5775	11035	6800	Deutz	F 6 M 516	D	auch Radstand 6000 mm
O 30a		1939 - 40	6	70	W	88x125	4562	2000	4800			Magirus	S 88 D	D	Fahrgestell
Strabus 235	24/16	1939 - 40	6	85	W	110x130	7412	2000	4200			Deutz	F 6 M 513	D	
e) Baureihe O 3000/O 3500															
O 3000	30/0	1941 - 44	4	70	W	110x130	4942	2100	4900	8050	4650	Deutz	F 4 M 513	D	
OL 3000	34/0	1941 - 44	4	70	W	110x130	4942	2100	5800	9270		Deutz	F 4 M 513	D	
Oa 3000	35/0	1942	4	70	W	110x130	4942	2100	4900	8050		Deutz	F 4 M 513	D	Allradantrieb
O 3000	30/0	1948 - 49	4	85	L	110x140	5322	2400	4900	8050	4800	Deutz	F 4 L 514	D	
O 3000	30/0	1949 - 51	4	90	L	110x140	5322	2300	4900	8270	4900	Deutz	F 4 L 514	D	
O 3500	34 - 45	1949 - 51	4	90	L	110x140	5322	2300	5200	9000 - 9129	4800 - 5100	Deutz	F 4 L 514	D	
f) Baureihen O 3500 H und O 6500															
O 6500	43/36	1951 - 59	V8	170	L	110x140	10644	2300	5700	1113 -11230	8150	Deutz	F 8 L 614	D	
Saturn II Stand.	32/60	1958 - 59	V6	125	L	110x140	7983	2300	4500	10000	6000	Deutz	F 6 L 614	D	
Jupiter (O 6500)		1958 - 59	V8	170	L	110x140	10644	2300	5700	11230		Deutz	F 8 L 614	D	Fahrgestell
Saturn II LS (Stadt)	38/77	1959 - 64	V6	145	L	120x140	9500	2300	5730	11500	6950	Deutz	F 6 L 714	D	ab 1962 150 PS
g) Baureihe M 150															
M 150 L 10	47/0	1964 - 67	V6	150	L	120x140	9500	2300	4500	10000	6600	Deutz	F 6 L 714	D	
M 150 L 12	55/0	1964 - 67	V6	150	L	120x140	9500	2300	5730	11500	7400	Deutz	F 6 L 714	D	
M 150 LS 12	51/45	1964 - 67	V6	150	L	120x140	9500	2300	5730	11500	7800	Deutz	F 6 L 714	D	
M 150 S 10	36/60	1964 - 67	V6	150	L	120x140	9500	2300	4500	10000	6980	Deutz	F 6 L 714	D	
M 150 S 12	38/77	1964 - 67	V6	150	L	120x140	9500	2300	5730	11500	7150	Deutz	F 6 L 714	D	
M 150 S 11 (Saturn MS II)	30/82	1964 - 67	V6	150	L	120x140	9500	2300	5440	11000	7200	Deutz	F 6 L 714	D	VÖV I-Vorläufer

MAGIRUS

Typ	Sitzplätze/ Stehplätze	Bauzeit	Zylinder	PS	K	B x H mm	Hubraum cm³	Drehzahl U/min	Radstand mm	Länge mm	Gewicht kg	Motor-hersteller	Typ	M	Bemerkungen
M 150 L 10	51/0	1967 - 69	V6	150	L	115x120	7478	2800	4500	10100	7500	Deutz	F 6 L 312	D	auch Bundeswehr-Typ
h) Baureihen M 150 S (VÖV I), M 170 (VÖV I), M 230 (VÖV I), M 260 (VÖV I)															
M 150 S 11 n		1967	V6	150	L	115x120	7478	2800	5600	11000	8800	Deutz	F 6 L 312	D	VÖV I-Prototyp
M 200 LS 12	59/0	1967 - 69	V8	200	L	115x120	9974	2800	5730	11600	8400	Deutz	F 8 L 312	D	»Klimabus«
M 170 S 11 H	33/78	1968 - 71	V6	170	L	120x125	8482	2650	5600	11000	7800	Deutz	F 6 L 413	D	VÖV I-Serientyp
M 170 S 11 M	28/92	1968 - 69	V6	170	L	120x125	8482	2650	5600	11000	7900	Deutz	F 6 L 413	D	Mittelmotortyp, auch 200 PS-Motor
M 170 L 100	47/0	1969 - 77	V6	170	L	120x125	8482	2650	4500	10140	7600	Deutz	F 6 L 413	D	ab 1972 176 PS
M 170 L 120	59/0	1969 - 73	V6	170	L	120x125	8482	2650	5730	11590	8300	Deutz	F 6 L 413	D	ab 1972 176 PS
M 230 L 120	52 - 59	1969 - 73	V8	230	L	120x125	11310	2650	5730	11590	8600	Deutz	F 8 L 413	D	ab 1975 232 PS
M 170 S 10 H	44/61	1970 - 71	V6	170	L	120x125	8482	2650	4000	9570		Deutz	F 6 L 413	D	VÖV I-Typ für die HHA
M 170 SH 110	44/61	1970 - 76	V6	170	L	120x125	8482	2650	5600	11000	8100	Deutz	F 6 L 413	D	ab 1972 176 PS
M 230 SH 110	44/61	1971 - 73	V8	230	L	120x125	11310	2650	5600	11000	8300	Deutz	F 8 L 413	D	
M 200 SH 110 U	44/61	1971 - 78	V8	180	L	120x125	11310	2150	5600	11000	8300	Deutz	F 8 L 413 W	D	auch 218 PS, schadstoff-arme Zweistufenverbrennung
M 230 SH 110	44/61	1977 - 79	V8	192	L	120x125	11310	2150	5600	11000	8300	Deutz	F 8 L 413	D	auch 210 PS, Motorkapselung
M 230 L 117	53/49	1972 - 78	V8	210	L	120x125	11310	2500	6000	11700	9000	Deutz	F 8 L 413	D	StÜLB-Typ 230 PS Gangloff-Aufbau
M 260 SH 170	48/124	1977	V8	256	L	120x125	11310	2500	5600/6275	16700		Deutz	F 8 L 413	D	Gelenkbus-Prototyp
M 260 L 117	53/44	1978 - 82	V8	256	L	125x130	12763	2500	6000	11700	9100	Deutz	F 8 L 413 F	D	auch 235 PS
M 260 L 117 P	57/0	1977 - 82	V8	256	L	125x130	12763	2500	6000	11700	9500	Deutz	F 8 L 413	D	Voll-Aufbau, innen mit seitlichen Podesten
M 260 SH 110	44/57	1978 - 82	V8	235	L	125x130	12763	2300	5600	11030	8500	Deutz	F 8 L 413	D	auch 210 PS
M 260 SH 110	37/75	1978 - 82	V8	235	L	125x130	12763	2300	5600	11250		Deutz	F 8 L 413 F	D	VÖV I-Typ mit StÜLB-Vorderfront
M 260 SH 170	55/98	1980 - 82	V8	256	L	125x130	12763	2500	5600/6275	16795	13800	Deutz	F 8 L 413 F	D	Gelenkbus
i) Baureihe M 240 (VÖV II)															
M 240 L 118	53/47	1981 - 82	6	242	L	125x130	9572	2200	6150	11850	9500	Deutz	BF 6 L 413 FR	D	T, Ü 80-/VÖV II-Prototyp
j) Magirus-Deutz-Exportbaureihen															
Saturn		1962 - 64	V6	145	L	120x140	9500	2300	4500			Deutz	F 6 L 714	D	
150 E 10/E 11		1964 - 70	V6	150	L	120x140	9500	2300	4500 - 5440			Deutz	F 6 L 714	D	Weiterbau in Ägypten bis ca. 1988
L 80 E 6/E 60		1967 - 70	4	80	L	100x120	3770	2800	2970	5820		Deutz	F 4 L 912	D	auch 70 u. 75 PS
L 80 E 6/E 60		1971 - 80	6	120	L	100x120	5655	2800	2970	6090		Deutz	F 6 L 912	D	
M 170 E 10/E 100		1971 - 80	V6	170	L	120x125	8482	2650	4500	10000		Deutz	F 6 L 413	D	Nachfolgemodell für Saturn II, auch 200 PS
M 200 E 12		1971 - 78	V8	200	L	120x125	11310	2500	5730	11345		Deutz	F 8 L 413	D	
M 230 E 120		1973 - 78	V8	232	L	120x125	11310	2650	5730	11345		Deutz	F 8 L 413	D	
M 230 EV 110		1974 - 81	V8	232	L	120x125	11310	2650	5400	11950		Deutz	F 8 L 413	D	Frontmotor
M 230 EV 120		1974 - 81	V8	232	L	120x125	11310	2650	5900	10950		Deutz	F 8 L 413	D	Frontmotor
M 230 E 113	41/65	1978 - 87	V8	200	L	120x125	11310	2500	5600	11460	10100	Deutz	F 8 L 413	D	Rahmenbau, Reisebus 55 Plätze

Magirus-Deutz O 3500/6, Baujahr 1953 mit Anhänger der Fahrzeugwerke Recklinghausen. (Foto: Ralf Weinreich)

MAGIRUS															
Typ	Sitzplätze/ Stehplätze	Bauzeit	Zylinder	PS	K	B x H mm	Hubraum cm³	Drehzahl U/min	Radstand mm	Länge mm	Gewicht kg	Motor-hersteller	Typ	M	Bemerkungen
2. Ausflugs- und Reisebusse															
a) Baureihen ML und MM															
ML-V Jura	25/0	1927 - 29	4	55	W	100x150	4712	1500	3775			Magirus	V 100	V	
MM 3	35/0	1927 - 29	6	100	W	94x168	6995	2000	5250			Maybach	OS 5	V	
MM 4	35/0	1928 - 29	6	100	W	94x168	6995	2000	5250			Maybach	OS 5	V	
MSUF		1928	6	70	W	90x150	5722	2000	4500 - 5250			Magirus		V	Aussichtswagen- Prototypen
MM 4	40/0	1929 - 32	6	100	W	94x168	6995	2000	5275	8390	5250	Maybach	OS 5	V	auch 90 PS mit OS 6-Motor
M1-M 20	20/0	1929 - 30	6	55	W	85,7x117,5	4068	2000	4000	6200	4050	Continental	16C	V	
M1-M 20	20/0	1929 - 30	6	55	W	85x125	4255	2000	4000	6200	4050	Magirus	S 85	V	
MLO-W 2	30/0	1929 - 33	6	70/73	W	95x135	5740	2000	4000	8550		Magirus	W 2	V	Maybach-Lizenz-Motor, auch Radstand 4500 mm
MM 4-S 105	40/0	1932	6	110	W	105x150	7793	2000	5275			Magirus	S 105	V	Einzelstück
b) Baureihen M 25 - M 30 a															
M 25	26//0	1934 - 35	6	65	W	88x125	4562	2000	4000	6510		Magirus	S 88	V	auch S 88 R-Motor
M 27	26/0	1934 - 35	6	65	W	88x125	4562	2000	4250	6675		Magirus	S 88 R	D	
M 30	31/0	1934 - 35	6	65	W	88x125	4562	2000	4500	7075		Magirus	S 88	V	auch S 88 R-Motor
M 20 V	20/0	1934 - 40	4	45	W	88x125	3040	2200	3800			Magirus	V 88 R	D	
M 25	26/0	1935 - 37	6	70	W	88x125	4562	2000	4000	6510		Magirus	S 88 D	D	
M 27	26/0	1935 - 37	6	70	W	88x125	4562	2000	4250			Magirus	S 88 D	D	
M 30	31/0	1935 - 37	6	70	W	88x125	4562	2000	4500	7075		Magirus	S 88 D		
M 65	48/0	1936	B12	150	W	95x125	10632	2000		8800		Magirus	Z 95 D	D	Dreiachs-Heckmotor-Omnibus-Projekt
M 27a	26/0	1937 - 38	6	70	W	88x125	4562	2000	4250	7230		Magirus	S 88 D	D	
M 30a	26/0	1937 - 38	6	70	W	88x125	4562	2000	4800	7930		Magirus	S 88 D	D	
c) Baureihen O 30 - O 240															
O 30a		1938	6	90	W	100x130	7540	2000	4800			Mag.-Deutz	S 313 D	D	Fahrgestell
O 32a		1938	6	90	W	100x130	7540	2000				Mag.-Deutz	S 313 D	D	dito
O 30a		1939 - 40	6	70	W	88x125	4562	2000	4800			Magirus	S 88 D	D	dito
O 27a	31/0	1940	6	70	W	88x125	4562	2000	4250			Magirus	S 88 D	D	
O 240	42/0	1941	6	125	W	110x160	9122	2000	6000			Deutz	F 6 M 516	D	Prototyp
d) Baureihen O 3000 und O 3500															
O 3000	30/0	1941 - 44	4	70	W	110x130	4942	2100	4900	8050	4650	Deutz	F 4 M 513	D	
OL 3000	34/0	1941 - 44	4	70	W	110x130	4942	2100	5870	9270		Deutz	F 4 M 513	D	
O 3000	30/0	1948 - 49	4	85	L	110x140	5322	2400	4900	8050	4800	Deutz	F 4 L 514	D	
O 3000	30/0	1949 - 51	4	90	L	110x140	5322	2300	4900	8050	4900	Deutz	F 4 L 514	D	
O 3500	34 - 45	1949 - 51	4	90	L	110x140	5322	2300	5200	9000 - 9129	4800 - 5100	Deutz	F 4 L 514	D	
e) Baureihe O 3500 (Rundhaube)															
O 3500 (V 6)	31 - 36	1951 - 54	V6	130	L	110x140	7983	2250	4850	8375	5500	Deutz	F 6 L 614	D	auch 90-PS-Motor
O 3500 (Vb)	35	1951 - 54	V6	130	L	110x140	7983	2250	5150	9125	5700	Deutz	F 6 L 614	D	dito
f) Baureihen O 3500 H und O 6500															
O 6500	47+1	1951 - 59	V8	170	L	110x140	10644	2300	5700	11135-11230	8150	Deutz	F 8 L 614	D	
O 3500 H	39/0	1953 - 57	V6	125	L	110x140	7983	2300	4500	9500	6000	Deutz	F 6 L 614	D	ab 1957 43 Plätze
Jupiter (O 6500)		1958 - 59	V8	170	L	110x140	10644	2300	5700	11230		Deutz	F 8 L 614	D	Chassis
g) Baureihen Saturn															
Saturn I Reise	43/0	1958 - 62	V6	125	L	110x140	7983	2300	4500	9500	620	Deutz	F 6 L 614	D	
Saturn II Reise	43/0	1958 - 60	V6	125	L	110x140	7983	2300	4500	9770	6350	Deutz	F 6 L 614	D	
Saturn II Reise	47/0	1959 - 63	V6	145	L	120x140	9500	2300	4500	10000	7100	Deutz	F 6 L 714	D	ab 1962 150 PS, schräge Fensterpfosten
Saturn II L Reise	55/0	1959 - 63	V6	145	L	120x140	9500	2300	5730	11500	7400	Deutz	F 6 L 714	D	dito
h) Baureihen M 150/M 170/M 200/M 230/M 260															
M 150 R 10	43/0	1964 - 67	V6	150	L	120x140	9500	2300	4500	10000	7000	Deutz	F 6 L 714	D	
M 150 R 12	51/0	1964 - 67	V6	150	L	120x140	9500	2300	5730	11500	7800	Deutz	F 6 L 714	D	
M 200 LS 12	59/0	1967 - 69	V8	200	L	115x120	9974	2800	5730	11600	8400	Deutz	F 8 L 312	D	»Klimabus«
M 200 RS 12	55/0	1967 - 69	V8	200	L	115x120	9974	2800	5730	11600	8800	Deutz	F 8 L 312	D	
M 170 TR 100	44 - 47	1969 - 73	V6	170	L	120x125	8482	2650	4500	10140	7800	Deutz	F 6 L 413	D	
M 200 TR 100	44 - 47	1969 - 73	V8	200	L	120x125	11310	2500	4500	10140	8000	Deutz	F 8 L 413	D	ab 1973 als Typ M 200 L 10
M 170 R 100	44 - 47	1969 - 77	V6	170	L	120x125	8482	2650	4500	10140	8000	Deutz	F 6 L 413	D	ab 1972 176 PS
M 170 TR 100	44 - 47	1969 - 77	V6	170	L	120x125	8482	2650	4500	10140	8100	Deutz	F 8 L 413	D	
M 200 R 100	44 - 47	1969 - 77	V8	200	L	120x125	11310	2500	4500	10140	8200	Deutz	F 8 L 413	D	
M 200 TR 100	47/0	1969 - 77	V8	200	L	120x125	11310	2500	4500	10140	8300	Deutz	F 8 L 413	D	
M 230 TR 120	52 - 55	1969 - 73	V8	230	L	120x125	11310	2650	5730	11590	8800	Deutz	F 8 L 413	D	ab 1975 232 PS
M 230 R 120	52 - 55	1969 - 77	V8	230	L	120x125	11310	2650	5730	11590	9000	Deutz	F 8 L 413	D	dito
M 230 TR 120	52 - 55	1969 - 77	V8	230	L	120x125	11310	2650	5730	11590	9200	Deutz	F 8 L 413	D	dito
M 230 T 117	53/0	1975 - 76	V8	232	L	120x125	11310	2650	6000	11700	9800	Deutz	F 8 L 413	D	
M 260 T 117	53/0	1977 - 80	V8	256	L	125x130	12763	2500	6000	11700	10200	Deutz	F 8 L 413	D	Hochdecker-Fernreisebus, Gangloff-Aufbau

MAGIRUS															
Typ	Sitzplätze/ Stehplätze	Bauzeit	Zylinder	PS	K	B x H mm	Hubraum cm³	Drehzahl U/min	Radstand mm	Länge mm	Gewicht kg	Motor-hersteller	Typ	M	Bemerkungen
i) Baureihe M 2000															
M 2000 (10,6 m)	40 - 51	1977 - 81	V8	230	L	125x130	12763	2500	5335	10645		Deutz	F 8 L 413	D	ab 1981 256 PS
M 2000 (11,3 m)	44 - 56	1977 - 78	V8	230	L	125x130	12763	2500	5600	11300		Deutz	F 8 L 413	D	
M 2000 (11,9 m)	48 - 60	1977 - 78	V8	230	L	125x130	12763	2500	6290	12000		Deutz	F 8 L 413	D	
M 2000 R 119	53/0	1978 - 82	V8	256	L	125x130	12763	2500	6290	12000	11500	Deutz	F 8 L 413	D	ab 1982 288 PS
M 2000 R 106	48/0	1979 - 82	V8	256	L	125x130	12763	2500	5335	10645	10500	Deutz	F 8 L 413 F	D	
M 2000 H 119	45/0	1981 - 82	V8	288	L	125x130	12763	2100	6290	12000		Deutz	BF 8 L 413 F	D	T, Hochdecker
j) Baureihe R 80															
M 120 R 80	29/0	1967	6	120	L	100x120	5655	2800	3650	7400	5400	Deutz	F 6 L 912	D	Prototyp
M 120 R 80	29/0	1968 - 75	6	120	L	100x120	5655	2800	3650	7400	5400	Deutz	F 6 L 912	D	Fahrgestell als Typ L 80
M 130 R 81	29 - 32	1977 - 81	6	130	L	102x125	6128	2800	3610	7470	5800	Deutz	F 6 L 913	D	
M 160 R 81	28 - 32	1981 - 82	6	145	L	102x125	6128	2400	3610	7470	6100	Deutz	BF 6 L 913	D	T, ab 1981 148 PS

Magirus-Deutz Saturn II, Baujahr 1961 im restaurierten Zustand. (Foto: Ralf Weinreich)

MAN

MAN Nutzfahrzeuge AG,
München, Dachauer Str. 667

1. 1915	**MAN-Saurer-Lastwagen GmbH,** Lindau/Bodensee
2. 1915-1917	**MAN-Saurer-Lastwagen GmbH,** Nürnberg, Katzwangerstr. 101
3. 1918-1955	**Maschinenfabrik Augsburg-Nürnberg AG, Werk Nürnberg**
4. 1955-1971	**Maschinenfabrik Augsburg-Nürnberg AG, Werk München,** München, Dachauer Str. 667
5. 1971-1985	**M.A.N. Nutzfahrzeuge, Werk München**
6. 1985-1987	**MAN Nutzfahrzeuge GmbH,** München
7. 1988-heute	**MAN-Nutzfahrzeuge AG,** München

Die heutige Maschinenfabrik Augsburg-Nürnberg AG (MAN) ging aus dem 1898 erfolgten Zusammenschluss der Actiengesellschaft Maschinenfabrik Augsburg und der Maschinenbau-Actien-Gesellschaft Nürnberg hervor. Die seit 1908 unter der verkürzten Bezeichnung Maschinenfabrik Augsburg-Nürnberg AG geführte Firma wurde 1920 dem Konzern der Gutehoffnungshütte Aktienverein Oberhausen angeschlossen und ist die älteste Dieselmotorenfabrik der Welt: Nachdem 1897 Rudolf Diesel mit Ingenieuren des Augsburger Unternehmens im Anschluss an langjährige Laborversuche den Dieselmotor entwickelt hatte, nahm die Maschinenfabrik neben dem Bau von Großmaschinen 1903 die Fertigung von schnelllaufenden Viertakt-Schiffsdieselmotoren und ein Jahr später den Bau von großen stationären Dieselmotoren auf. 1915 richtete dann MAN einen Lkw- und Omnibus-Fahrgestell-Bau ein, die Kommanditgesellschaft Lastwagen-Werke MAN-Saurer. Nach Lizenzen und »Herstellungsverfahren« der Adolphe Saurer-Werke in Arbon/Schweiz erfolgte die Montage zunächst in deren 1910 gegründetem Lastwagen-Zweigwerk in Lindau am Bodensee. Das ersparte der MAN eigene, langwierige Nutzfahrzeug-Entwicklungen.

Im gleichen Jahr wurde schon die Fertigung der zwar einfachen, aber robusten Laster in das Nürnberger Werk verlegt, wo größere Kapazitäten zur Verfügung standen und Änderungen entsprechend den Normbestimmungen der Heeresverwaltung durchgeführt werden konnten. Überdies war Saurer daran interessiert, die Zusammenarbeit nicht zu eng zu gestalten, da man in Suresnes bei Paris eine weitere Nutzfahrzeugfabrik (späteres UNIC-Werk) unterhielt und Komplikationen mit den französischen Partnern zu befürchten waren.

Die ersten Omnibusse der Marke MAN-Saurer nutzten die Fahrgestelle der 3,5-, Vier- und Fünftonner. Die Fahrzeugrahmen bestanden aus Stahlblech, darin der an drei Punkten aufgehängte Motor. Der 3,5-Tonnen-Omnibus wurde wahlweise mit einer 30-, 36- oder 45-PS-Maschine ausgestattet und bot 18 Sitz- und drei Stehplätze.

Der Bus mit dem Viertonnen-Fahrgestell konnte mit 30- oder 36-PS-Motoren versehen werden und beförderte 28 Personen, während der Fünftonner mit dem 36- oder dem 45-PS-Motor als Oberdecker 36 Sitz- und sechs Stehplätze bot.

Die Zweiblockmotoren waren unter weitgehender Verwendung von Aluminiumguss hergestellt worden und besaßen beidseitig stehend angebrachte Ventile. Die Motoren hatten eine Motorbremse und konnten dank des Saurer-Spezialvergasers mit Benzin, Benzol oder Petroleum betrieben werden. Der Antrieb erfolgte über ein Kardansystem. Das Differential war im vom Motor getrennt angebrachten Getriebekasten eingebaut. Die Höchstgeschwindigkeit lag bei knapp 30 km/h.

Erste Omnibusse wurden an die Königlich Bayerische Post geliefert. Bekannt geworden ist hierbei der kleinere Typ mit einem "Sommeraufbau" und einem hinteren Gepäckkasten für bis zu 400 kg Nutzlast der Firma Baader in München.

Weitere »MAN-Saurer-Kraftomnibusse«, die ebenfalls vornehmlich Verbreitung bei der Königlich Bayerischen Postverwaltung fanden, besaßen geschlossene Aufbauten mit hinteren Postkästen und einer Dachrandgalerie. Selbst Luxusomnibusse wurden noch während der Kriegszeit gefertigt.

Die Kapazität des Werkes belief sich im Jahre 1918 auf etwa 1000 Nutzfahrzeuge, hauptsächlich Militärlastwagen. Zum Ende des Ersten Weltkrieges endete der Kooperationsvertrag mit Saurer, der Erfahrungsaustausch mit dem Schweizer Unternehmen dauerte jedoch noch bis in das Jahr 1932. Der Zusatz »Saurer« an der Kühlermaske entfiel im Jahre 1918. Dipl.-Ing. Egon Buchler übernahm nun die Entwicklungsabteilung

30-PS-MAN-Saurer Aussichtsomnibus (Baader-Aufbau), 1917. (MAN-Werksfoto)

der dann 1921 gegründeten MAN Abt. Nutzfahrzeugbau GmbH. Erste eigene Entwicklungen waren 1919 die Hochrahmentypen 2TC (für Zweitonner, Cardan) und 3TC, die den auf 37/40 PS angehobenen, leicht aufgebohrten ehemaligen 36-PS-Saurer-Motor besaßen. Die Kühlerverkleidung wurde etwas abgerundet gestaltet. Neben Stadt- und Überlandbussen sowie Oberdeckern bot das Unternehmen auch die damals beliebten Aussichtsomnibusse an.

Der 2TC/2,5TC war mit 18 Sitzplätzen Klappverdeck und Elastik-, später Luftreifen ausgestattet; die Zwickauer Fahrzeugfabrik vorm. Schumann AG steuerte die Aufbauten bei, ebenso Estelmann in Nürnberg und Trutz in Coburg. Auch die eigene Waggonbau-Werkstätte fertigte Karossen an.

1924 erschien mit dem Modell NOB (Niederrahmen-Omnibus) erstmals ein spezielles Omnibus-Fahrgestell auf Basis des 3TC. Die Rahmenlängsträger waren über der Vorder- und der Hinterachse stark gekröpft, um die Bauhöhe des Fußbodens auf 60 cm abzusenken. Über der hinteren Achse hob sich der Boden wieder, weil das Differential zu überdecken war. 45 Fahrgäste fanden Platz; der hier erstmals verwendete 55 PS starke Vergasermotor ging auf eine Weiterentwicklung der ehemaligen 45-PS-Saurer-Maschine zurück. Die herausragende Leistung der MAN-Ingenieure war aber zu dieser Zeit die Konstruktion eines schnelllaufenden, kompressorlosen und einbaufähigen Dieselmotors, der erstmals 1924 auf der IAMA in Berlin in einem Lastwagen-Fahrgestell gezeigt wurde. Der Vierzylinder mit direkter Kraftstoffeinspritzung wurde anfänglich mit einer Andrehkurbel und einer Dekompressionsanlage in Betrieb gesetzt. Führende Konstrukteure der Fahrzeug-Dieselmotoren waren bis 1921 der Werkleiter Franz Lang (1873 - 1956), der später das Lanova-Verfahren der Henschel-Werke entwickelte sowie von 1920 bis 1928 der ehemalige Scheibler-Oberingenieur Paul Erwin Aders, der dann zur VOMAG ging sowie in den dreißiger Jahren Dr.-Ing. Wilhelm Riehm (1885 - 1934).

Die Bayerische Postverwaltung bestellte noch 1924 einige komplette 45-PS-Dieselaggregate und rüstete einen Teil ihrer 3TC-Überlandomnibusse damit aus, da sich hierdurch erhebliche Mengen an Treibstoff einsparen ließen: So begann der Siegeszug des Dieselmotors auf dem Gebiet der Kraftverkehrstechnik. Auch das Werk versah 1925 einige 3TC-Omnibusse mit diesem Dieselmotor, um den Selbstzündermotor im speziellen Omnibusbetrieb erproben zu können. Serienmäßig wurde der

30-PS-MAN-Saurer Bayern-Postbus »Nürnberg«, 1922. (MAN-Werksfoto)

Dieselmotor dann neben Ottomotoren im Jahre 1926 in dem Niederrahmen-Omnibus NOB/4 angeboten, wobei diese Maschine 65 PS leistete. Erste Abnehmer der Diesel-Busse mit Estelmann-, Luchterhand & Freytag- sowie Trutz-Karosserien waren die Städtischen Verkehrsbetriebe in Nürnberg und die Deutsche Reichsbahn.

Auf Anregung des Reichspostministeriums erstellte die Karosseriefabrik Trutz ein Modell nach Plänen der Fageol-Savety-Coach der Twin Coach F. R. Fageol in Kent/Ohio. Auf ein NOB-Niederrahmen-Fahrgestell war der Holzaufbau aufgesetzt worden, der sich durch fünf Türen für jede Sitzreihe auf der rechten Seite auszeichnete. Eine für die damalige Zeit extrem niedrige Anordnung des Fußbodens, abgesehen von der Stelle über der Hinterachse, wo sich aber eine Sitzreihe befand, konnte dadurch erzielt werden. Trotz der Luftreifen konnte allerdings die ständige Erschütterung der Türen auf den vorwiegend mit Kopfsteinpflaster ausgeführten Straßen (im Gegensatz zu den amerikanischen Straßenverhältnissen) nicht verhindert werden. Darüber hinaus waren durch die niedrige Bauart die Platzverhältnisse beschränkt; durch das Fehlen eines Mittelganges konnten auch keine stehenden Passagiere mitgenommen werden, so dass es bei der Studie blieb.

Standardprogramm der zweiten Hälfte der zwanziger und der ersten Hälfte der dreißiger Jahre bildeten die 3,5-Tonnen-Typen NOB und die 4,5-Tonnen-Typen NOG und NON. Die Motorenpalette umfasste Vier- und Sechszylinder mit 55/65, 85, 90 und 100 PS sowie einen neuen Sechszylinder-Diesel mit 100 PS. Die Motoren waren nach dem Baukastensystem mit weitgehend gleichen Maßen konstruiert.

Die Aufbauten dieser ersten Omnibusse bestanden aus Holz; den 55/65-PS-NOG, der als Stadtlinienwagen bei den Frankfurter Stadtwerken mit eckiger Haube und hinterer Falttür eingesetzt wurde, gab es auch als offenen Aussichtswagen mit einer Karosserie von Lange & Gutzeit-Karosserie samt Segeltuch-Scherenverdeck mit anknüpfbaren Segeltuch-Seitenteilen mit Cellonscheiben. Der 90 PS starke NOB/6 wurde erstmals mit einer Uerdinger Stahlkarosserie versehen. Gegenüber dem stabilen und soliden, aber auch teuren Holzaufbau konnten hier 20 Prozent an Gewicht eingespart werden. Auch das Gustavsburger Zweigwerk stellte nun versuchsweise Stahl-Karosserien her. Im Jahre 1928 begann die MAN-Waggonbau-Werkstätte in Gustavsburg mit der Serienfertigung von NOB/4-, NOB/6- und NON-Omnibussen mit Stahlaufbauten nach Patenten der Autokasten GmbH von Hans Arquint in München. Dabei wurde ein Spanten-Gitteraufbau mit Leichtmetall verkleidet. Charakteristisch für die MAN-Wagen war damals die patentierte Hinterachskonstruktion mit der

55-PS-MAN 3 TN Studienausführung (Trutz-Aufbau), 1924.

37/40-PS-MAN 3 TC (Estelmann-Aufbau), 1923. (Foto: VAG Nürnberg)

37/40-PS-MAN 2,5 TC Überlandomnibus, 1925.

durchgekröpften Chromnickelstahl-Hohlachse und separaten Antriebswellen. Ein nur 59 cm hoher, glatt durchlaufender Fußboden sowie eine einfache Reparaturmöglichkeit gehörten zu den weiteren Vorteilen dieser aufwendigen und teuren Konstruktion. Das Trag- und Triebachsen-Bauprinzip behielt MAN bis in das Jahr 1974 bei. Eine damalige Modeerscheinung bildeten »Wochenend-Ausflugsomnibusse« auf der Basis des NOB/6 mit dem 100-PS-Motor. Der für die Reichsbahn-Gesellschaft Mitropa konstruierte Bus erhielt zum Beispiel Schlafabteile, eine Küche und ein Brausebad. In einfacher, praktischer und reparaturfreundlicher Bauweise kamen »Einheitsaufbauten« hinzu, die von der Waggonfabrik Gebr. Credé hergestellt wurden.

Im Dieselmotorenbereich begann im Jahre 1927 die nächste Entwicklungsstufe mit Vierventil-Zylinderköpfen und einer auf Acht- und Sechzehnzylinder erweiterten Modellpalette, wobei letztere in Luftschiffen mit mechanischer Aufladung versehen wurden. Für den Einbau der Dieselmotoren in Nutzfahrzeuge boten sich zunächst Omnibusse an, die mit Aufbau und mit Fahrgästen ein niedrigeres Gewicht aufwiesen als die mit Dieselmotoren ausgestatteten Lastwagen, bei denen durch den schweren Selbstzünder die Nutzlast geringer ausfiel.

Auf der Leipziger Messe von 1928 führte das Unternehmen als ersten MAN-Dreiachser den Typ NON/6 vor, der dann 1930 unter der Bezeichnung S1 N6 in den Serienbau ging. Von 1930 bis 1934/35 wurden die dreiachsigen Niederrahmen-Omnibusse mit 100 und 110 PS leistenden Vergaser- und Dieselmotoren gebaut, wobei ab 1932 vorwiegend nur noch der 100, maximal 125 PS leistende Dieselmotor eingesetzt wurde. 70 bis 75 Fahrgäste konnten mitreisen.

Ein erstes elektrisch angetriebenes Omnibusmodell entwickelte MAN im Jahre 1930. Zwei 37-kW-Hauptschlußmotoren der SSW trieben das in Berlin versuchsweise eingesetzte Frontlenkermodell mit einem dreiachsigen Niederrahmenfahrgestell an. Typisch amerikanische Stilelemente wurden für die kastenförmige Karosse verwendet.

Natürlich hinterließ die Wirtschaftskrise Ende der zwanziger Jahre auch bei der MAN tiefe Spuren: Kurzzeitig stellte man die Dieselfertigung komplett ein, die Hälfte der gut 14.000 MAN-Werker musste gehen, und die restlichen hatte weniger zu tun denn je: 1932, dem Tiefpunkt der Krise, entstanden lediglich noch 144 Lastwagen und Omnibusse.

Die Zeit wurde jedoch gut genutzt. Unter Leitung der Direktoren Fritz Wenz und Paul Wiebicke (1884 - 1951) wurde ein neues Programm entwickelt. In den Bau von kleinen Omnibusmodellen für den Ausflugsverkehr stieg das Unternehmen 1932 wieder mit dem Typ D1 (zumeist Kässbohrer-Aufbau) ein. Zuerst kam ein 80 PS starker, ab 1933 dann ein 80/90 PS starker Dieselmotor zur Verwendung. Auch ein Junkers-Doppelkolbenmotor kam versuchsweise zum Einsatz. Der D1 wies bereits alle Merkmale auf, welche für die Vorkriegs-MAN typisch werden sollten: Einheitsgetriebe von ZF, Kegelräder anstelle von Schnecken in den Differentialen, geschweißte Rahmen mit über der Vorderachse gekröpften Längsträgern und druckluftgesteuerte Bremsen von Bosch. Dazu kamen neue Dieselmotoren, die nach dem Luftkammerverfahren arbeiteten und in den Hubraumgrößen 6,7-, 7,2, 8,0-, 12,2- und 16,6-Liter erschienen. Einen noch höheren Wirkungsgrad erzielte der 1937 von Paul Wiebicke entwickelte Dieselmotor mit einem Kugelbrennraum und einer Flachsitzdüse zur ke-

65-PS-MAN NOB Omnibuszug (MAN-Aufbau), 1925. (Foto: VAG Nürnberg)

65-PS-MAN NOB 4 Werbeomnibus mit Luftkammer-Bereifung. (Schumann-Aufbau), 1925.

gelförmigen Strahlzerstäubung. Als Vier- und Sechszylinder mit wiederum je einem Ein- und einem Auslassventil wurden diese mit hoher Drehzahl arbeitenden, äußerst wirtschaftlichen G-Motoren (»Globusmotor«) bis in die fünfziger Jahre gebaut.

1933 folgte die Z-Baureihe mit 70-PS-Sechszylinder und Beuchelt-, Kässbohrer- und Westwaggon-Aufbauten. 1935 richtete MAN den Serienbau von Obussen ein. Nach einem weiteren Dreiachser mit kastenförmigem Aufbau und zwei 55-kW-Motoren folgte ein 2x50-kW-Modell mit einer abgeschrägten Frontscheibenpartie für die BVG. Die beiden außen am Rahmen liegenden SSW-Motoren trieben über Ritzel je eine Hinterachshälfte an, so dass das Differentialgehäuse entfallen konnte. Gleichzeitig konnte dadurch das Chassis etwas tiefer gelegt werden. Im gleichen Jahr kam die gegenüber der Z-Baureihe im Radstand veränderte, erfolgreiche Baureihe E mit schnelllaufenden Vierzylinder-65-PS-, später 70-PS-Motoren der G-Baureihe hinzu.

In jenem Jahr begann auch der Serienbau von Oberleitungsomnibussen, im Jahr darauf die Entwicklung an einem Großomnibus-Modell für den Einsatz auf Reichsautobahnstrecken der Deutschen Reichsbahn. Der vierachsige Frontlenker-Schnellreisebus sollte mit einem 275-PS-Zwölfzylinder-Dieselmotor in Boxerbauart ausgestattet werden. Der Aerodynamiker Paul Jaray zeichnete die Karosseriepläne sowie ein Holzmodell, realisiert wurde das ehrgeizige Projekt aber nicht.

Stattdessen erhielten die Baureihen E, D und Z eine moderne Kühlerfront, die bis in die fünfziger Jahre die MAN-Motorhauben zierte, während 1937 der Bau von Diesel-Frontlenkern anlief. Erster Vertreter war der Stadtbus DS ("Diesel-Stirnsitz") mit einem 80-PS-Motor, der noch weit in den Innenraum hineinragte. 90 Einheiten entstanden, gebaut von Ludewig in Essen-Altenessen, Gottfried Lindner AG in Ammendorf und Fahrzeugbau Schumann GmbH in Werdau. Ein Teil davon ging in den Export nach Lima/Peru. Im gleichen Jahr folgte dann das bis 1940 gebaute Großmodell M1 für 50 Fahrgäste. Lieferbar mit verschiedenen Radständen, jeweils sorgte jeweils ein 9,5-Liter-Motor mit 110 PS für Vortrieb.

65-PS-MAN NOG Linienbus (Uerdinger Aufbau), 1926.

65-PS-MAN NOB Omnibus-Cabriolet, 1929.

100-PS-MAN NON/6 Linienbus, 1929.

2x37-kW-MAN/Siemens Obus, 1931.

100-PS-MAN Typ F1 N6 Aussichtsomnibus, 1931.

2x50-kW-MAN/Siemens Obus, 1935.

60-PS-MAN E 2 Ausflugsomnibus, 1935. (MAN-Werksfoto)

Der zweite Frontlenker LPS von 1938 erhielt den brandneuen Achtliter-Diesel D 1040 mit 100/110 PS, der bis in die fünfziger Jahre als MAN-Standardmotor gebaut wurde. Der Fahrersitz befand sich in diesem Frontlenker-Omnibus neben dem nun weit vorgebauten Motor. Das wiederum vor allem für den Export angefertigte Fahrzeug wurde mit Lindner-, Ludewig- und Schumann-Karosserien bis 1940 gefertigt.

Den neuen Motor, gesteigert auf 120 PS, erhielten auch die Haubenwagen MP der M-Baureihe (P für Personentransport). Verschiedene Verkehrsbetriebe und die Reichspost erwarben dieses Modell.

Mit Doppelkollektor-Motoren mit 85 und 90 kW sowie einem Ritzelantrieb folgten 1938 die zweiachsigen Obusse MPE 4500 der Normgröße I für 52 Personen. Elektrische Anlagen von BBC und SSW kamen zum Einbau. Bis Kriegsausbruch wurde dieser Typ schließlich als dringend benötigter »Autarkie-Omnibus« mit Aufbauten des MAN-Waggonbaus und des Schumann-Werkes noch gefertigt. Eine größere Lieferung dieser Ausführungen ging dabei nach Czernowitz in Rumänien. 1941 wurden dann noch 120 kW starke Obusse der Normgröße II (MPE 6500) mit Kässbohrer- und Schumann-Aufbauten hergestellt.

Zu einem der bekanntesten Omnibusmodelle der Kriegszeit avancierte der aus dem Typ E1/E2 hervorgegangene E 3000, der bis 1943 in über 2900 Exemplaren mit Aufbauten des MAN Waggonbaus an die Wehrmacht geliefert wurde. Der 70-PS-Motor arbeitete nach dem Luftkammerprinzip mit direkter Strahleinspritzung. Der Rahmen war bei diesem Modell erstmals vollständig verschweißt. Mit dem Schnellganggetriebe schaffte der E 3000 eine Spitzengeschwindigkeit von 70 km/h. Fross-Büssing baute den E 3000 noch ein Jahr länger nach; die ÖAF übernahm das (nachfolgende) Modell ML. Zum Standardomnibus während der Kriegszeit wurde aber der Haubentyp MP mit dem 120-PS-»Globus«-Motor (D 2040 G). Die Maschine wurde vielfach auf den Leuchtgasbetrieb mit einem Dachaufbau umgestellt. 1943 kam schließlich in wenigen Ausführungen der SML-Sattelschlepper-Omnibus in der vereinfachten Kriegsausführung hinzu.

Am Ende des Zweiten Weltkriegs waren die MAN-Anlagen weitgehend zerstört. Die Österreichische Automobil-Fabrik (ÖAF) musste von der Konzernmutter abgespalten werden, und MAN war zunächst kaum mehr als eine Reparaturwerkstätte für die amerikanische Besatzungsmacht. An den Bau von Lastwagen war erst Ende 1945 wieder zu denken, der Bau von Omnibusfahrgestellen und kompletten Oberleitungsomnibussen konnte erst 1948 wieder aufgenommen werden. Der einstige 110 PS starke ML-Typ trug jetzt die Bezeichnung MKN (M-Baureihe, Kurzhauber, Niederrahmen), hatte den auf 120 PS gesteigerten Achtliter-Diesel und ein ZF-Fünfganggetriebe. Bis 1951 entstanden von diesem Linienbus, der 22 Sitz- und 40 Stehplätze bot, 435 Einheiten mit Kässbohrer- und Trutz-Aufbauten, darunter auch Reisebusse mit 40 Sitz- und 11 Notsitzen im Gang. Erstmals in rahmenloser, selbsttragender Bauweise erschien im Jahre 1948 noch der Prototyp der Obus-Baureihe MKE. Der 90-kW-Motor saß im Heck zwischen den beiden Längsprofilen; das automatische Nockenschaltwerk befand sich hinter der vorderen Stirnwand. Auch hier wurde die MAN-Trag- und Antriebs-Konstruktion mit ihrer Tiefkröpfung an Halbelliptikfedern verwendet, um einen niedrigen Wagenboden zu erreichen. Bis zu 75 Personen konnten in dem vor allem von Kässbohrer aufgebauten Fahrzeug transportiert werden, insgesamt wurden 21 Stück mit BBC- und SSW-Motoren hergestellt.

Nach der Währungsreform - und gestützt durch die große Nachfrage - konnte MAN die Bus-Kapazitäten nach 1949 erheblich ausweiten. Allein in diesem Jahr entstanden 192 Diesel- und Elektroomnibusse, und die

70-PS-MAN Z 1 Reisebus (Schumann-Aufbau), 1933.

80-PS-MAN D 1 Linienbus (Kässbohrer-Aufbau), 1936. (Foto: VAG Nürnberg)

90-PS-MAN D 1 Linienbus (Düwag-Aufbau), 1937.

1950 vorgestellten MKN 26-Modelle mit der klassischen kantigen Motorhaube oder der wuchtigen Rundhaube im amerikanischen Alligatorstil mit reichlicher Chromverzierung heizten die Nachfrage kräftig an. Die bis zu 90 km/h schnellen Fahrzeuge erhielten Karosserien von G. Auwärter, Cremer & Thiemonds, Drögmöller, FKF, Gaubschat, Geissler, Göppel, Hubertia, Kässbohrer, von Lienen, Malkemper, Minnameier, Pollmann, Senden, Steib, Trutz und Voll. Auch die wieder produktionsfähige eigene Karosseriewerkstatt lieferte nach Trutz-Vorgaben einige Omnibuskarossen.

Als dritte Nachkriegsbaureihe kam 1949 der Frontlenker-Dieselomnibus MKP (P für Pullman) hinzu. Der 120-PS-Motor war neben dem Fahrer im Wageninnern montiert. 65 Exemplare dieses 42-sitzigen Omnibusses mit einer hochgezogenen Gürtellinie im Frontbereich erhielten bis 1953 Kässbohrer-Aufbauten. Bereits zwei Jahre später gab es eine neue Antriebstechnik; die Frontlenker-Baureihe hieß jetzt MKH (H für Heckantrieb) und besaß erstmals die neue 8,7-Liter-Maschine mit 130 PS. Der Motor war leicht geneigt im Heck eingebaut, der Kühler im Frontbereich. Ein Sechsgang-Getriebe übertrug die Kraft auf die Hinterachse. Eine weitere Neuerung bestand in der durch einen Federspeicher unterstützten Handbremse. Im Serienbau erhielt das Modell als Typ MKH 2 wieder den

275-PS-MAN RAB-Vierachser (Modell), 1936. (MAN-Werksfoto)

8,3-Liter-Motor mit ebenfalls 130 PS. Anders als beim Obus waren die Diesel-Heckomnibusse wieder in traditioneller mittragender Rahmenbauart hergestellt, um die Fahrgestelle an die Aufbautenhersteller Hubertia, Rathgeber, Steib und Trutz abgeben zu können.

Im Jahre 1952 erschien die neue MAN-Motorengeneration mit dem von Dr.-Ing. Joachim Siegfried Meurer entwickelten »Mittenkugel«-Verbrennungsverfahren. Zu den Vorteilen der M-Konstruktion gehörten der weiche, elastische Motorlauf und die besseren Kaltstarteigenschaften. Nach diesem Verbrennungsverfahren arbeiteten ab 1953/54 alle MAN-Motoren, auch ältere Aggregate konnten mit einem neuen Zylinderkopf auf das M-Verfahren umgerüstet werden. Der erste damit ausgerüstete Bus war der Hauber MKN 630 für den Stadt-, Linien- und Reisedienst. Der MKN-Hauber brachte es bis 1956 auf 545 Einheiten. Ein Teil der MKN-Modelle ging infolge des aufsehenerregenden Argentinien-Auftrages von 1951 nach Südamerika. Ein Einzelstück blieb hingegen in dieser Baureihe der 1953 erschienene Kässbohrer-MKN-Gelenkzug mit Tandemachse für 120 Fahrgäste; das gesamte Gewicht des Nachläufers ruhte somit auf diesen Achsen. Das Parallelmodell MKP 26 T in Frontlenker-Ausführung erhielt den auf 155 PS gesteigerten 8,3-Liter-Turbo-M-Motor. Mit Kässbohrer-Aufbauten entstanden von 1954 bis 1960 Gelenkbusse, deren Nachläufer wiederum eine Tandemachse besaß.

Zuvor ergänzte der MKH 3 die Baureihe. Sein Merkmal war der vermittels Turbolader auf 175 PS gebrachte 8,3-Liter-Motor; während der MKH 4 den 8,3-Liter-Motor, aber 130 PS stark, erhielt. Schließlich wurde der Frontlenkertyp in diesem Jahr in der Obus-Version MKE 3 mit einer quer eingebautem 96-kW-Elektroanlage von BBC und SSW in 188 Ausführungen aufgelegt. 100 von Kässbohrer karossierte Modelle gingen im Rahmen des Argentinien-Auftrages nach Südamerika. Weitere 75 Aufbauten erstellte das Rathgeber-Werk. Die größere für den allgemeinen Markt bestimmte Version trug die Bezeichnung MKE 4. Für die Türkei wurden in den Jahren 1953 und 1954 unter der Bezeichnung 590 HEC TK (für Fünf-

80-PS-MAN Typ Z 2 Post-Überlandbus, 1938. (MAN-Werksfoto)

100/110-PS-MAN LPS Linienomnibus mit kurzem Radstand, 1938.

100/110-PS-MAN LPS Reisebus (Kässbohrer-Aufbau), 1938. (Foto: Kässbohrer)

tonner, 84/100-kW-Motor, Heckantrieb, Elektromotor, Chassis, Türkei) 70 Personen fassende Obusse hergestellt. In der Sechstonnen-Version für maximal 80 Personen wurde das Modell als Typ 690 HEC 1 (ex MKE 4) angeboten.

Mit dem neuen Bezeichnungsschema erschien 1954 die neue Trambus- sowie die Frontlenkerbaureihe mit Heckmotorantrieb. Das für den Export gebaute Modell 630 FOC 1 (für Frontmotor, Omnibus-Chassis) wurde mit dem neuen 130-PS-Motor ausgestattet. Der nach dem M-Verfahren arbeitende »Flüstermotor« konnte neben dem Fahrerplatz eingebaut werden, ohne dass die Geräuschentwicklung als allzu störend empfunden wurde. Die Maschine war auf einem ausziehbaren Hilfsrahmen auf dem Fahrzeugrahmen aufgesetzt. Harmening karossierte diese Modelle.

Parallel dazu wurden die Heckmotormodelle 448, 530, 535 und 658 gefertigt. Die Typen 558 und 658 waren aber noch mit dem auf 155 PS aus-

120-PS-MAN MP Aussichtswagen (Kässbohrer-Aufbau), 1938.

90-kW-MAN/SSW Typ 4500/I (MAN-Aufbau), 1939.

MAN MP RAB-Schnellreisebus (Recklinghausen-Aufbau), 1939.

120-PS-MAN MP Stadtgasbus mit Gasanhänger (Trutz-Aufbau), 1943. (Foto: VAG Nürnberg)

85-kW-MAN/BBC-Obus MPE 4500/I mit Einstangensystem (Schumann-Aufbau), 1940.

gelegten V-Achtzylindermotor ausgestattet; der 558 wurde 1957 durch den 545 HOC 2 ersetzt.

Mit den Typen 530 HOC 1 und 558 HOC 1 wurde der Haubentyp dann 1956 endgültig abgelöst. Ihre Kapazität betrug 44 und 48 Sitzplätze oder jeweils 80 Plätze im Liniendienst; ihre geschweißten Rahmenuntergestelle konnten an Karosseriehersteller abgegeben werden. Weitere Versionen folgten, so etwa der 630 HOC mit vergrößerter Nutzlast, der Zwischentyp 535 HOC 1 mit vorderer Pendelachse und Gummihohlfedern oder der von Hubertia, Steib und Trutz karossierte 545 HOC. Dazu kam der neue Rahmen-Oberleitungs-Omnibus 590 HEC 1, der sich durch den größeren Radstand vom Diesel-Omnibus 530 HOC 1 unterschied. Der leichte, in selbsttragender Bauweise ausgeführte MKE 2-Typ von 1952 blieb zusätzlich zum Modell 590 HCE 1 bis 1958 im Programm.

1955 übernahm MAN das ehemalige BMW-Flugmotorenwerk, das inzwischen geräumte »Karlsfeld Ordonance Depot« der US-Besatzungsmacht, in München-Allach; zum Spätherbst liefen dort bereits die ersten MAN-Lastwagen und Ackerschlepper von den Fließbändern, wobei schon recht bald deutlich wurde, dass dieses große Werksgelände die gesamte Nutzfahrzeugfertigung aufnehmen würde. Die Kapazität dieses ab dem Geschäftsjahr 1956/57 selbstständigen MAN-Werkes war auf 8000 Fahrzeuge ausgelegt, so dass das Unternehmen mit seinen 3340 Mitarbeitern für künftige Produktionssteigerungen gerüstet war. Der Umzug wurde 1957 beendet, in München montierten nunmehr 5000 Beschäftigte auf vier Montagebändern 5434 Lastwagen und Omnibusse. Der Rahmen-

110-PS-MAN-Kässbohrer Omnibuszug SML, 1943.

120-PS-MAN MKN Linienbus, 1949. (MAN-Werksfoto)

und Pressteilebau verblieb weiterhin im Werk Gustavsburg; der Motorenbau, Konstruktion, Versuch und Forschung im Werk Nürnberg.

1956 folgten dann die neuen Reise- und Linienomnibusse der Typenreihen 420 HOC 1 und 2, die sich durch verschiedene Radstände unterschieden. Beim Motor handelte es sich um den neuen 5,9-Liter-Motor M1H mit 120 PS. Der bullig wirkende Wagen besaß einen abgekanteten, ovalen Grill, der nun in dieser Art über Jahre hinweg die Vorderfront der MAN-Omnibusse zieren sollte. Mit dem bis 1963 gefertigten Modell stieg das Unternehmen in den Leichtbau bei Omnibussen ein, über 500 Einheiten entstanden.

120-PS-MAN MKN Reisebus (Harmening-Aufbau), 1950.

120-PS-MAN MKN Reisebus (Göppel-Aufbau), 1950.

130-PS-MAN MKN 26 Kässbohrer-Gelenkzug, 1953.

130-PS-MAN MKH 2 Reisebus (Kässbohrer-Aufbau), 1951.

130-PS-MAN MKN 630 Reisebus (G. Auwärter-Aufbau), 1954.

90/100-kW-MAN Obus für Türkei (Kässbohrer-Aufbau), 1954. (MAN-Werksfoto)

1957 löste das Leichtbaumodell 415 FOC 1 mit dem auf 115 PS gedrosselten 5,9-Liter-Motor den Typ 630 FOC 1 ab. Die Produktion dieses vor allem für Exportmärkte gebauten Modells mit dem innen stehenden Motor lief erst 1970 aus. Der große, abgekantete Ovalgrill und die Dachrandverglasung wurden zum Kennzeichen dieser Baureihe.

In diesem Zeitraum ragten noch die Modelle 560 FOC 1 und 610 FEC 1 heraus. Das erste, in nur 16 Exemplaren gebaute Fahrzeug wurde vor allem als Gelenkbus mit Kässbohrer-Aufbauten und einem zwangsgelenkten Nachläufer gefertigt. Die vorne eingebaute 8,7-Liter-Maschine leistete 160 PS. Der Typ 610 FEC 1 entstand in 12 Exemplaren als Obus, darunter auch in einer Gelenkausbildung von Kässbohrer. Eine Garbe-Lahmeyer-Einkollektor- oder eine Kiepe-Elektroanlage mit 110 PS kam zum Einbau.

1958 stellte das Unternehmen eine neue Omnibusgeneration mit platzsparendem Unterflurmotor her. Erster Vertreter der neuen Reihe – deren Motor auf der 8,7-Liter-M-Maschine basierte und 160 PS leistete – war der selbsttragende Typ 760 UO 1. Das Leergewicht des von den Ingenieuren Julius Liebel, Ottmar Winkel und Adolf Auer konstruierten Großraum-Omnibusses lag unter seiner Nutzlast; er beförderte im Spitzenverkehr 130 Personen auf 31 Sitz- und 99 Stehplätzen. Die offizielle Beschreibung betonte »die besondere Straßenlage, die besonders durch die einzeln aufgehängten Vorderräder bedingt war« und unterstrich die Tatsache, dass »sich dieser neue Unterflur-Omnibus in Verbindung mit der erstmalig angewandten Rollbalg-Luftfederung, seinem zuverlässigen Bremssystem, seinem starken, elastischen und geräuscharm arbeitenden Motor ... besonders für den Linienverkehr« eignete. 1959 folgte die Gelenkbusverbindung 760 UO 2G mit 44 Sitz- und 123 Stehplätzen mit einem Rahmenbau-Nachläufer der Firma Robert Schenk in Bietigheim-Bissingen. Zugfahrzeug- und Nachläufer-Karosserien boten auch die Firmen Kässbohrer und Göppel in Augsburg an, ohne dass das an der Fahrzeug-Gesamtlänge von 16,5 Metern etwas geändert hätte.

1961 ersetzte der aus den Modellen 630 und 640 HO (Krauss-Maffei-Typ) entwickelte Typ 750 HO in drei Versionen von zehn bis zwölf Metern Länge den Solo-760er. Auch hier wurde eine selbsttragende Karosserie mit einem Tragrahmen und Vierkant-Stahlprofilgerippe verschweißt. Die getrennte Trag- und Triebachsenkonstruktion hing an einem kastenförmigen Fahrschemel mit Rollbalgluftfederung am hinteren Teil; durchaus modern auch die vordere Einzelradaufhängung an Trapezlenkern. Der 150 PS starke Sieben-Liter-Motor saß unterflur im Heck. Die Bundeswehr erwarb eine Anzahl der 43-sitzigen Ausführung 750 HO-VL. In der Zehn-Meter-Stadtlinien-Version wurde das Fahrzeug unter der MAN-eigenen Bezeichnung »Metrobus« bis 1977 angeboten.

1962 ergänzte der Reise- und Überlandomnibus 535 HO das Programm. Zunächst kam der 135 PS starker Sieben-Liter-M-Motor, ab 1965 der daraus abgeleitete HM-Motor mit 160 PS zum Einsatz. Diese Motoren-Generation, 1963 auf der Frankfurter IAA vorgestellt, basierte auf den Forschungen des einstigen Junkers-Flugmotoren-Ingenieurs Ludwig Elsbett (1913 – 2003) und brachte dank einer geänderten Ansaugführung eine beträchtliche Leistungssteigerung, ohne dass die Spitzendrücke erhöht werden mussten. Ein weiterer Vorteil des HM-Motors bestand in der größeren Elastizität über alle Drehzahlbereiche hinweg. Diese als HM-Effekt bezeichnete Füllung der Zylinder durch die strömungsgünstig geführten Ansaugrohre bescherte dem neuen 9,7-Liter-Motor D 2156 HM eine Leistung von 192 PS in der liegenden und von 212 PS in der stehenden Version. Als drittes Modell der neuen Generation kam der auf der inzwi-

130-PS-MAN MKH 4 (Steib-Aufbau), 1954.

130-PS-MAN 530 HOC 1 Reisebus (Trutz-Aufbau), 1954.

155-PS-MAN MKP 26 T Kässbohrer-Gelenkzug, 1954. (Foto: Hans Pairan)

120-PS-MAN 420 HOC 1 (Hubertia-Aufbau), 1956. (MAN-Werksfoto)

120-PS-MAN 420 HOC 2 Überlandbus (Göppel-Aufbau), 1956. (MAN-Werksfoto)

schen neu installierten Fließbandanlage montierte schwere Typ 890 hinzu, ein Stadtlinien- und Gelenkomnibus (890 UG) mit dem zwischen den Achsen liegenden Motor.

Da in den sechziger Jahren die Omnibusproduktion mit rund 500 Einheiten im Jahr trotz optimaler Auslegung des Fließbandverfahrens nicht den Aufträgen nachkommen konnte, ergriff das Unternehmen 1965 die Gelegenheit, im stillgelegten Bergbaurevier Penzberg in Oberbayern ein neues Omnibuswerk mit 600 Mitarbeitern aufzubauen. Im folgenden Jahr vereinbarte MAN eine Zusammenarbeit mit der Renault-Tochtergesellschaft SAVIEM, 1967 kam es dann zur Kooperation mit Büssing; 1969 hielt MAN bereits 50 Prozent des Aktienkapitals der zur bundeseigenen Salzgitter-Gruppe gehörenden Büssing AG. Zum Jahreswechsel 1971/72 übernahm MAN die Büssing-Werke in Braunschweig und in Salzgitter-Watenstedt dann vollständig. Das Büssing-Unterflurprogramm wurde unverändert unter der Bezeichnung MAN-Büssing zunächst weitergeführt, um die Kapazitäten voll ausschöpfen zu können. Bereits 1956 hatte MAN mit einer Schweizer Bank die Austro-MAN-Fahrzeug-Vertriebs GmbH gegründet, die 1969 dann in die neue ÖAF eingebracht werden konnte. Mit der Gräf & Stift AG in Wien-Floridsdorf wurde eine Vereinbarung über die Konstruktion und Produktion spezieller Omnibustypen getroffen, die nicht in die Großserienfertigung der MAN passten. So wurden dort neben Speziallastwagen und Zugmaschinen Flughafenomnibusse und zwei- und dreiachsige Obusse, Ein- und Doppeldecker gefertigt. Ende 1971 übernahm die MAN-Tochter ÖAF die Aktien der Firma Graf & Stift. Seit diesem Zeitpunkt firmierte das neue österreichische Unternehmen unter der Bezeichnung Österreichische Automobilfabrik Ö.A.F.-Gräf & Stift AG mit Werken in Wien-Liesing und (bis 1988) in Wien-Floridsdorf. Darüber hinaus wurde mit dem rumänischen Omnibuswerk Autobozul in Bukarest ein Lizenzvertrag geschlossen; in Pinetown bei Durban/Südafrika konnte die Firma Meyer & Holler MAN-Omnibusse montieren.

1969 präsentierte das Unternehmen seine Elf-Meter-Version des VÖV-Standardtyps unter der Bezeichnung 750 HO-SL, der im Folgejahr in Serie ging. Auffallend war die Einrichtung des Schaltschrankes für die neue Elektroanlage in der linken, vorderen Wagenseite. Die Wartung des Motors wurde durch zwei seitliche Klappen und durch die große Heckklappe vereinfacht. Neben dem angedeuteten, großen rechteckigen Frontgrill mit den MAN-Diesel-Buchstaben und der Typenbezeichnung 750 HO-SL befanden sich zwei abgerundete Bugklappen. Hinter diesen Klappen sowie hinter dem aufklappbaren Frontgrill waren verschiedene Kontrollaggregate und Serviceeinrichtungen untergebracht. Die 160-PS-Maschine mit 7,3 Litern Hubraum trieb dieses Modell an. 1970 entwickelte das Unternehmen dann auf Basis des alten Stadtlinien-Omnibusses 750 HO-M 10 eine elektrisch angetriebene Version mit einer Einrichtung zur Energierückgewinnung beim Bremsen. In einem einachsigen Anhänger war wie bei dem einstigen Wegmann-Typ die austauschbare Akkumulatoren-Anlage untergebracht. Die Firmen Bosch, Siemens und Varta sowie das Rheinisch-Westfälische Elektrizitätswerk (RWE) beteiligten sich an diesem Projekt. Ein 90-kW-Motor, der kurzzeitig auch 180 kW für den Anfahrvorgang abgab, wurde eingebaut. Ab 1973 wurde dann eine Serie von 20 Exemplaren des neuen VÖV-Standardtyps unter den Bezeichnungen SE 200 und SL-E mit dem MAN-Elektro-Schriftzug im Grillbereich an die Mönchengladbacher und an die Düsseldorfer Verkehrsgesellschaft geliefert. Die bis zu 110 Personen fassenden, inzwischen 90/108 kW bzw. 105/135 kW leistenden Elektro-Fahrzeuge wurden bis 1979 angeboten. Die zu teure Batterie-Wechseltechnik und der hohe Verschleiß der Batterien führte dazu, dass die Fahrzeuge mit eigener Batterie, aber ohne Anhänger weiterhin eingesetzt wurden und an den Haltestellen eine »Zwischenladung« über Stromabnehmer durchführen mussten.

160-PS-MAN 760 UO 1 Linienbus, 1958. (MAN-Werksfoto)

Als erster Anbieter kam MAN-Werk mit seinem Stadt- und Überlandmodell (StÜLB) 750 HO-SU auf den Markt. Das mit dem VÖV-Typ gemeinsame Fahr- und Triebwerk erhielt hier jedoch eine andere Übersetzung der Hinterachse. Äußerlich unterschied sich dieses Modell durch die planen,

160-PS-MAN 750 HO-M 10 »Metrobus« (Krauss-Maffei-Aufbau), 1961. (MAN-Werksfoto)

135-PS-MAN 535 HO-11 Reisebus, 1962. (MAN-Werksfoto)

192-PS-MAN 750 HO R 11 (Drögmöller-Aufbau), 1963.

um die Ecke gewölbten Scheiben, die eine bessere Sicht, eine geringere Verschmutzung und eine geringere Blendwirkung aufwiesen. Im gleichen Jahr war auch die aus dem Metro-Gelenkbus entwickelte VÖV-Gelenkbusversion zur Serienreife gelangt. Der Typ 890 SG wurde mit der 10,4-Liter-Maschine mit 192 PS ausgerüstet. Der zwangsgelenkte Nachläufer entstand beim MAN-Hauskarossier Göppel. Überdies ergänzte MAN sein Stadtbusprogramm durch ein Modell mit Erdgasantrieb.

Wichtigste Reisebus-Neuheit des Jahres 1971 war der 690 HO-R, der den 535 HO ablöste. Während die französischen SAVIEM-Werke MAN-Motoren aus Nürnberg bezogen, übernahm die MAN das Kubus-Fahrerhaus für die Lkw-Baureihe sowie ein SAVIEM-Omnibus-Modell. Das 46-sitzige Fahrzeug besaß eine Stahl-Luftfederung sowie eine vordere Einzelradaufhängung. Die 10,3-Liter-Maschine mit 212 PS wurde hier stehend im Heck eingesetzt. Gegenüber dem französischen Originalmodell besaß das Fahrzeug zuerst den abgerundeten Rechteck- und wenig später den angedeuteten Rechteckgrill mit dem MAN-Diesel-Schriftzug bzw. den MAN-Buchstaben mit der Typenbezeichnung in der rechten Oberecke. Eine niedrige Dachpartie schloss sich an die hohen Seitenscheiben des kantig gezeichneten Omnibusses an. Dem Zeitgeschmack entsprechend waren Rechteckscheinwerfer eingebaut.

1972 änderte die MAN im Zuge der Übernahme der Büssing-Werke teilweise das Bezeichnungsschema. Der neue aus dem Modell 750 HO hervorgegangene VÖV-Typ erhielt die Bezeichnung SL 192 (für Standard-Linie, 192 PS) als Solo- und SG 192 als Gelenkwagen. Der SAVIEM-Typ wurde als Modell 10 Ü 212 R bezeichnet.

In die VÖV- und StÜLB-Modelle der Serienfertigung kamen nun ausschließlich Außenplanetenachsen zum Einsatz, die die bisherige Trieb- und Tragachsenkonstruktion ablösten. Die Gelenkbusse in der 16,5- und in der hinzugekommenen 18-Meter-Ausführung wurden jetzt mit Renk- oder mit Voith-Automatikgetrieben ausgestattet. Ludewig erstellte auf der Basis des SG 220-Vorderwagens fünf Anderthalbdecker her, dem 1978

160-PS-MAN 750 HO-SL Prototyp, 1969. (MAN-Werksfoto)

(nach dem Ende des Ludewig-Werkes) noch derartige Fahrzeuge mit Vetter-Aufbauten folgten. Die Firmen Gaubschat, Orenstein & Koppel und Waggon Union gestalteten in Zusammenarbeit mit der BVG den Berliner Doppeldecker mit einer neuen Karosserie; als Typ SD 200 F sollte er den bisherigen Büssing-Doppeldecker DE ablösen.

Der seit Anfang der siebziger Jahre in der Entwicklung befindliche neue Reisebus SR 240 wurde im Frühjahr 1975 vorgestellt. Das in selbsttragender Gitterbauweise ausgeführte Modell ersetzte den nicht mehr zeitgemäßen SAVIEM- und den bisherigen Büssing-Emmelmann-Reisetyp. Das bis 1992 im Prinzip unverändert gebaute Modell erhielt einen Aufbau aus verzinkten Stahlblechen. Im Karosseriedesign standen Zweckmäßigkeit, Gefälligkeit sowie aktive und passive Sicherheit im Vordergrund. Die auffallend tief heruntergezogene Frontscheibe war in den ersten Baujahren geteilt. Runde Doppelscheinwerfer waren neben dem schmalen MAN-Grill angebracht. Die Seitenscheiben schlossen mit einem schrägen Holm und einem langgezogenen Dreiecks-Blechteil an das Fahrerseitenfenster und an die vordere Einstiegstür an. Großer Wert wurde bei diesem Reisebus auf die Verwendung gleicher Fahrwerksteile und Aggregate aus der SL-Baureihe gelegt, so dass eine weitgehend gleiche Bodengruppe verwendet wurde. Die große Nachfrage nach Linienbussen führte zu Kapazitätsengpässen, so dass Watenstedter Werk zunächst nicht genug Reisebusse SR 240/SR 280 liefern konnte. Als kleiner Reisebustyp im Design des SR 240 folgte das Modell U 590 mit einem im Heck eingebauten stehenden 168-PS-Motor. Den Aufbau erstellte das ungarische Ikarus-Werk, das seit Jahren schon Motoren nach MAN-Lizenzen fertigte.

Im Jahre 1976 erschien die dritte Nachkriegs-Motorengeneration mit Direkteinspritzung sowie einer kombinierten Aufladung durch Turbolader mit einem Resonanzsystem. Zusätzlich kam eine Ladeluftkühlung hinzu. Die mit dem Resonanzrohrsystem versehenen Motoren bezeichnet die MAN als "Formel-6-Triebwerke". Zunächst kam der Fernreisebus FRH 280 in den Genuss eines Turbo-Triebwerks, der als Hochdecker durch eine einteilige Panoramascheibe auffiel. Ein Achtganggetriebe mit einer Doppel-H-Schaltung übertrug das Drehmoment. Bordserviceeinrichtungen im Bereich der Mitteleinstiegstür sowie ein erheblich vergrößerter Kofferraum erhöhten die Attraktivität dieses Fahrzeugs.

1979 entstand in Zusammenarbeit mit der AEG der »Dual-Mode-Bus« mit einer elektro-mechanisch betätigten Spurführung. Als Basis diente der SL 200. Durch die wahlweise eingeschaltete elektrisch gesteuerte Querführung konnte das Fahrzeug auch auf schmalen, stillgelegten und

160-PS-MAN 750 HO-SL Linienbus, 1969. (MAN-Werksfoto)

212-PS-MAN Typ 690 HO-R (Saviem-Typ E7N), 1970. (MAN-Werksfoto)

90/108-kW-MAN 750 HO-M10E, Elektro-Linienbus mit Batterieanhänger, 1970.

192-PS-MAN 890 SG-Ü Linienbus, 1970.

192-PS-MAN SL 192 Überlandbus, 1972.

betonierten Straßenbahnstrecken eingesetzt werden. Die Fahrzeuglenkung reagierte dabei auf eine auf der Fahrbahn verlegte Leitspur. Die Obus-Fertigung war inzwischen vollständig dem ÖAF-Gräf & Stift-Werk übertragen worden. Die Omnibusverkäufe in diesem Jahr kletterten im Inland auf 1380 und im Ausland auf 1700 verkaufte Exemplare.

Einen spektakulären Großauftrag gegenüber härtester englischer Konkurrenz konnte MAN 1980 abschließen: 6000 Doppeldecker bestellte das irakische Verkehrsministerium. Durch die inzwischen eingetretene Kriegssituation mit dem Iran wurde die Bestellung bald storniert, so dass nur wenige Modelle nach Bagdad gelangten.

Um die MAN-Omnibusproduktion zu rationalisieren, wurde im Frühjahr 1981 die Montage in Penzberg eingestellt; das Werk konzentrierte sich auf die Teile- und Komponentenfertigung. Im Watenstedter Werk entstanden nun ausschließlich die Omnibusse, wobei die Tageskapazität bei acht bis zehn Fahrzeugen lag. Die Firma Göppel als MAN-Hauskarossier wurde verstärkt in die Produktion einbezogen. So stellte dieses Unternehmen die Aufbauten für die Unterflur-Mittelmotor-Gelenkbusse sowie alle Sonderfahrzeuge wie Wohn- und Infomobile und darüber hinaus die MAN-Prototypen her.

Die Gelenkbusse mit der über das Drehgelenk angetriebenen Mittelachse wurden jetzt unter den Bezeichnungen SG 220 und SG 240 in 16,5 und 17,2 Metern Länge sowie unter der Bezeichnung SG 240 in 18 Metern Länge angeboten; überdies experimentierte MAN mit Standardomnibussen SL 200 und SG 240 H, die als »DUO«-Typen mit batterie-elektrischem sowie Methanol-Antrieb ausgerüstet waren. Den Standardlinienbus bot MAN unter der Bezeichnung SL 200 II auch in einer Niederflurbauweise mit 53 cm Bodenhöhe an. Auffallend war hier die seitlich tiefer heruntergezogene Dachpartie. Zum neuen Flaggschiff unter den Reisebussen avancierte das 320 PS starke Fernreisemodell FRH, ein Zwölf-Meter-Hochdecker mit ladeluftgekühltem D 25-Motor.

Da US-amerikanische Städte, darunter Chicago mit 125 Bestellungen, Interesse an MAN-Gelenkbussen zeigten, wurde die MAN Truck & Bus

240-PS-MAN SR 240 Reisebus, 1975. (MAN-Werksfoto)

192-PS-MAN SG 192 Gelenkbus, 1977. (MAN-Werksfoto)

200-PS-MAN SL 200 Linienbus, 1978.

Division mit Sitz in Southfield/Michigan gegründet. Schon Ende 1981 konnten die 700 Mitarbeiter die Fertigung von Gelenkbussen mit dem 310-PS-Unterflur-Turbolader-Motor aufnehmen.

Kurz darauf, 1982, zeigte MAN den ersten Vertreter der dritten Frontlenker-Nachkriegsgeneration. Das VÖV-Nachfolgemodell S 80 (SL 200 II) erhielt zu Versuchszwecken einen 5,7-Liter-Turbodiesel, der bis zu 192 PS leistete.

Unter dem »H« in der Typenbezeichnung erschienen nun die Gelenkbusfahrzeuge mit dem 11,4-Liter-Unterflur-Heckmotor, der über einen Gelenkwellenstrang die Mittelachse antrieb. Der Fahrzeugboden ließ sich durch diese Motoranordnung tiefer legen. Durch die wiederum zwangsgelenkte Hinterachse und durch die Knickwinkelkontrolle ließ sich das Modell problemlos rückwärts rangieren. Erstmals setzte Man bei seinen Gelenkbussen Turbomotoren ein, was zur neuen Bezeichnung SG 280 führte. Nach dem Ausscheiden der Magirus-Deutz AG aus dem Omnibusbau wurde der MAN-Gelenkbus das einzige deutsche Modell mit einem Mittelachsantrieb, auch »Pull-Antrieb« genannt. Mit dem 280 PS starken Turbo-Motor erschien auch der Großraum-Gelenkbus SGG mit zwei ange-

280-PS-MAN SR 280, 1980.

koppelten Nachläufern. Das 225 Personen fassende 23-Meter-Fahrzeug im Stil des Standard-Omnibusses wurde auf der Transport-Ausstellung 1982 in München vorgeführt. Insgesamt entstanden drei Fahrzeuge, die aber nur per Ausnahmegenehmigung zugelassen werden konnten.

Der Ausstoß an Fahrzeugen sank im Jahre 1982 auf 2616 Einheiten ab; der Exportanteil lag bei 73 Prozent. Im Jahre darauf erschien ein neuer Standard-Motor, die D 28-Maschine (D 2866), mit 11,9 Litern Hubraum. Die Weiterentwicklung des 11,4-Liter-Sechszylinders D 25 verfügte über eine Vierlocheinspritzung fand Verwendung als Sauger, als Turbolader und als Turbolader mit Ladeluftkühler. Zunächst wurde der Zwölf-Meter-SR-Bus damit ausgestattet, als SR 361 mit 360 PS und kurz darauf als SR 321 mit 320 PS. Die beiden kürzeren SR-Versionen nahm man aus dem Programm und ersetzte sie durch die auf dem Exportfahrgestell aufgebaute, preiswertere Göppel-Ausführung 16.280 HOCL »Economy«. In dieser Zeit begann MAN nämlich wieder verstärkt damit, Omnibus-Untergruppen (Starrachsenfahrgestelle mit FOC-Frontmotor und HOC-Hecktypen) an in- und ausländische Aufbautenhersteller zu liefern, vor allem an E. Auwärter und Göppel.

360-PS-MAN SR 360 H, 1982. (MAN-Werksfoto)

1984 stellte die MAN den überarbeiteten Stadtlinienbus als Typ SL 202 sowie den Gelenkbus 242 H mit 240 und 290 PS vor, letztere mit D 28-Maschine. Auch die erste Version des Schubgelenk-Linienbusses SG 242 wurde als Alternative zum Mittelachs-Gelenkbus vorgeführt. Das 17,4-Meter-Fahrzeug besaß einen von der MAN entwickelten Drehgelenk-Knickschutz (DKS) für das Hymer-Drehgelenk, der hydraulisch und elektronisch bei der Rückwärtsfahrt gesteuert wurde. Das nach der amerikanischen Bezeichnung »Pusher« genannte, auch im Heck mit einer Starrachse zwillingsbereifte Fahrzeug wurde mit dem 240-PS-Saug- und dem 290-PS-Turboladertriebwerk erprobt. Gegenüber dem Mittelachsantriebsmodell verfügte dieses Fahrzeug durch den Fortfall der langen Kardanwelle neben dem niedrigeren Wagenboden über die Vorteile der problemlosen, kurzen Kraftübertragung, der höheren Wagenbelastung und der größeren Fahrstabilität. – Als Ersatz für die Ludewig-Obusse in Solingen lieferte MAN aus österreichischen Fertigung 21 Obus-Gelenkbusse der Baureihe SG 200 HO mit 150-kW-Antrieb auf die 2. Achse sowie einem 54-kW-VW-Hilfsdiesel.

Die neue, kantigere und größere Stadtbusgeneration SL 202 des VÖV II-Typs ging 1985 in Serie, bestückt mit D 25- oder D 28-Motoren. Im gleichen Design, jedoch mit dem angedeuteten Frontgrill, folgten die Gelenkbusbaureihen SG 242 H und SG 282 H mit dem D 28-Sauger und dem D 25-Turbo. Technisch entsprachen diese Modelle dem VÖV I-Gelenkbus mit dem Kardanantrieb über das Gelenk auf die Mittelachse. Hinzu kam die Schubgelenkversion SG 292 mit dem D 28-Triebwerk. Die 16,6 und 17,4 Meter langen Vorserienausführungen waren für 161 und 146 Personen ausgelegt. Die Fertigung der Gelenkbusse der ersten VÖV-Version mit dem Unterflurmotor zwischen den Achsen lief aus und die geplante StÜLB-Ausführung SU 242 mit der einteiligen Frontscheibe wurde verschoben: Das neue VÖV-Lastenheft war noch nicht vollständig.

MAN nutzte die Zeit, um die nicht sonderlich erfolgreichen SR-Typen zu überarbeiten; die nunmehrigen SR 292 und SR 362 waren aerodynamisch günstiger, gefälliger sowie besser ausgestattet und wurden in den Versionen R, FR und FRH angeboten. Neu hinzu kam das Kombi-Modell RÜ 240 in Form der SR-Typen mit ebenem Wagenboden. Das 53-sitzige Modell war für den Gelegenheits-Reise- und Überlandverkehr konzipiert. Anstelle der schweren Planeten-Endantriebsachsen konnten seit 1985 auch einfachübersetzte Hinterachsen von Eaton mit Weitspalt-Parabelfedern eingesetzt werden. In Serie ging auch der BVG-Doppeldecker der Baureihe SD 202 mit Karosserien der inzwischen zum Thyssen-Konzern gehörenden Waggon Union. Die Buchstaben MAN und Waggon Union zierten die Wagenfront.

280-PS-MAN Großraum-Doppelgelenkbus, 1982.

240-PS-MAN G 80 Gelenkbus, 1983.

192-PS-MAN SL 200 II Niederflurbus, 1982.

180-PS-MAN 10.182 SM II Midi-Bus (Göppel-Aufbau), 1989. (MAN-Werksfoto)

213-PS-MAN Typ NL 202 Niederflur-Überlandbus, 1990.

1985 stieg der Absatz der MAN-Omnibusse und Untergruppen auf 2678 Einheiten.

Im Herbst 1986 erschienen im Serienbau die Modelle SG 242 mit Heckantriebssatz. Um das Fahrzeug im Gelenkbereich günstiger zu belasten, wurde in der Mitte die schwere, aber antriebslose Planetenachse eingebaut. Der Serienbau des 290 PS starken SG 292 wurde eingeleitet, während die Auftragsfertigung der Mittelmotor-Unterflurmodelle des VÖV-Gelenkbusses im Göppel-Werk auslief.

Der Bau von Fahrgestellgruppen mit bis zu 360 PS starken Motoren konnte ausgeweitet werden. Das Göppel-Werk benutzte die Fahrgestelle 22.290 HOCLN, 22.330 HOCLN und 22.360 HOCLN für seine »Helicon«-Modelle in Doppeldecker- und Unterflurcockpitbauweise.

360-PS-MAN 22.360 HOCLN »Porto-Star« (Caetano-Aufbau), 1989. (MAN-Werksfoto)

Als neue Baugröße erschien 1987 der Prototyp des Midi-Standardbusses auf dem Fahrgestell 10.180 mit einem Göppel-Aufbau im Stil des SL 202-Typs. Der hier nicht aufgeladene 6,9-Liter-Motor mit 150 PS kam zum Einbau. Der Bus verfügte über 32 Sitz- und 22 Stehplätze. Überdies konnte der Serienbau des neuen StÜLB-Modells SU 242 bzw. SU 292 jetzt aufgenommen werden, wenn auch noch das bisherige SU 240-Modell parallel dazu angeboten wurde. Eine Anti-Blockier- und eine Anti-Schlupf-Einrichtung konnten auf Wunsch eingebaut werden. Auf die Anbringung des üblichen angedeuteten MAN-Grills wurde auch hier verzichtet.

MAN (wie auch die Daimler-Benz AG) vergab in dieser Zeit Lizenzen zum Nachbau der Schubgelenkfahrzeuge, vor allem des Typs SG 292 F an die italienische Karosseriefabrik Macchi in Varese, die einst Büssing-Fahrzeuge nachgebaut hatte.

Im Reisebusprogramm wurden unter Fortfall des Buchstaben »S« in der Bezeichnung die Typen R 292, FR 292, FRH 292 und FRH 362 angeboten.

290-PS-MAN R 292 Reisebus, 1990.

Neben den bisherigen FOC- und HOC-Fahrgestellen wurden seit diesem Jahr auch die Untergruppen des Reise- und des Gelenkbusses an Aufbauten-Hersteller abgegeben.

Im Jahre 1988 wurden die Prototypen der Niederflurbaureihen NL 202 und NG 272 mit einer vorderen Wagenbodenhöhe von nur 31,5 cm vorgestellt. Die Fahrzeuge besaßen eine stark gekröpfte vordere Starrachse. Der leicht ansteigende Boden ermöglichte ein geschicktes Überdecken der Hinterachs-Radkästen. Die seitlich eingebaute 6,9-Liter-Hochleistungsmaschine D 0826 mit Ladeluftkühlung und Drucklufteinblasung brachte den NL 202 auf Trab; ein Oxidationskatalysator reduzierte die Schadstoffemission des 213 PS starken Motors. Im Gelenkbus kam ein Doppelturbo zum Einsatz; der D 2826 LXUH-Motor brachte es auf 270 PS. Die Maschine lag auf der linken Seite im Heck und trieb über eine seitlich versetzte Kardanwelle die Nachläuferachse des Schubgelenkbusses an. Die Busse hatten 32 Sitz- und 72 Stehplätze bzw. 51 Sitz- und 113 Stehplätze. In diesem Jahr baute MAN 2035 Einheiten, davon gingen 1125 Fahrzeuge in den Export.

1989 gingen die von Göppel gebauten Midi-Stadtlinienmodelle SM 152/ SM 182 in Serie; E. Auwärter und Avtomontaza erstellten ebenfalls Aufbauten für diese 10.150- bzw. 10.180-Fahrgestelle. Die neuen Niederflurbusse gingen als Vorserie an verschiedene Omnibusbetriebe zur Erprobung. In der Kombiversion ÜH 242 und ÜH 292 wurde in Anlehnung an den Reisebus ein neues Überlandmodell auf dem »fahrgastfreundlichen« Niederflurchassis ins Programm genommen. Auf die Klimaanlage und auf den Einbau der schweren Planetenachse verzichteten die MAN-Ingenieure. Wie auch Auwärter/Neoplan erprobte MAN in Zusammenarbeit mit der Stadt München und dem Bundesministerium für Forschung und Technik einen Standardomnibus mit einem diesel-elektrischen Antrieb, bei dem ein Magnet-Schwungrad die Energie beim Bremsen speicherte und beim Anfahren als zusätzliche Kraft abgab. Beim Diesel handelte es sich um den bekannten, 150 PS starken Vierzylinder. Bei diesem Magnet-Motor-Bus wurde ein Multiple-Elektronik-Dauermagnet mit einem 85-kW-Elektromotor in Verbindung mit einem Mikroprozessor verwendet. Der Elektromotor, der gleichfalls als Generator dient, trieb die Hinterachse direkt über eine kurze Kardanwelle an. Nebenbei, mit Schwungrad-Hilfsantrieben in sogenannten Gyro-Bussen wurde schon seit 1981 bei der MAN experimentiert. Hinzugekauft wurde im Herbst 1989 die Steyr Nutzfahrzeuge AG in Steyr/ Österreich, die zuvor der Steyr-Daimler-Puch AG angehörte. In diesem Jahr konnte die MAN 2298 Omnibusse aus deutscher Fertigung ausliefern. Hinzu kamen noch 200 ÖAF-Fahrzeuge.

Schwerpunkt der MAN-Motorentechnik des Jahres 1990 bildeten die sogenannten »Silent-Motoren«. Der Niederflurbus NL 202 wurde nun auch in einer dreitürigen Ausführung für 106 Fahrgäste vorgestellt, während unter den Reisebussen die »Lion's Edition« mit 373-PS-Turboladermotoren und Klimaanlagen in grauer Farbgebung hervorstach. 2572 Omnibusse und Fahrwerksgruppen entstanden.

Zu Anfang des Jahres 1991 konnte ein Auftrag auf 307 Omnibusse für die Stadt Adelaide/Australien hereingeholt werden. Die Modelle wurden im australischen MAN-Werk zusammengebaut, wobei die ersten 100 Exemplare mit dem Erdgasmotor E 2866 U mit 175 PS aus dem Augsburger Werk (heute MAN B & W Diesel AG) versehen wurden. Die weiteren Modelle sollten bei positiven Ergebnissen auch mit dieser Motorenvariante versehen werden. Um die Produktion im MAN-Omnibuswerk Salzgitter zu entlasten, wurden seit 1991 Überland-Linienbusse vom Typ ÜL 242 bei der MANIKA-Fahrzeugtechnik (früher VEB Kraftfahrzeug-Instandset-

155-PS-MAN NM 152 Midi-Bus (Göppel-Aufbau), 1992. (MAN-Werksfoto)

270-PS-MAN ÜL 272 Überlandbus, 1992. (MAN-Werksfoto)

420-PS-MAN Typ FRH 422 »Lion's Star«, 1994. (MAN-Werksfoto)

213-PS-MAN EL 202 Niederflur-Linienbus, 1994.

230-PS-MAN NL 232 Linienbus mit Erdgasmotor, 1995. (MAN-Werksfoto)

75-kW-MAN NM 152 E Batteriebus, 1995. (MAN-Werksfoto)

350-PS-MAN Lion's Coach RH 353 Reisehochdecker aus türkischer Produktion (MANAS), 1996. (MAN-Werksfoto)

220-PS-MAN NM 222 Midi-Bus, 1996. (MAN-Werksfoto)

zungsbetrieb) in Güstrow lackiert und komplettiert. Auch der Blankenburger Metallbau GmbH beteiligte sich an der Omnibusherstellung.

Im Jahre 1992 erschien ein eigener Niederflur-Midi-Bus, bei dem ein stehender 150-PS-Vierzylindermotor das seitlich versetzte Differential der einfachbereiften Hinterachse antriebt. Der ÜL-Linienbus erhielt den aufgeladenen, stehenden Fünfzylindermotor D 2865. Als weitere Neuheit kam das Omnibus-Chassis 18.420 HOCL mit der stehenden, ladeluftgekühlten 420-PS-Maschine hinzu. Mit dem gleichen Triebwerk wurde der im Herbst 1992 vorgestellte neue Fernreise-Hochdecker FRH 442 »Lion's Star« ausgerüstet, der die neue MAN-Reisebusgeneration einführte. Die abgerundete, vordere Dachpartie und der durchgehend ebene, also podestlose Wagenboden kennzeichneten den als Hoch- oder Superhochdecker lieferbaren Bus. Den Zwölf-Liter-Motor gab mit 360 oder 420 PS.

1994 erhielt der Standard-Linienbus in Niederflurausführung (NL 202) den auf 220 PS ausgelegten Euro-2-Sechszylinder. In Zusammenarbeit mit der Heidenheimer Firma Voith gestaltete MAN den NL 202 DE mit dem 213 PS starken 6,9-Liter-Diesel. Voith lieferte den Generator, die elektrische Steuerung sowie die beiden 57-kW-Radnabenantriebe. Durch den Fortfall des Getriebes war ein ruckfreies Anfahren möglich, darüber hinaus konnte der hintere Bodenbereich durch den Fortfall der Differentialkugel niedrig gehalten werden. An den Endstationen musste allerdings die Batterie wieder aufgeladen werden. Mit der Buchstabenkombination EL und EM stellte MAN in diesem Jahr die »Europa«-Standard- und Midi-Linienbusse in zwölf und in 8,7 Meter Länge vor. Mit nur einer Stufe konnte das Fahrzeug gleichzeitig als Linien- und als Überlandbus (ohne Unterflurkofferräume) eingesetzt werden. Im Rahmen der Erprobung von alternativen Energien rüstete MAN den Niederflur-Linienbus NL 232 mit dem D 28-Triebwerk auf den Erdgasbetrieb um. Die CNG-Speicherflaschen waren auf dem Dach untergebracht. 1995 entstand das Erprobungsfahrzeug NM 152 E. Hier gab eine AEG-Hochtemperaturbatterie die Energie über den 75-kW-ZF-Asynchronmotor auf die kurze Kardanwelle ab. Im Jahr darauf diente ein SL 202 zur Erprobung des Wasserstoffantriebs. Die umgerüstete Zwölf-Liter-Maschine erzeugte 190 PS. Sofern die Wasserstofftanks »leergefahren« waren, konnte die Maschine auf den Benzinantrieb umgeschaltet werden.

310-PS-MAN ÜL 313 Überlandbus, 1997. (Foto MAN-Archiv)

310-PS-MAN »Lion's Comfort« Kombibus, 1996. (MAN-Werksfoto)

260-PS-MAN NÜ 263 Niederflur-Überlandbus, 1997. (MAN-Werksfoto)

Ein erstes Kooperationsabkommen vereinbarte MAN im Reich der Mitte mit der Youngman Automobil Group in Jinhan.

Der Midibus NM 222 mit den Radständen 3500, 4200 und 4450 mm ersetzte 1996 den bisherigen NM 152. Anstelle des bisherigen Vierzylinders kam jetzt ein Sechszylinder und anstelle des EL-Kombityps trat der neue ÜL 313/353, der aus Rationalisierungsgründen das Fahrwerk des Reisebusses erhielt. Ebenfalls Premiere hatte der NÜ 263/313 als Niederflurbus für den Regionalverkehr ohne Unterflurkofferräume. Beim Fahrwerk verwendete MAN vorne eine gekröpfte Starrachse, hinten eine Portalachse mit außermittig liegendem Differential. Der 6,8-Liter-Motor mit 260 PS oder der Zwölf-Liter-Motor mit 260 oder 310 PS sorgten für Vortrieb. Darüber hinaus erweiterte MAN seine Reisebus-Angebot um den preiswerten, in der Türkei gefertigten »Lion's Coach«. Die seit 1966 bestehende MAN-Beteiligungsgesellschaft MANAS in Istanbul setzte hier

MAN-Niederflur-Gelenkbus mit Wasserstoff-Antrieb, 1998. (MAN-Werksfoto)

420-PS-MAN »Lion's Star 402« Reisebus, 1998. (MAN-Werksfoto)

260-PS-MAN NL 263 Niederflur-Linienbus, 1999.

auf den Unterbau des »Lion's Star« eine von Obradors gestaltete Karosse auf. Als Einheitstriebwerk diente zunächst der auf 350 PS eingestellte D 28-Motor. Ebenfalls mit attraktivem Preis folgte der Überland- und Kombibus RN 313/353 »Lion's Comfort« in festgelegter Ausstattung. Die Krönung der Lion's-Familie bildete der »Lion's Star« mit 350 bzw. 400 PS und elektronisch gesteuerten Scheibenbremsen. Schließlich gelang in diesem Jahr der Einstieg in den immer interessanter werdenden chinesischen Markt. Mit der China Heavy Duty Truck Corporation schloss MAN ein weiteres Abkommen über den Lizenzbau von Reisebussen. Insgesamt kam MAN in diesem Jahr auf einen Ausstoß von 2164 Bussen und Fahrgestell-Einheiten.

1997 trat der ursprüngliche MAN VÖV II-Bus als Typ NL 223/263/313 in die dritte Entwicklungsphase; Mercedes-Benz löste sich zu diesem Zeitpunkt von der Gemeinschaftskonstruktion und setzte auf den »Citaro«. Eine hintere ZF-Portalachse ermöglichte einen durchgehenden, stufenlosen Niederflurboden. Die Antriebsanlage befand sich in Turmbauweise links im Heck. Die Frontpartie erhielt durch weichere Rundungen und eine große gewölbte Frontscheibe, in die der Zielschildkasten integriert war, ein moderneres Aussehen. Die Scheinwerfer waren in die Stoßfänger integriert. Auch die Innenausstattung wurde vollkommen neugestaltet. Angeboten mit 6,9-Liter- oder Zwölf-Liter-Triebwerk, stattete MAN der Niederflur-Regionalbus NÜ jetzt auch mit dem 230 PS starken Erdgasmotor aus. Eine ganze Reihe davon exportierte MAN nach Australien. Insgesamt konnte MAN 4000 Fahrzeuge ausliefern.

Herausragendes Ereignis der MAN-Busproduktion bildete 1998 die Vorstellung des 15 Meter langen NL 263/313, der 125 Personen befördern konnte und in den Leistungsstufen 260 und 310 PS angeboten wurde. Als dritte Achse wurde eine ZF-Nachlauf-Lenkachse eingebaut, die elektronisch gesteuert und hydraulisch betätigt wurde. In gleicher Technik folgte der Niederflur-Überlandbus NÜ 263/313. Weitere Details: CAN-Bus-Technik für die elektrische Anlage sowie elektronisch gesteuerte Scheibenbremsen. Für den Fluggastverkehr des neuen Münchener Flughafens erstellte MAN drei Gelenkzüge, die mit Wasserstoff betrieben werden. Die Gasspeicher sind auf dem Vorderfahrzeug untergebracht. In Tarnowo Podgorne bei Posen/Polen errichtete MAN ein Omnibuswerk, das die Linienbusfertigung aufnahm und in der Endstufe für 600 Fahrzeuge pro Jahr ausgelegt ist.

Dem »Cito« von MB setzte MAN 1999 den Midi-Stadtbus »Alé« entgegen, der von Autodromo in Modena gefertigt wurde und bisher allerdings nur in Italien verkauft wurde. Die einzelbereifte Hinterachse war soweit wie möglich nach hinten gelegt. Der stehende Vierzylinder-Diesel mit 170 PS kam zum Einbau. Die Fernreisebusse »Lion's Star«, «Lion's Coach« und in der Dreiachsversion »Lion's Top Coach« erhielten auf Wunsch jetzt auch den 12,8-Liter-Motor mit 460 PS.

Das Jahr 2000 brachte die Erneuerung der Midi-Baureihe. In 8,5 und 10,5 Meter Länge erschien der neue NM 223/263 mit Einzelbereifung an der Hinterachse. Der Antriebsstrang mit dem 6,9-Liter-Diesel war in einem Modul-Rahmen (»Cradle«) untergebracht, der mit dem Fahrzeuggerippe verschraubt und damit leicht herausnehmbar war. Schließlich erneuerte MAN den Fernreisebus mit dem neuen Modell FRH 462 »Lion's Star«. Gerundete Formen bestimmten das Design des neuen MAN-Reisebusses. Auffallendes und damit unverwechselbares Stilelement war die geschwungene C-Säulen-Verkleidung aus eloxiertem Aluminium, die einerseits den Fahrgastteil vom Fahrer-/Beifahrerbereich abtrennt und andererseits die »Rundheit der Formen am MAN-Reisebus« unterstrei-

260-PS-MAN NG 263 Niederflur-Gelenkbus, 1999.

260/310-PS-MAN NÜ 263/313 Niederflur-Regionalbus, 1999. (MAN-Werksfoto)

170-PS-MAN Schulbus »Alé«, 2000 (MAN-Werksfoto)

220-PS-MAN SÜ 223 Stadt- und Überlandbus aus türkischer Produktion, 1999. (MAN-Werksfoto)

410-PS-MAN »Lion's Top Coach« aus türkischer Fertigung, 2000.

410/460-PS-MAN »Lion's Star «Reisebus, 2001. (MAN-Werksfoto)

410-PS-MAN »Lion's Top Star«, 2002. (MAN-Werksfoto)

chen soll. Auch hier war der Antriebsstrang auf einem herausnehmbaren Antriebsstrang montiert. Vom neuen TG-A-Schwerlaster stammten die Lufteinlassblende außen und das Armaturenbrett innen. Eine voll- oder halbautomatische AS-Tronic-Schaltung übernahm den Gangwechsel. Mit einem auf die Verbrennung von Flüssiggas (CNG/Compressed Natural Gas) umgestellten Motor erschienen die Prototypen NÜ 243 CNG und NÜ 313 CNG, die zwar eine weitgehend stickstofffreie Verbrennung ermöglichten, sich aber aufgrund des fehlenden Versorgungsnetztes nicht etablieren konnten. Insgesamt stellte MAN die Dieselmotoren auf die Abgasnorm Euro 3 um.

Nach kurzen Verhandlungen übernahm MAN 2001 mit Zustimmung der EU-Wettbewerbsbehörde den Omnibusbauer Neoplan in Stuttgart. Die hierzu gegründete NEOMAN Bus GmbH der MAN Nutzfahrzeuggruppe in München bündelte die Aktivitäten der beiden weiterhin separat agierenden Marken MAN und Neoplan. Dabei liegt der Schwerpunkt der MAN-Busfertigung bei den Linienfahrzeugen der Baureihen NL 223 - 263 und der Gelenkzüge mit 260 bis 360 PS. Die Domäne des Neoplan-Werkes ist mehr der Bereich der Reisebusse, wenn auch beide Unternehmen stets größte Anstrengungen unternommen haben, in beiden Angebotsreihen erfolgreich zu sein. Die Kapazität lag mit beiden Unternehmen bei 7300 Fahrzeugen pro Jahr, einem Deutschland-Anteil von 36,1 und einem Europa-Anteil von 15 Prozent. Im Gegenzug beschloss MAN, einen Teil der Busproduktion, insbesondere die verlustreiche Linienbusfertigung, in das polnische MAN-Werk zu verlagern. Ein weiteres Gemeinschaftsunternehmen zur Produktion von Bus-Chassis vereinbarte MAN 2001 mit dem zweitgrößten chinesischen Bushersteller Yutong Coach Manufactoring Company in Zhengzhou.

Die MAN-Nutzfahrzeugwerke AG, die wie kaum ein anderes Busunternehmen auch im Motorenbau präsent ist, verfügte zu Beginn des neuen Jahrtausends über Werke in München, Nürnberg, Penzberg, Salzgitter-Watenstedt und in Ginsheim-Gustavsburg, wo Rahmen und Fahrerhäuser

240-PS-MAN »Lion's City« Niederflur-Linienbus, 2003.

gepresst werden. Alle stehenden Motoren liefert das Stammwerk in Nürnberg, während die Unterflurmotoren traditionellerweise aus Salzgitter-Watenstedt kommen. In Österreich gehören zur MAN die Österreichische Automobilfabrik Ö.A.F.-Gräf & Stift AG, die den österreichischen Markt und auch die EFTA-Länder versorgt sowie Spezialfahrzeuge herstellt. Beteiligungen bestehen an der Austro-MAN Fahrzeug-Vertriebs Gesellschaft mbH in Wien und bis 2022 an der Steyr Nutzfahrzeuge Aktiengesellschaft. Überdies nutzen zahlreiche ausländischen Nutzfahrzeughersteller in Polen, Frankreich, Österreich, der Schweiz, Russland Italien, Spanien, den Niederlanden, der Tschechei, Kroatien, der Türkei, ein Israel, Neuseeland, Australien und Südafrika MAN-Komponenten.

Erneut nahm MAN im Jahre 2002 tiefgreifende Einschnitte in der Busproduktion vor. Der Rohbau der Linien- und insbesondere der Niederflurbusse ging in das polnische Werk. Der Bau der Reise- und Überlandbusse wurde in das MAN-Werk in Ankara/Türkei verlagert. Die Montage des Spitzenmodells »Lion's Star« übernahm das Neoplan-Werk. Dem Omnibus-Werk in Salzgitter verblieb bei reduzierter Belegschaft die Endmontage der Stadt-, Überland- und Reisebusse.

In die Serienfertigung gelangte jetzt der neue Reisebus in zwei- und in dreiachsiger Ausführung. Die Niederflur-Busse der seit 1995/97 gebauten Stadt- und Überland- Generation, jetzt mit Überarbeitung im Design und in der technischen Ausstattung unter der Bezeichnung »Lion´s City«, erhielten den wahlweise seitlich stehenden Motor in der Cradle-Aufhängung. Eine Kraftstoffreduzierung von 30 Prozent ermöglichte der 245- oder 310-PS-Erdgasmotor, der für die Stadtbusse gewählt werden konnte. Mit

360-PS-MAN »Lion's City ÜLL« Überlandbus, 2004.

einem alternativen Antrieb ging der »Lion´s City LPG« in die Erprobung, wobei die drei Buchstaben den Liquified Petroleum-Gas-Alternativantrieb bezeichneten. Die wiederum fehlenden Versorgungsstationen verhinderten den damaligen Durchbruch im Linienverkehr. Die Bundeshauptstadt versorgte MAN ab 2004 mit 400 dreiachsigen Doppeldeckern für 128 Fahrgäste, die bis 2010 in zwei Tranchen geliefert wurden. Als attraktive Alternative zum Reisebus der »Lion's Coach«-Ausführung präsentierte MAN ein Jahr später die Hochbodenausführung »Lion's Comfort«. Das »Lion's City«-Programm erweiterte die Baureihe »Classic« in den Versionen G und Ü, gefertigt im türkischen MAN-Werk, die vor allem in konventioneller Hochbodentechnik in den Export gingen. Der »Lion's Regio« wie-

220-PS-MAN »Lions City DD« Dreiachs-Doppeldecker für Berlin, 2004.

220-PS-MAN »Lion's City T« mit erhöhtem Heckteil, 2005. (MAN Werksfoto)

360-PS-MAN »Lion's Regio L« Kombibus, 2006.

derum bot sich als ein preiswerter Hochdecker auf dem Reisebuschassis für den Überlandverkehr und den nicht zu anspruchsvollen Reiseverkehr mit 310 und 360 PS an. Eine üppige Verglasung zeichnete diese Kombi-Baureihe aus.

Äußerlich versah MAN die Busse ab 2005 mit einer leichten Neugestaltung der Frontgestaltung mit angedeuteten Kühlerrippen zwischen den Scheinwerfern. Dem Trend zum kostengünstigen Niederflurbus kamen die niedersächsischen Busbauer mit der Ausführung »Lion's City« T und (ein Jahr später) TÜ entgegen. Als »Low-Entry-Fahrzeug« war das Fahrzeug mit einem Niederflurteil bis hinter die zweite Tür ausgeführt, dem sich über der konventionell angebrachten Hinterachse ein erhöhtes Heckteil anschloss. Die Vorderfront der Linienbusse zeichnete sich ab 2006 durch eine überarbeitete Vorderfront mit zwei unteren Rippen aus. Von der Auftragsfertigung des Midi-Busses – mit hinterer Super-Single-Bereifung ausgestattet, was den Platz im Achsenbereich innen vergrößerte – bei Göppel trennte sich MAN ebenfalls im Jahr 2005. Im Jahre 2007 endete die Endmontage der Omnibusse am Standort Salzgitter. Die Werke in Polen und in der Türkei übernahmen auch diese arbeitsintensiven Tätigkeiten. Einen interessanten Großraum-Linienbus für 200 Fahrgäste stellte der »Lion's City« GXL dar, der mit seiner Überlänge von 20,45 m nur mit Ausnahmegenehmigung als Machbarkeitsstudie eingesetzt werden konnte. Das Reisebusprogramm ergänzten der dreiachsige »Lion's Coach« L und das neue Flaggschiff, der »Lion's Coach Supreme« mit Design- und Ausstattungselementen des bisherigen »Lion's Star«; leichte Retuschen im Design gaben den Modellen ein moderneres Erscheinungsbild. Und im Rahmen der »Downsizing« der Motorengröße wurde der langjährige D 28-Motor aus dem Programm genommen und durch den 10,5-Liter-Motor D 20 mit Leistungen von 270, 310, 350, 390 und 430 PS neben dem kleinen D 08-Triebwerk in die Fahrzeuge eingesetzt. Ab 2008 stattete MAN die Motoren schon vor der pflichtmäßigen Ausstattung mit Euro-5-Abgastechnik aus, kenntlich an dem Zusatz EEV (Enhanced Environmentally Friendly Vehicle).

Die LE/Low-Entry-Niederflurtechnik übertrug MAN ab 2008 auch auf die Überland-Linienbusse, die jetzt auch mit Erdgasantrieb ausgestattet werden konnten. Neben dem Turmbaumotor lässt sich hier wahlweise auch das liegende Triebwerk einsetzen. Während sich die Karosseriegestaltung der Standard-Linienbusse, abgesehen von leichten Überarbeitungen insbesondere der Bugpartie mit angedeuteten Kühlergrill-Rippen, durch jahrzehntelange Konstanz auszeichnete, präsentierte der Bushersteller 2009 den neuen 250 PS starken Hybrid-Bus der »Lion's City«-Serie in einem futuristischen Gewandt. Im »Aero-Line-Design« besitzt dieses Modell eine schwungvolle Dachgestaltung, unter der die Kühlluftzuführungen für die Aggregate verdeckt sind. Eine diesel-elektrische Kombination sorgt hier für den Antrieb. Der Hochleistungsgenerator versorgt die beiden 75 kW-Asynchron-Elektromotoren mit Energie. Diese (allerdings aufwendige und teure) Technik sorgt einerseits für ein sanftes, geräuschloses Anfahren, andererseits dafür, dass der Dieselmotor im optimalen Drehzahlbereich effizient und damit mit reduzierter Schadstoffbildung arbeitet. Sechs Hochleistungskondensatoren (Ultra Caps) nehmen darüber hinaus die Bremsenergie als Stromspeicher auf, und die Start-Stopp-Automatik lässt den Motor nur beim Fahren in Aktion treten. Unter dem Slogan »Die saubere Art, bis zu 30% zu sparen.« warb MAN für diese innovative Technik.

2009 passte MAN den Hochboden-Alleskönner »Lion's Regio« mit tiefer Seitenbrüstung, üppiger Verglasung im Seiten- und im Frontbereich einem aktuellen Erscheinungsbild an. Da der »Regio« aber nicht die Erwartungen erfüllte, verschwand er 2015 aus dem Programm. Der preiswerte Hochboden-Überland- und Kombibus »Lion´s Intercity« ersetzte mit kantig-pragmatischem Design, aber dem anspruchsvollen Cockpit-Design des »Regio« die bisherige Überland-Baureihe in zwei Längen. Der D 08-Motor mit 290 PS kommt hier zum Einsatz. Nachdem verschiedene Kommunalbetriebe die notwendige Infrastruktur für den Erdgasbetrieb aufgebaut hatten, konnten sich jetzt Stadtlinienbusse, ausgelegt für den Einsatz von komprimiertem Erdgas (CNG), einen festen Platz erkämpfen. Ab 2012 erfüllten die verwendeten Motoren die für 2014 vorgeschriebenen Euro 6-Vorgaben.

Im Jahre 2016 frischten eine schwarze Bugverkleidung mit breiter Chromblende und eingeprägtem Löwen-Signet unter der Frontscheibe

270-PS-MAN »Lion's City«, 2007. (MAN-Werksfoto)

409-PS-MAN »Lion's Coach L Supreme«, 2007. (MAN-Werksfoto)

440-PS-MAN »LionsCoach« Reisebus, 2008.

240-PS-MAN »Lions« City Midi-Bus, 2008.

die Vorderfront der City-Baureihe auf und die geschwungene Dachpartie des »Aero-Line-Designs« hielt Einzug. Ein Jahr später stellte MAN den »Lion's Coach« in seiner 5. Generation vor. Das 13-Meter-Grundmodell, zugelassen für ein Gesamtgewicht von 19,5 t, zeichnete sich designmäßig durch die Schwinge der B-Säule aus, die bis runter in die Scheinwerferpartie führt. Als »Smart Edge« wurde die Frontmaske mit den zur Seite gezogenen Scheinwerfern beworben. Durch eine schwarze Blende mit den zwei Rippen und einer zierlicheren Chromspange mit dem Braunschweiger Löwen aktualisierte MAN die Vorderfront der Linienbusse.

2018 erhielt auch der erst kürzlich überarbeitete »Lion's Coach«-Zweiachser in den Längen von 12,1, 13,3 und 13,9 m die neue Frontgestaltung. Eine weitere Version mit 13,09 m für 59 Plätze ergänzt das Programm der Zweiachser. Im Bereich der Solo-Linienbusse setzt MAN ab diesem Jahr nur noch auf die Ausstattung mit den Turmbaumotor der Baureihe D 15, der im Heck einen großen Stehperron ermöglicht. Für die anderen Modelle stehen neben diesem Aggregat die Motoren der Baureihen D 08 und D 20 zur Verfügung. Und im Bereich der »Alternativen Antriebe« zeigte MAN den »Lion's City E« mit eine Akkumaltoranlage, die einen Fahrbereich von 270 km ermöglicht. Der neue 9,5-Liter-Motor der Baureihe E 18 mit einer Leistung von 320 Motor soll als speziell konstruierter Erdgasmotor für Vortrieb bei den CNG-Modellen sorgen.

Als Benjamin im Omnibusspektrum kam 2019 der Kleinbus MAN TGE auf der Basis des VW-Großtransporters hinzu, unterscheidbar im »Badge-Engineering-System« an der MAN-typischen Kühlermaske Die Version 2.140 »Intercity« wird als kleiner Stadtbus mit 13 Sitzen, drei Klappsitzen und drei Stehplätzen angeboten. Die Ausführung TGE 3.140 »Kombi« ist als kleiner Reise-, als Hotel- und Zubringerbus mit 19 Sitzen ausgestattet und verfügt über einen großen Gepäckraum, eine elektrische Schiebetür und ein elektrisch ausfahrbare Trittstufe. Der VW-2-Liter-Dieselmotor kann auch in den Leistungsstufen von 102 und 177 PS gewählt werden. Gebaut werden die VW- und MAN-Modelle im polnischen VW-Transporterwerk in Wrzesnia.

240-PS-MAN »Lion`s City« Linienbus mit stehendem Motor, 2008. (MAN-Werksfoto)

290-PS-MAN »Lion`s City LE«, 2012. (MAN-Werksfoto)

320-PS-MAN »Lion`s City G« Linien-Gelenkbus, 2015.

440-PS-MAN »Lion's Coach«, 2015.

290-PS-MAN »Lion`s Intercity« Überlandbus, 2015. (MAN-Werksfoto)

320-PS-MAN »Lion`s City L« Dreiachs-Reisebus, 2015.

320-PS-MAN »Lion`s City GL« Linien-Gelenkbus, 2017. (MAN-Werksfoto)

320-PS-MAN »Lion`s City Hybrid«, 2017. (MAN-Werksfoto)

290-PS-MAN »Lion`s City LE« Linienbus, 2019.

290-PS-MAN »Lion`s City LE« Linienbus, 2017.

140-PS-MAN TGE 5.140 »City«, 2019 (MAN-Werksfoto)

177-PS-MAN TGE 5.180 »Intercity«, 2019 (Foto: MAN-Werkfoto)

MAN															
Typ	Sitzplätze/ Stehplätze	Bauzeit	Zylinder	PS	K	B x H mm	Hubraum cm³	Drehzahl U/min	Radstand mm	Länge mm	Gewicht kg	Motor-hersteller	Typ	M	Bemerkungen
1. Linien- und Kombiomnibusse															
A) Modelle mit Verbrennungsmotoren															
a) Baureihen AM und TC															
AM II	18/3	1915 - 19	4	30	W	110x140	5319	1000	3850	6200	3400	MAN/Saurer	AM II	V	
AM V	18/3	1915 - 19	4	36	W	110x160	6079	1000	850		3900	MAN/Saurer	AM V	V	
AM V	18/3		4	45	W	120x180	8138	1000	3850		4100	MAN/Saurer	AMV/KV	V	
AM II	28/0	1915 - 19	4	30	W	110x140	5319	1000	4050	6100	3900	MAN/Saurer	AM II	V	
AM V	28/0	1915 - 19	4	36	W	110x160	6079	1000	4050		4100	MAN/Saurer	AM V	V	
AM V36/6		1915 - 19	4	36	W	110x160	6079	1000	4050	6100	4100	MAN/Saurer	AM V	V	auch als Oberdecker
AM V	36/6	1915 - 19	4	45	W	120x180	8138	1000	4050		4300	MAN/Saurer	AMV/KV	V	
2TC	18/0	1919 - 24	4	37/40	W	112x160	6302	1000	3850			MAN/Saurer	AM V	V	
3TC	28/4	1919 - 24	4	37/40	W	112x160	6302	1000	4200-5000		4500	MAN/Saurer	AM V	V	auch 20/24 Plätze, auch 45 PS
3TC	17/17	1925	4	45	W	125x180	6235	1050			4600	MAN	W4V10/18	D	Diesel-Prototyp
3TN	35/0	1926	4	55	W	115x180	7472	1200	4500			MAN	1580 A	V	auch 19/20 Plätze
b) Baureihen NO															
NOB	40 - 45	1926	4	65	W	115x180	7472	1200	5000	7460	5500	MAN	W4V11/18	D	auch 18/22 Plätze
NON/6	75	1927 - 28	6	100/110	W	110x180	10263	1400	5550+1300	11200		MAN	1086 A	V	
NON/6	36 - 60	1928	4	60	W	115x180	7472	1200	4900			MAN	1580 A	V	
NON/6	70	1928	6	85/100	W	120x180	12215	1400	5550+1300	11200	6900	MAN	D 2086 A	D	
NON 4	21/29	1929	4	55/65	W	115x180	7472	1200	5600	7460	6260	MAN	1580 A	V	
NON/6	35/10	1929 - 35	6	100	W	110x150	8553	1800	4900	8450	7000	MAN	1056 A	V	ab 1935 125 PS
NON/6	35/10	1929 - 35	6	100	W	110x180	10263	1600	5550	9350	6600	MAN	D 1086	D	
c) Baureihen D/E/F/L/M/SML/Z															
Z 1	20/14	1933 - 40	6	70	W	125x130	6754	1800	4500	6590		MAN	D 0530	D	auch Radstand 3550 mm
D 1	28/16	1933 - 39	6	80/90	W	105x140	7269	1800	5700	7625	6200	MAN	D 0540	D	
F2 N6	26/24	1934 - 36	6	100/110	W	120x180	12215	1400	5700	9000	7400	MAN	D 2086	D	
DS	32 - 42	1936 - 37	6	80	W	105x140	7269	1800	4500			MAN	D 0540	D	1. Frontlenker
SML		1936 - 40	6	110	W	110x140	7983	1900	4600/	16050		MAN	D 1040 G	V	Sattelzug, Stadtgasmotor
E 2	25/5	1937 - 40	4	60	W	105x130	4504	2200	4500	6000	4500	MAN	D 0534 G	D	auch 70 oder 80 PS
MS 1	27/18	1937 - 40	6	110	W	120x140	9498	2000	5000-5600			MAN	02040	D	
LPS	32/18	1938 - 40	6	100/110	W	110x140	7980	2000	4500	8600		MAN	D 1040	D	2. Frontlenker
MPS		1938	6	100	W	120x140	9498	1800	5600	9450		MAN	D 2040	D	
MP	27/18	1938 - 41	6	120	W	120x140	9498	2000	5600	9450	7100	MAN	D 2040 G	D	mit »Globus-Dieselmotor«
Z 2		1938 - 40	6	80	W	105x130	6750	1900	5000			MAN	D 0536 G	D	
ML	38/0	1941	6	110	W	110x140	7983	1900	4600			MAN	D 1040 G	D	
MPL		1941	6	120	W	105x140	7274	240	5700			MAN			
d) Baureihen MK															
MKN	44/17	1948	6	120	W	110x140	7983	2000	5800	9825	7400	MAN	D 1040 G	D	
MKP		1949 - 51	6	120	W	110x140	7983	2000				MAN	D 1040 G	D	Frontlenker
MKN 26	42/20	1950 - 55	6	130	W	112x140	8276	2000	5800	9850	7600	MAN	D 1246 G	D	auch 44/17 PLätze
MKH	57/22	1951 - 52	6	130	W	115x140	8725	2000			7900	MAN	D 1546 G2H	D	
MKH 2	47/0	1951 - 54	6	130	W	112x140	8276	2000	5100 - 5250	9850 - 10920	8400	MAN	D 1246 G	D	
MKH 3	42/0	1952 - 54	6	175	W	112x140	8276	2000	5250	10500		MAN	D 1246 MT 2H2	D	T
MKH 4	41/30	1952 - 54	6	130	W	112x140	8276	2000	5250	10950	8920	MAN	D 1246 G2 H2	D	
MKN 26	38/82	1953	6	130	W	112x140	8276	2000	5800/ 5550+1200	15800-16500	12500	MAN	D 1246 G2 H2	D	Kässbohrer-Gelenkzug
MKN 630	40/53	1954 - 56	6	130	W	112x140	8276	2000	5800	10400	7400 - 8000	MAN	D 1246 M2	D	
MKP 26T	44/85	1954	6	155	W	112x140	8276	2000	5800/ 5550+1200	16400	12800	MAN	D 1246 M2 T1	D	T, Frontlenker-Kässbohrer-Gelenkzug
e) Baureihen 500 (Vorort- und Überlandbus)															
530 HOC 1	44/14	1954 - 55	6	130	W	112x140	8276	2000	5250	10625-10800	8600	MAN	D 1246 M2	D	
535 HOC 1	54/57	1954 - 57	6	135	W	112x140	8276	2100	5250	10800	8400	MAN	D 1246 M2	D	ab 1956 Typ 630 HOC 1
558 HOC 1	48/19	1954 - 57	V8	155	W	110x140	10644	2000	5250	10900	8800 - 9600	MAN	D 1048 MH	D	
560 FOC 1	85-109	1955	V8	155	W	100x140	10644	2000	6000/5800	16400	12800	MAN	D 1048 M	D	
545 HOC 2	47/10	1957 - 58	6	145	W	112x140	8276	2200	5250	10900	8100	MAN	D 1246 MH	D	
560 FOC 1	45/87	1958	6	160	W	115x140	8725	2200	5800/6350	16450	12750	MAN	D 1546 MH	D	Frontlenker-Kässbohrer-Gelenkzug
f) Baureihen 600															
658 HOC 1	48/10	1954	V8	155	W	110x140	10644	2000	5250	10800	9000	MAN	D 1048 MH	D	
688 HOC 1	40/52	1959	V8	180	W	115x140	11633	2000	5250	10800	9000	MAN	D 1548 G2 MH 60	D	
640 HO »Metrobus«		1959 - 62													
690 HO-Ü	43/30	1971	6	212	W	121x150	10350	2200	5300	10500	9800	MAN	D 2156 HM	D	SAVIEM-Typ E 7

MAN															
Typ	Sitzplätze/ Stehplätze	Bauzeit	Zylinder	PS	K	B x H mm	Hubraum cm^3	Drehzahl U/min	Radstand mm	Länge mm	Gewicht kg	Motor-hersteller	Typ	M	Bemerkungen
g) Baureihen 799 (Solo- und Gelenkbusse mit Unterflurmotor)															
760 UO 1	21/108	1958 - 63	6	160	W	115x140	8725	2200	5650	11300	7750	MAN	D 1546 M1/2 U	D	Unterflurmotor zwischen den Achsen
750 UG	31/108	1958	6	160	W	115x140	8725	2200	5250/ 4900+1900	16400	12100	MAN	D 1546 M1/2U	D	
760 UO 2G	44/123	1959 - 63	6	160	W	115x140	8725	2200	5250/6050	16500	10900	MAN	D 1546 M1/2U	D	auch Radstand 5250/ 6500 mm
750 HO-M 10 »Metrobus«	28/82	1961 - 66	6	135	W	108x128	7030	2500	4800	9980	6335	MAN	D 0836	D	
750 HO M 11	35/79	1961 - 71	6	160	W	108x128	7030	2500	5750	11140	7410	MAN	D 0836	D	
750 HO V 11	49/47	1962 - 70	6	150	W	108x128	7030	2500	5750	11140	7250	MAN	D 0836	D	
750 HO Ü 11	51/43	1962 - 63	6	150	W	108x128	7030	2500	5750	11140	7050	MAN	D 0836	D	
760 UO 1	31/93	1962	6	160	W	115x140	8725	2200	5650	11300	7600	MAN	D 1546 HM	D	
760 HO Ü 11	54/0	1963 - 71	6	192	W	121x140	9659	2100	5750	11230	8630	MAN	D 2146 HM	D	
750 HO Ü 12	58/0	1963 - 71	6	192	W	121x140	9659	2100	6120	12000	8700	MAN	D 2146 HM	D	
750 HO M 10	32/74	1965 - 68	6	160	W	108x128	7030	2500	4800	10190	7100	MAN	D 0836 HM	D	
750 HO U 12	55/38	1967 - 68	6	192	W	121x150	10350	2100	6120	12000	8800	MAN	D 2156 HM	D	
750 HO V 11	47/56	1970 - 71	6	160	W	108x132	7252	2500	5750	11180	8150	MAN	D 0846 HMN	D	
11 M 160	35/82	1972	6	160	W	108x132	7252	2500	5350-5750	11230	8100	MAN	D 0846 HMN	D	ex 750 HO M 11
11 M 160	32/72	1972	6	192	W	121x150	10350	2100	5450-5750	11230	8100	MAN	D 2156 HM	D	ex 750 HO M 11
11 V 160	47/56	1972	6	160	W	108x132	7252	2500	5750	11230	8400	MAN	D 0846 HMN	D	ex 750 HO V 11
11 V 160	47/56	1972	6	192	W	121x150	10350	2100	5750	11230	8400	MAN	D 2156 HMN	D	ex 750 HO V 11
12 V 160	51/56	1972	6	160	W	108x132	7252	2500	6120	12000	9000	MAN	D 0846 HMN	D	
12 V 160	51/56	1972	6	192	W	121x150	10350	2100	6120	12000	9000	MAN	D 2156 HM	D	
11 Ü 192/R 13	51/53	1972 - 74	6	192	W	121x150	10350	2100	5350	11230	9500	MAN	D 2156 HM	D	ex 760 HO Ü 11, auch 230 PS
12 Ü 192/R 14	55/40	1972 - 74	6	192	W	121x150	10350	2100	6120	12000	9750	MAN	D 2156 HM	D	ex 760 HO Ü 12, auch 230 PS
h) Baureihen 750 (VÖV I)															
750 HO-SL	44/71	1969 - 72	6	160	W	108x132	7252	2500	5600	11000	8000	MAN	D 0846 HMN	D	VÖV-Prototyp
750 HO-SL	37/38	1970 - 71	6	160	W	108x132	7252	2500	5600	11000	8000	MAN	D 0846 HMN	D	VÖV-Standardtyp
750 HO-SL	37/75	1970 - 72	6	192	W	121x150	10350	2100	5600	11000	8350	MAN	D 2156 HM	D	VÖV-Standardtyp
750 HO-SÜ	51/46	1970 - 72	6	192	W	121x150	10350	2100	5350	11180	9600	MAN	D 2156 HM	D	StÜLB-Typ
750 HO-SL	37/38	1972	6	160	W	108x132	7252	2500	5600	11000		MAN	H 0846 HMN	V	Erdgasmotor
i) Baureihen 890 (Solo- und Gelenkbusse mit Unterflurmotor)															
890 UG M 16	41/128	1963 - 64	6	192	W	121x140	9659	2100	5250/6050	16500	10900	MAN	D 2146 HM 1 U	D	
890 UO 1 2A	55/0	1964 - 68	6	192	W	121x140	9659	2100	5650	11680	8300	MAN	D 2146 HM 1 U	D	
890 UG M 16	49/112	1964	6	192	W	121x140	9659	2100	5250/6050	16500	11400	MAN	D 2146 HM 1 U	D	Gaubschat-Gelenkzug
890 UG Ü 16	76/0	1964	6	192	W	121x140	9659	2100	5250/6050	16480	11700	MAN	D 2146 HM 1 U	D	
890 UG Ü 12	42/118	1967	6	192	W	121x150	10350	2100	5250/6050	16500	10745	MAN	D 2146 HM 1 U	D	
890 UG M 16 A	57/132	1967 - 73	6	192	W	121x150	10350	2100	5250/6050	17930	12100	MAN	D 2146 HM 1 U	D	ab 1969 Typ UG-Ü 18
890 UO M 12 A	30/86	1968	6	192	W	121x150	10350	2100	5650	11680	8800	MAN	D 2146 HM 1 U	D	
890 UG M 16	45/135	1968 - 70	6	192	W	121x150	10350	2100	5250/6050	16490	11300	MAN	D 2146 HM 1 U	D	
890 SG-Ü	52/109	1970 - 72	6	192	W	121x150	10350	2100	5250/6020	16490	11700	MAN	D 2156 HM	D	
j) Baureihen SL/SG/SÜ															
SL 192	44/61	1972	6	160	W	108x132	7252	2500	5600	11000	8700	MAN	D 0846 HMN	D	
SL 192	37/78	1972 - 75	6	192	W	121x150	10350	2100	5600	11000	8750	MAN	D 2146 HM	D	auch 44/61 Plätze
SG 192	52/109	1972 - 74	6	192	W	121x150	10350	2100	5250/6020	16490	12000	MAN	D 2146 HM	D	
SÜ 230	53/47	1972 - 74	6	230	W	123x150	10690	2200	6000	11700	9270	MAN	D 2356 HM	D	
SG 192 Ü	81/80	1973 - 74	6	230	W	123x150	10690	2200	5250/7260	18000	12780	MAN	D 2356 HM	D	
SÜ 240	53/47	1973 - 74	6	240	W	125x150	11045	2300	6000	11700	9300	MAN	D 2556 M	D	
SL 200	44/59	1973 - 75	6	192	W	125x150	11045	2100	5600	11000	8450	MAN	D 2556 M	D	
SG 192	52/105	1975 - 80	6	220	W	123x150	10690	2200j	5250/6020	16450	11950	MAN	D 2356 HMXU	D	

MAN															
Typ	Sitzplätze/ Stehplätze	Bauzeit	Zylinder	PS	K	B x H mm	Hubraum cm³	Drehzahl U/min	Radstand mm	Länge mm	Gewicht kg	Motor-hersteller	Typ	M	Bemerkungen
SG 192 Ü 18	51/77	1975 - 80	6	220	W	123x150	10690	2200	5250/7260	18000	12950	MAN	D 2356 HMXU	D	
SÜ 240	48/49	1975 - 79	6	192	W	125x150	11045	2100	6000	11700	9050	MAN	D 2556 M	D	
SL 200	44/59	1976 - 85	6	192	W	125x155	11413	2100	5600	11000		MAN	D 2556 MUH	D	ab 1980 200 PS
SÜ 240	53/47	1976 - 87	6	240	W	125x155	11413	2200	6000	11700	9050	MAN	D 2556 MUH	D	
SG 220 Linie	52/106	1976 - 80	6	220	W	125x155	11413	2200	5300/5970	16450		MAN	D 2556 MUH	D	
SL 200	44/59	1979	6	136	W	102x116	5687	3000	5600	11000		MAN	D 0226 ME	D	Prototyp mit Bremsenergie-Rückgewinnung
SL 200	44/59	1979	6	192	W	125x155	11413	2100	5600	11000		MAN	D 2566 MUH	D	Dual-Mode-Typ
SÜ 240	48/49	1980 - 85	6	200	W	125x155	11413	2200	6000	11700		MAN	D 2566 MUH	D	
SG 220	52/106	1980 - 83	6	240	W	125x155	11413	2200	5300/6020	16600	12710	MAN	D 2566 MUH	D	
SG 240 H	52/106	1980 - 85	6	240	W	125x155	11413	2200	5600/6400	16530	13800	MAN	D 2566 MUH	D	Heckmotor, Antrieb auf mittlere Achse
SG 240 H SÜ	51/144	1980	6	240	W	125x155	11413	2200	5600/6400	16665 - 16795		MAN	D 2566 MUH	D	auch Radstand 5670/6600, Länge 16870 mm
SG 240 H DUO	52/106	1980 - 83	6	240	W	125x155	11413	2200	5600/6400	16530		MAN	D 2566 MUH	D	
k) Baureihen SL/SG/SÜ/SM II (VÖV II)															
S 80	45/45	1980	6	212-240	W	125x155	11413	2200	5600	11350		MAN	D 2566 MUH	D	VÖV II-Prototyp
S 80	45/45	1980	6	240	W	125x155	11413	2200	5600	11350		MAN	D 2566 MTUH	D	Dual-Mode-Prototyp
SL 200 II	41/52	1981	6	192	W	102x116	5687	2800	5600	11130		MAN	D 0226 MLE	D	TL
SG 220 Standard	52/106	1981 - 82	6	240	W	125x155	11413	2200	5300/5970	16530		MAN	D 2566 MUH	D	
S 80		1982	6	240	W	125x155	11413	2200	6150	11490		MAN	D 2566 MUH	D	VÖV II-Prototyp
SR 240	53/47	1982 - 85	6	280	W	125x155	11413	2200	6160	11700		MAN	D 2566 MTUH	D	T
SG 220 Ü 18	81/80	1982 - 83	6	240	W	125x155	11410	2200	5300/7300	16660		MAN	D 2566 MUH	D	
SG 240 H	52/106	1982 - 83	6	240	W	125x155	11413	2200	5600/6400	16530		MAN	D 2566 MTUH	D	T, Heckmotor
SG 280 H	52/106	1982	6	280	W	125x155	11413	2200	5600/6625	16795		MAN	D 2566 MTUH	D	TL
G 80	53/107	1982	6	240	W	125x155	11413	2200	5800/6010	16410		MAN	D 2566 MUH	D	Gelenkzug-Prototyp
SG 80	53/107	1982	6	280	W	125x155	11413	2200	5670/6600	16870		MAN	D 2566 MTUH	D	TL
SGG	100/125	1982 - 83	6	280	W	125x155	11413	2200		23000		MAN	D 2566 MTUH	D	T, Doppel-Gelenktyp, auch 72/153 PLätze
SG 220 Ü 16	73/72	1983	6	240	W	125x155	11413	2200	5300/6020	16600		MAN	D 2566 MUH	D	
SL 202	42/60	1985 - 86	6	200	W	125x155	11413	2200	5875	11525	9640	MAN	D 2566 MUH	D	auch 240 PS
SG 242	60/92	1985 - 92	6	240	W	128x155	11963	2200	5600/6160	17400		MAN	D 2866 MUH	D	Version SG 292 mit T u. 290 PS
SG 242 H	54/107	1985 - 90	6	240	W	128x155	11963	2200	5875/6010	16560		MAN	D 2866 MUH	D	mit T 280 PS
SM 152 Midi	30/30	1987 - 91	6	150	W	108x125	6871	2700	4200	8700		MAN	D 0826	D	Göppel-Aufbau
SM 182 Midi	30/30	1987 - 91	6	180	W	108x120	6592	2600	4200	8700		MAN	D 0826 T	D	T, Göppel-Aufbau
SL 202	44/57	1987 - 92	6	204	W	125x155	11413	2200	5875	11525		MAN	D 2566 MUH	D	
SÜ 240 (ÜL)	53/47	1987 - 88	6	240	W	125x155	11413	2200	6000	11740		MAN	D 2566 MUH	D	
SÜ 242 (ÜL)	53/43	1987 - 92	6	240	W	128x155	11967	2200	6000	11740	10400	MAN	D 2866 MUH	D	SÜ II-Generation
SG 290/SG 292	54/100	1987 - 92	6	290	W	128x155	11967	2200	5600/6010	16400	14700	MAN	D 2866 TUH	D	T
SÜ 290		1987	6	290	W	128x155	11967	2200	6000	11700		MAN	D 2866 TUH	D	T
SL 242	54/43	1988 - 89	6	240	W	128x155	11967	2200	6000	11890		MAN	D 2866 UH	D	
SL 292	61/92	1988 - 92	6	290	W	128x155	11967	2200	5600/6160	17400		MAN	D 2866 TUH	D	T
SL 202	41/50	1989	4	150	W	108x125	4578	2700	5875	11525		MAN	D 9824	D	Magnet-Motor-Speicher
l) Baureihen Niederflur 2															
NL 202	32/72	1989 - 94	6	213	W	108x125	6871	2400	5875	11675	9590	MAN	D 0826 LUH	D	TL, ab 1994 auch 250 PS
NG 272	51/113	1989 - 95	6	270	W	108x125	6871	2400	5875/6265	17940	13930	MAN	D 0826 L	D	TL
ÜL 242	57/40	1989 - 92	6	240	W	128x155	11967	2200	6160	12000		MAN	D 2866 UH	D	
ÜL 292	57/40	1989 - 92	6	290	W	128x155	11967	2200	6160	12000		MAN	D 2866 TUH	D	T
NM 152	28/26	1990 - 92	6	155	W	108x125	6871	2700	4200	8700		MAN	D 0826	D	

MAN

Typ	Sitzplätze/ Stehplätze	Bauzeit	Zylinder	PS	K	B x H mm	Hubraum cm^3	Drehzahl U/min	Radstand mm	Länge mm	Gewicht kg	Motor-hersteller	Typ	M	Bemerkungen
NM 182	28/26	1990 - 92	6	180	W	108x125	6871	2600	4200	8700		MAN	D 0826 T	D	TL
SM 152 Midi	28/26	1991 - 92	6	155	W	108x125	6871	2700	4200	8700		MAN	D 0826	D	Göppel-Aufbau
SM 182 Midi	28/26	1991 - 92	6	180	W	108x125	6871	2600	4200	8700		MAN	D 0826 T	D	TL, Göppel-Aufbau
ÜL 272	53+1/	1992 - 96	5	270	W	128x155	9970	2200	6160	12000		MAN	D 2855 LU	D	TL
NM 152	25/44	1993 - 95	4	155	W	108x125	4578	2700	4200	9150		MAN	D 0824 LU	D	
SM 182	28/26	1993 - 94	6	180	W	108x120	6592	2600	4200	8700		MAN	D 0826 LU	D	TL
SL 202	45/54	1993 - 94	6	204	W	108x125	6871	2300	5875	11525		MAN	D 0826 LU	D	TL
SU 242	53/43	1993 - 94	6	245	W	128x155	11967	2200	6150	11890		MAN	D 2866 U	D	
SG 292	61/92	1993 - 94	6	290	W	128x155	11967	2200	5600/6160	17400		MAN	D 2866 TU	D	T
m) Baureihen NL 202(2) ohne Sitzpodeste															
NM 192	24/44	1994 - 96	6	190	W	108x125	6871	2400	4200	8700		MAN	D 0826 LU	D	TL, auch 250 PS
EM 192 Europa-Midibus	27/26	1994 - 95	6	190	W	108x125	6871	2400	4200	8700		MAN	D 0826 LU	D	TL, auch 250 u. 270 PS
SM 192	28/26	1994 - 95	6	190	W	108x125	6871	2400	4200	8700		MAN	D 0826 LU	D	TL
NL 202	34/70	1994 - 96	6	220	W	108x125	6871	2400	5875	11675		MAN	D 0826 LU	D	TL, auch 250 PS
EL 202	37/38	1994 - 96	6	213	W	108x125	6871	2400	5874	11675		MAN	D 0826 LU	D	TL
NL 232 (CNG)	34/65	1994 - 96	6	230	W	128x155	11967	2200	5875	11675		MAN	E 2866 DU	V	Erdgasmotor
NG 232 (CNG)	61/92	1994 - 96	6	230	W	128x155	11967	2200	5600/6160	17940		MAN	E 2866 DU	C	Erdgasmotor
NG 272	53/121	1994 - 96	6	269	W	108x125	6871	2400	5875/6265	17940	14870	MAN	D 0826 LU	D	
SG 322	54/107	1994 - 95	6	320	W	128x155	9970	2000	5600/6160	17940		MAN	D 2865 LU	D	TL
SÜ 272	54/43	1994 - 95	6	270	W	128x155	11967	2200	6150	11890		MAN	D 2866 U	D	
NL 202 DE	33/69	1995	6	213	W	108x125	6871	2400	5875	11675		MAN	D 0826 LU	D	TL, Antrieb über 2x57-kW-Voith-Radnabenmotoren
NM 222	21-26/ 40-35	1996 - 98	6	220	W	108x125	6871	2400	4200	8700		MAN	D 0826 LU	D	TL, auch Radstand 3500 oder 4450 mm
NL 222	32/69	1996 - 97	6	220	W	108x125	6871	2400	5875	11675		MAN	D 0826 LU	D	TL
NG 312	52/116	1996 - 98	5	310	W	128x155	6871	2000	5875/6265	17980		MAN	D 2865 LUH	D	TL
SL 202 H	33/69	1996 - 98	6	190	W	128x155	11967	2200	6160	12000		MAN	H 2866 UH	V	Wasserstoffmotor, mit Benzineinspritzung, auch 231 PS
NL 262	34/70	1997	6	260	W	108x125	6871	2400	5875	11675		MAN	D 0826 LU	D	TL, Hongkong-Typ, auch mit Vergasermotor, 231 PS
EL 222/262	36/64	1997 - 02	6	220	W	108x125	6871	2400	5875	11675		MAN	D 2866 LU	D	TL, auch 260 PS
SÜ 312	53/43	1997	5	310	W	128x155	9970	2000	6150	12000		MAN	D 2865 LU	D	TL
SG 312	54/107	1997	5	310	W	128x155	9970	2000	5600/6160	17990		MAN	D 2865 LU	D	TL
n) Baureihe ND 202															
ND 202 (DN 95)	71/23	1995 - 97	6	220	W	108x125	6871	2400	5875	111735	11880	MAN	D 0826 LUH 12	D	TL, BVG-Doppeldecker
o) Baureihen NL 223															
NÜ 263	46/46	1996 - 97	6	260	W	108x125	6871	2400	6160	12000		MAN	D 0826 LU	D	TL
NÜ 313	46/46	1996 - 98	5	310	W	128x155	9970	2000	5875	11950		MAN	D 2865 LUH	D	TL, auch 350 PS
NÜ 263/313	56/66	1996 - 03	5	310	W	128x155	9970	2000	6900+1700	14675		MAN	D 2865 LUH	D	TL
ÜL 313/353	51-57+1	1996 - 01	6	310	W	128x155	11967	2000	6060	12000	11300	MAN	D 2866 LUH	D	TL, auch 350 PS
NL 224/264	34/70	1997 - 98	6	220	W	108x125	6871	2400	5875	11675		MAN	D 0826 LU	D	TL, auch 260 PS
NL 314	34/70	1997 - 98	6	310	W	128x155	11967	2000	5875	11675		MAN	D 2866 LUH	D	TL
NL 223/263 DE	34/70	1997 - 98	6	220/ 260	W	108x125	6871	2400	5875	11950		MAN	D 0836 LUH	D	TL, mit 150 kW-Hochleistungsgenerator und zwei Elektromotoren an der Niederflur-Portalachse
NM 223	22/40	1998	6	220	W	108x125	6871	2400	3500 - 4200	8720		MAN	D 0836 LUH	D	TL
NL 223/263/313	36/56	1998 - 03	6	220	W	108x125	6871	2400	5875	11950	11230	MAN	D 0834 LOH	D	TL, auch 260 u. 310 PS
NG 263/313/363 (ab 2004 Lion´s City G)	50/125	1998 - 04	6	260	W	128x155	11967	2000	5105/6770	17950		MAN	D 2866 LUH	D	T, auch 310 PS, ab 2002 auch 360 PS
NÜ 263/313	48/40	1998 - 03	6	260	W	108x125	6871	2400	5875	11950		MAN	D 0836 LUH	D	TL, auch 310 PS, ab
															2002 auch 280 PS
NÜ 263/313 15 m	56/67	1998 - 03	6	260	W	108x125	6871	2400	6900+1700	14675		MAN	D 0836 LUH	D	TL, auch 310 PS
NG 193 (CNG)	48/40	1999	6	190	W	128x155	11967	2200	5875	11857		MAN	E 2866 LUH	V	Prototyp mit Erdgasmotor
NL 313/363 15 m (ab 2004 Lion´s City LL)	46/65	2001 - 04	6	310	W	128x155	11967	2000	6900+1700	14675		MAN	D 2866 LUH	D	TL, auch 360 PS
NÜ 233 H		2001		231	W	128x155	11967	2200	5105+6770	17950		MAN	H 2866 UH 01	V	TL, Wasserstoffmotor
NÜ 243 CNG	48/40	2001	6	238	W	128x155	11967	2200	5875	11950		MAN	E 2866 LUH 22	V	TL, Erdgasmotor, auch 310 PS, Prototyp
NÜ 313 CNG	50/104	2001	6	310	W	128x155	11967	2400	5105+6770	17950		MAN	E 2866 LUH 26	V	TL, Erdgasmotor
SL 223/283	32-44/ 63-42	2002	6	220	W	108x125	6871	2400	5725	11857		MAN	D 0836 LOH	D	TL, auch 280 PS, auch 44/42 Plätze

MAN															
Typ	Sitzplätze/ Stehplätze	Bauzeit	Zylinder	PS	K	B x H mm	Hubraum cm³	Drehzahl U/min	Radstand mm	Länge mm	Gewicht kg	Motor-hersteller	Typ	M	Bemerkungen
SÜ 223/263/ 313/363	50-55/ 38-32	2002 - 03	6	220	W	108x125	6871	2300	5725	11857		MAN	D 0836 LOH	D	TL, auch 260, 310 u. 360 PS
SG 263/313	45/123	2002 - 03	6	260	W	128x155	11967	2000	5725+6160	18000		MAN	D 2866 LUH	D	TL, auch 310 PS
SÜ 313 12 m	54/27	2003	6	310	W	108x125	6871	2400	5875	11675		MAN	D 0836 LOH	D	TL, auch 280 PS, türkische Fertigung
NM 223.3/283.3 (ab 2004 Lion´s City M)	21+1/32	2003 - 04	6	220	W	108x125	6871	2200	4410	9665		MAN	D 0836 LOH	D	TL, Göppel-Aufbau, auch 19/35 Plätze
NM 223.2 (ab 2004 Lion´s City M)	26+1/42	2003 - 04	6	220	W	108x125	6871	2200	4600	9665		MAN	D 0836 LOH	D	TL, Göppel-Aufbau
NL 243/283 (ab 200 Lion´s City)	20/81	2003 - 04	6	240	W	108x125	6871	2200	5875	11950		MAN	D 0836 LOH	D	TL, auch 280 PS, ab 2004 36/56 Plätze
ÜL 313/363	57/49	2003	6	310	W	128x155	11967	2000	6500+1470	13700		MAN	D 2866 LUH	D	TL, auch 360 PS
p) Baureihe Alé															
Alé	40/20	2000 - 01	4	170	W	108x125	4580	2300	3675	7600	6000	MAN	D 0834 LOH 1	D	TL, auch 180 PS, Fertigung bei Autodromo
q) Baureihen Lion´s City 1. Generation															
Lion´s City M	21/32	2004 - 06	6	220	W	108x125	6871	2200	4410	9665		MAN	D 0836 LUH	D	TL, auch 280 PS
Lion´s City M	26/42	2004 - 05	6	220	W	108x125	6871	2200	4600	9665		MAN	D 0836 LUH	D	TL
Lion´s City	36/56	2004 - 09	6	240	W	108x125	6871	2200	5875	11950		MAN	D 0836 LUH	D	TL, auch 310 PS
Lion´s City	33/	2004 - 06	6	240	W	108x125	6871	2200	5875	11950		MAN	D 0836 LUH	D	TL, auch 280 PS
Lion´s City	31/58	2005 - 07	6	270	W	108x125	6871	2300	5875	11980		MAN	D 0836 LOH 51	D	TL, auch 240 PS
Lion's City LPG	31/	2004	6	238	W	128x155	11967	2200	5875	11950		MAN	G 2866 DUH	V	TL, Flüssiggasmotor (LPG), Prototyp
Lion's City LL	48/65	2004 - 05	6	260	W	128x155	11967	2000	6900+1700	14675		MAN	D 2866 LUH	D	TL, auch 360 PS
Lion's City G	56/103	2004 - 06	6	260	W	128x155	11967	2000	5105+6770	17950		MAN	D 2866 LUH	D	TL, auch 360 PS, ab 2006 310 u. 350 PS
Lion´s City Ü	48/42	2004 - 06	6	260	W	128x155	11967	2000	5875	11950		MAN	D 2866 LUH	D	TL, auch 310 PS
Lion´s City Ü LL	60/66	2004 - 06	6	310	W	128x155	11967	2000	6900+1700	14675		MAN	D 2866 LUH	D	TL, auch 360 PS
Lion´s City T	35-38/	2004 - 09	6	220	W	108x125	6871	2200	5725	11857		MAN	D 0836 LOH 52	D	TL, auch 280 PS, ab 2007 280 PS
Lion´s City TÜ	36/	2004 - 09	6	280	W	108x125	6871	2300	5725	11875		MAN	D 0836 LOH 51	D	TL
Lion´s City CNG	31/58	2005 - 15	6	245	W	128x155	11967	2200	5875	11980		MAN	E 2866 LUH 26	V	TL, Erdgasmotor
Lion´s City G CNG	56/103	2005 - 15	6	310	W	128x155	11967	2200	5105+6770	17950		MAN	E 2866 LUH 26	V	TL, Erdgasmotor
Lion´s City H2	31/58	2006 - 07	6	204	W	128x165	12809	2200	5875	11950		MAN	H 2876 UHO 1	V	TL, Wasserstoffmotor, auch 272 PS, Prototypen
Lion´s City M	19/35	2007 - 09	6	240	W	108x125	6871	2200	4395	10500		MAN	D 0836 LUH	D	TL, auch 280 PS
Lion´s City	22/80	2007 - 09	6	260	W	108x125	6871	2200	5875	11950		MAN	D 0836 LUH	D	TL, auch 280 PS, ab 2008 240 u. 280 PS
Lion´s City G	48-52/103	2007 - 09	6	310	W	120x155	10518	1900	5105+6770	17980		MAN	D 2066 LUH	D	TL, auch 350 PS
Lion´s City GL	56/112	2007 - 09	6	310	W	120x155	10518	1900	5875+6770	18750		MAN	D 2066 LUH	D	TL, auch 350 PS
Lion´s City Ü	44/42	2007 - 09	6	270	W	120x155	10518	1900	5875	11980		MAN	D 2066 LUH	D	TL, auch 310 PS
Lion´s City M (EEV)	19/35	2008 - 10	6	260	W	108x125	6871	2200	4395	10500		MAN	D 0836 LUH	D	TL, Midi-Bus, auch 280 PS
Lion´s City EEV	36/56	2008 - 10	6	270	W	120x155	10518	1900	5875	11980		MAN	D 2066 LUH	D	TL, auch 360 PS
Lion´s City LL (EEV)	22/80	2008 - 09	6	260	W	108x125	6871	2200	5875	11980		MAN	D 0836 LOH 51	D	TL
Lion´s City T (EEV)	35-38/	2008 - 09	6	280	W	108x125	6871	2300	5725	11857		MAN	D 0836 LOH	D	TL, Low Entry-Bauart
Lion´s City TÜ (EEV)	40/	2008 - 09	6	280	W	108x125	6871	2300	5725	11875		MAN	D 0836 LOH	D	TL, Low Entry-Bauart
Lion´s City GXL	50/150	2007	6	360	W	120x155	10518	1900	5875+6770 +1700	20450		MAN	D 2066 LUH	D	TL, Prototyp
Lion´s City G (EEV)	48-52/103	2008 - 10	6	320	W	120x155	10518	1900	5105+6770	17980		MAN	D 2066 LUH	D	TL, auch 350 PS, ab 2010 360 PS
Lion´s City GL (EEV)	56/112	2008 - 10	6	320	W	120x155	10518	1900	5875/6770	18750		MAN	D 2066 LUH	D	TL, auch 360 PS, ab 2010 360 PS
Lion´s City Ü (EEV)	44/42	2008 - 09	6	240	W	108x125	6871	2200	5875	11980		MAN	D 0836 LOH	D	TL
Lion´s City LE (EEV)	36/56	2010	6	260	W	108x125	6871	2200	5725	11857		MAN	D 0836 LOH	D	TL, LE = Low Entry
Lion´s City Ü (EEV)	44/42	2010	6	260	W	108x125	6871	2200	5875	11980		MAN	D 0836 LOH	D	TL, auch 360 PS
Lion´s City LE Ü (EEV)	44/42	2010	6	260	W	108x125	6871	2200	5875	11980		MAN	D 0836 LOH	D	TL
Lion´s City	36/56	2011 - 18	6	280	W	108x125	6871	2300	5875	11980		MAN	D 0836 LUH	D	TL, auch 360 PS mit Motor D 2066 LUH

MAN															
Typ	Sitzplätze/ Stehplätze	Bauzeit	Zylinder	PS	K	B x H mm	Hubraum cm³	Drehzahl U/min	Radstand mm	Länge mm	Gewicht kg	Motor-hersteller	Typ	M	Bemerkungen
Lion´s City LE	38/	2011 - 16	6	290	W	108x125	6871	2300	5725	11857		MAN	D 0836 LOH	D	TL
Lion´s City G	52/103	2011 - 13	6	310	W	120x155	10518	1900	5105+6770	17980		MAN	D 2066 LUH	D	TL, auch 360 PS
Lion´s City GL	56/102	2011 - 14	6	310	W	120x155	10518	1900	5875+6770	18750		MAN	D 2066 LUH	D	TL, auch 360 PS
Lion´s City Ü	44/42	2011 - 18	6	280	W	120x155	10518	1900	5875	11980		MAN	D 2066 LUH	D	TL, auch 360 PS
Lion´s City LE Ü	40/	2011 - 18	6	290	W	108x125	6871	2300	5725	11857		MAN	D 0836 LOH	D	TL
Lion´s City M	29/52	2012 - 18	6	290	W	108x125	6871	2300	4395	10500		MAN	D 0836 LUH	D	TL, ab 2013 auch 250 PS
Lion´s City	35/62	2014 - 18	6	290	W	108x125	6871	2300	5875	11980		MAN	D 0836 LOH	D	TL, auch 250 PS
Lion´s City Hybrid	35/62	2014 - 17	6	250	W	108x125	6871	2200	5875	11980		MAN	D 0836 LOH	D	TL, Antrieb über 2x75-kW-Motoren
Lion´s City C	44/72	2014 - 18	6	320	W	120x155	10518	1900	5875+1700	13680		MAN	D 2066 LUH	D	TL, Exportmodell nach Schweden, auch 360 PS
Lion´s City C LE	44/72	2014 - 18	6	320	W	120x155	10518	1900	5875+1700	13680		MAN	D 2066 LUH	D	TL, Exportmodell nach Schweden, auch 360 PS
Lion´s City L	48/77	2014 - 18	6	320	W	120x155	10518	1900	6900+1700	14705		MAN	D 2066 LUH	D	TL, auch 360 PS
Lion´s City L LE	48/77	2014 - 18	6	320	W	120x155	10518	1900	6900+1700	14705		MAN	D 2066 LUH	D	TL, auch 360 PS
Lion´s City G	52/98	2014 - 18	6	320	W	120x155	10518	1900	5105+6770	17980		MAN	D 2066 LUH	D	TL, auch 360 PS
Lion´s City G LE	52/98	2014 - 18	6	320	W	120x155	10518	1900	5105+6770	17980		MAN	D 2066 LUH	D	TL, auch 360 PS
Lion´s City GL	56/102	2014 - 18	6	320	W	120x155	10518	1900	5875+6770	18750		MAN	D 2066 LUH	D	TL, auch 360 PS
Lion´s City GL LE	56/102	2014 - 17	6	320	W	120x155	10518	1900	5875+6770	18750		MAN	D 2066 LUH	D	TL, auch 360 PS
Lion's City C LE CNG	42/	2017 - 18	6	272	W	128x166	12816	2000	5875+1700	13680		MAN	E 2876 LUH	V	TL, Erdgasmotor, auch 310 PS
Lion´s City LE	39/	2017 - 18	6	290	W	120x155	10518	2000	5725	11857		MAN	D 2066 LUH	D	TL
Lion´s City Ü LE	43/	2017 - 18	6	290	W	120x155	10518	2000	5725	11857		MAN	D 2066 LUH	D	TL
Lion´s City Ü CNG	51-60/	2017 - 18	6	272	W	128x166	12816	2000	5875	11980		MAN	E 2876 LUH	V	TL, auch 310 PS
Lion´s City G LE	51/98	2018 - 19	6	272	W	120x155	10518	2000	5105+6770	17980		MAN	D 2066 LUH	V	TL, auch 310 PS
Lion´s City GL LE CNG	55-64/	2018 - 19	6	272	W	128x166	12816	2000	5875+6770	18750		MAN	E 2876 LUH	V	TL, auch 310 PS
r) Baureihen Lion´s City 2. Generation															
Lion´s City 12 G	35/62	2018 -	6	320	W	118x145	9514	2000	5875	11980		MAN	E 1856 LOH	V	TL, Erdgasmotor
Lion´s City 12	33-37/ 81-77	2019 -	6	279	W	115x145	9032	1900	6005	12185	10882	MAN	D 1566 LOH	D	TL, auch 330 u. 360 PS
Lion´s City 18	45-49/ 107-105	2019 -	6	279	W	115x145	9032	1900	5200+6680	18060	15566	MAN	D 1556 LOH	D	TL, auch 330 u. 360 PS
Lion´s City LE	43/	2020 -	6	290	W	108x125	6871	2300	5725	11800		MAN	D 0836 LOH	D	TL
Lion´s City Ü	45/	2020 -	6	280	W	120x155	10518	1900	5875	11980		MAN	D 2066 LUH	D	TL, auch 320 PS
Lion´s City LE Ü	43/	2020 -	6	290	W	108x125	6871	2300	5725	11800		MAN	D 0836 LOH	D	TL
Lion´s City L LE	49/	2020 -	6	320	W	120x155	10518	1900	6900+1700	14700		MAN	D 2066 LUH	D	TL, auch 360 PS
Lion´s City C	45/	2020 -	6	320	W	120x155	10518	1900	6900+1700	13700		MAN	D 2066 LUH	D	TL, auch 360 PS
Lion´s City C LE	46/	2020 -	6	320	W	120x155	10518	1900	5875+1700	13700		MAN	D 2066 LUH	D	TL, auch 360 PS
Lion´s City L	49/	2020 -	6	320	W	120x155	10518	1900	6900+1700	14700		MAN	D 2066 LUH	D	TL, auch 360 PS
Lion´s City 18 G	49/	2020 -	6	320	W	118x145	9509	2000	5200+6680	18060		MAN	E 1856 LOH	V	TL, Erdgasmotor
Lion´s City 19	53/	2020 -	6	330	W	115x145	9032	1900	5870+6680	18750		MAN	D 1556 LOH	D	TL, auch 360 PS
Lion´s City 19 G	53/	2020 -	6	320	W	118x145	9514	2000	5870+6680	18730		MAN	E 1856 LOH	V	TL, Erdgasmotor
Lion´s City GL	57/	2020 -	6	320	W	120x155	10518	1900	5870+6680	18750		MAN	D 2066 LUH	D	TL, auch 360 PS
s) Baureihen Lion´s Classic															
Lion´s Classic	40/48	2004 - 06	6	220	W	108x125	6871	2200	5725	11870		MAN	D 0836 LUH	D	TL, auch 280 PS
Lion´s Classic G	56/112	2004 - 06	6	280	W	128x155	11967	2000	5725/6160	17950		MAN	D 2866 LUH	D	TL, auch 310 PS
Lion´s Classic Ü	55/26	2004 - 06	6	220	W	108x125	6871	2200	5725	11870		MAN	D 0836 LOH	D	TL, auch 310 PS
Lion´s Classic	40/48	2007 - 08	6	280	W	108x125	6871	2300	5725	11857		MAN	D 0836 LOH	D	TL
t) Baureihe Lion's City DD (Doppeldecker)															
Lion´s City DD (Typ A 39)	83/45	2004 - 09	6	320	W	128x155	11967	2000	6230+1600	13730	17290	MAN	D 2866 LUH	D	TL, auch 310 PS, auch D 0836 LOH 52-Motor mit 220 PS
u) Baureihen Lion´s Regio															
Lion´s Regio	48+1+1	2005 - 08	6	310	W	128x155	11967	1900	6120	12250	12440	MAN	D 2866 LUH	D	TL, ab 2006 auch 410 PS
Lion´s Regio L	56+1+1	2005 - 08	6	310	W	128x155	11967	1900	6600+1470	13900		MAN	D 2866 LUH	D	TL, ab 2006 auch 410, ab 2007 430 PS
Lion´s Regio C	55-59+1	2005 - 08	6	310	W	120x155	10518	1900	6880	13010		MAN	D 2066 LUH	D	TL, auch 390 PS
Lion´s Regio	49-55+1+	2008 - 12	6	320	W	120x155	10518	1900	6120	12250		MAN	D 2066 LUH	D	TL, auch 360 PS, ab 2010 auch 400 PS

MAN

Typ	Sitzplätze/ Stehplätze	Bauzeit	Zylinder	PS	K	B x H mm	Hubraum cm^3	Drehzahl U/min	Radstand mm	Länge mm	Gewicht kg	Motor-hersteller	Typ	M	Bemerkungen
(EEV)	1														
Lion´s Regio C (EEV)	53-59+1+1	2008 - 12	6	320	W	120x155	10518	1900	6680	13100		MAN	D 2066 LUH	D	TL, auch 360 PS, ab 2010 320 u. 400 PS
Lion´s Regio L (EEV)	57-63+1+1	2008 - 12	6	320	W	120x155	10518	1900	6600+1470	13900		MAN	D 2066 LUH	D	TL, auch 360 PS, ab 2010 320 u. 400 PS
Lion´s Regio M (EEV)	19+1/35	2008 - 15	6	240	W	108x125	6871	2200	4395	10500		MAN	D 0836 LOH	D	TL, auch 260 PS, 2010 290 PS, ab 2013 250 u. 290 PS
Lion´s Regio	49-55+1+1	2009 - 17	6	320	W	120x155	10518	1900	6120	12250		MAN	D 2066 LUH	D	TL, auch 390 PS, ab 2012 320 u. 400 PS
Lion´s Regio C	53-59+1+1	2009 - 17	6	320	W	120x155	10518	1900	6880	13010		MAN	D 2066 LUH	D	TL, auch 390 PS, ab 2012 320 u. 400 PS
Lion´s Regio L	57-63+1+1	2009 - 17	6	350	W	120x155	10518	1900	6600+1470	13900		MAN	D 2066 LUH	D	TL, auch 390 PS, ab 2012 320 u. 400 PS
v) Baureihen Lion´s Intercity															
Lion's Intercity	55-59/	2015 - 17	6	290	W	108x125	6871	2300	6000	12280		MAN	D 0836 LOH	D	TL
Lion's Intercity C	57-63/	2015 - 17	6	290	W	108x125	6871	2300	6774	13050		MAN	D 0836 LOH	D	TL
Lion's Intercity	55+1	2018 -	6	290	W	108x125	6871	2300	6000	12280		MAN	D 0836 LOH	D	TL
Lion's Intercity	59+1	2018 -	6	290	W	108x125	6871	2300	6774	13054		MAN	D 0836 LOH	D	TL
Lion's Intercity	63+1	2018 -	6	290	W	108x125	6871	2300	6974	13254		MAN	D 0836 LOH	D	TL
C) Modelle mit Elektromotoren															
				kW											
Obus	35/35	1930		2x37					5550+1300	10595	9500	SSW			
Obus	40/30	1935		2x50					5550+1300	10410	9800	SSW			
Obus	36/29	1935		2x55					5550+1300	10410		SSW			auch 2x45 KW
MPE 4500 Typ I	27/27	1938 - 41		85				1600	4250	8600	7760	AEG			Stromlinientyp, auch BBC-Motor GLM 1273c
MPE 4500 Typ I	27/27	1938 - 45		90				1500	4250	8600-9250		AEG	USL-227C		auch SSW-Motor
MPE 4500 Typ I	23/30	1941-43		61					4250	8600	7080				
MPE 6500	70 - 80	1941 - 43		120					5000	9500	7250	AEG			auch BBC- u. SSW-Motor
MKE 1	40/30	1948 - 51		90				1500	5100	9750 - 10250	7150	SSW	D 602 e		auch AEG- u. BBC-Motor
MKE 2	30/40	1951 - 58		90				1500	5250	10900	8200	SSW	D602e		auch AEG- oder BBC-Motor
MKE 3	42/39	1952 - 53		90/96				1500	4500	10050		SSW	D 602 e		Argentinien-Typ, auch 31/37 Plätze
590 HEC 1 TK	70	1953 - 54		85/100					4500	10050	8300	BBC	GLM 1273c		Türkei-Typ
MKE 4 (690 HEC	80	1953 - 54		115/136					5250	10900	8500	SSW	D 602 e		auch 42/37 PLätze
590 HEC 1	54/57	1954 - 56		90/100				1800	5250	10800	8500				ex MKE 3-Typ
610 FEC 1	47/82	1958 - 59		110					5800/6350	16450		Garbe-Lahmeyer	LC 327		
610 FEC 1	82/111	1958		110					5800/6350	16500					
700 UE1	21/62	1958		90/110					5650	11300					
750 HO-M10E		1970		90/108					4800	10190	7700	Bosch			mit Batterieanhänger
SE 200/ SL-E	44/56	1973 - 79		115/ 180				4000	5600	11000	8400	Siemens			auch mit SÜ-Front, mit Batterieanhänger
SL 240 EL		1978		141					6000	11700					
SG 200 HO	49/118	1979 - 81		2x85				1300	5600/6150	17280 17320 17500		Garbe Lahmeyer	DGB 280/36-4		ÖAF/Gräf & Stift-Fertigung, 63 PS-VW- oder 86-PS-Ford-Hilfsdiesel
SL 200 EL	36/74	1980		90/106					5600	11000					
SG 240 H-DUO	64/72	1983		150				1200	5600/6160	17400	16100	Siemens	1 KB 2021-2 MBO2		zusätzlich D 2566 MTUH mit 240 PS, ÖAF/Gräf & Stift-Fertigung
SG 200 HO	50/118	1984		150				1200	5600/6160	17375	17280	Siemens	1 KB 2021-2 MBO2		Antrieb auf 2. u. 3. Achse, mit VW-Notfahraggregat Typ 127 mit 54 PS
SL 202 Obus	42/72	1965		140					5875	11525		Kiepe			
NM 152 E Batteriebus	22/38	1995		75				11000	4200-4395	9150		ZF			Asynchronmotor
NL 123 BZ		2000		2x60								Siemens-KWU			Prototyp mit Brennstoffzellen-Antrieb
NL 163 BZ		2000		2x60								Siemens-KWU			Prototyp mit Brennstoffzellen-Antrieb
Lion´s City 12 E	41/	2018 -		160/ 240					6005	12185					
Lion´s City 18 E	45/	2018 -		2x160/ 240					5200/6680	18100					zwei angetriebene Achsen

MAN KLEINBUSSE

Typ	Sitzplätze/ Stehplätze	Bauzeit	Zylinder	PS	K	B x H mm	Hubraum cm^3	Drehzahl U/min	Radstand mm	Länge mm	Gewicht kg	Motor-hersteller	Typ	M	Bemerkungen
TGE 2.140 Intercity	16/3	2019 -	4	140	W	81x93,5	1968	3750	3640	5986		VW	EA 288		TL, auch 177 PS
TGE 3.140 Kombi	19/1	2019 -	4	140	W	81x93,5	1968	3750	4490	7404		VW	EA 288		

MAN REISEBUSSE

Typ	Sitzplätze/ Stehplätze	Bauzeit	Zylinder	PS	K	B x H mm	Hubraum cm³	Drehzahl U/min	Radstand mm	Länge mm	Gewicht kg	Motor-hersteller	Typ	M	Bemerkungen
1. Ausflugs- und Reiseomnibusse															
a) Baureihen NO und 3TN															
Aussichtswagen	19/0	1922	4	55	W	115x180	7472	1200	3850	6200		MAN	1580 A	V	
NOB	45	1924	4	55/60	W	115x180	7472	1200	5000	7150 -7460	5300	MAN	1580 A	V	
3TN	26/0	1926	4	55	W	115x180	7472	1200	5000			MAN	1580 A	V	Studienausführung (Fageol-Savety-Typ)
NOB/6	26 - 33	1926	6	85	W	110x165	9408	1400	5000	7200	10650	MAN	1065 B	V	
NOG 4	24/0	1926	4	55/65	W	115x180	7472	1200	5600	7460	5400	MAN	1580 A	V	
NOB/4	37/0	1927	4	55/65	W	115x180	7472	1200	5000	7200		MAN	1580 A	V	
NOB/6		1927	6	90	W	100x160	7536	1800	5500		6100	MAN			
NON/6	75	1927 - 28	6	100/110	W	110x180	10263	1400	5550+1300	11200		MAN	1086 A	V	
NOB/6	30/7	1928	6	100	W	110x150	8553	1800	4900-5550	8450	6100	MAN	1056 A	V	
NON/6	70	1928	6	85/100	W	120x180	12215	1400	5550+1300	11200	6900	MAN	D 2086 A	D	
NON/6	45/0	1930	6	110	W	110x165	9408	1800	5550	9350	6600	MAN	1056 A	V	
NON/6	45/0	1930	6	110	W	110x165	9408	1800	5550	9350	6600	MAN	1056 A	V	
b) Baureihen S1 N6 und F1/2 N6															
S1 N6	50/0	1929 - 31	6	110	W	110x180	10263	1600	5550+1300	11200	8500	MAN	D 1086	D	
S1 N6	75	1930 - 31	6	100	W	110x165	9408	1800	5550+1300	11200-11270	8400	MAN	1056 A	V	
S1 N6	75	1930 - 31	6	100	W	120x180	12215	1400	5550+1300	11200-11270		MAN	D 2086 B	D	
S1 N6	75	1930	4	90	W	85x240	5442	1400	5700	9400		Junkers	5,4	D	
F1 N6	50/0	1931-33	6	85	W	110x165	9408	1800	5700	9500		MAN	1025 B	V	
F1 N6	50/0	1931	6	100	W	120x180	12215	1400	5700	9500		MAN	D 2086 A	D	
D 1	35/0	1932 - 33	6	80	W	100x140	6597	1800	5700	9400	8500	MAN	0040 A	V	auch Radst. 4500 o. 5000 mm
S1 N6	75	1932	6	140/150	W	140x180	16625	1400	5550+1300	11200	11000	MAN	D 4086 B	D	
S1 N6	75	1932 - 34	6	150	W	120x180	12215	1600	5550+1300	11200	8500	MAN	2086 A	V	
F2 N6	26/24	1934 - 36	6	100/110	W	120x180	12215	1400	5700	9000	7400	MAN	D 2086	D	
c) Baureihen D/E/Z/M															
D 1	28/16	1933 - 39	6	80/90	W	105x140	7269	1800	5700	7625	6200	MAN	D 0540	D	
E 1	22/0	1934 - 37	4	65/70	W	105x130	4504	2300	4650	6000		MAN	D 0534	D	
Z 1	27/0	1933 - 40	6	70	W	125x130	6754	1800	4500	6590		MAN	D 0530	D	
D 1	35/0	1933 - 39	6	80/90	W	105x140	7269	1800	5700	7625	6200	MAN	D 0540	D	
E 1	22/0	1934 - 37	4	65/70	W	105x130	4504	2300	4650	6000		MAN	D 0534	D	
DS	32 - 42	1936 - 37	6	80	W	105x140	7269	1800	4500			MAN	D 0540	D	Frontlenker
MS 1	50/0	1937 - 40	6	110	W	120x140	9498	2000	5000-5600			MAN	D 2040	D	
MPS		1938	6	100	W	120x140	9498	1800	5600	9450		MAN	D 2040	D	
Z 2		1938 - 40	6	80	W	105x130	6750	1900	5000			MAN	D 0536 G	D	
E 3000	27/0	1940 - 44	4	70	W	105x130	4504	2200	4000	6090	3010	MAN	D 0534 G	D	
E 3000	31/0	1940-44	4	70	W	105x130	4504	2200	4650	7335	4250	MAN	D 0534 G	D	
ML	38/0	1941	6	110	W	110x140	7983	1900	4600			MAN	D 1040 G	D	
MPL		1941	6	120	W	105x140	7269	2400	5700			MAN	D 0540		Frontlenker
d) RAB-Projekt															
RAB-Modell		1936	V12	275	W	130x190	30263	1500				MAN	W 12 V 13/19	D	Vierachser-Modell
e) Baureihen MK															
MKH 2	47/0	1951 - 54	6	130	W	112x140	8276	2000	5100 - 5250	9850 - 10920	8400	MAN	D 1246 G	D	
MKH 3	42/0	1952 - 54	6	175	W	112x140	8276	2000	5250	10500		MAN	D 1246 MT 2H2	D	T
f) Baureihe 630															
630 FOC 1		1954 - 57	6	130	W	112x140	8276	2000	5250	10950	8920	MAN	D 1246 M2	D	
g) Baureihen 400															
420 HOC 1	45/0	1956 - 63	6	120	W	100x125	5891	2700	4500	9260	5500	MAN	D 0026 M2H	D	
420 HOC 2	46/0	1956 - 63	6	120	W	100x125	5891	2700	5600	10400	6000	MAN	D 0026 M2H	D	
415 FOC 1	39/8	1957 - 60	6	115	W	100x125	5891	2500	4800	9080		MAN	D 0026 M1	D	
h) Baureihen 535															
535 HO R 9	42/0	1962 - 63	6	135	W	108x128	7030	2500	4300	9300	6000	MAN	D 0836	D	
535 HO R 10	46/0	1962 - 64	6	135	W	108x128	7030	2500	5260	10260	6450	MAN	D 0836	D	
535 HO R 9	43/0	1965 - 68	6	160	W	108x128	7030	2500	4300	9340	7100	MAN	D 0846 HMN	D	
535 HO R 11	52/0	1965 - 68	6	160	W	108x128	7030	2500	4300	9340	7100	MAN	D 0846 HMN	D	Gaubschat-Gelenkzug
535 HO R 9	44/0	1969	6	160	W	108x132	7252	2500	4300	9340	7700	MAN	D 0846 HMN	D	
i) Baureihen 750															
750 HO R 11	54/0	1962 - 63	6	150	W	108x128	7030	2500	5750	11140	7650	MAN	D 0836	D	
750 HO R 11	52/0	1963 - 64	6	192	W	121x140	9659	2100	5750	11230	8730	MAN	D 2146 HM	D	
750 HO R 12	56/0	1963 - 64	6	192	W	121x140	9659	2100	6120	12000	9000	MAN	D 2146	D	

MAN REISEBUSSE

Typ	Sitzplätze/ Stehplätze	Bauzeit	Zylinder	PS	K	B x H mm	Hubraum cm^3	Drehzahl U/min	Radstand mm	Länge mm	Gewicht kg	Motor-hersteller	Typ	M	Bemerkungen
j) Baureihe 690															
690 HO-R	46/0	1971	6	212	W	121x150	10350	2200	5300	10500	9800	MAN	D 2156 HM	D	
k) Baureihe 590															
Ü 590	41/0	1974	6	168	W	108x132	7232	2500	5260	10400	8430	MAN	D 0846 HMX	D	Türkei-Export-Modell
l) Baureihen SR															
SR 240 Ausflug	52/0	1975 - 80	6	240	W	125x150	11045	2300	5250	10770		MAN	D 2556 HM	D	
SR 240 Reise	49/0	1975 - 80	6	240	W	125x150	11045	2300	5250	10770		MAN	D 2556 HM	D	
SR 240 Fernreise	40/0	1975 - 80	6	240	W	125x150	11045	2300	5250	10770		MAN	D 2556 HM	D	Ikarus-Aufbau
SR 240 Ausflug	56/0	1975 - 80	6	240	W	125x150	11045	2300	5590	11430		MAN	D 2556 HM	D	
SR 240 Reise	53/0	1975 - 80	6	240	W	125x150	11045	2300	5590	11430		MAN	D 2556 HM	D	
SR 240 Fernreise	45/0	1975 - 80	6	240	W	125x150	11045	2300	5590	11430		MAN	D 2556 HM	D	
SR 240 Ausflug	60/0	1975 - 80	6	240	W	125x150	11045	2300	6160	12000		MAN	D 2556 HM	D	
SR 240 Reise	57/0	1975 - 80	6	240	W	125x150	11045	2300	6160	12000		MAN	D 2556 HM	D	
SR 240 Fernreise	49/0	1975 - 80	6	240	W	125x150	11045	2300	6160	12000		MAN	D 2556 HM	D	
SR 280 FRH	44/0	1977 - 80	6	280	W	125x155	11413	2200	6160	12000		MAN	D 2566 MTUH	D	T
SR 240 10 m	48/0	1979 - 80	6	280	W	125x155	11413	2200	5250	10770		MAN	D 2566 MTUH	D	T
SR 240 11 m	52/0	1979 - 80	6	280	W	125x155	11413	2200	5590	11430		MAN	D 2566 MTUH	D	T
SR 240 12 m	56/0	1979 - 80	6	280	W	125x155	11413	2200	6160	12000		MAN	D 2566 MTUH	D	T
SR 10 m	40/1	1980 - 82	6	240	W	125x155	11413	2200	5250	10770		MAN	D 2566 MUH	D	T
SR 11 m	44/0	1980 - 82	6	240	W	125x155	11413	2200	5590	11430		MAN	D 2566 MUH	D	T
SR 12 m	48/0	1980 - 83	6	240	W	125x155	11413	2200	6160	12000		MAN	D 2566 MUH	D	T
SR 320 (FRH)	48/0	1981 - 82	6	320	W	125x155	11413	1900	6160	12000		MAN	D 2566 MKL	D	TL
SR 10	48/0	1982	6	280	W	125x155	11413	2200	5250	10770		MAN	D 2566 MTUH	D	T
SR 11	52/0	1982	6	280	W	125x155	11413	2200	5590	11430		MAN	D 2566 MTUH	D	T
SR 12	56/0	1982	6	280	W	125x155	11413	2200	6160	12000		MAN	D 2566 MTUH	D	T
SR 321 HD	46+1	1982 - 83	6	320	W	128x155	11963	1900	6160	12000		MAN	D 2566 MKL	D	TL
SR 361 HD	48/0	1983	6	360	W	128x155	11963	2200	6160	12000		MAN	D 2866 LXU	D	TL
m) Baureihen SR/FRH 2															
SR 292	48/0	1985	6	290	W	128x155	11963	1800	6160	12000		MAN	D 2866 TU	D	T
SR 362	48/0	1985	6	360	W	128x155	11963	1800	6160	12000	12490	MAN	D 2866 LXU	D	TL
RÜ 240	52/0	1985 - 90	6	240	W	128x155	11963	2200	6160	12000		MAN	D 2866 MUH	D	T, Überlandbus
R 292	56/0	1987 - 92	6	290	W	128x155	11963	2200	6160	12000		MAN	D 2866 TUH	D	T
FR 292	52/0	1987 - 92	6	290	W	128x155	11963	2200	6160	12000		MAN	D 2866 TUH	D	T
FRH 362	48-54	1987 - 92	6	360	W	128x155	11963	2200	6160	12000	12600	MAN	D 2866 LXU	D	TL
22.360 HOCLN Port Star		1987 - 92	6	360	W	128x155	11963	2200	5600+1350	11750		MAN	D 2866 LXU	D	TL, Chassis für Doppel-decker-Fremdaufbauten
R 292	54/0	1989 - 92	6	290	W	128x155	11963	2200	6160	12000		MAN	D 2866 TUH	D	T
FRH 292	54/0	1990 - 92	6	290	W	128x155	11963	2200	6160	12000		MAN	D 2866 TUH	D	T
FR 292	50+1	1991 - 92	6	290	W	129x155	11967	2200	6190	12000		MAN	D 2866 TU	D	T
n) Baureihen Lion´s Star/Coach 1. Generation															
FRH 422 Lion's Star	49 - 52/0	1992 - 96	6	420	W	128x155	11963	2000	6060	12000	13150	MAN	D 2866 LOH 20	D	TL
R 292 Lion´s Coach	55/0	1993	6	311	W	128x155	11963	2200	6160	12000		MAN	D 2866 LUH	D	TL
FRH 322 Lion's Star	52/0	1994 - 96	5	320	W	128x155	9970	2000	6060	12000		MAN	D 2865 LOH	D	TL
o) Baureihen Lion´s Star/Coach 2. Generation															
RN 313/353	55+1	1996 - 97	6	310	W	128x155	11967	2000	6060	12000		MAN	D 2866 LUH	D	TL, auch 350 PS
RH 353 Lion's Coach	49-55+1	1996 - 02	6	350	W	128x155	11967	2200	6060	12000		MAN	D 2866 LUX	D	TL TL, auch 350 PS
FRH 403 Lion's Star	49-55+1	1996 - 01	6	400	W	128x155	11967	2200	6060	12000		MAN	D 2866 LOH	D	TL, auch 350 PS
FRH 352/402 Lion's Star	51+1	1996 - 98	6	350	W	128x155	11967	2000	6060	12000	13150	MAN	D 2866 LF 35	D	TL, auch 400 PS
FRH 353 Lion's Coach	49+2	1997 - 00	6	360	W	128x155	11967	2000	6060	12000	14599	MAN	D 2866 LF 35	D	TL, auch 409 PS
R 313/353	55+1	1999 - 01	6	310	W	128x155	11967	2000	6060	12000		MAN	D 2866 LF 34	D	TL, auch 360 PS
Lion's Top Coach	52-57+1	1999 - 02	6	410	W	128x155	11967	2000	6600+1470	13700		MAN	D 2866 LOH 23	D	TL, auch Motor D 2866 LUH, türkische Fertigung

MAN REISEBUSSE

Typ	Sitzplätze/ Stehplätze	Bauzeit	Zylinder	PS	K	B x H mm	Hubraum cm³	Drehzahl U/min	Radstand mm	Länge mm	Gewicht kg	Motor-hersteller	Typ	M	Bemerkungen
FRH 462 Lion's Star	49-52+1	1999 - 02	6	460	W	128x166	12816	1900	5875	12000		MAN	D 2876 LOH	D	TL, türkische Fertigung
RH 413 Lion's Coach	49+2	2000 - 03	6	410	W	128x155	11967	2000	6060	12000		MAN	D 2866 LOH	D	TL, auch 460 PTL
RH 413/463 Lion's Top C.	57+2	2000 - 03	6	409	W	128x155	11967	2000	6600+1470	13700		MAN	D 2866 LOH	D	TL, auch 460 PS
R 313/353/363 Lion's Comfort	55+1	2000 - 03	6	310	W	128x155	11967	2000	6060	12000		MAN	D 2866 LOH	D	TL, auch 350 u. 360 PS
RHS 414/464 Lion's Star	49+2	2000 - 06	6	410	W	128x155	11967	2000	6060	11990		MAN	D 2866 LOH	D	TL, auch 460 PS, Final-Edition
Lion's Coach	49-53+2	2002 - 05	6	410	W	128x155	11967	2000	6060	12000		MAN	D 2866 LOH	D	TL, auch 460 PS
Lion's Top C.	57-61+2	2002 - 05	6	410	W	128x155	11967	2000	6600+1470	13800		MAN	D 2866 LOH	D	TL, auch 460 PS
Lion's Star	49-53+2	2002 - 05	6	410	W	128x155	11967	2000	6060	12000		MAN	D 2866 LOH	D	TL, auch 460 PS
Lion's Top Star	57-61+2	2002 - 05	6	410	W	128x155	11967	2000	6600+1470	13800		MAN	D 2866 LOH	D	TL, auch 460 PS
Lion's Coach	45+1	2003 - 05	6	460	W	128x166	12618	1900	6060	12000	13950	MAN	D 2876 LOH	D	TL
p) Baureihen Lion´s Comfort/Coach 3. Generation															
Lion's Comfort	55+1	2004 - 05	6	310	W	128x155	11967	2000	6060	12000		MAN	D 2866 LOH	D	TL, auch 360 PS
Lion's Coach	51+1	2005 - 06	6	410	W	120x155	10512	1900	6060	12000		MAN	D 2066 LOH	D	TL, auch 460 PS, ab 2006 49 - 53 Plätze
Lion`s Top Coach	61+1	2005 - 06	6	410	W	128x155	11967	2000	6600+1470	13800		MAN	D 2866 LOH	D	TL, auch 460 PS, ab 2006 als Lion`s Coach L
Lion`s Star	51 + 1	2005 - 06	6	410	W	128x155	11967	2000	6060	12000		MAN	D 2866 LOH	D	TL, auch 460 PS, ab 2006 480 PS, 49 - 53 Plätze
Lion`s Top Star	61+1	2005 - 06	6	410	W	128x155	11967	2000	6600+1470	13800		MAN	D 2866 LOH	D	TL, auch 460 PS, ab 2006 Lion`s Star L mit 480 PS und 57 - 61 Plätze
q) Baureihen Lion´s Coach 4. Generation															
Lion's Coach	44-49+2	2015 - 18	6	400	W	120x155	10512	1900	6060	12100		MAN	D 2066 LOH	D	TL, auch 440 PS, ab 2017 420 u. 460 PS
Lion's Coach Comfort	49-49+1	2015 - 18	6	440	W	120x155	10512	1900	6060+1470	13260		MAN	D 2066 LOH	D	TL, auch 480 PS, ab 2017 460 u. 500 PS
Lion's Coach L	52-63+1	2015 - 18	6	410	W	120x155	10512	1900	6060+1470	13800		MAN	D 2066 LOH	D	TL, auch 480 PS, ab 2017 460 u. 500 PS
r) Baureihen Lion´s Coach V															
Lion's Coach	51+2	2018 -	6	430	W	126x166	12419	1900	6060	12100		MAN	D 2676 LOH	D	TL, auch 470 PS
Lion's Coach C/2	57+2	2018 -	6	430	W	126x166	12419	1900	7050	13090		MAN	D 2676 LOH	D	TL, auch 470 PS
Lion´s Coach C	55+2	2018 -	6	470	W	126x166	12419	1900	6060+1470	13360		MAN	D 2676 LOH	D	TL, auch 510 PS
Lion's Coach C/3	55+2	2018 -	6	470	W	126x166	12419	1900	6060+1470	13900		MAN	D 2676 LOH	D	TL, auch 510 PS
Lion's Coach L	59+2	2018	6	470	W	126x166	12419	1900	6600+1470	13900		MAN	D 2676 LOH	D	TL, auch 510 PS

430-PS-MAN »Lion`s Coach« Reisebus, 2019.

Manderbach

Louis Manderbach u. Co. KG, Fahrzeugwerke,
Wissenbach/Dillkreis, Am Bahnhof
1954-1956

38-PS-Manderbach Kleinbus, 1956.

Der Gestellmacher Louis Manderbach (1877-1949) gründete 1899 eine Werkstatt zur Herstellung von Transportgeräten, Pferdefuhrwerken, Bäcker- und Möbelwagen. 1928 stieg das inzwischen 70 Mann starke Unternehmen in den Bau von leichten, motorisierten Vorderlader-Fahrzeugen ein und bezeichnete sie als »Manderbach-Patent-Eilwagen«. Nachdem das Werk Mitte der dreißiger Jahre mit dem im Kleinlieferwagenbau tätigen Framo-Werk (siehe VEB Barkas-Werk) in Hainichen i. Sachsen ein dreirädriges Gemeinschaftsmodell produziert hatte, fertigte es nach dem Schell-Plan während der Kriegszeit mit dem Framo- und dem OD-Werk von Willy Ostner den vierrädrigen Einheits-Lieferwagen.

Die unmittelbare Nachkriegszeit wurde mit der Großreparatur und dem Karosseriebau für den Büssing 5000 T überbrückt. Im Jahre 1949 erschien der einstige Framo-Typ mit neuer Haube. Von 1954 bis 1956 wurde dieses Fahrzeug mit »fünf bis acht weichen Polstersitzen« auch als Kleinbus angeboten. Für Vortrieb sorgte der 34-PS-Ford-Motor, während Manderbach-ähnliche Modelle (die vom neuen OD-Werk und vom enteigneten Framo-Werk gefertigt wurden) andere Motorisierungen erhielten. Ende der fünfziger Jahre endete die Fahrzeugmontage. Der Karosseriebau wurde weitergeführt, bis das Werk 1960 an eine Armaturenfabrik verkauft wurde. Heute steht auf dem ehemaligen Manderbach-Gelände eine Kartonagenfabrik.

MANDERBACH KLEINBUSSE

Typ	Sitzplätze/ Stehplätze	Bauzeit	Zylinder	PS	K	B x H mm	Hubraum cm³	Drehzahl U/min	Radstand mm	Länge mm	Gewicht kg	Motor-hersteller	Typ	M	Bemerkungen
Manderbach	9/0	1953	4	38	W	63,5x92,5	1172	4250	2700	4300	1200	Ford	12 M	V	

Maxwerke

Maxwerke Electricitäts- und Automobilgesellschaft Harff u. Schwarz AG, Köln-Lindenthal, Freiligrathstr. 35
1899-1903

Dieses Unternehmen baute um die Jahrhundertwende neben Lastwagen auch leichte Omnibusse, angetrieben durch Radnaben-Elektromotoren an den Hinterrädern.

Meyrel

Gebr. Meyrel,
Colmar i. Elsass, Stanislausstr. 43
1913

Die Automobilhandlung der Brüder Maurice und Jules Meyrel nahm um 1912 den Fahrzeugbau auf. Neben Lieferwagen entstanden auch Lastwagen und Omnibusse. Der 16-sitzige Omnibus besaß einen 30-PS-Motor, wobei die Kraftübertragung sowohl über eine Kette als auch per Kardan möglich war. Die Wahl hatte der Kunde.

MMB

Motorfahrzeug- und Motorenfabrik AG (MMB),
Marienfelde bei Berlin

1. 1898-1902 **Motorfahrzeug- und Motorenfabrik AG (MMB),** Marienfelde bei Berlin
2. 1902-1926 **Daimler-Motoren-Gesellschaft (DMG)** Bad Cannstatt (ab 1904 in Stuttgart-Untertürkheim), Zweigniederlassung Berlin-Marienfelde

Die Motorfahrzeug- und Motorenfabrik AG (MMB) in Marienfelde bei Berlin ging 1898 aus der Allgemeinen Motor-Wagen Ges. mbH (AMG) hervor. Die Keimzelle der AMG bildete 1879 der Motoren- und Lokomobilen-Hersteller Adolf Altmann in Berlin-Nord. Die Firma bezog 1898 in Marienfelde ein neues Fabrikareal; dort nahm man im gleichen Jahr die Fertigung von Motoren und Fahrzeugen nach System Daimler und nach Patenten der Firma Columbia Electric Company aus Hartford/USA auf. Der MMB-Aufsichtsratsvorsitzende, Max von Duttenhofer, gleichzeitig Aufsichtsratsvorsitzender der Daimler-Motoren-Gesellschaft (DMG), überging Gottlieb Daimler rücksichtslos in seinen Rechten und Patenten. Da das Aktienkapital des Marienfelder Betriebes weit über dem der DMG lag, drang 1902 Max von Duttenhofer in einer Aufsichtsratssitzung in der Cannstatter DMG-Zentrale auf eine Fusion mit der Motorfahrzeug- und Motorenfabrik, wobei das

Marienfelder Werk in eine Zweigniederlassung der DMG verwandelt wurde. Die Kapitalbeteiligung und die damit verbundene Einflussmöglichkeit der Familie Daimler sanken bis zur Bedeutungslosigkeit.

Nach einem Oberdeckomnibus (Decksitzer) und einem leichten 8-PS-Gesellschaftswagen vom Typ »Berliner Kremser« mit 15 Plätzen folgten um die Jahrhundertwende auch Elektroomnibusse, die in Zusammenarbeit mit den in Berlin beheimateten Union-Elektrizitätswerken und der ebendort ansässigen Gülcher Akkumulatorenfabrik gefertigt wurden. Die Grundlagen bildeten große Pferdeomnibusse mit zwei Perrons, die umgebaut und auf der ABOAG-Linie »Anhalter - Stettiner Bahnhof« eingesetzt wurden.

Unter Verwendung von Lkw-Fahrgestellen erschienen 1903 drei leichte Baumuster mit Zweizylindermotoren mit vier bis zwölf PS sowie drei »schwere« Typen mit zwölf bis 25-PS-Vierzylindern. Wenig später folgten 12-PS-Zweizylinder sowie 18-, 21- und 27-PS-Vierzylindertypen.

1905 nahm die DMG 17- und 36-sitzige Omnibusse mit 16-, 22-, 28- und 35-PS-Motoren ins Lieferprogramm auf. Die Königl. Bayer. Post, Unternehmen in Berlin und in London übernahmen größere Serien dieser Fahrzeuge mit Ritzelantrieb. Hervorzuheben unter diesen Modellen ist der 28-PS-Typ D 4 mit 16 Sitz- und fünf Stehplätzen, der auf der Strecke Bad Tölz - Lenggries als erster Linienomnibus einer deutschen Postverwaltung eingesetzt wurde. Auch der auf dem D 4- oder E 4-Lkw-Fahrgestell aufgebaute Decksitzer mit einem 28- oder 35-PS-Ottomotor ist zu erwähnen, der in mehreren Exemplaren bei der Berliner ABOAG eingesetzt wurde. Das von Lange & Gutzeit karossierte Modell besaß unten 16 Plätze auf zwei Längsbänken und oben 14 bis 18 Decksitze auf Ouerbänken. Der Omnibusfertigung widmeten die Marienfelder weiterhin große Aufmerksamkeit. So entstanden Busse und Bus-Chassis für 7 bis 39 (Decksitzer) Passagiere, sämtlich noch mit Vollgummibereifung.

Die seit 1906/07 beim Lizenzgeber Österreichische Daimler-Motoren-Gesellschaft mbH (ÖDAMG/Austro Daimler), »Abteilung Oberleitung», gebauten Gleislosen Bahnen – System Elektro-Daimler-Stoll – besaßen Kontaktwagen-Stromabnehmer nach einem Patent von Carl Stoll (DRP 130 644) aus Dresden. Sie wurden nach der Lohner-Porsche-Methode von elektrischen Innenpol-Radnabenmotoren angetrieben. Außerdem fertigte die ÖDAMG in Wiener Neustadt elektrische Mércèdes-Electrique-Pkw-, Omnibusse- und Nutzfahrzeuge – nach System Lohner-Porsche – deren Radnabenmotoren vom Strom aus mitgeführten Akkumulatoren gespeist wurden.

Die europaweite Vermarktung übernahm zwischen 1906 und 1910 die unter anderem zu diesem Zweck in Paris tätig gewesene Société Mércèdes Electrique S. A.

Zum Nachbau, zur Montage und (teilweise nur) zum Vertrieb der Austro-Daimler-Elektrofahrzeuge rief die Daimler-Motoren-Gesellschaft, Zweigniederlassung in Berlin-Marienfelde, 1907/08 die »Elektrische Abteilung« ins Leben.

Die Große Berliner Motor-Omnibus-Gesellschaft erhielt von ihr 1908 Decksitz-Frontlenker mit Batterien unter dem Wagenboden. Die Hinterachsen verfügten über je zwei elektrische Radnabenmotoren zu je 15 bis 20 PS. Sie befuhren die Linie Stettiner Bahnhof - Hasenheide. Abgesehen von akku-elektrischen Mercedes-Porsche-Feuerwehr-, Lkw- und Postwagen-Chassis (zumeist mit Vorderradantrieb und in Batteriehauben-Bauweise) lieferte die DMG für die Berlin-Steglitzer Obuslinie 1912 die entsprechenden Trolleybusse. Sie hatten 16 Sitz- und 8 Stehplätze. Im Rahmen des Systems Elektro-Daimler-Stoll befanden sich ihre elektrischen Porsche-Nabenmotoren in den Hinterrädern.

Im Jahre 1912 erneuerte die DMG-Marienfelde ihr Nutzfahrzeugprogramm. Die Modelle DM 2 bis DM 6 wurden mit jeweils zwei Motorvarianten geliefert. Die DC-Baumuster besaßen anstelle des üblichen Ritzelantriebs (DR-Typen) eine Kardanübertragung. Hinzu kam das DC 3c-Großmodell mit einem Schneckenantrieb, der ein ruhigeres Fahrverhalten ermöglichen sollte. Die Städtischen Straßenbahnen Dresden beschafften 1913/14 sechs DMG-Omnibusse des Typs DC 3c. Die 35-PS-Fahrzeuge boten in ihren Aufbauten 16 Fahrgästen Platz. Die Stückzahl der in Bad-Cannstatt beziehungsweise Untertürkheim und in Marienfelde gefertigten Lkw-Chassis für Omnibusse und von Fahrgestellen für Motoromnibusse lag bis zum Beginn des Ersten Weltkrieges bei zirka 350 Exemplaren. Das auch während der Kriegszeit angeblich nicht unterbrochene Omnibusprogramm wurde 1915 nochmals überarbeitet. Hinzu kam der 40 Personen fassende Oberdecker des Typs DC 3c O mit einem 35 PS leistenden 5,5-Liter-Ottomotor.

Hotel-Elektroomnibus der MMB für neun Personen, 1900.

8-PS-Daimler-Marienfelde Linienbus, 1899.

6-PS-Daimler-Marienfelde Hotelomnibus, 1900.

Nach dem Ersten Weltkrieg erhielt der DC 3-Typ die auf 40 PS gesteigerte 5,5-Liter-Maschine La 1154; wenig später einen neuen 45-PS-Motor. Auf der Deutschen Automobilausstellung (DAA) 1924 präsentierte die DMG neben einem Lkw und Kipper mit Daimler-Dieselmotor (mit Kompressor beziehungsweise Lufteinblasung) auch einen 40-PS-Dieselomnibus. Ihn ergänzte der DC 4d, nun mit einem 55-PS-Motor ausgerüstet. Unter der Bezeichnung DC 4dN konnte dieses Modell auch mit einem Niederrahmenfahrgestell geliefert werden. Die DMG-Busse erhielten seinerzeit Elastik- oder Luftreifen.

Nach der Bildung der Daimler-Benz AG lief der Nutzfahrzeugbau in Berlin-Marienfelde aus. Der Daimler-Benz-Omnibusbau wurde zunächst in die Gaggenauer Fertigungsstätten der ehemaligen Benzwerke verlegt. Das Marienfelder Werk diente anfänglich als Großreparaturwerk und wurde nach 1933 wieder als Nutzfahrzeug-, Spezialfahrzeug- und Flugmotorenproduktionsstätte reaktiviert. Seit 1948 ist das Werk im Motoren- und Komponentenbau tätig.

40-PS-Daimler-Marienfelde »Imperial« Linienbus (Lange & Gutzeit-Aufbau), 1905.

35-PS-Daimler-Marienfelde E 4 Omnibuszug, 1908.

28-PS-Daimler-Marienfelde D 4 Omnibuszug, 1908.

28-PS-Daimler-Marienfelde D 4 Linienbus mit Nichtraucherabteil (Düsseldorfer Waggonfabrik-Aufbau), 1909.

35-PS-Daimler-Marienfelde DC 3c Typ Dresden Linienbus mit Perron (Schumann-Aufbau), 1913.

35-PS-Daimler-Marienfelde Aussichtswagen, 1913.

35-PS-Daimler-Marienfelde E 4 Ausflugsomnibus mit ansteigendem Boden, 1913.

45-PS-Daimler-Marienfelde DC 3d Überlandbus, 1924.

35-PS-Daimler-Marienfelde DC 3c Aussichtswagen, 1914. (Foto: MB-Archiv)

DMG MARIENFELDE

Typ	Sitzplätze/ Stehplätze	Bauzeit	Zylinder	PS	K	B x H mm	Hubraum cm³	Drehzahl U/min	Radstand mm	Länge mm	Gewicht kg	Motor-hersteller	Typ	M	Bemerkungen
a) Modelle mit Verbrennungsmotoren															
Daimler		1898 - 00		8								MMB		V	Oberdecker
Berliner Kremser	15/0	1899		8										V	
Daimler	12/0	1900		6										V	
Elektro-Daimler	8/2	1901									2700	Daimler-Wien		V	Obus
	12	1901									2600	Daimler-Wien		V	dito
	12/6	1901									4800	Daimler-Wien		V	dito
	12/6	1901										Daimler-Wien		V	dito
Daimler	6 - 8	1903	2	4 - 8								MMB		V	
Daimler	10 - 14	1903	2	6 - 9,5								MMB		V	
Daimler	16/4	1903	2	8 - 12								MMB		V	
Daimler	10 - 16/4	1903	4	12 - 18								MMB		V	auch 16 - 21- u. 20 - 25-PS-Motor
Daimler		1905	4	12								MMB		V	
D 2	28 - 32	1905	2	14	W	110x140	2660	800				MMB		V	Oberdecker
Daimler		1905	4	18	W							MMB		V	
Daimler		1905	4	21	W							MMB		V	
Daimler		1905	4	27	W							MMB		V	
B 4	13 - 17	1905 - 09	4	16	W	105x130	4500					MMB		V	
C 4	13 - 17	1905 - 09	4	22	W	100x140	4396	1000	3750	5200 - 7400	3200	MMB	C 4	V	
C 4 Imperial		1905 - 09	4	22	W	100x140	4396	1000		5200 - 7400		MMB	C 4	V	Oberdecker
D 4	13 - 17	1905 - 09	4	28	W	110x140	5319	900	3949	6600 - 7400	5190	MMB	D 4	V	1. Post-Omnibus
D 4 Imperial	34/6	1905 - 09	4	27	W	110x140	5319	900	3895 - 3949	6600 - 7400	5980	MMB	D 4	V	Oberdecker
E 4 Imperial	36	1905 - 09	4	35	W	120x150	6782	800		7400		MMB	E 4	V	Oberdecker
Daimler	45 - 50	1905 - 09	4	32 - 40	W	120x150	6782	1000				MMB	E 4	V	
DM 2 a/2 b	15	1912 - 13	4	22	W	90x140	3560	800	3500		3700	MMB	La 944	V	auch 35 PS
DM 3 a/3 b	16 - 20	1912 - 13	4	35	W	108x150	5493	800	3500 - 4280	5595	3800	MMB	La 10854	V	auch 30 PS
DM 4 a/4 b	16 - 39	1914 - 15	4	30	W	102x150	4900	800	3500			MMB	La 10254	V	
DC 2 b/2 c	14 - 18	1914 - 15	4	30	W	102x150	4900	800				MMB	La 10254	V	
DC 3 b	16 - 20	1914 - 15	4	30	W	102x150	4900	800	3500			MMB	La 10254	V	
DC 3 c	22	1914 - 15	4	35	W	108x150	5493	800	4300			MMB	La 10854	V	
DC 3	40	1914 - 15	4	35	W	108x150	5493	800	4300			MMB	La 10854	V	Schneckenantrieb
DC 2 ½ c	18	1915 - 16	4	35	W	108x150	5493	800	3500			MMB	La 10854	V	
DC 3 c	22	1915 - 16	4	35	W	108x150	5493	800	4000			MMB	La 10854	V	
DC 3 c O	36	1915 - 16	4	35	W	108x150	5493	800	4300			MMB	La 10854	V	mit Oberdeck 40 Plätze
DC 3 c	22	1919 - 22	4	35	W	108x150	5493	850	4300		4800	MMB	La 10854	V	dito
DC 3 c	22	1919 - 24	4	40	W	108x150	5493	1000	4000	6100	5000	MMB	La 10854	V	
DC 3 c Imperial	36	1919	4	35	W	80x130	2612	1500				MMB	La 834	V	Oberdecker
DC 3 d	26	1922 - 24	4	45	W	120x160	7234	800	4310			MMB	La 1264	V	
DC 1 a	14	1923	4	30	W	80x130	2612	1400				MMB	La 834	V	
DC 2 c	18	1923 - 24	4	45	W	110x150	5699	1400				MMB	La 1115 G	V	
Daimler		1923	4	40	W	125x180	8831	1000				MMB	OB 2	D	Prototyp
DC 4 d	22 - 35	1924 - 27	4	55/60	W	120x160	7234	1000 - 1300	5450	8500	4500	MMB	La 1264 G	V	
DC 4 dN	23 - 35	1924 - 27	4	55/60	W	120x160	7234	1000 - 1300				MMB	La 1264 G	V	Niederrahmen-Typ
DC 4 dc	22	1925	4	55/60	W	120x160	7234	1000 - 1300				MMB	La 1264 G	V	
b) Modelle mit Elektromotoren															
Electrique				2x11 kW								Daimler-Wien		V	Obus
Daimler-Stoll	24/0			14,7 kW								Daimler-Wien		V	dito

28-PS-Daimler-Marienfelde DM 2b Omnibuszug, 1914.

50/55-PS-Daimler-Marienfelde DC 4 Omnibus-Cabriolet mit zurückgesetzter Vorderachse, 1927.

79/16 50/55-PS-Daimler-Marienfelde DC 4dN Linienbus, 1927.

Nacke

Emil H. Nacke, Automobil- und Maschinenfabrik,
Coswig i. Sachsen, Naundorfer Str.
1902-1931

37/45-PS-Nacke Schienen-Omnibus (Schumann-Aufbau), 1913. (Foto: Karlheinz Hesse)

Ingenieur Emil Hermann Nacke (1843-1930) hatte Erfahrungen im Maschinenbau bei den Gruson-Werken in Magdeburg und bei der Lokomobilfabrik Goetjes & Co. in Berlin In Reudnitz bei Leipzig gesammelt und gründete 1891 in Coswig i. Sachsen unter eigenem Namen eine Strohstoff- und eine Maschinenfabrik. Im Jahre 1900 nahm er dort unter der Bezeichnung »Coswiga« den Motoren- und Automobilbau auf. 1902 richtete Nacke dann in dem 100-Mann-Betrieb auch einen Lastwagen- und Omnibus-Fahrgestellbau ein. Während über die ersten Modelle keine Informationen vorliegen, ist ein um 1912 erschienener Zwölfsitzer mit einem 37/45 PS-Motor und Schneckenantrieb zu erwähnen. Weitere 35 PS starke, 18-sitzige Omnibusse wurden an die Königlich Sächsische Staatsbahn geliefert, die die Modelle auch im Schienenbetrieb (mit 30-PS-Motor) einsetzte, nachdem die Vollgummiräder mit Eisenbandagen und Spurkränzen umgerüstet worden waren.

Im Ersten Weltkrieg fertigte das inzwischen auf 250 Mitarbeiter angewachsene Automobilwerk 3,5- und 4,5-Tonnen-Heereslastwagen. Anschließend bot das Unternehmen auf dem Fahrgestell des 3,5-Tonners einen Omnibus mit einem 65/70-PS-Vierzylindermotor an. Vor allem wurden Aufbauten der Zwickauer Fahrzeugfabrik, vorm. Schumann und der Sächsischen Waggonfabrik in Werdau verwendet.

Kurz vor der Einstellung der Fahrzeugproduktion präsentierte das Werk einen 2,5-Tonnen-Omnibus für 26 Personen mit geschlossenem Aufbau.

Ein eigens hierfür konstruierter Anhänger konnte angekuppelt werden. Auch das neue 3,5-Tonnen-Fahrgestell wurde als offener Aussichtswagen mit 25 Sitzplätzen karossiert. Beide Modelle erhielten einen 55-PS-Vierzylindermotor. Schließlich wurde in ganz geringer Stückzahl der Nacke-Fünftonner mit der 85-PS-Sechszylindermaschine für 45 Fahrgäste angeboten. Die Aufbauten für diese Modelle lieferten wiederum die beiden erwähnten Karosseriefabriken.

Nach dem Tod des Firmengründers, der sich stets in vorbildlicher sozialer Weise um die Belange seiner Mitarbeiter gekümmert hatte, wurde der Nacke-Automobilbau eingestellt, zumal auch die damalige Wirtschaftskrise das Unternehmen stark getroffen hatte. Aus der Automobil- und Maschinenfabrik ging später eine noch heute existierende Lüfter- und Turbinenfabrik hervor.

37/45-PS-Nacke Linien-Omnibus (Schumann-Aufbau), 1914.

NACKE															
Typ	Sitzplätze/ Stehplätze	Bauzeit	Zylinder	PS	K	B x H mm	Hubraum cm³	Drehzahl U/min	Radstand mm	Länge mm	Gewicht kg	Motor-hersteller	Typ	M	Bemerkungen
Nacke		1902										Nacke		V	
3 t W.A.M.	12/0	1907 - 13	4	37/45	W	105x150	5192	800	3950		3430	Nacke		V	
St.B.O.	18+1	1912 - 13	4	44	W	90x150	3815	1000	4300		4840	Nacke		V	
19/40	12/0	1912	4	40	W							Nacke		V	
2 t		1920 - 25	4	30	W	90x150	3815	1000	3800			Nacke		V	
2 t		1925	4	35	W	95x150	4252	1200	3800			Nacke		V	
2,5 t	20/6	1925 - 31	4	50	W	115x150	6232	1400	4100	5750	3600	Nacke	MA IV	V	ab 1926 55 PS
3 t W.A.M.		1925 - 27	4	40	W	108x160	5864	1100	4000			Nacke	MOW	V	
5 t		1925	4	65/70	W	130x170	9025	1400				Nacke	MC	V	
3 t W.A.M.		1926 - 28	4	50/55	W	125x160	7850	1400	3800 - 4300			Nacke	MB	V	ab 1928 70 PS
5 t		1928	6	70	W	115x140	8725	1400				Nacke	MA	V	
5 t		1930 - 31	6	85	W	115x150	9348	1400				Nacke	MA IV	V	

NAG

Nationale Automobil AG,
Berlin-Oberschöneweide, Westendstr. 1-51
1. 1904-1912 **Neue Automobil GmbH**
2. 1912-1915 **Neue Automobil AG**
3. 1915-1930 **Nationale Automobil AG**

Die Allgemeine Elektrizitäts-Gesellschaft (AEG) richtete 1901 unter ihrem Generaldirektor Dr. Emil Rathenau (1838 – 1915) in der »Mechanischen Werkstatt« des Kabelwerkes Oberspree eine Automobilabteilung unter dem Namen Neue Automobil GmbH ein. Anstelle der Entwicklung einer eigenen Automobilkonstruktion übernahm die AEG zunächst die zwei Jahre zuvor in Berlin gegründete AAG-Allgemeine Automobil-Gesellschaft mbH. Obwohl diese Firma eigentlich als Vertriebsgesellschaft für Elektromobile der Elektrizitäts AG vorm. Schuckert & Co. ins Leben gerufen wurde, befasste sie sich auch mit dem Bau von Motor-Dreirädern. Gegründet von Henri Jeannin (einige Jahre danach Mitbegründer der Argus-Flugmotorenwerke), agierte die AAG zunächst als Vertriebsgesellschaft NAG-Neue Automobil-Gesellschaft. Die NAG ließ ihre Pkw und (darauffolgenden) Nutzfahrzeuge auf Rechnung bei der AEG-Automobilabteilung produzieren. 1908 entschloss sich die AEG, die gesamte Auto- und Motorenfabrikation an die NAG abzugeben sowie die Gebäude und Grundstücke an sie zu vermieten. Die nunmehr für Vertrieb und Produktion hauptverantwortliche NAG wurde 1912 in eine Aktiengesellschaft (mit AEG-Mehrheit) umgewandelt und 1915 dann in Nationale Automobil AG umgetauft.

Nach 1904 begann die AEG für die NAG Luxus-Pkw, Liefer- und Lastwagen sowie Omnibusse zu konstruieren und zu bauen. Hinzu kamen auch Elektro-Droschken, batterie-elektrisch getrieben mit Innenkollektor-Radnabenmotoren, für die AEG/NAG Tochtergesellschaft ABG-Automobil-Betriebs-Ges. mbH in Berlin.

Nachdem zunächst Hotelomnibusse auf verstärkten Pkw-Fahrgestellen gefertigt wurden, begann dieser AEG-Bereich 1904 auch mit dem Bau regulärer Omnibusse. Erstes Modell war der Typ J IV mit einem 16/18-PS-Zweizylindermotor. Eine Serie des entsprechenden Typs wurde sogar nach Alexandria/Ägypten geliefert.

1905 folgte schon ein B 1-Decksitz-Omnibus mit 26 Sitzplätzen im geschlossenen Unter- und im offenen Oberdeck. Weitere Fahrgäste konnten auf dem hinteren Stehperron befördert werden. Für Vortrieb sorgte ein 28/32-PS-Vierzylinder-Ottomotor. Als kleineren Typ mit geschlossenem Aufbau fertigte AEG/NAG 1906 den 10-PS-Zweizylinder C III. Erstmals wurde hier in einem NAG-Bus wahlweise der geräuschärmere Kardanantrieb angeboten. Drittes Modell in diesem ersten Programm war ein Überlandomnibus mit 24/26-PS-Vierzylinder und Erster- und Zweiter-Klasse-Sitzplätzen. Die Höchstgeschwindigkeit lag bei 30 km/h. Mit dem Beginn des Baujahrs 1907 rüstete NAG auch die Oberdeck-Omnibusse mit Kardanantrieb aus. Gleichzeitig erhielten die Ottomotoren eine für die NAG-Fahrzeuge typische Motorhauben-Rundverkleidung hinter dem kreisförmigen Kühler, 1913 folgte das nächste Facelift nach Entwürfen von Ernst Neumann-Neander. Die neue Motorhauben-Optik erlaubte auch die Unterbringung größer gewordener Triebwerke.

Seit 1913 wurden die Stadtomnibusse mit neuen 30/32-PS- und die Oberdeck-Omnibusse mit 33/45-PS-Motoren ausgestattet. Hinzukamen Vorgaben der ABOAG - wie verbesserter Kardanantrieb, eine überarbeitete Kupplung, automatische Umlaufschmierung und eine geänderte Innenausstattung -, die berücksichtigt werden mussten.

Nachdem während des Krieges vor allem Militärfahrzeuge und Motoren gefertigt worden waren, erschienen 1921 im ersten Nachkriegsprogramm wieder ein neuer Aussichtswagen und ein Doppelstockmodell mit einer Zweiklasseneinteilung. Diese Fahrzeuge wurden erstmals ab der Hinterachse mit gekröpften Fahrgestellen ausgebaut. Den Antrieb übernahm ein neuer, 45 PS starker Ottomotor. Die elastikbereiften Räder wurden indes wieder mit Ketten angetrieben, da keine gehärteten Zahnräder zur Verfügung standen. Der Oberbau war nun aus Sicherheitsgründen oben geschlossen (regelrechter Doppelstockaufbau).

Erneuert wurde die Doppelstock-Ausführung im Jahre 1923 mit einem über der Hinterachse und für den Perron stark gekröpften Rahmen. Seitliche Einstiege und Quersitze auf dem wieder offenen Oberdeck waren vorhanden. Die Räder erhielten erstmals Riesenluftreifen. Den Antrieb der Hinterachse - vermittels Kardanwelle - übernahm ein neuer, großvolumiger 55/58-PS-Ottomotor. 1924 erschien unter der Bezeichnung KO 8 ein 26-sitziger Reisebus mit 35-PS-Motor; der Doppeldecker KO 9 war mit einem 55/60-PS-Vierzylinder und 9,7 Litern Hubraum etwas stärker. Eine Besonderheit stellte die Knorr-Druckluftschaltung dar, die erstmals in einem deutschen Nutzfahrzeug angewandt wurde. Die Karosserien produzierte Orenstein & Koppel in Berlin-Spandau.

1923/24 überarbeitete die NAG ihre Nutzfahrzeugpalette und stellte deren Motoren weitgehend auf einen einheitlichen Kolbenhub (NAG-»Einheitsmotor«) um. Die 7,7- und 9,7/14,6-Liter-Aggregate mit hängenden Ventilen und vier Zylindern (Z-120 und Z-135) sowie sechs Zylindern (Z-135) leisteten 55 bis 75 PS. Um möglichst kleine Wendekreise zu erzielen, setzten die NAG-Ingenieure bei vielen neuen »8«-Typen und insbesondere bei den »9«-Ausführungen die Vorderachse sehr weit zurück, teilweise bis unter den Fahrersitz. Im Zuge dieser Entwicklung entstand bei der NAG das KO 9/1-Fahrgestell, bei dem einerseits die halbe Fahrerkabine auf Wunsch in ihrer halben Länge rechts oder links bis auf die (wiederum) halbe Länge der Oval-Motorhaube vorgezogen werden konnte oder sich andererseits frühe Frontlenker-Ausführungen realisieren ließen. Beide konzeptionellen Möglichkeiten wurden besonders gern für Doppelstockbusse, Müllwagen und Sonderaufbauten genutzt. Mit dem Aufkommen der C-108-Sechzylinder-Ottomotoren mit 80/100 PS ab 1927/28 stattete die NAG ihre Busse und Lkw in der Folge vermehrt mit kantigen Kühlern und Motorhauben aus.

2/10-PS-NAG C III Linienbus, 1904.

24/26-PS-NAG Zweiklassen-Omnibus, 1906.

32-PS-NAG Oberdecker B 1, 1906.

16/18-PS-NAG J IV Export-Linienbus, 1907.

28/32-PS-NAG Ausflugsomnibus, 1909.

24/26- oder 28/32-PS-NAG Stadtrundfahrt-Omnibus, 1911.

Auf KO 9-Chassis erschien 1926 ein über 40 Sitz- und 30 Stehplätze verfügender Doppeldecker. Je nach Einsatzbedingungen konnte er einen 55-PS-Vier- oder einen 75-PS-Sechszylinder-Ottomotor erhalten. Im gleichen Jahr folgte ein zeitgenössischer eleganter Niederrahmen-Omnibus auf Ovalhauben-Typ KO 9 mit dem nun 60/65 PS leistenden Z-135-Vierzylinder-Einheitsmotor. Größere Stückzahlen der Überlandausführung mit Oberlichtern und Dachgepäckträgern gingen an die Reichspost. Zu jener Zeit geriet die NAG erstmals in wirtschaftliche Schwierigkeiten, dennoch streckte man die Fühler aus zur Übernahme der Protos-Automobile GmbH von der SSW-Siemens-Schuckertwerke AG – was 1928 zur Personenwagenmarke »NAG-Protos« mit den Pkw-Typen 204 bis 208 führte. Ihre 3,6/4,0-Liter-Sechszylinder mit 70 bis 80 PS spielten über NAG-»Presto«-Nutzfahrzeuge hinaus noch bei Büssing-NAG bis 1938 eine beachtliche Rolle, als Ottomotor L in »Burglöwe 30«-Lkw und -Busse. Zur gleichen Zeit akquirierte NAG auch die Presto/Dux-Automobilwerke in Leipzig und Chemnitz.

Der größte NAG-Bus der ausgehenden zwanziger Jahre basierte auf dem »NAG-6-Zylinder, 65-70-PS-Großflächen-Lastwagen« in 6x4 Hochrahmenbauweise mit ovaler Motorhaube. Ihm folgte 1928 das KO 12-Sechsradfahrgestell mit kantigem Kühler, über den beiden Hinterachsen gekröpften Rahmen und neuem 10,8-Liter-Ottomotor mit 105/120 PS. Auf der Auto-Ausstellung 1928 standen der KO 12 als Lkw mit Starrachsen, als Geländewagen mit Pendelachsen und als Omnibus für die ABOAG und als einzelachsgefedertes 6x2-Chassis zu sehen. Angeblich gab es daneben aber auch die annähernd bauartgleichen NAG-Dreiachsbusse KO 9/3a mit 80/100-PS-Ottomotor und 100-PS-Maybach-Ottomotor. Außerdem existierte wohl auch eine KO 9/c-Dreiachsversion mit 150 PS. 1928 ergänzte der Berlin-Oberschöneweider Pkw- und Nutzfahrzeug-Hersteller sein Omnibus-Lieferprogramm außerdem durch die kleinen 6x2-NAG-Presto-Typen 3 AZ/6Z aus dem Werk Leipzig, wahlweise mit 40/45-PS-Vierzylinder- und 65/70-PS-Sechszylinder-Ottomotor. Ihre geschlossenen Aufbauten und die offenen Ausflugskarosserien boten auf den mittelhohen »Fischbauch«-Rahmen inklusive der Klappsitze jeweils 20 bis 25 Passagieren Platz.

1929 kam eine etwas größere Niederrahmen-Bauart hinzu, mit 23 festen Fahrgastsitzen und 100-PS-Sechszylinder-Maybach. Die Hinterachsen (Antrieb nur auf die zweite Achse) wurden an Federwippen geführt.

30/32-PS-NAG Kardan-Omnibus, 1912.

Aus der 3AZ/FM-Familie entstand 1929/30 noch der etwas längere Niederrahmentyp A, von vorherein für den Einbau des Maybach-V 12-Zylinder-Ottomotors DSO 8 konzipiert, mit 150 PS und mit saugluftunterstützter Schaltung. Der Hinterachsantrieb erfolgte durch eine Kardanwelle mit Durchtrieb von der ersten zur zweiten Achse. Die Baumuster erhielten von Lindner-Ammendorf gewichtsoptimierte Duralumin-Leichtmetallkarosserien mit 28 Sitzplätzen. Ihre Höchstgeschwindigkeit lag bei 100 km/h. Die Leipziger (NAG-Presto-) A-Typen trugen am Kühler kein NAG-Zeichen mehr, sondern den einfachen Schriftzug BÜSSING-NAG, denn sie sollten durch Büssing-NAG vertrieben werden. 1930 kamen noch die kleinen NAG-(Presto-) Schnellbusse 415 und 417 hinzu. Hier wurden 70-PS-Sechszylinder von NAG oder Presto verwendet. Der Typ 417 wurde ab 1931 als Modell Büssing-NAG 30 im Programm weitergeführt. Als letzte NAG-(Presto-) Modelle in der gemeinsamen Büssing-NAG-Palette erschienen 1930 und 1931 noch die Typen 401, 507/508, 511,516 und 518, auch als Klein- und (wie man heute sagt) Midi-Busse; angetrieben von 40-, 52- und 70-PS-Vier- und Sechszylinder-Ottomotoren der (Presto-) Z- und L- (ehedem Protos 207-) Baureihen. Der 3-Tonnen-Niederrahmentyp 518/NAG-»Imperator« mit 5100 mm Radstand bildete beispielsweise die Grundlage für den nachmaligen Büssing-NAG-Bus Typ 350. Die Aufbauten der NAG-Omnibusse steuerten Ende der zwanziger Jahre vor allem die EVA/Eisenbahn-Verkehrsmittel-AG Berlin, Waggonfabrik Talbot in Aachen, die Vereinigten Westdeutschen Waggonfabriken mit ihrem Westwaggon-Werk Gastell in Mainz-Mombach, Thiele in Bremen und Orenstein & Koppel in Berlin-Spandau bei.

In den Jahren 1929/30 wurden auf Druck von Jakob Goldschmidt, dem Vorstandsvorsitzenden der Danat-Bank, der Hausbank der NAG und der Büssing KG, Verhandlungen mit Büssing über eine Zusammenarbeit geführt, obwohl die NAG mit ihren schweren Lkw und Bussen zeitweise stückzahlenmäßig an zweiter Stelle hinter der noch jungen Daimler-Benz AG lag. Zum Jahresende 1930 ging die Nutzfahrzeugabteilung der NAG mit dem gesamten Maschinenpark auf die mit der Büssing KG gegründete Büssing-NAG, Vereinigte Nutzkraftwagenwerke AG (BNV) über.

Ein Teil des NAG-Werkes in Berlin-Oberschöneweide produzierte nach 1931 Antriebsaggregate, ein anderer Betriebsteil wurde als Großreparaturwerk genutzt. Später stellte das Berliner Werk Sonderfahrzeuge her, während das ehemalige Dux-Werk in Leipzig die kleinen Büssing-NAG-Modelle fertigte. Das frühere NAG-Presto-Werk in Chemnitz ging in die Hände der Auto Union AG über. Die Büssing-NAG, Vereinigte Nutzkraftwagenwerke AG mit Sitz in Frankfurt a. Main erlosch am 1. Januar 1950, da die Sowjetbesatzung den gesamten Besitz der NAG in Berlin-Oberschöneweide und in Leipzig-Wahren enteignet und demontiert hatte. Der Werksteil in der Wilheminenhofstraße bildete den VEB Reparaturwerk Berlin-Ost.

40-PS-NAG Aussichtsomnibus, 1921.

22/32-PS-NAG Kardan-Oberdecker, 1913.

22/32-PS-NAG Zweiklassen-Überland-Omnibus, 1914.

40-PS-NAG Zweiklassen-Omnibus mit Decksitzen, 1921.

44-PS-NAG K 09/1 Doppeldecker (EVA-Aufbau), 1925.

65-PS-NAG Typ K 09 Postomnibus, 1926.

44-PS-NAG Oberdecker K 09 (EVA-Aufbau), 1926.

55/58-PS-NAG K 09 Niederflur-Linienbus mit seitlicher Fahrerkabine (EVA-Aufbau), 1926.

65-PS-NAG K 09 Aussichtsomnibus (EVA-Aufbau), 1926.

90-PS-NAG K 09/4 Überland-Omnibus, 1927.

45/65-PS-NAG 3 AZ Überland-Omnibus, 1929.

80/100-PS-NAG Typ K 09/3a Linienbus (BVG-Typ E 3), 1929.

80/100-PS-NAG Typ K 09/4 Überland-Omnibus, 1929.

90/100-PS-NAG Typ K 09 Niederrahmen-Omnibus mit Allwetterverdeck, 1929.

150-PS-NAG 3 AZ (Oberspree I A) Luxus-Reisebus
mit Maybach-Motor (LHB-Aufbau), 1930.

70-PS-NAG-Presto 6 ZLO (Thiele-Aufbau), 1930. (Foto Peter Michels)

NAG

Typ	Sitzplätze/ Stehplätze	Bauzeit	Zylinder	PS	K	B x H mm	Hubraum cm^3	Drehzahl U/min	Radstand mm	Länge mm	Gewicht kg	Motor-hersteller	Typ	M	Bemerkungen
a) Baureihen bis 1914															
J IV	18/0	1904	2	16/18	W	90x110	2727	750				NAG		V	
C III		1906	2	10	W	115x125	2600	800				NAG		V	
NAG	26/6	1906	4	24/26	W	120x150	6782	800				NAG		V	Zweiklassen-Typ
I B 1	11/3	1907	4	20/24	W	115x125	5190	800				NAG		V	
B 1	37/3	1907	4	28/32	W	115x125	5190	800/1100	3895	5876	5980	NAG		V	
NAG	15/0	1909	4	28/32	W	115x125	5190	800/1100				NAG		V	
NAG	18/0	1912	4	10/20	W	83x120	2595	1700				NAG		V	
BO 7	17/0	1912	4	22/32	W	110x150	5699	900				NAG		V	Zweiklassen-Typ
KL 4	23/0	1912	4	10/21	W	83x120	2595	1400	3715	4950	2200	NAG		V	
NO 7	18/0	1912	4	30	W	120x160	8490	800		4970	3300	NAG		V	
NAG	27/0	1913 - 14	4	22/32	W	110x150	5699	900				NAG		V	
b) Baureihen L und KO															
KO 8	32/0	1922	6	63	W	130x160	8490	900				NAG		V	
N		1923	4	55/58	W	135x170	9728	900				NAG	Z-135	V	
KO 8	24/9	1924	4	45	W	120x170	7682	900				NAG	Z-120	V	auch 55 PS-Motor
KO 9	25/10	1924	4	45	W	120x170	7682	900	4300	8400		NAG	Z-120	V	auch 55 PS-Motor, Stadtbus 24/24 Plätze
KO 9	30/0	1924 - 25	4	45	W	120x170	7682	900	4300	8050		NAG	Z-120	V	Überland-Version, auch 55-PS-Motor
KO 9	40/30	1924	6	67/75	W	135x170	14592	900	5120			NAG	Z-135	V	
L 8 Sa		1924	6	67/75	W	135x170	14592	900				NAG	Z-135	V	Sattelschlepper-Omnibus
KO 9	45/9	1924 - 27	4	50	W	120x170	7686	1200	4300	7440	5600	NAG	Z-120	V	
KO 12	32/28	1925	6	100	W	120x160	10851	1000	4500+1250	9890		NAG	C 8/120	V	auch 43/11 Plätze
KO 9	30/30	1926	6	65	W	135x170	14592	900	4300			NAG	Z-135	V	
KO 9	22/13	1927	4	60/65	W	135x170	9728	1200	3400 - 5450	8350 - 8755		NAG	Z-135	V	
KO 9/3a (E 3)	30/22	1927	6	80/100	W	108x160	8769	1250	5000+1250	9000		NAG	C 8/108	V	
3 AZ (6x2)	20 - 22	1928	4	45	W	90x125	3179	1200	3610+980	6200		Presto	Z	V	mit Schleppachse
3 A 6Z (6x2)	22 - 24	1928	6	65	W	80x120	3594	2400	3610+980	6200		Presto	L	V	dito
NAG D/May E3	52/9	1928	6	70	W	94x168	6995	1800	4400	8600	6920	Maybach	OS 7	V	später Maybach-Motor
52		1928 - 29	6	104	W	108x160	8769	1300				NAG	C 8/108	V	
KO 9/4	40/0	1928 - 29	6	105	W	121,5x160	11130	1200	5000+1250			NAG	C 8/120	V	
KO 9/4 (KO 14)	36/0	1928 - 29	6	120	W	120x160	10851	1200	5520			NAG	C 8/120	V	Linienbus 80 Plätze
KO 12	40/0	1928 - 29	6	120	W	120x160	10851	1200	5000+1250	9850		NAG	C 8/120	V	Linienbus 30/30 Plätze
KO 12	31/20	1929	6	78	W	108x160	8769	1600	5520+1250	10915	8600	NAG	C 8/108	V	BVG-Linienbus
KO 9		1929	V12	150	W	92x100	10980	2300				Maybach	DSO 8	V	
c) Baureihen NAG_Oberdecker															
AEG Oberdecker		1903										AEG			Falkenried-Aufbau
B 1	26/0	1905	4	28/32	W	115x125	5190	800				NAG		V	
NAG	32/0	1907	4	26/30	W	120x150	6782	800				NAG		V	
AO 7 Imperial	36/3	1913 - 14	4	33/45	W	130x160	8490	900	4000	5650	3410	NAG		V	
NAG	13/12	1913 - 14	4	22/32	W	110x150	5699	900				NAG		V	
AO 8	36/3	1913 - 14	4	22/32	W	130x160	8490	900	4150	6050	5150	NAG		V	
AO 8 Imperial	42/0	1913 - 14	4	33/45	W	130x160	8490	900	4150	7000	6050	NAG		V	
KO 8/1	36/16	1921	4	40/45	W	100x170	6548	900	4000	7800	6130	NAG		V	
KO 9/1	50/9	1923	4	45	W	120x170	7686	900	4300	8950	6650	NAG	Z-120	V	
KO 8/III	48/9	1924	4	45	W	120x170	7682	900	4000	8400	6490	NAG	Z-120	V	
KO 9	53/7	1924 - 25	4	55/60	W	135x170	9728	900	4300	8035		NAG	Z-135	V	
d) Baureihen NAG_Doppeldecker															
KO 9	30/30	1924	4	55	W	120x170	7686	1200	4300	7440	6400	NAG	Z-120	V	
KO 9/1	50/9	1925 - 28	4	44	W	120x170	7686	1000	4300	8500	6650	NAG	Z 120	V	ab 1928 Radstand 4400 mm
KO 9	40/30	1927	6	100	W	108x160	8769	1250	5520			NAG	C 8/108	V	
KO 9/3a (E 3)	bis 100	1927	6	80/100	W	108x160	8769	1250	5000+1250	9000		NAG	C 8/108	V	
e) Baureihen 415 bis 518 sowie FM															
415	25/0	1929	6	70	W	80x120	3594	3200	4650	6182		NAG	D 7	V	
417	26/0	1929 - 31	6	70	W	84x120	3988	2500				Presto	L	V	ab 1931 Büssing-NAG-Typ 30
401	15/0	1930 - 31	4	52	W	90x125	3179	1700	3600	5085	2240	Presto	Z	V	
506	18/0	1930 - 31	4	52	W	90x125	3179	1700	3800	5350	2480	Presto	Z	V	
507/508	18 - 20	1930 - 31	4	40	W	90x125	3179	1700	4100	5850 -	2595	Presto	Z	V	
511	25/0	1930 - 31	6	70	W	84x120	3988	2500	4500	6400	3010	Presto	L	V	
516	30/0	1930 - 31	6	70	W	84x120	3988	2500	5400	6650	3250	Presto	L	V	
518 »Imperator«	30/0	1930 - 31	6	70	W	84x120	3988	2500	5100	7250	3550	Presto	L	V	
FM Oberspree I	27/0	1930	6	100/106	W	94x168	6994	1900/2000	5800+1250			Maybach	OS 5	V	
FM Oberspree IA	28/0	1931	V12	150	W	92x100	7973	2300	5800+1250			Maybach	DSO 8	V	

NAM

Niedersächsisches Auto- und Motoren-Instandsetzungswerk (NAM), Salzgitter
1948

Das von Josef Mikolajczyk und Heinrich Janssen kurz nach dem Krieg gegründete Niedersächsische Auto- und Motoren-Instandsetzungswerk (NAM) wurde im Jahre 1948 in Autowerke Salzgitter (AWS) umbenannt. Das zeitweilig 500 Mann starke Unternehmen arbeitete ausgemusterte US-Militärfahrzeuge für den zivilen Gebrauch auf. Neben dem sogenannten Salzgitter-Jeep und dem »Elsbett«-Kombiwagen stellte das Werk auf abgeänderten GMC-Viertonnen-Fahrgestellen mit zwei oder drei Achsen Hauben- und Frontlenkeromnibusse her. Als Antrieb der 34- oder 38-sitzigen Omnibusse diente der 104 PS starke Sechszylinder von GMC, alternativ dazu auch Motoren von Henschel und Deutz. 1950 gingen die Autowerke Salzgitter in Konkurs.

104-PS-NAM Linienbus (Aufbau auf GMC-Militärlaster), 1948.

NAM															
Typ	Sitzplätze/ Stehplätze	Bauzeit	Zylinder	PS	K	B x H mm	Hubraum cm³	Drehzahl U/min	Radstand mm	Länge mm	Gewicht kg	Motor-hersteller	Typ	M	Bemerkungen
NAM	34/	1948-49	6	104	W	96,4x101,6	4417	3000	4750	9070		GMC			
NAM	34/	1949	6	95	W	96x125	5431	2200	4750	9070		Henschel	512 DG	D	
NAM	38/	1949	6	104	W	96,4x101,6	4417	3000	3630+1140	8460		GMC			
NAM	38/	1949	4	85	L	110x140	5322	2300	3630+1140	8460		Deutz	F 4 L 514	D	

NAMAG

Norddeutsche Automobil- und Motoren-Fabrik AG (NAMAG), Bremen-Hastedt

1. 1906-1914 **Norddeutsche Automobil- und Motoren-Fabrik AG (NAMAG),** Bremen-Hastedt
2. 1914-1924 **Hansa-Lloyd-Werke AG,** Bremen-Hastedt u. Schlosspark Sebaldsbrück
3. 1924-1931 **Hansa-Lloyd-Werke AG,** Bremen-Hastedt u. Bremen-Sebaldsbrück
4. 1931-1936 **Hansa-Lloyd- und Goliath-Werke, Borgward u. Tecklenborg OHG,** Bremen 11, Föhrenstr. 81/83
5. 1936-1938 **Hansa-Lloyd-Goliath-Werke AG,** Bremen-Hemelingen u. Bremen- Sebaldsbrück
6. 1938-1949 **Carl F. W. Borgward Automobil- und Motoren-Werke GmbH,** Bremen-Osterholz-Scharmbeck, Bremerstr. 28 - 30
7. 1949-1956 **Carl F. W. Borgward GmbH, Automobil- und Motorenwerke**
8. 1956-1961 **Carl F. W. Borgward Werke**
9. 1961 **Borgward-Werke AG**

Die NAMAG geht auf eine Gründung des Generaldirektors des Norddeutschen Lloyd, Heinrich Wiegand, zurück, die unter dem Markennamen »Lloyd« ihre Erzeugnisse vermarktete. Zunächst entstanden Elektrofahrzeuge nach einer französischen Lizenz, produziert wurde in der Elektrotechnischen Abteilung der Reederei und in der Norddeutschen Waggonfabrik AG mit zunächst 250, später 600 Mitarbeitern. Die Aufbauten vor dem Ersten Weltkrieg stellte die aufgekaufte Karosseriefabrik Louis Gaertner in Bremen her.

Bekanntestes Modell aus der Anfangszeit der NAMAG war der in Zusammenarbeit mit der AEG hergestellte Lloyd-Köhler-Omnibus von 1910. Die Entwicklung der Oberleitungstechnik hatte die Firma Köhlers Bahnpatente geleistet. Entsprechend dem Patent von Ing. Wilhelm Köhler waren die beiden Strom führenden Drähte übereinander gespannt. Der Kontaktwagen lief auf Spurrollen auf dem oberen Draht; der untere Kontakt wurde mit einem Schleifer hergestellt. Ein Stromkabel führte zu einer Steckdose am Fahrzeug in Griffweite des Fahrers. Sobald sich auf der Strecke zwei Omnibusse begegneten, wurde der Stecker des Stromkabels gelöst und jeweils dem anderen Fahrzeug übergeben, so dass die Stromabnehmerwägelchen immer nur auf bestimmten Teilstrecken liefen. Der Motor befand sich in Wagenmitte und gab über eine Kardanwelle seine Kraft auf das hintere Differential ab. Der Hauptstrommotor erbrachte etwa 26 kW. Für den Winterbetrieb waren Schneekufen unter den Vorderrädern vorgesehen. 1912 folgten Omnibusse mit Benzinmotoren, bei denen Fahrgestelle der Regel-Drei- und Viertonner zur Verwendung kamen. Der stärkere Typ war für den Betrieb mit Anhänger ausgelegt.

Mit Beginn des Ersten Weltkrieg ging Lloyd mit den Hansa-Automobil Werken in Varel zusammen, die neu gebildeten Hansa-Lloyd-Werke AG

konzentrierte sich auf den Bau kleiner und mittelschwerer Fahrzeuge.

Im Jahre 1921 erschien auf der Deutschen Automobil-Ausstellung in Berlin als erstes Nachkriegsmodell der Typ »Expreß« mit einem Tiefrahmen-Fahrgestell. 19 Fahrgäste konnte der von den Rembrandt-Werken in Delmenhorst karossierte Omnibus befördern. Ein weiteres Modell war in der Abteilbauweise nach der Fageol Savety Coach ausgeführt. Bei der dritten Variante handelte es sich um einen Hochsitzomnibus für 25 Personen, von denen sieben über einem großen Gepäckraum saßen. Dieses Modell war für den Hotelverkehr gedacht. Überdies gab es noch einen Salonwagen mit drei Abteilungen; den Antrieb besorgte ein 40/45-PS-Motor. Mit einem 7,3-kW-Elektromotor erschien gleichzeitig ein 20- bis 23-sitziger Omnibus für den Zubringerdienst. Der Motor war an der Achse der Drehschemel-Lenkung des Hansa-Lloyd-Einheits-Elektrofahrzeugs angebracht. Unter der Motorattrappe befand sich die eine

26-kW-Lloyd-AEG-Köhler Obus, 1907.

15/35-PS-Lloyd Omnibus für Stadtrundfahrten, 1912.

10,2-kW-Lloyd-AEG-Köhler Obus, 1911.

Tonne wiegende Batterieanlage, die mit einem Flaschenzug gewechselt werden musste. Das Fahrzeug konnte – bei allerdings immensem Kraftaufwand – auf der Stelle wenden und gegebenenfalls rückwärtsfahren. Das 22 km/h schnelle Modell erzielte eine Reichweite von 60 km, bevor die Batterien wieder aufgeladen werden mussten, 1927 erschienen die Tiefrahmenmodelle »Deutschland«, L und LO 6 B mit 45- und 65-PS-Motoren.Hansa-Lloyd verwendete für diese Fahrzeuge eine hintere Trag- und Antriebsachse, wobei ein Schneckenantrieb zum Einsatz kam. Mit einer außergewöhnlichen Karosserie wurde dabei mit dem 65-PS-Motor der von den Rembrandt-Werken aufgebaute »Tubus« in Röhrenform vorgestellt. Diese Bauart mit kreisförmigen Spanten war gewählt worden, um trotz dreißigprozentiger Gewichtseinsparung die Stabilität der Leichtmetall-Karosse zu erhöhen.

In dieser Zeit experimentierte das Unternehmen auch wieder mit Oberleitungsomnibussen. Das dreiachsige Fahrgestell des Hauben-Lastwagentyps »Europa«, das eine hintere Schleppachse besaß, wurde mit einem in Fahrzeugmitte liegenden Elektromotor versehen, mit Schneckenantrieb und Fußschaltung. Ein zweites Elektro-Modell mit ebenfalls 21 Sitz- und acht Stehplätzen erhielt zwei hintere Doppelgelenk-Pendelachsen mit Einzelbereifung und zwei Schneckenantrieben. Schließlich projektierte das Unternehmen einen 24-sitzigen »Trolley-Omnibus« mit symmetrischem Frontlenker-Wagenkasten.

Das Modell »Roland« von 1930 mit dem 100-PS-Maybach-Sechszylindermotor W 2 entstand in wenigen Exemplaren auch als Großomnibus. Ein weiteres Modell stellte der 21-sitzige Typ »Europa« mit dem eigenen 75-PS-Dieselmotor von 1933 dar.

1929 gerieten die Hansa-Lloyd-Werke in wirtschaftliche Turbulenzen, trotz einer ansehnlichen Jahresproduktion von 2130 Nutzfahrzeugen. Noch im gleichen Jahr übernahmen die Goliath-Werke Borgward u. Co. GmbH die Aktienmehrheit daran. Die neuen Besitzer führten das Hansa-Lloyd-Werk zunächst selbständig weiter. 1931 wurden beide Werke des neuen Alleinbesitzers Carl F. W. Borgward (1890-1963) zusammengelegt. Der Name Hansa-Lloyd verschwand im Jahre 1938; das Unternehmen firmierte jetzt unter dem Namen Carl F. W. Borgward Automobil- und Motoren-Werke GmbH.

1938 stellte das Borgward-Werk die 3- und 4,5-Tonnen-Europa-Modelle mit Tiefrahmen-Fahrgestellen verschiedenen Aufbauten-Herstellern zur Verfügung, motorisiert mit einem 75-PS-Vergaser- oder einem 100-PS-Deutz-Dieselmotor.

22/50-PS-Lloyd Überland-Omnibus, 1914.

Während des Krieges versorgte das Werk unter dem zum Wehrwirtschaftsführer ernannten Carl F. W. Borgward die Wehrmacht mit Lastwagen, Flugzeugteilen und Torpedos

Nach dem Zweiten Weltkrieg war das stark in der Rüstungsfertigung engagierte Werk zu 80 Prozent zerstört. Dennoch konnte die neben dem Brandenburger Opel-Werk einst modernste Automobilfabrik Deutschlands die Lkw-Montage schon rasch wieder aufnehmen. Bereits 1947 gingen die ersten Dreitonner-Chassis B 3000 mit Clerck-Niederrahmen-Fahrgestell an die Karosseriefirmen, angetrieben vom 75-PS-Wirbelkammer-Dieselmotor. Verzögert wurde über eine hydraulische Bremsanlage mit einem Druckluftvorspann. Das bis 1950 in über hundert Exemplaren gebaute Modell wurde verschiedentlich auch als Frontlenker umgerüstet. Besonders der Nordwestdeutsche Fahrzeugbau übernahm die Fahrgestelle für diesen Aufbau.

Gleichzeitig folgte der B 1000 als zwölfsitziger Kleinbus mit 33-, dann 40-PS-Maschine. Die nächste Entwicklungsstufe von 1952 hieß B 1500 und konnte mit dem 60-PS-Vergaser- oder dem 42-PS-Dieselmotor des Pkw-Modells Hansa versehen werden. Für die Aufbauten sorgte in der Regel die Karosseriefabrik Schwarze. Als dritte Omnibusgröße kamen 1951 die B 2000-Typen mit 18 Sitzen hinzu; ab 1954 hießen sie B 2500 und boten 22 Passagieren Platz, zumeist mit Pollmann-Aufbauten. Das Modell wurde ab 1955 auch als Frontlenker unter der Bezeichnung "Deutschland" mit einem Ottenbacher-Aufbau und Tiefrahmenfahrgestell gebaut. Dabei wurde der 60-PS-Vierzylinder-Diesel verwendet, dessen Leistung 1958 auf 70 PS stieg.

Vierte Omnibusbaureihe bildete die BO 4000-Serie, die 1949 mit dem 85-PS-Sechszylinder-Einheits-Diesel und einem »Volltiefrahmen-Fahrgestell« vorgestellt wurde. 35 Sitzplätze bot dieser vor allem von Harmening und Ludewig in Stahl-Leichtbauweise karossierte Bus mit der barocken Motorhaube. Besondere Beachtung verdient der als Einzelstück gefertigte Focke-Typ von 1952. Auf dem Fahrgestell des BO 4000 entwickelte der Flugzeugkonstrukteur Henrich Focke einen Leichtmetallomnibus mit selbsttragender Rohrgitterkarosserie. Die Verkleidung bestand aus einer Aluminium-Pantal-Legierung. Der eigenwillig gezeichnete Frontlenker mit seitlicher Tür und Mitteinstiegs-Schiebetür besaß in Trambusbauart den im Bug untergebrachten 95-PS-Motor. Gegenüber dem konventionellen Modell in Hauben-Bauweise wurden 800 kg eingespart, so dass das Fahrzeug nur vier Tonnen wog. 1953 geschah die Ablösung in Form des BO 4500 mit 110 PS. Die Kraftübertragung erfolgte über ein eigenes Fünfganggetriebe mit Vorgelege, so dass zehn Vorwärts- und zwei Rückwärtsgänge zur Verfügung standen. Auch hier wirkte die Handbremse als Scheibenbremse auf die Getriebewelle. Neben den schon erwähnten Karosseriebauunternehmen stellten auch die Firmen E. Auwärter, G. Auwärter, Bauer, Drettmann, Eben, FAKA, FKF, Harmening, Kässbohrer, Malkemper, NWF, Ottenbacher, Pollmann, Puppe, Schmilz, Steib, Thiele, Trutz, Voll und Wankmiller Aufbauten für Borgward-Omnibusse her.

Letztes Borgward-Modell bildete der Kleinbus BO 611, der als moderner Frontlenker 1958 die Hauben-Baureihe B 1500 ablöste. Auf einer stabilen Rahmen-Bodengruppe war ein eigener Aufbau aus dem inzwischen eingegliederten Drettmann-Werk für diesen 15-sitzigen Omnibus aufgesetzt. Das Fahrzeug besaß eine vordere Einzelradaufhängung mit Schraubenfedern und hydraulischen Stoßdämpfer; motorseitig standen der 60-PS-Isabella-Vergaser- oder der 42-PS-Kleindiesel zur Wahl, jeweils mit vollsynchronisiertem Vierganggetriebe und Lenkradschaltung. Bis zum Zusammenbruch der Borgward-Gruppe im Jahre 1961 wurden

22-kW-Hansa-Lloyd Typ CL 5 »Elektrowagen« mit Drehschemel-Lenkung, 1920.

40-PS-Hansa-Lloyd L 1,5 Landpostwagen (Rembrandt-Aufbau), 1924.

22/50-PS-Hansa-Lloyd Salon-Hochsitz-Omnibus Rembrandt-Aufbau), 1926.

7,35-kW-Hansa-Lloyd Elektro-Omnibus mit Drehschemellenkung, 1926.

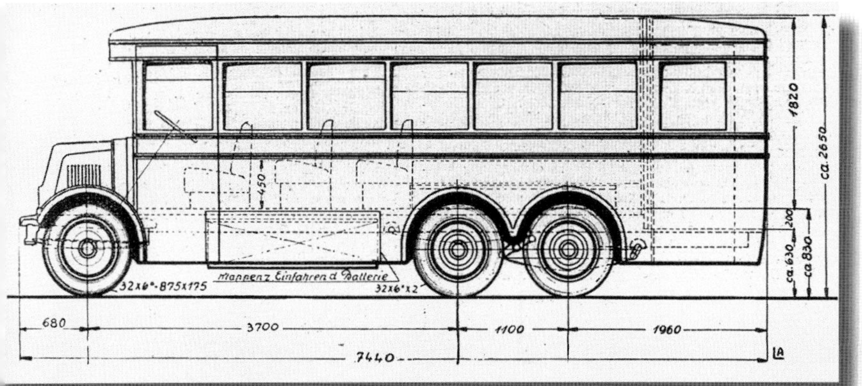

29,4-kW-Hansa-Lloyd Elektro-Dreiachser (Zeichnung), 1926.

40/55-PS-Hansa-Lloyd Expreß Reisebus (Fageol-Typ), 1926.

709 Exemplare dieser ansprechenden Frontlenker gefertigt. Die gesamte Nachkriegsproduktion an Borgward-Omnibussen belief sich auf etwa 1500 Einheiten.

Das Borgward-Werk in Bremen wurde nach 1961 zu Teilen von Büssing (später FAUN-Werke) und Hanomag (später Daimler-Benz AG) genutzt. Auch die Krupp-Atlas-Gesellschaft und ein Siemens-Betriebsteil zogen in die Werksanlagen ein. Heute dienen die Werksanlagen der Mercedes-Benz AG für die Pkw-Fertigung. Das spanische Unternehmen Borgward Iso Espagnola übernahm die von Daimler-Benz erworbene Industrias des Motores SA (IMOSA) in Vitoria/Spanien, ein einstiger Auto Union-Betrieb.

65-PS-Hansa-Lloyd »Tubus« Aussichtsomnibus (Rembrandt-Aufbau), 1929.

45-PS-Hansa-Lloyd L Aussichtswagen mit Allwetterverdeck, 1926.

65-PS-Hansa-Lloyd L Reisebus (Ludewig-Aufbau), 1929.

78-PS-Borgward B 3000 Reisebus (Jessen-Aufbau), 1938.

75-PS-Borgward B 3000 D Reisebus (Puppe-Aufbau), 1949.

48-PS-Borgward Typ B 1250 Kleinbus (Pollmann-Aufbau), 1950.

95-PS-Borgward BO 4000 Reisebus (Ludewig-Aufbau), 1951.

95-PS-Borgward BO 4000 Reisebus (Harmening-Aufbau), 1951.
(Foto: Peter Michels)

60-PS-Borgward Typ B 2000 Aussichtsomnibus (FKF-Aufbau), 1952.

85-PS-Borgward B 4000 F Werks-Ausflugsomnibus (Focke-Typ), 1952.

95-PS-Borgward BO 4000 Reisebus (Trutz-Aufbau), 1953. (Foto: Peter Michels)

60-PS-Borgward BO 1500 Kleinbus (Schwarze-Aufbau), 1954.

70-PS-Borgward B 2500 F Linienbus (E. Auwärter-Aufbau), 1956.

60-PS-Borgward B 611 Ausflugsomnibus, 1960.

70-PS-Borgward B 622 Kleinbus (Voll-Aufbau), 1960.

70-PS-Borgward B 2500 Ausflugsomnibus (Thiele-Aufbau), 1956. (Foto: Peter Michels)

NAMAG

Typ	Sitzplätze/ Stehplätze	Bauzeit	Zylinder	PS	K	B x H mm	Hubraum cm^3	Drehzahl U/min	Radstand mm	Länge mm	Gewicht kg	Motor-hersteller	Typ	M	Bemerkungen
NAMAG/Hansa-Lloyd/Borgward															
A) Modelle mit Verbrennungsmotoren															
a) Baureihen NAMAG															
Lloyd-Köhler		1912	4	15/35	W	120x150	6782	800				NAMAG		V	
Lloyd	20/0	1912	4	22/50	W	110x145	5509	1200				NAMAG		V	
Lloyd		1914	4	52	W	110x145	5509	1500				NAMAG		V	
b) Baureihen Hansa-Lloyd I															
L 2 Expreß	19/0	1921 - 26	4	30	Th	90x140	3560	1200	3500			HL	M 14	V	ab 1925 40 PS
Expreß	19/4	1926	4	40/55	W	90x140	3560	1700			3400	HL	M 14	V	Hochsitz-Typ
HL O 23	23/0	1926	4	40/55	W	90x140	3560	1700	4600	6600		HL	M 14	V	
HL	24/0	1926	4	40/55	W	90x140	3560	1700				HL	M 14	V	Fageol-Typ
HL Expreß	18/3	1927	4	45	W	95x140	3969	1600	4200	6385	3200	HL	L	V	
Deutschland	18/0	1928	4	45	W	95x140	3969	1600				HL	L	V	
LO 6 B	28/0	1928 - 29	6	65	W	100x125	5890	1800	4300 - 4900	7300		HL	M 585	V	auch Radstand 5000 mm
3 LO	30/0	1928	6	65	W	100x125	5890	1800	4400+1200	8600		HL	M 585	V	
c) Baureihen Europa/Roland/Columbus															
Europa IV	30/10	1928	6	70	W	94x118	4913	1800	3700+1100			HL	6 M 4,9	V	auch Maybach-Motor OS 7
Roland		1930 - 31	6	100	W	95x135	5741	1200				Maybach	W 2	V	
Columbus	20/0	1932	6	31	W	65x82	1632	3000				HL	H 1700	V	
Europa	21/0	1933	6	75	W	85x132	4494	2300				HL	D 6 M 4,5	D	
Europa 3 t		1938	6	75	W	82x110	3485	3000	4600			HL	L 3500 R	V	
Europa 4,5 t		1938	6	100	W	100x160	7536	1900	5000			Deutz	F 6 M 316	D	
d) Baureihen Borgward B 1000 bis B 2500															
B 1000	12/0	1947 - 49	4	33	W	72x85	1384	3250	2800			Borgward	4 M 1,4 L	V	
B 1250	14/0	1949 - 52	4	48	W	72x92	1498	4100	3200		2700	Borgward	4 M 1,5 L	V	ab 1950 50 PS
B 2000	18/4	1951 - 53	4	60	W	90x130	3308	2600	3800	5640 - 6700	2650 - 3000	Borgward	D 4 M 3,3	D	
B 1500		1952	4	60	W	78x92	1758	4200	3600			Borgward	4 M 1,8	V	
B 1500 D		1952	4	42	W	78x92	1758	3400	3600		2800	Borgward	D 4 M 1,8	D	
B 1500/O		1953	4	60	W	75x84,5	1493	4700				Borgward	4 M 1,5 II	V	
e) Baureihen Borgward BO 611 Frontlenker															
BO 611	15/2	1958 - 61	4	42	W	78x92	1758	3400	2600	5200	2090	Borgward	D 4 M 1,8	D	
B 611-O	15/2	1958	4	60	W	75x84,5	1493	4700	2600	5200	2035	Borgward	4 M 1,5 II	V	
e) Baureihen Borgward B 3000 bis B 4500															
B 3000 D	30/4	1947 - 50	6	75	W	90x130	4962	2000	5200	8750	4590	Borgward	D 6 M 5	D	
BO 4000	35 - 44	1949 - 53	6	85	W	90x130	4962	2250	5300		2850	Borgward	D 6 M 5	D	
BO 4000	47+1	1952	6	95	W	90x130	4962	2600	5300	8665 - 10300		Borgward	D 6 M 5	D	auch 34+1/7 Plätze
B 4500 F	34+1	1952 - 53	6	85	W	90x130	4962	2400	5300	8665	4000	Borgward	D 6 M 5	D	Focke-Stromlinien-Typ
BO 4500	35+7	1953	6	85	W	90x130	4962	2600	5300	8680 - 9100	5000	Borgward	D 6 M 5	D	auch 95 PS
B 4500 F		1953	6	85	W	90x130	4962	2400	4200			Borgward	D 6 M 5	D	
B 2500	22/0	1954 - 58	4	60	W	90x130	3308	2600	3800			Borgward	D 4 M 3,3	D	
B 2500 F	19/0	1955	4	60	W	90x130	3308	2600	3400 - 3800	5640 - 6800	3000	Borgward	D 4 M 3,3	D	
BO 4000	42/0	1957	6	110	W	94x120	4996	2800				Borgward	D 6 M 5 II	D	
B 2500	22/0	1958 - 61	4	70	W	94x120	3331	2800				Borgward	D 4 M 3,3 II	D	
DF 2500	21/0	1958	4	70	W	94x120	3331	2800				Borgward	D 4 M 3,3 II	D	
B 622		1959 - 60	4	70	W	94x120	3331	2800	2800			Borgward	D 4 M 3,3 II	D	
B) Baureihen mit Elektromotoren															
a) Baureihen Lloyd-Köhler															
				kW											
Lloyd-Köhler	15/10	1907 - 11		26							3800	Lloyd/AEG			4-Fenster-Aufbau
Lloyd-Köhler		1911		7,3 - 10,2				1000			3100	Lloyd/AEG			3-Fenster-Aufbau
b) Baureihen Hansa-Lloyd															
CL 5 (EW)		1920		22					4100			Lloyd			Drehschemel-Lenkung
HL	23/2	1926		7,35								Lloyd	ELV 27/28		Drehschemel-Lenkung
Europa IV	21/8 (30/10)	1928		14,7 - 29,4					3700+1100	7440	9500	Lloyd	ELV 32/24		Batterie-eletrischer Antrieb, Schleppachse, Prototyp
HL Expreß	18/3	1927	4	45	W	95x140	3969	1600	4200	6385	3200	HL	L	V	
Trolley-Bus (Modell)	24/8	1928							4000	7400					symmetrische Karosserie

NWF

Nordwestdeutscher Fahrzeugbau GmbH (NWF),
Wilhelmshaven-Mariensiel, Industriegelände-West
1948-1955

Gegründet 1946, sollte die Nordwestdeutsche Fahrzeugbau GmbH Transportfahrzeuge und Eisenbahnersatzteile reparieren beziehungsweise produzieren. Zu Beginn entstanden vor allem Anhänger und Handkarren; 1948 folgten erste Omnibuskarosserien auf Ford-, Borgward- und Büssing-Fahrgestellen. Auch die Karosserien der Lloyd- und Maschinenfabrik Esslingen-Paketpostwagen wurden hier gefertigt. 1949 beteiligte sich die Krauss Maffei AG in München an NWF; 1951 präsentierte NWF dann

den aerodynamisch äußerst günstig gestalteten Leichtmetallomnibus NWF FS, nachdem man die Stromlinien-Omnibuspläne des Flugzeug- und Hubschrauberkonstrukteurs Prof. Dr. Henrich Focke (1890 – 1979) erworben hatte. Auf seinem verschweißten Gerippe aus Leichtmetallprofilen hatte NWF in Schalenbauweise die Leichtmetall- und Stahlbleche aufgesetzt. Dieser Frontlenker-Prototyp hatte einen 95-PS-Ford-V8 im Heck. Die Karosserie war bis über die Radnaben heruntergezogen. Durch die Stromlinienform und durch die Leichtbauweise konnte das Fahrzeug eine Geschwindigkeit von über 100 km/h erreichen. Die Serienmodelle versah das fast 600 Mann starke Unternehmen aber mit einer überarbeiteten, ansprechenderen Karosserie mit einer Panoramaverglasung und einer auffallenden Peitschenantenne über der Frontscheibe. Die Ausführung FS (für Ford-Schnellbus) wurde von dem Ford-Hercules-Diesel mit 90/95 PS, die Ausführung BK 4 (für Bus klein) vom 85/90 starken Deutz- und die Ausführung BK 6 und BS (für »Bus super«) vom 125 PS starken Deutz-V6 angetrieben. Gegenüber den FS-Schnellbusmodellen

90-PS-NWF »Schnellbus-Prototyp« Reisebus, 1951.

besaßen die BK- und BS-Ausführungen vordere Radausschnitte sowie leichte Vereinfachungen an der Karosserie. Der Luxus-Omnibus BS besaß sogar eine Servolenkung. Übrigens boten sowohl die Firmen Drauz und Krauss-Maffei ähnliche Stromlinienomnibusse an; NWF lieferte hierzu auch einen Teil der Karossen an. Kurioserweise produzierte NWF das dreirädrige Kleinlastwagenmodell »Fuldamobil« als NWF 200 in Lizenz. Für diesen Typ wurde 1955 sogar ein eigenes Montagewerk in Lohne bei Osnabrück errichtet.

Eine weitere, aufsehenerregende Version stellte der Schienen-Straßen-Omnibus vom Typ SD 137/BS 300 dar, der dem luftgekühlten BS-Typ entsprach. Für den Schienenverkehr konnten zweiachsige Spurwagen unter dem Fahrzeug befestigt werden, nachdem der Omnibus mit vier eingebauten hydraulischen Stempeln angehoben worden war. Die Umrüstzeit betrug angeblich nur zwei Minuten. Dank des geringen Rollwiderstands schaffte der Schienenbus 120 km/h. Etwa 15 derartige Omnibusse setzte die Deutsche Bundesbahn im kombinierten Schienen-Straßen-Verkehr ein.

Wie auch Drauz fertigte die NWF einen Teil der Karosserien für die Henschel-Obusse HS 90 E, die im Rahmen des Argentinien-Auftrages nach Buenos Aires gingen.

1955 drängte die NWF-Geschäftsleitung auf eine Unabhängigkeit von der Krauss Maffei AG. Diese gab daraufhin ihre Beteiligung an der NWF zurück und erhielt im Gegenzug das Recht, den in München als Typ KML 90 oder KML 110 bezeichneten Schnellbus allein weiterbauen zu können. In dieser Zeit war der Niedergang des NWF schon abzusehen, zumal die Besatzungsmächte als wichtige Kunden nach der Souveränitätserklärung der Bundesrepublik immer mehr Omnibus- und Karosserieaufträge stor-

90-PS-NWF »Schnellbus FS« Reisebus, 1952. (Foto: Ford-Werke)

125-PS-NWF Straßen-Schienenomnibus BS, 1954. (Foto: Hans Pairan)

85/90-PS-NWF Linienbus BK, 1953. (Foto: Hans Pairan)

Detailansicht des Schienenlaufwerks. Das Fahrzeug wird vom Eisenbahnmuseum Bochum-Dahlhausen betriebsfähig erhalten. (Foto: Ralf Weinreich)

2x50-kW-Henschel-NWF Doppeldecker-Obus, 1953.

niert hatten. Im April 1955 eröffnete das Amtsgericht in Wilhelmshaven den Anschlusskonkurs. 1974 wurde das Unternehmen schließlich im Amtsregister gelöscht. Auf das Gelände in Mariensiel zog nach der Auflösung des NWF die Bundesmarine ein.

NWF															
Typ	Sitzplätze/ Stehplätze	Bauzeit	Zylinder	PS	K	B x H mm	Hubraum cm³	Drehzahl U/min	Radstand mm	Länge mm	Gewicht kg	Motor-hersteller	Typ	M	Bemerkungen
FS	42/0	1951	V8	95	W	81x95,2	3924	3500			3920	Ford	V8-3,9 l	V	Prototyp
FS (Ford G 1 Y 7 B)	42/0	1951 - 54	6	90	W	92,1x101,6	4080	3000	5000	10925	4550	Südbr.-Ford	DJX-6-D	D	
BK 4	31/8	1953 - 54	4	85/90	L	110x140	5322	2300	4300	9470	5340	Deutz	F 4 L 514	D	Linie 21/40 Plätze
BK 6	33/0	1953 - 54	V6	125	L	110x140	7983	2300	4300	9600	5500	Deutz	F 6 L 614	D	Linie 27/28 Plätze
BS 300	45/32	1953	V6	125	L	110x140	7983	2300	5150	11040	7700	Deutz	F 6 L 614	D	Schienenbus-Version
BS 311	42/10	1953	V6	125	L	110x140	7983	2300			7300	Deutz	F 6 L 614	D	
BK 334	24/43	1953	V6	125	L	110x140	7983	2300				Deutz	F 6 L 614	D	
BK 206	24/43	1953	6	90	W	90x130	4962	2300				Borgward	D 6 M 5	D	
FS 56		1955	V6	120	W	92x105	4195	2800				Ford	AD 6	D	Zweitakt-Motor

Opel

Adam Opel AG,
Rüsselsheim a. Main, Darmstädter Str. 37
1. 1899-1928 **Adam Opel KG**
2. 1928-2005 **Adam Opel AG**
3. 2005-2011 **Adam Opel GmbH**
4. 2011-2017 **Adam Opel AG**
5. 2017- heute **Opel Automobile GmbH**

Die Opel-Werke gingen aus einer 1862 von dem Schlossermeister Adam Opel (1837-1895) gegründeten Eisengießerei und mechanischen Werkstätte hervor. 1887 kam der Bau von Fahrrädern, 1898 der Bau von Personenwagen nach Lutzmann-Patenten hinzu, dem sich ein Jahr später auch ein Omnibusmodell anschloss. Im Jahre 1907 erschienen erste Hotelomnibusse mit 14/20-PS-Motoren. Auch die Kaiserliche Post erwarb einige Opel-Zubringeromnibusse.

Mit der Aufnahme des Lkw-Bus im Jahre 1910 folgte auch die Bereitstellung von Unterkonstruktionen des 3,5-Tonners mit einem 30-PS-Motor und einem Kardanantrieb für Omnibusaufbauten. Ein weiteres Modell wurde der 14/30-PS-Typ mit einer 37,5 PS-Maschine, bei dem ein Trutz-Aufbau zur Verwendung kam. Hier konnte auch ein Anhänger angekuppelt werden. Für Stadtrundfahrten wurden offene Karosserien mit einem ansteigenden Wagenboden verwendet.

Nach dem Ersten Weltkrieg standen Pkw-Typen im Vordergrund der Opel-Produktion; der Lkw-Bau wurde zunächst nur noch am Rande betrieben. So erschien erst 1926 ein 14-sitziger Kleinbus mit dem 40/50-PS-Motor auf dem 1,5-Tonnen-Chassis und einem Aufbau des Karosseriewerkes Otto Kühne in Halle/Saale. Das 1924 eingerichtete Fließband rationalisierte die Produktion, zehrte aber am Kapital der Opel-Familie.

Nachdem die Brüder Wilhelm und Friedrich Opel nach dem rasch hintereinander erfolgten Tod ihrer Brüder Carl und Heinrich aufgrund der hohen Erbschaftssteuer die Anteilsmehrheit 1929 an General Motors abgegeben hatten, stellte das Werk mit Beginn der dreißiger Jahre wieder mittelgroße Modelle her. Der seinerzeit moderne 61-PS-Marquette-Sechszylinder der GM-Tochtergesellschaft Buick beflügelte die neuen 21-sitzigen Omnibusse mit Hubertia- und Ludewig-Karosserien; auch ein Sattelschlepper-Omnibus mit einem 2,5-Tonnen-Zugmaschinenfahrgestell und Kässbohrer-Aufbau entstand.

Mit dem inzwischen auf 64 PS gesteigerten Sechszylindermotor »3,5 l« sowie mit dem 3-Tonnen-Niederrahmenfahrgestell erschienen ab 1935 neue Opel-Mittelklasse-Omnibusse; die Karosserien der Döbelner Karosseriewerke, der Drauz AG, von Hartmann und Kässbohrer waren nach Kundenwünschen unterschiedlich gestaltet.

Auch das Fahrgestell des neuen 1,5-Tonners mit dem 59 PS starken Sechszylinder aus dem Pkw »Kapitän« wurde mit als Kleinomnibus für 14 Personen (Drauz-Karosserie) angeboten. Mehr Aufsehen erregte jedoch

14-PS-Opel Hotelomnibus, 1907. (Foto: Opel-Werk)

der »Straßenzeppelin« mit Ludewig-Aero-Stromlinienaufbau. Der Leichtbau-Heckflossenbus hatte den 3,6-Liter-Sechszylinder des Opel-Flaggschiffs »Admiral«. Ein Unikat stellte der Doppelstock-Sattelomnibus von 1938 für die Dresdner Straßenbahn AG dar. Der zunächst verwendete, aber zu schwache 75 PS starke Admiral-Motor wurde durch einen 90-PS-Junkers-Dreizylinder-Zweitakt-Gegenkolbenmotor ersetzt. Das Opel-Fahrerhaus war etwas erhöht aufgesetzt worden; der Auflieger stammte von Schumann-Werdau. Leer wog der «Do-Sa« 10,5 Tonnen und voll besetzt (50 Sitz- plus 50 Stehplätze) brachte er 16,9 Tonnen auf die Waage.

Im Übrigen fuhr die Dresdner Straßenbahn-Gesellschaft seit 1937 bereits einige Opel-»Blitz«-Omnibusse der 3-Tonnen-Nutzlastklasse mit Aufbauten der KAFA in Leipzig. Bei mindestens zwei dieser Wagen wurde der Opel-Ottomotor (»3,5 l«/64 PS) gegen einen Junkers-Diesel des Baumusters »2,7« mit 55/60 PS ausgetauscht; weitere vier Opel-»Blitz« 3,6/3600 N dienten 1942 in der sächsischen Landeshauptstadt als Sattelzugmaschinen für zweiachsige Eindeck-Omnibus-Auflieger (26 Sitzplatz 64 Stehplätze) von Schumann-Werdau, ebenfalls mit ebenem Wagenfußboden und außerordentlich niedriger Einstiegshöhe.

Die Fahrgestelle und die Ottomotoren der Opel-Blitz-Omnibusse kamen ab 1935 aus dem neuerrichteten Brandenburger Werk der Adam Opel AG, das seinerzeit das modernste Lastwagenwerk Europas war. (1943 musste die Daimler-Benz AG eine Zwangslizenz zum Nachbau des Opel-Dreitonners erwerben und das eigene Modell in dieser Gewichtsklasse aufgeben, da das Opel-Modell einen geringeren Bau- und Zeitaufwand erforderte.) Das von Wehrwirtschaftsführer Dr.-Ing. Heinrich Nordhoff (1899 – 1968) geleitete Brandenburger Werk, das in der geplanten sowjetischen Besatzungszone lag, wurde bei einem präzisen Tagesangriff der US-Luftwaffe (Aktion Donnerschlag) zerstört, aber Anfang 1945 wieder aufgebaut und mit neuen Maschinen versehen worden, auch wenn die Produktion nach gerade fünf Exemplaren mit dem Einmarsch der Roten Armee endete. Der Maschinenpark wurde 1945 dann von den Sowjets demontiert. Nachdem in Tkibuli im Kaukasus deutsche Kriegsgefangene die Fundamente und Hallen für ein neues Werk zum Bau der Opel-Fahrzeuge errichtet hatten, – zumal Stalin in seiner Heimat Georgien ein Automobilwerk vorweisen wollte, – stellte sich heraus, dass der Opel-Maschinenbestand inzwischen verrostet war. In dem nahegelegenen Kutais wurde 1952 dann das Automobilwerk Kutaissi (KAZ) in Betrieb genommen. Dem Opel-Werk in Rüsselsheim standen daher nach 1945 zwar keine 3,5-Tonnen-Lastwagenaggregate und Chassisteile mehr aus Brandenburg zur Verfügung. Die amerikanische Konzernmutter General Motors zeigte darüber hinaus kein Interesse, im schließlich 1944 schwer zerstörten Rüsselsheimer Werk nennenswert zu investieren, zumal auch die Maschinen für die Produktion des Pkw-Typs »Kadett« als zusätzliche Reparationsleistung der US-Zone an die Sowjetunion abgegeben werden mussten. Allerdings konnte der Rüsselsheimer Betrieb auf Fahrzeuge und Chassis zurückgreifen, die bei der Daimler-Benz AG unter der Typenbezeichnung L 701 gefertigt wurden. So erhielt Opel noch 1945 die Hälfte der DB-L 701-Modelle. Und als die Untertürkheimer ihren Neubau-Lkw L 3500 auf Band legten, wurden alle noch unverkauften Fahrzeuge, Halbfabrikate und Teile nach Rüsselsheim geliefert, so dass noch bis 1954 467 Dreitonner bei Opel, vorwiegend mit Niederrahmen, verkauft werden konnten. Die Firmen Eben, FKF, Harmening, Kässbohrer, Ludewig, Meierling, Plasswilm, Reutter, Schütze, Seitz, Voll und Wankmiller nutzten diese Fahrgestelle für Omnibus-Aufbauten.

Nach dem mühevollen Wiederaufbau versorgte die Adam Opel AG verschiedene Karosseriehersteller mit normalen 1,5-Tonnen-Fahrgestellen

37,5-PS-Opel »Verbindungsomnibus«, 1913. (Foto: Opel-Werk)

37,5-PS-Opel Linienbus, 1913. (Foto: Opel-Werk)

40/45-PS-Opel 10/45 Linienbus (Recklinghausen-Aufbau), 1926.

61-PS-Opel Blitz Überlandbus (Thiele-Aufbau), 1931. (Foto Peter Michels)

samt 55 PS starkem »Kapitän«-Motor (2,5 Liter Hubraum). Die Rahmen bezog Opel – nach dem Ausfall der Brandenburger Produktion – vom MAN-Presswerk in Ginsheim-Gustavsburg. Vor allem die Firmen FKF, Reuter, Vereinigte Werkstätten und Voll bauten 15-sitzige Karosserien mit Oberlichtern auf dem kleinen Opel-Lkw-Fahrgestell auf. Die Würzburger Firma Voll verwendete unter anderem den Vorderbau des Opel Kapitäns für ihre Ausführung. Beliefert wurden fast alle namhaften Hersteller wie auch eine ganze Reihe kleinerer Anbieter; Clerck in Wuppertal-Cronenburg bot für dieses Fahrzeug sogar eine Fahrgestellverlängerung an.

Der neuen Opel 1,75-Tonner mit der Alligatorhaube löste 1952 den Vorkriegs-1,5-Tonner abgelöst. Zunächst wurde die 58-PS-, ab 1955 die neue 62-PS-Kurzhub-Vergasermaschine eingesetzt. Das Getriebe wurde über eine Lenkradschaltung betätigt. Das für 17 Fahrgäste vorgesehene Modell wurde hauptsächlich von den Firmen Drögmöller, Kässbohrer, Ludewig, Minnameier, Schmitz, Vetter und Voll karossiert. »Luxuriöse Clubbusse« stellten dabei die Firmen Ludewig und Voll her. 1959 erschien dann der neue 1,9-Tonnen-Kurzhauber als Basis für Ausflugs-, Clubbus- und Linien-Kleinmodelle. 1965 folgte die nächste Generation, diesmal mit eckiger Front. Hier waren es vor allem die Firma Voll, die auch die Opel-Kastenwagen herstellte, und die Firma Hartmann, die Kleinbusse mit bis zu 22 Sitzplätzen aufbauten. Doch während die Firma Voll im Prinzip den umgeänderten Kastenwagenaufbau verwendete, erstellte das Hartmann-Werk eine vollständig neue Karosserie. Auch die Kotflügel wurden neugestaltet. Anstelle des 1,9-Liter-Vierzylinders mit 70 PS, die hier jedoch vollkommen überfordert war, konnte auch der neue 2,5-Liter-Sechszylinder mit 80 PS geordert werden. Dritte Motoralternative bildete ab 1968, der 2,1-Liter-Vierzylinder-Diesel mit 60 PS der Marke Peugeot. Anstelle der Blattfedern wurden bei den Omnibus-Modellen der zweiten Frontlenkergeneration Gummihohlfedern verwendet. 1975 baute das Hartmann-Werk, das insgesamt 80 Fahrzeuge in der Nachkriegszeit erstellt hatte, die letzten Nutzfahrzeuge für den Opel-Werksverkehr um. Überdies entstanden einige Reisebusse mit Klima-Anlagen und Isolierver-

64-PS-Opel Blitz Ausflugsomnibus (Kässbohrer-Aufbau), 1935. (Foto: Opel-Werk)

glasung für ein Touristikunternehmen in Madagaskar. Danach gab Opel sehr zur Verwunderung der Firmen Hartmann und Voll die Nutzfahrzeugfertigung auf, die seit 1960 im Bochumer Werk erfolgt war.

Obwohl der Verkauf der Opel-Pkw-Baureihen »Kadett«, »Rekord«, »Commodore«, »Kapitän«, »Admiral« und »Diplomat« überaus hohe Gewinne einfuhr, transferierte das amerikanische Management diese zur Freude des dortigen Managements nach Detroit. Die Entwicklung eines neuen Nutzfahrzeugs fand man nicht mehr für nötig, auch die Entwicklung eines Transporters interessierte nicht und die Qualität wurde vernachlässigt. Vor allem verschlief man die zukunftsträchtige Entwicklung eines modernen Dieselmotors, was sich schließlich bitter in den zurückgehenden Produktionszahlen rächen sollte.

Um auch im florierenden Transporter-Markt präsent zu sein, vertrieb das Opel-Werk ab 1973 notgedrungen das englische Bedford-Modell CF als Pritschen-, Kasten-, Kombiwagen und somit als Kleinbus. Nur das Opel-»Blitz«-Abzeichen auf der Fronthaube (und der Steuerung auf der linken Seite) unterschied das im sogenannten »Badge-Engineering« vermarktete Modell vom englischen Original aus dem Werk der Vauxhall Motors Ltd im nördlich von London gelegenen Luton. Neben den beiden 68 und 80 PS starken englischen Triebwerken kam 1977 auch ein zeitgemäßer, aber nur 60 (ab 1980 63) PS starker Dieselmotor von Peugeot-Indenor zum Einbau. Nach mäßigem Erfolg aufgrund von Qualitätsmängeln nahm Opel dieses Modell 1987 wieder aus dem Programm.

Erst in den späten 90er Jahren engagierte sich Opel in Zusammenarbeit mit dem Renault-Werk wieder auf dem Transporter-Sektor. Nach dem nur für kurze Zeit im Programm geführten Renault »Arena« bildet der Großtransporter »Movano« die Basis für einen 14-sitzigen Kleinbus, den anfänglich das Ernst Auwärter-Werk in Gera ausbaute. Das Fahrzeug entsteht komplett im Renault-Transport-Werk SOVAB in Batilly (nördlichen von Metz) und unterscheidet sich im »Badge-Engineering-System« vom Original nur durch den Opel-Blitz. 2011 erhielt das Modell ein Facelift.

Eine Klasse tiefer ist der Neunsitzer »Vivaro« angesiedelt, der ebenfalls in Zusammenarbeit mit Renault (und Nissan) entwickelt wurde, aber aus Kapazitätsgründen im ehemaligen Vauxhall-Werk in Luton /Großbritannien gefertigt wird.

Firmenrechtlich wurde die Adam Opel AG im Jahre 2005 in eine GmbH umgewandelt, zumal das Automobilwerk in den Händen von GM lag und ein Aktienhandel obsolet geworden war.

Aufgrund der dramatischen Verschlechterung der finanziellen Lage des Mutterkonzerns infolge der US-Finanzkrise geriet der hessische Autobauer 2008 ebenfalls in Schwierigkeiten. Darüber hinaus mussten die Kosten für milliardenschwere Entwicklungsarbeiten für die Muttergesellschaft abgeschrieben werde. Das inzwischen mehrfach ausgetauschte Opel-Management musste schließlich um Staatshilfen bitten, blitzte aber bei der Bundeskanzlerin ab, da befürchtet wurde, dass diese Hilfen GM in Detroit zukommen sollten. Eine staatliche Bürgschaft rettete das Opel-Werk vor dem Zusammenbruch. GM wollte in höchster Not das traditionsreiche Opel-Werk so schnell wie möglich loswerden. Verhandlungen mit dem österreichisch-kanadischen Magna-Konzern und einem chinesischen Investor kamen zu keinem positiven Ergebnis. 2011 fasste GM nach eigener Sanierung wiederum den Entschluss, das Opel-Werk mit beachtlichen Investitionen in Schwung zu bringen. Nicht ganz eigennützig war dabei die Überlegung, dass GM im Falle eines Desasters bei Opel von der Entwicklungstätigkeit der Rüsselsheimer Ingenieure abgeschnitten worden wäre.

75-PS-Opel Blitz 3,6-47 Ausflugsomnibus (Ludewig-Aufbau), 1937. (Foto: Willi Roesel)

75-PS-Opel Blitz N Ausflugsomnibus (Harmening-Aufbau), 1938.

75-PS-Opel Sattelzug-Doppeldecker (Schumann-Auflieger), 1938.

Opel Blitz N Überlandbus mit Holzgas-Generator (Kässbohrer-Aufbau), 1941. (Foto: Kässbohrer)

64-PS-Opel Blitz 3,6-47 Linienbus (Ludewig-Kriegs-Aufbau), 1943.

75-PS-Opel Blitz im Dienst des International Military Tribunal (IMT) (Kässbohrer-Aufbau), 1943/1946 (Foto: VAG Nürnberg)

75-PS-Opel Blitz N Kombibus auf DB-Lizenz-Unterbau (Ludewig-Aufbau), 1947.

Nachdem auch ein Zusammengehen mit dem ebenfalls angeschlagenen Fiat-Unternehmen gescheitert war, griff 2017 das Peugeot-Werk (Groupe PSA) zu und gliederte das Rüsselsheimer Traditionswerk unter der Firmierung Opel Automobile GmbH (sowie Vauxhall mit dem Werk Vauxhall Motors Ltd. in Ellesmere Port bei Liverpool und Vauxhall Motors Ltd. in Luton) in das französische Unternehmen ein.

Ein erster Schritt zur Erzielung von Synergieeffekten innerhalb der PSA-Gruppe führte zum Rückzug aus der Kooperation mit Renault und Nissan. Nach gerade mal fünf Jahren endete die Karriere des »Vivaro II« im Jahre 2019. Der neue Typ »Vivaro C« ist folglich auf einer PSA-Plattform aufgebaut.

55-PS-Opel Blitz 1,5 Ausflugsomnibus (Voll-Aufbau), 1950.

75-PS-Opel Blitz Reisebus (DB-Lizenz-Chassis) mit Ludewig-Aufbau, 1950.

52-PS-Opel Blitz 1,75 Ausflugsomnibus (Drögmöller-Aufbau), 1954.

52-PS-Opel Blitz 1,75 Luxus-Ausflugsomnibus (Ludewig-Aufbau), 1954. (Foto: Willi Roesel)

52-PS-Opel Blitz 1.75 Ausflugsomnibus, 1954. (Foto: Opel-Werk)

70-PS-Opel Blitz 1,9 Ausflugsomnibus (Hartmann-Aufbau), 1962.

80-PS-Opel Blitz 2,1 Kleinbus (Hartmann-Aufbau), 1968.

Opel Blitz Kleinbus (Hartmann-Aufbau), 1972. (Foto. Ralf Weinreich

OPEL

Typ	Sitzplätze/ Stehplätze	Bauzeit	Zylinder	PS	K	B x H mm	Hubraum cm^3	Drehzahl U/min	Radstand mm	Länge mm	Gewicht kg	Motor-hersteller	Typ	M	Bemerkungen
1. Aussichts- und Linienbusse															
a) Baureihen »Opel-Motor-Omnibusse«															
Opel-Motor-Om.	10	1899	2	8											
Opel-Motor-Om.	12	1899	2	10											
Opel-Motor-Om.	14	1899	2	12											
Opel-Motor-Om.	16-18	1899	2	15											
Opel	20-25	1899	2	20											
8/14		1907	2	14	W	105x120	2077	1600				Opel			
14/20		1908	4	20	W	95x120	3400	1600				Opel			
Opel		1910	4	30	W	105x135	4670	1200				Opel			
14/30		1912	4	37,5	W	90x135	3450	1550				Opel			
14/45		1927	4	40/45	W	89x105	2611	2800				Opel			
b) Baureihe Blitz 3,5 Ltr.															
Blitz	21/0	1931 - 34	6	61	W	79,4x117,4	3486	3000	4000			Opel	3,5 Ltr.		Marquette-Motor
Blitz	26/0	1934 - 36	6	64	W	79,4x117,4	3486	3000				Opel	3,5 Ltr.		
Blitz 3,5-47		1937	6	64	W	79,4x117,4	3486	3000	4650	7200	3400	Opel	3,5 Ltr.		
c) Baureihe Blitz 3,6 Ltr.															
Blitz 3,6-47	30 - 36	1937 - 44	6	73,5	W	90x95	3626	3120	4650	7200 - 8200	3555	Opel	3,6 Ltr.		5-Ganggetriebe, gedros-selt 68 PS
Blitz 3,6-47 N	29/0	1938 - 44	6	75	W	90x95	3626	3400	3600		3900	Opel	3,6 Ltr.		
Opel-Schumann	56/46	1938	3	90	W	85x240	4086	1500	3000+ 5400+1300	13600 - 14500	10400	Junkers	M 413	D	Sattelschlepper-Doppeldecker
Blitz 3,5	30 + 1	1949 - 53	6	75	W	90x95	3626	3400	4650 - 5050	7800 - 8300	3400 - 4000	Opel	3,6 Ltr.		auch Radstand 3250 mm, auch 28 + 7 Plätze
d) Baureihe Blitz 1,5 t															
Blitz 1,5	14/0	1938	6	59	W	80x82	2473	3500				Opel	2,5 Ltr.		
Blitz 1,5	15 - 17	1949 - 52	6	55	W	80x82	2473	3500	3600	6535	2350	Opel	2,5 Ltr.		auch Radstand 3250 mm
e) Baureihe Blitz 1,75 t															
Blitz 1,75	17 + 1	1952 - 55	6	58	W	80x82	2473	3700	3300 - 3750	6230 - 6535	2300	Opel	2,5 Ltr.		maximal 62 PS
Blitz 1,75	17 + 1	1955 - 59	6	62	W	85x76,5	2603	3600	3300	6170		Opel	2,6 Ltr.		
f) Baureihe Blitz-Frontlenker I															
Blitz 1,9	17 + 1	1960 - 65	6	70	W	85x76,5	2603	3600	3000 - 3300	5160 - 5995	1950 - 2030	Opel	2,6 Ltr.		
Blitz 1,9	17 + 1	1965 - 75	4	70	W	93x69,8	1895	5000	3000	6030	2450	Opel	1,9 Ltr.		
g) Baureihe Blitz-Frontlenker II															
Blitz 2,5	17 - 22	1966 - 75	6	80	W	87x69,8	2495	4500	3300	6030		Opel	2,5 Ltr.		
Blitz 2,1	17 - 22	1968 - 75	4	60	W	90x83	2112	4500	3300	6030		Peugeot-Indenor	XDP 4,90	D	
2. Opel Bedford Blitz-Modelle															
Bedford Blitz		1973 - 80	4	68	W	83,75x76,2	1759	5200	2692	4300		Vauxhall	18 L/OHC	V	
Bedford Blitz		1973 - 80	4	80	W	97,5x76,2	2278	4600	2692	4300		Vauxhall	23 L/OHC	V	
Bedford Blitz		1975 - 80	4	60	W	88x85	2067	4400	3200	4800		Peugeot-Indenor	XDP 4.88	D	
Bedford Blitz	17 + 1	1980 - 82	4	63	W	92x85	2244	4000	3200	4900		Isuzu	23 DTr	D	
Bedford Blitz	17 + 1	1980 - 82	4	76	W	95x69,8	1956	4500	3200	490		Vauxhall	20 N/CIH	V	
3. Arena-Modelle															
Arena 1.9 D	9/0	1998 - 00	4	60	W	80x93	1870	4000	2800	4542	1780	Renault		D	
Arena 2.5 D	9/0	1998 - 00	4	75	W	93x92	2499	4000	2800	4542	1780	Sofim	8140.07	D	
4. Movano-Modelle															
a) Baureihe Movano I															
Movano 2.5 D	9/0	1998 - 00	4	80	W	93x92	2499	4000	3078	4880	1830	Sofim	8140.07	D	
Movano 2.8 DT	9/0	1998 - 01	4	115	W	93x92	2499	4000	3078	4880	1840	Sofim	8140.47	D	TL
Movano 2.8 DTI	9/0	2000 - 02	4	122	W	94,4x100	2799	3600	3078	4880	1900	Sofim	8140.23	D	TL
Movano 2.2 DTI	9/0	2001 - 02	4	88	W	87x92	2187	3650	3078	4880	1900	Renault		D	TL
Movano 2.2 DTI CDTI	9/0	2002 - 10	4	88	W	87x92	2187	3650	3078	4880	1900	Renault		D	TL
Movano 2.5 D CDTI	9/0	2002 - 10	4	114	W	89x99	2463	3500	3078	4880	1900	Renault		D	TL
Movano 3.0 CDTI	13 - 14	2002 - 10	4	136	W	87,5x82	2958	3600	3578	5388	1920			D	TL (Common Rail)
Movano 2.5 D CDTI 100	13 - 14	2006 - 10	4	100	W	89x99	2463	3500	3578	5388	1920	Renault		D	TL (Common Rail), auch 125 u. 150 PS
b) Baureihe Movano II															
Movano 2.3 CDTI Turbo	13 - 14	2010 -	4	100	W		2298	3500	4078	5888		FPT		D	TL (Common Rail), auch 110, 125 u. 130 PS
Movano 2.3 CDTI BiTurbo	13 - 14	2010 -	4	146	W		2298	3500	4078	5888		FPT		D	2xTL (Common Rail)
Movano 2.3 Turbo	13 - 14	2019 -	4	130	W		2298	3500	4078	5888		FPT		D	TL (Common Rail) auch 150, 163 u. 180 PS

Orenstein & Koppel

Orenstein & Koppel (O & K)-Lübecker Maschinenbau AG,
Berlin-Spandau, Brunsbütteler Damm 144 - 206
1951-1980

Die Firma Orenstein & Koppel (O & K) wurde 1876 von den Unternehmern Benno Orenstein und Arthur Koppel in Berlin gegründet und handelte zunächst mit Hütten- und Bergwerkseinrichtungen. Bereits Ende der siebziger Jahre des neunzehnten Jahrhunderts kam der Bau von Feldbahnen hinzu; später folgten Dampflokomotiven, Reisezug- und Güterwagen, Eisenbahnausrüstungen, Bagger verschiedener Bauarten und seit 1925 auch Omnibuskarosserien. Die Gothaer Waggonfabrik (Fahrzeugfabrik Eisenach) gehörte ab 1930 zu dem Berliner Maschinen- und Fahrzeugbauunternehmen. Während der Kriegszeit musste durch Zwangsumbenennung die Bezeichnung Maschinenbau- und Bahnbedarf (MBA) geführt werden.

Nachdem das Unternehmen nach 1945 80 Prozent seiner Fertigungsanlagen in der Sowjetischen Besatzungszone sowie die gesamten Auslandsunternehmungen verloren hatte, lief in West-Berlin, Dortmund und in Lübeck (mit der Lübecker Maschinenbau AG) wieder die Produktion von Baggern, Baumaschinen, Schleppern, Waggons und zeitweilig auch von Karosserien an.

Für die Berliner BVG fertigte das Unternehmen in Berlin-Spandau von 1951 bis 1980 über 7000 Doppelstockomnibusse mit Büssing-, ab 1971 mit MAN-Motoren und -Fahrwerksteilen.

1958 stellte O & K den Prototyp des zweiachsigen Doppeldeckers DS 60 in selbsttragender Leichtmetallbauweise vor. Der 135-PS-Büssing-Motor U 7 besorgte den Antrieb dieses Doppeldeckers, dessen Besonderheit in der luftgefederten Einzelradaufhängung der einzelbereiften Hinterachse lag. Das Einzelstück ging dann in den Bestand der BVG, eine Serienfertigung des 96-Sitzers unterblieb. Zwischen 1958 und 1963 erfolgte im Lohnauftrag die Montage der Henschel-Schalenbau-Gelenkbusse des Typs HS 160 USL in über 100 Exemplaren.

1980 gab das Berliner Werk den Omnibusbau zugunsten der Berliner Waggon Union auf. Das Unternehmen produzierte unter der Regie des Hoesch-Konzerns Bagger, Gabelstapler, Radlader, Grader, Muldenkipper (ehemalige FAUN-Typen), Waggons, Brecheranlagen, Getriebe, Achsen (in einem Teil des zeitweise übernommenen FAUN-Werkes), Hydraulikanlagen, Schaufelrad- und Saugbagger, Seilbahnen, Rolltreppen sowie vielfältige Förderanlagen. Unter der späteren Regie von New Holland (ab 1999 CNH Global) wurde der traditionsreiche Maschinenbauer aufgelöst; der letzte Standort in Berlin-Spandau mit der Radlader-Produktion wurde 2015 geschlossen.

ORENSTEIN & KOPPEL

Typ	Sitzplätze/ Stehplätze	Bauzeit	Zylinder	PS	K	B x H mm	Hubraum cm³	Drehzahl U/min	Radstand mm	Länge mm	Gewicht kg	Motor-hersteller	Typ	M	Bemerkungen
DS 60	76/15	1958	6	135	W	106x135	7150	2200	5200	10385		Büssing	U 7	D	auch 70/21 Plätze

Orion

Orion-Werke, Minerva-Vertriebs- und Handels GmbH,
Eschwege/Werra, Niederhohner Str.
1. 1953-1954 **Orion-Werke, Motor-, Fahrzeugbau- und Handelsgesellschaft mbH**
2. 1954-1956 **Orion-Werk, Minerva-Vertriebs- und Handels-GmbH**

95-PS-Orion WH 153 Linienbus, 1953. (Foto: Hans Pairan)

Das Orion-Werk von Werner Hardegen (1913 -1963) reparierte nach Kriegsende zunächst in den Gebäuden des Eschweger Henschel-Auslagerungsbetriebes und ein Jahr später in den Gebäuden der ehemaligen Flak-Unterkunft des Eschweger Flughafens Fahrzeuge aller Art. Nachdem das Unternehmen mit dem Omnibus-Karosseriebau, mit dem Bau von Omnibus- und Schienenbus-Anhängern eine solide Basis erreicht hatte, ging man zur Konstruktion von Omnibussen nach den Patenten von Theodor Pekol über.

Chefkonstrukteur Harry Petermann schuf 1953 die Typen WH 153 und WH 154 mit unterschiedlichen Radständen, die Sitzplätze für 32 und 40 Fahrgäste boten. Die Konstruktion kombinierte in halbselbsttragender Bauweise einen stabiler Stahlblechrahmen mit einem Leichtstahlaufbau. Zu den Besonderheiten des Fahrwerks gehörten die vordere Einzelradaufhängung an Doppel-Trapezlenkern mit Schraubenfedern und Stoßdämpfern sowie die hintere, einzelbereifte Starrachse mit doppelten Schraubenfedern. Die niedrige Einstiegshöhe sowie die »pompöse« Innenausstattung verliehen den mit Kämper- oder Henschel-Motoren lieferbaren Orion-Bussen einen höchst luxuriösen Charakter. 1954 folgte der größere Typ WH 157 mit hinterer Doppelbereifung, um die höheren Belastungen aufnehmen zu können. Hier war der V8-Deutz-Diesel mit 175 PS an Bord des 40-Sitzers. 1955 löste der WH 159 den WH 153 ab, ihn trieb ein Deutz-V6 mit 125 PS an. Weitere Modelle folgten, so der WH 160 mit Kämper-V8 und der WH 158 mit dem 175 PS starken Deutz-V8.

Die stark motorisierten Orion-Busse galten »als die modernsten Omnibusse der deutschen Industrie«, was die »Gesamtkonzeption und insbesondere den Fahrwerksbau« anging. Allerdings entstanden nicht mehr als 15 der überdurchschnittlich nobel ausgestatteten (mit Toilette) Omnibusse. 1956 musste das Unternehmen aufgrund der Absatzprobleme im Bereich der Omnibus-Anhänger Insolvenz anmelden, da diese gemäß neuer Straßenverkehrs-Zulassungsordnung nicht mehr eingesetzt werden konnten. Die Entwicklung eines Sechstonnen-Lkw hatte darüber hinaus viel Kapital verschlungen. Anschließend übernahmen ein Getränke-Großbetrieb und später eine Bilderrahmenfabrik die von Orion erstellten Verwaltungsgebäude und Werkshallen.

142-PS-Orion WH 160/R Reisebus, 1954.

95-PS-Orion WH 153 Reisebus, 1953.

175-PS-Orion WH 158/R Reisebus, 1955. (Foto: Hans Pairan)

175-PS-Orion WH 158 Linienbus, 1955. (Foto: Hans Pairan)

ORION

Typ	Sitzplätze/ Stehplätze	Bauzeit	Zylinder	PS	K	B x H mm	Hubraum cm³	Drehzahl U/min	Radstand mm	Länge mm	Gewicht kg	Motor-hersteller	Typ	M	Bemerkungen
WH 153	32+8	1953	6	95	W	96x125	5431	2200	4600 - 4750	9500	5300	Henschel	512 DG	D	auch Kämper-Motor, Linienbus 28/12 Plätze
WH 154	40/11	1953	6	108	W	97x118	4706	2900	5400		5250	Kämper	492 H	D	auch Henschel-Motor
WH 154	40/10	1954	V6	125	L	110x140	7983	2250	5400		6500	Deutz	F 6 L 614	D	
WH 159		1954	V6	125	L	110x140	7983	2250	5600		6500	Deutz	F 6 L 614	D	
WH 160/R	39/8	1954 - 56	V8	142	W	105x125	8659	2200	4300	9600	6600	Kämper	8 V 105	D	
WH 157	31/40	1954 - 56	V8	175	L	110x140	10640	2250	5480		7800	Deutz	F 8 L 614	D	
WH 158/R	46/10	1954 - 56	V8	175	L	110x140	10640	2250	5480	10980	8300	Deutz	F 6 L 614	D	

Ostner

Willy Ostner, Fahrzeugwerke OHG,
Sulzbach-Rosenberg, Goethestr. 4
1951-1958

Willy Ostner (1888 - 1959) richtete 1921 in Dresden, zunächst im Stadtteil Mickten, später dort in der Bürgerstraße eine Maschinenfabrik ein, die 1924 den Motorrad- und Seitenwagenbau aufnahm. Dort entwickelte sich die Firma auf solider Basis auch über die Depressionsjahre von 1929-1933 hinweg Schritt für Schritt weiter, so dass nach 1935 die Anlagen wiederum den steigenden Anforderungen nicht genügten. In Brand-Erbisdorf nutze Ostner zunächst einen Teil der leerstehenden Hallen der einst vom Opel-Werk erworbenen, ehemaligen Elite-Diamant-Werke, bis er 1937 in dem ehemaligen Gebäude der Brander Tafelglas-Werke ansässig wurde. Die seit 1932 aufgenommene Fertigung der drei- und vierrädrigen Lieferwagen der Marke OD-»Rex« konnte somit erheblich gesteigert werden. Nachdem das Werk 1945 enteignet worden war, richtete Willy Ostner 1949 in Sulzbach-Rosenberg in der Oberpfalz das Ostner-Werk II neu ein. Der aus dem Vierradtyp von 1950 weiter entwickelte Ostner-Hauben-Kleinlaster Typ Rex 4 wurde dort ab 1951 mit 38-PS-Ford-Motor gebaut und auch als Kleinbus angeboten. Gegenüber dem Vormodell hatte man die Vorderfront erheblich überarbeitet. Die von der Karosseriefabrik Vischer in Stuttgart aufgebauten Kleinbusse konnten mit Komfortsitzen und einer Dachrandverglasung versehen werden. Motorseitig bot Ostner ab 1954 mit dem 40 PS starken Schlepperdiesel von der IHC-International Harvester Company eine Alternative zum Taunus-Motor.

38-PS-Ostner Rex 4 Kleinbus (Vischer-Aufbau), 1953.

Nachdem Willy Ostner und sein Schwiegersohn Ploßlinger in Zahlungsschwierigkeiten geraten waren, meldeten sie 1955 Konkurs an. FAUN griff zu und übernahm das Unternehmen, indem es einen Vergleich ermöglichte. Die seit 1955/56 lieferbaren Ostner-Rex 15- und Rex 18-»Eilfrachter« in Frontlenkerbauweise erschienen nun auch als Kleinbusse, wobei die Mikafa-Aufbauten zehn bis 17 Fahrgästen Platz boten. Neben dem IHC-Diesel kam jetzt der auf 55 PS erstarkte Ford-Vierzylinder zum Einsatz. Während in der Übergangszeit von Ostner auf FAUN noch das Rex-Emblem verwendet wurde, erhielten die Fahrzeuge ab 1956/57 an der mehrfach veränderten Vorderfront das FAUN-Wappen und kurz darauf die Typenbezeichnungen FAUN-Rex 15 und Rex 18.

Mit weiteren Veränderungen führte FAUN die Produktion mit den 60- bis 80-PS-»Eilfrachter«-Modellen F 24, F 284 und F 324 bis Ende der sechziger Jahre fort, wobei es den F 24 wieder als leichten Reisebus gab. Allerdings erfolgte die Fertigung der »Eilfrachter«-Modelle seit Anfang der sechziger Jahre im FAUN-Werk Nürnberg; das einstige Ostner-Fahrzeugwerk II diente als Großreparatur- und Testbetrieb für die FAUN-Muldenkipper. 1989 musste diese oberpfälzische Zweigstelle im Rahmen der Neustrukturierung der FAUN AG aufgelöst werden.

OSTNER KLEINBUSSE

Typ	Sitzplätze/ Stehplätze	Bauzeit	Zylinder	PS	K	B x H mm	Hubraum cm³	Drehzahl U/min	Radstand mm	Länge mm	Gewicht kg	Motor-hersteller	Typ	M	Bemerkungen
Rex 4	8 - 12	1951	4	34	Th	63,5x92,5	1172	4250	2860			Ford	G 13	V	auch Radstand 3000 u. 3120 mm
Rex 4	8 - 12	1953	4	38	W	63,5x92,5	1172	4250	3200 - 3400	5200	1100	Ford	G 13	V	auch Radstand 3500 mm, 14 - 18 Sitze
Rex 4	8 - 12	1954	4	36	W	82,6x101,6	2172	2400	3200 - 3400	5200	1200	IHC	D 4-132	D	auch Radstand 3500 mm, 14 - 18 Sitze
Rex 15	10/0	1957	4	55	W	82x70,9	1498	4250	2620	4750		Ford	15 M	V	
Rex 15	17/0	1957	4	55	W	82x70,9	1498	4250	3400	6250		Ford	15 M	V	
Rex 18	15/0	1957	4	40	W	82,6x101,6	2400	2650	4550			IHC	D 4-132	D	Frontlenker

Pekol

Theodor Pekol, Oldenburgische Vorortbahnen,
Oldenburg
1938 und 1950-1957

Theodor Pekol (1888 – 1958) gründete 1914 mit seiner Frau ein Personentransportunternehmen in Sillenstede. 1918 konstruierte er dann ein erstes Omnibusmodell mit unbekannt gebliebenen Details. Im Jahre 1920 verlegte er den Betrieb nach Jever und richtete dort ein Linienverkehrsunternehmen für Ostfriesland ein. Pekol kaufte 1932 das Unternehmen Bremer Vorortbahnen, das er nun unter dem Namen Oldenburger Vorortbahnen weiterführte. 1936 baute der agile Unternehmer ein Liniennetz mit Omnibussen auf, wobei er Anregungen an die Daimler-Benz AG im Obusbau gab.

Im Jahre 1938 konstruierte er in der eigenen Werkstatt einen Heckantriebs-Omnibus mit quer gestelltem Daimler-Benz-Motor und -Fahrgestell. Ein Winkeltrieb leitete die Kraft auf die Hinterachse um. Pekol baute insgesamt vier dieser 50-Sitzer.

Nach dem Zweiten Weltkrieg erstellte die Reparaturabteilung dieses Verkehrsbetriebes Omnibus-Anhänger und baute ältere Omnibusse zu

Heckomnibussen um. 1950 erschien dann der erste Prototyp eines in Stahl-Leichtbauweise hergestellten Hecktriebbusses. Die selbsttragende Karosserie des Pekol-Busses hatte die Waggonfabrik Graaff angefertigt. Den 26-sitzigen Omnibus hatte im Heck den 70-PS-Daimler-Benz-Vergasermotor, den die Stuttgarter nach der Opel-Lizenz bauten. Eine wichtige technische Neuerung im deutschen Omnibusbau war die Verwendung einer Einzelradaufhängung über doppelte Trapez-Querlenker und Schraubenfedern. Die hintere Achse war zur besseren Spurführung einzelbereift. Die Bodenplatte konnte durch diese Technik gegenüber den herkömmlichen Modellen tiefer gelegt werden, was sich in einer niedrigeren Einstiegshöhe bemerkbar machte.

1951 meldete Theodor Pekol seine Patente zum kardanlosen Heckmotor-Antriebskonzept und zur Einzelradaufhängung an. Weitere Patente betrafen die Bodenrahmengruppe und die Schalenbauweise, wie sie etwa bei den Bussen P 3 und P 20 Verwendung fanden. Deren Ringspanten-Gerippe war mit Innen- und Außen-Beblechung in Stahl-Aluminium-Gemischtbauweise versehen. Der 90 PS starke DB-Motor war im Heck stehend in Längsrichtung angebracht, so dass der Kraftfluss über das Getriebe direkt auf das Differential ging. In diesem Konzept folgte der größere P 30 mit 27 Sitz- und neun Stehplätzen bzw. Notsitzen. In dessen Heck saß ein 95/100 PS starker Henschel-Motor. Der wiederum einzelbereifte Bus erreichte dank seiner Leichtbautechnik eine Geschwindigkeit von 110 km/h und bot ein hohes Maß an Fahrkomfort. (Die Nieder-

95-PS-Pekol P 30 »Schnellbus« (Recklinghausen-Aufbau), 1952.

95-PS-Pekol P 3 »Schnellbus«, 1952.

100-PS-Pekol Überland-Omnibus, 1938.

75-PS-Pekol Stadtlinien-Omnibus, 1949.

100-PS-Pekol Leichtbau-Linienbus, 1954.

sächsische Waggonfabrik Graaff in Elze erstellte die Fahrzeuge.) Lizenzen für diese zukunftweisenden Omnibusbaukonzepte wurden an die Firmen Graaff, Kässbohrer, Klatte und Orion vergeben. 1954 verbesserte Theodor Pekol seine Konzeption durch die Verwendung einer Schalenbau-Aluminiumkarosserie und den Einsatz des 100-PS-Henschel-Motors, den er für den Unterflurbetrieb im Heck umrüstete. Das am Motor angeflanschte Getriebe wurde elektropneumatisch geschaltet. 37 Sitz- und 55 Stehplätze waren vorhanden. Weitere Details waren die niedrige Bodenhöhe von 57 cm und die Druckluft betätigten, nach außen herausklappenden Türen. Die Nutzlast des Fahrzeugs mit sechs Tonnen überstieg hier erstmals das Eigengewicht (das bei 5,2 Tonnen lag). Vier, nach anderen Angaben 28 Leichtmetallmodelle dieses »Pekol-Leicht-Linienbusse« fertigte das Unternehmen selber. 20 weitere Exemplare erstellten die Kässbohrer-Werke unter der Bezeichnung SP (für Setra-Pekol), die neben der auf den Unterflurbetrieb umgerüsteten 100-PS-Henschel-Maschine auch den neuen 125-PS-Motor einsetzten.

In zwölf Einheiten kamen 1956 die Reisebusse vom Typ P 60/55 mit dem neuen 125-PS-Henschel-Unterflurtriebwerk hinzu. Eine weitere Serie von zwölf Exemplaren folgte 1957 unter der Bezeichnung P 75/56, jeweils mit elektrisch betätigter Druckluftschaltung. Diese Omnibusse wurden größtenteils vom Pekol-eigenen Reisebüro eingesetzt. Die letzte eigenständige Entwicklung bildete der Reisebus »Tourist« von 1957 in Schalenbauweise. Das mit 42, 47 oder 51 Sitzen ausrüstbare Modell mit dem liegenden 125-PS-Henschel-Motor entstand in vier Exemplaren. Auffallend war die seitliche Profil-Verkleidung mit gewellten Aluminiumbahnen.

Der Tod Theodor Pekols im Jahr darauf beendete alle weiteren Entwicklungen. 1986 übernahm die Stadt Oldenburg den Omnibusbetrieb.

125-PS-Pekol 60/55 Leichtmetall-Reisebus »Tourist«, 1956/57.

PEKOL															
Typ	Sitzplätze/ Stehplätze	Bauzeit	Zylinder	PS	K	B x H mm	Hubraum cm³	Drehzahl U/min	Radstand mm	Länge mm	Gewicht kg	Motor-hersteller	Typ	M	Bemerkungen
1. Linienbusse															
Pekol Linienbus	26/30	1949	6	95	W	105x140	7220	2000			10900	DB	OM 67/3	D	
Pekol	50	1950	6	70	W	90x95	3630	3000		7400	3300	DB (Lizenz-Opel)	3,6 l	V	auch 26/30 Plätze
P 20	20/16	1951	6	95	W	96x125	5431	2400	4250	8050	3800	Henschel	512 DJ	D	
P Leicht-Linienbus	33/54	1954	6	100	W	96x125	5431	2400	4750	9760	5200	Henschel	512 DJ	D	Motorumbau auf Unterflurbetrieb, auch 38/45 Plätze
P 60/55	46+15	1956 - 57	6	125	W	100x130	6126	2500		10000	6900	Henschel	522 DPU	D	Überland-Version
O 75/56	34/69	1957 - 58	6	125	W	100x130	6126	2500		10920	6100	Henschel	522 DPU	D	
2. Reisebusse															
Pekol TP-7	50+1	1938	6	100	W	105x140	7270	2000	5750		6600	DB	OM 67/3	D	Heckmotor u. folgende
P 3	23/0	1951	6	90	W	90x120	4580	2800		7800	4400	DB (Lizenz)	OM 312	D	
P 20	20+1	1951	6	95	W	96x125	5431	2400	4250	8050	3800	Henschel	512 DJ	D	
P 30	21 + 8	1951 - 52	6	90	W	90x120	4580	2800	4250	8050	4450	DB	OM 312	D	auch Henschel-Motor
Tourist	47+10	1957	6	125	W	100x130	6126	2500	4750	9950	5800	Henschel	522 DPU	D	auch 51+11 Plätze

Phänomen

Phänomen-Fahrradwerke Gustav Hiller AG,
Zittau i. Sachsen, Bahnhofstr. 29

1. 1925-1945 **Phänomen-Fahrradwerke Gustav Hiller AG,** Zittau i. Sachsen, Bahnhofstr. 29
2. 1945-1957 **VEB IFA Phänomen, vorm. Phänomen-Werke,** Zittau i. Sachsen, Straße der Einheit 29
3. 1957-1990 **VEB Robur-Werke**
4. 1990 **Robur-Werke GmbH**

Im Jahre 1888 gründete Karl Gustav Hiller (1863 - 1917) in Zittau in Sachsen eine Textilmaschinen- und später eine Fahrradfabrik, die erstmals die englischen Rover-Niederräder im Deutschen Reich nachbaute.

Nachdem 1903 erste motorisierte Fahrzeuge erschienen waren, unter denen das »Phänomobil« am bekanntesten wurde, folgte 1927 der Bau von Vierrad-Nutzfahrzeugen. Die Besonderheit der unter dem Namen »Phänomen« vertriebenen Fahrzeuge bestand in der damals in Deutschland (zunächst) einmaligen Verwendung einer Luftkühlung mit einem Radialgebläse. Dipl.-Ing. Rudolf Hiller (1894 - 1972) leitete zu dieser Zeit das 750 Mann starke Unternehmen, das bis 1940 auf 1300 Mitarbeiter anwuchs.

1931 wurde auf Initiative der Reichspost der Bau von Lieferwagen mit 40-PS-Motoren aufgenommen. Die als »Landpostwagen« bezeichneten Modelle besaßen in der Ausführung »Granit 25 a« sieben Sitzplätze und einen Gepäckraum für 400 kg Nutzlast. Konstrukteur dieses und der späteren Fahrzeuge war Dipl.-Ing. Alfred Haesner (1896 - 1975), der später den Volkswagen- und den Ford-Transporter schuf. Mit einem 55-PS-Motor folgte der achtsitzige Landpostwagen »Granit 30«. Diesem schloss sich 1937 das in Stromlinienform gebaute, neue Granit 30-Modell an, das den auf 55/58 PS gesteigerten Dreiliter-Motor besaß. 15 Fahrgäste konnten in dem nur in bescheidenen Stückzahlen gebauten Modell transportiert werden. Die Aufbauten mit Zusatzfenstern über den Windschutzscheiben erstellte die August Nowack AG in Bautzen, die nach dem Krieg

12-PS-Phänomen »Phänomobil« Landpostwagen mit Personenbeförderung (Kogel-Aufbau), 1925.

16-PS-Phänomen Granit 4RL/K Landpostwagen mit Personenbeförderung (Nowack-Aufbau), 1932.

40-PS-Phänomen Granit 30 P (Paul Wildling-Aufbau), 1938.

50-PS-Phänomen Granit 27 (Kafa Halle-Aufbau), 1950. (Foto: ABS-Robur)

in das Phänomen-Werk eingegliedert wurde. Die Luxusausführung der Form 76 besaß ein zusammenschiebbares Sonnendach, eine Entlüftung, eine Frischluftheizung sowie einen Kofferraum.

Während des Krieges wurde der leichte »Granit 1500« in größeren Stückzahlen als Militärlastwagen und vor allem als Sanitätsfahrzeug hergestellt. Daneben fertigte das Phänomen-Werk mit dem Zweigbetrieb

55-PS-Robur 30 K Reisebus (Kafa Halle-Aufbau), 1954. (Foto: ABS-Robur)

Werkstätte Ostbau GmbH bzw. Werke Cottbus GmbH Halbkettenfahrzeuge und Flugzeugteile. 1942 musste Rudolf Hiller aufgrund der NS-Rassegesetze die Leitung des Betriebes abgeben, der im Stammwerk monatlich 200 1,5-Tonner fertigte, die von Nowack zu Sanitätswagen komplettiert wurden.

Das Phänomen-Werk hatte kaum Kriegsschäden erlitten, wurde aber 1945 total demontiert. Ein Teil der Ingenieure und Techniker wanderte ab, darunter auch Rudolf Hiller, der zur Hanomag AG nach Hannover wechselte. (In Hamburg ließ er die Phänomen-Werke im Handelsregister neu eintragen, was 1957 in Zittau zur Umbenennung des Werkes führte.) Zunächst diente das weitgehend ohne Maschinen dastehende Werk der Reparatur von Fahrzeugen der Roten Armee. Aufgrund des Volksentscheides im Lande Sachsen vom 31. Juni 1946 und auf der Grundlage von Befehlen der Sowjetischen Militär-Administration (SMAD) über »die Enteignung der Nazi- und Kriegsverbrecher und der Überführung ihrer Betriebe in Volkseigentum« wurde der Betrieb verstaatlicht und unter der Bezeichnung Phänomen-Werke Zittau, Industrieverwaltung 17, Fahrzeugbau-Landeseigener Betrieb Sachsen, geführt. 1949 lief in dem nun als VEB IFA Werk Phänomen bezeichneten Werk die Produktion von Motoren und dann von Lastwagen wieder an. Eine aus Lagerbeständen zusammengestellte Vorserie des 1,5-Tonner »Granit 27« mit einem 50-PS-Motor knüpfte an das Kriegsmodell mit der Schell-Typisierungs-Bezeichnung »Granit 1500« an.

Die unvollkommene Betriebsausstattung beeinträchtigte ständig die Produktion; darüber hinaus fehlte es an Differentialen, Getrieben, Schmiedeteilen, Tiefziehblechen und anderen sogenannten »Engpassteilen«, so dass halbfertige Fahrzeuge herumstanden. Dennoch stieg der Jahresausstoß in dem auf 1800 Mitarbeiter angewachsenen Betrieb. Er betrug 1950 noch 820 Einheiten, 1951 dann 1000 Stück, während 1952 schon 2000 Fahrzeuge entstanden.

1953 folgte der »Granit 32« mit einem luftgekühlten Wirbelkammer-Dieselmotor mit 52 PS, wobei der 1939 vorgestellte, aber nicht mehr gebaute Diesel als Grundlage diente. Parallel erfolgte die Entwicklung des Vergasermotors Granit 30 K mit 55 PS; das »K« stand für kopfgesteuert, also für hängende Ventile.

In kleinen Stückzahlen wurde der »Granit« wieder als Post- und als Überlandomnibus für 18 Fahrgäste gefertigt. Die Aufbauten kamen jetzt vom VEB Karosseriewerk Halle (früher Kathe-Werk) und dem VEB IFA Ka-

60-PS-Robur LO 2500 B Prototyp (Kafa Halle-Aufbau), 1957. (Foto: Smlg. G. Bragulla)

rosseriewerk Dresden (früheres Gläser-Werk). Weitere Aufbauten erstellte das Nowack-Werk, das als Werk III in das Phänomen-Werk integriert war. 1955 folgte ein Facelift, bei dem die Scheinwerfer von den Kotflügeln in ein Abdeckblech zwischen den Kotflügeln wanderten; das IFA-Zeichen wurde durch das Zittauer Stadtwappen auf der modernisierten Haube ersetzt. 1956 erschien der »Granit 30K« mit dem 60 PS starken Vergasermotor. Das Fahrzeug war mit poliertem Aluminium verziert und verfügte über eine Dachgalerie mit einem Lattenrost sowie über ein Schiebedach.

Zu Jahresbeginn 1957 erfolgte die Umbenennung des Betriebes in VEB Robur-Werke, wobei die lateinische Bezeichnung »robur« für »Steineiche« steht und damit die Robustheit der Fahrzeuge symbolisieren sollte. Das beendete die Auseinandersetzungen mit dem ehemaligen Firmeninhaber, der den Namen »Phänomen« und die Zusatzbezeichnung »Granit« reklamierte, wobei letztere inzwischen die von Hiller entworfenen Hanomag-Fahrzeuge zierte.

Im Jahre 1958 präsentierte das monatlich 180 Fahrzeuge montierende Werk in zwei Prototypen den Frontlenker-Omnibus vom Typ »Robur LO 2500«, der von 1961 bis 1990 nahezu unverändert vom VEB Karosseriewerk Halle gebaut wurde. Das für den Einsatz auch auf schlechten Straßen und im Betrieb der LPG's als Zubringerfahrzeug gedachte Modell, das den späteren Beschlüssen über die Typenzuteilung der RGW-Staaten nicht unterlag, erhielt den Glatt-Rahmen des nachfolgenden 2,5-Tonners sowie wiederum Starrachsen mit Halbfedern. Der Motor war vorne extrem hochstehend eingebaut, was eine äußerst diffizil einzustellende Lenkradschaltung erforderte. Die Rahmenbauart war gewählt worden, weil die finanziellen Mittel zur Entwicklung eines Fahrzeugs in selbstragender Bauweise fehlten. Ungewöhnlich war die äußerst schmale Spurweite der Vorderräder. Der Aufbau war in Verbundbauweise auf den Quertraversen aufgeschweißt. Die Karosserie besaß anfangs eine aufwendige Rundumverglasung mit Dachrandfenstern. Die Frontpartie zierte zunächst ein Grill mit Leisten, die den nahezu runden Lufteinlass verdeckten. Fahrer- und Beifahrertür waren bis 1965 hinten angeschlagen. Neben der Beifahrertür befand sich zwischen den Achsen die Fahrgasttür. Im Heck waren Türen zur Aufnahme von Gepäck angebracht. In der Reise- und Zubringerversion standen wieder 18, in der Luxus-Reiseversion 14 Sitzplätze zur Verfügung. Wegen der angestrebten »Störfreimachung von West-Importen«-mussten unter großen Schwierigkeiten die gebogenen Hartglasscheiben und die Heizungsanlage entwickelt werden.

Mit Beginn der Serienfertigung des Omnibusses und des neuen Frontlenker-Lasters im Jahre 1961 ersetzte ein »Fischmaulgrill« als Kühllufteinlass die Zierleisten; ab 1965 wurden waagerechte Streifen montiert. Nachdem 1961 durch Aufbohrung der Vergasermaschine 70 PS (ab 1973 75 PS) zur Verfügung standen, folgte 1963 als Alternative auch der auf 70 PS ausgelegte 3,9-Liter-Dieselmotor in der LD-Version. Die LO/LD 2501 erhielten ab 1961 eine vorverlegte Motor-Anordnung, so dass die Sitzzahl erhöht werden konnte. Die Türen waren jetzt vorne angeschlagen.

1972 ging das Zittauer Werk eine Kooperation mit dem VEB Automobilwerk Ludwigsfelde und dem VEB Motorenwerk Cunewalde ein. Ziel dieser Kooperation war die Entwicklung einer modernen Nutzkraftwagen-/Nkw-Baureihe, bei der Robur den Drei- bis Vier-Tonnen- und Ludwigsfelde den Sechs-Tonner zu bauen hatte.

1974 begann die Entwicklung des »Perspektiv-Nkw's O 611/D 609«, der in der Omnibus-Version statt des verschweißten Rahmen-Aufbaus einen verschraubten und damit lösbaren Aufbau besitzen sollte. Der 1979 als "Funktionsmuster" bezeichnete Prototyp O 611 sollte von ei-

70-PS-Robur LO 2500 B (Kafa Halle-Aufbau), 1961.

75-PS-Robur LO 3000 B (Kafa Halle-Aufbau), 1973.

90-PS-Robur B 611 Prototyp, 1978. (Foto: ABS Robur)

75-PS-Robur Behinderten-Omnibus, 1988.

nem 105-PS-Sechszylinder-Vergaser- bzw. der ein Jahr später vorgestellte Prototyp D 609 von einem 90-PS-Dieselmotor mit gleichen Maßen aus dem VEB Motorenwerk Cunewalde ausgestattet werden. Die Entwicklungsreihe »flüssigkeitsgekühlter Motoren« musste im Jahre 1980 aufgegeben werden, da sich zeigte, »dass die für die Serienüberleitung der neuen Fahrzeuggeneration benötigten Investitionsmittel (bei Robur) volkswirtschaftlich nicht einzuordnen waren.« Im Rahmen der verstärkten Kombinatsbildung wurde das Werk 1978 in die Industriegruppe IFA Nutzkraftwagen eingegliedert. Der Vierzylinder-Diesel, der 1973 aus Kostengründen aus dem Motorenprogramm verschwunden war, wurde 1982 dann nach der Aufgabe des Cunewalder Sechszylinders wieder gefertigt; die stabile Leistung betrug nun 68 PS.

Seit 1973 fertigte das Robur-Werk auch Omnibusse auf Allradfahrgestellen. Hinzu kamen Spezial-Omnibusse für den Behindertentransport mit einer neuen, im Heck kantig auslaufenden Karosserie.

Die DDR-Regierung plante mehrfach, die Fahrzeug-Produktion in Zittau stillzulegen, da eine rationelle Produktion nie erzielt werden konnte. So erfolgte Ende der sechziger Jahre eine angewiesene »Umprofilierung des Werkes auf die Hydrauliktechnik«, die jedoch als »Strukturfehlentscheidung« zurückgenommen wurde. Da Zulieferungen immer nur aus einem Herstellerwerk erfolgten, wirkten sich alle Störungen auch auf das »Finalfahrzeug« aus. Hinzu kam, dass die Produktion der Nutzfahrzeuge ständig durch Fremdaufträge behindert wurde. Allerdings war stets genügend Potential vorhanden, um verschiedene Ausführungen von Geländefahrzeugen für den Militär- und Polizeieinsatz zu entwickeln und bereitzustellen. Während seit 1983 alle zivilen Kfz einschließlich des »Safari-Programms« (auch die Export-Allradfahrzeuge) mit dem Dieselmotor ausgerüstet wurden, erhielten die Militär- und die Feuerwehr-Fahrzeuge den leistungsstärkeren Vergasermotor.

Neben dem Stammwerk umfasste der Robur-Bereich das Werk II in Seifhennersdorf für Klein- und Schweißteile aus Blech. Das Werk III in Bautzen war aus dem erwähnten Nowack-Werk hervorgegangen und war an der mechanischen Fertigung, der Lackierung und Endmontage beteiligt. Das Werk IV in Kamenz kam 1953 als VEB Motorenwerk Kamenz für luftgekühlte stationäre Motoren hinzu, der an die Tradition des Horst Steudel Motorenwerkes der Vorkriegszeit anknüpfte und ab 1964 als VEB Motorenwerk Cunewalde bezeichnet wurde.

Das Robur-Werk, das in der DDR-Zeit jährlich rund 8000 Fahrzeuge bzw. Fahrgestelle fertigte, die im gesamten Ostblock anzutreffen waren, wurde 1990 in eine GmbH umgewandelt. Der Omnibusbau endete nach dem Zusammenbruch der Nachfrage; einzig das verbesserte und mit einem Deutz-Dieselmotor ausgestattete Drei-Tonnen-Lkw-Modell wurde noch in einigen Exemplaren produziert. 1991 begann die Liquidation des Unternehmens. Die Robur GmbH i.L. befasst sich mit der Wartung und Restauration von Fahrzeugen. Die Produktionsanlagen sollten nach Litauen verkauft werden, was sich aber zerschlug, so dass sie verschrottet wurden. Inzwischen ist das 1919 errichtete repräsentative Verwaltungs- und Produktionsgebäude mit seinen sechs Stockwerken zur Ruine verkommen.

Geräumiger war der B 611 Prototyp auf alle Fälle, wie dieses Vergleichsbild zeigt. (Foto: Smlg. G. Bragulla)

PHÄNOMEN															
Typ	Sitzplätze/ Stehplätze	Bauzeit	Zylinder	PS	K	B x H mm	Hubraum cm³	Drehzahl U/min	Radstand mm	Länge mm	Gewicht kg	Motor-hersteller	Typ	M	Bemerkungen
Linien- und Kombimodelle															
a) Baureihe »Phänomobil«															
LK	5/0	1925	4	12	L	74x90	1548	1700				Phänomen		V	Landpost-Dreirad
4 RL/K	4/0	1927	4	16	L	74x90	1548	2000	2800	3650	1740	Phänomen	4 RL/K	V	Landpost-Wagen
b) Baureihe Granit															
Granit 25 a	7/0	1931 - 35	4	40	L	85x110	2495	2600				Phänomen	Granit 25 a	V	Landpost-Wagen, auch Typ Granit 40 (P)
Granit 30 K	8/0	1935 - 37	4	55	L	90x120	3054	2800	3250			Phänomen	Granit 30	V	Landpost-Wagen
Granit 30 K	18+1	1937 - 40	4	56/58	L	90x120	3054	2800	3900			Phänomen	Granit 30	V	maximal 60 PS
Granit 30 Form 76 (Reisebus)	21+1	1937 - 40	4	56/58	L	90x120	3054	2800	4500		3450	Phänomen	Granit 30	V	
Granit 27 VW	15+3	1952 - 53	4	50	L	85x118	2678	2800	3770	6100		Phänomen	Granit 27	V	
Granit 30 k	15+3	1953 - 57	4	55	L	90x118	3000	2800	3770	6100	2980	Phänomen	Granit 30	V	ab 1956 Bez. Robur Garant 30 K
Granit 32	15+3	1953 - 60	4	52	L	90x125	3182	2800	3770	6100	3150	Robur	Granit 32/4VD 12,5/9 SRL	D	ab 1956 Bez. Robur Garant 32
c) Baureihe Garant															
Garant 30 k	15+3	1956 - 61	4	60	L	90x118	3000	2800	3770	6100	2980	Robur	Garant 30 K	V	
d) Baureihen LO/LD															
LO 2500	16+1	1957	4	60	L	90x118	3000	2800	3270	6470		Robur	Garant 30 K	V	Frontlenker-Prototyp
LO 2500 F 1956 LO	18/0	1961 - 73	4	70	L	95x118	3345	2800	3270	6525 - 6850	3670	Robur	4VO 11,8/9,5 SRL	V	
LD 2500	21/0	1964 - 67	4	68/70	L	100x125	3927	2600	3270	6525 - 6850	3870	Robur	4VO 12,5/10 SRL	V	
LO 2501 Fr	21/0	1967 - 73	4	70	L	95x118	3345	2800	3270	6775		Robur	4 KVD 12,5 SRL	V	
LD 2501 Fr	21/0	1967 - 73	4	70	L	100x125	3927	2600	3270	6775		Robur	4 KVD 12,5 SRL	D	
LO 2002 A	16/0	1973	4	75	L	95x118	3345	2800	3270	6800		Robur	4VO 11,8/9,5 SRL	V	Allrad-Antrieb
LO 3000	20+1	1973 - 85	4	75	L	95x118	3345	2800	3270	6800		Robur	4VO 11,8/9,5 SRL	V	
O 611 B 26		1979	6	105	W	85x88	2995	3600				Cunewalde	6VO 8,8/8,5 SRF	V	Prototyp
D 609		1980	6	90	W	85x88	2995	3000				Cunewalde	6VD 8,8/8,5 SRF	D	Prototyp, auch 87 PS (6VD 8,8/9 SRF-Motor)
LD 3000	20+1	1983 - 85	4	68	L	100x125	3927	2600	3270	6800	3870	Robur	4VD 12,5/10-3 SRL	D	
LO/LD 3001	20+1	1986 - 90	4	68	L	100x125	3927	2600	3270	6800	3870	Robur	4VD 12,5/10-4 SRL	D	

Pittler

Wilhelm von Pittler,
Leipzig, Schützenstr.
1880

Der Maschinenfabrikant Julius Wilhelm von Pittler (1854-1901) konstruierte einen Schießpulvermotor, den er 1880 in einen Omnibus einsetzte. Die Probefahrten in Leipzig wurden aufgrund der Lärmentwicklung von der Polizei jedoch verboten.

Sein zweiter Omnibus, der durch einen Dampfmotor mit einem patentierten Einspritzkessel angetrieben wurde, zerstörte mit seinen schweren Eisenrädern das Pflaster. Daher gab Wilhelm von Pittler dieses Projekt ebenfalls auf und widmete sich der Vervollkommnung des Dampfmotors sowie wenig später der Revolverkopf-Metallbearbeitungsmaschine. Damit verabschiedete er sich vom Fahrzeugbau, auch wenn 1898 Wilhelm von Pittler in seiner neuen Maschinenfabrik »Invention« in Leipzig-Gohlis beziehungsweise Leipzig-Wahren noch einige Personenwagen mit hydraulischem Antrieb konstruierte. Von der Magdeburger Werkzeugmaschinenfabrik AG übernahm man 1927 die Lizenz zum Bau des Lauf-Thoma-Flüssigkeitsgetriebes. Nach der Enteignung und Demontage des Leipziger Werkes im Jahre 1945 entstand die Pittler Maschinenfabrik AG in Langen neu.

Podeus

Paul Heinrich Podeus, Maschinenfabrik,
Wismar i. Mecklenburg, Lindenstr. 24
1. 1905 **Paul Heinrich Podeus, Maschinenfabrik**
2. 1933-1934 und 1941 **Triebwagen- und Waggonfabrik Wismar AG**

Der Kapitän Paul Heinrich Podeus (1853-1924) eröffnete 1870 eine Kohlen- und Holzhandlung, der er eine Eisengießerei angliederte. 1879 nahm das Unternehmen den Maschinenbau auf. 1883 kamen eine Dampfschiffreederei, 1884 ein Säge- und Hobelwerk und 1894 eine Waggonfabrik hinzu.

TRIEBWAGEN- WISMAR u. WAGGONFABRIK
Wismar-Omnibusse
TRIEBWAGEN- und WAGGONFABRIK
WISMAR AKTIENGESELLSCHAFT
SEESTADT WISMAR

1902 richtete Paul Heinrich Podeus in der Maschinenfabrik einen Fahrzeugbau ein, wo nach Plänen von Ingenieur Joseph Vollmer Pkw, Liefer- und Lastwagen gefertigt wurden. Ein eigener Karosseriebau zur Komplettierung der Fahrzeuge stand durch die Säge- und Holzabteilung zur Verfügung. Im Jahre 1905 entstand auch eine kleine Anzahl von Omnibussen mit unbekannt gebliebenen technischen Daten.

Nachdem das Automobilwerk im Rahmen der R. Kahn-Industrie-Holding nur noch Raupenschlepper fertigte, musste es 1930 Konkurs anmelden. Die Waggonfabrik, die für die Eisenbahn-Verkehrsmittel AG (EVA) in Köln und in Wismar Kessel- und Spezialwaggons sowie Omnibusaufbauten, Anhänger und später Schienenbusse (»Schweineschnäuzchen«) herstellte, wurde weitergeführt.

Ab 1933 fertigte die Tochtergesellschaft der EVA in Zusammenarbeit mit O & K Holzgasomnibusse nach Deiters-Patenten. Die Anregung dazu wurde vom Reichsstatthalter in Mecklenburg gegeben, um »einen Holzgasomnibus für Versuchszwecke mit einer Imbert-Holzgasanlage als Leichtomnibus ohne Fahrgestell« zu erproben.

Zunächst wurde ein selbsttragendes, kastenförmiges Modell mit einem im Heck integrierten Generator und einem Dachbehälter für das »Tankholz« entwickelt. Der Wagenkörper war vollkommen elektrisch aus rostfreien Stahlprofilen geschweißt. Für Vortrieb sorgte ein Sechszylinder-Henschel-Motor, der im Benzinbetrieb 100 PS, mit Generator 80 bis 85 PS leistete. Die Höchstgeschwindigkeit lag bei 65 km/h. Die Rostocker Straßenbahn AG erwarb dieses Einzelstück mit zunächst 43, später 32 Sitzplätzen. Wenig später rüstete die Straßenbahngesellschaft in Rostock vier ältere Büssing-Omnibusse auf den Generatorbetrieb um und erwarb weitere zehn Wismarer Deiters-Omnibusse mit nun 120-PS-Henschel-Holzgasmotoren, die ursprünglich 145 PS erzeugten. Diese leistungsstarke Ausführung, aufgebaut unter Mitarbeit von Wegmann in Kassel, besaß eine Kapazität von 32 Sitz- und 20 Stehplätzen.

Im Jahre 1941 lieferte die Waggonfabrik schließlich noch drei Klein-Obusse in selbsttragender an den Verkehrsbetrieb in Pirmasens mit Büssing-Achsen und Lenkung sowie 64-kW-Motoren von AEG und BBC. Die abweichend von der Normgröße I gebauten Fahrzeuge wiesen 20 Sitz- und 20 Stehplätze auf.

Prof. Dr.-Ing. Josef Deiters (1893 – 1940), der auch Omnibuskonstruktionen für Credé, Ford, Stille und VOMAG entworfen hatte, wurde 1939 vom Generalbevollmächtigten für das Kraftfahrwesen, Oberst von Schell, in den Generatorstab berufen und schuf dort auch Zugmaschinen, Traktoren und Lastwagen für den Holzgasbetrieb. 1940 starb er in Berlin an einer Lungenentzündung, die er sich im offenen Cabriolet im Winter auf der Autobahn geholt hatte.

Nach dem Zweiten Weltkrieg wurden die Fabrikanlagen nach verschiedenen Nutzungen Betriebsteile der Matthias-Thesen-Werft in Wismar und des VEB Dieselmotorenwerkes Rostock. Eine Werft für Yachten befindet sich heute auf dem Areal.

80/85-PS-EVA Generator-Überlandbus Bauart Dr. Deiters, 1933.

67-kW-EVA-Obus der Bauart I, 1941.
(Foto: Stadtwerke Pirmasens)

DEITERS-WISMAR															
Typ	Sitzplätze/ Stehplätze	Bauzeit	Zylinder	PS	K	B x H mm	Hubraum cm^3	Drehzahl U/min	Radstand mm	Länge mm	Gewicht kg	Motor-hersteller	Typ	M	Bemerkungen
EVA	43/0	1933	6	80/85	W	120x160	10851	1600				Henschel	D	V	mit Generator
EVA	32/20	1934	6	120	W	125x160	11775	1500				Henschel	J	V	mit Generator
Obus Typ I	20/20	1941		67 kW				1500	3850	8000	7000	AEG			auch BBC-Motor

Presto

Presto-Werk, Günther u. Co. AG,
Chemnitz, Scheffelstr. 1

1. 1926-1927 **Presto-Werk. Günther u. Co. AG,** Chemnitz, Scheffelstr. 1
2. 1928-1931 **NAG, Abteilung Prestowerke,** Chemnitz und Leipzig

1898 gründeten Kommerzienrat Georg Günther und Oswald Seyfert in Chemnitz die Presto-Fahrradfabrik. 1901 kam die Fertigung von Motorrädern, 1907 die von Pkw, Lieferwagen und auch militärisch einsetzbaren Subventions-Lkw hinzu. Ein mit Delahaye in Frankreich geschlossener Lizenzvertrag erlaubte zudem die Montage von Delahaye-Pkw in Chemnitz. Nach dem Ersten Weltkrieg schloss sich das Unternehmen in Sachen Vertrieb und Service (neben Dux, Magirus und VOMAG) bis 1926 der DAK-Deutscher Automobil-Konzern AG in Leipzig an. Unabhängig von der DAK-Zugehörigkeit übernahm Presto Mitte 1926 die Aktienmehrheit der in Leipzig-Wahren ansässigen Dux-Automobil-Werke-AG. Zur Fusion mit Dux kam es Ende 1927 unter der Leitung des Großaktionärs Georg Günther.

Nach der Fusion lief bei der nunmehrigen Firma Prestowerke AG im hinzu gekommenen Werk Leipzig-Wahren die Produktion von Presto-Kleinbeziehungsweise Schnellomnibusfahrgestellen an. Sie basierten auf dem 1925/26 entwickelten Dux-Schnelllastwagen-Typ Z für 1,5 Tonnen Nutzlast und Z-Vierzylinder (3,16 Liter Hubraum) mit 40 PS. Konstrukteur war der geniale Ingenieur und spätere Werkleiter Dr. Gustav Schürmann (1872 – 1962). Diese Presto-Busse boten, teilweise mit Lindner-Karosserien, 14 bis 17 Sitzplätze. 67 Exemplare stellte die Reichspost in ihren Fuhrpark ein.

Ende 1927 gingen die Prestowerke AG mitsamt ihren Werksteilen in Chemnitz und in der Reichsmessestadt Leipzig an die NAG und firmierten als NAG-Abteilung Prestowerke Chemnitz. Die 1,5-Tonner und die leichten Schnellbusse trugen fortan die Typenbezeichnungen Z, ZO (mit 5,7 Meter Radstand) und ZLO (längere Omnibusvariante mit 5,8 Meter Radstand). Ebenfalls von den Prestowerken gebaut wurden Leichtdreiachser für 2 bis 2,5 Tonnen Nutzlast. Etwas modifiziert, bildeten diese 6x2-Lkw und -Busse mit 20 bis 24 Sitzplätzen die Basis der nachfolgenden, eine Nummer größeren NAG-6x4-Dreichachsbusse. Deren in Leipzig erstellten Chassis wurden mit 100- und 150/160-PS-Maybach-Motoren bestückt. Hauptabnehmer war die KVG-Sachsen (siehe auch Kapitel NAG).

Eine andere Leichtdreiachser-6x4-Bauart verkörperte 1927/28 der NAG (Presto-) Typ »O« für offene Überfallkommando-Aufbauten mit 32 Sitzplätzen für Schutz- oder Bereitschaftspolizisten. Den Polizei-Dreiachser vermarktete Büssing-NAG ab 1930/31 eine Zeitlang weiter, offensichtlich als Typ »P«. Kraftquelle war ein 5,7-Liter-Vierzylinder mit 80 PS.

Die NAG-Zentrale in Berlin-Oberschöneweide veräußerte 1929/30 den in Chemnitz stillgelegten NAG-Presto-Personenwagenbau. Neben dem weiterhin existierenden Fahrradbau verließen mit dem Markennamen NAG-Presto lediglich noch Leichtmotorräder (bis 100 Kubikzentimeter) das Werksgelände, das 1934 zur Auto Union AG gehörte. Diese richtete in den repräsentativen Presto-Gebäuden ihre Hauptverwaltung ein. Nach dem Zweiten Weltkrieg nutzte die Sowjetunion das ehemalige Presto-Werk als Großreparaturbetrieb; danach entstand dort ein elektrotechnischer Zuliefererbetrieb, der Anlasser und Lichtmaschinen der Marke »Presto« für die DDR-Automobilindustrie lieferte.

PRESTO

Typ	Sitzplätze/ Stehplätze	Bauzeit	Zylinder	PS	K	B x H mm	Hubraum cm³	Drehzahl U/min	Radstand mm	Länge mm	Gewicht kg	Motor-hersteller	Typ	M	Bemerkungen
Presto	14/0	1926 - 27	4	40	W	110x150	5699	1000	3600	5400	3100	Presto		V	

Protos

Protos-Automobile GmbH,
Berlin, Nonnendamm
1912-1913

Im Laufe des Jahres 1898 etablierte sich in der Berliner Großgörschenstraße die Motorenfabrik »Protos«, gegründet von Dr. Alfred Sternberg und Oskar Heymann. Alfred Sternberg war ursprünglich Chemiker und wurde in Industriekreisen durch sein patentiertes Verfahren zur Molybdänstahlherstellung bekannt.

Erstes Produkt der kleinen Motorenfabrik war ein 2,5 PS leistender Einzylindermotor namens Protos. Ihm folgte 1900 ein Personenwagen mit Vis-à-vis-Sitzanordnung und 3,25 PS. Es folgten Pkw mit bis zu 45 PS, und 1905 soll es auch einen Protos mit 100 PS gegeben haben. 1906 zog das Unternehmen nach Berlin-Reinickendorf und benannte sich in Protos-Motorenbau GmbH um. Zwei Jahr später kauften sich die Siemens-Schuckertwerke AG (SSW) ein, die seit 1907 Personenwagen mit Körting-Ottomotoren entwickelte. Die Reinickendorfer Protos-Fabrik wurde geschlossen, die SSW gliederten Protos vollständig in seinen Motorwagenbau ein und verselbständigte die neue Einheit als S.S.W.-GmbH, Automobilwerk Nonnendamm (wohin man annähernd gleichzeitig in Berlin umgezogen war.) Den Markennamen »Protos« behielt der Elektrokonzern für seine Automobile bei. In der Fertigungsstätte Nonnendamm stattete SSW seine Protos-Wagen schließlich mit 22 bis 65 PS leistende Motoren von Siemens & Halske (S & H) aus. Die Siemens-Führung taufte den Betrieb 1911 in »Protos-Automobile GmbH» um und führte ihn als Tochtergesellschaft weiter. Um 1912 entstanden auf der Grundlage der stärkeren Protos-Pkw auch leichtere Nutzfahrzeuge: Liefer- und Lastwagen, kleinere Omnibusse, Hotelomnibusse und Jagdwagen mit Kombinationsaufbau zur Personen- und Lastenbeförderung. Zwischen 1912 und 1916 konstruierte die Protos-Automobile GmbH nunmehr in Berlin-Siemensstadt, auch Kardan-getriebene Frontlenker-Lastwagen mit Fahrersitz über dem Ottomotor (Cab-over-engine/C.o.e.-Bauart) für etwa vier bis fünf Tonnen Nutzlast.

Mit 30- bis 45-PS-Ottomotoren betrieb Protos ab 1921 eine konsequente Eintypen-Politik (Typ C und C 1). Insbesondere der C 1-Typ mit 2,5-Liter-Vierzylinder-45-PS-Antriebsaggregat eignete sich als Zeitungs-Auslieferungswagen, Schnelllastwagen und Hotelomnibus. Oekonom/WUMAG verwendeten ihn auch als Sattelzugmaschine für ihren sechs Tonnen tragenden Einachs-Sattelauflieger. Der Görlitzer Waggon- und Fahrzeughersteller hatte dafür auch einen leichten Omnibus-Sattelauflieger ins Auge gefasst.

Am 30. Juli 1927 teilten die SSW ihren Werken und Händlern mit: »Die Fabrikation unseres Automobilwerks, der Protos-Automobile GmbH, ist wie Ihnen aus Mitteilungen durch die Presse bekannt sein dürfte, mit der Nationalen Automobil-Gesellschaft AG (NAG), Berlin-Oberschöneweide vereinigt worden. Bei der NAG ist die Fabrikation der neuen Typen voll aufgenommen; für den Verkauf stehen folgende Fahrzeuggattungen zur Verfügung: NAG-Protos-12/60 PS-Sechszylinder-Personen- und Lieferwagen, NAG-3-to- und 5-to-Lastwagen, NAG-Omnibusse- und Kommunalfahrzeuge, NAG-Universalschlepper.«

Der seit 1899 durch einen 2,5-PS-Ottomotor und die nachfolgenden Pkw bekannt gewordene Markenname »Protos« blieb trotz der Produktionseinstellung der NAG-»Protos«-Pkw 218/219 (mit V8) im Jahre 1934 erhalten. Siemens-Schuckert nutzte ihn im Geschäftszweig Elektrogeräte und verwendeten ihn dort gut zwei Jahrzehnte weiter, insbesondere für Staubsauger.

Rastatt

Waggonfabrik Rastatt AG,
Rastatt i. Baden, Werkstr. 2
1905-1913

Die 1898 gegründete Waggonfabrik fertigte mit Motoren und Teilen der Süddeutschen Automobil-Fabrik Omnibusse; die Rahmen waren eine Eigenkonstruktion. Nach dem Ersten Weltkrieg war das Unternehmen noch mehrfach im Omnibus-Karosseriebau tätig. Mit Ende des Waggon- und Straßenbahnwagenbaus versuchte sich das Werk von 1968 bis 1974 auch im Bau von Kranträgerfahrzeugen. Heute stehen Reparaturen und Rekonstruktionen von Personenwaggons im Vordergrund. Ehemalige Rastatt-Ingenieure gründeten später den Titan-Zugmaschinenbau in Appenweier.

Rathgeber

Waggonfabrik Josef Rathgeber AG,
München-Moosach, Untermenzinger Str. 1
1951-1952

Die 1852 gegründete Rathgeber-Waggonfabrik, die von 1907 beziehungsweise 1909 bis 1914 Büssing-Lastwagen in Lizenz gebaut hatte, präsentierte 1951 auf einer verwindungssteifen Bodengruppe einen Reise- und Stadtverkehrsomnibus mit einem mittragenden Aufbau. Wahlweise mit Deutz-Diesel oder Steyr-Motor im Heck lieferbar, entstanden bis 1952 insgesamt 25 dieser RO 4000-Busse.

Das Unternehmen konzentrierte sich danach ganz auf den Schie-

90-PS-Rathgeber RO 4000 »Niederflurbus«, 1952.

nenfahrzeugsektor mit Eisenbahnwaggons, D-Zug- und Triebwagen sowie Straßenbahnen. Daneben erstellte Rathgeber Omnibuskarosserien unter anderem für Krauss-Maffei; vor allem die Obusse dieses Unternehmens erhielten Rathgeber-Aufbauten. Auch Omnibusanhänger mit einem Tiefrahmenfahrgestell, die sich durch einen Mittelrohrträger, einem Spezialfahrgestell mit patentierter Drehzapfenlagerung, Querblattfederung und hinterer Starrachse in Gummilagern oder auch einer Allradlenkung auszeichneten, entstanden. 75 Obus-Aufbauten auf MAN-Fahrgestellen steuerte das Werk im Rahmen des Argentinien-Auftrages bei. Darüber hinaus baute das Unternehmen von 1952 bis 1958 Raupenschlepper des ehemaligen Breslauer FAMO-Typs Boxer, außerdem Aufbauten für Stabs-, Küchen- und Fernmeldefahrzeuge für die Bundeswehr. 1987 übernahm die F. X. Meiller GmbH das traditionsreiche Münchener Fahrzeugbauunternehmen, das bis zu 1800 Beschäftigte gehabt hatte.

RATHGEBER

Typ	Sitzplätze/ Stehplätze	Bauzeit	Zylinder	PS	K	B x H mm	Hubraum cm^3	Drehzahl U/min	Radstand mm	Länge mm	Gewicht kg	Motor-hersteller	Typ	M	Bemerkungen
RO 4000	35/10	1951 - 52	4	90	L	110x140	5322	2300	4750	9125	5400	Deutz	F 4 L 514	D	
RO 4000	35/10	1951 - 52	4	90	W	110x140	5322	2300	4750	9125	5500	Steyr	WD 413	D	

Reutter

Fr. Otto Reutter & Co.,
Stuttgart-Feuerbach, Borsigstr. 5 - 9 und Augustenstr.
1954

1954 entwickelte das Karosseriewerk Fritz Reutter einen Frontlenker-Omnibus in selbsttragender Bauweise, der jedoch nicht aus dem Prototypenstadium herauskam. Zuvor war das Unternehmen im Aufbau von Obussen tätig. 1963 ging das Karosseriewerk an den Sportwagenhersteller Porsche über.

Rumpler

Rumpler-Lindner-Vorntriebs-Gesellschaft mbH,
Berlin-Kreuzberg, Kochstr. 53 u.
Berlin-Wedding, Reinickendorferstr. 113 u.
Ammendorf/Saale, Schachtstr. 18
1929-1931

1931 stellte Dr.-Ing. Edmund Rumpler (1872 – 1940) mit seiner Rumpler-Lindner-Vorntriebs-Gesellschaft auf der IAMA in Berlin ein zweiachsiges Omnibusfahrgestell mit 100-PS Henschel-Dieselfronttriebsatz vor. Auch hier ließ sich wie bei dem ABOAG-Voran-Typ das Motor-Getriebeaggregat zu Wartungszwecken herausfahren. Die Ausführung des Chassis übernahm die Gottfried Lindner AG, Wagen- und Waggonfabrik in Ammendorf/Halle. Die Firma Henschel übernahm zwar das betreffende Rumpler-Patent, aber eine Serienproduktion scheiterte unter anderem daran, dass noch keine Lenkhilfen zur Verfügung standen. Und ohne dieser waren die Busse wegen des hohen Vorderachsengewichts kaum lenkbar.

Roland

Kraftwagengesellschaft Roland,
Berlin-Wilmersdorf, Kurfürstendamm. 160
1903-1906

Die von den Ingenieuren Ernst und Hacker geführte Automobilfabrik fertigte neben Personen- und Lastwagen auch einen Omnibustyp unter der Bezeichnung Roland. Die in kleinster Stückzahl hergestellten Modelle erhielten einen 30-PS-Vierzylindermotor.

Scheele

Kölner Elektromobil-Werke Heinrich Scheele,
Köln-Melaten, Aachenerstr. 163 u.
Mastrichterstr. 41 - 43 u. Köln-Bickendorf, Vogelsangstr.
1901

Das von 1899 bis 1930 bestehende Elektro-Fahrzeugbau-Unternehmen stellte 1901 eine Serie achtsitziger Hotelomnibusse her. Zwei schwingend und federnd aufgehängte 2,2-kW-Elektromotoren trieben über ein Vorgelege die beiden Hinterachs-Hälften an. Es konnte eine Geschwindigkeit von 15 bis 16 km/h erreicht werden. Darüber hinaus wurden einige Modelle mit 2,5-PS-Körting-Ottomotoren ausgestattet. Bis 1930 stellte Scheele noch batterie-elektrisch angetriebene Nutzfahrzeuge her, insbesondere Kommunalfahrzeuge (mit Aufbauten von Peter Bauer, Köln), Feuerwehrfahrgestelle und Paketpostwagen. Nach der Auflösung des Unternehmens zog die Kraftfahrzeug-Werkstatt des Kölner Stadtreinigungs- und Fuhramtes in die Köln-Bickendorfer Anlagen ein.

2x2,2-kW-Scheele Hotelomnibus, 1901.

Scheibler

Motorenfabrik Fritz Scheibler,
Aachen, Bachstr. und Parkstr. 9

1. 1901-1903 **Motorenfabrik Fritz Scheibler,** Aachen, Bachstr. und Parkstr. 9
2. 1903-1906 **Scheibler Automobil-Industrie GmbH**
3. 1906-1907 **Automobilwerke Kurt Scheibler GmbH**
4. 1907-1913 **Motoren- und Lastwagen AG (MULAG), vorm. K. Scheibler**
5. 1913-1927 **Mannesmann-MULAG AG,** Remscheid
6. 1928 **Autowerke für Lastkraftwagen und Omnibusse, vorm. Mannesmann-MULAG AG,** Aachen, Parkstr. 9

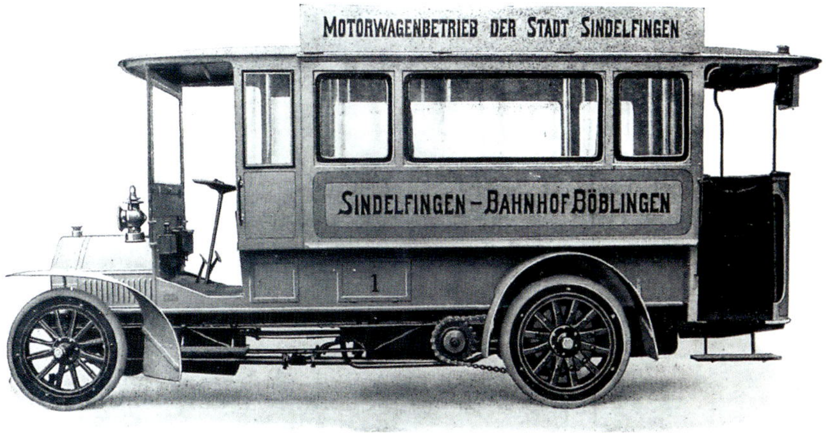

20/24-PS-Scheibler Linienbus, 1906.

Fritz Scheibler, Besitzer einer seit 1875 bestehenden Maschinenfabrik in Aachen, gründete mit seinem Sohn Kurt Scheibler (1875 - 1950) im Jahre 1900 eine Motoren- und Automobilfabrik. 1901 erschienen ihre ersten Lastwagen und wenig später die ersten Omnibusse. Zum Einbau kamen Zweizylinder-Boxermotoren mit 12 bis 15 PS Leistung und mit Batteriezündung.

Die Scheibler-Fahrzeuge erhielten ab 1902 auf 28,4 PS gedrosselte 33/40-PS-Vierzylinder. Waren zunächst noch Reibradgetriebe und Kardanwellen verwendet worden, so montierte man Zahnradgetriebe und Kettenübertragungen. Nachdem das Unternehmen 1905 Vergleich anmelden musste, gründete Dr.-Ing. Kurt Scheibler ein Nachfolgeunternehmen. Er führte das alte Programm ohne Pkw-Bau weiter. 1906 fusionierte dieser Betrieb mit der Maschinenbauanstalt Altenessen AG; 1907 wurde die Automobilfabrik in Motoren- und Lastwagen AG (MULAG) umbenannt. Auch diese Verbindung bestand nur kurz. Vor dem Ersten Weltkrieg verschmolz dieses 200 Mann starke Unternehmen mit der Mannesmann AG zur Mannesmann-MULAG AG mit Firmensitz in Remscheid.

Konstrukteur der Fahrzeuge und Motoren war bis 1902 Willy Seck (1868 - 1955), der als Student den Oberurseler »Gnom«-Motor entworfen und damit den Aufstieg der elterlichen Motorenfabrik Oberursel (später Klöckner-Humboldt-Deutz, Werk Oberursel, heutzutage Rolls-Royce Aero Engines) bewirkt hatte. Bis 1907 war Seck dann bei der Fahrzeugfabrik Eisenach tätig. Seine Nachfolger wurden die Daimler-Konstrukteure Hagele und ab 1904 der Ingenieur Paul Erwin Aders (1881 - 1974). Von 1908 bis 1912 war Aders dann an der Entwicklung der Müller-Straßenzüge beteiligt. Danach arbeitete er bei Büssing und bei der Adolph Saurer AG in Arbon/Schweiz sowie bei Joseph Vollmer in seiner DAC/Deutsche Automobil-Construktions GmbH. Von 1920 bis 1928 wirkte (inzwischen) Dr.-Ing. Aders als Chefingenieur im Fahrzeug- und Motorenbau der MAN. Nach einer relativ kurzen Tätigkeit bei der VOMAG arbeitete er von 1929 bis 1934 im Gaggenauer Werk der Daimler-Benz AG. Nach einer Beschäftigung bei der Frankfurter Mecano GmbH ging er 1936 zu Henschel & Sohn und konstruierte dort vorwiegend Panzer. Bis 1960 stand er dem Henschel-Nutzfahrzeugbau beratend zur Seite. Nach dem Ausscheiden von Erwin Aders übernahm 1904/05 Dr. Ing. Kurt Scheibler die Stelle des Chefkonstrukteurs.

Nach dem ersten Omnibusmodell mit 12/15-PS-Motor als Linienbus (geschlossen) und als Aussichtswagen (offen mit ansteigendem Boden) folgte 1906 das Modell L 56 mit dem gedrosselten 28,4-PS-Motor. Bei diesem Decksitz-Baumuster "Berliner Type" hatten die Konstrukteure zur besseren Gewichtsverteilung Motor und Getriebe getrennt untergebracht, wobei die Kettenantriebe vom Getriebekasten aus in Bewegung gesetzt wurden. Mit dem kleinvolumigeren 26,2-PS-Motor folgte 1907 der Typ L 58, der als Decksitzwagen diesmal Längssitze erhalten hatte. Beide Modelle gingen in den Export. Nachdem die Motorleistungen 1912 angehoben worden waren, musste das Unternehmen während des Kriegs den

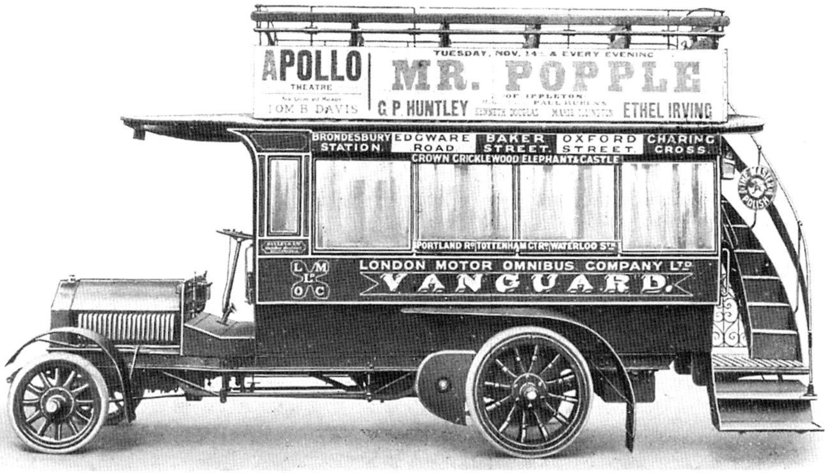

36/40-PS-Scheibler Oberdecker, 1906.

28,4-PS-Scheibler L 56 Oberdecker in Äthiopien, 1907.

26,4-PS-Scheibler L 58 Export-Oberdecker, 1909.

24/32-PS-Scheibler L 58 Aussichtsomnibus mit ansteigendem Wagenboden, 1908.

36-PS-MULAG L 58 Aussichtswagen Typ »Berlin«, 1913.

47-PS-Mannesmann-Mulag LC Ausflugswagen, 1923.
(Foto: Mittelrhein. Postmuseum Koblenz)

Omnibusbau einstellen, um Subventionslastwagen herzustellen. Auf der Basis abgewandelter Lkw-Fahrgestelle fertigte Mannesmann-MULAG zudem für die deutsche Militärbehörde omnibusgroße Krankenwagen in Frontlenker-Bauweise.

Erst 1922 erschien wieder ein Mannesmann-MULAG-Omnibusmodell; der Typ LC mit 47 PS besaß einen Trutz-Aufbau. Auf dem Chassis des Fünftonners folgte der Kardanantriebstyp Typ 56 C5 mit einem 57-PS-Motor. Die Karosserie für 19 Sitz- und elf Stehplätze steuerte die Waggonfabrik Uerdingen AG bei. 1925 kam der kleine Niederrahmen-Omnibus 3 GN mit einem 52- oder einem 55-PS-Ottomotor mit hängenden Ventilen, einer doppelten Zündanlage und patentierter Plattenkupplung hinzu. Der 3 GN-Typ konnte auch als Frontlenker mit einem unter dem Fahrersitz befindlichen Motor (C.o.e.-Bauweise) geliefert werden.

Eine Pionierleistung stellte der Sechsrad-Omnibus 6 GN III dar. Bei ihm handelte es sich 1925/26 um den ersten deutschen Dreiachsomnibus in 6x4-, das heißt in Dreiachs-Bauweise mit jeweils zwei angetriebenen achslosen Hinterradpaaren. Die Kardanwelle gab ihre Kraft auf das Differential und anschließend auf beidseitige Stirnrad-Untersetzungsgetriebe ab. Als Kraftquelle diente der von 52 auf 58 PS gesteigerte Vierzylindermotor. Die nur in kleiner Stückzahl gefertigten 6 GN III-Chassis erhielten Stahlkarosserien der Waggonfabrik Uerdingen. Sie boten 35 Sitz- und 19 Stehplätze. Ein Dreiachsfahrgestell diente der Uerdinger Waggonfabrik als Basis für den ersten Obus der zweiten Generation. Schließlich erschien 1927 mit einem 70/75-PS-Sechszylindermotor ein neuer Zweiachs-Omnibus in zwei Ausführungen auf einem Niederrahmen-Chassis. Der schnelllaufende und kleinvolumige Motor basierte auf einer Schweizer Lizenz und wurde von Basse & Selve, Zweigniederlassung der Selve AG gefertigt. Mannesmann-MULAG hatte keinen eigenen Sechszylindermotor entwickelt, und das sollte sich rächen: Der unausgereifte Selve-Motor führte zu ständigen Reklamationen, was mit zum Niedergang der Geschäfte beitrug.

1927 waren so erhebliche Verluste aufgelaufen, dass ein Zwangsvergleich beantragt werden musste. Büssing übernahm die Einrichtun-

58-PS-Mannesmann-Mulag 3 GN (Talbot-Aufbau), 1925.

55-PS-Mannesmann-Mulag 3 GN Frontlenker (Uerdinger Aufbau), 1925.

58-PS-Mannesmann-Mulag 6 GN III Dreiachs-Omnibus (Uerdinger Aufbau), 1926.

gen, die Patente und die Ersatzteilversorgung der Mannesmann-MULAG-Nutzfahrzeuge, führte die Produktion aber nicht fort. Der Aachener Betriebsteil fertigte bis Ende der sechziger Jahre Büssing-Motorenteile und Aggregate.

58-PS-Mannesmann-Mulag 3 GN Linienbus, 1927.

58-PS-Mannesmann-Mulag 3 GN (Weyer-Aufbau), 1927.

SCHEIBLER/MANNESMANN-MULAG

Typ	Sitzplätze/ Stehplätze	Bauzeit	Zylinder	PS	K	B x H mm	Hubraum cm^3	Drehzahl U/min	Radstand mm	Länge mm	Gewicht kg	Motor-hersteller	Typ	M	Bemerkungen
Scheibler		1901	2	12	W	102x135	2200	1200				Scheibler		V	
O 56		1906 - 07	4	28,4	W	125x140	6880	750	3615		2700	Scheibler		V	auch 36/40 PS
O 58	12/2	1906 - 09	4	26,2	W	102x135	4410	1000				Scheibler		V	
		1909 - 12	4	24/30	W	110x140	5319	1000				Mulag		V	
O 56	30 - 45	1912 - 14	4	44	W	125x140	6880	950	4100		4700	Mulag		V	
O 57	20 - 24	1912	4	35	W	110x140	5319	950	3900		3600	Mulag			
O 57 a	26 - 28	1912	4	44	W	125x140	6880	950	3900		4000	Mulag		V	
O 58 »Berlin«	30/0	1912 - 14	4	36	W	125x140	6880	800	3500		3150	Mulag		V	Aussichtswagen mit 14-18 Plätzen
O 70	20 - 24	1912	4	35	W	110x140	5319	950	3900		3900	Mulag		V	Frontlenker, auch 44 PS
O 90	45	1912	4	45	W	110x140	5319	950	3150		4400	Mulag		V	Frontlenker-Oberdecker, auch 44 PS
OC	26/0	1922 - 23	4	47	W	125x150	7359	900				MM	3 G	V	
O 56 C 5	19/11	1924	4	57	W	125x150	7359	900	4800			MM	3 K	V	
3 GN	20/0	1925	4	52	W	125x150	7359	900	4400 - 4800			MM	3 G	V	
3 GN	24/14	1925	4	55	W	115x150	6228	1000	4400 - 4800			MM	5 K	V	
6 GN	54/0	1925	4	55	W	115x150	6228	1000	4800+1400			MM	5 K	V	
3 GN	26/11	1925	4	58	W	125x150	7359	1000	4800			MM	3 G	V	
6 GN III	40/14	1926 - 28	4	58	W	125x150	7359	1000	4800+1400		4600	MM	3 G	V	Frontlenker
6 GN III	39/19	1926 - 28	4	58	W	115x150	6228	1000	5000+1430			MM	5K	V	dito
J 5		1927 - 28	6	70/75	W	100x140	6597	1800				Selve	S 626	V	Talbot-Aufbau
MJ 5		1927 - 29	6	100	W	94x168	6995	1900	4800+1400			Maybach	OS 5	V	

Schiemann

Gesellschaft für gleislose Bahnen Max Schiemann u. Co.,
Wurzen i. Sachsen
1901-1912

Der in Breslau geborene Max Schiemann (1866-1933) war einer der Pioniere der ersten deutschen Oberleitungsomnibus-Generation. Als vorangegangener Siemens-Ingenieur tat er sich 1900 mit dem Ingenieur Fritz Momber zusammen und gründete mit ihm in Wurzen/Sachsen die Gesellschaft für gleislose Bahnen, Max Schiemann & Co. Das Unternehmen konstruierte und errichtete zwischen 1901 und 1915 in aller Welt 50 Oberleitungs-Omnibuslinien (inklusive einer Versuchsstrecke) mit insgesamt 113 Kilometer Streckenlänge. Die Fertigung der Obus- und Schleppbahnanlagen sowie eines Teiles der Fahrzeuge übernahm die S & H-Siemens & Halske AG.

Im Ausland zeichnete Schiemann unter anderem für Obuslinien in Mülhausen/Elsass, Großbritannien, Istrien (damals Österreich-Ungarn), USA, Südafrika und China verantwortlich. Da der Räderverschleiß aufgrund mangelhafter Federung und schlechter Straßen zu hoch und das Verkehrsaufkommen teilweise zu gering, legte man vor allem in Mitteleuropa zwischen 1904 und 1919 einige der Anlagen wieder still. Während des Ersten Weltkrieges wurden vor allem in Deutschland die kupfernen Oberleitungen abgebaut und der Rüstungsindustrie zugeführt. Die norwegische, 7,5 Kilometer lange Drammen-Linie und die italienische Cuneo-Strecke hingegen waren bis 1967 und 1968 aktiv.

Die weltweit erste für den öffentlichen Verkehr nutzbare Obuslinie wurde am 10. Juli 1901 im sächsischen Elbsandsteingebirge eröffnet. Die 2,8 Kilometer lange, durch Schiemann und Siemens & Halske errichtete Anlage führte von Königstein/Elbe über Hütten nach Bad Königsbrunn. Zur vorgesehenen Verlängerung um weitere sechs Kilometer nach Rosenthal-Schweizermühle kam es aus wirtschaftlichen Gründen nicht mehr.

Die Schiemann-Busse besaßen zwei hintereinander angeordnete Stangen-Stromabnehmer, zunächst mit Rollen, später mit Schleifschuhen beziehungsweise Schleifwippen, die den Fahrdraht beidseitig umfassten. Die Trolleys konnten dank der annähernd sechs Meter langen Stromabnehmer jeweils drei Meter nach links und nach rechts ausweichen. Bei Fahrzeugbegegnungen zog ein Obus seine »Fühler« von der zweipoligen Fahrdrahtleitung ab. Die beiden ersten, von S & H gebauten Bielathal-Obusse hatten vorn eine Drehschemel-Lenkung und große, getriebene Hinterräder. Zwei Antriebsmotoren leisteten je 6,6 kW, also zusammen 18 PS bei 900 Umdrehungen pro Minute und einer Betriebsspannung von 500 Volt. Verzögert wurde mit Kurzschluss- und Gegenstrombremse. Der Fahrer musste wie in einem Straßenbahnwagen stehen. Der dreifenstrige Aufbau mit überdachtem offenem Fahrerstand und offenem Heckperron bot 18 Längssitze plus sechs Stehplätze. Die Höchstgeschwindigkeit lag bei 15 km/h. Die Eisenreifen der Holzräder sollen später gegen Vollgummi-Bereifung ausgetauscht worden sein.

Seit Mai 1904 verkehrten auf einer Streckenlänge von vier Kilometern zwischen Langenfeld und Monheim drei Personen-Obusse mit 8,8-kW-Elektromotoren und nebeneinander montierten Stromabnehmern sowie drei baugleiche Personenanhänger. Für hohes Güteraufkommen standen darüber hinaus vier Güteranhänger und ein Oberleitungs-Lkw mit zwei elf kW-Elektromotoren zur Verfügung.

Andere Schiemann-Obusse verfügten unter einem ausgeprägten Schwanenhalsrahmen vorn über ein gefedertes, in den Lenkflächen kugelgelagertes Triebdrehgestell mit einem 16-kW-Hauptschlussmotor. Der

11-kW-Schiemann Obus »Bielathal-Motorbahn« mit Güter-Anhänger, 1904.

Schiemann Obus »Typ Mülhausen«, 1902.

Schiemann Obus »Typ Bielathal-Motorbahn«, 1901.

Einstieg befand sich hinter der Vorderachse. Die drei Exemplare erhielt der Betreiber der Strecke Neuenahr – Walporzheim. Hinzu kam für die gleiche Obus-Bahn ein seitlich halboffener Niederflurwagen mit Mitteleinstieg. Die »Dorfbahn«-Omnibusse fassten 26 Personen und ihre Anhänger (diese in Niederflur-Mitteleinstiegs-Bauart) jeweils 18 Fahrgäste. Die durchaus barock anmutenden Aufbauten der 1906 ans 5,3 Kilometer lange Fahrdrahtnetz gelangenden Oberleitungsbusse fertigte die Waggonfabrik R. Herbrand & Co. in Köln-Ehrenfeld. (Sie wurde 1917 als Werk Köln Bestandteil der Lok- und Waggonbau-Gruppe LHW-Linke-Hofmann-Werke AG, Breslau.)

Schiemann-Zweirichtungs-Obus »Bielathal-Motorbahn«, 1904.

Große Beachtung fand 1911 die Obuslinie von Blankenese bei Hamburg nach Marienhöhe, die bis 1914 von Wagen mit Wendepol-Elektromotoren betrieben wurde. Die 3,15 Tonnen wiegenden Fahrzeuge boten 20 Sitzplätze. Sie waren mit einem Schiemann-Einstangen-Stromabnehmer mit oberem zweipoligen Querarm ausgerüstet; 1912 führte die Gesellschaft für gleislose Bahnen auf der Leipziger Elektrizitätsausstellung einen Obus mit Wechselstromantrieb vor.

Nach dem Ersten Weltkrieg widmete sich Max Schiemann in Großbritannien erfolgreich dem Obusbau. Er konnte sich dabei auf die RET-Railless Electric Traction Construction Co. Ltd. in London stützen, die sich 1908 unter anderem mit Hilfe von Schiemann-Lizenzen etabliert hatte.

11-kW-Schiemann-Obus »Typ Blankenese«, 1911.

Schiemann-Obus Ahrweiler-Neuenahr (Herbrand-Aufbau), 1906. (Foto: H. J. Vollrath)

SCHIEMANN															
Typ	Sitzplätze/ Stehplätze	Bauzeit	Zylinder	PS	K	B x H mm	Hubraum cm³	Drehzahl U/min	Radstand mm	Länge mm	Gewicht kg	Motor-hersteller	Typ	M	Bemerkungen
Schiemann	18/6	1901		2x6,6				900				S & H			Typ Bielathalbahn
Schiemann	20/6	1903													Typ Haidebahn
Schiemann	12/10	1904		11				1200	3950	5480	3150	S & H			Typ Blankenese
Schiemann	16/6 oder	1906		11 - 16					3360	5770	3240	S & H			Typ Bad Neuenahr

Siegel

Feodor Siegel Maschinenfabrik, Eisengießerei und Kesselschmiede,
Schönebeck/Elbe, Streckenweg 2/3
1907-1911

Die Firma Siegel war 1868 als Maschinenfabrik, Eisengießerei und als Kesselschmiede von Georg und Feodor Siegel gegründet worden. Im Jahre 1907 nahm das Unternehmen den »Leicht- und Lastwagenbau« in der Abteilung »Wagen-Motoren-Wagenbau« auf. Mit eigenen, luftgekühlten 9-PS-Zwei- und 12-PS-Vierzylindern fertigte dieser Betriebsteil auch kleine Omnibus-Fahrzeuge. 1911 ging diese Abteilung in Konkurs. Das Siegel-Werk bestand bis 1935; verschiedene Handwerksbetriebe siedelten sich anschließend in den Werksanlagen an. Die Villa des Besitzers Feodor Siegel diente der Schönebecker Freimaurerloge, heute befindet sich darin die Schönebecker Sparkasse.

Siemens & Halske

Siemens & Halske AG,
Berlin
1882 u. 1899-1907

Das 1847 durch Werner von Siemens und Johann Georg Halske gegründete Elektrounternehmen erprobte 1882 vor den Toren des alten Berlins den ersten elektrisch betriebenen Oberleitungswagen der Welt. Die Versuchsanlage, mit an Masten aufgehängten Kupferdrähten befand sich zwischen Charlottenburg und Halensee. Bei dem Versuchsfahrzeug, »Elektromote« genannt, handelte es sich um einen offenen Jagdwagen für acht Personen mit einer senkrecht montierten Stange, die mit einem Kabel auf den stromführenden Drähten ein »vierrolliges« Kontaktwägelchen nachschleppte. Der Antrieb erfolgte durch zwei 2,2-kW-Elektromotoren mittels Ketten auf die größeren Hinterräder. Die kleineren Vorderräder des 1,5-Tonners wurden gelenkt. Die am 29. April 1882 in Betrieb genommene »Obus«-Versuchslinie blieb nur wenige Monate in Betrieb. Vorführungen unternahm Werner von Siemens von Fall zu Fall persönlich.

2x2,2-kW-Siemens & Halske »Elektromote« auf der Versuchsstrecke Berlin-Halensee, 1882. (Foto: Siemens-Archiv)

Gegen Ende der neunziger Jahre wandte sich S & H-Siemens & Halske dem partiell sowohl aus der Oberleitung als auch aus Batterien getriebenen Elektro-Omnibus zu, der streckenweise zudem wie eine Tram in

4x5,5-kW-Siemens & Halske Straßenbahn-Omnibus, 1899.

6,6-kW-Siemens & Halske Elektro-Omnibus Typ P, 1908. (Foto: Siemens-Archiv)

2x6,6-kW-Siemens & Halske Elektro-Oberdecker Typ S, 1908. (Foto: Siemens-Archiv)

Rillenschienen fahren konnte. Das wohl überhaupt erste Hybridantriebsfahrzeug mit Spurführungsmöglichkeit (!) präsentierte S & H 1899 in Berlin anlässlich einer der ersten internationalen Motorwagen-Ausstellungen als »Straßenbahn-Omnibus«. Er konnte in Chauseen mit Rillenschienen und Oberleitung als Straßenbahnwagen verkehren. Den Kontakt zur Oberleitung stellte ein Lyrabügel her. An den Endstationen ließen sich die kleinen Schienenführungsräder vor dem anderen Triebdrehschemel anheben, und das Gefährt bewegte sich als batteriegetriebener Obus (ohne Oberleitung) beziehungsweise als Elektrobus weiter. Dieses DUO-Elektrofahrzeug besaß vier normale eisenbereifte Holzräder und ganz vorn die anheb- und absetzbare Schienenachse mit zwei stählernen Führungsrädern. Der S & H-Straßenbahn-Omnibus hatte vier Elektromotoren und damit bereits Allradantrieb. Das in Berlin vorgeführte Modell erreichte eine Geschwindigkeit von 28 km/h.

Unabhängig davon bestand von 1901 bis 1911 eine Zusammenarbeit mit der Gesellschaft für gleislose Bahnen des Obus-Pioniers Max Schiemann. Neben verschiedenen benzin-elektrischen Vorspann-Zugmaschinen (1902) stellte die Siemens & Halske AG 1905/06 auch Lastwagen und Omnibusse mit akku-elektrischem Antrieb her. Der 6,5 Tonnen wiegende Decksitzomnibus beispielsweise war mit zwei vierpoligen Motoren ausgestattet, die über seitlich angebrachte Kegelrad- und Kettenantriebe die Räder in Bewegung setzten. Die Antriebsvorrichtung war schwingend an zwei Drehpunkten aufgehängt. Die 80-Zellen-Batterie reichte für eine Fahrstrecke von 35 km.

Nach der Übernahme der Protos-Werke im Jahre 1908 stellte die Siemens & Halske AG ihre eigene Fahrzeugfertigung zugunsten dieses Zweigbetriebes. Mit Antriebsmotoren für Obusse versorgt der Siemens-Konzern bis heute die Omnibusindustrie.

SIEMENS

Typ	Sitzplätze/ Stehplätze	Bauzeit	Zylinder	PS	K	B x H mm	Hubraum cm³	Drehzahl U/min	Radstand mm	Länge mm	Gewicht kg	Motor-hersteller	Typ	M	Bemerkungen
Typ P	20	1904 - 06													auch 12/4 Plätze
Typ S	32	1904 - 06													

Stille

Maschinen- und Fahrzeugfabrik F. Stille,
Münster i. Westfalen, Dahlweg 87
1930/31

Nach Konstruktionsplänen des Mannesmann-Ingenieurs Josef Deiters fertigte die Maschinen- und Fahrzeugfabrik F. Stille 1930/31 einen vierachsigen Omnibus mit 44 Sitz- und 31 Stehplätzen. Der bereits weitgehende Leicht-Stahlaufbau war in Schweißtechnik ausgeführt. Der 100 PS starke Maybach-Sechszylinder OS 5 trieb die erste, doppelbereifte Hinterachse an; beide Vorderachsen waren lenkbar. Das erste deutsche 8x2-Baumuster erhielt außerhalb der Heckpartie eine Imbert-Holzgas-Generatoranlage. Sie bestand aus dem Holzvergaser und einem gleichgroßen Gasreiniger. Der Holzgasanlagen-Einbau erfolgte durch die Westwaggon AG in Köln, die seinerzeit die noch in Gründung befindliche deutsche Imbert-Gesellschaft vertrat. Im Betrieb zeigte sich jedoch, dass das Fahrzeug ohne Lenkhilfe nicht beherrschbar war, so dass das Einzelstück schon bald stillgelegt wurde.

Dr. Deiters konstruierte weitere Omnibusse mit Generator-Gasantrieb: für die EVA-Triebwagen- und Waggonfabrik Wismar AG, für die Waggonfabrik Wegmann & Co. Und für die Waggonfabrik Gebr. Credé & Co. In Kassel. Ihnen lagen zumeist Henschel- und Büssing-NAG-Fahrgestell- und Antriebskomponenten zugrunde. Ab 1939/40 stützte sich Prof. Deiters für Credé, Harmening, Voll und Kässbohrer auf Antriebseinheiten und Chassisteile von VOMAG, Ford und Opel.

Der Schwerpunkt des 1877 von dem Landwirt Fritz Stille gegründeten Unternehmens bildete aber nach wie vor der Bau von Ernte- und Dreschmaschinen sowie der Bau von Mühlenanlagen. 1975 wurde das Stille-Werk aufgelöst.

105-PS-Stille Vierachs-Omnibus, 1931. (Foto: Karlheinz Hesse)

STILLE

Typ	Sitzplätze/ Stehplätze	Bauzeit	Zylinder	PS	K	B x H mm	Hubraum cm³	Drehzahl U/min	Radstand mm	Länge mm	Gewicht kg	Motor-hersteller	Typ	M	Bemerkungen
Stille Vierachser	44/31	1930 - 31	6	110	W	94x168	6995	2200		13000	7125	Maybach	OS 5/6	V	mit Imbert-Generator

Stoewer

Gebr. Stoewer, Fabrik für Motorfahrzeuge OHG,
Stettin-Neutorney, Falkenwalder Str. 186

1. 1900-1905 **Gebr. Stoewer, Fabrik für Motorfahrzeuge OHG**
2. 1906-1919 **Stoewer-Werke AG**

12/15-PS-Stoewer Überland-Omnibus, 1904.

Die aus dem 1896 gegründeten Eisenwerk Bernhard Stoewer hervorgegangene Motorfahrzeugfabrik der Gebrüder Stoewer richtete kurz vor der Jahrhundertwende den Automobilbau ein. Bereits um 1900 erschien ein 16-sitziger Omnibus mit einem 8/10-PS-Zweizylindermotor, dessen Leistung 1903 auf 12/15 PS und 1905 auf 16/20 PS stieg. Teilweise handelte es sich bei den Stoewer-Bussen um Ausflugsomnibusse, die aber seitlich nicht verglast waren.

Überdies entstanden einige Akkumulator-Omnibussen, die viel kultivierter als die Benzinbusse liefen, aber lediglich eine Reichweite von gerade 40 km aufwiesen.

Nachdem unter der technischen Leitung von Bernhard Stoewer jun. (1875 - 1937) Vierzylindermotoren entwickelt worden waren, erschienen 1905 mit einem derartigen 18/24-PS-Motor die Standardmodelle OL 4 und die Oberdeckmodelle OM 4, die 22 beziehungsweise 40 Fahrgäste befördern konnten. Schon ein Jahr später erschien ein Vierzylinder mit 30 PS, der eine Höchstgeschwindigkeit von 26 km/h ermöglichte. Stoewer war zu jener Zeit eine Größe im Nutzfahrzeug-Geschäft, insgesamt 200 Fahrgestelle und Omnibusse, deren Karosserien im Stettiner Werk hergestellt wurde, gingen beispielsweise an die London & District Motor Bus Company Ltd. Einzelne Modelle konnten nach Italien, Polen, Rumänien und nach Russland geliefert werden. Die starke Konkurrenz durch Büssing drängte Stoewer aber bald wieder aus dem lukrativen Exportgeschäft.

Neben den Firmen Argus und Büssing setzte das Stoewer-Werk 1908 erstmals einen Sechszylinder ein, ein 45 PS starkes, von Dipl.-Ing. Boris Loutzky entworfenes Flugtriebwerk, das allerdings nur im Bus nur ein Jahr lang angeboten wurde. Bis zum Kriegsausbruch entstand noch eine Reihe weiterer Omnibusse, darunter auch Oberdecker-Typen für 16 bis 40 Personen sowie kleinere Hotelomnibusse auf verstärkten Pkw-Fahrgestellen.

Nach dem Krieg wurden die noch verfügbaren Teile der Omnibus-Modelle L 2-O und L 6 O montiert, danach konzentrierte sich das Werk auf die größeren Erfolg versprechende Pkw-Produktion. Um 1925 plante das Stettiner Werk zwar noch einmal, in die Omnibusfertigung einzusteigen, doch blieb es beim Vorhaben. Insgesamt dürften 330 Stoewer-Benzin-Omnibusse hergestellt worden sein, darunter etwa zehn Zweizylinder und etwa die gleich Anzahl Elektro-Omnibusse. Nach einer Übereinkunft mit den englischen Morris-Comercial-Werken sollte um 1933 der Vertrieb des 110 PS starken, 30-sitzigen Morris-Omnibusses »Dictator« unter Stoewer-Regie erfolgen, doch blieb es beim Vorhaben.

Nachdem während des Zweiten Weltkrieges der Einheits-Pkw, Motorspritzen und in Lizenz das NSU-Kettenkrad gefertigt worden waren, wurde die kaum beschädigte Fabrik von den Sowjets ausgeräumt und Ende 1945 an Polen übergeben. Mitte der fünfziger Jahre nutzte man das Fabrikareal für die Herstellung des polnischen Motorrads »Junak«. Seit den sechziger Jahren wurden in dem ehemaligen Stoewer-Werk Ersatzteile für Fiat-Polski gefertigt. Die geplante Neuaufnahme der Stoewer-Pkw-Produktion in der Hamburger Filiale musste 1945/46 nach dem plötzlichen Tod des letzten Stoewer-Direktors Karl Trefz aufgegeben werden.

8/10-PS-Stoewer »Sommer-Omnibus«, 1902.

2x3,2-kW-Stoewer »Sommer-Omnibusse« neben dem 8/10-PS-Typ, 1902.

24-PS-Stoewer-Ausflugsomnibus mit ansteigendem Boden, 1906.

28/30-PS-Stoewer OS I Oberdecker, 1906.

24/32-PS-Stoewer OSP I Oberdecker bei der Überführung in Angermünde, 1907.

24/30-PS-Stoewer OSP I Oberdecker, 1914.

19/32-PS-Stoewer L1 O Überland-Omnibus, 1915.

19/32-PS-Stoewer L2 O Überland-Omnibus, 1914.

STOEWER															
Typ	Sitzplätze/ Stehplätze	Bauzeit	Zylinder	PS	K	B x H mm	Hubraum cm^3	Drehzahl U/min	Radstand mm	Länge mm	Gewicht kg	Motor-hersteller	Typ	M	Bemerkungen
Stoewer	12/4	1900 - 02	2	8/10	W	90x120	1526					Stoewer		V	
Stoewer	10/2	1901		2x2,35 kW							2200				
Stoewer	12/4	1903 - 04	2	12/15	W	130x150	3962	1200				Stoewer		V	
Stoewer	12/4	1905	2	16/20	W	130x150	3982	1400				Stoewer		V	
OL 4	16/6	1905 - 08	4	18/24	W	110x120	4560	1000	3540	5700	3500	Stoewer		V	
OM 4	36/4	1905 - 08	4	18/24	W	110x120	4560	1000	4000	5700		Stoewer		V	Oberdecker
OS	20/0	1905 - 08	4	24/30	W	120x130	5881	1000	4100	6850	3900	Stoewer		V	
OS I	36/4	1905 - 08	4	24/30	W	120x130	5881	1000	4100	6850	4700	Stoewer		V	Oberdecker
OS I	16/18	1906	4	28/30	W	120x130	5881	1000	4105			Stoewer		V	Oberdecker für London
OS 6	34/6	1908	6	45	W	120x130	8821					Stoewer		V	
OSP	24/0	1909 - 12	4	24/32	W	120x130	5881	1000	4250	6040	3900	Stoewer		V	
OSP I	34/6	1909 - 12	4	24/32	W	120x130	5881	1000	4250	6040		Stoewer		V	Oberdecker
L 50	16	1912 - 13	4	19/32	W	110x130	4940	1200	4200	6000		Stoewer		V	
L 50 P	22/0	1912 - 13	4	19/32	W	110x130	4940	1200	4200	6040		Stoewer		V	
L 60 J	36/4	1912 - 14	4	28/45	W	125x150	7390	1050	4250	6040		Stoewer		V	Oberdecker
L 1-O	14/2	1913 - 14 u. 1919	4	19/32	W	110x130	4940	1200	3700	5330		Stoewer		V	
L 2-O	22/6	1913 - 14 u. 1919	4	19/32	W	110x130	4940	1200	4200	6000		Stoewer		V	

Stoll

Dresdner Geschäfts-, Luxus- und Straßenbahnwagen-fabrik Carl Stoll, Dresden-Neustadt
1902-1905

Carl Stoll begann nach 1850 als Dorfschmied außerhalb Dresdens und richtete später einen Wagenbaubetrieb in Dresden-Neustadt ein. Von Stoll sind seit etwa 1885 Pferdeomnibuswagen und seit 1890 Pferdebahnwaggons bekannt. Bald gesellten sich auch Motor- und Beiwagen für die »Elektrische« hinzu. Stoll ließ sich im April 1901 eine Stromabnehmer-Methode mit Kontaktwagen patentieren. Das DRP-Nr. 130 644 sagt partiell aus: »Die Erfindung hat einen für doppelpolige Oberleitung bestimmten Stromabnehmer zum Gegenstand... in der Hauptsache für nicht auf Schienen laufende Motorfahrzeuge.« Die Stoll-Wagen besaßen eine bis über das Dach reichende, einen Teil des Stromabnehme-Kabels enthaltene Stange. Das darüber hinausführende flexible Kabelteil besaß an seinem Ende den eigentlichen, nachzuschleppenden Stromabnehmer. Die Kabelführungs und -haltestange war auf dem Sattelantrieb-Dolly mittels eines Steckkontaktes befestigt. Deshalb war auf der gesamten Obusstrecke lediglich eine doppelpolige Leitung erforderlich. Bei Fahrzeug-Begegnungen brauchte der Wagenführer nur die beiden Kabelhalter (wie ein Fackelträger) von Obus zu Obus umzustecken.

Das Stromabnahme-Kontaktwägelchen lief mit vier Rillenrollen auf der »zweidrahtigen«, zweipoligen Oberleitung. Unter ihm hing zur Beschwerung und um möglichem »Entgleisen« entgegenzuwirken, eine stählerne Kugel an einem 60 Zentimeter langen Stab. Sie und das flexible Stromabnahmekabel sorgten zudem dafür, dass der Kontaktwagen federartig auf die Fahrdrähte (30 cm Abstand) einwirkte. Wann und wo die Dresdner Geschäfts-, Luxus- und Straßenbahnwagen-Fabrik Carl Stoll und die AEG erstmals miteinander Kontakt aufnahmen, ist nicht direkt überliefert. Tatsache ist indes, dass Carl Stoll mit der AEG 1902 eine Interessengemeinschaft bildete, bei der Stoll seine Patente einbrachte.

Daimler-Stoll-Obus, 1900. (Foto: MB-Archiv)

1901/02 erprobte Carl Stoll in Dresden einen sattelschlepperartigen Oberleitungsomnibus kleinerer Bauart mit zweiachsigem Triebdolly und aufgesatteltem, einachsigen Fahrgastteil (zwölf Sitz- und vier Perron-Stehplätze). Der Auflieger hatte einen Dachvorsprung zur Überdachung des einsitzigen Vorspannwagens mit einer Lenk- und einer Triebachse unter seinem Schwanenhalsrahmen. Eingesetzt wurden die Wagen bis 1905 auf der »Dresdener Haidebahn«. Die Wagen für die Linie am Rande der sächsischen Residenzstadt ruhten auf Sattel-Triebdollys, die hinter der Fahrersitzbank vor dem Sattelkupplungsbereich einen kleinen schwanenhalsartigen Absatz aufwiesen. Die Stromabnehmer-Ausrüstung mit der Belastungskugel entsprach dem eingangs erwähnten und Stoll-patentierten System. Annähernd gleichzeitig erprobte die AEG in ihrem Oberschöneweidener Kabelwerk zwei größere »Sattelschlepper«-6,6-kW-Obusse, deren Aufbau wahrscheinlich von Stoll stammte. Sein Triebdolly besaß einen parallel verlaufenden Rahmen und die Lenk- sowie die Triebachse, beide gleichbreit, verfügten über Eisenbereifung. Die »Berliner Ostbahn«, eine AEG-Beteiligungsgesellschaft, setzte diese Obusse ab 1903 mit zweisitzigen und durch die Personen-Auflieger überdachten Vorspanndollys auf der Linie Bahnhof Niederschöneweide - Johannisthal ein. Die (Berliner) AEG/Stoll/Vollmer-Wagen (16 Sitz- und vier Stehplätze) wurden von zwei Doppelmotoren mit jeweils neun PS (gesamt 18 PS) und durch Zahnräder angetrieben.

1904 war Carl Stolls Sohn Ludwig nach Wien gegangen und nahm dort mit dem Hofwagenfabrikanten Jacob Lohner Verbindung auf; die beiden bauten noch in diesem Jahr eine »Sattelzugbahn« in Mähren, die aber nur bis 1906 in Betrieb war. Bei den stärksten je gebauten ÖDAMG-Trolleys nach System Daimler-Elektro-Stoll (1906/1907) handelte es sich um Allradwagen mit jeweils einem Mercedes-(Lohner-) Porsche-Radnabenmotor in den Vorder- und in den Hinterrädern. Die Gesamtleistung eines 4x4-Obusses lag laut eines Austro-Daimler-Prospektes bei 80 PS. Der erste Allrad-Obus wurde ab 1908 auf der Linie Pötzleinsdorf - Salmannsdorf bei Wien mit Anhänger eingesetzt (für 24 plus 18, gleich 42 Personen). Sie bestand bis 1938. Die nächsten vierradgetriebenen Drahtbusse erhielt 1910 bis 1914 in der Steiermark eine Linie in Judenburg. Schließlich war 1912 die Gründung der Österreichischen Daimler-Tudor GmbH Ludwig Stolls Werk. Die erste von ihr eingerichtete Autobuslinie führte in Wien vom Stephansplatz zur Volksoper. Der Austro-Daimler-Frontlenkerbus mit Porsche-Vorder- Radnabenmotoren führte seine Batterien in der vorderen Wagenpartie mit.

14,7-kW-Daimler-Stoll Obus mit Hinterradantrieb, 1911.

14,7-kW-Daimler-Stoll Obus mit Vorderradantrieb, 1911.

STOLL

Typ	Sitzplätze/ Stehplätze	Bauzeit	Zylinder	kW	K	B x H mm	Hubraum cm^3	Drehzahl U/min	Radstand mm	Länge mm	Gewicht kg	Motor-hersteller	Typ	M	Bemerkungen
AEG-Stoll	16/4	1902/04		2x6,6								AEG	AB		Vorspannwagen
AEG-Stoll	20/6	1907 ?		2x8,8								AEG			
AEG-Stoll	16/4	1907		2x12,5							4500	AEG			
Daimler-Stoll	20/4	1911		14,7					3600	4550		AEG			Hinterradantrieb
Daimler-Stoll		1911		14,7						5500	3500	AEG			Vorderradantrieb

SAF/SAG

Süddeutsche Automobil-Fabrik GmbH (SAF/SAG),
Gaggenau i. Baden

1. 1898-1905	**Bergmanns Industriewerke GmbH**
2. 1905-1907	**Süddeutsche Automobil-Fabrik GmbH (SAF/SAG), Abt. Kraftwagenbau der Bergmanns Industriewerke**
3. 1907-1910	**Süddeutsche Automobil-Fabrik (SAF/SAG) GmbH**
4. 1911	**Benzwerke GmbH, vorm. Süddeutsche Automobil-Fabrik**

Die Süddeutsche Automobil-Fabrik GmbH (SAF), zeitweise auch als SAG oder »Gaggenau« bezeichnet, ging 1905 aus der Bergmanns Industriewerke GmbH hervor. Dieses Werk wiederum konnte auf ein Gründungsdatum im Jahre 1680 zurückblicken.

Seit 1893 produzierte Bergmann unter der Leitung von Theodor Bergmann (1850 - 1931) Metallwaren, Waffen, landwirtschaftliche Geräte und kleine Dampfmaschinen. 1894 kam neben dem Eisenwerk eine Automobilfabrik dazu, die 1898 einen straßenbahnähnlichen Omnibus-Prototyp mit 8- oder 10-PS-Motor auf die Räder stellte, den Bergmann-Typ XIV. Im Jahre 1900 folgte ein weiteres Modell als Frontlenker mit vorderem Fahrerplatz und hinterem Stehperron.

Nachdem Direktor Georg Wiss 1905 die Abteilung Automobilbau von Bergmanns Industriewerke erworben hatte, gründete er auf dieser Basis die Süddeutsche Automobil-Fabrik GmbH (SAF/SAG). Ab 1905 und 1907 entstanden verschiedene Omnibustypen mit den Typenbezeichnungen »Reichspost, Wien, München, Schwarzwald, Norddeutschland, Berlin und Baden-Baden«. Zwei- und Vierzylindermotoren mit Leistungen von 12 bis 50 PS wurden verwendet, wobei der Kunde bei den einzelnen Baumustern zwischen verschiedenen Motorstärken wählen konnte. Der Typ »Norddeutschland« wurde als Frontlenker gefertigt. Im zeitgenössischen Prospekt ist unter anderem zu lesen: »Führersitz wegen Raumersparnis oberhalb der Maschine angeordnet.« Der Typ »Berlin«-C/32 (siehe auch bei Benz) hatte als Oberdecker für die ABOAG 37 Sitz- und 5 Stehplätze.

8-PS-Bergmann Typ BX Versuchs-Linienbus Typ, 1898. (Foto MB-Archiv)

18/22-PS-SAF Linienbus Typ »Baden«, 1906.

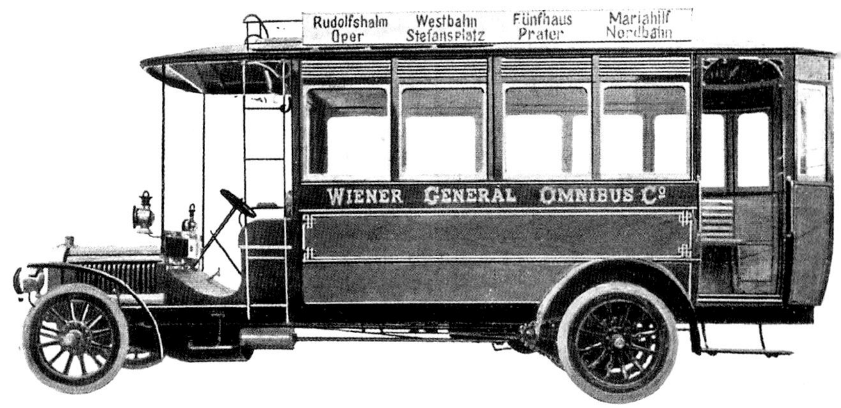

18/22-PS-SAF Linienbus Typ »Wien«, 1906.

1910 wurde das Angebot mit den Baumustern »Reichspost, Baden-Baden, Württemberg, Schwarzwald, Wien, München und St. Petersburg« erneuert. Mittlerweile standen Motoren mit 15/20, bis 50/60 PS zur Verfügung. Teilweise wurden Karosserien der Waggonfabrik Rastatt (später BWR-Badische Waggonfabrik Rastatt) verwendet. Mit dem schrittweisen Übergang der SAF/SAG ab 1907 in die Benzwerke wurde das Programm ab 1911 unter der Marke »Benz-Gaggenau« mit zusätzlichen Buchstabenangaben weitergeführt.

Das Gaggenauer Werk der späteren Daimler-Benz AG fertigte seit 1926 die Schwerlastwagen des Konzerns; seit den fünfziger Jahren wird dort die Mercedes-Benz-»Unimog«-Gelände-, Zugfahrzeug- und Geräteträger-Familie hergestellt.

24/32-PS-SAF Postomnibus, 1907. (Foto: MB-Archiv)

36/45-PS-SAF Ausflugsomnibus mit ansteigendem Boden, 1907. (Foto: MB-Archiv)

28/36-PS-SAF Typ Gaggenau Frontlenker Typ »München« mit Perron, 1907.

36/45-PS-SAF-Kombinationswagen, 1908. (Foto: MB-Archiv)

28/36-PS-SAF Linienbus mit geschlossenem Hinterperron und mit Zugverspannung der Längsträger (Waggonfabrik Rastatt-Aufbau), 1907.

24/32-PS-SAF Typ »Sardinien«, 1910.

SAG GAGGENAU															
Typ	Sitzplätze/ Stehplätze	Bauzeit	Zylinder	PS	K	B x H mm	Hubraum cm³	Drehzahl U/min	Radstand mm	Länge mm	Gewicht kg	Motor-hersteller	Typ	M	Bemerkungen
BX		1898	1	8		127x152	1924					SAG		V	
Reichspost	10/0	1906	2	12/14	W	100x128	2009			4120	1800	SAG	C/12	V	auch 35/40 oder 40/50 PS
Reichsp. (C 18)		1906 - 07	4	18/22	W	94x115	3190			4120		SAG	C/18	V	
Reichspost		1906 - 07	4	24/32	W	120x140	6330			4120		SAG	C/24	V	
Wien	14	1906 - 07	2	12/14	W	100x128	2009			6300 - 6400	2900	SAG	C/12	V	
Wien	14	1906 - 07	4	18/22	W	94x115	3190					SAG	C/18	V	
Wien	14	1906 - 07	4	24/32	W	120x140	6330					SAG	C/24	V	
München	18	1906 - 07	2	12/14	W	100x128	2090			6800	3200	SAG	C/12	V	
München	18	1906 - 07	4	18/22	W	94x115	3190					SAG	C/18	V	
München	18	1906 - 07	4	24/32	W	120x140	6330					SAG	C/24	V	
Schwarzwald	16	1906 - 07	2	12/14	W	100x128	2009			5350	2400	SAG	C/12	V	
Schwarzwald	16	1906 - 07	4	18/22	W	94x115	3190					SAG	C/18	V	
Schwarzwald	16	1906 - 07	4	24/32	W	120x140	6330					SAG	C/24	V	
Norddeutsch-land	22	1906 - 07	4	18/22	W	94x115	3190			5315	3500	SAG	C/18	V	Frontlenker
	22	1906 - 07	4	24/32	W	120x140	6330					SAG	C/24	V	
Berlin	38/6	1907	4	35/40	W				3658	5315	4000	SAG	C/32	V	mit Oberdeck 44 - 52 Plätze
Berlin	38/16	1907	4	40/50	W	115x150	6228	850				SAG	C/50	V	
Reichspost	10/2	1907 - 08	4	28/36	W	100x128	4019	1000				SAG	C/28	V	
Reichspost	10/2	1907 - 08	4	36/45	W	110x140	5319	1000				SAG	C/36	V	
Hotel-Omnibus	7	1908	4	15/20	W	80x130	2610	1000	2990	4650	1350	Benz		V	
Reichspost	10	1908	4	20/25	W	90x140	3560	1000	3290 - 3380	4700 - 4790	1880	Benz	R 10	V	
Baden-Baden	11	1908	4	28/36	W	100x128	4019	1000	3400	4790 - 4950		SAG	C/28	V	
Baden-Baden	11	1908	4	36(45	W	110x140	5319	1000				SAG	C/36	V	auch 28/36-PS-Motor
SAG	16	1908	4	32	W	120x130	5878	850	3850			SAG		V	
Schwarzwald	14-16	1908	4	28/36	W	100x128	4019	1000	5610 - 5810		2600	SAG	C/28	V	auch 36/45-PS-Motor
Aussichtswagen	24	1908	4	28/36	W	100x128	4019	1000	5630 - 5830		2400	SAG	C/28	V	dito
Wien	14	1908	4	28/36	W	100x128	4019	1000	6240 - 6440		3000	SAG	C/28	V	auch 36/45-PS-Motor
Köln	18	1908	4	28/36	W	100x128	4019	1000	7355 - 7555		3100	SAG	C/28	V	dito
Norddeutsch-land	22	1908	4	28/36	W	100x128	4019	1000	5575 - 5775		3700	SAG	C/28	V	Frontlenker, auch 36/45-PS-Motor
Berlin	38-44/6-8	1908	4	28/36	W	100x128	4019	1000	5575 - 5775		4100	SAG	C/28	V	Frontlenker-Oberdecker, auch 36/45-PS-Motor
Reichspost	10	1909	4	30/35	W	105x150	5195	1000			1910	Benz	R 8	V	
Baden-Baden	11	1910	4	20/25	W	90x140	3560	1000	3620 - 3710	5100 - 5190	2330	Benz	R 10	V	auch 30/35 PS-Motor
Württemberg	14	1910	4	20/25	W	90x140	3560	1000	3650 - 3740	5445 - 5535	3030	Benz	R 10	V	auch 30/35-PS-Motor
Schwarzwald	16	1910	4	30/35	W	105x150	5195	1000	3150 - 3180	5750 - 5840	3180	Benz	R 8	V	auch 40/45-PS-Motor
Aussichtswagen	23	1910	4	30/35	W	105x150	5195	1000	3800 - 3890	5900 - 5990	2880	Benz	R 8	V	auch 40/45-PS-Motor
Wien	16/5	1910	4	30/35	W	105x150	5195	1000	4163 - 4253	6300 - 6390	4480	Benz	R 8	V	auch 40/45-PS-Motor
München	20/5	1910	4	40/45	W	125x150	7360	1000	4400 - 4430	7000 - 7090	4430	Benz	R 4	V	auch 50/60-PS-Motor
St. Petersburg	23/21	1910	4	50/60	W	135x150	8850	1000	4450 - 4540	7900 - 7990	6030	Benz	R 2	V	auch 40/45-PS-Motor für Oberdecker

Sun

SUN-Motorwagen-Gesellschaft, E. Jeannin u. Co. KG,
Berlin, Prinz-Louis-Ferdinandstr. 1 - 3
1906-1908

Die beiden Automobilkaufleute Emile und Henry Jeannin gründeten in den Räumlichkeiten der Argus-Werke eine weitere Gesellschaft unter dem Namen SUN. Neben Lastwagen fertigte das Unternehmen auch Omnibusfahrgestelle mit 28- und 50-PS-Argus-Motoren. In der kurzen Zeit der Firmenexistenz wurden 200 Omnibus-Chassis hergestellt, die auch nach England und nach Spanien exportiert wurden.

50-PS-SUN Linienbus mit offenem Hinterperron (Waggonfabrik Rastatt-Aufbau), 1907.

SUN															
Typ	Sitzplätze/ Stehplätze	Bauzeit	Zylinder	PS	K	B x H mm	Hubraum cm³	Drehzahl U/min	Radstand mm	Länge mm	Gewicht kg	Motor-hersteller	Typ	M	Bemerkungen
SUN		1906	4	28	W	120x130	5878	1000				Argus		V	
SUN		1907	4	50	W	140x150	9240	1000				Argus		V	

Taunus

Taunus Automobilfabrik GmbH,
Frankfurt a. Main, Adalbertstr. 61
1907-1909

Die ehemaligen Adler-Ingenieure Hans Hirsch und Erich Lichtenberg sowie der ehemalige Stoewer-Chefingenieur Georg Hoffmann richteten in den Gebäuden der »Actien-Gesellschaft für Schmirgel- und Maschinen-Fabrikation« ein Unternehmen ein, das »in aller Stille bereits mehrere Luxusautomobile in tadelloser Ausführung gebaut« hatte und »den Bau jeder Gattung aufnehmen« wollte. Neben Personen-, Liefer- und Klein-Lastwagen fertigte das Unternehmen auch einen Omnibustyp auf einem verstärkten Pkw-Fahrgestell. Ein eigener 14/18-PS-Motor mit hängenden Ventilen trieb das unter der Bezeichnung »Taunuswagen« oder «Saalburg-Automobil« bezeichnete Modell an. Die Taunus-Automobilfabrik arbeitete stets mit Verlust. Mehrmalige Neubesetzungen der technischen und kaufmännischen Führungsposition und eine Kapitalerhöhung im Jahre 1908 konnten daran nichts ändern. Die Muttergesellschaft sah sich daher gezwungen, ihre Beteiligung an der Automobilfabrik 1909 abzuschreiben und den Automobilbau stillzulegen. Später versuchten mehrere Automobilhandlungen in den Gebäuden Fuß zu fassen, so zuletzt Glas und Simca/Talbot, ohne Erfolg.

TAUNUNS KLEIN-OMNIBUS

Typ	Sitzplätze/ Stehplätze	Bauzeit	Zylinder	PS	K	B x H mm	Hubraum cm³	Drehzahl U/min	Radstand mm	Länge mm	Gewicht kg	Motor-hersteller	Typ	M	Bemerkungen
Saalburg		1907 - 09	4	14/18	W	78x80	1528	1600				Taunus		V	

Uerdingen

Waggonfabrik Uerdingen AG,
Uerdingen a. Niederrhein, Duisburger Str. 145
1. 1930-1932 u.1935/36 u. 1942
u. 1949-1958 **Waggonfabrik Uerdingen,**
Uerdingen a. Niederrh., Duisburger Str. 145
2. 1960-1967 **DÜWAG/Waggonfabrik Uerdingen, (zeitw. als Düsseldorfer Waggonfabrik AG),**
Düsseldorf, Königsberger Str. 100

Weitblickende Männer des niederrheinischen Großgewerbes gründeten in Uerdingen nahe Krefeld 1898 zum Zwecke des Eisen- und Straßenbahnwagenbaus die Waggon-Fabrik AG Uerdingen (WAGÜ). Anfang bis Mitte der zwanziger Jahre nahm die nunmehrige Waggonfabrik Uerdingen AG zusätzlich den Omnibusbau auf und konzipierte als erster deutscher Hersteller aus Stahlspanten, Stahlblechen und -profilen bestehende Kraftomnibuskarosserien. Man realisierte sie bereits 1925, als Büssing mit dem dreiachsigen VI GL ein geeignetes Hochrahmenchassis zur Verfügung stellen konnte. Der leere Ganzstahlaufbau wog rund 2,8 Tonnen, während eine vergleichbare Holzkarosserie um gut 200 kg schwerer war. Ein Jahr später gesellten sich schon Doppelstock-Ganzstahl-Aufbauten auf zweiachsigen Büssing-Niederrahmenchassis des Typs IV Gn hinzu, mit Vollgummibereifung für die ABOAG in Berlin. Das Platzangebot umfasste insgesamt 52 Sitz- und 16 Stehplätze. Bereits reichlich 12 Meter messende Ausflugs- beziehungsweise Reise-Eindecker mit 9,8 Meter langem Ganzstahlaufbau, der 57 Sitze enthielt, orderte 1928 die Kölner Kraftwagen-Betriebs GmbH. Ihre Dreiachs-Niederrahmenfahrgestelle der Bauart VI GLn mit 100/110-PS-Sechszylinder-Ottomotor (D 2), stammten ebenfalls von Büssing.

An der Waggonfabrik Uerdingen beteiligte sich im etwa gleichen Zeitraum die 1838 in Aachen gegründete Waggonfabrik Talbot, die bis 1950 nahezu 100 Prozent hielt; während die Waggonfabrik sich seinerseits

Mitte der dreißiger Jahre an der Düsseldorfer Firma Gebrüder Schöndorff AG – Waggonbau, Straßenbahnwagen, Karosseriebau – beteiligte. (Der Kaufmann und Teileigentümer Albert Schöndorff (1870 - 1942) musste nach 1933 aufgrund der NS-Rassegesetze Deutschland verlassen.) Schöndorff montierte 1928 zum Beispiel für die Hamburger Hochbahn AG eine Anzahl Ganzstahl-Doppelstockaufbauten auf dreiachsigen Büssing VI GLn-Fahrgestellen. 1930 ging das Werk in den Besitz der Waggon- und Lokomotivbaugruppe LHW/Linke-Hofmann-Werke AG in Breslau über. Es folgte die Umwandlung von Schöndorff zur Düsseldorfer Waggonfabrik, an der sich dann die Uerdinger beteiligten. Letztere verlegte 1936 die Fabrikation und den Vertrieb von Lastanhängern, später auch den Omnibus-Aufbautenbereich, ins Werk Düsseldorf, jetzt DÜWAG genannt.

Zu die Zeit – die erste Hälfte der dreißiger Jahre – war die Waggonfabrik Uerdingen wesentlich an der Konzeption und Fertigstellung dreiachsiger Fahrdraht- beziehungsweise Trolleybusse beteiligt. So erhielt die Kreis-Mettmanner-Straßenbahn 1930 Uerdingen-Obusse auf Krupp-Frontlenker-Chassis mit »ATE-Lockheed«-Hydraulikbremsen. Der Ganzstahlaufbau (mit äußerem Dachbelag aus Holz) besaß vorn und hinten je eine Falttür und verfügte über 30 Sitz- sowie 17 Stehplätze. Den Antrieb besorgte ein 89-kW-Elektromotor der AEG.

1932 folgten Sechsrad-Obusse für die RWE-Rheinisch-Westfälische Elektrizitäts AG (Essen) mit Ganzstahlaufbau und zwei 41-kW-Elektromotoren der AEG sowie ATE-Lockheed-Bremse. (Die zentrale Antriebswelle des Krupp-Vierrad-Aggregats war differentiallos mit den zwei Ankern bestückt.) 1935 erschien das nächste dreiachsige Uerdinger Obus-Modell, erstellt für die BVG in Berlin. Die neuen, ebenfalls selbsttragenden Dreiachser besaßen Büssing-NAG-Vorder- und Hinterachsen. Die Elektromotoren leisteten je nach Ausführung zweimal 50, gleich 100 kW (SSW) oder einmal 112 kW (BBC). Das Fassungsvermögen wurde mit 36 Sitz- und 30 Stehplätzen angegeben. Darüber hinaus gingen Zweiachser nach Leipzig, Kraftquelle waren zweimal 50 kW-AEG-Elektromotoren. 33 Sitz- und 17 Stehplätze standen zur Verfügung.

1939 entwickelte die DÜWAG eine weitere Obus-Bauart, die Normgröße IIs (selbsttragend) mit einem unter dem Wagenboden längsliegenden 63 kW-AEG-Elektromotor. Der zweiachsige Rahmen-Obus besaß ein Stahlgerippe mit einer Leichtmetallbeplankung, einer Falttür vorn und einer Schiebetür hinten. Nach dem Krieg wurde dieser bei der Siegener Kreisbahn erprobte Prototyp mit neuer Lackierung sowie mit nun im Heck quer liegend eingebautem Motor als 35-sitziger Omnibus erneut vorgestellt.

Ab 1933/34 versahen die Waggonfabrik Uerdingen beziehungsweise die DÜWAG dreiachsige Büssing-NAG-Niederrahmenfahrgestelle mit Omnibusaufbauten für die Rheinbahn (Rheinische Bahngesellschaft) in Düsseldorf. Auf Wunsch des Kunden wurde von Anfang an bis 1938/39 ein bestimmtes Grundraster im Aufbau beibehalten, gekennzeichnet durch zwei kleine, schmale Fenster vorn, eine Schiebetür, fünf normale Fenster und eine hintere Falttür. Die Karosserien der 1935 gelieferten Langschnauzer-BN 802 N mit weit zurückversetzter Vorderachse waren etwas runder gehalten und verfügten über der Vorderachse bereits über ein Fenster in normaler Größe anstelle der beiden Kleinen. Alle diese zwölf bis 12,5 Meter langen Busse wiesen 46/48 und 33 Sitzplätze auf. In etwas anderer Formgestaltung und mit herkömmlicher (Schiebe-) Türanordnung vorn und hinten bestellten ab 1937 die Bahnen der Stadt Köln so gut wie gleiche Stadtlinien-Aufbauten auf Büssing-NAG 802 N-Fahrgestellen.

1935/36 steuerten Uerdingen und die DÜWAG die Karosserien für die ersten Büssing-NAG-Frontlenker-Busse mit Unterflur-Dieselmotoren (un-

2x41-kW-Mulag-Krupp/Uerdingen Obus, 1931.

90-kW-Uerdingen Obus II/6500 Prototyp, 1950.

90-kW-Henschel-Uerdingen HS II/6500, 1950. (Foto: DÜWAG)

90-kW-Henschel-Uerdingen HS ÜH/IIs, 1950. (Foto: DÜWAG)

90-kW-Henschel-Uerdingen HS ÜH/IIs, 1950. (Foto: DÜWAG)

ter dem Fahrersitz) bei. Der Zweiachstyp 650 TU für 56 Fahrgäste wurde am Niederrhein und der dreiachsige 900 TU für 70 Personen in der Rhein-Ruhr-Metropole komplettiert. Beide ihrer Zeit vorausgeeilten Busse gingen in den Linieneinsatz zur ÜSTRA nach Hannover. Sie waren vor und hinter der Hinterachse jeweils mit Falttüren ausgerüstet. Es folgten 1936/37 Frontlenker auf Basis des BN-Trambustyps 550 T für die Verkehrsbetriebe Wiesbaden und – 1937/38 – ein BN-650 T Trambusfahrgestell als Sattelzugmaschine mit Einachs-Sattelauflieger plus einem zusätzlichen spurlaufenden (Kulissensteuerung) Zweiachsanhänger. Sowohl die Wiesbadener Büssing-NAG 650 T als auch die Sattelzugmaschine mit Trambus-Chassis hatten den BN-Diesel FD 6 mit 110/120 PS.

Während sich die Deutsche Reichspost in beträchtlichem Maße auch den großen Sechsradbussen zugewandt hatte, setzte die Deutsche Reichsbahn ab 1934 zunächst auf kleinere bis mittelgroße Busse mit Stromlinienaufbauten für den ab 1935/36 geplanten Schnellreisedienst auf Reichsautobahnen ein. Die Vorgaben der Reichsbahn – die zugleich auch die Reichsautobahnen betrieb – schrieben zwingend aerodynamische Aufbauten nach Patenten des Wiener Ingenieurs und Aerodynamikers Paul Jaray (1889 – 1974) vor. Folgerichtig entwickelte die Waggonfabrik Uerdingen zwei Stromlinienbusse und stellte sie auf zwei Automobilaustellungen in Berlin einem interessierten Publikum vor. Der eine elegant wirkende Schnellreisebus auf Mercedes-Benz-Fahrgestell Lo 3100 mit 5,1 Meter Radstand hatte den 95-PS-Diesel und brachte das Stromliniengefährt mit knapp 30 Fahrgästen auf über 100 km/h. Dieser Bus mit der aus drei Teilen zusammensetzenden Windschutzscheiben-Partie und Dachrandverglasung verkehrte ab 1935/36 auf der ersten DR-Schnellreiselinie Frankfurt - Darmstadt/Mannheim/Heidelberg. Den zweiten aerodynamisch wesentlich konsequenter ausgelegten Stromlinienbus präsentierte die Waggonfabrik Uerdingen 1936. Dahinter wölbte sich eine beachtliche »Walfisch«-Schnauze mit einem 110/120-PS-Mercedes-Diesel darunter, und darüber rundete sich von links nach rechts eine fünffach gegliederte Windschutzscheibe. Grundlage war ein Daimler-Benz-Niederrahmenchassis des Typs Lo 3500. Der ausgeprägte Stromlinienaufbau mit

100-kW-Henschel-Uerdingen HS ÜH/IIIs, 1950. (Foto: Hans Pairan)

170-PS-Büssing-DÜWAG DG II-Bu 11 Prototyp, 1960. (Foto: DÜWAG)

seinen starken Rundungen ging auf Kosten der Fahrgastkapazität, nur 24 Sitzplätze standen zur Verfügung. Diese 9,55 Meter lange Schnellreisebus-Variante blieb ein Prototyp bei der DR. Eine außergewöhnliche Entwicklung der Waggonfabrik stellten um diese Zeit auch die Obus-Straßenzüge nach Patenten des Ingenieurs Henri W. Jonkhoff dar. Hier handelte es sich um vierachsige Zweirichtungswagen in symmetrischer Bauweise. Vier 31,6-kW-Motoren trieben die Mitteleinstiegswagen für 28 sitzende- und 23 sitzende Fahrgäste an.

In der Nachkriegszeit, 1949/50, konzentrierte sich die Waggonfabrik Uerdingen neben dem Waggonbau auf Entwicklung und Fertigung zweiachsiger Oberleitungsomnibusse. Zuerst einmal entstanden wieder Obusse in selbsttragender Bauweise, zwölf Meter lang, mit 34 Sitz- und 52 Stehplätzen sowie 90-kW-AEG-Elektromotor im Heck. Hinzu kamen mindestens drei Varianten der Bauart 6500/II auf Henschel & Sohn-Fahrgestellen mit 90-kW-Motoren der AEG, BBC und SSW. Beide Achsen waren hier wie bei anderen Henschel-Trolleybussen zwillingsbereift. Ein Modell besaß sogar eine Sandstreueinrichtung. Das stählerne Fahrzeuggerippe war mit Leichtmetallblechen aus Hydronalium und Elektron verkleidet. Auch mit einer mit einem Dieselmotor ausgestatteten Ausführung experimentierte das Werk.

Für Uerdingen-Obusse mit Henschel-Fahrwerks-Komponenten und für Obusse auf kompletten Henschel-Fahrgestellen kreierten die beiden Firmen ein gemeinsames Markenzeichen: Unter der geteilten Windschutzscheibe prangten ab 1950 die in einem Oval platzierten Embleme »W-Uerdingen« und der sechsstrahlige »Henschel-Stern«. Zwischen 1951 und 1958 dauerte die Zusammenarbeit mit Henschel & Sohn. Es entstanden Gemeinschaftsmodelle wie der ÜH IIs in halbselbsttragender Bauweise, Henschel-Chassis und 90 kW leistendem Elektromotor in Unterfluranordnung oder der ÜH IIIs in selbsttragender Schalenbauweise mit einem 100-kW-Motor und zwei oder drei Türen. Die Kooperation endete, weil Henschel inzwischen eigene Karosserien baute und weil das Interesse an Elektro-Bussen drastisch nachgelassen hatte. Nach 157 gefertigten Nachkriegs-Obussen stellte die Waggonfabrik diesen Produktionszweig ein und nutzte die freigewordenen Kapazitäten für den Waggon- und Straßenbahnwagenbau.

Neben den Henschel-Aufbauten erstellte die Waggonfabrik Uerdingen auch zahlreiche Stahlomnibus-Karosserien für Südwerke/Krupp- und für Büssing-Fahrgestelle, dazu viele Omnibus-Anhänger in selbsttragender Bauweise. Der erste fahrgestelllose Uerdinger-Dieselbus entstand bereits 1951 in Schalenbauweise und mit Büssing-Fahrwerkselementen - eine Technik, die man wieder aufgriff, als 1960 Busanhänger verboten wurden und man sich auf die Entwicklung und den Bau von Großomnibussen in Gelenkbauweise verlegte, was im Zweigwerk der Waggonbau-Tochter Düsseldorfer Waggonfabrik AG (DÜWAG) erfolgte. Der erste Prototyp von 1960 war der DG II BU 11 mit Büssing-Bodengruppe und -Technik. Hinter dem Bandwurm an Abkürzung verbarg sich der »DÜWAG, Gelenkbus, Normgröße II, Büssing-11-Liter-Motor«. Die Besonderheit des Gelenkbusses bestand in der vom DÜWAG-Straßenbahnwagenbau übernommenen, etwas tiefer in der Karosserie liegenden Leichtmetall-Übergangsportalrahmen zwischen den beiden Wagenhälften, der in der Karosserie verborgene Gummiabdeckungen besaß. Der Nachläufer ruhte mit einem Kugellenkkranz auf Tragarmen des Zugfahrzeuges. Mittels gummigelagerter Pratzen wurde der Nachläufer abgestützt, so dass Bewegungen in der horizontalen und in der vertikalen Achse bestens möglich waren. Die Achse des Nachläufers wurde über ein Lenkgestänge von der Vorder-

170-PS-Büssing-DÜWAG GBS 165 U 11, 1961. (Foto: DÜWAG)

170-PS-Büssing-DÜWAG GBS 165 U 11, 1963. (Foto: DÜWAG)

192-PS-Büssing-DÜWAG GBS U 11, 1963. (Foto: DÜWAG)

achse aus zwangsgelenkt, wobei die geringe Übersetzung die Laufruhe erhöhte. Zu den weiteren Besonderheiten des selbsttragenden Busses gehörten die Radkästen aus glasfaserverstärktem Kunstharz, die druckluftbetätigten und elektrisch gesteuerten Falttüren. Der Wagenkörper ruhte auf Luftfederungen. Der zwischen erster und zweiter Achse untergebrachte Büssing-10,8-Liter-Unterflurdiesel mit 170 PS war mit einem Voith-Diwabus- oder einem ZF-Hydromedia-Getriebe verbunden.

Die Serienfahrzeuge liefen unter der Bezeichnung GBS 165 U 11 (Gelenkbus, Büssing, selbsttragend, 16,5 Meter Länge, U 11-Motor) mit 41 Sitz- und 124 Stehplätzen. Es folgten die ab 1963 gebauten GBS 162 U 11 mit den geteilten Frontscheiben im Stil der DÜWAG-Straßenbahnwagen und - 1965 - der in sechs Exemplaren gebaute 18-Meter-Typ GBS 180 U 11 mit 52 Sitz- und 112 Stehplätzen. Bei diesem Modell hatten diese Ingenieure die Seitenscheiben bis unter das neue Flachdach hochgezogen. Das Gelenkportal bestand hier aus wesentlich leichterem Kunststoff. Insgesamt entstanden 136 Gelenkbusse.

1967 gab das Unternehmen den Omnibusbau endgültig auf; Das Werk ist heute als Teil der Siemens Mobility in Händen des Siemens-Konzerns und stellt Regional- und Hochgeschwindigkeitszüge her.

WAGGONFABRIK UERDINGEN

Typ	Sitzplätze/ Stehplätze	Bauzeit	Zylinder	PS	K	B x H mm	Hubraum cm³	Drehzahl U/min	Radstand mm	Länge mm	Gewicht kg	Motor-hersteller	Typ	M	Bemerkungen
A) Modelle mit Elektromotoren a) Sechsrad-Obusse															
Sechsrad-Omnibus (Mettmann-Gruiten)	24/26	1931		89-95				1420 - 1620	4800+1400	9115	8545	AEG	USC 335		Mulag-Fahrgestell, auch 30/17 Plätze
Sechsrad-Omnibus (Idar-Tiefenstein)	24/26	1932		2x41-45				1500 - 1620	4800+1400	9115	8540	AEG	USC 225		Mulag-Fahrgestell, auch 30/17 Plätze
Uerdingen-Obus	36/29	1936		2x42,5					3870+1260	9340		BBC			
b) Baureihen Obus II															
Obus II/6500	35/	1940 - 43		90				1700	4850	10160	6800	AEG	USC 227c		Prototyp
Obus II/6500	33/33	1949		90				1700	4850	10160	8230	AEG/BBC	USC 227c		
Obus II/6500	27/54	1949		90				1700	4850	10160	8530	AEG	USC 227c		
Obus II/6500	29/54	1949 - 51		90				1700	5200	10915		AEG	USC 227c		
Obus II/6500	35/28	1950							4850	10160				D	Diesel-Projekt
Obus II/6500	32/86	1950		90				1700	5200	12000	6940	AEG	USC 227c		
c) Baureihen ÜH															
Obus ÜH IIs	30/57	1950 - 53		90				1430	4850	10160	7100	SSW	D 602e		
Obus ÜH IIIs	26/30	1951		85				1800	5200	11000	7500	BBC	GLM 1273a		
Obus ÜH IIIs	34/58	1951 - 58		90-100				1800	5200	10940	7400	AEG/BBC			auch 35/65 Plätze
B) Modelle mit Verbrennungsmotoren (Büssing-Gelenkbusse)															
DG II-Bu 11	37/80	1960	6	170	W	122x155	10872	2000	5350+5770	16500	11700	Büssing	U 11	D	
GBS 165 U 11	41/124	1960 - 63	6	170	W	122x155	10872	2000	5350+5770	16500	11400	Büssing	U 11	D	
GBS 165 U 10	41/124	1961 - 63	6	150	W	118x150	9842	2000	5350+5770	16500	11340	Büssing	U 10	D	
GBS 165 U 11		1961 - 65	6	170	W	122x155	10872	2000	5930+6045	18000	12000	Büssing	U 11	D	
GBS 162 U 11		1963 - 65	6	192	W	125x155	11410	2100	5530+5670	16900	11000	Büssing	U 11	D	

Union

Nürnberger Motorfahrzeuge-Fabrik »Union« GmbH, Ludwig Maurer,
Nürnberg, Dürrenhofstr. 8-10 und Bahnhofstr. 91 - 93

1. 1900-1908 **Nürnberger Motorfahrzeuge-Fabrik »Union« GmbH, Ludwig Maurer**
2. 1908-1910 **Automobil-Werke Union AG**

Der Ingenieur Ludwig Maurer (1873-1936) gründete im Jahre 1900 in Nürnberg eine Automobilfabrik mit dem Zusatznamen "Union". Die technische Besonderheit seiner Fahrzeuge bestand im patentierten Friktionsantrieb, wobei die Kraftübertragung über diesen Reibradantrieb mit einer seitlichen Kette und von da auf eine mit Differential ausgestattete Hinterachse erfolgte. Die Fahrzeuge besaßen Vollgummibereifung. In dem 300 Mann zählenden Betrieb erschienen auch Kleinbusse auf Pkw-Fahrgestellen. Es standen seinerzeit eigene Ein- und Zweizylindermotoren mit sieben bis zehn PS zur Verfügung.

Die Erste Bayerische Motoromnibus-Gesellschaft (mit Beteiligung des Union-Werkes) nahm am 23. Mai 1903 ihre erste Omnibuslinie in Betrieb, von Nürnberg nach Heroldsberg. Dafür hatte man von Maurer-Union offene neunsitzige Frontlenkeromnibusse mit Ottenbacher-Aufbauten angeschafft, ebenso bei der Motoromnibuslinie (mit Postgut-Beförderung) von Heroldsberg nach Eschenau. Auf diesem Kurs verkehrten bis zur Einstellung Ende 1905 größere Maurer-Union-Busse mit Platz für zwölf bis 15 Passagiere. Diese Frontlenker hatten ebenfalls einen seitlich offenen Fahrerplatz, dem sich geschlossene »dreifenstrige« Aufbauten anschlossen. Bei allen Maurer-Union-Bussen befanden sich die Motor-Reibrad- beziehungsweise Friktionsgetriebe-Kombinationen unter dem Fahrersitz (Motor) und dahinter (Getriebe).

Die ständigen Patentstreitigkeiten mit verschiedenen Konkurrenten sowie der schleppende Verkauf der Maurer-Union-Fahrzeuge führten trotz mehrfacher Kapitalerhöhung im Krisenjahr 1908 zu Zahlungsschwierigkeiten des Unternehmens; 1910 wurde Maurer von der Nürnberger Feuerlöschgeräte- und Maschinenfabrik AG vorm. Justus Christian Braun (späteres FAUN-Werk) übernommen. Ludwig Maurer gründete unter dem Namen seiner Frau nochmals ein Automobilbau-Unternehmen, hatte damit aber auch keinen Erfolg. Seit den dreißiger Jahren war auf dem Maurer-Werksgelände in der Nürnberger Bahnhofstraße dann ein Magirus-Großreparaturwerk untergebracht; heute befindet sich dort ein Hotel.

4,5-PS-Nürnberger Motorfahrzeuge-Fabrik »Union« (Ottenbacher Aufbau), 1900.

10-PS-Nürnberger Motorfahrzeuge-Fabrik »Union« (Ottenbacher Aufbau), 1903.

6/8-PS-Nürnberger Motorfahrzeuge-Fabrik »Union« (Ottenbacher Aufbau), 1905.

MAURER »UNION«

Typ	Sitzplätze/ Stehplätze	Bauzeit	Zylinder	PS	K	B x H mm	Hubraum cm^3	Drehzahl U/min	Radstand mm	Länge mm	Gewicht kg	Motor-hersteller	Typ	M	Bemerkungen
Maurer	8/0	1902	1	4,5	Th	110x120	1140	800				Maurer		V	Friktionsantrieb, auch 6 PS-Motor
Maurer	9 - 11	1903	1	10	Th	140x150	2308	800				Maurer		V	Friktionsantrieb
Maurer	12 - 14	1906-10	1	6/8	Th	110x120	1140	1000				Maurer		V	

VEB Barkas

VEB Barkas-Werke,
Hainichen i. Sachsen, Gottlob Keller Str. 2
1. 1952-1957 **VEB IFA Kraftfahrzeugwerk Framo**
2. 1958-1990 **VEB Barkas-Werke**
3. 1990-1991 **Barkas-Werke GmbH**

Ein weiterer Fahrzeugbetrieb des dänischen Industriellen Jörgen Skafte Rasmussen war neben den DKW-Werken (später Auto Union) die 1923 gegründeten »Metallwerke Frankenberg GmbH« in Frankenberg am Rande des Erzgebirges. Der in einer ehemaligen Trainkaserne untergebrachten Betrieb entwickelte sich rasch zu einem wichtigen Zulieferer der Motorradindustrie. 1933 verlegte Rasmussen den Firmensitz und einen Großteil der Produktion in eine stillgelegte Woll-Haar-Kämmerei in Hainichen i. Sachsen, da die Reichswehr das Firmengelände wieder beanspruchte.

Ausgehend von der 1926 aufgenommenen Lieferwagenproduktion mit Einfachst-Modellen entwickelte das Unternehmen bis zum Kriegsausbruch eine breite Palette von drei- und vierrädrigen kleinen Nutzfahrzeugen. Während des Krieges baute das inzwischen unter dem Namen »Framo« bekannte Unternehmen den Einheitslieferwagen vom Typ V 500, der auch von den Firmen Manderbach und Willy Ostner gefertigt wurde.

24-PS-IFA Framo V 901 Kleinbus (KAFA Halle-Aufbau) 1952.

24-PS-IFA Framo L1 Prototyp, 1952.

Nach dem Krieg wurde das Werk unter Sequester gestellt und nach dem politisch inszenierten Volksentscheid in Sachsen auf Befehl der Sowjetischen Militär-Administration (SMAD) enteignet und demontiert. Jörgen Skafte Rasmussen ging nach Dänemark, wo er 1964 starb. Sein Sohn Hans, der das Werk geführt hatte und sich mit seinem dänischen Pass sicher wähnte, wurde 1945 aufgrund der Rüstungsfertigung (Nebelwerfer, Bordwaffen und Richtmaschinen) und des Einsatzes von Zwangsarbeitern verhaftet und kam im sowjetischen Internierungslager Toszek/Polen um. Nachdem Haushaltsgeräte und landwirtschaftliche Gespannwagen gefertigt worden waren, wurde Framo der »IFA Vereinigung Volkseigener Fahrzeugwerke« angegliedert. 1958 erfolgte der Zusammenschluss des VEB Motorenwerkes und des VEB Fahrzeugwerkes in Hainichen zum VEB Barkas-Werk Karl-Marx-Stadt.

Ende 1946 konnten wieder erste Ersatzteile geliefert werden; 1949 wieder der Einheitstyp als Pritschen-, Kasten-, Kranken- und Kombiwagen. 1952 ergänzte der Framo V 901/2 als in Gemischtbauweise erstellter Kleinbus für acht Personen und 135 kg Gepäck die Modellpalette. Für Vortrieb sorgte der DKW-Dreizylinder aus dem IFA-Pkw F 9 mit einer Leistung von 24 PS. Das Karosseriewerk Halle und das Karosseriewerk Döbeln erstellten die Aufbauten. Die Motorleistung des Framo-Modells wurde 1954 auf 28 PS angehoben, nachdem das Fahrzeug 1953 stilistisch überarbeitet worden war. Der Einsatz eines 35-PS-Kleindiesels wurde geplant, aber nicht realisiert. Ein Studienmodell blieb im Jahre 1952 der achtsitzige Frontlenkertyp L 1 mit Eintonnen-Fahrgestell und Dreizylinder-DKW-Motor.

1961 erschien ein völlig neuer Wagen, ein Frontlenker, der stilistische Anleihen am amerikanischen General-Motors-Typ »L' Universelle« von 1955 nahm. Der neue Barkas 1000 wurde bis 1991 nahezu unverändert gebaut und besaß einen Mittelkastenrahmen zur Aufnahme des Fahrwerks und des Fronttriebblocks. Der 42-PS-Dreizylinder-Zweitakter aus dem Modell Wartburg befand sich zwischen Fahrer- und Beifahrersitz. Die von 1963 bis 1964 eingebaute Lenkradschaltung erwies sich zu störanfällig, so dass man anschließend zur Mittelschaltung zurückkehrte. 1969 erstellte dann das Fleischer-Werk, das die Sitze anlieferte, auf der Bodengruppe des Barkas 1000 eine sorgfältig gezeichnete Großraum-Taxi-Karosserie mit elektrischer Schiebetür-Betätigung; für die Serienfertigung fehlten jedoch die Investitionsmittel. Der Zweitaktmotor wurde 1972 auf 45 und 1986 auf 46 PS gesteigert. 1990 konnte der unwirtschaftliche, schwache und umweltschädigende Zweitaktmotor durch den im VEB Barkas-Werke Chemnitz gefertigten VW-Lizenzmotor BM 880 mit 58 PS ersetzt werden. Kleine Änderungen im Frontbereich sollten die neue Ausführung B 1000-I moderner erscheinen lassen.

Im Frühjahr 1991 lief die Produktion mangels Nachfrage aus. Die Produktionsanlagen sollten dann in die GUS geliefert werden, doch kamen sie nie dort an: Die schon verpackten Maschinen wurden verschrottet.

28-PS-IFA Framo V 901/2 Kleinbus (KAFA Halle-Aufbau), 1957. (Foto: Christian Suhr)

42-PS-IFA Barkas B 1000 Fleischer-Großraumtaxi, 1969. (Foto: Hans Fleischer)

45-PS-IFA Barkas B 1000 Kleinbus, 1987.

VEB BARKAS-WERKE KARL-MARX-STADT															
Typ	Sitzplätze/ Stehplätze	Bauzeit	Zylinder	PS	K	B x H mm	Hubraum cm³	Drehzahl U/min	Radstand mm	Länge mm	Gewicht kg	Motor-hersteller	Typ	M	Bemerkungen
Framo V 901	8/0	1952 - 53	3	20/24	Th	70x78	900	3600	2700	4250	1050	IFA	F 9	V	
IFA L 1	8/0	1952	3	20/24	Th	70x78	900	3600				IFA	F 9	V	Prototyp
Framo V 901/2	8/0	1954 - 61	3	28	Th	70x78	900	3600	2800	4375	1320	AWE	311	V	ab 1957 Bezeichnung Barkas V 901/2
Barkas B 1000	8/0	1961 - 72	3	42	W	78x73,5	992	4000	2400	4520		AWE	312	V	
Barkas B 1000	8/0	1969	3	42	W	78x73,5	992	4000	2400	4615	1765	AWE	312-016	V	Fleischer-Großraum-Taxi
Barkas B 1000	8/0	1972 - 86	3	45	W	78x73,5	992	4000	2400	4520		AWE	352-I	V	
Barkas B 1000	8/0	1986 - 90	3	46	W	78x73,5	992	4000	2400	4520		AWE	353-I	V	
Barkas B 1000-1	8/0	1990	4	58	W	75x72	1263	5200	2400	4520		Barkas-Werke (Lizenz VW)	BM 880	V	

VEB Ludwigsfelde

VEB Industriewerke Ludwigsfelde, Ludwigsfelde
1. 1955-1960 **VEB Industriewerke Ludwigsfelde**
2. 1983-1990 **VEB IFA Automobilwerke Ludwigsfelde**
3. 1990-1991 **Ludwigsfelder Nutzfahrzeuge GmbH**

Die 1936 »Daimler-Benz-Motoren-Werke«, Genshagen bei Berlin, stellten Flugtriebwerke her und firmierten nach Demontage, Zerstörung und Wiederaufbau als VEB Industriewerk Ludwigsfelde. Anfang der sechziger Jahre wurde das Werk zum VEB IFA Automobilwerk Ludwigsfelde ausgebaut und stellte ab 1965 den Lkw-Typ W 50 und ab 1986 den Typ L 60 her. Das Chassis des W 50 mit 125-Maschine des VEB IFA Motorenwerke Nordhausen diente der KAFA Karosserie- und Fahrzeugfabrik Hartmann KG für den Aufbau einiger Ausflugs- und Reisebusse, die sich durch schräggestellte Fensterpfosten sowie eine geteilte und weit in die Seitenfläche herumgezogene Frontscheibe auszeichneten.

125-PS-IFA Ludwigsfelde W 50 L Behelfsomnibus für die LPG, 1989. (Foto: Thomas Günther)

125-PS-IFA Ludwigsfelde W 50 L Ausflugs- und Reisebus (Aufbau KAFA Leipzig), um 1968. (Foto: Thomas Günther)

In Zusammenarbeit mit Ikarus entstand 1974 unter Verwendung von W 50-Komponenten der Ikarus/IFA 211. (Foto: Ralf Weinreich)

Für die Republik Ghana entstand in Zusammenarbeit zwischen Ludwigsfelde und Neoplan der sogenannte »Ghana-Bus« (Foto: Smlg. R. Weinreich)

Für das Fahrgestell des DDR-Standardlastwagens W 50 entwickelte die Stuttgarter Firma Auwärter/Neoplan einen Trambusaufbau. Die Serienfertigung dieses Omnibusmodells (»Ghana-Bus«) mit einer hinteren Trag- und Antriebsachse erfolgte ab 1983 im Auwärter-Zweigwerk Kumasi/Ghana. Überdies baute Arewa (früher Karosseriefabrik Albert Kleye KG) in Altenburg mit Neoplan-Unterstützung 1990 und 1991 einige Trambusmodelle des Typs »Arewa Junior 508« auf dem W 50-Fahrgestell auf; während das zwischenzeitlich zu Auwärter gehörende Karosseriewerk R. Hiller »Transliner«-Modelle mit dem L 60-Motor mit 180 und 230 PS anbot.

1990 engagierte sich Mercedes-Benz wieder am einstigen Unternehmen, in Ludwigsfelde laufen mittlere Lastwagen und Transporter der »Sprinter«-Baureihe vom Band. Den Flugmotorenteil, der für die Luftstreitkräfte der »Volksarmee« arbeitete, übernahm die MTU Motoren- und Turbinen-Union Friedrichshafen GmbH in Friedrichshafen/Bodensee.

VEB Kfz-Werk Werdau

VEB Kraftfahrzeugwerk »Ernst Grube«,
Werdau, Greizer Str. 70
1. 1951-1952 **VEB Waggonbau Werdau, vorm. Schumann**
2. 1952-1960 **VEB Kraftfahrzeugwerk »Ernst Grube«**

Die Sächsische Waggonfabrik Werdau GmbH war 1898 gegründet worden und produzierte Möbel-, Wohn-, Roll-, Eisenbahn- und Straßenbahnwagen. 1924 nahm das Unternehmen auch den Bau von Omnibuskarosserien auf. Sieben Jahre zuvor, 1917, hatte das Werdauer Werk die Waggon- u. Wagenfabrik H. Schumann in Zwickau übernommen und war seinerseits gemeinsam mit der 1846 gegründeten Waggon- u. Maschinenfabrik AG, vorm. Busch, Bautzen in der neugegründeten Aktiengesellschaft »Hermann Schumann AG« aufgegangen. 1928 fusionierte diese Gesellschaft mit den 1839 gegründeten Linke-Hofmann-Werken AG in Breslau. Der Waggon- und Karosseriebau wurde nun unter der Bezeichnung Linke-Hofmann-Busch (LHB) zusammengefasst. Im Jahre 1931 legte die Linke-Hofmann-Busch AG den Werdauer Betriebsteil still; ehemalige Angestellte und Manager erwarben das Werk und eröffneten in Werdau 1932 die »Fahrzeugbau Schumann GmbH«. 1934 erwarb die LHB das Werk erneut.

90-kW-Henschel-Werdau Obus I/4500, 1950.

120-kW-Werdau Obus Typ W 601, 1951.

Zu den wichtigsten Entwicklungen der Vorkriegszeit gehörten die erstmalig 1927 gezeigte Ganzstahlaufbauen nach Patenten des Schweizer Ingenieurs Hans Arquint, bei dem das aus gepressten, hutförmigen Blechspanten gebildete Gerippe mit der Außenhaut vernietet war.

Das Unternehmen fertigte solche Omnibusaufbauten für Firmen wie VOMAG, Henschel, Büssing, Daimler-Benz, Krupp und MAN. Auch Doppeldeckeraufbauten für Berlin wurden ab 1926/27 gebaut. Überdies fertigte Schumann ab 1936 Oberleitungsomnibusse mit Büssing- und Henschel-Fahrgestellen. 1942 entstanden zusammen mit dem Kässbohrer-Werk in Ulm und dem Lohner-Werk in Wien die vereinfachten Obus-Aufbauten der Normgröße I und II, auch mit Omnibusanhängern.

Nach dem Krieg wurde das seit 1943 als Schumann-Werke GmbH bezeichnete Unternehmen enteignet und im August 1946 in die SAG-Gruppe »Transmasch« (SAG Transportmittelbau) und damit in sowjetische Verwaltung überführt. Die Herstellung von Aufbauten und die Großreparatur von russischen Militärfahrzeugen stand nun an. 1947 wurde das Werk von der Sowjetischen Militäradministration (SMAD) an die Landesverwaltung Sachsen zurückgegeben. Aufgrund des »Sächsischen Volksentscheides über die Betriebe der Kriegs- und Naziverbrecher« vom 30.

120-PS-Werdau W 500 Omnibuszug mit Anhänger W 700, 1951.

90-kW-Werdau Obus W 602a, 1952. (Foto: Winfried Otto)

Juni 1946 wurde das Werk in die C-Liste aufgenommen, das heißt als angeblich ehemaliger Rüstungsbetrieb in landeseigene »Treuhänderschaft« übernommen und am 1. Juli 1948 nach Befehl 64 der SMAD in »Volkseigentum« überführt und 1951 in den Industrieverband VVB LOWA als VEB Waggonbau Werdau, vorm. Schumann, eingegliedert. 1951 wurde das Unternehmen in den Industrieverband VVB LOWA als VEB Waggonbau Werdau, vorm. Schumann aufgenommen. Zum VVB LOWA-Verband gehörten weiterhin der VEB Waggonfabrik Ammendorf, vorm. Gottfried Lindner AG, Halle, der VEB Waggonfabrik Bautzen, vorm. Busch AG, der VEB Waggonfabrik Weimar, vorm. Wilhelm-Gustloff-Werke, der VEB Waggonbau Görlitz, vorm. Wumag und der VEB LOWA-Werk Cottbus und Niesky, vorm. Christoph & Unmack. 1952 erhielt das Werk dann die für Jahre geführte Bezeichnung VEB Kfz-Werk »Ernst Grube« Werdau. (Mit dem Namen sollte an den einstigen Werdauer Werksangehörigen, dem kommunistischen Reichstagsabgeordneten und späteren Widerstandskämpfer Ernst Grube [1890 - 1945] erinnert werden, der im KZ Bergen-Belsen an Flecktyphus umgekommen war.) Durch Regierungsbeschluss wurde das Werdauer Werk vorrangig auf den Nutzfahrzeugbau umgerüstet, schied mit seinen zwei Werksteilen dabei aus der Vereinigung LOWA aus und wurde von der Hauptverwaltung Auto übernommen.

Das damals 1500, später 3500 Mitarbeiter starke Unternehmen betätigte sich nun im Waggon-, Straßenbahnwagen- und im Karosseriebau. Nachdem das Werk noch in den späten vierziger Jahren Obusse auf noch 30 vorhandene zwei- und dreiachsigen Henschel-Fahrgestellen der Normgrößen II und III mit AEG-, Ansaldo-, BBC- und Siemens-Motoren und Schalteinrichtungen aufgebaut hatte, wurde nach dem Aufbruch der Fahrgestelle an eine eigene Entwicklung gegangen. Es entstanden 1950 einige Obusse der Baugröße I/4500 in teilweise selbsttragender Leichtstahlkonstruktion unter Verwendung einer geschweißten Bodengruppe. Noch vorhandene VOMAG-Achsen kamen zur Verwendung. Das mit gebrauchten 90-kW-Doppelkollektormotoren ausgestattete Fahrzeug konnte 60 Personen transportieren. Im Zug konnte ein Viertonnen-Personenanhänger angekuppelt werden. Eine Weiterentwicklung dieser Normgröße wurde geplant, aber nicht realisiert.

Danach erschien der nur vierfach bereifte Obus der Größe II/6500 in

120-PS-Werdau Sattelschlepper-Omnibus Do S6, 1953.

ähnlicher Bauweise. Er entsprach der späteren serienmäßigen Ausführung der Obus-Typen W 602, wobei als Zwischentyp in einfacher Form der Obus W 601 in der gleichen Größenordnung hinzukam. Diese Trolleys verfügten über 28 Sitz- und 44 Stehplätze.

Die Obus-Weiterentwicklung W 602 a kam in den Städten Berlin-Ost, Dresden, Erfurt, Weimar, Leipzig, Greiz und Potsdam zum Einsatz. Die BVG Ost besaß insgesamt 40 Stück dieser Omnibusse. Darüber hinaus gingen 30 Obusse vom Typ W 602 nach Warschau. Deren Elektro-Anlagen mit einem selbstlüftenden 120-kW-Doppelkollektormotor entwickelte und lieferte der VEM Lokomotiv- und Elektrotechnische Werke (LEW) Henningsdorf, das ehemalige AEG-Lokomotivenwerk. In die Fertigung dieser Busse wurde auch der VEB Waggonbau Ammendorf, vorm. Gottfried Lindner AG einbezogen. Da die CSSR die Obus-Lieferungen im Bereich der Ostblock-Staaten übernehmen sollte, wurde die Produktion dieser Typen im Jahre 1956 von Werdau nach Ammendorf verlagert und dort nach Aufbrauch aller Baugruppen 1958 eingestellt.

Durch die Werdauer »Erfolge« im Obus-Bau war inzwischen der VEB Kraftverkehr Land Sachsen aufmerksam geworden, der die Entwicklung eines Omnibusses mit einem Verbrennungsmotor empfahl. Unter dem Chefkonstrukteur, dem Oberingenieur und späteren Diplomingenieur-Ökonom Wilfried Otto begann im Werdauer Unternehmen die Entwicklung neuer Omnibusmodelle, bei der auch der ehemalige VOMAG-Chefkonstrukteur und Leiter des Automobilreparaturwerkes Plauen – so die Bezeichnung des VOMAG-Restbetriebes – Wilhelm Keilhack seine Kenntnisse einbrachte. (Insbesondere bei der Weiterentwicklung des VOMAG-Einheits-Motors [EM-Baureihe], des Getriebes und der Achsen hat er einen bemerkenswerten Beitrag geleistet; anschließend ging er zu den Südwerken [Krupp]).

Mit Verbrennungsmotoren erschien zuerst 1951 der 40-sitzige Trambustyp W 500, auch LOWA-Typ genannt, der in einer Stückzahl von 68 Exemplaren gebaut wurde. Auf das Bodengerippe war die Karosserie aus schweren, handelsüblichen Stahlwalzprofilen und Blechen geringer Festigkeit aufgesetzt. Die vordere Einstiegstür befand sich hinter der Vorderachse. Zum Antrieb kamen die 240 und 280 PS starken V12-Maybach-Motoren HL 100 und HL 120, die wahlweise mit Benzin oder mit Flüssiggas betrieben werden konnten und während des Krieges im Auto Union-Werk Wanderer in Siegmar gefertigt worden waren. Der Motor und das Variorex-Getriebe waren getrennt untergebracht, um die Vorderachse zu entlasten. Noch vorhandene Baugruppen aus der einstigen VOMAG-Fertigung wurden verwendet. Schließlich wurden von 1952 bis 1953 noch 35 auf 180 PS ausgelegte VOMAG-Dieselmotoren der Baureihe 6 R 3080 verbaut. Diese äußerst leistungsstarken LOWA-Omnibusse mit 20 PS pro Tonne wurden zumeist mit Anhängern im sächsischen Bergland eingesetzt und bewährten sich unter schwierigsten Bedingungen.

Nachdem die Bestände dieser zwar starken, aber durstigen Maybach-Motoren aufgebraucht waren, wurde auch in geringen Stückzahlen der neuentwickelte 120-PS-Baukastenmotor EMaW 6-20 des VEB Dieselmotorenwerkes Schönebeck eingebaut. Der Einsatz eines in der Entwicklung befindlichen 225-PS-Dieselmotors war geplant, konnte aber aus Kostengründen nicht verwirklicht werden.

Für den 100 km/h schnellen W 500 und die Obusse wurde der 58 Personen fassende, achsschenkel-gelenkte Omnibusanhänger W 700 entwickelt und produziert, ab 1952 im VEB Waggonbau Bautzen und im Weimarer Mähdrescherwerk (Werk III Aschersleben). Ein kompletter Zug transportierte rund 100 Personen.

120-kW-Werdau Sattelschlepper-Bus ES 6 für die Linie Kaulsdorf-Müggelheim der BVG, 1953. (Foto: Winfried Otto)

120-PS-Werdau Sattelschlepper-Omnibus Do S6, 1955.

120-PS-Werdau W 501 Überlandomnibus, 1954.

120-PS-Werdau H6B/R Reisebus, 1954. (Foto: Ralf Weinreich)

180-PS-Werdau W 180 Prototyp mit Unterflurmotor (KAFA Halle-Aufbau), 1954. (Foto: Winfried Otto)

Mit der Produktionsaufnahme des Sechstonnen-Lkw H6 standen nun Triebwerke und Fahrzeugaggregate aus eigener Produktion und der Produktion der Vereinigung Automobilbau (VVB Auto) zur Verfügung. Dadurch war die Voraussetzung gegeben, einen neuen Omnibus zu entwickeln und zu produzieren, bei dem alle wesentlichen Aggregate und Baugruppen aus »volkseigenen« Betrieben stammten. Dieses Nachfolgemodell unter der ursprünglichen Bezeichnung W 501 mündete in dem Trambus-Standardtyp H6B (für Horch-Entwicklung, 6-Tonnen Nutzlast, Busausführung) mit dem 1957 auf 150 PS erstarkten Schönebeck-Motor EMbW 6-20. Das Zehnmeter-Frontlenkerfahrzeug bestand aus einer Bodengruppe mit einer aufgesetzten, mittragenden Ganzstahlkarosserie. (Angeblich ließ sich bei den ersten Ausführungen nach einem Lindner-Vorkriegs-Patent die Karosserie über einen Drehpunkt im Fahrgestellheck vom Chassis hochschwenken, so dass der auch herausziehbare Motor gewartet werden konnte.) Auffallend war auch bei diesem Modell die Anbringung der vorderen Einstiegstür hinter der Vorderachse. Vorn und hinten waren Starrachsen vorhanden. Verzögert wurde das 66 bis 80 km/h schnelle Fahrzeug über eine Druckluft-Bremsanlage. Unter den Zusatzbezeichnungen »L«, »S« und »R« bzw. »U« entstanden Linien- und Reisebusse sowie ein Konferenzbus (»Delegationsbus«). Während der Reisebus 32 Sitzplätze besaß, verfügte der Stadtbus über 24 Sitz- und 31 Stehplätze. Die BVG Ost erwarb über 100 Exemplare des H6B.

Dank des später eingesetzten, neuen »Einheitsgetriebes« schaffte der Reise- und der für elf Personen ausgelegte »Delegationbus« eine Geschwindigkeit von 92 km/h.

120-PS-Werdau H6B/L Linien-Omnibuszug mit achsschenkel-gelenktem Anhänger W 701, 1960. (Foto: Reichenbach)

In den Jahren 1955/56 wurde die Produktion des H6B-Omnibusses in den VEB Waggonbau Ammendorf verlagert, wo 802 Exemplare produziert wurden. (Werdau sollte für die H6-Lkw- und für die G5-Militärlaster-Produktion entlastet werden.) Der Einsatz eines mindestens 200 PS starken Motors war geplant, doch kam es durch die Empfehlung im Rat für gegenseitige Wirtschaftshilfe (RGW), Omnibusse mit Dieselmotoren ausschließlich im ungarischen Ikarus-Werk zu bauen, nicht mehr dazu. Dementsprechend wurde Ende 1959 die Montage des Omnibusses H6B in Werdau endgültig eingestellt. Insgesamt stellte das Werdauer Werk vor der Auslagerung 80 und nach der Wiedereingliederung der Montage 1029 Fahrzeuge (jetzt mit Blinkern) her.

Neben dem H6B-Omnibus entstand im Jahre 1952 der 15 m lange Zugmaschinen-Omnibus Do S6, da für einen modernen, kompakten Frontlenker-Doppeldeckeromnibus, abgesehen von dem noch nicht serienreifen Roßlauer Schienenbus-Motor, im gesamten Ostblock kein platzsparender Unterflurmotor entwickelt worden war. Die aus dem 120 PS starken Werdauer H6-Lkw abgeleitete Zugmaschine, die eine zusätzliche Verkleidung zwischen den Achsen erhalten hatte, wurde mit Doppelstock-Aufliegern kombiniert, wobei das 1938 mit einer Opel-Zugmaschine für die Dresdner Straßenbahn gebaute Modell als Vorbild diente. Der Auflieger war in Stahl-Schweißkonstruktion mit einer Leichtmetallbeplankung ausgeführt. Die vier Einzelhinterräder waren an den Längsträgern befestigt und durch liegende Schraubenfedern abgestützt. Weitere Details: zwei Treppen, ein sitzender Schaffner sowie zwei Schiebetüren. Den Wagenkasten des Aufliegers erstellte der VEB Omnibus- und Lastwagen-Reparaturwerk (OLW) in Berlin-Treptow.

Insgesamt wurden acht Exemplare des nur auf 61 Sitz- und 39 Stehplätze ausgelegten, 50 km/h schnellen Fahrzeugs gebaut; sie gingen unter der Bezeichnung Do 54 an die BVG Ost. Dass es nicht mehr Modelle wurden, lag an der unterdimensionierten Bremsanlage des zehnrädrigen Zuges und der schlechten Kurvenlage des überlangen Busses. Immerhin ging ein Exemplar nach Moskau, nachdem der sowjetische Ministerpräsident Nikita S. Chrustschow bei seinem Berlin-Besuch 1958 Interesse an diesem Fahrzeugtyp gezeigt hatte.

Ähnlich erfolglos war auch der Obus-Doppeldecker-Sattelschlepperzuges vom Typ ES 6 von 1955. Das Fünfzehn-Meter-Fahrzeug bestand aus einer Frontlenkerzugmaschine mit wiederum einer Doppelkabine für die Aufnahme der gesamten Elektroanlage und des Hilfsgenerators. Als Antriebsquelle diente ein selbstlüftender Hauptstrom-Doppelkollektor-Gleichstrommotor für 600 Volt Fahrspannung mit einer Stundenleistung von 120 kW bei 1500 U/min. Rangierfahrten sowie die Überbrückung stromloser Strecken ermöglichte ein dieselelektrischer Hilfsantrieb mit einem 18 PS starken V2-Dieselmotor aus dem VEB Motorenwerk Schönebeck nach Warchalowski-Lizenz. Der 100 Personen fassende Auflieger entsprach dem des Do 56. Das auf der Berliner Oberleitungsstrecke Kaulsdorf – Müggelheim eingesetzte Fahrzeug besaß jedoch eine hohe Störanfälligkeit, so dass es schon bald wieder ausgemustert und der geplante Bau des ES 6 als Obus-Nachfolgetyp aufgegeben wurde.

90- oder 110-PS-Werdau Ausflugs- und Reisebus auf S 4000-1 T-Fahrgestell (KAFA Leipzig-Aufbau), um 1964. (Foto: Thomas Günther)

Zu den Spezialaufbauten der Werdauer Fahrzeugproduktion gehörten auch einige Wasserwerfer auf dem G5-Fahrgestell, die in der Belegschaft »Arbeiterwaschmaschinen« bezeichnet wurden. Diese weitgehend geheim gehaltenen Fahrzeuge wurden dann erstmals beim Bau der Berliner Mauer eingesetzt. Neben den erwähnten Fahrzeugmodellen produzierte

Eine echte Rarität ist dieser von den Dresdener Verkehrsbetrieben prächtig restaurierte H6B/S Stadtbus aus dem Jahr 1956. (Foto: Ralf Weinreich)

das Werk die vielfältigsten Schienen- und Straßenspezialfahrzeuge für die Sowjetunion, wobei hinter dem Begriff »Spezialfahrzeuge« auch Geräte für den militärischen Einsatz zu verstehen sind.

Das Werk fertigte nach dem Auslauf der Produktion der Lkw-Baureihen H6 und G5 den vom Sachsenring-Werk übernommenen Lkw S 4000-1. Das Tiefrahmenfahrgestell, vorgesehen für Frontlenker-Viehtransporter, nutzte in den Jahren 1960 bis 1967 die KAFA Karosserie- und Fahrzeugfabrik Hartmann KG für ansprechende Omnibusaufbauten. Insbesondere aufgearbeitete und im Radstand verlängerte Rahmen wurden verwendet. Zum Antrieb dienten die die Nordhäuser Vierzylindermotoren mit 90, später mit 110 PS. Daneben entwickelte das Werdauer Fahrzeugwerk den Lkw W 50 mit all seinen Varianten, die dann 1965 in Ludwigsfelde in die Produktion gingen. In Werdau wurden nach Auslauf der Fertigung des Lkw S 4000-1 wieder Anhänger und Auflieger hergestellt. Ab 1983 nahm das Werk die Baugruppenfertigung für den VEB Sachsenring Automobilwerke Zwickau auf. Mit dem Auslauf der Produktion der Achsbaugruppen für den Trabant im Jahre 1990 bemühte sich der Stammbetrieb unter der neuen Bezeichnung Fahrzeugwerk Werdau GmbH wieder in das Aufbauten- und Anhängergeschäft zu kommen. Den Betriebsteil II übernahmen zunächst die Fahrzeugwerke F. X. Kögel GmbH u. Co. in Ulm, die dort Aufbauten für Postfahrzeuge herstellen ließen. Der Omnibushersteller Drögmöller engagierte sich 1991 in einem Teil des Werkes, um den Typ E 320 »EuroPullman« herzustellen. Beide Unternehmen gaben schon rasch wieder auf. Heute ist die SAXAS Nutzfahrzeuge Werdau AG in dem Firmenareal tätig.

VEB FAHRZEUGWERKE »ERNST GRUBE« WERDAU

Typ	Sitzplätze/ Stehplätze	Bauzeit	Zylinder	PS	K	B x H mm	Hubraum cm^3	Drehzahl U/min	Radstand mm	Länge mm	Gewicht kg	Motor-hersteller	Typ	M	Bemerkungen
1. Linienbusse															
A) Modelle mit Verbrennungsmotoren															
W 500	40/24	1951 - 53	V12	240	W	100x115	10840	2600	5400	10600	9370	Maybach	HL 100	V	auch mit VOMAG 6 R 3080 mit 180 PS
W 500	40/24	1951 - 53	V12	280	W	105x115	11950	2600	5400	10600	9370	Maybach	HL 120	V	
W 500	43/22	1951	6	120	W	105x120	6191	2400	5400	10500		Maybach	HL 64 HKK	V	
Do S6	56/46	1953	6	120	W	115x145	9036	1500	3200+ 6600+1350	14900		Horch/ Schönebeck	EMaW 6-20	D	Sattelschlepper-Omnibus, Fertigung im VEB Waggonbau Ammendorf
IFA H6 B/L	35/22	1954 u. 1957 - 59	6	120	W	115x145	9036	2000	4900	9830	8600	Horch	EM 6-20	D	ab 1957 150 PS mit Motor EMbW 6-20, teilweise Fertigung im VEB Waggonbau Ammendorf
IFA H6 B/S	26/35	1954 u. 1957 - 59	6	120	W	115x145	9036	2000	4900	9830		Schönebeck	EMaW 6-20	D	ab 1957 150 PS
IFA H6 B/U	17/0	1957	6	150	W	120x145	9830	2000	4900	9830		Schönebeck	EMbW 6-20	D	Konferenzbus
B) Modelle mit Elektromotoren															
Obus 50a/W 600	27/38	1951		90 kW				1500	4800	9220	8100 - 8500	AEG	USC-227c		Henschel-Fahrgestell
Obus 51/W 601	29/45	1951		120 kW				1500	5740	10400		LEW	OM 120 bzw. GOMz 285 a		Henschel-Fahrgestell
Obus W 601a	24/50	1951		120 kW				1500	5740	10240		LEW	GOMz 295 a		
Obus W 602	22/51	1951 - 52		120 kW				1500	5740	10390		LEW	OM 120 bzw. GOMz 285 a		
W 600	28/44	1951		90 kW				1500	5000	10800		AEG/LEW	USC-227c		
Obus W 602 a	29/45	1952 - 55		120 kW				1500	5740	10390		LEW	OM 120 bzw. GOMz 285 a		
Obus W 602 a	29/45	1955 - 58		120 kW				1500				LEW	OM 120 bzw. GOMz 285 a		
ES 6	60/42	1955		120 kW				1500	3200+ 6760+1350	15184		LEW	OM 120		Frontlenker-Sattelschlepper-Omnibus
2. Reisebusse															
H6 B/R	38+7	1954 u. 59	6	120	W	115x145	9036	2000	4900	9830		Schönebeck	EMaW 6-20	D	1959 150 PS
W 180		1954	6	180	W	150x180	19075	1500				Johannisthal	SMH 6	D	Prototyp mit Unterflurmotor, auch 225 PS bei 1700 U/min
S 4000-1 T	34+2	1960 - 67	4	90	W	115x145	6024	2200	4280	8550		Nordhausen	EM 4-22	D	KAFA Leipzig-Aufbau, im Linienverkehr 34/9 Plätze

VEB Ammendorf

VEB LOWA-Werk Ammendorf,
Ammendorf b. Halle
1955-1956

Unter den Bezeichnungen VEB LOWA-Werk, VEB Waggonfabrik und VEB Waggonbau trat die 1823 von Sattlermeister Gottfried Lindner gegründete und 1945 enteignete Gottfried Lindner AG nach dem Krieg in Erscheinung. Als das Nutzfahrzeugwerk VEB Ernst Grube in Werdau vordringlich die Fertigung der Militärlaster G 5 aufnahm, wurde die Produktion des Obusses 602a sowie des H6B-Omnibusses in das Ammendorfer Werk verlagert. Da sich erhebliche Qualitätsprobleme bei den Fahrzeugen ergaben und da die Omnibusmontage bei den Waggonbauern auf großen Widerstand gestoßen war, erfolgte 1957 nach 802 gefertigten H6B-Bussen die Rückverlagerung in das Werdauer Werk. Auch die kleine Obus-Montage wurde eingestellt, zumal das tschechische Skoda-Werk in diesem Fertigungszweig auf größere Stückzahlen kam.

Vor dem Krieg hatte sich das Lindner-Werk (siehe Lindner) im Waggon- und Karosseriebau erfolgreich betätigt. Als Zwischenstufe im Übergang vom Rahmenbau-Omnibus zum selbstragenden Omnibus hatte das Werk kurz vor dem Krieg selbstragende Frontlenker-Aufbauten entwickelt, die auf den Rahmen aufgesetzt und über eine hintere Bolzenverbindung vorne angehoben werden konnten, um den Motor bequem warten zu können. Ob der Werdauer W 501-Bus in dieser (aufwendigen) Technik konstruiert wurde, ließ sich nicht mehr herausfinden. Nach der Wende kam das Werk als Deutsche Waggonbau AG (DWA) an die DaimlerChrysler Schienenfahrzeuggesellschaft Adtranz; 2001 übernahm der kanadische Verkehrsmittel-Konzern Bombardier das Unternehmen und schloss es 2005. Ein Jahr später gründeten ehemalige Führungskräfte die Maschinenbau u. Service GmbH Ammendorf, die als Waggon-Reparaturbetrieb tätig ist.

Als Reparationsleistungen fertigte man um 1947 auf SIS 150-Fahrgestellen Busse für den Arbeiterverkehr in der SDAG-Wismut. (Foto: Smlg. R. Weinreich)

VEB Waggonbau Bautzen

VEB Waggonbau Bautzen, vorm. Busch,
Bautzen, Neu'sche Promenade 920
1942 u. 1952-1959

Während des Krieges entwickelte die auf das Gründungsjahr 1846 zurückgehende Bautzener Waggon- und Maschinenfabrik AG, vorm. Busch (1867-1947 Frontlenker-Omnibusse mit VOMAG-Motoren, aus denen angeblich 1951 die Frontlenkeromnibusse vom Typ W 500 des VEB Kraftfahrzeugwerk »Ernst Grube« in Werdau hervorgingen.

Das seit 1941 zum Flick-Konzern gehörende Werk produzierte u. a. während des Krieges Tieflader für die Wehrmacht und wurde nach 1945 mit seinen 1500 Beschäftigten zunächst den russischen Behörden als Teil der SAG-Gruppe »Transmasch« unterstellt und produzierte ab 1947 im Rahmen der Vereinigung volkseigener Betriebe Lokomotiv- und Waggonbau (VVB Lowa) Güterwagen sowie Raupenfahrzeuge für die Sowjetarmee, bevor es 1952 in DDR-Regie überging.

Als Teil des Industrieverbunds VVB LOWA baute das Unternehmen schon 1952 auf angelieferten Fahrgestellen des VEB Kraftfahrzeugwerk Horch den H3B-Bus auf. Parallel dazu entstand der Omnibus W 700 in etwa 50 Exemplaren. Für Vortrieb sorgte hier der Nachbau des auf 135 PS ausgelegten VOMAG-Diesels der Baureihe 6 R 3080, den der VEB Motorenwerk Johannisthal (ehemaliges Henschel Flugmotorenwerk) rekonstruiert hatte. Noch im ersten Baujahr wurde diese Maschine durch den 120 PS starken Baukastenmotor des VEB Dieselmotorenwerk Schönebeck ersetzt. In die Montage der Omnibusse mit 30 Sitz- und 30 Stehplätzen wurde der VEB Waggonbau in Ammendorf einbezogen, der unter der Tarnbezeichnung »Möbelwagen« vor allem Aufbauten für Militärfahrzeuge herstellte.

120-PS-VEB Waggonbau Bautzen Do 56 vor Do S6 in Moskau, 1958.

120-PS-VEB Waggonbau Bautzen Do 54. Er wird von den Oldtimerfreunden der BVG museal erhalten. (Foto: Ralf Weinreich)

1953 entwickelte das Werk Bautzen zusammen mit der Hauptwerkstätte Ost (HwO) der BVG Ost in Berlin-Treptow den Hauben-Doppeldecker Typ Do 54. Das in 85 Exemplaren gefertigte Fahrzeug (sechs Stück in Berlin-Treptow, 79 Stück in Bautzen) besaß wiederum den stehenden 120-PS-Baukastenmotor, da im gesamten Ostblock kein platzsparender Unterflur-Dieselmotor zur Verfügung stand. In den mit Blech beplankten Holzaufbau passten nicht mehr als 70 Personen; 1957 erhielt der nunmehrige, in 105 Exemplaren gefertigte Do 56 einen Stahlaufbau, ohne dass dies an der geringen Kapazität etwas geändert hätte. Ein Do 56 wurde 1958 zusammen mit dem Grube-Doppeldecker-Sattelzug als Folge von Chrustschows Staatsbesuch nach Moskau geschickt. Während der Sattelschlepper-Omnibus mit der Bahn transportiert werden konnte, war der 4,1 m hohe Do 56 41 Stunden auf Achse, um die 1753 km über Posen, Warschau, Brest, Minsk und Smolensk nach Moskau in 41 Stunden zu bewältigen. Die beiden in Moskau eingesetzten Sattelzüge wurden dort allerdings schon nach kurzem Einsatz verschrottet. Auch die in Ost-Berlin eingesetzten Fahrzeuge hielten nicht lange, selbst die regierungstreue Zeitschrift »Der Verkehrspraktiker« musste schon 1960 einräumen, dass die »in Berlin und in einigen Städten unserer Republik verkehrenden Do 54 und Do 56 nicht den technischen Stand der heute bekannten Doppeldeckbusse hatten«.

Seit 1991/92 betätigt sich die zur Treuhand-Gesellschaft Deutsche Waggonbau GmbH (DWA) gehörende Waggonbau Bautzen GmbH auch mit der Rekonstruktion von CKD-Tatra-Straßenbahnwagen. Dabei entwickelte sich eine technische Zusammenarbeit mit der DUEWAG in Düsseldorf. Beide Unternehmen konzipieren nunmehr gemeinsam mehrteilige Niederflur-Straßenbahn-Gelenkzüge. Inzwischen gehört das Unternehmen zum französischen Alstom-Konzern.

VEB WAGGONBAU BAUTZEN

Typ	Sitzplätze/ Stehplätze	Bauzeit	Zylinder	kW	K	B x H mm	Hubraum cm³	Drehzahl U/min	Radstand mm	Länge mm	Gewicht kg	Motor-hersteller	Typ	M	Bemerkungen
W 700	30/30	1952	6	135	W	130x180	14328	1500		10520		Johannisthal	6 R 3080	D	VOMAG-Reko-Motor
W 700	30/30	1952 - 53	6	120	W	115x145	9036	2000		10520		Schönebeck	EMaW 6-20	D	
Do 54	52/18	1954 - 57	6	120	W	115x145	9036	2000	4900	9805	10400	Schönebeck	EMaW 6-20	D	
Do 56	52/18	1955-59	6	120	W	115x145	9036	2000	4900	11005	10600	Schönebeck	EMaW 6-20	D	
W 501	45/0	1956	6	120	W	115x145	9036	2000	4900	9830	8600	Schönebeck	EMaW 6-20	D	

Vetter

Walter Vetter GmbH & Co. Fahrzeug- u. Karosseriefabrik,
Fellbach, Schorndorfer Str. 31, ab 1985 Ringstr. 28

1. 1967-1983 **Walter Vetter GmbH & Co. Fahrzeug- und Karosseriefabrik,**
   Fellbach, Schorndorfer Str. 31
2. 1983-1991 **Walter Vetter Fahrzeug- und Karosserie-instandsetzungswerk GmbH,**
   Fellbach, Schorndorfer Str. 31,
   ab 1985 Ringstr. 28

1922 gründete Walter Vetter (1896-1972) eine Karosseriebauwerkstatt in Bad Cannstatt, die Pkw-Aufbauten herstellte. 1937 bezog das Unternehmen ein neues Werkgelände im benachbarten Fellbach, wo nun auch Omnibusaufbauten entstanden. Nach dem Krieg versah das Vetter-Werk Fahrgestelle nahezu aller deutschen Hersteller mit Karosserien. Der ansprechende Stil mit früh eingeführten schrägen Fensterholmen bis an die Dachkante, die hohe Qualitätsarbeit und die individuelle Gestaltung der unter dem Werbeslogan »Busse nach Maß« angefertigten Fahrzeuge ließen das 300 Mann starke Unternehmen in die Spitzengruppe der Omnibus-Karossiers aufsteigen, wobei ab den fünfziger Jahren ein Karosseriebau- und ein Reparaturbetrieb parallel geführt werden konnten.

Zu den herausragenden Karosserien gehörten die drei Anderthalbdecker auf Henschel-Fahrgestellen mit BBC-Anlage, die 1961 entstanden, nachdem Vetter 1960 eine Lizenz zum Nachbau der Ludewig-Konstruktion erworben hatte. Infolge des kommenden Verbots des Mitführens eines Personenanhängers stieg das Unternehmen ab 1955 vereinzelt und ab 1957 serienmäßig in den Bau von Gelenkbussen unter Nutzung von Bodengruppen von Büssing sowie ab 1962 von Bodengruppen von Daimler-Benz ein. Auch mit dem Bau von Doppeldeckern mit einem

172-PS-DB-Vetter O 317 Hochsitzer-Reisebus, 1960. (Foto: Hans Pairan)

200-PS-DB-Vetter O 317 Linien-Doppeldecker, 1966.

Transportvermögen bis zu 99 Passagieren versuchte Vetter ein Fahrzeug für den Reiseverkehr zu etablieren; es blieb aber bei einigen Prototypen.

Eine erste eigenständige Vetter-Baureihe bildeten die 1967 erschienenen Linien-Doppeldecker mit zwei Treppen für 96 bis 99 Fahrgäste; wahlweise mit Daimler-Benz- oder MAN-Motoren. Mit Beginn der siebziger Jahre konzentrierte sich das Unternehmen auf den Aufbau von Daimler-Benz-Bodengruppen der Baureihe O 302 (später O 303), O 305, O 307 und O 317. Etwa 200 Omnibusse konnten jährlich gefertigt werden. Eine weitere, halbeigene Baureihe stellten von 1970 bis 1975 die Modelle DB Typ I/302 und DB Typ II/302 dar, die als mittlere Linienbusse mit 130- und 192-PS-Motoren eine Lücke im Daimler-Benz-Programm schlossen. Die Modellpalette nach unten rundete eine weitere halbeigenständige Konstruktion ab, der Kleinbus 608 H auf einem veränderten DB-Fahrgestell. Weitere Vetter-Modelle mit weitgehender Verwendung von DB-Teilen bildeten die Gelenkbusse der O 317-Baureihen, die eine eigene mechanische Gelenksteuerung erhielten, sowie ein neuer Doppeldecker für 100 Personen, der von dem 192-PS-DB-Unterflurmotor der Baureihe OM 360 h angetrieben wurde. Hinzu kamen weitere Reise- Export-, Linien-, VÖV- und StÜLB-Omnibusse. 1977 folgten die kleinen Linienbusse LPO 813/43 auf Basis des DB-Lkw-Fahrgestells LP 813. Auch der neue DB-Reisebus O 303 bildete die Ausgangsbasis für eigene Entwürfe, zumeist Hochdecker. Weitere Baureihen bildeten Büchereiwagen und Flugfeldbusse, jeweils kenntlich am verchromten Ring mit dem »V« an der Front. Stilmäßig führte das Werk, das in dieser Zeit an 5. Stelle der deutschen Omnibusfertigung stand, die abfallende Gürtellinie nach der ersten Seitenscheibe in den Karosseriebau ein, die den Fahrzeugen mit den schräggestellten Fensterholmen ein auffallendes Aussehen verlieh.

Die Gelenkbusfertigung im Auftrag für Büssing und Daimler-Benz endete zunächst 1978, Hauptlieferant Daimler-Benz hatte im Jahr zuvor die eigene Gelenkbus-Fertigung aufgenommen. Vetter präsentierte daraufhin eine eigenständige Gelenkbusbaureihe. Das 350 Beschäftigte starke Werk zeigte einen Schubgelenkbus unter der Bezeichnung Typ 16 SH mit einem einachsigen Vorläufer unter Verwendung der Baugruppen des DB-

192-PS-MAN-Vetter Linien-Doppeldecker, 1967.

126-PS-DB-Vetter-Reisebus O 302 Typ II, 1966.

Typs O 305 bzw. O 307. Bei diesem Modell hatte Vetter das bisherige Gelenkbussystem umgekehrt und den Motor im Heck des zweiachsigen hinteren Antriebswagen platziert. Der Vorderwagen (Basis O 305) mit der vorderen Lenkachse war auf eine Kugelkupplung auf dem hinteren Wagenteil aufgesetzt, dessen erste Achse durch eine Lenkungskinematik von der Lenkachse des Vorderwagens mitgelenkt wurde. Eine eigene, patentierte Knickwinkelsteuerung sollte für die Stabilität in Kurven sorgen, wobei zwei Hydraulikzylinder am Drehpunkt die Stabilisierung übernahmen. Der bei Kurvenfahrt unterschiedliche Strömungsdruck in den Zylindern wurde durch eine Hochdruckkolbenpumpe entsprechend dem Lenkungseinschlag gesteuert. Diese Gelenkbustechnik mit dem einachsigen Vorläufer beruhte auf MAN-Patenten; das Unternehmen strich bei dieser Konstruktion den extrem niedrigen vorderen Wagenboden mit einer Einfahrmöglichkeit für Rollstuhlfahrer, die Vereinfachung der Gelenkhydraulik, die kurze Lenkungsvorrichtung zur zweiten Achse, die doppelbreiten Türen sowie den kompakten Schubantrieb auf der letzten Achse heraus. Neben dem Typ 16 SH mit 50 Sitz- und 97 Stehplätzen sollten auch die 17- und 18-Meter-Ausführungen der Baureihen Typ 17 SH und Typ 18 SH gebaut werden. Die Verkehrsbetriebe in Heidelberg und in Münster übernahmen die rund zwei Dutzend gebauten Vetter-Gelenkbusse. Im Betrieb stellte sich allerdings heraus, dass die Fahrzeuge nicht sicher zu steuern waren, so dass dieses Konstruktionsprinzip eingestellt werden musste.

Im Reisebusbereich wurde 1979 der 85-sitzige Gelenkbus unter der Bezeichnung Typ 17 R mit dem aufgeladenen 280-PS-DB-Unterflurmotor vorgestellt, der sich durch eine große, plastisch gewölbte Frontscheibe und die abfallende Gürtellinie auszeichnete. Auch Reise-Gelenkbusse auf der Basis des O 305 verließen die Werkhallen von Vetter. An die Stuttgarter Straßenbahn konnten 56 O 307-Standard-Überlandbusse geliefert werden. Ein weiteres Modell war der Standard-Bus 10 SH mit einem V-Sechszylinder-DB-Motor mit 216 PS. Eine eigene Bodengruppe wurde für dieses 2,3 Meter breiten, für die Schweiz bestimmten Fahrzeuge verwendet.

210-PS-DB-Vetter O 317 Gelenkzug, 1968.

80/126-PS-DB-Vetter 608 H, 1968.

210-PS-DB-Vetter O 305 Standardbus, 1969. (Foto: Vetter-Werk)

192/240-PS-DB-Vetter O 302-13 R Reisebus, 1971.

Nach dem Zusammenbruch des Ludewig-Unternehmens übernahm Vetter die Konstruktionsunterlagen des Anderthalbdeckers, zumal noch eine gewisse Nachfrage bestand. Auf DB O 317-, O 305/307- und MAN SG 220-Fahrgestellen entstanden ab 1979 zwei- und dreiachsige Versionen, ausgestattet mit zwei oder drei Türen. Insgesamt verließen 32 derartige Fahrzeuge bis 1996 das Vetter-Werk.

Die Konstruktion von Doppeldeckern griff das Unternehmen 1979 wieder auf. Der dreiachsige Wagen wurde als Linien- und als Reisebus mit dem 280-PS-Unterflur- oder mit dem kompakten V-Achtzylindermotor mit 330 PS ausgestattet. Auch Anderthalbdecker fertigte das Vetter-Werk wieder in Einzelexemplare. Da das Oberdeck kleiner ausgefallen war, konnte ein zweiachsiger DB-Unterbau verwendet werden.

Anstelle der problemhaften Vorläufer-Gelenkbusse konnte das Unternehmen wieder einige konventionell konstruierte Gelenkfahrzeuge in den Längen von 16, 17 und 18 Metern fertigen. Die Niederländische Eisenbahn übernahm 30 derartige Großraumfahrzeuge.

Nach Zahlungsschwierigkeiten im Jahre 1983 wurde die Busmontage weitegehend eingestellt, im Reparaturbetrieb in der Schorndorfer Straße konnte lediglich ein neuer Omnibus pro Monat gebaut werden. Nachdem dort zunächst noch Gelenkbusse und Anderthalbdecker komplettiert und sogar wieder Linien-Doppeldecker angeboten wurden, hatte Vetter die Krise überwunden und begann nach 1985 in einem Neubau wieder Komplettbusse zu bauen. Neben verschiedenen Obussen - die auf Bestellung entstanden -, baute das Unternehmen von 1983 bzw. von 1987 bis 1989 den Export-Niederflurtyp 10 SH-L für die Schweizer Postverwaltung PTT, den Tessiner Vetter-Importeur Onorato Rizzi und als Bus-Rohbauten für Kunden in den USA.

1991 löste der Reisebus 10 RH-90 H mit 272 PS in einer neuen, flüssigen Formgebung den bisherigen, dem Daimler-Benz-Modell O 303 angenäherten Kompakttyp ab. Im Stil des Daimler-Benz-Midi-Busses folgte das Neun-Meter-Modell mit besonders hohem Wagenboden, großen Unterflur-Kofferräumen und 290 PS starkem DB-Unterflurmotor. Einer Erwähnung wert ist schließlich auch der kleine Elektrobus Typ 6 SH-L/B+S

192-PS-DB-Vetter O 305 Doppeldecker, 1974.

10-PS-DB-Vetter O 305 Gelenkzug (VÖV I-Typ), 1974.

240-PS-DB-Vetter O 305, 1974. (Foto: Vetter-Werk)

mit einem Batterie-Solarzellen-Antrieb in Niederflurbauweise, der bisher in 12 Exemplaren gebaut werden konnte. Auf der DB-Basis O 405 mit O 407-Front baute Vetter die wohl letzten Anderthalbdecker für ein deutsches Busunternehmen. Die 300 PS starke Unterflurmaschine war hier in Fahrzeugmitte der Überlandbusse eingesetzt.

Spezialaufbauten, darunter Rohbaukarosserien für Verkehrsbetriebe in den USA, lasteten das Werk aus. 90 Prozent der Vetter-Fahrzeuge gingen in den Export. Die restlichen zehn Prozent stellen Sonderfahrzeuge wie Obusse und Büchereiwagen dar. Nach der Neustrukturierung konnten wieder über 150 Fahrzeuge hergestellt und verkauft werden. Heute firmiert das Unternehmen als Walter Vetter Karosserie- und Fahrzeugbau und ist im Bereich Reparaturen und Sonderaufbauten tätig.

210-PS-DB-Vetter O 317 Gelenkzug (VÖV I-Typ), 1975.

192-PS-DB-Vetter O 305 Doppeldecker, 1976.

240-PS-DB-Vetter O 307, 1976.

320-PS-DB-Vetter O 303 Reisegelenkzug, 1977.

220-PS-MAN-Vetter SG 220Aero Anderthalbdecker, 1978. (Foto: Harry Bettig)

240-PS-DB-Vetter O 307 Aero Anderthalbdecker, 1979.

240/280-PS-DB-Vetter Typ 16 SH Gelenkzug, 1979. (Foto: Vetter-Werk)

320-PS-DB-Vetter O 303 Reise-Superhochdecker, 1979. (Foto: Vetter-Werk)

320-PS-DB-Vetter O 303 Reise-Hochdecker, 1979. (Foto: Vetter-Werk)

240-PS-DB-Vetter O 305 Doppeldecker 11 RHD, 1982. (Foto: Vetter-Werk)

240/280-PS-DB-Vetter 16 SH Überland-Gelenkzug, 1982. (Foto: Vetter-Werk)

330-PS-DB-Vetter O 303 Reisebus, 1982. (Foto: Vetter-Werk)

72-PS-DB-Vetter Citybus, 1983. (Foto: Vetter-Werk)

240-PS-DB-Vetter O 305 G Standard-Gelenkzug, 1983. (Foto: Vetter-Werk)

280-PS-DB-Vetter 18 ÜH Reise-Gelenkzug, 1983. (Foto: Vetter-Werk)

130-PS-DB-Vetter 613/41 Reisebus, 1985. (Foto: Vetter-Werk)

216-PS-DB-Vetter 10 SH, 1986. (Foto: Vetter-Werk)

240-PS-DB-Vetter O 305 Aero-Anderthalbdecker, 1987. (Foto: Harry Bettig)

272-PS-Vetter RH-90, 1990.

Vetter-Elektro-Niederflurbus Typ 8 SH-L, 1991.

18-kW-Vetter-Elektrobus Typ 6 SH-L/B+S, 1991.

VETTER															
Typ	Sitzplätze/ Stehplätze	Bauzeit	Zylinder	PS	K	B x H mm	Hubraum cm^3	Drehzahl U/min	Radstand mm	Länge mm	Gewicht kg	Motor-hersteller	Typ	M	Bemerkungen
1. Linienbusse															
A) Modelle mit Verbrennungsmotoren															
a) Baureihen Solo-Omnibusse															
O 317	63/45	1971 - 74	6	210	W	128x140	10809	2200	6190	12000		DB	OM 346 h	D	
O 305 VÖV I	37/68	1969 - 83	6	210	W	125x150	11045	2200	5600	11050		DB	OM 407 h	D	auch 240 PS, auch 53/45
O 307 Stülb.	57/50	1974 - 83	6	210	W	125x150	11045	2200	6000	11985		DB	OM 407 h	D	
O 307	57/41	1978 - 81	6	240	W	125x150	11045	2200	5600	11810		DB	OM 407 h	D	für Stuttgarter Straßenbahn
8 SH	25/30	1983 - 85	6	130	W	97x128	5672	2800	3600	7900		DB	OM 352	D	
9 SH	30/30	1983	V6	216	W	128x142	10964	2300	4000	8700		DB	OM 421	D	
10 SH	35/35	1983 - 86	V6	216	W	128x142	10964	2300	4500	9500		DB	OM 421	D	
11 SH	48/50	1983	6	280	W	125x150	11045	2200	5000	10600		DB	OM 407 h	D	
12 SH	57/50	1983 - 85	6	280	W	125x150	11045	2200	6000	12000		DB	OM 407 h	D	
9 SM (Mini-VÖV)	30/30	1983	6	240	W	125x150	11410	2200	4500	9000		DB	OM 407 h	D	
10 SM	35/35	1983	6	240	W	125x150	11410	2200	5000	10500		DB	OM 407 h	D	
11 SM	53/55	1983	6	240	W	125x150	11410	2200	5600	11200		DB	OM 407 h	D	
12 SM	57/50	1983	6	240	W	125x150	11410	2200	6000	12000		DB	OM 407 h	D	
8 SH	25/30	1983	V6	130	W	128x142	10960	2300	3600	7900		DB	OM 421 A	D	T
10 H-L		1987 - 91	6	280	W	128x155	11967	2200				DB	OM 427 h	D	T, verschiedene Längen
10 RH-90 H		1991 - 92	V6	272	W	128x142	10960	2100				DB	OM 441 A	D	T, verschiedene Längen
10 SH-X		1991 - 92	V6	290	W	128x142	10960	2100	4200	8900		DB	OM 441 A	D	T
b) Baureihen Gelenkzüge															
6500 T Gelenkbus	49/91	1955	6	150	W	118x150	9842	2000	5250/ 5650+1300	17320	14380	Büssing	U 10	D	
TU 10 Gelenkbus	44/96	1957	6	150	W	118x150	9842	2000	5250/6150	16500	12735	Büssing	U 10	D	
O 317 Gelenkbus		1962 - 63	6	172	W	128x140	10810	2200	5850+6710	16500		DB	OM 346 h	D	
O 317 Gelenkzug	65/107	1964 - 70	6	180	W	128x140	10809	2200	5850/6150	16500	11600	DB	OM 346 h	D	ab 1965 185 PS
Präsident 17/19 Gelenkbus	65/98	1965	6	150	W	118x150	9842	2000	5350/4900	18000	13200	Büssing	U 10	D	
Präsident Vb Gelenkbus	65/100	1968 - 70	6	210	W	128x150	11580	2100	5350/7000	18000	13200	Büssing	U 11 D	D	
O 317 Gelenkbus 16,5	82/78	1971 - 77	6	210	W	128x140	10809	2200	5250/4400	16500	11500	DB	OM 346 h	D	auch 52/109 Plätze
O 317 Gelenkbus 18	91/79	1971 - 77	6	210	W	128x140	10809	2200	5850/5000 5250/7000	18000	12300	DB	OM 346 h	D	auch 49/133 Plätze
VG 16 Gelenkzug	56/110	1972 - 74	6	210	W	128x150	11580	2100	5380/5880	16500	11600	Büssing-MAN	U 11 D	D	Ex-Büssing Präsident VG 16
O 305 Gelenk-bus	55/127	1974 - 78	6	240	W	125x150	11045	2200	5000/5650	16650	10820	DB	OM 407 h	D	
VÖV 305 Standard Gelenkbus	59/105	1975 - 79	6	210	W	125x150	11045	2200	5000/5600	16650	11200	DB	OM 407 h	D	auch 59/118 Plätze
VÖV 305 Überland-Ge-lenkbus	85/82	1975 - 79	6	210	W	125x150	11045	2200	5000/5600	18000		DB	OM 407 h	D	
16 SH	57/97	1978 - 83	6	240	W	125x150	11045	2200	6260+4700	16500		DB	OM 407 h	D	Vorläufer-Schubgelenkbus
17 SH	66/100	1978	6	240	W	125x150	11045	2200	6560+4700	17050		DB	OM 407 h	D	Vorläufer-Schubgelenkbus, mit T 280 PS
18 SH	70/100	1978	6	240	W	125x150	11045	2200	7750+4700	18000		DB	OM 407 h	D	Vorläufer-Schubgelenkbus, mit T 280 PS
VÖV 305 Standard-Gelenkbus	62/100	1979 - 82	6	240	W	125x150	11045	2200	5000+4600	16600		DB	OM 407 h	D	Einachsvorderwagen, auch mit 280 PS
VÖV 305 Standard-Gelenkbus	66/100	1979	6	240	W	125x150	11045	2200	5600/6150	17300		DB	OM 407 h	D	Einachsvorderwagen, auch mit 280 PS
VÖV 305 Standard-Gelenkbus	70/100	1979	6	240	W	125x150	11045	2200	5600/6150	18000		DB	OM 407 h	D	Einachsvorderwagen, auch mit 280 PS
VÖV 305 Standard-Gelenkbus		1979	6	240	W	125x150	11045	2200	5600/6150	17400		DB	OM 407 h	D	
VÖV 305 Standard-Gelenkbus	55/100	1979	6	240	W	125x150	11045	2200	5600/6150	18000		DB	OM 407 h	D	
16 ÜF		1980	6	240	W	125x150	11045	2200		16750		DB	OM 407 h	D	
17 ÜF	83/57	1980 - 85	6	240	W	125x150	11045	2200		17350		DB	OM 407 h	D	
18 ÜF	93/77	1980 - 81	6	240	W	125x150	11045	2200	5000+5600	18000	11600	DB	OM 407 h	D	
O 305 G Typ 16	59-112	1981 - 83	6	240	W	125x150	11045	2200	5000+4600	16270		DB	OM 407 h	D	
16 SM	59/106	1982	6	240	W	125x150	11045	2200	5000+6450	16750		DB	OM 407 h	D	

VETTER

Typ	Sitzplätze/ Stehplätze	Bauzeit	Zylinder	PS	K	B x H mm	Hubraum cm^3	Drehzahl U/min	Radstand mm	Länge mm	Gewicht kg	Motor-hersteller	Typ	M	Bemerkungen
16 SH	60/90	1982 - 87	6	240	W	125x150	11045	2200	4400+6560	16780		DB	OM 407 h	D	auch 75/30 PLätze
17 SH	60/90	1982 - 87	6	240	W	125x150	11045	2200	4700+6560	17050		DB	OM 407 h	D	
17 SM	63/109	1982	6	280	W	125x150	11045	2200	5000+7050	17400		DB	OM 407 hA	D	T
18 RM	93/67	1982	6	280	W	125x150	11045	2200	5000+7650	18000		DB	OM 407 hA	D	T
18 SH	70/100	1982 - 87	6	280	W	125x150	11045	2200	5500+6600	18000		DB	OM 407 hA	D	T
18 SM	67/113	1982	6	280	W	125x150	11045	2200	5000+7650	18000		DB	OM 407 hA	D	T
18 ÜH	85/85	1982	6	280	W	125x150	11045	2200	5500+6600	18000		DB	OM 407 hA	D	T
18 ÜM	93/77	1982	6	280	W	125x150	11045	2200	5000+7650	18000		DB	OM 407 hA	D	T
10 RH-90 H		1991 - 92	V6	272	W	128x142	10960	2100				MB	OM 441 A	D	T, verschiedene Längen
c) Baureihen 1½-Decker															
O 317 1½-Decker	44/140	1960 - 64	6	172	W	128x140	10809	2200	5850+1250	12000	9900	DB	OM 326 h	D	auch 66/73 Plätze
O 317 1½-Decker	34/100	1964 - 76	6	180	W	128x140	10809	2200	5850+1250	11000	9900	DB	OM 346 h	D	ab 1965 185 oder 210 PS
O 317 1½-Decker	bis 96	1967	6	170	W	115x128	7980	2800	5500	11200	8590	DB	OM 327	D	
O 317 1½-Decker	42/130	1971	6	210	W	128x140	10809	2200	5850+1250			DB	OM 346 h	D	
O 307 1½-Decker	72/35	1977 - 80	6	240	W	125x150	11045	2200	6000	12000		DB	OM 407 h	D	auch mit Tragachse
SL 220 1½-Decker		1978	6	220	W	125x155	11413	2200	6000	11700		MAN	D 2556 HM	D	
12 RM 1½-Decker	75/30	1983 - 87	6	280	W	125x150	11045	2200	6000	12000		DB	OM 407 hA	D	T
O 305 1½-Decker	72/35	1987	6	240	W	125x150	11045	2200	6000	12000		DB	OM 407 h	D	O 303-Front, Typ Knauss
O 405/O 407 1½-Decker	70/30	1996	6	300	W	128x155	11967	2200	5600	12000		MB	OM 447 hLA	D	TL, Mittelmotor
d) Baureihen Doppeldecker															
Doppeldecker	96 - 99	1966 - 67	6	192	W	121x140	9659	2100	5500	11200	8590	MAN	D 2146 HM1	D	
Doppeldecker	96 - 99	1966 - 67	6	200	W	128x140	10809	2200	5500	11200	8590	DB	OM 346 h	D	auch OM 327 mit 170 PS
Doppeldecker	bis 100	1971 - 76	6	192	W	115x140	8720	2500	5600	11150	8600	DB	OM 360 h	D	
O 305 Doppel-decker »Aero«	90/17	1974 - 76	6	210	W	128x140	10809	2200	5550	11150	9350	DB	OM 346 h	D	Typ Hafner
Doppeldecker	98/7	1979 - 83	6	280	W	125x150	11045	2200	5800+1500	12000		DB	OM 407 hA	D	T, auch 210 PS
11 SHD Doppeldecker	99/10	1983	6	240	W	125x150	11045	2200	5600	11000		DB	OM 407 h	D	O 305-Basis
12 SHD Doppeldecker	103/17	1983	6	280	W	125x155	11410	2200	5600+1500	12000		DB	OM 407 h	D	
12 SHD Doppeldecker	57/50	1983 - 87	V8	280	W	128x142	14618	2300	6000	12000		DB	OM 422	D	
B) Modelle mit Elektromotoren															
SG-E Obus	55/104	1974							5250/6020	16500		Kiepe			
Obus 16 SMO	56/100	1983		90/100 kW				1800	5000+6450	16500		BBC	GLM 1273a		mit 68 PS-Hatz-Hilfsdiesel
Obus 17 SH-O		1984 - 85													
Obus 8 SH-O		1985										BBC			
Obus 11 SH-O	25/50	1987		150 kW								BBC			
Vetter/Rizzi	18/32	1988								8200	6500	AEG/Volk			
6 SH-L/B+S	32/0	1991 -93		15/18 kW					3600	6000					Batterie-Solarzellen-Niederflurbus
2. Reisebusse															
a) Baureihe DB O 302															
DB Typ I/302	27 - 35	1970 - 75	6	130	W	97x128	5675	2800	4200	8050		DB	OM 352	D	
DB Typ II/302	31 - 39	1970 - 75	6	192	W	115x140	8720	2500	4700	8950		DB	OM 360	D	
O 302/10	43	1971 - 75	6	150	W	115x128	7980	2800	4685	9620		DB	OM 327	D	auch 192 PS-Motor
O 302/11	47	1971 - 75	6	150	W	115x128	7980	2800	5050	10150		DB	OM 327	D	auch 192 PS-Motor
O 302/11	47	1971 - 75	6	150	W	115x128	7980	2800	5050	10150		DB	OM 327	D	auch 192 PS-Motor
O 302/12	51	1971 - 75	6	170	W	115x140	8720	2500	5830	10950		DB	OM 360 h	D	auch 192 PS-Motor
O 302/13	63	1971 - 75	6	150	W	115x140	8720	2500	6055	12000		DB	OM 360 h	D	auch 192 PS-Motor
b) Baureihe DB O 307															
O 307/13 Kombi	51 - 63	1971 - 75	6	192	W	115x140	8720	2500	5600	11500		DB	OM 360 h	D	auch 240 PS-Motor
c) Baureihe DB O 303															
O 303/8	33/0	1975 - 79	V6	192	W	125x130	9570	2500	3600	8095		DB	OM 401	D	
O 303/9	35 - 43	1975 - 83	V6	192	W	125x130	9570	2500	4150	8731		DB	OM 401	D	ab 1979 216 PS, auch als Hochdecker
O 303/10		1975 - 83	V6	192	W	125x130	9570	2500	4521	9333		DB	OM 401	D	ab 1979 216 PS, auch als Hochdecker
O 303/10	39 - 47	1975 - 83	V6	192	W	125x130	9570	2500	4521	9333		DB	OM 401	D	ab 1979 216 PS, auch als Hochdecker

VETTER															
Typ	Sitzplätze/ Stehplätze	Bauzeit	Zylinder	PS	K	B x H mm	Hubraum cm³	Drehzahl U/min	Radstand mm	Länge mm	Gewicht kg	Motor-hersteller	Typ	M	Bemerkungen
O 303/11	43 - 51	1975 - 83	V6	192	W	125x130	9570	2500	5083	10206		DB	OM 401	D	ab 1979 216 PS, auch als Hochsitzer
O 303/12	49/0	1975 - 83	V6	192	W	125x130	9570	2500	5083	10206		DB	OM 401	D	ab 1979 216 PS, auch als Hochsitzer
O 303/13	47 - 55	1975 - 83	V6	192	W	125x130	9570	2500	5623	10640		DB	OM 401	D	ab 1979 216 PS, auch als Hochsitzer
O 303/14	51 - 63	1975 - 83	V6	192	W	125x130	9570	2500	6330	11357		DB	OM 401	D	ab 1979 216 PS, auch als Hochsitzer
O 303/15	61/0	1975 - 83	V6	192	W	125x130	9570	2500	6330	12000		DB	OM 401	D	ab 1979 216 PS, auch als Hochsitzer
O 303/15 DE	61/0	1975 - 83	V8	256	W	125x130	12760	2500	6330	12000		DB	OM 402	D	Hochsitzer-Typ
O 303	52/0	1982	V8	330	W	128x142	14618	2300	6330	12000		DB	OM 422 A	D	T
d) Reise 1½-Decker															
13 R 1½-Decker		1962	6	200	W	128x140	10810	2200	6000	1200		DB	OM 326 h	D	
12 RM 1½-Decker	75/30	1983	6	280	W	125x150	11045	2200	6000	12000		DB	OM 407 hA	D	T
d) Baureihen Reise-Gelenkzüge															
Reise Gelenkbus	81/0	1977	V10	320	W	125x130	15950	2500	5100+7650	18000	13600	DB	OM 403	D	auch 16700 und 17300 mm Länge
17 R Modell C	83/0	1979 - 81	6	280	W	125x150	11045	2200	5000+5600	17400		DB	OM 407 hA	D	T, Motor hinter Vorderachse
18 R Modell C	87/0	1979 - 81	6	280	W	125x150	11045	2200	5000+5500	18000		DB	OM 407 hA	D	T
18 RH	85/0	1983	6	280	W	125x150	11045	2200	5500+6600	18000		DB	OM 407 hA	D	T auch 16600 und 17300 mm Länge
e) Baureihen Reise-Doppeldecker															
Doppeldecker	87/0	1979 - 83	6	280	W	15x150	11045	2200	5800+1500	12000		DB	OM 407 hA	D	T, auch 210 PS
11 RHD Doppeldecker	95/0	1983	V8	280	W	128x142	14618	2300	5600+1500	12000		DB	OM 422 A	D	T, O 305-Basis
12 RH D Doppeldecker	99/0	1983	V8	330	W	128x142	14618	2300	5600+1500	12000		DB	OM 422 A	D	T
3. Kleinbusse															
LP 608 D	20 - 26	1967	4	80/85	W	97x128	3782	2800	3500			DB	OM 314		
L 608 H Reise	20 - 26	1968 - 76	4	80/85	W	97x128	3782	2800	3200	6622	4280	DB	OM 314	D	Heckmotor
L 608 H Reise	20 - 26	1971 - 76	6	126	W	97x128	5675	2800	3200	6700		DB	OM 352	D	dito
LP 811 Reise	30/0	1971 - 75	6	110	W	97x128	5675	2600	4200	7130		DB	OM 352	D	
Lt 35 D Reise	14/0	1977 - 80	4	65	W	92x101,6	2710	3600	2500	4840		Perkins	4.165 HA	D	
L 608 Reise	19/0	1977 - 78	4	80	W	97x128	3782	2800	4100	6520		DB	OM 314	D	
L 613 L	20/15	1977 - 85	6	130	W	97x128	5675	2800	4100	7000		DB	OM 352		
L 613/41 Reise	24/0	1977 - 85	6	130	W	97x128	5675	2800	4100	7200		DB	OM 352	D	Linie 20/15 Plätze
307 D City-Bus	12/13	1977 - 80	4	65	W	91x92,4	2404	4200	3700	5700		DB	OM 616	D	auch 15/10 Plätze
O 309 D	25+1	1977	6	130	W	97x128	5675	2800	3500	6000		DB	OM 352	D	auch Radstand 4100 mm
LPO 813/42	29/15	1977 - 82	6	130	W	97x128	5675	2800	4200	7415	8000	DB	OM 352	D	
307 D City-Bus	12/0	1979	4	60/65	W	95,5x80,25	2299	4800	3350	5440		DB	M 102	V	Hydridspeicher-Antrieb
307 D City-Bus	15/10	1980 - 81	4	65	W	91x92,4	2404	4200	3700	5700		DB	OM 616	D	auch 12/13 Plätze
307 D City-Bus	15/10	1982 - 85	4	72	W	9o,9x92,4	2404	4200	3700	5650		DB	OM 616	D	
307 D Reise	12/0	1982 - 85	4	72	W	90,9x92,4	2399	4400	3700	5650		DB	OM 616	D	
407 D City-Bus	18/12	1981	4	72	W	90,9x92,4	2399	4400	3700	6500		DB	OM 616	D	
7 RH Roico	30/0	1983	6	230	W	115x125	7786	2400		7885		Scania	DS8	D	T
7 SH City-Bus		1983	6	230	W	115x125	7786	2400				Scania	DS8	D	T
10 RH-90	31/0	1987 - 91	V6	272	W	128x142	10960	2100		8400		DB	OM 441 A	D	T, verschiedene Längen

Vidal & Sohn

Vidal & Sohn Tempo-Werk GmbH,
Hamburg-Marburg, Mönckebergstr. 7

1. 1951-1965 **Vidal & Sohn Tempo-Werk GmbH,** Hamburg-Harburg, Mönckebergstr. 7
2. 1965-1968 **Rheinstahl-Hanomag AG, Tempo-Werk** Hannover-Linden, Hanomagstr. 8,
3. 1968-1973 **Hanomag-Henschel-Fahrzeugwerke GmbH,** Kassel, Bremen, Hamburg-Harburg

Die im 19. Jahrhundert gegründete Firma Vidal betrieb nach dem Ersten Weltkrieg in Wandsbek bei Hamburg eine Kohlen- und Brennstoff-Import- und Exporthandlung. Der Inhaber des Unternehmens, Max Vidal (1860-1936) kam um 1925 auf die Idee, die im Kohletransport weithin verwendete Schott'sche Karre zu motorisieren. Zunächst für den Eigenbedarf, wenig später auch für den Verkauf ließ das Unternehmen Vidal & Sohn ab 1926 dreirädrige, führerscheinfreie »Tempo«-Eilwagen mit zweirädriger Ladefläche vor dem einrädrigen Fahrerplatz (Vorderlader) produzieren. Nachdem die Fertigung 1929 in eigener Regie übernommen worden war, folgten 1932 die »normalen« Dreiradlieferwagen mit rückwärtiger Ladefläche (Hinterlader mit Frontantrieb). Ab 1936 wurden unter der Leitung von Oscar Vidal auch Vierradtransporter hergestellt. Das im Krieg wenig

25-PS-Vidal Tempo Matador Luxus (Harmening-Aufbau), 1953.

25-PS-Vidal Tempo Matador Luxus (Mikafa-Aufbau), 1953.

25-PS-Vidal Tempo Matador Luxus (Bad. Fahrzeug- u. Karosseriewerk-Aufbau), 1953.

beschädigte Werk führte 1945 den Transporterbau ohne Unterbrechung weiter.

1955 engagierte sich die Rheinstahl-Hanomag AG an dem Unternehmen. 1969 erwarb es die von der Daimler-Benz AG inzwischen gebildete Hanomag-Henschel-Fahrzeug-Werke GmbH (HHF), so dass auch das Tempo-Werk in den Besitz des Stuttgarter Automobilkonzerns fiel. Seit 1978 fertigt das Hamburg-Harburger Daimler-Benz-Werk Fahrgestelle für den Konzernbereich. Das Vidal-Anhängerwerk erwarb die Firma Fruehauf und legte es 1996 still; unter dem Namen Vidal existiert weiterhin die Mercedes-Benz-Vertretung in Hamburg-Harburg.

Von 1951 bis 1955 ließ das Tempo-Werk das Modell Matador Luxus als 15-sitzigen Kleinbus mit Aufbauten des Badischen Karosseriewerkes, der Mindener Karosserie- und Fahrzeugfabrik GmbH (Mikafa) und der Frankfurter Karosseriefabrik GmbH (FKF) versehen. Die Frontpartie wurde dafür neugestaltet. Das Aufbaugerippe des Busses war freitragend und bestand aus geschlossenen Leichtstahlprofilen und Leichtmetallbeplankung. Zunächst wurde der 25-PS-VW- und ab 1952 der 26-PS-Dreizylinder-Heinkel-Zweitaktmotor eingebaut. Zum Modellprogramm gehörten ab 1952 auch der Matador 1000 und der Matador 1400 als Kleinbusse für acht bis 16 Personen, ebenfalls mit Mikafa- und FKF-Karosserien. Ihr Merkmal war die Clubsesselbestuhlung, die ihnen in der Zeit des Wirtschaftswunders einen Hauch von Luxus verlieh. 1955 löste der Matador I mit 13 Sitzen und 48-PS-Austin-Motor die vorherige Baureihe ab. Bei den folgenden Bauserien Tempo-Matador E (1963) beziehungsweise Hanomag-Matador E (1966) spielten Kleinbusse keine Rolle mehr.

Das änderte sich erst wieder 1967. Damals erschienen die neuen Rheinstahl-Hanomag-Baumuster F 20 bis F 35, teilweise auch als Kleinbusse mit werkseigenen Karosserien. Ab September 1969 trugen sie den Schriftzug Hanomag-Henschel, nachdem Daimler-Benz zunächst mehrheitlich den Rheinstahl-Nutzfahrzeugbau übernommen hatte. Die erwähnten F-Typen gehörten den 2,4- bis 3,5-Tonnen-Gesamtgewichtsklassen an. Sie erhielten ab 1970 Mercedes-Benz-Diesel (OM 315 mit 55 und OM 615 mit 60 PS) und einen Stern am Frontgrill. Die Frontantriebler wurden bis 1974 gebaut. Ab 1970 bot Daimler-Benz die HHF-Transporter als Mercedes-Benz-Paralleltypen L 206 D und L 306 D an, für 2,4/2,8 und 3,0/3,5 Tonnen Gesamtgewicht. Als Kleinbusse verfügten die (Vidal & Sohn/Tempo-) Rheinstahl-Hanomag/Hanomag-Henschel-/Daimler-Benz-Ausführungen über neun Sitzplätze.

17-PS-Vidal Tempo Wiking Kleinbus, 1954.

26-PS-Vidal Tempo Matador 1000 Kleinbus, 1957.

25-PS-Vidal Tempo Matador Luxus, 1954 (FKF-Aufbau).

54-PS-Hanomag-Henschel F 25, 1968.

32-PS-Vidal Tempo Rapid Kleinbus, 1958.

55-PS-Hanomag-Henschel F 25 mit DB-Motor, 1970.

48-PS-Vidal Tempo Matador I, 1958.

TEMPO KLEINBUSSE															
Typ	Sitzplätze/ Stehplätze	Bauzeit	Zylinder	PS	K	B x H mm	Hubraum cm³	Drehzahl U/min	Radstand mm	Länge mm	Gewicht kg	Motor-hersteller	Typ	M	Bemerkungen
Matador (VW)	15/0	1949 - 52	4	25	L	75x64	1131	3300	2600	4550	1385	VW	122	V	
Matador 1000	8/0	1952 - 55	3	26	Th	66x66	672	4500	2400	4350	1115	Heinkel	Te 670	V	Zweitaktmotor
Matador 1400 Luxus	13-15+1	1952 - 55	4	34	W	70x71	1092	3600	3150	5310 - 5480	1300	Heinkel	Te 1100	V	dito
Wiking	8/0	1955 - 63	2	17	Th	66x66	452	4000	2100	3720	1005	Heinkel	Te 460	V	dito
Matador I	10 - 13	1955 - 63	4	48	W	73x89	1489	4100	2800	4750	1430	Austin	A 50	V	
Wiking Rapid	8/0	1957 - 63	4	32	W	62,9x76,2	948	4100	2400	4400	1150	Austin	A 35	V	
Matador E	13/0	1963 - 67	4	54	W	76,2x89	1622	4000	2400	4400	1450	Austin	A 60	V	
Matador E	13/0	1963 - 67	4	50	W	78x94	1767	4000	2400	4400	1450	Hanomag	D 301 E 2	D	
Matador E I	11/0	1966 - 67	4	54	W	76,2x89	1622	4000	2400	4400	1380	Austin	A 60	V	
F 25	11/0	1967 - 72	4	54	W	76,2x89	1622	4000	4380			Austin	A 60	V	
F 25	11/0	1970 - 72	4	55	W	87x83,6	1988	4200	4380			DB	OM 621	D	

Viseon

Viseon Bus GmbH,
Pilsting, Gottlob-Auwärter-Str. 1
2008 – 2013

Als die MAN Nutzfahrzeuge AG 2008 die Beendigung der Fertigung der Neoplan-Omnibusse in Pilsting verkündet hatte, gründeten ehemalige führende Mitarbeiter die Viseon Bus GmbH, die einen Teil des Programms im Einvernehmen und finanzieller Beteiligung mit MAN weiterführen sollte. Ein Teil des Grundstücks mitsamt der Hauptfertigungshalle wurden erworben und mit erheblichen Investitionen wurde das Werk auf den neuesten Stand gebracht. Im Produktionsbereich des zeitweise bis zu 260 Mitarbeiter starken Viseon-Unternehmens standen Flughafenbusse der Marke Neoplan, die bisher in Lizenz bei Tovarna Vozil Maribor (TVM) in Maribor/Slowenien gefertigt wurden. Der Bau der einstigen Neoplan-Electroliner in drei Längen als Solo- und als Gelenkbus sollte weitergeführt werden, ebenso wie der Liniendoppeldecker in zwei-, dreitüriger und in Sightseeing-Version. In der L-Baureihe sollten Linienbusse entstehen. Nachweisbar konnten die Ex-Neoplaner einige Trolleybusse der Baureihe LT 20 nach Saudi-Arabien liefern. Premium-Reisebusse der C-Baureihen mit markanter Gestaltung der B- und C-Säule in V-Form gingen in verschiedenen Längen ab 2010 an den Start. Im Auftrag von Neoplan sollte das niederbayerische Werk den Reisedoppeldecker »Skyliner« der 6. Generation entwickeln. Auf der IAA 2012 präsentierte Viseon den Prototyp eines vollelektrisch angetriebenen Linienbusses mit innovativer Ladetechnik.

Eine wirtschaftlich erfolgreiche Produktion konnte nicht erreicht werden; das Engagement des chinesischen Busherstellers Youngman Automobile Group in Jinhuan, der einst Neoplan-Omnibusse in Lizenz fertigte, brachte im Sommer 2012 keinen Erfolg, zumal versprochenes Kapital nicht zugeführt wurde. Trotz guter Auftragslage insbesondere bei den Flughafenbussen der Marke »Airliner« fehlten die Geldmittel für den Einkauf der benötigten Komponenten. So folgte nach der Insolvenz im Jahre 2013 die Auflösung des Werkes. Knapp über 50 exklusive Reisebusse der C-Serie sowie einige Linien-Doppeldecker und Gelenk-Obusse verließen neben Flughafen-Omnibussen das Werk. Das seit 2008 auf dem freigewordenen Firmenareal ansässige Transport- und Logistikunternehmen übernahm den Viseon-Bereich.

290-PS-Viseon Reisebus C 10, 2010.

400-PS-Viseon Reisebus C 11, 2012.

400-PS-Viseon Doppeldecker LDD 14 für Stadtrundfahrten, 2012.

400-PS-Viseon Doppeldecker LDD 14 für den Stadtverkehr, 2012.

400-PS-Viseon Doppeldecker LDD 13 für den Überlandverkehr, 2013.

VISEON

Typ	Sitzplätze/ Stehplätze	Bauzeit	Zylinder	PS	K	B x H mm	Hubraum cm³	Drehzahl U/min	Radstand mm	Länge mm	Gewicht kg	Motor-hersteller	Typ	M	Bemerkungen
Viseon C 10	36-41	2009 - 13	6	290	W	108x125	6867	2400	4900	10400		MAN	D 0836 LOH	D	TL, auch 326 PS, ab 2013 400 PS
Viseon 13	48+2	2010 - 13	6	400	W	120x155	10512	1900	6750	12700	18000	MAN	D 2066 LOH	D	TL, auch 440 PS
Viseon C 11	34-45+2	2011 - 12	6	400	W	120x155	10512	1900	5425	11375		MAN	D 2066 LOH	D	TL, auch 440 PS
Viseon LDD 14	103/30	2011 - 13	6	400	W	120x155	10512	1900	6800+1590	14000		MAN	D 2066 LOH	D	TL, Doppeldecker
Viseon LT 20	44/84	2012 - 13		242 kW					5875+5055	19515		Vossloh-Kiepe			
Viseon LDD 13	91/29	2012 - 13	6	400	W	120x155	10512	1900	5400+1590	12600		MAN	D 2066 LOH	D	TL, Doppeldecker
Viseon C 12HD	40-44+2	2012 - 13	6	400	W	120x155	10512	1900	6010	12000		MAN	D 2066 LOH	D	TL

Volkswagen

Volkswagen AG, Wolfsburg
1. 1949-1960 **Volkswagenwerk GmbH**
2. 1960-1968 **Volkswagenwerk AG**
3. 1989-heute **Volkswagen AG**

Am Ende des Zweiten Weltkriegs war das Volkswagen-Werk weitgehend zerstört; die Maschinen waren jedoch größtenteils ausgelagert worden. Amerikanische und später britische Truppen besetzten das Werk, das zunächst als Großreparaturwerk unter der Bezeichnung »Wolfsburg Motor Works« betrieben wurde. Nachdem die Pkw-Produktion wieder eingerichtet worden war, begann das Volkswagenwerk auf Anregung des holländischen VW-Importeurs Ben Pon im Jahre 1948 mit der Entwicklung eines Frontlenker-Kastenwagens auf modifiziertem Fahrwerk des VW-Käfers. Die Konstruktionsarbeiten leitete Dr.-Ing. Alfred Haesner (1896 – 1975), der zuvor Technischer Leiter der Phänomen-Werke in Zittau gewesen war.

Das als Typ 2 vorgestellte Modell besaß die Antriebstechnik des VW-Käfers und ging ab 1950 in Serie. In den folgenden Jahren verdrängte diese Konstruktion außer dem Tempo (Vidal & Sohn) und den später hinzugekommenen, ebenfalls von Dr.-Ing. Alfred Haesner konstruierten Ford-FK-Modellen alle anderen deutschen Kleinbus-Baureihen.

Auf der ersten Nachkriegs-IAA 1951 präsentierte Volkswagen zwei Kleinbus-Modelle auf Transporter-Basis, einen Achtsitzer mit Schiebedach sowie das Sondermodell (»Samba-Bus«) mit Dachrandverglasung. Die Karosserien erstellte das Volkswagen-Werk. Nachdem die Produktion von Transportern, Kombi- und Pritschenwagen sowie Kleinbussen 150.000 Stück überschritten hatte, verlegte das Volkswagen-Werk die Nutzfahrzeugfertigung in ein neu aufgebautes Werk in Stöcken bei Hannover. Mit einer Belegschaft von 5000 Personen konnten dort täglich 250

30-PS-VW Kleinbus, 1954. (Foto: VW-Museum)

47-PS-VW Kombi, 1967. (Foto: VW-Museum)

57/112-PS-VW Caravelle, 1989. (Foto: Smlg. R. Weinreich)

Fahrzeuge gebaut werden, von denen rund 20 Prozent auf die Busse entfielen.

Die Motorleistung von anfänglich 25 PS steigerte sich über die Jahre auf 34 PS (1960), 42 PS (1963, 1,5 Liter) und 44 PS (1965); am Prinzip des Heckmotors änderte sich dagegen nichts. Auch nicht in der zweiten Generation von 1967 oder der dritten von 1978: Der Antrieb saß hinten. Der luftgekühlte Boxermotor kam zuletzt auf eine Leistung von 70 PS, ab 1982 kamen die flüssiggekühlten Boxer (»Wasserboxer«) mit bis zu 78 PS, Reihendiesel aus dem Golf mit bis zu 70 PS und Vierzylinder-Benziner mit Vergaser (bis 112 PS) und Einspritzung (90 PS) zum Einsatz. Die Achtsitzer wurden als »Caravelle«, in der Luxusausführung als "Carat" vermarktet. Von Mitte der achtziger Jahre bis 1992 bot Volkswagen die Kleinbusse unter der Bezeichnung »4x4 synchro« mit Allradantrieb und Visco-Kupplung zwischen den beiden Antriebswellen an. Die Fertigung erfolgte bei der österreichischen Firma Steyr-Daimler-Puch AG.

Im Sommer 1990 präsentierte das Volkswagen-Werk als Ablösung der 40 Jahre alten Heckantriebskonzeption die Modellreihe IV mit einem Frontantriebsblock. Das Kurzhauben-Modell mit der internen Bezeichnung T 4 wurde wiederum in den Versionen Kasten-, Kombi-, Pritschenwagen und Kleinbus angeboten. Eingebaut wurden zunächst Vier- oder Fünfzylinder-Wirbelkammer-Dieselmotor mit 61 und 78 PS oder ein Vier- und ein Fünfzylinder-Vergasermotor mit 84 und 110 PS. Inzwischen dominierten die Direkteinspitzdiesel der TDI-Baureihe die Motorenausstattung. Ein Fünfgang-Schalt- oder ein Viergang-Automatikgetriebe übertrugen das Drehmoment. Den bis zu zwölfsitzigen Kleinbus gab es mit zwei verschiedenen Radständen. Nach dem 2003 eingeführten T5 mit dem 2-Liter-Commnon Rail-Dieselmotor ging 2019 der T6 an den Start.

Das Unternehmen hatte 1975 den Bau der größeren LT-Typenreihe aufgenommen. Gegenüber dem VW-Transporter war diese Modellreihe von Anfang an in konventioneller Front-Motortechnik mit Hinterradantrieb gebaut. Die Vorderräder wurden an Doppel-Querlenkern geführt, die Hinterräder an einer Starrachse mit Blattfedern, motorisiert mit einem von Audi 100 übernommenen 75-PS-Vierzylinder-Vergaser- oder einem 65-PS-Vierzylinder-Wirbelkammer-Diesel von Perkins. Die im VW-Transportwerk in Hannover gefertigten Basisfahrzeuge erhielten ab 1979 einen eigenen Wirbelkammer-Diesel mit 75 PS. Die Vergasermaschine wurde auf 90 PS gesteigert. Da beide Motoren mit nahezu gleicher Drehzahl arbeiteten, konnte nun das Einheitsgetriebe verwendet werden.

Im Gegensatz zum Transporter mit seiner selbsttragenden Karosserie wurde der LT mit seinem stabilen Kastenrahmen an Aufbauhersteller abgegeben. So konnte das Ernst Auwärter-Werk in Steinenbronn neben dem LT 35 »Panorama« auf der Basis des LT 45 auch den »Citybus« mit einer Mitteltür erstellen. 1980 folgte eine elektrisch angetriebene »Citybus«-Version. Darüber hinaus wurde der Typ »Panorama« auch als Behinderten-Kleinbus mit einer breiten Doppelschwingtür versehen. Auf der Basis des LT 50 folgten 1983 Kleinbusse mit 20 Sitz- und zehn Stehplät-

78/110-PS-VW T 4, 1990. (Foto: VW-Museum)

zen oder 16 Luxussitzen, die von den Firmen E. Auwärter und Kowex in Abstatt gefertigt wurden. Bei den Kowex-Modellen kam das verlängerte Fahrgestell zur Verwendung. Der Aufbau erhielt eine Exklusivbestuhlung, eine Bordtoilette und eine Klimaanlage. Eingesetzt wurde der 102-PS-Turbo-Diesel mit 2,4 Litern Hubraum. Schließlich erschien 1985 das Modell LT 45 »Brillant« mit Aufbauten der Firmen Koch in Mudersbach/Sieg und Kowex mit der 102-PS-Maschine. Mit eigener Einfach-Ausstattung stellte Volkswagen ab 1994 den LT 28 als Neunsitzer vor, angetrieben vom 94-PS-Vergasermotor oder von 69- und 95-PS-Triebwerken.

109-PS-VW Crafter 2,5 TDI Kleinbus, 2006

VOLKSWAGEN															
Typ	Sitzplätze/ Stehplätze	Bauzeit	Zylinder	PS	K	B x H mm	Hubraum cm³	Drehzahl U/min	Radstand mm	Länge mm	Gewicht kg	Motor-hersteller	Typ	M	Bemerkungen
1. Kleinbusse															
a) Baureihe T1															
VW-Bus	8	1950 - 52	B4	25	L	75x64	1131	3300	2400	4100	1050	VW	122	V	intern Typ 29
VW Bus	8	1952 - 56	B4	25	L	75x64	1131	3300	2400	4100	1050	VW	122	V	ab 1954 30-PS-Motor
VW-Bus	8	1954 - 55	B4	30	L	77x64	1192	3400	2400	4100	1100	VW	122	V	
VW-Bus	8	1955 - 59	B4	30	L	77x64	1192	3400	2400	4190 - 4220	1120	VW	122	V	
VW-Bus	8	1959 - 60	B4	30	L	77x64	1192	3400	2400	4250 - 4300	1110	VW	122	V	
VW-Bus	8	1960 - 64	B4	34	L	77x64	1192	3600	2400	4280 - 4300	1125	VW	122	V	
VW-Bus	8	1963 - 64	B4	42	L	83x69	1493	3800	2400	4280 - 4300	1150	VW	124	V	
VW-Bus	8	1965 - 67	B4	44	L	83x69	1493	4000	2400	4280 - 4300	1165	VW	124	V	
b) Baureihe T2															
VW-Bus L	8	1967 - 70	B4	47	L	85,5x69	1584	4000	2400	4420 - 4445	1250	VW	126 A	V	ab 1970 50 PS
VW-Bus L	8	1971 - 72	B4	66	L	90x66	1679	4800	2400	4445	1365	VW		V	
VW-Bus L	8	1972 - 79	B4	50	L	85,5x69	1584	4000	2400	4505	1400	VW	126 A	V	
VW-Bus L	8	1973 - 75	B4	68	L	93x66	1795	4200	2400	4545	1420	VW		V	
VW-Bus L	8	1975 - 79	B4	70	L	94x71	1970	4200	2400	4545	1420	VW	CU	V	
c) Baureihe T3															
VW-Bus 1.6	8	1979 - 81	B4	50	L	85,5x69	1584	4200	2460	4570	1425	VW	126 A (CT/CZ)	V	
VW-Bus 2.0	8	1979	B4	70	L	94x71	1970	4200	2460	4570	1455	VW	CU	V	
VW-Bus 1.6 D	7 - 9	1981 - 82	4	50	W	76,5x86,4	1588	3700	2460	4570		VW	068.D (CS)	D	Wirbelkammer-Dieselmotor
VW-Bus	7 - 9	1981 - 82	4	57	W	79,5x84,4	1715	4500	2460	4570		VW	KY	D	
Caravelle GL	7 - 9	1982 - 87	B4	60	W	94x68,9	1913	3700	2460	4570	1510	VW	DF	V	auch 78 PS
Caravelle GL TD	7 - 9	1983 - 91	4	70	W	76,5x86,4	1588	4500	2460	4570	1595	VW	068.C (JX)	D	T
Caravelle GL	7 - 9	1983	B4	83	W	94x68,9	1913	4600	2460	4570	1510	VW	DH	V	auch 90 PS
Caravelle GL	7 - 9	1983	B4	83	W	94x68,9	1913	4800	2460	4570	1510	VW	DH	V	
Caravelle GL	7 - 9	1987 - 91	4	57	W	79,5x84,4	1715	4500	2460	4600	1580	VW	KY	D	T
Caravelle GL	7 - 9	1987 - 91	B4	112	W	94x76	2109	4800	2460	4600	1510	VW	DJ	V	auch 85 PS
Caravelle GL	7 - 9	1987	B4	85	W	94x76	2109	4800	2460	4600	1510	VW	SR	V	
Caravelle GL	7 - 9	1989 - 91	B4	95	W	94x76	2109	4800	2460	4600	1510	VW	SS	V	
d) Baureihe T4															
Caravelle 1,9 D		1990 - 07	4	60		79,5x95,5	1896	3700	2460	4600	1595	VW	1X	D	
Caravelle 1,8		1990 - 92	4	67		81x86,4	1781	4000	2460	4600	1480	VW	PD	V	
Caravelle 2,4 D		1909 - 98	4	78		79,5x95,5	2370	3700	2460	4600	1595	VW	AAB	D	
Caravelle 2,0		1990 - 03	4	84		81x95,5	1968	4300	2460	4600	1420	VW	AAC	V	
Caravelle 2,5		1990 - 96	5	110		81x95,5	2461	4500	2460	4600	1495	VW	AAF	V	
Caravelle 1,9 TD		1992 - 03	4	68		79,5x95,5	1896	3700	2460	4600	1595	VW	ABL	D	T, auch Radstand 2920 mm
Caravelle 2,5 TDI		1995 - 03	5	102		81x95,5	2461	3500	2920	4655	1810	VW	ACV	D	auch Radstand 3320 mm u. folgende
Caravelle 2,5		1996 - 03	5	115		81x95,5	2461	4500	2920	4655	1780	VW	AET	V	
Caravelle 2,8 VR6		1996 - 00	VR6	140		81x90,3	2792	4500	2920	4655	1660	VW	AES	V	
Caravelle 2,4 D		1997 - 03	4	75		79,5x95,5	2370	3700	2920	4655	1780	VW	AJA	D	
Caravelle 2,5 TDI		1998 - 03	5	88		81x95,5	2461	3600	2920	4655	1810	VW	AJT	D	TL, Direkteinspritz-Diesel u. folgende
Caravelle 2,5 TD		1998 - 03	5	151		81x95,5	2461	4000	2920	4655	1780	VW	AHY	D	TL
Caravelle 2.8 VR6		2000 - 03	VR6	204		81x90,3	2792	6200	2920	4655	1660	VW	AMV	V	
e) Baureihe T5															
Caravelle 1,9 TDI		2003 - 09	4	86	W	79,5x95,5	1896	3500	3000	4892		VW	AXC	D	TL, auch 105 PS
Caravelle 2.0 l B	9	2003 - 11	4	115	W	82,5x92,8	1984	5200	3000	4892		VW	EA 827	V	
Caravelle 2.5 TDI	9	2003 - 11	5	130	W	81x95,5	2461	3500	3000	4892		VW	AXD	D	TL, auch 174 PS
Caravelle VR6	9	2003 - 11	VR6	235	W	84x95.9	3189	6200	3000	4892		VW	E 390	V	
Caravelle 1,9 TDI	9	2006 - 09	4	84	W	79,5x95,5	1896	3500	3000	4892		VW	BRR	D	TL, auch 102 PS
Caravelle 2,0		2009 - 13	4	115	W	82,5x92,8	1984	5200	3000	4892		VW	EA 827	V	
Caravelle 2,0 TDI		2009 - 16	4	84	W	81x95,5	1968	3500	3000	4892		VW	EA 189	D	TL, Common Rail-Motor, auch 102, 140, 180, ab 2011 auch 114 PS
Caravelle 2,0 TDI		2009 - 16	4	180	W	81x95,5	1968	3500	3000	4892		VW	EA 189	D	Bi-Turbolader
Caravelle 2,0 TSI		2011 - 19	4	204	W	82,5x92,8	1984	6000	3000	4892		VW	EA 888	V	TL, ab 2012 auch 150 PS
Caravelle 2.0 TDI		2015 - 19	4	84	W	81x95,5	1968	3500	3000	4892		VW	EA 288	D	TL, auch 150 u. 204, ab 2016 auch 114, ab 2018 auch 102 u. 199 PS

VOLKSWAGEN															
Typ	Sitzplätze/ Stehplätze	Bauzeit	Zylinder	PS	K	B x H mm	Hubraum cm³	Drehzahl U/min	Radstand mm	Länge mm	Gewicht kg	Motor-hersteller	Typ	M	Bemerkungen
f) Baureihe T6															
Caravelle 2.0 TSI	9	2019 -	4	204	W	82,5x92,8	1984	4200	3000	4892		VW	EA 827	V	TL
Caravelle 2.0 TDI	9	2019 -	4	90	W	81x95,5	1968	3750	3000	4892		VW	EA 288	D	TL, auch 110 u. 150 P , mit Bi-TL 199 PS
2. Großtransporter (Beispiele)															
a) Baureihe LT II															
LT 28 D	14 - 16	1989 - 90	6	92	W	76,5x86,4	2384	4300	2500	4855	1795	VW	1G	D	T, ab 1990 102 PS
b) 2. LT-Baureihe															
VW-Bus Hannover	16	2001	5	109	W	81x95,5	2461	3500	4025	6535	3000	VW	ANJ	D	TL
c) Baureihe Crafter I															
VW Crafter 2,5	16	2006	5	109	W	81x95,5	2461	3500	3250	5244		VW	ANJ	D	TL
TDI															
d) Baureihe Crafter II															
VW Crafter 31	14 - 16	2019	4	102	W	81x95,5	1968	3750				VW	EA 288	D	TL, auch 140 u. 177 PS
VW Crafter 35	18	2019	4	102	W	81x95,5	1968	3750				VW	EA 288	D	TL, auch 140 u. 177 PS

140-PS-VW Crafter 35 Kleinbus, 2019.

VOMAG

Vogtländische Maschinenfabrik AG (VOMAG), vorm. J. C. und H. Dietrich, Plauen i. V., Cranachstr. 4

1. 1918-1932 **Vogtländische Maschinenfabrik AG (VOMAG), vorm. J. C. und H. Dietrich**
2. 1932-1938 **VOMAG Betriebs AG**
3. 1938-1942 **VOMAG Maschinenfabrik AG**
4. 1942-1944 **VOMAG Vogtländische Maschinenfabrik AG**

1881 als Stickmaschinenfabrik gegründet, folgte 1895 die Umwandlung zur Vogtländischen Maschinenfabrik AG mit dem Telegraphenkürzel VOMAG. Textil- und Rotationsdruck-Maschinen bildeten die Haupterzeugnisse, bis 1915 auf Drängen der Kaiserlichen Heeresverwaltung noch der Bau von Regeldreitonnern dazukam. Technischer Leiter der Automobilabteilung wurde Oberingenieur und Direktor Peter Teigland, der von der NAG kam. (Nach seinem Tod im Jahre 1925 folgte Dipl.-Ing. Erwin Aders, der von den MAN- beziehungsweise Büssing-Werken kam.) Umfangreiche Fabrikerweiterungen fanden 1916/17 statt. Ein weiterer Fabrikkomplex am Leuchtsmühlenweg, kam 1919 als Werk II hinzu. Das Unternehmen mit knapp 3500 Mitarbeitern verfügte über eine eigene Stahlgießerei sowie einen eigenen Getriebebau. Im Jahre 1919 schloss sich die Nutzfahrzeugabteilung der VOMAG, dem damals weltgrößten Stickmaschinenproduzenten und Druckmaschinenhersteller, dem Verkaufskartell Deutscher Automobil-Konzern (DAK) GmbH in Leipzig an. 1926 wurde jedoch schon das mit wenig Erfolg arbeitende Kartell aufgelöst. 1932 ging die VOMAG in Konkurs, wurde aber durch eine Auffanggesellschaft als VOMAG Betriebs AG weitergeführt. Die Montagekapazität der VOMAG lag in der Zwischenkriegszeit stets bei 85 bis 100 Fahrzeugen pro Jahr, die von 1200 Mitarbeitern gefertigt wurden. Der Lastwagen- und Omnibus-Fahrgestellbau musste um 1944 eingestellt werden, um letzte Kapazitäten für den 1940 aufgenommenen Halbketten-Zugmaschinen- und Panzerbau bereitstellen zu können. Das gegen Kriegsende schwer beschädigte Nutzfahrzeugwerk wurde 1945/46 vollständig demontiert und weitgehend gesprengt. Der Teilbereich Rotationsmaschinen wurde nach Teildemontage unter der Bezeichnung VEB PLAMAG-Druckmaschinen neu gegründet. Auch der Sondermaschinenbereich ging als Werkzeugmaschinenfabrik »Vogtland« (WEMA) neu hervor. Seit der Wende wird der Druckmaschinenbereich von den Firmen MAN-Roland Druckmaschinen AG und Koenig & Bauer AG MAN-Plamag weitergeführt. In einer verbliebenen Halle des Werkes II (vorübergehend der Bereich »Sondermaschinenbau«, später Reparaturbetrieb) mussten nach dem Krieg zunächst Großreparaturen an sowjetischen Militärfahrzeugen durchgeführt wurden. In diesem Werksteil etablierte sich schließlich 1972 ein neues Großreparaturwerk, das sich Ikarus-Omnibusse vornahm. Im Jahre 1990 erhielt dieses Werk unter der Bezeichnung Vogtland Automobil GmbH einen Vertrag zur Komplettierung von angelieferten Neoplan-Omnibus-Gerippen der Stuttgarter Firma G. Auwärter. Seit 1991 firmierte das renovierte und erweiterte ehemalige VOMAG-Teil-Nutzfahrzeugwerk als Neoplan Omnibus GmbH Plauen. Ein Teil der VOMAG-Nutzfahrzeugingenieure, darunter Chefkonstrukteur und Oberingenieur Wilhelm Keilhack (1900 - 1971), war nach Kriegsende als freischaffender Ingenieur unter anderem für die Horch-Werke tätig. Dort entwarf er Dieselmotoren nach VOMAG-Plänen, die vor und nach seiner Flucht bei Horch zur EM/Einheitsmotoren-Baureihe weiterentwickelt wurden. Ende der vierziger Jahre ging er dann zu den Südwerken.

Erste VOMAG-Omnibusse wurden 1918 auf dem 2,5-Tonnen-Fahrgestell des Kardantyps P 20 f mit Drauz-, Trutz- und Kühlstein-Karosserien angeboten. Eine 35-PS-Maschine trieb die Fahrzeuge mit »Sommer-« und »Winteraufbauten« an. Die Reichspost übernahm 20 derartige Modelle. Auf dem Fahrgestell des P 30 z erschienen 1921/22 zwei Oberdecker-Omnibus für die ABOAG in Berlin. Der eine Prototyp (Typ »Berlin«) besaß einen rechts neben den Motor vorgezogenen Fahrerplatz. 1924 folgte der Aufsehen-erregende, dreiachsige Überlandomnibus C 3 A, der dem Büssing-Dreiachser Paroli bieten sollte. Das Modell besaß in Fahrzeugmitte die zweite Achse, die vom 60/80-PS-Vierzylinder mit hängenden Ventilen

40-PS-VOMAG P 20 f Postomnibus (Wagenbauwerke Berlin-Aufbau), 1920.

40/45-PS-VOMAG P 30 z Oberdecker (Schumann-Aufbau), 1922.
(Foto: Christian Suhr)

angetrieben wurde. Die letzte Achse wurde durch eine Lenkkinematik von der vorderen Achse mitgesteuert. Da sich die Fahrerkabine rechts neben dem Motor befand, konnte der gesamte Fahrzeugraum für 75 Reisende genutzt werden konnte. Das Modell besaß eine Elastikbereifung für eine Höchstgeschwindigkeit von 30 km/h oder eine Luftbereifung für 45 km/h.

1925 präsentierte die VOMAG ein breites Omnibusprogramm. Bei diesem Frontlenkertyp O II »Leipzig« saß die Fahrerkabine wiederum rechts neben dem Motor. Eine 50/60-PS-Maschine kam in diesen 3,5-Tonnen-Stadtverkehrsomnibus mit Elastikreifen oder Überlandbus mit Luftreifen, der Trutz- oder Schumann-Aufbauten erhielt. Als Oberdeck-Omnibus (»Imperial«) ging dieses Modell unter der Bezeichnung »Buenos-Aires« dann vor allem in den Export. Mit einem Motorvorbau folgte in konventioneller Bauweise der in 80 Exemplaren gefertigte Niederrahmen-Typ «Altenburg«. Als weitere Überlandomnibusse in Hauben-Bauweise kamen die Typen O I A (3-Tonner), O II A (4-Tonner) und O III A (5-Tonner) mit Karosserien der Kühlstein-Werke und der Sächsischen Waggonfabrik AG in Werdau hinzu, wobei das Hartholzgerippe mit Blech beplankt war. Ein abnehmbarer Win-

40-PS-VOMAG P 20 f Linienbus (Drauz-Aufbau), 1920.

teraufbau gehörte zur Fahrzeugausstattung. Ein Exemplar des O II ging mit Schienenrädern an die Gera-Meuselwitz-Wuitzer-Eisenbahn AG, wo er von 1927 bis 1962 seinen Dienst tat. Nach Vorbild des amerikanischen Fageol-Tiefrahmen-Omnibusses präsentierte die VOMAG in diesem Jahr zwei Reise-Limousinen, die fünf seitliche Türen für vier Personenabteile und ein hinteres Gepäckabteil besaßen. 24 Fahrgäste konnte das von Trutz aufgebaute Modell mit einem 55/70 PS starken Motor bei maximal 45 km/h befördern. Die Nachfrage nach diesem ersten reinen Reisebus blieb jedoch aus. Schließlich rundete ein Hauben-Dreiachser vom Typ 3 AC »Riesa« mit dem großvolumigen 60/70-PS-Motor mit 41 Sitz- und elf Stehplätzen unter einer Trutz-Karosserie das Programm in der Mitte der zwanziger Jahre ab. Die zweite, diesmal auch hinten angebrachte Achse war wiederum als lenkbare Schleppachse ausgebildet.

Nächste Entwicklungsstufe des Dreiachsers bildete die Baureihe DOV 57, die 1928 auf der Technischen Messe in Leipzig gezeigt wurde. Bei diesem Dreiachser mit einem Doppel-Achsantrieb wurde die Kraft von einem zentralen Wellenstrang über ein vor der ersten Hinterachse schräg liegendes Stirnradgetriebe auf ein nach links versetztes Differential der ersten Hinterachse geleitet. Über gleiches, nach rechts versetztes System

35/40-PS-VOMAG P 20 f Aussichts-Omnibus (Kühlstein-Aufbau), 1925.

60-PS-VOMAG Typ O II »Buenos Aires Imperial« Linienbus (Schumann-Aufbau), 1925.

50/65-PS-VOMAG Typ »Leipzig« Linienbus (Trutz-Aufbau), 1925.

60-PS-VOMAG O II A Linienbus (Kässbohrer-Aufbau), 1925.

hinter der letzten Achse, wurde diese wiederum angetrieben. Eine hintere Vierradbremse war hier erstmals zur Getriebebremse eingebaut; das ZF-Getriebe besaß einen Schnellgang. Der anfänglich eingesetzte 100 PS leistende, erste VOMAG-Sechszylinder wurde auf 115 bzw. auf 130 PS angehoben. Aufgrund der gewaltigen Maschinen war die Motorhaube besonders lang ausgebildet.

Das Programm der Zweiachser erneuerte VOMAG 1928 mit den Baureihen OV 53, OV 57, OM 57 und OV 59, die von 75/82-PS- und 100/105-PS-VOMAG- sowie von schnelllaufenden 100/106-PS-Maybach-Motoren angetrieben wurden. In der neuen Typologie stand nach dem O für Omnibusfahrgestell das »V« für den VOMAG-, das »M« für den Maybach-Motor. Die nachfolgenden Zahlen gaben den Radstand in Dezimetern an. Aufsehen erregten diese Modelle, die erstmals mit einer Ganzstahl-Karosserie der Sächsischen Waggonfabrik (ab 1929 Linke-Hofmann-Werke, Werdau) verkleidet wurde. Der Werdauer Aufbau war hier in Ringspanten-Stahlausführung nach Arquint-Patenten mit einer freitragenden Wagendecke konstruiert, so dass der Aufbau angeblich nur 2,3 Tonnen wog, gut 25 Prozent weniger als ein traditioneller Holzaufbau.

Ein wiederum außergewöhnliches Modell bildete der 1928 vorgestellte VOMAG-Schnellomnibus vom Typ OMV mit einem Voran-Vorderradantrieb und einer Werdauer Karosserie. Das Vorderteil mit dem 100-PS-Maybach-Motor, dem ZF-Dreiganggetriebe mit einem zusätzlichen Schnellgang sowie dem Fahrerhaus ließ sich auf die unteren Längsträger des separaten Fahrgastraumes aufschieben beziehungsweise trennen. Bolzen sicherten die Verbindung. Beide Fahrzeugteile konnten auf Stützrollen abgestellt werden. Eine Lederwulstverbindung hielt die Erschütterungen des Vorderrad-Antriebsaggregats vom Fahrgastraum mit seiner Schleppachse fern. Gleichzeitig konnte durch diese nach Patenten von Oberingenieur Richard Bussien, der ebenfalls für die Nationale Automobil AG (NAG) arbeitete, entwickelte Konstruktion der Fahrgastboden niedrig gehalten werden. Eine leichte Austauschbarkeit der Antriebsteile war darüber hinaus möglich, sofern mehrere Kombinationsfahrzeuge dieses Typs vorhanden waren. Allerdings nur die KVG Sachsen erwarb zwei Prototypen, die 72 km/h erreichen konnten und eine Kapazität von 32 Sitz- und 8 Stehplätzen aufwiesen. Zum Misserfolg dieses Fahrzeugs trug die äußerst anstrengende Lenkarbeit durch das extrem hohe Gewicht auf der Vorderachse durch den Motor, das Getriebe und den Vorderradantrieb bei, zumal noch keine Lenkhilfe zur Verfügung stand. Nachdem ein Fahrzeug verunglückt war, wurde der weitere Einsatz des VOMAG-Voran-Typs eingestellt. Chefkonstrukteur Aders versuchte daraufhin einen neuen Anfang bei der Daimler-Benz AG.

Für Langstreckenfahrten stellte VOMAG 1931 mit WUMAG-Karosserien DO 57-Reiseomnibusse mit Küche, Nasszelle und Korbsesselbestuhlung her. Die Dreiachser besaßen Knorr-Luftdruckbremsen an allen vier Hinterrädern. Zu dieser Zeit hatte die VOMAG mit Unterstützung des Schweizer Motorenentwicklers Oberhänsli einen eigenen Dieselmotor fertig. Der Oberhänsli-Sechszylinder kam 1932 im Omnibus-Modell 4 OR 657 zum Einsatz, ein eigener Vierzylinder befeuerte den parallel dazu angebotenen 4 OR 454.

Nach der Krisenphase des Unternehmens kamen 1934/35 die neuen Typen 5 NO 54, 5 NO 57 (beide mit 110-PS-Sechszylinder), 4 OR 654 sowie 4 OR 657 (beide mit 110-PS-Sechszylinder-Diesel). Während die zur Berliner IAMA 1936 präsentierte Vierachser-Studie »VOMAG Kontinent-Expreß« mit 320 PS-Boxer-Motor nicht realisiert wurde, baute das

Werk im Folgejahr den 43-sitzigen Dreiachser 7 OR 660 mit dem 14,3-Liter-Motor der Baureihe 6 R 3080 mit zunächst 150, später 160 PS. 1938 folgten weitere 43-sitzige Omnibusse mit dem 110 PS leistenden Motor der Baureihe 6 R 1060. Das Großmodell 7 OR 660 erhielt in diesem Jahr die auf 150 PS gesteigerte Maschine. Eine Karosserie im Einheitsstil der Reichspost, die von der Firma Busch (Waggonfabrik Bautzen) hergestellt wurde, kam zur Verwendung. 62 Fahrgäste konnten in diesem in größeren Stückzahlen gebauten Modell befördert werden. Mit Gaubschat-Karosserien und dem inzwischen auf 160 PS angehobenen 14,3-Liter-Triebwerk erschien 1939 der Typ 5 OR 658 für den Anhängerbetrieb, wobei ein Ziehharmonika-Übergang eingebaut wurde. Die Deutsche Reichspost übernahm den 21 Meter langen Zug für ihre Autobahnstrecken. Hinzu kamen Stromlinienomnibusse vom Typ 5 OR 658 mit wiederum 160-PS-Motoren und Karosserien der Fahrzeugwerke Recklinghausen und der Wumag Görlitz. 1939 baute das Unternehmen auf Wunsch der KVG Sachsen eine Serie von 18 Kraftpakete, die als Typ 5 OM 1258 auf den Bergstrecken der KVG Sachsen eingesetzt wurden. Der 300 PS starke V12 wurde vom Maybach bezogen und stammte aus dem Panzerbau wie auch das verwendete Panzer-Vorwählgetriebe Variorex. Die 140 km/h schnellen Omnibusse erhielten zusätzliche Stahlscheiben an den Vorderrädern, um das Fahrzeug beim Platzen eines Reifens in der Spur zu halten. Die Karosserien lieferte die Wumag.

Schließlich sind noch 35- und 26-sitzige Omnibusse der Typenreihen 3 OHG und 4,5 OHG mit im Heck integrierten Holzgasmotoren mit 75 und 100 PS zu erwähnen. Der Aufbau dieser Generator-Fahrzeuge war wie bei den Ford-Modellen nach Patenten von Prof. Dr. Josef Deiters in selbstragender »Integral-Leichtstabil-Bauweise« ausgeführt. Das Traggerippe bestand aus verschweißten, dünnwandigen Stahlblech-Kastenträgern. Die Verkleidung war aus formbaren, mit Kunstharz verleimten Sperrholzplatten der Marke Delignit (Blomberger Holzindustrie B. Hausmann) hergestellt. Die Waggonfabrik Gebr. Credé u. Co. In Kassel und die Hermann Harmening KG in Bückeburg sollten im Rahmen eines Regierungsprogramms auf Anordnung des Generalbevollmächtigten für das Kraftfahrwesen, Generalmajor Adolf v. Schell, in 500 Exemplaren die Verkleidung und die Inneneinrichtungen dieser 8,5 Tonnen schweren Fahrzeuge karossieren.

60/80-PS-VOMAG C 3 A Reisebus (Trutz-Aufbau), 1925.

55/70-PS-VOMAG O IIa »Reise-Limousine« (Trutz-Aufbau), 1925.

50/60-PS-VOMAG O II 56 »Delmenhorst« (Schumann-Aufbau), 1927.

60/70-PS-VOMAG 3 A C »Riesa« Linienbus (Trutz-Aufbau), 1926.

Nach dem Krieg stellte das Autoreparaturwerk Plauen, sofern möglich, die Ersatzteilversorgung bis in die 60er Jahre sicher; die Firma Steinhäuser u. Söhne in München übernahm noch eine Zeit lang die Ersatzteilversorgung der in den Westzonen verbliebenen VOMAG-Fahrzeuge.

55-PS-VOMAG O II Überlandbus, 1927.

50/55-PS-VOMAG O II 56 »Montevideo« Überlandbus (Schumann-Aufbau), 1927.

60-PS-VOMAG O I 2b Postomnibus, (Schumann-Aufbau), 1927.

75-PS-VOMAG O II Schienenbus der Gera-Meuselwitz-Wuitzer Bahn (Schumann-Aufbau), 1927.

75-PS-VOMAG OV 59 Linienbus (Schumann-Aufbau), 1927.

100-PS-VOMAG DOV 57 Überlandbus (Schumann-Aufbau), 1928.

100-PS-VOMAG OM 59/6 Überlandbus (Lindner-WUMAG-Aufbau), 1929.

100/106-PS-VOMAG-Voran Vorderradantriebs-Omnibus (LHB-Aufbau), 1929.

88-PS-VOMAG 4 OR 657 Ausflugsomnibus (Kässbohrer-Aufbau), 1933.

110-PS-VOMAG OV 57/6 EH Postomnibus (Trutz-Aufbau), 1931.

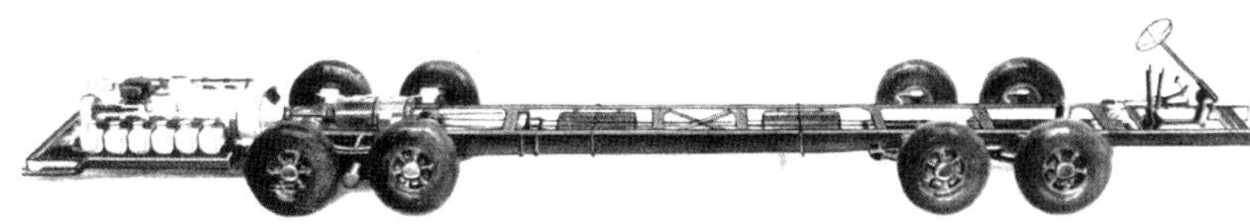

350-PS-VOMAG Kontinent-Expreß (Modell), 1936.

150-PS-VOMAG 7 OR 660 Postomnibus (EVA-Aufbau), 1937.
(Foto: Verkehrsmuseum Nürnberg)

160-PS-VOMAG 5 OR 658 Ausflugsomnibus (G. Auwärter-Aufbau), 1938.

160-PS-VOMAG 5 OR 658 Reisebus (Kässbohrer-Aufbau), 1939.

160-PS-VOMAG 5 OR 658 »Autobahntyp« RAB-Schnellomnibus (Recklinghausen-Aufbau), 1939.

160-PS-VOMAG 5 OR 658 Gaubschat-Zug, 1939.

60-PS-VOMAG 5 OR 658 Linienbus (Schumann-Aufbau), 1939. (Foto: Karlheinz Hesse)

300-PS-VOMAG 5 OM 1258 Überlandbus (WUMAG-Aufbau), 1939.

75-PS-VOMAG 3 OHG Überlandbus mit integriertem Generator (Credé-Aufbau), 1940.

100-PS-VOMAG 4,5 OHG 444 Überlandbus mit integriertem Generator (Harmening-Aufbau), 1941. (Foto: Christian Suhr)

VOMAG

Typ	Sitzplätze/ Stehplätze	Bauzeit	Zylinder	PS	K	B x H mm	Hubraum cm³	Drehzahl U/min	Radstand mm	Länge mm	Gewicht kg	Motor-hersteller	Typ	M	Bemerkungen
1. Linienbusse															
P 20 f Plauen	18/0	1918 - 19	4	35	W	105x160	5538	1000	3850			VOMAG		V	
P 20 f Plauen	18/0	1920 - 26	4	40	W	110x160	6079	1000	3850			VOMAG		V	
P 30 z	36/16	1921	4	40/45	W	110x180	6838	1000				VOMAG		V	Oberdecker
O I A Hof	26/8	1924	4	55/65	W	115x180	7474	1200	4600		5480	VOMAG	B 2 HK 1580	V	Niederrahmen-Omnibus
Berlin	58	1925	4	35/50	W	110x160	6079	1500	5000	8200		VOMAG		V	auch 35/45-PS-Motor
Altenburg	30/15	1925	4	50/65	W	115x160	6644	1500	5000	8000		VOMAG	6 L 1560	V	auch 55/70-PS-Motor
Buenos Aires	54/0	1925	4	50/60	W	115x160	6644	1500				VOMAG	6 L 1560	V	Oberdecker
O I A Sachsen	26/8	1925	4	45/60	W	115x180	7474	1500	4600	7000	4500	VOMAG	B 2 KH 1580	V	
O I Osnabrück		1925	4	45/60	W	115x180	7474	1500	4600			VOMAG	B 2 KH 1580	V	Fahrerhaus neben Motor
O II Osnabrück		1925	4	50/60	W	115x160	6644	1200	5000			VOMAG	6 L 1560	V	Fahrerhaus neben Motor
O III A Leipzig	27/20	1925	4	50/60	W	115x160	6644	1200	4830			VOMAG	6 L 1560	V	
3 A C Riesa	31/11	1925	4	60/70	W	130x180	9552	1200	5600+2250	8335		VOMAG	B 2 KH 3080	V	
O I A Werdau	26/8	1926 - 27	4	55/65	W	115x180	7474	1200	5200	7300		VOMAG	B 2 KH 1580	V	
O II A	35/15-20	1926	4	55/65	W	115x180	7474	1200	5000	8000		VOMAG	B 2 KH 1580	V	
3 ACE	44/8	1926	4	60/70	W	130x180	9552	1200	5600+2250	10000		VOMAG	B 2 KH 3080	V	auch 41/15 - 20 Plätze
O II Montevideo	29/25	1927	4	50/55	W	115x180	7474	1200	5000	8000	6300	VOMAG	B 2 KH 1580	V	
O II Delmenhorst	30/10	1927	4	50/60	W	115x160	6644	1500	5000			VOMAG	6 L 1560	V	auch B 2 KH 1580-Motor
OV 57	29/18	1927	4	75/82	W	130x160	8490	1500	5700	9850		VOMAG	B 2 KH 1580	V	
OM 57	29/18	1927	6	100	W	94x168	6995	2200	5700	9850		Maybach	OS 6	V	
4,5 OV 448		1928 - 37	4	82	W	130x160	8490	1600	4800			VOMAG	4 EH 3060	V	
3 OV 449		1928 - 37	4	80/85	W	130x160	8490	1600	4900			VOMAG	4 EH 3060	V	
OV 59/L 6	40/20	1928	6	100	W	115x160	9970	1500	5900	10100		VOMAG	6 L 1560	V	
OV 59	40/0	1928	6	105	W	120x160	10857	1500	5900	10100	7600	VOMAG	6 H 2060	V	auch 6 L 1560-Motor
OMV »Voran«	32/8	1928	6	100/106	W	94x168	6995	2200	5900			Maybach	OS 5	V	Frontantriebsmodell
OM 57		1928	V12	150	W	92x100	7977	2300	5700	9850		Maybach	DSO 8	V	
OV 57/ 6 EH	40/20	1930	6	115	W	120x160	10857	1500	5700	10300		VOMAG	6 EH 2060	V	
DO 57	45/15	1930	6	130	W	130x160	12742	1500	5700+1300	11800		VOMAG	6 EH 3060	V	auch 30/35 Plätze
OV 57	33/12	1931	6	110/120	W	120x160	10857	1600	5700	10300		VOMAG	6 EH 2060	V	Linienbus 24/20 Plätze
4 OR 454		1932	4	90	W	130x180	9552	1600	5400			VOMAG	4 R 3080	D	
4 OR 457		1932	4	90	W	130x180	9552	1600	5700			Oberhänsli	4 N 2	D	
4 CzO 48 S		1934	4	95	W	130x180	9552	1600	4800			VOMAG	4 R 3080	D	auch 4 EH 3060-Motor
4 OR 650		1934	6	105	W	110x160	9120		5000			VOMAG	6 EH 1060	V	
4 OR 654		1935	6	100	W	110x160	9120	1850	5400			VOMAG	6 R 1060	D	
5 OR 658		1937	6	135	W	130x180	14334	1500	5800			VOMAG	6 R 3080	D	
7 OR 660	43 - 62	1937 - 40	6	135	W	130x180	14334	1500	6000+1350	12000		VOMAG	6 R 3080	D	ab 1938 150/156 PS
5 OR 658		1937 - 40	6	160	W	130x180	14334	1600	5800			VOMAG	6 R 3080	D	
4,5 O HG 460	36/15	1940 - 42	4	100	W	140x180	11084	1500	6000		7600	VOMAG	4 GR 4080 HG	V	Holzgasmotor, auch 32/20 Plätze
4,5 O HG 457	36/15	1941 - 44	4	100	W	140x180	11084	1500	5700			VOMAG	4 GR 4080 HG	V	Holzgasmotor

VOMAG															
Typ	Sitzplätze/ Stehplätze	Bauzeit	Zylinder	PS	K	B x H mm	Hubraum cm³	Drehzahl U/min	Radstand mm	Länge mm	Gewicht kg	Motor-hersteller	Typ	M	Bemerkungen
2. Ausflugs- und Reisebusse															
C 3 A	39 - 50	1924	4	60/80	W	130x180	9560	1000	5000+2250	10000		VOMAG	B 2 KH 3080	V	
Sechsradbus	55/0	1925	4	60	W	115x180	7474	1000	5000+2250	10000		VOMAG	B 2 KH 1580	V	
Leipzig	47/0	1925	4	50/65	W	115x160	6644	1500	5000	8000		VOMAG	6 L 1560	V	auch B 2 KH 1580-Motor
O I A Zwickau	26/0	1925	4	55/65	W	115x180	7474	1200	4600	5535		VOMAG	B 2 KH 1580	V	
Reise-Limou-sine	24/0	1925	4	55/70	W	115x180	7474	1000/	5200	8000	5200	VOMAG	B 2 HK 1580	V	Fageol-Typ
78+22	35/0	1925 - 26	4	50/60	W	115x160	6644	1500	5000	8000	6000	VOMAG	6 L 1560	V	auch B 2 KH 1580-Motor
O I 25 A	26/0	1926	4	45/55	W	115x180	7474	1200				VOMAG	B 2 KH 1580	V	
O II A	36/0	1926 - 27	4	55/65	W	115x180	7474	1200	5000			VOMAG	B 2 KH 1580	V	
O III A	27/0	1926	4	55/65	W	115x180	7474	1200				VOMAG	B 2 KH 1580	V	
O II 56	50/0	1927	4	50/60	W	115x160	6644	1200	5600	8000		VOMAG	6 L 1560	V	auch 55/65-PS
O II Monte-video	35/0	1927	4	50/55	W	115x180	7474	1200	5000	8000	6300	VOMAG	B 2 KH 1580	V	auch 60/70 PS
OV 53	48/0	1928	4	80	W	130x160	8490	1500	5300	9260		VOMAG	B 2 KH 1580	V	
DOV 57	44/0	1928	6	100	W	115x160	9970	1500	5700+1300	9000		VOMAG	6 L 1560	V	
OV 59	40/0	1928	6	105	W	120x160	10857	1500	5900	10100	7600	VOMAG	6 H 2060	V	auch 6 L 1560-Motor
DO 57	44/0	1929	6	115	W	120x160	10857	1500	5700+1300			VOMAG	6 EH 2060	V	
6 OV 57	60/0	1931	6	100	W	120x160	10857	1500	5700	10280		VOMAG	6 EH 2060	V	
5 NO 57	42/0	1934	6	100	W	110x160	9120	1850	5700	9800		VOMAG	6 R 1060	D	
5 NO 54	37/0	1934	6	100	W	110x160	9120	1850	5400	9050		VOMAG	6 R 1060	D	
DO 57	43/0	1934	6	130	W	130x160	12740	1500	5700+1300	10500		VOMAG	6 EH 3060	V	
DO 57	43/0	1934	6	130	W	130x180	14334	1500	5700+1300	10500		VOMAG	6 R 3080	D	
3 L 443	30/0	1935	4	68	W	110x160	6080	1900	4300	7300		VOMAG	4 R 1060	D	Wehrmachts-Omnibus
4 OR 657	35/5	1935	6	100	W	110x160	9120	1850	5700			VOMAG	6 R 1060	D	
4 OR 657	35/5	1935	6	88	W	100x150	7069	2100	5700	9700		VOMAG	6 R 0050	D	
3 OV 449	32/0	1936	4	85	W	130x160	8494	1600	4900			VOMAG	4 EH 3060	V	
3 OV 649	32/0	1936	6	95	W	100x150	7065	2200	4900			VOMAG	6 R 0050	D	
3 OR 649	32/0	1936	6	95	W	105x150	7790	1750	4900			VOMAG	6 R 0550	D	
4 OR 657	35/5	1936 - 37	6	112/122	W	115x160	9972	1850	5700	10.300		VOMAG	6 R 1560	D	
Kontinent-Expreß	50/0	1936	B12	320/350	W	140x190	35008	1500	1550+ 6300+1550	16250		VOMAG	12 R 4090	D	RAB-Projekt (Modell)
5 OM 657	43/0	1938	6	110	W	100x110	5180	2600	5700		7500	Maybach	Dsh 90	V	
5 OV 657	43/0	1938	6	110	W	110x160	9120	1900	5700			VOMAG	6 R 1060	D	
6 OR 653	50/0	1938	6	150	W	130x180	14334	1600	5300			VOMAG	6 R 3080	D	
5 OR 658	35 - 48	1939	6	160	W	130x180	14334	1650	5800			VOMAG	6 R 3080	D	RAB-Schnellreisebus
5 OR 658	78+22	1939	6	160	W	130x180	14334	1650	5800+5400	21000	15000	VOMAG	6 R 3080	D	Gaubschat-Gelenkzug
5 OM 1258	33/0	1939	V12	300	W	105x115	11867	3000	5800			Maybach	HL 120 TUKO	V	
3 O HG 443	35/0	1940	4	75	W	125x160	7854	1700	4300	7625	6000	VOMAG	4 GR 2560 HG	V	Holzgasmotor

Waggon Union

Waggon Union GmbH,
Berlin 27, Miraustr, 30

1. 1973-1990 **Thyssen-Waggon Union**
2. 1990-1991 **ABB Henschel AG - Waggon Union**
3. 1991-1995 **ABB HENSCHEL Waggon Union GmbH**
4. 1995-1997 **ABB Daimler-Benz Transportation (Adtranz) GmbH**

Die Berliner Waggon Union GmbH in dieser Form existierte seit 1971, ging 1974 an den Stahl-Konzern August Thyssen Hütte (ATH) über und von dort als ABB-HENSCHEL Waggon Union an den schwedischen ASEA-Konzern. Zu guter Letzt war sie Teil der ABB Daimler-Benz Transportation (Adtranz) GmbH.

Das Berliner Werk fertigte beziehungsweise fertigt Güter- und Personenwagen sowie U- und S-Bahn-Züge. Ein Exkurs in die Pkw-Fertigung war von 1960 bis 1963 die Herstellung des Schwimmwagens »Amphicar«.

Seit 1973 stellte das Unternehmen Doppeldecker-Fahrzeuge für die Berliner BVG und die Lübeck-Travemünder Verkehrs AG her, dies in enger Zusammenarbeit mit MAN. Die Bodengruppe, der 192-PS-Unterflurdieselmotor, das Getriebe, die Lenkung und das Bremssystem der ersten Baureihe SD 200 F wurden dem MAN-VÖV I-Bus entnommen; allerdings wurde hier die herumgewölbte StÜLB-Frontscheibe eingesetzt. Jährlich bis zu 100 Doppeldecker entstanden. Nachdem MAN einen Auftrag über 600 Doppeldecker für den Irak erhalten hatte, baute die Thyssen-Waggon Union diese Fahrzeuge auf. Die speziell für den irakischen Einsatz ausgelegten Modelle vom Typ S 200 besaßen eine Länge von elf, eine Breite von 2,5 und eine Höhe von 4,5 Metern. Die auf 220 PS ausgelegte 11,4-Liter-Maschine der D 25-Baureihe trieb die mit 43 unteren und 53 oberen Sitzen versehenen Zweiachser an. Im Sommer des Jahres 1981 konnte das erste Los ausgeliefert werden; die weiteren Aufträge wurden jedoch – eine Folge des iranisch-irakischen Krieges – storniert.

Ebenfalls 1981 stellte das Unternehmen den mit der MAN entwickelten Prototyp des D 80-Doppeldeckers vor, dem 1983 weitere zwei Vormodelle folgten. Er entsprach weitgehend dem VÖV II-Standardbus und besaß einen tiefer angeordneten Fußboden in 40 cm Höhe mit 204 PS starker Unterflurmaschine. Die Gesamthöhe betrug wieder mit einer Ausnahmegenehmigung 4,06 Meter, um die Stehhöhen in den beiden Decks günstig zu halten. Auffallend waren die Lichtbänder in den Fahrgasträumen, die ANNAX-Lichtbandanzeige zwischen den beiden Frontscheiben, die abknickende Brüstung in der zweiten Etage sowie die bis in die Unterseite verglasten Doppeltüren. Der Doppeldecker SD 202 ging 1986 mit 81 Sitz- und neun Stehplätzen in Serie. Die Modelle erhielten dem BVG-Bezeichnungsschema entsprechend ein »D« und die beiden Endziffern des betreffenden Baujahres.

In Leichtbautechnik entstand in den neunziger Jahren dann eine neue Generation von Berliner Doppeldeckern. Auf den Unterbau des MAN-Niederflurbusses NL 202 setzte das Berliner Unternehmen eine dreitürige Karosserie aus geschraubten Aluminiumprofilen auf. Die technische Basis dieses Niederflurbusses mit der Bezeichnung ND 202 stammte von MAN, auch der 220 PS starke 6,9-Liter-Motor war aus dem MAN-Fundus. Die Adtranz errichtete 1996 für die Montage eine neue Fertigungsstätte für Schienenfahrzeuge und Doppeldecker in Berlin-Pankow. Von 1995 bis 1997 entstanden 87 Doppeldecker der Baureihe ND 202-BR.

Nach dem Gaubschat-Konkurs und dem Rückzug von Orenstein & Koppel AG aus der Omnibus-Produktion war die Adtranz letzter Hersteller der echten Berliner Doppeldecker.

Eine dreiachsige Doppeldecker-Serie wurde 2004 aufgelegt, ebenfalls ausgestattet mit dem 6,9-Liter-Dieselmotor aufgelegt. Da die BVG mit diesen Fahrzeugen der Baureihe A 39 mit 83 Sitz- und 45-Stehplätzen nicht zufrieden war, entschied sie sich 2020 für die Anschaffung von Volvo-Doppeldeckern.

192-PS-MAN-Büssing/Waggon Union SD 200 Prototyp, 1973. (Foto: BVG)

192-PS-MAN/Waggon Union SD 200, 1976. (MAN-Werksfoto)

220-PS-MAN/Waggon Union SD 202 für Bagdad, 1981.

WAGON UNION															
Typ	Sitzzahl/ Stehpl.	Bauzeit	Zyl.	PS	K	B x H mm	Hubr. cm³	Dreh. U/min	Radstand mm	Länge mm	Gew. kg	Motor-hersteller	Typ	M	Bemerkungen
SD 200 F	88/12	1973	6	192	W	125x150	11045	2100	5520	11700	10600	MAN	D 2556 MXUH	D	VÖV I Standard-Doppeldecker-Prototyp
SD 200	88/8	1974 - 75	6	192	W	125x150	11045	2100	5520	11700		MAN	D 2556 MXUH	D	
SD 200	88/8	1976 - 80	6	192	W	125x155	11413	2200	5520	11490	9685	MAN	D 2566 MUH	D	
SD 200 (SD 81)	81/8	1981 - 85	6	200	W	125x155	11413	2200	5520	11490	10585	MAN	D 2566 MUH	D	
SD 200 Bagdad	96/0	1981 - 82	6	220	W	125x155	11413	2100	5600	11080		MAN	D 2566 MUH	D	
D 80	81/5	1981 - 83	6	200	W	125x155	11413	2200	5800	11450	10300	MAN	D 2566 MUH	D	VÖV II Standard-Doppeldecker-Prototyp
SD 202 F	81/9	1986 - 92	6	204	W	125x155	11413	2200	5800	11490		MAN	D 2566 MUH	D	
ND 202 (DN 95)	71/23	1995 - 97	6	214	W	108x125	6871	2400	5875	11735	11880	MAN	D 0826 LUH 12	D	auch 220 PS, auch 82/8 Plätze

204-PS-MAN/Waggon Union SD 200 F, 1986. (Foto: BVG)

220-PS-MAN-ABB ND 202 Niederflur-Doppeldecker, 1995. (Foto: BVG)

Wegmann

Waggonfabrik Wegmann u. Co. KG,
Kassel, Ochshäuserstr. 45
1951

1882 durch Peter Wegmann und Friedrich Harkort als »Casseler Waggonfabriken von Wegmann, Harkort & Co« in der Henschel-Stadt Kassel gegründet, firmierte das Unternehmen als Wegmann & Co und gliederte in den zwanziger Jahren eine »Abteilung Auto-Karosserien und Lastwagen-Anhänger« an. Daraus entwickelte sich bei Wegmann die Herstellung von Omnibusaufbauten. 1935 trat die Kasseler Waggonfabrik durch den Bau einer vierteiligen Stromlinien-Schnellzug-Einheit hervor, mit dazu passender stromlinienförmig verkleideter Schnellzugtenderlok von Henschel & Sohn. Dieser Hochgeschwindigkeits-Fernschnellzug (später mit einem fünften Wagen) wurde rasch als »Henschel-Wegmann-Zug« bekannt. Zur gleichen Zeit, 1935 und 1936 karossierte Wegmann & Co. drei Henschel-Frontlenkerfahrgestelle mit Henschel-Dampfantriebsanlagen nach System der US-Brüder Doble. Alle drei Busse hatten je eine Dampfkesselanlage, die mit Schweröl befeuert wurde. Die 120 PS leistende Einzylinder-Dampfmaschine wirkte vom Heck aus auf die Hinterachse. Der Kondensator befand sich wie ein Kühler in der »schnauzenlosen« Omnibus-Frontpartie. Diese Henschel-Wegmann-Dampfbusse wurden nach Kassel (für 45 Personen), Bielefeld und an die Bremer Vorortbahnen geliefert. Die Dampfkesselanlage des Busses für die Kasseler Omnibus-Gesellschaft hatten die Wegmann-Ingenieure heckseitig mit einer Art großem Gepäckkofferraum verkleidet, während sie bei den zwei anderen Straßendampfern bis oben hin in die gerundeten Karosserien miteinbezogen wurde.

Hinzu kamen in jener Zeit noch Leichtstahl-Stabilaufbauten auf Henschel & Sohn-Fahrgestellfragmenten mit (Imbert- oder Henschel-Finkbeiner-) Holzgasanlagen. Die annähernd selbsttragende Bauweise fertigte Wegmann in Zusammenarbeit mit Prof. Dr. Josef Deiters (1893-1940). Er brachte die Generatorgasanlage im Gerippe-artigen beziehungsweise schalenbauweise-ähnlichen, mittragenden Wagenkasten ziemlich weit hinter der Hinterachse unter. Der Motor war dagegen weit vor der Vorderachse. Der Fahrer saß über den Vorderrädern beziehungsweise im Karosserievorderteil. Bis 1945 fungierte Wegmann, zusammen mit der Waggonfabrik Gebr. Credé & Co. als Henschel-Hauskarosserie-Hersteller. So bot Henschel 1935 bis 1940 dreiachsige Omnibus-Niederrahmenfahrgestelle mit laufruhigen 160 bis 175 PS leistenden Reihen-Achtzylindern an. Einige dieser bemerkenswerten »36 W 3 N«-Chassis hat Wegmann (und auch Credé) mit ansehnlichen, bis zu 65 Personen fassenden Linien- und Reisebusaufbauten ausgestattet.

Anfang 1945 war das Wegmann-Werk zu 85 Prozent zerstört, dennoch war man auf der ersten Nachkriegs-IAA 1951 mit einer Neuentwicklung präsent: dem »Akkumulatoren-Omnibus, Bauart Wegmann«. Es war ein Elektrobus neuen Stils mit 26/39 kW leistendem Gleichstrommotor und AFA-Triebwagenbatterien (80 Zellen) in einem mitgeführten Einachsanhänger. Der lediglich 9,1 Meter lange Elektrobus fasste 55 Personen (30 Sitz- und 20 Stehplätze) und basierte auf einem verkürzten Krauss-Maffei-Obus-Fahrgestell KME 130/131. Die auswechselbaren Batterien reichten für 80 Kilometer Fahrstrecke. In der Ebene erreichte der insgesamt 12,9 Meter und extrem schwere lange Zug 42 km/h und 80 km Reichweite. Angeblich verkehrte dieses Einzelstück in Bad Pymont.

Bis 1955 rüstete Wegmann Henschel-Obus-Fahrgestelle mit Aufbauten für bis zu 80 Personen aus; auch Büssing-Frontlenker- und Unterflurdieselbusse erhielten Wegmann-Karosserien. Das im Bau von Waggons sowie auch Panzertürmen und Raketenwerfern erfahrene Unternehmen blieb dem Omnibus- und Straßenbahnwagenbau mit der Fertigung von Wegmann-Falttüren, Außen- und Innen-Schwingtüren und von Transporter-Schiebetüren weiterhin verbunden. Letztgenannter Geschäftsbereich (Werk II innerhalb der Wegmann-Gruppierung verselbständigt) firmiert seit 1968 als Gebrüder Bode GmbH.

19/25kW-Wegmann Akkumulatoren-Bus, 1952.

120-PS-Henschel-Wegmann Dampf-Omnibus, 1935.

120-PS-Henschel-Wegmann Generator-Omnibus Bauart Dr. Deiters, 1937.

WEGMANN																
Typ	Sitzplätze/ Stehplätze	Bauzeit	Zylinder	PS	K	B x H mm	Hubraum cm^3	Drehzahl U/min	Radstand mm	Länge mm	Gewicht kg	Motor-hersteller	Typ	M	Bemerkungen
Wegmann	35/20	1951		26 kW					4500	9007	6000	Still			mit Batterieanhänger

Wöhlert

F. Wöhlert'sche Maschinenbau-Anstalt und Eisengießerei-Actien-Gesellschaft,
Berlin, Chauseestr.
1879

Einen Dampfomnibus nach einer Lizenz des französischen Dampffahrzeug-Konstrukteurs Amédée Bollée stellte die Wöhlert'sche Fabrik her; über die technischen Daten ist nichts überliefert worden. Nachdem das Fahrzeug das Straßenpflaster erheblich beschädigt hatte, musste der weitere Betrieb eingestellt werden. Dieser Omnibus gilt als erstes deutsches Motorfahrzeug für Transportzwecke.

WUMAG

WUMAG, Waggon- und Maschinenfabrik AG,
Görlitz, Brunnenstr. 11
1926

Das seit 1851 im Waggonbau tätige Unternehmen stellte 1926 einen von Joseph Vollmer und seiner Deutschen-Automobil-Construktions GmbH entworfenen Omnibus vom Typ ZC vor, der parallel zu dem van der Zypen und Charlier-Modell entstand. Der 40-Sitzer erhielt den 55-PS-BMW-Lastwagenmotor (»Bayern-Motor«). Ein Serienbau erfolgte offenbar nicht. Den gleichen Motortyp installierte die WUMAG zwischen 1926 und Ende der zwanziger Jahre in ihre spezielle Sattelzugmaschine für 5 bis 15 Tonnen tragenden Oekonom-Sattelauflieger mit unterschiedlichsten Aufbauten.

Ebenso wie die Dresdner Hauptwerkstatt der KVG-Sachsen und die S.W.W.-Sächsische Waggonfabrik Werdau/Sachsen fertigte auch die WUMAG 1926/27 auf dreiachsige Büssing-Hochrahmenfahrgestelle des Typs VI GL Stadtlinien-Omnibusaufbauten in Hartholz-Spanten-Bauweise. Die Karosserien hatten seitlich rechts (vorn) eine einfache Schiebetür und in der Aufbaurückwand im Heckeinstieg eine doppelflügelige Schiebetür. Auftraggeber war die Städtische Straßenbahn Dresden.

1929 belieferten die Görlitzer Waggon- und Fahrzeugbauer die KVG-Sachsen mit einem seinerzeit für deutsche Verhältnisse außerordentlich luxuriösen Omnibus. Die kantige Karosserie im Stil des KVG-Typs »Friedrichshafen II« verfügte über annähernd 40 Ledersitze. Unter ihnen, beziehungsweise im Wagenboden befand sich ein Transportraum für Weinflaschen, der »Weinkeller«. In einer kleinen Bordküche führte der Fernreisebus mit VOMAG-Fahrgestell und Maybach-Sechszylinder zudem Gerätschaften zur Kaffeebereitung mit. Der Aufbau war nach Arquint-Art in Stahlspanten-Holzbauweise gefertigt. Im Bus befand sich auch eine Toilette mit Wasserspülung und Waschgelegenheit.

In den dreißiger Jahren versah die WUMAG Niederrahmen-Omnibusfahrgestelle für die Deutsche Reichspost mit Ganzstahlaufbauten. Überdies erhielten zwischen 1937 und 1939 einige Büssing-NAG 900 N (6x4-) Niederrahmenchassis formschöne Stadtlinien-Omnibusaufbauten. Geordert hatte die Busse mit 28 Sitz- und 55 Stehplätzen wiederum die Dresdner Straßenbahn. Einer davon, mit 135/145-PS-»GD 6«-BN-Diesel existiert noch. 1939 komplettierte die WUMAG noch VOMAG-Busfahrgestelle mit wohlgerundeten Ganzstahlkarosserien. Unter elegant geschwungenen breiten Motorhauben arbeiteten die imposanten Maybach-V12 aus dem Panzerbau. Die HL 120 TUKO leisteten 300 PS. Diese Überlandwagen der KVG-Sachsen galten bis Anfang der siebziger Jahre als die stärksten deutschen Zweiachs-Busse, ihre Karosserie orientierten sich an den Erkenntnissen, die man bei Modellversuchen im Windkanal des LZ-Luftschiffbau Zeppelin in Friedrichshafen gewonnen hatte. Die cremefarbenen Solowagen und Anhängerzüge erzielten im Treibgasbetrieb Linien-Reisegeschwindigkeiten bis 45 km/h, die Höchstgeschwindigkeit lag bei 140 km/h. Einige Wagen besaßen das VOMAG-Dieselfahrgestell mit dem Plauener Sechszylinder-Rohölmotor, der immer noch beachtliche 160 PS leistete. Darüber hinaus fertigte das Unternehmen bis zum Kriegsbeginn Karosserien für verschiedene deutsche Fahrzeughersteller.

Nach der Demontage und der bescheidenen Neuausstattung stellte das Werk als VEB (WUMAG) Görlitz Maschinenbau und später als VEB Waggonbau Görlitz zunächst Rüstungsgüter für die Sowjets und ab den fünfziger Jahren wieder Eisenbahnwaggons her, insbesondere solche für Fernreisen auf der transsibirischen Bahn sowie Doppelstockeinheiten für Personen- und Eilzüge der (DDR)-Reichsbahn. Nach der Wende ging das Werk in der von der Treuhand geführten Deutschen Waggonbau GmbH (DWA) auf. Nach 1993 beschaffte auch die Deutsche Bahn Doppelstockzüge für Vorort- und S-Bahn-Strecken. Heute gehört der Waggonbau Görlitz GmbH zum französischen Alstom-Konzern.

WUMAG															
Typ	Sitzplätze/ Stehplätze	Bauzeit	Zylinder	PS	K	B x H mm	Hubraum cm^3	Drehzahl U/min	Radstand mm	Länge mm	Gewicht kg	Motor-hersteller	Typ	M	Bemerkungen
ZC	40/0	1926	4	55	W	120x180	8138	1000	5600	7930		BMW	M 4 A 1	V	

Zypen & Charlier

van der Zypen und Charlier GmbH, Eisenbahnwagen- und Maschinenfabrik, Abt. Autobau,
Köln-Deutz, Mülheimer Str. 131

1. 1926-1929 **van der Zypen und Charlier GmbH, Eisenbahnwagen- und Maschinenfabrik, Abt. Autobau**
2. 1930 **Vereinigte Westdeutsche Waggonfabriken AG**

60-PS-Zypen & Charlier ZC Reisebus, 1927.

Dieses Waggonbau-Unternehmen fertigte zwischen 1923 und 1930 Nutzfahrzeuge. Ab 1926 stand auch ein Omnibustyp mit 33 Sitz- und zwölf Stehplätzen im Lieferprogramm. Als Antriebsaggregat diente der BMW-Lastwagenmotor (»Bayern-Motor«) mit Königswellenantrieb und einer Leistung von 45 bis 60 PS. Die Kraftübertragung erfolgte per Kardanwelle auf die hinter der Hinterachse liegenden Antriebswellen, so dass die Hinterachse nur eine tragende Funktion ausübte. Der Stahlblechrahmen war über der Hinterachse gekröpft. Neben der üblichen Getriebebremse verfügte dieser Bus auch über eine Bandbremse für die Hinterräder sowie eine Adex-Vierradbremse von Vorwerk & Co. in Barmen. Außerdem gab es eine zentrale Druckschmierung. Als Besonderheit galt das selbständig schaltende ZF-Soden-Getriebe. Der Fahrer konnte den Gang wechseln, indem er den Ganghebel schon vor dem Schalten auf einer entsprechenden Skala einstellte. Der Gang sprang beim Durchtreten des Kupplungspedals selbsttätig ein. Der Fahrersitz war in diesem mit einer im französischen Omnibusstil entworfenen Karosserie hoch über dem Motor angebracht (c.o.e./Cab-over-engine-Bauweise); der kreisrunde Kühler musste aus Frankreich bezogen werden. Die Höchstgeschwindigkeit des van der Zypen & Charlier-Busses ZC betrug 45 km/h.

45/60-PS-Zypen & Charlier ZC Frontlenker-Linienbus, 1926.

1927 wurde das Einheitsmodell überarbeitet. Auch der neue ZC-Omnibus mit einem gedrungenen Vorderbau erhielt ein 4-Tonnen-Niederrahmen-Fahrgestell in normaler Hauben-Bauweise. In diesem Jahr schlossen sich die 1846 gegründete Firma, die Waggonfabriken Düsseldorfer Eisenbahnbedarf sowie Killing & Sohn zur Unternehmensgruppe Westwaggon – Vereinigte Westdeutsche Waggonfabriken AG mit Hauptsitz in Köln-Deutz zusammen. Killing & Sohn stellte auch Busaufbauten her. 1928 stieß noch die Waggonfabrik Gebrüder Gastell GmbH in Mainz-Mombach dazu. Der Westwaggon-Omnibusbau wurde fortan im Westwaggon-Werk Gastell konzentriert. Mitte bis Ende der dreißiger Jahre entstanden in diesem Werk einige bemerkenswerte Omnibusaufbauten. So wurden Büssing-NAG 650 N für die Deutsche Reichspost mit dem gerundeten Posteinheitsaufbau versehen und leichtere Fahrgestelle des gleichen Herstellers erhielten typische Stromlinienaufbauten für die Reichsautobahn-Schnellreisebuslinien der Deutschen Reichsbahn.

Die Reichsbahn in Düsseldorf hatte sich 1937 bei Westwaggon-Gastell Büssing-NAG 900 N-Dreiachs-Chassis mit runden Motorhauben und dachrandverglasten Aufbauten komplettieren lassen. Diese Ausflugsbusse hatten 33 Plüschsessel und bereits eine »Cafeteria«. Im gleichen Jahr beschafften die Bahnen der Stadt Köln mit Mainz-Mombacher-Aufbauten Magirus-Frontlenker-Linienbusse des Typs M 45 »Bulldog« mit 85-PS-Magirus-Diesel sowie 33 Sitz- und Stehplätzen.

1950 bestellte die Dortmunder Straßenbahn bei Krauss-Maffei zwei KMO 142-Busse mit Krauss-Maffei-V4-Zweitaktdiesel und 145 PS. Westwaggon-Gastell passte ihnen maßgeschneiderte Frontlenker-Aufbauten an. Dorthin verlagerte schließlich die KHD-Klöckner-Humboldt-Deutz AG 1955/56 den Magirus-Deutz-Omnibusbau, nachdem die Westwaggon AG 1969 im KHD-Konzern aufgegangen war. Auf dem Gelände der einstigen van der Zypen & Charlier GmbH stand bis Anfang der neunziger Jahre das Verwaltungsgebäude der Klöckner-Humboldt-Deutz AG.

v. d. ZYPEN UND CHARLIER

Typ	Sitzplätze/ Stehplätze	Bauzeit	Zylinder	PS	K	B x H mm	Hubraum cm³	Drehzahl U/min	Radstand mm	Länge mm	Gewicht kg	Motor-hersteller	Typ	M	Bemerkungen
ZC	33/12	1926 - 30	4	45/60	W	120x180	8138	1100	4700 - 5600			BMW	M 4 A 1	V	Frontlenker
ZC		1930	4	60	W	120x180	8138	1100	5300	7930		BMW	M 4 A 1	V	

Anhang

(Foto: Ralf Weinreich)

Die deutschen Karosseriefabriken

Ackermann-Fahrzeugbau, Wuppertal-Vohwinkel, Ludwig-Richter-Str. 1-9
Adam
Assmann, Karosseriefabrik E. & K. Assmann
(nach 1945 Eisenacher Karosseriefabrik Aßmann GmbH,
vorm. E. & K. Aßmann), Nonnengasse u. Gothaer Str. 20
Auer, Karosseriefabrik Auer GmbH, Bad Canstatt, Königstr. 79/83
Autokasten GmbH, Hans Arquint, München
Auwärter, Ernst Karosserie- und Fahrzeugbau KG
Auwärter, Gottlob Karosserie- und Fahrzeugbau GmbH u. Co. KG,
Baader, München
Badisches Fahrzeug- und Karosseriewerk GmbH,
Weisweil, Krs. Emmendingen
Bär, Karosseriebau Robert Bär, Rothnaußlitz bei Bischofswerda
Bauer, Peter, Köln-Ehrenfeld, Gutenbergstr. 89/105 u. Lukasstr. 4
Bautzen, Waggon- und Maschinenfabrik AG,
vorm. Busch Waggonbau Bautzen GmbH, Bautzen
Beuchelt u. Co., Fabrik für Brückenbau u. Eisenkonstruktionen
(auch: Waggon-Fabrik Beuchelt & Co., Abt. Karosseriebau)
Grünberg/Schlesien, Eisenbahnstr. (Beucheltstr.) 38
Binz, Karosseriefabrik Binz & Co., Lorch/Württ.
Blumhardt Fahrzeuge GmbH, Wuppertal, Vohwinkeler Str. 160
Böbel, Rudolf Böbel Karosseriebau,
Ulm-Wiblingen, Neunkirchenweg, Ulm, Boelcke-Kaserne
Boitmann, Benno Boitmann, Fahrzeugfabrik, Haselünne, Moersstr. 32/3
Buhne, Carosserie Buhne,
Berlin NW 87, Schulzendorfer Str. 10/11 u. Wiebestr. 12, Berlin N 65
Busch, Görlitz, Neusche Promenade 920
Buschbaum, W. & Co. GmbH, Fahrzeugwerke,
Hannover-Langenhagen, Stader Landstr. 130
Conform
Credé & Co., Gebr., Waggonfabrik (Eisenbahnwagenfabrik)
Niederzwehren b. Kassel, Aueweg, 26 u. Knorrstr. 28
Cremer, Jos. & Thiemonds Karosseriebau, Düren-Derichsweiler
Christoph & Unmack AG, Niesky (Oberlausitz)
Danziger Karosseriefabrik Aug. Nopper AG, Danzig, Samtgasse 6/8
Deutsche Waggon- und Maschinenfabriken GmbH (DWM), Berlin
Dietzsch sen., Ernst, Glauchau, Kratzstr. 5
Dittmann F. D. Fahrzeugbau GmbH,
Breslau und Berlin-Wittenau, Lübarser Str. 18-22
Döbelner Karosseriewerk Fritsche & Brause,
Döbeln-Zschachwitz, Bismarckstr. (nach 1945 VEB Karosseriewerk Döbeln)
Dörtenburg
Drauz KG Karosseriefabrik,
Drettmann, Fritz, Fahrzeugwerke, Osterholz-Scharmbeck b. Bremen,
Schwarzer Weg u. Lesum, Burgdamm 15
Drögmöller, Gotthard, Karosseriebau,
(Düwag) Düsseldorfer Waggonfabrik AG, Düsseldorf, Königsberger Str. 100
Eben, Alfons Karosseriefabrik, Stuttgart, Paulstr. 9
Eben, Hans, Karosseriebau, Aßling/Obb.
Ehlers, J. Fr. E., Hamburg, Grindelberg, 59-67
Eisenacher Karosseriefabrik Aßmann GmbH,
vorm. E. & K. Aßmann, Eisenach, Nonnengasse u. Gothaer Str. 20
Eisenbahn-Verkehrsmittel AG (Eva),
Berlin W 10; Werk Brühl u. Waggonfabrik Wismar i. Mecklenburg
Emmelmann, Adolf Karosseriefabrik GmbH, Hannover, Sutelstr. 6/7
Erdmann & Rossi,
Berlin-Halensee, Karlsruher Str. 19/22 u. Berlin N 24, Linienstr. 139/140
Esselmann Karosseriewerk KG, Hamm
Estelmann, Carosseriewerk Fahrzeugfabrik Estelmann & Co.,
Nürnberg, Johann Nimrodstr.
Fahrzeug- u. Maschinenbau-Gesellschaft mbH (Famag), Dingolfing/Isar
Fahrzeugwerke Kannenberg (FAKA),
Fahrzeugwerke Eislingen, R. Rayer KG, Eislingen/Fils
Freudenau Fahrzeug-Waggonbau Wilhelm Freudenau,
(auch H. Freudenau & Söhne), Brackwede b. Bielefeld, Detmolder Str. 192
Falkenried Wagenbauanstalt,
Fleischer, Fritz, Karosserie- u. Fahrzeugfabrik,
Frankfurter Karosserie-Fabrik (FKF), Friedrich Schmitt & Co.,
Frankfurt a. Main, Rebstöcker Str. 57/59
Frieko
Friesen
FT Busvertrieb, Oelsnitz/Erzgebirge, Schleifenweg 13
Fuchs, Waggonfabrik AG, Heidelberg
Gaertner, Karosseriefabrik Louis Gaertner, Bremen
Gastell, Waggonfabrik Gebr. Gastell GmbH, Mainz-Mombach, Hauptstr. 19
Gaubschat Fahrzeugwerke GmbH,
Gaupp
Geissler, Karosseriebau Max Geissler, Brühl b. Köln
Ginapp & Co., Hamburg
Heinz Glasenapp, Berlin-Wittenau, Oranienburger Str. 169-172
Gmelch, Franz P., Königliche Hofwagenfabrik,
München, Frz. Promenade u. Innere Wiener Str. 17/19
Göppel, Markus, Karosseriebau,
Augsburg, Schönbacher Str. 9 u. Donauwörther Str. 110
Gothaer Waggonfabrik AG, Gotha, Kindlebener Str. 77
Graaff, Niedersächsische Waggonfabrik J. Graaff,
Gries
Grimm, Josef, Karosseriebau (auch Karosseriefabrik),
Würzburg, Sedanstr. u. Weißenberger Str. 4
Hannoversche Waggonfabrik AG (HAWA), Hannover-Linden
Harmening, Hermann Harmening KG, Karosseriefabrik,
Hartmann, Ernst Hartmann KG, Alsfeld/Hessen, Hersfelder Str.
Heilbronner Karosseriefabrik, Heilbronn
Hellwig
Herbrand & Co., Köln-Ehrenfeld
Hermanns, Wilhelm, Karosserie-, Fahrzeug- u. Aggregatebau,
Porz a. Rhein
Hesselbein, Eduard, (Wagen- u.) Karosseriefabrik,
Braunschweig, Ludwigstr. 31a
Hettwer, Johann, Karosseriebau, Aken, Roonstr. 51
Hiller, Karosseriewerk R. Hiller, Ehrenhain
Hintze, Emil, Karosseriebau, Neuruppin
Hofmann, K. & Co., Breslau
Hubertia-Fahrzeugfabrik, Ernst F. Ohnemüller, Berlin-Charlottenburg,

Berliner Str. 135 u. Berlin-Borsigwalde; nach 1945 (Hubertia-Fahrzeugfabrik, Hans Morber), Küps/Bayern u. Pirmasens/Pfalz
Jaßmann
Jessen, Jonas, Karosseriefabrik,
Hamburg-Wandsbek, Jenfelder Str. 95/97 u. 101
Kässbohrer, Karl Kässbohrer Fahrzeugwerke GmbH,
Kaltenberg
KAFA, Karosserie- u. Fahrzeugfabrik Müller & Tröster GmbH
(ab 1958 KAFA Karosserie- und Fahrzeugfabrik Hartmann KG),
Leipzig, Schladnitzer Str. 8
Karmann, Wilh. Karmann GmbH, Rheine
Kathe, Ludwig Kathe & Söhne, Halle/S. (nach 1946 VEB Karosseriewerk Halle u. KAFA Halle)
Kellner, Alexis Kellner AG, Berlin NW 87, Kaiserin-Augusta-Allee 101
Kemmer, Wilhelm Kemner GmbH, Karosseriebau, Versmold, Nordfeldstr. 17
Killing & Sohn, Haren/Westfalen
Kirbis & Jürgensen, Flensburg
Klassen-Automobile, Minden, Schwarzer Weg 4
Klatte, Theodor Klatte, Metallwarenfabrik,
Kleye, Albert, Karosseriefabrik, AG,
Altenburg/Thür., Jägerstr. 3 (nach 1990 Arewa-Werk)
Knapp J. u. Söhne, Backnang, Steinbacher Str.
Kogel, Richard, München, Denisstraße 2
Kögel, Robert Kögel, Karosserie- u. Wagenbau, Arnstadt/Thüringen
Köhler, Erfurt
Köster Karosseriebaubetrieb, Bad Godesberg
Kowex Fahrzeugtechnik GmbH, Abstatt b. Heilbronn, Seestraße
Krämer, Adam, Fahrzeugbau, Groß-Gerau
Krauss-Maffei AG,
Kühlstein-Wagenbau-Ges. mbH,
Berlin-Charlottenburg, Salzufer 4; Berlin NW, Schiffbauerdamm
Kühne, Karosseriefabrik Otto Kühne u. Co. KG,
Halle/S., Merseburger Str. 40
Lampferhoff, Joh., KG Karosseriefabrik,
Gelsenkirchen-Horst, Auf dem Schollbruch 38
Lange & Gutzeit, Wagenbauanstalt, Berlin
Lange & Stelzer (oder Stützer), Berlin
Langenthal, Karosseriefabrik
Lautal, Vereinigte Leichtmetall-Werke GmbH, Bonn
Karosserie- u. Wagenbau, München
Leipziger Karosserie- u. Fahrzeugfabrik GmbH (Kafa),
Leipzig, Schladnitzer Str. 8
Leinert, Paul, Königswartha
Lienen, Emil H. v., Fahrzeugfabrik, Bochum, Wittener Str. 100
Lindner, Karosserie- u. Waggonfabrik Gottfried Lindner AG,
Ammendorf, Schachtstr. 18
Linke-Hofmann-Busch-Werke AG, Omnibus-Karosserien, Werdau, nach 1945 Linke-Hofmann-Busch (LHB), Waggon-Fahrzeug-Maschinen-Gesellschaft, Salzgitter-Lebenstedt
Lith C., Karosseriebau
Lorch
Luchterhand & Freytag, Waggon- u. Karosseriefabrik,
Berlin-Rixdorf; ab 1905 Berlin-Neukölln, Hermannstr. 35/37; ab 1917 Berlin, Pflügerstr. 29-31; ab 1925 Berlin-Tempelhof, Eresbergstr. 14
Ludewig, Karosseriefabrik Gebr. Ludewig GmbH,
Lutherwerke Luther & Jordan, Braunschweig, Frankfurter Str. 249-255
Mägerle
Malkemper, Olfener Karosseriewerk Bernhard Malkemper, Olfen/Westf.
Manderbach, Louis, Fahrzeugfabrik,
MANNIKA,
vorm. VEB Karosserie-Instandsetzungsbetrieb Güstrow, Güstrow
Meierling, Theodor Meierling Karosseriefabrik, Schwerte, Hagener Str. 72
Meyer Hagen GmbH, Hagen i. W.
Miesen, Christian Miesen, Karosserie- u. Fahrzeugwerk,
Bonn, Dottendorfer Str. 165
MIGÖ, Karosserie MIGÖ, Chr. H. Mittelgöker KG,
Köln-Ehrenfeld, Oskar-Jäger-Str. 168
Mikafa, Mindener Karosserie- und Fahrzeugbau GmbH, Minden
Minnameier, Friedrich, Karosseriefabrik,
Nürnberg-W., Muggenhofer Str. 102-104 u. Further Str. 45/4
Möller Fahrzeugfabrik, Conrad, Berlin-Tempelhof, Schöneberger Str. 29
Müller & Tröster, Karosseriefabrik,
Leipzig, Schladitzer Str./Ecke Theresienstr.
München Karosseriefabrik, AG, München, Oettinger Str. 20/26
Neidhart, Fritz, Karosseriefabrik, Weilheim
Niermann, Wilhelm, Karosseriebau, Gildehaus, Krs. Bentheim
Neuss, Joseph, Wagenfabrik, Berlin-Halensee, Nestorstr. 8/9
Norddeutsche Karosseriewerke GmbH, Kiel-Dietrichsdorf
Norddeutsche Waggonfabrik AG (auch Nordwaggon Bremen), Bremen
Norddeutsches Karosseriewerk GmbH, Kiel-Dietrichsdorf (auch Norddeutsche Reparaturwerkstätten GmbH)
Nordwestdeutscher Fahrzeugbau GmbH (NWF),
Wilhelmshaven-Mariensiel, Industriegelände-West,
Nowack, August Nowack AG, Bautzen, Martin-Mutschmann-Str. 32
Oberrheinisches Karosseriewerk
Orenstein & Koppel und Lübecker Maschinenbau AG,
Berlin-Spandau, Brunsbütteler Damm 144
Orion-Werk, Minerva-Vertriebs- u. Handels-GmbH (auch Motor-, Fahrzeugbau- und Handelsges. mbH)
Gebr. Ottenbacher, Wagen- u. Karosseriefabrik,
Biberach a. d. R., Paradiesstr. 12
Franz Plaswilm Karosserie- u. Fahrzeugbau,
Köln-Braunsfeld, Eupener Str. 137
Conrad Pollmann, Nordd. Karosseriefabrik,
Bremen 11, Bismarckstr. 537 u. Stresemann Str. 9
August Popp Maschinenfabrik,
Windach am Ammersee, Geltendorf 8 u. Landsberg
Hubert Puppe u. Co. GmbH Fahrzeugbau, Neheim-Hüsten, Mendener Str. 16-20
Karosseriewerk Rappold, Wülfrath
Karosserie Raschke, Mülheim a. d. Ruhr, Hingbergstr. 269-273
Waggonfabrik Rastatt AG, Rastatt-Baden, Werkstr. 2
Waggonfabrik Joh. Rathgeber AG,
Waggonfabrik L. Steinfurt AG,
Königsberg-Ratshof, Holsteiner Damm 88-103
Karosserie- u. Fahrzeugwerk Theodor Raymakers GmbH & Co. KG,
Goch, Feldstr.
Fahrzeugwerke Recklinghausen GmbH, Karl Danz AG,
Recklinghausen, Hertener Str. 24-30
Regensburger Stahl- u. Metallwerk, Regensburg

Rheinwerk Köln-Poll, Waggon- u. Maschinenfabrik GmbH, Abt. Karosseriebau, Köln-Poll, Holzweg
Rembrandt-Werke (auch Delmenhorster Wagenfabrik Carl Tönjes AG), Delmenhorst
Reutter, Fr. Karosseriefabrik, Stuttgart-Feuerbach, Borsigstr. 5-9 (auch Wagen- u. Geschirrfabrik, Autokarosserie, Inh. Hermann Reutter), Stuttgart, Schlossstr.6
Reutter & Co. GmbH, Karosseriewerk, Stuttgart, Augustenstr. 82
Rhein. Westf. Kraftwagen Betriebsgesellschaft, Wuppertal-Barmen
Rheka-Werk, Rheinisches Karosseriewerk Gesellschaft mbH, Lintorf
Rohrbacher
Rosenbaum, Breslau
Rudolf & Co.
Ruhland (Rudolcha), Waldheim
Rupflin, Eugen (vorm. Ragovsky, München, Theresienstr. 13 u. Johannisplatz 12), Karosseriefabrik, München-Milbertshofen, Dachauer Str. 112 u. Lorchenauerstr. 76 u. Willibaldstr. 4
Schebera, Süddeutsche Carosseriewerke Schebera GmbH, Heilbronn
Ludwig Schenk, Karosseriebau, Würzburg-Heidingsfeld
Schleithoff-Fahrzeugtechnik, Triptis, Im Bresselholze 12
Schlesienwerk Karosseriefabrik (Wagenbauwerke GmbH) Jeemann & Staar, Liegnitz, Fliegerhorst
Schlichting-Werft GmbH, Travemünde, Mecklenburger Landstraße 2-12
Schmitz, Chr. Schmitz & Co., Karosseriebau, Derichsweiler b. Aachen
Schneider, Johannes, Karosseriefabrik KG, Reichenbach i. V., Zwickauer Str. 225
Schölch, Karosserie- u. Fahrzeugbau Heinrich Schölch oHG, Hofgeismar u. Kassel, Sondershäuser Str.
Schondorff, Waggonfabrik Gebr. Schondorff, Düsseldorf
Schorn, Karosserie- und Fahrzeugbau, Duisburg
Schreiner, Peter, Saarbrücken
Schröder, Kurt, Karosseriebau »Hallore«, Halle/S.
Schütze & Co.
Schumann, Zwickauer Fahrzeugfabrik, vorm. Schumann (auch Sächsische Waggonfabrik AG), Werdau Greizer Str. 70
Schwagmeier
Schwarz, Fahrzeugfabrik, Sottrum Bez. Bremen, Am Bahnhof u. Baumstr. 60
Schwarze, H, Karosseriebau, Blomberg/L., Neuterstr. 34-36
Seegers, Karosserie und Wagenbau F. Seegers & Sohn, Leipzig, Steubenstr. 28/34
Seidel
Seitz, Karosseriebau (auch Fahrzeug- u. Karosseriewerke) Seitz & Co., Konstanz, Löhrystr. 11
Senden, Leonhard, Karosseriewerk, Würselen b. Aachen, Lindenplatz 1-3
Spermann, Karosserie-Werke Heinrich Spermann, Werne a. d. Lippe
Spohn, Karosseriefabrik Spohn, Ravensburg, Holbeinstr. 38
Steib, Gebr. J. u. H. Steib KG, Karosserie- u. Fahrzeugbau, Wissen, ab 1939 Eiserfeld/Sieg, Walkenmühle 6
Steinfurt, Waggonfabrik Steinfurt AG, Königsberg-Ratshof, Holsteiner Damm 88-103
Stolle, Paul (Peter) Karosseriefabrik, Hannover-Linden, Deisterstr. 39 u. Spinnereistr. 11
Stromeyer, Wagnerei u. Karosseriewerkstätte Michael Stromeyer, Straubing
Talbot, Waggonfabrik Talbot (auch Gustav Talbot & Cie. mbH Waggonfabrik), Aachen, Jülicher Str. 215
Thiele, Wilhelm, Karosserie- u. Anhängerfabrik, Bremen, Hemmstr. 157
Trutz, Karosseriefabrik (auch Hofwagenfabrik) N. Trutz, Coburg, Sonntagsanger 16
TS Fahrzeugtechnik, Burkersdorf, Am Kirschberg, ab 2006 Weida, In den Nonnenfeldern, ab 2010 Harth-Pöllnitz, OT. Burkersdorf
Uerdinger Waggonfabrik AG (auch Waggon-Fabrik AG, Uerdingen/Rhein), Krefeld-Uerdingen, Duisburger Str. 145 (ab 1928 unter der Firmierung Düwag)
Uelzener Wagenfabrik Peter Cordes, Uelzen/Hann.
Utermöhle, J. Wilhelm, GmbH, Köln
Vereinigte Karosserie-Werke GmbH (V.K.W.), Köln u. München
Vereinigte Werkstätten (Wittenau), Berlin-Wittenau
Vereinigte Werkstätten für Karosserie- und Wagenbau GmbH, München 8, Wiener Platz 7/8 u. Berg-am-Laim-Str. 20
Vereinigte Westdeutsche Waggonfabriken AG, Köln-Deutz u. Mainz-Mombach, Hauptstr. 19
Vetter, Walter, Fahrzeug- u. Karosseriefabrik,
Vischer, Karosseriefabrik, Stuttgart, Traubenstr. 58
VEB IFA Karosseriewerk Dresden (vorm. Gläser), Dresden, Arnoldstr. 18/24
VEB Karosseriewerk Halle (früher Kathe), Halle/S., Leninallee 147
VEB Karosseriewerk Altenburg vorm. Albert Kleye KG, Altenburg
Vögtle & Zeller, Oberrheinisches Karosseriewerk GmbH, Freiburg (Breisgau), Schwarzwaldstr. 113a
Voges, Karosseriefabrik August Voges (auch Wagenfabrik), Hannover-Linden, Hamelner Chaussee 10
Voll, Karosseriebau Voll oHG, Würzburg-Heidingsfeld, Tiefe Gasse 11/15
Treptow, Wagenbauwerke (Treptow) GmbH, Berlin SO 33, Vor dem Schlesischen Tor 1 u. Eichenstr.
Walther, Karosserie- u. Fahrzeugbau, Waldheim (Sachsen), A. H. Str. 63 u. Bergstr. 5
Wankmiller, August, Karosseriebau, Heilbronn a. N., Karlstr. 51
WBW
Wegmann & Co. KG, Waggonfabrik, Kassel, Wolfhagerstr. 77/79 u. Ochshäuser Str. 45
Weimar, Fabrik für Eisenbahn- u. Militärbedarf, Weimar (auch Waggon-u. Maschinenfabrik AG, vorm. Busch, Werk Weimar), Buttelstädter Str. 4
Weinberger, Karosseriefabrik Ludwig Weinberger, München
Weinsberg, Karosseriewerk, Weinsberg
Westwaggon, Düsseldorfer Eisenbahnbedarf, vorm. Carl Weyer & Co., Düsseldorf
Widling, Paul
Wiesfeld
Wiemann, Karosseriefabrik Wiemann u. Co., Magdeburg
Wille, Karosseriewerk, Fleetstedt über Hamburg
Winter, Karosseriebau, Zittau
Wismar, Triebwagen- u. Waggonfabrik Wismar AG, Wismar, Kanalstr. 18
Wüst, Karosserie- u. Kühlerbau, Eisenach
»Wumag« Waggonbau & Maschinenfabrik AG, Görlitz, Brunnenstr. 11
Wuppertaler Karosseriefabrik, P. Hanns Bachmann, Barmen
Wüst, Karosserie- und Kühlerfabrik Erhard Wüst, Eisenach, Wörth Str. 40 – 48
Zeilinger

Zeppelin, Werkstätten des Luftschiffbau Zeppelin GmbH, Friedrichshafen
Zypen & Charlier, Waggonfabrik v. d. Zypen & Charlier GmbH, Eisenbahn- u. Maschinenfabrik, Abt. Autobau, Köln-Deutz, Mühlheimer Str. 131

Ausländische Karosseriefirmen (Auswahl)

Autocares Obradors, Manresa/Barcelona/Spanien
Avtomontaza, Ljubljana/Slovenien
Caetano Bus SA, Vila Nova de Gaia/Portugal, Av. Vasco da Gama 141
Carrozzeria Autodromo, Modena/Italien
Carrosserie Gangloff SA, Colmar/Frankreich
Darr, Dansk Automobil Byggeri J. W. Darr, Silkeborg/Dänemark
Duvedec Europe B.V., Helmond/Niederlande
Lindemann, Paul, Schiffswerft u. Maschinenfabrik, Memel
Gebr. Tüscher & Co, Zürich
UNVI, Unidad de Vehiculos S.A., Ourense/Spanien, Poligon Industrial de San Cibrao das Viñas
Van Hool NV, Lier (Koningshooikt)/Belgien, Bernhard Van Hookstraat 58
Werkspoor NV, Amsterdam/Niederlande

Literaturverzeichnis

1. Zeitschriften

Allgemeine Automobil-Zeitung, Berlin 1899 - 1943
Das Auto, Stuttgart 1946ff
Automobil-Rundschau, Berlin 1906 - 1938
Automobiltechnische Zeitschrift (ATZ), Stuttgart 1930ff
Der Bus, München 1949 - 1957
Deutsche Motor-Zeitschrift, Berlin 1924 - 1941
Das LastAuto, Pößneck 1925 - 1943, ab 1945ff Würzburg
Lastauto-Omnibus, Stuttgart 1951ff
Lastauto Omnibus Katalog, Stuttgart 1959ff
Last & Kraft, Berlin 1992ff
Der Motor, Berlin 1913 - 1927
Das Nutzfahrzeug, München 1949ff
Omnibus-Revue, München 1950ff
Omnibusspiegel, Darmstadt/Bonn 1978ff
Der Stadtverkehr, Bielefeld 1955 - 1980
Verkehrs-Rundschau, München 1945ff

2. Bücher

Auwärter, Ernst, 150 Jahre, Steinenbronn 2004
Betz, Louis, Spezial-Lastautomobile, Berlin 1931
Bühler, Otto-Peter A., Metroliner im Carbon-Design, Stuttgart 1989
Gammrath, Dieter u. Jung, Heinz, Berliner Omnibusse, Düsseldorf 1988
Gebhardt, Wolfgang, Deutsche Omnibusse seit 1898, Stuttgart 2002
Gebhardt, Wolfgang, Deutsche Reiseomnibusse, Stuttgart 2009
Gebhardt, Wolfgang, FAUN, Stuttgart 2000
Haller, Rudolf, Kraftomnibusse und Kraftomnibusverkehr, Berlin 1930
Hanke, Dieter, 75 Jahre Omnibusbau bei Kässbohrer, Bonn 1986
Hanke, Dieter, Eineinhalbdecker-Omnibusse, Darmstadt, 1981
Hanke, Dieter u. Schaa, Eberhard, 50 Jahre Auwärter-Neoplan, Darmstadt 1985
Hanke, Franz-Josef, Von der Isaria-Sämaschine zum Neoplan-Bus, Bonn 1988
Hartmann, Hellmut u. Reichardt, Hans D. u. Waltking, Dieter, Autobusse im Linienverkehr, Düsseldorf 1978
Huss, Wolfgang u. Schenk, Wolfgang, Omnibus-Geschichte Bd. 2, München 1986
Jacobi, Jürgen, Omnibusse von Krauss-Maffei, Gifhorn 1979
Jahrbuch Omnibusse, **Hrsg. Peter Michels,** Brilon ab 2016
Otto Kässbohrer und sein Werk, **Hrsg. Kässbohrer,** Ulm 1984
75 Jahre Kässbohrer 1893 - 1968, **Hrsg. Kässbohrer Fahrzeugwerke GmbH,** Ulm 1968
Kirchberg, Peter, Plaste, Blech und Planwirtschaft, Berlin 2000
Kubisch, Ulrich, Omnibus, Haltestellen für alle, Berlin 1986
Mathieu, Axel Oskar, Büssing-Fotodokumentation, Berlin 1993
Mathieu, Axel Oskar, Vomag, Berlin 1994
Müller-Mark, 100 Jahre Berliner Kraftomnibusse, Die ersten 40 Jahre, Berlin 2005
Mutard, Dieter u. Loeffler, Stefan, Setra, Omnibusse seit 1951, Ulm 2001
Nitsche, Dr. Heinzmartin, Konrad Auwärter, Sein Weg, Stuttgart 1990
Oswald, Werner, Mercedes-Benz, Lastwagen und Omnibusse, Stuttgart 1986
Regenberg, Bernd, Die deutschen Lastwagen und Omnibusse, Bd. 3: Omnibusse, Brilon 1988
Reichardt, Hans D., Berliner Omnibusse, Düsseldorf 1975
Röcke, Matthias, Lastwagen und Omnibusse von MAN, Königswinter 2001
Rönicke, Frank u. Melenk, Wolfgang, Helden der Arbeit, Busse, Last- und Lieferwagen der DDR, Stuttgart (2001)
Schneider, Peter, Typenkompass Drögmöller Omnibusse, Stuttgart 2004
Schneider, Peter, Typenkompass Mercedes-Benz Omnibusse 1948 - 1982, Stuttgart 2005
Seherr-Thoss, Hans Chistoph v., Die deutsche Automobilindustrie, Stuttgart 1979
Stiasni, Christian, Omnibusbau, Entwicklung und Perspektiven, Berlin-Ost 1952
Stock, Werner, Obus-Anlagen in Deutschland, Bielefeld 1988
Suhr, Christian, Weinreich Ralf, Deutsche Omnibus Klassiker, Stuttgart 2008
Suhr, Christian, Typenkompass DDR-Omnibusse, Stuttgart 2007
Suhr, Christian, Fritz Fleischer und seine Busse, Reichenbach/Halle 2006
Suhr, Christian, H6 Der Sechstonner aus Werdau, Halle/Reichenbach 2015
Suhr, Christian, Laster aus Ludwigsfelde, Halle/Reichenbach 2015
Suhr, Christian, Lindner, Karosserien und Anhänger aus Ammendorf, Halle/Reichenbach 2010
Suhr, Christian, Mit dem Omnibus bergauf, Die KVG Sachsen 1919 - 1948, Brilon1998
Suhr, Christian, Nutzfahrzeuge aus Werdau, Willich 2003
Wirbitzky, Dr.-Ing. Günther, Neoplan Doppeldecker-Busse, Stuttgart 1980
Wirbitzky, Dr.-Ing. Günther, 50 Jahre Auwärter-Neoplan, Stuttgart 1985

(Foto: Ralf Weinreich)